PASS

한번에 끝내기

산림기사·산림산업기사

산림보호학

최근 7개년 기출문제

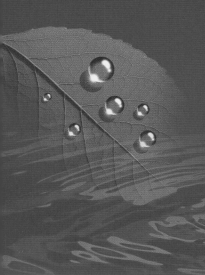

제上권

01 핵심이론
02 산림기사 기출문제
03 산림산업기사 기출문제

한솔아카데미
HANSOL ACADEMY

한솔아카데미가 답이다!
산림기사·산림산업기사 인터넷 강좌

한솔과 함께라면 빠르게 합격 할 수 있습니다.

합격전략
CBT 모의고사
3일 무료동영상
질의응답

산림기사·산림산업기사 필기 동영상 강의

구 분	과 목	담당강사	강의시간	동영상	교 재
필 기	조림학	이윤진	약 23시간		
	임업경영학	이윤진	약 19시간		
	산림보호학	이윤진	약 13시간		
	임도공학	이윤진	약 16시간		
	사방공학	이윤진	약 12시간		

• 신청 후 필기강의 4개월 동안 같은 강좌를 5회씩 반복수강
• 할인혜택 : 동일강좌 재수강시 50% 할인, 다른 강좌 수강시 10% 할인

산림기사·산림산업기사 필기
본 도서를 구매하신 분께 드리는 혜택

1 필기 종합반 3일 무료동영상

- 100% 저자 직강
- 출제경향분석
- 필기 종합반 동영상 강의

2 CBT 실전테스트

- 산림기사 3회분 모의고사 제공
- 산림산업기사 3회분 모의고사 제공

3 동영상 할인혜택

정규 종합반 2만원 할인쿠폰
(신청일로부터120일 동안)

2024년 대비 동영상강좌 할인권

종목 : 산림기사·산림산업기사 필기종합반

20,000

할인권 유효기간 : 2023년 10월 1일 ~ 2024년 12월 31일

할인문의 (02)575-6144 / 한솔아카데미 www.inup.co.kr

※ 교재의 인증번호를 입력하면 강의 신청 시 사용가능한 할인 쿠폰이 발급되며 **중복할인은 불가**합니다.

수강신청 방법

★ 도서구매 후 무료수강쿠폰 번호 확인 ★

❶ 홈페이지 회원가입
❷ 마이페이지 접속
❸ 쿠폰 등록/내역
❹ 도서 인증번호 입력
❺ 나의 강의실에서 수강이 가능합니다.

교재 인증번호 등록을 통한 학습관리 시스템

❶ 필기 종합반 3일 무료동영상   ❷ CBT 실전테스트   ❸ 동영상 할인혜택

무료수강 쿠폰번호   **ZSZB-55UK-FG4S**

01 사이트 접속

인터넷 주소창에 **https://www.inup.co.kr** 을 입력하여 한솔아카데미 홈페이지에 접속합니다.

02 회원가입 로그인

홈페이지 우측 상단에 있는 **회원가입** 또는 아이디로 **로그인**을 한 후, **산림 · 조경** 사이트로 접속을 합니다.

03 나의 강의실

나의강의실로 접속하여 왼쪽 메뉴에 있는 **[쿠폰/포인트관리]-[쿠폰등록/내역]**을 클릭합니다.

04 쿠폰 등록

도서에 기입된 **인증번호 12자리** 입력(-표시 제외)이 완료되면 **[나의강의실]**에서 학습가이드 관련 응시가 가능합니다.

■ **모바일 동영상 수강방법 안내**

❶ QR코드 이미지를 모바일로 촬영합니다.

❷ 회원가입 및 로그인 후, 쿠폰 인증번호를 입력합니다.

❸ 인증번호 입력이 완료되면 [나의강의실]에서 강의 수강이 가능합니다.

※ QR코드를 찍을 수 있는 앱을 다운받으신 후 진행하시길 바랍니다.

2024

산림기사·산림산업기사

필기 산림보호학

inup 한솔아카데미

2024

**단기완성의 신개념 교재
지금부터 시작합니다!!**

한솔아카데미 교재
3단계 합격 프로젝트

1단계 단원별 핵심이론

- 기출문제 분석을 통한 학습목표 이론정리
- 단원별 학습주안점, 학습키워드

2단계 핵심 기출문제

- 최근 10개년 기출문제를 통한 CBT 실전감각을
  키울 수 있도록 구성

3단계 기출문제

- 최근 7개년 기출문제를 합격조건에 맞게 과목별로 맞춤

산림기사·산림산업기사 시험일정(예정)

	필기시험	필기합격(예정) 발표	실기시험	최종합격 발표일
정기 1회	2024년 3월	2024년 3월	2024년 4월	2024년 6월
정기 2회	2024년 5월	2024년 6월	2024년 7월	2024년 9월
정기 3회	2024년 7월	2024년 8월	2024년 10월	2024년 11월

산림기사 시험시간 및 합격기준

시험시간	과목당 30분(5과목) 총 2시간 30분
합격기준	100점을 만점으로 하여 과목당 40점 이상, 전 과목 평균 60점 이상

산림기사 응시자격

① 산업기사 등급 이상의 자격을 취득한 후 응시하려는 종목이 속하는 동일 및 유사 직무분야에서
   1년 이상 실무에 종사한 사람
② 기능사 자격을 취득한 후 응시하려는 종목이 속하는 동일 및 유사 직무분야에서 3년 이상
   실무에 종사한 사람
③ 응시하려는 종목이 속하는 동일 및 유사 직무분야의 다른 종목의 기사 등급 이상의 자격을 취득한
   사람
④ 관련학과의 대학졸업자등 또는 그 졸업예정자

산림산업기사 시험시간 및 합격기준

시험시간	과목당 30분(4과목) 총 2시간
합격기준	100점을 만점으로 하여 과목당 40점 이상, 전 과목 평균 60점 이상

산림산업기사 응시자격

① 기능사 등급 이상의 자격을 취득한 후 응시하려는 종목이 속하는 동일 및 유사 직무분야에 1년 이상 실무에 종사한 사람

② 응시하려는 종목이 속하는 동일 및 유사 직무분야의 다른 종목의 산업기사 등급 이상의 자격을 취득한 사람

③ 관련학과의 2년제 또는 3년제 전문대학졸업자 등 또는 그 졸업예정자

④ 관련학과의 대학졸업자 등 또는 그 졸업예정자

산림기사·산림산업기사 필기시험 검정현황

연도	산림기사			산림산업기사		
	응시	합격	합격률(%)	응시	합격	합격률(%)
2022	5057	2259	44.7%	1782	636	35.7%
2021	5749	2083	36.2%	1856	745	40.1%
2020	4778	1069	34.9%	1533	644	42%
2019	4876	1794	36.8%	1519	492	32.4%
2018	4451	1458	32.8%	1529	537	35.1%

산림기사·산림산업기사 필기

1 한 눈에 파악되는 중요내용

한국산업인력공단의 출제 기준에 맞춰 과목별 세부항목을 구성하였으며 단원별 '학습주안점'
과 '학습키워드'로 학습에 중심이 되는 목표 내용을 쉽게 파악할 수 있게 하였으며, 단원별
암기가 필요한 중요한 이론을 '핵심 PLUS'에 담았다. 또한 시험에 출제되었던 중요 내용을
별표(★)과 형광펜으로 표시해두어 혼자서도 쉽게 학습할 수 있도록 하였습니다.

[1단계]

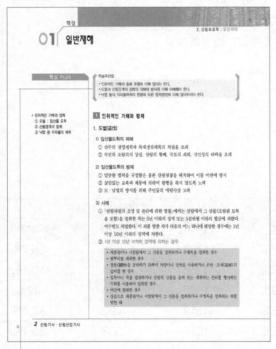

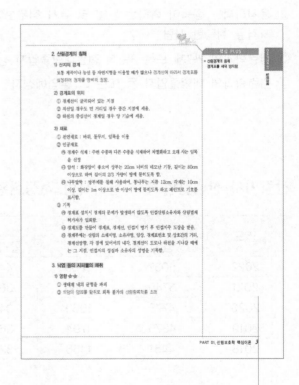

학습주안점, 학습키워드

'핵심 PLUS' 별표(★)와 형광펜

2 단원별 핵심이론으로 실전감각 키우고
최근 7개년 기출문제로 합격완성

핵심이론 학습 후 핵심기출문제를 풀어봄으로써 내용 다지기와 더불어 시험에서 실전감각을 키울 수 있도록 하였고, 왜 정답인지를 문제해설을 통해 바로 확인할 수 있도록 하였습니다. 또한, 산림기사와 산림산업기사에 출제되었던 최근 7개년 기출문제를 풀어봄으로써 스스로를 진단하면서 필기합격을 위한 마무리가 될 수 있도록 하였습니다.

[2단계]

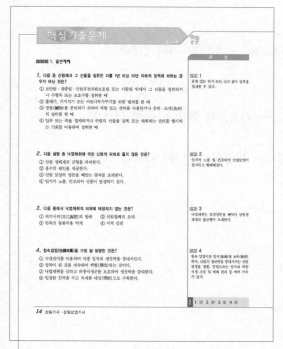

⊙ 단원별 핵심기출문제만 쏙쏙 뽑아
  내용다지기와 시험에 실전감각 키우기

최근 기출문제로 합격완성하기 ⊙

2024
산림기사·산림산업기사 학습전략

❶ 전략적 학습순서

1. 산림기사
   • 조림학 → 임업경영학 → 산림보호학 → 임도공학 → 사방공학
2. 산림산업기사
   • 조림학 → 임업경영학 → 산림보호학 → 산림공학(임업토목 + 사방공학)

❷ 개인별 전략 수립

1. 산림분야 전공자
   • 과목별 주요 이론 정리 → 기출문제 풀이로 실력테스트 → 취약한 과목 집중학습
   • 과목별 기출문제, 최근 기출문제 풀이로 접근
2. 산림관련분야 전공자, 산림관련분야 경력자
   • 과목별 기초 이론 습득 → 과목별 주요 이론 정리 → 기출문제 풀이로 실력 테스트
     → 취약한 집중학습
   • 기초이론 중 조림학은 가장 중요한 과목이므로 철저히 학습한 후 다른 과목을 학습합시다.

✔ 과목이해

- 건강한 숲을 조성하기 위해 수목에 피해를 주는 재해의 양상을 진단하고 처방에 관련한 과목
- 화재·연해·복토·침식 등 인위적 피해, 풍해·설해·냉해·동해 등 자연에 의한 기상재해, 병해, 충해, 동물에 의한 식해에 관한 내용

✔ 공략방법

- 2차 시험(필답)에는 거의 출제되지 않으므로 객관식 위주로 학습
- 병충해의 진단과 방제방법에 대해 중심적으로 암기가 필요한 과목
- 목표점수는 70점 이상

✔ 핵심내용

- 병충해 각론
- 병충해 및 각종 피해의 진단 및 처방

✔ 출제기준 (교재 chapter 연계)

주요항목	중요도	세부항목	세세항목	교재 chapter
1.일반피해	★	인위적인 피해	산림화재, 인위적인 가해와 대책	01
		기상 및 기후에 의한 피해	저온에 의한 피해, 고온에 의한 피해, 물에 의한 피해, 눈에 의한 피해, 바람에 의한 피해	03
		동·식물에 의한 피해	식물에 의한 피해, 동물에 의한 피해	
		환경오염 피해	산성비, 지구온난화, 오존층 파괴 등에 의한 피해, 대기오염물질의 종류 및 피해 형태, 열대림 파괴 및 영향	02
2.수목병	★★★	수목병 일반	수목병의 개념, 수목병의 원인, 병징과 표징, 수목병의 발생, 수목병의 예찰진단, 수목병의 전반, 수목병의 종류	04
		주요 수목병의 방제법	잎에 발생하는 병, 줄기에 발생하는 병, 뿌리에 발생하는 병	
3.산림해충	★★★	산림해충의 일반	곤충의 형태, 해충의 종류, 해충의 생태, 해충발생 원인 등	05
		산림해충의 피해	가해양식, 해충의 발생 예찰, 피해의 추정 등	
		주요 산림해충과 방제법	흡즙성 해충, 식엽성 해충, 천공성 해충, 충영형성 해충, 종실의 해충, 묘포의 해충, 목재 해충, 기타 해충	
4.농약	★	농약	농약의 종류, 농약의 사용법 등	04 05

CONTENTS

CONTENTS

PART 02 산림기사 7개년 기출문제

복원 기출문제 CBT 따라하기

홈페이지(www.bestbook.co.kr)에서 최근 기출문제를 CBT 모의 TEST로 체험하실 수 있습니다.

PART 03 산림산업기사 7개년 기출문제

복원 기출문제 CBT 따라하기

홈페이지(www.bestbook.co.kr)에서 최근 기출문제를 CBT 모의 TEST로 체험하실 수 있습니다.

PART 01 산림보호학 핵심이론

단원별 출제비중

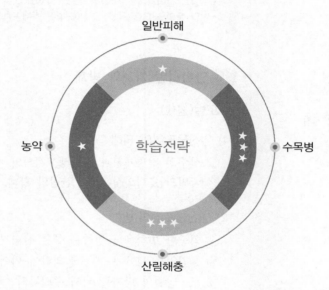

일반피해

농약

학습전략

수목병

산림해충

출제경향분석

- 산림보호학은 병충해의 진단과 방제방법에 대해 중심적으로 암기가 필요한 과목 으로 2차 시험(필답)에는 거의 출제되지 않으므로 객관식 위주로 학습하는 것이 좋습니다.
- 목표 점수는 70점 이상입니다.

01 핵심 일반재해

학습주안점
- 인위적인 가해의 종류 유형에 대해 알아야 한다.
- 도벌과 산림경계의 침해의 피해와 방제에 대해 이해해야 한다.
- 낙엽 등의 지피물채취의 영향에 따른 방제방법에 대해 알아두어야 한다.

■ 인위적인 가해와 방제
  ① 도벌 : 임산물 도취
  ② 산림경계의 침해
  ③ 낙엽 등 지피물의 채취

1 인위적인 가해와 방제

1. 도벌(盜伐)

1) 임산물도취의 피해
  ① 산주의 경영계획과 목재생산계획의 차질을 초래
  ② 국민의 조림의식 상실, 산림의 황폐, 국토의 쇠퇴, 국민성의 타락을 초래

2) 임산물도취의 방제
  ① 엄중한 법칙을 규정함은 물론 산림경찰을 배치하여 이를 미연에 방지
  ② 끊임없는 교육과 계몽에 의하여 범행을 하지 않도록 노력
  ③ 도·남벌의 방지를 위해 주민들의 애림사상 고취

3) 사례
  ① 「산림자원의 조성 및 관리에 관한 법률」에서는 산림에서 그 산물(조림된 묘목을 포함)을 절취한 자는 5년 이하의 징역 또는 5천만원 이하의 벌금에 처한다. 미수범도 처벌한다. 이 죄를 범한 자가 다음의 어느 하나에 해당한 경우에는 1년 이상 10년 이하의 징역에 처한다.
  ② 1년 이상 10년 이하의 징역에 처하는 경우

  - 채종림이나 시험림에서 그 산물을 절취하거나 수형목을 절취한 경우
  - 원뿌리를 채취한 경우
  - 장물(臟物)을 운반하기 위하여 차량이나 선박을 사용하거나 운반·조재(造材)의 설비를 한 경우
  - 입목이나 죽을 벌채하거나 산림의 산물을 굴취 또는 채취하는 권리를 행사하는 기회를 이용하여 절취한 경우
  - 야간에 절취한 경우
  - 상습으로 채종림이나 시험림에서 그 산물을 절취하거나 수형목을 절취하는 죄를 범한 때

2. 산림경계의 침해

1) 산지의 경계

보통 계곡이나 능선 등 자연지형을 이용할 때가 많으나 경계선에 따라서 경계표를 설정하여 경계를 명백히 정함.

2) 경계표의 위치

① 경계선이 굴곡되어 있는 지점
② 직선일 경우도 먼 거리일 경우 중간 지점에 세움.
③ 하천의 중심선이 경계일 경우 양 기슭에 세움.

3) 재료

① 천연재료 : 바위, 돌무지, 임목을 이용
② 인공재료
  ㉮ 경계수 식재 : 주변 수종과 다른 수종을 식재하여 차별화하고 오래 사는 임목을 선정
  ㉯ 암석 : 화강암이 좋으며 상부는 20cm 너비의 네모난 기둥, 길이는 80cm 이상으로 하며 길이의 2/3 가량이 땅에 묻히도록 함.
  ㉰ 나무말뚝 : 방부제를 칠해 사용하며, 통나무는 지름 12cm, 각재는 10cm 이상, 길이는 1m 이상으로 반 이상이 땅에 묻히도록 하고 페인트로 기호를 표시함.
③ 기록
  ㉮ 경계표 설치시 경계의 문제가 발생하지 않도록 인접산림소유자와 산림벌채 허가자가 입회함.
  ㉯ 경계도를 만들어 경계표, 경계선, 인접지 명기 후 인접지주 도장을 받음.
  ㉰ 경계부에는 산림의 소재지명, 소유자명, 임상, 경계표번호 및 상호간의 거리, 경계선방향, 각 점에 있어서의 내각, 경계선이 도로나 하천을 지나갈 때에는 그 지점, 인접지의 성질과 소유자의 성명을 기록함.

3. 낙엽 등의 지피물의 채취

1) 영향 ☆☆

① 생태계 내의 균형을 파괴
② 토양의 양료를 탈취로 회복 불가의 산림황폐화를 초래

2) 방재

① 연료생산을 위한 필요 면적의 연료림을 조성하도록 장려

② 낙엽채취의 피해를 교육, 계몽으로 인습을 버리게 하고 연료림의 조성, 메탄가스의 이용 등을 자발적으로 하도록 유도함.

③ 연료림의 조성이 완성될 때까지 농촌연료로서 필요한 최소한의 낙엽채취를 허가하되 한 임지에서 반복하여 채취하지 않도록 하고, 법을 어기고 채취하는 자는 처벌하도록 함.

2 산림화재

1. 산불의 피해 ☆☆

1) 성숙 임분에 대한 피해

① 산주에게 막대한 손실을 끼치며 임업경영계획에 대폭적인 수정을 요하게 됨.

② 피해 임분은 병해충에 대한 저항력이 약해져 다른 임분에 2차 피해를 줄 수 있음.

2) 유령림에 대한 피해 ☆

① 유령림의 경우 치사온도 55 ~ 65도로 갱신치수가 전멸하게 되어 재조림을 실시해야 함.

② 유령림은 인공조림이나 천연갱신을 하여 갱신지면을 정리

3) 장령림에 대한 피해

투입된 투자와 노력에 대한 수익이 없어져 막대한 손실을 끼치며 임업경영계획에 대해 수정을 요하게 됨.

4) 토양에 대한 피해

① 낙엽층이 소실되고, 부식층까지 타게 되어 토양의 이화학적 성질을 악화시킴

② 지피물의 소실로 질소분은 이미 날아가 버리고 인산, 석회, 칼리 등 광물질 성분을 함유하고 있으나 바람에 비산되고 빗물에 의하여 유실되므로 토양이 척박해짐.

③ 부식질이 소실은 지표 유하수(강수가 지상에 떨어져 하천에 도달하기 전까지 지표면 위로 흐르는 유수)가 늘고 투수성이 감소되어 토양의 이화학적 성질이 악화되는 동시에 지하의 저수기능이 감퇴되어 호우시에는 일시적인 지표유하수의 증가로 말미암아 홍수의 원인이 됨.

④ 산불의 피해를 받은 토양은 피해를 받지 않은 토양보다 지표유하수량이 3~16배로 증대되어 물에 의한 침식이 격화됨.

■ 산불피해

① 토양피해 : 토양 공극률 감소, 유효 광물질 유실, 지하 저수기능 감소, 호우 시 일시적인 지표유하수량 증가

② 임목피해 : 임목의 죽음은 형성층의 죽음으로 치사온도 52℃부근에서 시작되어 65℃부근에서 고사함, 침엽수는 소생될 가능성이 적으나 활엽수는 근주로부터 맹아가 회복할 가능성이 있음.

5) 산림의 생산능력감퇴

① 산불이 일어나면 용재 가치 있는 나무가 먼저 타 죽고 가치가 낮은 수종들이 남아있게 되어 임분의 질이 퇴화하게 됨.

② 산불이 자주 일어나면 교목 대신 산불에는 강하나 경제적 가치가 훨씬 떨어지는 관목이 번성하게 됨.

6) 산림의 다목적(간접적) 기능감퇴

수원함양, 국토보전, 풍치보전, 휴양처제공, 공해방지, 야생동물번식 등의 기능을 감퇴 · 소멸시킴.

2. 산림화재의 효용 ☆

① 조림지의 준비 : 임지 부식층이 두꺼운 경우 적당히 불을 넣어 조부식층을 제거하여 천연하종갱신에 유리하게 함.

② 임내경쟁의 해소 : 고열에 강한 주 수종(내화수종)은 살리고 잡 수종을 제거하여 수목간의 영양과 수분 경쟁을 완화시킴.

③ 병충해의 방제 : 병의 전염 및 확산 방지, 중간기주 제거

④ 야생목초의 양과 질을 동시에 개량함.

3. 산림화재의 원인

1) 자연적으로 발생하는 경우(예방이 불가능)

① 낙뢰나 수목간의 마찰

② 낙엽과 떨어진 가지들의 발효에 의한 발화

2) 인위적으로 발생하는 경우(산림에 대한 재산적 관념이 적은데서 기인함)

① 가옥화재로부터의 열소 또는 비화 등

② 산림경영자, 등산객, 야영객 등 과실과 부주의

③ 고의적인 방화, 입산자에 의한 실화가 전체 산불의 40% 정도를 차지함.

4. 산불발생시기

① 관계습도가 가장 낮은 3,4,5월로 전국적으로 4월 초순이 가장 많이 발생함.

② 발생 시간은 건조한 오후 2시~6시가 전체 발생의 50% 정도

③ 계절별 특징 : 가을철은 산행인구 증가로 봄철보다 20%정도 증가

④ 산불 원인의 시기별 · 지역별 특성

㉠ 가을에는 봄철에 비해 계절풍의 영향이 적고 적설 및 습도가 높아 대형 산불로 확산될 개연성이 적음.

▪ 정의☆

① 통제화입 : 산불의 유리한 점을 이용하기 위해 면적과 강도를 정해 산에 불을 놓는 것

② 처방화입 : 불을 놓을 대상지, 날짜와 시간, 일기, 토양온도 등을 정해 산에 불을 놓는 것

▪ 산림화재의 원인

• 대부분 인위적인 피해가 큼.

• 사람의 부주의

© 동절기로 진행될수록 건조한 날씨가 누적되고 연료가 건조해짐에 따라 산불 위험성이 높아짐.

© 동절기가 길고 적설량이 많은 중·북부지방은 산불 위험이 낮지만 적설량이 적은 중부이남 지역은 겨울철에도 산불위험이 지속됨.

5. 산림화재의 종류 ☆☆☆

1) 수관화(樹冠火)

① 나무의 수관에 불이 붙어 수간과 수관이 타는 불로, 비화되기 쉽고 한 번 일어나면 진화가 힘들어 큰 손실을 주는 산불로 진화가 어려움.

② 수지가 많은 침엽수림에 한하여 일어나나, 때로는 마른 잎이 수관에 남아 있는 활엽수림에도 일어날 때가 있음.

③ 지표화 다음으로 발생건수가 많고 비화현상으로 소화가 곤란하며 피해 발생면적도 매우 넓음.

④ 산정상을 향해 바람을 타고 올라가며, 바람이 부는 방향으로 V자형 선단으로 뻗어나가고, 큰불이 되면 선단이 여러 개가 됨.

2) 수간화(樹幹火)

① 나무줄기가 타는 불로 화염온도가 600℃ 이상에서 발생함.

② 지표화에서 발전된 경우가 많고 노령림의 고사목이나 수간의 공동부가 있는 임령에서 간혹 일어나나 흔하지 않음.

③ 낙뢰 또는 속이 썩은 부분(빈 곳)부터 발생할 수 도 있음.

3) 지표화(地表火) ☆

① 지표에 쌓여 있는 낙엽과 지피물, 지상 관목층, 갱신치수 등이 불에 타는 화재로 산불 중에서 가장 흔히 일어나는 산불

② 토양단면의 A_L층(낙엽층)과 A_F층(조부식층)의 상부가 타는 불

③ 바람이 없을 때는 발화점에서 둥글게 퍼지고 바람이 있으면 바람이 부는 쪽으로 타원형을 이루며 빠르게 번져감.

④ 유령림 내에 발생하게 되면 반드시 수관화를 유발해 전멸하나 장령림과 노령림은 잘 고사하지 않음.

4) 지중화(地中火)

① 낙엽층 밑에 있는 층(조부식층)의 하부와 층(부식층)이 타는 불

② 산소의 공급이 막혀 연기도 적고 불꽃도 없으나, 강한 열로 오래 계속되며 균일하게 피해를 줌.

③ 낙엽층 분해가 더딘 고산지대, 깊은 이탄이 쌓여 있는 저습지대(표면은 습하고 속은 말라 있을 때)에서 지중화가 일어나기 쉬움.

④ 지표 가까이에 몰려 있는 연한 뿌리들이 뜨거운 열로 죽게 되므로 지상부는 아무렇지도 않은 채 나무가 죽게 되는 현상 (우리나라에서는 거의 발생하지 않는 산불)

6. 산림화재 발생 요소 ☆☆☆

1) 수종

① 침엽수는 수지(樹脂)를 갖고 있어 발열량이 많기 때문에 산불피해시 고사하거나 재질의 손상을 크게 받음.

② 양수는 음수보다 임분의 폐쇄가 덜하고 하층식생도 많으며, 일조량도 많아 건조되기 쉽고 위험도도 높음. 반면 음수는 폐쇄된 임분을 형성하여 임지에 습기가 많고 잎도 비교적 잘 안타는 편이므로 위험도가 낮음.

③ 활엽수 중에서 일반적으로 상록수가 낙엽수보다 불에 강함.

④ 낙엽활엽수 중에서 굴참나무, 상수리나무 등 참나무류와 같이 코르크층이 두꺼운 수피를 가진 것이 불에 강함.

표. 내화력이 강한 수종 및 약한 수종 ☆☆

구분	내화력이 강한 수종	내화력이 약한 수종
침엽수	은행나무, 잎갈나무, 분비나무, 가문비나무, 개비자나무, 대왕송 등	소나무, 해송(곰솔), 삼나무, 편백 등
상록활엽수	아왜나무, 굴거리나무, 후피향나무, 붓순, 협죽도, 황벽나무, 동백나무, 비쭈기나무, 사철나무, 가시나무, 회양목 등	녹나무, 구실잣밤나무 등
낙엽활엽수	피나무, 고로쇠나무, 마가목, 고광나무, 가중나무, 네군도단풍나무, 난티나무, 참나무, 사시나무, 음나무, 수수꽃다리 등	아까시나무, 벚나무, 능수버들, 벽오동나무, 참죽나무, 조릿대 등

2) 수령

① 20년생 이하의 유령림은 연소하기 쉬운 잡초류가 많고 수고가 낮아 산불 발생시 전소(全燒)함.

② 노령림은 지표화 정도로는 피해를 받지 않을 뿐만 아니라 수관이 높아 수관화가 되기 어려움.

■ 산림화재 발생 요소
① 수종에 영향
  • 가연성 지피물의 종류, 건조도, 수지분의 유무와 관련
  • 산불 저항성 : 양수<음수, 활엽수>침엽수, 상록활엽수>낙엽활엽수
② 수령 : 20년 이하의 유령림은 산불 발생시 전소함.
③ 기후와 계절
  • 강우량, 상대습도, 가연물의 함량, 바람
  • 가물고 공중습도가 낮은 3,4,5월에 가장 산불이 많이 발생
  • 공중관계습도가 50% 이하에서는 산불이 발생하기 쉽고, 25% 이하에서는 수관화 발생 우려 있음.
  • 하루 중에서도 공중습도가 낮은 오후에 주로 발생
  • 바람 풍속이 빠를수록 산불이 일어나기 쉽고 피해도 커짐.
④ 지황 : 경사면, 방위 등

3) 기후와 계절

① 강우량 : 강우량이 적고 공중습도가 낮은 3, 4, 5월에 산불이 가장 많이 발생

② 관계습도 : 공기 중에 포함된 수분 함량의 %로, 일반적으로 공중 관계습도가 50% 이하인 때에 산불이 발생하며 수관화의 대부분은 25% 이하에서 발생

표. 공중의 관계습도와 산화발생 위험도와의 관계

공중의 관계습도(%)	산화발생의 위험도
60	산불이 잘 발생하지 않는다.
50~60	산불이 발생하나 진행이 더디다.
40~50	산불이 발생하기 쉽고 또 속히 연소된다.
40	산불이 매우 발생하기 쉽고 진화 곤란하다.

③ 가연물의 함량 : 산림 내 가연물의 수분함량 상태로 산불발생 위험도를 좌우함.

표. 임내 퇴적물의 함량과 가연성

함량(%)	가연성
25 이상	없음
20~25	아주 적음
15~19	적음(모닥불은 위험)
11~14	보통(성냥불은 위험)
8~10	위험(성냥불은 항상 위험)
5~7	아주 위험(모든 화기는 위험)

④ 바람 : 기상인자 중 가장 중요한 영향을 미침, 풍속은 연소의 속도를 빠르게 하고 풍향은 연소의 방향을 좌우 함, 풍속이 낮을 때는 산불발생이 많고·풍속이 빠를 때는 피해면적이 급격히 확산됨.

4) 지황

① 경사면 : 경사가 급해지면 산불의 진행속도는 복사열 및 대류열의 영향으로 평지의 산불보다 빠르게 진행됨, 급경사지와 경사기부에서 발생한 산불이 피해가 가장 큼.

② 방위 : 경사면이 향한 방향이 남향과 남서향은 북향보다 수광량이 많고 고온이며 상대 습도가 낮아 가연물이 건조하여 산불의 발생이 많음.

7. 산불위험지수

1) 산출방법

① 대기 중의 습도를 측정하는 습도 측정봉의 무게를 이용하여 산불이 발생할 수 있는 확률을 계산해 내는 것으로, 습도측정봉의 무게가 무거울 경우 발생확률은 낮게, 측정봉의 무게가 가벼울 경우에는 발생확률이 높게 나타남.

② 측정봉의 기본 무게가 100이므로 만약 계산값이 100보다 클 경우는 100을 뺀 값을 습도측정봉의 무게로 결정하고 이를 산불위험지수로 환산함. 계산값이 100보다 작은 경우에는 그 값을 그대로 측정봉의 무게로 결정하고 이를 산불위험지수로 환산하여 지수값을 결정하게 됨.

$$Y(\text{습도측정봉의 무게}) = 6.87 + (0.64 \times P) + (0.15 \times EF) + (1774.94/CS)$$
여기서, EF : 실효습도(%), CS : 적산일사량(MJ/m²) ,P : 강수량(mm)

표. 산불위험지수 산출표

Y	10	11	12	13	14	15	16
위험지수	100	90	80	70	60	50	40

2) 산불경보 ☆

① 산림청장, 시·도지사 또는 시장·군수·구청장은 산불재난 국가위기경보(산불경보) 발령기준에 따라 산불경보를 발령할 수 있음.

② 산불재난 위기경보 : 관심(Blue, 징후활동감시) → 주의(Yellow, 위험지수 51 이상 지역이 70% 이상) : 협조체제가능 → 경계(Orange, 위험지수 66 이상 지역이 70% 이상) : 대응태세강화 → 심각(Red, 위험지수 86 이상 지역이 70% 이상) : 총력대응

8. 산림화재의 진화

1) 일반원칙

① 바람이 불어가는 선단에서 가장 빨리 불이 번지게 되는데, 이 부분을 화두라고 한다. 이 화두의 방향과 직통의 방향으로는 번지는 속도가 느린데, 이 부분을 측면화라 함.

② 바람이 불어오는 쪽 경사면으로 내려가는 부분을 화미라고 하는데, 보통 가장 불기운이 약하고 자연히 꺼지기도 함.

③ 가연물의 분포상태, 지형, 풍속 등에 따라서 불길이 퍼져 가는 화두가 몇 개로 갈라져 나갈 때가 있는데 반드시 화두부를 꺼 가도록 함.

④ 화두부의 불을 제어하기 어려울 때에는 측면화를 양측으로부터 꺼 들어가서 화재면을 좁혀 들어감.

핵심 PLUS

■ 산불위험지수의 정의
산불의 발생이 빈번한 11~5월까지의 기간 동안 산불발생에 중요한 영향을 미치는 기상요소들을 산출하여 이를 이용해 산불위험정도를 계산한 값

2) 방법

① 직접소화법

㉮ 소화에는 물을 쓰는 것이 제일 효과적이나, 물이 없을 때에는 생나무를 가지고 불을 두들겨서 끄도록 하고, 불길이 셀 때에는 토사를 끼얹어 산소의 공급을 차단시킴.

㉯ ABC 소화기를 사용하여 수화분제를 살포, Jet Shooter를 등에 지고 소화제 살포

장기성 소화약제	화학약제, 물이 증발되어도 약제는 남아 연소억제효과를 나타냄.
단기성 소화약제	물리적 억제제, 물이 증발되면 약제효과도 소멸되는 거품제

② 간접소화법

㉮ 고열로 직접소화법 사용이 어려울 때

㉯ 화두에서 약간 거리를 둔 전방에 30~50cm폭으로 흙을 뒤집어 소화선(fire line)을 만들어 놓고 화두가 이 소화선에 닿아서 불길이 약해질 때 직접소화법에서와 같은 방법으로 소화

③ 맞불(back firing)

㉮ 간접소화법의 일종

㉯ 불의 진행 방향과 맞불의 진행 방향이 부딪히게 하여 가연물을 소실시킴으로써 진화되도록 하는 수단

㉰ 대형 산불로 확산되어 직접 진화는 물론 방화선 설치만으로 진화가 어렵다고 판단될 때 적용하는 산불 진화의 최후 방법임.

■ 산불이 발생한 지역에서 특히 많이 발생하는 수병 ⇒ 리지나 뿌리썩음병

9. 화재 후의 처리

① 모든 가지 및 그루터기와 고사목은 쓰러뜨림.

② 방화선 부근의 불탄 뿌리가 없도록 확인하며, 불씨가 묻혀 있는 곳을 확인함.

③ 화재지 주위에 나지대를 만들어 광물질토양이 노출될 때까지 파 엎어 놓고 낙엽은 흙 속에 파묻든지 또는 멀리 치워 버리도록 하며 화재가 완전히 소멸될 때까지 자주 감시하도록 함.

10. 산림화재의 예방 ☆☆☆

1) 방화선

① 목적 : 산불 발생 위험있는 지역에 화재 전진을 방지하기 위해 설치하는 것으로 산의 능선(8~9부능선), 산림의 구획선, 암석지, 하천 등을 이용

② 방화선 계획

㉮ 수평방향으로 보통 10~20m 폭으로 임목과 잡초, 관목을 제거하여 만듦.

ⓝ 지면을 파서 광물질토양이 노출되게 해주고, 해마다 발생하는 관목과 잡초는 물론 낙엽, 나뭇가지 등의 가연물을 제거함.

ⓓ 방화선에 의하여 구획되는 산림면적이 적어도 50ha 이상은 되도록 함.

③ 방화선 설치

　㉮ 띠 모양으로 숲을 제거해 산불확산과 진화를 막음.

　㉯ 방화선과 불길 사이에 있는 연료를 제거하여 불이 번지지 않도록 안전띠를 만드는 방법

　㉰ 방화선은 가능한 직선으로 하며, 언덕 아래 또는 산봉우리 뒤편에 설치함.

④ 방화선의 폭

　㉮ 연료·지형·불의 형태를 고려하여 판단하되, 우세 불길 높이의 약 1.5배가 되도록 함.

　㉯ 불의 형태가 심각해질 것으로 예상되는 지역에서는 연료 높이의 2배 이상이 되도록 함.

　㉰ 연료 종류에 따른 방화선의 폭과 흙이 보일 때의 폭에 대한 일반 지침은 다음 표와 같음.

연료의 종류	정리지역의 폭	흙이 보일 때의 폭
풀밭	2~3피트(0.6~0.9m)	2~3피트(0.6~0.9m)
중간 관목	4~6피트(1.2~1.8m)	6~8피트(1.8~2.4m)
두꺼운 관목	9피트(2.7m)	1~2피트(0.3~0.6m)
아주 두꺼운 관목 또는 벌채지역	12피트(3.7m)	3피트(0.9m)
임목	20피트(6m)	3피트(0.9m)

2) 산림경영상 예방

① 동령림을 피하고 이령림으로 구성하며, 혼효림과 택벌림을 조성함.

② 혼효림 : 침엽수와 활엽수가 혼합되어 있는 산림

③ 택벌림

　㉮ 모든 수령의 임목이 각 영급별로 비교적 동일한 면적을 차치하여 자라고 있는 숲

　㉯ 택벌작업을 하고 있거나 택벌작업을 통하여 만들어진 각 영급의 나무들이 고르게 섞여 자라고 있는 숲

핵심 PLUS

■ 방화수림대 조성

① 폭이 넓은 방화선을 설치하여 방치한다는 것이 임업경영상 불리하므로 방화선의 일부를 방화수로 심어둠.

② 온대지방에서는 상수리나무, 굴참나무, 고로쇠, 마가목 등의 내화수종의 방화수림대를 조성함.

■ 산불보고 종합체계
산불발생보고 → 산불진화보고 → 산
불피해상황보고 → 산불피해정정보고

11. 산불관리통합규정(산림청훈령)

1) 용어의 정의

산불감시시설	산불감시탑·산불감시초소 및 산불무인감시시스템 등 산불발생 여부를 감시하는 시설
공중진화대	산림교육원에서 교육을 이수한 산림공무원으로서 산림항공본부에 편성된 산불진화대
지상진화대	산림공무원, 산불전문예방진화대원, 사회복무요원 등으로 조직하여 특별자치시·도, 시·군·구 또는 지방산림청국유림관리소에 편성된 산불진화대
산불전문예방진화대	산불방지를 위하여 관한 지역의 주민 중에서 농림축산식품부령으로 정하는 산불진화 교육과 훈련을 받은 사람
보조진화대	특별자치시·도, 시·군 또는 국유림관리소에 근무하는 공무원 중 지상진화대에 편성되지 아니한 자와 특별자치시·도, 시·군 또는 국유림관리소의 기능인 영림단, 산불감시원 및 의용소방대 또는 지역주민으로 조직된 산불진화대
진화선	산불이 진행하고 있는 외곽지역에 산불 확산을 저지할 수 있는 하천·암석 등 자연적 지형을 이용하거나 입목의 벌채, 낙엽물질의 제거, 고랑 파기 등의 방법으로 구축한 산불 저지선
주불	계속적으로 확산되고 있는 화세가 강한 불
잔불	주불이 진화되고 남아있는 불로서, 주변 산림으로 확산될 우려가 없는 화세가 미약한 불
뒷불	잔불을 진화한 후 산림피해 구역 내에 남아 있는 불씨가 열에너지 및 기상적 여건 등에 의하여 다시 발화되는 불

■ 산불조심기간
산림청장이 설정하는 기간은 봄철에는
2월1일부터 5월 15일까지, 가을철에
는 11월1일부터 12월 15일까지로 한다.
(단, 기상상태 및 지역여건을 고려하여
이를 조정할 수 있음)

2) 산불예방

① 입산통제 기준

통제권자	특별자치시·도지사, 시장·군수·구청장 및 지방산림청장
통제구역	• 산불취약지 중심으로 관할하는 전체 산림의 30%까지 지정 • 등산로 폐쇄구간은 관할하는 전체 등산로 중 50%까지 지정 • 최근 10년간 2회 이상 산불이 발생한 산림 • 최근 10년 이내에 10만m² 이상 산불이 발생한 산림 • 통제권자가 산불위험이 높다고 판단되는 산림

② 산불감시원 등 확보 : 지역산불관리기관의 장은 관할구역의 산불예방과 산불의 조기발견에 필요한 산불감시원 및 사회복무요원을 확보하여 산불감시시설 및 산불취약지역에 배치
③ 산불취약지역 등에 대한 대책

④ 지역산불관리기관의 장은 산불취약지 및 집단조림지·채종림·시험림·산림보호구역 등 보호의 필요가 높은 산림을 법에 따라 화기 및 인화·발화 물질을 소지하고 입산할 수 없는 산림(화기물 소지 금지구역)으로 지정

⑤ 산불조심 경고판을 설치하고 예방감시 활동을 함.

산 불 방 지 경 고 문

「산림보호법」 제34조제4항에 따라 이 지역은 화기, 인화, 발화물질 소지 금지구역입니다. 누구든지 산림 또는 산림인접지역으로 불을 가지고 들어가거나 불을 피우는 행위를 하지 못합니다.
- 담배, 라이타, 성냥 등을 소지한 사람은 30만원 이하의 과태료가 부과됩니다.
- 과실로 산림에 불을 낸 사람은 3년 이하의 징역 또는 1500만원 이하의 벌금형을 받습니다.
- 고의로 산림에 불을 낸 사람은 최고 7년 이상의 징역형을 받습니다.

20 년 월 일

○ ○ 시 · 도 지 사
○ ○ 지 방 산 림 청 장
○ ○ 시장 · 군수 · 구청장
○ ○ 국유림관리소장

---

⑥ 지역산불관리기관의 장은 철도·도로변 또는 유류·가스 저장시설 등 위험시설물의 연접지에 대하여는 주변 10m 내에 있는 낙엽·잡초 등의 가연물질을 사전에 제거하는 등 산불예방에 필요한 조치를 하도록 관계기관의 장 또는 관리자에게 요구할 수 있음.

3) 산불 피해현황

① 피해면적 : 산불이 발생되어 지상입목, 관목, 시초 등을 연소시키면서 실제로 산불이 지나간 면적을 말함(암석지 및 석력지는 제외함).

② 피해재적 : 산불 연소 피해를 입은 입목의 재적을 말함.

③ 피해액 : 산불로 인한 손실 금액으로 입목피해액에 해당함.

④ 산정방법

㉮ 목측, 실측, 항공사진, 축척 1 : 25000지형도에 의해 산정(소수점 첫째자리까지만 산정)

㉯ 피해면적이 10ha 이상인 경우 GPS측정장비로 피해면적산정

■■■ 1. 일반재해

1. 다음 중 산림에서 그 산물을 절취한 자를 1년 이상 10년 이하의 징역에 처하는 경우가 아닌 것은?

① 보안림 · 채종림 · 산림유전자원보호림 또는 시험림 안에서 그 산물을 절취하거나 수형목 또는 보호수를 절취한 때
② 풀베기, 가지치기 또는 어린나무가꾸기를 위한 벌채를 한 때
③ 장물(贓物)을 운반하기 위하여 차량 또는 선박을 사용하거나 운반 · 조재(造材)의 설비를 한 때
④ 입목 또는 죽을 벌채하거나 산림의 산물을 굴취 또는 채취하는 권리를 행사하는 기회를 이용하여 절취한 때

문항 ②는 허가 또는 신고 없이 입목을 벌채할 수 있다.

2. 다음 설명 중 낙엽채취에 의한 산림의 피해로 옳지 않은 것은?

① 산림 생태계의 균형을 파괴한다.
② 홍수의 원인을 제공한다.
③ 산림 토양의 양분을 빼앗는 결과를 초래한다.
④ 임지가 노출, 건조되어 산불이 발생하기 쉽다.

임지가 노출 및 건조되어 산림토양이 침식되고 황폐해진다.

3. 다음 중에서 낙엽채취의 피해에 해당되지 않는 것은?

① 자기시비(自己施肥)의 방해
② 산림황폐의 초래
③ 임목의 동화작용 억제
④ 지력 감퇴

낙엽채취는 토양양분을 빼앗아 산림생태계의 불균형이 초래한다.

4. 항속임업(恒續林業)을 가장 잘 설명한 것은?

① 식생천이를 이용하여 각종 임목의 생산력을 증대시킨다.
② 성목이 된 것을 계속하여 택벌(擇伐)하는 것이다.
③ 낙엽채취를 금하고 하층식생군을 보호하여 생산력을 증대한다.
④ 일정한 간격을 두고 목재를 대상(帶狀)으로 수확한다.

항속 임업이란 임지(林地)를 보육(保育)하며, 산림의 생산력을 증대시키는 산림경영을 말함, 방법으로는 임지내 하층식생 조성 및 비배 관리 등 여러 가지가 있다.

5. 경계 침해의 방지를 위한 적절한 조치는?

① 임야등기의 수시 열람   ② 수시로 측량한다.
③ 경계표 설치   ④ 청원경찰의 배치

6. 산림화재가 토양에 미치는 피해가 아닌 것은?

① 지표유하수(surface run-off)가 늘게 된다.
② 투수성(penetrability)이 증가된다.
③ 지하의 저수능력이 감퇴된다.
④ 물에 의한 침식이 격화된다.

7. 다음 중 산림화재에 의한 피해가 아닌 것은?

① 토양의 이화학적 성질 변화
② 산림의 생산능력 감퇴
③ 임지 침강에 의한 토사 유출
④ 화학적 양료의 공급에 의한 토양의 개량

8. 산림화재에서 수목 형성층 치사온도의 범위로 가장 적당한 것은?

① 24 ~ 34 ℃   ② 35 ~ 45 ℃
③ 44 ~ 54 ℃   ④ 55 ~ 65 ℃

9. 우리나라에서 가장 많이 발생하는 산불은?

① 실화   ② 방화
③ 연소   ④ 자연적 발생

해 설

해설 **5**
산림의 경계침해 방지를 위해 소유지 소유권을 확정하고 경계선과 경계표를 명확히 설치해 두어야 한다.

해설 **6**
산불로 토양은 지표유하수 증가, 투수성이 감소되며 이화학적 성질 또한 불량해진다.

해설 **7**
산림화재로 인해 토양에 화학적 양료를 공급하는 부식질이 소실된다.

해설 **8**
임목의 형성층의 죽음은 치사온도는 52℃ 부근에서 시작되어 65℃ 범위에서 순식간에 고사한다.

해설 **9**
우리나라 산불 원인 중의 대부분은 입산자에 의한 실화가 전체 산불의 40% 정도를 차지한다.

정답 5. ③ 6. ② 7. ④ 8. ④
9. ①

10. 다음 중 산림화재가 가장 발생하기 쉬운 때는?

① 공중관계 습도가 60% 이상일 때
② 지피물의 함수상태가 80% 이상일 때
③ 하루 중 0시 ~ 4시 사이
④ 3, 4, 5월의 3개월간

해설 **10**

우리나라에서 산불이 가장 많이 발생하는 시기는 건조하고 관계습도가 가장 낮은 3 · 4 · 5월로 전국적으로는 4월 초순에 가장 많이 발생한다.

11. 산불 가운데 비화(spot fire)하기 쉽고 한번 일어나면 불끄기가 힘들어 큰 손실을 가져오는 산불은?

① 지중화   ② 지표화
③ 수간화   ④ 수관화

해설 **11**

수관화는 산불 중에서 가장 큰 피해를 주며 한번 발생하면 진화하기 어렵다.

12. 지표화로부터 연소되는 경우가 많고 나무의 공동부가 굴뚝과 같은 작용을 하여 비화가 발생하기 쉬운 산불의 종류는?

① 수관화   ② 수간화
③ 지표화   ④ 지중화

해설 **12**

수간화는 나무의 줄기가 연소하는 것으로 지표화에 의하거나 노령목 또는 수간의 공동부에서 발생할 수도 있다.

13. 임지에 쌓여있는 낙엽과 지피물, 갱신치수 및 지상 관목 등이 타는 산림화재의 종류는?

① 지중화   ② 지표화
③ 수관화   ④ 수간화

해설 **13**

지표화는 임야에 퇴적된 건초 등의 지피물이 연소하거나 등산객 등의 부주의로 발생하는 초기단계의 불로 가장 흔하게 일어난다.

14. 내화력이 강한 낙엽활엽수종은?

① 은행나무   ② 벗나무
③ 녹나무   ④ 피나무

해설 **14**

피나무, 고로쇠나무, 고광나무, 가중나무, 참나무류, 사시나무, 음나무 등은 내화력이 강한 낙엽활엽수종이다.

정답 10. ④   11. ④   12. ②   13. ②
14. ④

15. 다음 중 방화수로 가장 적합한 수종은 어느 것인가?

① 해송
② 벚나무
③ 삼나무
④ 은행나무

16. 다음 중 산불에 내화력이 약한 수종은?

① 은행나무
② 분비나무
③ 굴참나무
④ 편백

17. 생엽(生葉)의 발화온도가 낮은 수종에서 높은 수종으로 배열된 것은?

① 피나무 – 아까시나무 – 은행나무 – 네군도단풍나무
② 피나무 – 네군도단풍나무 – 은행나무 – 아까시나무
③ 네군도단풍나무 – 은행나무 – 아까시나무 – 피나무
④ 네군도단풍나무 – 아까시나무 – 은행나무 – 피나무

18. 수관화는 대부분 공중습도 몇 % 이하일 때 잘 발생하는가?

① 60% 이하
② 50% 이하
③ 40% 이하
④ 25% 이하

19. 공중습도는 산불 발생과 매우 관계가 깊다. 다음은 공중습도와 산불 발생 위험도와의 관계를 설명한 것이다. 잘못된 것은?

① 공중습도 60% 이상은 산불이 잘 발생하지 않는다.
② 공중습도 50% ~ 60%에서는 산불이 발생하나 진행이 더디다.
③ 공중습도 40% ~ 50%에서는 산불이 발생하나 진행이 더디다.
④ 공중습도 30% 이하에서는 산불의 발생이 대단히 쉽고 소방이 곤란하다.

해 설

해설 **15**

은행나무, 낙엽송, 분비나무, 가문비나무, 개비자나무, 대왕송 등은 내화력이 강한 침엽수종이다

해설 **16**

소나무, 해송, 삼나무, 편백 등은 내화력이 약한 침엽수종이다.

해설 **17**

생엽의 발화온도 피나무(360℃), 아까시나무(380℃), 은행나무(430℃), 네군도단풍나무(490℃)

해설 **18**

수관화의 대부분은 상대습도 25% 이하에서 발생한다.

해설 **19**

공중습도가 40%~50%에서는 산불이 발생하기 쉽고 진행이 빠르다.

정답 15. ④ 16. ④ 17. ① 18. ④
19. ③

20. 산불에 대한 설명 중 잘못된 것은?

① 산불에 위험성이 큰 임분의 연령은 20년생 이하의 유령림이다.
② 풍속이 낮을 때는 산불의 발생은 많고, 풍속이 빠를 때는 피해면적이 급격히 확산된다.
③ 혼효림과 이령림이 단순림과 동령림보다 산불의 위험성이 높다.
④ 우리나라에서 산불이 가장 많은 계절은 봄이다.

21. 산불 발생에 따른 수종의 특징이다. 옳지 않은 것은?

① 침엽수는 나무진이 많아 활엽수보다 피해가 적다.
② 양수는 음수에 비해 임분의 폐쇄도가 낮고 지피물이 많이 쌓여 건조하므로 위험성이 많다.
③ 소나무는 양수이고 침엽수이므로 피해의 위험성이 크다.
④ 수령이 30년생이 되면 임분이 울폐되어 지표에 잡초가 적고 지피물의 함량이 많아져서 발화의 위험이 적다.

22. 임지의 위치로 보아 산불의 피해가 많은 쪽은?

① 남북면   ② 동서면
③ 남서면   ④ 동북면

23. 산불위험지수 계산에 이용되는 습도측정봉의 무게를 측정할 때 필요한 계산인자가 아닌 것은?

① 실효습도   ② 적산일사량
③ 강수량   ④ 임지피복상태

해 설

해설 **20**
단순림과 동령림이 혼효림과 이령림보다 산불위험성이 높다.

해설 **21**
침엽수는 수지(植相)를 갖고 있어 발열량이 많기 때문에 산불피해시 고사하거나 재질의 손상을 크게 받는다.

해설 **22**
남향과 남서향은 북향보다 수광량이 많고 고온이며 상대 습도가 낮아 가연물이 건조하여 산불의 발생이 많다.

해설 **23**
산불위험지수는 대기 중의 습도를 측정하는 습도측정봉의 무게를 이용하여 산불이 발생할 수 있는 확률을 계산해 내는 것이다.

24. 다음 중 산불경보에 대해 잘못 설명한 것은?

① 산불경보는 관심, 주의, 경계, 심각으로 구분한다.
② 산림청장, 국립산림과학원장은 산불경보를 발령할 수 있다.
③ 산불위험지수는 산림 안 가연물질의 연소상태와 기상상태에 따라 산불이 발생할 수 있는 위험정도를 기준으로 산정한다.
④ 산불경보를 발령한 때에는 대국민 홍보를 실시하여야 한다.

25. 산림청장이 발령하는 산불경보의 발령기준에서 "심각"으로 발령되는 경우는?

① 산불발생시기 등을 고려하여 산불예방에 관한 관심이 필요한 경우
② 전국의 산림 중 산불위험지수가 51 이상인 지역이 70% 이상인 경우
③ 전국의 산림 중 산불위험지수가 66 이상인 지역이 70% 이상인 경우
④ 전국의 산림 중 산불위험지수가 86 이상인 지역이 70% 이상인 경우

26. 다음 중 산불위험지수에 대해 잘못 설명한 것은?

① 산불의 발생이 빈번한 기간 동안 산불 발생에 중요한 영향을 미치는 기상요소들을 산출하여 산불위험정도를 계산한 값이다.
② 산불위험지수는 습도측정봉의 무게가 무거울 경우 발생확률은 높게, 측정봉의 무게가 가벼울 경우 발생확률이 낮게 나타난다.
③ 산불위험지수는 산림청장, 시·도지사 또는 시장·군수·구청장이 발령하는 산불경보의 발령기준과 관계가 깊다.
④ 산불위험지수의 측정에 이용되는 측정봉의 기본 무게가 100이므로 만약 계산값이 100보다 클 경우에는 100을 뺀 값을 습도측정봉의 무게로 결정하고 이를 산불위험지수로 환산한다.

27. 맞불 놓는 위치로 적당한 곳은?

① 화미(火尾)방향
② 산화 진행 방향
③ 측면화(側面火)방향
④ 산화 발생 예상지역

해　　설

해설 24
산림청장, 시·도지사 또는 시장·군수·구청장은 산불재난 국가위기경보(산불경보) 발령기준에 따라 산불경보를 발령할 수 있다.

해설 25
① 관심, ② 주의, ③ 경계, ④ 심각

해설 26
산불위험지수는 습도측정봉의 무게가 무거울 경우 발생확률은 낮게, 측정봉의 무게가 가벼울 경우에는 발생확률이 높게 나타난다.

해설 27
맞불은 불의 진행과 맞불의 진행을 부딪히게 하여 가연물을 소실시킴으로써 진화되도록 하는 산불 진화의 최후 방법이다.

정답 24. ② 25. ④ 26. ② 27. ②

28. 산림피해 구역 내에 잔존하는 불씨가 열에너지 및 기상적 여건에 의하여 다시 발화되는 불을 무엇이라 하는가?

① 주불   ② 잔불
③ 맞불   ④ 뒷불

해설 **28**
잔불을 진화한 후 산림피해 구역 내에 남아 있는 불씨가 열에너지 및 기상적 여건 등에 의하여 다시 발화되는 불로 뒷불이라고도 하며, 뒷불감시조를 편성하여 불씨가 완전히 소멸될 때까지 감시를 해야 한다.

29. 다음 중 산림화재의 예방이 아닌 것은?

① 방화선   ② 조림상의 방법
③ 방화림   ④ 관계습도의 저하

해설 **29**
산불은 관계습도를 60% 수준에서는 거의 발생하지 않는다.

30. 산림청장이 설정하는 일반적인 산불조심기간으로 옳은 것은?

① 봄철 2월 1일부터 5월 15일까지, 가을철 11월 1일부터 12월 15일까지
② 봄철 3월 1일부터 5월 15일까지, 가을철 10월 1일부터 12월 15일까지
③ 봄철 3월 1일부터 6월 30일까지, 가을철 9월 1일부터 11월 31일까지
④ 봄철 2월 1일부터 7월 30일까지, 가을철 8월 1일부터 11월 31까지

해설 **30**
산림청장이 설정하는 산불조심기간은 봄철에는 2월1일부터 5월 15일까지, 가을철에는 11월1일부터 12월 15일까지로 한다.

31. 산불취약지역으로 보기 어려운 곳은?

① 입산객이 많은 등산로 및 유원지 주변
② 산림유전자원보호림과 보안림
③ 암자·기도원, 무속행위 및 약초채취 등출입이 빈번한 산림
④ 유류·가스 등 화기물 저장시설이 있는 주변 산림

해설 **31**
산불취약지역은 10만m² 이상의 산불이 발생한 지역, 입산객이 많은 등산로 및 유원지 주변, 암자·기도원, 무속행위 및 약초채취 등 출입이 빈번한 산림, 유류·가스 등 화기물 저장시설이 있는 주변으로 집단조림지·채종림·시험림·산림보호구역 등은 산림보호의 필요가 높은 산림이다.

32. 방화선 설치에 있어 가장 중요한 사항은?

① 화재의 위험이 있는 지역으로 맞불에 적당하고 능선부위
② 소화작업이 용이한 곳
③ 임상이 불량한 곳
④ 도로면에 인접한 곳

해설 **32**
방화선은 산림구획선. 경계선, 도로, 능선, 암석지, 하천 등을 이용한다.

정답 28. ④   29. ④   30. ①   31. ②
32. ①

33. 산림화재 예방을 위한 방화선의 너비로 가장 적당한 것은?

① 1 ~ 3m
② 4 ~ 8m
③ 10 ~ 20m
④ 25 ~ 35m

34. 방화선 설치에 관한 기술 중 가장 옳은 것은?

① 방화선의 너비는 보통 5 ~ 10m 정도로 하는 것이 가장 좋다.
② 산복(山腹)의 경사 길이가 길 때는 수평방향으로 방화선을 설치한다.
③ 방화선에 의하여 구획되는 산림은 20 ~ 30ha 정도가 적당하다.
④ 관목과 잡초를 자라게 하고 침엽수를 심어 방화수대를 만든다.

35. 방화선에 의하여 구획되는 산림면적으로 가장 적당한 것은?

① 10ha 미만
② 10 ~ 20ha
③ 30 ~ 40ha
④ 50ha 이상

36. 방화선의 배치 기준으로 잘못된 것은?

① 방화선을 고정한다.
② 방화선은 천연 또는 기존의 장애물을 이용한다.
③ 방화선은 가벼운 연료가 있는 곳에 설치하되 무거운 연료가 있는 곳은 우회한다.
④ 방화선은 가능한 곡선이 되도록 한다.

37. 다음 중 방화선의 설치방법으로 잘못된 것은?

① 산불확산 및 진화를 위하여 띠 모양으로 숲을 제거하는 작업이다.
② 방화선과 불길 사이에 있는 연료를 제거하여 불이 번지지 아니하도록 안전띠(safe strip)를 만드는 작업이다.
③ 방화선의 폭은 항상 일정하게 설정한다.
④ 자연적인 계곡이나 암반 또는 임도 시설물과 연접하여 일정폭, 간격으로 연소물을 제거하는 방법이다.

해 설

해설 33
방화선(防火線)은 화재의 위험이 있는 지역에 화재의 진전을 방지하기 위해 설치하는 것으로 보통 10 ~ 20m의 폭으로 임목과 잡초, 관목을 제거하여 만든다.

해설 34
바르게 고치면
① 방화선의 너비는 10~20m 적당
③ 방화선에 의해 구획되는 산림은 50ha 이상
④ 관목과 잡초를 제거하고 활엽수를 심어 방화수를 만든다.

해설 35
방화선에 의한 산림구획면적은 50ha 이상이 되도록 한다.

해설 36
방화선은 가능한 직선으로 하며, 언덕 아래 또는 산봉우리 뒤편에 설치한다.

해설 37
방화선의 폭의 결정은 연료물질, 경사, 날씨, 불의 부위, 연료의 크기, 냉각가능성에 따라 다르게 설정한다.

정답 33. ③ 34. ② 35. ④ 36. ④
37. ③

38. 방화선의 일반적인 폭은 우세 불길 높이의 약 몇 배 정도인가?

① 약 1.5배   ② 약 2배

③ 약 2.5배   ④ 약 3배

해설 **38**

방화선의 폭은 연료, 지형, 불의 행태를 고려하여 판단하되 우세 불길 높이의 약 1.5배가 되도록 하는 것이 일반적이다.

39. 산불감시탑의 설치장소로 부적당한 곳은?

① 임상이 양호한 지역으로서 산불발생 위험이 있는 곳
② 가시거리 내 가급적 제2, 제3 산불감시탑의 관망이 가능한 위치
③ 산불확산 및 진화를 목적으로 하는 곳
④ 산불 우범지역 또는 산림사고 빈발지역의 선정

해설 **39**

산불감시탑은 산불감지시설로 산불의 조기발견 및 감시할 수 있는 지역에 설치한다.

40. 연료의 종류에 따른 방화선의 폭으로 잘못된 것은?

① 풀밭 : 2~3피트(0.6~0.9m)
② 중간 관목 : 4~6피트(1.2~1.8m)
③ 두꺼운 관목 : 9피트(2.7m)
④ 임목 : 12피트(3.7m)

해설 **40**

아주 두꺼운 관목 또는 벌채지역은 12피트(3.7m), 임목의 경우 20피트(6m) 정도이다.

41. 산불피해 면적산정방법에서 목측, 실측, 항공사진 또는 어느 정도 축척의 지형도를 이용하는가?

① 1 : 50,000   ② 1 : 25,000

③ 1 : 12,500   ④ 1 : 10,000

해설 **41**

산불 피해면적 산정은 현장에서 목측, 실측, 항공사진 또는 축척 1 : 25000 지형도에 의하여 피해면적을 산정하되 소수점 첫째자리까지만 산정한다. 다만, 피해면적이 10ha 이상인 경우는 GPS 측량장비로 피해면적을 산정한다.

42. 산불보고종합체계의 순서로 알맞은 것은?

① 산불발생보고 → 산불피해상황보고 → 산불진화보고 → 산불피해정정보고
② 산불발생보고 → 산불진화보고 → 산불피해상황보고 → 산불피해정정보고
③ 산불발생보고 → 산불진화보고 → 산불피해정정보고 → 산불피해행정보고
④ 산불발생보고 → 산불피해상황보고 → 산불피해정정보고 → 산불진화보고

해설 **42**

산불보고종합체계는 발생보고 → 진화보고 → 피해상황보고 → 피해정정보고의 순으로 이루어진다.

43. 다음 중 산불피해 재적산정방법을 잘못 설명한 것은?

① 재적은 산림조사부 또는 산림경영계획서상의 재적이나 항공사진에 의해 산출하거나 유사 임분의 시업지 조사재적을 적용하여 조사한다.

② 표준지조사법은 피해지 주변 연소되지 않은 임지 lha(100m×100m)의 표준지 5개소 이상을 선정한다.

③ 표준지조사법의 경우 피해면적이 3개소 이상의 표준지를 선정할 필요가 없는 소면적일 경우에는 표준지 개소수를 1개소로 할 수 있다.

④ 재적은 가슴높이 지름 6cm 이상 입목을 대상으로 하여 m³로 소수점 첫째자리까지만 산출한다.

44. 산불로 인한 입목피해율이 "극심지역"으로 분류되는 피해정도는?

① 91% 이상
② 81% 이상
③ 71% 이상
④ 61% 이상

45. 산불피해조사 결과 ha당 재적이 200m³이고 피해율이 25%이며 피해면적이 150ha일 경우 산불피해재적을 산정하면?

① 15,000 m³
② 7,500 m³
③ 5,000 m³
④ 3,750 m³

46. 산불피해액 산정에 대한 설명으로 잘못된 것은?

① 산불피해액은 산불로 인한 직접피해액(입목피해액 등), 복구비용, 진화비용, 산림의 공익적 기능 손실액을 포함하여 산정하며, 산불피해보고에 적용한다.

② 용재가치가 없는 6cm 미만 입목은 피해 당해연도 조림 및 육림단비를 적용하여 산출한다.

③ 피해면적은 산불이 실제로 지나간 면적만 산출하되, 암석지 및 석력지 등도 포함한다.

④ 인공조림지의 조림비용은 실제 조림목을 기준으로 산정하고, 천연림의 경우 잣나무 2-2묘 조림비용을 적용하여 산출하되, 육림비용이 있는 경우는 이를 반영한다.

해 설

해설 **43**

표준지조사법은 피해지 주변 연소되지 않은 임지 0.02ha(10m×20m)의 표준지 3개소 이상을 선정한다.

해설 **44**

산불의 입목피해율은 피해 정도에 따라 극심지역(71% 이상), 중지역(41% ~ 70%), 경지역(21% 40%), 소생지역(20% 이하) 등으로 구분 적용한다.

해설 **45**

산불피해재적은 산불 연소 피해를 입은 입목의 재적을 말한다.
200m³×0.25×150ha=7,500m³

해설 **46**

산불 피해면적은 산불이 발생되어 지상 입목, 관목, 시초 등을 연소시키면서 실제로 산불이 지나간 면적을 말하며, 암석지 및 석력지 등은 제외한다.

정답 43. ② 44. ③ 45. ② 46. ③

핵심
02 환경오염피해

핵심 PLUS

학습주안점

• 피해 원인에 따른 대기오염물질과 피해증상에 대해 알아야 한다.
• 아황산가스와 오존에 피해에 대한 식물 감수성과 환경에 대한 감수성에 대해 이해해야 한다.
• 수목의 내연성에 관련한 요소와 대기오염 방제법을 알아야 한다.
• 온실가스 배출량을 줄이기 위한 파리기후협약의 목표와 주요내용을 알아두어야 한다.

■ 개요
① 대기오염물질은 기공을 통해 식물체의 잎으로 들어가 분진보다는 가스상 오염물질에 직접적으로 반응을 나타낸다.
② 대기 오염은 병적 징후의 판단상태에 따라 가시해(可視害 : 급성피해)와 불가시해(만성피해), 피해 시간에 따라 급성해와 만성해로 구분하며 반응상태에 따라 1차 대기오염물질인 유황화합물 · 질소산화물 · 유기화합물 · 할로겐화합물 · 탄소화합물 등을 말하며, 2차 대기오염물질은 오존 · PAN · 산성비 등을 말한다.

1 대기오염물질의 종류와 방제

1. 대기오염물질분류 및 한계농도

1) 피해 원인에 따른 대기오염물질의 분류

화학적 형식	오염물질
산화작용	오존(O_3), PAN, 이산화질소(NO_2), 염소(Cl_2)
환원작용	아황산가스(SO_2), 황화수수(H_2S), 일산화탄소(CO)
산성장해	불화수소(HF), 염화수소(HCl), 황산가스(SO_3)
알카리성장해	암모니아(NH_3)

2) 대기오염물질이 잎에 주는 한계농도

오염물질	한계농도	접촉시간
이산화질소	2.5ppm	4
아황산가스	0.3ppm	8
오존	0.03ppm	4
PAN	0.01ppm	6
염소	0.1ppb	2
불화수소	0.1ppb	5

2. 대기오염물질의 피해증상

1) 아황산가스(SO₂)에 의한 피해

① 식물세포영향

㉮ 농도 0.1~0.2 ppm 이상, 식물 세포 중 해면조직에 가장 먼저 심하게 피해를 받고 통도조직, 목부조직, 사부조직은 저항력이 강한 편임.

㉯ 기공을 통한 아황산가스의 체내 유입속도가 식물체에 의하여 산화·동화되는 속도보다 빠를 때 나타남.

㉰ 아황산가스를 축적한 조직 내의 세포는 수분보유능력을 상실하고, 세포액이 세포간극을 따라 확산됨으로써 이 부분의 조직은 회녹색을 띰.

㉱ 연약해진 부분은 점차 마르고 표백되어 황녹색 또는 상아색의 괴사부를 만들게 되며, 피해가 심한 경우에는 이러한 괴사부가 잎 전체에 퍼지게 됨.

② 식물의 감수성 ☆☆

㉮ 감수성이 높은 수종 : 소나무, 낙엽송, 느티나무, 황철나무, 겹벚나무, 층층나무 등

㉯ 감수성이 낮은 수종 : 편백, 비자나무, 메밀잣밤나무, 감탕나무, 가시나무, 식나무 등

㉰ 겨울철에는 식물체의 생리적 활동이 낮기 때문에 아황산가스에 대한 저항성이 높아지며, 봄에는 아황산가스에 대한 감수성도 높아짐.

㉱ 상대습도가 높아짐에 따라서 아황산가스에 대한 감수성도 점차 높아짐.

㉲ 토양에 충분한 수분이 함유되어 있으면 가스 접촉시의 토양수분의 미세한 변화는 식물체에 감수성을 보임.

㉳ 5℃ 이하에서 아황산가스에 대한 저항성이 높아짐.

㉴ 완전한 암흑 하에서의 식물체는 아황산가스에 대하여 매우 저항성이 큼.

㉵ 영양분이 결핍된 곳에서 자란 식물은 높은 감수성을 나타냄.

③ 아황산가스(SO₂)에 대한 주요 수목의 감수성

구분	감수성(대) ☆	감수성(중)			감수성(소)	
침엽수	소나무	히말라야시다 · 낙엽송 · 메타세쿼이아 (Metasequoia)	주목 · 전나무 · 해송	삼나무 · 화백	편백 · 비자나무	
상록 활엽수	–	아왜나무	소귀나무 · 사철나무 · 협죽도	동백나무 · 돈나무 · 황목서	모밀잣밤나무 · 감탕나무 · 가시나무 · 식나무	
낙엽 활엽수	황철나무 · 느티나무 · 겹벚나무 · 층층나무 · 들메나무	수국 · 조합나무 · 마라목 · 싸리 · 참나무 · 유동 · 칠엽수 · 피나무 · 붉나무 · 개나리 · 누리장나무	왕벚나무 · 자귀나무 · 박태기나무 · 좀누리장나무 · 당단풍나무 · 무궁화	은행나무 · 산벚나무 · 올벚나무 · 대도벚나무	–	

핵심 PLUS

■ 아황산가스
① 대표적 유해가스로 배출량도 많고 독성이 강함.
② 피해 징후 ☆

급성 피해	고농도(0.4ppm 이상)의 아황산가스를 단시간 내에 흡수했을 때 세포 내에 함유된 엽록소의 급격한 파괴, 세포의 붕괴 및 괴사
만성 피해	• 낮은 농도의 아황산가스에 오래 노출되어 엽록소가 서서히 붕괴됨으로써 황화현상 • 급성의 경우와는 달리 세포는 파괴되지 않고 그 생명력은 유지됨.

■ 아황산가스의 피해
온도 · 습도 · 광도가 높을 때 피해가 심함.

핵심 PLUS

2) HF가스에 의한 피해

① 식물에 영향

 ㉮ 독성이 매우 강하여 대기 중에 수 ppb만 존재해도 식물에 피해를 주며 식물의 원형질과 엽록소 등을 분해하고 산소의 작용을 저해하며, 광합성을 억제함.

 ㉯ 어린잎이나 새잎에 피해가 심하며 엽선단이나 엽연부에 엽소현상을 보임.

② 환경요인

 기공이 열려 있는 낮이 밤보다 피해가 심하며, 상대습도가 70~80%일 때 가장 피해가 심함.

3) 오존(O₃)에 의한 피해 ☆

■ 오존
대기 중에 배출된 질소산화물과 휘발성 유기화합물 등의 자외선과 광화학 반응을 일으켜 생성된 2차 오염물질

① 식물에 영향

 ㉮ 세포막과 소기관의 막의 기능을 마비, 엽록체의 기능장애를 일으켜 광합성을 방해, 줄기에 뿌리로 이동하는 탄수화물의 양이 감소

 ㉯ 잎의 황백화와 암갈색의 점상반점이나 대형괴사가 생김.

 ㉰ 감수성이 큰 식물에서는 급성해가 나타나며, 새 잎보다는 오래된 잎에서 피해가 더 심함.

② 오존에 대한 주요수목의 감수성

구분	감수성(대)	감수성(중)	감수성(소)
침엽수	–	소나무 · 히말라야시다	삼나무 · 화백 · 해송 · 낙엽송 · 편백
상록 활엽수	아왜나무	돈나무 · 협죽도 · 사철나무	녹나무 · 소귀나무 · 가시나무 · 목서
낙엽 활엽수	느릅나무 · 당단풍나무 · 왕벚나무 · 능수버들 · 대도벚나무 · 일본목련 · 단풍버즘나무 · 느티나무 · 자귀나무 · 개나리	은행나무 · 층층나무 · 자작나무 · 박태기나무 · 무궁화 · 붉나무 · 싸리 · 단풍나무 · 올벗나무 · 산벚나무	–

4) 이산화질소(NO₂)

■ 이산화질소
대기 중에서 일산화질소의 산화에 의해서 발생, 휘발성 유기화합물과 반응하여 오존을 생성하는 전구물질의 역할을 함.

식물의 영향 : 식물세포를 파괴하여 식물의 잎에 갈색이나 흑갈색의 반점이 생기고 회색이나 백색으로 변함.

5) PAN

① 질소산화물과 탄화수소류 등이 햇빛과 반응하여 생성된 2차 대기오염물질, 광선에 노출될 때 발생하는 것이 특징

② 식물의 영향

㉮ 세포막과 소기관의 막 기능을 마비시킴

㉯ 잎 아랫면에 은빛 반점이 나타나고, 괴사현상이 일어나 말라 죽음

㉰ 지방산의 합성을 방해하며 황을 포함한 화합물을 산화시킴, 탄수화물과 호르몬대사를 비정상으로 만들고 광합성을 교란시킴

6) 질소화합물에 의한 피해

① 원인 : 자동차 배기가스, 석탄, 천연가스 등의 연소

② 증상 : 잎의 가장자리의 큰 엽맥 사이에 나타나는 상흔으로 붕괴되어 백색 내지 황갈색의 불규칙적인 형상을 한 조그마한 괴사부위를 형성

7) 에틸렌에 의한 피해

① 원인 : 자동차 배기가스, 석탄, 천연가스 등의 연소

② 증상 : 상편생장, 생장운동의 저해, 황화현상, 조기낙엽, 줄기의 신장저해, 성장 감퇴

8) 암모니아에 의한 피해 ☆

① 원인 : 공장의 누출, 자동차·주택 등의 연소

② 증상 : 잎에 검은 반점이 생기거나 또는 잎 전체가 검게 변함.

9) 수은에 의한 피해

식물체에서 발생한 휘발성 유기물과 수은염이 접촉한 경우 발생하며, 이 반응은 온도가 올라갈수록 촉진되어 피해를 증가시킴.

10) 분진에 의한 피해

① 황, 황산염, 금속의 황화물 등 유해성분이 기공을 통해 들어감으로써 기공을 분진으로 폐쇄시켜 식물의 호흡에 곤란을 일으킴.

② 유해성분이 용해될 때에는 생리적 장애로 임목의 수세를 약화, 고사시킴.

3. 대기오염의 감정 ☆

1) 육안적 감정법

① 연해를 받은 나무는 반드시 나무의 끝부분부터 피해를 받아 피해가 수관의 하부로 내려옴

② 묵은 잎부터 순차적으로 떨어짐.

③ 수종과 시기에 따라서 다르나 대개 회녹색 연반으로 시작하여 갈색 또는 적갈색으로 변함.

④ 병충해 또는 기상적 피해와 식별하기 어려울 때가 있으므로 주의 깊게 관찰함.

⑤ 급성해와 만성해의 증상을 잘 비교하여 관찰함.

핵심 PLUS

■ 대기오염의 감정
① 육안적 감정법
② 현미경적 감정법
③ 지표식물법(검지식물법)
④ 화학적 분석법
⑤ 양광시험법

2) 현미경적 감정법

① 기공의 공변세포에 적갈색의 변화가 생김.
② 나무의 피목이 갈색으로 변함.
③ 도관부 주변에 수간석회의 결정을 형성함.
④ 엽록체가 회색 또는 회백색으로 표백됨.

3) 지표식물법(검지식물법)

① 대기오염에 감수성이 높은 지표식물을 연해가 있는 곳에 심어 놓고 이들의 반응을 관찰
② 대기오염에 민감한 수종 ☆

침엽수	낙엽송, 소나무, 리기다소나무, 전나무 등
활엽수	밤나무, 느티나무, 사과나무, 배나무 등
농작물 및 초본	메밀, 참깨, 담배, 개여뀌, 나팔꽃, 이끼류 등

4) 화학적 분석법

연해를 받은 잎과 연해를 전혀 받지 않은 잎의 황함량을 분석하여 비교함.

5) 양광시험법

침엽수의 만성피해를 입은 가지를 건강한 가지와 함께 전달하여 강렬한 햇볕에 쬐면 피해지는 하루 만에 적갈색으로 변색되어 떨어짐.

4. 수목의 내연성 ☆☆

1) 관련요소

수종	일반적으로 침엽수가 활엽수보다 연해에 약하며, 활엽수 중에서도 상록수는 보통 강하다.
수령	유령림과 노령림이 연해에 약하며, 20~30년생의 나무는 저항력이 크다.
임상	임상으로는 교림이 가장 피해를 심하게 받으며, 중림이 다음이고 왜림이 가장 안전하다.
위치	• 연원이 가까울수록 가스의 농도가 높아서 피해가 크다. 그러나 연원으로부터의 거리와 피해 정도와는 반드시 비례하지 않는다. • 지형에 따라서 큰 차이가 생기며, 연원으로부터 가까운 곳에서는 능선부보다 계곡부에 피해가 심하며, 연원으로부터 먼 곳에서는 능선부에 피해가 심하다.
토양 상태	• 토양이 좋은 곳에서 자라고 있는 임목들은 토양이 나쁜 곳에서 자라고 있는 임목들에 비하여 피해가 적다. • 아황산가스(SO_2)는 토양 중의 석회와 결합되어 석회량을 감소시키기 때문에 석회가 부족한 곳에서 연해가 크다.

기후	기온이 높고 날씨가 맑은 때에 피해가 크다. 따라서 밤보다 낮에, 겨울철보다 여름철에 피해가 크다.

2) 주요수종의 대기오염에 대한 내성

구분	수종
내성이 약한 것	소나무 · 전나무 · 히말라야시다 · 삼나무 · 느티나무 · 겹벚나무 · 푸조나무 · 팽나무 · 느릅나무 · 층층나무
내성이 중간 정도인 것	해송 · 편백 · 비자나무 · 붉가지나무 · 개나리 · 후박나무 · 아왜나무 · 광나무 · 버즘나무 · 왕벚나무 · 능수버들
내성이 약간 강한 것	녹나무 · 감탕나무 · 동백나무 · 호랑가시나무 · 꽝꽝나무 · 식나무 · 서향 · 나무딸기 · 남천 · 당단풍나무
내성이 강한 것 ☆	가이즈까향나무 · 모밀잣밤나무 · 돈나무 · 사철나무 · 은행나무 · 소철 · 종려 · 협죽도 · 팔손이 · 유카 · 졸참나무 · 벽오동

5. 대기오염의 방제 ☆

1) 법률적 방제법

배출가스의 농도, 굴뚝의 높이, 오염방지 시설의 설치 등 법적으로 규제

2) 이화학적 방제법

① 석회를 사용하여 연해 물질을 흡수 · 중화시킴
② 화학적 제조방법을 바꾸어 유해가스가 생기지 않도록 함.
③ 유리제조시 황산염 대신 나트륨을 사용
④ 고압전류에 의한 매연흡착장치를 연도에 설치
⑤ 연도에 공기 또는 무해가스를 보내어 희석
⑥ 파이프장치로 유해가스를 계곡이나 해면으로 배출

3) 임업적 방제법 ☆

① 수종의 선택 : 대기오염에 강하고 맹아력이 큰 수종으로 조림함.
② 작업법의 선택 : 대기오염의 염려가 있는 곳에서는 숲을 교림으로 하지 말고 중림 또는 왜림으로 가꿈.
③ 갱신방법 : 한 번에 넓은 면적을 개벌하는 것을 피하고, 침엽수와 활엽수를 혼식
④ 방비림의 조성 : 내연성이 강하고, 여러 번 이식한 큰 묘목을 밀식, 100m 정도로 여러 층의 밀림을 조성, 토양관리에 힘쓰며 특히 석회질비료를 많이 사용함.

■ 대기오염의 방제
  ① 법률적 방제
  ② 이화학적 방제
  ③ 임업적 방제

핵심 PLUS

2 산성비와 지구온난화

1. 산성비

1) 산성비의 원인물질

① 질소산화물과 이산화황

② 대기 중 방출은 자연적 요인과 인위적 요인으로 나눌 수 있음.

자연적 요인	육상 및 해상생물에 의한 방출과 산불, 지질운동, 번개, 대기 중의 먼지 등 비생물적 요인
인위적 요인	공장, 가정 및 교통수단 등 인간생활로부터 기인

■ 산성비☆
산성도를 나타내는 수소이온 농도지수 (pH)가 5.6 미만인 비

2) 피해

① 식물의 상피조직 피해로 인해 대기오염 물질 및 가뭄에 대한 내성감소, 잎으로부터의 양분 용탈량 증가, 광합성과 호흡 등 대사작용 교란, 식물의 방어조직 피해에 따른 내병성·내충성 감소, 토양 중 독성물질 용해로 인한 뿌리 및 기타 조직의 독성 피해 등이 있음.

② 산림의 경우 침엽수 잎의 황화, 생육 저해, 나무의 윗부분이 가늘어지는 현상, 나이테 폭의 감소 등의 피해가 나타나며, 리기다소나무와 같이 민감한 식물은 나무 꼭대기까지 물이 올라가지 못하므로 정단부의 잎이 먼저 떨어지고 하단부의 잎이 떨어져 고사하게 됨.

③ 산성비의 민감도는 쌍자엽 식물 > 단자엽 식물 > 침엽수의 순으로 알려짐

2. 지구 온난화

1) 온실효과와 온실가스

① 온실 효과는 지구에서 복사되는 열이 온실가스에 의해 다시 지구로 흡수되는 현상으로 과도한 온실가스 배출은 지구 온난화의 원인임

② 온실가스의 종류 : 이산화탄소(CO_2), 메탄(CH_4), 아산화질소(N_2O), 수소불화탄소(HFCs), 과불화탄소(PFCs), 육불화황(SF_6)

■ 지구 온난화
① 대기 중 이산화탄소, 메탄가스 등 온실가스(GHG : Green House Gas)의 농도가 증가함에 따라 이른바 온실효과가 발생하여 지구 표면의 온도가 점차 상승하는 현상이다.
② 온실가스는 대부분 화석연료의 연소에서 발생되거나, 프레온가스 같은 합성화학물질을 사용할 때 발생된다.

2) 산림에 피해

① 강수량과 수분 증발량이 변하여 기상이변이 발생하고, 지구 수림대가 줄어들며, 사막화가 진행

② 기온 상승으로 산림의 성장 및 재생 능력에 큰 영향을 주어 기존 산림의 수종과 기능이 크게 바뀌게 되며 대기 중 이산화탄소의 농도가 2배로 증가하면 전세계의 산림의 약 3분의 1의 생장형태가 변할 것으로 예측

3) **기후변화협약** : 온실가스 배출량을 전 세계가 협력해 줄이기로 한 국제 협약

	1997년 교토의정서	2015년 파리기후협약
대상국가	주요 선진국 37개국 (선진국에만 감축 의무가 부여됨)	195개 협약 당사국 (모두가 온실가스 감축 의무를 갖게 됨)
적용시기	2020년 까지 기후변화 대응방식 규정	2020년 이후 '신기후 체제'
목표 및 주요내용	• 기후변화 주범인 온실가스를 정의 온실가스 총배출량을 1990년 수준 보다 5.2% 감축 • 선진국에 온실가스 감축의 목표 치를 차별적 부여	• 지구평균온도 상승폭을 산업화 이전 과 비교해 1.5도 까지 제한 • 선진국은 2020년부터 개발도상국 의 기후변화 대처사업에 매해 최소 1000억 달러 지원 예정 • 2023년부터 5년마다 감축 상황 을 보고 • 2050년까지 지구촌 온실가스 배출 량을 '순수0'으로 하는 것이 목표
우리나라	감축 의무가 부과되지 않음.	2030년 배출 전망치 대비 37% 감축

3 오존층 파괴 등에 의한 피해

1) 역할

① 대기층에서는 식물과 동물에 독성이 강한 오염물질이지만, 성층권에 있을 때
는 지구생태계의 존속에 불가결한 기능으로 태양으로부터의 자외선(UV) 복사를
흡수하여 이것이 지표면에 도달하기 전에 이것의 대부분을 막아주는 역할을
하기 때문에 매우 중요함.

② 자외선을 흡수하여 생태계를 보호함과 동시에 태양에너지를 흡수하여 성층권
을 따뜻하게 함으로써 생물이 살아갈 수 있도록 현재의 기후상태를 유지하는
하는 역할

③ 오존층 파괴의 대표적 물질은 냉동기 냉매나 스프레이 제품 분무제로 사용되는
프레온가스(CFCs)임

2) 피해

① 식물의 엽록소 감소, 광합성작용의 억제, 식물의 성장부진, 산림의 고사, 농작
물의 수확량 감소됨.

② 오존층의 파괴로 지표로 도달하는 자외선의 양이 많아지면서 이산화탄소의 흡수
감소로 임목의 성장과 호흡이 저해되어 소경목화 또는 왜림화가 진행되고 발육
이 부진하여 임목이 덩굴처럼 휠 수도 있음.

▪ 오존층
① 지상에서 약 15km까지 대기층을
대류권, 약 50km까지를 성층권,
약 80km까지를 중간권, 약 500km
까지를 열권이라 부르며, 특히 성층
권 내에서도 25~30km 부근에 오존
이 밀집되어 있는데 이 층을 오존층
(ozone layer)이라 한다.
② 대기 중에 포함되어 있는 오존전량
(total ozone)을 지상기압으로 압축
시켜 깊이로 환산하면 약 0.3cm에
불과한 양이나, 이 양의 약 90%는
성층권에 포함되어 있고 나머지
10%는 대류권에 포함되어 있다.

③ 대기 중의 오존이 임목들의 방향물질인 피톤치드와 결합해 유해물질을 만들어 이 유해물질이 산림을 고사시키는 것으로 추정됨, 도심지에서 생성된 오존은 침엽수에서 나오는 테르펜이나 활엽수로부터 나오는 이소프랜 등의 방향물질과 결합해 독성이 강한 유기과산화물을 만들어 냄.

3) 오존 경보 발령기준

구분	발령기준
주의보	시간당 오존 농도 0.12ppm~0.29ppm 이상일 경우
경보	시간당 오존 농도 0.3 ppm 이상일 경우
중대경보	시간당 오존 농도 0.5 ppm 이상일 경우

■■■ **2. 환경오염피해**

1. 다음 중 수병의 대부분을 차지하고 있는 대기오염 물질은?

① PAN
② 오존(O_3)
③ 아황산가스(SO_2)
④ 염소(Cl_2)

2. 다음 중 연해의 원인이 되는 주요 대기오염물질이 아닌 것은?

① 아황산가스
② 불소
③ 이산화탄소
④ 오존

3. 대기 중에서 화학반응에 의하여 새로운 독성을 지니게 되는 대기오염 물질은?

① 황산화물
② 불화수소가스
③ 질소산화물
④ PAN

4. 다음의 대기오염원 중에서 태양광선에 의해 대기 중에서 산화되어 형성되는 것은?

① 아황산가스
② 오존
③ 불화수소
④ 염소화합물

5. 유해가스가 잎에 침해하는 경로로 가장 옳은 것은?

① 엽맥을 통하여 침입한다.
② 기공을 통하여 침입한다.
③ 엽록체를 통하여 침입한다.
④ 뿌리털을 통하여 침입한다.

해 설

해설 1
아황산가스(SO_2)는 대표적 대기오염물질의 유해가스로 배출량도 많고 독성이 강하다.

해설 2
주요 대기오염물질은 아황산가스(SO_2), 불화수소(HF), 이산화질소(NO_2), 오존(O_2), PAN, 산성비 등이다.

해설 3
PAN은 질소산화물과 탄화수소류 등이 태양광과 반응하여 생성된 2차 대기오염물질이다.

해설 4
오존은 대기 중에 배출된 질소산화물과 휘발성 유기화합물 등이 자외선과 광화학 반응을 일으켜 생성된 2차 오염물질이다.

해설 5
대기오염물질은 기공을 통해 식물체의 잎으로 들어간다.

정답 1. ③ 2. ③ 3. ④ 4. ②
5. ②

CHAPTER 02 환경오염피해

6. 아황산가스의 피해로 가장 심하게 손상되는 부분은?

① 목부조직(木部相織)   ② 해면조직(海綿組織)

③ 통도조직(通導組織)   ④ 사부조직(篩部組織)

7. SO_2 가스에 대한 저항성이 가장 큰 수종은?

① 은행나무   ② 소나무

③ 리기다소나무   ④ 독일가문비

8. 대기 중의 아황산가스 피해가 가장 나타나기 쉬운 조건은?

① 비가 많이 내릴 때   ② 날씨가 맑고 바람이 부는 날

③ 흐리고 바람이 부는 날   ④ 기온 역전이 있을 때

9. 아황산가스에 대한 식물체의 감수성에 관한 설명이다. 옳은 것은?

① 식물은 5℃ 이하에서 아황산가스에 대한 저항성이 낮아진다.

② 상대습도가 높아짐에 따라 SO_2에 대한 감수성은 낮아진다.

③ 암흑하에서는 SO_2에 대한 저항성이 매우 크다.

④ 영양분이 결핍된 곳에서 자란 식물의 감수성은 매우 낮다.

10. 아황산가스가 식물에 생리적 영향을 끼치는 최저농도는?

① 0.1 ~ 0.2ppm   ② 0.3 ~ 0.4ppm

③ 0.5 ~ 0.6ppm   ④ 0.7 ~ 1.0ppm

11. 아황산가스에 의한 식물체의 감수성을 증가시키는 요인이 아닌 것은?

① 온도가 높을 때   ② 상대습도가 높을 때

③ 영양상태가 좋을 때   ④ 토양수분이 많을 때

해 설

해설 6
식물세포 중 해면조직이 가장 먼저 심하게 피해를 받으며 통도조직, 목부조직, 사부조직은 저항력이 강한 편이다.

해설 7
은행나무, 무궁화 등이 SO_2에 가장 강하고 리기다소나무와 낙엽송이 가장 약하다. 대체로 침엽수는 활엽수보다 SO_2에 약한 편이다.

해설 8
기온역전은 상공으로 갈수록 기온이 높아지는 현상을 말한다.

해설 9
바르게 고치면
① 식물은 5℃ 이하에서 아황산가스에 대한 저항성이 높아진다.
② 상대습도가 높아짐에 따라 SO_2에 대한 감수성은 높아진다.
④ 영양분이 결핍된 곳에서 자란 식물의 감수성은 높아진다.

해설 10
식물에 생리적 영향을 끼치는 아황산가스의 농도는 0.1~0.2ppm 이상

해설 11
영양상태가 좋은 식물은 아황산가스에 의한 감수성이 낮다.

정답   6. ②   7. ①   8. ④   9. ③
     10. ①   11. ③

12. 다음 중 연해(대기오염)에 가장 약한 수종은?

① 은행나무

② 비자나무

③ 소나무

④ 사철나무

13. 다음 중 대기오염에 대해 가장 강한 것은?

① 소나무

② 느티나무

③ 가이즈까향나무

④ 밤나무

14. 남부지방의 공원수로 아황산가스에 가장 강한 수종을 선택한다면?

① 고로쇠나무

② 느티나무

③ 전나무

④ 동백나무

15. 다음 중 대기오염의 지표식물로 이용되는 식물은?

① 향나무

② 사철나무

③ 전나무

④ 은행나무

16. 대기오염의 지표식물로 적당치 않은 것은?

① 이끼류

② 개여뀌

③ 질경이

④ 밤나무

17. 오존의 피해에 민감하여 지표식물로 사용되는 작물은?

① 벼

② 오이

③ 담배

④ 고구마

해설 **12**

침엽수에서는 소나무·전나무·낙엽송 등이 활엽수에서는 밤나무·느티나무·사시나무·오리나무 등이 연해에 매우 약하다.

해설 **13**

은행나무·비자나무·향나무·노간주나무·가이즈까향나무 등의 침엽수종과 벚나무·사철나무·동백나무·아까시나무 등의 활엽수종이 대기오염에 강하다.

해설 **14**

동백나무는 상록활엽교목으로 내한성은 약하나, 대기오염에 강해 남부지방의 공원수로 적당하다.

해설 **15**

전나무는 대기오염에 매우 약해 지표식물로 이용될 수 있다.

해설 **16**

대기오염의 지표식물로 메밀·참깨, 담배·개여뀌·나팔꽃·이끼류 등의 작물도 연해에 민감하다.

해설 **17**

담배는 오존에 민감해 잎의 표면에 독특한 백반(白斑)을 나타난다.

정답 12. ③ 13. ③ 14. ④ 15. ③

16. ③ 17. ③

18. 연해의 방제 방법 중 임업적 방제에 관한 설명으로 틀린 것은?

① 연해가 예상되는 곳은 숲을 교림(高林)으로 가꾼다.
② 갱신 시에는 대면적 개벌을 피한다.
③ 석회질 비료를 시비하여 토양관리에 힘쓴다.
④ 폭 100m 정도로 여러층의 방비림을 조성한다.

해 설

해설 **18**
연해가 예상되는 곳은 숲을 택벌림·중림·왜림으로 갱신한다.

19. 다음 중 산성비와 관련된 설명으로 가장 거리가 먼 것은?

① pH 5.6 이하의 비를 말한다.
② 주로 탄소산화물이 산성비를 일으키는 원인이다.
③ 빗물에 녹아 있는 수소이온은 토양 중의 Al, Fe, 중금속의 용해를 증가시킨다.
④ 빗물에 녹아 있는 질산염이 잎에 흡수되면 잎속의 양분을 용탈 시킨다.

해설 **19**
산성비의 원인물질은 주로 이산화황(SO_2)이나 질소산화물(NOx)이다.

20. 산성비로 인한 산림의 피해상황으로 보기 어려운 것은?

① 광합성과 호흡의 증대　　② 생육 저해
③ 잎의 황화　　　　　　　　④ 나이테 폭의 감소

해설 **20**
산성비로 광합성과 호흡 등 대사작용의 교란이 발생된다.

21. 다음 중 산성비에 대한 민감도가 가장 큰 식물은?

① 단자엽 식물　　　　　② 상록침엽수
③ 낙엽침엽수　　　　　④ 쌍자엽 식물

해설 **21**
식물의 종류에 따른 산성비에 대한 민감도는 쌍자엽식물〉단자엽식물〉침엽수의 순으로 알려져 있다.

22. 지구온난화에 의한 영향으로 가장 거리가 먼 것은?

① 탄소 순환의 변화　　② 물부족의 변화
③ 해수면 상승의 변화　④ 생태계의 변화

해설 **22**
지구온난화로 해수면 상승 변화, 생태계 변화, 탄소 순환 변화 등이 나타난다.

정답　18. ①　19. ②　20. ①　21. ④
22. ②

23. 다음 중 오존층이 존재하는 대기층은?

① 대류권
② 성층권
③ 중간권
④ 열권

24. 다음 중 오존주의보의 발령기준은?

① 0.3 ppm 이상
② 0.5 ppm 이상
③ 0.05 ppm 이상
④ 0.12 ppm 이상

25. 다음 중 오존층의 파괴로 인한 피해를 잘못 설명한 것은?

① 오존층을 파괴하는 대표적인 물질은 프레온가스(CFCs)이다.
② 오존층이 파괴되면 식물의 엽록소 감소, 광합성작용의 억제, 산림의 고사 등을 초래하며 결국에는 인간이 더 이상 생존할 수 없게 된다.
③ 오존층의 점진적인 파괴로 지표에 도달하는 자외선의 양이 적어지면 이산화탄소의 흡수 감소로 임목의 성장과 호흡이 저해된다.
④ 대기 중의 오존이 임목들의 방향물질인 피톤치드와 결합해 유해물질을 만들어 산림을 고사시키는 것으로 추정되고 있다.

해 설

[해설] **23**
오존층은 고도 15~35km의 성층권에 퍼져 있는 오존 농도가 높은 대기의 층을 가리킨다.

[해설] **24**
시간당 오존농도가 0.3ppm 이상 : 오존 경보, 0.5ppm 이상 : 오존 중대 경보, 0.12ppm~0.29ppm : 오존주의보가 발령된다.

[해설] **25**
지표에 도달하는 자외선의 양이 많아지면 임목의 성장과 호흡이 저해되어 소경목화 또는 왜림화될 것이며, 발육이 부진하여 임목이 덩굴처럼 휠 수도 있다.

핵심 03 | 기상과 동물에 의한 피해

학습주안점

- 저온과 고온에 의한 피해의 관련요소와 유형을 구분하고 방제에 대해 알아야 한다.
- 풍해에 의한 피해 중 주풍, 폭풍, 염풍을 구분하고 방제에 대해 알아야 한다.
- 피해를 주는 조류, 포유류의 유형과 종류를 구분해야 한다.

■ 저온에 의한 피해
① 상해
  • 만상 : 이른 봄
  • 조상 : 늦가을
  • 동상 : 겨울
② 동해
③ 한상

■ 상혈(frost hole, 霜穴)
야간에 빙점 이하로 냉각된 대기가 지형적인 요지에 정체하게 되면 그 지역 일대가 냉각되어 서리가 내리게 되는데, 이러한 조건을 갖춘 분지상의 지형을 상혈이라고 한다.

■ 내한력과 관계되는 요소 ☆
① 수종 : 전분수 〈 유지수
② 수령 : 유령목 〈 장령목
③ 지형 : 저지, 계곡, 소택지에서 상해 피해가 심함.
④ 맑은 날 상해 피해 발생

1 저온에 의한 피해

1. 상해

1) 시기에 따른 구분

① **만상** ☆
  ㉮ 이른 봄 식물의 발육이 시작된 후 급격한 온도저하가 일어나 어린 지엽이 손상되는 것
  ㉯ 상륜(霜輪) : 어린 나무가 만상으로 인하여 일시 생장이 중지되었다가 다시 생장을 개시하여 1년에 2개의 연륜이 생기는 것(이중나이테 = 위연륜)
  ㉰ 만상에 저항력이 적은 수종 : 잎갈나무류, 오리나무류, 자작나무류 등
  ㉱ 한지에서 난지로 옮겨진 수종은 만상의 해를 입기 쉬움.

② **조상**
  ㉮ 늦가을에 식물생육이 완전히 휴면되기 전에 발생하며, 목화(경화)가 아직 이루어지지 않은 연약한 새 가지에 피해를 줌.
  ㉯ 난지에서 한지로 옮겨진 수종은 조상의 해를 입기 쉬움.

③ **동상**
  ㉮ 겨울철 식물의 생육휴면기에 발생
  ㉯ 도장지와 같이 늦게 생긴 부분이 피해를 받게 되며 왜림의 벌채시기가 늦을 때 연약한 맹아가 피해를 입음

2) 피해와 관계되는 요소

① 수종
  ㉮ 모든 나무는 전분 또는 유지분으로 세포액의 농도를 증대시켜 내한력을 증대
  ㉯ 전분수 : 당분을 전분으로 전환(참나무류, 서나무류, 느릅나무류, 오리나무류, 포플러류, 단풍나무류, 벚나무류 등)

　　ⓓ 유지수 : 당분을 유지분으로 전환(침엽수류, 버드나무류, 자작나무류, 밤나무류)

　　ⓔ 일반적으로 유지수가 전분수에 비하여 내한력에 강함.

② 수령 : 유령목이 장령목에 비해 피해가 큼.

③ 지형과 방위

　　㉠ 습기가 많은 저지, 계곡, 소택지 등에서는 피해가 많고, 특히 분지를 이루고 있는 우묵한 곳에는 한랭한 공기가 몰려들어서 상해가 가장 심함.

　　㉡ 북면에서는 한풍을 직접 받으며 밤사이 냉각이 심하기 때문에 남면보다 피해가 심함.

④ 천후와 시계 : 상해는 맑은 날이 발생

3) 상해의 예방

① 묘포지 상해의 예방 ☆

　　㉠ 묘포에서는 주풍방향에 방풍림을 만들고 저온지에는 배수가 잘 되도록 함.

　　㉡ 만상의 해를 받기 쉬운 수종은 가급적 파종을 늦게 실시

　　㉢ 묘상의 낙엽, 짚을 덮어 묘포의 상해를 방지

　　㉣ 추비는 가급적 속효성비료를 주며, 늦가을까지 가지가 도장되지 않게 칼리비료를 줌.

　　㉤ 지상 10m 정도의 높이에 송풍장치를 하여 인공적으로 상하공기가 섞이게 하여 온도를 높임.

　　㉥ 동결과 융해의 반복되면 조직의 동결온도가 높아져서 동해를 받기 쉬움.

② 조림지 상해의 예방 ☆

　　㉠ 내한성이 강한 조림수종을 선택

　　㉡ 습지에 조림할 때에는 배수구와 두둑을 만들어 식재

　　㉢ 상해에 약한 수종은 음지에 가식하여 발아를 늦춘 후 식재

　　㉣ 상초를 제거하여 과도한 잡초를 방지

　　㉤ 천연갱신을 택하고 상층목의 보호를 받도록 함.

　　㉥ 왜림의 벌채는 이른 봄에 하도록 함.

　　㉦ 조림용 종자와 묘목을 그 지방에 가까운 곳에서 구함.

4) 피해유형과 방제

① 상렬(상할)

　　㉠ 나무의 수액에 얼어서 부피가 증대되어 수간의 외층이 냉각수축하여 수선방향으로 갈라지는 현상

　　㉡ 재질이 단단하고 수선이 발달된 활엽수의 거목에서 많이 발생

　　㉢ 수목의 생육에는 지장이 없으나 목재의 공예적 가치가 떨어지고 부패균 침입의 원인이 됨.

■ 상해의 피해 유형
① 상륜(霜輪) : 만상의 피해를 받아 이중 나이테(위연륜)이 형성되어 1년에 두 개의 연륜이 생김.
② 상렬(霜列) : 수액이 얼어 부피가 증대하여 수선방향으로 갈라지는 현상.
③ 상주(霜柱.서릿발) : 토양입자 사이의 모세관 현상에 의하여 수분이 상승하여 동결의 반복으로 나무가 뽑혀서 쓰러짐. 점토질 토양에 잘 발생됨.

      ㉣ 상종 : 봄에 갈라진 부분이 아물고 다시 겨울에 터지고 갈라지는 현상이 반복되어 그 부분이 두드러지게 비대 생장하는 것을 말함, 이런 나무는 가치가 매우 떨어짐.

      ㉤ 예방법
- 수간이 주풍에 직접 노출되는 것은 피하고 북쪽의 임연에 추위에 저항성이 높은 수종으로 임의로 만들거나 음수를 심어 보호
- 습지에서는 배수하는 것이 효과적

  ② 상주(霜柱, 서릿발)

      ㉮ 토양 중의 수분이 모세관 현상으로 지표면에 올라와 동결되는데 낮에도 해빙되지 않고 저온으로 인하여 밤에 다시 하단에서 올라온 수분이 동결되어 이것이 주상으로 위쪽으로 커져 올라가는 현상

      ㉯ 상주는 점토질 토양에서 잘 생기며 수분이 아주 적으면 잘 생기지 않음.

      ㉰ 천근성 수종인 편백, 전나무, 가문비나무의 치수는 서릿발의 피해를 받기 쉬우며 심근성 수종의 치수는 비교적 안전함.

      ㉱ 방제
- 묘포 피해지에서는 사질 또는 유기질토양을 섞어서 토질을 개량
- 다습한 곳에서는 파종상을 높게 하고 배수를 양호하게 하여, 식재조림을 실시
- 묘포의 상면을 15cm 정도로 높여 다습을 막고 또는 묘포사이에 짚, 낙엽, 왕겨 등을 두어 지면의 냉각을 막음
- 조림지에서는 상목으로 저온을 막고, 동남향에 대해서는 측면적을 보호하는 것이 효과적임.

2. 동해

1) 원인

0℃ 이하의 저온에서 식물체 조직의 결빙현상 반복으로 세포내 수분이 탈취되어 세포원형질의 수분부족으로 변질 응고 파괴되어 건조현상이 일어나 고사함.

2) 방지책

① 배수를 철저히 하여 식물체내 함수량을 저하시킴.

② 적지적수, 내동성 수종식재

③ 택벌이나 산벌을 하고, 개벌(현존 임분 전체를 1회의 벌채로 제거하면 임지가 일시에 노출되어 동해를 입음)을 피함.

3. 한상(寒傷)

1) 원인

① 0℃ 이하의 저온에서 결빙현상이 일어나지 않고 생활기능 장해를 받아 고사

② 낮은 온도에 의한 대사 작용 저하, 자연분포나 북쪽에 심은 경우

2) 피해

반점현상이나 위조현상이 일어남.

4. 작물의 내동성과 관련된 요인 ☆

① 당분함량 : 당분함량이 많으면 세포의 삼투압이 높아지고, 원형질단백의 변성을 막아서 내동성이 커짐.

② 지방함량 : 지방과 수분의 공존은 빙점강하도가 커져 동해에 강함.

③ 전분함량 : 전분립은 원형질의 기계적 견인력에 의한 파괴를 크게 함, 전분함량이 많으면 당분함량이 저하되고 내동성도 저하됨.

④ 수분함량 : 세포의 수분함량이 높아지면 자유수가 많아지고 세포의 결빙을 조장하여 내동성이 저하됨.

⑤ 세포내의 무기성분 : 세포 내 칼슘 이온과 마그네슘 이온은 세포 내 결빙을 억제함.

⑥ 원형질의 수분투과성이 크면 세포내 결빙을 적게 하여 내동성이 증대됨

⑦ 원형질의 친수성 콜로이드 : 원형질의 친수성 콜로이드가 많으면 세포내의 결합수가 많아지고 자유수가 적어져서 원형질의 탈수 저항성이 커지며, 세포의 결빙이 경감되므로 내동성이 커짐.

② 고온에 의한 피해

1. 열해(熱害)

1) 피해현상

① 여름철 태양 직사광선으로 지표면의 온도가 50℃ 까지 올라가는 경우 임목의 생장량이 저하되고 임목의 형성층이 파괴되어 고사하기도 함.

② 전나무 · 가문비나무 · 편백 · 화백 등은 열에 약하고 소나무 · 해송 · 측백 등은 열에 강함, 내음성이 강한 수종일수록 열에 약함.

2) 방제

해가림이나 남서쪽에 수림대를 조성하여 보호 조치 함.

■ 고온에 의한 피해

① 열해 : 근부의 형성층 부분에 피해를 받음.

② 피소 : 볕데기, 여름철 직사광선에 의해 수피의 급격한 수분증발로 형성층이 고사

* 한해(가뭄해) : 수분 부족에 기인, 고온이 직접적인 원인은 아니나 고온일수록 피해가 커짐.

2. 피소(皮燒, 볕데기)

1) 피해현상

① 수간이 태양광선의 직사를 받았을 때 수피의 일부에 급격한 수분증발이 생겨 조직이 건고되는 현상

② 수피가 평활하고 코르크층이 발달되지 않은 오동나무, 후박나무, 호두나무, 버즘나무, 소태나무, 가문비나무 등의 수종에 피소를 일으키기 쉬움.

③ 치수에서는 거의 생기지 않고 흉고직경 15~20cm 이상의 수령에서 많이 발생

④ 서남 및 서면에 위치하는 임목에서 피해가 많음.

2) 방제

① 울폐된 임상을 갑자기 파괴시키지 않음.

② 가로수, 정원수 등에 있어서 해가림을 하거나 수간에 석회유, 점토 등을 칠하든지, 또는 짚·새끼 등으로 감아서 보호

3. 한해(旱害, 가뭄해)

1) 피해현상

① 지중 수분의 부족에 기인하는 것으로, 고온이 직접적 원인이 아니지만 고온일수록 피해가 더 커짐.

② 산악지는 평지보다 기온이 낮고 공중습도가 높아 한해 발생이 적지만 묘포나 척박한 조림지에서 피해가 커짐.

③ 남서면의 경사지나 토층이 얕은 곳의 천근성 수목에 피해를 입기 쉬움.

④ 오리나무, 버드나무, 은백양나무, 들메나무 등 습지성 식물이 약함.

2) 방제

① 대면적의 나지가 생기지 않게 하고 임내의 지피물을 보존하여 임지의 건조를 막음.

② 묘포에 해가림을 하고 건조한 포지에서는 판갈이 때 약간 깊이 심음.

③ 천근성 종자는 심근성 종자보다 빨리 파종함.

④ 토양에 부식질을 섞어 수분을 보존하고 제초와 표토를 주어 지중 수분의 발산을 막음.

⑤ 한발(旱魃)이 심할 때에는 관수를 하고 관수를 일단 시작하면 흡족한 양의 비가 올 때까지 계속 관수를 실시

3 풍해에 의한 피해

1. 주풍과 폭풍

1) 주풍

① 항상 규칙적으로 풍속 10~15m/sec 정도로 부는 바람을 말하며 주풍의 피해는 눈에 잘 띄지 않을 때가 많음.

② 임목은 일반적으로 주풍방향으로 굽게 되고 수간의 하부가 편심생장을 하게 되어 횡단면이 타원형으로 됨.

③ 침엽수는 상방편심, 활엽수는 하방편심을 함.

④ 주풍을 받는 임연에 저항성이 큰 수종으로 임의를 조성하여 피해를 막을 수 있음.

2) 폭풍

① 풍속이 29m/sec 이상인 것으로 강우를 겸하거나 순간적으로 40m/sec를 넘기도 함.

② 임목의 줄기나 가지에 풍절이나 풍도 등의 집단적인 피해를 주며 풍해로 수세가 약해진 틈을 타서 2차적인 병충해를 받기 쉬움.

③ 풍속은 지상으로부터 높아질수록 증가되므로 수고가 높은 노령 임분에 피해가 많음.

2. 방제

1) 대책

① 임분의 생육을 건전하게 하고 대면적의 일제 동령림을 피하며, 수종을 혼효함.

② 개벌이나 산벌 등을 피하며 택벌을 실행

③ 개벌 갱신시에는 폭풍방향과 직각으로 소면적의 벌채열구를 만들며, 벌채순서를 폭풍방향과 반대로 하고, 조림시에 밀식을 피하며, 간벌을 충분히 해주도록 하고 병충해목을 제거함.

2) 방풍림 조성 ☆

① 방풍림의 너비는 10~20m로 하는 것이 보통이며, 방풍림의 효과가 미치는 거리는 풍상에서 수고의 5배, 풍하에서 15~20배 정도

② 폭풍방향에 직각인 대상방향으로 만드는 것이 효과적임, 갱신방향은 폭풍의 반대방향으로 진행함.

③ 수종은 심근성이고, 가지가 밀생하며, 성림이 빠른 것을 택함.

④ 풍해나 병충해로 생긴 임내의 빈 공간은 즉시 조림함.

바람에 강한 수종	소나무, 해송, 참나무류, 느티나무류
바람에 약한 수종	삼나무, 편백, 포플러, 사시나무, 자작나무, 수양버들

■ 염풍(조풍)
소금기를 가지고 바다에서 불어오는 바람을 염풍이라고 함.

■ 염풍의 피해
① 염분이 잎 뒷면의 기공으로 침입하여 생리적 작용 저해
② 염분의 해가 심하면 나뭇잎이 갈색 혹은 녹색으로 변하여 고사
③ 토양에 스며든 염분은 토양 내 미생물의 생육을 불가능하게 하여 유기물의 분해 방해
④ 나뭇잎에 부착된 NaCl이 원형질로부터 수분을 탈취하여 원형질 분리를 일으킴.

■ 설해
눈 자체의 중량보다는 습윤한 점착력에 의한 해가 더 커서 설절(雪折), 설압(雪壓), 설도(雪倒), 설할(雪割), 설붕(雪崩) 등의 기계적 피해가 생김.

3. 염풍 ☆

1) 피해현상

① 내륙 5~6마일(8~9km) 정도까지 영향을 주며 폭풍우 발생시 또는 강우량이 적을 때 잘 발생

② 임지의 염도가 0.5% 이상일 때 임목 생육에 피해를 받고 조풍의 해가 심할 때는 잎이 갈색이나 검은색으로 변하며 고사함.

③ 우수에 용해된 후 땅속에 침투되어 임지의 악화를 초래함.

2) 방제

① 상록활엽수는 낙엽활엽수에 비하여 저항력이 큼 ☆

② 수목의 내염성

저항력이 큰 수종	곰솔, 향나무, 자귀나무, 팽나무, 후박나무, 사철나무, 돈나무 등
저항력이 약한 수종	소나무, 삼나무, 편백, 화백, 전나무, 벚나무, 포도나무, 사과나무, 배나무 등

③ 내염성 수종으로 해안방비림을 조성

4 설해

1. 피해

1) 기계적 피해유형 ☆

종류	내용
설절	줄기나 가지가 굽어 부러지는 피해로 대부분은 용재의 가치가 없음, 높은 산에서는 전나무, 분비나무 등에 피해가 많음.(부러짐)
설압	적설의 압력으로 줄기가 굽어지는 피해로 높은 산의 급경사지에서 적설의 침하·유동으로 일어나며 삼나무, 편백, 오리나무 등의 유림목에 피해가 많음.(휘어짐)
설도	경사지의 수목이 수관상의 적설로 넘어지거나 뿌리째 넘어가는 피해로 20년생 정도의 임목이나 근장력이 약한 수목에 많음.(넘어짐)
설할	설압으로 생긴 줄기가 굽어진 부위에서 산으로 향하는 장력과 산골짜기로 향하는 접착력의 불균형에 따라 터져 찢어지는 피해임.(찢어짐)
설붕	적설이 경사면에 유동 낙하할 때 생기는 피해로 종자를 살포하거나 고산식물을 아래로 분포시키거나 낙엽 등의 쓰레기 등을 운반하여 비옥화시키는 경우도 있음.(붕괴)

2) 피해와 관계되는 요소

① 눈이 오는 때의 기온이 낮을수록 가늘고 비중이 작은 눈이 내리며, 기온이 높을 수록 눈송이가 크고 습윤하며 비중이 큰 눈이 내림.

② 건설(乾雪)은 나무에 퇴적되는 일이 적으나, 습설(濕雪)은 부착력이 커서 지엽 위에 퇴적되어 설압, 설적, 설도 등의 피해가 발생

③ 설해는 한지보다 난지에서, 엄동기보다는 이른 봄에 많이 생김.

④ 침엽수는 일반적으로 수관으로 눈을 받는 양이 많고, 또 천근성인 것이 많아 피해가 많음.

⑤ 택벌림은 피해가 적으며 천연림은 저항이 크고 인공림은 적음.

2. 설해의 방지

① 임목의 생장을 건전하게 하여 설해에 대한 저항력을 크게 할 것

② 동령 단순림을 피하고 혼효림과 택벌림을 설정

③ 삼각식재나 장방형식재 방법을 적용함.

5 동물에 의한 피해

1. 조류에 의한 피해

1) 피해종 ☆

유형	종류
과실을 가해하는 것	어치, 물까치, 동박새, 노랑지빠귀, 산비둘기 등
묘포의 종자를 가해하는 것	참새, 할미새 등
임목에 구멍을 뚫는 것	딱따구리
군집하여 배설물로 임목을 고사시키는 것	백로, 왜가리, 가마우지 등
임목의 어린순을 해치는 것	산까치, 박새 등

2) 방제법

① 파종상에서는 광명단을 종자에 충분히 부착시켜 적색이 되게 한 후 잠시 동안 건조시켜 파종하는 경우가 있으나 경비가 많이 들기 때문에 귀한 종자에만 실시

② 파종상에서는 발아할 때까지 짚이나 침엽수의 가지로 지면을 덮어 주든지, 사람 이 새를 직접 쫓아냄

■ 조류에 의한 피해
① 임목의 종자를 식해하지만 산림 해충 을 포식하여 이로운 조류로 구분되는 것도 있음.
② 박새가 1년간 포식하는 나비목 애벌레 곤충량은 약 85,000마리로 박새 한 쌍이 1년 동안 48만원 정도의 해충 구제 효과가 있는 것으로 연구됨.

2. 포유류에 의한 피해

1) 개요 ☆

① 대형동물보다 몸이 작고 번식력이 강한 소형동물(산토끼, 들쥐 등)에 의한 피해가 더 큼.

② 수류(獸類)의 피해는 4계절 중 먹이가 부족한 겨울(12월~3월)에 가장 많음.

2) 피해종과 방제법

종류	피해유형 및 방제법
산토끼	• 잡초가 무성한 곳이나 야산 또는 개벌하여 인공 식재한 임지에 서식 • 낙엽송·삼나무·편백·소나무 등의 어린 싹이나 수피 등을 식해 • 포살하거나 함정을 마련하고 여우·매 등의 천적을 보호
들쥐	• 번식력이 대단히 강하고 적송·편백·참나무·단풍나무 등의 목질부를 윤상으로 식해하며 주로 야간에 활동, 산토끼와 함께 수목에 가장 큰 피해를 주는 동물 • 대륙밭쥐는 우리나라에서 서식하는 들쥐의 종류 중 두 번째로 많으며, 주로 나무껍질과 나무뿌리를 먹음. • 여우·뱀 등의 천적을 보호하고 임분을 밀생시키며 습윤한 임지를 조성하면 나타나지 않음.
다람쥐	• 낙엽송·참나무류·기타 침엽수의 종자나 어린 싹, 새잎을 식해하고 수피를 벗기며 이로운 조류를 쫓음 • 포살하거나 함정을 마련
두더지	• 땅속의 굼벵이나 뿌리를 해치는 벌레를 포식하는 이점도 있으나, 땅속을 돌아다니며 묘목을 쓰러뜨리고 뿌리를 다치게 함. • 두더지의 통로에 물항아리를 묻거나 판자로 통로를 차단하고 포살기를 이용
산돼지	• 소형동물, 곤충, 식물뿌리, 나무의 열매 등을 먹으며, 밤나무·참나무 등의 파종한 종자를 파먹고 죽림의 죽순을 먹는 등 피해가 많음. • 총살 또는 함정을 파 놓아 포살
곰	봄철 수피를 벗기고 수액을 빨아 먹으며 나뭇가지를 부러뜨리는 일이 있음.

■■■ 3. 기상과 동물에 의한 피해

1. 다음 중 만상(映霜)의 피해는 어느 것인가?

① 늦가을에 식물생육이 완전히 휴면되기 전에 급격한 온도 저하로 입는 피해
② 가을에 이상 기온으로 조기에 잎이 변색된다,
③ 이른 봄에 수목의 발육이 시작된 후 급격한 온도저하로 입는 상해
④ 이른 봄에 수목의 발육이 시작되기 전 치수가 고사하는 상해

해설 **1**
만상은 나무가 이른 봄에 활동을 시작한 후 서리가 내려 발생한 피해를 말한다.

2. 다음 서리의 해(霜害)에 대한 기술 중 옳은 것은?

① 겨울철 식물의 생육휴면기에 생기는 것을 늦서리(晚霜)라 한다.
② 이른 봄에 식물의 발육이 시작된 후 급격한 온도저하가 일어나 어린지엽이 손상되는 것을 조상(早霜)이라 한다.
③ 곡간, 분지 등의 저습지에 한기가 밑으로 내려와 머물게 되어 해를 입는 것을 상렬(霜製)이라 한다.
④ 습기가 많은 저지·곡간 등에서는 피해가 많고, 특히 분지를 이루고 있는 우묵한 곳에서 상해가 가장 심하다.

해설 **2**
바르게 고치면
① 겨울철 식물의 생육휴면기에 발생하는 것을 동상이라 한다.
② 이른 봄 식물의 발육이 시작된 후 급격한 온도저하가 일어나 어린 지엽이 손상되는 것을 만상이라 한다.
③ 습기가 많은 저지, 계곡, 소택지 등에서는 피해가 많고, 특히 분지를 이루고 있는 우묵한 곳에는 한랭한 공기가 몰려들어서 상해가 가장 심하다.

3. 다음 중 서리의 해(霜害)에 대한 설명으로 옳지 않은 것은?

① 맑은 날보다 흐린 날에는 적다.
② 유령목이 장령목에 비해 피해가 크다.
③ 습기가 많은 곳일수록 피해가 심하다.
④ 남면이 북면보다 심하다.

해설 **3**
서리의 피해는 북면이 남면보다 피해가 심하다.

4. 묘포에서 모래 또는 유기질 토양을 섞어서 토질을 개량하고 상면(床面)을 15cm 정도로 높여 다습하게 되는 것을 막기 위해 묘목 사이에 짚, 낙엽, 왕겨 등을 깔아 놓는 이유로 가장 타당한 것은?

① 상렬(霜製) 피해의 예방   ② 만상(晚霜) 피해의 예방
③ 서릿발(霜柱) 피해의 예방   ④ 동상(冬霜) 피해의 예방

해설 **4**
빙점 이하의 저온으로 냉각될 때 모관수(毛管水)가 얼고 이것이 반복되어 얼음기둥이 위로 점차 올라오게 되는 현상을 서릿발(霜柱) 피해라 한다.

정답 1. ③ 2. ④ 3. ④ 4. ③

5. 다음 중 저온 장해를 받은 임목의 특성은?

① 양분흡수 증가　　　　　② 호흡 증가
③ 암모니아태 질소 감소　　④ 동화물질 전류 감소

6. 상렬(裂製, 裂割)에 관한 설명으로 올바른 것은?

① 저온의 해　　　　　② 고온의 해
③ 눈의 해　　　　　　④ 바람의 해

7. 모포에서 늦서리(晩霜)의 피해를 막는 방법 중 잘못된 것은?

① 주풍 방향에 방풍림을 조성한다.
② 배수가 잘 되도록 한다.
③ 피해를 받기 쉬운 수종은 파종을 가능한 빨리 한다.
④ 묘상에 낙엽이나 짚을 덮어 묘목을 보호한다.

8. 다음 중 서리기둥(霜柱)의 방제법이 아닌 것은?

① 묘포의 피해지에서는 사질(砂質) 또는 유기질토양을 섞어서 토질을 개량한다.
② 조림지에서는 상목(上木)으로 저온을 막는다.
③ 상면을 높여 다습하게 되는 것을 막는다.
④ 천근성인 수종을 육묘한다.

9. 다음 중에서 한상(寒傷)을 바르게 설명한 것은?

① 기온이 0℃ 이상일지라도 낮은 기온으로 일어나는 임목 피해
② 기온이 0℃ 이하로 내려감으로써 일어나는 임목 피해
③ 찬 바람에 의하여 나무 조직이 어는 임목 피해
④ 찬 서리에 의하여 일어나는 임목 피해

해　　설

[해설] 5
저온 장해를 받으면 생육이 정체되고, 동화물질의 체내전류가 저하됨에 따라 여러 생리장해의 원인이 된다.

[해설] 6
상렬(상할)은 나무의 수액에 얼어서 부피가 증대되고 수간의 외층이 냉각수축하여 수선방향으로 갈라지는 현상을 말한다.

[해설] 7
늦서리의 피해를 받기 쉬운 수종은 파종을 가능한 늦게 한다.

[해설] 8
천근성 수종인 편백, 전나무, 가문비나무의 치수는 뿌리가 얕아 서릿발의 피해를 받기 쉬우며 심근성 수종의 치수는 비교적 안전하다.

[해설] 9
기온이 0℃ 이상이고 식물체의 세포 내에 결빙현상이 일어나지 않아도 한랭(寒冷)으로 생활기능이 장해를 받는 것을 한상(寒傷)이라 한다.

정답
5. ④　6. ①　7. ③　8. ④
9. ①

10. 다음 중 상해의 피해와 관계가 있는 요소가 아닌 것은?

① 연평균기온　　　　　② 수종
③ 지형 및 방위　　　　④ 날씨

11. 임목의 동사(凍死)에 대한 설명 중 틀린 것은?

① 임목은 세포 내 결빙이 일어나지 않으면 동사하지 않는다.
② 세포 내 결빙은 세포 외 결빙 후에 온다.
③ 내동성이 강한 임목일수록 세포 내 결빙이 적다.
④ 동결과 융해의 반복은 조직세포의 동사점을 낮춘다.

12. 작물의 내동성(耐凍性)에 대한 설명으로 잘못된 것은?

① 세포 내 자유수 함량이 많으면 동해가 심해진다.
② 세포 내 삼투압이 높아지면 내동성이 약해진다.
③ 세포 내 유지(油脂)함량이 높을수록 내동성이 커진다.
④ 세포 내 전분함량이 낮고 가용성 당함량이 높으면 내동성이 커진다.

13. 다음 중 열사(熱死)에 강한 수종은?

① 전나무　　　　　　　② 가문비나무
③ 편백　　　　　　　　④ 해송

14. 서남향에서 생육하고 있는 흉고직경 15~20cm 이상의 수령을 가진 임목에서 많이 나타나는 기상 피해는?

① 한해(寒害)　　　　　② 볕데기(皮燒)
③ 풍해(風害)　　　　　④ 설해(雪害)

해설 **10**
상해는 수종, 수령, 지형 및 방위, 날씨에 관계한다.

해설 **11**
임목은 동결과 융해가 반복되면 조직의 동결온도가 높아져서 동해를 받기 쉽다.

해설 **12**
작물의 세포 내의 삼투압이 높아지면 빙점이 낮아지고 세포 내의 결빙이 적어 내동성이 강해진다.

해설 **13**
전나무 · 가문비나무 · 편백 · 화백 등은 열에 약하고, 소나무 · 해송 · 측백 등은 열에 강하다. 내음성이 강한 수종일수록 열에 약하다.

해설 **14**
볕데기는 나무줄기가 강렬한 태양 직사광선을 받았을 때 수피의 일부에 급격한 수분증발이 생겨 형성층이 고사하고 그 부분의 수피가 말라 죽는 현상으로, 치수에서는 거의 생기지 않고 서남향에 생육하고 있는 흉고직경 15~20cm 이상의 수령에서 많이 발생한다.

정답　10. ①　11. ④　12. ②　13. ④
14. ②

15. 볕데기(sun scorch)가 일어나기 쉬운 수종은?

① 오동나무　　　　　　② 참나무류
③ 소나무　　　　　　　④ 서어나무

16. 눈(雪)에 의해 임목이 뿌리째 뽑아지는 현상은?

① 설해　　　　　　　　② 설도
③ 설절　　　　　　　　④ 설압

17. 설해(雪害)에 강한 수종의 특성이 아닌 것은?

① 수관이 엉성하고 가지가 짧다.
② 겨울에 잎이 진다.
③ 성장이 빠르다.
④ 줄기가 탄력성이 없다.

18. 설해(雪害)의 예방법으로 옳지 않은 것은?

① 동령 인공림으로 조성한다.
② 설해에 강한 소나무, 낙엽송 등을 심는다.
③ 간벌을 하여 택벌림을 조성한다.
④ 설해 발생목은 해충의 발생목이 되므로 속히 처분한다.

19. 과도한 증산작용을 유발시키고 지중 수분을 탈취하며 기계적으로 수간을 굵게 하고 가지를 손상시키는 수목피해의 원인은?

① 저온　　　　　　　　② 고온
③ 가뭄　　　　　　　　④ 바람

해　　설

해설 15
볕데기는 수피에 코르크층의 발달이 불량한 오동나무 · 후박나무 · 호두나무 · 가문비나무 등에서 발생한다.

해설 16
설도는 경사지의 수목이 수관상의 적설로 넘어지거나 뿌리째 넘어가는 피해를 말하며, 20년생 정도의 임목이나 근장력이 약한 수목에서 많이 발생한다.

해설 17
눈의 하중으로 인한 피해를 감소시키기 위해서는 줄기나 가지에 탄력성이 있어야 한다.

해설 18
설해는 이령림은 동령림보다, 천연림은 인공림보다 설해에 안전하다.

해설 19
과도한 바람은 수목의 증산작용을 과다하게 발생시키고 토양수분을 탈취하여 수분부족을 초래하며 기계적으로 줄기를 굵게 하고 가지를 손상시킨다.

정답 15. ① 16. ② 17. ④ 18. ①
19. ④

20. 풍해에 대한 기술 중 가장 옳은 것은?

① 수간 하부가 활엽수는 상방편심을 하고 침엽수는 하방편심을 한다.
② 주풍은 풍절(風折), 풍도(風倒), 열상(裂傷)등 산림에 큰 피해를 준다.
③ 방풍림에 쓰이는 수종은 심근성이고 지조(枝條)가 밀생하며 성림(成林)이 빠른 것으로 한다.
④ 우리나라에서는 서북풍은 온화하고 차고 강하며, 육풍(陸風)은 해풍(海風)보다 강하다.

21. 방풍림의 효과가 미치는 거리는 풍상(風上)에서 수고의 5배인데 풍하(風下)에서는 수고의 몇 배인가?

① 15 ~ 20배
② 10배 이하
③ 40배 이상
④ 30 ~ 40배

22. 해안지방에서 방조림의 주목(往木)으로 가장 많이 사용되는 수종은?

① *Pinus thunbergii*
② *Pinus densiflora*
③ *Cryptomeria japonica*
④ *Abies holophylla*

23. 염풍(鹽風)에 저항력이 가장 강한 수종으로 짝지어진 것은?

① 팽나무, 자귀나무
② 삼나무, 소나무
③ 편백, 화백
④ 전나무, 벚나무

24. 다음 중에서 나무의 어린 순을 해치는 새는?

① 참새
② 동박새
③ 할미새
④ 박새

해설 **20**
바르게 고치면
① 침엽수는 상방편심, 활엽수는 하방편심을 한다.
② 풍절, 풍도, 열상은 폭풍의 피해
④ 우리나라의 동남풍은 온화하고 차고 강하며 해풍은 육풍보다 강하다.

해설 **21**
방풍림의 효과가 미치는 거리는 풍상(風上)에서는 수고(樹高)의 5배, 풍하(風下)에서는 15~20배 정도이다.

해설 **22**
해안가 방조림 조성시 주풍을 막기 위해서는 곰솔이 가장 적당하다.

해설 **23**
곰솔, 향나무, 자귀나무, 팽나무, 후박나무, 사철나무, 돈나무 등은 염풍에 저항력이 강하다.

해설 **24**
산까치와 박새는 어린나무의 순에 피해를 준다.

정답 20. ③　21. ①　22. ①　23. ①
24. ④

25. 주로 묘포의 종자에 피해를 주는 조류는?

① 동박새　　　　　　　　　② 할미새
③ 왜가리　　　　　　　　　④ 가마우지

할미새는 봄철 파종상에서 낙엽송·가문비나무·소나무 등의 소립 종자를 식해한다.

26. 임목에 들쥐 및 짐승류의 피해가 가장 심한 시기는?

① 5 ~ 7월　　　　　　　　② 8 ~ 9월
③ 10 ~ 11월　　　　　　　④ 12 ~ 3월

들쥐 및 짐승류 피해는 먹이가 부족한 겨울철에 피해가 가장 심하다.

27. 동물에 의한 수목피해 중 가장 피해가 큰 것은?

① 토끼, 들쥐 등 소형동물　　② 사슴, 노루 등 대형 초식동물
③ 산까치, 박새 등 조류　　　④ 곰, 호랑이 등 맹수류

수목에 가장 큰 피해를 주는 것은 몸이 작고 번식력이 강한 산토끼, 들쥐 등의 소형동물이다.

28. 야생동물은 산림생태계의 중요한 요소이나 산림 내의 조림지에서 어린 나무의 잎, 새순, 줄기 등을 가해하여 큰 피해를 주는 경우가 있다. 다음 중 조림목 등 어린나무를 가해하는 동물만으로 묶인 항목은?

① 노루, 멧돼지, 수달　　　② 사향노루, 다람쥐, 등줄쥐
③ 청솔모, 반달가슴곰, 산양　④ 고라니, 멧토끼, 대륙밭쥐

대륙밭쥐는 우리나라에서 서식하는 들쥐의 종류 중 두번째로 많으며, 주로 나무 껍질과 나무뿌리를 먹고 산다.

29. 소나무, 낙엽송, 편백 등의 껍질을 윤상으로 벗겨먹는 동물은?

① 산토끼　　　　　　　　　② 멧돼지
③ 들쥐　　　　　　　　　　④ 두더지

들쥐는 번식력이 대단히 강하고 주로 야간에 활동하여 소나무, 낙엽송 등 껍질을 윤상으로 벗겨먹는다.

정답　25. ②　26. ④　27. ①　28. ④
　　　29. ③

04 | 수목병해

학습주안점

- 병해 관련 용어에 대해 이해해야 한다.
- 전염성 병의 종류를 구분하고 특징을 알아두어야 한다.
- 수목병의 방제방법에 대해 알아두어야 한다.
- 병해 각론에 있어서는 각 전염원에 따른 구체적인 유형과 방제법을 중점적으로 학습해야 한다.

1 관련 용어

1. 병원, 병원체, 병원균

1) 병원

병을 일으키는 원인이 되는 것, 생물적인 것 외에 화학물질이나 기상인자 같은 무생물도 포함.

2) 병원체

병원이 생물이거나 바이러스일 때, 대체로 그 고유의 기주를 가지며 종류에 따라서 많은 종류의 수목을 침해하는 이른바 기주범위가 넓은 다범성인 것(잿빛곰팡이균)과 특정 수목만을 침해하는 한정성인 것(낙엽송끝마름병균)이 있음.

3) 병원균

병원이 세균일 때

2. 주인, 유인, 소인 ☆☆☆

주인	병 발생의 주된 원인
유인	병 발생의 2차적 원인, 환경적 원인
소인	기주식물이 병원에 대해 침해 당하기 쉬운 성질

핵심 PLUS

■ 수병학 (樹病學, forest pathology)
① 수목에 발생하는 모든 병의 병징 및 병상경과(病狀經過)를 관찰하여 병원(病原)을 규명하고 방제법의 수립을 목적으로 하는 학문으로 식물병리학의 한 분과 또는 산림보호학의 한 부분으로 취급하고 있다.
② 수병의 개념
- 병 : 계속적인 자극에 의해 수목의 정상적인 생활기능이 저해 받고 있는 과정
- 병해 : 수목이 병 때문에 그 재배와 이용의 목적에 어긋난 결과를 가져오는 현상

3. 기주식물, 감수성, 병원성, 침해력, 발병력

기주식물	병원체가 이미 침입하여 정착한 병든 식물
감수성	수목이 병원 걸리기 쉬운 성질
병원성	병원체가 감수성인 수목에 침입하여 병을 일으킬 수 있는 능력으로 침해력과 발병력으로 나눔.
침해력	병원체가 감수성인 수목에 침입하여 그 내부에 정착하고 양자 간에 일정한 친화관계가 성립될 때까지에 발휘하는 힘을 말함.
발병력	수목에 병을 일으키게 하는 힘으로서 양자는 반드시 같지 않음.

4. 전반

병원체가 여러 가지 방법으로 기주식물에 도달하는 것

5. 감염, 잠복기간, 병환

감염	병원체가 그 내부에 정착하여 기생관계가 성립되는 과정
잠복기간	감염에서 병징이 나타나기까지, 발병하기까지의 기간
병환	병원체가 새로운 기주식물에 감염하여 병을 일으키고 병원체를 형성하는 일련의 연속적인 과정

그림. 병환☆

■ 병징과 표징의 구분(요약)
① 병징
  • 병든 식물 자체의 조직 변화에 유래
  • 비전염성병, 바이러스, 파이토플라스마에 의한 병
  • 국부병징, 전신병징
② 표징
  • 병원체 자체가 병든 식물의 환부에 나타나는 것
  • 주로 진균에 의함.
  • 영양기관에 의한 표징, 번식기관에 의한 표징
③ 병징과 표징으로 수병을 진단

2 병징과 표징 ☆☆☆

1. 병징(symptom)

1) 특징

① 병든식물자체의 조직변화로 세포나 조직이 썩거나 죽는 괴사, 발육이 불충분한 감생(減省), 발육이 지나친 비대(肥大) 등의 세 가지 기본형으로 나눌 수 있으며, 이들의 조합이 여러 가지 병징을 나타냄.

② 비전염성병, 바이러스병, 파이토플라스마의 병에서 발생

③ 세균병의 병징 : 병원세균이 식물에 대해 병을 일으키는 과정은 일반적으로 상처 또는 자연개구를 통하여 이루어지며 병원균의 발병기작 및 병징에 따라 구분됨.

2) 수목의 주요한 병징

① 국부병징 : 수목의 일부기관에만 병징이 나타나는 것
② 전신병징 : 수목의 전신에 병징이 나타나는 것
③ 병의 진행에 따라서 처음과 다른 병징이 나타날 때 1차 병징과 2차 병징으로 구별
④ 색깔의 변화 : 위황화, 황화, 은색화, 백화, 갈색화, 청변, 반점, 얼룩
⑤ 외형의 이상 : 시듦, 위축, 괴사, 비대, 기관의 탈락, 암종, 빗자루모양, 천공, 줄기마름, 가지마름, 잎마름, 분비, 부패 등

2. 표징(sign)

1) 특징

① 병원체가 병든 식물체상의 환부에 나타나 병의 발생을 알림.
② 진균일 때 발생
③ 영양기관에 의한 것, 번식기관에 의한 것이 있음.

영양기관에 의한 것	균사체, 근상균사속, 선상균사, 균핵, 자좌
번식기관에 의한 것	포자, 분생자병, 분생자퇴, 분생자좌, 포자퇴, 포자낭, 병자각, 자낭각, 자낭반, 세균점괴, 포자각, 버섯 등

2) 병원체와 표징 ☆☆☆

병원체	표징	병의 예
바이러스(virus)	없음.	모자이크병
파이토플라스마(phytoplasma)	없음.	대추나무 빗자루병, 뽕나무 오갈병
세균(bacteria)	거의 없음.	뿌리혹병
진균(fungi)	균사, 균사속, 포자, 버섯 등	엽고병, 녹병, 모잘록병, 벚나무 빗자루병, 흰가루병, 가지마름병, 그을림병 등
선충(nematode)	없음.	소나무 시듦병

① 병원체가 진균일 때에는 대부분의 환부에 표징이 나타나지만, 비전염성병이나 바이러스병, 파이토플라스마에 의한 병에 있어서는 병징만 나타나고 표징은 나타나지 않음.

■ 코흐의 4원칙(Koch's Postulates) ☆
① 미생물은 반드시 환부에 존재해야
   한다.
② 미생물은 분리되어 배지 상에서
   순수 배양되어야 한다.
③ 순수 배양한 미생물을 접종하여
   동일한 병이 발생되어야 한다.
④ 발병한 피해부에서 접종에 사용한
   미생물과 동일한 성질을 가진 미생
   물이 재분리되어야 한다.

② 세균성병의 경우 병원세균이 병환부에 흘러 나와 덩어리 모양을 이루는 것을
   빼놓고는 일반적으로 표징이 나타나지 않음.
③ 어떤 병이 특정한 미생물에 의해서 일어난다는 것은 입증하려면 코흐의 4원칙
   을 따름.

3 병원의 분류

1. 병의 원인과 전염성의 유무

1) 생물성 원인
바이러스를 포함하며, 전염성이기 때문에 이들에 의하여 일어나는 병을 전염성병
또는 기주성병이라고 함.

2) 비생물성 원인
비전염성병 또는 비기주성병

3) 전염성병
바이러스, 파이토플라스마, 세균, 진균, 조균, 종자식물, 선충에 의한 병

4) 비전염성병
① 부적당한 토양조건에 의한 병 : 토양수분의 과부족, 토양 중의 양분결핍 또는
   과잉, 토양 중의 유독물질, 토양의 통기성 불량, 토양산도의 부적합 등
② 부적당한 기상조건에 의한 병 : 지나친 고온 및 저온, 광선부족, 건조와 과습,
   강풍·폭우·우박·눈·벼락·서리 등
③ 유기물질에 의한 병 : 대기오염에 의한 해, 광독 등 토양오염에 의한 해, 염해,
   농약에 의한 해 등
④ 농기구 등에 의한 기계적 상해

2. 전염성병의 종류

■ 바이러스에 의한 수병
잎에 얼룩반점이 나타나는 포플러류의
모자이크, 아까시나무 모자이크병 등
이 있다.

1) 바이러스
① 식물 바이러스는 핵산과 단백질로 구성된 일종의 핵단백질로 세포벽이 없으며
   핵산 대부분은 RNA이고 꽃양배추 모자이크바이러스 등 몇몇은 DNA임.
② 바이러스 입자는 공, 타원, 막대기, 실모양으로 크게 구분되며 광학 현미경으
   로는 볼 수 없고 전자 현미경으로만 관찰이 가능하다. 단, 바이러스에 감염된
   식물체에 형성된 봉입체는 광학 현미경으로도 관찰이 가능함.
③ 다른 미생물과 같이 인공 배양되지 않고 특정한 산 세포 내에서만 증식할 수
   있으며, 생물체 내에 침입하여 병을 일으킬 수 있는 감염성을 가지고 있음.

④ 바이러스병은 다른 식물병과 달리 약제를 이용한 화학적 직접방제가 어렵기 때문에 재배적이고 경종적인 방법이나 물리적인 방제방법을 많이 사용

2) 파이토플라스마(phytoplasma)

① 바이러스와 세균의 중간 정도에 위치한 미생물로 크기는 70~900 μm에 이르며 대추나무·오동나무 빗자루병, 뽕나무 오갈병의 병원체로 알려져 있다.

② 세포벽은 없어 원형, 타원형 등 일정하지 않은 여러형태를 가지고 있는 원핵생물로 일종의 원형질막에 둘러싸여 있음. .

③ 감염식물의 체관부에만 존재하므로 매미충류와 기타 식물의 체관부에서 흡즙하는 곤충류에 의해 매개됨.

④ 인공배양이 되지 않고 방제가 대단히 어려우나 테트라사이클린(tetracycline)계의 항생물질로 치료가 가능

3) 세균(bacteria)

① 가장 원시적인 원핵생물의 하나로 세포벽을 가지고 있으며 이분법으로 증식함, 대부분의 길이는 0.6~3.5μ, 직경은 0.3~1.0μ 정도로 전자광학현미경으로 관찰할 수 있음.

② 세균은 진균과는 달리 형태가 단순한 단세포미생물이며, 짧은 막대기 모양은 간균(桿菌), 공모양인 구균(球菌), 나사모양인 나선균(螺旋菌), 사상균(絲狀菌)등이 있으며 세균에 의한 병은 대부분 간균에 의함.

③ 식물병원세균은 실 모양인 *Streptomyces*를 제외하고는 모두 막대기 모양인 간상(桿狀)임.

④ 세포체 내에는 세포질이 있고 세포질막에 싸여 있으며, 물질의 선택적 투과성이 있음.

⑤ 세포벽 표면의 끈끈한 무지로 된 두꺼운 막인 피막이 있음.

⑥ 식물병원세균의 수는 약 180개로 인공배지에서 배양 및 증식이 가능한 임의 부생체임.

⑦ 세균은 운동성이 있는 것과 없는 것으로 크게 나누며 운동기관으로는 편모를 가지고 있음, 편모는 주로 간균이나 나선균에만 있고 구균에는 거의 없으며 편모의 유무·수·위치는 세균의 분류학상 중요한 기준이 됨.

⑧ 세균 중 식물병원세균을 포함하는 목(目) *Psudomonadales, Eubacteriales, Actinomycetales* 등이며, 그람염색법(Gram staining)에 의해 보라색으로 염색되는 그람 양성균(+)과 분홍색으로 염색되는 그람음성균(−)이 있음.

■ 파이토플라스마에 의한 수병
  ① 오동나무빗자루병, 대추나무빗자루병 등이 있으며 병든 가지는 촘촘한 가지가 많이 생긴다.
  ② 매개충에 의해 전염된다.

■ 세균과 진균 구분
  ① 세균
    • 원핵 생물
    • 핵이 없음.
  ② 진균
    • 진핵세포, 세포벽에 키틴(chitin)을 포함.
    • 균계(진균, 조균) 핵이 있음.

■ 세균에 의한 수병
  밤나무, 감나무의 어린 나무에 큰 피해를 주는 뿌리혹병이 있다.

4) 진균(fungi)

① 실모양의 균사체(菌絲體)로 되어 있고 그 가지의 일부분을 균사(菌絲)라 하므로 진균을 사상균 또는 곰팡이라 부름.

② 균사는 격막이 있는 것과 없는 것으로 구분되며 대부분의 균사 외부는 세포벽으로 둘러싸여 있고 그 주성분은 키틴(kitin)이다. 세포벽 안쪽에는 원형질막과 핵을 둘러싼 핵막, 핵질이 있고 미토콘드리아, 리보솜, 소포체, 액포, 인지질 등이 있음.

③ 진균은 고등식물과 같이 잎, 줄기, 뿌리 등이 분화되지 않으며 개체를 유지하는 영양체와 종속을 보존하는 번식체로 구분함.

영양체	• 대부분의 절대기생균은 기주에 침입할 때 부착기를 형성 • 균사의 끝이 특수한 모양의 흡기(吸器)를 세포안에 박고 영양을 섭취
번식체	• 영양체가 어느 정도 발육하면 담자체(膽子體)가 생기고 여기에 포자(胞子)가 형성 • 담자체의 생성법이나 포자의 모양은 진균을 분류하는 중요한 기준이 됨.

④ 포자는 무성포자와 유성포자로 구분되면, 무성적으로 만들어진 포자를 분생포자(分生胞子)라고 함.

무성포자	동시에 수많은 개체를 되풀이하여 형성하므로 식물병이 급격히 만연하는 제2차 전염원으로 중요
유성포자	수정에 의해 발생하며 주로 진균의 월동, 유전 등 종족의 유지에 중요한 역할을 함. (난포자, 자낭포자, 담자포자 등이 있음)

⑤ 진균의 분류 : 균사체의 격막의 유무 및 유성포자의 생성법에 따라서 조균강, 자낭균강, 담자균강, 불완전균강 등으로 크게 나뉨.

조균류 (藻菌類, Phycomycetes)	• 보통 균사에 격막이 없어 다른 진균과 쉽게 구별 • 무성포자는 분생포자로서 분색자병 위에 외생하며, 발아할 때 유주자낭을 만들어 그 속에 들어 있는 유주자를 내는 것과 발아관이 나오는 것이 있음. • 유성포자인 난포자는 균사의 한쪽 끝에 생긴 난기와 웅기의 수정에 의해 만들어짐.
자낭균류 (子囊菌, Ascomycetes)	• 균사에는 격막이 있고 잘 발달되어 균조직으로서 균핵(菌核), 자좌(子坐)를 형성 • 유성생식에 의한 자낭 속에 8개의 자낭포자가 만들어지며, 자낭균은 분생포자로 이루어지는 무성생식(불완전세대)과 자낭포자로 이루어지는 유성생식(완전세대)으로 이루어짐. • 자낭포자는 월동 후의 제1차전염원이 되며, 분생포자는 그 후 월동기까지 몇 번에 걸쳐 형성되어 제2차 전염원의 역할을 함.

담자균류 (擔子菌類, Basidiomycetes)	• 균사에는 격막이 있고 유성포자는 담자기 위에 생기는 담포자임. • 깜부기병균이나 녹병균에서 담자기를 전균사(前菌絲), 담포자를 소생자(小生子)하며 깜부기병균이나 녹병균의 일종의 휴면 포자인 겨울 포자가 발아하여 4개의 단핵 소생자를 형성함. • 녹병균은 기주식물에 녹병포자와 녹포자를, 중간기주식물에 여름포자 · 겨울포자 · 소생자 등을 형성함
불완전균류 (不完全菌類, Deuteromycetes)	• 균사에는 격막이 있으며 유성세대가 알려져 있지 않아 편의상 무성적인 분생포자세대(불완전세대)만으로 분류함. • 불완전균류의 완전세대가 발견되면 대부분은 자낭균으로 옮겨지고 더러는 담자균으로 옮겨짐. • 불완전균류는 병자각, 분생자좌, 분생자층, 분생자병속 등 분생포자의 형성법에 따라 구분함. • 바구니모양을 한 자실체, 즉 병자각 안의 분생자병 위에 형성되는 분생포자를 병포자라고 하며, 분생자병이 다발로 만들어진 것을 분생자병속이라고 함. • 균사가 밀집한 덩어리에서 많은 분생자병이 만들어지는데, 이것을 분생자좌라고 하며, 분생자병이 밀생하여 층을 이루고 기부와 세포에 밀착된 것을 분생자층이라 함. • 불완전균류 중에는 포자를 전혀 형성하지 않고 균사나 균핵만이 알려져 있는 것도 있음.

5) 바이로이드(viroid)

① 기주식물의 세포에 감염해서 증식하고 병을 일으킬 수 있는 가장 작은 병원체
② 외부단백질이 없는 핵산(RNA)만의 형태이며 분자량도 바이러스 RNA의 1/10 이하
③ 바이러스와 비슷한 전염특성이 있으며 접목 및 전정시 감염된 대목이나 접수 도는 손, 작업기구 등에 의하여 접촉 전염됨, 감자 갈쭉병의 병원체로 알려져 있음.

6) 선충(線蟲)

① 하등동물인 선형동물문에 속하며, 몸은 실같이 길고 가느다란 모양을 가짐.
② 곤충 다음으로 큰 동물군으로서 유기물이 있는 곳이면 어느 곳에든지 서식함.
③ 몸의 길이가 0.3~1.0mm(긴 것은 3mm), 지름은 5~35 μm으로 매우 작아 눈으로 보기 어려움.
④ 몸은 반투명하며, 겉껍질의 각피에는 규칙적인 횡조가 있는 것과 그렇지 않은 것이 있음.

■ 선충에 의한 수목병
소나무시들음병은 소나무재선충에 의하여 발생된다.

⑤ 식물기생선충은 머리부분에 있는 구침(口針)으로 식물의 조직을 뚫고 들어가 즙액을 빨아먹으며 상처난 조직은 병원성 곰팡이나 세균에 의해 2차감염이 되어 부패함.

⑥ 자유생활을 하는 비기생성선충에는 구침이 없음.

⑦ 식물기생선충의 경우는 스스로 1년간 30cm 정도 밖에 이동하지 못하므로 물, 농기구, 묘목뿌리 등에 의해 전파됨.

⑧ 외부기생선충과 내부기생선충

외부기생선충	식물에 기생할 때 종류에 따라 밖으로부터 구침을 조직 속에 박고 가해하는 것
내부기생선충	• 식물조직 내부에 침입하여 거기에서 생활하며 가해하는 것 • 식물조직 속에 침입한 다음 한 곳에 정주하여 생활하는 것(정주형)과 조직 속에서 옮겨 다니며 생활하는 것(다주성)

■ 기생성종자식물에 의한 수병
① 기주식물의 가지속에 뿌리를 박고 가지의 영양분을 흡수하며 생활한다.
② 참나무류, 자작나무, 밤나무, 소나무 등에 기생하며 기생된 부위의 상부 가지가 말라죽는 수도 있다.

7) 기생성종자식물

① 기생성종자식물은 세계적으로 약 2,500여 종이 알려져 있는데, 모두 쌍떡잎식물(양자엽식물)에 속하며, 외떡잎식물(단자엽식물)이나 겉씨식물(나자식물)에 속하는 것은 없음.

② 유형

줄기에 기생	• 겨우살이과 : 겨우살이, 붉은겨우살이, 꼬리겨우살이, 참나무겨우살이, 동백나무겨우살이, 소나무오갈겨우살이, 미국활엽수겨우살이 • 메꽃과 : 새삼
뿌리에 기생	열당과 오리나무더부살이

■ 1차감염원과 2차감염

제1차 감염원	병든 식물이나 그 잔재 또는 토양 등에서 월동하여 제1차 감염을 일으킨 균핵, 균사속, 난포자, 휴면상태의 균사 등
제2차 감염	제1차 감염 이후 새로 발병한 환부에 형성된 전염원에 의해서 일어나는 감염

4 수목병의 발생

1. 병원체의 월동 ★★☆

1) 일반사항

① 환경조건이 병원체의 활동에 부적당하면 병원체는 활동을 정지하고 휴면상태에 들어가며, 가을이 지나 기온이 내려가게 되면 병원체는 휴면상태로 월동함.

② 월동한 병원체는 봄에 활동을 시작하여 식물에 옮겨져서 그해 제1차 감염원을 일으켜 발병의 중심이 된다. 제1차 감염 이후 새로 발병한 환부에 형성된 전염원에 의해 일어나는 감염을 제2차 감염이라 함.

2) **병원체의 월동방법** ☆

① 기주의 생체 내에 잠재해서 월동 : 잣나무털녹병균, 오동나무빗자루병균, 각종 식물병원성 바이러스 및 파이토플라스마

② 병환부 또는 죽은 기주체 상에서 월동 : 밤나무줄기마름병균, 오동나무탄저병균, 낙엽송잎떨림병균

③ 종자에 붙어 월동

㉮ 종피에 부착 또는 종자조직 내에 잠복하여 월동

㉯ 오리나무갈색무늬병균, 묘목의 잘록병균

④ 토양 중에서 월동하는 경우

㉮ 수목의 지표 부분 또는 뿌리를 침해하는 병원체의 대부분의 토양에 월동

㉯ 묘목의 잘록병균(모잘록병균), 근두암종병균(뿌리혹병균), 자줏빛날개무늬병균 및 각종토양서식병원균

2. 병원체의 전반과 침입

1) **병원체의 전반** ☆☆☆

① 병원체의 전반방법의 특징은 그 대부분이 수동적임

② 바람에 의한 전반(풍매전반) : 잣나무털녹병균, 밤나무줄기마름병균, 밤나무흰가루병균 및 수많은 병원균의 포자는 바람에 의해 전반

③ 물에 의한 전반(수매전반) : 근두암종병균, 묘목의 잘록병균, 향나무적성병균

④ 곤충 및 소동물에 의한 전반(충매전반) : 오동나무의 빗자루병 병원체, 대추나무의 빗자루병 병원체 및 각종 식물병원성 바이러스와 파이토플라스마

⑤ 종자에 의한 전반

㉮ 종자의 표면에 부착해서 전반되는 것 : 오리나무갈색무늬병균

㉯ 종자의 조직 내에 잠재해서 전반되는 것 : 호두나무갈색부패병균

⑥ 묘목에 의한 전반 : 잣나무털녹병균, 밤나무근두암종병균

⑦ 식물체의 영양번식기관에 의한 전반 : 오동나무와 대추나무의 빗자루병 병원체, 각종 바이러스 및 파이토플라스마에 의한 병

⑧ 토양에 의한 전반 : 묘목의 잘록병균, 근두암종병균, 자줏빛날개무늬병균

⑨ 기타 방법에 의한 전반

㉮ 건전한 식물의 뿌리와 병든 식물의 뿌리가 지하부에서 접촉함으로써 병이 전염(재질부후균)

㉯ 벌채 후의 통나무나 재목 등에 병원균이 잠재해서 전반(재질부후균, 밤나무줄기마름병균, 느릅나무시들음병균)

■ 병원체의 침입 ☆
① 각피침입
• 단일균사 : 녹병균 소생자, 잿빛 곰팡이병균
• 집단균사 : 뽕나무 자주빛날개무 늬병, 뽕나무 뿌리썩음병, 묘목의 잘록병균
② 자연개구를 통한 침입
• 기공침입 : 녹병균의 녹포자·여름 포자, 삼나무 붉은마름병균, 소나 무의 잎떨림병균 등
• 피목침입 : 포플러·뽕나무의 줄기 마름병
• 상처를 통한 침입 : 밤나무·포플 러 줄기마름병균, 근주암종병균, 낙엽 송 끝마름병, 목재부후균

■ 수목의 피목 (皮目, lenticel)
① 목본(木本)의 줄기나 뿌리의 외피 (코르크) 조직이 만들어진 후에 기공 (氣孔) 대신에 만들어진 공기가 통하 는 통로조직
② 피목은 주로 줄기 또는 뿌리 표면에 있는 작은 분화구 같은 구조로 이산 화탄소와 산소 등의 가스 유입과 배 출함.

■ 관련 개념
① 기주교대 : 기주를 서로 바꾸는 것
② 이종 기생균 : 두 종의 기주에서 생활
③ 동종 기생균 : 한 종의 기주에서 생활
④ 중간 기주 : 두 기주 중에서 경제적 가치가 적은 것
⑤ 중요 수종별 중간 기주
• 잣나무 털녹병 : 송이풀, 까치밥 나무
• 소나무 혹병 : 졸참나무, 신갈나무
• 소나무 잎녹병 : 황벽나무, 참취, 잔대
• 잣나무 잎녹병 : 등골나물, 계요등
• 배나무 적성병 : 향나무(여름 포자 가 없음)
• 포플러 녹병 : 낙엽송, 현호색, 줄꽃 주머니

2) 병원체의 침입 ☆☆

① 병원균의 포자는 침입하기 전에 발아되어야 하며, 발아관이 자라서 침입함.

② 각피침입

㉮ 잎, 줄기 등의 표면에 있는 각피나 뿌리의 표피를 병원체가 자기의 힘으로 뚫고 침입함.

㉯ 각피 침입에 의해서 일어나는 감염을 각피감염이라 함.

㉰ 각피 감염을 하는 병원균의 대부분은 발아관 끝에 부착기를 만들고 각피에 붙으며, 그 아래쪽에 가느다란 침입균사를 내어 각피를 뚫음.

㉱ 각종 녹병균의 소생자, 잿빛곰팡이병균 등은 단일균사에 의해 각피를 관통 하나, 뽕나무 자줏빛날개무늬병균, 뽕나무 뿌리썩음병균, 묘목의 잘록병균 등은 균사집단으로 어린 뿌리를 뚫고 침입

③ 자연개구를 통한 침입

㉮ 식물체에 분포하는 자연 개구부인 기공(氣孔)과 수공(水孔), 피목(皮目), 밀 선(蜜腺) 등으로 침입하는 것을 말함.

㉯ 기공감염
㉠ 기공으로 침입하는 것을 기공침입이라 함.
㉡ 녹병균의 녹포자 및 여름포자, 삼나무 붉은마름병균, 소나무류의 잎떨림 병균 등

㉰ 피목을 통해 침입하는 병원균 : 포플러 줄기마름병균, 뽕나무 줄기마름병균

㉱ 상처를 통한 침입
㉠ 여러 가지 세균과 바이러스는 상처를 통해서만 침입
㉡ 밤나무줄기마름병균, 포플러의 각종 줄기마름병균, 근두암종병균, 낙엽 송끝마름병균, 각종목재부후균 등

3. 중간기주식물 ☆☆☆

1) 개념

① 이종기생균 : 생활사를 완성하기 위하여 두 종의 서로 다른 식물을 기주로 하는 것

② 기주교대 : 이종 기생균이 그 생활사를 완성하기 위하여 기주를 바꾸는 것

③ 중간기주 : 두 기주 중에서 경제적 가치가 적은 쪽이 중간기주임.

④ 녹병균은 살아있는 생명체에만 기생하는 순활물 기생균이며 기주식물에서 녹병 포자나 녹포자세대를 거치고, 중간기주에서 여름포자나 겨울포자 세대를 거침.

2) 이종기생을 하는 녹병균의 예 ☆☆

녹병균	병명	기주식물	
		녹병포자 · 녹포자 세대	여름포자 · 겨울포자세대 (중간기주)
Cronartium ribicola	잣나무의 털녹병	잣나무	송이풀 · 까치밥나무
Cronartium quercuum	소나무의 혹병	소나무	졸참나무 · 신갈나무
Coleosporium phellodendri	소나무의 잎녹병	소나무	황벽나무
Coleosporium asterum	소나무의 잎녹병	소나무	참취
Coleosporium campanulae	소나무의 잎녹병	소나무	잔대
Coleosporium eupatorii	잣나무의 잎녹병	잣나무	등골나물
Coleosporium paederiae	잣나무의 잎녹병	잣나무	계요등(닭똥)
Gymnosporangium haraeanum	배나무의 붉은별무늬병(적성병)	배나무 · 모과나무	향나무*
Melampsora larici-populina	포플러의 녹병	포플러	낙엽송

* 여름포자세대가 없다.

5 수목병의 방제

1. 수병 방제법 ☆

① 수병의 방제법은 예방과 치료로 나눌 수 있음.
② 수병의 경우에는 예방이 방제법의 주축을 이루며, 치료는 일부에 지나지 않음.
③ 방제에 사용되는 약제의 대부분이 치료효과가 없음.
④ 수목은 체내에 순환계를 가지고 있지 않음.
⑤ 경제적으로 방제경비가 제한됨.

2. 수병의 예방 ☆☆☆

1) 비배관리

① 질소질비료의 과용에 따른 피해 : 동해, 상해, 침엽수의 모잘록병, 설부병, 삼나무의 붉은 마름병
② 황산암모니아의 피해 : 토양을 산성화하여 토양의 전염병의 피해를 크게 함.
③ 인산질비료 및 칼리질비료는 전염병의 발생을 적게 함.
④ 시비는 수목의 생육을 좌우할 뿐만 아니라 병의 발생과도 관계가 깊으므로 시비법, 시비량 등에 주의해서 항상 그 균형을 유지하고 수목을 건전하게 키우는 것이 중요함.

핵심 PLUS

■ 병에 대한 식물체의 대처

감수성	식물이 어떤 병에 걸리기 쉬운 성질
면역성	식물이 전혀 어떤 병에 걸리지 않는 것
회피성	적극적 또는 소극적으로 식물 병원체의 활동기를 피하여 병에 걸리지 않는 성질
내병성	감염되어도 기주가 실질적인 피해를 적게 받는 경우

■ 수병의 예방
① 비배관리
② 환경조건의 개선
③ 전염원의 제거
④ 중간기주의 제거
⑤ 윤작실시
⑥ 묘목류의 검사
⑦ 작업기구류 및 작업자의 위생관리
⑧ 상처부에 대한 처치
⑨ 검역철저
⑩ 종자 · 묘목 · 삽수 등의 소독
⑪ 토양소독
⑫ 약제살포
⑬ 임업적 방제
⑭ 수병의 발생예찰
⑮ 내병성 품종의 이용

2) 환경조건의 개선

① 토양전염병은 일광이 부족하거나 토양습도가 부적당할 때 많이 발생

② *Rhizoctonia* 및 *Pythium debaryanum*균에 의한 침엽수의 모잘록병은 토양의 습도가 높을 때 피해가 큼.

③ *Fusarium*균에 의한 모잘록병은 비교적 건조한 토양에서 잘 발생

④ 자줏빛날개무늬병은 낙엽, 나뭇가지 등 미분해 유기물을 다량 함유하고 있는 개량 직후의 임지에서 피해가 큼.

3) 전염원의 제거

병든 잎, 가지, 묘목 등은 전염원인 포자가 완숙하여 제1차 전염을 일으키기 전에 제거한다.

4) 중간기주의 제거

① 수목에 기생하는 녹병균의 대부분은 기주교대를 하며 생활하는 이종 기생균으로 중간기주를 제거하여 병원균의 생활환을 차단함.

② 잣나무의 털녹병을 예방하기 위해 중간기주인 송이풀과 까치밥나무류를 제거

③ 포플러 잎녹병을 중간기주인 낙엽송을 제거

■ 윤작기간의 유형과 식물병

유형	종류
기주범위가 좁고 기주식물 없이는 오래 살지 못하여 윤작작물 선택의 범위가 넓고 짧은 윤작기간으로 효과적 방제가 되는 것	오리나무 갈색무늬병, 오동나무 탄저균
기주범위가 넓고 기주식물 없이 땅 속에서 장기간 살아있어 윤작작물 선택이 어렵고 윤작기간이 긴 것	침엽수 모잘록병균, 자줏빛날개무늬병균, 흰비단병균

5) 윤작실시

① 동일수종을 연작하면 병원균의 밀도가 높아져 병이 많이 발생하는 경향이 있는데, 이러한 연작의 피해를 막기 위해 윤작을 실시

② 윤작을 위해서는 작물의 선정과 경작연한을 고려함.

6) 묘목류의 검사

① 묘목, 접수, 삽수 등에 병든 것이 섞여 조림지에 나가게 되면 식재 후에 생육이 불량할 뿐만 아니라 병이 발생하지 않은 지역에 병원균을 전파할 위험이 크므로 이들 묘목류를 철저히 검사함.

② 멀리 떨어진 조림지에 종래에 발생하지 않던 병이 돌발하는 것은 대부분 병든 묘목류를 따라 병원균이 그 지역에 전반되었기 때문임.

7) 작업기구류 및 작업자의 위생관리

① 토양전염병의 발생이 심한 곳에서 사용한 농기구는 물로 깨끗이 씻은 다음 다른 장소에서 사용하는 것을 권장함.

② 녹병, 흰가루병, 삼나무의 붉은마름병 등은 병원균의 포자가 옷에 묻어서 병을 옮기게 되므로 옷을 갈아입고 건전한 묘목을 다룸.

③ 접목, 전정, 정지 등의 작업시에는 사용하는 기구와 작업자의 손끝을 소독을 권장함.

8) 상처부에 대한 처치

여러 가지 원인에 의해 생긴 상처부위를 방부체로 칠하든지 또는 접목 했을 때 접수와 대목의 접착부를 접밀로 발라 주어 유합 조직이 완성될 때까지 병원균의 침해를 막음.

9) 검역

철저한 식물검역에 의하여 위험한 병해충이 국내에 들어오지 못하도록 하고, 또 한 지역에서 다른 지역으로 옮겨가지 못하게 하는 것은 수병의 예방적 견지에서 매우 중요함.

10) 종묘소독

① 종자, 묘목 접수, 삽수 등에 병원체가 부착하거나, 또는 조직 속에 잠복하여 여러 가지 병을 전파하는 것을 예방
② 약제에 의한 방법 : 약제에 종묘를 담그는 침적소독과 종자표면에 가루를 묻혀 소독하는 분의 소독이 있음.
③ 열에 의한 방법 : 자줏빛날개무늬병이 무병지에 전파되는 것을 막기 위하여 묘목의 뿌리를 45℃에 20~30분간 온탕소독을 함.

11) 토양소독

① 토양전염성병의 예방법으로서 가장 직접적이고 효과적인 방법
② 방법

열에 의한 방법 (물리적 방법)	소토법, 열탕관주법, 전기가열법, 증기소독법
약제에 의한 방법 (화학적 방법)	클로로피크린제, 포르말린, PCNB제, DAPA제, NCS제 등을 사용

12) 약제살포

① 병원균이 기주체 내에 침입하는 것을 저지하고, 이미 기주체의 표면에 부착하였거나 그 위에 형성된 병원균을 죽임으로써 병의 발생을 미연에 방지하고 발생 후의 만연을 억제
② 약제살포는 병원균이 기주식물에 도달하기 전에 실시
③ 살포시기는 병원균의 종류에 따라서 다를 뿐만 아니라 기후조건에 따라서도 차이가 있으므로 병환에 입각하여 적기에 실시

13) 임업적 방제법

① 수종의 선택 : 임지의 환경조건 때문에 식재를 예정한 수종에 특정한 병의 발생이 예상될 경우에는 다른 수종을 식재함.

핵심 PLUS

■ 약제살포효과
① 나무의 표면에 포자나 균사를 다량으로 형성하는 병이 발생하였을 때에는 병환부에 직접 살균력이 강한 약제를 살포하여 병원균을 죽이든지, 또는 포자를 형성하지 못하게 하여 병이 크게 퍼지는 것을 억제
② 월동 후 수목의 체표면에 형성되는 포자에 의한 제1차 전염을 막기 위해서는 수목의 휴면기에 약제를 살포하는 것이 효과적임.

② 종자의 산지 : 조림용 종자는 되도록 조림지와 유사한 환경조건을 가진 임지에 생육하고 있는 우량한 모수에서 채취함.

③ 묘목의 취급과 식재방법 : 묘목시기부터 병에 걸리기 않게 튼튼히 키워야 할 뿐만 아니라 취급에도 주의하는 한편 식재방법이 나쁠 때에도 일반적으로 병에 대한 저항성이 저하되고 뿌리의 병을 비롯해 여러 가지 병이 발생하기 쉬우므로 주의를 요함.

④ 육림작업에 의한 환경개선 : 혼효림의 조성, 보호수림대 설치, 하예, 간벌, 가지치기, 임지시비 실시 등

⑤ 벌채시기 : 수령과 부후병에 의한 피해와의 관계를 고려하여 벌기를 결정

14) 수병의 발생예찰

① 언제, 어디에, 어떤 병에 얼마만큼 피해가 얼마나 될 것인지를 추정, 사전에 적절한 병의 방제책을 강구하는 데 목적이 있음.

② 수병의 발생예찰은 어떤 한 가지 요인의 검토만으로는 높은 효율을 기대할 수 없으며, 항상 모든 발병요인에 대한 종합적 검토가 필요

15) 내병성 품종의 이용

만족할 만한 방제효과를 거두기 어려울 때가 많기 때문에 내병성 품종 또는 클론을 이용하는 것은 재배기간이 긴 임목의 경우 가장 확실하고 경제적인 방제방법임.

3. 치료법

1) 내과적 요법 ☆

① 경제성이 높고 수목의 개체치료가 가능한 것들에 대해 내과적 치료법을 적극 활용함으로써 수병의 치료에 좋은 성과를 거둘 수 있을 것으로 예상

② 옥시테트라사이클린의 수간주입으로 대추나무와 오동나무의 빗자루병과 뽕나무의 오갈병을 치료

③ 잣나무의 털녹병, 낙엽송의 끝마름병, 소나무류의 잎녹병을 치료하기 위해 사이클로헥사마이드를 살포

④ 베노밀제의 수간주입에 의한 밤나무 줄기마름병의 치료

2) 외과적 요법

① 외과적 수술방법은 피해부위에 따라서 다르지만, 어떤 경우에도 병환부는 완전히 제거해야 하며, 자른 자리는 소독한 다음 완전히 방수하여 그 위의 피해가 진전되는 것을 막고 유합 조직의 형성을 촉진시켜야함.

② 병환부를 자르거나 도려낼 때에는 눈에 보이는 환부 뿐만 아니라 경계 부분의 건전한 곳까지도 제거해야 하며, 시기는 일반적으로 이른 봄이 좋음.

3) 살균제 종류 및 살선충제

① 살균제 : 병원균에 의한 전염성병을 방제할 목적으로 사용되는 약제

② 동제(보르도액)

  ㉮ 보호살균제로서 효력이 뛰어나고 다른 약제에 비해 값이 싸기 때문에 임업에서는 살포제로 가장 널리 이용됨.

  ㉯ 황산동과 생석회로 조제하는데, 약액 1L당 황산동의 g수(a)와 생석회의 g수(b)를 "-"로 연결하여 a-b식으로 부른다. 예를 들어 보르도액 1L를 만드는 데 황산동 6g, 생석회 6g이면 6-6식 보르도액이라고 부름.

  ㉰ 보르도액은 사용할 때마다 만드는데, 만든 후 오랫동안 놓아두면 침전이 생기고 살균효과가 떨어지므로 일단 약을 만들면 되도록 빨리 뿌리는 것이 가장 효과적임.

③ 유기수은제

  ㉮ 직접살균제로서 뛰어난 살균효과를 나타내나 최근 인체에 대한 독성이 문제가 되어 살포용 또는 토양소독용 유기수은제는 사용이 금지되고 종자소독에 한해서만 사용이 허가됨

  ㉯ 수화제의 경우에는 소정량의 물에 녹인 약액에 종자를 3~4시간 침지한 다음 그늘에 말려서 파종함.

  ㉰ 분제일 경우 종자 1kg당 15~20g 의 비율로 용기에 넣고 잘 섞어서 분의한 다음 파종

  ㉱ 약제는 그늘에서 조제하고 한번 만든 약액은 1~2일 내에 사용

  ㉲ 현재 사용되고 있는 종자소독용 유기수은제에는 메르크론(Mercron : 침지용), 우스플룬(Uspulun : 침지용), 세레산(Ceresan : 분의용) 등이 있음.

④ 황제

  ㉮ 무기황제 : 석회황합제, 황

  ㉯ 석회황합제 : 적갈색 물약으로 흰가루병과 녹병의 방제에 사용하며 깍지벌레에 대한 살충효과도 있어 겨울철 수목의 휴면기에 살균과 살충을 겸하여 사용하기도 한함. 또한 강한 알칼리성이기 때문에 약해를 일으키기 쉬우므로 수목의 성장기에 사용할 때에는 농도에 충분한 주의가 필요함.

  ㉰ 황 : 미분말을 분제 또는 수화제의 형태로 만들어 흰가루병과 녹병의 방제에 사용하며 황의 분말이 고울수록 효과가 커짐.

  ㉱ 유기황제 : 지네브제, 마네브제, 퍼어밤제, 지람제, 티람제, 아모밤제

  ㉲ 기타 유기합성살균제 : PCNB제, PCP제, 캡탄제, 항생물질계

⑤ 살선충제

  ㉮ 클로로피크린, D-D제, EDB제, 퓸, DBCP제, NCS제 등

  ㉯ 대부분의 유효성분이 가스체로 되어 토양입자의 사이로 확산하면서 선충을 죽이며 방제 효과를 냄.

  ㉰ 약해도 심하고 인체에 대한 독성도 있으므로 사용방법을 바르게 지켜야함.

핵심 PLUS

■ 살균제 유형

보호살균제	병원균이 수목에 침입하기 전에 살포하여 수목을 병으로부터 보호하는 것
직접살균제	이미 형성된 병환부분에 뿌려서 병균을 죽이는 것
치료제	병원체가 이미 기주식물의 내부에 침입한 후 작용하는 것

■ 보르도액 조제와 주의점

① 보르도액을 조제시 주의할 것은 황산동액과 석회유를 따로 따로 나무통에서 만든 다음 석회유에다 황산동액을 부어서 혼합해야함.

② 전착제를 가해서 고압분무기로 식물체 표면에 골고루 묻도록 뿌려줌.

③ 제1차 전염이 일어나기 약 1주일 전에 살포해야 효과적임.

④ 살포한 약제의 유효기간은 약 2주간이므로 몇 차례 계속해서 살포할 경우 2주 간격으로 살포함.

6 병해 각론

1. 바이러스에 의한 수병

1) 병징

① 일반적으로 바이러스에 감염되면 식물의 성장이 감소됨에 따라 식물 전체가 왜소 및 위축현상 발생

② 많은 바이러스는 병든 식물체의 전신에 분포하는 전신감염이나 식물체의 일부분에 한정되어 있는 것을 국부감염 증상

③ 외부병징 ☆

㉮ 색깔의 이상(異常) : 잎·꽃·열매 등에 모자이크(Mosaic)·줄무늬·얼룩이·둥근무늬 등

㉯ 식물체 전체 또는 일부기관의 발육의 이상 : 왜화, 괴저, 축엽, 잎말림, 암종, 돌기, 기형 등

④ 내부병징 : 세포 내 엽록체의 수 및 크기 감소, 식물 내부조직의 괴사 등이 나타나거나 건전한 식물세포에서 볼 수 없는 특이한 구조물인 봉입체(封入體)가 생성

⑤ 병징은폐(病徵隱蔽) : 병징이 잘 나타나는 식물도 환경조건에 따라서 병징이 잘 나타나지 않는 경우를 말하며, 고온 또는 저온일 때 발생

⑥ 보독식물(保毒植物, Carrier)

㉮ 체내에 바이러스가 증식하고 있어도 외관상 병징이 나타나지 않는 식물

㉯ 바이러스에 의한 큰 피해를 받지 않으나, 그 바이러스에 감수성인 다른 식물에 대한 전염원이 됨.

2) 식물바이러스의 전염방법 ☆

① 접목전염, 즙액전염, 충매전염, 토양전염, 종자전염 등

② 바이러스는 진균이나 세균처럼 스스로 식물체를 침입해서 감염을 일으킬 수 없으며, 모두 타동적으로 전염됨

3) 유형

① 포플러의 모자이크병

병원체 및 병환	• 병원체는 포플러모자이크바이러스, 길이는 약 675㎛의 사상 • 주로 병든 삽수를 통해 전염
병징	• 다 자란 잎에 모자이크 또는 얼룩반점이 잎면에 가득히 나타나며 그 중앙부가 괴사되는 품종도 있음. • 병이 진전되면 잎이 말리면서 일찍 떨어지고 어린 줄기에도 작은 원형반점이 생겨 갈색~적색으로 변함.
방제	• 바이러스에 감염되지 않은 건전한 포플러에서 삽수를 채취하고 병든 것은 뽑아 버림.

■ 바이러스에 의한 주요 수병

	포플러 모자이크병	아까시 모자이크병
병징	다 자란 잎에 모자이크 또는 얼룩반점	잎에 농담의 모자이크가 나타남.
병원체	포플러 모자이크 바이러스	아까시나무 모자이크 바이러스
병환	병든 삽수를 통하여 전염	아까시 진딧물, 복숭아혹 진딧물에 의해 매개전염
방제법	건전한 포플러 삽수 채취	살충제로 진딧물 구제

② 아까시나무의 모자이크병

병원체 및 병환	• 병원체는 아까시나무 모자이크바이러스, 바이러스입자는 약 40m인 구형 • 바이러스의 판별기주인 명아주에 즙액접종하면 담황색의 국부병반이 나타남. • 자연상태에서는 아까시나무진딧물과 복숭아혹진딧물 등에 의해 매개전염
병징	• 초기 잎에 농담의 모자이크가 나타나며, 나중에는 잎이 작아지고 기형이 됨. • 병든 나무에서는 매년 병징이 나타나기 때문에 나무의 생육이 나빠지고 차츰 쇠약해짐
방제	살충제로 매개충인 진딧물을 구제하고 병든 나무는 캐내어 소각함.

2. 파이토플라스마에 의한 수병 ☆☆☆

1) 병징

빗자루병이나 오갈병을 유발하며, 도깨비집과 같은 총생(叢生), 위축(萎縮), 꽃·꽃받침·암술·수술 등이 잎처럼 변하는 엽화(葉化) 등을 보임.

2) 유형

① 오동나무의 빗자루병

병원체 및 병환	• 병원은 파이토플라스마, 담배장님노린재에 의해 매개전염 • 뿌리 나누기 묘에서부터 큰나무에 이르기까지 발병하는 전신병
병징	• 병든 나무에는 연약한 잔가지가 많이 발생, 담녹색의 아주 작은 잎이 밀생하여 마치 빗자루나 새집둥우리와 같은 모양을 이룸. • 병든 잎은 정상적인 잎보다 작고 연약하여 일찍 떨어짐, 병든가지는 1~2년내에 말라죽으며 수년간 병징이 계속 나타나다가 결국 나무 전체가 죽음
방제	• 병든 나무는 제거·소각 • 7월 상순~ 9월 하순에 살충제를 살포해 매개충을 구제 • 빗자루병이 발생하지 않은 나무로부터 분근 증식한 무병묘목을 심거나 실생 묘목을 심음. • 테트라사이클린계의 항생물질로 치료함.

■ 파이토플라스마에 의한 주요 수병

	오동나무 빗자루병	대추나무 빗자루병	뽕나무 오갈병
병징	연약한 잔가지에 발생	가는 가지와 황록색 작은 잎이 밀생 빗자루모양	병든 잎은 작아지고, 쭈글쭈글해짐
병원체	파이토플라스마		
매개충	담배장님 노린재	마름무늬매미충	

② 대추나무의 빗자루병

병원체 및 병환	• 병원은 파이토플라스마, 마름무늬매미충에 의해 매개 • 전신성 병이므로 병든 나무의 분주를 통해 차례로 전염
병징	• 가는 가지와 황녹색의 아주 작은 잎이 밀생, 마치 빗자루 모양과 같아지고 결국에 말라 죽음 • 꽃눈이 잎으로 변하여 개화 결실이 되지 않으며, 병원체는 조직 속에만 있기 때문에 외부로 나타나는 표징이 없음.
방제	• 병징이 심한 나무는 뿌리째 캐내어 태움. • 병징이 심하지 않은 나무는 4월 말~9월 중순에 1,000~2,000ppm의 옥시테트라사이클린을 주당 1,000~2,000mL를 수간주사함. • 병이 발생되지 않은 지역에서 분주해 가져다 심는 것이 안전함. • 땅 속에서 뿌리의 접목에 의해 전염될 우려가 있으므로 밀식을 피함. • 매개충의 의한 감염을 막기 위해 6월 중순~10월 중순에 살충제(비피유제, 메프유제 등)을 2주 간격으로 살포

③ 뽕나무오갈병

병원체 및 병환	• 병원은 파이토플라스마, 마름무늬매미충에 의해 매개 • 접목에 의해서도 전염되나 토양, 즙액 등으로는 전염되지 않음.
병징	• 병든 잎은 작아지고 쭈글쭈글해지며 담녹색에서 담황색으로 되고, 잎의 결각이 없어져 둥글게 되면 잎맥의 분포도 작아짐. • 가지의 발육이 약해지고 마디 사이가 짧아져서 나무 모양이 왜소해지며, 곁눈의 싹이 빨리 터서 작은 가지가 많으므로 빗자루 모양을 이룸.
방제	• 발생이 심하지 않은 병든 나무를 발견 즉시 뽑아버리고, 저항성 품종으로 보식하거나 심하면 전면 개식함. • 질소질 비료의 과용을 피하고, 칼리질비료를 충분히 주며 수세가 약해지지 않도록 벌채나 뽕잎따기를 삼가함. • 접수나 삽수는 반드시 무병주에서 낙엽수 12월~2월에 채취함. • 저독성 유기인제로 매개충을 구제 • 테트라사이클린계 항생제에 의한 치료가 가능

④ 그 밖의 파이토플라스마에 의한 주요수병 : 아까시나무 빗자루병, 밤나무의 누른 오갈병, 물푸레나무의 마름병

3. 세균에 의한 수병

1) 병징

① 세균은 진균처럼 각피침입을 할 능력이 없기 때문에 식물체 상의 각종 상처와 기공 · 수공 등의 자연개구를 통해 침입한다.

	뿌리혹병 (근두암종병)	밤나무 눈마름병
병징	뿌리 및 지제부 접목부위에 잘 발생	새눈, 새잎(신초)에 발생
병원체	*Agrobacterium tumefaciens*	*Pseudomonas castaneae*
병환	상처를 통해 침입	병원세균은 병든 가지 끝에서 월동 이듬 해에 발생

② 유형 ☆

무름병	상처를 통해 침입한 병균이 펙티나아제(Pectinase)효소를 분비해 기주세포의 중층(中層)을 분해하면 삼투압에 변화가 생겨 기주세포는 원형질 분리를 일으켜 죽게 됨, 물이 많은 조직에서 부패와 악취의 무름현상 발생
점무늬병	기공으로 침입하여 증식한 세균은 인접 유조직세포를 파괴하여 여러 모양의 점무늬를 이룸.
잎마름병	세균이 유관속 조직의 도관부를 침입하여 식물 기관의 일부 또는 전체가 말라 죽음
시들음병	침입한 세균이 물관에서 증식, 수분 상승을 저해함.
세균성혹병	세균이 기주세포를 자극해 병환부를 이상 증식 시킴, 사과 근두암종병 등

2) 종류

① 뿌리혹병 ☆☆

밤나무, 감나무, 호두나무, 포플러, 벚나무 등에 발생, 특히 묘목에 발생시 피해가 큼.

병원체 및 병환	• 병원균은 *Agrobacterium tumefaciens*(Smith et Towns.)Conn • 병환부 월동, 땅속에서 다년간 생존하면서 기주식물의 상처를 통해서 침입 • 지하부의 접목부위, 뿌리의 절단면, 삽목의 하단부 등이 침입 경로임 • 고온다습한 알칼리 토양에서 많이 발생
병징	• 보통 뿌리 및 땅가 부근에 혹이 생기거나 때로는 지상부의 줄기나 가지에 발생 • 초기에는 병든 부위가 비대하고 우윳빛을 띠며, 점차 혹처럼 되면서 그 표면은 거칠어지고 암갈색으로 변함. • 혹의 크기는 콩알만한 것으로부터 어른 주먹의 크기보다 더 커지는 것도 있음. • 접목묘의 접목부위에 많이 발생
방제	• 묘목을 철저히 검사하여 건전묘만을 식재함. • 병든 나무는 제거하고 그 자리는 객토를 하거나 생석회로 토양을 소독 • 병에 걸린 부분을 칼로 도려내고 절단부위는 생석회 또는 접밀을 바름. • 접목할 때에는 접목에 쓰이는 칼과 손끝을 70% 알코올 등으로 소독하고, 접수와 대목의 접착부에는 접밀을 발라줌. • 발병이 심한 땅에서는 비기주식물인 화본과 식물을 3년 이상 윤작함. • 클로로피크린, 케틸브로마이드 등으로 묘포의 토양을 소독실시 • 이 병에 가장 걸리기 쉬운 밤나무, 감나무 등의 지표식물을 심어 병균의 유무를 확인한 후 병균이 없는 곳에 포지를 선정함.

② 밤나무눈마름병

병원체 및 병환	• 병원은 *Pseudomonas castaneae*(Kawamura) *Savulescu* • 병원세균은 병든 가지의 끝에서 월동, 이듬해의 전염원이 됨.
병징	• 4~7월에 새눈, 잎, 신초 등에 발생 • 피해부는 갈색~흑갈색으로 변해 말라 죽으며, 잎에는 많은 갈색 병반이 생기며, 안쪽으로 말림
방제	• 병든 가지를 잘라 소각함. • 새 눈이 트기 전에 석회황합제(100배액)를 1~2회 살포함.

③ 그 밖의 세균에 의한 주요수병

병명	병원세균
호두나무의 갈색썩음병 (Bacterial Blight)	*Xamthomonas juglandis* Dowson
포플러의 세균성줄기마름병 (Bacterial Canker)	*Pseudomonas syringae f. sp. populea* Sabet
단풍나무의 점무늬병 (Leaf Spot)	*Xamthomonas acernea*(Ogawa) Burk holder
뽕나무의 세균성축엽병 (Bacterial Spot)	*Pseudomonas mori*(Boyr & Lambert) Stevens

4. 조균류에 의한 수병 ☆☆

1) 모잘록병

① 병원체 및 병환

㉮ 침엽수의 묘에 큰 피해를 주는 것은 불완전균에 의해 발생

㉯ 토양 서식 병원균에 의하여 다년생 어린 묘의 뿌리 또는 땅가 부분의 줄기가 침해되어 말라 죽는 병

㉰ 침엽수 중에서는 소나무류·낙엽송·전나무·가문비나무 등에 활엽수 중에는 오동나무·아까시나무·자귀나무 등에 많이 발생

㉱ 모잘록병균은 땅속에서 월동하여 다음해의 제1차 감염원이 됨.

㉲ 병원균은 *Pythium debaryanum* Hesse(조균), *Pythium ultimum* Trow(조균), *Phytophthora cactorum* Schroet(조균), *Thanatephorus cucumeris* Donk (Rhizoctonia solani Kuhn; 불완전균), *Fusarium Oxysporum* Schl.(불완전균), *Fusarium spp.*(불완전균), *Cylindrocladium scoparium* Morgan(불완전균)

㉳ *Rhizoctonia*균과 *Pythium*균에 의한 피해는 과습한 토양에서 기온이 비교적 낮은 시기에 많이 발생하고, *Fusarium*균과 *Cylindrocladium*균에 의한 피해는 온도가 높은 여름에서 초가을에 비교적 건조한 토양에서 많이 발생함.

	모잘록병 (모입고병)	밤나무 잉크병
병 징	땅속부패형, 도복형, 수부형, 근부형	병든 줄기의 타닌 수액이 철분과 화합하여 땅가 부분에 잉크로 물듦
병 원 체	조균(*Pythium*), 불완전균 (*Rhizoctonia*)	*Phytophthora cambivota*
병 환	땅 속에서 종자에 붙어서 월동하여 이듬해 1차 전염됨	땅 속에서 월동

② 병징

땅속부패형	파종된 종자가 땅속에서 발아하기 전후에 썩음
도복형(倒伏型)	발아 직후 유묘의 지면부위가 잘록하게 되어 쓰러지면서 썩음
수부형(首腐型)	묘목이 지상부로 나온 후 떡잎, 어린줄기가 죽음
뿌리썩음병	묘목이 생장하여 목질화가 된 여름 이후에 뿌리가 검은 색을 죽음
줄기썩음병	묘목이 생장한 여름철 이후 또는 제1회 상체묘의 지면부근의 줄기가 침해되어 윗부분이 죽음

③ 방제법

약제	• 약제(티람제, 캡탄제, PCNB제, NCS, 클로로피크린 등) 및 증기·소토 등의 방법으로 토양을 소독 • 종자소독용 유기수은제의 수용액에 종자를 침적하거나 또는 동제의 분제·티람분제, 캡탄제 등으로 종자를 분의소독
환경 개선	• 묘상이 과습하지 않도록 배수와 통풍에 주의하며, 햇볕이 잘 들도록 함. • 채종량을 적게 하고, 복토가 너무 두껍지 않도록 함. • 질소질비료를 과용을 삼가고 인산질비료와 완숙한 퇴비를 충분히 줌.

2) 밤나무의 잉크병

① 병원균 및 병환

㉮ 병원균은 *Phytophthora cambivota*(Petri) Buism, *Phytophthora crinamomi*

㉯ 병환은 땅속에서 월동하고, 지표면으로부터 가까운 곳에 있는 잔뿌리를 침해하여 병을 발생

② 병징

㉮ 발생 초기 뿌리가 침해되어 흑색으로 변하면서 썩고, 점차 근관부 및 땅가 부분의 줄기의 형성층이 침해를 받으며, 병든 나무의 잎은 누렇게 되면서 급속히 말라 죽음

㉯ 병든 나무의 줄기에서 타닌(Tannin)을 다량 포함한 수액이 뿜어 나와 이것이 땅속의 철분과 결합하여 땅가 부분이 잉크로 물든 것처럼 보임.

③ 방제법

㉮ 병든 나무를 제거·소각하고, 그 자리는 클로로피크린으로 토양을 소독

㉯ 식재지가 과습하지 않도록 배수에 주의

㉰ 저항성 품종 식재

3) 그 밖의 조균류에 의한 수병

병명	병원균
소나무의 소엽병(Little Leaf Disease)	*Phytophthora cinnamomi* Rands.
동백나무의 시들음병(위조병, 근부병)	

5. 자낭균에 의한 수병 ☆☆☆

1) 벚나무의 빗자루병

핵심 PLUS

■ 자낭균, 담자균, 불완전균류에 의한 수병

자낭균류	벚나무 빗자루병
	흰가루병
	그을음병
	줄기마름병
	소나무 잎떨림병
	낙엽송 잎떨림병
	낙엽송 끝마름병
	호두나무 탄저병
	밤나무 줄기마름병
	리지나 뿌리썩음병
담자균류	잣나무 털녹병
	소나무 잎녹병
	향나무 녹병
	소나무 혹병
	포플러 잎녹병
	뿌리썩음병
불완전균류	삼나무 붉은마름병
	오동나무 탄저병
	오리나무 갈색무늬병
	측백나무 잎마름병

병원체 및 병환	• 병원균은 *Taphrina wiesneri*(Rathay) Mix • 병든 가지의 팽대부분에서 주로 균사상태로 월동하고, 다음해 봄에 포자를 형성하여 제1차 전염을 일으킴.
병징	• 가지의 일부가 팽배하여 혹모양이 되며 이 부근에서 가느다란 가지가 많이 나와 마치 빗자루모양을 이룸. • 건전한 가지에서보다도 봄에 일찍 소형의 잎이 피어나며, 꽃망울은 거의 생기지 않음. • 처음에는 잎이 무성하지만, 여러 해가 지나며 말라 죽으며, 병세가 심하면 수세가 떨어지고, 나무 전체가 말라 죽음
방제	• 겨울철에 병든 가지의 밑부분을 잘라 내어 소각하며, 반드시 봄에 잎이 피기 전에 소각함. • 병든 가지를 잘라 낸 후 나무 전체에 8-8식 보르도액을 1~2회 살포하며, 약제 살포는 잎이 나오기 전에 하며, 휴면기 살포가 좋음.

2) 수목의 흰가루병(백분병, 白粉病)

병원체 및 병환	• *Phyllactinia corylea* 등, 진균(자낭균류) • 기주식물은 참나무류, 밤나무, 단풍나무류, 포플러류, 배롱나무, 가중나무, 붉나무, 개암나무, 오리나무 등 • 병원균은 자낭각(완전세대) 또는 균사(불완전세대)의 형태로 병든 낙엽 또는 가지에서 월동하여 다음해 제1차 전염원이 됨, 그 후 병든 부위에서 형성된 분생포자에 의해 가을까지 반복 전염이 계속됨.
병징	• 6~7월에 또는 장마철 이후부터 잎표면과 뒷면에 백색의 반점이 생기며, 점점 확대되어 가을이 되면 잎을 하얗게 덮음. • 환부에 나타난 흰가루는 병원균의 균사, 분생자병 및 분생포자 등이며, 이것은 분생자세대(불완전세대)의 표징 • 가을이 되면 병환부의 흰가루에 섞여서 미세한 흑색의 알맹이가 다수 형성되는데 자낭구로서 자낭세대의 표징임.
방제	• 병든 낙엽과 가지를 모아서 소각 • 새눈이 나오기 전에 석회황합제(150배액)를 몇 차례 살포한다. 그러나 한 여름에는 석회 황합제를 살포하면 약해를 입기 쉬우므로 만코제브 수화제, 티오파네이트메틸 수화제 등을 살포함.

3) 수목의 그을음병(매병, 煤病)

병원체 및 병환	• *Meliola* 속, *Parodiellina* 속, *Capnodium* 속 등, 진균(자낭균류) • 기주식물은 낙엽송, 소나무류, 주목, 버드나무, 후박나무, 식나무, 대나무류 • 암흑색의 균사를 가지며 자낭포자와 병포자를 형성 • 깍지벌레·진딧물 등의 분비물인 감로를 영양으로 발육하며 균사 또는 자낭각의 형태로 월동
병징	• 잎·줄기·가지 등에 새까만 그을음을 발라 놓은 것 같은 외관을 나타냄. • 기주식물체의 표면을 덮고 동화작용을 방해하는 외부착생균이지만, 그 중에는 기주조직 내에 흡기를 형성하고 기생하는 종류도 있음. • 진딧물, 깍지벌레 등이 기생한 후 그 분비물 위에서 번식함. • 병환부에 나타나는 그을음 같은 물질은 병원균의 균사·포자 등의 덩어리인데, 나중에 이 속에 병자각이 형성되며, 아주 드물게 자낭구가 형성되기도 함. • 그을음병으로 나무가 급히 말라 죽는 일은 드물지만 동화작용이 저해되므로 수세가 약해짐.
방제	• 통기불량, 음습, 비료부족 또는 질소비료의 과용은 이 병의 발생유인이 되므로 이들 유인을 제거 • 살충제로 진딧물·깍지벌레 등을 구제함.

핵심 PLUS

■ 그을름병
진딧물, 깍지벌레의 밀도와 직접 관련함.

4) 밤나무의 줄기마름병(동고병, 胴枯病)

병원체 및 병환	• *Cryphonectria parasitrica*, 진균(자낭균류) • 밤나무, 참나무류, 단풍나무 등 발생 • 병원균은 병환부에서 균사 또는 포자의 형으로 월동하여 다음해 봄에 비, 바람, 곤충, 새 무리 등에 의하여 옮겨져 나무의 상처를 통해서 침입함.
병징	• 나뭇가지와 줄기가 침해되며, 병환부의 수피는 처음에 적갈색으로 변하고 약간 움푹해지며, 6~7월경에 수피를 뚫고 등황색의 소립이 밀생하여 마치 상어껍질처럼 됨. • 비가 오고 일기가 습하면 소립에서 실모양으로 황갈색의 포자덩어리가 분출되고 건조하면 병환부가 갈라지고 거칠어짐. • 병환부의 나무껍질을 벗겨 보면 황색균사라 부채꼴모양을 하고 있음.
방제	• 묘목검사를 철저히 하여 무병묘목을 심음. • 상처를 통해 병원균이 침입하므로 나무에 상처가 생기지 않도록 주의하며, 병든 부분을 도려내어 도포제를 발라줌. • 균사나 포자로 월동한 병원체가 바람이나 곤충에 의해 전반되므로 해충을 구제함.

■ 밤나무 줄기마름병
우리나라 밤나무에 가장 문제시 되는 병

5) 소나무의 잎떨림병

병원체 및 병환	• *Lophodermium pianstri*, 진균(자낭균류) • 소나무류 발생 • 땅 위에 떨어진 병든 잎에서 자낭포자의 형으로 월동해 다음해의 전염원이 됨.

	• 5~7월에 비가 많이 오는 해에 피해가 크며 병원균이 잎의 기공으로 침입하여 7~9월경 발병하고 잎에 병반이 형성됨
병징	• 이듬해 4~5월경에 이르러 피해가 급진전하고 심할 때에는 9월경에 녹색의 침엽을 거의 볼 수 없을 정도로 누렇게 변하고 수시로 잎이 떨어짐. • 성숙한 잎은 곧 떨어지며 초가을에 낙엽을 조사해 보면 약 6~11mm 간격으로 갈색의 선이 옆으로 나 있고, 중간에 타원형 또는 방추형의 흑색종반(자낭반)이 형성되어 있음.
방제	• 묘포에서는 비배관리를 잘하고, 병든 잎을 모아서 태움.

6) 낙엽송의 잎떨림병

병원체 및 병환	• *Mycosphaerella larici-leptolepis* • 낙엽송류 발생 • 병든 낙엽에서 월동하여 이듬해 5~7월 사이 자낭각을 형성하고, 여기에서 나온 자낭포자에 의하여 제1차 전염이 일어남.
병징	• 초기 잎표면에 미세한 갈색소반점이 형성되고 차츰 커지면서 그 주위는 황녹색으로 변함. • 8월 하순경 병반 위에 극히 미세한 흑립점(균체)이 표피를 뚫고 많이 형성되며, 심하게 낙엽하기 시작하여 9월 중순경까지는 대부분의 잎이 떨어짐.
방제	• 낙엽송의 단순, 일제조림을 피하고 활엽수와 대상으로 혼효 실시 • 저항성 품종을 선발, 증식하여 조림함. • 낙엽송의 눈이 트기 전에 지상에 있는 병든 낙엽을 제거, 5월 상순~7월 하순까지 2주 간격으로 4-4식 보르도액을 살포함.

7) 낙엽송의 끝마름병(선고병, 先枯病)

병원체 및 병환	• *Guignardia laricina*, 진균(자낭균류) • 낙엽송류 발생 • 병든 가지에서 미숙한 자낭각의 형으로 월동하고 이듬해 5월경부터 자낭포자를 형성하여 제1차 전염원이 됨. • 자낭포자에 의해 침해된 가지에는 7월경부터 병포자가 형성, 10월 하순경까지 계속됨. • 9~10월경부터 환부에 자낭각이 형성, 미숙한 자낭각의 상태로 월동함.
병징	• 당년에 자란 신소지에만 발생하며, 줄기나 묵은 가지에는 발생하지 않음. • 피해를 입은 가지의 끝부분은 아래쪽으로 구부러지며, 가지 끝에만 몇 개의 마른 잎이 남고 나머지는 모두 떨어짐. • 조림목이 수년간 계속해서 침해를 받게 되면 수고생장이 정지되고, 많은 죽은 가지가 생겨 분재와 같은 수형으로 됨.
방제	• 묘목검사를 철저히 하여 병든 묘목이 미발생지에 들어가지 않도록 함. • 맞바람 부는 장소는 조림을 피하거나 활엽수로 방풍림을 조성 • 대면적 조림지에서는 전문약제를 사용하여 항공방제 함.

8) 리지나 뿌리썩음병

병원체 및 병환	• *Rhizina undulata*, 진균(자낭균류) • 소나무류, 전나무류, 가문비나무류, 낙엽송 등에 발생 • 병원균 포자가 발아하기 위해서는 40~600℃ 고온이 필요하므로 모닥불 자리나 산불피해지에서 많이 발생, 일시적 높은 온도를 받은 후 우점적으로 번식함. • 병원균 포자는 보통 온도에서는 땅속에서 휴면상태로 있으나, 40℃ 이상의 온도가 24시간 이상 지속되면 발아하여 뿌리를 가해함.
병징	• 나무 전체가 말라 점차 적갈색으로 변하며 죽음 • 초기에는 지표의 잔뿌리가 흑갈색으로 썩고 점차 굵은 뿌리로 번지며, 병든 나무 주변에는 접시 모양의 굴곡을 가진 갈색버섯(파상땅해파리버섯)이 발생
방제	• 소나무 임지내에서 모닥불을 금지, 산불이 발생한 임지에서는 동일한 수종을 심지 않도록 함. • 피해목은 빨리 잘라서 이용하고 벌채목의 수피 및 잔가지는 임내에서 소각하지 않음. • 피해임지는 속효성이며, 저독성인 전문약제를 뿌려 중화시키고, 피해지 주변에 도랑을 파서 피해확산을 막음

9) 그 밖의 자낭균에 의한 주요수병

병명		병원균
침엽수 및 활엽수의 흰빛날개무늬병(백문우병)		*Rosellinia necatrix*(HARTIG) BERLESE
침엽수 및 활엽수의 흰비단병(백견병)		*Corticium rolfsii* CURZI
침엽수류의 균핵병		*Sclerotinia kitajimana* K.ITO et HOSAKA
편백의 잎떨림병		*Lophodermium chamaecyoaris* SHIRAI
삼나무의 흑립엽고병		*Cloroschypha seaveri*(REHM) SEAVER
소나무	피목가지마름병	*Cnagium ferruginosum* FR.
	청변병	*Ceratocystis ips* C. NOREAU, C. minor HUNT.
낙엽송의 줄기마름병(동고병)		*Diaporthe conorum*(DESM.) NIESSL
낙엽송의 암종병		*Trichoscyhella sillkommii* NANNFELDT (Dasyscypha willkommii HARTIG)
전나무	잎떨림병	*Lophodermium* nervisequum
	아델로푸스낙엽병	*Adelopus nudus*
	암종병	*Trichoscyphella abieticola*

병명		병원균
벚나무	암종병	*Valsa ambiens* FR.
	구멍갈색무늬병	*Mycosphaerella cerasella* ADERHOLD
오리나무류의 줄기마름병		*Guignardia alnigena* NISHIKADO et K. WATANABE
참나무류의 시들음병(Oak Wilt)		*Ceratocystis fagacearum*(BRETZ) HUNT
느릅나무의 시들음병 (Dutch Elm Disease)		*Ceratocystis ulmi* MOREAU
오동나무의 부란병		*Valsa paulowniae* MIYABE et HEMMI
포플러	키토스포라줄기마름병	*Valsa sordida* NITSCHKE(Cytospora chrysosperma F.s)
	히폭실론줄기마름병	*Hypoxylon pruinatum*(KLOT.) CKE.
	도디카자줄기마름병	*Cryptodiaporthe populea* BUTIN (Dothichiza populea SACC.)
	셉토티니아잎마름병	*Septoinia populoerda* WATERMAN et CASH
호두나무의 흑립가지마름병		*Melanconis juglandis*(ELLIS et EV.) GRAVES
단풍나무의 검은무늬병(흑문병)		*Rhytisma acerinum* FR.

6. 담자균에 의한 수병 ☆

1) 소나무의 잎녹병(엽녹병)

병원체 및 병환	• *Cloeosporium*, 진균(담자균류) • 소나무류 발생, 중간기주는 황벽나무 · 참취 · 잔대 • 소나무와 중간기주에 기주교대를 하는 이종기생균으로 소나무에 기생할 때는 녹병포자와 녹포자를 형성하고, 중간기주에 기생할 때는 여름포자와 겨울포자를 형성함. • 여름포자는 다른 중간기주에 다시 여름포자를 형성하는 반복전염을 하며 초가을까지 계속됨 • 8~9월에 중간기주의 잎에 있는 겨울포자가 발아하여 전균사를 내고 그 위에 소생자를 형성함, 이 소생자가 소나무 잎에 날아가 침입하여 이듬해 봄에 잎녹병을 일으킴.
병징	• 봄철 소나무잎에 황색의 작은 막상물이 나란히 줄지어 생기며, 나중에는 이것이 터져 노란 가루와 같은 녹포자가 비산함. • 작은 막상물이 생긴 앞부분은 퇴색되고, 병든 잎은 말라 떨어지며, 심한 경우에는 나무 전체가 말라 죽음
방제	• 피해 임지의 외곽 5~10m를 풀깎이하고, 1km 둘레 안에 있는 중간기주를 겨울포자가 형성되기 전, 즉 9월 이전에 모두 제거 • 겨울포자가 발아하기 전인 9~10월에 전문약제를 살포함.

2) 소나무의 혹병(암종병)

병원체 및 병환	• *Cronartium quercuum*, 진균(담자균류) • 소나무·곰솔·졸참나무·신갈나무에 발생, 중간기주는 참나무임 • 소나무에 녹병포자와 녹포자를 형성, 병원균은 겨울포자의 형으로 참나무 속 식물의 잎에서 월동하고, 이듬해 봄에 발아하여 소생자를 형성함.
병징	• 소나무의 가지나 줄기에 작은 혹이 생기며, 해마다 비대해져 30cm 이상의 혹으로 자람, 봄철에 이 혹에서 단맛나는 즙액을 분출함. • 참나무속의 식물에는 잎의 뒷면에 여름 포자퇴와 털모양의 겨울 포자퇴를 형성함.
방제	• 소나무의 묘포 근처에 중간기주인 참나무류를 식재하지 않음. • 병환부나 병든 묘목은 일찍 제거하여 소각함. • 소나무류의 묘목에 4-4식 보르도액 또는 다이센수화제(500배액)를 4, 5월과 9, 10월에 2주 간격으로 살포함.

3) 잣나무의 털녹병

병원체 및 병환	• *Cronartium ribicola*, 진균(담자균류) • 잣나무와 스트로브잣나무에 발생, 중간기주는 송이풀과 까치밥나무류 • 이종 기생균으로서 잣나무에 녹병포자를 형성하고, 중간기주에 여름포자, 겨울포자, 소생자 등을 형성함. • 병원균은 잣나무의 수피조직 내에서 균사의 형태로 월동하고, 이듬해 4월 중순~5월 하순경 가지와 줄기에 녹포자를 형성함. • 녹포자는 중간기주에 날아가 잎 뒷면에 여름포자를 형성, 환경조건이 좋으면 여름포자는 여름 동안 계속 다른 송이풀과 까치밥나무에 전염하면서 여름포자를 형성하며, 반복 전염하다가 겨울포자를 형성함. • 겨울포자는 곧 발아하여 소생자가 되고, 9~10월경 바람에 의해 잣나무의 잎에 날아가 기공을 통하여 침입함. • 소생자가 침입한 지 2~3년이 지난 후 가지 또는 줄기에 녹병자기가 형성되고 그 이듬해 봄에 같은 장소에 녹포자기가 형성되어 녹포자를 비산시킴 • 녹포자의 비산거리는 수백km에 이르며, 소생자의 비산거리는 보통 300m 내외이지만 때로는 2km 이상에 이르는 경우도 있음.
병징	• 병든 가지나 줄기가 황색에서 오렌지색으로 변하고 약간 부풀고 거칠어짐. • 4월 중순~5월 하순경 병환부의 수피가 터지면서 오렌지색의 가루주머니(녹포자기)가 다수 형성되고 이것이 터져 노란 가루(녹포자)가 비산함. • 나무 줄기의 형성층이 파괴되며 병든 부위가 부풀면서 윗부분은 말라 죽음
방제	• 병든 나무와 중간기주를 지속적으로 제거, 약제를 살포하고, 내병성 품종을 육성 • 다른 지역의 전파를 막기 위해 피해지역의 묘목을 다른 지역으로 반출되지 않도록 함. • 잣나무 묘포에 8월 하순부터 보르도액을 2~3회 살포하여 소생자의 잣나무 침입을 막음

■ 잣나무털녹병의 병환
① 균사의 형태로 잣나무 수피조직 내에서 월동
② 침입 2~3년 후 4~5월경 황색의 녹포자 형성
③ 4~6월 수피가 부풀어 터지면서 녹포자가 분출되어 중간기주로 날아감
④ 녹포자는 중간기주에 여름포자를 형성하고 반복전염하다가 겨울포자를 형성
⑤ 겨울포자는 발아하여 소생자(담자포자)가 되어 바람에 의해 잣나무 잎의 기공으로 침입

4) 포플러의 잎녹병

병원체 및 병환	• *Melampsora larici-populina*, 진균(담자균류) • 포플러류에 발생, 중간기주는 낙엽송 · 현호색 · 줄꽃주머니 • 포플러에 여름포자, 겨울포자, 소생자 등을 형성하고, 낙엽송에 녹병포자와 녹포자를 형성함. • 소생자는 이웃에 있는 낙엽송으로 날아가 잎에 기생하여 녹포자를 형성하고 늦은 봄에서 초여름에 포플러로 날아가 여름포자를 만듦. • 우리나라에서 여름포자의 형태로도 월동이 가능하므로 낙엽송을 거치지 않고 포플러에서 포플러로 직접 전염하여 병을 일으키기도 함.
병징	• 초여름에 잎의 뒷면에 누런 가루덩이(여름포자퇴)가 형성되고, 초가을에 이르면 차차 암갈색무늬(겨울포자퇴)로 변하며, 잎은 일찍 떨어짐. • 중간기주인 낙엽송의 잎에는 5월 상순에서 6월 상순경에 노란 점이 생김.
방제	• 병든 낙엽을 모아서 태우며, 포플러의 묘포는 낙엽송 조림지에서 가급적 멀리 떨어진 곳에 설치함.

5) 향나무의 녹병 ☆

병원체 및 병환	• *Gymnosporangium ssp.* 진균(담자균류) • 배나무 · 사과나무 · 모과나무 등 장미과 식물, 중간기주는 향나무류 • 향나무의 녹병(배나무의 붉은별무늬병)은 향나무와 배나무에 기주교대하는 이종 기생성병 • 5~7월까지 배나무에 기생하고, 그 후에는 향나무에 기생하면서 균사의 형으로 월동 • 봄(4월경)에 비가 많이 오면 향나무에 형성된 겨울 포자퇴가 부풀어 오르는데, 이때 겨울포자는 발아하여 전균사를 내고 소생자를 형성함.
병징	• 4월경 향나무의 잎이나 가지 사이에 갈색의 돌기(겨울포자퇴)가 형성되는데, 비가 와서 수분을 흡수하면 우무(한천) 모양으로 불어남. • 중간기주인 배나무의 잎 앞면에는 오렌지색의 별무늬가 나타나고 그 위에 흑색미립점(녹병자기)이 밀생하며, 잎 뒷면에는 회색에서 갈색의 털 같은 돌기(녹포자기)가 생김. • 녹포자는 5~6월경 바람에 의해 향나무로 전반되어 기생하고 1~2년 후에 겨울포자퇴를 형성, 이 병원균은 여름포자를 형성하지 않음.
방제	• 향나무의 식재지 부근에 배나무를 심지 않도록 함, 향나무와 배나무는 서로 2km 이상 떨어진 곳에 식재함. • 4~7월에 향나무에는 사이클로헥시마이드, 다이카, 4-4식 보르도액 등을 살포하고, 배나무에는 4월 중순부터 다이카, 보르도액을 뿌림. • 사이클로헥시마이드는 배나무에 약해를 일으키기 쉬우므로 배나무에는 이 약제를 뿌리지 않도록 함.

6) 수목의 뿌리썩음병

병원체 및 병환	• *Armillaria mellea*, 진균(담자균류) • 침엽수 및 활엽수에 발생 • 버섯(자실체)을 형성하고 그 주름위에 담포자를 무수히 만듦. • 병원균은 낙엽이나 다른 병든 식물에서 부생생활을 하며 균사에 의해 상처로 침입함.
병징	• 6월경부터 가을에 걸쳐 나뭇잎 전체가 서서히 또는 급히 누렇게 변하며 마침내 말라 죽음 • 병든 뿌리를 갈색에서 흑갈색의 가늘고 긴 철사모양을 한 근상균사속에 둘러싸고 있는 것을 볼 수 있으며, 6~10월경에는 병환부에 황백색의 버섯이 무더기로 돋아남 • 침엽수가 이 병에 걸리면 병환부에 다량의 수지가 솟아나오는 경우가 있음.
방제	• 병든 나무의 뿌리를 제거하여 소각하며, 그 자리는 클로로피크린으로 소독하거나, 또는 깊은 도랑을 파서 균사가 건전한 나무로 옮겨가는 것을 막음 • 병원균의 자실체(버섯)는 발견하는 대로 제거함. 이때 땅속에 있는 근상균사속도 함께 파내어 태움. • 배수가 불량한 지대에서 발생하기 쉬우므로 과습지에는 배수구를 설치함.

7) 그 밖의 담자균에 의한 주요수병

병명		병원균
침엽수 및 활엽수의 자줏빛날개무늬병 (Violet Root Rot)		*Helicobasidium mompa* TANAKA
침엽수 및 활엽수의 거미줄병		*Pellicularia filamentosa*(PAT.) ROGERS
소나무 줄기녹병		*Cronartium flaccidum* WINT.
잣나무의 잎녹병		*Coleosporium eupatorii* ARTHUR, *C. pet−asitis* LEV,C.paederiae DIET
낙엽송의 심재썩음병		*Phaeolus schweinitzii*(FR.) PAT.
전나무의 빗자루병		*Melampsorella caryophyllacearum* SCHROETEN
가문비나무	잎녹병	*Chrysomyxa expansa* DIET.
	줄기썩음병	*Cryptoderma yamanoi* IMAZEKI
자작나무의 잎녹병		*Melampsoridiumbetulinum*(DESM.) KLEB.
밤나무의 녹병		*Pucciniastrum castaneae* DIET.
오리나무류	녹병	*Melampsoridium alni*(THUM.) DITE. M. hiratsukanum S. ITO
	줄기마름병	*Guignardia alnigena* NISHIKADO et K. WATANABE

CHAPTER 04 수목병학

■ 참나무 시들음병의 매개충
 광릉긴나무좀

■ 참나무 시들음병 ☆☆☆

병원체 및 병환	• *Raffaelea sp.* 진균 • 참나무류(특히 신갈나무에 피해가 가장 큼), 서어나무에 발생 • 병원균은 국내 미기록인 레펠리아속의 신종 곰팡이로 매개충인 광릉긴나무좀(*Platypus koryoensis*)은 대부분 5령의 노숙유충으로 월동함. • 병원균을 지닌 매개충이 생입목에 침입하여 변재부에서 곰팡이를 감염시키면 곰팡이가 침입하여, 퍼진 곰팡이가 도관을 막아 수분과 양분의 상승을 차단함으로써 빠르게 시들면서 죽게 됨.
병징	• 2004년 8월 우리나라에 처음 보고된 병으로 감염된 참나무류는 7월말 경부터 빠르게 시들면서 죽으며, 고사목은 겨울에도 잎이 지지 않아 경관을 해침 • 광릉긴나무좀의 성충은 가슴높이지름이 큰 나무의 줄기와 가지에 주로 침입하여 가해하며, 5월 중순부터 균낭 속에 병원균을 지니고 참나무에 침입하여 병원균을 감염시킴
방제	• 매개충이 우화하기 전인 4월 말까지 매개충의 피해를 받은 줄기 및 가지를 벌채하여 훈증함, 피해 부위의 줄기와 가지는 소각함. • 침입 구멍에 페니트로티온 유제 100배액을 주사기로 주입함, 성충 우화 최성기인 6월 중순(우화시기 5월 중순~9월 하순)을 전후하여 2주 간격으로 3회 정도 페니트로티온 유제 200배액을 살포함.

7. 불완전균류에 의한 수병

1) 삼나무의 붉은마름병

병원체 및 병환	• *Cercospora sequoiae Ellis* • 삼나무의 병환부에서 월동, 다음해에 병환부 상에 분생포자를 형성해 제1차 전염원이 됨. • 병은 대개 5월경~10월경까지 전염·발병이 계속 되풀이되며, 10월 하순경 기온이 내려가면 병원균은 분생포자를 형성하지 않고 병환부의 조직 내부에서 균사괴 또는 미숙한 자좌의 형으로 월동함.
병징	• 지면에 가까운 밑의 잎이나 줄기부터 암갈색으로 변하고, 차츰 위쪽으로 진전하며, 결국 묘목 전체가 말라 죽음 • 병환부는 침엽이나 잔가지에 머물지 않고 녹색의 줄기에도 약간 움푹 들어간 괴사병반이 형성, 확대되어 줄기를 둘러싸면 그 윗부분은 말라 죽음 • 병든 침엽은 말라서 딱딱해지며 잘 부서지며, 병환부의 표면에는 표징인 암록색의 미세한 균체가 많이 형성됨
방제	• 묘목검사에 의해 건전한 묘목만 식재 • 병든 묘목이나 나뭇가지는 일찍 제거하여 소각함. • 묘포 부근에 삼나무 울타리를 설치하지 않음. • 질소질 비료의 과용을 삼가고, 인산질 및 칼리질 비료를 넉넉히 시비함.

2) 오동나무의 탄저병

병원체 및 병환	• *Gloeosporium kawakamii* Miyabe • 병환부에 분생자층을 형성하고 이곳에 다수의 분생포자를 착생시킴. • 교목과 성목의 병든 줄기·가지 또는 잎에서 주로 균사의 형으로 월동하여 다음해의 제1차 전염원이 됨.
병징	• 5~6월경부터 어린 줄기와 잎을 침해하며, 잎에는 처음에 지름 1mm 이하의 둥근 담갈색의 반점이 발생함. • 엽맥, 엽병 및 어린 줄기에 있어서는 처음에는 미소한 담갈색의 둥근 반점이 나타나며, 나중에는 약간 길쭉해지고 움푹 들어감. • 병반은 건조하면 엷은 등갈색이지만 비가 오면 분생포자가 가루모양으로 형성되어 담홍색으로 보임. • 엽병과 줄기의 일부가 심한 침해를 받으면 병환부 위쪽은 말라 죽음
방제	• 병든 잎과 줄기는 잘라 내어 소각함. • 6월 상순에서 다이센 M-45 수화제(500배액)을 10일 간격으로 살포 • 실생묘는 장마철 이전까지 될 수 있는 대로 50cm 이상의 큰 묘목이 되도록 키움

3) 오리나무의 갈색무늬병

병원체 및 병환	• *Septoria alni* • 병포자를 형성하고 땅 위에 떨어진 병엽 또는 씨에 섞여 있는 병엽 부스러기에서 월동하여 다음해의 전염원이 됨.
병징	• 잎에 미세한 원형의 갈색~흑갈색의 반점이 곳곳에 나타남. • 반점은 점차 확대되어 1~4mm 크기의 다갈색 병반이 되며, 엽맥으로 가로 박혀 병반의 모양은 다각형 또는 부정형으로 보임. • 병반 한 가운데에 미세한 흑색의 소립점(병자각)이 보이며, 병든 잎은 말라 죽고 일찍 떨어지므로 묘목은 쇠약해지며, 생장은 크게 저해됨
방제	• 연작을 피하고, 가을에 병든 낙엽을 한 곳에 모아 소각함. • 병원균이 종자에 묻어 있는 경우가 많으므로 유기수화제로 종자를 분의 소독함.

4) 그 밖의 불완전균류에 의한 주요수병

병명		병원균
침엽수 및 활엽수	미립균핵병	*Sclerotium bataticola* TAUB.
	잿빛곰팡이병	*Botrytis cinerea* PERS.
소나무	잎마름병(엽고병)	*Cercospora pini-densiflora* HORI et NAMBU
	그을음잎마름병	*Rhizosphaera Kalkhoffii* Bubak
삼나무의 페스탈로티아병		*Pestalotia shiraiana* P. HENN.

병명		병원균
편백묘의 페스탈로티아병		*Pestalotia chamaecyparidis* SAWADA P. funerea DEAM.
자작나무의 갈색무늬병		*Septoria chinensis* MIURA
포플러의 마르소니아낙엽병		*Marssonina brunnea*(ELLIS et EV.) MAGNUS
느티나무	갈색무늬병	*Cercospora zelkowae* HORI
	백성병	*Septoria abeliceae* HIRAYAMA

8. 선충에 의한 수병

1) 기생선충에 의한 해

① 양분을 빼앗길 뿐만 아니라, 구침에 의한 상처와 내부기생성선충의 침입 때문에 조직이 파괴되어 차츰 썩음

② 구침을 통해서 분비되는 물질에 의해 생리적 변화가 일어나고, 세포의 이상비대 또는 증식의 결과 혹이 만들어짐

③ 선충의 기생에 이어 다른 많은 미생물이 침입하여 부패를 촉진하거나 특정의 기생선충과 병원균이 협동하여 발병을 촉진하는 것도 있음

2) 침엽수 묘목의 뿌리썩이선충병

병원체 및 병환	• 대표적인 이동성 내부기생선충으로 성충은 뿌리의 조직 내에 알을 낳고, 유충과 성충은 주로 뿌리의 조직 내를 이동하면서 양분을 취해 생활함. • 일부는 뿌리로부터 흙속으로 나와 이동하여 다시 새로운 뿌리에 침입함. • 생활장소가 주로 뿌리의 조직이기 때문에 피해받은 묘목을 통해 다른 곳으로 전반됨. • 뿌리썩이선충과 Fusarium균과는 밀접한 관계가 있고, 묘목의 뿌리썩음병은 이 양자에 의한 관련병인 경우가 많음.
병징	• 뿌리의 내부조직이 파괴되고, 병원균이 침입·가해하며 피해부는 갈색으로 변하며 결국 썩음 • 당년묘에서는 특히 뿌리의 부패와 근계의 이상이 뚜렷함. • 이러한 병징은 피해 초기에는 비교적 확실하지만, 피해가 진전되면서부터는 다른 원인에 의한 뿌리의 피해와 구별이 어려워짐
방제	• 클로로피크린, D-D제 등의 살선충제로 토양을 소독하며, 삼나무 묘목은 도장하기 쉬우므로 주의해야 함. • 제초, 솎아주기, 관수, 배수 등 육묘관리를 철저히 하여 묘목의 생장을 왕성하게 해줌. • 한 장소에 동일수종의 연작을 피하고 타수종과 윤작실시

3) 소나무의 재선충병 ☆☆☆

병원체 및 병환	• 선충의 크기는 암컷은 0.71~1.01mm, 수컷은 0.59~0.82mm • 주로 하늘소류에 속하는 여러 종류의 하늘소에 의해 전반되는데, 이중에서 특히 해송수염치레하늘소가 가장 중요한 역할을 함. • 하늘소 성충의 체내와 체표면에서 모두 발견되는데, 하늘소가 소나무의 가지나 또는 줄기를 가해할 때에 목질부로 들어가서 대량으로 증식되어 수분의 통도작용을 저해함으로써 나무를 말라죽게 함.
병징	• 초여름에 잎 전체가 누렇게 변하면서 30~50일 이내에 나무는 완전히 말라죽음
방제	• 살충제를 뿌려 매개충인 하늘소류를 구제하며, 병든 소나무는 제거하여 소각함. • 고사목은 베어내어 훈증소각 • 매개충구제를 위해 5~8월 아세타미프리드액제 3회 이상 살포 • 예방을 위해 12~2월 아바멕틴 유제 또는 에마멕틴벤조에이트 유제를 나무 주사, 4~5월 포스티아제이트 액제를 토양관주함

4) 뿌리혹선충병

병원체 및 병환	• *Meloidogyne* 속 • 식물의 조직 내에 기생하는 내부기생성선충 • 암컷의 성충은 서양배 모양, 크기는 0.27~0.75×0.40~1.30mm 범위 • 수컷의 성충은 길고 가늘며 크기는 0.03~0.36×1.2~1.5mm 범위, 알의 크기는 30~52×67~128 μm으로 타원형 • 유충의 형태로 땅속에서 월동하거나, 또는 성충이나 알의 형태로 기주식물의 뿌리에서 월동, 이듬해 봄 유충이 묘목의 어린 뿌리를 뚫고 들어가 뿌리의 중심부에 기생함.
병징	• 묘목의 뿌리에 좁쌀알~강낭콩 크기의 수많은 혹이 형성, 혹의 표면은 처음에는 백색이지만, 나중에는 갈색 또는 흑색으로 변함. • 병든 묘목은 생육이 나빠지고 지상부는 황색으로 변하며 심하면 말라 죽음
방제	• 토마토, 당근 등의 농작물, 또는 밤나무, 오동나무, 아까시나무 등의 묘목을 전작으로 한 묘포에서는 많이 발생하는 경향이 있으므로 전작에 주의하여 활엽수의 연작을 피하며, 침엽수와 윤작함.

■ 매개충 ☆
• 소나무재선충 : 솔수염하늘소
• 잣나무재선충 : 북방수염하늘소

CHAPTER 04
수목병해

핵심 PLUS

■ 기생성 종자식물
　① 줄기에 기생
　　• 동백나무 겨우살이
　　• 새삼
　　• 꼬리겨우살이
　② 뿌리에 기생
　　• 오리나무더부살이

9. 기생성종자식물에 의한 수병

1) 겨우살이

병원체 및 병환	• 겨우살이는 상록관목, 잎은 혁질이고 Y자형으로 대생함. • 꽃은 자웅이화·담황색이며 이른 봄에 피고, 담황색의 둥근 열매는 가을에 익음. • 종자는 새의 주둥이에 부착하거나 새똥에 섞여서 다른 나무로 옮겨짐. • 종자는 기주식물의 가지 위에서 발아하면 뿌리 끝에 흡반을 내고 다시 가는 기생근으로 피층을 통하여 침입함.
병징	• 가지에 기생하면, 그 부위에 국부적으로 이상 비대를 일으킴, 병든 부위로부터 가지의 끝이 위축되고 결국은 말라 죽음
방제	• 겨우살이가 기생한 부위에서 아래쪽으로 잘라버리며, 절단면이나 상처에는 소독제를 바름.

2) 새삼

병원체 및 병환	• 1년초로서 원대는 철사와 같고 황적색, 잎은 비늘처럼 생기고 삼각형이며 길이는 2mm 내외임. • 꽃은 8~9월에 피고, 희고 덩어리처럼 됨. • 삭과는 난형, 성숙하면 뚜껑이 떨어지고 종자가 나옴. • 종자가 발아하여 기주식물에 올라붙게 되고 흡근을 기주식물의 조직속에 박고 양분을 섭취하여 자라며, 뿌리는 없어짐
방제	• 감염된 식물에서 새삼을 제거해 줌. • 새삼이 무성한 곳은 제초제를 사용하여 제거

■■■■ 4. 수목병해

1. 식물의 병을 일으키는 데 필요한 요인은?

① 병원, 환경
② 병원, 기주
③ 병원, 기주, 환경
④ 병원

해설 **1**

병을 일으키는 요인에는 병원과, 환경, 감수성이 있는 기주식물이 있어야 병이 발생한다.

2. 전염성 수병의 원인 중 주인(主因)은 무엇인가?

① 기상조건
② 병원체
③ 토양조건
④ 환경요인

해설 **2**

수병의 주인은 직접적으로 관여하는 요인을 말하며, 병원체는 수목에 병을 일으키는 원인이 생물 또는 바이러스일 때를 말한다.

3. 식물에 병을 일으키는 병원체(病原體)란 어떤 것인가?

① 비생물적 병원인 온도나 습도, 생물성 병원균인 세균, 곰팡이 같은 것을 말한다.
② 병든 식물체를 의미한다.
③ 온도와 습도 같은 것이다.
④ 생리장해를 의미한다.

해설 **3**

병을 일으키는 원인을 병원이라 한다.

4. 수목이 병에 걸리기 쉬운 성질을 나타내는 것은?

① 저항성
② 감수성
③ 병원성
④ 이병성

해설 **4**

기주식물의 감수성과 병원체의 병원성이 병의 발생 정도를 좌우한다.

5. 다음 중 식물병의 발생 경로가 알맞게 나열된 것은?

① 병징 — 잠복기 — 전염원 — 감염
② 잠복기 — 병징 — 감염 — 전염원
③ 전염원 — 감염 — 잠복기 — 병징
④ 감염 — 전염원 — 병징 — 잠복기

해설 **5**

전염원 → (전파·전반) → 침입 → 감염 → (잠복기) → 병징·표징 → 병사

정답 1. ③ 2. ② 3. ① 4. ②
5. ③

6. 병징과 표징의 특징을 잘 안다는 것은 무엇을 위해 가장 중요한가?

① 수병의 방제를 위해서   ② 수병의 진단을 위해서
③ 내병성 육종을 위해서   ④ 중간기주 제거를 위해서

해설 6
수병의 진단은 주로 병징과 표징에 의한다.

7. 다음 중 수병의 병징에 해당되는 것은?

① 근상균사속   ② 괴사
③ 균사체   ④ 자좌

해설 7
괴사·위조·비대·총생 등은 병징에 해당된다.

8. 다음 중 표징(sign)이 아닌 것은?

① 혹   ② 균핵
③ 포자   ④ 버섯

해설 8
병든 식물 기관의 일부 또는 전체가 이상 비대하여 혹 모양이 되는 것은 병징에 속한다.

9. 다음 중에서 표징에 속하지 않는 것은?

① 포자 누줄   ② 썩음
③ 균사체   ④ 버섯

해설 9
균사체·포자·근상균사속·선상균사·균핵·자좌 등은 표징이다.

10. 다음 중 수병의 표징이 아닌 것은?

① 밤나무 흰가루병에 걸린 잎의 흰가루
② 잣나무 수간에 돌출한 황색의 주머니
③ 대추나무의 잔가지 총생
④ 소나무 잎에 나란히 형성된 황색의 주머니

해설 10
잔가지가 밀생하여 빗자루 모양이 되는 총생은 병징에 해당된다.

11. 식물병의 진단과 관계가 없는 것은?

① KOCH의 원칙   ② 지표식물
③ 항혈청   ④ 종자소독

해설 11
종자소독은 식물병의 방제법이다.

정답
6. ②   7. ②   8. ①   9. ②
10. ③   11. ④

12. 병든 나무의 병환부에서 발견된 균을 확인하려면 KOCH의 원칙에 따라 검정해야 하는데 가장 올바른 순서로 나열된 것은?

① 미생물의 분리 → 배양 → 인공접종 → 재분리
② 미생물의 분리 → 인공접종 → 배양 → 재분리
③ 배양 → 인공접종 → 미생물의 분리 → 재분리
④ 인공접종 → 미생물의 분리 → 재분리 → 배양

13. 다음 중 바이러스병의 전염원이 아닌 것은?

① 접목   ② 토양
③ 직접 침입   ④ 즙액

14. 병원체가 여러 가지 방법으로 식물체로 운반되는 현상은?

① 전반   ② 전염
③ 병원력   ④ 매개

15. 식물병의 매개체가 될 수 없는 것은?

① 곤충   ② 온도
③ 농기구   ④ 물

16. 병원체의 전반방법(傳搬方法)이 옳게 표기한 것은?

① 수매 : 잣나무털녹병균   ② 충매 : 향나무녹병균
③ 풍매 : 밤나무줄기마름병균   ④ 종자 : 뿌리혹(근두암종)병균

해설 12
병원체를 파악하는 KOCH의 원칙에 따라 병든부위에서 미생물의 분리 → 배양 → 인공접종 → 재분리의 과정을 거쳐야 한다.

해설 13
바이러스는 스스로 식물체에 침입해서 감염을 일으킬 수 없기 때문에 매개곤충이나 영양번식기관을 통해 전염된다.

해설 14
병원체가 기주식물로 옮겨지는 것을 전반(傳搬)이라 한다.

해설 15
공기, 물, 토양, 농기구, 곤충 등은 병원균의 매개체가 된다.

해설 16
바르게 고치면
• 잣나무털녹병균 · 밤나무줄기마름병균 : 풍매 전반,
• 향나무녹병균 : 수매 전반
• 뿌리혹병균 : 토양 전반

정답 12. ①   13. ③   14. ①   15. ②
16. ③

	해 설

17. 다음 중 기주범위가 넓은 다범성(多犯性)인 병은?

① 밤나무 줄기마름병   ② 잣나무 털녹병

③ 자줏빛날개무늬병   ④ 소나무 잎떨림병

> 해설 **17**
> 자줏빛날개무늬병은 기주범위가 넓고 기주식물이 없어도 땅속에서 오래 생존 가능하다.

18. 질소비료를 과용하면 여러 가지 병의 발병을 촉진한다. 질소비료 과용이 발병에 미치는 역할은?

① 병원(病原)   ② 원인(原因)

③ 주인(主因)   ④ 유인(誘因)

> 해설 **18**
> 유인은 병 발생의 2차적 원인, 환경적 원인으로 주인의 활동을 도와서 발병을 촉진시키는 환경요인 등을 말한다.

19. 기주식물이 병원에 대해 침해당하기 쉬운 성질은?

① 소인(素因)   ② 유인(誘因)

③ 주인(主因)   ④ 종인(從因)

> 해설 **19**
> 기주식물이 병에 걸리기 쉬운 유전적인 성질을 소인이라고 한다.

20. 세균에 의한 수병의 대부분은 어느 형태의 세균인가?

① 구균   ② 간균

③ 나선균   ④ 사상균

> 해설 **20**
> 세균에 의한 수병은 대부분 막대모양의 간균에 의한다.

21. 다음 균류 중에서 균사에 격막이 없는 것은?

① 불완전균류   ② 자낭균류

③ 조균류   ④ 담자균류

> 해설 **21**
> 균류 중 조균류는 격막이 없으며 다수의 핵을 가지고 있다.

22. 다음 중 작물의 병을 일으키는 대표적인 생물성 병원은?

① 세균류   ② 점균류

③ 바이러스   ④ 진균류

> 해설 **22**
> 작물이나 수목에 발생하는 병은 대부분 진균으로 약 8,000여 종의 식물에 병을 일으킨다.

> 정답 17. ③   18. ④   19. ①   20. ②
> 21. ③   22. ④

23. 자낭균은 유성세대와 무성세대를 갖고 있는데 그 중 유성세대에 속하는 것은?

① 분생포자   ② 병포자
③ 자낭포자   ④ 녹포자

24. 선충의 동물 분류학상의 위치는?

① 편형동물   ② 강장동물
③ 선형동물   ④ 윤형동물

25. 식물 바이러스의 전염방법이 아닌 것은?

① 종자전염   ② 접목전염
③ 충매전염   ④ 공기전염

26. 다음 중에서 비전염성병의 원인이 아닌 것은?

① 부적당한 토양 조건   ② 파이토플라스마
③ 대기 오염   ④ 부적당한 기상 조건

27. 다음 중에서 수목에 발생하는 전염성병의 원인이 아닌 것은?

① 선충   ② 곰팡이
③ 대기오염물질   ④ 파이토플라스마

28. 다음 병원체 중 크기가 가장 작은 것은?

① 바이러스   ② 박테리아
③ 곰팡이   ④ 선충

해 설

해설 23
자낭균은 분생포자로 이루어지는 무성생식(불완전세대)과 자낭포자로 이루어지는 유성생식(완전세대)으로 세대를 이루어간다.

해설 24
선충은 선형동물문에 속하며 뿌리에 혹을 만드는 것, 뿌리를 썩게 하는 것, 잎에 반점을 만드는 것, 줄기나 구근(球根)에만 사는 것, 종자를 해치는 것 등 많은 종류가 있다.

해설 25
병원체의 대부분은 스스로 이동할 수 없으므로 반드시 비, 바람, 매개충, 인간, 동물 등의 수단에 의하여 전염된다.

해설 26
세균, 진균, 선충, 파이토플라스마 등의 생물성병원은 전염성병·기생성병을 일으킨다.

해설 27
대기오염물질에 피해는 비생물성병원은 비전염성병·비기생성병을 일으킨다.

해설 28
바이러스는 전자현미경을 통해서만 볼 수 있다.

정답 23. ③ 24. ③ 25. ④ 26. ②
27. ③ 28. ①

해   설

29. 병든 나무의 세포 속에 건전식물의 세포에서 볼 수 없는 봉입체(封入體)가 나타나는데 어떤 병원체가 침입하였을 때 형성되는가?

① 진균   ② 세균
③ 바이러스   ④ 기생성 식물

> 해설 **29**
> 바이러스는 일반적으로 전신에 퍼져는 전신병징(全身病徵)을 나타내나 종류에 따라서는 봉입체(封入體)를 만들기도 한다.

30. 세균에 의하여 발생하는 수병의 일반적인 병징은?

① 황화 증상   ② 무름 증상
③ 모자이크 증상   ④ 빗자루 증상

> 해설 **30**
> 세균병에 의한 병징은 무름, 점무늬, 시들음, 기관의 고사(姑死) 등이다.

31. 다음 중 바이러스병의 일반적인 병징은?

① 위축 모자이크   ② 갈색의 반점
③ 혹의 형성   ④ 줄기의 쪼개짐

> 해설 **31**
> 바이러스병의 병징은 위축 모자이크, 줄무늬, 괴저, 기형 등이다.

32. 식물병의 진단에 있어서 가장 중요하고 확실한 것은?

① 병징(病徵)   ② 표징(標徵)
③ 환경(環境)   ④ 품종(品種)

> 해설 **32**
> 표징은 병원체 자체가 병든 식물체 환부에 나타나 병의 발생을 알려주어 육안식별이 가능하므로 식물병 진단에 용이하다.

33. 다음 중 표징을 바르게 설명한 것은?

① 병든 식물체 자체의 조직적 병변에 의한 이상
② 병든 식물체가 시들어 말라죽는 증상
③ 균체가 병든 식물체의 병환부의 외표에 나타나는 외관의 이상
④ 병원체가 이미 침입하여 정착한 곳에 생기는 증상

> 해설 **33**
> 표징은 병환부에 곰팡이, 균핵, 점질물, 이상 돌출물 등 병원체 그자체가 나타나서 병의 발생을 알려준다.

> **정답** 29. ③   30. ②   31. ①   32. ②
> 33. ③

34. 병원체 중 병환부에 표징(樣徵)이 가장 잘 나타나는 것은?

① 선충
② 파이토플라스마
③ 진균
④ 바이러스

해설 34
병원체가 진균일 때는 표징이 잘 나타나지만 비전염성병이나 바이러스, 파이토플라스마에 의한 병은 병징만 나타난다.

35. 다음 중 병환부에 표징이 없는 병으로 짝지어진 것은?

① 포플러모자이크병, 영양결핍증
② 잣나무털녹병, 낙엽송잎떨림병
③ 밤나무줄기마름병, 오리나무갈색무늬 병
④ 오동나무탄저병, 향나무녹병

해설 35
바이러스에 의한 포플러모자이크병과 비전염성병인 영양결핍증은 병징이 나타난다.

36. 표징으로 나타나는 병원체의 기관 중에서 다음 중 번식기관인 것은?

① 분생자병
② 자좌
③ 균사체
④ 균핵

해설 36
병원체의 번식기관에 의한 표징은 포자, 분생자병, 분생자퇴, 분생자좌, 포자퇴, 포자낭, 병자각, 자낭각, 자낭구, 자낭반, 세균점괴, 포자각, 버섯 등이다.

37. 다음 중 영양기관에 의한 병원체의 표징으로 가장 적당한 것은?

① 균사체
② 포자퇴
③ 자낭각
④ 세균점괴

해설 37
수목의 표징의 종류 중 영양기관인 것은 균사체, 균사속, 근상균사속, 선상균사, 균핵, 자좌 등이다.

38. 진균이 기주식물의 세포 내에 형성하여 영양을 섭취하는 기관은?

① 포자
② 분생자병
③ 포자각
④ 균사체

해설 38
균사체는 균사 끝의 흡기를 세포내에 삽입하여 영양을 섭취한다.

39. 대부분의 녹병은 다음 중 어느 병원균에 의하여 발병하는가?

① 바이러스
② 파이토플라스마
③ 박테리아(세균)
④ 곰팡이(진균)

해설 39
대부분의 녹병은 진균의 담자균류에 의해 발병한다.

정답　34. ③　35. ①　36. ①　37. ①
38. ④　39. ④

40. 녹병의 포자형이 아닌 것은 다음 어느 것인가?

① 겨울포자   ② 자낭포자

③ 녹포자   ④ 담자포자

41. 녹병균 중에서 기주교대는 다음 어느 경우에 이루어지는가?

① 동종 기생성   ② 이종 기생성

③ 수종(數種) 기생성   ④ 이주(異株) 기생성

42. 녹병균의 기생방법으로 가장 옳은 것은?

① 순활물 기생   ② 순사물 기생

③ 활물겸사물 기생   ④ 사물겸활물 기생

43. 병원체의 침입 방법이 아닌 것은?

① 각피 침입   ② 자연개구를 통한 침입

③ 상처를 통한 침입   ④ 지하수에서 용출 침입

44. 병원균의 잠복기간을 옳게 기술한 것은?

① 포자가 잎 위에 떨어져 병징이 나타날 때까지의 기간

② 포자가 바람에 날릴 때부터 감염이 이루어질 때까지의 기간

③ 감염이 이루어져서부터 병징이 나타날 때까지의 기간

④ 병징이 나타난 직후부터 고사할 때까지의 기간

45. 육묘 시 병의 저항성을 약화시키는 요인으로 맞지 않는 것은?

① 밀식   ② 모의 웃자람

③ 일조 부족   ④ 합리적인 시비

해 설

해설 40
녹병은 기주식물에 녹병포자와 녹포자를, 중간기주식물에 여름포자·겨울포자·소생자 등을 형성한다.

해설 41
녹병균과 같이 전혀 다른 두 종류의 식물을 옮겨가며 생활하는 병원균을 이종기생균(異種寄生菌)이라 한다.

해설 42
녹병균은 살아있는 생물체에만 기생하는 순활물기생균이다.

해설 43
병원체의 침입 방법은 주로 각피침입, 에 의한다.

해설 44
병원체가 침입한 후 병징이 나타날 때까지 소요되는 기간을 잠복기간이라 한다.

해설 45
육묘 시 합리적인 시비는 식물의 내병성을 촉진하여 병의 발생을 억제한다.

정답 40. ②   41. ②   42. ①   43. ④
44. ③   45. ④

46. 토양을 산성화시켜 토양전염병의 피해를 크게 하는 비료는?

① 인산
② 황산암모늄
③ 칼륨
④ 석회

47. 녹병의 방제에 해당되지 않는 것은?

① 중간기주의 박멸
② 나크수화제의 살포
③ 저항성 품종 육성
④ 석회유황합제의 살포

48. 다음의 수병 방제법 가운데 임업적 방제법은?

① 항구, 공항, 국제우체국에서 식물 검역을 실시한다.
② 피해 임지(林地)에 약제를 살포한다.
③ 항생제를 병든 나무에 주사한다.
④ 저항성 수종을 심는다.

49. 수병의 임업적인 방제법으로 적당치 않은 것은?

① 일제단순림을 조성한다.
② 종자산지에 가까운 임지에 조림한다.
③ 적지에 적목을 조림한다.
④ 혼효림을 조성한다.

50. 여러가지 피해에 대하여 저항력이 가장 강한 것은?

① 단순림
② 중림
③ 혼효림
④ 동령림

해설 **46**
황산암모늄을 사용하면 토양의 산성화 되어 토양전염병의 피해가 커진다.

해설 **47**
나크수화제는 카바메이트계 살충제이다.

해설 **48**
임업적 방제법에는 내병성(저항성)품종 육종, 활수와 혼효림 조성, 보호수대 (방풍림) 설치, 제벌 및 간벌 등이 있다.

해설 **49**
임업적 방법시 침엽수와 활엽수의 혼효 림을 조성하거나, 종자산지에 가까운 임 지를 조림, 적지적목을 한다.

해설 **50**
침엽수와 활엽수의 이령 혼효림은 병해 충 및 여러 재해에 강하다.

정답 46. ② 47. ② 48. ④ 49. ①
50. ③

51. 파종 묘포에서 가장 많이 발생하는 병은?

① 반점병(斑點病)　　　　② 모잘록병(立姑病)
③ 뿌리썩음병(根腐病)　　④ 그을음병(煤病)

52. 토양이 과습하고 기온이 비교적 낮은 시기에 많이 발생하는 병균은?

① *Fusarium* 균　　　　　② *Rhizoctonia* 균
③ *Cylindrocladium* 균　④ *Microsphaera* 균

53. 모잘록병의 병원균이 아닌 것은?

① *Armillaria mellea*　　② *Pythium debaryanum*
③ *Rhizoctonia solani*　④ *Fusarium oxysporum*

54. 모잘록병균(苗立枯病菌)의 전반에 중요한 역할을 하는 것은?

① 곤충　　　　　　　　② 토양
③ 바람　　　　　　　　④ 새무리(鳥類)

55. 다음 중 종자에 붙어서 월동하는 균으로 대표적인 것은?

① 뿌리혹병(근두암종병균)　② 잣나무털녹병균
③ 모잘록병균　　　　　　　④ 낙엽송잎떨림병균

56. 묘포의 모잘록병(立枯病)을 방제하는 방법으로 옳지 않은 것은?

① 묘상(苗床)의 배수를 잘한다.
② 묘목을 솎아내고 통기성(通氣性)을 개선한다.
③ 질소질 비료를 충분히 준다.
④ 발병이 심한 묘포는 윤작한다.

해　설

해설 51
모잘록병은 묘포에서 가장 피해가 큰 병이며 병원균 중 *Rhizoctonia*균, *Fusarium*균, *Cylindrocla- dium*균은 특히 침엽수의 묘포에 큰 피해를 준다.

해설 52
*Rhizoctonia*균, *Pythium*균에 의한 침엽수의 모잘록병은 토양의 습도가 높을 때 피해가 크고, *Fusarium*균에 의한 모잘록병은 건조한 토양에서 잘 발생한다.

해설 53
*Armillaria mellea*는 아밀라리아뿌리썩음병의 병원균이다.

해설 54
모잘록병균은 토양 및 병든 식물체에서 월동하며 병원균의 종류에 따라 과습하거나 건조한 토양에서 발생한다.

해설 55
모잘록병균은 토양 속이나 종자에 붙어서 월동한다.

해설 56
모잘록병 발생시 질소질비료의 과용을 삼가고 인산질 비료와 완숙된 퇴비를 충분히 준다.

정답 51. ② 52. ② 53. ① 54. ②
55. ③ 56. ③

57. 침엽수 묘목의 모잘록병을 방제하는 데 가장 알맞은 방법은?

① 살균제로 토양소독과 종자소독을 한다.
② 중간 기주를 없애 버린다.
③ 병든 잎을 가을에 모아 태워 버린다.
④ 살충제를 뿌려서 매개 곤충을 구제한다.

58. 삼나무의 주요 병해인 붉은마름병균(적고병)은 다음 중 어느 균류에 속하는가?

① 자낭균 ② 담자균
③ 불완전균 ④ 조균

59. 삼나무 붉은마름병에 대한 설명이 틀린 것은?

① 우리나라와 일본에 분포하고 묘포에서 발생한다.
② 묘목의 끝부분부터 말라서 아래로 피해가 진전된다.
③ 병원균은 삼나무의 병환부에서 월동을 한다.
④ 5월 상순에서 10월 상순까지 4-4식 보르도액으로 방제한다.

60. 삼나무 붉은마름병균의 월동 상태는?

① 방출된 분생포자 상태 ② 병조직 내의 균사덩이 상태
③ 병조직 내의 분생포자 상태 ④ 토양중의 균사 상태

61. 뿌리혹병균(근두암종병균)에 가장 감수성이 높은 것은?

① 소나무 ② 잣나무
③ 참나무 ④ 감나무

해설 57
사이론훈증제, 클로로피크린 등을 이용하여 토양 및 종자소독을 한다.

해설 58
진균의 불완전균류에 의한 병이다.

해설 59
삼나무의 붉은 마름병은 지면에 가까운 밑의 잎이나 줄기가 말라 죽고 점차 위쪽으로 진전하여 묘목전체가 빨갛게 말라죽는다.

해설 60
삼나무 붉은마름병은 병환부에서 균사덩이의 상태로 월동한다.

해설 61
뿌리혹병에 걸리기 쉬운 밤나무, 감나무 등을 지표식물로 이용한다.

정답 57. ① 58. ③ 59. ② 60. ②
61. ④

62. 뿌리혹병(근두암종병)의 병원체는?

① 바이러스   ② 진균
③ 파이토플라스마   ④ 세균

63. 수목 뿌리혹병균의 침입장소로 적당치 않은 것은?

① 지하부의 접목 부위   ② 삽목의 하단부
③ 뿌리의 절단면   ④ 뿌리의 기공

64. 수목의 뿌리혹병(根頭癌腫病)의 방제법으로 적당치 않은 것은?

① 돌려짓기(윤작)   ② 묘목검사
③ 묘목소독과 토양소독   ④ 보르도액의 살포

65. 다음 중 종자전염을 하는 수병으로 가장 적당한 것은?

① 소나무 혹병   ② 오리나무갈색무늬병
③ 낙엽송 잎떨림병   ④ 포플러 모자이크병

66. 오리나무갈색무늬병의 방제법으로 적당하지 않은 방법은?

① 연작을 실시한다.   ② 병든 낙엽을 태운다.
③ 종자소독을 한다.   ④ 밀식시에는 솎기 한다.

67. 윤작의 연한이 짧아도 방제의 효과를 올릴 수 있는 병균은?

① 모잘록병균   ② 자줏빛날개무늬 병균
③ 흰비단병균   ④ 오리나무갈색무늬병균

해 설

해설 62
뿌리혹병은 세균에 의한 병이다.

해설 63
수목의 뿌리혹병균은 기주식물의 상처 부위를 통해 침입한다.

해설 64
보르도액은 병원균의 침입을 예방하는 보호살균제로 토양전염성병 방제에는 효과가 없다.

해설 65
오리나무갈색무늬병균, 활엽수탄저병균 등은 종피에 부착 또는 종자조직 내에 잠복하여 월동한다.

해설 66
오리나무갈색무늬병 방제법으로 묘포는 윤작한다.

해설 67
오리나무갈색무늬병. 오동나무탄저병 등은 기주범위가 좁고 기주식물이 없으면 오래 생존할 수 없어 1~2년의 짧은 윤작 연한으로 방제가 가능하다.

정답 62. ④   63. ④   64. ④   65. ②
66. ①   67. ④

68. 소나무녹병은 중간기주에서 어떤 포자형으로 반복 전염하는가?

① 녹병포자　　　　　　② 녹포자
③ 여름포자　　　　　　④ 겨울포자

해 설

해설 **68**
소나무잎녹병균이 중간기주에 기생할 때는 여름포자와 겨울포자를 형성하는데, 여름포자는 다른 중간기주에 다시 여름포자를 형성하는 반복전염을 한다.

69. 다음 중 진균류에 의해 발생되는 병은?

① 소나무잎녹병　　　　② 뿌리혹병
③ 대추나무빗자루병　　④ 포플러모자이크병

해설 **69**
뿌리혹병은 세균, 대추나무빗자루병은 파이토플라스마, 포플러모자이크병은 바이러스에 의해 발생한다.

70. 소나무혹병균은 무슨 병원체에 속하는가?

① 흰가루병균　　　　　② 바이러스병
③ 녹병균　　　　　　　④ 세균병

해설 **70**
소나무혹병은 녹병균이 소나무과 참나무류에 기주교대한다.

71. 산림에 소나무혹병이 발생하였다면 어느 나무를 없애야 하는가?

① 오리나무　　　　　　② 상수리나무
③ 단풍나무　　　　　　④ 자작나무

해설 **71**
소나무혹병은 발생시 중간기주인 참나무류(상수리나무, 신갈나무, 떡갈나무, 신갈나무, 졸참나무)를 제거해야 한다.

72. 소나무혹병의 중간기주는?

① 신갈나무　　　　　　② 송이풀
③ 매발톱나무　　　　　④ 향나무

해설 **72**
소나무혹병은 소나무와 참나무류에서 이종(異種)기생하는 녹병균에 의한 병이다.

73. 참나무를 중간기주로 하는 수병은?

① 소나무의 혹병　　　　② 낙엽송의 낙엽병
③ 잣나무의 털녹병　　　④ 오동나무의 빗자루병

해설 **73**
소나무혹병의 기주는 소나무, 해송, 졸참나무, 신갈나무이고 중간기주는 참나무이다.

정답 68. ③ 69. ① 70. ③ 71. ②
72. ① 73. ①

CHAPTER 04 수목병해

74. 소나무혹병에 관한 설명 중 틀린 것은?

① 병원균은 소생자를 형성하여 소나무에서 월동한다.
② 소나무와 참나무에 기주교대를 하는 이종기생성병이다.
③ 방제를 위하여는 소나무 묘포 근처에 참나무속 식물을 심지 않는다.
④ 참나무속 식물에는 잎에 여름포자퇴와 수염같은 겨울포자퇴를 형성한다.

75. 다음 병원체 중 기공을 통하여 감염되는 것은?

① 소나무잎떨림병   ② 오동나무빗자루병
③ 밤나무뿌리혹병   ④ 낙엽송가지끝마름병

76. 소나무잎떨림병균의 월동 장소는?

① 병든 나무가지   ② 토양 속
③ 나무가지에 있는 병든 잎   ④ 땅 위에 떨어진 병든 잎

77. 소나무잎떨림병의 방제법으로 적당치 않은 방법은?

① 병든 잎을 모아 태운다.   ② 보르도액을 살포한다.
③ 활엽수 하목식재를 금한다.   ④ 비배관리로 건전하게 육성한다.

78. 잣나무털녹병균의 침입 부위와 발병 부위가 옳게 짝지어진 것은?

① 잎의 기공, 잎   ② 줄기의 피목, 줄기
③ 잎의 기공, 줄기   ④ 줄기의 피목, 잎

해 설

해설 **74**
소나무혹병의 병원균은 겨울포자의 형으로 소나무에서 월동하고 이듬해 봄에 발아하여 소생자를 형성한다.

해설 **75**
소나무잎떨림병의 병원균이 잎의 기공으로 침입한다.

해설 **76**
소나무잎떨림병균은 땅 위에 떨어진 병든 잎에서 자낭포자의 형으로 월동한다.

해설 **77**
활엽수를 하목(下植)식재하면 피해가 경감된다.

해설 **78**
잣나무털녹병균은 잎의 기공을 통해 침입하여 줄기로 전파된다.

정답 74. ① 75. ① 76. ④ 77. ③
78. ③

79. 병든 가지나 줄기는 처음에 황색이나 오렌지색으로 변하면서 약간 부풀고 거칠어지며 4~6월경 병환부의 수피가 터지면서 오렌지색의 가루주머니가 터져 노란가루가 비산(飛散)되는 것은?

① 소나무혹병
② 향나무녹병
③ 잣나무털녹병
④ 포플러녹병

80. 잣나무털녹병균이 잣나무에서 중간기주로 날아가는 포자는?

① 녹병포자
② 여름포자
③ 겨울포자
④ 녹포자

81. 송이풀, 까치밥나무는 다음 어느 병의 중간기주인가?

① 소나무혹병
② 포플러녹병
③ 소나무잎녹병
④ 잣나무털녹병

82. 다음 중 잣나무털녹병 방제에 적합하지 않은 것은?

① 병든 나무를 제거한다.
② 토양소독을 철저히 한다.
③ 중간기주를 제거한다.
④ 내병성품종을 심는다.

83. 중간기주와 기주교대를 하지 않는 병원균은?

① 밤나무줄기마름병균
② 향나무녹병균
③ 잣나무털녹병균
④ 소나무잎녹병균

해설 **79**
잣나무털녹병은 주로 15년생 이하의 잣나무에 발생하며 병든 나무는 줄기의 형성층이 파괴되고 병든 부위가 부풀면서 윗부분은 말라 죽는다.

해설 **80**
잣나무털녹병균은 4~6월에 수피가 부풀어 터지면서 녹포자가 분출되어 중간기주로 날아간다.

해설 **81**
잣나무털녹병의 기주는 잣나무와 스트로브잣나무이고, 중간기주는 송이풀류와 까치밥나무류이다.

해설 **82**
방제방법으로는 병든 묘목과 중간기주를 제거하여야 한다.

해설 **83**
향나무녹병균, 잣나무털녹병균, 소나무잎녹병균, 포플러잎녹병균 등은 2종의 기주식물을 옮겨가며 생활하는데 두 종의 기주식물 중 경제적 가치가 적은 쪽을 중간기주라고 한다.

정답 79. ③ 80. ④ 81. ④ 82. ②
83. ①

84. 향나무녹병의 병원균은 중간기주 배나무속에서 잎 앞면에 오렌지색의 별무늬가 나타나고 그 위에 흑색의 미립점이 밀생하는데 이 표징(標徵)은 다음 중 어느 것인가?

① 겨울포자퇴　　　　　　② 여름포자퇴

③ 녹병자기　　　　　　　④ 녹포자기

85. 봄에 향나무 줄기에 형성되는 향나무녹병의 포자는?

① 수포자　　　　　　　　② 소생자

③ 동포자　　　　　　　　④ 하포자

86. 여름포자(夏胞子)세대를 가지고 있지 않는 병원균은?

① 잣나무털녹병균　　　　② 포플러잎녹병균

③ 향나무녹병균　　　　　④ 소나무혹병균

87. 향나무녹병균이 배나무류에서 향나무로 전파하는 시기는?

① 1 ~ 2월　　　　　　　② 3 ~ 4월

③ 5 ~ 6월　　　　　　　④ 7 ~ 8월

88. 포플러잎녹병의 중간기주인 낙엽송에 만들어지는 포자는?

① 여름포자　　　　　　　② 겨울포자

③ 소생자　　　　　　　　④ 녹포자

해　설

해설 **84**
잎에는 흑색점(녹병자기)이 형성되고 잎 뒷면에는 털같은 돌기(녹포자기)가 생긴다.

해설 **85**
4월경에 향나무의 잎과 줄기에 자갈색의 돌기(동포자퇴)가 형성된다.

해설 **86**
향나무녹병균은 겨울포자퇴를 형성하며 여름포자는 형성하지 않는다.

해설 **87**
향나무 녹병균의 녹포자는 5~6월경 바람에 의해 향나무로 전반되어 기생하고 1~2년 후에 겨울포자퇴를 형성한다.

해설 **88**
포플러잎녹병의 중간기주인 낙엽송의 잎에는 5~6월경 노란점(녹포자퇴)이 생긴다.

정답 84. ③　85. ③　86. ③　87. ③
　　　88. ④

89. 포플러나무 잎녹병 발생의 예방에 도움이 되는 것은?

① 포플러 묘포의 부근에는 배나무를 심지 말아야 한다.
② 포플러 묘포의 부근에는 중간기주인 참나무류를 심지 말아야한다.
③ 포플러 묘포는 낙엽송 조림지에서 멀리 떨어진 곳에 설치한다.
④ 포플러 묘포는 향나무 식재지와 가급적 멀리 떨어진 곳에 설치한다.

90. 다음 중 중간기주의 연결이 잘못된 것은?

① 잣나무털녹병 – 송이풀류
② 포플러녹병 – 낙엽송
③ 소나무혹병 – 까치밥나무
④ 배나무붉은별무늬병 – 향나무

91. 전염 후 발병되기까지의 잠복기간이 가장 긴 병은?

① 모잘록병
② 오동나무탄저병
③ 삼나무적고병
④ 잣나무털녹병

92. 낙엽송끝마름병의 증상이 아닌 것은?

① 당년에 자란 신초에 발생한다.
② 죽은 가지에는 발생하지 않는다.
③ 가지의 환부 밑에 흑색소돌기(자낭각)가 형성된다.
④ 잎표면에 미세한 갈색의 반점이 형성된다.

93. 다음 중 담자균류에 의한 주요 수병으로 보기 어려운 것은?

① 잣나무털녹병
② 소나무혹병
③ 낙엽송가지끝마름병
④ 향나무녹병

해설 **89**
포플러잎녹병의 중간기주는 낙엽송, 현호색, 줄꽃주머니이다.

해설 **90**
소나무혹병의 중간기주는 참나무류이고, 까치밥나무는 송이풀류와 함께 잣나무털녹병의 중간기주이다.

해설 **91**
잣나무털녹병의 녹포자는 소생자가 침입한 2~3년 후에 발병된다.

해설 **92**
낙엽송끝마름병에 주로 신초에 발생하며 감염되면 잎이 거의 떨어진다.

해설 **93**
낙엽송가지끝마름병은 자낭균류에 의한 병이다.

정답 89. ③ 90. ③ 91. ④ 92. ④
93. ③

94. 가지끝이 밑으로 굽어 농갈색 갈고리 모양으로 되어 낙엽이 되는 병은?

① 낙엽송가지끝마름병   ② 낙엽병
③ 향나무녹병   ④ 잣나무털녹병

95. 다음 중 포플러 모자이크병의 병원체는?

① 세균   ② 진균
③ 바이러스   ④ 파이토플라스마

96. 밤나무줄기마름병의 전파에 가장 중요한 역할을 하는 것은?

① 바람   ② 밤나무 순흑벌
③ 종자   ④ 토양

97. 밤나무줄기마름병의 침해 부위는?

① 잎   ② 눈
③ 줄기   ④ 뿌리

98. 벚나무빗자루병의 병원체는 다음 중 어느 균류에 해당되는가?

① 조균류   ② 불완전균류
③ 담자균류   ④ 자낭균류

99. 다음 중 호두나무 재배 시 가장 문제가 되는 병은?

① 호두나무갈색썩음병   ② 호두나무탄저병
③ 호두나무가지마름병   ④ 호두나무검은돌기마름병

해 설

[해설] 94
낙엽송가지끝마름병으로 병든 나무의 새순 끝은 농갈색 낚시바늘모양으로 굽는 것과 꼿꼿하게 서는 두 가지 증상을 나타낸다.

[해설] 95
모자이크병은 바이러스에 의한 병으로 잎에 모자이크 무늬와 황색의 반문(斑紋) 등 병징이 생긴다.

[해설] 96
밤나무줄기마름병균은 바람이나 곤충에 의해 전반되어 다른 나무의 상처부위로 침입한다.

[해설] 97
밤나무줄기마름병은 나뭇가지와 줄기의 상처부위로 병원균이 침입한다.

[해설] 98
벚나무빗자루병의 병원체는 자낭균류이다.

[해설] 99
호두나무탄저병은 토양이 과습하고 배수가 불량한 점질토양 또는 따뜻하고 비가 자주 오는 습한 지역에서 잎과 과실에 많이 발생한다.

정답   94. ①   95. ③   96. ①   97. ③
       98. ④   99. ②

100. 오동나무탄저병은 어떤 원인에 의하여 발병하는가?

① 조균류에 의한 병이다. ② 자낭균류에 의한 병이다.
③ 담자균류에 의한 병이다. ④ 불완전균류에 의한 병이다.

101. 다음 중 참나무시들음병의 매개충은?

① 마름무늬매미충 ② 담배장님노린재
③ 솔수염하늘소 ④ 광릉긴나무좀

102. 대추나무빗자루병의 병징은?

① 가는 가지가 총생(밀생)한다. ② 잎에 반점이나 무늬가 나타난다.
③ 줄기가 갈라지고 터진다. ④ 조기낙엽이 된다.

103. 일반적으로 대추나무빗자루병의 전반(傳搬) 방법은?

① 분주에 의해 전반된다. ② 토양에 의해 전반된다.
③ 공기에 의해 전반된다. ④ 즙액 전염한다.

104. 수병의 주요 전반방법 중 매개충에 의하여 전반되는 수병은?

① 잣나무털녹병균 ② 근두암종병균(뿌리혹병)
③ 대추나무빗자루병 ④ 오리나무갈색무늬병균

105. 다음 중 파이토플라스마에 의한 수병은?

① 대추나무빗자루병 ② 벚나무빗자루병
③ 낙엽송잎떨림병 ④ 흰비단병

[해설] **100**
삼나무붉은마름병, 오리나무갈색무늬병, 오동나무탄저병, 측백나무잎마름병 등은 불완전균류에 의한 병이다.

[해설] **101**
참나무시들음병은 매개충인 광릉긴나무좀이 5월 중순부터 균낭속에 병원균을 지니고 참나무에 침입하여 병원균을 퍼뜨려 감염시킨다.

[해설] **102**
대추나무빗자루병은 황록색의 극히 작은 잎이 달려있는 가느다란 가지가 총생하여 빗자루 모양이 된다. 병원체는 조직 속에만 있기 때문에 외부로 나타나는 표징은 없다.

[해설] **103**
대추나무빗자루병은 병든 모수로부터 접수를 채취하거나 포기나누기(분주)하면 감염된다.

[해설] **104**
대추나무빗자루병은 매개충인 마름무늬매미충에 의해서도 감염된다.

[해설] **105**
대추나무빗자루병, 오동나무빗자루병, 뽕나무오갈병 등의 병원체는 파이토플라스마이다.

정답 100. ④ 101. ④ 102. ①
103. ① 104. ③ 105. ①

106. 오동나무빗자루병의 병원체는?

① 바이러스　　　　　　　　② 담자균류
③ 자낭균류　　　　　　　　④ 파이토플라스마

107. 오동나무빗자루병의 전염경로로 가장 적당한 것은?

① 토양전염　　　　　　　　② 종자전염
③ 공기전염　　　　　　　　④ 분근전염

108. 오동나무빗자루병의 매개충인 담배장님노린재가 오동나무에 가장 많이 서식하는 시기는?

① 3월 ~ 4월　　　　　　　② 4월 ~ 6월
③ 7월 ~ 9월　　　　　　　④ 10월 ~ 11월

109. 다음 중 파이토플라스마에 의한 주요 수병이 아닌 것은?

① 아까시나무의 빗자루병　　② 밤나무의 누른오갈병
③ 물푸레나무의 마름병　　　④ 밤나무의 줄기마름병

110. 보르도액에 관한 설명 중 옳지 않은 것은?

① 보르도액은 보호살균제이므로 예방을 목적으로 사용해야 한다.
② 보르도액은 용액이므로 조제한 다음 시간이 많이 지난 후에 사용해도 약효에는 아무 이상이 없다.
③ 보르도액의 약해가 나기 쉬운 식물에는 묽은 보르도액을 뿌려준다.
④ 구리에 약한 식물에는 보르도액 조제 때 황산아연을 가용해서 쓰는 것도 좋다.

해　　설

해설 **106**
파이토플라스마는 바이러스와 세균의 중간에 위치한 미생물이다.

해설 **107**
오동나무빗자루병은 뿌리나누기묘(分根苗)로 전염되는 오동나무의 가장 중요한 병이다.

해설 **108**
담배장님노린재가 가장 많이 서식하는 7월 상순 ~ 9월 하순에 살충제(비피유제, 메프유제 등)를 2주 간격으로 살포한다.

해설 **109**
밤나무줄기마름병은 진균에 수병이다.

해설 **110**
조제한 보르도액은 오래 두면 앙금이 생겨 약해를 일으킬 염려가 있고 효과가 떨어지므로 조제 즉시 살포하는 것이 좋다.

정답 106. ④　107. ④　108. ③
109. ④　110. ②

111. 보르도액에 대한 설명 중 맞는 것은?

① 보호살균제이며 소나무 묘목의 잎마름병, 활엽수의 반점병, 잿빛곰팡이병 등에 효과가 우수하다.
② 직접살균제이며 흰가루병, 토양전염성병에 효과가 좋다.
③ 치료제로서 대추나무, 오동나무의 빗자루병에도 효과가 우수하다.
④ 보르도액의 조제에 필요한 것은 황산동과 생석회이며 조제에 필요한 생석회의 양은 황산동의 2배이다.

112. 흰가루병의 가을철 표징인 흑색의 알맹이(粒點)는 어느 것인가?

① 분생자병
② 병자각
③ 자낭구
④ 포자각

113. 기주식물체의 표면을 덮고 광합성 작용을 방해하여 나무가 급히 말라 죽는 일은 드물지만 동화작용이 저해되므로 수세가 약해지는 병은?

① 털녹병
② 줄기마름병
③ 그을음병
④ 잎녹병

114. 진딧물, 깍지벌레 등이 기생하는 나무에서 흔히 관찰되는 병은?

① 벗나무빗자루병
② 수목 흰가루병
③ 수목그을음병
④ 밤나무줄기마름병

115. 산림에서의 모닥불이나 산불이 발병 유인으로 작용하는 것은?

① 리지나뿌리썩음병
② 피목가지마름병
③ 아밀라리아뿌리썩음병
④ 뿌리혹병

해설 **111**
보르도액은 보호살균제이다.

해설 **112**
흰가루병발생시 병환부의 흰가루는 분생자세대의 표징이며 가을철에 나타나는 흑색의 알맹이는 자낭구로 자낭세대의 표징이다.

해설 **113**
그을음병은 진딧물이나 깍지벌레와 같은 흡즙성 해충의 분비물에 기생하는 잎 앞면에 그을음으로 덮인 듯한 증상을 나타내는 병이다.

해설 **114**
그을음병은 진딧물이나 깍지벌레와 같은 흡즙성 해충의 분비물에서 자라는 곰팡이에 의해 발생되는 병이다.

해설 **115**
리지나뿌리썩음병은 모닥불자리나 산불피해지에 많이 발생하는데, 일시적으로 높은 온도를 받은 후에 우점적으로 번식한다.

정답 **111.** ① **112.** ③ **113.** ③
114. ③ **115.** ①

116. 다음 중 기생성 종자식물이 수목에 미치는 피해가 아닌 것은?

① 수목으로부터 양분과 수분 탈취
② 태양광선의 차단으로 생장 불량
③ 저장물질의 변화 및 생장 둔화
④ 감염된 수목의 이상 생장

117. 식물 뿌리에 기생하여 피해를 주는 기생식물은?

① 꼬리겨우살이　　　　② 참나무겨우살이
③ 새삼　　　　　　　　④ 오리나무더부살이

118. 겨우살이류는 어느 곳을 통하여 영양을 흡수하는가?

① 잎의 동화작용에 의해　　② 줄기의 엽록소에 의해
③ 기주식물에 기생근을 형성하여　④ 흡기를 통하여

119. 겨우살이가 잘 기생하는 나무는?

① 벗나무　　　　　　② 대추나무
③ 향나무　　　　　　④ 참나무

해설 **116**
기생성 종자식물은 다른 식물의 줄기나 뿌리에 기생하며 수분과 양분을 흡수해 생활한다.

해설 **117**
열당과에 속하는 오리나무더부살이는 뿌리에 기생한다.

해설 **118**
겨우살이는 흡반(吸盤)으로 기주식물에 부착하고 기생근으로 기주체 피층을 관통하고 침입하여 수목의 양분과 수분을 흡수한다.

해설 **119**
겨우살이의 기주는 참나무 등의 활엽수류이다.

정답 116. ② 117. ④ 118. ③
119. ④

핵심
05 산림해충

학습주안점

• 곤충의 외부형태와 내부형태 및 한살이, 습성 등 대해 알아두어야 한다.
• 가해습성에 따른 주요해충을 암기해야 한다.
• 해충의 발생예찰에 대한 개념과 고려할 점, 조사방법 등을 알아두어야 한다.
• 해충방제를 위한 기계적 · 물리적 방제, 화학적 방제, 생물적 방제, 임업적 방제 내용에 대해 알아두어야 한다.
• 농약의 사용적기와 목적에 따른 분류를 알고, 살충제와 살균제를 구분할 수 있어야 한다.
• 농약 독성의 표기에 대해 알아두어야 한다.

핵심 PLUS

1 곤충의 형태

1. 외부형태

1) 구분
머리, 가슴, 배 3부분으로 구성, 각 구분은 여러 개의 환절(環節)로 되어 있음.

2) 피부(체벽) ☆
① 곤충의 피부는 표피 · 진피 및 기저막으로 구성
② 표피 : 외표피와 원표피로 구성
③ 진피 : 표피를 이루는 단백질 · 지질 · 키틴화합물 등을 합성 및 분해하는 세포층으로 표피는 여기에서 분비된 것
④ 기저막 : 진피층 밑에 있는 구조가 없는 얇은 막으로 곤충의 근육이 부착되는 곳과 연결됨.

3) 머리
① 머리에는 입틀, 겹눈, 홑눈, 촉각 등의 부속기가 있음.
② 입틀 : 구조상 큰턱이 발달하여 식물을 씹어 먹기에 알맞은 저작구와 부리가 바늘 모양으로 되어 있어 동식물체 조직에 구기를 찔러 넣고 빨아 먹기 알맞은 흡수구로 구분 ☆☆

입틀유형	종류
저작구형	메뚜기, 풍뎅이, 나비류의 유충 등
흡수구형	찔러 빨아먹는 형(진딧물 · 매미충류), 빨아먹는 형(나비 · 나방), 핥아먹는 형(집파리), 씹고 핥아먹는 형(꿀벌)

■ 곤충의 피부
① 외표피 : 단백질과 지질로 구성된 매우 얇은 층으로 수분의 증발 억제
② 원표피 : 성충 표피의 대부분을 차지하며 단백질과 키틴질로 구성
③ 진피 : 표피를 이루는 단백질 · 지질 · 키틴화합물 등을 합성 및 분해하고 분비함.

■ 곤충의 형태(종합)
① 외부형태
• 피부(체벽) : 표피, 진피, 기저막
• 머리 : 입틀, 겹눈, 홑눈, 촉각
• 가슴 : 날개, 기문, 다리
• 배 : 기문, 항문, 생식기
② 내부형태
• 소화계 : 전장, 중장, 후장
• 호흡계 : 기관계(기문, 기관), 호흡계(개구식, 폐쇄식)
• 순환계
• 신경계 : 중추신경계(뇌,배신경절), 전장신경계, 말초신경계
• 생식계 : 자성생식계, 웅성생식계
• 근육계 : 종주근, 배복근, 측근, 의근
• 감각기관
• 분비계 : 외분비선, 내분비선, 통신용 화합물질(페로몬, 타감물질 등)

③ 눈 : 보통 1쌍의 곁눈과 1~3개의 홑눈이 있지만 홑눈이 없는 것도 있음.

④ 더듬이

㉮ 감각센터 역할을 하는 것으로 머리에 부착된 자루(기부)마디, 흔들(팔굽)마디, 채찍마디의 세부분으로 구성

㉯ 곤충은 낫발이류를 제외하고는 1쌍의 더듬이를 가지고 있으며 종에 따라 채찍모양, 실모양, 염주모양 등으로 다양함.

4) 가슴

① 가슴은 보통 앞가슴, 가운데가슴, 뒷가슴의 3부분으로 되어 있고, 날개 · 다리 · 기문 등의 부속기가 있음. 또한 단단한 키틴질과 많은 털이 빽빽이 나 있음.

② 날개 : 대개 2쌍, 앞날개는 가운데 가슴에 뒷날개는 뒷가슴에 달려 있음, 날개의 형상은 곤충류를 크게 분류하는데 중요한 특징이 되는 것으로 목(目)의 명칭은 날개의 형태에 따른 것이 많음.

③ 기문(氣門) : 가운데 가슴과 뒷가슴에 1쌍씩 총 2쌍이 있는 것이 많음.

④ 다리

㉮ 곤충의 다리는 앞가슴, 가운데가슴, 뒷가슴에 1쌍씩 붙어 있어 총 3쌍이며, 앞다리 · 가운데다리 · 뒷다리로 부름.

㉯ 거미는 다리가 4쌍으로 곤충과는 따로 분류됨

㉰ 다리의 기본구조는 흉부의 부착점으로부터 밑마디(기절), 도래마디(전절), 넓적다리마디(퇴절), 종아리마디(경절), 발목마디(부절)의 5마디로 되어 있음.

5) 배

① 보통 10개 내외의 마디로 기문 · 항문 · 생식기 등의 부속기관이 있음.

② 기문 : 보통 배에 8쌍이 있으며 이 기관을 통해 공기를 호흡함, 약제가 이곳을 통해 약제가 이곳을 통해 곤충의 체내로 침투함.

③ 항문 : 소화기관의 끝이며 보통 배의 끝부분에 있음.

④ 외부생식기 : 수컷은 제9복절의 부속지가 변형되어 교미할 때 쓰이는 파악기로 발달, 암컷은 제8~9복절의 부속지가 산란관으로 변형되었음

■ 가슴에 따른 날개의 위치

앞가슴	가운데가슴	뒷가슴
앞다리	가운데다리	뒷다리
–	앞날개	뒷날개

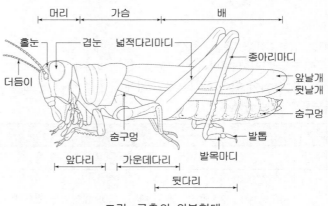

그림. 곤충의 외부형태

2. 내부 형태

1) 구성
소화계 · 호흡계 · 순한계 · 신경계 · 생식계 등

2) 소화계

전장	• 음식물을 중장으로 운반하는 통로 역할, 먹은 것을 임시 저장하고 기계적 소화가 일어남. • 전장은 식도, 모이주머니(소낭), 전위 등으로 구성 • 입과 식도사이를 인두(咽頭)라 함. • 전위는 정장과 중장 사이에서 중장으로부터 먹이의 역류를 막는 역할
중장	• 먹이를 소화분해 · 위의 기능을 함. • 점액성 단백질로 구성된 위강막(胃腔膜)으로 음식물을 감싸고 효소를 분비하여 소화 · 흡수작용이 일어남.
후장	• 소화의 맨 끝부분으로 전소장과 직장 및 항문으로 구성 • 직장에서는 염류와 수분의 흡수작용이 이루어지며, 흰개미의 경우 직장에 공생미생물이 있어 셀룰로오스를 분해할 수 있음.

① 전장과 후장의 외배엽에 의해, 중장은 내배엽에서 생겨남.
② 타액선은 식도 · 인두 및 구강 내에서 타액을 분비하는 곳으로 나비목과 벌목의 유충은 이곳에서 견사(繭絲)를 분비하여 유충의 집을 만들며, 흡혈성인 파리목의 곤충은 피를 빨 때 혈액의 응고를 막는 액을 분비함.
③ 말피기씨관(Malpighian tube)은 곤충의 중장과 후장 사이에 위치하며 ph나 무기이온농도 등을 조절하면서 비틀림 운동으로 배설작용을 함.

3) 호흡계
① 곤충을 포함한 모든 절족동물에서 볼 수 있는 특유한 기관계로 기문과 기관으로 구별
② 기관계는 가스교환이 이루어짐, 산소를 곤충의 여러 조직으로 운반하고 조직에서 생긴 이산화탄소를 운반하는 역할
③ 기문은 기관을 통해 주관과 연결되며, 기관으로부터 많은 기관소지(氣管小枝)가 몸속에 있는 기관으로 뻗어 있음.
④ 호흡계는 기문의 기능에 따라 개구식(開口式)과 폐쇄식(閉鎖式) 기관계로 구분함.

4) 순환계
① 몸의 등쪽(소화관 위쪽)을 달리는 단조로운 한 가닥의 관으로, 배혈관이라 함.
② 체액은 피와 림프액의 구분이 없는 혈림프로 이루어져 있고 개방혈관계로 되어 있음.

③ 배혈관의 앞 부분인 머리와 뇌로 가는 관을 대동맥이라 하고 이것과 이어진 뒷부분인 복부관은 마디가 부풀어 팽창되어 보통 9개의 심실을 이루며 연결됨.

5) 신경계

① 중추신경계 · 전장신경계(내장신경계) · 말초신경계로 구분
② 중추신경계는 뇌와 배신경절로 구성, 뇌는 3쌍의 분절신경이 융합된 복잡한 구조
③ 뇌는 식도신경환에 의해서 식도하신경절(食道下神經節)에 연결되며, 큰턱 · 작은턱 · 아랫입술을 나타내는 세 개의 융합된 신경절로 구성, 식도하신경절은 곤충의 운동을 촉진시키거나 억제시키는 작용을 함.
④ 전장신경계 : 곤충의 교감신경계, 소화기관의 주위를 감싸고 있는 근육에 작용하는 신경계로 전장 · 타액선 · 대동맥 · 입의 근육 등을 지배
⑤ 말초신경계 : 중추신경계와 전장신경계의 신경절에서 나온 모든 신경들로 구성

6) 생식계

① 뱃속에 발달, 원칙적으로 양성생식계의 자웅이체(雌雄異體)이나 이세리아깍지벌레와 같이 자웅동체인 것도 있음.
② 자성(雌性) 생식계
　㉮ 암컷 생식기관, 난소 · 수란관 및 수정관으로 구성
　㉯ 난소는 몸의 좌우에 1개씩 있고 수간관의 배벽에 연결된 수정낭에는 정자가 저장
③ 웅성(雄性) 생식계
　㉮ 수컷의 생식기관, 고환 · 수정관 및 사정관으로 구성
　㉯ 고환은 정자를 생산, 곤충의 종류에 따라 수정관의 일부가 커져서 정자를 저장하는 저장낭으로 변한 것도 있음.

7) 근육계

① 곤충의 몸은 많은 마디와 근육에 의해 움직임.
② 근육의 분포상태에 따라 내장근육, 환절근육, 부속지근육으로 나눌 수 있음.

종주근	배면과 복면에 있으며, 이 근육의 수축에 의하여 몸 전체가 수축되고 또한 배면이나 복면으로 구부러지기도 함.
배복근	각각 소속된 몸마디의 배판과 복판을 연결, 측근과의 공동작업에 의해서 몸마디를 압축시킴으로써 호흡작용을 도움
측근	배판과 측판, 측판 또는 기문과 복판을 연결하는 근육
의근	배관에 부착, 배관의 수축과 팽창에 관여함.

전대뇌	곤충의 가장 복잡한 행동을 조절, 중추신경계의 중심부로 시감각을 맡음
중대뇌	더듬이로부터 감각 및 운동축색을 받으며 촉감각을 맡음
후대뇌	이마신경절을 통하여 뇌와 위장신경계를 연결시키며 운동에 관여함.

8) 감각기관

① 고등동물과 같이 촉각·미각·후각·청각·시각의 5가지 기관으로 나누어짐
② 곤충의 감각기관은 중추신경의 지배를 받음.

시각	겹눈과 홑눈이 작용
청각	감각모, 고막기관(메뚜기목), 존스톤씨기관(모기·모기붙이 수컷의 촉각결절)이 작용
후각	촉각 또는 입틀에 있는 감각기가 작용
미각	입틀의 각 부분과 감각모가 작용, 다리의 감각기관(파리, 네발나비류)도 가능
촉각	몸의 각 부분에 분포하는 감각모의 감각돌기가 작용

9) 분비계

① 외분비선과 내분비선이 있으며 체벽의 각종 물질과 체내대사를 위해 혈액에 분비됨.
② 외분비선

핵심 PLUS

침샘	전장(前腸)의 양쪽에 위치함.
표피샘	꿀벌에서 왁스를 분비하여 벌집을 짓는데 사용
악취선	노린재류에서 불쾌한 냄새가 나는 탄화수소 유도체 분비
이마샘	흰개미류에서 끈적한 방어용 물질 분비
배끝마디샘	딱정벌레에서 불쾌한 물질 분비
여왕물질	여왕벌의 큰턱마디에 있는 샘에서 분비되며 일벌들의 여왕벌 생성을 억제
페로몬	• 곤충의 냄새로 의사를 전달하는 신호물질 • 성페로몬은 배우자를 유인하거나 흥분시킴. • 곤충의 체내에서 소량 만들어져 대기 중에 냄새로 방출되는 화학물질 • 먼거리까지 작용하며 더듬이에 분포하는 화학수용기관에서 받아들여짐. • 최초의 성페로몬은 1959년 누에나방의 암컷에서 분리 동정된 봄비콜(bombykol)이라는 물질임.

■ 외분비선
① 일반적으로 외배엽성 기원, 분비물을 체외나 내장에 보내고 곤충 체표면에 두루 퍼져 있음.
② 선(gland)은 다양한 기능을 가지고 이어 구조물질, 침, 불쾌한 방어물질 등을 분비하거나 종내와 종간 사이의 의사교환의 수단이 되는 화학물질을 분비하기도 함.

③ 내분비선 ★☆

카디아카체	심장박동의 조절에 관여
알라타체	성충으로의 발육을 억제하는 유충호르몬(유약호르몬, 변태조절호르몬)
앞가슴선	탈피호르몬(MH) 엑티손, 허물벗기호르몬(EH), 경화호르몬(bursicon) 등 분비
환상선	파리의 유충에서 작은 환상의 조직이 기관으로 지지
신경분비세포	누에의 휴면호르몬 분비

■ 내분비선
외분비선의 독립작용과는 달리 서로 긴밀한 관계를 유지하면서 호르몬을 분비하여 혈액에 방출함, 체색변화·수분생리·심장박동조절 등의 기능을 함.

CHAPTER 05 산림해충

④ 곤충의 통신용 화합물질 ☆☆

㉮ 페로몬(pheromone) : 같은 종 개체간의 정보전달을 목적으로 분비되는 물질

㉯ 타감물질(allelochemic) : 다른 종 개체간의 정보전달을 목적으로 분비되는 물질

㉰ 타감물질은 유리하게 작용하는 주체에 따라 다음과 같이 구분함.

알로몬(allomone)	생산자에게 유리, 수용자에게 불리하게 작용하여 방어 물질로 이용
카이로몬(kairomone)	생산자에게 불리, 수용자에게 유리하게 작용
시노몬(synomone)	생산자와 수용자 모두에게 유리하게 작용

10) 특수조직-지방체

① 곤충의 기관 사이에 차 있는 백색의 조직 산물을 합성해서 방출함으로써 대사 조절에 중요한 역할

② 변태하는 동안의 지방·글리코겐·단백질 저장에 관여, 에너지 생성·생장·생식에 이용

③ 편도세포(扁桃細胞) : 탈피할 때 표피의 어떤 생성물질을 합성하는 특수작용에 관여하는 황갈색을 띤 대형 세포임.

3. 변태 ☆☆☆

1) 완전변태

알 → 애벌레 → 번데기 → 성충

2) 불완전변태

알 → 애벌레 → 성충

■ 변태
① 알에서 부화한 유충이 여러 차례 탈피하여 성충으로 변하는 현상
② 유형
• 완전변태 : 알→애벌레→번데기→성충
• 불완전변태 : 완전변태에서 번데기과정이 생략됨.
• 과변태 : 유충단계에서 형태가 크게 변화함.

변태의 종류		경 과	해당곤충
완전변태		알-유충-번데기-성충	고등곤충류인 나비목, 딱정벌레목, 파리목, 벌목 등
불완전 변태	반변태	알-유충-성충 (유충과 성충의 모양이 다름)	잠자리목, 하루살이목 등
	점변태	알-유충(약충)-성충 (유충과 성충의 모양이 비슷함)	메뚜기목, 총채벌레목, 노린재목 등
	증절 변태	알-약충-성충(탈피를 거듭할수록 복부의 배마디가 증가함)	낫발이목
	무변태	부화 당시부터 성충과 같은 모양	톡토기목
과변태		알-유충-의용-용-성충 (유충과 번데기 사이에 의용의 시기)	딱정벌레목의 가뢰과

3) 과변태

유충 단계에서 생활양식에 맞추어 형태가 크게 변화하는 부류

4. 곤충의 한살이 ☆☆

1) 곤충의 한살이

부화	알껍질 속에 새끼가 완전히 발육하여 밖으로 나오는 현상
유충의 성장	부화하여 나온 유충이 몸 밖으로 부터 영양을 섭취하여 몸은 자라지만 몸을 덮고 있는 표피는 늘어나지 않으므로 묵은 표피를 벗는 현상을 탈피라 함.
용화	유충이 먹는 것을 중지하고 유충시대의 껍데기를 벗고 밖으로 나와 번데기가 되는 현상
우화	고치 속의 번데기가 일정한 시기를 경과한 다음 고치속에서 탈출하는 현상

■ 곤충의 한 살이
부화 → 유충의 성장 → 용화 → 우화 →
교미 → 산란

2) 유충의 성장시 영(齡), 영충(齡蟲)

① 영(齡) : 부화한 유충이 탈피할 때까지의 기간, 탈피 후 다음 탈피할 때 까지의 기간, 마지막 탈피로 번데기가 될 때까지의 각 기간을 말함.

② 영충(齡蟲) : 각 탈피 기간의 유충을 말하며, 3회 탈피한 유충을 4령충이라 한다. 즉 부화해 1회탈피시 1령충, 1회탈피를 마치면 2령충, 2회탈피를 마친것을 3령충, 3회 탈피를 마치고 번데기가 될 때 까지를 4령충이라 함.

5. 곤충의 습성

1) 먹이

① 식물질

식식성(植食性)	식물을 먹음, 대부분의 해충
균식성(菌食性)	• 균류를 먹음. • 버섯벌레과, 버섯파리과, 노란뒷박벌레는 흰가루병균을 먹음
미식성(微食性)	미생물을 먹음, 파리의 구더기
단식종(單食種)	• 계통이 가까운 식물만 먹는 종 • 누에 : 뽕나무속, 솔나방 : 소나무속 · 낙엽송속
다식종(多食種)	• 계통과 관계없이 유연관계가 먼 식물을 먹는 종 • 쐐기나방, 집시나방. 파밤나방. 미국흰불나방, 메뚜기

■ 곤충의 습성
① 서식장소 : 육서(陸棲)와 수서(水棲)
② 먹이 : 대부분은 식물질(植物質),
동물질(動物質)

CHAPTER 05 산림해충

② 동물질

포식성(捕食性)	• 살아있는 곤충을 잡아먹음 • 됫박벌레류, 말벌류
기생성(寄生性)	• 다른 곤충에 기생생활을 함. • 기생벌, 기생파리
육식성(肉食性)	• 다른 동물을 직접 먹음 • 물방개류, 물무당류
시식성(屍食性)	• 다른 동물의 시체를 먹음 • 송장벌레과, 풍뎅이붙이과

■ 곤충의 주성
동물이 어떤 자극을 받아 몸이 자극에
미치는 영향으로 움직이는 성질(양성
주성) 및 물러나는 성질(음성주성)

2) 주성(走性)

주광성(走光性)	• 빛에 유인, 유아등(誘保燈)에 의한 해충의 구제 • 나비·나방은 양성 주광성, 구더기·바퀴류는 음성 주광성을 가짐.
주화성(走化性)	• 화학 물질에 유인 • 어떤 곤충은 특수한 식물에 알을 낳고, 어떤 유충은 특수한 식물만 먹음 • 호랑나비는 귤나무나 탱자나무에 알을 낳고, 배추흰나비는 십자화과채소에 알을 낳음.
주수성(走水性)	• 물에 유인, 수서곤충류 • 딱정벌레류, 반날개류 등은 물가에 모이는 성질
주촉성(走觸性)	• 다른 물건에 접촉 • 나방이나 딱정벌레 중에는 나무의 싹이나 가지 틈에 서식함.
주류성(走流性)	• 소금쟁이와 같이 물이 흘러오는 쪽을 향해서 운동
주풍성(走風性)	• 양성 주풍성 : 잠자리, 나비는 바람이 불어오는 쪽을 향해서 이동 • 음성 주풍성 : 메뚜기는 바람을 타고 이동
주지성(走地性)	• 양성 주지성 : 어떤 진딧물은 머리쪽이 땅을 향하여 앉음 • 음성 주지성 : 모기는 머리쪽이 위를 향하여 앉음
주열성(走熱性)	• 주온성(走溫性)이라고도 함, 늦가을에 따뜻한 인가(人家) 부근으로 모임 • 땅강아지, 귀뚜라미, 오이잎벌레, 벌, 딱정벌레 등

■ 곤충의 분류
① 분류학상 단위 : 종(species)
② 분류 순서 : 강(綱) → 목(目) → 과
(科) → 속(屬) → 종(種) → 변종
(變種)

6. 곤충의 분류

1) 곤충의 목(目)의 분류

① 입과 날개의 진화정도, 날개의 모양, 변태의 방식과 진화정도에 의해 이루어짐
② 강도래목, 잠자리목, 흰개미목, 집게벌레목, 메뚜기목, 총채벌레목, 노린재목,
나비목, 딱정벌레목, 벌목

2) 주요목

노린재목	• 조경수목에 많은 피해를 주는 종류 • 거품벌레류, 매미충류, 진딧물류, 개각충류, 방패벌레류
나비목	• 나비와 나방으로 불리는 종류로 수목에 극히 많은 주요 해충이 포함됨. • 주머니나방류, 꿀벌레나방류, 먹나방류, 노랑쐐기나방류, 명나방류, 유리나방류, 잎말이나방류, 자나방류, 밤나방류, 어스렝이나방류, 솔나방류
딱정벌레목	• 갑충류라고 불리는 종류로 중요해충이 포함되며, 주로 유충에 의한 천공성 식해이나 성충이 잎을 먹는 종류도 있음. • 풍뎅이류, 바구미류, 나무좀류, 비단벌레류, 하늘소류, 잎벌레류
벌목	• 천적류도 포함되어 있지만 잎벌류 등의 중요해충도 포함됨. • 혹벌류, 잎벌류, 송곳벌류, 가위벌류

2 임업해충의 종류 ☆☆☆

1. 가해습성에 따른 분류

가해습성	주요해충
흡즙성(吸汁性)	응애류, 진딧물류, 깍지벌레류, 방패벌레, 선녀벌레, 소나무거품벌레, 총채벌레류
식엽성(食葉性)	흰불나방, 풍뎅이류, 잎벌, 집시나방, 회양목명나방
천공성(穿孔性)	나무좀류(소나무좀), 하늘소류, 바구미류, 박쥐나방, 개오동명나방
충영(벌레혹)형성	면충류, 솔잎혹파리, 혹진딧물류, 혹응애
묘포	굼벵이, 거세미나방, 땅강아지, 진딧물, 응애류, 깍지벌레, 황철나무, 잎벌레, 미루재주나방 등
목재가해	흰개미, 빗살수염벌레, 개나무좀, 넓적나무좀

2. 가해위치에 따른 분류

1) 종실을 가해하는 해충

① 종실에 구멍이나 기형, 벌레의 똥, 수지의 유출·변색 등으로 발생을 파악

② 같은 구멍이 생긴다 하더라도 생기는 위치(종실 : 바구미, 과경 : 나무좀)에 따라 가해하는 곤충이 다름.

③ 해부해 보면 과실 내에는 충영(혹파리), 갱도(나무좀), 똥, 수지유출 등을 볼 수 있음.

■ 종실을 가해하는 해충특징
집단적 표징을 나타내지 않으므로 근접 관찰·매목조사 및 해부에 의해서만 알 수 있다.

④ 종류

나비목	명나방과, 밤나방과, 애기잎말이나방과
파리목	혹파리과
벌목	잎벌과, 혹벌과
딱정벌레목	나무좀과, 바구미과, 비단벌레과, 하늘소과

2) 잎을 가해하는 해충

① 식엽성 해충의 피해는 임야에 집단적인 표징을 나타남.

② 종류

대벌레목	대벌레과
메뚜기목	메뚜기과
노린재목	깍지벌레과, 거품벌레과, 매미충과, 방패벌레과, 솔방울진딧물과, 솜벌레과, 장님노린재과, 진딧물과
총채벌레목	총채벌레과
나비목	가는나방과, 굴나방과, 네발나비과, 독나방과, 명나방과, 박각시나방과, 밤나방과, 불나방과, 뿔나방과, 애기잎말이나방과, 솔나방과, 어리굴나방과, 잎말이나방과, 자나방과, 재주나방과, 주머니나방과, 흰나비과
벌목	솔노랑잎벌과, 잎벌과

3) 가지를 가해하는 해충

① 가지의 인피층을 해충이 가해, 집단적인 표징이 나타나기도 함, 경관적 표징으로는 수관부가 적변하거나 회변함.

② 종류

노린재목	깍지벌레과, 거품벌레과, 매미과, 뿔매미과, 솜벌레과, 진딧물과
나비목	명나방과, 애기잎말이나방과
파리목	혹파리과
딱정벌레목	나무좀과, 바구미과, 비단벌레과, 하늘소과

4) 뿌리와 지접근부 가해 해충

① 전체가 적색으로 변하며, 고사 또는 지접부를 중심으로 부러지거나 수지 유출 현상
② 종류

노린재목	진딧물과
벌목	개미과
딱정벌레목	나무좀과, 바구미과, 풍뎅이과, 하늘소과

5) 수간의 인피부 가해 해충

① 경관적으로 변색 표징을 보임.
② 단목조사로는 낙엽, 신소생장부족, 수지유출, 목분, 곤충의 분비물에 쌓인 수피 표면의 백색화 등
③ 종류

노린재목	깍지벌레과, 솜벌레과
나비목	유리나방과
파리목	굴파리과, 꽃등에과
딱정벌레목	나무좀과, 바구미과, 비단벌레과, 하늘소과

6) 재질부를 가해하는 곤충

① 충공은 크기, 모양, 색, 속에 들어 있는 재료 및 갱도의 전체적 양상에 따라 침공, 대공, 목분 배출공 등으로 붕소상피해로 구별
② 종류

노린재목	솜벌레과
나비목	굴벌레나방과, 박쥐나방과, 유리나방과
파리목	꽃등에과, 굴파리과, 혹파리과
벌목	개미과, 나무벌과, 칼잎벌과
딱정벌레목	바구미과, 방아벌레붙이과, 비단벌레과, 사슴벌레과, 통나무좀과, 하늘소과, 가루나무좀과, 권연벌레과, 긴나무좀과, 나무좀과,

7) 눈과 새순을 가해 해충

① 매목조사와 직접관찰에 의하여 발견

② 종류

노린재목	솜벌레과, 진딧물과
나방과	명나방과, 애기잎말이나방과
파리목	혹벌과, 잎벌과
딱정벌레목	나무좀과, 바구미과

8) 묘목 가해 해충

① 황화(진딧물, 솜벌레), 적변(뿌리바구미, 꽃파리), 임목밀도 감소(땅속을 가해하는 것) 등

② 변색 중 침엽상에 반점이 생기면서 잎이 뒤틀린 것(솜벌레), 그렇지 않은 것(진딧물), 또 색에 있어서도 수적색(응애), 선홍색(솜벌레) 등 증상

③ 생육 초기에 해를 받으면 자엽이 소실되거나(바구미의 성충, 거미류), 어린 뿌리 또는 줄기가 절단되며, 생장이 진행된 후에 가해를 받으면 지접부가 윤상으로 박피(바구미의 성충)

④ 종류

메뚜기목	귀뚜라미과, 메뚜기과
가위벌레목	가위벌레과
노린재목	깍지벌레과, 솜벌레과, 진딧물과
나비목	밤나방과
파리목	꽃파리과
딱정벌레목	바구미과, 방아벌레과, 풍뎅이과

- **묘목가해 해충조사**
  묘포에서는 집단적인 피해를 보임, 야외에서는 매목조사나 직접관찰에 의하여 조사

3 임업해충의 발생

1. 해충 밀도조사

1) 개체군의 밀도 변동에 미치는 요인

① 출생률

㉮ 정의

사망이나 이동이 없다고 가정하였을 때 일정시간 내에 출생한 수의 최초 개체 수에 대한 비율

- **개체군의 밀도 증감**
  ① 개체군 밀도의 증감은 1차적으로는 증가요인인 출생률과 감소요인인 사망률과의 관계에 의하여 결정
  ② 출생률은 선천적 특성이 추가 되어 여기에 외적 환경요인들이 영향을 끼치게 되지만, 사망률은 외적 환경요인이 주동적 역할을 하고, 선천적 요인은 그 영향을 다소 조절할 수 있어 종적 작용을 함.

ⓑ 요인

암컷의 최대출산수	• 이론적 산란수로 종에 따라서 일정함. • 모체가 새끼에 대한 보호배려도가 높으면 산란수가 적어지고, 반대로 보호배려도가 낮으면 산란수는 많아지는 경향이 있음.
암컷의 실출산수	• 선천적인 산란능력은 생리적 조건이나 교미여부 및 환경조건 에 따라서 달라짐. • 산란수와 암컷의 크기와는 정비례함.
성비(性比)	• 개체수에 대한 암컷의 비를 성비 • 동수(同數)에 가까우나 밤나무순 혹벌이나 진딧물류는 암컷 만 있음.
연령구성비율	• 생식능력이 없는 어리거나 늙은 개체가 많으면 출생률이 낮아짐 • 암컷의 수명, 산란 후 생존기간에 대한 산란기간의 장단, 산란수, 휴면기간 등의 영향을 받음. • 해충 출생률에 가장 크게 영향.

② 사망률

㉮ 정의

출생이나 이동이 없다고 가정하였을 때 일정한 시간에 사망한 개체수의 최초
의 개체수에 대한 비율

㉯ 요인

노쇠, 활력감퇴, 사고(탈피나 우화과정에 발생), 물리적 조건(극단적인 온도
나 습도), 천적류, 먹이의 부족, 은신처

③ 이동

㉮ 정의 : 어떤 지역을 중심으로 이동해 들어오는 이입과 나가는 이주로 구별
되는 개체군

㉯ 개체군의 행동에 근거를 두어 확산, 분산, 회귀운동 등으로 분류

확산	• 곤충에서 가장 흔히 볼 수 있는 행동 • 포식활동이나 그 밖의 요구조건을 찾아 개체가 이동하는 것으로 연속적으로 분포함.
분산	• 불연속적인 것 • 이동하여 정착한 곳이 생활에 알맞으면 정주할 수 있으나, 그렇지 못하면 멸망함.
회귀이동	한곳에서 다른 곳으로 이주하였던 것이 다시 제자리로 돌아오는 이동

2. 해충의 발생예찰 ☆☆☆

■ 예찰의 개념
① 어떤 해충이 어떤 지방에 언제 어느 정도 발생하였는가를 조사하고 여러 조건을 참고하여 앞으로의 피해를 예측하여 방제대책을 세우는 것
② 약제살포 횟수를 절감하기 위해서 예찰에 의한 방제가 필수적임

1) 예찰조사사항
① 솔잎혹파리 충형형성률 및 천적분포조사
② 소나무재선충병 매개충 우화상황 · 발생상황 및 선단지 조사
③ 솔껍질깍지벌레 발생상황 및 선단지조사
④ 참나무시들음병 발생상황 및 선단지조사
⑤ 미국흰불나방 등 각종 병해충의 발생상황 및 분포조사

2) 해충발생 예찰
① 해충의 발생시기와 발생량의 예찰을 주목적으로 함.
② 해충조사시 고려할 점 : 밀도의 표현방식, 조사시기, 조사대상, 표본의 단위, 수간과 수내의 변이, 최적 표본수 등

표. 밀도 표현방식 ☆

면적	땅속 해충의 밀도표시에 이용, 솔잎혹파리의 월동 유충 (굼뱅이, 거세미)
먹이의 양	고착생활을 하는 곤충은 가지의 길이를 단위로 밀도 표시 (깍지벌레류)
인위적 단위	송지(松枝)면적을 단위로 개체수를 표현(솔나방)
상대적 방법	유아등(誘蛾燈)이나 포살(捕殺)장치를 이용하여 단위시간당 포살수로 밀도 표시

③ 해충의 조사방법 : 수관부조사, 수간부조사, 임상토층조사, 공간조사
④ 예찰조사 결과에 따라 관할기관에 병해충발생예보를 발령하며 발생규모 · 확산속도 및 피해정도에 따라 예보 · 주의보 또는 경보로 구분

예보	피해발생이 예상
주의보	일부지역에서 피해가 발생되어 확산이 우려될 경우
경보	여러지역에서 피해가 발생되어 전국적 확산이 우려될 경우

■ 예찰조사 방법
① 축차조사
② 항공조사
③ 선단지조사
④ 우화상황조사

3) 예찰조사 방법 ☆☆
① 축차조사(逐次)
㉮ 정확한 밀도를 알아야 할 필요가 없고 직접 어떤 방제대책을 써야할 지를 판단할 필요가 있을 때 쓰이는 방법
㉯ 현재 주로 임업해충에 이용, 방제해야 할 지역과 방임해도 좋은 지역을 판별하고 방제 후의 효과를 확인하거나 피해의 확대를 막기 위한 벌목의 여부를 결정

② 항공조사

㉮ 단시간 내에 넓은 면적을 조사할 수 있어 피해의 조기발견 및 비용의 절약이 가능하고, 방제작업을 위한 정확한 계획의 수립에 도움이 됨.

㉯ 항공조사시 기재문제와 조사원의 훈련 및 항공기의 시야가 고려

㉰ 식엽성 해충에 대해서는 피해가 곧 나타나지만, 나무좀 같은 것에서는 표징이 나타나는 시기와 가해시기 간에 상당한 차가 있으며, 조사결과는 지상조사에 의하여 확인되어야 함.

㉱ 식엽성해충과 나무좀류의 판정

식엽성 해충	5등급 : 경(輕), 중(中), 심(甚), 극심(極甚), 고사(枯死)
나무좀류	4등급 : 경(輕), 중(中), 심(甚), 극심(極甚)

③ 선단지조사

㉮ 솔껍질깍지벌레 또는 소나무재선충병이 침입하지 않는 지역에 대해 실시하여 확산경로와 속도 등을 조사함.

㉯ 솔껍질깍지벌레는 4~5월 중에, 소나무재선충병은 3~4월 및 9~11월 중에 각각 실시함.

④ 우화상황조사

㉮ 솔수염하늘소, 광릉긴나무좀 및 솔잎혹파리는 우화상황을 조사하여 방제 적기를 판단함.

㉯ 솔수염하늘소·북방수염하늘소 우화상에 매개충 우화조사목을 11월 말까지 적기 치료

㉰ 광릉긴나무좀은 4월말까지 이목을 설치

㉱ 솔잎혹파리는 4월 10일까지 산기슭·산허리·산꼭대기의 유충이 많은 평탄한 지면에 고루 설치

4) 발생예찰의 방법

야외조사 및 관찰방법	• 가장 기본적인 방법 • 야외의 포장에서 발생 상황 등을 직접 조사 및 관찰하는 것
통계적 방법	• 해충의 발생 시기나 발생력을 상관관계가 높은 환경요인과 회귀식으로 계산하는 방법 • 다년간이 생물현상과 환경요소와의 상관관계를 이용함. • 유효적산온도가 많이 사용됨.
다른 생물현상과의 관계를 이용하는 방법	• 식물의 개화시기, 곤충의 발생시기와 해충의 관계 등을 이용하는 것 • 벼이화명나방과 벼애나방의 발아최성일(發蛾最盛日)은 높은 상관관계를 가지고 있음.

■ 발생예찰의 방법
① 해충밀도변동의 3요인 : 세대 또는 발생(활동)기간 내의 치사율, 연속되는 2세대 간의 치사율, 계절 간 치사율
② 예찰방법 : 야외조사 및 관찰방법, 통계적 방법, 타생물현상과의 관계를 이용하는 방법, 실험적 방법, 개체군 동태분석 방법, 컴퓨터 이용 방법 등

실험적방법	• 해충의 휴면타파 시기나 생리적 상태를 조사하여 해충의 생리나 생태학적 현상을 실험적으로 예찰함.
개체군 동태학적 방법	• 개체군의 동태를 여러 가지 치사원인과 같이 조사 분석하여 해충의 밀도변동을 치사인자와의 관계에서 추정하는 것
컴퓨터 이용방법	• 온도, 습도, 일장, 작물의 생육환경, 품종 특성 등의 상황을 컴퓨터로 분석하여 방제여부를 결정하는 방법

■ 해충방제의 목적
① 목적 : 경제적으로 문제가 되고 있는 곤충의 세력을 억제할 수 있는 상태를 만들고 그 상태를 오래 유지하는 것
② 생물학적 측면과 경제적인 측면에 기초를 두고 계획 및 수행되어야 하며 실제적으로는 생물학적현상을 중심으로 경제적 합리성 및 기술적 측면에서 검토

3. 해충방제 총론

1) 해충방제의 개념

① 방제는 해충밀도의 변동과 밀접한 관계가 있으며 해충의 밀도와 분포면적의 대소는 방제수단의 선택이나 방제할 면적의 크기, 방제횟수를 결정하는 중요한 요인

표. 피해 측면에서의 해충밀도 분류

경제적 피해수준	경제적 피해가 나타나는 최저밀도로 해충에 의한 피해액과 방제비가 같은 수준의 밀도를 말함.
경제적피해 허용수준	경제적 피해수준에 도달하는 것을 억제하기 위하여 직접 방제수단을 써야하는 밀도수준으로 경제적 가해수준보다는 낮으며 방제수단을 쓸 수 있는 시간적 여유가 있어야 함.
일반평형밀도	일반적인 환경조건하에서의 평균밀도를 말함.

② 방제를 목적으로 달성하기 위해서는 일반평형밀도를 그대로 두고 경제적 피해허용수준을 높이는 방법과 반대로 일반평형밀도를 낮추는 방법 등이 있음.

일반평형밀도를 낮추는 방법	• 환경조건을 해충의 서식과 번식에 불리하도록 만들어주는 것 • 살충제나 천적의 이용
경제적 피해허용수준을 높이는 방법	해충의 밀도는 그대로 두고 내충성 등 해충에 대한 수목의 감수성을 낮추는 방법

2) 해충의 조사방법

① 해충의 조사 : 야외포장에서 해충의 존재여부를 확인, 그 종류를 동정하는 동시에 분포범위와 포장 내에서의 밀도를 추정하는 것으로 방제의 기초가 됨.

② 방법

공중포충망 (쓸어잡기, 난획법)	멸구류 등의 채집하기 위한 방법, 포충망을 일정횟수 왕복하여 밀도 추정
유아등	단파장의 빛에 이끌리는 습성을 이용한 채집법으로 빠른 시간 내에 가장 효율적인 채집할 수 있는 방법
점착트랩	끈끈이를 바른 표면에 비행하던 곤충이 달라붙는 방법으로 색깔이나 페로몬 등의 냄새가 특정 곤충의 유인력을 증가시키는 것으로 알려짐
황색수반	곤충들은 특정 색채, 형태, 번쩍거리는 빛, 움직이는 모양 등에 자극받아 유인, 노란색을 칠해놓은 평평한 그릇에 물을 담아놓는 방법
털어잡기	천이나 접시, 판 등을 밑에 놓고 작물을 흔들거나 막대기 등으로 가지를 쳐서 떨어진 곤충을 조사하는 방법
당밀유인법	개미나 벌 등이 꿀에 모이는 습성을 이용한 방법으로 주로 밤에 활동하는 나방류를 채집하는 경우
페로몬트랩 (pheromone trap)	• 해충은 동종 간의 커뮤니케이션을 위해 독특한 화학물질을 발산하는데, 이러한 물질을 인위적으로 합성하여 해충을 유인포획하는 방법 • 미국흰불나방, 회양목명나방, 복숭아명나방, 복숭아유리나방 등의 나방류와 솔껍질깍지벌레의 수컷성충을 유인하기 위한 성페로몬트랩이 개발 • 솔수염하늘소, 북방수염하늘소, 나무좀류 등의 딱정벌레나 노린재류에서는 집합페로몬트랩이 주로 이용되고 있다.
먹이트랩	• 미끼를 이용하여 해충을 포획, 조사하는 방법으로, 소나무좀을 유인하기 위한 유인목(attractant trap logs)이 대표적이며, 야간에 활동하는 딱정벌레를 대상으로 미끼를 이용한 트랩도 있다. • 유인목트랩(logs trap) − 산림 내 열세목, 피압목 등을 벌채하여 비닐을 지면에 편 다음 일정 양의 통나무를 집적한 후에 유인되는 곤충을 조사하는 방법 − 유인목에 유인되는 곤충은 주로 천공성의 바구미, 하늘소, 나무좀 등 • 미끼트랩 : 당분이나 다른 미끼를 이용해서 곤충을 유인, 채집하여 조사하는 방법
말레이즈트랩 (Malaise Trap)	• 날아다니는 곤충이 착지 후 음성 주지성, 즉 높은 곳으로 기어오르려는 습성(음성 주지성)을 이용하여 곤충을 조사하는 트랩 • 수목 해충의 예찰보다는 벌, 파리 등 날아다니는 화분매개곤충을 조사하기 위해 주로 이용 • 활동성이 높은 파리, 벌, 딱정벌레, 나방류의 곤충을 채집 시 유용

■ 기계적 · 물리적 방제
① 기계적 방제
- 간단한 기계나 기구 또는 손으로 해충을 잡는 방제법
- 포살법, 찔러죽이는 방법, 경운법, 털어잡기, 소살법, 차단법, 유살법
- 유살법의 종류 : 식이유살, 잠복장소 유살, 번식처 유살, 등화유살, 성유인물질의 유살
② 물리적 방제
- 해충의 정상적인 생리활동을 저해하거나 해충이 견디기 어려운 환경조건을 만들어 방제함.
- 고온이나 저온에 오랫동안 처리, 습도처리, 방사선이용

3) 기계적 · 물리적 방제 ☆☆

① 기계적 방제

㉮ 기계적방제 종류

포살(砲殺)법	기구나 손으로 직접 잡아죽이는 방법
찔러 죽이는 방법	하늘소 · 굴레나방 · 유리나방 등의 유충은 목질부 내부에서 가해하는 해충은 가는 철사를 이용하여 찔러 죽임.
경운법	• 풍뎅이류, 잎벌류 및 땅속에서 월동하는 해충에 적용 • 가을에 깊이 갈아 저온으로 얼어 죽게 하거나 봄에 갈아 노출된 것을 새 등이 포식하게 하고 깊이 묻힌 것은 우화(羽化)하지 못하게 하여 죽이는 방법
털어잡기	• 잎벌레, 바구미류, 하늘소류 등 • 천이나 접시, 판 등을 밑에 놓고 작물을 흔들거나 막대기 등으로 가지를 쳐서 떨어진 곤충을 조사하는 방법
소살법	솜방망이를 경유에 담았다가 꺼내어 긴 장대 끝에 불을 붙여 군서하는 유충을 태워 죽이는 방법
차단법	• 집시나방이나 야도충과 같은 이동성곤충 • 집시나방은 집단이동을 하므로 주위에 너비 30~60cm, 깊이 40cm의 도랑을 파서 여기에 떨어진 것을 모아 죽이는 방법 • 끈끈이를 수간에 발라 두고 밑에서 기어오르는 것이나 위에서 밑으로 내려오는 해충을 잡아 죽이는 방법(솔나방, 집시나방, 재주나방 등의 유충에 이용·)
유살법	곤충이 특이한 행동습성을 이용하여 유인하여 죽이는 방법

㉯ 유살법 종류

식이(食餌)유살	• 해충이 좋아하는 먹이를 이용하여 유살하는 방법 • 당밀(糖蜜)과 발효당류(發效糖類)를 이용(왜콩풍뎅이)
잠복장소유살	월동할 때나 용화할 때 잠복소로 유인해 유살(솔나방유충)
번식처유살	• 통나무유살법 : 나무좀, 하늘소, 바구미 등 이용 • 입목유살법 : 좀류 이용, 봄에 입목에 약제 처리, 규불화아연(硅弗化亞鉛)을 주제로 한 오스모실-K(Osmosil-K)를 이용

등화유살법	• 곤충의 추광성(趨光性)을 이용 • 나방류, 이화명충, 딱정벌레류 • 고온다습한 흐린 날·바람이 없는 날, 녹색·황색·백색의 순으로 효과적임. • 단파장 광선을 이용한 유아등(誘蛾燈)이 많이 이용 • 광원으로는 아세틸렌등, 전등 등 활용
성유인물질의 이용	• 곤충류, 특히 나방류의 암컷은 복부(腹部)에서 특이한 물질을 분비하여 수컷을 유인 • 많은 수컷을 유인해 죽이면 암컷은 수정률(受精率)이 낮은 알을 낳게 됨.

② 물리적 방제

온도처리	• 고온이나 저온에 오랫동안 처리하면 죽게 되므로 이 방법을 이용 • 가루나무좀·나무좀류·하늘소류·바구미류 등은 고온(60℃) 이상 또는 저온(-27℃)처리함.
습도처리	• 벌목한 나무를 껍질을 벗기거나 햇볕을 쬐면 습도가 나무좀이나 하늘소류의 생육에 부적당하여 증식을 억제시킴 • 살수법과 저수지의 물속에 목재를 담가 두는 방법처럼 습도를 과다하게 해주는 방법 • 곡물 저장 시 12% 이하에서는 해충의 발육이 불가능함.
방사선이용	• 방사선의 살충력을 직접 이용하는 경우 • 구제대상해충을 대량으로 사육하여 방사선을 이용하여 불임화한 후 대량으로 야외에 방사하여 정상적인 것과 교미시켜서 부정란을 낳게 만드는 방법

■ 온도 처리 방법

고온	• 곤충은 60~66℃의 고온에서 짧은 기간에 죽으므로 태양열, 온수 증기, 불 등을 이용
저온	• 곤충은 보통 온도가 5~15℃에서 활동을 정지하고, -27~-30℃가 되면 죽음 • 저온처리 효과는 저온→고온→저온으로 온도변화를 줌.

4) 화학적 방제

① 약해

㉠ 넓은 뜻으로는 약제를 쓴 다음 작물체나 인축(人畜)에 생기는 생리적 장해, 좁은 뜻으로는 식물에 대한 것을 말하며 인간에 대한 것은 중독이라고 함.

㉡ 식물이 약해를 받으면 줄기·잎·열매 등의 색이 변하며, 시들거나 낙엽·낙과 등이 생기고, 심할 경우에는 고사함.

② 약제의 저항성

㉠ 어떤 약제에 저항성이 있는 해충은 그 약제와 동일한 계통의 약제에 대해서도 저항성을 나타내는 경향이 있으며 그 약제 및 해충의 종류에 따라 달라질 수 있음.

㉡ 해충의 저항성은 유전적으로 다음 세대에 전달되어 약제에 매우 강한 개체군이 발생될 우려가 있음.

■ 화학적 방제

① 화학물질을 이용한 방제법, 효과가 정확하고 빠르며 저장이 가능하고 사용이 간편하여 널리 사용됨.

② 산림생태계에 미치는 부작용으로 천적을 비롯한 유용생물에 미치는 영향과 저항성 해충출현, 2차해충 등의 부작용의 위협에 주의해야 함.

표. 약제 저항성의 종류

교차 저항성	어떠한 농약에 대하여 이미 저항성이 발달된 병원균, 해충·잡초가 이전에 한번도 사용되지 않은 농약에 대해 저항성을 나타내는 것
복합 저항성	작용기작이 서로 다른 2종 이상의 약제에 대해 저항성을 나타내는 것으로 한 개체 안에 두가지 이상의 저항성 기작이 존재하기 때문에 발생
부상관교차 저항성	어떤 약제에는 저항성을 나타내나 다른 약제에는 오히려 감수성이 증가하는 것

③ 약제 저항성 발달과 대책

저항성 발달	• 고농도 살포의 강력한 선발조건에서 더욱 신속하고 높은 수준의 약제 저항성을 유발 • 주기적인 낮은 농도의 약제 살포는 고농도의 살포보다 동질성의 저항성 계통을 얻을 수 있음. • 어떤 약제에 저항성이 있는 해충은 그 약제에 동일한 계통의 약제에 대해 저항성을 나타냄.
대책	• 약제의 과다사용을 지양하고 병 발생 예찰을 실시하여 적기에 필요한 약제만 살포하여 살포횟수를 줄임 • 한가지 약제 또는 동일 계통의 약제를 연속 사용하지 말고, 가능한 잔효성이 짧은 약제를 사용하며 작용기작이 다른 약제를 교대 및 혼합하여 사용 • 약제 살포 후 방제효과가 낮거나 살아남는 병원균이나 해충이 나타나는지 조기에 발결함.

5) 생물적 방제 ☆☆☆

① 생물적방제의 장점과 단점

■ 생물적 방제
① 생물군집 내의 해충과 천적간의 평형현상과 관계되는 종 구성문제, 개체군 밀도간의 상호작용, 무생물적 환경요인이 생물에 미치는 영향과 광범위한 생태학적 지식을 토대로 계획되고 수행되어야 함.
② 기생곤충, 포식충, 병원미생물 등의 천적을 이용한 해충개체군 밀도 억제 방법으로 산림생태계의 균형유지를 통해 피해를 방지할 수 있는 근원적·영구적·친환경방제 방법임.

장점	생물계의 균형이 유지됨, 방제효과가 반영구적 또는 영구적임, 화학적 문제가 없음.
단점	유력 천적의 선발과 도입의 대량사육에 많은 어려움이 있음, 시간과 경비가 과다하게 소요됨, 해충밀도 높으면 효과가 미흡함.

② 천적의 구비조건

㉮ 해충의 밀도가 낮은 상태에서도 해충을 찾을 수 있는 수색력이 높아야 함.

㉯ 성비(性比)가 커야 함.

㉰ 대상해충에 밀접하게 적용되어 해충에 대한 밀도반응적 특성인 기주특이성을 보여야 함.

㉱ 세대기간이 짧고 증식력이 높아야 함.

ⓜ 시간적·공간적으로 쉽고 신속하게 영향권을 확산할 수 있는 분산력이 높아야 함.

ⓑ 다루기 쉽고 대량사육이 용이해야 함.

ⓢ 2차 기생봉(천적에 기생하는 곤충)이 없어야 함.

ⓐ 천적의 활동기와 해충의 활동기가 시간적으로 일치해야 함.

③ 천적 종류

기생성	• 맵시벌류, 기생벌, 기생파리 등 • 맵시벌류는 천적으로 흔히 이용, 송충알벌은 솔나방의 알에 기생함. • 솔잎혹파리의 방제 : 솔잎혹파리먹좀벌과 혹파리살이먹좀벌, 혹파리등뿔먹좀벌, 혹파리반뿔먹좀벌
포식성	• 조류·양서류·파충류 등 • 풀잠자리목, 딱정벌레목, 노린재목, 벌목 • 거미, 응애류
병원 미생물	• 곤충에 기생하여 병을 일으킴. • 병원미생물에는 원생동물, 세균, 진균, 바이러스 • 곤충기생성 선충과 응애 • 원생동물 중 미립자병원체는 솔나방, 어스렝이 나방, 텐트나방 등에 기생함. • 미생물 농약인 Bt(Bacillus thuringiensis)는 대량증식으로 살충제와 마찬가지로 제제화·상품화되어 솔나방, 미국흰불나방의 방제에 활용됨.

6) 임업적 방제 ☆☆☆

① 산림구성

ⓐ 단순림은 해충의 먹이가 풍부하고 환경저항이 적어 해충이 많이 발생

ⓑ 혼효림은 여러 종류의 해충이 서식하나 이들 세력이 서로 견제되고 천적의 종류도 다양하여 해충의 밀도가 높지 않음.

② 밀도조절

ⓐ 임목의 밀도를 조절하여 건전한 임목을 육성하는 것이 중요함.

ⓑ 유목의 밀도가 높을 때 적당한 간벌을 하면 임목의 활력을 증대할 수 있음.

③ 입지 및 품종선택

ⓐ 생장이 빠르고 활력이 강한 임목을 육성하여 해충에 대한 저항성을 높여야 함.

ⓑ 식물의 내충성, 간벌, 시비를 통해 조절

내충성 (耐蟲性)	• 어떤 해충에 대하여 내충성을 갖는 품종도 다른 해충에는 감수성이 있으므로 별도의 방제수단이 필요함. • 솔잎혹파리에 대해 내충성인 곰솔이 있음.
간벌	임목조절로 건전한 임분을 육성해 병해충 피해의 위험성 감소시킴 (위생간벌)
시비	해충 피해목의 수세회복을 위해 사용되나 질소질비료의 과다 사용은 일부 해충에 대한 피해를 촉진시킴

핵심 PLUS

CHAPTER 05 산림해충

■ 임업적방제
① 산림해충에 대한 생태적 방제를 임업적 방제라 함.
② 해충의 발생은 수종·임상·기상·토양 등과 관계가 있으므로 조림·벌채·임지의 조건 등을 해충발생에 불리한 조건으로 형성하는 방법

7) 항공방제

① 대상지 및 시기 : 병해충이 집단적으로 발생한 지역으로 지상방제가 어려운 지역을 선정

소나무재선충병	매개충 우화시기
솔껍질깍지벌레	후약충 발생시기
밤나무해충	• 집단조림지로서 평균 수고 3m 이상 지역 • 경사가 급하여 지상약제 살포가 어려운 조림지
기타 병해충	병해충별 방제 적기

② 제외지역

㉮ 비행통제구역, 고압송전선, 삭도 등으로부터 안쪽 150m 이내에 해당되는 지역

㉯ 양봉·양잠·양어 및 친환경농산물 등에 피해 우려 지역

㉰ 산림항공기 이·착륙에 지장이 있거나 저해요인이 있는 지역

③ 실시기준

비행고도	지형조건에 따르되 불가피한 경우를 제외하고는 나무 초두부에서 15m 이상으로 비행하여 방제함.
방제시간	• 오전 5시 ~12시 사이에 실시 • 바람이 없고 상승기류가 발생하지 않아 방제에 지장이 없다고 판단될 경우 방제담당공무원과 조종사의 협의하여 방제 시간을 연장할 수 있음.
1일 비행횟수	1대당 20회 이내, 1일 비행시간은 4시간 30분 이내로 제한하고 이동을 포함할 경우 5시간 이내로 함.
풍속	지상 1.5m에서 초속 5m 이하인 경우에 방제함.

8) 병해충 종합관리 (IPM : integrated pest management) ☆

① 의의 : 병해충 방제시 농약 사용을 최대한 줄이고 이용 가능한 방제방법을 적절히 조합하여 병해충의 밀도를 경제적 피해수준 이하로 낮추는 방제체계

② 종합관리방법

생물적방제	천적의 대량증식을 통한 해충방제
성페로몬이용	해충의 암컷이 교미를 위해 발산하는 성페로몬을 인공적으로 합성하여 수컷을 유인·박멸하거나 수컷의 교미를 교란시켜 다음 세대의 해충밀도를 억제
수컷 불임화	해충의 수컷을 불임화시켜 포장에 방사한 후 이 수컷과 교미한 암컷이 무정란을 낳게 하여 다음 세대에 해충밀도를 억제
미생물이용	해충에 독성을 내는 박테리아인 Bacillus thuringiensis를 이용
농약대체물질이용	아인산(H₃PO₃)은 식물체 내를 순환하면서 병원균을 직접 사멸시키거나 생장과 생식을 억제시키며 병 방어시스템을 자극하여 역병, 노균병 등의 병해를 효과적으로 방제하는 주성분
재배적 방제	재배방법으로 조절
저항성 이용	해충에 대해 저항능력이 큰 품종을 육성 및 재배
물리적방제	온도 및 습도 등을 조절하여 해충방제

농약대체물질이용 행: 아인산(H_3PO_3)은 식물체 내를 순환하면서 병원균을 직접 사멸시키거나 생장과 생식을 억제시키며 병 방어시스템을 자극하여 역병, 노균병 등의 병해를 효과적으로 방제하는 주성분

4. 농약 ☆☆☆

1) 사용 적기 : 병균과 해충의 생활사에 맞춰 사용

살균제	해당 병균의 포자가 비산할 때 살포
살충제	성충의 산란기와 유충이 농약에 민감, 알·노숙유충·번데기는 저항성이 큼.

2) 사용목적에 따라 분류 ☆

살균제(殺菌劑)	• 병을 일으키는 곰팡이와 세균을 구제하기 위한 약
살충제(殺蟲劑)	• 해충을 구제하기 위한 약 • 소화중독제, 접촉제, 침투성살충제, 훈증제, 훈연제, 유인제, 기피제, 불임제, 점착제, 생물농약 등
살비제	• 곤충에 대한 살충력은 없으며 응애류에 대해 효력
살선충제(殺線蟲劑)	• 토양에서 식물뿌리 기생하는 선충 방제
제초제(除草劑)	• 잡초방제
식물생장조정제	• 생장촉진제 : 발근촉진용 • 생장억제제 : 생장, 맹아, 개화결실 억제

■ 살균제의 종류

보호살균제	보르도액, 결정석회황합제, 구리 분제 등
직접살균제	병환부에 직접 작용시켜 살균시킴.
종자소독제	종자 또는 묘에 사용, 베노밀·티람수화제 등
토양소독제	토양 중 유해균을 살균

■ 제초제의 종류

선택성 제초제	• 화본과 식물에는 안전하고 광엽 식물을 제거하는데 사용되는 약제 • 2, 4-D
비선택성 제초제	• 약제가 처리된 전체 식물을 제거하는 약제 • 글리포세이트 등

3) 살충제 종류 ☆☆☆

① 소화중독제

㉮ 약제가 해충의 입을 통하여 소화관 내에 들어가 중독 작용을 일으켜 죽게 됨.

㉯ 씹어먹는 입(저작구형)을 가진 나비류 유충, 딱정벌레류, 메뚜기류에 적당

㉰ 유기인계 살충제

② 접촉제

㉮ 해충의 체표면(體表面)에 직접 또는 간접적으로 부착시킴.

㉯ 기문(氣門)이나 피부(皮膚)를 통하여 몸속으로 들어가 신경계통이나 세포조직에 작용함.

㉰ 제충국제, 니코틴제, 데리스제, 송지합제, 기계유 유제 등

㉱ 잔효성에 따라 지속적 접촉제와 비지속적 접촉제로 구분됨.

③ 침투성 살충제

㉮ 약제를 식물체의 뿌리 · 줄기 · 잎 등에서 흡수시켜 식물체 전체에 약제가 분포되게 하여 흡즙성 곤충이 흡즙하여 죽게 됨.

㉯ 천적에 대한 피해가 없어 천적보호의 입장에서도 유리함.

㉰ 엽면살포(진딧물류), 수간주사(솔잎혹파리, 솔껍질깍지벌레), 근부처리(솔잎혹파리, 응애류)

④ 훈증제

㉮ 가스 상태의 약제를 해충의 기문을 통하여 체내에 들어가 질식을 일으키는 것(메틸브로마이드)

㉯ 속효성이며 비선택성

⑤ 훈연제 : 약제를 연기 상태로 만들어 해충을 죽임.(아세타미프리드)

⑥ 유인제 : 해충을 유인해서 포살하는 데 사용되는 약제(성 페로몬)

⑦ 기피제 : 해충이 작물에 접근하는 것을 방해하는 물질(나프탈렌)

⑧ 불임제 : 곤충의 생식세포에 장해를 일으켜 정충이 생식능력을 잃게 함으로써 알이 수정되지 않게 하는 약제

⑨ 점착제 : 나무의 줄기나 가지에 발라 해충의 월동 전후 이동을 막기 위한 약제

⑩ 생물농약 : 살아있는 미생물, 천연 유래된 추출물 등을 이용한 약제

4) 농약의 제제(製劑)와 제형(製型)

① 제제 : 농약의 원제에 적당한 보조제를 첨가하여 살포하거나 물에 타기 쉬운 형태로 만드는 작업

㉮ 유효성분(원제), 증량제(유효성분, 희석약제)

㉯ 보조제 : 살충제의 효력을 충분히 발휘하도록 하기 위하여 첨가되는 보조물질의 총칭 ☆

■ 잔효성에 따른 접촉제

지속적 접촉제	유기염소계 및 일부 유기인계 살충제는 화학으로 안정되어 쉽게 분해되지 않아 환경오염의 원인이 됨.
비지속적 접촉제	피레스로이드계, 니코틴계 및 일부 유기인계 살충제는 속효성이고 잔류성이 짧아 환경오염의 피해가 적음.

전착제 (展着劑)	• 농약의 주성분을 병해충이나 식물체에 잘 전착시키기 위한 약제 • 약제의 확전성, 현수성, 고착성을 도움 • 비누, 카세인석회, 송지전착제
증량제 (增量劑)	• 수화제, 분제, 입제 등과 같이 고체농약의 제제시에 주성분의 농도를 저하시키고 부피를 증대시켜 농약 주성분을 목적물에 균일하게 살포 하고 농약의 부착량을 향상시키기 위하여 사용되는 재료를 말함. • 주로 규조토, 탈크(talc)분말, 고령토, 벤토나이트, 산성백토, 석회 분말 등 광물질분말이 사용되며, 설탕과 유안 등 수용성의 재료도 사용되고 있음.
용제 (溶劑)	• 약제의 유효 성분을 용해시키는 약제 • 메탄올, 톨루엔, 벤젠, 알코올 등이 사용됨.
유화제 (乳化劑)	유제를 균일하게 분산시키는 약제, 계면활성제
협력제 (協力劑)	살충이나 살균효과가 없지만 다른 약제와 혼용하면 단독 사용보다 효능을 증강시키는 약제를 말함.

② 제형 : 제제로 최종상품의 형태를 말함.

㉮ 액체 시용제 : 액체상태로 살포

분류	제제 형태	사용 형태	특성
유제 (乳劑, EC)	용액	유탁액	• 기름에만 녹는 지용성 원제를 유기용매에 녹인 후 계면활성제를 첨가하여 만든 농축농약 • 메치온유제(깍지벌레), 디코폴유제(응애) 등
액제 (液劑, SL)	용액	수용액	수용성 원제를 물에 녹여서 만든 용액, 겨울철 동파위험
수화제 (水和劑, WP)	분말	현탁액	물에 녹지 않는 원제에 증량제와 계면활성제와 섞어서 만든 분말, 조제시 가루날림에 주의
수용제 (水溶劑, SP)	분말	수용액	수용성 원제에 증량제를 혼합하여 만든 분말로 투명한 용액이 됨.

㉯ 고형 시용제 : 시판되는 제제 그대로 사용

분류	특성
분제(粉劑, DP)	유효성분을 고체증량제와 소량의 보조제를 혼합하여 분쇄한 분말
입제(粒劑, GR)	유효성분을 고체증량제와 혼합분쇄하고 보조제를 가하여 입상 으로 성형한 것

▪ 유탁액, 수용액, 현탁액
① 유탁액(emulsion) : 서로 용해하고
  화합하지 않는 2개의 액체 중에 하나
  가 다른 하나의 액체 중에 미립자로
  되어 분산되어 있는 것을 말한다.
② 수용액 : 용매를 물로하여 만들어
  진 용액으로 두 종류 이상의 물질이
  섞여서 하나의 균일상을 이루고 있
  을 때 그 물질을 용액이라고 한다.
③ 현탁액(suspension) : 액체속에
  미소한 고체의 입자가 분산해 떠
  있는 것으로 작은 알갱이들이 용해
  되지 않은 채 액체 속에 퍼져있는
  혼합물을 말한다.

㈐ 기타

분류	특성
연무제 (煙霧劑)	• 살포제입자를 연무질로 하여 살포하는 것 • 미입자가 오랫동안 공중에 떠있어 상승기류가 없는 이른 아침이나 저녁에 살포하면 작물체의 좁은 틈에 까지 잘 퍼짐.
훈증	• 휘발성이 강한 물질로 독가스를 내게 하는 것 • 보통 밀폐할 수 있는 곳에서 쓰이며, 입목 같은 경우에는 텐트를 씌우고 실시함.

5) 농약 포장지색

농약종류	포장지색
살균제	분홍색
살충제	녹색
제초제	황색
비선택형 제초제	적색
생장 조절제	청색

6) 농약의 독성

① 농약의 독성은 발현대상(포유동물, 환경생물), 발현속도(급성, 만성), 독성의 강도(맹독성, 고독성, 보통독성, 저독성), 투여경로 등 다양하게 구분

② 독성의 강도

㉮ 급성독성은 Ⅰ급(맹독성), Ⅱ급(고독성), Ⅲ급(보통독성), Ⅳ급(저독성)으로 구분

㉯ 투여경로에 따른 급성독성의 강도는 흡입독성 > 경구독성 > 경피독성 순임

③ 포유동물의 급성독성의 표시 : LD50

표. 농약의 독성표시기호 ☆☆

LD50 (Medium Lethal Dose)	• 반수치사약량(실험동물의 50%가 죽는 농약의 양) • 약의 분량 표시 : mg/kg
LC50 (Lethal Concentration 50)	반수치사농도(실험동물의 50%가 죽는 농약의 농도)
ED50 (Effective Dose 50)	반수영향약량
EC50 (Effective Concentration 50)	반수영향농도

7) 살포액의 희석농도

① 농약의 농도는 용매와 용질을 서로 섞어 그 비율을 나타낸 것으로 액제 또는 수화제 물에 풀어 살포액을 만들때 몇 배액, 몇 %액 등으로 표시함.

② 농도의 단위는 보통 %로 표시하며 중량이 100에 대하여 함유된 용질의 양을 뜻함. 살포액은 배액조제법, 농도조제법 등으로 희석하며 일반적으로는 배액조제법이 가장 많이 사용

배액조제법	• 액체제형 농약은 부피/부피를 기준으로 희석 • 고체제형 농약은 무게/부피를 기준으로 희석하여 조제 • 1,000배액을 만들 때 액체농약은 물 1L에 농약 1mL를 가하고 고체 농약은 물 1L에 농약 1g을 가한다.
농도조제법	• 액체 또는 고체상태의 제형을 구분하지 않고 무게/무게를 기준으로 희석 • 농도는 %나 ppm을 사용하여 표시하므로 농약제품 중 유효성분의 함을 정확히 계산하여 조제함.

③ 살포제의 희석농도계산

- 소요약량(배액살포) $= \dfrac{총사용량}{소요희석배수}$

- 희석할 물의 양$=$원액의 용량$\times\left(\dfrac{원액의 농도}{희석할농도}-1\right)\times$원액의 비중

- ha당 소요약량$=\dfrac{ha당사용량}{사용희석배수}=\dfrac{사용할농도(\%)\times살포량}{원액농도}$

- 10a당 소요약량(%액 살포)$=\dfrac{사용할농도(\%)\times 10a당 살포량}{약액농도(\%)\times비중}$

- 소요약량(ppm)살포$=\dfrac{사용할농도(ppm)\times피처리물(kg)\times 100}{1,000,000\times비중\times원액농도}$

- 희석할 증량제의 양$=$원분제의 중량$\times\left(\dfrac{원분제의 농도}{원하는농도}-1\right)$

8) 농약잔류허용기준

① 농약의 1일 섭취허용량

㉮ 농약을 일생동안 매일 섭취하여도 시험동물에 아무런 영향도 주지 않는 농약의 최대 약량(최대무작용량, NOEL(No Observed Effect Level))을 구한 후 그 값에 안전계수(일반적으로 1/100)를 곱한 값으로 정함. → NOEL×안전계수(0.01)

㉯ 농약1일 섭취허용량은 mg(약량)/kg(체중)으로 나타내므로 체중이 70kg인 사람은 하루에 0.05mg×70kg=3.5mg까지 만코지를 섭취하여도 무방하다는 결론에 이름

5. 60kg의 쌀에 살충제 malathion 50% 유제(비중1.07)를 5ppm이 되도록 처리하고자 할 때 필요한 살충제량(cc)은?

$$\frac{5 \times 60 \times 100}{1,000,000 \times 1.07 \times 50}$$

$$= 0.00056cc$$

6. 12% 다이아지논 분제 1kg을 2% 다이아지논 분제로 만들려면 소요되는 증량제의 양은?

$$1 \times \left(\frac{12}{2} - 1\right) = 5kg$$

7. 붉은 별무늬병 방제를 위해 살균제 마이틴수화제를 살포하고자 한다. 600배액으로 만들고자 할 때 물 18L에 원액을 얼마 넣어야 하는가?

$$\frac{18,000mL}{600} = 30g$$

(사용할 양)

■ 솔나방
① 침엽수류 피해
② 1년 1회 발생
③ 유충으로 월동(5령충)
④ 성충은 7월 하순~8월 중순에 나타나고 수명은 7~9일이며 500개 내외의 알을 솔잎에 무더기로 낳고 죽음.

---

② 농약의 잔류허용기준

농약의 잔류허용기준(MRL : Maximum Residue Limits)은 농약의 최대 잔류허용량을 말하고 국가간 다소 방법상의 차이를 보이나 화란방식(Dutch formula)에 의해 산출하고 있음.

③ 최대 잔류허용량(ppm)

$$\frac{1일 섭취허용량(ADI : mg/kg) \times 국민평균체중(kg)}{해당 농약이 사용되는 식품의 1일 섭취량(식품계수, kg)}$$

9) 농약살포시 주의사항

① 얼굴이나 피부노출방지 : 보호안경, 모자, 마스크, 보호크림 사용
② 바람을 등지고 농약을 살포하며 처음부터 작업개시지점을 선정
③ 작업이 끝나면 옷을 갈아입고 몸을 깨끗이 씻는다.
④ 입을 통한 경로 차단(작업 중에 음식을 먹지 않음)
⑤ 농약의 특수보관(농약 잠금장치가 있는 곳).

4 주요 산림 해충

1. 잎을 가해하는 곤충

1) 솔나방 (*Dendrolimus superrans*, 나비목 솔나방과) ☆☆☆
① 가해수종 : 소나무, 해송, 리기다소나무, 잣나무
② 피해양상
㉮ 보통 1년에 1회 발생
㉯ 4월 상순부터~7월 상순까지, 8월 상순부터~11월 상순까지 솔나방의 유충인 송충(松蟲)이 잎을 갉아 먹음
㉰ 유충은 당년 가을과 다음해 봄 두차례 가해하므로 전년도 10월경의 유충밀도가 금년도 봄의 발생밀도를 결정함.
㉱ 유충 한 마리가 한 세대 동안 섭식하는 솔잎의 길이는 64m 정도
③ 발생과정
㉮ 알기간은 5~7일이고, 유충은 4회 탈피 후 11월경에 5령충으로 월동에 들어감.
㉯ 5령 유충의 형태로 지피물이나 나무껍질 사이에서 월동 ☆
㉰ 월동유충은 4월 상순부터 잎을 갉아먹기 시작하며 6월 하순부터 번데기가 됨.
㉱ 알에서 부화한 8령충이 번데기를 만들며, 번데기 기간은 20일 내외이며 7월 하순~8월 중순에 성충이 우화함.
㉲ 성충은 7월 하순~8월 중순에 나타나고 수명은 7~9일 정도로 밤에만 활동하고 낮에는 숨어 있으며 주광성이 강함.(유아등 설치해 유살)

ⓑ 산란은 우화 2일 후부터 시작하며 500개 정도의 알을 솔잎에 몇 개의 무더기로 나누어 낳으며 알덩어리 하나의 알수는 100~300개임.

④ 방제방법

㉮ 유충이 솔잎을 가해할 때 접촉성 살충제인 메프수화제, 페니트론티온 수화제 살포

㉯ 유충포살, 번데기를 채취해 죽이거나 소각함.

㉰ 성충은 수은등이나 등불 등을 설치하여 성충을 유살함.

㉱ 알덩이가 붙어있는 소나무 가지를 잘라서 죽이거나 소각함.

㉲ 천적은 알 일 때는 송충알벌좀, 유충이나 번데기 때는 고치벌 · 맵시벌을 활용

2) **집시나방**(매미나방, *Lymantria dispar*(Linne) , 나비목 독나방과)

① 가해수종 : 낙엽송, 적송, 참나무, 밤나무 등 범위가 넓음.

② 피해양상

㉮ 1년에 1회 발생

㉯ 유충이 침엽수와 활엽수의 잎을 갉아 먹음, 유충 한 마리가 1세대 동안 약 1,000cm² 잎을 식해함.

③ 발생과정

㉮ 알은 나무 줄기에 덩어리(황색털로 덮혀있는 난괴)로 낳고, 다 자란 유충의 크기는 60mm 내외

㉯ 번데기는 적갈색이고 엉성한 고치 속에 들어 있음.

㉰ 알로 나무줄기에서 월동하고, 유충은 군서함.

㉱ 자람에 따라 분산, 7월에 노숙하여 나뭇가지 사이에 엉성한 고치를 만들고 용화

㉲ 성충은 8월 상순에 나타나고, 수컷(회갈색)은 낮에 활발한 활동을 하는데, 암컷(황백색)은 몸이 비대하여 잘 날지 못하며, 산란수는 200~400개임

④ 방제방법

㉮ 알은 소각하고, 어린 유충을 채집하여 죽임.

㉯ 세빈(Sevin)이나 디프테렉스(Dipterex) 1,000배액살포

3) **삼나무독나방**(*Dasychira pseudaietis*, 나비목 독나방과)

① 가해수종 : 삼나무, 소나무, 편백나무, 히말라야삼나무

② 피해양상 : 1년에 1회 발생, 유목과 장령목에 피해를 주며 잎을 가해함.

③ 발생과정

㉮ 유충으로 월동하고, 5~6월에 잎 사이에 엷은 황갈색의 고치를 만들어 용화함.

㉯ 성충은 6~7월에 나타나며, 알을 잎에 20~30개씩 낳음.

④ 방제방법 : 번데기나 유충을 포살하거나 발생이 심할 때에는 스미티온 · 세빈 등을 이용함.

4) 독나방(*Euproctis flava*, 나비목 독나방과)

① 가해수종 : 사과나무, 배나무, 복숭아나무, 참나무, 감나무

② 피해양상 : 1년에 1회 발생, 잎을 가해, 여름철에 사람의 피부에 날개가루나 유충의 털이 붙으면 통증을 느껴 문제가 발생

③ 발생과정

㉮ 1~2회 탈피한 유충으로 나무껍질 사이나 지피물 밑에서 군집하여 월동하고 다음해 봄부터 활동

㉯ 성충은 2월 우화하며 발생은 극히 불규칙함.

㉰ 알을 잎 뒷면에 덩어리로 낳고 털로 덮으며, 산란수는 600~700개임

④ 방제방법 : 알덩이나 군서유충을 잡아 죽임, 성충을 등화유살함, 바이러스 이용

5) (미국)흰불나방 (*Hyphanria cunea*, 나비목 불나방과) ★★☆

① 가해수종 : 버즘나무, 벚나무, 단풍나무, 포플러류 등 활엽수 160여 종

② 피해양상

㉮ 북미 원산, 1년에 보통 2회 발생, 활엽수 160종을 가해하는 잡식성 해충

㉯ 유충 1마리가 100~150cm³의 잎을 섭식하며 1화기보다 2화기의 피해가 심함.

㉰ 산림 내에서 피해는 경미한 편이나 도시주변의 가로수나 정원수의 특히 피해가 큼.

③ 발생과정

㉮ 나무껍질 사이나 지피물 밑 등에서 고치를 짓고 번데기로 월동함.

㉯ 1화기(월동번데기 → 성충 → 알 → 가해유충 → 번데기), 성충은 5월 중순 ~ 6월 상순에 우화하며 수명은 4~5일임.

㉰ 주로 밤에 활동하고 추광성이 강함.

㉱ 암컷은 600~700개의 알을 잎 뒷면에 무더기로 낳음.

㉲ 5월 하순부터 부화한 유충은 4령기까지 실을 토하여 잎을 싸고 그 속에서 군서생활을 하면서 엽육을 식해하고 5령기부터 흩어져서 엽맥만 남기고 7월 중~하순까지 가해함.

㉳ 유충기간은 40일 내외이며 노숙유충은 나무껍질 틈 등에서 고치를 짓고 번데기가 되며 번데기 기간은 12일 정도

㉴ 2화기(성충 → 알 → 가해 유충 → 월동 번데기), 성충은 7월 하순부터~8월 중순에 우화함.

㉵ 8월 상순부터 유충이 부화하기 시작하여 10월 상순까지 가해한 후 번데기가 되어 월동에 들어감.

④ 방제방법

㉮ 5월 하순~10월 상순까지 잎을 가해하고 있는 유충을 주론수화제, 트리므론, 트리클로르폰 수화제, Bt수화제 등 약제 살포하여 구제함.

ⓑ 번데기 채취 : 나무껍질 사이, 판자 틈, 지피물 밑, 잡초의 뿌리 근처, 나무의 공동에서 고치를 짓고 그 속에 들어 있는 번데기를 채취하여 밀도를 감소시킴.

ⓒ 가해초기에 피해엽을 채취 및 소각하여 집단유충을 방제함.

6) 텐트나방 (천막벌레나방, *Malacosoma neustria testacea*, 나비목 솔나방과)

① 가해수종 : 버드나무, 미류나무, 참나무류 등 활엽수

② 피해양상

ⓐ 1년에 1회 발생, 유충이 가지에 천막을 치고 모여 살면서 낮에는 쉬고 밤에 잎을 가해함.

③ 발생과정

ⓑ 나방은 6월 중순에 나타나고 알로 월동, 4월 중순에 부화하여 5월 하순에 용화함.

ⓒ 부화유충은 실을 토하여 천막모양의 집을 만들고 그 속에서 4령까지 모여 살며, 5령부터 분산하여 가해함.

ⓓ 노숙한 유충은 6월 중순 약 2주간 가지나 잎에 황색의 고치를 만들고 번데기가 됨.

ⓔ 6월 하순부터 우화하여 주로 밤에 가지에 반지모양으로 200~300개의 알을 낳음.

④ 방제방법

ⓐ 가지에 월동 중인 알덩어리나 유충 초기에 벌레집을 솜불방망이로 태워죽임

ⓑ 트리클로르폰 수화제, 페니트로티온 수화제를 1,000배액으로 희석하여 10일간격으로 2회 살포

7) 소나무거미줄잎벌(사사키납작잎벌, *Acantholyda sasakii*, 벌목 납작잎벌과)

① 가해수종 : 소나무 및 소나무속의 침엽수

② 피해양상 : 1년에 1회 발생, 벌목. 유충이 솔잎의 기부를 뚫고 그 속에서 잎을 식해

③ 발생과정

ⓐ 유충은 몸길이가 18mm정도로 넓적하며 번데기로 땅 속에서 월동함.

ⓑ 성충은 이듬해 4월에 우화하여 솔잎에 알을 낳음.

ⓒ 알에서 부화한 유충은 실을 토하여 솔잎을 가해함.

ⓓ 8월 중순에 노숙하여 실을 토하면서 땅에 떨어져 땅속에서 용화함.

④ 방제방법

ⓐ 천적으로 경화병균류, *Bacillus*속의 병균이 있고, 침파리류가 기생함.

ⓑ 발생이 심할 때에는 나무를 흔들거나 쳐서 유충이 떨어뜨려 잡아죽임

■ 텐트나방
① 활엽수에 피해
② 1년 1회 발생
③ 일로 월동

■ 소나무거미줄잎벌
① 침엽수 피해
② 1년 1회 발생
③ 번데기로 월동

CHAPTER 05
산림해충

8) 넓적다리잎벌 (*Croesus japonicus*, 벌목 잎벌과)

① 가해수종 : 오리나무류

② 피해양상

⑦ 1년에 1회 발생

⑭ 울창한 숲에 9월 이후에 잎을 가해하며 피해는 심하지 않으나 완전한 목질화를 방해하여 겨울철에 작은 가지가 고사함.

③ 발생과정

⑦ 7월 중순~8월 중순에 출현하고 잎 뒷면의 잎맥 속에 알을 낳음.

⑭ 산란수는 640개 정도, 난기는 14~18일이며, 유충은 처음에는 잎살만 가해하나, 자라면 굵은 잎맥만 남기고 먹어 버림

⑭ 유충기는 약 50일이며, 땅속에서 노숙유충으로 월동하여 다음해 6월 하순~7월 하순에 용화함.

④ 방제방법

⑦ 우화 직전에 분제를 지면에 살포하거나 훈연제를 이용

⑭ 천적인 새들을 보호

9) 오리나무잎벌레 (*Agelastica coerulea*, 딱정벌레목 잎벌레과) ☆

① 가해수종 : 오리나무류, 박달나무, 밤나무, 서어나무, 피나무, 사과나무, 배나무, 벚나무류, 뽕나무류, 사시나무, 버드나무류, 황철나무류 등

② 피해양상

⑦ 1년에 1회 발생

⑭ 유충과 성충이 잎을 식해

⑭ 유충은 엽육만 먹기 때문에 잎이 붉게 변색됨

⑭ 피해목은 8월경에 부정아가 나와 대부분 소생하나 2~3년간 계속 피해를 받으면 고사하기도 함.

③ 발생과정

⑦ 성충으로 지피물 밑 또는 흙 속에서 월동

⑭ 월동성충은 4월 하순부터 어린잎을 식해하며 5월 중순~6월 하순에 300여 개의 알을 잎 뒷면에 50~60개씩 무더기로 산란함.

⑭ 약 15일 후에 부화한 유충은 잎 뒷면에서 머리를 나란히 하고 엽육을 먹으며 성장하면서 나무 전체로 분산하여 식해함.

⑭ 유충가해기간 5월 하순~8월 상순, 유충기간 20일 내외

⑪ 노숙유충은 6월 하순~7월 하순에 땅속으로 들어가 흙집은 짓고 번데기가 되며 번데기 기간은 약 3주간임

⑭ 7월 중순부터 우화한 성충은 잎을 식해하다가 8월 하순경부터 지면으로 내려와 월동함.

④ 방제방법

㉮ 5월 하순~7월 하순까지 유충 가해기에 디프수화제 등 약제를 살포

㉯ 성충포살 : 월동한 성충이 어린잎을 식해하고 있는 4월 하순~6월 하순과 새로 나온 성충의 가해기인 7월 중순~8월 하순 사이에 성충을 포살

㉰ 알덩이 제거 : 5월 중순~6월 하순 사이에 알덩이가 붙어 있는 잎을 제거해 소각

㉱ 유충포살 : 5월 하순~6월 하순 사이에 군서유충을 포살함.

㉲ 천적인 무당벌레를 이용

10) 쌍엇줄잎벌레 (*Argopistes biplagiatus*, 딱정벌레목 잎벌레과)

① 가해수종 : 물푸레나무, 이팝나무, 수수꽃다리류 등

② 피해양상

㉮ 5월경부터 월동성충이 새잎을 갉아먹고 6월에는 유충이 어린잎을 식해함.

㉯ 신성충(新成蟲)도 7월 하순부터 잎을 가해함.

③ 발생과정

㉮ 성충으로 월동

㉯ 잎표면에 산란하며, 부화유충은 잎살 속을 먹으면 암갈색이 되며 선상으로 약간 부풀어 오르게 됨.

㉰ 유충은 잎살을 다 먹으며 들어간 구멍으로 다시 나와 새 잎을 가해하며 다 자라면 4mm 내외가 되고, 땅에 떨어져 땅속에서 용화함.

㉱ 다시 잎을 가해하다가 9월 하순경부터 땅 위의 지피물 밑에 들어가 월동함.

④ 방제방법 : 성충과 유충시기에 살충제 살포

11) 잣나무넓적잎벌 (*Acantholyda posticalis*, 벌목 납작잎벌과)

① 가해수종 : 잣나무

② 피해양상

㉮ 1년에 1회 발생하는 것이 보통이며 일부는 2년에 1회 발생하기도 함.

㉯ 잣나무림에 대발생하여 잎을 가해

㉰ 주로 20년생 이상된 밀생임분에 발생하므로 잣 생산에도 막대한 손실을 줌.

③ 발생과정

㉮ 지표로부터 1~25cm의 흙속에서 유충으로 월동

㉯ 5월 하순~7월 중순에 번데기가 되고 6월 중순~8월 상순에 우화함.

㉰ 성충은 잣나무의 새로 나온 침엽의 윗쪽에 1~2개씩 산란

㉱ 난기간(卵期間)은 10일 내외이며 부화직후 유충은 잎 기부에 실을 토하여 잎을 묶어 집을 짓고 그속에서 잎을 절단하여 끌어당기면서 섭식함.

㉲ 나무위의 유충기간은 20일 정도이며 4회 탈피함, 노숙한 유충은 7월 중순~8월 하순에 땅위로 떨어져 흙속으로 들어가 흙집(土窩)을 짓고 월동함.

④ 방제방법 : 나무 위의 유충기인 7월 중순~8월 상순에 주론, 트리므론, 나크수화제를 지상 또는 항공살포함.

2. 흡즙하는 해충

■ 버즘나무방패벌레
① 1년 2회, 3회 발생
② 성충으로 월동

1) 버즘나무방패벌레 (*Corythucha ciliata*, 노린재목 방패벌레과)

① 가해수종 : 버즘나무, 닥나무, 물푸레나무
② 피해양상
  ㉮ 1년에 2회 또는 3회 발생
  ㉯ 미국이 원산지, 성충과 약충이 잎 뒷면에서 수액을 빨아 먹어 잎이 탈색되며, 탈피각과 배설물이 잎 뒷면에 남아 있어 응애류의 피해와 구분됨.
③ 발생과정
  ㉮ 성충으로 수피틈에서 월동하며, 4월 하순부터 잎 뒷면의 잎맥 사이에 산란함.
  ㉯ 산란기 2~3주, 약충은 5월 중순부터 나타나고, 6월 중순~9월 하순에는 모든 충태가 혼재해 가해함.
  ㉰ 장마 후 피해가 심하게 나타나며 임목이 고사할 정도는 아니지만, 수세가 약해지고 조기낙엽됨
④ 방제방법 : 7월 중 6mm 드릴을 이용해 나무줄기에 구멍을 뚫고 침투 이행성 살충제를 흉고직경당 1~2mL 정도 주사함.

■ 솔껍질깍지벌레
① 1년 1회 발생
② 후약충으로 월동(3령충)
③ 소나무나 해송의 줄기나 가지에 기생
④ 3~5월에 가장 심하게 나타남.

2) 솔껍질깍지벌레 (*Matsucoccus thunbergianae*, 매미목 이세리아깍지벌레과) ☆☆☆

① 가해수종 : 해송, 소나무
② 피해양상
  ㉮ 연 1회 발생, 성충과 약충이 가지에 기생하며 수액을 빨아 먹어 잎이 갈색으로 변하며, 3~5월에 주로 수관의 아랫부분부터 변색되면서 말라 죽음
  ㉯ 우리나라 전남북 및 경남 남부 해안지방의 해송에 집중적 피해를 주고, 해안지방으로서 확산속도는 빠르나 내륙지방으로서의 확산은 느린 편임
③ 발생과정
  ㉮ 후약충으로 월동
  ㉯ 알→부화약충→정착약충(전약충)→후약충 ↗ 성충(암컷)
      ↘ 전성충→번데기→성충(수컷)
  ㉰ 부화 약충은 5월 상순~6월 중순에 나타나 가지 위에서 활동하다가 수피 틈 등에서 정착해 정착약충이 되어 하기휴면에 들어가고, 11월 이후 후약충(가장 많은 피해시기)이 나타남.
  ㉱ 후약충은 가장 많은 피해시기로 가해한 자리는 약 1년 후에 갈색반점이 나타나며, 반점이 나무줄기와 가지에 환상으로 연결되면 양분이동이 차단되므로 치명적인 피해를 줌.

ⓜ 4월 상순~5월 중순에 암·수컷 성충이 출현하며, 교미 후에는 나무껍질 틈이나 가지 사이에 작은 흰 솜덩어리 모양의 알주머니를 만들고 그 속에 평균 280개의 알을 낳음.

ⓑ 5월 상순~6월 중순에 부화된 약충은 나무의 줄기 또는 가지에 분산 정착함, 정착 후 약충은 몸 주위에 왁스 물질을 분비하며 주둥이를 나무에 꽂고 즙(수액)을 빨아 먹음 11월 이후 발육이 왕성해지며 다음해 3~4월에 수컷 전성충(前成蟲)이 출현

ⓢ 전성충은 암컷 성충과 형태가 비슷하나 크기가 작으며 2~3일 후 타원형의 고치를 짓고 그 속에서 번데기가 됨.

ⓞ 번데기 기간은 7~20일이며 3월 20일경이 최성기임

④ 방제방법

㉮ 나무주사 : 12~2월에 포스팜 액제 등

㉯ 3월 후약충기에 부프로페진(성충엔 효과가 없으며 유충이나 알에 대한 살충효과는 뛰어남) 액상수화제 사용

㉰ 해충이 수피 밑에 완전 정착한(정착약충기) 시기인 5~11월 중 피해목을 벌채함.

3. 충영형성 해충

1) 솔잎혹파리(*Thecodiplosis japonensis*, 파리목 혹파리과) ☆☆

① 가해수종 : 소나무, 해송

② 피해양상

㉮ 1년에 1회 발생, 유충이 솔잎 기부에 벌레혹을 만들고 5월 하순부터 10월 하순까지 유충이 솔잎의 기부에서 즙액을 빨아먹으므로 솔잎의 기부가 점차 부풀어 벌레혹이 됨.

㉯ 피해를 받은 잎은 생장이 정지되고 잘 자라지 못함, 겨울 동안 말라죽으며 피해가 심하게 2~3년 계속되면 소나무가 고사함.

㉰ 피해목은 직경생장은 피해 당년에, 수고생장은 다음해에 각각 감소함.

㉱ 가장 피해가 심한 것은 35~40년생 장령목이고 유령목을 가해하기도 함.

③ 발생과정

㉮ 6월 하순경부터 부화유충이 잎기부에 충영이 형성하기 시작하여 잎기부 양쪽 잎의 표피 조직과 후막조직이 유합되면서 충영이 부풀기 시작, 잎 생장도 정지되어 건전한 솔잎 길이보다 1/2 이하로 짧아짐.

㉯ 9월이 되면 충영의 내부조직이 파괴되면서 충영 부분은 갈색으로 변하기 시작함.

㉰ 11월이 되면 충영 내부는 공동화되며 유충은 탈출하여 땅으로 떨어지고 피해 당한 잎은 겨울 동안 잎 전체가 황갈색으로 변화하면서 고사함.

■ 솔잎혹파리
① 소나무 해송 피해
② 1년 1회 발생
③ 유충으로 땅속에서 월동

ⓐ 유충은 9월 하순 ~ 다음해 1월까지(최성기 11월 중순)사이에 주로 비가 올 때 땅으로 떨어져 토양 속에 잠복하고 2cm 이내의 땅속에서 월동함.

ⓜ 5월 상순~6월 중순에 고치를 짓고 번데기가 되며 번데기 기간은 20~30일 정도임.

ⓑ 성충우화기는 5월 중순~7월 중순, 우화최성기는 6월 상순~중순이며 특히 비가 온 다음날에 우화수가 많음.

ⓢ 성충의 생존기간은 1~2일, 대부분의 개체가 우화 당일 산란하고 죽음

ⓐ 알은 5~6일 후 부화하여 솔잎 기부로 내려가 잎 사이에서 수액을 빨아먹으면서 충영을 형성함.

④ 방제방법

ⓐ 나무주사 대상지

    ㉠ 임목을 존치하여야 할 특정지역 및 주요지역

    ㉡ 나무주사가 가능한 흉고직경 10cm 이상인 임지(하층치수는 임내정리로 제거)

    ㉢ 충영형성률이 20% 이상인 임지

ⓑ 사용약제 : 우화최성기에 수간에 포스팜 액제(50%), 이미다클로프리드 분산성 액제(20%)

ⓒ 유충은 건조한 임지에서는 자연히 죽으므로 지피물 등으로 임지를 건조시킴

ⓓ 천적방제 : 솔잎혹파리먹좀벌 또는 혹파리살이먹좀벌, 혹파리등뿔먹좀벌, 혹파리반뿔먹좀벌을 사육하거나 이식함.

2) 밤나무(순)혹벌 (*Dryocosmus kuriphilus*, 벌목 혹벌과) ☆

① 가해수종 : 밤나무, 참나무류

② 피해양상

ⓐ 보통 1년에 1회 발생, 밤나무 눈에 기생하여 직경 10~15mm의 충영을 만듦.

ⓑ 충영은 성충 탈출 후인 7월 하순부터 말라죽으며 신초가 자라지 못하고 개화, 결실이 되지 않음.

ⓒ 피해목은 고사하는 경우가 많음.

③ 발생과정

ⓐ 월동한 유충은 충영을 형성하지만 맹아기(4월) 이전에는 육안으로 피해를 식별할 수 없음.

ⓑ 노숙한 유충은 6월 상순~7월 상순에 충영내 충방에서 번데기로 되며 7~9일 간의 번데기 기간을 거쳐 우화함.

ⓒ 성충은 약 1주일간 충영 내에 머물러 있다가 구멍을 뚫고 6월 하순~7월 하순에 외부로 탈출하여 새 눈에 3~5개씩 산란함, 성충 수명은 4일 내외·산란수는 200개 내외임.

④ 방제방법

　㉮ 사용약제 : 성충 발생최성기인 7월 초순경에 메프유제(50%), 티아크로프리드 액상수화제(10%), 나크수화제(50%) 1,000배액을 10일 간격으로 1~3회 살포함.

　㉯ 내충성 품종인 산목율, 순역, 옥광율, 상림 등 토착종이나 유마, 이취, 삼조생, 이평 등 도입종으로 품종을 갱신하는 것이 가장 효과적임.

　㉰ 천적방제 : 가장 유효한 중국긴꼬리좀벌을 4월 하순~5월 초순에 ha당 5,000마리씩 방사하며 남색긴꼬리좀벌, 노란꼬리좀벌, 큰다리남색좀벌, 배잘록꼬리좀벌, 상수리좀벌과 기생파리류 등을 보호함.

4. 분열조직을 가해하는 곤충

1) 소나무좀 (*Tomicus piniperda*, 딱정벌레목 나무좀과) ☆☆

① 가해수종 : 소나무, 해송, 잣나무

② 피해양상

　㉮ 연 1회 발생, 봄과 여름 두 번 가해함.

　㉯ 수세가 쇠약한 벌목, 고사목에 기생함.

　㉰ 월동성충이 나무껍질을 뚫고 들어가 산란한 알에서 부화한 유충이 나무껍질 밑을 식해

　㉱ 쇠약한 나무나 벌채한 나무에 기생하지만 대발생한 때는 건전한 나무도 가해하여 고사시키기도 함.

　㉲ 새로 나온 성충은 신초를 뚫고 들어가 고사시킴, 고사된 신초는 구부러지거나 부러진 채 나무에 붙어 있는데 이를 후식피해라 부름.

③ 발생과정

　㉮ 지제부 수피 틈에서 성충이 3월 하순~4월 초순에 평균기온이 15℃ 정도 2~3일 계속되면 월동처에서 나와 쇠약목, 벌채목의 나무껍질에 구멍을 뚫고 침입함.

　㉯ 암컷성충이 앞서서 천공하고 들어가면 수컷이 따라 들어가며 교미를 끝낸 암컷은 밑에서 위로 10cm 가량의 갱도를 뚫고 갱도 양측에 약 60여 개의 알을 낳음.

　㉰ 산란기간은 12~20일, 부화한 유충은 갱도와 직각방향으로 내수피를 파먹어 들어가면서 유충갱도를 형성함.

　㉱ 유충기간은 약 20일이며 2회 탈피함.

　㉲ 유충은 5월 하순경에 갱도 끝에 타원형의 용실을 만들고 목질섬유로 둘러싼 후, 그 속에서 번데기가 되며 번데기기간은 16~20일임.

　㉳ 새로 나온 성충은 6월초부터 수피에 원형의 구멍을 뚫고 나와 기주식물로 이동하여 1년생 신초석을 위쪽으로 가해하다가 늦가을에 기주식물의 지제부 수피틈에서 월동함.

핵심 PLUS

■ 소나무좀
　① 연 1회 발생
　② 수세가 약한 소나무, 이식한 소나무류 발생
　③ 성충으로 월동

CHAPTER 05 산림해충

④ 방제방법

　㉮ 이목설치 및 제거·소각 : 2~3월에 이목(餌木, 먹이나무)을 설치하여, 월동
　　성충이 여기에 산란하게 한 후, 5월에 이목을 박피하여 소각

　㉯ 수피제거 : 동기 채취목과 벌근에 익년 5월 이전에 껍질을 벗겨서 번식처를 없앰.

2) 미끈이하늘소 [*Mallambyx raddei*(Blessig)]

■ 미끈이하늘소
  ① 참나무과 수종 피해
  ② 2년 1회 발생

① 가해수종 : 참나무류, 밤나무 등

② 피해양상

　㉮ 2년에 1회 발생

　㉯ 성충은 7~8월에 나타나 수피를 물어뜯고 그 속에 산란함.

③ 발생과정

　㉮ 산란장소는 소경목에서는 지상 2m 이하, 대경목에서는 2~4m 내에 많음.

　㉯ 유충은 형성충을 가해하지만 성장하면 변재부를 가해하며, 다음해 6월경
　　부터 수평방향으로 깊이 들어가 심재부에 도달한 후 수직으로 구멍을 뚫어
　　그 끝에 용실을 만들고 머리를 위로 하여 용화함.

④ 방제방법

　㉮ 성충을 포살함.

　㉯ 피해목을 발견하였을 때에는 칼로 구멍의 입구를 찾아 가는 철사를 넣어 찔러
　　죽이거나 이황화탄소를 주입

3) 측백하늘소(향나무하늘소, *Semanotus bifasciatus*, 딱정벌레목 하늘소과)

① 가해수종 : 향나무, 연필향나무, 편백, 측백나무, 나한백 등

② 피해양상

　㉮ 1년에 1회 발생

　㉯ 성충은 3~4월에 줄기나 가지의 껍질을 물어뜯고 산란함.

③ 발생과정

　㉮ 부화유충이 줄기와 가지 수피 밑에 불규칙하고 편평한 구멍을 뚫으며, 갱도
　　내를 똥과 목질섬유로 채움.

　㉯ 9월경 노숙하면 변재부로 약간 들어가 나무톱밥으로 만든 용실에서 용화,
　　10월경 우화하지만 성충은 그대로 월동함.

　㉲ 다른 하늘소류와는 달리 똥을 밖으로 내보내는 일이 없어 피해를 찾기 어려움

④ 방제방법

　㉮ 피해입은 가지나 줄기를 채취하여 태움.

　㉯ 4월 상·하순에 침투성 유기인제를 뿌려 부화 직후의 유충을 죽임.

　㉲ 건전목은 쇠약목보다 피해가 적으므로 나무의 생육을 돕는 방법을 강구함.

4) 박쥐나방 (*Phassus excrescens*, 나비목 박쥐나방과) ☆

① 가해수종 : 버드나무, 미류나무, 단풍나무, 플라타너스, 아까시나무, 밤나무, 참나무, 오동나무

② 피해양상

　㉮ 1년에 1회 발생

　㉯ 줄기 중심부로 먹어 들어가 위아래로 갱도를 뚫으면서 식해하며 가해부위가 바람에 부러지기 쉬움.

③ 발생과정

　㉮ 알로 월동, 8~10월에 성충이 우화하여 공중을 날면서 알을 떨어뜨림

　㉯ 부화유충은 여러 가지 초본식물의 줄기에 구멍을 뚫고 가해하다가 나무로 이동하여 가지의 껍질을 환상으로 먹고 들어가 똥을 배출하고 실을 토하므로 쉽게 발견됨.

④ 방제방법

　㉮ 임내를 순시하면서 먹어 들어간 구멍을 찾아 약제 주입

　㉯ 임내에서 유충이 기생하는 초본류를 제거함.

5. 종실을 가해하는 해충

1) 밤바구미 (*Curculio dentipes*, 딱정벌레목 바구미과)

① 가해수종 : 밤나무, 참나무류의 종실

② 피해양상

　㉮ 1년에 1회 발생

　㉯ 유충이 과육을 먹으며, 성충은 과육과 종피 사이에 알을 낳음.

③ 발생과정

　㉮ 성충은 7~8월에 나오고 주둥이로 밤에 구멍을 뚫어 알을 입으로 구멍에 옮김.

　㉯ 1개의 밤에 1~3개의 알을 낳음.

　㉰ 부화 유충은 열매의 내부를 먹고 자라 가을에 밤이 익을 때를 맞추어 유충도 성숙하여 땅에 떨어져 땅속에서 월동하고 다음해 7월경 용화함.

④ 방제방법

　㉮ 과실을 수선하여 피해과와 건전과를 구별해서 위에 뜬 것은 불에 태움.

　㉯ 수확 후의 밤을 이황화탄소, 인화늄정제로 훈증 실시

2) 복숭아명나방 (*Dichocrocis punctiferalis*, 나비목 명나방과)

① 가해수종

　㉮ 다식성 해충으로 과수형과 침엽수형에 따라 다름.

　㉯ 침엽수형 : 소나무, 해송, 리기다소나무, 잣나무, 전나무 등

■ 박쥐나방
① 활엽수류 피해
② 1년 1회 발생
③ 알로 월동

■ 밤바구미
① 1년 1회 발생
② 유충으로 월동

■ 복숭아명나방
① 과수형, 침엽수형 구분
② 1년 2회 발생
③ 유충으로 월동

      ④ 과수형 : 밤나무, 상수리나무, 복사나무, 벚나무, 자두나무, 배나무, 사과나무, 무화과, 감나무, 감귤나무, 석류나무 등

② 피해양상

      ㉮ 1년에 2회 발생, 유충이 밤·복숭아·사과·자두 등의 과실을 가해

      ㉯ 침엽수형

            ㉠ 소나무류 중 5엽송(잣나무)에 특히 피해가 많음.

            ㉡ 유충이 신초에 거미줄로 집을 짓고 잎을 식해하며 벌레똥을 붙여놓음.

      ㉰ 과수형

            ㉠ 어린 유충이 밤송이의 가시를 잘라먹기 때문에 밤송이 색이 누렇게 보임.

            ㉡ 성숙한 유충은 밤송이 속으로 파먹어 들어가면서 똥과 즙액을 배출하여 거미줄로 밤송이에 붙여 놓으므로 피해가 쉽게 발견됨.

            ㉢ 밤을 수확하였을 때 외관상 벌레구멍이 있는 것은 대부분 해충의 피해임.

③ 발생과정

      ㉮ 수피의 고치속에서 유충으로 월동함.

      ㉯ 침엽수형

            ㉠ 침엽수형은 중령유충으로 월동하여 5월부터 활동하며 1화기 성충은 6~7월, 2화기 성충은 8~9월에 우화함.

            ㉡ 유충이 신초에 거미줄로 집을 짓고 잎을 식해하며 벌레똥을 붙여놓음.

      ㉰ 과수형

            ㉠ 유충이 나무 줄기의 수피 틈의 고치 속에서 월동하여 4월 하순경부터 활동하고 5월 하순경에 번데기가 됨.

            ㉡ 1화기 성충은 6월에 나타나 복숭아·자두·사과 등 과실에 산란, 한 마리가 여러 개의 과실을 식해함.

            ㉢ 2화기 성충은 7월 중순~8월 상순에 우화, 주로 밤나무 종실에 1~2개씩 산란함.

            ㉣ 알기간은 6~7일 정도이며 어린 유충은 밤 가시를 식해하다가 성숙해지면 과육을 식해한다.

            ㉤ 유충가해기간은 기주식물에 따라 차이가 많이 나는데 밤의 경우는 약 13일 정도이며, 모과의 경우는 약 23일 내외

            ㉥ 10월경에 줄기의 수피 사이에 고치를 짓고 그 속에서 유충으로 월동하며, 번데기 기간은 13일 내외임.

④ 방제방법

      ㉮ 약제살포 : 밤나무의 경우 7월 하순~8월 중순 사이에 메프유제(50%), 파프유제(47.5%), 디프수화제(80%), 트랄로메스린유제(1.3%), 프로시유제(5%), 클로르플루아주론 액상수화제(10%), 피레스유제(5%) 등을 1~2회 살포

㉯ 유충이 과육을 식해하기 시작한 후에는 방제효과가 떨어지므로 어린 유충
  기에 방제함.
㉰ 복숭아는 5월 상순에 봉지씌우기를 실시함.

3) 솔알락명나방 (*Dioryctria abietella*, 나비목 명나방과)

① 가해수종 : 소나무류 구과(毬果), 신초
② 형태적 특징 : 성충의 몸길이는 25mm 내외이고 황갈색~적갈색 띠가 있음.
  유충의 몸길이는 18mm이고 머리는 다갈색, 몸은 황갈색
③ 피해양상 : 1년에 1회 발생 잣나무나 소나무류의 구과를 가해하여 잣수확 등
  을 감소시키며 구과 속의 가해부위에 똥을 채워놓고 외부로도 똥을 배출하여
  구과 표면에 붙여놓음.
④ 발생과정
㉮ 땅속에서 노숙유충으로 월동하는 것과 알이나 어린유충으로 구과에서 월동
   하는 것이 있음.
㉯ 노숙유충 유형은 5~6월에 우화하고 어린유충은 7~9월에 우화하나 보통 6월
   에 90%정도가 우화하여 산란함.
⑤ 방제방법
㉮ 우화기나 산란기인 6~8월에 지효성이며 저독성인 트리플루뮤론수화제나
   클로르플루아주론 유제 5%를 2회 정도 수관에 살포함.
㉯ 잣 수확기에 잣송이에 들어있는 유충을 모아 포살함.

4) 도토리거위벌레

① 가해수종 : 참나무류 구과
② 피해양상
㉮ 보통 1년에 1~2회 발생
㉯ 참나무류의 도토리에 주둥이로 구멍을 뚫고 산란한 후 도토리가 달린 참나
   무류 가지를 주둥이로 잘라 땅위에 떨어뜨림 알에서 부화한 유충이 과육을
   식해함.
③ 형태적 특징
㉮ 성충의 몸길이는 9~10mm이고 몸색은 암갈색이며, 날개는 회황색의 털이
   밀생해 있고 흑색의 털도 드문드문 나 있음, 유충의 몸길이는 10mm 정도
   이며 체색은 유백색
㉯ 노숙유충의 형태로 땅속에서 흙집을 짓고 월동함.
④ 방제방법 : 8월초부터 페니트로티온 유제 또는 사이플루트린 유제 1,000배액
  을 10일 간격으로 3회 살포함.

■ 솔알락명나방
  ① 소나무류 구과, 신초 피해
  ② 1년 1회 발생
  ③ 유충으로 월동

■ 도토리거위벌레
  ① 참나무류 구과 피해
  ② 1년 1~2회 발생
  ③ 유충으로 월동

핵심 PLUS

CHAPTER 05 산림해충

표. 주요산림해충의 분류와 발생(종합)

가해형태	해충명	분류	발생	월동형태 및 장소
식엽성	솔나방	나비목 솔나방과	1년 1회	5령 유충, 지피물이나 나무 껍질 사이에서 월동
	집시나방	나비목 독나방과	1년 1회	알의 형태로 줄기에서 월동
	흰불나방	나비목 불나방과	1년 2회	번데기의 형태로 나무껍질사이에 월동
	텐트나방	나비목 솔나방과	1년 1회	알의 형태로 가지에서 월동
	오리나무잎벌레	딱정벌레목 잎벌레과	1년 1회	성충의 형태로 지피물, 흙속에서 월동
	잣나무넓적잎벌	벌목 납작잎벌과	1년 1회	노숙유충의 형태로 땅속에서 월동
잎을 흡즙	버즘나무 방패벌레	노린재목 방패벌레과	1년 2회	성충의 형태로 수피틈에서 월동
줄기를 흡즙	솔껍질깍지벌레	매미목 이세리아깍지벌레과	1년 1회	후약충의 형태로 월동
잎에 충영형성	솔잎혹파리	파리목 혹파리과	1년 1회	유충의 형태로 지피물 밑 땅속에서 월동
눈에 충영형성	밤나무혹벌	벌목 혹벌과	1년 1회	유충의 형태로 잎눈의 조직 내에 충영을 만들어 월동
분열조직에 천공	소나무좀	딱정벌레목 나무좀과	1년 1회	성충의 형태로 수피틈에서 월동
분열조직에 천공	박쥐나방	나비목 박쥐나방과	1년 1회	알의 형태로 월동
분열조직에 천공	향나무하늘소	딱정벌레목 하늘소과	1년 1회	성충의 형태로 피해목에서 월동
종실가해(밤)	밤바구미	딱정벌레목 바구미과	1년 1회	노숙유충의 형태로 땅속에서 월동
종실가해(복숭아, 사과, 밤 등)	복숭아명나방	나비목 명나방과	1년 2회	노숙유충의 형태로 지피물이나 수피의 고치 속에서 월동
종실가해 (잣나무)	솔알락명나방	나비목 명나방과	1년 1회	노숙유충 또는 알의 형태로 땅속이나 구과에서 월동
종실가해 (참나무)	도토리거위벌레	딱정벌레목 거위벌레과	1년 1~2회	노숙유충의 형태로 땅속에서 월동

과명	국명		학명
은행나무과	은행나무	정명	*Ginkgo biloba L.*
		영명	Maidenhair Tree
주목과	주목	정명	*Taxus cuspidata Siebold & Zucc.*
		영명	Japanese Yew
	좀주목(눈주목)	정명	*Taxus cuspidata var. nana*
	비자나무	정명	*Torreya nucifera Siebold & Zucc.*
		영명	Kaya, Japanese Torreya
	개비자나무	정명	*Cephalotaxus koreana Nakai*
		영명	Korean plum yew
소나무과	전나무	정명	*Abies holophylla Maxim.*
		영명	Needle Fir
	구상나무	정명	*Abies koreana E.H.Wilson*
		영명	Korean Fir
	개잎갈나무 (히말라야시더)	정명	*Cedrus deodara(Roxb. ex D.Don) G.Don*
		영명	Deodar
	일본잎갈나무	정명	*Larix Kaempferi (Lamb.) Carriere*
		영명	Japanese Larch
	독일가문비	정명	*Picea abies (L.) H.Karst.*
		영명	Norway Spruce
	소나무	정명	*Pinus densiflora Siebold & Zucc.*
		영명	Korean red pine, Japanese red pine
	반송	정명	*Pinus densiflora for multicaulis Uyeki*
	백송	정명	*Pinus bungeana Zucc. ex Endl.*
		영명	Lace-bark Pine
	잣나무	정명	*Pinus koraiensis Siebold & Zucc.*
		영명	Korean Pine, Corean Pine
	리기다소나무	정명	*Pinus rigida Mill.*
		영명	Pitch Pine
	곰솔	정명	*Pinus thunbergii Parl.*
		영명	Japanese Black Pine
	섬잣나무	정명	*Pinus parviflora Siebold & Zucc.*
		영명	Japanese White Pine

※ 수목의 학명

CHAPTER 05
산림해충

과명	국명		학명
	스트로브잣나무	정명	*Pinus strobus L.*
		영명	White Pine, Eastern White Pine
	솔송나무	정명	*Tsuga sieboldii Carriere*
		영명	Japanese Hemlock, Siebold Hemlock
낙우송과	삼나무	정명	*Cryptomeria japonica (L.f.) D.Don*
		영명	Japanese Cedar
	메타세콰이아	정명	*Metasequoia glyptostroboides Hu & W.C.Cheng*
		영명	Dawn Redwood
	낙우송	정명	*Taxodium distichum (L.) Richard*
		영명	Deciduous Cypress, Com-mon Baldcypress, Swamp Cypress
	금송	정명	*Sciodopitys verticillata (Thunb.) Siebold & Zucc.*
		영명	Umbrella Pine, Japanese Umbrella Pine
측백나무과	화백	정명	*Chamaecyparis pisifera (Siebold & Zucc.) Endl.*
	편백	정명	*Chamaecyparis obtusa (Siebold & Zucc.) Endl.*
		영명	Hinoki Cypress, Hinoki False Cypress, Japanese False Cypress
	향나무	정명	*Juniperus chinensis L.*
		영명	Chinese Juniper
	둥근향나무	정명	*Juniperus chinensis 'Globosa'*
		영명	Chinese juniper
	카이즈카향나무	정명	*Juniperus chinensis 'Kaizuka'*
		영명	Chinese juniper
	눈향나무	정명	*Juniperus chinensis var.sargentii A.Henry*
		영명	Sargent Juniper
	연필향나무	정명	*Juniperus virginiana L.*
		영명	Red Cedar
	서양측백나무	정명	*Thuja occidentalis L.*
		영명	American Arborvitae, White Cedar
	측백나무	정명	*Thuja orientalis L.*
		영명	Oriental Arborvitae

과명	국명		학명
버드나무과	은백양	정명	*Populus alba L.*
	이태리포플러		Populus euramericana Guinir(삭제)
	양버들	정명	*Salix nigra var. italica Koehne*
	능수버들	정명	*Salix pseudolasiogyne H.Lev.*
	수양버들	정명	*Salix babylonica L.*
		영명	Weeping Willow
	버드나무	정명	*Salix Koreensis Andersson*
		영명	Korean Willow
	왕버들	정명	*Salix chaenomeloides Kimura*
	용버들	정명	*Salix matsudana f. tortuosa Rehder*
		영명	Dragon-claw Willow
가래나무과	가래나무	정명	*Juglans mandshurica Maxim.*
	호두나무	정명	*Juglans regia L.*
	중국굴피나무	정명	*Pterocarya stenoptera C.DC.*
		영명	Chinese Wingnut
자작나무과	오리나무	정명	*Alnus japonica (Thunb.) Steud.*
		이명	*Alnus japonica var. arguta (Regel) Callier*
		영명	Japanese Alder
	사방오리	정명	*Alnus firma Siebold & Zucc.*
	자작나무	정명	*Betula platyphylla var. japonica (Miq.) H. Hara*
		영명	Japanese White Birch
	박달나무	정명	*Betula schmidtii Regal*
		영명	Schmidt Birch
	소사나무	정명	*Carpinus turzaninovii Hance*
		영명	Turczaninow Hornbeam
	서어나무	정명	*Carpinus laxiflora (Siebold & Zucc.) Blume*
		영명	Red-leaved hornbeam
참나무과	밤나무	정명	*Castanea crenata Siebold & Zucc.*
		영명	Japanese Chestnut,Chestnut Japanese
	너도밤나무	정명	*Fagus engleriana Seemen ex Diels*
		이명	*Fagus multinervis Nakai*
		영명	Engler's beech

과명	국명		학명
	상수리나무	정명	*Quercus acutissima Carruth.*
		영명	Sawtooth Oak, Oriental Chestunt Oak
	갈참나무	정명	*Quercus aliena Blume*
		영명	Oriental White Oak
	떡갈나무	정명	*Quercus dentata Thunb.*
		영명	Daimyo Oak
	신갈나무	정명	*Quercus mongolica Fisch. ex Ledeb.*
		영명	Mongolian Oak
	졸참나무	정명	*Quercus serrata Thunb.*
		영명	Konara Oak
	굴참나무	정명	*Quercus variabilis Blume*
		영명	Cork Oak, Oriental Oak
	가시나무	정명	*Quercus myrsinaefolia Blume*
		영명	Myrsinaleaf Oak
느릅나무과	팽나무	정명	*Celtis sinensis Pers.*(정명)
		영명	Japanese Hackberry
	시무나무	정명	*Hemiptelea davidii (Hance) Planchon*
		영명	David Hemiptelea
	느릅나무	정명	*Ulmus davidiana var. japonica (Rehder) Nakai*
		영명	Japanese Elm
	느티나무	정명	*Zelkova serrata (Thunb.) Makino*
		영명	Japanese Zelkova, Saw-leaf Zelkova
뽕나무과	닥나무	정명	*Broussonetia kazinoki Siebold*
		영명	Kazinoki Papermul-berry
	무화과	정명	*Ficus carica L.*
		영명	Common Fig, Fig Tree
	뽕나무	정명	*Morus alba L.*
		영명	White Mulberry
계수나무과	계수나무	정명	*Cercidiphyllum Japonicum Siebold & Zucc. ex J.J.Hoffm. & J.H.Schult.bis*
		영명	Katsura Tree
미나리아재비과	모란	정명	*Paeonia suffruticosa Andrews*

과명	국명		학명
매자나무과	매발톱나무	정명	*Berberis amurensis Rupr. var. amurensis*
		영명	Amur Barberry
	매자나무	정명	*Berberis koreana Palib.*
		영명	Korean Barberry
	남천	정명	*Nandina domestica Thunb.*
목련과	태산목	정명	*Magnolia grandiflora L.*
		영명	Bull Bay, Southern Magnolia
	백목련	정명	*Magnolia denudata Desr.*
		영명	Yulan
	일본목련	정명	*Magnolia obovata Thunb.*
		영명	Whiteleaf Japanese Magnolia
	목련	정명	*Magnolia kobus DC.*
		영명	Kobus Magnolia
	함박꽃나무	정명	*Magnolia sieboldii K. Koch*
		영명	Oyama Magnolia
	자목련	정명	*Magnolia liliflora Desr.*
		영명	Lily Magnolia
	백합나무 (튤립나무)	정명	*Liriodendron tulipifera L.*
		영명	Tulip Tree, Tulip Poplar, Whitewood
녹나무과	녹나무	정명	*Cinnamomum camphora (L.) J.Presl*
		영명	Camphor Tree
	생강나무	정명	*Lindera obtusiloba Blume*
		영명	Japannese Spice Bush
	후박나무	정명	*Machilus thunbergii Siebold & Zucc.*
범의귀과	나무수국	정명	*Hydrangea paniculata Siebold*
		영명	Paniculata hydrangea
	고광나무	정명	*Philadelphus schrenckii Rupr.*
돈나무과	돈나무	정명	*Pittosporum tobira (Thunb.) W.T. Aiton*
		영명	Japanese Pittosporum,Austalian Laurel,Mock Orange,House brooming Moc
갈매나무과	대추나무	정명	*Ziziphus jujuba var. inermis (Bunge) Rehder*
		영명	Common Jujbe

CHAPTER 05

산림해충

핵심 PLUS

과명	국명		학명
조록나무과	히어리	정명	*Corylopsis gotoana var. coreana (Uyeki) T.Yamaz.*
		이명	*Corylopsis coreana Uyeki*
	풍년화	정명	*Hamamelis japonica Siebold & Zucc.*
버즘나무과	버즘나무	정명	*Platanus orientalis L.*
		영명	Oriental Plane
	양버즘나무	정명	*Platanus occidentalis L.*
		영명	Eastern Sycamore Family, Bottonwood, Bottonball,
장미과	산당화 (명자나무)	정명	*Chaenomeles speciosa (Sweet) Nakai*
		이명	*Chaenomeles lagenaria Koidzumi*
		영명	Japnese Quince
	모과나무	정명	*Chaenomeles sinensis (Thouin) Koehne*
		영명	Chinese Flowering-quince
	산사나무	정명	*Crataegus pinnatifida Bunge*
		영명	Large Chinese Hawthorn
	황매화	정명	*Kerria japonica (L.) DC.*
		영명	Japanese Kerria
	야광나무	정명	*Malus Baccata (L.) Borkh.*
	꽃사과나무	정명	*Malus floribunda Siebold ex Van Houtte*
		영명	Crabapple Japanese flowering; Crabapple Showy
	사과나무	정명	*Malus pumila Mill.*
		영명	Commom Apple
	살구나무	정명	*Prunus armeniaca var. ansu Maximowicz*
	옥매	정명	*Prunus glandulosa f. albiplena Koehne*
	매실나무	정명	*Prunus mume (Siebold) Siebold & Zucc.*
		영명	Japanese Apricot, Japanese Flowering Apricot
	귀룽나무	정명	*Prunus padus L.*
		영명	Bird Cherry, European Bird Cherry, Hagberry
	복사나무	정명	*Prunus persica (L.) Batsch*
		영명	Peach
	자두나무	정명	*Prunus salicina Lindl.*
		영명	Japanese Plum

과명	국명		학명
	산벚나무	정명	*Prunus sargentii Rehder*
		영명	Sargent Cherry, North Japanese Hill Cherry
	왕벚나무	정명	*Prunus yedoensis Matsum.*
		영명	Yoshino Cherry
	피라칸다	정명	*Pyracantha angustifolia (Franch.) C.K.Schneid.*
		영명	Angustifolius Firethorn
	다정큼나무	정명	*Raphiolepis indica var. umbellata (Thunb.) Ohashi*
	장미	정명	*Rosa hybrida 'Rosekona'*
	찔레꽃	정명	*Rosa multiflora Thunb.*
		영명	Baby Rose
	해당화	정명	*Rosa rugosa Thunb.*
		영명	Turkestan Rose, Japanese Rose
	팥배나무	정명	*Sorbus alnifolia (Siebold & Zucc.) K.Koch*
	마가목	정명	*Sorbus commixta Hedl.*
		영명	Mountoin Ash
	조팝나무	정명	*Spiraea prunifolia f. simpliciflora Nakai*
	꼬리조팝나무	정명	*Spiraea salicifolia L.*
		영명	Willowleaf Spiraea
	쉬땅나무	정명	*Sorbaria sorbifolia var. stellipila Maxim.*
	국수나무	정명	*Stephanandra incisa (Thunb.) Zabel*
		영명	Lace Shrub
	홍가시나무	정명	*Photinia glabra*
콩과	자귀나무	정명	*Albizia julibrissin Durazz.*
		영명	Silk Tree, Mimosa, Mimosa Tree
	골담초	정명	*Caragana sinica (Buc'hoz) Rehder*
		영명	Chinese Peashub
	박태기나무	정명	*Cercis chinensis Bunge*
	주엽나무	정명	*Gleditsia japonica Miq.*
		영명	Korean Honey Locus
	싸리	정명	*Lespedeza bicolor Turcz.*
		영명	Shurb Lespedeza

과명	국명		학명
	족제비싸리	정명	*Amorpha fruticosa L.*
		영명	Indigobush Amorpha, Falseindigo, Shrubby Amorpha
	다릅나무	정명	*Maackia amurensis Rupr.*
		영명	Amur Maackia
	칡	정명	*Pueraria lobata (Willd.) Ohwi*
		영명	kudzu-vine
	아까시나무	정명	*Robinia pseudoacacia L.*
		영명	Black Locust, False Acacia, Bristly Locust, Mossy Locust
	회화나무	정명	*Sophora japonica L.*
	등(나무)	정명	*Wisteria floribunda (Willd.) DC.*
운향과	유자나무	정명	*Citrus junos Siebold ex Tanaka*
		영명	Fragrant Citrus
	귤(나무)	정명	*Citrus unshiu S.Marcov.*
		영명	Unishiu Orange, Satsuma Orange, Mandarin Orange
	쉬나무	정명	*Euodia daniellii Hemsl.*
		영명	Korean Evodia
	탱자나무	정명	*Poncirus trifoliata (L.) Raf.*
		영명	Trifoliate Orange, Hardy Orange
소태나무과	가죽나무 가중나무	정명	*Ailanthus altissima (Mill.) Swingle*
		영명	Tree-of-heaven, Copal Tree, Varnish Tree
	소태나무	정명	*Picrasma quassioides (D.Don) Benn*
		영명	Indian Quassiawood
회양목과	회양목	정명	*Buxus koreana Nakai ex Chung & al.*
		영명	Buxus microphylla var. koreana Nakai
	좀회양목	정명	*Buxus microphylla siebold & zuccarini*
옻나무과	붉나무	정명	*Rhus Javanica L.*
		이명	Rhus chinensis Miller
칠엽수과	칠엽수	정명	*Aesculus turbinata Blume*
		영명	Japanese Horse Chestnut

과명	국명		학명
감탕나무과	호랑가시나무	정명	*Ilex cornuta Lindl. & Paxton*
		영명	Chinese Holly, Horned Holly
	감탕나무	정명	*Ilex integra Thunb.*
		영명	Machi Tree
	먼나무	정명	*Ilex rotunda Thunb.*
	낙상홍	정명	*Ilex serrata Thunb.*
		영명	Japanese Winterberry
	꽝꽝나무	정명	*Ilex crenata Thunb.*
		영명	Japanese Holly, Box-leaved Holly
노박덩굴과	노박덩굴	정명	*Celastrus orbiculatus Thunb.*
		영명	Oriental Bittersweet
	화살나무	정명	*Euonymus alatus (Thunb.)Siebold*
		영명	Wind Spindle Tree
	사철나무	정명	*Euonymus Japonicus Thunb.*
		영명	Spindle Tree, Japanese Spindle Tree
단풍나무과	중국단풍	정명	*Acer buergeriaum Miq.*
	신나무	정명	*Acer tataricum subsp. ginnala (Maxim.) Wesm.*
		이명	*Acer ginnala Maxim.*
		영명	Amur Maple
	고로쇠나무	정명	*Acer pictum subsp. mono (Maxim.) Ohashi*
		이명	*Acer mono Maximowicz*
		영명	Mono Maple
	네군도단풍	정명	*Acer negundo L.*
	단풍나무	정명	*Acer palmatum Thunb.*
		영명	Japanese Maple
	홍단풍	정명	*Acer palmatum var. sanguineum*
	당단풍	정명	*Acer pseudosieboldianum (Pax) Kom.*
		영명	Manshurian Fullmoon Maple
	은단풍	정명	*Acer saccharinum L.*
	복자기	정명	*Acer triflorum Kom.*
		영명	Threeflower Maple

과명	국명		학명
포도과	담쟁이덩굴	정명	*Parthenocissus tricuspidata (Siebold & Zucc.) Planchon*
		영명	Boston Ivy, Japanese Ivy
아욱과	무궁화	정명	*Hibiscus syriacus L.*
		영명	Rose-of-sharon, Althaea, Shrub Althaea
담팔수과	담팔수	정명	*Elaeocarpus sylvestris var. ellipticus (Thunb.) H. Hara*
팥꽃나무과	서향(나무)	정명	*Daphne odora Thunb.*
		영명	Winter Daphne
피나무과	피나무	정명	*Tilia amurensis Rupr.*
		영명	Amur Linden
	염주나무	정명	*Tilia megaphylla Nakai*
		영명	Magaphylla Linden
벽오동과	벽오동	정명	*Firmiana simplex (L.) W.F.Wight*
		영명	Chinese Parasol Tree, Chinese Bottle Tree, Japanese Varnish Tree
다래나무과	다래	정명	*Actinidia arguta (Siebold & Zucc.) Planch ex Miq.*
		영명	Bower Actinidia, Tara Vine, Yang-Tao
차나무과	차나무	정명	*Camellia sinensis L.*
	동백나무	정명	*Camellia japonica L.*
		영명	Common Camellia
	후피향나무	정명	*Ternstroemia gymnanthera (Wight & Arn.) Sprague*
		이명	*Ternstroemia japonica thunberg*
		영명	Naked-anther Ternstroemia
	사스레피나무	정명	*Eurya japonica thunb.*
		영명	Japannese Eurya
	노각나무	정명	*Stewartia pseudocamellia Maxim.*
		이명	*Stewartia koreana Nakai ex Rehder*
		영명	Koren Mountain Camellia Koran Silky Camellia
위성류과	위성류	정명	*Tamarix chinensis Lour.*
		영명	Chinese Tamarisk

과명	국명		학명
보리수나무과	보리수나무	정명	*Elaeagnus umbellata thunb.*
		영명	Autumn Elaeagnus
부처꽃과	배롱나무	정명	*Lagerstroemia indica L.*
		영명	Crape Myrtle
석류과	석류	정명	*Punica granatum L.*
두릅나무과	팔손이	정명	*Fatsia japonica (Thunb.) Decne. & Planch.*
		영명	Japanese Fatsia, Formosa Rice Tree, Paper Plant, Glossy-leaved Paper Plant
	오갈피나무	정명	*Eleutherococcus sessiliflorus. (Rupr. & Maxim.) S.Y.Hu*
		이명	Acanthopanax sessiliflorus Seemen
	음나무	정명	*Kalopanax septemlobus (Thunb.) Koidz.*
		이명	*Kalopanax pictus Nakai*
		영명	Carstor Aralia, Kalopanax
	송악	정명	*Hedera rhombea (Miq.) Siebold & Zucc. ex Bean*
		영명	Japanese Ivy
층층나무과	식나무	정명	*Aucuba japonica Thunb.*
		영명	Japanese Aucuba, Japanese Laurel
	층층나무	정명	*Cornus controversa Hemsl.*
		영명	Giant Dogwood
	산수유	정명	*Cornus officinalis Siebold & Zuccarini*
		영명	Japanese Cornelian Cherry, Japanese Cornel
	산딸나무	정명	*Cornus kousa Buerger ex Miquel*
		영명	Kousa
	말채나무	정명	*Cornus walteri F.T.Wangerin*
		영명	Walter Dogwood
	흰말채나무	정명	*Cornus alba L.*
		영명	Tartariand Dogwood, Tatarian Dogwood
진달래과	영산홍	정명	*Rhododendron indicum (L.) Sweet*
	철쭉	정명	*Rhododendron schlippenbachii Maxim.*
		영명	Royal Azalea

과명	국명		학명
	산철쭉	정명	*Rhododendron yedoense f. poukhanense (H.Lev.) M.Sugim. ex T.Yamaz.*
		영명	Korean Azalea
	진달래	정명	*Rhododendron mucronulatum Turcz.*
		영명	Korean Rhodo–dendron
	만병초	정명	*Rhododendron brachycarpum D.Don ex G.Don*
		영명	Fujiyama Rhododendron
자금우과	백량금	정명	*Ardisia crenata Sims*
		영명	Coralberry, Spiceberry
	자금우	정명	*Ardisia japonica (Thunb.) Blume*
		영명	Marberry
감나무과	감나무	정명	*Diospyros kaki Thunb.*
		영명	Kaki,Japanese Persimmon,Keg Fig,Date Plum
때죽나무과	때죽나무	정명	*Styrax japonicus Siebold & Zucc.*
	쪽동백	정명	*Styrax obassia Siebold & Zucc.*
		영명	Fragrant Snowbell, Japanese Snowbell
물푸레나무과	미선나무	정명	*Abeliophyllum distichum Nakai*
		영명	White Forsythia, Abeliophylum
	개나리	정명	*Forsythia koreana (Rehder) Nakai*
		영명	Korean Forsythia, Korean Golden–bell
	물푸레나무	정명	*Fraxinus rhynchophylla Hance*
	이팝나무	정명	*Chionanthus retusus Lindl. & Paxton*
		이명	*(Chionanthus retusa var. coreanus (H.Lev.) Nakai*
		영명	Retusa Fringe Tree
	쥐똥나무	정명	*Ligustrum obtusifolium Siebold & Zuccarini*
		영명	Ibota Privet
	서양수수꽃다리 (라일락)	정명	*Syringa vulgaris L.*
	수수꽃다리	정명	*Syringa oblata var dilatata (Nakai) Rehder.*
		이명	*Syringa dilatata Nakai*
		영명	Dilatata Lilac

과명	국명		학명
	목서	정명	*Osmanthus fragrans Lour.*
		영명	Fragrant Olive, Sweet Olive, Tea Olive
	광나무	정명	*Ligustrum japonicum Thunb.*
		영명	Wax-leaf Privet, Japanese Privet
협죽도과	협죽도	정명	*Nerium oleander L.*
		영명	Common Oleander,Rosebay
	마삭줄	정명	*Trachelospermun asiaticum (Siebold & Zucc.) Nakai*
		이명	*Trachelospermun asiaticum var.intermedium Nakai*
		영명	Chinese Jasmine, Climing Bagbane, Chinese Ivy
마편초과	좀작살나무	정명	*Callicarpa dichotoma (Lour.) K.Koch*
		영명	Purple Beauty-berry
	작살나무	정명	*Callicarpa japonica Thunb.*
		영명	Japanese Beautyberry
현삼과	오동나무	정명	*Paulownia coreana Uyeki*
		영명	Korean Paulownia
꿀풀과	백리향	정명	*Thymus quinquecostatus Celak.*
		영명	Fiveribbed Thyme
능소화과	능소화	정명	*Campsis grandifolia (Thunb.) K.Schum*
		영명	Chinese Trumpet Creeper, Chinese Trumpet Flower
	개오동나무	정명	*Catalpa ovata G. Don*
		영명	Chinese Catawba
꼭두서니과	치자나무	정명	*Gardenia jasminoides Ellis*
인동과	인동덩굴	정명	*Lonicera japonica Thunb.*
		영명	Japanese Honeysuckle, Golden-and-silver Flower
	아왜나무	정명	*Viburnum odoratissimum var. awabuki (K.Koch) Zabel ex Rumpler*
		이명	*Viburnum awabuki K.Koch*
		영명	Japanese Viburnum

CHAPTER 05 산림해충

과명	국명		학명
	백당나무	정명	*Viburnum opulus var. calvescens (Rehder) H. Hara*
		이명	Viburnum sargentii Koehne
	불두화	정명	*Viburnum opulus f. hydrangeoides (Nakai) Hara*
		이명	Viburnum opulus var. sargenti Nakai
	병꽃나무	정명	*Weigela subsessilis (Nakai) L.H. Bailey*
		영명	Korean Weigela
무환자나무과	모감주나무	정명	*Koelreuteria paniculata Laxman*
	무환자나무	정명	*Sapindus mukorossi Gaertn.*
대극과	굴거리나무	정명	*Daphniphyllum macropodum Moq.*
		영명	Macropodous Daphniphyl-lum
벼과	조릿대	정명	*Sasa borealis (Hack.) Makino*
	오죽	정명	*Phyllostachys nigra (Lodd.) Munro*
	죽순대	정명	*Phyllostachys pubescens Mazel ex Lehaie*
	왕대	정명	*Phyllostachys bambusoides Siebold & Zucc.*

과명	한국명	특징
은행나무과	은행나무	• 낙엽침엽교목, 자웅이주로 중국원산 • 이용 : 가로수 · 녹음수 · 독립수
주목과	주목	• 상록침엽교목, 강음수, 원추형수형, 생장속도가 느림
	눈주목	• 상록침엽관목 • 이용 : 피복용
	비자나무	• 음수, 독립수이용
	개비자	• 상록침엽관목, 음수
소나무과	전나무	• 내공해성 극약, 원추형수형
	구상나무	• 한국특산종, 내공해성 극약
	히말라야시더	• 내답압성 · 내공해성 약,
	일본잎갈나무	• 낙엽침엽교목, 내공해성 · 이식력 약, 노란색 단풍
	독일가문비	• 양수, 이식용이
	소나무	• 2엽송, 양수, 내건성 · 내척박성 · 내산성 강, 내공해성 극약
	반송	• 반구형의 수형, 독립수로 이용
	백송	• 3엽송
	잣나무	• 5엽송, 이식용이, 차폐식재이용
	리기다소나무	• 3엽송, 내건성 · 내공해성 강 • 이용 : 사방조림용
	곰솔	• 2엽송, 내공해성 · 내건성 · 이식력 강 • 이용 : 해풍에 강해 해안방풍림으로 이용
	섬잣나무	• 잎과 가지가 절간이 좁고 치밀함
	스트로브잣나무	• 이용 : 생울타리 · 차폐용 · 방풍용으로 이용
낙우송과	메타세콰이아	• 낙엽침엽교목, 호습성, 양수, 생장속도가 빠름 • 이용 : 가로수
	낙우송	• 낙엽침엽교목, 호습성, 양수
	금송	• 상록침엽교목, 2엽송, 내공해성약 • 이용 : 독립수, 강조식재용
측백나무과	화백	• 내공해성, 이식력 강
	편백	• 음수, 이식 용이
	향나무	• 양수, 내공해성 · 내건성 · 전정에 강함 • 이용 : 독립수 • 배나무 · 모과나무 등의 적성병의 중간기주식물
	가이즈까향나무	• 양수, 내건성 · 내공해성 · 이식력 · 전정에 강함

과명	한국명	특징
	눈향나무	• 이용 : 피복용, 돌틈식재, 기초식재용
	서양측백나무	• 독립수, 생울타리, 차폐용
	측백나무	• 양수, 내공해성 · 이식력강함
자작나무과	오리나무	• 양수, 내공해성 · 내습성 · 내건성 강 • 이용 : 사방공사용, 비료목
	자작나무	• 극양수, 전정 · 공해에 약함, 백색 수피가 아름다운수종
	서어나무	• 온대극상림 우점종, 음수, 공해에 약함
버드나무과	은백양나무	• 양수, 내공해성 · 이식력강함, 천근성 • 이용 : 독립수, 차폐용
	용버들	• 하수형, 독립수
	능수버들	• 하수형, 천근성, 호습성, 내공해성강, 이식강 • 이용 : 가로수
참나무과	상수리나무	
	갈참나무	
	떡갈나무	
	신갈나무	• 낙엽활엽교목, 생태공원식재
	졸참나무	
	굴참나무	
	가시나무	• 상록활엽교목(참나무과 중 상록수)
느릅나무과	팽나무	• 이용 : 녹음수, 독립수
	느티나무	• 과목, 내공해성 약함, 황색 단풍 • 이용 : 녹음수, 독립수
뽕나무과	뽕나무	• 열매(오디)는 조류유치용, 생태공원식재
계수나무과	계수나무	• 잎이 심장형, 가을에 황색 단풍
미나리아재비과	모란	• 낙엽활엽관목, 5월에 홍색 꽃
매자나무과	매발톱나무	• 낙엽활엽관목, 줄기에 가시가 있음
	매자나무	• 낙엽활엽관목, 노란 꽃 · 적색 단풍, 적색 열매, 줄기에 가시가 있음
	남천	• 상록활엽관목, 적색 단풍, 적색 열매
목련과	태산목	• 상록활엽교목(목련과 중 상록수)
	백목련	• 흰색 꽃이 잎보다 먼저 개화, 전정을 하지 않는 수종, 내답압성약
	일본목련	• 목련 중 잎이 커 거친질감형성, 내음성

과명	한국명	특징	
	목련	• 흰색 꽃이 잎보다 먼저 개화	
	함박꽃나무	• 산목련, 잎이 나온 후 백색 꽃 개화	
	튤립나무	• 목백합나무, 내공해성 강, 노란색단풍	
콩과	자귀나무	• 6~7월 연분홍색꽃 개화	• 건조지, 척박지에 강함, • 비료목의 역할
	박태기나무	• 4월에 잎보다 먼저 분홍색 꽃이 개화	
	주엽나무	• 가지는 녹색이고 갈라진 가시가 있음	
	쪽제비싸리	• 피복용	
	칡	• 만경목	
	아까시나무	• 5~6월 백색 꽃 개화, 양수	
	회화나무	• 괴목, 녹음수	
	등나무	• 만경목, 5월 연보라색 꽃 개화	
운향과	탱자나무	• 낙엽활엽관목, 줄기에 가시가 있음	
소태나무과	가중나무	• 내공해성ㆍ이식에 강함 • 이용 : 가로수, 녹음수	
회양목과	회양목	• 상록활엽관목, 음수, 내공해성ㆍ이식ㆍ전정에 강함	
옻나무과	붉나무	• 낙엽활엽관목, 가을에 붉은색단풍	
칠엽수과	칠엽수	• 낙엽활엽교목, 잎이 커 거친질감수종, 녹음수	
녹나무과	녹나무	• 상록활엽교목	
	생강나무	• 이른 봄(3월)에 노란색 꽃 개화, 노란색 단풍	
	후박나무	• 상록활엽교목 • 이용 : 방화수, 방풍수	
돈나무과	돈나무	• 상록활엽관목, 1과 1속 1종식물	
조록나무과	풍년화	• 4월에 잎보다 먼저 노란색 꽃 개화	
버즘나무과	양버즘나무	• 플라타너스, 낙엽활엽교목, 내공해성ㆍ이식력ㆍ전정ㆍ내건성에 강함, 흰색과 회색의 얼룩무늬수피가 관상가치 • 이용 : 녹음수, 가로수	
장미과	명자나무	• 낙엽활엽관목	
	모과나무	• 양수, 내공해성ㆍ이식력 강, 노란 열매, 얼룩무늬 수피가 관상가치	
	황매화	• 낙엽활엽관목, 5월에 노란색 꽃 개화	
	왕벚나무	• 내공해성ㆍ전정에 약함, 수명이 짧음	
	피라칸사	• 상록활엽관목, 가을ㆍ겨울에 적색열매(조류유치용)	

과명	한국명	특징
	찔레나무	• 내공해성·건조지 척박지 강함, 5월에 흰색 꽃, 붉은색 열매(조류유치용) • 이용 : 생태공원
	해당화	• 내공해성·이식에 강함, 내염성에 강함
	팥배나무	• 5월 흰색 꽃, 붉은 열매(조류유치용)
	마가목	• 5월 흰색 꽃, 붉은 열매(조류유치용), 붉은 단풍
	조팝나무	• 4~5월 흰색 꽃이 관상가치
감탕나무과	호랑가시나무	• 상록활엽관목, 양수, 내공해성·이식력·전정에 강함 • 잎에 거치가 특징적임, 적색 열매 • 이용 : 생울타리용, 군식용
	꽝꽝나무	• 경계식재용
노박덩굴과	노박덩굴	• 만경목, 노란색 열매
	화살나무	• 줄기에 코르크층이 발달하여 2~4열로 날개가 있음, 붉은색 단풍
	사철나무	• 상록활엽관목, 내공해성·이식력·맹아력 강함 • 이용 : 생울타리용
단풍나무과	중국단풍	• 붉은색 단풍
	신나무	• 붉은색 단풍
	고로쇠나무	• 내공해성·이식에 강함, 황색 단풍
	네군도단풍	• 내공해성·이식에 강함, 황색 단풍 • 이용 : 공원 조기녹화용, 가로수, 녹음수
	단풍나무	• 내공해성·이식에 강함, 붉은색 단풍
	복자기	• 내음성, 붉은색 단풍
포도과	담쟁이덩굴	• 만경목, 내공해성·내음성 강함, 붉은색단풍, 검정열매 • 이용 : 벽면녹화용
아욱과	무궁화	• 7~9월 개화
벽오동과	벽오동	• 청색수피가 관상가치가 있음 • 이용 : 녹음수, 가로수
차나무과	동백나무	• 상록활엽교목, 내건성·내공해성·이식력·내염성·내조성에 강함 • 겨울철 붉은색 개화
	노각나무	• 얼룩무늬수피가 아름다운수종, 6~7월경 백색 꽃개화
위성류과	위성류	• 낙엽활엽교목, 잎이 부드러운 침형으로 부드러운 질감, 천근성·호습성

과명	한국명	특징
보리수나무과	보리수나무	• 비료목, 내한성 · 내공해성 · 척박지에 강함, 붉은색열매
부처꽃과	배롱나무	• 낙엽활엽교목, 목백일홍이라 불림, 7~9월 붉은색 개화, 얼룩무늬수피가 관상가치가 있음
두릅나무과	팔손이	• 상록활엽관목, 음수, 내공해성 · 내염성 강함, 10~11월 흰색 꽃이 개화
	송악	• 만경목, 내음성에 강함
층층나무과	식나무	• 상록활엽관목, 10월에 붉은색열매
	층층나무	• 줄기의 배열이 층을 이루는 독특한 수형
	산수유	• 낙엽활엽교목, 3월에 황색꽃 개화, 붉은색 열매
	산딸나무	• 5월에 흰색이 개화
	흰말채나무	• 낙엽활엽관목, 붉은색 줄기가 관상가치가 있음
진달래과	산철쭉	• 내공해성 · 이식에 강함
	진달래	• 꽃이 개화한 후 잎이 개화함
자금우과	자금우	• 음수, 내공해성 · 이식력이 강함
물푸레나무과	미선나무	• 1속1종의 한국 특산종
	개나리	• 4월에 잎이 나오기 전에 꽃이 개화함 • 내공해성 · 척박지에 강함, 맹아력이 강해 전정에 잘견딤 • 이용 : 생울타리
	이팝나무	• 5~6월에 흰색 꽃이 개화
	쥐똥나무	• 맹아력이 강해 전정에 잘 견딤, 5월에 백색꽃 개화 • 이용 : 생울타리
	수수꽃다리	• 4~5월에 연한자주색꽃 개화, 내공해성 · 척박지에 강함
	목서	• 상록활엽관목, 9~10월 개화하며 꽃에 향기가 좋음, 잎에 거치 있음
협죽도과	협죽도	• 내공해성 · 내염성 · 내조성에 강함
	마삭줄	• 만경류
마편초과	좀작살나무	• 가을에 보라색열매감상(조류유치용)
능소화과	능소화	• 만경목, 내공해성 · 이식력 강함, 7~8월에 주황색 꽃이 개화
인동과	인동덩굴	• 만경목, 5~6월흰색꽃개화, 내공해성 · 이식력강함
	아왜나무	• 상록활엽교목, 내염성 · 내조성에 강함 • 이용 : 방화수, 방풍수
	병꽃나무	• 내한성 · 내음성 · 내공해성이 강함

■■■ 5. 산림해충

1. 해충 입틀의 모양은 그들의 먹이와 밀접한 관계가 있다. 서로 연결이 잘못된 것은?

① 메뚜기 : 씹어 먹는다. ② 나방 : 빨아 먹는다.

③ 진딧물 : 핥아 먹는다. ④ 멸구 : 찔러 빨아먹는다.

해설 **1**
진딧물, 멸구, 매미충류 등은 찔러 빨아 먹는 형이다.

2. 곤충의 구기형(口器型) 중 나비목 유충과 메뚜기류가 갖고 있는 종류는?

① 자흡구형 ② 저작핥는 형

③ 저작구형 ④ 절단흡취구형

해설 **2**
저작구형은 큰 턱이 잘 발달하여 식물을 씹어 먹기에 알맞다.

3. 진딧물류, 깍지벌레류, 멸구·매미충류 등 산림해충 상 중요한 해충들이 갖고 있는 구기형은?

① 흡수구(吸收口) ② 저작구(咀嚼口)

③ 절단흡취구(切斷吸取口) ④ 흡관구(吸管口)

해설 **3**
흡수구는 동식물체 조직에 구기를 찔러 넣고 빨아 먹기에 알맞다.

4. 곤충의 체벽 중 공관(pore canal)을 통하여 키틴질을 분비하여 표피를 형성하게 하는 층은?

① 외표피 ② 원표피

③ 진피층 ④ 기저막

해설 **4**
진피는 표피를 이루는 단백질, 지질, 키틴화합물 등을 합성 및 분해하는 세포층이다.

5. 곤충이 냄새로 의사를 전달하기 위해 분비하는 물질로, 최근 해충을 유인하여 방제하기 위해 사용되는 것은?

① 왁스 ② 실크

③ 페로몬 ④ 엑디손

해설 **5**
페로몬은 곤충이 냄새로 의사를 전달하는 신호물질이다.

정답 1. ③ 2. ③ 3. ① 4. ③
5. ③

6. 곤충이 자라면서 알 → 유충 → 번데기 → 성충으로 발육하는 과정을 무엇이라 하는가?

① 점변태
② 무변태
③ 완전변태
④ 불완전변태

해설 6
알에서 부화한 유충이 번데기를 거쳐서 성충이 되는 것을 완전변태라 한다.

7. 다음 중 불완전변태 해충으로 보기 어려운 것은?

① 딱정벌레목
② 잠자리목
③ 매미목
④ 노린재목

해설 7
딱정벌레목은 완전변태류 이다.

8. 곤충에 있어 알에서 부화되어 나온 것을 유충(幼蟲) 또는 약충(若蟲)이라고 하는데, 그 구별이 옳은 것은?

① 구별이 명확하지 않고 필요에 따라 하는 말이다.
② 알에서 부화해서 나온 유충 중 성충과 모양이 현저하게 다를 때 약충이라 하고, 모양이 어미와 비슷할 때 유충이라 한다.
③ 날개있는 곤충의 애벌레를 유충이라 하고, 날개없는 곤충의 애벌레를 약충이라 한다.
④ 알에서 부화된 유충 중 성충과 모양이 다를 때 유충이라 하고, 모양이 성충과 비슷할 때 약충이라 한다.

해설 8
약충은 곤충이 불완전변태할 때 성충과 모양이 비슷한 어린벌레를 말한다.

9. 충분히 자란 유충이 먹는 것을 중지하고 유충시대의 껍질을 벗고 번데기가 되는 현상을 무엇이라 하는가?

① 부화(孵化)
② 용화(蛹化)
③ 우화(羽化)
④ 탈피(脫皮)

해설 9
용화란 완전변태를 하는 곤충류에서 나타나는 유충기와 성충기 사이의 정지적 발육단계를 말한다.

10. 다음 중 4령충을 옳게 표현한 것은?

① 3회 탈피를 한 유충
② 4회 탈피를 한 유충
③ 3회 탈피중인 유충
④ 5회 탈피를 한 유충

해설 10
4령충은 3회 탈피하거나 4회 탈피중인 유충을 말한다.

정답
6. ③ 7. ① 8. ④ 9. ②
10. ①

11. 다음 중 변태의 순서가 옳은 것은?

① 부화 – 용화 – 우화   ② 부화 – 우화 – 용화
③ 우화 – 용화 – 부화   ④ 용화 – 우화 – 부화

12. 일화성(univoltinism) 곤충이란?

① 알에서 성충까지 1년에 1회 발생하는 곤충을 말한다.
② 알에서 성충까지 1년에 2회 발생하는 곤충을 말한다.
③ 알에서 성충까지 1년에 3회 발생하는 곤충을 말한다.
④ 알에서 성충까지 1년에 여러 번 발생하는 곤충을 말한다.

13. 나비목에 속하는 곤충은?

① 밤나방   ② 나무좀류
③ 깍지벌레   ④ 나무이

14. 곤충의 진화와 번영에 결정적인 역할을 한 것은?

① 외골격의 발달   ② 날개의 발달
③ 종의 증가   ④ 촉각의 발달

15. 다음 중 흡수성 해충은?

① 진딧물   ② 소나무좀
③ 밤바구미   ④ 오리나무잎벌레

16. 다음 중 흡즙성 해충이 아닌 것은?

① 진달래방패벌레   ② 버들잎벌레
③ 소나무솜벌레   ④ 뽕나무이

해 설

[해설] 11
곤충의 한 살이는 부화 – 용화 – 우화 – 교미 – 산란의 과정을 거친다.

[해설] 12
알에서 유충(약충)·번데기를 거쳐 성충이 되고 다시 알을 낳게 될 때까지를 세대라고 하며 1화성(一化性)은 진딧물과 같이 1년에 1세대를 경과하는 것이다.

[해설] 13
나비목은 나비류와 나방류 등 우리나라의 수목해충이 가장 많이 속해 있는 목이다.

[해설] 14
변태(變態)와 함께 날개의 발달이 곤충의 진화에 크게 영향을 주었다.

[해설] 15
진딧물·멸구·매미충류는 찔러서 빨아먹는 흡수구형의 구기(口器)를 가지고 있다.

[해설] 16
버들잎벌레는 식엽성 해충이다.

정답   11. ①   12. ①   13. ①   14. ②
      15. ①   16. ②

17. 다음 곤충 가운데 천공성 해충이 아닌 것은?

① 복숭아유리나방 ② 박쥐나방
③ 개오동명나방 ④ 집시나방

18. 다음의 해충 가운데 종실(種實)을 가해하는 종류는?

① 미끈이하늘소, 미국흰불나방 ② 밤나무순혹벌, 굼벵이류
③ 복숭아명나방, 밤바구니 ④ 가루나무좀, 버들바구미

19. 다음 해충 가운데 종실을 가해하는 것이 아닌 것은?

① 줄노랑들명나방 ② 밤바구미
③ 복숭아명나방 ④ 솔알락명나방

20. 다음의 해충 중 나무의 줄기를 가해하는 해충으로 짝지어진 것은?

① 오리나무잎벌레 – 솔나방 ② 박쥐나방 – 측백나무하늘소
③ 버들재주나방 – 소나무좀 ④ 박쥐나방 – 오리나무 잎벌레

21. 다음 중 충영(벌레혹)을 형성하는 해충이 아닌 것은?

① 갈참나무혹벌 ② 애소나무좀
③ 솔잎혹파리 ④ 밤나무순혹벌

22. 다음 해충 중 주로 목질부를 가해하는 해충은?

① 어스렝이 유충 ② 박쥐나방 유충
③ 잣나무 넓적잎벌 ④ 솔잎혹파리 유충

해설 **17**
집시나방은 식엽성 해충이다

해설 **18**
종실을 가해하는 해충에는 복숭아명나방, 밤바구니, 도토리바구미, 도토리거위벌레, 밤나방, 솔알락명나방 등이 있다.

해설 **19**
줄노랑들명나방은 식엽성 해충이다.

해설 **20**
박쥐나방, 각지벌레류, 하늘소류 등은 줄기를 가해한다.

해설 **21**
충영을 형성하는 해충에는 혹진딧물류, 큰팽나무이, 혹벌류(밤나무순혹벌, 갈참나무혹벌), 혹응애류, 혹파리류(솔잎혹파리) 등이 있다. 애소나무좀은 천공성 해충이다.

해설 **22**
박쥐나방은 유충이 줄기에 구멍을 뚫고 먹어 들어간다.

정답 17. ④ 18. ③ 19. ① 20. ②
21. ② 22. ②

CHAPTER 05 산림해충

23. 다음 수목 해충 중 목재를 가해하는 해충은?

① 흰개미
② 거세미나방
③ 솔알락명나방
④ 밤바구미

24. 다음 중 해충의 발생 예찰을 하는 목적으로 가장 옳은 것은?

① 해충의 종류를 알기 위하여
② 해충의 생활사를 규명하기 위하여
③ 발생의 다소와 시기를 미리 알기 위하여
④ 발생 면적과 피해를 조사하기 위하여

25. 해충의 발생예찰에 응용되고 있는 페로몬 트랩에 대한 설명으로 틀리는 것은?

① 휘발성이 약하므로 장시간 이용이 가능하다.
② 종 특이성이 강하므로 목적하는 해충만을 유인한다.
③ 합성 유인물질을 개발하면 싼값으로 이용할 수 있다.
④ 주광성이 약하거나 전혀 없는 해충에도 적용 가능하다.

26. 다음 중 성페로몬을 이용한 방제법을 잘못 설명한 것은?

① 해충의 모니터링이나 방제에 이용된다.
② 대량유살법과 교신교란법이 있다.
③ 해충의 밀도가 낮은 시기부터 시작한다.
④ 주로 암컷을 대상으로 한다.

27. 해충 발생예찰 방법이 아닌 것은?

① 타생물 현상과의 관계를 이용하는 방법
② 통계를 이용하는 방법
③ 약제를 이용하는 방법
④ 개체군 동태를 이용하는 방법

해 설

해설 **23**
흰개미는 재질 내부에 집단으로 서식하면서 습윤한 목재를 가해한다.

해설 **24**
해충의 발생 예찰은 해충의 발생시기와 발생량을 미리 알기 위함이다.

해설 **25**
페로몬 트랩은 휘발성이 있어 상온에 방치하면 효과가 없어진다.

해설 **26**
성페로몬은 미교배 암컷이 수컷을 유인할 때 방출하며, 주로 수컷이 방제의 대상이 된다.

해설 **27**
해충의 발생예찰 방법은 야외조사 및 관찰방법, 통계학적 방법, 타생물현상과의 관례를 이용하는 방법, 실험적 방법, 개체군 동태학적 방법, 컴퓨터 이용방법이 있다.

정답 23. ① 24. ③ 25. ① 26. ④
27. ③

28. 해충에 대한 발생량 예찰에 대한 설명 중 틀린 것은?

① 깍지벌레와 같은 고착성 해충의 밀도표시는 가지의 면적을 단위로 한다.
② 해충의 발생예찰은 발생시기와 발생량의 예찰을 주목적으로 방제수단의 강구에 필요하다.
③ 한 나무 내에서의 상하 또는 방위별 변이는 지역 내 임목 간의 변이보다 크다.
④ 땅속의 해충, 솔잎혹파리유충의 밀도는 면적 단위이다.

해설 **28**
한 나무 내에서의 상하 또는 방위별 변이는 지역 내 임목 간의 변이보다 적은 것이 보통이다.

29. 다음 중 충영형성률을 예찰 조사하는 해충은?

① 솔잎혹파리
② 소나무깍지벌레
③ 미국흰불나방
④ 오리나무잎벌레

해설 **29**
예찰 조사시 솔잎혹파리는 충영 형성률 및 천적분포조사를 실시한다.

30. 현재 솔나방 발생예찰사업에서 쓰고 있는 단위는?

① 소나무의 주수(株數)
② 송지(松技)의 수(數)
③ 솔잎 수
④ 송지(松技)의 면적

해설 **30**
솔나방예찰시 밀도는 송지면적을 단위로 개체수를 표현한다.

31. 솔잎혹파리 월동 유충의 밀도를 나타낼 때 쓰이는 표현 방법은?

① 면적 단위로 한다.
② 가지 길이를 단위로 한다.
③ 먹이의 양으로 한다.
④ 유아등에 모인 수로 한다

해설 **31**
솔잎혹파리의 월동유충은 면적단위의 땅속 해충의 밀도로 표시한다.

32. 해충조사 시 정확한 밀도보다는 방제방법을 판단할 때 사용되는 방법으로 산림해충의 조사에 이용되고 있는 예찰조사법은?

① 해충조사
② 항공조사
③ 축차조사
④ 선단지조사

해설 **32**
축차(逐次)조사는 방제방법을 판단할 때 사용되는 방법으로 방제지역과 방임지역을 판별하고 방제 후의 효과확인 및 피해확대를 막기 위한 벌목의 여부를 결정하는 방법이다.

정답 28. ③ 29. ① 30. ④ 31. ①
32. ③

CHAPTER 05 산림해충

33. 주로 선단지를 예찰조사하는 해충은?

① 미국흰불나방   ② 오리나무잎벌레
③ 솔잎혹파리   ④ 솔껍질깍지벌레

34. 방제 적기를 판단하기 위하여 우화 상황을 조사하는 해충은?

① 솔껍질깍지벌레   ② 솔수염하늘소
③ 박쥐나방   ④ 미국흰불나방

35. 해충의 발생과 피해의 평가 시 단시간 내에 넓은 면적을 조사할 수 있어 피해의 조기발견이 가능한 조사 방법은?

① 축차조사   ② 항공조사
③ 공간조사   ④ 수관부조사

36. 항공기에 의한 해충 조사 시 나무좀류에 대한 경(輕), 심(甚)정도의 판정은 몇 등급으로 하는가?

① 2등급   ② 3등급
③ 4등급   ④ 5등급

37. 개체군의 밀도를 변동시키는 요인이 아닌 것은?

① 출생률   ② 사망률
③ 월동률   ④ 이동률

38. 다음 중 해충의 출생률에 가장 크게 영향을 미치는 인자는?

① 이화학적 조건   ② 천적류
③ 이동비율   ④ 해충의 연령구성비율

해 설

해설 33
예찰조사에 의한 추정방법에 선단지조사 시 솔껍질깍지벌레는 4~5월 중에, 소나무재선충병은 3~4월 및 9~11월 중에 각각 실시한다.

해설 34
방제 적기를 판단하기 위해 솔수염하늘소·북방수염하늘소·광릉긴나무좀 및 솔잎혹파리는 우화상황을 조사해야 한다.

해설 35
예찰조사방법에는 해충조사, 축차조사, 항공조사 등의 방법이 있으며 항공조사는 항공기를 이용해 단시간내에 넓은 면적을 조사할 수 있어 피해의 조기발견이 가능하다.

해설 36
항공조사시 식엽성해충은 경(輕)·중(中)·심(甚)·극심(極甚)·고사(姑死)의 5등급으로, 나무좀류의 경우에는 경(輕)·중(中)·심(甚)·극심(極甚)의 4등급으로 판정한다.

해설 37
개체군의 밀도변동에 미치는 요인에는 출생률, 사망률, 이동률이 있다.

해설 38
해충의 출생률에 영향을 미치는 인자는 최대출산능력, 실출산수, 성비, 연령구성비율 등이다.

정답 33. ④   34. ②   35. ②   36. ③
33. ③   38. ④

39. 총개체수 200마리, 성비(性比) 0.55인 곤충의 암컷 비율은?

① 55마리
② 90마리
③ 45마리
④ 110마리

40. 경제적 가해수준(Economic injury level)이란?

① 해충에 의한 피해액이 방제비보다 큰 수준의 밀도를 말한다.
② 해충에 의한 피해액이 방제비보다 작은 수준의 밀도를 말한다.
③ 해충에 의한 피해액과 방제비가 같은 수준의 밀도를 말한다.
④ 해충에 의해 경제적으로 큰 가해를 주는 수준의 밀도를 말한다.

41. 천적의 이용은 어떤 방법인가?

① 일반평형밀도를 높이는 방법
② 일반평형밀도를 낮추는 방법
③ 경제적 피해수준을 높이는 방법
④ 경제적 피해수준을 낮추는 방법

42. 내충성 수종 이용은 다음 중 어떤 방법인가?

① 일반평형밀도를 낮추는 방법
② 일반평형밀도를 높이는 방법
③ 경제적 피해허용수준을 높이는 방법
④ 경제적 피해허용수준을 낮추는 방법

43. 생물적인 인자 즉 천적을 이용하여 해충의 개체군을 억제하는 해충 방제 방법을 무엇이라 부르는가?

① 잠복소 유살법
② 식이 유살법
③ 성유인물질 유살법
④ 생물적 방제법

[해설] **39**

개체군 밀도변동요인 중 출생률의 성비는 전체 개체수에 대한 암컷의 비율을 말한다. 따라서 $\dfrac{\text{암컷개체수}}{200(\text{총개체수})} = 0.55$

∴ 암컷개체수 = 110마리

[해설] **40**

경제적 피해가 나타나는 최저밀도로 해충에 의한 피해액과 방제비가 같은 수준의 밀도를 말한다.

[해설] **41**

일반적 조건하에서의 평균밀도를 일반평형밀도라고 하며, 천적의 이용은 환경조건을 해충의 서식과 번식에 불리하게 만들어 주는 방법이다.

[해설] **42**

해충의 밀도는 그대로 두고 내충성품종 이용해 해충에 대한 수목의 감수성을 낮추는 방법은 경제적 피해허용수준을 높이는 방법이 있다.

[해설] **43**

기생곤충, 포식충, 병원미생물 등의 천적을 이용한 해충개체군 밀도의 억제방법을 생물적 방제라 한다.

정답 39. ④ 40. ③ 41. ② 42. ③
43. ④

44. 다음 중 산림해충의 생물학적 방제방법이 아닌 것은?

① 기생곤충을 이용한 방제　　② 병원미생물을 이용한 방제
③ 유인목을 이용한 방제　　　④ 포충동물을 이용한 방제

45. 생물적 방제에 가장 많이 쓰이는 천적들은?

① 선충류　　　　　　　　② 곤충류
③ 조류　　　　　　　　　④ 응애류

46. 해충의 생물적 방제의 장점이 아닌 것은?

① 생물적 방제는 효과가 영구적으로 지속된다.
② 화학적 문제가 없다.
③ 해충밀도가 위험한 밀도에 달하였을 때 아주 효과적이다.
④ 친환경적인 방법으로 생태계가 안정된다.

47. 다음 중 산림해충의 생물학적인 방제방법인 것은?

① 식재할 때에 내충성 품종을 선정한다.
② 비티수화제(슈리사이드)를 이용하여 솔나방 등을 방제한다.
③ 임목밀도를 조절하여 건전한 임분을 육성한다.
④ 생리활성물질인 키틴합성억제제를 이용하여 산림해충을 방제한다.

48. 다음 중 해충의 천적 역할을 하는 익충이 아닌 것은?

① 굴파리　　　　　　　② 무당벌레
③ 풀잠자리　　　　　　④ 기생벌

해　　설

해설 44
유인목은 해충의 행동습성을 이용하여 유인하는 방제로 기계적 방제법에 속한다.

해설 45
생물적 방제의 천적에는 포식곤충, 기생곤충, 미생물 등 곤충류가 가장 많다.

해설 46
해충밀도가 위험에 도달했을 때는 화학적방제가 효과적이다. 생물적 방제는 해충밀도가 낮을 경우 효과적이며, 시간과 경비가 과다하게 소요되는 단점이 있다.

해설 47
비티수화제는 미생물농약으로 살충제와 마찬가지로 제제화·상품화되어 솔나방, 미국흰불나방 등의 방제에 활용되고 있다.

해설 48
굴파리, 진딧물, 잎응애, 총채벌레, 나방류 등은 해충들이다.

정답　44. ③　45. ②　46. ③　47. ②
48. ①

49. 혼효림이 단순림보다 해충피해에 저항성이 강한 이유 가운데 가장 거리가 먼 것은?

① 해충이 먹이물에 도달하는 능력을 저하시키기 때문이다.
② 임내의 온도를 낮추고 습도를 높여 해충 사망률을 높이기 때문이다.
③ 천적의 종수 및 개체수를 증가시키기 때문이다.
④ 종간 경쟁이 심하여 일부 종이 도태되기 때문이다.

50. 산림해충의 피해 예방법으로 가장 거리가 먼 것은?

① 혼효림을 조성한다.
② 천적을 보호 육성한다.
③ 저항성 품종을 식재한다.
④ 해충의 은신처인 낙엽을 모두 제거한다.

51. 다음 살충제 중 가장 친환경적인 농약은?

① 비티수화제 ② 디프수화제
③ 베스트수화제 ④ 메프수화제

52. 다음 중 미생물농약에 관해 잘못 설명한 것은?

① 환경보전의 개념에 입각한 농약이다.
② 병해충의 저항성 증가가 없고, 개발비용이 저렴하다.
③ 화학농약에 비해 효과가 떨어지나 효과의 발현이 빠르다.
④ 대표적인 미생물농약은 BT라는 세균이다.

53. 다음 중 해충의 천적이 점차 없어지는 가장 주요한 이유는?

① 이상기후 ② 품종의 내충성 약화
③ 재배면적의 확대 ④ 농약의 살포

해 설

해설 **49**
혼효림은 여러 종류의 해충이 서식하나 이들의 세력이 서로 견제되고 천적의 종류도 다양하여 해충밀도가 높지 않은 것이 보통이다.

해설 **50**
낙엽은 산림 생태계를 유지하는 중요한 인자이다.

해설 **51**
비티수화제는 생물적 방제에 이용되는 미생물농약이다.

해설 **52**
미생물농약은 병원미생물을 천적으로 이용하는 방법으로 화학농약에 비해 효과가 떨어지고, 효과의 발현이 느리며 방제대상 병해충의 범위가 좁다.

해설 **53**
농약으로 인해 그 수가 많이 줄어들고 있다.

정답 49. ④ 50. ④ 51. ① 52. ③
53. ④

54. 살충제의 사용에 의한 부작용으로 나타날 수 있는 것이 아닌 것은?

① 저항성 해충 출현
② 해충밀도의 급격한 감소
③ 천적류에 대한 영향
④ 유용동물에 대한 영향

55. 농약의 남용으로 발생이 조장되는 해충의 가장 대표적인 것은?

① 솔잎혹파리
② 밤나무순혹벌
③ 솔나방
④ 진딧물

56. 다음 중 방제효과와 더불어 해충발생상황을 탐색하는 데 도움이 되는 방제법은?

① 포장위생
② 토성의 개량
③ 유살
④ 천적증식

57. 나무좀, 하늘소, 바구미 등과 같은 천공성 해충을 방제하는데 가장 알맞은 방법은?

① 온도처리법
② 통나무 유살법
③ 경운법
④ 잡아 죽이는 방법

58. 유아등을 이용한 방제법은?

① 재배적 방제
② 기계적 · 물리적 방제
③ 법적 방제
④ 생물적 방제

59. 주광성(走光性)이 있는 해충을 등화 유살 할 경우 가장 효과가 있는 기상상태는?

① 고온다습하고 흐린 날 바람이 있을 때
② 고온다습하고 흐린 날 바람이 없을 때
③ 고온건조하고 맑은 날 바람이 있을 때
④ 고온건조하고 맑은 날 바람이 없을 때

해   설

해설 54
화학적 방제 후 해충밀도의 급격한 회복에 의한 피해의 재발이 우려된다.

해설 55
진딧물류와 응애류는 천적류의 감소 등으로 살충제 사용 후 밀도가 급격히 증가하는 해충이다.

해설 56
유살은 해충의 특이한 행동습성을 이용한 방법으로 방제와 해충의 발생상황을 탐색하는데 도움을 준다.

해설 57
천공성 해충방제시 통나무로 유인하여 방제한다.

해설 58
유아등은 기계적물리적 방제로 단파장의 빛에 이끌리는 습성을 이용한 채집법으로 빠른 시간 내에 가장 효율적인 채집할 수 있는 방법이다.

해설 59
주광성은 빛에 유인되는 것으로 등화 유살의 경우 고온 다습하고 흐린 날 바람이 없을 때 실시한다.

정답 54. ② 55. ④ 56. ③ 57. ②
58. ② 59. ②

60. 해충의 등화유살시 가장 효과적인 광원의 색은?

① 백색
② 황색
③ 적색
④ 녹색

61. 텐트나방 유령기와 같이 나뭇가지 위에 모여 있는 동안에 이용하는 해충 방제법으로 가장 좋은 것은?

① 터는 방법
② 찔러 죽이는 방법
③ 먹이 유살법
④ 태워 죽이는 방법

62. 산림의 생물피해방제를 위하여 화학적 방제를 누적적으로 실행한 경우 나타날 수 있는 현상이 아닌 것은?

① 약제 저항성 해충의 출현
② 잠재적 곤충의 해충화
③ 동물상의 다양화
④ 자연생태계의 평형 파괴

63. 대면적에 돌발적으로 발생한 병해충의 방제에 널리 이용되는 방법은?

① 임업적 방제법
② 화학적 방제법
③ 물리적 방제법
④ 생물적 방제법

64. 다음 중 항공방제의 대상인 밤나무 해충으로 보기 어려운 것은?

① 복숭아명나방
② 밤바구미
③ 밤나무혹나방
④ 미국흰불나방

65. 다음 농약 중에서 살충제인 것은?

① 구리제
② 석회보르도액
③ 유기인제
④ 유기황제

해설 60

등화 유살시 녹색, 황색, 백색의 순으로 효과적이며 단파장 광선을 이용한 유아등을 많이 이용하고 있다.

해설 61

해충이 모여 있는 동안은 태워 죽이는 방법이 유리하다.

해설 62

화학적 방제는 천적을 비롯한 유용동물에 부정적 영향을 준다.

해설 63

대면적으로 발생한 병해충은 화학물질(농약)을 이용한 방제법으로 효과가 정확하고 빠르다.

해설 64

항공방제의 대상인 밤나무 해충에는 복숭아명나방, 밤나무혹나방, 밤바구미 등이 있다.

해설 65

구리제, 석회보르도액, 유기황제는 살균제이다.

정답 60. ④ 61. ④ 62. ③ 63. ②
64. ④ 65. ③

66. 씹거나 핥아먹기에 알맞은 구기를 가진 해충에 유효한 살충제는?

① 소화중독제　　　　　　② 접촉제
③ 훈연제　　　　　　　　④ 유인제

[해설] **66**
소화중독제는 해충의 구기(口器)를 통하여 들어간다.

67. 약제를 식물체의 뿌리, 줄기, 잎 등에 흡수시켜 깍지벌레와 같은 흡즙성 곤충을 죽게 하는 살충제는?

① 기피제　　　　　　　　② 침투성살충제
③ 소화중독제　　　　　　④ 유인제

[해설] **67**
침투성살충제는 식물의 일부분에 처리하면 전체에 퍼져 즙액을 빨아먹는(흡즙성) 해충을 살해시키는 약제로 천적에 대한 피해가 없다.

68. 살비제의 적용 해충은?

① 깍지벌레류　　　　　　② 응애류
③ 방패벌레류　　　　　　④ 솔잎혹파리의 유충

[해설] **68**
살비제는 응애류를 죽이는 데 사용되는 약제이다.

69. 다음 살충제 중에서 접촉제가 아닌 약제는?

① 유기인제　　　　　　　② 데리스제
③ 비산제　　　　　　　　④ 니코틴제

[해설] **69**
비산제는 소화중독제이다.

70. 해충의 피부를 통하여 체내에 들어가 독작용을 일으키는 약제는?

① 유인제　　　　　　　　② 접촉제
③ 훈증제　　　　　　　　④ 소화 중독제

[해설] **70**
접촉제는 해충에 직접 약제를 부착시켜 살해시키는 약제로 깍지벌레, 진딧물, 멸구류에 적당하다.

정답　66. ①　67. ②　68. ②　69. ③
　　　70. ②

71. 보조제에 대한 설명이 아닌 것은?

① 비누는 용제의 일종으로 쓰인다.
② 유화제나 희석제는 약제의 균일한 분산을 돕는다.
③ 공력제는 주제의 살충 효력을 증가시킨다.
④ 약제의 현수성이나 확전성 또는 고착성을 돕는 것을 전착제라 한다.

72. 농약 주성분의 농도를 낮추기 위하여 사용하는 보조제는?

① 전착제   ② 유화제
③ 증량제   ④ 용제

73. 농약의 제제 과정에서 물에 잘 녹지 않는 약제를 잘 녹는 용제에 녹여 유화제를 가해서 만든 농약으로 맞는 것은?

① 분제   ② 유제
③ 수용제   ④ 수화제

74. 농약사용 시의 미량살포(微量撒布)를 바르게 설명한 것은?

① 약제에 다량의 물을 타서 조금씩 살포하는 것
② 액제살포의 한 방법으로 소량을 살포하는 것
③ 액제살포의 한 방법으로 거의 원액에 가까운 농도의 농후액을 살포하는 것
④ 소량의 물을 약제에 타서 살포하는 것

75. 액제 살포에 대한 설명으로 옳지 않은 것은?

① 바람을 등지고 살포한다.
② 일반적으로 분무기를 사용한다.
③ 살포시에는 반드시 경수를 사용한다.
④ 수화제는 물에 용해되지 않은 채 살포된다.

CHAPTER 05 산림해충

해설 **71**
보조제는 살충제의 효력을 높이기 위해 첨가되는 보조물질로 비누는 전착제로 사용된다.

해설 **72**
증량제는 수화제, 분제, 입제 등과 같이 고체농약의 제제시에 주성분의 농도를 저하시키고 부피를 증대시켜 농약 주성분을 목적물에 균일하게 살포하며 농약의 부착량을 향상시키기 위하여 사용되는 재료를 말한다.

해설 **73**
유제(乳劑)는 주제(主劑)가 물에 녹지 않을 때 유기용매에 녹여 유화제를 첨가한 용액으로 물에 희석하여 사용한다.

해설 **74**
미량살포는 살포량이 매우 적은 살포로서(6L/ha 이하) 액상원제 또는 미량살포제를 살포하는 것을 말한다.

해설 **75**
액체 살포시 연수(軟水)를 사용해야 약해를 막을 수 있다.

정답   71. ①   72. ③   73. ②   74. ③
75. ③

76. 다음 중 농약의 구비조건으로 잘못된 것은?

① 효력이 정확할 것
② 물리적 성질이 양호할 것
③ 다른 약제와 혼용 범위가 좁을 것
④ 등록되어 있는 농약일 것

77. 농약 살포액의 조제 시 고려사항 중 가장 중요한 것은?

① 농약독성   ② 농약잔류성
③ 희석배수   ④ 환경독성

78. 다음 중 농약의 안전사용기준 설정 목적을 가장 잘 설명한 것은?

① 농약의 약해 방지를 위하여
② 농약 살포액의 안전 조제를 위하여
③ 농약 살포 때 중독 예방을 위하여
④ 농산물의 잔류농약 안전성 향상을 위하여

79. 농약 살포 중의 중독사고를 방지하기 위안 예방책이 아닌 것은?

① 다량의 약제를 흡입하거나 몸에 부착되지 않도록 한다.
② 노출이 작은 작업복을 착용한다.
③ 마스크, 보호안경 등을 착용한다.
④ 풍향을 고려하여 바람을 안고 살포한다.

80. 급성독성 정도에 따른 농약의 구분이 아닌 것은?

① 중독성   ② 맹독성
③ 고독성   ④ 보통독성

해   설

해설 76
농약은 다른 약제와 혼용시 화학적으로 반응하여 상승작용을 일으킬 수 있는 것이어야 한다.

해설 77
희석배수는 농약을 희석하는 배율로 희석을 잘못하면 약해가 생기거나 효과가 저해된다. 보통 희석배수가 100배액이면 농약 1에 물 99를 희석한 것이다.

해설 78
농약의 안전사용기준은 적용대상 농작물에 한하여, 적용대상 병해충에 한하여, 사용 시기를 지켜, 적용대상 농작물에 대한 재배기간 중의 사용가능 횟수 내에서 사용하는 것이다.

해설 79
농약은 바람을 등지고 살포한다.

해설 80
급성독성 정도에 따라 맹독성, 고독성, 보통독성, 저독성으로 구분한다.

정답 76. ③ 77. ③ 78. ④ 79. ④
80. ①

81. 농약의 독성을 표시하는 용어인 "LD₅₀"의 뜻은?

① 시험동물의 50%가 죽는 농약의 양이며 mg/kg 으로 표시
② 농약 독성평가의 어독성 기준 동물인 잉어가 50% 죽는 양이며 mg/kg 으로 표시
③ 시험동물의 50%가 죽는 농약의 양이며 μg/g 으로 표시
④ 농약 독성평가의 어독성 기준 동물인 잉어가 50% 죽는 양이며 μg/g 으로 표시

82. 솔나방의 월동 형태는 어느 것인가?

① 알
③ 5령 유충
② 2령 유충
④ 성충

83. 솔나방 유충의 월동처로 가장 적당한 곳은?

① 소나무 엽초 속
③ 깊은 땅속
② 수피사이나 지피물 속
④ 중간기수 위

84. 솔나방의 대략적인 산란 수는?

① 100 ~ 300개
③ 900 ~ 1000개
② 500개 내외
④ 1500 ~ 2000개

85. 우리나라에서 솔나방은 1 년에 몇 회 발생하는가?

① 1회
③ 3회
② 2회
④ 4회

해설 **81**
LD_{50}은 반수치사량으로 실험동물에 약을 처리하였을 때 50% 이상이 죽는 약의 분량을 말한다.

해설 **82**
솔나방의 부화유충은 4회 탈피 후 5령충으로 월동한다.

해설 **83**
솔나방 유충은 5령충은 지피물이나 나무 껍질 사이에서 월동한다.

해설 **84**
솔나방은 500개 내외의 알을 솔잎 위에 무더기로 낳고 죽는다.

해설 **85**
솔나방은 1년에 1회 발생하고 알에서 부화하여 7번 탈피한 8령충이 고치를 만들어 번데기가 되며 약 20일 후에 나방으로 우화한다.

정답 **81.** ① **82.** ③ **83.** ② **84.** ②
85. ①

CHAPTER 05 산림해충

해	설

86. 솔나방의 발생량과 가장 밀접한 관계가 있는 전년도의 기상상황은?

① 8월 중의 강우량   ② 10월 중의 기온
③ 11월 중의 서리해   ④ 12월 중의 강설량

해설 **86**
솔나방의 발생량은 전년도의 8월 중에 호우가 내리면 다음 해의 피해가 적어진다.

87. 솔나방 유충의 다음 해 발생밀도와 가장 관계 깊은 것은?

① 전년도 5월의 밀도   ② 전년도 7월의 밀도
③ 전년도 8월의 밀도   ④ 전년도 10월의 밀도

해설 **87**
솔나방의 유충은 당년 가을과 다음 해 봄 두차례 가해하며, 전년도 10월경의 유충밀도가 금년도 봄의 발생밀도를 결정한다.

88. 솔나방의 성충 우화시기 가운데 가장 올바른 것은?

① 4월 상순 ~ 5월 상순   ② 5월 하순 ~ 6월 상순
③ 6월 하순 ~ 7월 상순   ④ 7월 하순 ~ 8월 중순

해설 **88**
솔나방의 성충 우화시기는 7월 하순 8월 중순에 나타나고 수명은 7~9일 정도이다.

89. 솔나방의 구제법으로 가장 이상적인 것은?

① 약제살포   ② 천적증식
③ 유아등법   ④ 포살법

해설 **89**
알일 때는 송충알좀벌이, 유충이나 번데기 때는 고치벌, 맵시벌이 천적이다.

90. 솔나방의 월동 습성을 이용한 방제법은?

① 수관에 약제를 살포한다.
② 수간에 짚이나 가마니를 감아놓아 유인 포살한다.
③ 유아등을 가설하여 유인 포살한다.
④ 솜뭉치에 석유를 칠하여 유충을 포살한다.

해설 **90**
월동장소를 찾아 나무에서 내려오는 습성을 이용하여 10월 중에 지상 1m 높이의 수간에 유충이 들어가 월동할 수 있도록 잠복소를 설치한다.

91. 유아등(誘蛾燈)을 이용한 솔나방의 구제 적기는?

① 5월 하순 ~ 6월 중순   ② 6월 하순 ~ 7월 중순
③ 7월 하순 ~ 8월 중순   ④ 8월 하순 ~ 9월 중순

해설 **91**
성충의 활동시기인 7월 하순~8월 중순에 피해임지 내 또는 그 주변에 유아등을 설치하여 유살한다.

정답 86. ①   87. ④   88. ④   89. ②
90. ②   91. ③

92. 솔나방 유충 구제에 많이 쓰이는 농약은?

① 메프수화제(스미치온)
② 포스팜액제(다이메크론)
③ 나크수화제(세빈)
④ 디코폴유제(켈센)

93. 1963년 우리나라 전남에서 최초 발생되어 1983년에 이 해충의 피해임이 밝혀졌으며, 현재 전남북 및 경남의 남부해안지방의 해송에 집중적으로 피해를 입히고 있는 해충은?

① 솔나방
② 솔잎혹파리
③ 소나무재선충
④ 솔껍질깍지벌레

94. 다음 중 흡수성 해충(吸收性 害蟲)으로 가장 적당한 것은?

① 솔나방
② 박쥐나방
③ 솔껍질깍지벌레
④ 오리나무잎벌레

95. 솔껍질깍지벌레의 피해지역 확대와 가장 관련 깊은 충태는?

① 부화 약충
② 정착 약충
③ 암컷 성충
④ 수컷 성충

96. 유충이 소나무, 해송 등의 엽초에 쌓인 침엽의 접합 부위에 기생하고, 이에 혹을 만들어 피해를 주는 곤충은?

① 소나무좀
② 주목혹파리
③ 솔노랑잎벌
④ 솔잎혹파리

97. 솔잎혹파리는 1년에 몇 회 발생하는가?

① 년 1회 발생한다.
② 년 2회 발생한다.
③ 년 3회 발생한다.
④ 년 4회 발생한다.

[해설] **92**
접촉성 유기인계 살충제인 메프수화제를 살포한다.

[해설] **93**
솔껍질깍지벌레의 피해는 우리나라 전남북 및 경남 남부 해안지방의 해송에 집중되어 있고, 해안지방으로서 확산속도는 빠르나 내륙지방으로서의 확산은 느린 편이다.

[해설] **94**
솔껍질깍지벌레는 유충이 가늘고 긴 입을 나무에 꽂고 수액을 흡수하여 가해하는 흡수성해충이다.

[해설] **95**
솔껍질깍지벌레는 주로 부화약충이 바람에 날려 이동 및 확산한다.

[해설] **96**
솔잎혹파리의 유충은 솔잎 밑부분에 벌레혹(충영)을 만들고 그 속에서 즙액을 빨아먹고 피해 잎은 생장이 중지되고 그 해에 변색되어 낙엽이 된다.

[해설] **97**
솔잎혹파리는 1년에 1회 발생하며 월동 유충은 5월 상순~6월 상순에 번데기가 되고, 5월 중순~7월 상순에 우화하여 성충이 된다.

정답 92. ① 93. ④ 94. ③ 95. ①
96. ④ 97. ①

98. 솔잎혹파리는 어느 곳에서 월동하는가?

① 나무껍질 사이에 숨어서　　② 땅속에 숨어서
③ 솔잎사이에 끼어서　　　　　④ 나무속에 파고 들어가서

해 　　　설

[해설] **98**
유충은 9월 하순 ~ 다음해 1월까지(최성기 11월 중순)사이에 주로 비가 올 때 땅으로 떨어져 토양 속에 잠복하고 2cm 이내의 땅속에서 월동한다.

99. 솔잎혹파리 유충의 생활 습성을 기술한 것 중 틀리는 것은?

① 부식질이 많은 토양을 좋아한다.
② 한랭 저항력이 강하다.
③ 습기 저항력은 강하다.
④ 건조 저항력은 강하다.

[해설] **99**
솔잎혹파리의 유충은 건조한 임지에서는 자연히 죽으므로 지피들의 제거 등으로 임지를 건조시킨다.

100. 솔잎혹파리의 피해에 관한 기술 중 가장 옳은 것은?

① 동일임분 내에서 충영형성률은 유령목 < 장령목 < 노령목의 순으로 피해가 심하다.
② 피해목의 직경생장은 피해 당년에, 수고생장은 다음 해에 각각 감소한다.
③ 유충이 솔잎의 끝부분에 충영을 만들고 그 속에서 즙액을 빨아 먹는다.
④ 충영은 8월 하순부터 부풀기 시작하며 피해엽은 건전엽과 거의 같다.

[해설] **100**
바르게 고치면
① 가장 피해가 심한 순서는 35~40년생 장령목이나 유령목순이다.
③ 유충이 솔잎 밑부분에 충영을 만들고, 피해 잎은 성장이 중지되고 그 해에 변색되어 낙엽이 된다.
④ 6월 하순경부터 부화유충이 잎기부에 충영이 형성되어 부풀기 시작하며, 잎 생장도 정지되어 건전한 솔잎 길이보다 1/2 이하로 짧아진다.

101. 솔잎혹파리 방제를 위한 수간주사를 할 때, 구멍은 수간에 대하여 몇 도의 각도로 뚫는 것이 가장 좋은가?

① 45° 아래 방향으로　　　　　② 50° 아래 방향으로
③ 60° 아래 방향으로　　　　　④ 65° 아래 방향으로

[해설] **101**
수간주사를 실시할 때에는 대상목의 흉고직경을 측정한 후, 밑을 향해서 45° 각도로 뚫는다.

정답 98. ② 99. ④ 100. ②
101. ①

102. 솔잎혹파리의 피해가 가장 심한 수종은?

① 소나무   ② 리기다소나무
③ 낙엽송   ④ 잣나무

103. 다음 중 솔잎혹파리의 우화 최성기로 가장 적합한 것은?

① 4월 상순경   ② 6월 상순경
③ 9월 하순경   ④ 10월 상순경

104. 솔잎혹파리의 기생성 천적이 아닌 것은?

① 솔잎혹파리먹좀벌   ② 혹파리원뿔먹좀벌
③ 혹파리살이먹좀벌   ④ 혹파리등뿔먹좀벌

105. 솔잎혹파리의 천적이 아닌 것은?

① 솔잎혹파리먹좀벌   ② 무당벌레
③ 혹파리살이먹좀벌   ④ 혹파리등뿔먹좀벌

106. 다음 중 유아등으로 잡을 수 없는 해충은?

① 독나방   ② 솔나방
③ 솔잎혹파리   ④ 풍뎅이

107. 농약의 수간주사 주입에 대한 설명 중 틀리는 것은?

① 주로 침투이행성 약제를 주입한다.
② 천적에 대한 영향 및 환경오염이 적다.
③ 주입구멍의 각도는 45° 정도가 좋다.
④ 나무중심을 향하여 정확히 주입구멍을 뚫는다.

해설 102
솔잎혹파리는 주로 소나무, 해송(곰솔) 등에 피해를 준다.

해설 103
솔잎혹파리는 5월 중순~7월 상순에 우화 하여 성충이 되며 6월 상순이 우화최성 기이다.

해설 104
솔잎혹파리 방제에는 솔잎혹파리먹좀벌 과 혹파리살이먹좀벌, 혹파리등뿔먹좀 벌, 혹파리반뿔먹좀벌이 이용되고 있다.

해설 105
먹좀벌류를 천적 기생벌로 이용하고 있 으며 특히, 솔잎혹파리먹좀벌과 혹파리 살이먹좀벌 등 2종을 인공으로 사육하 여 이식하고 있다.

해설 106
유아등을 이용한 등화유살은 주로 나방 류와 풍뎅이류에 이용된다.

해설 107
나무줄기 주위에 고루 분포하도록 중심 부를 비켜서 밑을 향해서 45° 정도로 뚫는다.

정답 102. ① 103. ② 104. ②
105. ② 106. ③ 107. ④

108. 다음 중 2차 해충으로 가장 적당한 것은?

① 소나무좀   ② 오리나무잎벌레
③ 흰불나방   ④ 밤나무혹벌

해설 **108**

2차 해충은 특정해충의 방제로 인해 곤충상이 파괴되면서 새로운 해충이 주요 해충화하는 경우를 말하며, 소나무좀은 벌채목이나 수세 쇠약목의 수간을 주로 가해하는 2차 해충이다.

109. 다음 중 성충으로 월동하는 곤충은?

① 밤나무 순혹벌   ② 소나무좀
③ 독나방   ④ 솔잎혹파리

해설 **109**

소나무좀의 성충은 11월부터 수간의 지면 가까운 부분이나 뿌리 근처의 수피 틈에서 월동한다.

110. 다음 중 소나무류의 천공성 해충은?

① 소나무좀   ② 소나무왕진딧물
③ 솔껍질깍지벌레   ④ 잣나무넓적잎벌

해설 **110**

소나무좀은 벌채된 나무나 쇠약한 나무의 수피 밑 형성층에 구멍을 뚫는다.

111. 소나무좀의 신성충이 피해를 주는 장소는?

① 소나무 잎   ② 소나무 뿌리
③ 수간밑 부분   ④ 소나무 신초 속

해설 **111**

6월 초부터 우화하여 새로 나온 성충은 신초를 가해하여 고사시키는 후식(後食) 피해를 준다.

112. 소나무 임분에서 발생된 설해목을 일찍 제거하지 못할 때 발생되기 쉬운 해충은?

① 솔나방   ② 솔잎혹파리
③ 소나무좀   ④ 솔노랑잎벌

해설 **112**

소나무좀을 방제하기 위해서는 수세가 쇠약한 나무, 설해목(雪害木) 등 피해목 및 고사목을 벌채하여 껍질을 벗겨야 한다.

113. 먹이나무를 설치하여 유인 포살할 수 있는 해충은?

① 소나무좀   ② 포도유리나방
③ 오리나무잎벌레   ④ 집시나방

해설 **113**

수세가 약한 나무를 제거하거나 먹이나무(이목, 餌木)를 배치하여 소나무좀을 모은 다음 소각한다.

정답 108. ① 109. ② 110. ①
111. ④ 112. ③ 113. ①

114. 1년에 2회 발생하며 1화기에는 자두, 복숭아 등의 열매를 가해하고 2화기에는 밤나무의 열매를 주로 가해하는 해충은?

① 삼나무독나방　　　　　　② 복숭아명나방
③ 솔잎혹파리　　　　　　　④ 넓적다리잎벌

115. 밤 열매에 피해를 주며 성충 최성기에 침투성 살충제로 방제하면 효과가 큰 해충은?

① 복숭아명나방　　　　　　② 밤나무순혹벌
③ 밤나방　　　　　　　　　④ 밤바구미

116. 다음 중에서 목질의 재질을 저하시키는 해충이 아닌 것은?

① 소나무좀　　　　　　　　② 점박이 수염긴하늘소
③ 복숭아명나방　　　　　　④ 소나무순나방

117. 밤바구미의 피해를 받은 밤은 무엇으로 훈증하는가?

① 에틸알코올　　　　　　　② 황산
③ 인화늄정제　　　　　　　④ 탄산가스

118. 부화한 애벌레가 거미줄을 치고 모여서 잎을 갉아 먹는 해충은?

① 진딧물　　　　　　　　　② 솔나방
③ 오리나무잎벌레　　　　　④ 미국흰불나방

119. 미국 흰불나방의 월동 형태는?

① 번데기로 나무 틈에서　　② 유충으로 나무에서
③ 알로 땅속에서　　　　　　④ 성충으로 땅속에서

해설 **114**
복숭아명나방은 1년에 2회 발생하며 수피 사이의 고치 속에서 유충으로 월동한다.

해설 **115**
복숭아명나방은 7월 하순 ~ 8월 중순 사이 밤나무에 파프유제, 디프유제 등을 1~2회 살포한다.

해설 **116**
복숭아명나방은 과실을 가해하는 해충이다.

해설 **117**
밤바구미의 피해시 인화늄정제로 훈증한다.

해설 **118**
미국흰불나방은 부화한 유충은 4령기까지 실을 토하여 잎을 싸고 그 속에서 집단생활을 하며, 5령기부터 7월 하순까지 엽맥만 남기고 잎을 갉아 먹는다.

해설 **119**
미국흰불나방은 나무껍질 사이 또는 지피물 밑에서 고치를 짓고 번데기로 월동한다.

정답 114. ② 115. ① 116. ③
117. ③ 118. ④ 119. ①

120. 미국 흰불나방은 1년에 몇 회 우화하는가?

① 1회   ② 2회
③ 3회   ④ 4회

121. 다음의 산림해충 중 600 ~ 700개의 알을 낳는 해충은?

① 솔나방   ② 소나무좀
③ 미국흰불나방   ④ 텐트나방

122. 다음의 산림해충 중에서 가장 잡식성인 해충은 어느 것인가?

① 미국흰불나방   ② 오리나무잎벌레
③ 솔나방   ④ 텐트나방

123. 미국흰불나방에 대한 설명으로 적당하지 않은 것은?

① 1년에 2회 발생하며 번데기로 월동한다.
② 20세기 초기부터 발생하며 우리나라가 원산지이다.
③ 부화 직후의 유충은 군서한다.
④ 살충제인 디프제가 방제에 효과적이다.

124. 흰불나방의 유충 방제에 가장 좋은 약제는?

① 메타유제   ② 비피유제
③ 메치온유제   ④ 트리무론수화제

125. 다음 중 잎을 갉아먹는 해충은?

① 향나무하늘소   ② 전나무잎응애
③ 오리나무잎벌레   ④ 밤바구미

해 설

해설 120
미국흰불나방은 보통 1년에 2회 발생하고 제1화기보다 제2화기의 피해가 더 심하다.

해설 121
월동한 미국흰불나방의 번데기는 5월 중순 ~ 6월 상순에 제1회기 성충이 되어 600~700개의 알을 산란한다.

해설 122
미국흰불나방은 활엽수 160여종을 가해하는 잡식성해충으로 먹이가 부족하면 초본류도 먹는다.

해설 123
미국흰불나방은 북미 원산의 해충으로 유충 한마리가 100~150cm²의 잎을 섭식한다.

해설 124
벤조일우레아계 살충제인 트리무론수화제나 요소계 살충제인 클로르푸루아주론 유제를 살포한다.

해설 125
오리나무잎벌레는 식엽성 해충이다.

정답 120. ②   121. ③   122. ①
123. ②   124. ④   125. ③

126. 오리나무잎벌레의 월동상태와 발생횟수는?

① 알 – 4회
② 유충 – 3회
③ 번데기 – 2회
④ 성충 – 1회

127. 오리나무잎벌레의 생활사를 기술한 것 중 옳은 것은?

① 성충으로 월동하고 잎에 산란한다.
② 유충으로 월동하고 잎에 산란한다.
③ 번데기로 월동하고 줄기에 산란한다.
④ 알로 월동하고 줄기에 산란한다.

128. 성충과 유충이 동시에 잎을 가해하는 해충은?

① 솔잎혹파리
② 거위벌레
③ 매미나방
④ 오리나무잎벌레

129. 오리나무 잎벌레의 경과습성으로 합당하지 않은 것은?

① 1년 1회 발생한다.
② 유충만이 가해한다.
③ 성충으로 월동한다.
④ 잎(새순)을 가해한다.

130. 오리나무잎벌레의 천적은?

① 풀잠자리
② 침파리
③ 무당벌레
④ 실잠자리

131. 1년에 가장 여러 번 발생하는 산림해충은?

① 소나무좀
② 미국흰불나방
③ 솔나방
④ 독나방

해설 **126**
오리나무잎벌레는 1년에 1회 발생하여 성충으로 지피물 밑 또는 흙속에서 월동한다.

해설 **127**
5월 중순~6월 하순에 300여 개의 알을 잎 뒷면에 50~60개씩 무더기로 산란한다.

해설 **128**
오리나무잎벌레는 성충과 유충이 동시에 오리나무잎을 식해하며, 유충은 엽육만을 먹기 때문에 잎이 붉게 변색된다.

해설 **129**
오리나무 잎벌레의 유충은 잎을 가해하여 엽맥만 그물모양으로 남고 성충은 새잎을 식해한다.

해설 **130**
무당벌레는 진딧물류와 깍지벌레류의 중요한 천적이다.

해설 **131**
1년에 2번 발생하는 해충은 복숭아명나방, 미국흰불나방, 버즘나무방패벌레 등이다.

정답 126. ④ 127. ① 128. ④
129. ② 130. ③ 131. ②

132. 수간에 황색털로 덮여 있는 난괴(알 덩어리)는 어떤 해충의 난괴인가?

① 텐트나방
② 집시나방
③ 미국흰불나방
④ 복숭아유리나방

133. 진달래방패벌레는 다음 중 어떤 충태로 월동하는가?

① 번데기(용)로 월동한다.
② 성충태로 월동한다.
③ 알로 월동한다.
④ 유충태로 월동한다.

134. 부화 유충이 초본류를 가해하다가 수목으로 이동하여 줄기에 구멍을 뚫고 들어가는 천공성 해충은?

① 박쥐나방
② 굴벌레나방
③ 알락하늘소
④ 향나무하늘소

135. 향나무하늘소(측백하늘소)는 어떤 충태로 월동하는가?

① 성충태
② 유충태
③ 난태
④ 용태(번데기)

136. 향나무하늘소는 조경수인 향나무에 심한 피해를 준다. 이 해충이 가해하는 부위는?

① 잎과 줄기
② 줄기와 가지
③ 뿌리와 가지
④ 종자(열매)와 잎

137. 참나무류의 종실인 도토리에 주둥이로 구멍을 뚫고 산란한 후 도토리가 달린 가지를 주둥이로 잘라 땅으로 떨어뜨리며 알에서 부화한 유충이 도토리의 과육을 식해하는 해충은?

① 왕바구미
② 도토리거위벌레
③ 심식나방
④ 도토리바구미

138. 깍지벌레 구제 효과가 가장 좋은 농약은?

① 타로닐수화제(다코닐)
② 피크람제(케이핀)
③ 파라코액제(그라목손)
④ 메치온유제(수프라사이드)

해　설

해설 132
집시나방은 알을 나무줄기에 덩어리(卵塊)로 낳으며 암컷의 황색털로 덮여 있다.

해설 133
진달래방패벌레는 보통 1년에 4~5회 발생하고 성충의 형태로 낙엽 사이나 지피물 밑에서 월동한다.

해설 134
박쥐나방의 부화 유충은 초본류를 가해하다가 수목으로 이동하여 기주식물의 줄기를 고리모양으로 가해한다.

해설 135
향나무하늘소는 1년에 1회 발생하고 성충의 형태로 피해목에서 월동한다.

해설 136
향나무하늘소는 유충이 줄기와 가지 수피 밑의 형성층을 불규칙하고 평편하게 갉아 먹는다.

해설 137
도토리거위벌레는 참나무류의 구과인 도토리를 가해한다.

해설 138
메치온유제는 수프라사이드라는 명칭으로 개발한 고독성 살충제로 깍지벌레 방제용으로 이용되고 있다.

정답 132. ② 133. ② 134. ① 135. ①
136. ② 137. ② 138. ④

산림보호학

7개년 기출문제

학습전략

핵심이론 학습 후 핵심기출문제를 풀어봄으로써 내용 다지기와 더불어 시험에서 실전감각을 키울 수 있도록 하였고, 왜 정답인지를 문제해설을 통해 바로 확인할 수 있도록 하였습니다.

이후, 산림기사에 출제되었던 최근 7개년 기출문제를 풀어봄으로써 스스로를 진단하면서 필기합격을 위한 실전연습이 될 수 있도록 하였습니다.

1. 대추나무 빗자루병 방제 약제로 가장 적합한 것은?

① 베노밀 수화제
② 아진포스메틸 수화제
③ 스트렙토마이신 수화제
④ 옥시테트라사이클린 수화제

[해설] 병든 나무는 옥시테트라사이클린을 수간주사한다.

2. 완전변태과정을 거치지 않는 것은?

① 벌목
② 나비목
③ 노린재목
④ 딱정벌레목

[해설] 알에서 부화한 유충이 번데기를 거쳐서 성충이 되는 것을 완전변태라 하며 노린재목은 불완전변태를 한다.

3. 도토리거위벌레에 대한 설명으로 옳지 않은 것은?

① 유충으로 월동한다.
② 산란하는 곳은 어린 가지의 수피이다.
③ 우화한 성충은 도토리에 주둥이를 꽂아 흡즙 가해한다.
④ 도토리가 달린 가지를 주둥이로 잘라 땅에 떨어 뜨린다.

[해설] 도토리거위벌레
① 연 1회 발생
② 도토리에 알을 낳고, 5~8일 후에 부화된 유충이 도토리 과육을 먹고 탈출하여 땅속으로 들어가 월동할 수 있도록 가지를 주둥이로 잘라 땅에 떨어뜨린다.

4. 나무주사 방법에 대한 설명으로 옳지 않은 것은?

① 소나무류에는 주로 중력식 주사를 사용한다.
② 형성층 안쪽의 목부까지 구멍을 뚫어야 한다.
③ 모젯(Mauget) 수간주사기는 압력식 주사이다.
④ 중력식 주사는 약액의 농도가 낮거나 부피가 클때 사용한다.

[해설] 소나무류에는 주입속도가 빠른 압력식 주사를 사용한다.

5. 세균에 의한 수목병은?

① 뽕나무 오갈병
② 소나무 줄기녹병
③ 포플러 모자이크병
④ 호두나무 뿌리혹병

[해설] 뿌리혹병은 주로 세균인 Agrobacterium tumefaciens에 의해 발병한다.

6. 밤바구미에 대한 설명으로 옳지 않은 것은?

① 참나무류의 도토리에도 피해가 발생한다.
② 산란기간은 8월에서 10월까지이며 최성기는 9월이다.
③ 유충이 똥을 밖으로 배출하므로 피해식별이 용이하다.
④ 9월 하순 이후부터 피해종실에서 탈출한 노숙유충이 흙집을 짓고 월동한다.

[해설] 바르게 고치면
밤바구미 유충이 배설물을 밖으로 내보내지 않아 밤을 수확하여 쪼개 보거나 또는 유충이 탈출하기 전에는 피해를 식별하기 어렵다.

7. 밤나무 종실을 가해하는 해충은?

① 솔알락명나방
② 복숭아명나방
③ 복숭아심식나방
④ 백송애기잎말이나방

정답　1. ④　2. ③　3. ②　4. ①　5. ④　6. ③　7. ②

해설 ① 솔알락명나방 : 잣나무 종실 가해 해충
② 복숭아명나방 : 밤, 복숭아, 사과, 자두, 감 등의 종실을 가해
② 복숭아심식나방 : 사과, 복숭아, 자두, 모과나무, 대추 나무 등의 종실 가해
③ 백송애기잎말이나방 : 소나무, 잣나무류의 열매 및 새 순을 해치는 주요 해충

10. 모잘록병 방제방법으로 옳지 않은 것은?

① 질소질 비료를 많이 준다.
② 병든 묘목은 발견 즉시 뽑아 태운다.
③ 병이 심한 묘포지는 돌려짓기를 한다.
④ 묘상이 과습하지 않도록 배수와 통풍에 주의한다.

해설 모잘록병
질소질비료의 과용으로 모가 연약해지면 많이 발생하므로 인산질비료와 완숙한 퇴비를 충분히 사용한다.

8. 오리나무 갈색무늬병의 방제법으로 옳지 않은 것은?

① 윤작을 피한다.
② 종자소독을 한다.
③ 솎아주기를 한다.
④ 병든 낙엽은 모아 태운다.

해설 상습적으로 발생하는 묘포는 윤작실시하고 적기에 솎음질을 하며, 병든 낙엽은 모아서 태운다.

11. 식엽성 해충이 아닌 것은?

① 솔나방
② 솔수염하늘소
③ 미국흰불나방
④ 오리나무잎벌레

해설 솔수염하늘소
소나무재선충의 매개충이며, 줄기를 가해하는 해충이다.

9. 태풍피해가 예상되는 지역에서의 적절한 육림방법은?

① 갱신 시에 임분 밀도를 높이는 것이 유리하다.
② 이령림은 유리하나 혼효림 조성은 효과가 크지 않다.
③ 간벌을 충분히 하여 수간의 직경생장을 증가시킨다.
④ 개벌이 불가피한 지역에서는 가급적 대면적으로 실시한다.

해설 태풍피해시 육림방법
① 갱신의 방향은 폭풍의 반대방향으로 진행한다.
② 단순림에 비하여 혼효림이 풍해의 저항성이 강하므로 혼효식재한다.
③ 개벌작업은 동령림을 형성하므로 벌구를 소면적 대상(帶狀)으로 한다.

12. 소나무 재선충병에 대한 설명으로 옳지 않은 것은?

① 토양관주는 방제 효과가 없어 실시하지 않는다.
② 아바멕틴 유제로 나무주사를 실시하여 방제한다.
③ 피해목 내 매개충을 구제하기 위해 벌목한 피해목을 훈증한다.
④ 나무주사는 수지 분비량이 적은 12월~2월 사이에 실시하는 것이 좋다.

해설 고사목은 베어서 훈증 소각하고, 매개충구제를 위해 5~8월에 아세타미프리드 액제를 3회 이상 살포한다. 예방을 위해서는 12~2월에 아바멕틴 유제 또는 에마멕틴벤조에이트 유제를 나무주사하거나 4~5월에 포스티아제이트 액제를 토양관주한다.

정답 8. ① 9. ③ 10. ① 11. ② 12. ①

13. 바다 바람에 대한 저항력이 큰 수종으로만 올바르게 짝지어진 것은?

① 화백, 편백
② 소나무, 삼나무
③ 벚나무, 전나무
④ 향나무, 후박나무

해설 해안사구의 조림수종
① 해풍과 건조에 견디는 힘이 강하고 모래땅에서도 잘 자랄 수 있으며 왕성한 낙엽, 낙지 등으로 지력을 증진시킬 수 있는 수종
② 주로 곰솔(해송), 섬향나무, 사시나무류, 자귀나무, 아까시나무, 보리수나무, 순비기나무, 팽나무 등

14. 솔껍질깍지벌레가 바람에 의해 피해지역이 확대되는 것과 관련이 있는 충태는?

① 알
② 약충
③ 성충
④ 번데기

해설 솔껍질깍지벌레 – 약충(후약충)의 형태로 월동한다.

15. 산림해충의 임업적 방제법에 속하지 않는 것은?

① 내충성 품종으로 조림하여 피해 최소화
② 혼효림을 조성하여 생태계의 안정성 증가
③ 천적을 이용하여 유용식물 피해 규모 경감
④ 임목밀도를 조절하여 건전한 임목으로 육성

해설 ① 임업적 방제법 : 조림, 벌채, 임지의 조건 등을 해충 발생에 불리한 조건으로 형성
② 생물적 방제법 : 천적을 이용

16. 볕데기(sun scorch)가 잘 일어나지 않는 경우는?

① 남서방향 임연부의 성목
② 울폐된 숲이 갑자기 개방된 경우
③ 수간 하부까지 지엽이 번성한 수종
④ 수피가 평활하고 코르크층이 발달되지 않은 수종

해설 코르크층이 발달한 수목이나 수관 하부까지 지엽이 번성한 수목은 볕데기가 발생하지 않는다.

17. 곤충의 더듬이를 구성하는 요소가 아닌 것은?

① 자루마디
② 채찍마디
③ 팔굽마디
④ 도래마디

해설 더듬이
① 역할 : 강력한 감각센서
② 구성요소 : 머리에 부착된 자루(기부)마디, 흔들(팔굽)마디, 채찍마디

18. 대추나무 빗자루병에 대한 설명으로 옳은 것은?

① 균류에 의해 전반된다.
② 토양에 의해 전반된다.
③ 공기에 의해 전반된다.
④ 분주에 의해 전반된다.

해설 대추나무 빗자루병
① 병원은 파이토플라즈마로 병원체가 나무 전체에 분포하는 전신병
② 병든 모수로부터 접수를 채취하거나 포기나누기(분주)하면 감염된다.

19. 잣나무 털녹병균의 중간기주는?

① 현호색
② 송이풀
③ 뱀고사리
④ 참나무류

해설 잣나무털녹병
① 기주 : 잣나무와 스트로브잣나무
② 중간기주 : 송이풀과 까치밥나무류

정답 13. ④ 14. ② 15. ③ 16. ③ 17. ④ 18. ④ 19. ②

20. 수목병에 대한 설명으로 옳지 않은 것은?

① 밤나무 줄기마름병은 1900년경 미국으로부터 침입한 병이다.

② 흰가루병균은 분생포자를 많이 만들어서 잎을 흰가루로 덮는다.

③ 그을음병은 진딧물이나 깍지벌레 등이 가해한 나무에 흔히 볼 수 있는 병이다.

④ 철쭉 떡병균은 잎눈과 꽃눈에서 옥신의 양을 증가시켜 흰색의 둥근 덩어리를 만든다.

해설 밤나무 줄기마름병(동고병)
　① 동양의 풍토병
　② 줄기가 말라 죽는 병

1. 모잘록병 방제법으로 옳지 않은 것은?

① 밀식하여 관리한다.
② 토양소독을 실시한다.
③ 배수와 통풍을 잘하여 준다.
④ 복토를 두껍게 하지 않는다.

해설 모잘록병 방제법
　　① 묘상의 과습을 피하고 통기성을 좋게 함
　　② 토양 및 종자 소독
　　③ 질소질비료의 과용을 삼가고 인산질비료와 완숙한 퇴비를 충분히 시용
　　④ 병든 묘목은 발견 즉시 뽑아 태우고 병이 심한 묘포지는 윤작실시

2. 벚나무 빗자루병원균에 해당하는 것은?

① 세균　　　　　　　② 자낭균
③ 담자균　　　　　　④ 파이토플라즈마

해설 벚나무빗자루병의 병원체 – 자낭균류

3. 소나무 재선충병 방제방법으로 거리가 먼 것은?

① 매개충 구제　　　② 예방 나무주사
③ 중간기주 제거　　④ 병든 나무 제거

해설 소나무재선충을 예방
　　① 에마멕틴벤조에이트, 아바멕틴, 밀베멕틴 등을 수간주사하여 초기 감염단계에서 재선충의 침입을 방지하고 증식을 억제한다.
　　② 솔수염하늘소 매개충을 제거한다.
　　③ 병든나무를 제거한다.

4. 솔나방에 대한 설명으로 옳지 않은 것은?

① 8령충 때 월동한다.
② 1년에 1~2회 발생한다.
③ 500여 개의 알을 산란한다.
④ 부화유충은 번데기가 되기까지 7회 탈피한다.

해설 솔나방
　　5령유충의 형태로 지피물이나 나무껍질 사이에서 월동

5. 주로 목재를 가해하는 해충은?

① 밤바구미　　　　　② 솔노랑잎벌
③ 가루나무좀　　　　④ 솔알락명나방

해설 가루나무좀
　　① 목재 저장소의 주요 해충이며 가구·운동기구·나무 바닥 등에도 심각한 피해를 가한다.
　　② 알, 유충, 번데기, 성충 중에서 유충이 나무에 끼치는 피해가 가장 크며, 유충은 1~2년간 나무에 들어가 나무를 갉아 먹는다.

6. 대추나무 빗자루병 방제에 가장 적합한 약제는?

① 보르도액
② 페니트로치온
③ 스트렙토마이신
④ 옥시테트라사이클린

해설 파이토플라즈마에 의한 빗자루병
　　약제 옥시테트라사이클린을 흉고직경에 수간 주사한다.

7. 산불 발생 시 직접 소화법이 아닌 것은?

① 맞불 놓기　　　　　② 토사 끼얹기
③ 불털이개 사용　　　④ 소화약제 항공살포

정답　1. ①　2. ②　3. ③　4. ①　5. ③　6. ④　7. ①

해설 맞불
① 불의 진행과 맞불의 진행을 부딪히게 하여 가연물을 소실시킴으로써 진화되도록 하는 수단
② 대형산불로 확산되어 직접 진화는 물론 방화선 설치만으로는 진화가 어려울 때 적용하는 산불 진화의 최후 진화방법으로 간접적 소화방법이다.

8. 종실을 가해하는 해충이 아닌 것은?

① 밤바구미　　　② 버들바구미
③ 솔알락명나방　④ 복숭아명나방

해설 버들바구미
① 포플러 · 버드나무에 발생, 연 1회
② 줄기를 가해하는 해충
③ 월동은 주로 알로 하며, 유충 또는 성충으로 월동하는 경우도 있다.

9. 가해하는 기주범위가 가장 넓은 해충은?

① 솔나방　　　　② 솔알락명나방
③ 미국흰불나방　④ 참나무재주나방

해설 미국흰불나방
① 식엽성 해충
② 버즘나무, 단풍나무, 포플러류 등 활엽수 160여 종을 가해하며, 먹이가 부족하면 초본류도 먹는다.

10. 산림해충 방제에 대한 설명으로 옳지 않은 것은?

① 방제약제 선정 시 천적류에 대한 영향을 고려해야 한다.
② 약제 저항성 해충의 출현은 동일무 살충제를 연용한 탓이다.
③ 생물적 방제는 대체로 환경친화적 방법이므로 널리 권장할 수 있다.
④ 불임법을 이용한 방제는 생물윤리법에 위배되므로 규제를 받는다.

해설 해충을 불임화시켜 무정란을 낳게 하는 물리적 방제법 등이 이용되고 있다.

11. 수목병을 예방하기 위한 숲가꾸기 작업에 해당하지 않는 것은?

① 제벌　　　　② 개벌
③ 풀베기　　　④ 가지치기

해설 개벌은 주벌 방법으로 현존하는 임분 전체를 1회의 벌채로 제거하는 것으로 숲가꾸기 작업이 아니다.

12. 솔잎혹파리 및 솔껍질깍지벌레 방제를 위하여 수간 주사에 사용되는 약제는?

① 테부코나졸 유제
② 디플루벤주론 수화제
③ 페니트로티온 수화제
④ 이미다클로프리드 분산성액제

해설 유기인계 침투성 살충제인 솔잎혹파리, 솔껍질깍지벌레 수간주사용으로 이미다클로프리드 분산성액제를 사용한다.

13. 볕데기(sun scorch)에 대한 설명으로 옳지 않은 것은?

① 수피가 평활하고 매끄러운 수종에서 주로 발생한다.
② 수피에 상처가 발생하지만 부후균 침투로 인한 2차 피해는 발생하지 않는다.
③ 피소현상이라고도 하며 고온으로 수피부분에 수분증발이 발생되어 수피조직이 고사한다.
④ 임연목이나 가로수, 정원수 등의 고립목의 수간이 태양의 직사광선을 받았을 때 나타난다.

정답 8. ②　9. ③　10. ④　11. ②　12. ④　13. ②

해설 별데기(피소)
① 강렬한 태양 직사광선을 받았을 때 수간 수피의 일부에 급격한 수분증발이 생겨 형성층이 고사하고 그 부분의 수피가 말라 죽는 현상
② 수피가 평활하며 매끄러운수종, 흉고직경 15~20cm 이상의 수종, 서쪽 및 남서쪽에 위치하는 임목에 피해가 많다.
③ 부후균 침투로 2차 피해가 발생한다.

14. 약제 살포시 천적에 대한 피해가 가장 적은 살충제는?

① 훈증제
② 접촉살충제
③ 소화중독제
④ 침투성 살충제

해설 침투성 살충제
식물체의 뿌리·줄기·잎 등에 처리하면 전체에 퍼져 즙액을 빨아먹는(흡즙성) 해충을 살해시키는 약제로 천적에 대한 피해가 없다.

15. 리지나뿌리썩음병에 대한 설명으로 옳은 것은?

① 침엽수와 활엽수 모두 잘 발생한다.
② 불이 발생한 지역에서 잘 발생한다.
③ 병원균의 포자는 저온에서도 잘 발아한다.
④ 산성토양보다는 중성토양에서 병원균의 활력이 높다.

해설 리지나뿌리썩음병
① 일시적으로 높은 온도를 받은 후에 우점적으로 번식하므로 모닥불자리나 산불피해지에 주로 발생하는 병이다.
② 침엽수에서 잘 발생한다.
③ 산성토양보다는 중성토양에서 병원균의 활력이 낮다.

16. 성충으로 월동하는 것으로만 올바르게 나열한 것은?

① 독나방. 솔나방
② 박쥐나방, 가루나무좀
③ 소나무좀, 루비깍지 벌레
④ 밤바구미, 어스랭이나방

해설 성충으로 월동하는 해충
소나무좀, 루비깍지벌레, 버즘나무방패벌레, 진달래방패벌레 등

17. 겨울철 제설 작업에 사용된 해빙염으로 인한 수목피해로 옳지 않은 것은?

① 잎에는 괴사성 반점이 나타난다.
② 장기적으로는 수목의 쇠락으로 이어진다.
③ 염화칼슘이나 염화나트륨 성분이 피해를 준다.
④ 일반적으로 상록수가 낙엽수보다 더 피해를 입는다.

해설 해빙염의 피해
일반적인 염해피해와 유사하며, 잎 끝에서부터 황화되면서 갈색이나 검은색으로 변하여 고사한다.

18. 세균에 의한 수목병에 대한 설명으로 옳지 않은 것은?

① 주로 각피 침입으로 기주를 감염시킨다.
② 병징으로는 무름, 위조, 궤양, 부패 등이 있다.
③ 국내에서 그램음성세균이 수목에 피해를 준다.
④ 월동 장소는 토양, 병든 잎, 병든 가지 등 다양하다.

해설 세균류는 식물체의 상처 부위와 기공·수공 등을 통해 침입한다.

19. 어린 유충은 초본의 줄기 속을 식해 하지만 성장한 후 나무로 이동하여 수피와 목질부를 가해하는 해충은?

① 솔나방
② 매미나방
③ 박쥐나방
④ 미국흰불나방

해설 박쥐나방
부화 유충이 처음에는 초본류를 가해하다가 수목으로 이동하여 기주식물의 줄기를 고리모양으로 먹어 들어가 똥을 배출하고 실을 토하므로 쉽게 발견된다.

정답 14. ④ 15. ② 16. ③ 17. ① 18. ① 19. ③

20. 식물병을 유발하는 바이러스의 구조적 특성은?

① 고등생물의 일종이다.

② 단백질로만 구성되어 있다.

③ 동물 세포와 같은 구조를 지니고 있다.

④ 핵단백질로 이루어져 있고 입자상 구조를 띤 비세포성 생물이다.

해설 식물 바이러스(virus)

① 일종의 핵단백질로 된 병원체

② 모양은 구형, 원통형, 봉형, 사상형으로 구분된다.

③ 핵산과 단백질로 구성된 일종의 핵단백질로 세포벽이 없으며 핵산의 대부분은 RNA이다. 반면 동물바이러스는 데옥시리보핵산(DNA)와 리보핵산(RNA)로 되어 있다.

정답 **20.** ④

1. 소나무좀의 연간 우화 횟수는?

① 1회   ② 2회
③ 3회   ④ 4회

해설 소나무좀
   ① 1년에 1회 발생
   ② 11월부터 성충의 형태로 수간의 지면 가까운 부분이나 뿌리 근처의 수피 틈에서 월동한다.

2. 산불 예방 및 산불 피해 최소화를 위한 방법으로 효과적이지 않은 것은?

① 방화선 설치
② 일제 동령림 조성
③ 가연성 물질 사전 제거
④ 간벌 및 가지치기 실기

해설 단순림과 동령림이 산불위험성이 높다.

3. 약해에 대한 설명으로 옳지 않은 것은?

① 농약에 저항성인 개체가 출현하지 않는다.
② 가뭄, 강풍 직후 또는 비가 온 후에 일어나기 쉽다.
③ 줄기, 잎, 열매 등의 변색, 낙엽, 낙과 등이 유발되고 심하면 고사한다.
④ 넓은 의미로는 농약 사용 후에 수목이나 인축에 생기는 생리적 장해현상을 말한다.

해설 약해
   약제에 의해 식물이 생리상태에 이상을 일으켜 나타나는 해작용을 말한다.

4. 천공성 해충을 방제하는 데 가장 적합한 방법은?

① 경운법   ② 소살법
③ 온도처리법   ④ 번식장소 유살법

해설 천공성 해충
   통나무로 유인하여 방제하는 번식처 유살법

5. 수목의 그을음병을 방제하는 데 가장 적합한 것은?

① 중간기주를 제거한다.
② 방풍시설을 설치한다.
③ 해가림시설을 설치한다.
④ 흡즙성 곤충을 방제한다.

해설 그을음병
   ① 통기불량 또는 질소질비료의 과다로 병이 발생한다.
   ② 깍지벌레, 진딧물 등 흡즙성 해충을 구제한다.

6. 수목의 줄기를 주로 가해하는 해충은?

① 솔나방   ② 박쥐나방
③ 어스랭이나방   ④ 삼나무독나방

해설 박쥐나방
   ① 1년 1회 발생하며 알로 월동
   ② 천공성해충 – 초본류의 줄기에 구멍을 뚫고 가해

7. 균류의 영양기관이 아닌 것은?

① 균사   ② 포자
③ 균핵   ④ 자좌

해설 영양기관에 의한 표징
   균사체, 균사속, 균사막, 근상균사속, 선상균사, 균핵, 자좌 등

정답   1. ①   2. ②   3. ①   4. ④   5. ④   6. ②   7. ②

8. 솔잎혹파리가 겨울을 나는 형태는?

① 알　　　　　　　　② 성충
③ 유충　　　　　　　④ 번데기

해설 솔잎혹파리
　　① 1년에 1회 발생
　　② 지피물 밑이나 땅속에서 월동한 유충이 5월 상순~
　　　6월 상순에 번데기가 되고, 5월 중순 7월 상순에 성충
　　　이 된다.

9. 잣나무털녹병 방제방법으로 옳지 않은 것은?

① 중간기주 제거　　　② 보르도액 살포
③ 병든 나무 소각　　　④ 주론 수화제 살포

해설 잣나무털녹병의 방제방법
　　① 병든 나무와 중간기주를 지속적으로 제거한다.
　　② 다른 지역으로의 전파를 막기 위해 피해지역의 잣나무
　　　묘목을 다른 지역으로 반출되지 않도록 한다.
　　③ 잣나무 묘포에 8월 하순부터 보르도액을 2~3회 살포
　　　하여 소생자의 잣나무 침입을 막는다.

10. 가해하는 수목의 종류가 가장 많은 해충은?

① 솔나방　　　　　　② 솔잎혹파리
③ 천막벌레나방　　　④ 미국흰불나방

해설 미국흰불나방
　　① 식엽성 해충
　　② 활엽수 160여 종을 가해하며, 먹이가 부족하면 초본류
　　　도 먹는다.

11. 주로 토양에 의하여 전반되는 수목병은?

① 묘목의 모잘록병　　② 밤나무 줄기마름병
③ 오동나무 빗자루병　④ 오리나무 갈색무늬병

해설 ① 묘목의 모잘록병 : 토양
　　② 밤나무 줄기마름병 : 바람
　　③ 오동나무 빗자루병 : 곤충, 소동물에 의한 전반
　　④ 오리나무 갈색무늬병 : 종자표면에 부착해 전반

12. 밤나무 줄기마름병 방제방법으로 옳지 않은 것은?

① 내병성 품종을 식재한다.
② 동해 및 볕데기를 막고 상처가 나지 않게 한다.
③ 질소질비료를 많이 주어 수목을 건강하게 한다.
④ 천공성 해충류의 피해가 없도록 살충제를 살포한다.

해설 질소질비료의 과용은 수목의 병에 대한 저항성을 약화시
　　킨다.

13. 솔수염하늘소에 대한 설명으로 옳지 않은 것은?

① 1년에 1회 발생한다.
② 성충의 우화시기는 5~8월이다.
③ 목질부 속에서 번데기 상태로 월동한다.
④ 유충이 소나무의 형성층과 목질부를 가해한다.

해설 솔수염하늘소
　　① 1년에 1회 발생
　　② 소나무 속에서 유충으로 월동 후 5월~8월경 성충으로
　　　우화한다.

14. 내동성이 가장 강한 수종은?

① 차나무　　　　　　② 밤나무
③ 전나무　　　　　　④ 버드나무

해설 ① 차나무 : $-12 \sim -14℃$
　　② 버드나무, 밤나무 : $-18 \sim -20℃$
　　③ 전나무 : $-30 \sim -40℃$,

정답　8. ③　9. ④　10. ④　11. ①　12. ③　13. ③　14. ③

15. 아황산가스에 대한 저항성이 가장 큰 수종은?

① 전나무
② 삼나무
③ 은행나무
④ 느티나무

해설 아황산가스에 대한 수목의 저항성
　　① 약한 수종 : 소나무, 낙엽송, 느티나무, 황철나무, 겹벚
　　　　나무, 층층나무
　　② 저항성이 높은 수종 : 은행나무, 무궁화, 비자나무, 가
　　　　시나무, 식나무 등

16. 밤나무혹벌 방제법으로 가장 효과가 적은 것은?

① 천적을 이용한다.
② 등화유살법을 사용한다.
③ 내충성 품종을 선택하여 식재한다.
④ 성충 탈출 전의 충영을 채취하여 소각한다.

해설 밤나무혹벌 방제법
　　① 내충성 품종갱신
　　② 천적으로 중국 긴꼬리좀벌을 이용
　　③ 성충 탈출전에 충영을 채취하여 소각

17. 경제적 피해수준에 대한 설명으로 옳은 것은?

① 해충에 의한 피해액과 방제비가 같은 수준의 밀도
② 해충에 의한 피해액이 방제비보다 큰 수준의 밀도
③ 해충에 의한 피해액이 방제비보다 작은 수준의 밀도
④ 해충에 의해 경제적으로 큰 피해를 주는 수준의 밀도

해설 경제적 피해 수준은 해충에 의한 피해액과 방제비가 같은
　　수준을 말한다.

18. 오동나무 탄저병에 대한 설명으로 옳은 것은?

① 주로 열매에 많이 발생한다.
② 주로 묘목의 줄기와 잎에 발생한다.
③ 주로 뿌리에 발생하며 뿌리를 썩게한다.
④ 담자균이 균사상태로 줄기에서 월동한다.

해설 오동나무 탄저병
　　① 자낭균류에 의한 병
　　② 5~6월경부터 잎과 어린 줄기에 발생하며 잎은 기형으
　　　　로 오그라들면서 일찍 낙엽이 된다.

19. 과수 및 수목의 뿌리혹병을 발생시키는 병원의 종
류는?

① 세균　　　　　　　② 균류
③ 바이러스　　　　　④ 파이토플라스마

해설 뿌리혹병
　　세균

20. 대추나무빗자루병 방제에 가장 적합한 약제는?

① 페니실린　　　　　② 석회유황합제
③ 석회보르도액　　　④ 옥시테트라사이클린

해설 파이토플라스마에 의한 빗자루병
　　옥시테트라사이클린계 항생물질을 수간주사

1회

1회독 □ 2회독 □ 3회독 □

1. 솔잎혹파리에 대한 설명으로 옳은 것은?

① 1년에 1회 발생하며 알로 충영 속에서 월동한다.
② 1년에 2회 발생하며 성충으로 충영 속에서 월동한다.
③ 1년에 2회 발생하며 지피물 속에서 성충으로 월동한다.
④ 1년에 1회 발생하며 유충으로 땅 속 또는 충영 속에서 월동한다.

해설 바르게 고치면
솔잎혹파리는 1년에 1회 발생하며 유충으로 땅 속 또는 충영 속에서 월동한다.

2. 오염원으로부터 직접 배출되는 1차 대기오염물질이 아닌 것은?

① 분진
② 오존
③ 황산화물
④ 질소산화물

해설 ① 1차 대기오염 물질
• 발생원에서 직접 대기중으로 배출된 오염 물질
• 가스상 물질 : SOx, NOx, CO, HC, HCl, NH₃,
• 입자상 물질 : 분진, 매연, 해염(NaCl), 중금속입자 Pb, Cr, Cd, Zn
② 2차 오염 물질
• 1차 오염 물질이 공기 또는 상호간의 반응에 의해 대기 중에서 형성되어진 오염물질
• 광화학 반응 결과 발생된 물질(광산화물)로 오존, PAN(니트로화과아세트산), H₂O₂, NOCl 등

3. 다음의 하늘소 유충 중 톱밥 또는 배설물을 나무 밖으로 배출하지 않아 발견하기 어려운 것은?

① 알락하늘소
② 뽕나무하늘소
③ 향나무하늘소
④ 솔수염하늘소

해설 측백(향나무)하늘소
향나무, 연필향나무, 편백, 측백나무, 나한백 등에 피해를 준다. 1년에 1회 발생하며, 다른 하늘소류와는 달리 똥을 밖으로 내보내는 일이 없어 피해를 찾기 어렵다.

4. 불리한 환경에 따른 곤충의 활동정지와 휴면에 대한 설명으로 옳은 것은?

① 미국흰불나방은 의무적 휴면을 한다.
② 활동정지는 환경조건이 개선되면 곧 종료된다.
③ 1년에 한 세대만 발생하는 곤충은 기회적 휴면을 한다.
④ 일장(日長)은 휴면으로의 진입여부 결정에 중요한 요소는 아니다.

해설 바르게 고치면
① 미국흰불나방은 부적합한 환경에 노출되는 세대의 개체의 휴면인 기회적 휴면을 한다.
③ 1년에 한 세대만 발생하는 곤충은 모든 개체가 휴면을 하고, 1년에 2회 또는 그 이상 발생되는 곤충은 기회적 휴면을 한다.
④ 일장(日長)은 휴면으로의 진입여부 결정에 중요한 요소이다.

5. 밤나무 줄기마름병의 방제 효과가 가장 미비한 것은?

① 살균제를 살포한다.
② 박쥐나방을 방제한다.
③ 질소 비료를 적게 준다.
④ 토양배수가 잘 되는 곳에 묘목을 심는다.

해설 밤나무 줄기마름병의 방제법
① 배수가 불량한 곳과 수세가 약한 경우 피해가 심하므로 유의해야하며, 가지치기나 기타 인위적 상처를 가했을 때, 또는 초기의 병반이 발생하였을 때에는 병든 부분을 도려내고 지오판도포제를 발라준다.
② 비료주기는 적기에 하며 질소질비료의 과용을 피하고 동해나 피소를 막기 위하여 백색페인트를 발라준다.

정답 1. ④ 2. ② 3. ③ 4. ② 5. ①

③ 박쥐나방 등 천공성해충의 피해가 없도록 살충제를 살포한다.

④ 저항성품종을 식재한다.

[해설] 바르게 고치면
　　① 미생물은 분리되어 배지상에서 순수 배양이 되어야 한다.

6. 남서방향에서 고립되어 생육하고 있는 임목, 코르크층이 발달되지 않은 수종에서 많이 나타나는 기상 피해는?

① 한해　　　　　　② 풍해
③ 설해　　　　　　④ 피소

[해설] 볕데기(피소)
　　수간이 태양의 직사광선에 노출되었을 때 수피의 일부에 급격한 수분증발이 생겨 조직이 건조되며 수피가 갈라지는 현상을 말한다.

7. 수목병 발생과 환경조건과의 관계에서 수목이 가장 심한 피해를 입을 수 있는 경우는?

① 환경조건이 병원체나 기주에 모두 적합한 경우
② 환경조건이 병원체나 기주에 모두 부적합한 경우
③ 환경조건이 병원체에 적합하고 기주에 부적합한 경우
④ 환경조건이 병원체에 부적합하고 기주에 적합한 경우

[해설] 기주에 부적합할수록 수목에 더 피해를 주며, 기주에 적합하면 공존한다.

8. 코흐(Koch)의 원칙을 충족시키지 않는 조건은?

① 병원체의 순수 배양이 불가능해야 한다.
② 기주로부터 병원체를 분리할 수 있어야 한다.
③ 기주에서 병원체로 의심되는 특정 미생물이 존재해야 한다.
④ 동일 기주에 병원체를 접종하면 동일한 병이 발생되어야 한다.

9. 약제를 식물체의 뿌리, 줄기, 잎 등에서 흡수시켜 식물체 전체에 약제가 분포되게 하고, 해충이 섭식하였을 경우에 약효가 발휘되는 살충제의 종류는?

① 침투성 살충제　　　② 접촉성 살충제
③ 유인성 살충제　　　④ 소화중독성 살충제

[해설]
　• 접촉성 살충제 : 해충의 체표면에 직접 또는 간접적으로 닿아 약제가 기문이나 피부를 통하여 몸속으로 들어가 신경계통이나 세포조직에 독작용을 일으키는 것
　• 유인성 살충제 : 해충을 유인해서 포살하는데 사용되는 약제, 성페로몬 등
　• 소화중독성 살충제 : 약제가 해충의 입을 통하여 소화관 내에 들어가 중독 작용을 일으켜 죽게 하는 것

10. 모잘록병의 방제법으로 효과가 가장 미비한 것은?

① 토양소독
② 종자소독
③ 묘상의 환경개선
④ 옥시테트라사이클린 살포

[해설] 옥시테트라사이클린계 항생물질
　　파이토플라즈마에 의한 수목병

11. 세균으로 인한 수목병은?

① 소나무 혹병
② 벚나무 불마름병
③ 밤나무 줄기마름병
④ 벚나무 갈색무늬구멍병

[해설] ①은 담자균에 의한 수병, ③과 ④은 자낭균에 의한 수병

12. 토양 내에서 월동하는 병원체는?

① 잣나무 털녹병균 ② 참나무 시들음병균
③ 자줏빛날개무늬병균 ④ 밤나무 줄기마름병균

해설 ① 잣나무 털녹병균 : 잣나무의 수피 조직내에서 균사의
형태로 월동
② 참나무 시들음병균 : 노숙 유충으로 변재부(나무의 바
깥쪽부분)에서 월동
④ 밤나무 줄기마름병균 : 병환부에서 균사 또는 포자의
형으로 월동

13. 오리나무잎벌레의 월동 형태와 장소는?

① 알로 지피물 밑에서
② 성충으로 땅 속에서
③ 번데기로 수피 사이에서
④ 유충으로 나뭇잎 아래에서

해설 오리나무잎벌레
① 1년에 1회 발생, 성충으로 지피물밑 또는 흙 속에서
월동한다.
② 월동한 성충은 4월 하순부터 나와 새 잎을 엽맥만 남기고
엽육을 먹으며 생활하다가 5월 중순~6월 하순에 300여
개의 알을 잎 뒷면에 50~60개씩 무더기로 산란한다.
③ 15일 후에 부화한 유충은 잎 뒷면에서 머리를 나란히 하
고 엽육을 먹다가 성장하면서 나무 전체로 분산하여
식해하는데, 유충의 가해 기간은 5월 하순~8월 상순이
고 유충 기간은 20일 내외이다.

14. 솔껍질깍지벌레에 대한 설명으로 옳지 않은 것은?

① 주로 인공식재된 잣나무림에서 큰 피해를 준다.
② 약충이 가지와 줄기의 수피에 주둥이를 꽂고 수액을
빨아먹는다.
③ 수피 틈이나 가지 사이에 알주머니를 분비하고 그 속
에 알을 낳는다.
④ 암컷 성충은 후약충에서 번데기 시기를 거치지 않고 바
로 성충이 된다.

해설 주로 해안에 있는 곰솔림에 피해를 주는 해충이다.

15. 수목병의 임업적 방제법으로 옳지 않은 것은?

① 임지에 생육하기 적합한 나무를 조림한다.
② 종자 산지에 가까운 곳에 임지를 조성한다.
③ 병해가 발생한 지역에서는 지존작업을 한다.
④ 방제 관리의 효율성을 고려하여 단순림을 조성한다.

해설 바르게 고치면
방제 관리의 효율성을 고려하여 혼효림을 조성한다.

16. 수목에 기생하는 식물로 낙엽성인 것은?

① 겨우살이
② 꼬리 겨우살이
③ 참나무 겨우살이
④ 동백나무 겨우살이

해설 ① 겨우살이 : 상록 기생관목으로 둥지같이 둥글게 자라
지름이 1m에 달하는 것도 있다. 잎은 마주나고 다육질
이며 바소꼴로 잎자루가 없다.
③ 참나무 겨우살이 : 상록 기생 관목으로 잎은 마주나기
또는 어긋나기하며 넓은 타원형 또는 난상 원형, 도란
상 원형이고 길이 3~6cm로서 가장자리는 밋밋하고
표면에 털이 없으며 뒷면에 적갈색의 퍼진 털이 밀생한
다.
④ 동백나무 겨우살이 : 상록기생관목, 잎은 퇴화되어 마
디사이의 윗부분 끝에 돌기처럼 달려있다.

17. 호두나무잎벌레에 대한 설명으로 옳은 것은?

① 1년에 1회 발생되며, 알로 월동한다.
② 1년에 1회 발생되며, 성충으로 월동한다.
③ 1년에 2회 발생되며, 번데기로 월동한다.
④ 1년에 2회 발생되며, 유충으로 월동한다.

[해설] 호두나무잎벌레
　　① 1년에 1회 발생되며, 성충으로 월동한다.
　　② 유충이 엽육을 식해하기 때문에 잎이 망상(網狀)으로
　　　된다. 성충은 5~6월에 가래나무, 호두나무의 잎을 먹
　　　는다.

18. 수목의 잎을 가해하는 해충이 아닌 것은?

① 대벌레   ② 솔나방
③ 솔알락명나방   ④ 참나무재주나방

[해설] 솔알락명나방은 종실가해 해충으로 잣송이를 가해한다.

19. 오리나무 갈색무늬병의 방제법으로 옳지 않은 것은?

① 연작을 실시한다.
② 종자소독을 한다.
③ 병든 낙엽을 태운다.
④ 밀식 시에는 솎아주기를 한다.

[해설] 바르게 고치면
　　묘포는 윤작을 실시한다.

20. 미국흰불나방에 대한 설명으로 옳지 않은 것은?

① 1년에 2~3회 발생한다.
② 지피물밑에서 번데기로 월동한다.
③ 1화기가 2화기보다 피해가 더 심하다.
④ 핵다각체병바이러스를 이용하여 방제한다.

[해설] 미국흰불나방의 피해는 2화기(7월 하순~8월 중순)가 1
　　화기(5월 중순~6월 상순)보다 피해가 더 심하다.

정답   18. ③   19. ①   20. ③

1. 수목의 그을음병에 대한 방제 방법으로 가장 거리가 먼 것은?

① 통풍과 채광을 높인다.
② 흡즙성 곤충을 방제한다.
③ 잎 표면을 깨끗이 닦아낸다.
④ 질소질 비료를 표준사용량보다 더 사용한다.

[해설] 그을음병 방제법
　① 통기불량, 음습(陰濕), 양료(養料) 부족에 의한 생육
　　불량 또는 질소질 비료의 과다가 발병유인이 되므로
　　이점에 유의한다.
　② 휴면기에 기계유유제 20~25배액을 살포하고, 발생기
　　에는 메치온유제 1,000배액을 살포하여 깍지벌레 등
　　을 구제한다.
　③ 만코지수화제 800배액이나 지오판수화제 1,500배액
　　의 살포한다.

2. 나무좀, 하늘소, 바구미 등은 쇠약목에 모이는 습성을 이용한 것으로, 벌목한 통나무 등을 이용하여 해충을 방제하는 방법은?

① 식이 유살법
② 등화 유살법
③ 잠복장소 유살법
④ 번식장소 유살법

[해설] 번식처 유살법
　통나무 유살법로 나무좀, 하늘소, 바구미 등은 쇠약목에
　유인되므로 불량목이나 열세목의 통나무를 이용한다.

3. 소나무 또는 잣나무에 발생하는 잎떨림병을 방제하는 방법으로 옳지 않은 것은?

① 병든 낙엽을 모아 태운다.
② 풀베기와 가지치기를 실시하지 않는다.
③ 여러 종류의 활엽수를 하목으로 심는다.
④ 포자가 비산하는 7~9월에 약제를 살포한다.

[해설] 잎떨림병
　일반적으로 수세가 떨어졌을 때 심하게 발생하므로 풀베
　기, 가지치기 등을 실시하여 수목을 건전하게 키우도록
　한다.

4. 다음 중 대기오염에 가장 강한 수종은?

① 소나무
② 전나무
③ 은행나무
④ 느티나무

[해설] 소나무, 전나무, 느티나무
　공해에 약한 수종

5. 배설물을 종실 밖으로 배설하지 않아 외견상으로 식별이 어려운 해충은?

① 밤바구미
② 복숭아명나방
③ 솔알락명나방
④ 도토리거위벌레

[해설] 밤바구미의 식별요령
　① 부화된 유충은 과실속으로 먹어 들어가면서 똥을 밖으
　　로 배출하지 않는다. 따라서 밤을 수확해서 절개하여
　　야 피해발견 가능하다.
　② 땅속에서 흙집을 만들고 있던 유충이 용화 후 7월 하
　　순~10월 상순에 성충으로 우화한다.

6. 국외로부터 국내에 침입한 해충이 아닌 것은?

① 솔나방
② 솔잎혹파리
③ 미국흰불나방
④ 버즘나무방패벌레

[해설] ① 솔잎혹파리
　　• 1901년 일본(아이치현)에서 최초 발견
　　• 1929년 서울 창덕궁 후원, 전남 목포 최초 발견
　② 미국흰불나방
　　• 미국 · 캐나다 원산
　　• 1948년 일본, 1958년 한국, 1979년 중국 순으로 발견

정답　1. ④　2. ④　3. ②　4. ③　5. ①　6. ①

③ 솔껍질깍지벌레
  • 일본 남부 원산
  • 1963년 전남 목포, 고흥 등지
④ 소나무 재선충
  • 1900년 초 일본 최초 발생
  • 1988년 부산 금정산 최초 발견
⑤ 버즘나무방패벌레
  • 북미 원산
  • 1995년 충북 청주 최초 발견
⑥ 미국선녀벌레
  • 북미과 유럽 원산
  • 2009년 서울경기 처음 발견

7. 산불로 인한 피해에 대한 설명으로 옳지 않은 것은?

① 일반적으로 침엽수는 활엽수에 비하여 산불 피해에 약한 편이다.
② 일반적으로 상록활엽수는 낙엽활엽수보다 산불 피해에 약한 편이다.
③ 활엽수 중에서 녹나무, 벚나무는 동백나무, 참나무류보다 산불 피해에 약한 편이다.
④ 침엽수 중에서 가문비나무, 은행나무는 소나무, 곰솔보다 산불 피해에 강한 편이다.

해설 바르게 고치면
일반적으로 상록활엽수는 낙엽활엽수보다 산불피해에 강하다.

8. 파이토플라스마로 인한 수목병 방제에 가장 효과적인 것은?

① 알콜　　　　　　② 페니실린
③ 스트렙토마이신　④ 테트라사이클린

해설 옥시 테트라사이클린계는 파이토플라스마로 인한 수목 방제에 효과적이다.

9. 흰가루병에 걸린 병환부 위에 가을철에 나타나는 흑색의 알갱이는?

① 자낭구　　　　　② 포자각
③ 병자각　　　　　④ 분생자병

해설 흰가루병
① 가을철 : 흰가루가 섞인 둥글고 작은 검은색의 알갱이가 형성, 자실체(생식기관)인 폐쇄자낭
② 봄 : 가을철의 폐쇄자낭과가 터져 열리면서 하나 이상의 포자낭을 방출하고 이 속에 들어 있는 자낭포자가 근처에 있는 식물에 날아가 식물을 다시 감염시킨다.

10. 식엽성 해충이 아닌 것은?

① 대벌레　　　　　② 미국흰불나방
③ 소나무순나방　　④ 참나무재주나방

해설 소나무 순나방
① 연 1회 발생하며 노숙 유충이 되면 나뭇가지나 나뭇잎 사이에 고치를 만들고 월동한다.
② 늦겨울이나 이른 봄에 번데기로 변하여 이른 봄에 우화한다.
③ 소나무의 새 가지를 가해하여 소나무 성장에 지대한 영향을 미친다.

11. 묘포지에서 2~3년간 윤작을 하여 피해를 크게 경감시킬 수 있는 수목병은?

① 흰비단병　　　　② 오동나무 탄저병
③ 자줏빛날개무늬병　④ 침엽수의 모잘록병

해설 방제 방법
① 병든 가지와 잎은 즉시 잘라서 태우며, 낙엽은 늦가을에 모아서 태운다.
② 분주묘는 만크지수화제 500배액을 6월상순부터 10일 간격으로 가을까지 살포한다.
③ 실생묘 양성시에는 먼저 토양소독을 실시하고 빗물에 흙이 튀어 묘목에 붙지 않도록 비닐하우스내에서 양묘한다.
③ 병이 발생한 곳은 2~3년간 윤작을 실시한다.

정답　7. ②　8. ④　9. ①　10. ③　11. ②

12. 소나무 혹병의 중간기주는?

① 송이풀　　　　② 향나무
③ 뱀고사리　　　④ 참나무류

해설 소나무혹병
① 중간기주 – 참나무류 식물
② 참나무 속 식물의 잎에 날아가 기생하고 여름포자와 겨울포자를 형성한다.
② 병원균은 겨울포자의 형으로 참나무류 식물의 잎에서 월동하고, 이듬해 봄에 발아하여 소생자를 형성한다.
③ 소생자가 날아가서 소나무를 침해하여 1~2년 만에 혹을 만든다.

13. 주로 목재를 가해하는 해충은?

① 밤바구미　　　② 거세미나방
③ 가루나무좀　　④ 느티나무벼룩바구미

해설 ① 밤바구미 : 알에서 부화한 유충은 과육 표면을 불규칙하게 식해하고 자라면서 과육 속으로 먹어 들어간다.
② 거세미 나방 : 3령충이 되면서 땅속으로 들어가 작물의 땅 표면 가까운 부분을 자르고 그 일부를 땅속으로 끌어들여 가해한다. 작물의 생육초기에 줄기나 순을 잘라 결주가 생기는 등 치명적인 피해를 준다.
③ 느티나무벼룩바구미 : 성충과 유충이 엽육을 식해하고, 성충은 주둥이로 잎 표면에 구멍을 뚫고 흡즙하고 유충은 잎의 가장자리를 갉아 먹는다.

14. 볕데기 피해를 입기 쉬운 수종으로 가장 거리가 먼 것은?

① 굴참나무　　　② 소태나무
③ 버즘나무　　　④ 오동나무

해설 굴참나무는 수피에 코르크 층이 발달하여 볕데기 피해가 적다.

15. 녹병균의 생활환에 해당하는 포자가 아닌 것은?

① 녹포자　　　　② 녹병정자
③ 여름포자　　　④ 분생포자

해설 녹병균의 포자
여름포자, 겨울포자, 소생자(담자포자), 녹병포자(녹병정자), 녹포자

16. 솔잎혹파리가 월동하는 형태는?

① 알　　　　　　② 유충
③ 성충　　　　　④ 번데기

해설 솔잎혹파리
알에서 깬 유충은 솔잎 기부에 들어가 벌레혹을 만들고 그 속에 살다가 9월 말부터 혹에서 나와 땅속으로 들어가 유충으로 월동한다.

17. 농약의 효력을 충분히 발휘하도록 첨가하는 물질은?

① 보조제　　　　② 훈증제
③ 유인제　　　　④ 기피제

해설 보조제
농약의 효력을 충분히 발휘시킬 목적으로 사용하며 전착성 증가와 효력을 증대시키는데 첨가하는 물질이다.

18. 수목병을 일으키는 바이러스의 특징으로 옳지 않은 것은?

① 병원체가 자력으로 기주에 침입하지 못한다.
② 기주세포의 내용물과 구분하는 2중막이 존재한다.
③ 병원체는 전자현미경을 통해서만 관찰이 가능하다.
④ 병원체는 살아있는 세포 내에서만 증식이 가능하다.

해설 바이러스(virus)

① 크기가 매우 작기에 광학 현미경이 아닌 전자현미경을 통해서만 병원체를 확인한다.

② 기주식물에서 자기 복제를 반복하는 과정에서 식물의 에너지가 소모되면서 정상적인 엽록소 형성이 장애를 받게 되고, 잎에 모자이크 또는 얼룩반점이 나타나게 된다.

③ 단일 또는 2중 나선의 유전 물질인 핵산(RNA 또는 DNA)을 단백질 겹질 캡시드(Capsid)로 둘러싼 형태로 구성되어 있다. 단백질 이외에 지방이 섞인 막으로 싸여 있기도 하여 2중막이 없다.

19. 밤나무혹벌의 천적으로 옳은 것은?

① 알좀벌　　　　② 먹좀벌
③ 남색긴꼬리좀벌　④ 수중다리무늬벌

해설 밤나무혹벌의 천척

남색긴꼬리좀벌, 노란꼬리좀벌, 큰다리남색좀벌, 배잘록꼬리좀벌, 상수리좀벌 등

20. 생물학적 방제에 대한 설명으로 옳은 것은?

① 내충성 품종을 심어 해충의 발생을 억제시키는 방법이다.

② 병원미생물이나 호르몬 약제를 이용하여 해충을 방제하는 방법이다.

③ 포식충, 기생곤충, 병원미생물 등을 이용하여 해충의 발생을 억제시키는 방법이다.

④ 포식충, 기생곤충 등에 의해 해충의 발생을 억제시키는 방법이며 병원미생물은 제외된다.

해설 생물학적 방제

미생물·곤충·식물 그 밖의 생물 사이의 길항작용이나 기생관계를 이용하여 인간에 유해한 병원균·해충·잡초를 방제하려는 방제 방법

1. 잣나무 털녹병 방제 방법으로 옳지 않은 것은?

① 중간기주인 송이풀을 제거한다.
② 저항성 품종을 육성하여 식재한다.
③ 풀베기와 간벌을 실시하여 숲에 통풍을 양호하게 해 준다.
④ 담자포자 비산시기인 4월 하순부터 10일 간격으로 보르도액을 2~3회 살포한다.

해설 바르게 고치면
잣나무 털녹병의 약제예방은 잣나무 묘포에 8월 하순부터 10일 간격으로 보르도액을 2~3회 살포하여 소생자의 잣나무 침입을 막는다.

2. 모잘록병 방제 방법으로 옳지 않은 것은?

① 묘상이 과습하지 않도록 한다.
② 복토가 충분히 두텁도록 한다.
③ 병이 심한 묘포지는 돌려짓기를 한다.
④ 질소질 비료보다는 인산질 비료를 충분히 준다.

해설 바르게 고치면
복토는 너무 두껍지 않도록 한다.

3. 대추나무 빗자루병의 병원체는?

① 세균
② 곰팡이
③ 바이러스
④ 파이토플라스마

해설 오동나무의 빗자루병, 대추나무의 빗자루병, 뽕나무오갈병 등 파이토플라스마에 의한 수목병

4. 솔잎혹파리 방제 방법으로 옳지 않은 것은?

① 솔잎혹파리먹좀벌을 천적으로 이용 한다.
② 박새, 진박새, 쇠박새 등 조류를 보호한다.
③ 티아메톡삼 분산성 액제를 수간에 주사한다.
④ 피해가 극심한 지역에 동수화제를 살포한다.

해설 솔잎혹파리 방제방법
① 침투성 약제 수간주사
• 벌레혹이 20% 이상 형성시
• 산란 및 부화기인 6월중에 포스팜 50%액제를 피해목의 흉고직경 당 0.3~1.0mL를 줄기에 구멍을 뚫고 주입한다.
② 침투성 약제 근부처리
• 뿌리부근에 약제처리
• 피해도 "중" 이상의 소경목으로 강우 시 인근 식수원이나 농경지 등에 유입될 염려가 없는 지역
• 3월 해빙기에 제초제인 핵사지논입제를 헥타당 50kg씩 지면에 고루 뿌려 하충식생을 제거하고 5월 하순에 카보입제를 헥타당 360kg 뿌리근처에 처리한다.
③ 월동유충기 지면약제살포
• 유충낙하기인 11월하순 ~ 12월상순에 다수진 3% 입제
• 에토프 5%입제를 헥타당 180을 지면에 살포

5. 천공성 해충이 아닌 것은?

① 박쥐나방   ② 밤바구미
③ 버들바구미   ④ 알락하늘소

해설 밤바구미
종실 가해 해충

6. 밤나무의 종실을 가해하여 피해를 주는 해충은?

① 버들바구미   ② 어스랭이나방
③ 복숭아명나방   ④ 참나무재주나방

정답   1. ④   2. ②   3. ④   4. ④   5. ②   6. ③

해설 ① 버들바구미 : 천공성 해충, 은사시나무·포플러류·버드나무류·오리나무 등 피해
② 어스렝이 나방 : 식엽성 해충, 밤나무·호두나무·버즘나무·은행나무 등 피해
③ 참나무 재주나방 : 식엽성 해충, 떡갈나무·신갈나무·졸참나무·갈참나무·밤나무 등 피해

7. 늦여름이나 가을철에 내린 인하여 수목에 피해를 주는 것은?

① 상렬
② 만상
③ 조상
④ 연해

해설 ① 상렬(상함) : 나무의 수액이 얼어서 부피가 증대되어 수간의 외층이 냉각수축하여 수선방향으로 갈라지는 현상
② 만상 : 이른 봄 식물이 발육이 시작된 후 급격한 온도저하가 일어나 어린 지엽이 손상되는 것
③ 연해 : 주요 공해·가스에 의한 피해

8. 곤충의 외분비 물질이며 개척자가 새로운 기주를 찾았다고 동족을 불러들이는 데에 사용되는 종내 통신물질로 주로 나무좀류에서 발달되어 있는 물질은?

① 성 페로몬
② 경보 페로몬
③ 집합 페로몬
④ 길잡이 페로몬

해설 ① 성페로몬
• 곤충이 교미 시에 유인, 혹은 상대의 인식
• 성행동의 유발을 촉진하기 위하여 체외로 방출되는 생리활성물질
② 경보페로몬
• 생물체내로부터 환경으로 방출된 페로몬
• 생물종의 다른 개체에서 경계신호 역할을 하는 물질
③ 길잡이페로몬
• 사회성 곤충의 길 표지로 사용하는 페로몬
• 개미·꿀벌·흰개미 등이 집에서 나와 먹이를 찾고 난 후 집으로 되돌아갈 때 길에 지표로 묻히는 분비물

9. 향나무하늘소(측백하늘소)의 발생 횟수는?

① 1년에 1회
② 1년에 2회
③ 2년에 1회
④ 3년에 1회

해설 향나무하늘소
① 연 1회 발생
② 피해와 월동 : 11월경 나무의 땅 가까운 곳 또는 뿌리에 구멍을 뚫고 들어가 수피 밑에서 성충으로 월동
③ 서식장소 : 향나무류·측백나무·편백·나한백

10. 참나무 시들음병 방제 방법으로 옳지 않은 것은?

① 끈끈이롤 트랩을 설치하여 매개충을 잡는다.
② 유인목을 설치하여 매개충을 잡아 훈증 및 파쇄한다.
③ 전기충격기를 활용하여 나무 속에 성충과 유충을 감전사 시킨다.
④ 매개충의 우화최성기인 3월 중순을 전후하여 페니트로티온 유제를 살포한다.

해설 참나무시들음병
광릉긴나무좀의 화학적 방제
① 벌레 똥을 배출하는 침입공에 페니트로티온 유제(50%) 50~100배 액으로 희석하여 침입공에 주입하여 죽인다.
② 피해 임지에서 피해목을 길이 1m로 잘라 메탐쇼듐 액제(25%)를 m³당 1ℓ를 처리하여 1주일 이상 훈증한다.
③ 피해 입목에 대하여 0.05mm의 비닐로 감싸고 비닐 끝부분에 접착 테이프를 붙여 밀봉한 후에 지제부에 메탐쇼듐 액제(25%)를 넣고 흙을 덮어 완전 밀봉하여 훈증한다.

11. 소나무 잎떨림병 방제 방법으로 옳지 않은 것은?

① 종자 소독을 철저히 한다.
② 병든 낙엽은 태우거나 묻는다.
③ 베노밀 수화제나 만코제브 수화제를 사용한다.
④ 자낭포자가 비산하는 7~9월에 살균제를 살포한다.

정답 7. ③   8. ③   9. ①   10. ④   11. ①

해설 소나무잎떨림병

① 병든 잎에서 자낭포자의 형태로 월동하며, 자연개구부로 침입하는 수병이다

② 방제법으로는 병든 낙엽을 태우거나, 보르도액 살포, 활엽수와 낙엽수를 하목으로 식재하면 피해가 경감한다.

③ 수관하부에서 발생이 심하므로 어린 나무의 경우 풀깎기를 하며, 수관하부를 가지치기하여 통풍을 좋게 한다.

12. 소나무 혹병균은 무슨 병원체에 속하는가?

① 세균
② 녹병균
③ 바이러스
④ 흰가루병균

해설 소나무혹병

담자균(녹병균) 병원체

13. 산불 중 지표화에 대한 설명으로 옳은 것은?

① 치수들이 피해를 받는다.
② 주로 부식층이 타는 화재이다.
③ 풍속과 산불화염의 길이와는 거의 상관없다.
④ 바람이 있을 때는 불어오는 방향으로 원형이 되어 퍼진다.

해설 산불 지표화

① 토양단면의 A_L층(낙엽층)과, A_F층(조부식층)의 상부가 타는 불

② 지표에 쌓여 있는 낙엽과 지피물, 지상관목층, 갱신치수 등이 불에 타는 화재로 산불 중에서 가장 흔히 일어나는 산불이다.

14. 솔노랑잎벌의 월동 형태로 옳은 것은?

① 알
② 성충
③ 유충
④ 번데기

해설 솔노랑잎벌

① 년1회 발생, 알로 월동

② 피해
• 어린 소나무림과 소개(疏開)된 임분 및 임연부에 많이 발생하며 울폐된 임분에는 거의 없다.
• 묵은 잎을 식해하므로 나무가 죽는 일은 적으나 피해가 계속되면 고사하기도 한다.

③ 방제
• 부화유충기에 메프유제, 디프유제 또는 수화제, 디디브이피유제 등 1,000배액을 수관에 살포한다.
• 피해목을 흔들면 유충이 떨어지므로 이것을 포살하는 것도 효과적이며, 유충을 잡아먹는 밀화부리, 찌르레기 등 천적조류를 보호 증식한다.

15. 대기오염에 의한 수목의 피해 양상으로 옳지 않은 것은?

① 오존으로 인한 피해는 어린잎보다 성숙한 잎에서 발생하기 쉽다.
② 아황산가스로 인한 마비증상은 잎에 백색의 작은 반점이 생기는 것이다.
③ 질소산화물로 인한 피해 징후는 잎에 수침상 반점이 생기는 것이다.
④ 불화수소로 인한 피해 징후는 어린잎의 선단과 주변에 백화현상이 나타나는 것이다.

해설 아황산가스(SO_2)에 의한 피해

① 급성피해
• 고농도(0.4ppm 이상)의 아황산가스를 단시간 내에 흡수했을 때 세포내에 함유된 엽록소의 급격한 파괴, 세포의 붕괴 및 괴사

② 만성피해
• 낮은 농도의 아황산가스에 오래 노출되어 엽록소가 서서히 붕괴됨으로써 황화현상이 나타남
• 급성의 경우와는 달리 세포는 파괴되지 않고 그 생명력을 유지

정답 12. ② 13. ① 14. ① 15. ②

16. 소나무재선충병 방제를 위한 나무 주사용으로 가장 적합한 것은?

① 메탐소듐 액제
② 티오파네이트메틸 수화제
③ 에마멕틴벤조에이트 유제
④ 옥시테트라사이클린 수화제

해설 소나무재선충병 나무 주사
① 11월부터 이듬해 3월 말까지 실시하며, 매개충이 우화하기 전까지 주입한다. 단, 미리 송진유출 여부 등을 확인하여 수액의 이동이 정지된 시기에 실행한다.
② 12~2월에 아바멕틴 유제 또는 에마멕틴벤조에이트 유제를 나무주사하거나 4~5월에 포스티아제이트 액제를 토양관주한다.

17. 모잘록병과 비슷한 증상을 보이며, 잎이 완전히 전개되지 않고 새 가지가 연약한 5~6월부터 발생하여 장마철에 급격히 심해지는 병원균은?

① 포플러 잎녹병균
② 잣나무 잎떨림병균
③ 오동나무 탄저병균
④ 오리나무 갈색무늬빙균

해설 오동나무탄저병
① 피해
• 어린 실생묘가 심하게 침해되면 모잘록병 증상을 띠면서 전멸하기도 한다.
• 잎은 기형으로 오그라들면서 일찍 낙엽이 된다
② 병징
• 5~6월경부터 잎과 어린 줄기에 발생한다.
• 잎의 병반은 초기에는 담갈색으로 아주 작으나 점차 암갈색으로 되고 반점주위는 퇴색하여 노랗게 된다.
• 이 병반은 건조하면 담갈색, 습윤할 때에는 담도색으로 가루를 뿌려 놓은 것처럼 보인다.
• 어린 줄기는 병반이 확대되어 줄기를 한 바퀴 돌면 그 윗부분은 말라 죽는다.

18. 인공적으로 배양할 수 있는 수목 병원체는?

① 세균
② 바이러스
③ 흰가루병균
④ 파이토플라스마

해설 절대 기생체
① 순활물 기생체, 활물 영양성
② 살아있는 조직내에서만 생활할 수 있는 것, 인공배양이 안된다.
③ 녹병균, 노균병균, 흰가루병균, 바이러스, 파이토플라스마, 바이로이드

19. 산림해충에 대한 임업적 방제 방법으로 옳은 것은?

① 천적 이용
② 트랩 이용
③ 훈증제 사용
④ 내충성 수종 이용

해설 임업적 방제방법
① 천적이용 : 생물적 방제
② 트랩이용 : 기계적 방제
③ 훈증제 사용 : 화학적 방제
④ 내충성 수종 이용 : 임업적 방제

20. 곤충의 외표피에서 발견할 수 없는 구조는?

① 왁스층
② 기저막
③ 시멘트층
④ 단백질성 외표피

해설 곤충의 체벽
① 기능 : 몸을 보호, 탈수 방지, 움직임을 가능케 함, 외부자극을 내부로 전달
② 종류
• 외표피 : 시멘트층, 왁스층, 단백질성 외표피
• 원표피 : 외원표피, 내원표피
• 진피세포
• 기저막

1회

1회독 □ 2회독 □ 3회독 □

1. 매미나방 방제 방법으로 옳지 않은 것은?

① 나무주사를 실시한다.
② 알덩어리는 4월 이전에 제거한다.
③ 어린 유충시기에 살충제를 살포한다.
④ Bt균, 핵다각체바이러스 등의 천적미생물을 이용한다.

[해설] 매미나방(집시나방)에는 수간주사를 실시하지 않는다.

2. 잎을 주로 가해하는 해충이 아닌 것은?

① 솔나방
② 박쥐나방
③ 미국흰불나방
④ 오리나무잎벌레

[해설] 박쥐나방-천공성 해충

3. 수목의 외과적 치료 방법에 대한 설명으로 옳은 것은?

① 나무주사를 이용하는 방법이다.
② 부후병, 뿌리썩음병에는 효과가 없다.
③ 뽕나무 오갈병, 오동나무 빗자루병에는 효과가 없다.
④ 살균제 성분을 이용하여 수목 피해를 예방하는 것이다.

[해설] 뽕나무 오갈병, 오동나무 빗자루병
옥시테트라시이클린계 수관주사 등 내과적 치료방법

4. 상주로 인한 묘목의 피해를 예방하는 방법으로 옳지 않은 것은?

① 토양에 모래를 섞는다.
② 배수가 잘 되도록 한다.
③ 낙엽 및 볏짚 등을 제거한다.
④ 이른 봄에 뿌리 부위를 밟아준다.

[해설] 낙엽 및 볏짚 등의 피복은 상주를 예방한다.

5. 다음 설명에 해당하는 해충은?

- 성충은 열매에 구멍을 내고 열매 속에 산란한다.
- 부화유충은 과실 내부를 가해하고 똥을 외부로 배출하지 않아 피해 과실을 구별하기 어렵다.

① 밤바구미
② 버들바구미
③ 밤나무혹벌
④ 복숭아명나방

[해설] 밤바구미
밤의 종실해충으로 복숭아명나방과 함께 가장 피해를 많이 주는 해충이다. 밤을 수확하여 식용하려고 쪼개면 나오는 벌레가 밤바구미 유충이다.

6. 곤충의 피부 구조 중에서 한 개의 세포층으로 되어 있는 부분은?

① 외표피
② 원표피
③ 기저막
④ 진피층

[해설] 진피층(epidermis)
① 표피를 이루는 단백질, 지질, 키틴(Chitin) 화합물 등을 합성 및 분해하는 세포층
② 탈피시에는 내원표피를 소화시키는 탈피액을 분비

7. 해충과 천적 연결이 옳지 않은 것은?

① 솔잎혹파리 – 솔노랑잎벌
② 천막벌레나방 – 독나방살이고치벌
③ 미국흰불나방 – 나방살이납작맵시벌
④ 버들재주나방 – 산누에살이납작맵시벌

[해설] 솔잎혹파리 천적-솔잎혹파리먹좀벌

정답 1. ① 2. ② 3. ③ 4. ③ 5. ① 6. ④ 7. ①

8. 방제 대상이 아닌 곤충류에도 피해를 주기 가장 쉬운 농약은?

① 전착제
② 화학불임제
③ 접촉살충제
④ 침투성 살충제

해설 직접 접촉제 : 피부에 접촉 흡수시켜 방제
① 직접 접촉 독제 : 직접 살포시에만 살충 (제충국, 니코틴제, 기계유유제)
② 잔효성 접촉 독제 : 직접 살포시는 물론이고 약제의 접촉시 살충효과

9. 생물학적 방제에 이용하는 미생물과 해당 수목병의 연결이 옳지 않은 것은?

① Trichoderma harzianum – 모잘록병
② Tuberculina maxima – 잣나무 털녹병
③ Agrobacterium radiobactor – 세균성 뿌리혹병
④ Phleviopsis gigantea – 침엽수의 뿌리썩음병

해설 Trichoderma harzianum(트리코델마 하지아눔)
① 천적곰팡이, 농업에 유해한 곰팡이를 죽이는 이로운 곰팡이
② 줄기마름병의 일종으로 백견병(southern blight)은 일명 흰비단병이라고도 불리는 병 방제에 적용

10. 세균이 식물에 침입할 수 있는 자연 개구부에 해당하지 않는 것은?

① 각피
② 기공
③ 피목
④ 밀선

해설 식물의 자연개구부 : 피목, 기공, 밀선, 수공

11. 수목에 피해를 주는 대기오염 물질이 아닌 것은?

① PAN
② 염화칼슘
③ 질소산화물
④ 아황산가스

해설 대기오염물질 : PAN, 질소산화물, 아황산가스, 오존, 불소 등

12. 솔나방 방제 방법으로 옳지 않은 것은?

① 월동 후 유충 활동시기에 아바멕틴 유제를 나무주사 한다.
② 성충 활동기에 수은등이나 유아등을 설치하여 성충을 유살한다.
③ 7~8월 중순에 산란된 알 덩어리가 붙어 있는 가지를 잘라서 소각한다.
④ 유충이 가해하는 시기에 디플루벤주론 수화제나 뷰프로페진 수화제를 살포한다.

해설 ① 디플루벤주론 수화제 – 나방류
② 뷰프로페진 수화제 – 깍지벌레류

13. 수목병을 진단하는 방법으로 옳지 않은 것은?

① 지표식물 이용
② 항원–항체 반응
③ 테트라졸륨 검사
④ Koch의 원칙 적용

해설 테트라졸륨 검사
종자 활력검사

14. 바이러스로 인한 수목병 방제 방법에 대한 설명으로 옳지 않은 것은?

① 생장점 배양을 한다.
② 묘포장에서는 윤작을 피한다.
③ 잡초를 활용하여 간섭 효과를 유발한다.
④ 약독 바이러스를 발병 전에 미리 접종한다.

해설 잡초는 바이러스를 전염시키는 해충의 서식 장소이기도 하므로 제거한다.

15. Septoria류 병원균에 의한 수목병에 대한 설명으로 옳지 않은 것은?

① 주로 잎에 작은 점무늬를 형성한다.
② 병든 잎에서 월동하여 1차 전염원이 된다.
③ 자작나무 갈색점무늬병(갈반병)을 예로 들 수 있다.
④ 병원균의 분생포자는 주로 곤충에 의해 전반된다.

[해설] Septoria류 (셉토리아류)에 의한 수목병
　① 많은 작물을 가해, 주로 점무늬병과 잎마름병을 발병
　② 분생포자는 튀는 빗물, 관개수, 농기구, 동물 등에 의해 전파
　③ Septoria는 균사로 월동하거나 종자의 내외부나 포장의 병든 식물 잔재에 형성된 분생포자각 속에서 분생포자로 월동한다.
　④ 이 균이 종자에 수반되면 모잘록병을 초래하거나 차후 감염을 위한 전염원으로 작용한다.
　⑤ 모든 Septoria 종은 감염과 심한 발병에는 다습 상태가 요구되지만, 넓은 온도 범위에서 병을 일으킬 수 있다.

16. 밤나무 줄기마름병 방제 방법으로 옳지 않은 것은?

① 질소 비료를 적게 준다.
② 내병성 품종을 재배한다.
③ 상처 부위에 도포제를 바른다.
④ 중간기주인 현호색을 제거한다.

[해설] 현호색
　포플러 잎녹병의 중간 기주

7. 오리나무잎벌레 방제 방법으로 옳지 않은 것은?

① 알덩어리가 붙어 있는 잎을 소각한다.
② 5~6월에 모여 사는 유충을 포살한다.
③ 유충 발생기에 트리플루뮤론 수화제를 살포한다.
④ 수은등이나 유아등을 설치하여 성충을 유인한다.

[해설] 수은등, 유아등 설치
　나방류 성충 유살

18. 그을음병에 대한 설명으로 옳지 않은 것은?

① 주로 잎의 앞면에 발생한다.
② 병원균이 주로 잎의 양분을 탈취한다.
③ 잎 표면을 깨끗이 닦아 피해를 줄일 수 있다.
④ 진딧물류 및 깍지벌레류가 번성할수록 잘 발생한다.

[해설] 그을음병은 잎에 검은 피막을 형성하여 동화작용을 방해한다.

19. 솔잎혹파리의 월동 형태는?

① 알　　　　　　② 유충
③ 성충　　　　　④ 번데기

[해설] 솔잎혹파리 월동 형태
　유충

20. 바다에서 부는 바람에 함유된 염분에 약한 수종으로만 올바르게 나열한 것은?

① 곰솔, 돈나무　　　② 삼나무, 벚나무
③ 팽나무, 후박나무　④ 자귀나무, 사철나무

[해설] 내염성이 약한 수종
　소나무, 삼나무, 편백, 화백, 벚나무 등

2회

1회독 ☐ 2회독 ☐ 3회독 ☐

1. 잣나무넓적잎벌 방제 방법으로 옳은 것은?

① 알에 기생하는 벼룩좀벌류 등 기생성 천적을 보호한다.
② 땅 속 유충 시기에 클로르플루아주론 유제를 살포한다.
③ 땅속의 유충을 9월에서 다음해 4월 사이에 호미나 괭이로 굴취하여 소각한다.
④ 성충이 우화하는 것을 방지하기 위해 7월에 폴리에 틸렌필름으로 임내지표를 피복한다.

해설 잣나무넓적잎벌 방제 방법
　① 알에는 알좀벌, 유충에는 벼룩좀벌, 병원미생물등이 기생하므로 이들 천적을 보호한다.
　② 독립된 피해임지에서는 흙속에서 우화한 성충이 수관으로 이동하는 것을 방지하기 위하여 4월중에 폴리에 칠렌필름(0.05mm 이상)으로 임내지표를 피복하는 것이 효과적이다.
　③ 땅속의 유충을 9월~다음해 4월에 굴취소각한다.
　④ 수상(樹上) 유충기인 7월 중순~8월 상순에 주론, 트리 뮤론, 나크 수화제를 지상 또는 항공 살포한다.

2. 염분을 함유한 바다 바람에 강한 수종이 아닌 것은?

① 삼나무　　　　② 향나무
③ 팽나무　　　　④ 자귀나무

해설 ① 염풍(조풍)에 강한 수종 : 해송, 향나무, 사철나무, 자귀나무, 팽나무, 후박나무 등
　② 염풍(조풍)에 약한 수종 : 소나무, 전나무, 삼나무, 포도나무, 사과나무 등

3. 참나무 시들음병 방제 방법으로 가장 효과가 약한 것은?

① 유인목 설치　　　② 끈끈이롤트랩
③ 예방 나무주사　　④ 피해목 벌채 훈증

해설 참나무시들음병 방제방법 : 유인목설치, 끈끈이롤트랩, 지상약제살포, 피해목 벌채 훈증·소각

4. 병원균의 형태 중 여름포자가 없는 녹병은?

① 향나무 녹병　　　② 잣나무 털녹병
③ 전나무 잎녹병　　④ 포플러 잎녹병

해설 향나무 녹병은 이종기생균으로 향나무에서 겨울포자세대(여름포자 없음)를 보내고, 배나무 등 장미과 수목에서 녹병 정자와 녹포자세대를 거친다.

5. 성충으로 월동하는 해충으로만 나열한 것은?

① 솔나방, 복숭아명나방
② 솔나방, 미국흰불나방
③ 소나무좀, 버즘나무방패벌레
④ 버즘나무방패벌레, 복숭아명나방

해설 ① 솔나방, 복숭아명나방 – 유충 월동
　② 솔나방 – 유충 월동, 미국흰불나방 – 번데기 월동
　④ 버즘나무방패벌레 – 성충월동, 복숭아명나방 – 유충 월동

6. 산림 해충에 대한 설명으로 옳은 것은?

① 솔잎혹파리는 충영을 형성하나 밤나무 혹벌은 충영을 만들지 않는다.
② 미국흰불나방은 버즘나무, 벚나무, 포플러 등 많은 활엽수의 잎을 가해한다.
③ 소나무재선충을 매개하는 곤충은 솔수염하늘소, 소나무좀 등으로 알려져 있다.
④ 솔나방은 소나무를 주로 가해하지만 활엽수도 가해하는 잡식성 해충에 속한다.

정답　1. ①　2. ②　3. ③　4. ③　5. ①　6. ④　7. ①

해설 바르게 고치면

① 솔잎혹파리, 밤나무 혹벌은 충영을 형성한다.

③ 소나무재선충을 매개하는 곤충은 솔수염하늘소, 북방수염하늘소 등으로 알려져 있다.

④ 솔나방은 소나무, 해송, 잣나무, 리기다소나무, 낙엽송, 개잎갈나무, 전나무, 가문비나무 등을 침엽수를 주로 가해한다.

7. 모잘록병 병원균 중 불완전균류가 아닌 것은?

① *Rhizoctonia solani*

② *Sclerotium bataticola*

③ *Pythium debaryanum*

④ *Fusarium acuminatum*

해설 난균류

Pythium속(피시움 속), Phytophthora속(파이토프토라 속), Sclerospora속(스클레로스포라속)

8. 호두나무잎벌레의 천적으로 가장 적합한 것은?

① 외발톱면충   ② 남생이무당벌레

③ 노랑배허리노린재   ④ 주둥무늬차색풍뎅이

해설 호두나무잎벌레

남생이무당벌레, 무당벌레, 풀잠자리류

9. 겨우살이에 대한 설명으로 옳지 않은 것은?

① 주로 종자를 먹은 새의 배설물에 의해 전파된다.

② 겨울철에도 잎이 떨어지지 않으므로 쉽게 발견할 수 있다.

③ 주로 참나무류에 피해가 심하고 그 밖의 활엽수에도 기생한다.

④ 겨우살이의 뿌리로 인해 수목의 뿌리가 양분을 제대로 흡수하지 못하는 피해를 입는다.

해설 바르게 고치면

겨우살이의 뿌리는 수목의 뿌리가 양분을 흡수하는데 거의 영향을 주지 않는다.

10. 미국흰불나방 방제에 사용되는 약제로 가장 효과가 약한 것은?

① 메탐소듐 액제

② 트리플루뮤론 수화제

③ 디프룰베주론 액상수화제

④ 람다사이할로트린 수화제

해설 메탐소듐 액제

미국흰불나방 방제

11. 기피제에 해당하는 살충제는?

① Bt제

② 벤젠

③ 알킬화제

④ 나프탈렌

해설 기피제

① 농약 가운데서 직접 살상하는 작용은 없고 냄새, 빛 등으로 병원미생물이나 해충의 접근을 막음으로써 병충해 방제효과

② 나프탈렌은 콜타르 또는 석유 증류에서 얻으며 주로 프탈산 무수물을 제조하는 데 사용되지만 나방 방충제에도 사용된다.

12. 벚나무 빗자루병 방제 방법으로 옳은 것은?

① 매개충을 구제한다.

② 병든 가지를 제거한다.

③ 저항성 품종을 식재한다.

④ 옥시테트라사이클린계통의 약제를 나무주사한다.

해설 벚나무빗자루병 방제
① 겨울부터 이른 봄에 걸쳐서 병든 가지를 아래쪽의 부풀은 부분을 포함하여 잘라내서 태운다.
② 잘라낸 부분에는 지오판도포제 등을 발라준다.
③ 이른 봄 꽃이 진 후 보르도액 또는 만코지수화제를 2~3회 전면 살포한다.

13. 수목병의 중간기주 연결이 옳지 않은 것은?

① 소나무 줄기녹병 : 참취
② 잣나무 털녹병 : 송이풀
③ 소나무 혹병 : 졸참나무
④ 소나무 잎녹병 : 황벽나무

해설 소나무 줄기녹병 : 목단, 작약

14. 리지나뿌리썩음병 방제 방법으로 옳지 않은 것은?

① 임지 내에서 불을 피우는 행위를 막는다.
② 피해 임지에 1ha 당 2.5톤 정도의 석회를 뿌린다.
③ 매개충 구제를 위하여 살충제를 봄에 살포한다.
④ 피해지 주변에 깊이 80cm 정도의 도랑을 파서 피해 확산을 막는다.

해설 리지나뿌리썩음병
① 임지내의 모닥불자리 또는 산화적지(山火跡地)에서 많이 발생
② 소나무임내에서는 모닥불을 금지하며, 산불이 발생한 임지에서는 동일한 수종을 식재하지 않도록 한다.
③ 피해를 받아 죽은 나무는 속히 벌채하여 이용하고 벌채목의 수피 및 잔가지는 임내에서 태우지 않도록 한다.
④ 피해임지에 석회를 뿌려 토양을 중화시키며 피해지 주변에 깊이 80cm정도의 도랑을 파서 피해확산을 막는다.
⑤ 피해지 주변 또는 피해목을 뽑아낸 장소에는 캡탄분제를 살포하여 피해확산을 방지하도록 한다.

15. 한상에 대한 설명으로 옳은 것은?

① 서리에 의하여 발생하는 임목 피해이다.
② 기온이 영하로 내려가야 발생하는 임목 피해이다.
③ 차가운 바람에 의하여 나무 조직이 어는 피해이다.
④ 0℃ 이상이지만 낮은 기온에서 발생하는 임목 피해이다.

해설 한상
0℃ 이하의 기온에서 열대식물 등이 차가운 성질로 인해 생활기능이 장해를 받아죽음에 이르는 것을 말한다. 이때 식물체 내에 결빙(結氷)이 일어나지는 않는다.

16. 측백나무 검은돌기잎마름병에 대한 설명으로 옳지 않은 것은?

① 통풍이 나쁠 때 많이 발생한다.
② 가을에 발생하는 낙엽성 병해이다.
③ 잎의 기공조선상에 병원체의 자실체가 나타난다.
④ 주로 수관하부의 잎이 떨어져서 엉성한 모습으로 된다.

해설 측백나무 검은돌기잎마름병
① 5~8월에 수관 하부의 잎이 갈색으로 말라죽으며, 피해가 심한 나무는 새잎부분만 남고 엉성한 모습을 나타낸다.
② 병든 잎과 잎 사이(기공조선)에 검은색 돌기(자낭반)가 있으며, 다습하면 담흑갈색으로 부풀어 오른다.

17. 배의 마디가 뚜렷하지 않고 머리도 명확하지 않은 유충의 형태이며, 벌목의 일부 기생벌 유충에서 볼 수 있는 형태는?

① 원각형 유충
② 다각형 유충
③ 소각형 유충
④ 무각형 유충

해설 유충의 형태
① 원각형(原脚型) : 일부의 기생벌
② 다각형(多脚型) : 배다리가 있는 나비류, 잎벌레류
③ 소각형(少脚型) : 배다리가 없는 딱정벌레류
④ 무각형(無脚型) : 구더기형으로 다리가 없는 벌류, 파리류

정답 **13.** ① **14.** ③ **15.** ④ **16.** ② **17.** ①

18. 종실해충 방제를 위한 약제 살포시기에 대한 설명으로 옳지 않은 것은?

① 밤바구미는 8~9월에 살포한다.
② 복숭아명나방은 7~8월에 살포한다.
③ 도토리거위벌레는 8월경에 살포한다.
④ 솔알락명나방은 우화기, 산란기인 8월경에 살포한다.

해설 바르게 고치면
　　 솔알락명나방 우화기, 산란기인 6월경에 살포한다.

19. 청각기관인 존스톤기관은 곤충의 어느 부위에 존재하는가?

① 더듬이의 기부　　　② 더듬이의 자루마디
③ 더듬이의 채찍마디　④ 더듬이의 팔굽마디

해설 곤충 더듬이와 존스턴기관
　　 ① 기본구조 : 자루마디, 팔굽마디(흔들마디), 채찍마디
　　 ② 존스턴기관
　　　　• 더듬이의 팔굽마디(흔들마디)에 위치
　　　　• 청각기관의 일종
　　　　• 편절에 있는 털의 움직임에 자극을 받음
　　　　• 모기류에서 잘 발달되어 있음

20. 소나무 재선충병 방제 방법에 대한 설명으로 옳지 않은 것은?

① 예방 나무주사를 한다.
② 저항성 품종을 식재한다.
③ 피해고사목은 훈증하거나 소각한다.
④ 솔수염하늘소 성충 발생시기에 지상 약제살포를 한다.

해설 소나무 재선충병 방제 방법
　　 ① 고사목은 베어서 훈증 소각
　　 ② 매개충구제를 위해 5~8월에 아세타미프리드 액제를 3회 이상 살포한다.
　　 ③ 예방을 위해서는 12~2월에 아바멕틴 유제 또는 에마멕틴벤조에이트 유제를 나무주사하거나 4~5월에 포스티아제이트 액제를 토양관주 한다.

3회

1. 씹는 입틀을 가진 해충 방제에 주로 사용되는 살충제 종류는?

① 기피제   ② 제충제
③ 훈증제   ④ 소화중독제

해설 **소화중독제**
① 독제라고도 하며, 해충이 먹었을 때 입을 통하여 먹이와 함께 소화관에 들어가 살충작용을 나타내는 것.
② 씹는 입틀을 가진 딱정벌레, 벌, 메뚜기, 나방 등의 유충에 사용되며, 멸구나 진딧물 같은 즙액을 빠는 입틀을 가진 해충에는 사용 할 수 없다

2. 저온으로 인한 수목 피해에 대한 설명으로 옳은 것은?

① 겨울철 생육 휴면기에 내린 서리로 인한 피해를 만상이라 한다.
② 분지 등 저습지에 한기가 밑으로 내려와 머물게 되어 피해를 입는 것을 상렬이라 한다.
③ 이른 봄에 수목이 발육을 시작한 후 급격한 온도 저하가 일어나 어린 잎이 손상되는 것을 조상이라 한다.
④ 휴면기 동안에는 피해가 적지만 가을 늦게까지 웃자란 도장지나 연약한 맹아지가 주로 피해를 받는다.

해설 거름이 많거나 수분이 적당하여 웃자란 나무가 이른 서리 해를 입기 쉽다.

3. 곤충의 날개가 퇴화된 기관으로 주로 파리류에서 볼 수 있는 것은?

① 평균곤   ② 딱지날개
③ 날개가시   ④ 날개걸이

해설 ① 평균곤 : 뒷날개가 퇴화 한 것(파리)
② 이평균곤 : 앞날개가 퇴화하여 작대기모양을 이루는 것(부채벌레목)

4. 나무주사를 이용한 대추나무 빗자루병 방제 방법으로 옳은 것은?

① 주입 약량은 흉고직경 10cm 기준으로 3L를 사용한다.
② 병 발생이 심한 가지 방향과 반대 방향에도 주사기를 삽입한다.
③ 약제 희석 후 변질이 되지 않도록 즉시 약통에 넣고 나무주사 한다.
④ 물 1L에 옥시테트라사이클린 수화제 10g을 잘 저어서 녹여서 사용한다.

해설 **대추나무 빗자루병 방제**
병세가 경미하거나 아주 심하지 않은 나무는 옥시테트라사이클린(옥시마이신) 1,000배액을 흉고직경 10cm당 1ℓ씩 기준으로 4월 하순과 9월 하순(대추수확 직후)에 각각 1회씩 수간 주입한다. 그 후에는 2~3년에 한 번씩 가을에 수간 주입을 한다.

5. 소나무좀 방제 방법에 대한 설명으로 옳은 것은?

① 11~3월에 아바멕틴 유제를 나무주사한다.
② 수은등이나 유아등을 설치하여 성충을 유인하여 포살한다.
③ 먹이나무를 설치하고 산란하도록 한 후 박피하여 소각한다.
④ 소나무좀 먹이가 되는 좀벌류, 맵시벌류, 기생파리류를 구제한다.

해설 **소나무좀 방제**
① 2~3월에 먹이나무를 설치하고 월동성충이 산란하게 한 후 먹이나무를 박피하여 소각한다.
② 수세 쇠약목을 가해하므로 수세회복이 최우선이다.
③ 2월 하순~4월 중순에 페니트로티온 200배액 등을 줄기에 살포한 후 랩으로 밀봉한다.

정답   1. ④   2. ④   3. ①   4. ②   5. ③

6. 복숭아명나방 방제 방법에 대한 설명으로 옳지 않은 것은?

① 수확한 밤을 훈증한 후 저온에 저장한다.
② 곤충병원성미생물인 Bt균이나 다각체 바이러스를 살포한다.
③ 밤나무의 경우 7~8월에 페니트로티온 유제등의 약제를 살포한다.
④ 성페로몬 트랩을 지상 1.5~2m 되는 가지에 매달아 놓아 성충을 유인 살포한다.

해설 바르게 고치면
밤 수확 시 피해 구과를 모아 소각하거나 땅에 묻어 다음해 발생밀도를 낮춘다.

7. 산불이 발생한 지역에서 많이 발생할 것으로 예측되는 병은?

① 모잘록병
② 리지나뿌리썩음병
③ 자줏빛날개무늬병
④ 아밀라리아뿌리썩음병

해설 리지나뿌리썩음병
① 소나무, 해송, 전나무, 일본잎갈나무 등에 발생하며, 40℃ 이상에서 24시간 이상 지속되면 포자가 발아해 뿌리를 감염시킨다. 산림보다는 해안가 모래의 소나무 숲에서 발생이 많다.
② 특히 이 병은 임지내의 모닥불자리 또는 산화적지(山火跡地)에서 많이 발생한다.

8. 곤충류 중 가장 많은 종수를 가진 것은?

① 나비목
② 노린재목
③ 딱정벌레목
④ 총채벌레목

해설 완전변태를 하는 내시류는 특히 많은 종을 보유하여 곤충류의 약 90%를 차지하고 있으며, 이 중 딱정벌레목은 가장 많은 종을 보유하고 있는데, 이는 지구 상 총 생물 종수의 약 20%에 해당된다.

9. 밤나무 줄기마름병 방제 방법으로 옳지 않은 것은?

① 병에 걸리기 쉬운 단택 및 대보 품종은 식재하지 않는다.
② 천공성 해충류에 의한 피해가 없도록 살충제를 살포한다.
③ 동해나 피소로 인한 상처가 나지 않도록 백색 수성페인트를 발라준다.
④ 배수가 불량한 곳과 수세가 약한 경우 피해가 심하므로 비배관리를 철저히 해준다.

해설 바르게 고치면
저항성품종인 단택, 대보, 이취, 삼초생, 만적, 금추 등을 식재한다.

10. 아까시잎혹파리가 월동하는 형태는?

① 알
② 유충
③ 성충
④ 번데기

해설 아까시잎혹파리
번데기로 월동

11. 뽕나무 오갈병의 병원균을 매개하는 곤충은?

① 말매미충
② 끝동매미충
③ 번개매미충
④ 마름무늬매미충

해설 뽕나무 오갈병 매개충
마름무늬 매미충

12. 솔잎혹파리 방제 방법에 대한 설명으로 옳지 않은 것은?

① 저항성 품종을 식재한다.
② 천적으로 혹파리살이먹좀벌을 방사한다.
③ 5~6월에 아세타미프리드 액제를 나무주사한다.
④ 유충이 낙하하는 시기에 카보퓨란 입제를 지면에 살포한다.

해설 솔잎혹파리의 임업적 방제방법
피해 극심기 때의 피해목 고사율은 밀생 임분에서 높으므로 간벌, 불량치수 및 피압목을 제거하여 임내를 건조시킴으로써 솔잎혹파리 번식에 불리한 환경을 조성하며 또한 이 해충이 확산되고 있는 지역에 미리 실시하면 수관이 발달하여 고사율이 낮아진다.

13. 세균에 의해 발생하는 수목병은?

① 소나무 혹병
② 잣나무 털녹병
③ 밤나무 뿌리혹병
④ 낙엽송 끝마름병

해설 소나무 뿌리혹병
세균에 의해 전염되는 병으로 상처를 통해서 침입한다. 상처는 토양 중에서 곤충의 식해 등에 의해 받게 되는데, 상처 융합기간이 3개월 정도 걸리기 때문에 이 때 병균이 침입하게 된다.

14. 뿌리혹병 방제 방법으로 옳은 것은?

① 개화기에 석회 보르도액을 살포한다.
② 진딧물류, 매미충류 등 매개충을 구제한다.
③ 건전한 묘목을 식재하고 석회 사용량을 늘린다.
④ 묘목은 스트렙토마이신 용액을 침지하여 재식한다.

해설 뿌리혹병의 방제방법
① 묘목은 반드시 병에 걸리지 않은 것을 구입하여 심는다.
② 이미 발병한 묘목은 제거한 후 스트렙토마이신 1,000 배액에 담구엇다가 심는다.
③ 작업 중 줄기나 뿌리에 상처가 생기지 않도록 한다.
③ 묘목을 생성할 때 연작을 피한다.

15. 기생성 식물이 아닌 것은?

① 칡
② 새삼
③ 겨우살이
④ 오리나무더부살이

해설 기생성 기물
새삼, 겨울살이, 오리나무더부살이, 열당 쑥더부살이

16. 잣나무 털녹병 방제 방법에 대한 설명으로 옳지 않은 것은?

① 수고의 1/3까지의 가지치기는 발병률을 낮추는 효과가 있다.
② 감염된 나무는 녹포자가 비산하기 전에 지속적으로 제거한다.
③ 묘포에 담자포자 비산시기인 3월 하순부터 보르도액을 살포한다.
④ 중간기주를 5월경부터 제거하기 시작하여 겨울포자가 형성되기 전에 완료한다.

해설 잣나무 털녹병 약제예방
잣나무 묘포에 8월 하순부터 10일 간격으로 보르도액을 2~3회 살포하여 소생자의 잣나무 침입을 막는다.

17. 박쥐나방 방제 방법에 대한 설명으로 옳지 않은 것은?

① 풀깎기를 철저히 시행한다.
② 월동하는 번데기가 붙어 있는 가지를 제거한다.
③ 일반 살충제를 혼합한 톱밥을 줄기에 멀칭한다.
④ 지저분하게 먹어 들어간 식흔이 발견되면 벌레집을 제거하고 페니트로티온 유제를 주입한다.

해설 박쥐나방은 지표면에서 알로 월동한다.

정답 13. ③ 14. ④ 15. ① 16. ③ 17. ②

18. 다음 설명에 해당하는 것은?

묘포장 및 조림지의 직사광선이 강한 남사면에 생육하고 있는 어린 묘목의 경우 여름철에 강한 태양광의 복사열로 지표면 온도가 급격히 상승하여 근원부 줄기 및 뿌리에 존재하는 형성층이 손상되어 말라 죽는 현상이다.

① 상주　　　　　② 한해
③ 열사　　　　　④ 볕데기

해설 ① 볕데기(피소, 皮燒, sun scorch)
　　　　• 수간이 강한 광선에 의하여 수피의 일부에서 급격한 수분 증발이 일어나 조직이 건조하여 떨어져 나가는 것
　　② 열사 (熱死, heat killing)
　　　　• 열해에 의하여 단시간 내에 작물이 고사하는 것으로 근원부 줄기 및 뿌리에 존재하는 형성층이 손상되어 말라죽는 현상

19. 파이토플라즈마에 의한 수목병이 아닌 것은?

① 붉나무 빗자루병　　② 벚나무 빗자루병
③ 대추나무 빗자루병　④ 오동나무 빗자루병

해설 벚나무빗자루병
　　　자낭균에 의한 병

20. 송이풀과 까치밥나무류를 중간기주로 하는 수목병은?

① 향나무 녹병　　　② 잣나무 털녹병
③ 소나무 잎녹병　　④ 배나무 붉은별무늬병

해설 잣나무 털녹병 중간기주
　　　송이풀, 까치밥나무

1 · 2회

1회독 ☐   2회독 ☐   3회독 ☐

1. 다음 설명에 해당하는 해충은?

> • 정착한 1령 애벌레는 여름에 긴 휴면을 가진 후 10월경에 생장하기 시작하고, 11월경에 탈피하여 2령 애벌레가 된다.
> • 2령 애벌레는 11월~이듬해 3월 동안 수목에 피해를 가장 많이 주고, 수컷은 3월 상순 전후에 탈피하여 3령 애벌레가 된다.

① 호두나무잎벌레
② 참나무재주나방
③ 도토리거위벌레
④ 솔껍질깍지벌레

해설 솔껍질깍지벌레 피해증상
① 피해수종 : 소나무, 곰솔
② 약충이 가는 실모양의 구침을 수피에 꽂고 가해할 때 양료의 손실, 세포막 파괴 및 세포내 물질의 분해가 복합되어 피해가 나타나게 된다.
③ 피해를 받은 인피부는 갈색 반점이 생기고, 해충밀도가 높은 경우 반점이 연결되어 극심한 수세약화를 일으키고 임목이 고사하게 된다.

2. 다음 각 해충이 주로 가해하는 수종으로 옳지 않은 것은?

① 광릉긴나무좀 – 참나무류
② 미국흰불나방 – 소나무류
③ 복숭아심식나방 – 사과나무
④ 버즘나무방패벌레 – 물푸레나무

해설 바르게 고치면
미국흰불나방–버즘나무, 포플러나무류

3. 대추나무 빗자루병에 대한 설명으로 옳지 않은 것은?

① 매개충은 마름무늬매미충이다.
② 병든 수목을 분주하면 병이 퍼져 나간다.
③ 광범위 살균제로 수간주사하여 방제한다.
④ 꽃봉오리가 잎으로 변하는 엽화현상으로 인해 열매가 열리지 않는다.

해설 바르게 고치면
옥시테트라사이클린계 항생물질을 수간주사하여 방제한다.

4. 자낭균에 의해 발생하는 수목병은?

① 뽕나무 오갈병   ② 잣나무 털녹병
③ 벚나무 빗자루병   ④ 삼나무 붉은마름병

해설 ① 뽕나무 오갈병 : 파이토플라즈마
② 잣나무 털녹병 : 진균 – 담자균류
③ 벚나무 빗자루병 : 진균 – 자낭균
④ 삼나무 붉은마름병 : 진균 – 불완전균류

5. 오동나무 빗자루병을 매개하는 곤충은?

① 진딧물   ② 끝동매미충
③ 마름무늬매미충   ④ 담배장님노린재

해설 ① 진딧물 – 그을음병
② 끝동매미충 – 그을음병
③ 마름무늬매미충 – 대추나무빗자루병, 뽕나무오갈병

6. 향나무 녹병 방제 방법에 대한 설명으로 옳지 않은 것은?

① 중간기주에는 8~9월에 적정 농약을 살포한다.
② 향나무에는 3~4월과 7월에 적정 농약을 살포한다.
③ 향나무와 중간기주는 서로 2km 이상 떨어지도록 한다.
④ 향나무 부근에 산사나무, 모과나무 등의 장미과 수목을 심지 않는다.

정답   1. ④   2. ②   3. ③   4. ③   5. ④   6. ①

해설 바르게 고치면
　　중간기주 수목은 4 ~ 6월에 적정 농약을 살포한다.

7. 모잘록병 방제 방법으로 옳지 않은 것은?

① 질소질 비료를 많이 준다.
② 병든 묘목은 발견 즉시 뽑아 태운다.
③ 병이 심한 묘포지는 돌려짓기를 한다.
④ 묘상이 과습하지 않도록 배수와 통풍에 주의한다.

해설 바르게 고치면
　　질소질 비료의 과용을 삼가고, 인산질 비료를 충분히 주며 완숙한 퇴비를 준다.

8. 해충을 생물적으로 방제하는 방법에 대한 설명으로 옳은 것은?

① 식재할 때 내충성 품종을 선정한다.
② BT수화제를 이용하여 솔나방 등을 방제한다.
③ 생리활성 물질인 키틴합성 억제제를 이용한다.
④ 임목밀도를 조절하여 건전한 임분을 육성한다.

해설 해충방제
　　① 식재할 때 내충성 품종을 선정한다. – 임업적방제
　　② BT수화제를 이용하여 솔나방 등을 방제한다. –
　　　생물적방제
　　③ 생리활성 물질인 키틴합성 억제제를 이용한다. – 화학적방제
　　④ 임목밀도를 조절하여 건전한 임분을 육성한다. – 임업적방제

9. 북방수염하늘소에 대한 설명으로 옳지 않은 것은?

① 성충의 우화 최성기는 5월경이다.
② 성충은 수세가 쇠약한 수목이나 고사목에 산란한다.
③ 솔수염하늘소와 마찬가지로 소나무재선충을 매개한다.
④ 연 2회 발생하고, 유충으로 월동하며, 1년에 3회 발생하는 경우도 있다.

해설 북방수염하늘소의 생활사
　　연 1회 발생하고 줄기 내에서 유충으로 월동하며 추운 지방에서는 2년에 1회 발생하는 경우도 있다. 월동 유충은 4월에 수피와 가까운 곳에서 번데기가 되고, 성충은 4월 하순~7월 상순에 줄기에서 탈출해 신초를 가해한다.

10. 수목을 가해하는 해충 방제 방법으로 옳지 않은 것은?

① 성 페로몬을 이용한 방법은 친환경적 방제 방법이다.
② 방사선을 이용한 해충의 불임 방법은 국제적으로 금지되어 있다.
③ 생물적 방제는 다른 생물을 이용하여 해충군의 밀도를 억제하는 방법이다.
④ 공항, 항만 등에서 식물 검역을 실시하여 국내로 해충이 유입되지 않도록 한다.

해설 해충의 불임 방법
　　해충에 방사선을 조사하여 생식능력을 잃게 한 수컷을 다량으로 야외에 방사하여 이들을 야외의 건전한 암컷과 교미시켜 무정란을 낳게 하여 다음 세대의 해충 밀도를 경제적 피해 수준 이하로 유지시키는데 그 목표가 있다.

11. 저온에 의한 수목 피해에 대한 설명으로 옳지 않은 것은?

① 조상은 늦가을에 수목이 완전히 휴면하기 전에 내린 서리로 인한 피해이다.
② 동상은 겨울철 수목의 생육휴면기에 발생하여 연약한 묘목에 피해를 준다.
③ 상주는 봄에 식물의 발육이 시작된 후 급격한 기온 저하가 일어나 줄기가 손상되는 것이다.
④ 상렬은 추운지방에서 밤에 수액이 얼어서 부피가 증대되어 수간의 외층이 냉각 수축하여 갈라지는 현상이다.

해설 상주(霜柱, 서릿발)
　　영하로 기온이 내려가면 땅 속 토양 입자 사이의 모세관을 통해 올라온 물이 땅 표면에서 얼게 되고 이것이 반복되어 얼음 기둥이 위로 올라가는 현상을 서리발이라 한다.

정답　7. ①　8. ②　9. ④　10. ②　11. ③

12. 산불 발생 시 수행하는 직접 소화법이 아닌 것은?

① 맞불 놓기　　　　② 토사 끼얹기
③ 불털이개 사용　　④ 소화약제 항공살포

해설 산불소화법
　① 직접 소화법
　　• 연소반응을 중지시키는 방법으로 불의 3요소인 연료, 산소, 열 중의 하나를 차단하는 방법이다
　　• 물이나 흙, 소화약제, 기타 소화기구 등을 이용해 직접 불을 끄는 방법이다
　② 간접 소화법
　　• 산불의 화세가 강하여 직접 진화가 어려울 경우에 연소전빙에 방화선을 만들어 산불의 확산을 막는 방법이다.
　　• 맞불, 연소저지선 이용은 간접 소화법의 일종이다
　③ 평행 소화법
　　• 산불 소화법의 일종
　　• 방화선을 산불경계와 평행하게 다소 멀리 설치하여 소방대원들이 효과적으로 작업할 수 있도록 하는 진화방법으로 불타지 않은 부분을 가로질러 설치하면 방화선의 길이를 줄일 수 있다.

13. 소나무 재선충병의 매개충 방제를 위한 나무주사에 대한 설명으로 옳지 않은 것은?

① 나무주사 시기는 5~7월이다.
② 약효 지속 기간은 약 5개월이다.
③ 약제는 티아메톡삼 분산성액제를 사용한다.
④ 약제 주입량 기준은 흉고직경(cm)당 0.5mL이다.

해설 바르게 고치면
　방제를 위한 나무주사시기는 12~2월에 아바멕틴 유제 또는 에마멕틴벤조에이트 유제를 나무주사하거나 4~5월에 포스티아제이트 액제를 토양관주한다.

14. 번데기로 월동하는 해충은?

① 대벌레　　　　　② 솔나방
③ 미국흰불나방　　④ 잣나무넓적잎벌

해설 ① 대벌레 – 알로 월동
　② 솔나방, 잣나무넓적잎벌 – 유충으로 월동

15. 수목에 가장 많은 병을 발생시키는 병원체는?

① 선충　　　　　　② 균류
③ 바이러스　　　　④ 파이토플라스마

해설 균류
　① 곰팡이와 버섯은 실과 같은 균사로 이루어져 있기 때문에 균류라고 한다.
　② 자낭균류, 담자균류, 난균류, 무포자균류, 불완전균류 등 병을 발생시킨다.

16. 농약을 살포하여 수목의 줄기, 잎 등에 약제가 부착되어 식엽성 해충이 먹이와 함께 약제를 섭취하여 독작용을 일으키는 살충제는?

① 기피제　　　　　② 유인제
③ 소화중독제　　　④ 침투성 살충제

해설 살충제
　① 기피제 : 농작물 또는 기타 저장물에 해충이 모이는 것을 막기 위해 사용하는 약제
　② 유인제 : 해충을 유인해서 제거 및 포살하는 약제
　③ 소화중독제(식독제) : 약제를 구기를 통해 섭취하는 약제
　④ 침투성살충제 : 잎, 줄기, 뿌리의 일부로부터 침투되어 식물 전체에 살충 효과를 줌

17. 장미 모자이크병 방제 방법에 대한 설명으로 옳지 않은 것은?

① 매개충을 구제한다.
② 많은 잎에 모자이크병 병징이 나타난 수목은 제거한다.
③ 바이러스에 감염된 어린 대목을 38℃에서 약 4주간 열처리 한다.
④ 바이러스에 감염되지 않은 대목과 접수를 사용하여 건전한 묘목을 육성한다.

정답　12. ①　13. ①　14. ③　15. ②　16. ③　17. ①

해설 장미모자이크병

바이러스에 의한 병으로 잎에 황백색 무늬가 나타나며 생육·개화 장애 등이 생기는데, 절화용(切花用) 장미 화단에서 발생하기 쉽다.

18. 대기오염 물질인 오존으로 인하여 제일 먼저 피해를 입는 수목의 세포는?

① 엽육세포   ② 표피세포
③ 상피세포   ④ 책상조직세포

해설 오존

① 2차 오염물질
② 피해
 • 잎의 표면에 나타나는데 엽록체가 파괴되어 피해를 받은 식물은 잎에 적색화 및 황화현상이 일어나고, 잎의 앞면이 표백화되며, 백색의 작은 반점이 생기고, 암갈색의 점상반점이 생긴다.
 • 장기적으로 계속 영향을 받을 경우에는 잎, 꽃, 어린 열매의 낙과 및 생육의 감소 등이 일어난다.
③ 가시적 피해의 조직학적 특징 : 책상조직이 선택적으로 파괴되는 경우가 많고, 기공에 가까운 해면상조직은 피해를 받지 않는다.

19. 수목에 충영을 형성하는 해충은?

① 텐트나방
② 아까시잎혹파리
③ 복숭아유리나방
④ 느티나무벼룩바구미

해설 ① 텐트나방 – 식엽성 해충
② 아까시잎혹파리 – 충영형성 해충
③ 복숭아유리나방 – 종실가해 해충
④ 느티나무벼룩바구미 – 흡즙성 해충

20. 병원균이 종자의 표면에 부착해서 전반되는 수목병은?

① 잣나무 털녹병   ② 왕벚나무 혹병
③ 밤나무 줄기마름병   ④ 오리나무 갈색무늬병

해설 종자 전반
① 오리나무 갈색무늬병균(종자 표면 부착)
② 호두나무 갈색부패병균(종자 조직내 잠재)

1. 점박이응애에 대한 설명으로 옳지 않은 것은?

① 습한 기후 조건에서 대발생하기도 한다.
② 1년에 8~10회 발생하고, 주로 암컷 성충이 수피 밑에서 월동한다.
③ 농약을 지속적으로 사용한 수목에서 대발생하는 경우가 있다.
④ 잎 뒷면에서 즙액을 빨아먹으므로 피해를 입은 잎에 작은 반점이 생긴다.

해설 바르게 고치면
고온건조한 환경에서 발생한다.

2. 모잘록병 방제방법으로 옳지 않은 것은?

① 밀식되지 않도록 파종량을 적게 한다.
② 파종 전에 종자와 파종상의 토양을 소독한다.
③ 피해가 발생하면 디노테퓨란 액제를 살포한다.
④ 질소질 비료를 과용하지 않고 완숙퇴비를 사용한다.

해설 **모잘록병 방제**
① 환경개선에 의한 방제
• 묘상의 배수를 철저히 하여, 과습을 피하고 통기성을 좋게 하며, 파종량을 알맞게 하고, 복토를 두텁지 않게 하며, 밀식 되었을 때에는 솎음질을 한다.
• 질소질 비료의 과용을 삼가고, 인산질 비료를 충분히 주며 완숙한 퇴비를 준다. 병든 묘목은 발견 즉시 뽑아 태우며, 병이 심한 포지는 돌려짓기를 한다.
② 화학적 방제
• 티시엠유제 500배액에 3~4시간, 또는 지오람 수화제 200배액에 24시간 침지 후 파종하거나 종자 1kg당 캡탄분제 10~15g을 고르게 묻혀 파종한다.
• 파종 1주일 전에 다찌가렌액제 100배액을 묘상 1m² 당 3~5ℓ를 관주하거나 싸이론을 파종 전에 가로, 세로 30cm 간격으로 깊이 20cm에 3~4㎖ 씩 토양관주한 후 곧 비닐을 덮어 가스가 새어나가지 않도록 밀폐한다.

3. 유충시기에 천공성을 가진 해충은?

① 혹벌류
② 하늘소류
③ 노린재류
④ 무당벌레류

해설 **천공성 해충**
박쥐나방, 솔수염하늘소, 북방수염하늘소, 알락하늘소, 미끈이하늘소, 소나무좀

4. 버즘나무방패벌레에 대한 설명으로 옳지 않은 것은?

① 1995년경 국내에 첫 발생이 확인되었다.
② 피해 잎의 뒷면에는 검정색 배설물과 탈피각이 붙어있다.
③ 성충으로 월동하고, 월동한 성충은 봄에 무더기로 산란한다.
④ 주로 버즘나무와 철쭉류의 잎을 가해하여 피해를 주는 흡즙성 해충이다.

해설 바르게 고치면
약충이 버즘나무류의 잎 뒷면에 모여 흡즙 가해하며 피해 잎은 황백색으로 변한다. 장마가 끝난 후 2세대 시기인 7월 초순 이후에 피해가 커진다.

5. 우리나라에서 수목에 피해를 주는 주요 겨우살이가 아닌 것은?

① 붉은겨우살이
② 소나무겨우살이
③ 참나무겨우살이
④ 동백나무겨우살이

해설 겨우살이는 주로 참나무류에 피해가 심하고 그 밖의 활엽수에도 기생한다.

6. 오동나무 빗자루병의 병원체는?

① 균류
② 세균
③ 바이러스
④ 파이토플라스마

해설 **파이토플라즈마에 의한 주요 수병**
오동나무 빗자루병, 대추나무 빗자루병, 뽕나무 오갈병

7. 포플러류 모자이크병 방제방법으로 가장 효과적인 것은?

① 새삼을 제거하여 감염경로를 차단한다.
② 접목 및 꺾꽂이에 사용한 도구는 소독하여 사용한다.
③ 양묘 단계에서 토양을 소독하여 매개선충을 구제한다.
④ 감염된 삽수는 60℃에서 5주간 처리하여 바이러스를 비활성화하고 사용한다.

해설 포플러류 모자이크병 방제방법
① 예방하는 것이 우선이고 병든 나무는 발견되는데로 즉각 제거한다.
② 열처리(43~57℃)에 의한 바이러스의 제거가 육종가들에 의하여 때때로 사용되고 있다.생장이 왕성한 식물의 생장점 분열조직으로부터 바이러스에 감염되지 않은 식물을 증식시킬 수 있다.
③ 병든 나무는 증식용 모수로 사용해서는 안되며 건전한 나무에서 접수 및 삽수를 채취하고 접목기구는 철저히 소독한다.
④ 이 병이 발생한 포지에서는 양묘를 하지 않도록 하며 살선충제로 토양소독한다.

8. 밤나무혹벌 방제방법으로 옳지 않은 것은?

① 봄에 벌레혹을 채취하여 소각한다.
② 중국긴꼬리좀벌을 4~5월에 방사한다.
③ 성충 발생 최성기인 6~7월에 적용 약제를 살포한다.
④ 밤나무혹벌 피해에 약한 품종인 산목율, 순역 등을 저항성 품종인 유마, 이취 등으로 갱신한다.

해설 밤나무혹벌 방제방법
① 내충성품종인 산목율, 순역, 옥광율, 상림등 토착종이나 유마, 은기, 이취, 축파, 단택, 삼조생, 이평등 도입종으로 품종을 갱신하는 것이 가장 효과적이다.
② 기생성 천적으로는 중국긴꼬리좀벌, 남색긴꼬리좀벌, 노란꼬리좀벌, 큰다리남색좀벌, 배잘록꼬리좀벌, 상수리좀벌 등이 있다.
③ 성충 우화기(6월하순~7월하순)에 페니트로티온유제(50%) 1,000배액을 살포한다.

9. 호두나무잎벌레에 대한 설명으로 옳은 것은?

① 1년에 1회 발생하며, 알로 월동한다.
② 1년에 2회 발생하며, 알로 월동한다.
③ 1년에 1회 발생하며, 성충으로 월동한다.
④ 1년에 2회 발생하며, 성충으로 월동한다.

해설 호두나무잎벌레
① 피해
• 유충이 잎살을 식해하기 때문에 잎이 망상으로 된다. 갓 부화한 유충은 분산하지 않고 군상으로 잎을 섭취하며 3령부터 분산하여 가해한다.
• 기주식물 새순의 엽육만 남기고 먹기 때문에 기주가 고사한 것처럼 보인다.
② 생태 : 연 1회 발생하며 6월 하순에 우화한 신성충은 이듬해 4월까지 낙엽 밑이나 수피 틈에서 성충태로 월동한다.

10. 식물체의 표피를 뚫어 직접 기주 내부로 침입이 가능한 병원체는?

① 균류   ② 세균
③ 바이러스   ④ 파이토플라스마

해설 균류(fungi)
진핵생물이지만, 동물과는 달리 양분을 포식하여 소화 흡수하지는 않으며, 식물과는 달리 엽록소가 없어서 광합성을 할 수 없기 때문에 다른 생물체로부터 유래한 유기물을 흡수 섭취하여 생활한다.

11. 수목에 발생하는 녹병에 대한 설명으로 옳지 않은 것은?

① 순활물기생성이다.
② 담자포자는 2n의 핵상을 갖는다.
③ 여름포자는 대체로 표면에 돌기가 있다.
④ 소나무 혹병의 중간기주로 졸참나무가 있다.

해설 녹병
 ① 진균류 중에서 기주교대가 가장 많은 균류 : 담자균류
   (담자포자)
 ② 녹병균은 담자균류(담자포자)이다
 ③ 담자포자는 n의 핵상을 갖는다(2n 아님)
 ④ 녹병균은 살아있는 식물에만 기생하는 순활물기생균
   으로 인공배양이 불가능하다

12. 수목병의 전염원에 해당되지 않는 것은?

① 선충의 알
② 곰팡이의 균핵
③ 곰팡이의 부착기
④ 기생식물의 종자

해설 수목병 전염원
 선충의 알, 곰팡이의 균핵, 기생식물의 종자, 토양, 식물잔재,
 영양번식기관, 씨앗, 중간기주, 월동매개충 등

13. 석회보르도액이 해당되는 종류는?

① 보호살균제
② 토양살균제
③ 직접살균제
④ 침투성살균제

해설 석회보르도액
 ① 여러 가지 병을 방제할 목적으로 광범위하게 이용되고
   있는 보호 · 예방 살균제이다.
 ② 병원균의 포자가 날라 오기 전에 작물의 줄기와 잎에
   살포하여 작물에 부착한 포자가 발아하는 것을 억제하
   는 특성을 가지고 있어 예방효과는 매우 우수하나, 치
   료효과는 미미하므로 병 발생 전에 살포하는 것이 좋다.

14. 수목에게 피해를 주는 산성비의 원인 물질이 아닌 것은?

① 오존   ② 황산화물
③ 질소산화물   ④ 이산화질소

해설 산성비의 원인 물질
 질소산화물, 이산화황, 이산화질소

15. 알로 월동하는 해충은?

① 외줄면충   ② 가루나무좀
③ 소나무순나방   ④ 향나무하늘소

해설 ① 가루나무좀 - 유충월동
 ② 소나무순나방 - 번데기월동
 ③ 향나무하늘소 - 성충월동

16. 기상으로 인한 수목 피해에 대한 설명으로 옳지 않은 것은?

① 일반적으로 저온에 의한 피해를 한해라고 한다.
② 만상과 조상은 수목 조직의 세포내 동결에 의한 피해이다.
③ 만상으로 인하여 발생하는 위연륜을 상륜이라고 한다.
④ 결빙 현상이 없는 0℃ 이상의 저온 피해를 한상이라고 한다.

해설 만상과 조상은 서리에 의한 피해로 어린 지엽이나 새가지
 가 손상되는 것을 말한다.

17. 향나무 녹병 방제방법으로 옳지 않은 것은?

① 향나무 부근에 산사나무와 팥배나무를 심지 않는다.
② 향나무에는 3~4월과 7월에 적용 약제를 살포한다.
③ 중간기주에는 4월 중순부터 6월까지 적용 약제를 살
   포한다.
④ 수고의 1/3까지 조기에 가지치기를 하여 녹포자의
   감염을 방지한다.

해설 ④은 잣나무털녹병의 방제방법이다.

정답   12. ③   13. ①   14. ①   15. ①   16. ②   17. ④

18. 흰가루병 방제방법으로 옳지 않은 것은?

① 병든 낙엽을 모아서 태운다.
② 묘포에서는 예방 위주로 약제를 살포한다.
③ 늦가을이나 이른 봄에 자낭반이 붙어 있는 어린 가지를 제거한다.
④ 통기불량, 일조부족, 질소과다 등은 발병 원인이 되므로 사전에 조치한다.

해설 바르게 고치면
늦가을이나 이른 봄에 자낭각이 붙어 있는 어린 가지를 제거한다.

19. 미국흰불나방의 생태에 대한 설명으로 옳지 않은 것은?

① 번데기로 월동한다.
② 거의 모든 수종의 활엽수에 피해를 준다.
③ 유충이 잎을 식해하고, 성충은 주로 밤에 활동하며 주광성이 강하다.
④ 3령기까지의 유충은 군서생활을 하며 4령기와 5령기 유충은 흩어져 가해한다.

해설 흰불나방 생태
5월 하순부터 부화한 유충은 4령기까지 실을 토하여 잎을 싸고 그 속에서 군서 생활을 하면서 엽육만을 식해하고 5령기부터 흩어져서 엽맥만 남기고 7월 중·하순까지 가해한다.

20. 느티나무벼룩바구미에 가장 효과가 있는 나무주사 약제는?

① 페니트로티온 유제
② 에토펜프록스 유제
③ 테부코나졸 유탁제
④ 이미다클로프리드 분산성액제

해설 느티나무 벼룩바구미 방제 방법
① 나무주사 약제: 4월 하순에 이미다클로프리드 분산성 액제
② 살포 약제: 5월 상순부터 페니트로티온 유제 1,000배 액을 2~3회 시행

정답   18. ③   19. ④   20. ④

4회

1회독 ☐ 2회독 ☐ 3회독 ☐

1. 다음 곤충의 피부 조직 중에서 가장 안쪽에 위치하는 것은?

① 기저막
② 내원표피
③ 외원표피
④ 진피세포

해설 기저막

진피층 밑에 있는 구조가 없는 얇은 막으로 곤충의 근육이 부착되는 곳과 연결됨.

2. 미국흰불나방의 포식성 천적이 아닌 것은?

① 꽃노린재
② 무늬수중다리좀벌
③ 검정명주딱정벌레
④ 흑선두리먼지벌레

해설 미국흰불나방의 포식성 천적과 기생적 천적
① 포식성 천적: 꽃노린재, 검정명주딱정벌레, 흑선두리먼지벌레, 납작선두리먼지벌레
② 기생성 천적: 무늬수중다리좀벌, 긴등기생파리, 나방살이납작맵시벌, 송충알벌 등

3. 뽕나무 오갈병 방제 방법으로 옳은 것은?

① 새삼을 제거한다.
② 저항성 품종을 보식한다.
③ 스트렙토마이신을 주입한다.
④ 매개충인 담배장님노린재를 구제하기 위하여 7~10월까지 살충제를 살포한다.

해설 뽕나무 오갈병
① 파이토플라스마에 의한 병
② 마름무늬매미충을 구제함
③ 방제
• 발생이 심하지 않은 병든 나무를 발견 즉시 뽑아버리고, 저항성 품종으로 보식하거나 심하면 전면 개식함.
• 테트라사이클린계 항생제에 의한 치료가 가능

4. 미끈이하늘소 방제 방법으로 옳지 않은 것은?

① 유아등을 이용하여 성충을 유인한다.
② 딱따구리와 같은 포식성 천적을 보호한다.
③ 유충의 침입공에 접촉성 살충제를 주입한다.
④ 지표에 비닐을 피복하여 땅 속에서 우화하여 올라오는 것을 방지한다.

해설 미끈이하늘소 방제방법
① 생물적 방제
• 딱따구리와 같은 새 종류의 포식성 천적이 많이 잡아먹으므로 보호한다.
② 물리적 방제
• 성충이 불빛에 잘 유인되므로 유아등이나 유살등을 이용하여 잡는다.
• 수간부의 구멍에 철사 등을 이용하여 유충을 찔러 죽인다.

5. 유충 시기에 모여 사는 해충이 아닌 것은?

① 매미나방
② 천막벌레나방
③ 미국흰불나방
④ 어스랭이나방

6. 대기오염에 의한 수목의 피해 정도가 심해지는 경우가 아닌 것은?

① 높은 온도
② 높은 광도
③ 영양원 과다
④ 높은 상대 습도

해설 대기오염 피해는 온도·습도·광도가 높을 때 피해가 심해진다.

정답 1. ① 2. ② 3. ② 4. ④ 5. **전항정답** 6. ③

7. 기생성 종자식물을 방제하는 방법으로 옳지 않은 것은?

① 매년 겨울에 겨우살이를 바짝 잘라낸다.
② 새삼을 방제하기 위하여 묘목을 침지하여 소독한다.
③ 새삼이 무성하고 기주가 큰 가치가 없으면 제초제를 사용한다.
④ 겨우살이가 자라는 부위로부터 아래쪽으로 50cm 이상 잘라낸다.

해설 새삼의 방제
　① 감염된 식물에서 새삼을 제거해 줌.
　② 새삼이 무성한 곳은 제초제를 사용하여 제거

8. 세균성 뿌리혹병 방제 방법으로 옳은 것은?

① 유기물과 석회질 비료를 충분히 준다.
② 스트렙토마이신으로 나무주사를 실시한다.
③ 혹을 제거한 부위에 석회황합제를 도포한다.
④ 심하게 발병한 지역에서는 2년 후 묘목을 생산한다.

해설 뿌리혹병 방제
　① 묘목을 철저히 검사하여 건전묘만을 식재함.
　② 병든 나무는 제거하고 그 자리는 객토를 하거나 생석회로 토양을 소독
　③ 병에 걸린 부분을 칼로 도려내고 정단부위는 생석회 또는 접밀을 바름

9. 소나무 재선충병을 일으키는 매개충은?

① 알락하늘소　　　② 미끈이하늘소
③ 북방수염하늘소　④ 털두꺼비하늘소

해설 소나무재선충병의 매개충
　솔수염하늘소, 북방수염하늘소

10. 온도에 따른 수목 피해에 대한 설명으로 옳지 않은 것은?

① 봄철에 내린 늦서리의 피해를 만상의 피해라고 한다.
② 서릿발의 피해는 점토질 토양의 묘포에서 흔히 발생한다.
③ 냉해는 세포 내에 결빙이 생겨 수목의 생리 현상이 교란된다.
④ 강한 복사광선으로 인해 수목 줄기에 볕데기 현상이 나타날 수 있다.

해설 ① 동해 : 0℃ 이하의 저온에서 식물체 조직의 결빙현상 반복으로 세포내 수분이 탈취되어 세포원형질의 수분 부족으로 변질 응고 파괴되어 건조현상이 일어나 고사함.
② 냉해 : 식물의 생장기에 서늘하고 비가 많이 내리는 기상조건이 지속되어 식물의 생장량이 저하되는데 여름철 작물의 경우 냉해라고 함.

11. 밤바구미 방제 방법으로 옳지 않은 것은?

① 유아등을 이용하여 성충을 유인한다.
② 훈증 시에는 메탐소듐 액제를 25℃에서 12시간 처리한다.
③ 알과 유충이 열매 속에 서식하므로 천적을 이용한 방제는 어렵다.
④ 성충기인 8월 하순부터 클로티아니딘 액상수화제를 수관에 살포한다.

해설 밤바구미 방제시 수확 후의 밤을 이황화탄소로 훈증 실시함

12. 소나무 재선충병 방제 방법으로 옳지 않은 것은?

① 아바멕틴 유제를 수간에 주입하여 예방한다.
② 밀생 임분은 간벌하여 쇠약목이 없도록 한다.
③ 매개충의 우화시기에 살충제를 항공 살포한다.
④ 벌채한 원목은 페니트로티온 유제로 훈증한다.

해설 소나무 재선충병
　훈증시 정제 형태의 훈증약제인 인화늄 정제를 뿌린 뒤 비닐로 덮어 씌운다.

정답　7. ②　8. ③　9. ③　10. ③　11. ②　12. ④

13. 잣나무 잎떨림병 방제 방법으로 옳지 않은 것은?

① 병든 부위를 제거하고 도포제를 처리한다.
② 자낭포자가 비산하는 시기에 살균제를 살포한다.
③ 늦봄부터 초여름 사이에 병든 잎을 모아 태우거나 땅에 묻는다.
④ 수관 하부에 주로 발생하므로 풀베기와 가지치기를 하여 통풍을 좋게 한다.

해설 잣나무 잎떨림병 방제 방법
  ① 묘포에서는 비배관리를 철저히 하고 병든 낙엽은 태우거나 묻음
  ② 수관하부에서 발생이 심하므로 조림지에서는 풀깎기를 하며 수관하부를 가지치기하여 통풍이 좋게 함
  ③ 6월중순~8월중순사이에 묘포에서는 비배관리를 철저히 하고 병든 낙엽은 태우거나 묻음

14. 다음 설명에 해당하는 살충제는?

• 식물의 뿌리나 잎, 줄기 등으로 약제를 흡수시켜 식물체 내의 각 부분에 도달하게 하고, 해충이 식물체를 섭식하면 살충 성분이 작용하게 한다.
• 식물체 내에 약제가 흡수되어버리므로 천적이 직접적으로 피해를 받지 않고, 식물의 줄기나 잎 내부에 서식하는 해충에도 효과가 있다.

① 접촉제
② 유인제
③ 소화중독제
④ 침투성 살충제

해설 ① 접촉제 : 해충의 피부나 기공을 통해 살충제가 침입하며 잔효성에 따라 지속적 접촉제와 비지속적 접촉제로 구분된다.
  ② 유인제 : 해충을 유인해서 포살하는 데 사용되는 약제 (성 페로몬)
  ③ 소화중독제 : 약제가 해충의 입을 통하여 소화관 내에 들어가 중독 작용을 일으켜 죽게 됨.

15. 다음 설명에 해당하는 것은?

• 수목의 흰가루병은 가을이 되면 병환부에 미세한 흑색의 알맹이가 형성된다.

① 균사   ② 자낭구
③ 분생자병   ④ 분생포자

해설 흰가루병
  가을이 되면 병환부의 흰가루에 섞여서 미세한 흑색의 알맹이가 다수 형성되는데 자낭구로서 자낭세대의 표징

16. 수목이 병에 걸리기 쉬운 성질을 나타내는 것은?

① 감수성   ② 저항성
③ 병원성   ④ 내병성

해설 ① 감수성: 수목이 병원 걸리기 쉬운 성질
  ② 감수성식물: 외부의 자극체에 대하여 유전적으로 견디는 힘이 약한 식물

17. 다음에 해당하지 않는 수목병은?

• 병원체는 인공배양이 불가능하고 살아있는 기주 내에서만 증식이 가능하다.

① 포플러 잎녹병
② 벚나무 빗자루병
③ 붉나무 빗자루병
④ 사철나무 흰가루병

해설 절대 기생체
  ① 순활물 기생체, 활물 영양성
  ② 살아있는 조직내에서만 생활할 수 있는 것, 인공배양이 안된다.
  ③ 녹병균, 노균병균, 흰가루병균, 바이러스, 파이토플라스마, 바이로이드

18. 녹병균이 형성하는 포자는?

① 난포자   ② 유주자
③ 겨울포자   ④ 자낭포자

해설 녹병균의 포자
여름포자, 겨울포자, 소생자(담자포자), 녹병포자(녹병정자), 녹포자

19. 의무적 휴면을 하는 해충은?

① 솔나방   ② 솔잎혹파리
③ 솔노랑잎벌   ④ 솔껍질깍지벌레

해설 곤충의 휴면
① 의무적 휴면(자발적 휴면)
• 매세대 휴면, 1년에 한 세대만 발생
• 솔껍질깍지벌레
② 기회적 휴면(타발휴면)
• 1년에 2세대 이상 발생, 환경조건에 딸라 휴면 진입 여부가 결정
• 흰불나방

20. 솔껍질깍지벌레 방제 방법으로 옳은 것은?

① 항공 방제는 살충 효과가 높다.
② 나무주사는 정착약충 시기인 12~1월에 실시한다.
③ 테부코나졸 유탁제를 사용하여 나무주사를 실시한다.
④ 3월경에 뷰프로페진 액상수화제를 줄기나 가지에 살포한다.

해설 방제방법
① 나무주사 : 12~2월에 포스팜 액제 등
② 3월 후약충기에 부프로페진(성충엔 효과가 없으며 유충이나 알에 대한 살충효과는 뛰어남) 액상수화제 사용
③ 해충이 수피 밑에 완전 정착한(정착약충기) 시기인 5~11월 중 피해목을 벌채함.

1회

1. 박쥐나방을 방제하는 방법으로 옳은 것은?

① 땅속에 서식하는 유충을 굴취하여 소각한다.
② 풀깎기를 하여 유충이 가해하는 초본류를 제거한다.
③ 잎에 산란한 알덩어리를 수거하여 땅에 묻거나 소각한다.
④ 나뭇잎을 길게 말고 형성한 고치를 채취하여 소각한다.

해설 박쥐나방 방제방법
• 활엽수류를 가해하는 천공성 해충
• 임내를 순시하면서 먹어 들어간 구멍을 찾아 약제 주입
• 임내에서 유충이 기생하는 초본류를 제거함

2. 매미나방을 방제하는 방법으로 옳지 않은 것은?

① Bt균이나 핵다각체바이러스를 살포한다.
② 알덩어리는 부화 전인 4월 이전에 땅에 묻거나 소각한다.
③ 유충기인 4월 하순부터 5월 상순에 적용 약제를 수관에 살포한다.
④ 4월 중에 지표에 비닐을 피복하여 땅속에서 우화하여 올라오는 것을 방지한다.

해설 매미나방 방제방법
• 활엽수 등을 가해하는 식엽성 해충
• 알은 소각하고, 어린 유충을 채집하여 죽임
• 세빈(Sevin)이나 디프테렉스(Dipterex) 1,000배액살포

3. 다음 ( ) 안에 가장 적합한 것은?

밤나무 줄기마름병균은 주로 ( )에 의해 전반된다.

① 토양   ② 종자
③ 선충   ④ 바람

해설 밤나무 줄기마름병
• 밤나무, 참나무류, 단풍나무 등 발생
• 병원균은 병환부에서 균사 또는 포자의 형으로 월동하여 다음해 봄에 비, 바람, 곤충, 새 무리 등에 의하여 옮겨져 나무의 상처를 통해서 침입함.

4. 해충의 약제 저항성에 대한 설명으로 옳지 않은 것은?

① 약제에 대한 도태 및 생존의 결과이다.
② 약제 저항성이 해충의 다음 세대로 유전되지는 않는다.
③ 해충의 개체군 내에서는 약제 저항성의 차이가 있는 개체가 존재한다.
④ 2종 이상의 살충제에 대하여 저항성이 나타날 때 저항성 유전자가 그 중 1종의 살충제에서 기인하면 교차저항성이라고 한다.

해설 바르게 고치면
해충의 저항성은 유전적으로 다음 세대에 전달되어 약제에 매우 강한 개체군이 발생될 우려가 있다.

5. 분류학적으로 유리나방과, 명나방과, 솔나방과를 포함하는 목(目)은?

① Blattaria   ② Hemiptera
③ Plecoptera   ④ Lepidoptera

해설 ① Blattaria : 바퀴목
② Hemiptera : 매미아목으로 매미과, 노린재과 등을 포함
③ Plecoptera
• 강도래목으로 대부분의 곤충들은 약한 비행성으로 인해 물가 근처나 바위, 수풀 등에 서식하고, 수중에서는 유속이 빠르고 용존산소가 풍부한 산간계류나 하천의 돌, 나뭇잎, 퇴적물 등의 아래에 붙어 있거나 숨어서 서식
• 수중 생태계의 1차 또는 2차 소비자로서 수질을 평가할 수 있는 생물학적 지표종(biological indicator)으로서 중요한 생태학적 의미를 가진다.
④ Lepidoptera : 인시목(鱗翅目)으로 나비나 나방류를 포함한다.

정답 1. ② 2. ④ 3. ④ 4. ② 5. ④

6. 낙엽송 가지끝마름병균이 월동하는 형태는?

① 균핵
② 자낭각
③ 분생포자각
④ 겨울포자퇴

[해설] 낙엽송 (가지)끝마름병균
- *Guignardia laricina*, 진균(자낭균류)
- 낙엽송류 발생
- 병든 가지에서 미숙한 자낭각의 형으로 월동하고 이듬해 5월경부터 자낭포자를 형성하여 제1차 전염원이 된다.

7. 참나무 시들음병을 방제하는 방법으로 옳지 않은 것은?

① 신갈나무숲에 매개충 유인목을 설치한다.
② 병든 부분을 제거하고 소독 후 도포제를 처리한다.
③ 수간 하부부터 지상 2m까지 끈끈이를 트랩을 감아준다.
④ 피해목을 벌채하고 타포린으로 덮은 후에 훈증제를 처리한다.

[해설] 참나무 시들음병 방제법
- 매개충이 우화하기 전인 4월 말까지 매개충의 피해를 받은 줄기 및 가지를 벌채하여 훈증함, 피해 부위의 줄기와 가지는 소각한다.
- 침입 구멍에 페니트로티온 유제 100배액을 주사기로 주입한다.
- 수간 하부부터 지상 2m까지 끈끈이 트랩으로 감아둔다.
- 매개충의 유인목을 설치한다.

8. 다음 중 생엽의 발화 온도가 가장 높은 수종은?

① 피나무
② 뽕나무
③ 밤나무
④ 아까시나무

[해설] 생엽의 발화온도
- 피나무 : 360℃
- 뽕나무 : 370℃
- 밤나무 : 460℃
- 아까시나무 : 380℃

9. 균사에 격벽이 없는 병원균은?

① *Fusarium spp.*
② *Rhizoctonia solani*
③ *Phytophthora cactorum*
④ *Cylindrocladium scoparium*

[해설] 균사에 격벽(격막)의 유무
- 격벽없는 것 (하등) : 조균류, 난균류, 접합균류
- 격벽있는 것 (고등) : 자낭균류, 담자균류, 불완전균류

보기의 ① *Fusarium spp.*(불완전균),
② *Rhizoctonia solani*(불완전균)
③ *Phytophthora cactorum*(조균)
④ *Cylindrocladium scoparium*(불완전균)

10. 상렬에 대한 설명으로 옳지 않은 것은?

① 서리로 인해 발생하는 수목 피해이다.
② 고립목이나 임연부에서 발견되기 쉽다.
③ 상렬을 예방하기 위해서 배수를 원활하게 한다.
④ 추운 지방에서 치수가 아닌 주로 교목의 수간에 발생한다.

[해설] 바르게 고치면
상렬은 낮은 온도에 인해 발생하는 수목 피해이다.

11. 아밀라리아뿌리썩음병을 방제하는 방법으로 옳지 않은 것은?

① 묘목은 식재 전에 메타락실 수화제에 침지 처리한다.
② 잣나무 조림지에 석회를 처리하여 산성 토양을 개량한다.
③ 감염목의 주위에 도랑을 파서 균사가 퍼지지 않도록 한다.
④ 과수원에서는 감염목을 자른 다음 그루터기를 제거한다.

정답 6. ② 7. ② 8. ③ 9. ③ 10. ① 11. ①

해설 **아밀라리아 뿌리썩음병 방제법**
- 병들어 죽은 나무 제거한다.
- 뿌리소각 및 그 자리는 훈증소독한다.
- 자실체 제거 및 상처 도포제를 바르고 필요시 외과수술
- 둘레 도랑을 파서 균사전파를 방지한다.
- 석회사용으로 토양산성화 방지 및 간벌, 전정, 관수, 시비 등 생육환경 개선한다.
- 발생된 곳에서는 수년간 임목의 식재를 피한다.
- 지속적인 예찰조사에 의한 초기 발견이 매우 중요하다.

12. 흰가루병을 방제하는 방법으로 옳지 않은 것은?

① 짚으로 토양을 피복하여 빗물에 흙이 튀지 않게 한다.
② 자낭과가 붙어서 월동한 어린 가지를 이른 봄에 제거한다.
③ 묘포에서는 밀식을 피하고 예방 위주의 약제를 처리한다.
④ 그늘에 식재한 나무에서 피해가 심하므로 식재 위치를 잘 선정한다.

해설 **흰가루병**
- 병든 낙엽과 가지를 모아서 소각한다.
- 새눈이 나오기 전에 석회황합제(150배액)를 몇 차례 살포한다.
- 통기불량, 일조부족, 질소과다 등은 발병유인이 되므로 주의해야 한다.

13. 산림곤충 표본조사법 중 곤충의 음성 주지성을 이용한 방법은?

① 미끼트랩
② 수반트랩
③ 페로몬트랩
④ 말레이즈트랩

해설 **말레이즈트랩(Malaise Trap)**
- 곤충이 날아다니다 텐트 형태의 벽에 부딪히면 위로 올라가는 습성(음성 주지성)을 이용하여 가장 높은 지점에 수집용기를 부착하여 곤충을 포획함
- 수목해충의 예찰보다는 벌, 파리 등 날아다니는 화분매개곤충을 조사하기 위해 주로 이용
- 날아다니는 곤충이 착지 후 음성주지성(높은 곳으로 기어오르려는 습성)을 이용하여 곤충을 조사하는 트랩

- 활동성이 높은 파리, 벌, 딱정벌레, 나방류의 곤충을 채집하는 데 유용한 수단

14. 솔잎혹파리에 대한 설명으로 옳지 않은 것은?

① 침엽기부에 혹을 만들고 피해를 준다.
② 성충은 5월 하순과 8월 중순 2회 발생한다.
③ 유충 형태로 토양, 지피물 밑, 벌레혹에서 월동한다.
④ 교미 후에 수컷은 수 시간 내에 죽고, 암컷은 산란을 위해 1~2일 더 생존한다.

해설 **솔잎혹파리**
성충우화기는 5월 중순~7월 중순, 우화최성기는 6월 상순~중순이며 특히 비가 온 다음날에 우화수가 많다.

15. 소나무류 피목가지마름병을 방제하는 방법으로 가장 효과적인 것은?

① 병든 잎을 태우거나 묻어서 1차 전염원을 줄인다.
② 침투 이행성 살균제를 피해목 수간에 주입한다.
③ 상습발생지에서는 6월부터 살균제를 토양 관주한다.
④ 남향으로 뿌리가 노출된 수목의 임지에서는 관목을 무육하여 토양 건조를 방지한다.

해설 **소나무류 피목가지마름병**
- 어린나무와 장령목에서 흔히 볼 수 있는 병으로 자낭균에 의한 병으로 나무가 쇠약해 질 때 발생한다.
- 방제방법은 병든가지는 장마 이전에 태우거나 묻으며, 침투 이행성 살균제를 수간 주입하거나, 상습발생지에서는 살균제를 토양에 관주한다.

16. 유충과 성충이 수목의 동일한 부분을 가해하는 해충은?

① 솔나방
② 어스렁이나방
③ 오리나무잎벌레
④ 잣나무넓적잎벌

해설 **오리나무 잎벌레**
유충은 잎을 가해하여 엽맥만 그물모양으로 남고 성충은 새잎을 식해한다.

17. 1년에 1회 발생하며 단성생식을 하는 해충은?

① 밤나무혹벌   ② 넓적다리잎벌
③ 노랑애나무좀   ④ 오리나무잎벌레

해설 밤나무혹벌
- 잎눈에 기생하여 작은 벌레혹을 만들어 잎에 새가지가 자라지 못하게 한다.
- 1년에 1회 발생, 유충 형태 월동하며 암컷만으로 단성 생식한다.

18. 광릉긴나무좀을 방제하는 방법으로 가장 효과가 미비한 것은?

① 내충성 품종을 식재한다.
② 딱따구리 등 천적이 되는 조류를 보호한다.
③ 우화 최성기에 수간에 페니트로티온 유제를 살포한다.
④ 피해목을 잘라 집재하고 타포린으로 밀봉하여 메탐소듐 액제로 훈증한다.

해설 광릉긴나무좀의 방제방법
- 광릉긴나무좀에 기생하는 천적류와 딱따구리 및 해충을 잡는 조류를 보호한다.
- 매개충이 우화하기 전인 4월 말까지 매개충의 피해를 받은 줄기 및 가지를 벌채하여 훈증함, 피해 부위의 줄기와 가지는 소각함
- 침입 구멍에 페니트로티온 유제 100배액을 주사기로 주입함, 성충 우화 최성기인 6월 중순(우화시기 5월 중순~9월 하순)을 전후하여 2주 간격으로 3회 정도 페니트로티온 유제 200배액을 살포한다.

19. 산성비가 토양 및 수목에 미치는 영향으로 옳지 않은 것은?

① 염기의 양 감소
② 질소의 이용량 감소
③ 낙엽층의 축적량 감소
④ 알루미늄, 망간 활성화

해설 산성비가 토양 및 수목에 미치는 영향
- 식물이 대기오염 및 한발에 대한 내성을 감소시킨다.
- 토양의 산성화로 토양내 영양분을 용탈시키고 독성 물질을 가용화하여 식물 뿌리 및 기타 조직에 독성피해를 준다.

20. 다음 중 중간기주가 없는 수목병은?

① 소나무 혹병   ② 향나무 녹병
③ 회화나무 녹병   ④ 잣나무 털녹병

해설 녹병균은 생활사를 완성하기 위해 두 종류의 기주식물을 필요로 하는 이종기생균이나, 후박나무 녹병과 회화나무 녹병처럼 간혹 한 종류의 기주에서 생활사를 완성하는 동종기생균도 있다.

2021년 1회

정답   17. ①   18. ①   19. ②   20. ③

1. 다음 설명에 해당하는 바람의 종류는?

> • 10~15m/s 정도로 불며, 풍속은 느리지만 규칙적으로 분다.
> • 수목 피해 : 만성적으로 눈에 잘 띄지 않으나 임목의 생장을 감소시키고, 수형을 불량하게 한다.

① 폭풍
② 염풍
③ 육풍
④ 주풍

해설 주풍
• 항상 규칙적으로 풍속 10~15m/sec 정도로 부는 바람을 말하며 주풍의 피해는 눈에 잘 띄지 않을 때가 많다.
• 임목은 일반적으로 주풍방향으로 굽게 되고 수간의 하부가 편심생장을 하게 되어 횡단면이 타원형으로 된다.
• 침엽수는 상방편심, 활엽수는 하방편심을 한다.

2. 솔잎혹파리를 방제하는 방법으로 옳지 않은 것은?

① 포식성 조류인 박새, 곤줄박이를 보호한다.
② 간벌하여 임내를 건조시킴으로써 번식을 억제한다.
③ 번데기가 낙하하는 11월 하순~12월 상순에 카보퓨란입제를 지면에 살포한다.
④ 피해가 심한 임지에서는 산란 및 부화 최성기에 디노테퓨란 액제를 수간 주입한다.

해설 솔잎혹파리의 방제
천공성 해충으로 벌레가 외부로 노출되는 시기가 극히 제한적이기 때문에 침투성 약제 나무주사가 가장 효율적인 방제법이다.

3. 수목의 외과적 치료 방법에 대한 설명으로 옳은 것은?

① 나무주사를 이용하는 방법이다.
② 부후병, 뿌리썩음병에는 효과가 없다.
③ 뽕나무 오갈병, 오동나무 빗자루병에는 효과가 없다.
④ 살균제 성분을 이용하여 수목 피해를 예방하는 것이다.

해설 수목의 치료법
• 외과적요법 : 정원수, 가로수, 공원수 등이 가지마름병, 줄기마름병, 썩음병 등에 걸렸을 때 병환부를 잘라 내고 그 자리에 보강하는 방법을 말한다.
• 내과적요법 : 병든 나무에 약제를 주입, 살포 또는 발라주거나 뿌리로부터 흡수시키는 방법으로 뽕나무 오갈병, 오동나무 빗자루병, 잣나무 털녹병, 소나무 잎녹병 등에 효과가 있다.

4. 산성비의 산도에 해당하는 것은?

① pH 5.0~7.0
② pH 5.6~7.5
③ pH 5.6 이하
④ pH 7.0 이상

해설 산성비 산도
산도 ph5.6 미만의 비를 산성비라고 하며, ph지수는 0에 가까울수록 산성이 반대로 숫자가 높아질수록 알칼리성이 강하다.

5. 밤나무혹벌이 주로 산란하는 곳은?

① 밤나무의 눈
② 밤나무의 뿌리
③ 밤나무의 잎 뒷면
④ 밤나무 주변 지피물

해설 밤나무혹벌
• 유충의 형태로 잎눈의 조직 내에 충영을 만들어 월동
• 1년 1회 발생

정답 1. ④ 2. ③ 3. ③ 4. ③ 5. ①

6. 소나무류 잎녹병균 중간기주가 아닌 것은?

① 잔대
② 황벽나무
③ 쑥부쟁이
④ 졸참나무

해설 소나무 혹병 중간기주
  졸참나무, 신갈나무

7. 박쥐나방에 대한 설명으로 옳지 않은 것은?

① 어린 유충은 초본을 가해한다.
② 성충은 박쥐처럼 저녁에 활발히 활동한다.
③ 성충은 나무에 구멍을 뚫어 알을 산란한다.
④ 1년 또는 2년에 1회 발생하며 알로 월동한다.

해설 박쥐나방의 피해양상
  부화유충은 여러 가지 초본식물의 줄기에 구멍을 뚫고 가
  해하다가 나무로 이동하여 가지의 껍질을 환상으로 먹고
  들어가 똥을 배출하고 실을 토하므로 쉽게 발견된다.

8. 상륜에 대한 설명으로 옳은 것은?

① 상해의 피해 중 만상의 피해로 나타나는 일종의 위연
   륜을 말한다.
② 지형적으로 습기가 낮고, 높은 지대, 소택지 등에 상
   륜의 피해가 많다.
③ 조상의 피해로 나타나는 현상으로 일시 생장이 중
   지되었을 때 나타난다.
④ 고립목이나 산림의 임연부에서 한겨울 밤 수액이 저
   온으로 얼면서 나타나는 피해현상이다.

해설 상륜(霜輪)
  어린 나무가 만상으로 인하여 일시 생장이 중지되었다가
  다시 생장을 개시하여 1년에 2개의 연륜이 생기는 것을
  말한다.

9. 봄에 진딧물의 월동란에서 부화한 애벌레를 무엇이라 하는가?

① 간모
② 유성생식충
③ 산란성 암컷
④ 산자성 암컷

해설 간모(幹母 : 무시충)
  진딧물의 월동란이 봄에 부화하여 발육한 것으로, 날개가 없이
  새끼를 낳는 단위 생식형의 암컷을 말한다.

10. 파이토플라스마에 대한 설명으로 옳지 않은 것은?

① 인공 배양이 불가능하다.
② 원핵생물과 진핵생물의 중간적 존재이다.
③ 세포벽이 없으므로 구형 또는 불규칙한 모양이다.
④ 파이토플라스마에 의한 수목병은 대부분 곤충에 의
   해 전염된다.

해설 바르게 고치면
  바이러스와 세균의 중간정도에 위치한 미생물이다.

11. 알락하늘소를 방제하는 방법으로 옳지 않은 것은?

① Bt균이나 핵다각체바이러스를 살포한다.
② 성충이 우화하는 시기에 적용 약제를 수관에 살포한다.
③ 유충을 구제하기 위하여 침입공에 적용 약제를 주입한다.
④ 철사를 침입공에 넣어 목질부에 서식하고 있는 유충을
   찔러 죽인다.

해설 Bt균이나 핵다각체바이러스
  나비목해충에 사용되는 생물적 방제방법이다.

12. 미국흰불나방은 1년에 몇 회 우화하는가?

① 1회
② 2~3회
③ 4~5회
④ 6회

해설 미국흰불나방 생태
  1년에 보통 2~3회 발생하며 수피사이나 지피물밑 등에
  서 고치를 짓고 그 속에서 번데기로 월동한다.

정답 6. ④ 7. ③ 8. ① 9. ① 10. ② 11. ① 12. ②

13. 희석하여 살포하는 약제가 아닌 것은?

① 액제
② 입제
③ 수화제
④ 캡슐현탁제

해설 입제 살포법
- 손에 고무장갑을 끼고 직접 뿌릴 수 있어 다른 약제에 비해 살포가 간편하다.
- 면적이 넓을 때는 입제살포기 또는 헬기를 이용하여 살포할 수 있다.

14. 밤바구미에 대한 설명으로 옳지 않은 것은?

① 경제적 피해 수종은 주로 밤나무이다.
② 밤껍질 밖으로 배설물을 방출하므로 쉽게 알 수 있다.
③ 유충이 밤이나 도토리의 과육을 식해하여 피해를 준다.
④ 땅 속에서 유충의 형태로 월동한 후에 번데기가 된다.

해설 밤바구미
- 밤의 종실가해해충으로 복숭아명나방과 함께 가장 피해를 많이 주는 해충이다. 연 1회 발생하나 간혹 2년 1세대 발생하는 개체도 있다.
- 식별요령 : 부화된 유충은 과실속으로 먹어 들어가면서 똥을 밖으로 배출하지 않아, 밤을 수확해서 절개하여야 피해발견 가능하다.

15. 아밀라리아뿌리썩음병에 대한 설명으로 옳은 것은?

① 주로 천공성 곤충으로 전반된다.
② 침엽수와 활엽수에 모두 발생한다.
③ 표징으로 갈색의 파상땅해파리버섯이 있다.
④ 병원균은 균핵으로 월동하여 이듬해에 1차전염원이 된다.

해설 아밀라리아뿌리썩음병
① 자연림과 조림지에서 자라는 침엽수와 활엽수 모두에 가장 큰 피해를 주는 산림병해 중의 하나이다.
② 진단요령
- 6월경부터 가을에 걸쳐서 서서히 말라죽으며, 잣나무 임분에서는 드문드문 죽은 나무가 있다.

- 8~10월에 병든 나무의 주변으로 뽕나무버섯이 발생한다. 죽은 나무 주변에는 뿌리목에 송진이 많이 흐르는 나무가 다수 있다.
- 병든 나무의 뿌리에는 흑갈색 실모양의 균사속(근상균사속)이 있다.

16. 오동나무 탄저병을 방제하는 방법으로 옳지 않은 것은?

① 거름주기와 가지치기를 철저히 한다.
② 실생묘의 양묘에서는 토양소독을 실시한다.
③ 병든 부분을 제거하고 소독 후 도포제를 처리한다.
④ 짚으로 토양을 피복하여 빗물에 흙이 튀지 않게 한다.

해설 오동나무 탄저병 방제방법
- 병든 가지와 잎은 즉시 잘라서 태우며, 낙엽은 늦가을에 모아서 태운다.
- 분주묘에서는 만코지수화제 500배액을 6월상순부터 10일 간격으로 가을까지 살포한다.
- 실생묘를 양성할 때에는 먼저 토양소독을 실시하고 빗물에 흙이 튀어 묘목에 붙지 않도록 비닐하우스내에서 양묘하며, 발아 후부터 만코지수화제 500배액을 10일간격으로 3~4회 살포한다.
- 병이 발생한 곳은 2~3년간 윤작(돌려짓기) 한다.

17. 세균에 의한 수목병에 해당하는 것은?

① 녹병
② 탄저병
③ 뿌리혹병
④ 소나무재선충병

해설 병원체와 수목병
- 세균 : 뿌리혹병
- 바이러스 : 모자이크병
- 진균 : 녹병, 탄저병
- 선충 : 소나무재선충병

18. 주로 단위생식으로 번식하는 해충은?

① 솔나방
② 밤나무혹벌
③ 솔잎혹파리
④ 북방수염하늘소

해설 단위생식
- 단성생식, 처녀생식으로 알려진 과정을 통해 무성적으로(교미 없이도) 생식할 수 있는 종도 많다. 이러한 종에서 암컷은 수컷으로부터 정자를 받지 않고 생존할 수 있는 자손을 생산한다.
- 밤나무혹벌과

19. 밤나무 줄기마름병을 방제하는 방법으로 옳은 것은?

① 침투 이행성 살균제를 피해목 수간에 주입한다.
② 외가닥 RNA가 존재하는 저병원성 균주를 살포한다.
③ 박쥐나방에 의한 피해를 줄이기 위하여 살충제를 살포한다.
④ 상습 발생지에서는 장마 후부터 10일 간격으로 살균제를 3~4회 살포한다.

해설 · 묘목검사를 철저히 하여 무병묘목을 심는다.
- 상처를 통해 병원균이 침입하므로 나무에 상처가 생기지 않도록 주의하며, 병든 부분을 도려내어 도포제를 발라준다.
- 균사나 포자로 월동한 병원체가 바람 이나 곤충에 의해 전반되므로 해충을 구제한다.
- 비료주기는 적기에 하며 질소질비료의 과용을 피하고 동해나 피소를 막기 위하여 백색페인트를 발라준다.
- 박쥐나방 등 천공성해충의 피해가 없도록 살충제를 살포하며, 저항성품종(단택, 대보, 이취, 삼초생, 만적, 금추 등)을 식재한다.

20. 오리나무 갈색무늬병을 방제하는 방법으로 옳지 않은 것은?

① 윤작을 피한다.
② 종자를 소독한다.
③ 솎아주기를 한다.
④ 병든 낙엽은 모아 태운다.

해설 방제법
- 상습적으로 발생하는 묘포는 윤작(돌려짓기) 실시한다.
- 적기에 솎음질을 해주며, 병든 낙엽은 모아서 태운다.
- 병원균은 종자에 묻어 있는 경우가 많으므로 종자소독(티시엠유제 500배액을 4~5시간 또는 지오판수화제 200배액에 24시간 담금)을 철저히 한다.

해설 붉나무 빗자루병 – 마름무늬매미충

1. 참나무 시들음병 방제 방법으로 가장 효과가 약한 것은?

① 유인목 설치
② 끈끈이롤트랩
③ 예방 나무주사
④ 피해목 벌채 훈증

해설 참나무 시들음병 방제
① 매개충이 우화하기 전인 4월 말까지 매개충의 피해를 받은 줄기 및 가지를 벌채하여 훈증하고, 피해 부위의 줄기와 가지는 소각한다.
② 침입 구멍에 페니트로티온 유제 100배액을 주사기로 주입하거나 성충 우화 최성기인 6월 중순(우화시기 5월 중순~9월 하순)을 전후하여 2주 간격으로 3회 정도 페니트로티온 유제 200배액을 살포한다.
③ 매개충의 우화가 왕성해지기 전에 미리 끈끈이롤트랩을 설치하여 침입을 못하게 예방한다.

2. 곤충의 일반적인 형태에 대한 설명으로 옳지 않은 것은?

① 소화관은 전장, 중장, 후장으로 나뉜다.
② 앞날개는 앞가슴에, 뒷날개는 뒷가슴에 부착되어 있다.
③ 가슴은 앞가슴, 가운뎃가슴, 뒷가슴으로 구성되어 있다.
④ 다리는 밑마디, 도래마디, 넓적마디, 종아리마디, 발마디로 구성되어 있다.

해설 바르게 고치면
앞날개는 가운데가슴에, 뒷날개는 뒷가슴에 부착되어 있다.

3. 파이토플라스마를 매개하는 해충과 수목병의 연결이 옳지 않은 것은?

① 뽕나무 오갈병 – 마름무늬매미충
② 붉나무 빗자루병 – 담배장님노린재
③ 오동나무 빗자루병 – 담배장님노린재
④ 쥐똥나무 빗자루병 – 마름무늬매미충

4. 낙엽층과 조부식층의 상부가 타는 산불의 종류는?

① 수간화
② 지표화
③ 수관화
④ 지중화

해설 ① 수간화 : 나무줄기가 타는 불로 화염온도가 600℃ 이상에서 발생, 지표화에서 발전된 경우가 많고 노령림의 고사목이나 수간의 공동부가 있는 임령에서 간혹 일어나나 흔하지 않음.
② 수관화 : 나무의 수관에 불이 붙어 수간과 수관이 타는 불로, 비화되기 쉽고 한 번 일어나면 진화가 힘들어 큰 손실을 주는 산불로 진화가 어려움.
③ 지표화 : 지표에 쌓여 있는 낙엽과 지피물, 지상 관목층, 갱신치수 등이 불에 타는 화재로 산불 중에서 가장 흔히 일어나는 산불, 토양단면의 AL층(낙엽층)과 AF층(조부식층)의 상부가 타는 불
④ 지중화 : 낙엽층 밑에 있는 층(조부식층)의 하부와 층(부식층)이 타는 불

5. 벚나무 빗자루병을 방제하는 방법으로 옳은 것은?

① 매개충을 구제한다.
② 병든 가지를 제거한다.
③ 저항성 품종을 식재한다.
④ 항생제 계통의 약제를 나무주사한다.

해설 벚나무 빗자루병 방제
① 겨울철에 병든 가지의 밑부분을 잘라 내어 소각하며, 반드시 봄에 잎이 피기 전에 소각함.
② 병든 가지를 잘라 낸 후 나무 전체에 8-8식 보르도액을 1~2회 살포하며, 약제 살포는 잎이 나오기 전에 하며, 휴면기 살포가 유리함

정답 1. ③ 2. ② 3. ② 4. ② 5. ②

6. 오리나무잎벌레를 방제하는 방법으로 옳지 않은 것은?

① 알덩어리가 붙어 있는 잎을 소각한다.
② 5~6월에 모여 사는 유충을 포살한다.
③ 유충 발생기에 적정 살충제를 살포한다.
④ 수은등이나 유아등을 설치하여 성충을 유인한다.

해설 수은등이나 유아등을 설치하여 성충을 유인하는 방법은 솔나방 방제 방법이다.

7. 늦여름이나 가을철에 내린 서리로 인하여 수목에 피해를 주는 것은?

① 상렬　　　　② 만상
③ 조상　　　　④ 연해

해설 상해(저온해 피해)
① 만상 : 이른 봄
② 조상 : 늦가을
③ 동상 : 겨울

8. 가루깍지벌레를 방제하는 방법으로 옳지 않은 것은?

① 수피 사이의 번데기를 채취하여 소각한다.
② 밀도가 낮으면 면장갑을 낀 손으로 잡는다.
③ 성충이 되기 전에 적정한 살충제를 살포한다.
④ 포식성 천적인 무당벌레류, 풀잠자리류를 보호 및 활용한다.

해설 가루깍지벌레
① 피해 : 잎 또는 가는 가지에 기생하여 흡즙하며 그을음병을 유발
② 생태 : 연 2회 발생, 알로 월동
③ 방제
　• 생물적 방제 : 포식성 천적인 무당벌레류, 풀잠자리류, 거미류 보호
　• 물리적 방제 : 피해받은 가지를 제거하거나, 밀도가 높지 않을 때는 면장갑을 낀 속으로 문질러 죽임

• 화학적 방제 : 약충 발생 초기인 5월 중·하순경에 메티다티온 유제(40%) 또는 이미다클로프리드 액상수화제(8%), 수화제 (10%), 디메토에이트유제(46%) 1000배액을 살포한다.

9. 다음 설명에 해당하는 해충은?

• 성충은 열매에 구멍을 내고 열매 속에 산란한다.
• 부화유충은 열매 속에서 가해하고 똥을 외부로 배출하지 않아 피해를 찾아내기 어렵다.

① 밤바구미
② 버들바구미
③ 밤나무혹벌
④ 복숭아명나방

해설 밤바구미
① 가해수종 : 밤나무, 참나무류의 종실
② 피해양상 : 1년에 1회 발생, 유충이 과육을 먹으며 성충은 과육과 종피 사이에 알을 낳아 피해를 찾아내기 어렵다.

20. 밤나무혹벌에 대한 설명으로 옳지 않은 것은?

① 천적으로는 노란꼬리좀벌, 남색긴꼬리좀벌이 있다.
② 1년에 1회 발생하며 눈의 조직 내에서 유충의 형태로 월동한다.
③ 유충기를 벌레 혹에서 보낸 후에 탈출하여 번데기는 수피 틈새에 형성한다.
④ 피해목은 개화 및 결실이 잘 되지 않고, 피해가 누적되면 고사하는 경우가 많다.

해설 바르게 고치면
　노숙한 유충은 6월 상순~7월 상순에 충영내 충방에서 번데기로 되며 7~9일 간의 번데기 기간을 거쳐 우화한다.

11. 가뭄으로 인한 수목 피해인 한해(drought injury)에 대한 설명으로 옳은 것은?

① 천근성 수종은 한해에 강하다.
② 소나무, 자작나무가 한해에 강하다.
③ 묘포지의 육묘 작업을 평년보다 늦게 하여 예방한다.
④ 낙엽 채취를 하여 지피물을 제거해 주면 한해를 방지할 수 있다.

[해설] 한해(旱害, 가뭄해)
　① 남서면의 경사지나 토층이 얕은 곳의 천근성 수목에 피해를 입기 쉽다.
　② 오리나무, 버드나무, 은백양나무, 들메나무 등 습지성 식물이 약하다.

12. 수목병과 병징(또는 표징) 연결로 옳지 않은 것은?

① 리지나뿌리썩음병 : 침엽수의 뿌리가 침해받아 말라 죽는다.
② 균핵병 : 죽은 조직 속 또는 표면에 씨앗 같은 검은 덩어리가 생긴다.
③ 철쭉류 떡병 : 잎, 꽃의 일부분이 떡 모양으로 하얗게 부풀어 오른다.
④ 흰가루병 : 침엽수의 잎, 어린 가지의 표면에 흰가루를 뿌린 듯한 모습이다.

[해설] 흰가루병
　① 병원체 : 진균(자낭균류)
　② 기주식물 : 참나무류, 밤나무, 단풍나무류, 포플러류, 배롱나무, 가중나무, 붉나무, 개암나무, 오리나무 등
　③ 병징 : 6~7월에 또는 장마철 이후부터 잎표면과 뒷면에 백색의 반점이 생기며, 점점 확대되어 가을이 되면 잎을 하얗게 덮음

13. 오리나무 갈색무늬병을 방제하는 방법으로 옳지 않은 것은?

① 연작을 실시한다.
② 종자를 소독한다.
③ 병든 낙엽을 태운다.
④ 밀식 시에는 솎아주기를 한다.

[해설] 방제
　① 연작을 피하고, 가을에 병든 낙엽을 한 곳에 모아 소각한다.
　② 병원균이 종자에 묻어 있는 경우가 많으므로 유기수화제로 종자를 분의 소독한다.

14. 7월 하순 이후 참나무류의 종실이 달린 가지가 땅에 많이 떨어져 있다면 이것은 어떤 해충의 피해인가?

① 밤바구미
② 복숭아명나방
③ 밤나무재주나방
④ 도토리거위벌레

[해설] 도토리거위벌레의 피해양상
　① 보통 1년에 1~2회 발생
　② 참나무류의 도토리에 주둥이로 구멍을 뚫고 산란한 후 도토리가 달린 참나무류 가지를 주둥이로 잘라 땅위에 떨어뜨림 알에서 부화한 유충이 과육을 식해 한다.

15. 균사에 격벽이 없고, 무성포자인 유주포자를 생성하는 것은?

① 난균류
② 자낭균류
③ 담자균류
④ 불완전균류

[해설] 난균류
　① 세포벽에 키틴이 없고 소량의 섬유소와 글루칸을 가지고 있다.
　② 균사에는 격벽이 없고, 휴면포자는 난포자이고, 무성포자는 유주포자(편모가 있는 운동성 포자) 또는 유주포자낭이다.

정답 · 11. ② 　12. ④ 　13. ① 　14. ④ 　15. ①

16. 솔수염하늘소에 대한 설명으로 옳지 않은 것은?

① 1년에 1회 발생한다.
② 성충의 우화시기는 5~8월이다.
③ 목질부 속에서 번데기 상태로 월동한다.
④ 유충이 소나무의 형성층과 목질부를 가해한다.

해설 솔수염하늘소
　　① 연 1회 발생, 유충으로 피해목에서 월동
　　② 목질부 속에 가해 부위에서 월동한 유충은 4월경에 수피에 가까운 곳에 번데기집을 만들고 번데기가 됨
　　③ 성충은 5월 하순~8월 초순에 수피에 약 6mm가량의 원형의 구멍을 만들고 밖으로 나와 어린 가지의 수피를 갉아 먹는다.

17. 방제 대상이 아닌 곤충류에도 피해를 주기 가장 쉬운 농약은?

① 전착제　　　　② 생물농약
③ 접촉성 살충제　④ 침투성 살충제

해설 접촉성 살충제(접촉제)
　　① 해충의 체표면에 직접 또는 간접적으로 부착시킨다.
　　② 기문이나 피부를 통하여 몸속으로 들어가 신경계통이나 세포조직에 작용한다.
　　③ 제충국제, 니코틴제, 데리스제, 송지합제, 기계유 유제 등 포함된다.

18. 가해하는 수목의 종류가 가장 많은 해충은?

① 솔나방
② 솔잎혹파리
③ 천막벌레나방
④ 미국흰불나방

해설 흰불나방의 가해수종
　　① 각종 과수와 수목을 비롯하여 수백종에 이른다.
　　② 산림 내에서 피해는 경미한 편이나 도시주변의 가로수, 조경수, 정원수에 특히 피해가 심하다.

19. 잣나무 털녹병균이 중간기주에 형성하는 포자의 형태가 아닌 것은?

① 녹포자
② 담자포자
③ 겨울포자
④ 여름포자

해설 잣나무 털녹병
　　① 기주식물 : 잣나무 – 녹포자, 녹병포자
　　② 중간기주 : 송이풀, 까치밥나무 – 여름포자, 겨울포자

20. 소나무 또는 잣나무에 발생하는 잎떨림병을 방제하는 방법으로 옳지 않은 것은?

① 병든 낙엽을 모아 태운다.
② 묘포에서 비배관리를 철저히 한다.
③ 포자가 비산하는 6~9월에 약제를 살포한다.
④ 수관 하부보다 상부에 가지치기를 주로 실시한다.

해설 잎떨림병
　　① 병든잎에서 자낭포자의 형태로 월동하며, 자연개구부로 침입하는 수병이다.
　　② 묘포에서는 비배관리를 잘하고, 병든 잎을 모아서 태운다.
　　③ 보르도액 살포, 활엽수와 낙엽수를 하목으로 식재하면 피해가 경감한다.
　　④ 수관 하부에서 발생이 심하므로 어린 나무의 경우 풀깎기를 하며 수관하부를 가지치기하여 통풍을 좋게 한다.

2021년 3회

1. 소나무 재선충병을 방제하는 방법으로 옳지 않은 것은?

① 토양관주는 방제 효과가 없어 실시하지 않는다.

② 아바멕틴 유제로 나무주사를 실시하여 방제한다.

③ 피해목 내 매개충을 구제하기 위해 벌목한 피해목을 훈증한다.

④ 나무주사는 수지 분비량이 적은 12~2월 사이에 실시하는 것이 좋다.

해설 소나무 재선충병 방제시 4~5월 포스티아제이트 액제를 토양관주를 실시한다.

2. 병원체에 대한 설명으로 옳지 않은 것은?

① 흰가루병균과 녹병균은 절대기생체이다.

② 바이러스나 파이토플라스마는 부생체이다

③ 죽은 식물의 유기물을 영양원으로 하여 살아가는 것을 부생체라 한다.

④ 인공배양이 불가능하며 살아있는 기주조직 내에서만 증식하는 것을 절대기생체라 한다.

해설 바이러스와 파이토플라즈마는 순활물기생체 또는 절대기생체라고 하며, 주로 살아있는 생물체에서 번식한다.

3. 수목병을 예방하기 위한 숲가꾸기 작업에 해당하지 않는 것은?

① 제벌   ② 개벌
③ 풀베기   ④ 가지치기

해설 개벌은 작업종을 말하며, 제벌(어린나무가꾸기)·풀베기·가지치기 등은 숲가꾸기 작업에 해당된다.

4. 솔껍질깍지벌레를 방제하는 방법으로 옳은 것은?

① 12월에 이미다클로프리드 분산성액제를 수간에 주사한다.

② 피해목을 잘라 집재하고 비닐로 밀봉하여 메탐소듐 액제로 훈증한다.

③ 성충 우화기인 5~6월에 뷰프로페진 액상수화제를 항공 살포한다.

④ 7월 이후 알을 구제하기 위하여 페니트로티온 유제를 수관에 살포한다.

해설 솔껍질깍지벌레 방제법

① 12월에 이미다클로프리드 분산성액제(20%), 에마멕틴벤조에이트 유제(2.15%), 페니트로티온 유제를 수간 주사한다.

② 나무 수간주사가 불가능한 지역은 3월에 뷰프로페진 액상수화제를 2~3회 줄기와 가지까지 골고루 살포한다.

③ 3월에 분무기를 이용하여 뷰프로페진 액상수화제(40%) 100배액을 10일 간격으로 2~3회 살포한다.

④ 피해 식별이 쉬운 4월~5월에 예정지를 선정하고 7월~8월에 열세목을 제거한다.

⑤ 성페로몬트랩을 이용하여 예찰을 강화하고 피해가 심한 지역에서는 대량 포획한다

참고) 메탐소듐 액제 훈증은 소나무 재선충병에 실시한다.

5. 후식으로 인한 수목 피해를 주는 해충에 속하는 것은?

① 소나무좀
② 밤나무혹벌
③ 미국흰불나방
④ 오리나무잎벌레

해설 소나무좀의 후식피해

새로 나온 성충은 신초를 뚫고 들어가 고사시키고 고사된 신초는 구부러지거나 부러진 채 나무에 붙어 있는데 이를 후식피해라고 부른다.

정답   1. ①   2. ②   3. ②   4. ①   5. ①

6. 수목병의 표징에 해당하는 것은?

① 잣나무 줄기에 황색의 녹포자기가 생겼다.
② 소나무 잎이 5~6월에 누렇게 되면서 낙엽이 되었다.
③ 벚나무 잎에 갈색의 반점이 형성되더니 구멍이 뚫렸다.
④ 오동나무 잎이 작고 연한 녹색으로 되고 잔가지가 많이 발생하였다.

해설 표징
① 병원체 자체가 병든 식물의 환부에 나타나는 것으로 주로 진균일 때 발생한다.
② 영양기관에 의한 표징, 번식기관에 의한 표징이 대표적이다.

7. 대추나무 빗자루병이 발병하는 원인이 되는 병원체는?

① 선충
② 진균
③ 바이러스
④ 파이토플라스마

해설 파이토플라즈마에 의한 수병
오동나무빗자루병, 대추나무빗자루병 등이 있으며 병든 가지는 촘촘한 가지가 많이 생긴다.

8. 리지나뿌리썩음병을 방제하는 방법으로 옳지 않은 것은?

① 피해 임지에 적정량의 석회를 뿌린다.
② 임지 내에서 불을 피우는 행위를 막는다.
③ 매개충 구제를 위하여 살충제를 봄에 살포한다.
④ 피해지 주변에 깊이 80cm 정도의 도랑을 파서 피해 확산을 막는다.

해설 리지나뿌리썩음병 방제
① 리지나뿌리썩음병은 모닥불자리나 산불피해지에 많이 발생한다.
② 나무 숲 안에서 불을 피우는 행위는 철저히 금지하고, 피해 임지에 석회등으로 토양산도를 개선한다. 피해목 주변으로 80cm 정도의 도랑을 파서 균사확산저지대를 만든다.

9. 수목의 줄기를 주로 가해하는 해충은?

① 솔나방
② 박쥐나방
③ 밤바구미
④ 밤나무산누에나방

해설 ① 솔나방, 밤나무산누에나방 : 식엽성 해충
② 밤바구미 : 종실가해 해충

10. 미국흰불나방을 방제하는 방법으로 옳은 것은?

① 11~12월에 카보퓨란 입제를 지면에 살포한다.
② 5~9월에 유아등을 설치하여 유충을 유인 후 포살한다.
③ 피해가 심한 임지에서는 디노테퓨란 액제를 수간에 주입한다.
④ 수피 사이에 고치를 짓고 월동한 번데기를 수시로 채집하여 소각한다.

해설 미국흰불나방 방제
① 5월 하순~10월 상순까지 잎을 가해하고 있는 유충을 주론수화제, 트리므론, 트리클로로폰 수화제, Bt수화제 등 약제 살포하여 구제한다.
② 나무껍질 사이, 판자 틈, 지피물 밑, 잡초의 뿌리 근처, 나무의 공동에서 고치를 짓고 그 속에 들어 있는 번데기를 채취하여 밀도를 감소시킨다.
③ 성충의 활동시기에 유아등, 페로몬트랩으로 성충을 유인해 포살한다.

11. 소나무좀에 대한 설명으로 옳지 않은 것은?

① 1년에 1회 발생하고 주로 봄과 여름에 가해한다.
② 암컷 성충은 수피를 뚫고 갱도를 만들면서 가해한다.
③ 먹이나무를 설치하여 월동 성충이 산란하게 한 후 소각하여 방제한다.
④ 주로 쇠약목, 이식목, 병해충 피해목에 기생하지만, 벌채목에는 가해하지 않는다.

해설 소나무좀
쇠약한 나무나 벌채한 나무에 기생하지만 대발생한 때는 건전한 나무도 가해하여 고사시키기도 한다.

12. 산성비에 해당하는 pH 농도의 기준값은?

① pH 3.5 이하
② pH 4.6 이하
③ pH 5.6 이하
④ pH 6.5 이하

해설 산성비
수소이온 농도(pH)가 5.6 미만인 비로 대기오염물질이
대기 중의 수증기와 만나 황산이나 질산으로 변하면서 비
에 흡수된 것을 산성비라 한다. 산성비는 생태계 전반에
악영향을 준다.

13. 모잘록병에 대한 설명으로 옳은 것은?

① 질소질 비료를 충분히 준 묘목은 발병률이 낮다.
② 토양의 물리적 성질과 발병과는 상관관계가 전혀 없다.
③ 소나무류 묘목의 모잘록병은 겨울철에 발생이 심하다.
④ 토양이 과습하지 않게 배수 관리를 잘하여 발병률을
낮출 수 있다.

해설 모잘록병
토양전염병은 일광이 부족하거나 토양습도가 부적당하거
나 질소질 비료의 과용 시 발병한다.

14. 고온에 의한 볕데기의 피해가 일어나 쉬운 수종은?

① 소나무
② 굴참나무
③ 오동나무
④ 일본잎갈나무

해설 볕데기(피소)의 피해가 일어나기 쉬운 수종
수피가 평활하고 코르크층이 발달되지 않은 오동나무, 후
박나무, 호두나무, 버즘나무, 소태나무, 가문비나무 등에
발생한다.

15. 나무주사 방법에 대한 설명으로 옳지 않은 것은?

① 형성층 안쪽의 목부까지 구멍을 뚫어야 한다.
② 모젯(Mauget) 수간주사기는 압력식 주사이다.
③ 중력식 주사는 약액의 농도가 낮거나 부피가 클 때
사용한다.
④ 소나무류에는 압력식 주사보다는 주로 중력식 주사
를 사용한다.

해설 소나무류는 압력에 의해 나무 흡수 이행되는 압력식 주사
를 사용한다.

16. 다음 설명에 해당하는 해충은?

- 유충은 땅 속에서 수목 뿌리나 부식물을 먹고 자
란다.
- 성충이 되어 지상에 나와 수목 잎이나 농작물의
새싹을 가해한다.

① 매미류
② 풍뎅이류
③ 잎벌레류
④ 하늘소류

해설 풍뎅이류
유충로 월동하며 땅속에서 식물의 뿌리를 먹으면서 자란
다. 번데기는 5월 경에 이루어지며 30일 후 성충이 되며
활엽수나 농작물의 잎을 먹는다.

17. 다음 중 내화력이 가장 약한 수종은?

① 삼나무   ② 은행나무
③ 졸참나무   ④ 사철나무

해설 소나무, 삼나무, 곰솔 등 침엽수는 내화력이 약하다.

정답   12. ③   13. ④   14. ③   15. ④   16. ②   17. ①

18. 잣나무 털녹병을 방제하는 방법으로 옳지 않은 것은?

① 중간기주인 송이풀을 제거한다.
② 저항성 품종을 육성하여 식재한다.
③ 풀베기와 간벌을 실시하여 숲에 통풍을 양호하게 해준다.
④ 담자포자 비산시기인 4월 하순부터 10일 간격으로 적용약제를 2~3회 살포한다.

해설 바르게 고치면
　　　담자포자 비산시기인 8월 하순부터 10일 간격으로 적용약제를 2~3회 살포한다.

19. 경제적 가해수준에 대한 설명으로 옳은 것은?

① 해충에 의한 피해액과 방제비가 같은 수준의 밀도
② 해충에 의한 피해액이 방제비보다 큰 수준의 밀도
③ 해충에 의한 피해액이 방제비보다 작은 수준의 밀도
④ 해충에 의해 경제적으로 큰 피해를 주는 수준의 밀도

해설 경제적 가해수준
　　　경제적 피해가 나타나는 최저밀도로 해충에 의한 피해액과 방제비가 같은 수준의 밀도를 말한다.

20. 오동나무 빗자루병 예방을 위해 매개충인 담배장님노린재를 방제하는 시기로 가장 적절한 것은?

① 1~3월　　　　　② 4~6월
③ 7~9월　　　　　④ 10~12월

해설 7월 상순~ 9월 하순에 살충제를 살포해 매개충을 방제한다.

2회

1회독 □ 2회독 □ 3회독 □

1. 액상의 농약을 제조할 때 주제를 녹이기 위하여 사용하는 물질은?

① 유제 ② 용제
③ 유화제 ④ 증량제

[해설] ① 유제 : 기름에만 녹는 지용성 원제를 유기용매에 녹인 후 계면활성제를 첨가하여 만든 농축농약
② 용제 : 약제의 유효 성분을 용해시키는 약제로 메탄올, 톨루엔, 벤젠, 알코올 등이 사용
③ 유화제 : 유제를 균일하게 분산시키는 약제, 계면활성제
④ 증량제 : 수화제, 분제, 입제 등과 같이 고체농약의 제제시에 주성분의 농도를 저하시키고 부피를 증대시켜 농약 주성분을 목적물에 균일하게 살포시킴

2. 흡즙성 해충에 해당하는 것은?

① 소나무좀 ② 알락하늘소
③ 버즘나무방패벌레 ④ 꼬마버들재주나방

[해설] ① 소나무좀, 알락하늘소 : 천공성 해충
② 꼬마버들재주나방 : 식엽성 해충

3. 지표를 배회하는 성질의 해충을 채집하는 방법으로 가장 효과적인 도구는?

① 유아등(light trap)
② 함정트랩(pitfall trap)
③ 수반트랩(water trap)
④ 말레이즈트랩(malaise trap)

[해설] ① 유아등(light trap) : 단파장의 빛에 이끌리는 습성을 이용한 채집법으로 빠른 시간내에 가장 효율적인 채집할 수 있는 방법
② 함정트랩 Pitfall trap : 땅속 곤충이나 절지동물(거미, 지네 등)을 생포하는데 사용하는 방법

③ 수반트랩(water trap) : 물을 들어있는 황색수반에 날아드는 해충을 채집하는 방법
④ 말레이즈트랩(malaise trap) : 날아다니는 곤충이 착지 후 음성 주지성, 즉 높은 곳으로 기어오르려는 습성(음성 주지성)을 이용하여 곤충을 조사하는 방법

4. 여름포자가 없는 녹병은?

① 향나무 녹병 ② 잣나무 털녹병
③ 소나무 잎녹병 ④ 전나무 잎녹병

[해설] 향나무는 여름포자세대가 없다.

5. 다음 설명에 해당하는 해충은?

- 유충은 잎을 갉아 먹는다.
- 1년에 2~3회 발생한다.
- 성충은 추광성이 강하다.

① 대벌레 ② 박쥐나방
③ 미국흰불나방 ④ 조록나무혹진딧물

[해설] 미국흰불나방
북미 원산, 1년에 보통 2회 발생, 활엽수 160종을 가해하는 잡식성 해충으로 주로 밤에 활동하고 추광성이 강하다.

6. 다음 중 2차 대기오염 물질에 해당되는 것은?

① HF ② SO_2
③ 분진 ④ PAN

[해설] 대기오염물질 종류
1차 대기오염 물질은 유황화합물 · 질소산화물 · 유기화합물 · 할로겐화합물 · 탄소 화합물, 분진 등이 있으며, 2차 대기오염물질은 오존 · PAN · 산성비 등이 있다.

정답 1. ② 2. ③ 3. ② 4. ① 5. ③ 6. ④

7. 밤나무 줄기마름병을 방제하는 방법으로 옳지 않은 것은?

① 내병성 품종을 식재한다.
② 동해 및 볕데기를 막고 상처가 나지 않게 한다.
③ 질소질 비료를 많이 주어 수목을 건강하게 한다.
④ 천공성 해충류의 피해가 없도록 살충제를 살포한다.

해설 **밤나무 줄기마름병 방제**
① 묘목검사를 철저히 하여 무병묘목을 심음.
② 상처를 통해 병원균이 침입하므로 나무에 상처가 생기지 않도록 주의하며, 병든 부분을 도려내어 도포제를 발라준다.
③ 균사나 포자로 월동한 병원체가 바람이나 곤충에 의해 전반되므로 해충을 구제한다.

8. 밤나무혹벌에 대한 설명으로 옳은 것은?

① 연 1회 발생하며 유충으로 월동한다.
② 피해를 받은 나무가 고사하는 경우는 없다.
③ 충영은 성충 탈출 후에도 녹색을 유지한다.
④ 밤나무 잎에 기생하여 직경 1mm 내외의 충영을 만든다.

해설 **밤나무혹벌의 피해양상**
① 보통 1년에 1회 발생, 밤나무 눈에 기생하여 직경 10~15mm의 충영을 만든다.
② 충영은 성충 탈출 후인 7월 하순부터 말라죽으며 신초가 자라지 못하고 개화·결실이 되지 않음.
③ 피해목은 고사하는 경우가 많다.

9. 수목의 그을음병을 방제하는데 가장 적합한 방법은?

① 중간기주를 제거한다.
② 방풍 시설을 설치한다.
③ 해가림 시설을 설치한다.
④ 흡즙성 곤충을 방제한다.

해설 그을음병 방제 시 진딧물·깍지벌레 등을 구제한다.

10. 주로 토양에서 월동하는 병원균은?

① 모잘록병균
② 잣나무 털녹병균
③ 낙엽송 잎떨림병균
④ 배나무 불마름병균

해설 ① 잣나무 털녹병균 : 수피에서 월동
② 낙엽송 잎떨림병균 : 병환부 또는 죽은 기주체 상에서 월동
③ 배나무 불마름병균 : 병든 가지의 궤양 주변부에서 휴면상태로 월동

11. 버즘나무방패벌레가 월동하는 형태는?

① 알　　　　　　　② 성충
③ 유충　　　　　　④ 번데기

해설 버즘나무방패벌레는 1년 2회, 3회 발생 성충으로 월동한다.

12. 상륜에 대한 설명으로 옳은 것은?

① 조상으로 인하여 나타난다.
② 만상으로 수목의 생장이 저해되어 나타난다.
③ 한겨울 수목의 휴면 기간 중 저온으로 인하여 치수에 발생하는 피해 현상이다.
④ 주로 추운 지방에서 고립목이나 임연부의 교목에서 주로 발생하는 상렬의 일종이다.

해설 **상륜(霜輪)**
① 이른 봄 식물의 발육이 시작된 후 급격한 온도저하로 발생한다.
② 어린 나무가 만상으로 인하여 일시 생장이 중지되었다가 다시 생장을 개시하여 1년에 2개의 연륜이 생기는 것을 말한다.

정답　7. ③　8. ①　9. ④　10. ①　11. ②　12. ②

13. 산성비로 인한 피해 현상으로 옳지 않은 것은?

① 토양 중 알루미늄 및 망간 등의 중금속을 불용화시킨다.
② 토양이 산성화되어 수목에 대한 양료 공급이 부족해진다.
③ 수목 잎의 조직 내 책상조직에 피해를 주어 세포질을 손상시킨다.
④ 수목 잎의 기공과 큐티클을 통하여 침투한 산성 물질이 내부 세포의 생리 작용에 장해를 준다.

해설 바르게 고치면
　　　 토양 중 알루미늄 및 망간 등의 중금속을 활성화시킨다.

14. 털두꺼비하늘소에 대한 설명으로 옳지 않은 것은?

① 피해목에서는 톱밥이 배출되지 않기 때문에 식별이 어렵다.
② 버섯재배용 원목을 가해하여 버섯재배에 피해를 주기도 한다.
③ 벌채목에 방충망을 씌워 성충의 산란을 막아 방제할 수 있다.
④ 주로 1년에 1회 발생하나 2년에 1회 발생하는 경우도 있다.

해설 털두꺼비하늘소 피해양상
　　　① 고사목 또는 벌채 된지 얼마 되지 않은 나무에 산란하여 유충이 수피 밑을 식해한다.
　　　② 특히 표고골목의 경우 벌채 당년에 종균을 접종한 직경 10cm 미만의 소경목에 주로 산란하며 종균 접종 2년 이상 된 골목에는 산란하지 않는다.
　　　③ 골목에서 톱밥 같은 목질이 나오는 것으로 피해를 식별할 수 있다.

15. 곤충의 소화기관 중 입에서 가까운 것부터 올바르게 나열한 것은?

① 전위 → 인두 → 전소장 → 위맹낭
② 인두 → 전위 → 위맹낭 → 전소장
③ 전위 → 인두 → 위맹낭 → 전소장
④ 인두 → 전위 → 전소장 → 위맹낭

해설 곤충의 소화계
　　　 인두(입과 식도사이) → 전위(정장과 중장 사이) → 위맹낭 (중장)→ 전소장(후장으로 소화의 맨 끝부분)

16. 아까시잎혹파리에 대한 설명으로 옳지 않은 것은?

① 아까시나무만 가해한다.
② 원산지는 북아메리카이다.
③ 땅속에서 성충으로 월동한다.
④ 흰가루병 및 그을음병을 동반한다.

해설 아까시잎혹파리
　　　① 미국원산으로 연 2~3세대 발생하며 9월 하순 경에 번데기로 월동한다.
　　　② 국내에는 2002년에 확인되었으며, 아까시나무에만 가해하는 단식성 해충이다.
　　　③ 유충이 잎 뒷면의 가장자리에서 수액을 빨아 먹어 잎이 뒤로 말린다.
　　　④ 피해가 경과되면 흰가루병와 그을음병이 발생하기도 한다.

17. 모잘록병을 방제하는 방법으로 옳지 않은 것은?

① 밀식하여 관리한다.
② 토양 소독을 실시한다.
③ 배수와 통풍을 잘하여 준다.
④ 복토를 두껍게 하지 않는다.

해설 바르게 고치면
　　　 채종량을 적게 하여 관리한다.

18. 소나무 재선충병이 발생하는 주요 경로는?

① 종자　　　　　　　② 토양
③ 매개충　　　　　　④ 중간기주

해설 소나무 재선충병은 매개충인 솔수염하늘소와 북방수염하늘소에 의해 발생한다.

정답　13. ①　14. ①　15. ②　16. ③　17. ①　18. ③

19. 대추나무 빗자루병 방제 약제로 가장 적합한 것은?

① 베노밀 수화제
② 아진포스메틸 수화제
③ 스트렙토마이신 수화제
④ 옥시테트라사이클린 수화제

[해설] 대추나무 빗자루병 치료
대추나무 옥시테트라사이클린의 수간주입으로 대추나무와 오동나무의 빗자루병과 뽕나무의 오갈병을 치료한다.

20. 침엽수, 활엽수, 초본식물을 모두 기주로 하는 수목병은?

① 흰가루병
② 갈색고약병
③ 리지나뿌리썩음병
④ 아밀라리아뿌리썩음병

[해설] 아밀라리아뿌리썩음병
아밀라리아속의 몇몇 종들이 일으키는 수목뿌리병으로 전 세계적으로 한 대, 온대, 열대 지방의 자연림과 조림에서 자라는 침엽수와 활엽수 모두 가장 큰 피해를 주는 산림병해 중 하나이다.

3회
1회독 □ 2회독 □ 3회독 □

1. 곤충의 신경철과 비슷한 기관으로 유약호르몬을 분비하는 조직은?

① 지방체
② 편도세포
③ 알라타체
④ 더듬이

해설 알라타체는 성충으로의 발육을 억제하는 유약호르몬(유충호르몬, 변태조절호르몬)을 생성한다.

2. 세균(細菌) 의한 수목 병해는?

① 밤나무 뿌리혹병
② 향나무 녹병
③ 벚나무 빗자루병
④ 삼나무 붉은마름병

해설 향나무 녹병, 벚나무 빗자루병, 삼나무 붉은마름병은 진균에 의한 병이다.

3. 뿌리에 나타나는 선충의 병징이 아닌 것은?

① 괴저병반(necrotic Lesion)
② 뿌리혹(root knot)
③ 토막뿌리(stubby root)
④ 황화(chlorosis)

해설 선충의 병징은 상처받은 뿌리가 썩고 절단되어 혹이 형성된다.

4. 소나무좀은 년에 몇 회 발생하는가?

① 1회
② 2회
③ 3회
④ 4회

해설 소나무좀은 연 1회 발생하며, 수세가 약한 소나무나 이식한 소나무류에 발생한다.

5. 풍해에 대한 기술 중 가장 옳은 것은?

① 수간 하부가 활엽수는 상방편심을 하고 침엽수는 하방편심을 한다.
② 주풍은 풍절(風折), 풍도(風倒), 열상(裂傷)등 산림에 큰 피해를 준다.
③ 방풍림에 쓰이는 수종은 심근성이고 지조(技條)가 밀생하며 성림(成林)이 빠른 것으로 한다.
④ 우리나라에서는 서북풍은 온화하고 차고 강하며, 육풍(陸風)은 해풍(海風)보다 강하다.

해설 바르게 고치면
① 침엽수는 상방편심, 활엽수는 하방편심을 한다.
② 풍절, 풍도, 열상은 폭풍의 피해를 받는다.
④ 우리나라의 동남풍은 온화하고 차고 강하며 해풍은 육풍보다 강하다.

6. 방화선 설치에 있어 가장 중요한 사항은?

① 화재의 위험이 있는 지역으로 맞불에 적당하고 능선부위
② 소화작업이 용이한 곳
③ 임상이 불량한 곳
④ 도로면에 인접한 곳

해설 방화선은 산림구획선, 경계선, 도로, 능선, 암석지, 하천 등을 이용한다.

7. 다음 중 수병의 표징이 아닌 것은?

① 밤나무 흰가루병에 걸린 잎의 흰가루
② 잣나무 수간에 돌출한 황색의 주머니
③ 대추나무의 잔가지 총생
④ 소나무 잎에 나란히 형성된 황색의 주머니

해설 잔가지가 밀생하여 빗자루 모양이 되는 총생은 병징에 해당된다.

정답 1. ③ 2. ① 3. ④ 4. ① 5. ③ 6. ① 7. ③

8. 바이러스에 대한 설명 중 가장 거리가 먼 것은?

① 바깥쪽은 단백질 안쪽은 핵산으로 이루어져 있다.
② 바이러스에 의해 감염된 식물세포에서 봉입체는 일종의 내부 병징으로 병의 진단에 도움에 된다.
③ 인공배지상에서 배양 증식시킬 수 있다.
④ 광학현미경으로는 입자관찰이 불가능하며 전자 현미경을 통해서만 볼 수 있다.

해설 바이러스는 인공배양되지 않으며 산세포에서만 증식한다.

9. 포플러 잎녹병의 방제법 중 중간기주를 제거해도 완전히 방제될 수 없는 이유는 무엇인가?

① 겨울포자형으로 월동하기 때문
② 여름포자형으로 월동이 가능하기 때문
③ 녹포자형으로 월동하기 때문
④ 녹병포자형으로 월동이 가능하기 때문

해설 포플러 잎녹병은 여름포자형으로 월동이 가능하므로 중간기주인 낙엽송을 거치지 않아도 다른 포플러로 직접 전염이 가능하다.

10. 주로 토양에 의하여 전반되는 병원체는?

① 밤나무 줄기마름병균
② 오동나무 빗자루병균
③ 오리나무 갈색무늬병균
④ 묘목의 모잘록병균

해설 묘목의 모잘록병균은 토양이나 종자 등에 의해 전반된다.

11. 밤나무 줄기마름병균 등 자낭균류는 자낭포자와 분생포자 병(포자를) 형성한다. 그림과 같은 포자의 명칭은?

① 자좌(子坐)
② 자낭각
③ 병자각
④ 자낭반

해설 자낭각의 포자는 끝에 구멍이 있다.

12. 오동나무 빗자루병의 매개곤충으로 알려진 것은?

① 마름무늬매미충　② 진딧물
③ 담배장님노린재　④ 끝동매미충

해설 오동나무 빗자루병의 매개충 : 담배장님노린재

13. 수목의 줄기를 주로 가해하는 해충은?

① 솔나방　　　② 박쥐나방
③ 어스랭이나방　④ 삼나무독나방

해설 박쥐나방
　　① 1년 1회 발생하며 알로 월동
　　② 천공성해충 – 초본류의 줄기에 구멍을 뚫고 가해

14. 모잘록병을 방제하기 위한 가장 효과적인 방법은?

① 질소질 비료를 준다.
② 배수와 통풍으로 개선한다.
③ 후파(厚播)를 한다.
④ 종자가 늦게 발아하도록 한다.

해설 모잘록병의 방제
① 묘상이 과습하지 않도록 배수와 통풍에 주의하며, 햇볕이 잘 들도록 한다.
② 채종량을 적게 하고, 복토가 너무 두껍지 않도록 한다.
③ 질소질비료를 과용을 삼가고 인산질비료와 완숙한 퇴비를 충분히 준다.

15. 수목병의 원인 중 뿌리혹병, 불마름병, 세균성 구멍병 등의 원인이 되는 생물적 원인은?

① 곰팡이　　　　② 세균
③ 바이러스　　　④ 선충

해설 뿌리혹병, 불마름병, 세균성 구멍병은 세균에 의한 수병이다.

16. 나무좀 하늘소, 바구미 등과 같은 천공성 해충을 방제하는데 다음 중 가장 적합한 방법은?

① 온도처리법　　② 통나무 유살법
③ 경운법　　　　④ 훈증법

해설 번식처 유살법
① 통나무유살법 : 나무좀, 하늘소, 바구미 등 이용
② 입목유살법 : 좀류 이용, 봄에 입목에 약제 처리, 규불화아연을 주제로 한 오스모실를 이용

17. 참나무 시들음병 방제 방법으로 옳지 않은 것은?

① 끈끈이롤 트랩을 설치하여 매개충을 잡는다.
② 유인목을 설치하여 매개충을 잡아 훈증 및 파쇄한다.
③ 전기충격기를 활용하여 나무 속에 성충과 유충을 감전사 시킨다.
④ 매개충의 우화최성기인 3월 중순을 전후하여 페니트로티온 유제를 살포한다.

해설 참나무시들음병 – 광릉긴나무좀의 화학적 방제
① 벌레 똥을 배출하는 침입공에 페니트로티온 유제(50%) 50~100배액으로 희석하여 침입공에 주입하여 죽인다.
② 피해 임지에서 피해목을 길이 1m로 잘라 메탐쇼듐 액제(25%)를 m³ 당 1ℓ를 처리하여 1주일 이상 훈증한다.
③ 피해 입목에 대하여 0.05mm의 비닐로 감싸고 비닐 끝부분에 접착 테이프를 붙여 밀봉한 후에 지제부에 메탐쇼듐 액제(25%)를 넣고 흙을 덮어 완전 밀봉하여 훈증한다.

18. 매미나방 방제 방법으로 옳지 않은 것은?

① 나무주사를 실시한다.
② 알덩어리는 4월 이전에 제거한다.
③ 어린 유충시기에 살충제를 살포한다.
④ Bt균, 핵다각체바이러스 등의 천적미생물을 이용한다.

해설 매미나방(집시나방)에는 수간주사를 실시하지 않는다.

19. 해충과 천적 연결이 옳지 않은 것은?

① 솔잎혹파리 – 솔노랑잎벌
② 천막벌레나방 – 독나방살이고치벌
③ 미국흰불나방 – 나방살이납작맵시벌
④ 버들재주나방 – 산누에살이납작맵시벌

해설 솔잎혹파리 천적 – 솔잎혹파리먹좀벌

20. 오리나무잎벌레 방제 방법으로 옳지 않은 것은?

① 알덩어리가 붙어 있는 잎을 소각한다.
② 5~6월에 모여 사는 유충을 포살한다.
③ 유충 발생기에 트리플루뮤론 수화제를 살포한다.
④ 수은등이나 유아등을 설치하여 성충을 유인한다.

해설 수은등, 유아등 설치는 나방류 성충 유살에 쓰인다.

정답 15. ② 16. ② 17. ④ 18. ① 19. ① 20. ④

1회

1회독 □ 2회독 □ 3회독 □

1. 주로 토양에 의하여 전반되는 수목병은?

① 묘목의 모잘록병　　② 밤나무 줄기마름병
③ 오동나무 빗자루병　④ 오리나무 갈색무늬병

해설 ① 묘목의 모잘록병 : 토양
　　② 밤나무 줄기마름병 : 바람
　　③ 오동나무 빗자루병 : 곤충, 소동물에 의한 전반
　　④ 오리나무 갈색무늬병 : 종자표면에 부착해 전반

2. 내동성이 가장 강한 수종은?

① 차나무　　　　　② 밤나무
③ 전나무　　　　　④ 버드나무

해설 ① 차나무 : −12 ~ −14℃
　　② 버드나무, 밤나무 : −18 ~ −20℃
　　③ 전나무 : −30 ~ −40℃

3. 대추나무빗자루병 방제에 가장 적합한 약제는?

① 페니실린　　　　② 석회유황합제
③ 석회보르도액　　④ 옥시테트라사이클린

해설 파이토플라스마에 의한 빗자루병
　　옥시테트라사이클린계 항생물질을 수간주사

4. 아황산가스에 대한 저항성이 가장 큰 수종은?

① 전나무　　　　　② 삼나무
③ 은행나무　　　　④ 느티나무

해설 아황산가스에 대한 수목의 저항성
　　① 약한 수종 : 소나무, 낙엽송, 느티나무, 황철나무, 겹벚나무, 층층나무
　　② 저항성이 높은 수종 : 은행나무, 무궁화, 비자나무, 가시나무, 식나무 등

5. 솔잎혹파리가 겨울을 나는 형태는?

① 알　　② 성충　　③ 유충　　④ 번데기

해설 솔잎혹파리
　　① 1년에 1회 발생
　　② 지피물 밑이나 땅속에서 월동한 유충이 5월 상순 ~6월 상순에 번데기가 되고, 5월 중순 7월 상순에 성충이 된다.

6. 잣나무털녹병 방제방법으로 옳지 않은 것은?

① 중간기주 제거　　② 보르도액 살포
③ 병든 나무 소각　④ 주론 수화제 살포

해설 잣나무털녹병의 방제방법
　　① 병든 나무와 중간기주를 지속적으로 제거한다.
　　② 다른 지역으로의 전파를 막기 위해 피해지역의 잣나무 묘목을 다른 지역으로 반출되지 않도록 한다.
　　③ 잣나무 묘포에 8월 하순부터 보르도액을 2~3회 살포하여 소생자의 잣나무 침입을 막는다.

7. 불완전균류에 의해 발생하는 수목병은?

① 뽕나무 오갈병　　② 잣나무 털녹병
③ 벚나무 빗자루병　④ 삼나무 붉은마름병

해설 ① 뽕나무 오갈병 : 파이토플라즈마
　　② 잣나무 털녹병 : 진균 – 담자균류
　　③ 벚나무 빗자루병 : 진균 – 자낭균
　　④ 삼나무 붉은마름병 : 진균 – 불완전균류

8. 향나무 녹병 방제 방법에 대한 설명으로 옳지 않은 것은?

① 향나무에는 3~4월과 7월에 적정 농약을 살포한다.
② 중간기주에는 8~9월에 적정 농약을 살포한다.
③ 향나무와 중간기주는 서로 2km 이상 떨어지도록 한다.
④ 향나무 부근에 산사나무, 모과나무 등의 장미과 수목을 심지 않는다.

해설 바르게 고치면
　중간기주 수목은 4 ~ 6월에 적정 농약을 살포한다.

9. 북방수염하늘소에 대한 설명으로 옳지 않은 것은?

① 연 2회 발생하고, 유충으로 월동하며, 1년에 3회 발생하는 경우도 있다.
② 솔수염하늘소와 마찬가지로 소나무재선충을 매개한다.
③ 성충은 수세가 쇠약한 수목이나 고사목에 산란한다.
④ 성충의 우화 최성기는 5월경이다.

해설 북방수염하늘소의 생활사
　연 1회 발생하고 줄기 내에서 유충으로 월동하며 추운 지방에서는 2년에 1회 발생하는 경우도 있다. 월동 유충은 4월에 수피와 가까운 곳에서 번데기가 되고, 성충은 4월 하순 ~7월 상순에 줄기에서 탈출해 신초를 가해한다.

10. 수목을 가해하는 해충 방제 방법으로 옳지 않은 것은?

① 성 페로몬을 이용한 방법은 친환경적 방제 방법이다.
② 생물적 방제는 다른 생물을 이용하여 해충군의 밀도를 억제하는 방법이다.
③ 방사선을 이용한 해충의 불임 방법은 국제적으로 금지되어 있다.
④ 공항, 항만 등에서 식물 검역을 실시하여 국내로 해충이 유입되지 않도록 한다.

해설 해충의 불임 방법
　해충에 방사선을 조사하여 생식능력을 잃게 한 수컷을 다량으로 야외에 방사하여 이들을 야외의 건전한 암컷과 교미시켜 무정란을 낳게 하여 다음 세대의 해충 밀도를 경제적 피해 수준 이하로 유지시키는데 그 목표가 있다.

11. 밤나무혹벌 방제방법으로 옳지 않은 것은?

① 봄에 벌레혹을 채취하여 소각한다.
② 중국긴꼬리좀벌을 4~5월에 방사한다.
③ 성충 발생 최성기인 6~7월에 적용 약제를 살포한다.
④ 밤나무혹벌 피해에 약한 품종인 산목율, 순역 등을 저항성 품종인 유마, 이취 등으로 갱신한다.

해설 밤나무혹벌 방제방법
① 내충성품종인 산목율, 순역, 옥광율, 상림등 토착종이나 유마, 은기, 이취, 축파, 단택, 삼조생, 이평등 도입종으로 품종을 갱신하는 것이 가장 효과적이다.
② 기생성 천적으로는 중국긴꼬리좀벌, 남색긴꼬리좀벌, 노란꼬리좀벌, 큰다리남색좀벌, 배잘록꼬리좀벌, 상수리좀벌 등이 있다.
③ 성충 우화기(6월하순~7월하순)에 페니트로티온유제(50%) 1,000배액을 살포한다.

12. 석회보르도액이 해당되는 종류는?

① 침투성살균제　　② 직접살균제
③ 토양살균제　　　④ 보호살균제

해설 석회보르도액
① 여러 가지 병을 방제할 목적으로 광범위하게 이용되고 있는 보호 · 예방 살균제이다.
② 병원균의 포자가 날라 오기 전에 작물의 줄기와 잎에 살포하여 작물에 부착한 포자가 발아하는 것을 억제하는 특성을 가지고 있어 예방효과는 매우 우수하나, 치료효과는 미미하므로 병 발생 전에 살포하는 것이 좋다.

정답　8. ②　9. ①　10. ③　11. ④　12. ④

13. 식물체의 표피를 뚫어 직접 기주 내부로 침입이 가능한 병원체는?

① 파이토플라스마   ② 세균
③ 바이러스   ④ 균류

해설 균류(fungi)
진핵생물이지만, 동물과는 달리 양분을 포식하여 소화 흡수하지는 않으며, 식물과는 달리 엽록소가 없어서 광합성을 할 수 없기 때문에 다른 생물체로부터 유래한 유기물을 흡수 섭취하여 생활한다.

14. 미국흰불나방의 생태에 대한 설명으로 옳지 않은 것은?

① 유충이 잎을 식해하고, 성충은 주로 밤에 활동하며 주광성이 강하다.
② 거의 모든 수종의 활엽수에 피해를 준다.
③ 번데기로 월동한다.
④ 3령기까지의 유충은 군서생활을 하며 4령기와 5령기 유충은 흩어져 가해한다.

해설 흰불나방 생태
5월 하순부터 부화한 유충은 4령기까지 실을 토하여 잎을 싸고 그 속에서 군서 생활을 하면서 엽육만을 식해하고 5령기부터 흩어져서 엽맥만 남기고 7월 중·하순까지 가해한다.

15. 농약을 살포하여 수목의 줄기, 잎 등에 약제가 부착되어 식엽성 해충이 먹이와 함께 약제를 섭취하여 독작용을 일으키는 살충제는?

① 기피제   ② 침투성 살충제
③ 유인제   ④ 소화중독제

해설 살충제
① 기피제 : 농작물 또는 기타 저장물에 해충이 모이는 것을 막기 위해 사용하는 약제

② 유인제 : 해충을 유인해서 제거 및 포살하는 약제
③ 소화중독제(식독제) : 약제를 구기를 통해 섭취하는 약제
④ 침투성살충제 : 잎, 줄기, 뿌리의 일부로부터 침투되어 식물 전체에 살충 효과를 줌

16. 수목에 흡즙해 피해를 주는 해충은?

① 텐트나방   ② 아까시잎혹파리
③ 복숭아유리나방   ④ 느티나무벼룩바구미

해설 ① 텐트나방 – 식엽성 해충
② 아까시잎혹파리 – 충영형성 해충
③ 복숭아유리나방 – 종실가해 해충
④ 느티나무벼룩바구미 – 흡즙성 해충

17. 모잘록병 방제방법으로 옳지 않은 것은?

① 묘상이 과습하지 않도록 배수와 통풍에 주의한다.
② 병이 심한 묘포지는 돌려짓기를 한다.
③ 병든 묘목은 발견 즉시 뽑아 태운다.
④ 질소질 비료를 많이 준다.

해설 모잘록병
질소질비료의 과용으로 모가 연약해지면 많이 발생하므로 인산질비료와 완숙한 퇴비를 충분히 사용한다.

18. 소나무 재선충병에 대한 설명으로 옳지 않은 것은?

① 피해목 내 매개충을 구제하기 위해 벌목한 피해목을 훈증한다.
② 토양관주는 방제 효과가 없어 실시하지 않는다.
③ 아바멕틴 유제로 나무주사를 실시하여 방제한다.
④ 나무주사는 수지 분비량이 적은 12월~2월 사이에 실시하는 것이 좋다.

해설 고사목은 베어서 훈증 소각하고, 매개충구제를 위해 5~8월에 아세타미프리드 액제를 3회 이상 살포한다. 예방을 위해서는 12~2월에 아바멕틴 유제 또는 에마멕틴벤조에이트 유제를 나무주사하거나 4~5월에 포스티아제이트 액제를 토양관주한다.

19. 솔껍질깍지벌레가 바람에 의해 피해지역이 확대되는 것과 관련이 있는 충태는?

① 번데기　　　　② 성충
③ 알　　　　　　④ 약충

해설 솔껍질깍지벌레 – 약충(후약충)의 형태로 월동한다.

20. 천막벌레나방의 유령기와 같이 나뭇가지 위에 모여 있는 동안에 이용하는 해충방제법으로 가장 적합한 것은?

① 땅에 비닐 천을 깔고 나무를 턴다.
② 먹이로 유살한다.
③ 등화 유살한다.
④ 벌레집을 제거하거나 소살한다.

해설 천막벌레나방의 유충과 같이 나무에 천막 모양으로 커다랗게 그물을 치고 무리지어 있는 해충들은 벌레집을 제거하거나 불에 태우는 소살법 등을 적용한다.

1. 밤나무 줄기마름병의 방제방법으로 옳지 않은 것은?

① 내병성 품종을 식재한다.
② 질소질 비료를 많이 준다.
③ 동해 및 볕데기를 막고 상처가 나지 않게 한다.
④ 천공성 해충류의 피해가 없도록 살충제를 살포한다.

해설 밤나무 줄기마름병 방제
질소질 비료를 적게 시용하고 동해나 피소를 막으며 상처가 나지 않게 하도록 하며 내병성 품종을 식재하도록 한다.

2. 솔잎혹파리 및 솔껍질깍지벌레 구제를 위하여 수간주사에 사용되는 살충제는?

① 포스파미돈 액제
② 테부코나졸 액제
③ 페니트로티온 수화제
④ 디플루벤주론 수화제

해설 솔잎혹파리 및 솔껍질깍지벌레 구제 약제
• 포스파미돈 액제를 5~6월경 나무에 구멍을 뚫고 약제주입기로 구멍1개당 4mL의 약량으로 주입해 솔잎혹파리의 유충을 죽인다.
• 테부코나졸 액제(살균제), 페니트로티온 수화제(스미치온, 살충제), 디플루벤주론 수화제(흰방나방구제, 살충제)

3. 온도가 높은 여름에 비교적 건조한 토양에서 피해가 큰 모잘록병균으로 옳은 것은?

① *Fusarium*균
② *Cercospora*균
③ *Microsphaera*균
④ *Cylindrocladium*균

해설 • *Fusarium*균 비교적 건조한 토양에서 주로 발생한다.
• *Cercospora*균, *Microsphaera*균, *Cylindrocladium*균 : 습한 토양에서 발생한다.

4. 우리나라 소나무에 피해를 주는 소나무재선충병의 매개충은?

① 알락하늘소
② 미끈이하늘소
③ 솔수염하늘소
④ 남방수염하늘소

해설 소나무재선충병의 매개충
솔수염하늘소, 북방수염하늘소

5. 잣나무 털녹병의 중간기주는?

① 송이풀   ② 향나무
③ 신갈나무   ④ 매발톱나무

해설 잣나무 털녹병 중간기주
송이풀, 까치밥나무

6. 오리나무잎벌레의 월동 형태와 장소는?

① 알로 지피물 밑에서
② 성충으로 땅속에서
③ 번데기로 수피 사이에서
④ 유충으로 나뭇잎 아래에서

해설 오리나무잎벌레 월동형태와 장소
1년에 1회 발생, 성충으로 지피물 및 또는 흙속에 월동한다.

7. 아까시잎혹파리에 대한 설명으로 옳지 않은 것은?

① 1년에 5~6회 발생한다.
② 원산지는 북아메리카이다.
③ 땅속에서 성충으로 월동한다.
④ 주로 흰가루병과 그을음병을 동반한다.

[해설] 아까시잎혹파리는 번데기로 낙엽 내에 월동한다.

8. 녹병의 방제방법으로 틀린 것은?

① 병든 나무 소각
② 중간기주 제거
③ 보르도액 살포
④ 주론수화제 살포

[해설] 주론수화제–살충제

9. 다음 중 선충의 분류학상 위치는?

① 선형동물문
② 강장동물문
③ 편형동물문
④ 윤형동물문

[해설] 선충 – 선형동물문

10. 파이토플라즈마에 의한 수병으로 옳지 않은 것은?

① 붉나무 빗자루병
② 벚나무 빗자루병
③ 대추나무 빗자루병
④ 오동나무 빗자루병

[해설] 벚나무 빗자루병 – 자낭균에 의한 수병

11. 산림해충의 임업적 방제법에 속하지 않는 것은?

① 내충성 품종으로 조림하여 피해 최소화
② 혼효림 조성하여 생태계의 안정성 증가
③ 천적을 이용하여 유용식물 피해 규모 경감
④ 임목밀도를 조절하여 건전한 임목으로 육성

[해설] 천적을 이용한 방제법 – 생물학적 방제법

12. 수목의 잎을 가해하는 곤충이 아닌 것은?

① 대벌레
② 솔나방
③ 참나무재주나방
④ 박쥐나방

[해설] 박쥐나방 – 천공성해충

13. 잣나무 털녹병의 중간기주에 발생하는 포자형태가 아닌 것은?

① 여름포자
② 녹포자
③ 겨울포자
④ 담자포자

[해설] 잣나무털녹병
• 잣나무 : 녹병포자형성
• 중간기주인 송이풀과 까치밥나무: 여름포자, 겨울포자, 소생자를 형성(녹포자는 중간기주에 발생하지 않는다.)

14. 불리한 환경에 따른 곤충의 활동정지(Quiescence)와 휴면(Diapause)에 대한 설명으로 옳은 것은?

① 일장(日長)은 휴면으로의 진입여부 결정에 중요한 요소는 아니다.
② 활동정지는 환경조건이 호전되면 곧 발육이 재개된다.
③ 의무적 휴면의 예는 흰불나방에서 찾아볼 수 있다.
④ 기회적 휴면은 1년에 한 세대만 발생하는 곤충이 갖는다.

정답   7. ③   8. ④   9. ①   10. ②   11. ①   12. ④   13. ②   14. ②

① 활동정지
  • 불규칙적이나 주로 단기적·국부적인 환경변화
  • 불리한 환경에(온도변화, 가뭄, 강우 등) 처하면 운동을 중단하고 환경이 개선되면 끝나게 된다.
② 휴면
  • 규칙적이고 보다 광범위한 계절적 변화로 불리한 온도 및 습도, 먹이부족, 천적 또는 경쟁종의 억압이 해당된다.
  • 규칙적인 환경변화는 예측이 가능하며, 많은 곤충류는 불리한 환경이 닥치기 전에 발육을 억제함으로써 불리함을 극복한다.
  • 이러한 현상은 진화의 결과로 얻어진 적응으로 휴면이라고 한다.
  • 의무적 휴면(자발적 휴면)
    – 매세대 휴면, 1년에 한 세대만 발생한다.
      예) 솔잎혹파리벌레
  • 기회적 휴면(타발 휴면)
    – 1년에 2세대 이상 발생, 환경조건에 따라 휴면 진입 여부가 결정한다. 예) 흰불나방
    – 휴면진입 여부를 경정하는데 중요한 계절적 변화 예측의 환경지표는 일조시간이다.

15. 참나무 시들음병에 대한 설명으로 틀린 것은?

① 매개충은 광릉긴나무좀이다.
② 피해목은 초가을에 모든 잎이 낙엽된다.
③ 피해목의 변재부는 병원균에 의하여 변색된다.
④ 매개충의 암컷등판에는 곰팡이를 넣는 균낭이 있다.

해설 참나무 시들음병 피해증상
피해목은 7월 하순부터 빨갛게 시들면서 말라 죽기 시작하고 겨울에도 잎이 떨어지지 않고 붙어 있다. 고사목의 줄기와 굵은 가지에 매개충의 침입공이 다수 발견되며, 주변에는 목재 배설물이 많이 분비된다.

16. 임연부(Forest Edge)에 대한 설명으로 틀린 것은?

① 햇빛이 잘 들기 때문에 종자와 과실의 생산량이 많다.
② 산림과 다른 환경 유형이 인접하는 곳을 임연부라 한다.
③ 고라나나 노루는 임연부 환경을 선호한다.
④ 임연부의 무성한 관목으로 인해 둥지를 만들기 어렵다.

해설 임연부는 다양한 식생과 먹이가 풍부하고 무성한 관목으로 인해 새들이 둥지를 만들기 용이하다.

17. 포스팜 50% 액체 50cc를 포스팜 농도 0.5%로 희석하려고 할 경우 요구되는 물의 양은?(단, 원액의 비중은 1이다.)

① 4,500cc   ② 4,950cc
③ 5,500cc   ④ 6,000cc

해설 $\dfrac{50\%}{0.05\%} \times 50cc - 50cc = 4,950cc$

18. 다음 중 물에 타서 사용하는 약제가 아닌 것은?

① 액제   ② 분제
③ 유제   ④ 수화제

해설 분제는 가루형태로 사용하는 약제이다.

19. 다음 중 나무좀, 하늘소, 바구미 등과 같은 천공성 해충을 방제하는 데 가장 적합한 방법은?

① 경운법   ② 훈증법
③ 온도처리법   ④ 번식장소 유살법

해설 번식처유살법
  • 통나무유살법(불량목이나 열세목의 통나무 이용)
  • 나무좀이나 하늘소, 바구미 등은 쇠약목에 유인한다.

20. 솔노랑잎벌의 월동 형태로 맞는 것은?

① 성충   ② 번데기
③ 유충   ④ 알

해설 솔노랑잎벌
    암컷이 솔잎의 조직 속에 7~8개의 알을 낳으며 알로 월동
한다.

1. 밤나무의 종실을 가해하여 많은 피해를 주는 해충은?

① 버들재주나방
② 어스렝이나방
③ 소나무순명나방
④ 복숭아명나방

해설 복숭아명나방
　　성숙한 유충이 밤송이 속을 파먹으면서 똥과 즙액을 배출한다.

2. 산림해충 중 천공성 해충이 아닌 것은?

① 솔나방
② 박쥐나방
③ 버들바구미
④ 알락하늘소

해설 솔나방 : 식엽성 해충

3. 수목에 도달하는 병원체의 침입 중 자연개구부 (Natural Openings)를 통한 침입이 아닌 것은?

① 각피
② 기공
③ 수공
④ 피목

해설 자연개구부 침입경로
　　기공, 수공, 피목

4. 전나무 잎녹병의 병원균의 녹포자가 날아가 기생할 수 있는 중간기주는?

① 작약
② 뱀고사리
③ 모란
④ 현호색

해설 전나무잎녹병의 중간기주 : 뱀고사리

5. 한상(寒傷)에 대한 설명으로 맞는 것은?

① 찬서리에 의하여 일어난 임목 피해
② 찬바람에 의하여 나무 조직이 어는 임목 피해
③ 0℃ 이상의 낮은 기온으로 일어나는 임목 피해
④ 기온이 0℃ 이하로 내려가야 일어나는 임목 피해

해설 한상
　　0℃ 이하의 저온에 노출되어 식물체 내에 결빙현상은 일어나지 않으나 한랭으로 인해 생활기능에 장해를 받아 죽음에 이르는 현상

6. 다음 중 밤나무혹벌의 천적은?

① 알좀벌
② 먹좀벌
③ 수중다리무늬벌
④ 남색긴꼬리좀벌

해설 밤나무혹벌의 천적
　　• 충영형성해충, 유충으로 월동, 1년에 1회발생
　　• 남색긴꼬리좀벌, 중국긴꼬리좀벌, 상수리좀벌 등

7. 수목에 피해를 주는 수병 중 자낭균에 의한 것은?

① 벗나무 빗자루병
② 뽕나무 오갈병
③ 잣나무 털녹병
④ 삼나무 붉은마름병

해설 ① 벗나무 빗자루병 : 자낭균
　　② 뽕나무 오갈병 : 파이토플라스마
　　③ 뿌리혹병 : 세균
　　④ 삼나무 붉은마름병 : 불완전균

8. 곤충의 외표피(外表皮)와 관련이 없는 것은?

① 시멘트층
② 왁스층
③ 단백질성 외표피
④ 기저막

해설 기저막은 표피와 진피의 경계를 말한다.

정답   1. ④   2. ①   3. ①   4. ②   5. ③   6. ④   7. ①   8. ④

9. 곤충의 외분비물질로 특히 개척자가 새로운 기주를 찾았다고 동족을 불러들이는데 사용되는 종내 통신 물질로 나무좀류에서 발달되어 있는 물질은?

① 경보 페로몬
② 집합 페로몬
③ 길잡이 페로몬
④ 성 페로몬

[해설] ① 경보 페로몬 : 개미, 흰개미, 꿀벌 등이 곤충 집에 침입자가 침입하면 경보를 전하는 페로몬
② 집합 페로몬 : 집단 형성 및 유지에 관여하는 페로몬(나무좀, 바퀴 등)
③ 길잡이 페로몬 : 사회성 곤충의 길 표지로 사용하는 페로몬(개미, 꿀벌, 흰개미 등)
④ 성 페로몬 : 같은 종의 이성개체를 유인하는 페로몬

10. 수목의 뿌리를 통해서 감염되지 않는 것은?

① 침엽수 모잘록병
② 뿌리썩이선충
③ 소나무 재선충병
④ 뿌리혹병

[해설] 소나무 재선충병
솔수염하늘소, 북방수염하늘소 등이 가지나 줄기를 가해할 때 목질부로 들어가 대량증식한다.(매개충 매개전염)

11. 모닥불자리나 산불발생지에서 많이 발생하는 수병으로 옳은 것은?

① 모잘록병
② 뿌리혹병
③ 피목가지마름병
④ 리지나뿌리썩음병

[해설] 리지나뿌리썩음병
침엽수류의 산불피해지에서 발생하는 것으로 1981년 경주에서 처음 발견되었다.

12. 녹병균의 포자형으로 옳지 않은 것은?

① 겨울포자
② 여름포자
③ 분생포자
④ 담자포자

[해설] 담자균류에는 유성포자인 담포자외에 무성포자가 형성된다. 녹병균은 두 종류이상의 무성포자를 만드는 것이 많으며, 겨울포자와 소생자 외에 녹병포자, 녹포자, 여름포자 등을 만들어 기주교대한다.

13. 보르도액에 대한 설명으로 옳지 않은 것은?

① 보호살균제이다.
② 황산동액에 석회유를 부어서 조제한다.
③ 1차 전염 일주일 전에 살포하면 효과적이다.
④ 수목의 흰가루병, 토양전염성 병원균에는 효과가 없다.

[해설] 바르게 고치면
보르도액은 석회유액에 황산동액을 부어서 조제한다.

14. 병원체가 지니고 있는 병원성에 대한 설명으로 옳지 않은 것은?

① 흰가루병균과 녹병균은 절대기생체이다.
② 바이러스나 파이토플라스마는 부생체이다.
③ 식물조직의 죽은 유기물을 영양원으로 하여 살아가는 것을 부생체라 한다.
④ 인공배양이 불가능하며 살아있는 기주조직 내에서만 증식하는 것을 절대기생체라 한다.

[해설] 절대기생체
• 순활물기생체, 활물영양성
• 살아있는 조직내에서만 생활할 수 있는 것으로 인공배양이 안된다.
• 녹병균, 흰가루병균, 바이러스, 파이토플라스마 등

15. 솔잎혹파리에 대한 설명으로 옳지 않은 것은?

① 유충형태로 토양에서 월동한다.
② 일본에서 최초로 발견된 해충이다.
③ 침엽기부에 혹을 만들고 피해를 준다.
④ 성충은 5월 하순과 8월 중순 2회 발생한다.

해설 솔잎혹파리
• 1년에 1회 발생
• 성충우화기는 5월 중순~7월 중준으로 우화최성기는 6월상순에서 중순이다.

16. 뿌리혹병에 대한 설명으로 옳은 것은?

① 세균병으로 활엽수류를 주로 침해한다.
② 세균병으로 침엽수류를 주로 침해한다.
③ 바이러스로 활엽수류를 주로 침해한다.
④ 바이러스로 침엽수류를 주로 침해한다.

해설 뿌리혹병
• 세균에 의한 병
• 밤나무, 감나무, 호두나무, 포플러, 벚나무 등 활엽수를 침해한다.

17. 유충시기에 군서하지 않는 해충은?

① 텐트나방
② 매미나방
③ 미국흰불나방
④ 어스렝이나방

해설 매미나방
알로 월동하며 이듬해 4월경에 유충으로 부화되어 처음에는 군서생활을 하다 분산된다.

18. 담자균류에 의한 수목병으로 옳지 않은 것은?

① 전나무 잎녹병
② 소나무 혹병
③ 잣나무 털녹병
④ 낙엽송 잎떨림병

해설 낙엽송 잎떨림병: 자낭균에 의한 수목병

19. 산림곤충 표본조사법 중 곤충의 음성 주지성(높은 곳으로 기어가는 습성)을 이용한 방법은?

① 미끼트랩
② 수반트랩
③ 페로몬트랩
④ 말레이즈트랩

해설 말레이즈트랩
• 곤충이 장애물을 만나면 위로 올라가는 습성을 이용한 것
• 텐트형 장애물과 텐트를 지지하기 위한 시설물, 트랩안에 들어온 곤충들을 죽여서 보관하기 위한 포충기로 구성

20. 미국흰불나방은 1년에 몇 회 우화하는가?

① 1회
② 2회
③ 4회
④ 6회

해설 미국흰불나방
• 각종 과수와 수목에 피해를 주며, 산림의 피해보다는 도로 주변의 가로수나 정원수에 피해를 준다.
• 1년에 보통 2회 발생하며 1화기는 5~6월 상순에 우화하고, 2화기 성충은 7월 하순부터 8월 중순에 우화한다.

03 산림산업기사
기출문제

7개년 기출문제

학습전략

핵심이론 학습 후 핵심기출문제를 풀어봄으로써 내용 다지기와 더불어 시험에서 실전감각을 키울 수 있도록 하였고, 왜 정답인지를 문제해설을 통해 바로 확인할 수 있도록 하였습니다.

이후, 산림산업기사에 출제되었던 최근 7개년 기출문제를 풀어봄으로써 스스로를 진단하면서 필기합격을 위한 실전연습이 될 수 있도록 하였습니다.

1회

1회독 ☐ 2회독 ☐ 3회독 ☐

1. 수목치료를 위한 수간주입방법 중 주입기 용량이 가장 적은 것은?

① 중력식
② 삽입식
③ 흡수식
④ 미세압력식

해설 수간주입방법의 비교

구분	중력식	미세 압력식	흡수식	삽입식
주입기 용량(mL)	1,000	10	약 10	1이하
약액의 농도	낮음	높음	높음	낮음, 높음
약해발생 가능성	낮음	높음	높음	낮음, 높음
설치속도	느림	빠름	빠름	빠름
주입속도	느림	빠름	빠름	느림
설치비용	적음	많음	적음	많음
주입기의 내구성	재사용	1회용	주입기 없음	1회용

2. 소나무좀 신성충이 가해하는 부위는?

① 잎
② 수간
③ 새 가지
④ 오래된 가지

해설 소나무좀의 신성충은 새가지(신초)를 뚫고 들어가 고사시킨다.

3. 수목병을 일으키는 바이러스의 전염수단이나 방법으로 가장 거리가 먼 것은?

① 바람
② 접목
③ 종자
④ 토양선충

해설 식물바이러스의 전염

식물체의 영양번식, 즙액의 기계적 접종,종자, 꽃가루, 새삼 그리고 특정한 곤충, 응애, 선충, 균류등을 통해 전염된다.

4. 모잘록병 방제방법으로 옳지 않은 것은?

① 파종상에서는 토양소독을 한다.
② 토양산도가 염기성이 되도록 한다.
③ 묘상이 과습하지 않도록 주의한다.
④ 질소질 비료보다 인산, 칼륨질 비료를 더 많이 준다.

해설 모잘록병 방제방법

① 묘포의 위생, 환경정리, 토양소독, 종자소독, 시비, 약제살포 등 종합적인 방제대책을 세운다.
② 환경개선에 의한 방제
- 묘상의 배수를 철저히 하여, 과습을 피하고 통기성을 좋게 하며, 파종량을 알맞게 하고, 복토를 두텁지 않게 하며, 밀식 되었을 때에는 솎음질을 한다.
- 질소질 비료의 과용을 삼가고, 인산질 비료를 충분히 주며 완숙한 퇴비 사용한다.
- 병든 묘목은 발견 즉시 제거해 태우며, 병이 심한 포지는 윤작을 한다.

5. 식물기생선충에 대한 설명으로 옳지 않은 것은?

① 고착성 선충과 이동성 선충으로 구분한다.
② 선충에 의해 병이 발생하면 병징은 지상부에서만 나타난다.
③ 생활사의 일부 또는 전부가 토양을 경유하는 토양선충이 대부분이다.
④ 선충이 분비하는 침과 분비물에 의해 식물의 생리적 변화가 발생한다.

해설 바르게 고치면

선충에 의한 병징은 지상부와 지하부에서 동시에 나타난다.

정답 1. ② 2. ③ 3. ① 4. ② 5. ②

6. 우리나라 산불의 원인으로 가장 빈도수가 낮은 것은?

① 담뱃불
② 입산자 실화
③ 벼락에 의한 경우
④ 논과 밭두렁의 소각

해설 최근 10년 평균 산불 발생 통계(2009~2018)
① 입산자의 실화 156.0건
② 논밭두렁 소각 72.9건
③ 쓰레기소각 59.7건
④ 담뱃불 18.7 건

7. 나무의 수피와 목질부 표면을 환상으로 식해하며, 실을 토하여 벌레똥과 먹이 잔재물을 식해부위에 철하여 놓는 해충은?

① 박쥐나방
② 알락하늘소
③ 광릉긴나무좀
④ 잣나무넓적잎벌

해설 박쥐나방
어린 유충은 초본의 줄기 속을 식해하지만 성장한 후에는 나무로 이동하여 줄기를 먹어 들어가면서 똥을 밖으로 배출하고 실을 토하여 이것을 충공(蟲孔) 바깥에 철(綴)하므로 혹같이 보이므로 육안으로 피해 식별이 용이하다.

8. 소나무 재선충병 방제방법으로 옳지 않은 것은?

① 매개충의 방제
② 감염된 수목은 벌채 후 소각
③ 매개충 우화 최성기에 나무주사 처리
④ 포스티아제이트 액제를 이용한 토양관주

해설 매개충의 우화 최성기는 5~6월이고, 12월부터 2월까지 수간주사(1회/2년)하며, 아바멕틴 1.8% 유제 또는 에마멕틴벤조에이트 2.15% 유제 원액으로 처리한다.

9. 일반적으로 연간 발생횟수가 가장 많은 해충은?

① 매미나방
② 솔잎혹파리
③ 밤나무혹벌
④ 미국흰불나방

해설 • 매미나방(1회/1년)
• 솔잎혹파리(1회/1년)
• 밤나무혹벌(1회/1년)
• 미국흰불나방(2회/1년)

10. 솔껍질깍지벌레에 대한 설명으로 옳지 않은 것은?

① 전성충은 수컷에서만 볼 수 있다.
② 암컷은 수컷보다 2령 약충기간이 길다.
③ 암컷은 불완전변태를 수컷은 완전변태를 한다.
④ 주로 소나무에 피해를 주며, 곰솔에는 피해를 주지 않는다.

해설 솔껍질깍지벌레
① 피해수목 : 소나무, 곰솔
② 피해증상 : 성충과 약충이 가지에 기생하며 수액을 빨아 먹어 잎이 갈색으로 변하며, 3~5월에 주로 수관의 아랫부분부터 변색되면서 말라 죽는다.

11. 잣나무 털녹병 방제방법으로 적합하지 않은 것은?

① 중간기주를 제거한다.
② 내병성 품종을 심는다.
③ 토양소독을 철저히 한다.
④ 병든 나무는 지속적으로 제거한다.

해설 잣나무 털녹병 방제방법
① 병든 나무와 중간기주를 지속적으로 제거하는 것이며, 수고 1/3까지 가지치기를 하여 감염경로를 차단한다.
② 중간기주에 의한 수목병으로 송이풀과 까치밥나무를 제거한다.
③ 약제를 살포하고, 내병성 품종을 육성한다.

12. 완전변태를 하는 해충은?

① 대벌레 　　　　　② 노린재
③ 가루깍지벌레 　　④ 도토리거위벌레

해설 ① 완전변태
　　　• 알 → 애벌레(유충) → 번데기 → 성충
　　　• 나비, 파리, 꿀벌, 개미, 모기 등
　　② 불완전변태
　　　• 알 → 애벌레(유충, 약충)→ 성충
　　　• 완전변태에서와 같은 특수한 번데기라는 시기는 존재하지 않는다.
　　　• 원시적 곤충인 하루살이목, 강도래목, 잠자리목, 메뚜기목, 집게벌레목, 바퀴목, 흰개미목, 민벌레목, 다듬이벌레목, 이목, 새털이목, 총채벌레목, 노린재목 등에서 볼 수 있다.

13. 조류에 의한 수목의 피해로 옳지 않은 것은?

① 딱따구리 – 줄기 가해
② 직박구리 – 과실 가해
③ 올빼미 – 어린 순 가해
④ 백로류 – 배설물로 인한 나무의 고사

해설 올빼미
　　　들쥐 외에 작은 조류나 곤충류를 포식

14. 병원체임을 입증하는 방법으로 파이토플라즈마와 같은 절대기생체에 적용되지 않는 조건은?

① 병원균은 반드시 환부에 존재한다.
② 분리된 병원균은 인공배지상에서 배양될 수 있어야 한다.
③ 배양한 병원균을 접종하여 동일한 병이 발생되어야 한다.
④ 발병한 환부에서 접종균과 동일한 병원균이 재분리되어야 한다.

해설 코흐의 4원칙(Koch's Postulates)
　　① 미생물은 반드시 환부에 존재해야 한다.
　　② 미생물은 분리되어 재배상에서 순수배양되어야 한다.
　　③ 순수배양한 미생물을 접종하여 동일한 병이 발생되어야 한다.
　　④ 발병한 피해부에서 접종에 사용한 미생물과 동일한 성질을 가진 미생물이 재분리되어야 한다.

15. 대기오염에 의한 산림의 피해를 최소화시킬 수 있는 방안으로 거리가 먼 것은?

① 방음벽 시설 설치
② 공해배출의 법적 규제
③ 공해저항성 수종의 식재
④ 임지비배를 통한 산림관리

해설 방음벽
　　　소음 조절

16. 해충방제에 사용되는 천적 곤충이 아닌 것은?

① 기생벌 　　　② 무당벌레
③ 풀잠자리 　　④ 투리사이드

해설 포식성 천적과 기생성 천적
　　① 해충기생성 천적 : 좀벌과 · 기생벌과 · 선충류 · 박테리아 · 사상균류 · 바이러스류 등
　　② 포식성 천적 : 무당벌레과 · 노린재과 · 잠자리과

17. 낙엽송 잎떨림병의 방제방법으로 가장 효과적인 것은?

① 10월경 낙엽을 모아 태운다.
② 중간기주인 참나무류를 제거한다.
③ 매개충인 끝동매미충을 방제한다.
④ 일본잎갈나무의 단순림을 조성한다.

정답　12. ④　13. ③　14. ②　15. ①　16. ④　17. ①

[해설] **방제법**
- 병이 발생이 빈번한 곳은 낙엽송과 활엽수를 대상으로 혼효를 한다.
- 저항성 품종을 선발·증식하여 조림한다.
- 임지시비에 의하여 나무를 건전하게 키운다.
- 낙엽송의 병든 낙엽을 10~11월에 태우거나 땅속에 묻어 제거하고 5월 상순~7월 하순까지 2주 간격으로 4-4식 보르도액이나 만코지 수화제 600배액을 수 회 살포한다.

[해설] **잣나무 털녹병**
소생자는 바람에 의해 잣나무의 잎에 날아가 기공을 통하여 침입하고 2~3년이 지난 후 가지 또는 줄기에 녹병자기가 형성되고 그 이듬해 봄에 같은 장소에 녹포자기가 형성되어 녹포자를 비산시킨다.

18. 밤나무 줄기마름병에 대한 설명으로 옳지 않은 것은?

① 병원체는 담자균이다.
② 질소비료를 적게 주고, 상처가 나지 않도록 한다.
③ 동해 및 열해를 받아 형성층이 손상된 경우 쉽게 감염된다.
④ 발생 초기에는 감염 수목의 수피가 황갈색 또는 적갈색으로 변한다.

[해설] **병원균(Endothia pasitica)**
자낭균

19. 해충 방제를 위한 물리적 방제방법이 아닌 것은?

① 고온처리
② 습도처리
③ 방사선처리
④ 토양소독처리

[해설] **토양소독처리**
화학적 방제방법

20. 잠복기간이 가장 긴 수목병은?

① 소나무 혹병
② 잣나무 털녹병
③ 포플러 잎녹병
④ 낙엽송 잎떨림병

1. 병징은 있으나 표징이 없는 수목병은?

① 뽕나무 오갈병
② 낙엽송 잎떨림병
③ 삼나무 붉은마름병
④ 소나무 리지나뿌리썩음병

해설 표징과 병징
　① 표징 : 병원체가 진균일 때에는 거의 대부분 환부에 나타남
　② 병징 : 비전염성병이나 바이러스병, 파이토플라즈마에 의한 병

2. 솔잎혹파리에 대한 설명으로 옳지 않은 것은?

① 우화 최성기가 5~6월이다.
② 10~11월에 번데기로 월동한다.
③ 낙엽 밑이나 흙속에서 월동한다.
④ 유충이 솔잎 기부에 벌레혹을 형성한다.

해설 솔잎혹파리의 월동
　유충이 9월 하순 ~ 다음 해 1월(최성기 11월 중순)에 충영에서 탈출하여 낙하 해 지피물 밑 또는 흙속으로 들어가 월동한다.

3. 잣나무 털녹병균의 침입 부위와 발병부위가 옳게 짝지어진 것은?

① 잎의 기공 – 잎　　② 줄기의 피목 – 잎
③ 잎의 기공 – 줄기　④ 줄기의 피목 – 줄기

해설 잣나무 털녹병균
　① 소생자는 바람에 의해 잣나무의 잎에 날아가 기공을 통하여 침입한다.
　② 소생자가 침입한 지 2~3년이 지난 후 가지 또는 줄기에 녹병자기가 형성되고 그 이듬 해 봄에 같은 장소에 녹포자기가 형성되어 녹포자를 비산시킨다.

4. 뿌리혹병의 방제법으로 옳지 않은 것은?

① 병이 없는 건전한 묘목을 식재한다.
② 접목할 때 쓰이는 도구는 소독하여 사용한다.
③ 재식할 묘목은 스트렙토마이신 용액에 침지하는 것이 좋다.
④ 심하게 발생한 지역에서는 내병성수종인 포플러류를 식재한다.

해설 뿌리혹병은 발병시 연작을 피한다.

5. 곤충이 부적합한 환경에서 발육을 일시 정지하는 것은?

① 이주
② 탈피
③ 변태
④ 휴면

해설 곤충의 휴면
　① 규칙적이고 보다 광범위한 계절적 변화로서, 이에는 불리한 온도 및 습도, 먹이부족, 천적 또는 경쟁종의 억압 등이 해당된다.
　② 규칙적인 환경변화는 예측이 가능하며, 많은 곤충류는 불리한 환경이 닥치기 전에 발육을 억제함으로써 불리함을 극복한다
　③ 이러한 현상은 진화의 결과로서 얻어진 적응으로, 이를 휴면이라고 한다.

6. 동물에 의한 수목 피해로 옳지 않은 것은?

① 두더지는 묘목의 뿌리를 가해한다.
② 고라니는 새순과 나무열매를 가해한다.
③ 다람쥐는 겨울철에 나무뿌리를 가해한다.
④ 멧토끼는 겨울에 어린 나무의 수피를 가해한다.

해설 다람쥐는 겨울에는 나무 구멍 속에서 지내며, 추운 지방의 다람쥐는 땅속에 들어가 겨울잠을 잔다.

정답　1. ①　2. ②　3. ③　4. ④　5. ④　6. ③

7. 방화선의 설치 위치로 적절하지 않은 것은?

① 나지 또는 미립목지에 위치
② 급경사지, 관목 및 고사목 집적지역에 위치
③ 인공적 또는 천연적인 도로, 하천 등이 있는 위치
④ 산정 또는 능선 바로 뒤편 8~9부 능선에 위치

해설 방화선의 설치
   ① 화재의 위험이 있는 지역에 화재의 진전을 방지하기 위해 설치하는 것
   ② 설치위치
     • 산림구획선, 경계선, 도로, 능선, 암석지, 하천 등을 이용하되 능선 뒤편 8~9부 능선에 설치한다.
     • 보통 10~20m폭으로 임목과 잡초, 관목을 제거하여 만들며, 방화선에 의하여 구획되는 산림면적은 적어도 5ha 이상이 되도록 한다.

8. 파이토플라즈마에 의한 수목병 방제에 사용되는 약제는?

① 아바멕틴
② 테부코나졸
③ 에마멕틴벤조에이트
④ 옥시테트라사이클린

해설 파이토플라즈마에 의한 병
   테트라사이클린계 항생물질

9. 세균에 의하여 발병하는 수목병은?

① 철쭉 떡병
② 포플러 잎마름병
③ 호두나무 뿌리혹병
④ 낙엽송 가지끝마름병

해설 ① 철쭉 떡병 : 담자균
   ② 포플러 잎마름병 : 자낭균
   ④ 낙엽송 가지끝마름병 : 자낭균

10. 침엽수 묘목의 모잘록병을 방제하는 데 가장 알맞은 방법은?

① 중간기주를 제거한다.
② 살균제로 토양소독과 종자소독을 한다.
③ 살충제를 뿌려서 매개 곤충을 구제 한다.
④ 질소질비료를 충분히 주어 묘목을 튼튼하게 한다.

해설 침엽수 묘목의 모잘록병의 방제시 질소질 비료를 과용하지 말고, 인산질 비료를 충분히 주어 묘목을 튼튼히 길러야 한다.

11. 곤충과 비교한 거미의 특징으로 옳지 않은 것은?

① 홑눈만 있다.
② 날개가 없다.
③ 더듬이가 2쌍이다.
④ 탈바꿈(변태)을 하지 않는다.

해설 곤충과 거미 비교
   ① 곤충의 몸은 머리, 가슴, 배로 구분되고, 거미의 몸은 머리가슴과 배로 구분된다.
   ② 곤충은 겹눈과 홑눈이 있고, 거미는 홑눈만 있다.
   ③ 곤충은 더듬이가 있고, 거미는 더듬이가 없다.
   ④ 곤충은 보통 2쌍의 날개가 있고, 거미는 날개가 없다.

12. 1년에 2회 이상 발생하는 해충은?

① 솔잎혹파리
② 광릉긴나무좀
③ 미국흰불나방
④ 호두나무잎벌레

해설 미국흰불나방
   1년에 보통 2회 발생

13. 잣나무의 구과를 가해하는 해충은?

① 소나무좀
② 솔알락명나방
③ 잣나무넓적잎벌
④ 북방수염하늘소

정답   7. ②   8. ④   9. ③   10. ②   11. ③   12. ③   13. ②

해설 솔알락명나방
① 종실가해해충
② 잣송이를 가해하여 잣 수확을 감소시키며 구과 속의
　가해 부위에 벌레똥을 채워 놓고 외부로도 똥을 배출하
　여 구과 표면에 붙여 놓으며 신초에도 피해를 준다.

14. 곤충의 기관에서 체외로 방출되어 같은 종끼리 통신을 하는 데 이용되는 물질은?

① 페로몬　　　　　② 호르몬
③ 알로몬　　　　　④ 카이로몬

해설 페로몬(Pheromone)
① 같은 종의 동물끼리의 의사소통에 사용되는 화학적 신호
② 체외분비성 물질이며, 경보 페로몬, 음식 운반 페로몬,
　성적 페로몬 등 행동과 생리를 조절하는 여러 종류의
　페로몬이 존재한다.

15. 봄철 수목생장이 시작된 후 내리는 서리에 의해 수목이 입는 피해는?

① 상렬　　　　　② 상주
③ 조상　　　　　④ 만상

해설 ① 상렬 – 나무의 수액이 얼어서 부피가 증대되어 수간의
　　외층이 냉각수축하여 수선방향으로 갈라지는 현상
② 상주 – 토양 중의 수분이 모세관현상으로 지표면에
　　올라와 동결되는데 낮에도 해빙되지 않고 저온으로 인
　　하여 밤에 다시 하단에서 올라온 수분이 동결되어 이것
　　이 기둥모양으로 위쪽으로 커져 올라가는 현상
③ 조상 – 늦가을에 식물생육이 완전히 휴면되기 전에 발생
　　하는 현상

16. 소나무 혹병의 중간기주로 방제를 위하여 제거해야 할 수종은?

① 오리나무　　　　② 단풍나무
③ 자작나무　　　　④ 신갈나무

해설 소나무 혹병은 중간기주에 의한 수목병으로 참나무류가
　중간기주가 된다.

17. 해충 방제를 위한 임업적 방제방법으로 옳지 않은 것은?

① 단순림 조성의 확대
② 내충성 수종의 식재
③ 적당한 간벌로 임분밀도 조절
④ 토양 및 기후에 적합한 수종의 조림

해설 해충 방제를 위해서는 혼효림을 확대조성하여야 한다.

18. 밤나무 흰가루병균으로 잎의 앞뒷면에 밀가루를 뿌려 놓은 것 같이 보이는 것은?

① 분생포자
② 자낭포자
③ 후벽포자
④ 담자포자

해설 흰가루는 병원균의 균사로 분생자병 및 분생포자로 분생자
　세대(불완전세대)의 표징이다.

19. 토양훈증제의 설명으로 옳지 않은 것은?

① 메탐소듐, 메틸브로마이드등이 있다.
② 인화성이 있고, 구석까지 침투하는 확산능력이 있
　어야 한다.
③ 비등점이 낮은 원제를 액체, 고체 또는 압축가스의 형
　태로 용기에 충전한 것이다.
④ 일정한 시간 내에 기화하여 훈증효과 나타내야 하
　므로 휘발성이 큰 약제를 써야 한다.

해설 토양 훈증제는 인화성은 없다.

20. 살아있는 나무와 죽은 나무의 목질부를 모두 가해하는 해충은?

① 소나무좀 ② 밤나무혹벌
③ 미국흰불나방 ④ 느티나무벼룩바구미

해설 소나무좀
유충이 수피 밑을 식해하며, 쇠약한 나무·고사목이나 벌채한 나무에 기생하지만 대발생할 때에는 건전한 나무도 가해하여 고사시킨다.

1. 솔잎혹파리에 대한 설명으로 옳지 않은 것은?

① 벌레혹을 만든다.
② 1년에 2회 발생한다.
③ 5~7월경에 우화한다.
④ 유충은 땅 속에서 월동한다.

해설 솔잎혹파리는 1년에 1회 발생한다.

2. 해안 방풍림 조성에 가장 적당한 수종은?

① 곰솔
② 포플러류
③ 사시나무
④ 일본잎갈나무

해설 곰솔(해송)
건조 · 척박한지역에 생육, 내조성이 강해 해안 방풍림으로 조성

3. 공동충전제로 사용되는 발포성 수지 중 폴리우레탄 폼의 배합 비율로 가장 적합한 것은?

① 주제(P.P.G) : 발포경화제(M.D.I) = 2 : 1
② 주제(P.P.G) : 발포경화제(M.D.I) = 1 : 3
③ 주제(P.P.G) : 발포경화제(M.D.I) = 1 : 2
④ 주제(P.P.G) : 발포경화제(M.D.I) = 1 : 1

해설 폴리우레탄 폼
• 폴리우레탄의 기본원리 구성으로 경화제와 주제의 반응을 이용하여 원하는 보수부분에 주입하게 되면 화학반응으로 생성된 폼이 미리 뚫린 구멍을 따라 빈 공간으로 유입되어 한동안 팽창을 하게 된다.
• 주제(P.P.G) : 발포경화제(M.D.I) = 1 : 1

4. 종실을 가해하는 해충으로만 올바르게 나열한 것은?

① 밤나무혹벌, 금벵이류
② 가루나무좀, 버들바구미
③ 밤바구미, 복숭아명나방
④ 미끈이하늘소, 미국흰불나방

해설 ① 밤나무혹벌 – 밤나무 눈, 굼벵이류 – 뿌리
② 가루나무좀 – 변재, 버들바구미 – 줄기
④ 미끈이하늘소 – 목재, 미국흰불나방 – 잎

5. 윤작의 연한이 짧아도 방제효과가 가장 큰 수목병은?

① 흰비단병   ② 자주빛날개무늬병
③ 침엽수의 모잘록병   ④ 오리나무 갈색무늬병

해설 오리나무 갈색무늬병
① 병징
• 발병초기에는 잎에 미세한 원형의 갈색 또는 흑갈색 반점이 곳곳에 형성되며 차츰 확대되어 1~4mm크기의 차갈색 병반을 형성하고 병반이 확대됨에 따라 엽맥(葉脈)을 경계로한 다각형~부정형병반이 된다.
• 비교적 기온이 높은 6월 하순부터 발생하기 시작하여 7~8월의 장마철에 피해가 가장 심하며 늦가을까지 계속 발생한다.
② 방제
• 상습적으로 발생하는 묘포는 돌려짓기(윤작) 실시
• 묘목이 발생되지 않도록 적기에 솎음질을 해주며, 병든 낙엽은 모아서 태움

6. 밤나무 줄기마름병에 대한 설명으로 옳지 않은 것은?

① 과다한 질소시비를 지양한다.
② 천공성 해충의 피해를 받은 경우 잘 발생한다.
③ 병원균의 중간기주인 포플러를 같이 심지 않는다.
④ 동해나 열해를 받아 수피와 형성층이 손상을 입은 경우 잘 발생한다.

[해설] 밤나무 줄기마름병(동고병)
• 배수가 불량한 곳과 수세가 약한 경우 피해가 심하므로 유의
• 가지치기나 기타 인위적 상처를 가했을 때, 또는 초기의 병반이 발생하였을 때에는 병든 부분을 도려내고 지오판도포제를 발라준다.

7. 잎에 기생하며, 흡즙 가해하는 것으로 노린재목에 속하는 해충은?

① 대벌레　　　　② 솔노랑잎벌
③ 배나무방패벌레　④ 백송애기잎말이나방

[해설] ① 대벌레 : 대벌레목
　　② 솔노랑잎벌 : 벌목
　　④ 백송애기잎말이나방 : 나비목

8. 어스랭이나방이 월동하는 형태는?

① 알　　　　② 유충
③ 성 충　　　④ 번데기

[해설] 어스랭이나방(밤나무산누에나방)
• 성충은 연 1회 7~9월에 발생, 유충은 참나무·상수리나무·밤나무 등의 잎을 먹는 다식성 해충이다.
• 머리와 몸은 녹색을 띠며 몸길이가 70~90mm로, 큰 고치를 만들며 알은 나뭇가지에 붙여 낳고 알로 월동한다.

9. 전염성 수목병에 있어서 주인(主因)에 해당하는 것은?

① 수종　　　　② 병원체
③ 재배법　　　④ 토양조건

[해설] 주인과 유인
　① 주인
　　• 병의 원인 중에서 가장 중요한 원인을 말한다.
　　• 전염성 병에 있어서는 병원체를 주인이라고 한다.

② 유인
　• 주인의 역할을 돕는 보조적인 원인을 말한다.
　• 그 밖의 환경요인은 기상조건, 토양조건, 재배법 등으로 발생을 조장한다.

10. 어린 조림목에 가장 큰 피해를 주는 동물은?

① 어치　　　　② 다람쥐
③ 왜가리　　　④ 멧토끼

[해설] 멧토끼 - 주로 어린 풀을 뜯어 먹는다.

11. 수세가 쇠약한 수목의 줄기를 가해하는 것은?

① 독나방　　　　② 소나무좀
③ 미국흰불나방　④ 오리나무잎벌레

[해설] ① 독나방 : 잎
　　③ 미국흰불나방 : 잎
　　④ 오리나무잎벌레 : 잎

12. 솔나방에 대한 설명으로 옳지 않은 것은?

① 보통 5령충으로 월동한다.
② 성충은 4월 전후에 발생한다.
③ 1년에 1회, 일부 남부지방에서는 2회 발생한다.
④ 부화 유충기인 8월에 비가 많이 오면 사망률이 높아진다.

[해설] 솔나방
　① 연 1회 발생하고 유충으로 월동
　② 월동 유충은 4월부터 잎을 갉아 먹고, 7월 상순에 잎 사이에 고치를 만들고 번데기가 된다.
　③ 성충은 7월 하순~8월 중순에 나타나서 잎에 무더기로 산란한다.
　④ 새로운 유충은 8월 하순부터 나타나서 잎을 갉아 먹고 10월 중순부터 월동에 들어간다.

정답　7. ③　8. ①　9. ②　10. ④　11. ②　12. ②

13. 대추나무 빗자루병에 대한 설명으로 옳지 않은 것은?

① 바이러스에 의한 수목병이다.
② 매개충은 마름무늬매미충이다.
③ 병든 나무의 분주를 통해 전염될 수 있다.
④ 꽃봉오리가 잎으로 변하는 엽화현상이 발생한다.

[해설] 대추나무 빗자루병은 파이토플라즈마에 의한 수병이다.

14. 주로 가지나 줄기에서 발생하는 수목병은?

① 벚나무 빗자루병
② 느티나무 흰색무늬병
③ 벚나무 갈색무늬구멍병
④ 오동나무 자줏빛날개무늬병

[해설] ② 느티나무 흰색무늬병 – 잎
       ③ 벚나무 갈색무늬구멍병 – 잎
       ④ 오동나무 자줏빛날개무늬병 – 뿌리

15. 소나무류 잎녹병의 중간기주가 아닌 것은?

① 참취
② 쑥부쟁이
③ 황벽나무
④ 참나무류

[해설] 소나무류 잎녹병
     ① 이종기생병
       • 중간기주 – 황벽나무, 참취, 쑥부쟁이 등
     ② 병발생
       • 소나무류의 잎에서 녹병정자와 녹포자를 형성하고 중간기주 잎에서 여름포자, 겨울포자, 담자포자를 형성한다.
       • 4~5월에 소나무류의 잎에 노란색 네모난 주머니 모양 녹포자기가 나란히 나타난다. 이 녹포자기가 터져 노란색 가루(녹포자)가 비산해 중간기주로 옮겨가고 나면 피해 잎은 회백색으로 변하면서 말라 죽는다.
       • 8~9월에 중간기주에서 날아온 담자포자가 소나무류의 잎에 침입해 월동한다.

16. 수목의 뿌리혹병을 방제하는 방법으로 가장 거리가 먼 것은?

① 건전한 묘목식재
② 석회 시용량 증가
③ 4~5년간 휴경 실시
④ 병든 묘목 즉시 제거

[해설] 병든 나무는 제거하고 그 자리는 객토를 하거나 생석회로 토양을 소독하는 방법으로 방제하는 방법에는 해당되지 않는다.

17. 산불피해에 대한 설명으로 옳지 않은 것은?

① 산불의 피해는 여름이 가장 크다.
② 은행나무가 소나무보다 산불의 피해가 작다.
③ 활엽수보다 침엽수가 산불의 피해를 심하게 받는다.
④ 수령이 낮은 임분일수록 산불의 피해를 많이 받는다.

[해설] 산불의 피해는 봄이 가장 크다.

18. 잣나무넓적잎벌에 대한 설명으로 옳지 않은 것은?

① 유충으로 월동한다.
② 우화최성기는 7월경이다.
③ 나뭇잎 뒷면에서 월동한다.
④ 1년에 1회 또는 2년에 1회 발생한다.

[해설] 잣나무 넓적잎벌
     ① 연 1회 발생하는 것이 보통이며 일부는 2년에 1회 발생하기도 한다.
     ② 지표로부터 1~25cm의 흙속에서 유충으로 월동하여 5월 하순~7월 중순에 번데기가 되고 6월 중순~8월 상순에 우화하며 우화최성기는 7월 상순~하순으로 지역에 따라, 임지환경에 따라 차이가 있다.
     ③ 성충은 잣나무의 가지 또는 잎에서 교미하고 그 해 새로 나온 침엽의 윗쪽에 1~2개씩 산란한다. 난기간은 10일 내외이며 부화 직후 유충은 잎기부에 실을 토하여 잎을 묶어 집을 짓고 그 속에서 잎을 절단하여 끌어당기면서 섭식한다.
     ④ 수상(樹上)의 유충기간은 20일 정도이며 4회 탈피한다. 노숙(老熟)한 유충은 7월 중순~8월 하순에 땅위로 떨어져 흙속으로 들어가 흙집(土窩)을 짓고 월동한다.

19. 솔껍질깍지벌레가 수목에 피해를 입히는 형태는?

① 천공 가해 　　　② 식엽 가해
③ 충영 형성 　　　④ 흡즙 가해

[해설] 솔껍질깍지벌레
　　① 가해유형 – 흡즙성해충
　　② 연 1회 발생하며 후약충으로 월동한다.

20. 수목병의 방제를 위한 예방법과 가장 거리가 먼 것은?

① 숲가꾸기 　　　② 임지정리
③ 환상박피작업 　　④ 건전한 묘목 육성

[해설] 뿌리의 환상박피작업은 이식을 위한 과정이다.

1회   1회독 ☐ 2회독 ☐ 3회독 ☐

1. 묘목에 발생하는 수목병으로 병원체가 토양 중에서 월동하지 않는 것은?

① 뿌리혹병
② 모잘록병
③ 바이러스병
④ 자주빛날개무늬병

해설 바이러스의 병은 살아 있는 식물의 세포내에서만 증식이 가능하므로 월동 세균이나 균 등 다른 병원과 구별되는 병으로 토양에서 월동하지 않는다.

2. 수목병에 대한 임업적 방제법으로 옳은 것은?

① 저항성 수종을 심는다.
② 피해 임지에 약제를 살포한다.
③ 항생제를 병든 나무에 주사한다.
④ 항구, 공항, 국제우편국에 식물 검역을 실시한다.

해설 임업적 방제
① 해충발생에 불리하도록 하는 갱신, 무육, 벌채 등 각종 산림시업 조치
② 산림생태계를 구성하는 각 요소간의 균형 유지에 영향을 미치게 되므로 자연히 해충발생에 영향을 주게 된다.
③ 방법
　• 혼효림 조성
　• 내충성 품종 식재(저항성 수종 식재)
　• 간벌(임목밀도를 조절하여 건전한 임분을 육성)
　• 시비(해충 피해목의 수세회복 촉진을 위해 사용되나 일부 흡수성해충에 대한 질소질 비료 사용은 피해를 촉진시키는 경우가 있으므로 주의를 요한다.)

3. 솔잎혹파리에 대한 설명으로 옳지 않은 것은?

① 번데기로 월동한다.
② 주요 천적으로 기생벌류가 있다.
③ 암컷 성충은 소나무의 침엽사이에 알을 낳는다.
④ 산란 및 부화최성기에 아세타미프리드액제를 이용한 나무주사를 실시하여 방제한다.

해설 바르게 고치면
　유충으로 흙속에서 월동한다.

4. 충영을 형성하는 해충이 아닌 것은?

① 외줄면충
② 밤나무혹벌
③ 솔잎혹파리
④ 소나무솜벌레

해설 소나무솜벌레
　• 흡즙성 해충
　• 성충과 약충이 신초, 가지나 줄기껍질 틈에서 수액을 빨아 먹고 솜 같은 흰색 밀랍을 분비해 기생 부위가 하얗게 보인다.
　• 수분결핍에 따른 현상과 마찬가지로 잎 끝부터 타들어 가며, 나무의 수세가 약할 때 주로 발생한다.

5. 오리나무잎벌레에 대한 설명으로 옳지 않은 것은?

① 양성생식을 한다.
② 1년에 1회 발생한다.
③ 유충과 성충이 모두 잎을 갉아 먹는다.
④ 성충은 오리나무의 줄기에 알을 낳는다.

해설 오리나무잎벌레 월동 성충은 4월 하순부터 어린잎을 식해하며 5월 중순~6월 하순에 300여개의 알을 잎 뒷면에 50~60개씩 무더기로 산란한다.

정답   1. ③   2. ①   3. ①   4. ④   5. ④

6. 산불을 인위적으로 적당히 활용하는 처방화입의 효용으로 옳지 않은 것은?

① 병충해를 방제할 수 있다.
② 야생 목초의 질과 양을 개량시킨다.
③ 임지의 조부식층을 보존할 수 있다.
④ 일부 수종의 천연하종을 가능하게 한다.

해설 바르게 고치면
산불은 임지의 조부식층을 파괴할 수 있다.

7. 노거 수목의 지상부 외과 수술에서 공동부의 충진법으로 주로 이용되고 있는 것은?

① 목재 충진법
② 수지 충진법
③ 시멘트 충진법
④ 흙에 의한 충진법

해설 에폭시 수지 (Epoxy Resin)
• 1949년 스위스에서 상품화된 합성수지로서 강한 접착력, 내수성, 내약품성, 내구성, 기계적 강도가 우수한 수지로서 여러 방면에서 많이 사용되고 있다.
• 가격 면에서 비싸다는 점, 동공충전 후 외부 노출부분의 마무리 작업이 어려운 점, 곧바로 경화되지 않는 결점이 있다.

8. 수목병 방제를 위한 외과적 요법에 대한 설명으로 옳지 않은 것은?

① 바이러스나 파이토플라스마에 의한 병에는 효과가 없다.
② 외과적 처리 시기는 생장이 멈춘 늦가을에 하는 것이 좋다.
③ 수술방법을 피해부위에 따라 다르며 병환부는 완전히 제거해야 한다.
④ 절제부위는 살균 및 방부처리를 하여 상처부위를 통한 병원체의 2차 감염을 예방한다.

해설 바르게 고치면
외과적 처리 시기는 생장이 지속되는 시기에 하는 것이 좋다.

9. 솔나방의 발생 예찰을 위한 방법으로 가장 적합한 것은?

① 번데기의 수를 조사한다.
② 성충의 산란수를 조사한다.
③ 산란기의 기상 상태를 조사한다.
④ 월동 전 유충의 밀도를 조사한다.

해설 바르게 고치면
솔나방 유충은 4회 탈피 후 11월경에 5령 충으로 월동에 들어가는데 그 전에 밀도를 조사가 효과적이다.

10. 아황산가스에 대한 저항성이 가장 약한 수종은?

① 향나무
② 벚나무
③ 사철나무
④ 회화나무

해설 아황산가스에 약한 수종
소나무, 황철나무, 느티나무, 벚나무, 층층나무, 들메나무 등

11. 흡즙성 해충이 아닌 것은?

① 소나무좀
② 솔껍질깍지벌레
③ 버즘나무방패벌레
④ 느티나무벼룩바구미

해설 소나무 좀
천공성 해충

12. 소나무 혹병의 병원균이 중간기주의 잎으로 날아갈 때의 포자 형태는?

① 소생자
② 녹포자
③ 여름포자
④ 녹병정자

해설 소나무 혹병의 녹포자는 참나무류의 잎에 날아가 기생하며 여름포자와 겨울포자를 형성한다.

정답 6. ③ 7. ② 8. ② 9. ④ 10. ② 11. ① 12. ②

13. 바람으로 인한 피해로 가장 거리가 먼 것은?

① 수목의 형태 변형
② 토양의 양분 용탈
③ 수목의 동화 작용 방해
④ 수목의 과도한 증산 작용

해설 바람으로 인한 피해
수목의 형태 변형, 수목의 동화 작용 방해, 수목의 과도한 증산 작용

14. 리지나뿌리썩음병에 대한 설명으로 옳은 것은?

① 주로 활엽수에 발생한다.
② 담자포자에 의해 전염된다.
③ 자실체는 파상땅해파리버섯이다.
④ 우리나라에서만 발생하는 병이다.

해설 리지나뿌리썩음병 (Rhizina root rot)
① 피해 특징
• 소나무, 해송, 전나무, 일본잎갈나무 등에 발생하며, 40℃ 이상에서 24시간 이상 지속되면 포자가 발아해 뿌리를 감염시킨다.
• 산림보다는 해안가 모래의 소나무 숲에서 발생이 많다.
• 특히, 산성토양에서 많이 발생하는 것으로 알려져 있다.
② 병징 및 표징
• 감염된 뿌리 표면에 흰색~노란색 균사가 덮여 있고, 줄기 밑동과 주변 토양에 접시 모양 자실체(파상땅해파리 버섯)를 형성한다.
• 병원균이 침입한 뿌리에는 송진으로 인해 모래덩이가 형성되기도 한다.

15. 해충 발생량의 변동을 조사할 때 한 지역 내의 개체군 밀도 결정에 관여하지 않는 요인은?

① 출생률
② 사망률
③ 변이율
④ 이입률

해설 개체군 밀도 결정
출생률, 사망률, 이입률

16. 기주식물체의 표면을 덮고 광합성 작용을 방해하여 동화작용이 저해되어 수세가 약해지는 병으로, 주로 진딧물이나 깍지벌레가 기생했던 곳에서 발생하는 수목병은?

① 잎녹병
② 털녹병
③ 그을음병
④ 줄기마름병

해설 그을음병
• 기주식물체의 표면을 덮고 동화작용을 방해하는 외부착생 균이지만, 그 주에는 기주조직 내에 흡기를 형성하고 기생하는 종류도 있다.
• 진딧물이나 깍지벌레가 기생하는 곳에 발생하는 2차적인 수목병이다.

17. 빗자루병에 걸린 대추나무에 나무 주사를 실시하여 치료하는 약제는?

① 베노밀
② NCS제
③ 사이클로핵사마이드
④ 옥시테트라사이클린

해설 파이토플라스마에 의한 수병
옥시테트라사이클린계 항생물질로 치료 가능

18. 밤바구미 방제에 사용하는 약제가 아닌 것은?

① 테부코나졸 유제
② 펜토에이트 분제
③ 카보설판 수화제
④ 티아클로프리드 액상수화제

해설 테부코나졸 유제
탄저병이나 녹병 등

19. 미국흰불나방의 월동 형태는?

① 알
② 유충
③ 성충
④ 번데기

해설 흰불나방은 1년에 보통 2회 발생하며 수피사이나 지피물밑 등에서 고치를 짓고 그 속에서 번데기로 월동한다.

정답 13. ② 14. ③ 15. ③ 16. ③ 17. ④ 18. ① 19. ④

20. 잣나무 털녹병 방제방법으로 옳지 않은 것은?

① 벌기령을 단축한다.
② 가지치기를 실시한다.
③ 중간기주를 제거한다.
④ 병든 나무를 제거한다.

해설 잣나무 털녹병의 임업적 방제
　① 병든 나무와 중간기주를 지속적으로 제거하며, 중간기주
　　인 송이풀은 5월 ~ 8월 하순 이전까지 제거해야 한다.
　② 수고 1/3까지 조기에 가지치기를 하여 감염경로를 차
　　단한다.
　③ 중간기주인 송이풀류의 자생지는 잣나무 조림을 피하
　　며, 다른 지역으로 전파되는 것을 막기 위하여 피해지
　　역에서 생산된 묘목을 다른 지역으로 반출되지 않도록
　　한다.

2회
1회독 □ 2회독 □ 3회독 □

1. 토양소독을 위한 물리적 방법이 아닌 것은?

① 소토법 ② 훈증법
③ 전기가열법 ④ 증기소독법

해설 토양소독 방법
① 열에 의한 방법
• 물리적방법
• 소토법, 열탕관주법, 전기가열법, 증기소독법
② 약제에 의한 방법
• 화학적방법
• 클로로피크린제, 포르말린, PCNB제, DAPA제, NCS 제 등

2. 향나무 녹병균(녹포자)이 배나무에서 향나무로 전파하는 시기는?

① 12~2월경 ② 3~5월경
③ 6~8월경 ④ 9~11월경

해설 향나무녹병균
① 5~7월까지 배나무에 기생하고, 그 후에는 향나무에 기생하면서 균사의 형으로 월동한다.
② 5~8월경 녹포자는 바람에 의해 향나무에 옮겨가 기생하고 균사의 형으로 조직 속에서 자라며, 1~2년 후에 겨울포자퇴를 형성한다.

3. 천공성 해충에 해당하는 것은?

① 솔나방
② 독나방
③ 박쥐나방
④ 참나무재주나방

해설 식엽성해충
솔나방, 독나방, 참나무재주나방

4. 내화력이 가장 약한 수종은?

① 은행나무 ② 고로쇠나무
③ 가문비나무 ④ 아까시나무

해설 내화력이 강한 수종 및 약한 수종

구분	내화력이 강한 수종	내화력이 약한 수종
침엽수	은행나무, 잎갈나무, 분비나무, 가문비나무, 개비자나무, 대왕송 등	소나무, 해송(곰솔), 삼나무, 편백 등
상록활엽수	아왜나무, 굴거리나무, 후피향나무, 붓순, 협죽도, 황벽나무, 동백나무, 빗죽이나무, 사철나무, 가시나무, 회양목 등	녹나무, 구실잣밤나무 등
낙엽활엽수	피나무, 고로쇠나무, 마가목, 고광나무, 가중나무, 네군도단풍나무, 난티나무, 참나무, 음나무, 사시나무, 수수꽃다리 등	아카시나무, 벚나무, 능수버들, 벽오동나무, 참죽나무, 조릿대

5. 유충으로 월동하는 해충은?

① 소나무좀 ② 솔잎혹파리
③ 참나무재주나방 ④ 오리나무잎벌레

해설 ① 소나무좀 : 성충으로 월동
③ 참나무재주나방 : 유충이 번데기가 되어 월동
④ 오리나무잎벌레 : 성충으로 월동

6. 정주성 내부기생선충 종으로 정착한 주변세포를 비정상적으로 비대하게 만들어 영양저장고로 이용하는 기작을 가지고 있으며 밤나무, 오동나무 등의 묘목을 재배한 묘포에서 많이 발생하는 것은?

① 스턴트선충 ② 뿌리혹선충
③ 소나무재선충 ④ 뿌리썩이선충

해설 스턴트선충, 소나무재선충, 뿌리썩이선충은 외부기생선충이다.

정답 1. ② 2. ③ 3. ③ 4. ④ 5. ② 6. ②

7. 한해(旱害 : Drought Injury)의 피해를 가장 적게 받는 수종은?

① 소나무
② 오리나무
③ 버드나무
④ 포플러류

해설 한해에는 오리나무, 버드나무, 은백양, 들메나무 등 물을 좋아하는 습지성식물은 피해가 크다.

8. 주로 기공 감염을 하는 수목병은?

① 소나무 잎떨림병
② 밤나무 줄기마름병
③ 오동나무 빗자루병
④ 뽕나무 자줏빛날개무늬병

해설 ② 밤나무 줄기마름병 : 상처로 감염
③ 오동나무 빗자루병 : 상처로 감염
④ 뽕나무 자줏빛날개무늬병 : 각피 침입 감염

9. 곤충의 다리에 대한 설명으로 옳지 않은 것은?

① 곤충에도 발톱이 있다.
② 다리는 가슴에 붙어 있다.
③ 곤충의 다리는 대부분 3마디이다.
④ 다리의 기부에서부터 볼 때 마지막 마디는 발마디(tarsus)이다.

해설 다리는 보통 밑마디(基節), 도래마디(轉節), 넓적다리마디(腿節), 종아리마디(脛節), 발목마디(跗節)의 5마디이다.

10. 유충기가 가장 긴 해충은?

① 솔나방
② 매미나방
③ 어스렝이나방
④ 미국흰불나방

해설 ① 솔나방 : 4월 상순부터 7월 상순까지, 8월 상순부터 11월 상순까지 유충이 잎을 갉아 먹는다.
② 매미나방 : 유충 기간은 45~66일로 기주식물에 따라 차이가 있으며 6월 중순~7월 상순에 수관에서 나뭇잎을 말고 번데기가 된다.
③ 어스렝이나방 : 4월 하순~5월 초순에 부화하여 어린 유충은 모여 살면서 잎을 가해하고, 성장하면서 분산하여 가해한다.
④ 미국흰불나방 : 유충기간은 1화기(40일 내외), 2화기(50일 내외)이다.

11. 미국흰불나방이 월동하는 형태는?

① 알   ② 성충
③ 유충   ④ 번데기

해설 미국흰불나방은 1년에 보통 2회 발생하며 수피사이나 지피물밑 등에서 고치를 짓고 그 속에서 번데기로 월동한다.

12. 솔껍질깍지벌레의 생태적 특성으로 옳지 않은 것은?

① 부화약충의 발생시기는 4월경이다.
② 연 1회 발생하며 후약충으로 월동한다.
③ 암컷은 알주머니를 형성 후 산란한다.
④ 수컷은 완전변태를 하며 암컷은 불완전변태를 한다.

해설 부화 약충은 5월 상순~6월 중순에 나타나 가지 위에서 활동하다가 수피 틈 등에서 정착해 정착약충이 되어 하기휴면에 들어가고, 11월 이후 후약충이 나타난다.

13. 밤나무 줄기마름병의 방제 방법으로 가장 효과적인 것은?

① 매개충을 구제한다.
② 중간기주를 제거한다.
③ 병든 부위를 도려내고 도포제를 발라준다.
④ 항생제 계통 약제로 나무주사를 실시한다.

해설 줄기마름병의 방제
① 상처를 통해 병원균이 침입하므로 나무에 상처가 생기지 않도록 주의
② 줄기의 병환부는 일찍 예리한 칼로 도려내고 그 자리는 알코올로 소독한 다음 그 위에 타르, 페인트, 접밀, 석회유 등을 바른다.

14. 오리나무잎벌레에 대한 설명으로 옳지 않은 것은?

① 번데기를 형성한다.
② 1년에 1회 발생한다.
③ 유충과 성충이 모두 잎을 가해한다.
④ 낙엽이나 지피물 밑에서 유충으로 월동한다.

해설 오리나무잎벌레는 연 1회 발생하고 낙엽 밑 또는 토양 속에서 성충으로 월동한다.

15. 군집생활을 하며 임목을 고사시키는 조류는?

① 할매새   ② 동박새
③ 왜가리   ④ 산비둘기

해설 왜가리는 마을 근처에서 군집하며 나무를 고사시킨다.

16. 단위생식에 의해서 증식하는 해충은?

① 솔잎혹파리   ② 밤나무혹벌
③ 오리나무잎벌레   ④ 아까시잎혹파리

해설 밤나무혹벌은 수정을 하지 않고 암컷만으로 개체증식을 한다.

17. 참나무 시들음병의 전반 경로는?

① 물
② 바람
③ 종자
④ 매개충

해설 참나무 시들음병 – 광릉긴나무좀에 의해 매개전염된다.

18. 윤작은 어떤 병원균의 방제에 효과가 좋은가?

① 기주범위가 좁고, 기주가 없이도 오래 생존하는 것
② 기주범위가 넓고, 기주가 없이도 오래 생존하는 것
③ 기주범위가 넓고, 기주가 없으면 오래 생존하지 못하는 것
④ 기주범위가 좁고, 기주가 없으면 오래 생존하지 못하는 것

해설 윤작은 돌려짓기로 기주범위가 좁고, 기주가 없으면 오래 생존하지 못하는 것에 적합하다.

19. 대추나무 빗자루병의 방제법으로 옳지 않은 것은?

① 썩덩나무노린재를 구제한다.
② 옥시테트라사이클린을 수간에 주입한다.
③ 병든 가지와 병든 줄기는 모두 소각한다.
④ 병든 나무는 분주를 통해 퍼져 나가므로 반드시 병든 나무도 제거해야 한다.

해설 바르게 고치면
마름무늬 매미충을 구제한다.

정답   13. ③   14. ④   15. ③   16. ②   17. ④   18. ④   19. ①

20. 소나무 재선충병의 방제법으로 옳지 않은 것은?

① 피해목을 훈증한다.
② 광릉긴나무좀을 구제한다.
③ 이목을 설치하여 소각 및 패쇄 한다.
④ 소나무 주변으로 토양관주를 실시한다.

해설 광릉긴나무좀은 참나무 시들음병의 매개충이다.

1. 같은 종의 곤충에 대하여 행동 및 생리에 영향을 주는 물질은?

① 알로몬   ② 시노몬
③ 페로몬   ④ 카이로몬

해설 페로몬(pheromone)
　　① 동물의 조직에서 생산되고 체외로 분비, 방출되어 동종의 다른 개체에 특유한 행동이나 발육분화를 일으키게 하는 활성물질
　　② 개체 상호간의 인지, 교신, 집단의 유지 및 곤충의 행동 등의 역할

2. 수목에 발생하는 흰가루병의 표징에 대한 설명으로 옳은 것은?

① 병환부에 나타난 흰가루는 감로에 곰팡이가 자란 것이다.
② 병환부에 나타난 흰가루는 병원균의 완전세대이다.
③ 병환부에 나타난 흰가루는 병원균의 분생포자이다.
④ 봄철 병환부에 나타난 미세한 흑색의 알맹이는 불완전세대인 자낭구이다.

해설 흰가루병
　　병원균의 분생포자

3. 밤나무혹벌에 대한 설명으로 옳지 않은 것은?

① 1년에 1회 발생한다.
② 밤의 결실을 방해하는 해충이다.
③ 주요 천적으로 중국긴꼬리좀벌과 상수리좀벌 등이 있다.
④ 성충은 초여름에 우화하여 교미 후 밤나무의 곁눈에 산란한다.

해설 성충은 약 1주일간 충영 내에 있다가 구멍을 뚫고 6월 하순~7월 하순에 외부로 탈출하여 새눈에 3~5개씩 산란한다.

4. 곤충의 호흡이 이루어지는 기관은?

① 기문   ② 인두
③ 내분기계   ④ 말피기관

해설 기문
　　곤충의 몸의 측면이나 배쪽에 호흡을 돕는 호흡문

5. 나무껍질 사이에서 월동하는 해충은?

① 밤바구미   ② 솔잎혹파리
③ 어스랭이나방   ④ 잣나무넓적잎벌

해설 밤바구미, 솔잎혹파리, 잣나무넓적잎벌
　　땅속에서 유충으로 월동

6. 토양 속의 자유생활선충과 비교한 식물기생성 선충의 대표적인 형태적 특징은?

① 입의 유무
② 구침의 유무
③ 몸체가 투명
④ 뱀장어 모양

해설 식물 기생성 선충
　　① 구침을 이용한 생활방식에 따라 외부기생성, 이동성 내부기생성, 정착성 이렇게 총 3군으로 나눈다.
　　② 외부기생성 선충은 머리 부분이나 구침만을 뿌리 조직에 넣어 흡즙하는 선충이고, 기주 안에 침입해 이동하면서 흡즙하는 이동성 내부기생성 선충, 침입유충이 기주 조직에 정착하여 탈피하고 성충 또는 포낭이 뿌리 표면에 나타나는 정착성 선충이라 한다.

정답   1. ③   2. ③   3. ④   4. ①   5. ③   6. ②

7. 솔나방에 대한 설명으로 옳지 않은 것은?

① 종실을 가해한다.
② 7~8월에 우화한다.
③ 유충 상태로 월동한다.
④ 알을 무더기로 낳는다.

해설 솔나방
　　　 유충인 송충은 잎을 식해한다.

8. 아황산가스로 인한 수목의 피해 증상 및 영향에 대한 설명으로 옳지 않은 것은?

① 대기의 습도가 낮은 경우에는 가스가 정체되어 피해가 현저하게 나타난다.
② 만성증상은 수목의 생육이 왕성한 늦봄과 초여름에 최고로 민감하게 나타난다.
③ 급성증상은 잎의 주변부와 엽맥 사이에 조직의 괴사와 연반현상이 나타난다.
④ 기공으로 흡수된 아황산가스의 대부분은 황산 또는 황산염으로 되어 접촉부위 부근에 축적된다.

해설 바르게 고치면
　　　 대기의 습도가 높은 경우 피해가 현저하게 나타난다.

9. 소나무재선충병에 대한 설명으로 옳지 않은 것은?

① 잣나무도 피해를 입을 수 있다.
② 현재는 솔수염하늘소에 의해서만 전반된다.
③ 피해목은 벌채하여 메탐소듐 액제로 훈증한다.
④ 우리나라는 1988년경 부산에서 최초로 감염목이 발견되었다.

해설 솔수염하늘소와 북방수염하늘소에 의해서 전반된다.

10. 동해로 인한 피해가 가장 심한 곳은?

① 남사면이 아닌 곳
② 경사가 15°를 넘는 사면
③ 사면을 따라 내려가 오목하게 들어간 곳
④ 임내 공지가 주변에 있는 임복 수고의 1.5배 이하인 곳

해설 지형이 오목한 곳은 온도가 낮아져 동해 피해가 쉽게 나타난다.

11. 연작에 의해서 피해가 현저하게 증가하는 수목병은?

① 뿌리혹선충병
② 잣나무 털녹병
③ 소나무 잎녹병
④ 배나무 붉은별무늬병

해설 ①, ②, ③은 중간기주에 의한 수목병이다.

12. 농약에 의한 수목의 약해에 대한 설명으로 옳지 않은 것은?

① 줄기 또는 잎이 변색된다.
② 피해가 심할 경우 고사한다.
③ 태풍이 지나간 후 살포하면 약제를 받기 쉽다.
④ 두 가지 이상의 살충제를 혼용하면 약해가 줄어든다.

해설 바르게 고치면
　　　 두 가지 이상의 살충제를 혼용하면 약해가 높아진다.

13. 모잘록병에 대한 설명으로 옳지 않은 것은?

① 거의 모든 수종에 발병할 수 있다.
② 병원균은 난균류와 자낭균류가 있다.
③ 묘상이 과습하지 않도록 배수와 통풍에 주의한다.
④ 어린 묘목의 뿌리 또는 지제부가 주로 감염된다.

해설 모잘록 병의 병원균
　　　 조균류와 불완전균류

정답　7. ①　8. ①　9. ②　10. ③　11. ①　12. ④　13. ②

14. 수목병의 임업적 방제법에 대한 설명으로 옳지 않은 것은?

① 묘목은 건강하게 키워야 하면, 취급에도 주의해야 한다.
② 특정한 병의 발생이 예상될 경우에는 다른 수종을 심는다.
③ 부후병 방지를 위해서 봄에서 초여름에 걸쳐 벌채하는 것이 좋다.
④ 조림지와 유사한 환경조건을 가진 임지의 우량한 모수에서 채취한 종자를 심는다.

해설 바르게 고치면
　　　부후병 방지를 위해서 겨울철에 벌채하는 것이 좋다.

15. 대추나무 빗자루병 방제에 가장 효과적인 약제는?

① 보르도액　　　② 페니실린
③ 석회황합제　　④ 옥시테트라사이클린

해설 대추나무 빗자루병 방제 약제
　　　옥시테트라사이클린계

16. 소나무좀 방제 방법으로 옳지 않은 것은?

① 페니트로티온 유제를 살포한다.
② 6월 이전에 임내의 잡초를 없앤다.
③ 기생성 천적인 좀벌류, 기생파리류를 이용한다.
④ 성충을 산란하게 한 후 먹이나무를 박피하여 소각한다.

해설 소나무좀은 수세가 쇠약한 나무 · 설해목에 피해를 주며, 피해목 및 고사목은 벌채하여 껍질을 벗긴다.

17. 산림해충의 발생예찰 방법이 아닌 것은?

① 약제를 이용하는 방법
② 통계를 이용하는 방법
③ 개체군 동태를 이용하는 방법
④ 다른 생물 현상과의 관계를 이용하는 방법

해설 약제를 이용하는 방법 – 예방방법

18. 산불 관련 실효습도의 정의로 옳은 것은?

① 토양의 함수량
② 임분 내의 평균 습도
③ 당일 대기 중 상대습도 3회의 평균치
④ 당일을 포함한 최근 일의 상대습도에 가중치를 붙인 평균 습도

해설 실효습도
　　　① 당일과 최근 일의 상대습도에 가중치를 붙인 평균습도
　　　② 측정된 값이 아니기 때문에 측정된 습도로부터 계산에 의하여 구하고 적용기간은 당일을 포함하여 5일간의 상대습도로 계산한다.

19. 매미나방에 대한 설명으로 옳지 않은 것은?

① 침엽수와 활엽수의 잎을 식해한다.
② 암컷은 밤낮을 활발하게 날며 수컷을 찾는다.
③ 연 1회 발생하며 나무줄기에서 알로 월동한다.
④ 부화유충은 4~5일간 알덩어리 주위에 있다가 바람에 날려 분산한다.

해설 매미나방
　　　수컷은 낮 동안은 활발하게 활동하는데 비해 암컷은 거의 활동하지 않는다.

20. 지표식물을 이용하여 발병 여부를 확인할 수 있는 병은?

① 낙엽송 잎떨림병　　② 참나무 시들음병
③ 밤나무 가지마름병　④ 아까시나무 모자이크병

해설 아까시나무 모자이크병
　　　① 바이러스에 의한 병
　　　② 명아주에 즙액접종하면 담황색의 국부병반이 나타난다.

정답　14. ③　15. ④　16. ②　17. ①　18. ④　19. ②　20. ④

학습기간   월 일 ~ 월 일

1회

1회독 ☐ 2회독 ☐ 3회독 ☐

1. 토양을 소독하면 방제 효과가 가장 높은 수목병은?

① 잎떨림병 　　　　② 빗자루병
③ 모잘록병 　　　　④ 줄기마름병

> **해설** 모잘록병
> ① 병상 : 4월초순~5월중순에 파종상에 발생하며 5월초
> 순부터 8월초순에 걸쳐 반복감염을 한 후 토양내 및
> 병든 식물체에서 월동한다.
> ② 방제방법 : 묘포의 위생, 환경정리, 토양소독, 종자소독,
> 시비, 약제살포 등

2. 고형 약제 중에서 입경의 크기가 가장 큰 것은?

① 분제 　　　　② 입제
③ 미립제 　　　　④ 세립제

> **해설** 입제
> ① 유효성분을 고체증량제와 혼합분쇄 후 보조제로서 고
> 합제, 안정제, 계면활성제를 가하여 입상으로 형성한 것
> ② 입상의 담체에 유효성분을 피복시킨 것으로 토양시용,
> 수면시용의 경우가 많다
> ③ 입제의 크기는 8~60메시(0.5~2.5mm) 범위, 분제는
> 250~300메시, 미립제 75~200메시의 입경을 가진다.

3. 모잘록병 예방 방법으로 가장 효과적인 것은?

① 햇볕을 막아 그늘지게 한다.
② 질소질 비료를 충분하게 준다.
③ 파종량을 적게 하고 복토를 두껍게 한다.
④ 배수와 통풍이 잘 되고 과습하지 않도록 한다.

> **해설** 모잘록병의 환경개선에 의한 방제
> ① 묘상의 배수를 철저히 하여, 과습을 피하고 통기성을
> 좋게 하며, 파종량을 알맞게 하고, 복토를 두텁지 않게
> 하며, 밀식 되었을 때에는 솎음질을 한다.

② 질소질 비료의 과용을 삼가고, 인산질 비료를 충분히
주며 완숙한 퇴비를 준다.
③ 병든 묘목은 발견 즉시 뽑아 태우며, 병이 심한 포지는
돌려짓기를 한다.

4. 소나무 재선충병 진단에 대한 설명으로 옳지 않은 것은?

① 피해목은 수지(송진)의 분비가 감소한다.
② 묵은 잎과 새잎이 아래로 처지며 시든 현상이 나타난다.
③ 수지 분비 상태를 이용한 피해목 식별은 겨울철에 확
인한다.
④ 목편에서 선충을 분리 후 분자생물학적 진단기술로
동정한다.

> **해설** 소나무 재선충병 진단
> ① 수지분비
> • 외견상의 변화가 보이기 전에 나타나는 증상으로 감염
> 목에서 송진등 수지분비가 감소한다.
> • 소나무 수간에 1cm정도의 펀치를 이용하여 변재부를
> 노출시켜 수지가 흘러내리는 것을 관찰한다.
> • 전혀 수지유출이 없으면 소나무재선충에 감염되었음
> 을 의심할 필요가 있다.
> ② 외견상 변화
> • 수지분비에 이상 징후가 나타난 후에 외관적인 변화로 침
> 엽이 시들거나 잎의 색이 변하기 시작한다.
> • 일반적으로 이러한 변화는 구엽부터 신엽으로 진행되고
> 우산살 모양으로 잎이 아래로 처지는 것이 보통이다.

5. 솔잎혹파리 방제를 위한 가장 효과적인 나무주사 약제는?

① 메탐소듐 　　　　② 석회유황합제
③ 아세타미프리드 　　　④ 옥시테트라사이클린

> **해설** 솔잎혹파리의 방제
> 산란 및 부화최성기인 6월 중에 포스파미돈 액제(50%), 이
> 미다클로프리드 분산성액제(20%) 또는 아세타미프리드
> 액제(20%)를 피해목의 흉고직경 cm당 0.3~1mℓ를 줄기
> 에 구멍을 뚫고 주입한다.
> ① 메탐소듐 : 소나무 재선충병 훈증제

② 석회유황합제 : 석회와 황의 혼합물. 가루 모양 또는 수용액으로서 살충제, 살균제, 세양액 등으로 사용
④ 옥시테트라사이클린 : 파이토플라즈마 항생제

6. 대기오염물질에 의한 활엽수의 병징으로 옳지 않은 것은?

① PAN : 엽백 사이 조직의 황화현상 및 잎의 비대화
② 아황산가스 : 잎의 끝 부분과 엽맥 사이 조직의 괴사
③ 질소산화물 : 초기에 흩어진 회녹색 반점이 생기다가 잎의 가장자리 조직 괴사
④ 오존 : 잎 표면에 주근깨 같은 반점이 형성되고 반점이 합쳐져 표면의 백색화

해설 PAN
　활엽수는 잎 뒷면에 광택이 나면서 후에 청동색으로 변하며, 고농도에서는 잎 표면도 피해가 나타난다.

7. 볕데기로 인한 피해가 가장 적은 수종은?

① 오동나무　　　　② 호두나무
③ 상수리나무　　　④ 가문비나무

해설 볕데기 피해
　① 오동나무, 호두나무, 가문비나무, 벗나무, 단풍나무, 목련, 매화나무 등
　② 코르크층이 발달하지 않고 평활한 수피를 지닌 수종에서 자주 발생한다.

8. 생물적 해충 방제를 위한 천적 선택 조건으로 옳지 않은 것은?

① 단식성이어야 한다.
② 소량으로 증식해야 한다.
③ 천적에 기생하는 곤충이 없어야 한다.
④ 해충의 출현과 천적의 생활사가 잘 일치해야 한다.

해설 천적 선택 조건

① 탐색력 : 탐색의 지속성
② 천적수반능력
　• 밀도의존 성질
　• 피식자 밀도에 의존하는 성질로 해충이 증가하면 포식자도 증가함
③ 천적의 식성
　• 단식성, 협식성이 좋음
　• 광식성은 표적생물 적응도가 낮아 좋지 않음
④ 분산력
⑤ 시간적, 공간적 일치성
　• 해충과 천적의 활동시기가 유사할 것
　• 해충 활동전에 천적이 활동
⑥ 대량 사육
　• 대량사육이 가능해야 함
　• 가격이 저렴할 것

9. 솔잎혹파리가 우화하는 최성기는?

① 4월 상순　　　　② 6월 상순
③ 8월 상순　　　　④ 10월 상순

해설 솔잎혹파리 – 우화 최성기는 6월 상순

10. 목질부를 가해하는 천공성 해충이 아닌 것은?

① 선녀벌레　　　　② 소나무좀
③ 버들바구미　　　④ 측백하늘소

해설 선녀벌레 – 흡즙성 해충

11. 외국에서 유입된 해충이 아닌 것은?

① 솔나방　　　　　② 솔잎혹파리
③ 아까시잎혹파리　④ 버즘나무방패벌레

해설 ① 솔잎혹파리 – 일본
　② 아까시잎혹파리, 버즘나무방패벌레 – 미국

정답　6. ①　7. ③　8. ②　9. ②　10. ①　11. ①

12. 제5령 충으로 월동을 하여 이듬해 4월경부터 잎을 갉아먹는 해충은?

① 솔나방　　　　② 천막벌레나방
③ 어스렝이나방　　④ 복숭아심식나방

해설 솔나방은 4회 탈피 후 11월 경 5령충으로 월동한다.

13. 미국흰불나방에 대한 설명으로 옳지 않은 것은?

① 번데기로 월동한다.
② 1년에 2회 이상 발생한다.
③ 약 50개 정도의 알을 낳는다.
④ 1화기 성충 발생 기간은 5월~6월이다.

해설 흰불나방은 600~700개의 알을 잎 뒷면에 무더기로 낳는다.

14. 수목병과 중간기주의 연결이 옳지 않은 것은?

① 소나무 혹병—황벽나무
② 잣나무 털녹병—송이풀
③ 포플러 잎녹병—일본잎갈나무
④ 배나무 붉은별무늬병—향나무

해설 소나무 혹병 중간기주
　　　참나무류

15. 곤충의 특징으로 옳지 않은 것은?

① 겹눈과 홑눈이 있다.
② 다리는 보통 3쌍이고 5마디로 되어 있다.
③ 몸은 머리, 가슴, 배 3부분으로 구분된다.
④ 배에 마디가 없고 더듬이는 1쌍이 있다.

해설 곤충은 배에 마디가 있고 더듬이가 1쌍이 있다.

16. 옥시테트라사이클린을 주입하여 방제하는 수목병은?

① 잣나무 털녹병　　② 포플러 모자이크병
③ 밤나무 근두암종병　④ 오동나무 빗자루병

해설 옥시테트라사이클린 주입하는 수목병
　　　빗자루병, 무름병, 세균성구멍병, 궤양병, 세균성점무늬병, 불마름병등

17. 난균류에 의해 발생하는 수목병이 아닌 것은?

① 역병　　　　② 탄저병
③ 모잘록병　　④ 뿌리썩음병

해설 난균류
　　① 균사에 격벽이 없고, 무성포자인 유주포자를 생성
　　② 주요 수목병 – 모잘록병, 뿌리썩음병, 역병

18. 오리나무 갈색무늬병 방제 방법으로 옳지 않은 것은?

① 종자를 소독한다.
② 매개충을 구제한다.
③ 연작을 하지 않는다.
④ 떨어진 병든 잎을 모아 소각한다.

해설 오리나무 갈색무늬병 방제
　　① 돌려짓기(윤작) 실시
　　② 묘목이 발생되지 않도록 적기에 솎음질을 한다
　　③ 병든 낙엽은 모아서 태운다.
　　④ 병원균이 종자에 묻어 있는 경우가 있으므로 종자소독을 철저히 한다.
　　　• 티시엠유제 500배액을 4~5시간
　　　• 지오판수화제 200배액에 24시간
　　⑤ 잎이 피는 시기부터 4-4식 보르도액을 2주 간격으로 7~8회 살포한다.
　　⑥ 장마철이후에는 만코지수화제, 캡탄수화제 등을 600배액을 희석하여 살포한다.

정답　12. ①　13. ③　14. ①　15. ④　16. ④　17. ②　18. ②

19. 대추나무 빗자루병의 전반 가능성이 가장 높은 것은?

① 종자에 의한 전반   ② 토양에 의한 전반

③ 공기에 의한 전반   ④ 분주에 의한 전반

해설 대추나무 빗자루병의 전반

　① 매개충인 마름무늬매미충에 의한 것으로 병든 나뭇잎에서 즙액을 빨아먹은 매개충이 건전한 나무에 날아가 병원체를 옮기게 된다.

　② 병에 걸려 있거나 잠복감염 되어 있는 나무에서 채취한 접수를 사용하거나 분근을 하게 되면 병원체는 이들 영양체를 통해 수직전염을 하게 된다.

20. 산불이 토양에 미치는 영향으로 옳지 않은 것은?

① 토양이 척박해진다.

② 토양의 이화학적 성질을 악화시킨다.

③ 낙엽이 탄 결과로 토양의 투수성이 감소된다.

④ 지표의 보호물이 사라져 지표유하수가 감소한다.

해설 바르게 고치면

　지표의 보호물이 사라져 지표유하수가 증가한다.

1. 묘포장에서 뿌리혹선충 방제 방법으로 옳지 않은 것은?

① 침엽수는 돌려짓기를 한다.
② 활엽수는 이어짓기를 한다.
③ 살선충제로 토양을 소독한다.
④ 농작물을 재배했던 포지는 이용하지 않는다.

해설 뿌리혹선충
　　① 기주범위가 매우 넓으며 곰팡이, 박테리아, 바이러스 등과 밀접한 관계를 갖고 있어 식물기생성선충 중 매우 중요한 선충의 하나로 농작물의 수확량을 크게 감소시키고 품질을 저하시킨다. 수목에서도 생장감소가 심하며 나무는 말라 죽는다.
　　② 방제
　　　• 저항성 품종을 재배
　　　• 비기주 식물로 돌려짓기(윤작)을 한다.
　　　• 메칠디디크린훈증제, 에토프입제, 타보입제 등으로 토양소독을 한다.

2. 해충 방제와 관련하여 경제적 가해수준에 대한 설명으로 옳은 것은?

① 수목이 피해를 입을 때의 해충의 밀도
② 일반적 환경조건 하에서의 해충의 밀도
③ 방제가 가능한 단위면적당 해충의 밀도
④ 해충에 의한 피해비용과 방제비용이 같을 때의 해충의 밀도

해설 경제적 가해수준은 경제적 피해를 주는 최소밀도로 해충에 의한 피해비용과 방제비용이 같을 때의 해충의 밀도를 말한다.

3. 번데기로 월동하는 해충은?

① 매미나방　　　② 밤나무혹벌
③ 어스랭이나방　④ 미국흰불나방

해설 월동의 형태
　　① 매미나방 – 알
　　② 밤나무혹벌– 유충
　　③ 어스랭이나방 – 알

4. 오리나무잎벌레의 생활사에 대한 설명으로 옳은 것은?

① 알로 월동하고 줄기에 산란한다.
② 유충으로 월동하고 잎에 산란한다.
③ 성충으로 월동하고 잎에 산란한다.
④ 번데기로 월동하고 줄기에 산란한다.

해설 오리나무잎벌레는 성충으로 월동하고 잎에서 산란한다.

5. 식물바이러스에 대한 설명으로 옳지 않은 것은?

① 전신 감염이 되는 경우가 많다.
② 인공 배지에서 배양이 가능하다.
③ 광학 현미경으로는 관찰이 매우 어렵다.
④ 영양번식 및 접목에 의하여 전염될 수 있다.

해설 바르게 고치면
　　바이러스는 인공배지의 배양이 불가능하다.

6. 빨아먹는 입틀을 가진 해충은?

① 메뚜기
② 흰개미
③ 노린재
④ 딱정벌레

해설 주둥이를 식물체에 찔러 넣어 즙액을 빨아먹는 곤충
　　진딧물, 노린재, 애멸구

정답　1. ②　2. ④　3. ④　4. ③　5. ②　6. ③

7. 석회 보르도액으로 방제 효과가 가장 미비한 수목병은?

① 소나무 잎녹병
② 밤나무 흰가루병
③ 낙엽송 잎떨림병
④ 삼나무 붉은마름병

해설 석회 보르도액은 흰가루병에 대한 방제효과는 미비하다.

8. 천공성 해충이 아닌 것은?

① 소나무좀 ② 박쥐나방
③ 매미나방 ④ 알락하늘소

해설 매미나방 – 식엽성해충

9. 수목병 방제를 위한 방법이 다른 것은?

① 약제 살포
② 임지 정리 작업
③ 건전 묘목 육성
④ 적절한 수확 및 벌채

해설 ①의 화학적 방제, ②, ③, ④는 임업적 방제

10. 급격한 저온에 따른 수목 조직의 수축 및 팽창으로 줄기가 갈라지는 현상은?

① 만상 ② 상렬
③ 상주 ④ 조상

해설 ① 만상 : 봄철 늦은 서리에 의한 피해
② 조상 : 가을철 이른 서리에 의한 피해
③ 상렬 : 저온에 의해 수피가 수축·팽창으로 줄기가 갈라지는 현상
④ 상주 : 땅 표면에 얼음 기둥이 위로 올라오는 현상

11. 감수성 식물에 대한 설명으로 옳은 것은?

① 병원체에 이미 감염된 식물
② 병원체에 감염될 가능성이 없는 식물
③ 병원체에 의해 가해 받을 수 있는 식물
④ 병원체에 감염되었으나 견디어 내는 식물

해설 감수성식물
외부의 자극체에 대하여 유전적으로 견디는 힘이 약한 식물

12. 볕데기에 의한 수목피해 예방법으로 옳은 것은?

① 해가림, 볏짚깔기 또는 흙깔기 등을 하여 지표의 고온화를 완화시킨다.
② 모래 등을 섞어 토질을 개량하거나 배수처리를 하여 토양수분을 감소시킨다.
③ 토양의 온도를 낮추기 위한 관수나 해가림, 또는 토양 피복처리를 하는 것이 좋다.
④ 고립목의 줄기를 짚으로 둘러주거나 석회유 등을 발라 직사광선을 막아주는 것이다.

해설 볕데기
① 수간이 태양광선의 직사를 받았을 때 수피의 일부에 급격한 수분 증발이 생겨 조직이 말라죽는 현상
② 줄기를 짚으로 둘러주거나 석회유를 발라서 직사광선을 막아주는 예방조치가 필요

13. 대추나무 빗자루병 방제에 가장 효과적인 약제는?

① 페니실린
② 보르도액
③ 석회황합제
④ 옥시테트라사이클린

해설 병세가 경미하거나 아주 심하지 않은 나무는 옥시테트라사이클린 1,000배액을 흉고직경 10cm당 1 ℓ 씩 기준으로 4월 하순과 9월 하순(대추수확 직후)에 각각 1회씩 수간주입한다.

정답 7. ② 8. ③ 9. ① 10. ② 11. ③ 12. ④ 13. ④

14. 화학적 해충 방제 방법에 대한 설명으로 옳지 않은 것은?

① 적용 범위가 넓다.
② 효과가 신속하고 정확하다.
③ 특정 곤충의 돌발발생을 예방할 수 있다.
④ 살충제에 대한 저항성이 나타나기도 한다.

해설 화학적 해충 방제
① 화학물질을 이용한 해충방제를 가르키며, 가장 널리 사용되는 것으로는 살충제가 있으며, 기타 생리활성물질이 있다.
② 살충제를 이용한 화학적방제는 그 효과가 정확하고 빨라서 초기에 피해 방지가 가능하며 구입이 용이하고 방제기구도 잘 발달되어 있어 비교적 적은 노력으로 사용이 가능하다.
③ 부작용으로는 천적을 비롯한 유용생물에 미치는 영향과 방제 후 해충밀도의 급격한 회복에 의한 피해의 재발 및 저항성 해충의 출현, 2차 해충문제 등의 부작용이 문제시 된다.

15. 기주교대를 하는 병원균은?

① 향나무 녹병균
② 밤나무 흰가루병균
③ 소나무 모잘록병균
④ 벚나무 빗자루병균

해설 향나무 녹병균은 배나무와 사과나무에 적성병을 발생시키는 이종교대균이다.

16. 솔잎혹파리 방제 방법으로 옳지 않은 것은?

① 아세타미프리드 액제로 나무주사한다.
② 나무에 볏짚을 감아 월동 유충을 포살한다.
③ 밀생 임분은 간벌하고 불량치수 및 피압목을 제거한다.
④ 기생성 천적인 혹파리살이먹좀벌을 대량 사육하여 방사한다.

해설 솔잎혹파리 방제방법
① 화학적 방제
• 벌레가 외부로 노출되는 시기가 극히 제한적이기 때문에 침투성 약제 나무주사가 가장 효율적인 방제법이다.
• 임목을 보존해야 할 주요지역, 벌레혹 형성율이 20% 이상으로 피해가 심한 임지에 적용하며 시기는 솔잎혹파리 산란 및 부화최성기인 6월 중에 포스파미돈 액제(50%), 이미다클로프리드 분산성액제(20%) 또는 아세타미프리드 액제(20%)를 피해목의 흉고직경 cm당 0.3~1mℓ를 줄기에 구멍을 뚫고 주입한다.
② 생물학적 방제
• 솔잎혹파리먹좀벌 또는 혹파리살이먹좀벌을 5월 하순~6월 하순에 ha당 20,000마리를 이식한다.
③ 임업적 방제
• 피해 극심기 때의 피해목 고사율은 밀생 임분에서 높으므로 간벌, 불량치수 및 피압목을 제거하여 임내를 건조시킴으로써 솔잎혹파리 번식에 불리한 환경을 조성하며 또한 이 해충이 확산되고 있는 지역에 미리 실시하면 수관이 발달하여 고사율이 낮아진다.

17. 잣나무 털녹병균이 중간기주에서 형성하지 않는 포자는?

① 녹포자
② 여름포자
③ 겨울포자
④ 담자포자

해설 잣나무 털녹병균
① 잣나무에서 만드는 포자는 녹포자이다.
② 4월 하순부터 비산하기 시작한 수포자는 중간기주인 송이풀류에 침입하며 10일 전후하여 잎에 반점이 나타나고 잎뒷면에 하포자퇴가 형성되어 황색의 하포자를 만든다.
③ 이것이 비산하여 잎과 잎으로 반복전염을 하며 8월 중·하순부터 동포자로 변하면서 10월까지 중간기주의 잎이 낙엽 되기까지 소생자를 형성하여 잣나무잎으로 침입한다.

정답 14. ③ 15. ① 16. ② 17. ①

18. 산불 발생 및 위험이 가장 높은 시기는?

① 봄
② 여름
③ 가을
④ 겨울

해설 산불은 건조한 봄에 위험성이 가장 높다.

19. 식물 뿌리·줄기·잎을 통하여 식물체 내로 들어가 식물의 즙액과 함께 식물 전체에 퍼져 식물을 가해하는 해충에 작용하는 살충제는?

① 제충제
② 접촉살충제
③ 소화중독제
④ 침투성 살충제

해설 ① 소화중독제(식독제) : 약제를 구기를 통해 섭취 (대부분의 유기인계 살충제)
② 직접 접촉제 : 피부에 접촉 흡수시켜 방제
  • 직접 접촉 독제 : 직접 살포시에만 살충 (제충국, 니코틴제, 기계유유제)
  • 잔효성 접촉 독제 : 직접 살포시는 물론이고 약제의 접촉시 살충
③ 침투성 살충제 : 잎, 줄기 또는 뿌리의 일부로부터 침투되어 식물 전체에 살충 효과

20. 생물적 해충 방제 방법으로 옳은 것은?

① Bt제를 이용하여 방제한다.
② 식재할 때에 내충성 품종을 선정한다.
③ 임목밀도를 조절하여 건전한 임분을 육성한다.
④ 생리활성물질인 키틴합성억제제를 이용하여 산림해충을 방제한다.

해설 생물학적 방제
① 생물적 인자로서 기생곤충, 포식충, 병원미생물 등을 천적이라 총칭하고 천적을 이용한 해충개체군 밀도의 억제방법을 말한다.

② 병원미생물중 해충방제에 가장 널리 활용되고 있는 세균 중 Bacillus thuringiensis(바실러스 튜링겐시스)가 있다. 이는 대량 증식되어 살충제와 마찬가지로 제제화되어 이용되고 있으며 우리나라에서도 비티(BT) 수화제라는 이름으로 상품화되어 솔나방, 미국흰불나방 등의 방제에 활용되고 있다.
보기의 ②, ③은 임업적 방제, ④ 화학적 방제

정답 **18.** ① **19.** ④ **20.** ①

1. 곤충의 내외부 형태에 대한 설명으로 옳지 않은 것은?

① 표피는 외표피와 원표피로 구분된다.
② 입틀은 윗입술, 큰턱, 작은턱, 아랫입술, 혀 등으로 구성된다.
③ 기체의 통로는 기문으로 하며 가슴에 2쌍, 배에 8쌍, 모두 10쌍이 일반적이다.
④ 가슴은 앞가슴, 가운데가슴, 뒷가슴이 있고, 앞가슴과 가운데가슴에는 보통 1쌍의 날개가 있다.

해설   가운데 가슴과 뒷 가슴에 각각 1쌍의 날개가 있다.

2. 천공성 해충에 속하지 않는 것은?

① 박쥐나방   ② 밤나무혹벌
③ 알락하늘소   ④ 광릉긴나무좀

해설   밤나무혹벌 – 충영형성해충

3. 다음 설명에 해당하는 농약살포 방법은?

- 농약 원액 또는 유효 성분의 함량이 수십 %인 고농도로 살포한다.
- 주로 탑재 살포액의 양이 한정적인 항공살포에 많이 이용된다.

① 살분법   ② 훈증법
③ 미량 살포   ④ 대량 살포

해설   미량살포
　① 액제살포 방법
　② 거의 원액에 가까운 농도의 농후액을 살포하는 방법을 말한다.

4. 소나무좀이 월동하는 충태는?

① 알   ② 성충
③ 유충   ④ 번데기

해설   소나무좀의 월동 – 성충

5. 향나무 녹병의 중간기주가 아닌 것은?

① 잎갈나무   ② 모과나무
③ 팥배나무   ④ 윤노리나무

해설   향나무 녹병 중간기주
　　　장미과 수목

6. 솔잎혹파리 방제를 위하여 나무주사를 실시할 때 가장 효과적인 시기는?

① 3~4월   ② 5~6월
③ 7~8월   ④ 9~10월

해설   솔잎혹파리의 방제
　　　산란 및 부화최성기인 6월 중에 포스파미돈 액제(50%), 이미다클로프리드 분산성액제(20%) 또는 아세타미프리드 액제(20%)를 피해목의 흉고직경 cm당 0.3~1mℓ를 줄기에 구멍을 뚫고 주입한다.

7. 후약충으로 11월부터 이듬해 3월까지 수목에 피해를 주는 해충은?

① 솔나방   ② 소나무좀
③ 솔잎혹파리   ④ 솔껍질깍지벌레

해설   솔껍질깍지벌레
　　　① 피해수목 : 소나무, 곰솔
　　　② 성충과 약충이 가지에 기생하며 수액을 빨아 먹어 잎이 갈색으로 변하며, 3~5월에 주로 수관의 아랫부분부터 변색되면서 말라 죽는다.

정답   1. ④   2. ②   3. ③   4. ②   5. ①   6. ②   7. ④

8. 다음 중 나무좀·하늘소·바구미 등의 해충 방제에 가장 적합한 방법은?

① 포살법　　　　② 등화 유살법
③ 번식장소 유살법　④ 잠복장소 유살법

해설 번식장소 유살법
　① 천공성 해충이 고사목이나 수세가 약한 쇠약목 등을 찾아 그 수피 내부에 즐겨 산란하는 습성이용
　② 생장불량목이나 간벌목 등을 벌채하여 그 줄기를 작업에 용이한 크기인 2m 이하로 자른 다음 임내에 몇 본씩을 경사지게 세워놓음
　③ 유인목에 해충을 유인 후 이들이 유인목에서 탈출하기 전에 박피, 훈증, 태우는 방법으로 소나무좀이나 광릉긴나무좀의 방제에 활용

9. 대기오염에 의한 산림의 피해를 최소화시킬 수 있는 방안으로 거리가 먼 것은?

① 방음벽 시설 설치
② 공해 배출의 법적 규제
③ 공해 저항성 수종의 식재
④ 임지비배를 통한 산림관리

해설 방음벽 설치 – 소음 차단

10. 내화력이 가장 강한 수종은?

① 편백　　　　② 소나무
③ 삼나무　　　④ 가문비나무

해설 내화력이 강한 수목
　① 침엽수 : 은행나무, 대왕송, 가문비나무, 개비자나무, 잎갈나무, 분비나무 등
　② 상록활엽수 : 황벽나무, 회양목, 가시나, 사철나무, 붓순나무, 후피향나무, 협죽도, 아왜나무, 굴거리나무, 빗죽이나무, 동백나무 등
　③ 낙엽활엽수 : 고광나무, 피나무, 사시나무, 마가목, 네군도단풍, 고로쇠나무, 난티나무, 가중나무, 참나무, 음나무, 수수꽃다리, 마가목, 느티나무 등

11. 포플러 모자이크병을 일으키는 병원체는?

① 세균
② 진균
③ 바이러스
④ 파이토플라스마

해설 포플러 모자이크 병의 발병 – 바이러스

12. 해충의 개체군 동태를 알기 위해 주로 사용하는 것으로 충태별 사망수, 사망요인, 사망률 등의 항목으로 구성된 표는?

① 생명표　　　　② 생태표
③ 생식표　　　　④ 수명표

해설 생명표
　① 해충의 개체군 동태를 파악하기 위한 자료
　② 같은 시기에 출생한 집단에 대하여 시간이 경과함에 따라 사망원인과 개체수 변화 등에 대한 자료를 표로서 나타낸 것

13. 소나무재선충병의 매개충은?

① 소나무좀
② 솔잎혹파리
③ 솔수염하늘소
④ 솔껍질깍지벌레

해설 소나무재선충병 매개충 – 솔수염하늘소

14. 균사에 격벽이 없는 균류는?

① 난균류　　　　② 담자균류
③ 자낭균류　　　④ 불완전균류

정답　8. ③　9. ①　10. ④　11. ③　12. ①　13. ③　14. ①

[해설] 난균

① 유성생식을 할 때 조란기(造卵器)가 생기는 데서 유래
② 균사는 잘 발달하며 분지가 많다.
③ 격벽이 없어 1개의 긴 세포로 되며, 그 속에 다수의 핵을 함유한다. 세포막은 키틴질 또는 셀룰로오스로 이루어진다.
④ 수중의 동·식물체 또는 유기물에 부생하며 수생균류의 대부분을 차지한다.

15. 침엽수 묘목의 모잘록병을 방제하는데 가장 알맞은 방법은?

① 중간 기주를 제거한다.
② 살균제로 토양소독과 종자소독을 한다.
③ 살충제를 뿌려서 매개 곤충을 구제한다.
④ 질소질비료를 충분히 주어 묘목을 튼튼하게 한다.

[해설] 모잘록병의 방제
  묘포의 위생, 토양소독, 종자소독, 약제살포 등 효과적이다.

16. 해충의 생물학적 방제 방법으로 사용되는 천적이 아닌 것은?

① 먹좀벌류
② 방패벌레류
③ 무당벌레류
④ 풀잠자리류

[해설] 방패벌레류 - 흡즙성 해충

17. 뿌리혹병 방제 방법으로 옳지 않은 것은?

① 병이 없는 건전한 묘목을 식재한다.
② 접목할 때 쓰이는 도구는 소독하여 사용한다.
③ 재식할 묘목은 스트렙토마이신 용약에 침지하는 것이 좋다.
④ 심하게 발생한 지역에서는 내병성 수종인 포플러류를 식재한다.

[해설] 뿌리혹병

① 밤나무, 포플러류, 버드나무, 참나무류, 벚나무, 무화과나무 등을 포함한 60과160여속의 임목, 과수와 농작물을 침해하는 다범성(多犯性) 병해
② 방제
  • 묘목을 생산하는 묘포는 병이 발생되지 않은 묘포를 선택한다.
  • 묘목검사를 철저히 하여 건전한 묘목을 식재하도록 한다.
  • 이 병이 발생하였던 묘포는 3년 이상 다른 작목(作木)으로 돌려짓기(윤작)하여야 하며, 병든 식물은 발견 즉시 뽑아 태워야 한다.
  • 병든 식물을 제거한 적지는 객토한다.

18. 봄에 수목 생장 개시 후에 내리는 서리에 의해 발생하는 수목 피해는?

① 만상
② 동상
③ 한상
④ 조상

[해설] ① 만상 : 봄철 늦은 서리에 의한 피해
② 동상 : 겨울철 서리에 의한 피해
③ 한상 : 0℃ 이하의 기온에서 열대식물 등이 차가운 성질로 인해 생활기능이 장해를 받아죽음에 이르는 것을 말한다. 이때 식물체 내에 결빙이 일어나지는 않는다.
④ 조상 : 가을철 이른 서리에 의한 피해

19. 잣나무 털녹병 방제 방법으로 옳지 않은 것은?

① 중간기주를 제거한다.
② 내병성 품종을 심는다.
③ 토양 소독을 철저히 한다.
④ 병든 나무는 지속적으로 제거한다.

[해설] 잣나무 털녹병의 방제
① 병든 나무와 중간기주를 지속적으로 제거
② 수고 1/3까지 조기에 가지치기를 하여 감염경로를 차단
③ 중간기주인 송이풀류, 까치밥나무 등의 자생지는 잣나무 조림을 피한다.
④ 다른 지역으로 전파되는 것을 막기 위하여 피해지역에서 생산된 묘목을 다른 지역으로 반출되지 않도록 한다.

정답 15. ② 16. ② 17. ④ 18. ① 19. ③

2019년 3회

20. 담배장님노린재를 구제하여 방제가 가능한 수목병은?

① 소나무 잎녹병　　② 잣나무 털녹병
③ 대추나무 빗자루병　④ 오동나무 빗자루병

해설 오동나무 빗나무병의 매개충 – 담배장님노린재

1 · 2회

1회독 ☐ 2회독 ☐ 3회독 ☐

1. 수목의 표피를 직접 뚫고 침입하는 병원균이 아닌 것은?

① 잣나무 털녹병균
② 묘목의 모잘록병균
③ 아밀라리아뿌리썩음병균
④ 뽕나무 자줏빛날개무늬병균

해설 잣나무 털녹병균

　　송이풀과 까치밥나무류의 중간기주에 의해 발생한다.

2. 모잘록병 방제방법으로 옳지 않은 것은?

① 병든 묘목은 발견 즉시 뽑아 태운다.
② 파종량을 적게 하고 복토를 두텁지 않게 한다.
③ 인산질 비료의 과용을 삼가고 질소질 비료를 충분히 준다.
④ 묘상의 배수를 철저히 하여 과습을 피하고 통기성을 양호하게 한다.

해설 바르게 고치면

　　질소질 비료의 과용을 삼가고 인산질 비료를 충분히 준다.

3. 수화제에 대한 설명으로 옳은 것은?

① 분말이 비산하는 단점을 보완한 것이다.
② 용제로 석유계, 알코올류 등을 사용한다.
③ 물에 희석하면 유효 성분의 입자가 물에 골고루 분산하여 현탁액이 된다.
④ 증기압이 높은 농약의 원제를 액상, 고상 또는 압축가스상으로 용기 내에 충전한다.

해설 ① 분말이 비산하는 단점을 보완한 것이다. – 저비산분제
　　② 용제로 석유계, 알코올류 등을 사용한다. – 유제
　　④ 증기압이 높은 농약의 원제를 액상, 고상 또는 압축가스상으로 용기 내에 충전한다. – 훈증제

4. 다음 ( ) 안에 해당하는 것은?

> • 북부지방 추운 곳에서 남부지방 따뜻한 지역으로 옮겨진 수목은 ( )에 의한 피해에 가장 취약하다.

① 조상　　　　　② 만상
③ 상고　　　　　④ 동상

해설 만상(晚霜, 늦서리, late frost)
　　① 피해 증상 봄에 늦게 오는 서리에 의해서 수목이 피해를 받는 현상이다
　　② 4월 말경 맑게 갠 날 밤 야간 온도가 영하로 떨어지면 봄에 새로 나온 새순, 잎, 꽃이 하룻밤 사이에 시들게 된다.

5. 소나무좀 방제방법으로 옳지 않은 것은?

① 등화로 유살한다.
② 기생성 천적을 보호한다.
③ 피해 입은 소나무를 제거한다.
④ 피해 입은 먹이 나무를 박피한다.

해설 소나무좀 방제
　　① 천공성 해충의 피해로 피해입은 나무를 박피하거나 소나무를 제거한다.
　　② 수세 쇠약목을 가해하므로 수세회복하거나 기생성 천적을 보호한다.

6. 병환부에 표징이 가장 잘 나타나는 병원체는?

① 균류　　　　　② 세균
③ 선충　　　　　④ 바이러스

해설 균류
　　① 병원체가 병든 식물체의 병징상에 여러가지 특징적으로 병의 발생을 직접 표시하는 것
　　• 기생성병에 있어서는 흔히 병환부에 병원체 그 자체가 나타나서 병의 발생을 직접 표시하는 것
　　• 식물체 표면에 병원균이 노출되어 있는 것
　　② 곰팡이, 균핵, 흑색소립, 이상 돌출물, 점질물 등

정답 1. ①　2. ③　3. ③　4. ②　5. ①　6. ①

7. 밤나무혹벌에 대한 설명으로 옳은 것은?

① 양성생식한다.
② 성충으로 월동한다.
③ 1년에 2회 발생한다.
④ 천적으로는 긴꼬리좀벌류가 있다.

해설 밤나무혹벌
① 단성생식하며, 연 1회 발생하며, 눈의 조직 안에서 유
   충으로 월동한다.
② 천적 : 긴꼬리좀벌류, 노랑꼬리좀벌류, 큰다리남색좀
   벌류 등

8. 해충의 생물적 방제방법으로 옳지 않은 것은?

① 잠복소 이용   ② 기생벌 이용
③ 포식충 이용   ④ 병원미생물 이용

해설 해충의 생물적 방제
① 미생물, 곤충, 식물, 균 등 그 밖의 생물 사이의 기생관
   계를 이용하며, 인간에 유해한 병원균, 해충, 잡초를 방
   제하려는 방법
② 천적 및 대상 해충의 생활사를 이용 방제적기 판별
③ 먹이그물 형성과 개체군 상호작용 중 포식과 기생을
   이용하는 방제법
* 잠복소 – 물리적 방제방법

9. 오리나무잎벌레의 생태에 대한 설명으로 옳지 않은
것은?

① 성충으로 월동한다.
② 1년에 1회 발생한다.
③ 유충만이 수목을 가해한다.
④ 노숙 유충은 지피물 아래 또는 흙속에서 번데기가 된
   다.

해설 바르게 고치면
성충과 유충이 동시에 오리나무잎을 식해한다.

10. 옥시테트라사이클린으로 방제 효과가 가장 큰 수목
병은?

① 오동나무 탄저병
② 밤나무 뿌리혹병
③ 포플러 모자이크병
④ 대추나무 빗자루병

해설 대추나무 빗자루병
① 대추나무에 피해를 주는 수목병으로 마름무늬매미충
   에 의해 매개전염된다.
② 옥시테크라사이클린으로 나무 주사하는 것이 가장 효
   과적이다.

11. 흰가루병균이 속하는 분류군은?

① 조균   ② 자낭균
③ 담자균   ④ 접합균

해설 흰가루병
병원균은 식물병원균류 중 자낭균에 속하며 자낭포자와
분생포자를 형성하여 잎에 백색의 균사체가 생기게 된다.

12. 방풍림을 설치하면 방제 효과가 가장 큰 수목병은?

① 철쭉 떡병
② 소나무 혹병
③ 삼나무 붉은마름병
④ 낙엽송 가지끝마름병

해설 낙엽송 가지끝마름병
① 병이 발생된 포지에서 병든 묘목이 출하되지 않도록 골
   라내어 태우며, 묘포장 부근의 낙엽송 생울타리나 방
   풍림을 없앤다.
② 발생 초기에는 병든 새순을 다음해 봄까지 잘라 태우거
   나 묻어버린다.
③ 맞바람이 부는 장소에는 조림을 파하거나 활엽수로 방
   풍림을 조성한다.

정답   7. ④   8. ①   9. ③   10. ④   11. ②   12. ④

13. 흡즙성 해충이 아닌 것은?

① 진딧물류
② 나무이류
③ 나무좀류
④ 깍지벌레류

해설 나무좀류 – 천공성 해충

14. 등화유살법으로 해충을 방제할 때 가장 효과적인 광선은?

① 적외선　　　　② 방사선
③ 자외선　　　　④ 근적외선

해설 등화유살법
곤충의 주광성을 이용한 방제법으로서 해충을 전등, 수은등, 자외선 등을 설치한 유아등에 모이게 하여 죽이는 방법이다.

15. 솔나방이 월동하는 형태는?

① 알　　　　　　② 유충
③ 성충　　　　　④ 번데기

해설 솔나방의 월동
연 1회 발생하며, 수피 틈이나 지피물 밑에 숨어서 유충으로 월동한다.

16. 다음 설명에 해당하는 것은?

> • 알에서 부화한 유충이 여러 차례 탈피를 거듭한 후에 성충으로 변하는 현상이다.

① 주성　　　　　② 휴면
③ 생식　　　　　④ 변태

해설 곤충의 변태
유충기의 성장은 튼튼한 표피를 가지기 위하여 여러 차례에 걸쳐 탈피하면서 진행되는 현상으로 유충과 성충 사이에는 형태에 차이가 있다. 성장과정에서의 형태적 변화를 변태라고 하며, 곤충에서도 일반적으로 고등한 것일수록 변태를 한다.

17. 임지에 쌓여있는 낙엽과 지피물, 갱신치수 및 지상관목 등이 타는 산림화재의 종류는?

① 지중화　　　　② 지표화
③ 수관화　　　　④ 수간화

해설 수관화, 지표화, 수관화, 수간화
① 수관화(樹冠火 · Crown Fire)
　• 나무의 잎과 가지가 타는 불로 나무의 윗부분(수관)에 불이 붙어 연속해서 번진다.
　• 지표화로부터 발생하여 수간에서 수관으로 강한 불기운으로 퍼져 가는 위험한 불이며, 산불 중에서 가장 큰 피해를 준다.
② 지표화(地表火 · Surface Fire)
　• 산불 중에서 가장 자주 발생하는 화재로서 지표면에 축적된 낙엽, 잔가지, 고사목 등의 연료를 태우며 확산한다.
　• 초기단계의 불로 가장 흔하게 일어나며 지표화가 어린 나무의 숲에서 발생하면 반드시 수관화를 유발시켜 전멸한다.
③ 지중화(地中火 · Underground fire)
　• 지표화로부터 시작되어 주로 낙엽층 아래의 부식층에 축적된 유기물들을 태우며 확산하는 산불이다.
　• 확산속도가 느리지만, 화염이나 연기가 적어서 눈에 잘 띄지 않기 때문에 진화하기가 매우 어려운 산불형태다.
④ 수간화(樹幹火 · Stem Fire)
　• 나무 줄기가 타는 불로서 지표화로부터 연소하는 경우가 많다.
　• 나무 줄기부분의 높이에 있는 나무덤불, 잘라진 간벌(間伐: 일정간격을 두고 베어내는) 나무 등에서 발생하기 쉽다.

정답　13. ③　14. ③　15. ②　16. ④　17. ②

18. 포플러 잎녹병 방제 방법으로 포플러 묘포지에서 가장 멀리해야 하는 수종은?

① 향나무   ② 배나무

③ 신갈나무   ④ 일본잎갈나무

해설 포플러 잎녹병

중간기주인 일본잎갈나무의 잎에 노란점(녹색포자)를 형성하게 한다.

19. 수목에 피해를 주는 주요 대기오염 물질이 아닌 것은?

① 오존   ② 질소

③ 팬(PAN)   ④ 이산화황

해설 대기오염물질

오존, 이산화황, 팬, 질소산화물, 황산화물 등

20. 수목병과 매개 곤충의 연결이 옳지 않은 것은?

① 뿌리혹병 - 진딧물

② 소나무 재선충병 - 솔수염하늘소

③ 오동나무 빗자루병 - 담배장님노린재

④ 대추나무 빗자루병 - 마름무늬매미충

해설 뿌리혹병 - 세균에 의한 병

1. 병원생물 중 *Bacillus thuringiensis*는 주로 어느 해충을 방제하는데 사용되는가?

① 나비류 유충
② 소나무좀 성충
③ 솔수염하늘소 번데기
④ 솔껍질깍지벌레 후약충

해설 *Bacillus thuringiensis*
　① 진정세균(Eubacteriales) Bacillus 속의 곤충병원균의 일종, 배양이 용이하다.
　② 나비목 해충의 미생물농약으로 사용된다.

2. 성충 및 유충 모두가 수목을 가해하는 것은?

① 솔나방　　　　② 솔잎혹파리
③ 황다리독나방　④ 오리나무잎벌레

해설 오리나무잎벌레
　① 연 1회 발생하고 성충으로서 낙엽 속이나 흙 속에서 겨울을 지낸다. 월동한 성충은 5월 중순부터 잎 뒷면에 50~60개씩 덩어리로 300여개의 노란색 알을 산란한다.
　② 15일이 지나 부화한 유충은 잎 뒷면에서 머리를 나란히 하고 잎을 갉아먹다가 2회 탈피한 후 땅 속으로 들어가 흙집을 짓고 번데기가 된다. 번데기 기간은 약 20일이며 우화한 성충은 월동에 들어가는 8월 하순까지 활동한다.
　③ 성충은 4월 말부터 나타나 오리나무 잎을 갉아먹는다. 수관 아래의 잎을 먼저 갉아먹고 점차 위로 올라가며 갉아먹는다.

3. 완전변태를 하는 내시류에 속하는 곤충목은?

① 파리목　　　　② 메뚜기목
③ 흰개미목　　　④ 잠자리목

해설 완전변태
　고등곤충류인 나비목, 딱정벌레목, 파리목, 벌목 등

4. 잣나무 잎떨림병 방제 방법으로 가장 효과가 약한 것은?

① 풀베기와 가지치기를 실시한다.
② 2차 감염 방지를 위해 토양 소독을 철저히 한다.
③ 비배관리를 잘하고 병든 잎은 모두 모아서 태운다.
④ 자낭포자가 비산하는 시기에 적합한 약제를 살포한다.

해설 방제방법
　① 병든 낙엽은 태우거나 묻는다. 수관하부에서 발생이 심하므로 어린 나무의 경우 풀깎기를 한다.
　② 수관하부를 가지치기하여 통풍을 좋게 한다.
　③ 6월 중순~8월 중순 사이에 2주 간격으로 베노밀수화제(benomyl 50%) 1,000배액 또는 만코제브 수화제(mancozeb 75%) 600배액을 살포한다.

5. 숲에 군집하여 수목을 고사시키는 조류가 아닌 것은?

① 백로
② 왜가리
③ 딱따구리
④ 가마우지

해설 딱따구리 - 임목에 구멍을 뚫어 피해를 줌

6. 해충의 생물적 방제 방법에 대한 설명으로 옳지 않은 것은?

① 친환경적인 방법으로 생태계가 안정된다.
② 해충밀도가 낮을 경우에도 효과를 거둘 수 있다.
③ 화학적 방제 방법에 비해 방제 효과가 영속성을 지닌다.
④ 해충밀도가 위험한 밀도에 달하였을 때 더욱 효과적이다.

정답　1. ①　2. ④　3. ①　4. ②　5. ③　6. ④

해설 생물적 방제
① 생물계의 균형이 유지됨, 방제효과가 반영구적 또는 영구적임, 화학적 문제가 없다.
② 해충밀도가 낮을 경우 효과가 있다.

7. 볕데기가 잘 발생하지 않는 수종은?

① 호두나무
② 굴참나무
③ 오동나무
④ 가문비나무

해설 볕데기
수피가 평활하고 코르크층이 발달되지 않은 오동나무, 후박나무, 호두나무, 버즘나무, 소태나무, 가문비나무 등의 수종에 피소를 일으키기 쉽다.

8. 소나무 재선충병 방제 방법으로 옳지 않은 것은?

① 감염된 수목은 벌채 후 소각한다.
② 밀생 임분은 간벌을 하여 쇠약목이 없도록 한다.
③ 포스티아제이트 액제를 이용한 토양 관주를 한다.
④ 매개충의 우화 최성기에 나무주사를 실시한다.

해설 바르게 고치면
매개충이 우화 전에 나무주사를 실시한다.

9. 밤을 가해하는 종실 해충은?

① 복숭아명나방
② 붉은매미나방
③ 버들재주나방
④ 벚나무모시나방

해설 복숭아명나방
1년에 2회 발생, 유충이 밤·복숭아·사과·자두 등의 과실을 가해한다.

10. 포플러 잎녹병균의 유성포자 형성을 나타낸 다음 그림에서 A에 해당하는 명칭은?

① 녹포자
② 담자포자
③ 여름포자
④ 겨울포자

해설 담자포자
① 담자균류의 담자기에 생기는 홀씨(담자홀씨), 보통 한 담자기에 4개가 생긴다.
② 담자균류에 있어서 감수분열 결과 담자기 위에 4개의 포자를 형성한다.

11. 소나무재선충을 매개하는 해충은?

① 왕바구미
② 소나무좀
③ 북방수염하늘소
④ 썩덩나무노린재

해설 북방수염하늘소
① 피해수목 : 잣나무, 소나무, 전나무, 일본잎갈나무, 백송, 리기다소나무
② 재선충병의 매개충으로 유충이 목질부와 형성층을 가해하고 톱밥을 배출한다.

12. 밤나무 줄기마름병 방제 방법으로 옳지 않은 것은?

① 저항성 품종인 옥광 등을 식재한다.
② 배수가 잘되는 토양에 건전한 묘목을 심는다.
③ 천공성 해충류의 피해가 없도록 살충제를 살포한다.
④ 초기의 병반이 발생했을 때는 병든 부분을 도려내고 소독한 후 도포제를 바른다.

해설 밤나무 줄기마름병 방제 방법
① 배수가 불량한 장소에 나무를 심지 않는다.
② 수세가 약한 경우에 피해가 심하므로 관리에 유의한다.

정답 7. ② 8. ④ 9. ① 10. ② 11. ③ 12. ①

③ 가지치기시 상처가 생기지 않도록 유의하고, 상처에는 도포제를 발라준다
④ 초기에 병반이 발생했을 때 병든 부위를 제거하고 살균제를 처리한다.
⑤ 박쥐나방 등 나무에 구멍을 내는 해충을 방제한다.
⑥ 적기에 시비하고, 질소질 비료를 과용하지 않는다.
⑦ 동해를 막기 위하여 백색페인트를 발라준다.
⑧ 저항성품종(단택, 대보, 이취, 삼초생, 만적, 금추 등)을 식재한다.

13. 솔잎혹파리 방제를 위한 나무주사용 약제는?

① 디밀린 수화제
② 헥사코나졸 유제
③ 디플루벤주론 액상수화제
④ 이미다클로프리드 분산성액제

해설 솔잎혹파리 방제를 위한 나무주사용 약제
포스파미돈 액제(50%), 이미다클로프리드 분산성액제(20%) 또는 아세타미프리드 액제(20%)를 피해목의 흉고직경 cm당 0.3~1mℓ를 줄기에 구멍을 뚫고 주입한다.

14. 뽕나무 오갈병의 원인이 되는 병원체는?

① 세균   ② 곰팡이
③ 바이러스   ④ 파이토플라스마

해설 파이토플라스마에 의한 주요 수병
오동나무 빗자루병, 대추나무 빗자루병, 뽕나무 오갈병

15. 모잘록병 방제 방법으로 옳지 않은 것은?

① 파종상에서는 토양 소독을 한다.
② 묘상이 과습하지 않도록 주의한다.
③ 토양의 산도가 염기성이 되도록 한다.
④ 질소질 비료보다 인산, 칼륨질 비료를 더 많이 준다.

해설 모잘록병 방제 방법
① 묘상이 과습하지 않도록 배수와 통풍에 주의하며, 햇볕이 잘 들도록 한다.
② 채종량을 적게 하고, 복토가 너무 두껍지 않도록 한다.
③ 질소질비료를 과용을 삼가고 인산질비료와 완숙한 퇴비를 충분히 준다.

16. 미국흰불나방은 1년에 몇 회 발생하는가?

① 1회
② 2~3회
③ 4~5회
④ 6~8회

해설 미국흰불나방
북미 원산, 1년에 보통 2회 발생, 활엽수 160종을 가해하는 잡식성 해충

17. 지표화로부터 연소되는 경우가 많고, 나무의 공동부가 굴뚝과 같은 작용을 하는 산불의 종류는?

① 수관화
② 수간화
③ 지상화
④ 지중화

해설 ① 수관화는 나무 줄기는 물론이고 잎을 달고 있는 가지까지 태우는 산불이다.
② 수간화는 나무줄기가 타는 수간화는 지표화로부터 연소되는 경우가 많으며, 고사목이나 고목의 줄기에 구멍이 생겨 나무의 목질부가 죽어 있는 늙은 나무에 불이 붙어 목질부가 타들어가는 것을 말한다.
③ 지표화는 가장 빈번하게 발생하는 산불이며, 지표에 쌓여 있는 낙엽, 떨어진 가지, 관목, 어린 나무 등을 태운다.
④ 지중화는 낙엽층 밑에 있는 유기물층과 이탄층을 태우는 산불로 우리나라에서는 극히 드문 산불이다.

18. 약제의 유효성분을 가스 상태로 하여 해충의 기문을 통하여 호흡기에 침입시켜 사망시키는 것은?

① 훈증제
② 제충제
③ 소화중독제
④ 침투성 살충제

[해설] ① 훈증제 : 가스 상태의 약제를 해충의 기문을 통하여 체내에 들어가 질식을 일으키는 것(메틸브로마이드)
② 소화중독제 : 약제가 해충의 입을 통하여 소화관 내에 들어가 중독 작용을 일으켜 죽게 된다.
③ 침투성 살충제 : 약제를 식물체의 뿌리ㆍ줄기ㆍ잎 등에서 흡수시켜 식물체 전체에 약제가 분포되게 하여 흡즙성 곤충이 흡즙하여 죽게 된다.

19. 번데기로 월동하는 해충은?

① 매미나방
② 박쥐나방
③ 차독나방
④ 미국흰불나방

[해설] 매미나방, 차독나방, 박쥐나방 – 알로 월동

20. 잣나무 털녹병의 중간기주는?

① 송이풀
② 황벽나무
③ 등골나물
④ 일본잎갈나무

[해설] 중요 수종별 중간 기주
① 송이풀, 까치밥나무 – 잣나무 털녹병
② 졸참나무, 신갈나무 – 소나무 혹병
③ 황벽나무, 참취, 잔대 –소나무 잎녹병
④ 등골나물, 계요등 – 잣나무 잎녹병
⑤ 향나무(여름 포자가 없음) – 배나무 적성병
⑥ 낙엽송, 현호색, 줄꽃주머니 – 포플러 녹병

 정답   18. ①   19. ④   20. ①

1. 소나무 재선충병의 방제법으로 옳지 않은 것은?

① 피해목을 훈증한다.
② 광릉긴나무좀을 구제한다.
③ 이목을 설치하여 소각 및 폐쇄한다.
④ 소나무 주변으로 토양관주를 실시한다.

해설 광릉긴나무좀은 참나무 시들음병의 매개충이다.

2. 곤충과 비교한 거미의 특징으로 옳지 않은 것은?

① 홑눈만 있다.
② 날개가 없다.
③ 더듬이가 2쌍이다.
④ 탈바꿈(변태)을 하지 않는다.

해설 곤충과 거미 비교
 ① 곤충의 몸은 머리, 가슴, 배로 구분되고, 거미의 몸은 머리가슴과 배로 구분된다.
 ② 곤충은 겹눈과 홑눈이 있고, 거미는 홑눈만 있다.
 ③ 곤충은 더듬이가 있고, 거미는 더듬이가 없다.
 ④ 곤충은 보통 2쌍의 날개가 있고, 거미는 날개가 없다.

3. 1년에 2회 이상 발생하는 해충은?

① 솔잎혹파리
② 광릉긴나무좀
③ 미국흰불나방
④ 호두나무잎벌레

해설 미국흰불나방
 1년에 보통 2회 발생

4. 향나무 녹병균(녹포자)이 배나무에서 향나무로 전파하는 시기는?

① 12~2월경   ② 3~5월경
③ 6~8월경   ④ 9~11월경

해설 향나무녹병균
 ① 5~7월까지 배나무에 기생하고, 그 후에는 향나무에 기생하면서 균사의 형으로 월동한다.
 ② 5~8월경 녹포자는 바람에 의해 향나무에 옮겨가 기생하고 균사의 형으로 조직 속에서 자라며, 1~2년 후에 겨울포자퇴를 형성한다.

5. 단위생식에 의해서 증식하는 해충은?

① 솔잎혹파리   ② 밤나무혹벌
③ 오리나무잎벌레   ④ 아까시잎혹파리

해설 밤나무혹벌은 수정을 하지 않고 암컷만으로 개체증식을 한다.

6. 수목 바이러스병 진단에 사용하는 지표식물이 아닌 것은?

① 콩   ② 담배
③ 버섯   ④ 명아주

해설 바이러스병 진단에 사용하는 지표식물
 콩, 담배, 명아주

7. 다음 괄호 안에 들어갈 용어는?

> 잣나무 털녹병균은 잣나무 (A)을/를 통하여 침입하고, 주된 병징은 (B)에 나타난다.

① A : 잎, B : 줄기   ② A : 잎, B : 열매
③ A : 뿌리, B : 줄기   ④ A : 뿌리, B : 열매

정답 1. ② 2. ③ 3. ③ 4. ③ 5. ② 6. ③ 7. ①

2020년 4회

해설 잣나무 털녹병균
① 침입 : 잣나무 잎을 통해 침입
② 병징 : 줄기가 황색에서 오렌지색으로 변하면서 약간 부풀고 거칠어짐

8. 항생제 계통인 살균제는?

① 만코제브 수화제
② 메탈락실 수화제
③ 보르도혼합액 입상수화제
④ 옥시테트라사이클린 수화제

해설 옥시테트라사이클린 수화제
방선균의 일종인 Streptomyces rimosus에 의해 생산되는 광범위한 항생물질이다.

9. 살아있는 나무와 죽은 나무의 목질부를 모두 가해하는 해충은?

① 소나무좀
② 밤나무혹벌
③ 미국흰불나방
④ 느티나무벼룩바구미

해설 소나무좀
유충이 수피 밑을 식해하며, 쇠약한 나무·고사목이나 벌채한 나무에 기생하지만 대발생할 때에는 건전한 나무도 가해하여 고사시킨다.

10. 주로 가지나 줄기에서 발생하는 수목병은?

① 벚나무 빗자루병
② 느티나무 흰색무늬병
③ 벚나무 갈색무늬구멍병
④ 오동나무 자줏빛날개무늬병

해설 ② 느티나무 흰색무늬병 – 잎
③ 벚나무 갈색무늬구멍병 – 잎
④ 오동나무 자줏빛날개무늬병 – 뿌리

11. 수목병의 방제를 위한 예방법과 가장 거리가 먼 것은?

① 숲가꾸기
② 임지정리
③ 환상박피작업
④ 건전한 묘목 육성

해설 뿌리의 환상박피작업은 이식을 위한 과정이다.

12. 석회보르도액은 다음 중 어느 것에 해당되는가?

① 토양살균제
② 직접살균제
③ 보호살균제
④ 침투성살균제

해설 석회보르도액
병균이 식물체에 침입하기 전에 사용해서 예방적 효과를 거두기 위한 약제이다.

13. 참나무시들음병에 대한 설명으로 옳지 않은 것은?

① 피해목의 줄기 하단부에는 톱밥가루가 있다.
② 피해목을 벌채 후 밀봉하여 훈증처리 또는 소각한다.
③ 피해목은 7월 말경부터 빠르게 시들면서 빨갛게 말라 죽는다.
④ 병원균은 Raffaelea sp.이고 이것을 매개하는 것은 북방수염하늘소이다.

해설 • 참나무시들음병 매개충 – 광릉긴나무좀
• 소나무(잣나무) 재선충병 매개충 – 북방수염하늘소

14. 바이러스 감염에 의한 수목병의 대표적인 병징으로 옳지 않은 것은?

① 위축
② 그을음
③ 잎말림
④ 얼룩무늬

해설 바이러스의 병징

모자이크 줄무늬 등의 색소체 이상과 왜화, 잎말림, 기형 등 기관발육의 이상 등

15. 해충과 천적 연결이 옳지 않은 것은?

① 솔잎혹파리 – 솔노랑잎벌
② 천막벌레나방 – 독나방살이고치벌
③ 미국흰불나방 – 나방살이납작맵시벌
④ 버들재주나방 – 산누에살이납작맵시벌

해설 솔잎혹파리 천적 – 솔잎혹파리먹좀벌

16. 세균이 식물에 침입할 수 있는 자연 개구부에 해당하지 않는 것은?

① 각피
② 기공
③ 피목
④ 밀선

해설 식물의 자연개구부 : 피목, 기공, 밀선, 수공

17. 그을음병에 대한 설명으로 옳지 않은 것은?

① 주로 잎의 앞면에 발생한다.
② 병원균이 주로 잎의 양분을 탈취한다.
③ 잎 표면을 깨끗이 닦아 피해를 줄일 수 있다.
④ 진딧물류 및 깍지벌레류가 번성할수록 잘 발생한다.

해설 그을음병은 잎에 검은 피막을 형성하여 동화작용을 방해한다.

18. 완전변태과정을 거치지 않는 것은?

① 벌목
② 나비목
③ 노린재목
④ 딱정벌레목

해설 알에서 부화한 유충이 번데기를 거쳐서 성충이 되는 것을 완전변태라 하며 노린재목은 불완전변태를 한다.

19. 윤작의 연한이 짧아도 방제의 효과를 올릴 수 있는 병균은?

① 낙엽송 모잘록병균
② 자주빛 날개무늬병균
③ 오동나무 뿌리혹병균
④ 오리나무 갈색무늬병균

해설 오리나무 갈색무늬병균은 윤작의 연한이 짧아도 방제효과가 있다.

20. 균류에 의한 수병이 아닌 것은?

① 소나무혹병
② 뽕나무오갈병
③ 잣나무털녹병
④ 밤나무줄기마름병

해설 뽕나무 오갈병 : 파이토플라즈마에 의한 수병

1회

1회독 ☐ 2회독 ☐ 3회독 ☐

1. 벚나무 빗자루병의 병원체는 다음 중 어느 균류에 해당되는가?

① 조균류　　　　　② 자낭균류
③ 담자균류　　　　④ 불완전균류

해설 벚나무 빗자루병의 병원체는 진균(자낭균류)에 속한다.

2. 흰가루병에 걸린 병환부 위에 가을철에 나타나는 표징으로 흑색의 알갱이가 보이는데, 이것은 무엇인가?

① 포자각　　　　　② 자낭구
③ 병자각　　　　　④ 분생자병

해설 흰가루병
　　병환부의 흰가루는 분생자세대의 표징이며 가을철에 나타나는 흑색의 알맹이는 자낭구로 자낭세대의 표징이다.

3. 녹병의 기주교대 식물로 올바르게 짝지어진 것은?

① 소나무와 향나무　　② 소나무와 송이풀
③ 잣나무와 배나무　　④ 일본잎갈나무와 포플러류

해설 포플러잎녹병
　　기주는 포플러, 중간기주는 낙엽송(일본잎갈나무) · 현호색 · 줄꽃주머니이다.

4. 토양의 결빙과 해동이 반복되면서 묘목의 뿌리가 지상부로 뽑혀 올라오지만, 땅이 녹은 이후 뿌리가 지표면 아래로 내려가지 못해 결국 말라 죽게 되는 수목피해를 무엇이라고 하는가?

① 상렬　　② 열공　　③ 동상　　④ 상주

해설 상주(霜柱)
　　서릿발이라고도 하며, 지표면이 빙점 이하의 저온으로 냉각될 때 모관수가 얼고 이것이 반복되어 얼음기둥이 위로 점차 올라오게 되는 현상을 말한다.

5. 산불에 의한 토양피해 양상이 아닌 것은?

① 토양 공극률 감소
② 유효 광물질 유실
③ 지하 저수기능 증가
④ 호우 시 일시적인 지표유하수 증가

해설 산불에 의한 토양부식질의 소실은 지표유하수가 늘고 투수성이 감소되어 지하 저수기능도 감소한다.

6. 어린 유충은 초본의 줄기 속을 식해하지만, 성장한 후 나무로 이동하여 수피와 목질부를 가해하는 해충은?

① 솔나방
② 매미나방
③ 박쥐나방
④ 미국흰불나방

해설 솔나방, 미국흰불나방, 매미나방은 주로 잎을 가해하는 식엽성 해충이다.

7. 모잘록병균의 중요한 월동 장소는?

① 토양　　　　　② 수피 사이
③ 중간기주　　　④ 병든 나무의 가지

해설 모잘록병
　　4월 초순~5월 중순 파종상에 발생하며 5월 초순~8월 초순에 걸쳐 반복감염을 한 후 토양 및 병든 식물체에서 월동한다.

정답　1. ②　2. ②　3. ④　4. ④　5. ③　6. ③　7. ①

8. 포스팜 50% 액체 50cc를 포스팜 농도 0.5%로 희석하려고 할 경우 요구되는 물의 양은?(단, 원액의 비중은 1이다.)

① 4,500cc   ② 4,950cc

③ 5,500cc   ④ 6,000cc

[해설] 희석할 물의 양 = 원액의 용량 × $\left(\dfrac{원액농도}{희석농도}-1\right)$ ×

원액비중 = $50\left(\dfrac{50}{0.5}-1\right) \times 1 = 50 \times 99 = 4,950cc$

9. 농약의 독성을 표시하는 단위에서 LD50이란?

① 50% 치사에 필요한 농약의 침투 속도

② 50% 치사에 필요한 농약의 종류

③ 50% 치사에 필요한 농약의 양

④ 50% 치사에 필요한 시간

[해설] LD50

반수치사약량으로 농약을 경구나 경피 등으로 투여할 경우 독성시험에 사용된 동물의 반수(50%)를 치사에 이르게 할 수 있는 화학물질의 양이다.

10. 다음 중 나무좀, 하늘소, 바구미 등과 같은 천공성 해충을 방제하는 데 가장 적합한 방법은?

① 경운법   ② 훈증법

③ 온도처리법   ④ 번식장소 유살법

[해설] 유살법

곤충의 특이한 행동습성을 이용하여 유인하여 죽이는 방법으로, 번식처유실법은 통나무나 입목을 이용한다.

11. 다음 중 물에 타서 사용하는 약제가 아닌 것은?

① 액제   ② 분제

③ 유제   ④ 수화제

[해설] 분제

유효성분을 고체중량제와 소량의 보조제를 혼합하여 분쇄한 분말로 사용하는 약제를 말한다.

12. 대추나무 빗자루명의 병원균은?

① Bacteria

② Phytoplasma

③ Fungi

④ Nematode

[해설] Phytoplasma

바이러스와 세균의 중간 정도에 위치한 미생물로 주로 식물에 병을 일으킨다.

13. 서로 다른 환경유형이 인접한 공간으로, 인접한 양쪽 환경유형을 다른 목적으로 이용하는 동물들에게 중요한 미세 서식지로 제공되는 공간은?

① 피난처   ② 임연부

③ 세력권   ④ 행동권

[해설] 숲의 가장자리나 경계영역을 임연부(林連部)라고 한다.

14. 곤충의 소화기관 중 입에서 가까운 것부터 나열한 것으로 옳은 것은?

① 전위−인두−전소장−위맹낭

② 전위−인두−위맹낭−전소장

③ 인두−전위−전소장−위맹낭

④ 인두−전위−위맹낭−전소장

[해설] 곤충의 소화기관

전장(인두, 식도, 소낭, 전위), 중장(위맹낭), 후장(전소장, 후소장) 3부분으로 되어 있다.

[정답]   8. ②   9. ③   10. ④   11. ②   12. ②   13. ②   14. ④

15. 담자균류에 의한 수목병으로 옳지 않은 것은?

① 소나무 혹병
② 전나무 잎녹병
③ 잣나무 털녹병
④ 낙엽송 잎떨림병

해설 낙엽송 잎떨림병은 자낭균류에 의한 병이다.

16. 내염성 수종으로 옳지 않는 것은?

① 곰솔　　　　　② 향나무
③ 전나무　　　　④ 사철나무

해설 배나무, 사과나무, 소나무, 삼나무, 전나무, 벚나무, 편백, 화백 등은 내염성에 약하다.

17. 수목에 충영을 형성하는 해충으로 옳은 것은?

① 텐트나방
② 밤나무혹벌
③ 솔수염하늘소
④ 느티나무벼룩바구미

해설 수목에 충영(벌레혹)을 형성하는 해충에는 솔잎혹파리, 밤나무혹벌 등이 있다.

18. 산불이 발생한 지역에서 많이 발생할 것으로 예측되는 병은?

① 모잘록병
② 자줏빛날개무늬병
③ 리지나뿌리썩음병
④ 아밀라리아뿌리썩음병

해설 리지나뿌리썩음병
병원균의 포자가 발아하기 위해서는 고온이 필요하며, 모닥불자리나 산불피해지에 많이 발생한다.

19. 온실효과를 발생하는 주요 가스로 옳지 않은 것은?

① 메탄　　　　　② 산소
③ 수증기　　　　④ 아산화질소

해설 온실 기체 중에서 온실효과에 기여하는 주요 기체로는 수증기, 메탄, 오존, 이산화탄소 등이다.

20. 일반적으로 액체보다 가루약을 주입하며 살균제나 살충제보다 영양제 및 미량원소를 주입하는 데 가장 좋은 수간주사방법은?

① 중력식　　　　② 흡수식
③ 삽입식　　　　④ 미세압력식

해설 영양제 및 미량원소 주입방법
수간에 구멍(직경 1cm, 깊이 8~10cm)을 뚫고 약제주입기(3~5mℓ)를 이용해 직접 주입한다.

1. 솔잎혹파리의 기생성 천적이 아닌 것은?

① 솔잎혹파리먹좀벌
② 혹파리원뿔먹좀벌
③ 혹파리살이먹좀벌
④ 혹파리등뿔먹좀벌

해설 솔잎혹파리의 기생성 천적
　　　솔잎혹파리먹좀벌, 혹파리살이먹좀벌, 혹파리등뿔먹좀벌 등

2. 밤나무혹벌이 주로 산란하는 곳은?

① 밤나무의 눈　　　② 밤나무의 뿌리
③ 밤나무의 잎 뒷면　　④ 밤나무의 주변 지피물

해설 밤나무혹벌은 밤나무의 새눈에 산란한다.

3. 바이러스에 대한 설명으로 옳지 않은 것은?

① 전자 현미경으로 볼 수 있다.
② 살아있는 세포나 죽은 세포에서 모두 증식된다.
③ 인공배지에서는 배양이 되지 않는다.
④ 주로 즙액, 곤충, 씨앗 등에 의해서 전염된다.

해설 바르게 고치면
　　　살아있는 세포 내에서만 증식된다.

4. 소나무좀에 대한 설명으로 옳지 않은 것은?

① 연 1회 발생한다.
② 수피 속에서 알로 월동한다.
③ 수피를 뚫고 들어가 산란한다.
④ 쇠약한 나무, 고사한 나무에 주로 기생하여 가해한다.

해설 소나무좀은 성충의 형태로 지면 근처의 수피 틈에서 월동한다.

5. 북미가 원산지이며 연 2회 이상 발생하고 100여종의 활엽수를 가해하며 번데기로 월동하는 해충은?

① 매미나방
② 미국흰불나방
③ 어스렝이나방
④ 천막벌레나방

해설 미국흰불나방
　　　나무껍질 사이 또는 지피물 밑에서 고치를 짓고 월동한 번데기가 5월 중순~6월 상순에 제1화기 성충이 되어 600~700개의 알을 산란한다.

6. 담배장님노린재에 의하여 전염되는 수목병은?

① 잣나무털녹병
② 소나무잎마름병
③ 오동나무빗자루병
④ 포플러줄기마름병

해설 오동나무 빗자루병
　　　담배장님노린재가 매개체이며, 대추나무·뽕나무 빗자루병은 마름무늬매미충이 매개한다.

7. 박쥐나방에 대한 설명으로 옳지 않은 것은?

① 어린 유충은 초본의 줄기 속을 식해한다.
② 성충은 박쥐처럼 저녁에 활발히 활동한다.
③ 1년 또는 2년에 1회 발생하며 알로 월동한다.
④ 성충은 나무에 구멍을 뚫어 알을 산란한다.

해설 바르게 고치면
　　　성충이 우화하여 날면서 많은 알을 땅에 산란한다.

정답　1. ②　2. ①　3. ②　4. ②　5. ②　6. ③　7. ④

2021년 2회

8. 식엽성 해충이 아닌 것은?

① 솔나방
② 솔수염하늘소
③ 미국흰불나방
④ 오리나무잎벌레

해설 솔수염하늘소
소나무재선충의 매개충이며, 줄기를 가해하는 해충이다.

9. 약제 살포시 천적에 대한 피해가 가장 적은 살충제는?

① 훈증제
② 접촉살충제
③ 소화중독제
④ 침투성 살충제

해설 침투성 살충제
식물체의 뿌리·줄기·잎 등에 처리하면 전체에 퍼져 즙액을 빨아먹는(흡즙성) 해충을 살해시키는 약제로 천적에 대한 피해가 없다.

10. 대추나무빗자루병 방제에 가장 적합한 약제는?

① 페니실린
② 석회유황합제
③ 석회보르도액
④ 옥시테트라사이클린

해설 파이토플라스마에 의한 빗자루병
옥시테트라사이클린계 항생물질을 수간주사

11. 균류의 영양기관이 아닌 것은?

① 균사
② 포자
③ 균핵
④ 자좌

해설 영양기관에 의한 표징
균사체, 균사속, 균사막, 근상균사속, 선상균사, 균핵, 자좌 등

12. 아황산가스에 대한 저항성이 가장 큰 수종은?

① 전나무
② 삼나무
③ 은행나무
④ 느티나무

해설 아황산가스에 대한 수목의 저항성
① 약한 수종 : 소나무, 낙엽송, 느티나무, 황철나무, 겹벚나무, 층층나무
② 저항성이 높은 수종 : 은행나무, 무궁화, 비자나무, 가시나무, 식나무 등

13. 과수 및 수목의 뿌리혹병을 발생시키는 병원의 종류는?

① 세균
② 균류
③ 바이러스
④ 파이토플라스마

해설 뿌리혹병 – 세균

14. 농약의 효력을 충분히 발휘하도록 첨가하는 물질은?

① 보조제
② 훈증제
③ 유인제
④ 기피제

해설 보조제
농약의 효력을 충분히 발휘시킬 목적으로 사용하며 전착성 증가와 효력을 증대시키는데 첨가하는 물질이다.

15. 볕데기 피해를 입기 쉬운 수종으로 가장 거리가 먼 것은?

① 굴참나무
② 소태나무
③ 버즘나무
④ 오동나무

해설 굴참나무는 수피에 코르크 층이 발달하여 볕데기 피해가 적다.

16. 소나무 혹병균은 무슨 병원체에 속하는가?

① 세균   ② 녹병균
③ 바이러스   ④ 흰가루병균

해설 소나무혹병
　　　담자균(녹병균) 병원체

17. 참나무 시들음병 방제 방법으로 가장 효과가 약한 것은?

① 유인목 설치
② 끈끈이롤트랩
③ 예방 나무주사
④ 피해목 벌채 훈증

해설 참나무시들음병 방제방법
　　　유인목설치, 끈끈이롤트랩, 지상약제살포, 피해목 벌채 훈증·소각

18. 만코지제(다이센 엠-45) 50%(비중 1)원액 100mL를 0.05%로 희석하려고 할 때 필요한 물의 소요량은?

① 50.9L   ② 55.5L
③ 99.9L   ④ 100.5L

해설 $\dfrac{50\%}{0.05\%} \times 100\text{ml} - 100\text{ml} = 99,900\text{ml} = 99.9\ell$

19. 곤충의 특징으로 옳지 않은 것은?

① 겹눈과 홑눈이 있다.
② 다리는 보통 4쌍이고, 7마디로 되어있다.
③ 배에는 마디가 있고, 더듬이는 1쌍이 있다.
④ 몸은 크게 머리, 가슴, 배의 3부분으로 구분된다.

해설 곤충은 머리, 가슴, 배로 나누고, 다리가 6개(3쌍)이다.

20. 균사에 격벽이 없는 균류는?

① 난균류   ② 담자균류
③ 자낭균류   ④ 불완전균류

해설 난균류
• 유성생식을 할 때 조란기(造卵器)가 생겨서 붙은 이름
• 균사는 잘 발달, 분지가 많고, 격벽이 없어 1개의 긴 세포로 그 속에 다수의 핵을 함유한다.

정답   16. ②   17. ③   18. ③   19. ②   20. ①

1. 솔잎혹파리의 피해에 관한 기술 중 가장 옳은 것은?

① 동일임분 내에서 충영형성률은 유령목 < 장령목 < 노령목의 순으로 피해가 심하다.
② 피해목의 직경생장은 피해 당년에, 수고생장은 다음 해에 각각 감소한다.
③ 유충이 솔잎의 끝부분에 충영을 만들고 그 속에서 즙액을 빨아 먹는다.
④ 충영은 8월 하순부터 부풀기 시작하며 피해엽은 건전엽과 거의 같다.

해설 바르게 고치면
① 가장 피해가 심한 순서는 35~40년생 장령목이나 유령목순이다..
③ 유충이 솔잎 밑부분에 충영을 만들고, 피해 잎은 성장이 중지되고 그 해에 변색되어 낙엽이 된다.
④ 6월 하순경부터 부화유충이 잎기부에 충영이 형성 부풀기 시작하며, 잎 생장도 정지되어 건전한 솔잎 길이보다 1/2 이하로 짧아진다.

2. 다음 중 성충으로 월동하는 곤충은?

① 밤나무 순혹벌   ② 소나무좀
③ 독나방   ④ 솔잎혹파리

해설 소나무좀의 성충은 11월부터 수간의 지면 가까운 부분이나 뿌리 근처의 수피 틈에서 월동한다.

3. 소나무잎떨림병균의 월동 장소는?

① 병든 나뭇가지
② 토양 속
③ 나무가지에 있는 병든 잎
④ 땅 위에 떨어진 병든 잎

해설 소나무잎떨림병균은 땅 위에 떨어진 병든 잎에서 자낭포자의 형으로 월동한다.

4. 다음 중 수병의 병징에 해당되는 것은?

① 근상균사속   ② 괴사
③ 균사체   ④ 자좌

해설 괴사 · 위조 · 비대 · 총생 등은 병징에 해당된다.

5. 만코지제(다이센 엠-45) 50%(비중 1)원액 100mL를 0.05%로 희석하려고 할 때 필요한 물의 소요량은?

① 50.9L   ② 55.5L
③ 99.9L   ④ 100.5L

해설 $\dfrac{50\%}{0.05\%} \times 100ml - 100ml = 99{,}900ml = 99.9\ell$

6. 병원체 중 가장 많은 수목병을 발생시키는 것은?

① 진균   ② 세균
③ 바이러스   ④ 파이토 플라스마

해설 진균
• 자낭균류, 담자균류, 조균류 및 불완전균류
• 무색의 균사로 이루어져 있으며, 엽록소가 없어 다른 생물에 기생하며 가장 많은 수목병을 발생시킴

7. 참나무류의 종실인 도토리에 주둥이로 구멍을 뚫고 산란한 후 도토리가 달린 가지를 주둥이로 잘라 땅으로 떨어뜨리며 알에서 부화한 유충이 도토리의 과육을 식해하는 해충은?

① 왕바구미   ② 도토리거위벌레
③ 심식나방   ④ 도토리바구미

해설 도토리거위벌레는 참나무류의 구과인 도토리를 가해한다.

정답 1. ② 2. ② 3. ④ 4. ② 5. ③ 6. ① 7. ②

8. 작물의 내동성(耐凍性)에 대한 설명으로 잘못된 것은?

① 세포 내 자유수 함량이 많으면 동해가 심해진다.
② 세포 내 삼투압이 높아지면 내동성이 약해진다.
③ 세포 내 유지(油脂)함량이 높을수록 내동성이 커진다.
④ 세포 내 전분함량이 낮고 가용성 당함량이 높으면 내동성이 커진다.

해설 작물의 세포 내의 삼투압이 높아지면 빙점이 낮아지고 세포 내의 결빙이 적어 내동성이 강해진다.

9. 소나무녹병은 중간기주에서 어떤 포자형으로 반복 전염하는가?

① 녹병포자   ② 녹포자
③ 여름포자   ④ 겨울포자

해설 소나무잎녹병균이 중간기주에 기생할 때는 여름포자와 겨울포자를 형성하는데, 여름포자는 다른 중간기주에 다시 여름포자를 형성하는 반복전염을 한다.

10. 다음 중 불완전변태 해충으로 보기 어려운 것은?

① 딱정벌레목   ② 잠자리목
③ 매미목   ④ 노린재목

해설 딱정벌레목은 완전 변태류이다.

11. 수목병해충 예방과 구제를 위하여 살충제를 사용하여야 할 것은?

① 잎녹병   ② 그을음병
③ 잎떨림병   ④ 흰가루병

해설 그을음병
진딧물과 깍지벌레가 수목에 기생하면서 발생하는 병으로 살충제를 사용해야 한다.

12. 해충조사 시 정확한 밀도보다는 방제방법을 판단할 때 사용되는 방법으로 산림해충의 조사에 이용되고 있는 예찰조사법은?

① 해충조사
② 항공조사
③ 축차조사
④ 선단지조사

해설 축차조사
방제방법을 판단할 때 사용되는 방법으로 방제지역과 방임지역을 판별하고 방제 후의 효과확인 및 피해확대를 막기 위한 벌목의 여부를 결정하는 방법이다.

13. 담배장님노린재에 의하여 전염되는 수목병은?

① 잣나무털녹병
② 소나무잎마름병
③ 오동나무빗자루병
④ 포플러줄기마름병

해설 오동나무 빗자루병
담배장님노린재가 매개체이며, 대추나무·뽕나무 빗자루병은 마름무늬매미충이 매개한다.

14. 급성독성 정도에 따른 농약의 구분이 아닌 것은?

① 일반독성
② 맹독성
③ 고독성
④ 저독성

해설 급성독성 정도에 따라 맹독성, 고독성, 보통독성, 저독성으로 구분한다.

정답   8. ②   9. ③   10. ①   11. ②   12. ③   13. ③   14. ①

15. 솔나방의 성충 우화시기 가운데 가장 올바른 것은?

① 4월 상순~5월 상순 　② 5월 하순~6월 상순
③ 6월 하순~7월 상순 　④ 7월 하순~8월 중순

해설 솔나방의 성충 우화시기는 7월 하순 8월 중순에 나타나고
　　수명은 7~9일 정도이다.

16. 늦여름이나 가을철에 내린 서리로 인하여 수목에 피
해를 주는 것은?

① 상렬　　　　　　　② 만상
③ 조상　　　　　　　④ 연해

해설 상해(저온해 피해)
　　• 만상 : 이른 봄
　　• 조상 : 늦가을
　　• 동상 : 겨울

17. 수목의 그을음병에 대한 방제로 틀린 것은?

① 통풍과 채광을 높인다.
② 흡즙성 곤충을 방제한다.
③ 그을음이 있는 잎은 적당한 세제로 닦는다.
④ 질소질 비료를 충분히 준다.

해설 그을음병
　　생육불량 또는 질소질비료의 과다가 발병원인이 되므로
　　유의하고 깍지벌레, 진딧물 등 흡즙성 해충을 구제한다.

18. 한상(寒傷)에 대한 설명으로 맞는 것은?

① 찬서리에 의하여 일어난 임목 피해
② 찬바람에 의하여 나무 조직이 어는 임목 피해
③ 0℃ 이상의 낮은 기온으로 일어나는 임목 피해
④ 기온이 0℃ 이하로 내려가야 일어나는 임목 피해

해설 식물체내의 세포 내에 결빙현상은 일어나지 않으나 한랭(寒冷)
　　으로 생활기능이 장해를 받는 것을 한상(寒傷)이라 한다.

19. 곤충의 외분비물질로 특히 개척자가 새로운 기주를
찾았다고 동족을 불러들이는데 사용되는 종내 통신 물질
로 나무좀류에서 발달되어 있는 물질은?

① 경보 페로몬　　　　② 집합 페로몬
③ 길잡이 페로몬　　　④ 성 페로몬

해설 페로몬
　　곤충의 몸 밖으로 분비되어 같은 종류의 개체에게 어떤 신호
　　를 보내는 물질로 냄새를 통해 전달되며 동물들의 특유한
　　반응을 일으키는 원인이 된다. 이성을 유인하려는 성 페로
　　몬, 위험을 알리는 경계 페로몬, 자기의 영역을 표시하거
　　나 동물 집단을 유지하려는 집합 페로몬 등이 있다.

20. 유효성분이 물에 녹지 않으므로 유기용매에 유효성
분을 녹여 만드는 농약은?

① 유제(乳劑)　　　　② 액제(液劑)
③ 수용제(水溶劑)　　④ 수화제(水和劑)

해설 유제는 주제가 물에 녹지 않을 때 유기용매에 녹여 유화제를
　　첨가한 용액으로 물에 희석하여 사용한다.

1회

1회독 □ 2회독 □ 3회독 □

1. 온도 변화에 따른 수목 조직의 수축, 팽창 차이로 줄기가 갈라지는 현상은?

① 만상 ② 상렬 ③ 상주 ④ 한상

해설 상렬
  ① 나무의 수액이 얼어서 부피가 증대되어 수간의 외층이 냉각수축하여 수선방향으로 갈라지는 현상이다.
  ② 재질이 단단하고 수선이 발달된 활엽수의 거목에서 많이 발생한다.

2. 파이토플라즈마에 의한 수목병이 아닌 것은?

① 뽕나무오갈병 ② 벚나무빗자루병
③ 대추나무빗자루병 ④ 오동나무빗자루병

해설 벚나무빗자루병은 자낭균에 의한 수병이다.

3. 1년에 2회 이상 발생하며 수피 사이나 지피물밑에 고치를 짓고 번데기로 월동하는 것은?

① 매미나방 ② 솔알락명나방
③ 미국흰불나방 ④ 어스렝이나방

해설 미국흰불나방
  1년에 보통 2회 발생, 수피사이나 지피 등에서 고치를 짓고 그 속에서 번데기로 월동한다.

4. 담배장님노린재에 의하여 전염되는 수목병은?

① 오동나무빗자루병 ② 소나무잎마름병
③ 잣나무털녹병 ④ 포플러줄기마름병

해설 오동나무 빗자루병
  담배장님노린재가 매개체이며, 대추나무·뽕나무 빗자루병은 마름무늬매미충이 매개한다.

5. 지표화로부터 연소되는 경우가 많고, 나무의 공동부가 굴뚝과 같은 작용을 하는 산불의 종류는?

① 수간화 ② 수관화
③ 지상화 ④ 지중화

해설 수간화
  ① 나무 줄기가 타는 불로서 지표화로부터 연소하는 경우가 많다.
  ② 나무 줄기부분의 높이에 있는 나무덤불, 간벌한 나무 등에서 발생한다.
  ③ 줄기가 마치 관처럼 둘러싸인 공동(空洞)을 형성하면 굴뚝효과가 발생하여 화재의 성장과 전파가 더 빠르다.

6. 병원균의 잠복기간을 옳게 기술한 것은?

① 포자가 잎 위에 떨어져 병징이 나타날 때까지의 기간
② 포자가 바람에 날릴 때부터 감염이 이루어질 때까지의 기간
③ 감염이 이루어져서부터 병징이 나타날 때까지의 기간
④ 병징이 나타난 직후부터 고사할 때까지의 기간

해설 병원체가 침입한 후 병징이 나타날 때까지 소요되는 기간을 잠복기간이라 한다.

7. 솔잎혹파리에 대한 설명으로 옳지 않은 것은?

① 우화 최성기가 5~6월이다.
② 10~11월에 번데기로 월동한다.
③ 낙엽 밑이나 흙속에서 월동한다.
④ 유충이 솔잎 기부에 벌레혹을 형성한다.

정답 1. ② 2. ② 3. ③ 4. ① 5. ① 6. ③ 7. ②

[해설] 솔잎혹파리의 월동
유충이 9월 하순 ~ 다음 해 1월(최성기 11월 중순)에 충영에서 탈출하여 낙하 해 지피물 밑 또는 흙속으로 들어가 월동한다.

8. 곤충의 기관에서 체외로 방출되어 같은 종끼리 통신을 하는 데 이용되는 물질은?

① 카이로몬　　　　② 호르몬
③ 알로몬　　　　　④ 페로몬

[해설] 페로몬(Pheromone)
① 같은 종의 동물끼리의 의사소통에 사용되는 화학적 신호
② 체외분비성 물질이며, 경보 페로몬, 음식 운반 페로몬, 성적 페로몬 등 행동과 생리를 조절하는 여러 종류의 페로몬이 존재한다.

9. 살아있는 나무와 죽은 나무의 목질부를 모두 가해하는 해충은?

① 소나무좀　　　　② 밤나무혹벌
③ 미국흰불나방　　④ 느티나무벼룩바구미

[해설] 소나무좀
유충이 수피 밑을 식해하며, 쇠약한 나무·고사목이나 벌채한 나무에 기생하지만 대발생할 때에는 건전한 나무도 가해하여 고사시킨다.

10. 해충 발생량의 변동을 조사할 때 한 지역 내의 개체군 밀도 결정에 관여하지 않는 요인은?

① 출생률　　　　　② 사망률
③ 변이율　　　　　④ 이입률

[해설] 개체군 밀도 결정
출생률, 사망률, 이입률

11. 충영을 형성하는 해충이 아닌 것은?

① 외줄면충　　　　② 밤나무혹벌
③ 솔잎혹파리　　　④ 소나무솜벌레

[해설] 소나무솜벌레
① 흡즙성 해충으로 성충과 약충이 신초, 가지나 줄기껍질 틈에서 수액을 빨아 먹고 솜 같은 흰색 밀랍을 분비해 기생 부위가 하얗게 보인다.
② 수분결핍에 따른 현상과 마찬가지로 잎 끝부터 타들어 가며, 나무의 수세가 약할 때 주로 발생한다.

12. 아황산가스로 인한 수목의 피해 증상 및 영향에 대한 설명으로 옳지 않은 것은?

① 대기의 습도가 낮은 경우에는 가스가 정체되어 피해가 현저하게 나타난다.
② 만성증상은 수목의 생육이 왕성한 늦봄과 초여름에 최고로 민감하게 나타난다.
③ 급성증상은 잎의 주변부와 엽맥 사이에 조직의 괴사와 연반현상이 나타난다.
④ 기공으로 흡수된 아황산가스의 대부분은 황산 또는 황산염으로 되어 접촉부위 부근에 축적된다.

[해설] 바르게 고치면
대기의 습도가 높은 경우 피해가 현저하게 나타난다.

13. 수목병의 임업적 방제법에 대한 설명으로 옳지 않은 것은?

① 묘목은 건강하게 키워야 하면, 취급에도 주의해야한다.
② 특정한 병의 발생이 예상될 경우에는 다른 수종을 심는다.
③ 부후병 방지를 위해서 봄에서 초여름에 걸쳐 벌채하는 것이 좋다.
④ 조림지와 유사한 환경조건을 가진 임지의 우량한 모수에서 채취한 종자를 심는다.

[해설] 바르게 고치면
부후병 방지를 위해서 겨울철에 벌채하는 것이 좋다.

14. 동해로 인한 피해가 가장 심한 곳은?

① 남사면이 아닌 곳
② 경사가 15°를 넘는 사면
③ 사면을 따라 내려가 오목하게 들어간 곳
④ 임내 공지가 주변에 있는 임목 수고의 1.5배 이하인 곳

해설 지형이 오목한 곳은 온도가 낮아져 동해 피해가 쉽게 나타난다.

15. 다음 중 나무좀·하늘소·바구미 등의 해충 방제에 가장 적합한 방법은?

① 포살법
② 등화 유살법
③ 번식장소 유살법
④ 잠복장소 유살법

해설 번식장소 유살법
① 천공성 해충이 고사목이나 수세가 약한 쇠약목 등을 찾아 그 수피 내부에 즐겨 산란하는 습성이용 한다.
② 생장불량목이나 간벌목 등을 벌채하여 그 줄기를 작업에 용이한 크기인 2m 이하로 자른 다음 임내에 몇 본씩을 경사지게 세워놓는다.
③ 유인목에 해충을 유인 후 이들이 유인목에서 탈출하기 전에 박피, 훈증, 태우는 방법으로 소나무좀이나 광릉긴나무좀의 방제에 활용한다.

16. 소나무재선충병의 매개충은?

① 솔수염하늘소
② 솔잎혹파리
③ 소나무좀
④ 솔껍질깍지벌레

해설 소나무재선충병 매개충 – 솔수염하늘소

17. 향나무 녹병의 중간기주가 아닌 것은?

① 잎갈나무
② 모과나무
③ 팥배나무
④ 윤노리나무

해설 향나무 녹병 중간기주
장미과 수목

18. 다음 설명에 해당하는 농약살포 방법은?

- 농약 원액 또는 유효 성분의 함량이 수십 %인 고농도로 살포한다.
- 주로 탑재 살포액의 양이 한정적인 항공살포에 많이 이용된다.

① 살분법   ② 훈증법
③ 미량 살포   ④ 대량 살포

해설 미량살포
① 액제살포 방법
② 거의 원액에 가까운 농도의 농후액을 살포하는 방법을 말한다.

19. 코흐(Koch)의 원칙을 충족시키지 않는 조건은?

① 병원체의 순수 배양이 불가능해야 한다.
② 기주로부터 병원체를 분리할 수 있어야 한다.
③ 기주에서 병원체로 의심되는 특정 미생물이 존재해야 한다.
④ 동일 기주에 병원체를 접종하면 동일한 병이 발생되어야 한다.

해설 바르게 고치면
미생물은 분리되어 배지상에서 순수 배양이 되어야 한다.

20. 포식기생충이 다른 포식기생충에 기생하는 형태를 무엇이라 하는가?

① 중기생 ② 다포식기생
③ 내부포식기생 ④ 제1차포식기생

[해설] 기생충에 기생하는 생명체를 중기생체(重寄生體, hyper
－parasite)라 한다.

1. 식엽성 해충에 해당하지 않는 것은?

① 솔나방
② 매미나방
③ 박쥐나방
④ 미국흰불나방

해설 박쥐나방
① 천공성 해충
② 식물 줄기 속을 파먹고 동을 밖으로 밀어내며, 주로 파먹기 쉬운 옥수수와 같은 풀이나 어린나무의 줄기를 선택해 피해를 준다.

2. 자낭균의 무성생식으로 생성된 포자는?

① 난포자
② 자낭포자
③ 유주포자
④ 분생포자

해설 자낭균
분생포자로 이루어지는 무성생식(불완전세대)과 자낭포자로 이루어지는 유성생식(완전세대)으로 세대를 이어간다.

3. 병원균이 뿌리에 기생하면서 뿌리를 썩게 해 나무를 고사시키는 병은?

① 궤양병
② 수지동고병
③ 유관속시들음병
④ 자주빛날개무늬병

해설 자주빛날개무늬병균
① 땅속에서 살고 식물의 뿌리나 땅속줄기 등의 표면에 어두운 갈색의 가는 균사속을 감는다.
② 식물조직 속에 균사를 침입시켜 조직을 썩히므로 식물이 말라죽는 일이 많다.

4. 솔잎혹파리의 우화 최성기는?

① 4월 상순
② 6월 상순
③ 8월 상순
④ 10월 상순

해설 솔잎혹파리 성충우화기
① 5월 중순~7월 중순으로 우화 최성기는 6월 상순 중순
② 특히 비가 온 다음날에 우화수가 많음

5. 여름포자 세대가 형성되지 않는 수목 병은?

① 향나무 녹병
② 포플러 녹병
③ 소나무 혹병
④ 잣나무 털녹병

해설 향나무 녹병균
① 5~7월까지 배나무에 기생하고, 그 후에 녹포자는 바람에 의해 향나무에 기생하면서 균사의 형태로 월동한다.
② 1~2년 후에 겨울포자퇴를 형성하고, 여름포자를 형성하지 않는다.

6. 소나무 재선충병 방제방법으로 옳지 않은 것은?

① 매개충의 방제
② 감염된 수목은 벌채 후 소각
③ 매개충 우화 최성기에 나무주사 처리
④ 포스티아제이트 액제를 이용한 토양관주

해설 매개충의 우화 최성기는 5~6월이고, 12월부터 2월까지 수간주사(1회/2년)하며, 아바멕틴 1.8%유제 또는 에마멕틴벤조에이트 2.15% 유제 원액으로 처리한다.

7. 일반적으로 연간 발생횟수가 가장 많은 해충은?

① 매미나방
② 솔잎혹파리
③ 밤나무혹벌
④ 미국흰불나방

정답 1. ③ 2. ④ 3. ④ 4. ② 5. ① 6. ③ 7. ④

해설 ① 매미나방(1회/1년)
② 솔잎혹파리(1회/1년)
③ 밤나무혹벌(1회/1년)
④ 미국흰불나방(2회/1년)

8. 해충방제에 사용되는 천적 곤충이 아닌 것은?

① 기생벌   ② 무당벌레
③ 풀잠자리   ④ 슈리사이드

해설 포식성 천적과 기생성 천적
① 해충기생성 천적 : 좀벌과 · 기생벌과 · 선충류 · 박테
리아 · 사상균류 · 바이러스류 등
② 포식성 천적 : 무당벌레과 · 노린재과 · 잠자리과

9. 솔껍질깍지벌레에 대한 설명으로 옳지 않은 것은?

① 전성충은 수컷에서만 볼 수 있다.
② 암컷은 수컷보다 2령 약충기간이 길다.
③ 암컷은 불완전변태를 수컷은 완전변태를 한다.
④ 주로 소나무에 피해를 주며, 곰솔에는 피해를 주지 않
는다.

해설 솔껍질깍지벌레
① 피해수목 : 소나무, 곰솔
② 피해증상 : 성충과 약충이 가지에 기생하며 수액을 빨
아 먹어 잎이 갈색으로 변하며, 3~5월에 주로 수관의
아랫부분부터 변색되면서 말라 죽는다.

10. 어린 조림목에 가장 큰 피해를 주는 동물은?

① 어치   ② 다람쥐
③ 왜가리   ④ 멧토끼

해설 멧토끼 – 주로 어린 풀을 뜯어 먹는다.

11. 전염성 수목병에 있어서 주인(主因)에 해당하는 것은?

① 수종   ② 병원체
③ 재배법   ④ 토양조건

해설 주인과 유인
① 주인
• 병의 원인 중에서 가장 중요한 원인을 말한다.
• 전염성 병에 있어서는 병원체를 주인이라고 한다.
② 유인
• 주인의 역할을 돕는 보조적인 원인을 말한다.
• 그 밖의 환경요인은 기상조건, 토양조건, 재배법 등으
로 발생을 조장한다.

12. 수세가 쇠약한 수목의 줄기를 가해하는 것은?

① 독나방
② 소나무좀
③ 미국흰불나방
④ 오리나무잎벌레

해설 독나방, 미국흰불나방, 오리나무잎벌레 : 잎을 가해

13. 공동충전제로 사용되는 발포성 수지 중 폴리우레탄
폼의 배합 비율로 가장 적합한 것은?

① 주제(P.P.G) : 발포경화제(M.D.I) = 2 : 1
② 주제(P.P.G) : 발포경화제(M.D.I) = 1 : 3
③ 주제(P.P.G) : 발포경화제(M.D.I) = 1 : 2
④ 주제(P.P.G) : 발포경화제(M.D.I) = 1 : 1

해설 폴리우레탄 폼
① 폴리우레탄의 기본원리 구성으로 경화제와 주제의 반
응을 이용하여 원하는 보수부분에 주입하게 되면 화학
반응으로 생성된 폼이 미리 뚫린 구멍을 따라 빈 공간
으로 유입되어 공동을 채우게 된다.
② 주제(P.P.G) : 발포경화제(M.D.I) = 1 : 1

정답   8. ④   9. ④   10. ④   11. ②   12. ②   13. ④

14. 모잘록병에 대한 설명으로 옳지 않은 것은?

① 거의 모든 수종에 발병할 수 있다.
② 병원균은 난균류와 자낭균류가 있다.
③ 묘상이 과습하지 않도록 배수와 통풍에 주의한다.
④ 어린 묘목의 뿌리 또는 지제부가 주로 감염된다.

해설 모잘록병의 병원균은 조균류와 불완전균류이다.

15. 연작에 의해서 피해가 현저하게 증가하는 수목병은?

① 뿌리혹선충병   ② 잣나무 털녹병
③ 소나무 잎녹병   ④ 배나무 붉은별무늬병

해설 ②, ③, ④은 중간기주에 의한 수목병이다.

16. 지표식물을 이용하여 발병 여부를 확인할 수 있는 병은?

① 낙엽송 잎떨림병
② 참나무 시들음병
③ 밤나무 가지마름병
④ 아까시나무 모자이크병

해설 아까시나무 모자이크병
     ① 바이러스에 의한 병
     ② 명아주에 즙액접종하면 담황색의 국부병반이 나타난다.

17. 빨아먹는 입틀을 가진 해충은?

① 메뚜기   ② 흰개미
③ 노린재   ④ 딱정벌레

해설 주둥이를 식물체에 찔러 넣어 즙액을 빨아먹는 곤충 : 진
     딧물, 노린재, 애멸구

18. 식물 뿌리·줄기·잎을 통하여 식물체 내로 들어가 식물의 즙액과 함께 식물 전체에 퍼져 식물을 가해하는 해충에 작용하는 살충제는?

① 제충제   ② 접촉살충제
③ 소화중독제   ④ 침투성 살충제

해설 ① 소화중독제(식독제) : 약제를 구기를 통해 섭취
        (대부분의 유기인계 살충제)
     ② 직접 접촉제 : 피부에 접촉 흡수시켜 방제
        • 직접 접촉 독제 : 직접 살포시에만 살충(제충국, 니코
          틴제, 기계유유제)
        • 잔효성 접촉 독제 : 직접 살포시는 물론이고 약제의
          접촉시 살충
     ③ 침투성 살충제 : 잎, 줄기 또는 뿌리의 일부로부터 침투
        되어 식물 전체에 살충 효과

19. 감수성 식물에 대한 설명으로 옳은 것은?

① 병원체에 이미 감염된 식물
② 병원체에 감염될 가능성이 없는 식물
③ 병원체에 의해 가해 받을 수 있는 식물
④ 병원체에 감염되었으나 견디어 내는 식물

해설 감수성식물
     외부의 자극체에 대하여 유전적으로 견디는 힘이 약한 식물

20. 석회 보르도액으로 방제 효과가 가장 미비한 수목 병은?

① 소나무 잎녹병   ② 밤나무 흰가루병
③ 낙엽송 잎떨림병   ④ 삼나무 붉은마름병

해설 석회 보르도액은 흰가루병에 대한 방제효과는 미비하다.

1. 산림해충 중 천공성 해충이 아닌 것은?

① 솔나방   ② 박쥐나방
③ 버들바구미   ④ 알락하늘소

해설 솔나방 – 식엽성 해충

2. *Septoria*류에 의한 병을 잘못 설명한 것은?

① 주로 잎에 작은 점무늬를 형성한다.
② 자작나무갈색점무늬병(갈반병)을 예로 들 수 있다.
③ 병원균은 병든 잎에서 월동하여 1차 전염원이 된다.
④ 병원균의 분생포자는 주로 곤충에 의해 전반된다.

해설 *Septoria*는 오리나무갈색무늬병이나 자작나무갈색점무늬병을 발생시키며 곤충에 의한 전반은 없다.

3. 하늘소 중에서 똥을 밖으로 배출하지 않아 발견하기 어려운 해충은?

① 알락하늘소   ② 뽕나무하늘소
③ 향나무하늘소   ④ 솔수염하늘소

해설 향나무하늘소는 가해시 구멍도 생기지 않고 배설물을 외부로 배출하지 않아 피해를 발견하기 어렵다.

4. 수목의 그을음병에 대한 방제로 틀린 것은?

① 통풍과 채광을 높인다.
② 흡즙성 곤충을 방제한다.
③ 그을음이 있는 잎은 적당한 세제로 닦는다.
④ 질소질 비료를 충분히 준다.

해설 그을음병은 통기불량, 음습, 비료부족 또는 질소비료의 과용은 이 병의 발생유인이 되므로 이들 유인을 제거한다.

5. 산림 화재 중 지표에 쌓여 있는 낙엽과 지피물, 지상 관목 등이 불에 타는 화재는?

① 지중화
② 지표화
③ 수관화
④ 수간화

해설 지표화
지표에 쌓여 있는 낙엽과 지피물, 지상 관목층, 갱신치수 등이 불에 타는 화재로 산불 중에서 가장 흔히 일어나는 산불이다.

6. 소나무 잎떨림병의 방제방법으로 틀린 것은?

① 종자소독을 철저히 한다.
② 조림에서는 여러 종류의 활엽수를 하목(下木)으로 식재하면 피해가 경감된다.
③ 나무를 건강하게 키우도록 주의한다.
④ 캡탄제를 살포한다.

해설 잎떨림병
자낭균에 의한 병으로 5~7월에 비가 많이 오는 해에 피해가 크며 병원균이 잎의 기공으로 침입하여 7~9월경 발병하고 잎에 병반이 형성된다. (토양 및 종자소독의 방제와는 관련성이 없다.)

7. 솔잎혹파리의 생활사에 관한 설명으로 맞는 것은?

① 1년에 1회 발생하며 알로 충영 속에서 월동한다.
② 1년에 2회 발생하며 지피물 속에서 성충으로 월동한다.
③ 1년에 2회 발생하며 성충으로 충영 속에서 월동한다.
④ 1년에 1회 발생하며 유충으로 땅속 또는 충영 속에서 월동한다.

해설 솔잎혹파리
소나무와 해송에 피해를 주며 1년 1회 발생하며 유충으로 땅속에서 월동한다.

정답 1. ① 2. ④ 3. ③ 4. ④ 5. ② 6. ① 7. ④

8. 내화력(耐火力)이 강한 수종이 아닌 것은?

① 은행나무　　　② 고로쇠나무
③ 동백나무　　　④ 소나무

해설 내화력이 약한 수종 : 소나무, 해송, 편백 등

9. 수병의 발생에 관여하는 3대 요소가 아닌 것은?

① 병원체　　　② 기주식물
③ 기생식물　　　④ 환경

해설 수병 발생 3대요소 : 병원체(주인), 기주식물(소인), 환경
(유인)

10. 다음 중 2차 해충에 속하는 것은?

① 소나무좀
② 오리나무잎벌레
③ 흰불나방
④ 밤나무혹벌

해설 소나무좀은 월동성충이 나무껍질을 뚫고 들어가 산란한
알에서 부화한 유충이 나무껍질 밑을 식해하는 2차 해충
에 속한다.

11. 수목에 도달하는 병원체의 침입 중 자연개구부
(Natural Openings)를 통한 침입이 아닌 것은?

① 각피　　　② 기공
③ 수공　　　④ 피목

해설 자연개구를 통한 침입
식물체에 분포하는 자연 개구부인 기공(氣孔)과 수공(水
孔), 피목(皮目), 밀선(蜜腺) 등으로 침입하는 것을 말한다.

12. 전나무 잎녹병의 병원균의 녹포자가 날아가 기생할
수 있는 중간기주는?

① 작약　　　② 뱀고사리
③ 참취　　　④ 현호색

해설 ① 작약 : 소나무 줄기녹병의 중간기주
② 뱀고사리 : 전나무 잎녹병 중간기주
③ 참취 : 소나무 잎녹병 중간기주
④ 현호색 : 포플러의 잎녹병 중간기주

13. 다음 중 밤나무혹벌의 천적은?

① 알좀벌　　　② 먹좀벌
③ 수중다리무늬벌　　　④ 남색긴꼬리좀벌

해설 밤나무혹벌의 천적 : 중국긴꼬리좀벌, 남색긴꼬리좀벌

14. 수목에 피해를 주는 수병 중 자낭균에 의한 것은?

① 벚나무 빗자루병　　　② 뽕나무 오갈병
③ 잣나무 털녹병　　　④ 삼나무 붉은마름병

해설 ① 뽕나무 오갈병 : 파이토플라즈마
② 잣나무 털녹병 : 담자균(진균)
③ 삼나무 붉은마름병 : 불완전균(진균)

15. 성비(性比)가 0.65인 곤충이 있다고 할 때 암·수전
체 개체수가 200마리라면 암컷은 몇 마리인가?

① 65마리　　　② 70마리
③ 100마리　　　④ 130마리

해설 개체수에 대한 암컷의 비를 성비
$200 \times 0.65 = 130$마리

16. 측백나무 검은돌기잎마름병에 대한 설명이다 틀린 것은?

① 가을에 발생하는 낙엽성 병해이다.
② 주로 수관하부의 잎이 떨어져서 엉성한 모습으로 된다.
③ 통풍이 나쁠 때 많이 발생한다.
④ 잎의 기공조선상(氣孔條線上)에 병원체의 자실체가
　나타난다.

해설 측백나무 검은돌기잎마름병
　　① 여름철 고온과 건조로 수세가 쇠약해졌거나 밀식되어
　　　통풍과 채광이 불량할 때 많이 발생한다.
　　② 6~8월경 주로 수관 하부의 잎과 가지가 적갈색으로 말라
　　　죽으면서 낙엽이 되므로 수관하부가 엉성한 모습으로 된다.

17. 곤충의 외표피(外表皮)와 관련이 없는 것은?

① 시멘트층　　　　② 왁스층
③ 단백질성 외표피　④ 기저막

해설 기저막
　　① 곤충의 피부는 표피(외표피,원표피) · 진피 및 기저막
　　　으로 구성된다.
　　② 기저막은 진피층 밑에 있는 구조가 없는 얇은 막으로
　　　곤충의 근육이 부착되는 곳과 연결된다.

18. 다음 중 가해식물의 종류가 가장 많은 산림 해충은?

① 미국흰불나방　　② 솔나방
③ 천막벌레나방　　④ 솔잎혹파리

해설 미국흰불나방은 160여종을 가해하는 잡식성 해충이다.

19. 수목의 뿌리를 통해서 감염되지 않는 것은?

① 침엽수 모잘록병　② 뿌리썩이선충
③ 소나무 재선충병　④ 뿌리혹병

해설 소나무재선충병은 매개충인 솔수염하늘소, 북방수염하늘
　　소에 매개전염된다.

20. 우리나라 산림에 피해를 주는 산림병해충 중 외래침
입병 해충으로만 짝지어진 것은?

① 아까시잎혹파리, 솔잎혹파리, 소나무재선충병
② 버즘나무방패벌레, 솔나방, 솔껍질깍지벌레
③ 잣나무넓적잎벌, 솔수염하늘소, 솔잎혹파리
④ 미국흰불나방, 버즘나무방패벌레, 밤나무혹벌

해설 ① 아까시잎혹파리, 솔잎혹파리 : 북미대륙에서 유입
　　② 소나무재선충병 : 일본에서 유입

정답　16. ①　17. ④　18. ①　19. ③　20. ①

1회   1회독 ☐   2회독 ☐   3회독 ☐

1. 아까시잎혹파리의 월동생태와 월동장소의 연결이 옳은 것은?

① 번데기-수피 틈
② 번데기-땅속
③ 알-수피 틈
④ 알-땅속

[해설] 아까시잎혹파리 : 번데기형태로 땅속 월동

2. 나무의 수피와 목질부 표면을 환상(環狀)으로 식재하며, 거미줄을 토하여 식해부위에 철해 놓은 해충은?

① 박쥐나방   ② 알락하늘소
③ 잣나무넓적잎벌   ④ 광릉긴나무좀

[해설] 박쥐나방
부화유충은 초본식물의 줄기에 구멍을 뚫고 가해하다가 나무로 이동해 가지의 껍질을 환상으로 먹고 거미줄을 토하여 철해 놓는다.

3. 상주(霜柱)에 대한 설명으로 틀린 것은?

① 서릿발 또는 동상(凍上)이라고 부른다.
② 눈이 적게 오고 더운 지역의 산지에 묘목을 가을에 식재하면 그 직후에 상주피해를 입는 일이 많다.
③ 상주가 심한 곳에서 천근성 묘목이 들어올려져 뿌리가 절단되는 현상이 발생한다.
④ 상주의 피해를 방지하기 위해서는 모래 등을 섞어 토질을 개량한다.

[해설] 상주피해는 저온해로 더운 지역의 산지의 묘목에는 피해 발생이 없다.

4. 화학적 방제 중 약제의 유효성분을 가스 상태로 하여 해충의 기문을 통하여 호흡기에 침입시켜 사망시키는 것은?

① 소화중독제
② 제충제
③ 침투성 살충제
④ 훈증제

[해설] 훈증제
약제가 기체로 해충의 기문을 통해 체내로 들어가 질식을 일으킨다.

5. 잣나무털녹병의 중간 기주는?

① 송이풀   ② 참취
③ 잔대   ④ 고사리

[해설] 잣나무털녹병
① 중간기주 : 송이풀과 까치밥나무
② 잣나무에 녹병포자를 형성하고 중간기주에 여름포자, 겨울포자, 소생자 등 형성

6. 벚나무 빗자루병의 설명으로 틀린 것은?

① 병원균은 가지 내 세포간극에서 수년간 살면서 가지를 굵게 하고 매년 빗자루병을 만든다.
② 포플러나 복숭아의 잎에서는 잎의 뒷면에 나출자낭을 형성하고 오갈병을 일으킨다.
③ 봄에 꽃이 피지 않는다.
④ 병든 가지를 계속 신속하게 제거해도 박멸을 할 수 없다.

[해설] 벚나무빗자루병
자낭균에 의한 수병으로 겨울철 병든 가지의 밑부분을 잘라내 소각한다. 소각은 봄에 잎이 피기 전에 실시한다.

정답   1. ②   2. ①   3. ②   4. ④   5. ①   6. ④

7. 대추나무 빗자루병 방제에 가장 효과적인 약제는?

① 페니실린　　　　　② 보르도액
③ 석회황합제　　　　④ 옥시테트라사이클린

해설 대추나무 빗자루병 방제
　　 옥시테트라사이클린 항생물질을 수간주입

8. 다음 산림 해충 중에서 가장 잡식성인 해충은?

① 솔나방　　　　　　② 텐트나방
③ 미국흰불나방　　　④ 오리나무잎벌레

해설 미국흰불나방
　　 버즘나무, 벚나무, 단풍나무, 포플러류 등 활엽수 160여
　　 종에 피해를 주는 식엽성해충이다.

9. 대추나무의 빗자루병은 어떻게 전반(傳搬)되는가?

① 종자에 의한 전반
② 토양에 의한 전반
③ 공기에 의한 전반
④ 분주(分株)에 의한 전반

해설 대추나무 빗자루병의 전반
　　 ① 곤충 및 소동물에 의한 전반(충매전반)
　　 ② 식물체 영양번식기관에 의한 전반

10. 다음 중 내화력이 약한 수종은?

① 벚나무　　　　　　② 회양목
③ 은행나무　　　　　④ 가시나무

해설 벚나무는 내화력이 약한 수종에 해당된다.

11. 수목 뿌리혹병(근두암종병 : Crown Gall)의 병원체
는?

① 바이러스(Virus)　　② 진균(Fungus)
③ 파이토플라스마　　 ④ 세균(Bacteria)

해설 뿌리혹병의 병원체 : 세균(박테리아)

12. 야생동물군집 형성을 위한 임분 관리 방법에 해당되
지 않는 것은?

① 택벌
② 임간 숲 틈 조성
③ 혼효림의 복층림화
④ 순림 위주의 산림 관리

해설 바르게 고치면
　　 혼효림 위주의 산림 관리

13. 솔잎혹파리의 방제방법으로 옳지 않은 것은?

① 등화유살법　　　　② 천적이용법
③ 수간주사법　　　　④ 약제살포법

해설 솔잎혹파리방제법
　　 천적이용법, 수간주사법, 약제살포법
　　 * 등화유살법 : 나방류 방제

14. 향나무 녹병의 병원균이 중간기주 배나무 속에서 잎
앞면에 오렌지색의 별 무늬가 나타나고, 그 위에 흑색의
미립점으로 밀생하는 것으로 옳은 것은?

① 녹포자기　　　　　② 여름포자퇴
③ 겨울포자퇴　　　　④ 녹병정자기

해설 배나무의 잎 앞면은 오렌지색 별무늬가 나타나고 그 위에
　　 흑색 미립점(녹병자기)가 밀생하고 잎 뒷면에는 회색에서
　　 갈색털 같은 돌기(녹포자기)가 생긴다.

정답　　 7. ④　 8. ③　 9. ④　 10. ①　 11. ④　 12. ④　 13. ①　 14. ④

15. 밤나무혹벌의 월동 장소와 월동 충태(蟲態)로 옳은 것은?

① 눈(芽) 속에서 알로 월동
② 지피물 속에서 알로 월동
③ 눈(芽) 속에서 유충으로 월동
④ 지피물 속에서 번데기로 월동

해설 밤나무혹벌
　　연1회 발생하며 눈의 조직내에서 유충으로 월동한다.

16. 대기 중 공중습도가 25% 이하일 때 산불발생 위험 도와의 관계는?

① 잘 발생하지 않는다.
② 발생하지만 진행이 더디다.
③ 발생하기 어렵지만 진화는 쉽다.
④ 대단히 발생하기 쉽고, 진화가 어렵다.

해설 공중의 관계습도와 산화발생위험도와의 관계

공중의 관계습도	산화발생위험도
>60	산불이 잘 발생하지 않는다.
50~60	산불이 발생하나 진행이 더디다.
40~50	산불이 발생하기 쉽고 또 속히 연소된다.
<30	산불이 대단히 발생하기 쉽고 소방이 곤란하다.

17. 아황산가스에 대한 감수성이 가장 큰 것은?

① 편백
② 소나무
③ 삼나무
④ 은행나무

해설 소나무, 느티나무, 황철나무 등은 아황산가스에 대한 감수 성이 크다.

18. 녹병의 기주교대 식물로 올바르게 짝지어진 것은?

① 소나무와 향나무
② 소나무와 송이풀
③ 잣나무와 배나무
④ 일본잎갈나무와 포플러류

해설 포플러잎녹병
　　기주는 포플러, 중간기주는 낙엽송(일본잎갈나무) · 현호 색 · 줄꽃주머니이다.

19. 농약의 보조제에 대한 설명으로 옳지 않은 것은?

① 협력제는 주제의 살충 효력을 증진시킨다.
② 증량제는 주약제의 농도를 높이기 위해 사용한다.
③ 유화제는 유제의 유화성을 높이기 위해 사용한다.
④ 전착제는 식물이나 해충 표면에 살포액을 잘 부착시 키기 위해 사용한다.

해설 증량제
　　농약의 주제의 희석 또는 주제의 약효를 증진시키기 위해 사용하는 재료를 말한다.

20. 다음 중 수병의 방제방법 성격이 다른 것은?

① 약제살포
② 임지정리작업
③ 건전묘목 육성
④ 적절한 수확 및 벌채

해설 ① 약제살포 : 화학적 방제
　　② 임지정리작업, 건전묘목육성, 적절한 수확 및 벌채: 임 업적 방제

1. 포스파미돈 액제(50%)의 수간주입으로 방제효과를 얻을 수 있는 해충은?

① 매미나방
② 솔노랑잎벌
③ 솔잎혹파리
④ 버들재주나방

해설 솔잎혹파리 방제
　① 저항성 품종 식재
　② 천적 : 솔잎혹파리먹좀벌, 혹파리살이먹좀벌, 혹파리등뿔먹좀벌 방사
　③ 6월 상순 우화 최성기에 성충 방제로 포스파미돈 수간주입
　④ 7월 다이메크론 수간주사

2. 산불을 인위적으로 적당히 조절하여 이용하는 방법은?

① 화입
② 수간화
③ 지표화
④ 지중화

해설 화입
　주로 잡목이나 풀을 태워버리기 위해 불을 놓는 방법을 말한다.

3. 다음 약제 중 훈증제가 아닌 것은?

① 시안화수소
② 크레오소트
③ 클로로피크린
④ 메틸브로마이드

해설 크레오소트
　목재가 썩지 않게 하는 보존제나 살균제로 이용

4. 수목의 흰가루병에 대한 설명으로 옳지 않은 것은?

① 2차 감염원은 잎 표면에 형성되는 자낭포자이다.
② 포플러류 및 참나무류 등 다양한 수종에 발병한다.
③ 가을에 병든 낙엽과 가지를 모아 소각하여 방제한다.
④ 순의 생장이 위축되고 꽃과 열매가 달리지 못하는 피해가 나타난다.

해설 흰가루병
　자낭구의 형태로 병든 낙엽 위에 붙어서 월동하고 이듬해 봄에 자낭포자를 내어 1차 전염시키며, 2차 전염은 병환부에 형성하고 분생포자에 의하여 가을까지 되풀이된다.

5. 야생동물 서식지 구성요소에 해당되지 않는 것은?

① 물　　　　　　　② 먹이
③ 수목　　　　　　④ 피난처

해설 야생동물 서식지 구성요소 : 물, 먹이, 피난처(은신처)

6. 다음 중 수병의 중간기주 연결이 틀린 것은?

① 소나무혹병 - 황벽나무
② 잣나무털녹병 - 송이풀
③ 포플러잎녹병 - 일본잎갈나무
④ 배나무붉은별무늬병 - 향나무

해설 소나무혹병-참나무류

7. 푸사리움가지마름병균이 기주식물에 침입하는 방법으로 가장 옳은 것은?

① 각피 침입
② 뿌리를 통한 침입
③ 상처를 통한 침입
④ 기공, 피목 등 자연개구를 통한 침입

해설 푸사리움가지마름병균(불완전균류)은 상처를 통해 침입한다.

정답　1. ③　2. ①　3. ②　4. ①　5. ③　6. ①　7. ③

8. 솔잎혹파리의 월동 충태로 옳은 것은?

① 알 　　　　　　② 성충
③ 유충 　　　　　④ 번데기

해설 솔잎혹파리
　　① 1년에 1회발생
　　② 유충으로 지피물밑의 지표나 1~2cm 깊이의 흙속에 월동한다.

9. 1년에 1회 발생하는 해충으로 옳지 않은 것은?

① 독나방 　　　　② 알락하늘소
③ 미국흰불나방 　④ 알껍질깍지벌레

해설 흰불나방: 1년에 2회 발생

10. 다음 중 가장 농도가 높은 고농도의 농약은?

① 100배액 　　　② 1,000배액
③ 1,500배액 　　④ 2,000배액

해설 배액은 원액와 물의 희석을 말하며 숫자가 작을수록 고농도의 농약이다.

11. 유충이 주로 토양 속에 서식하면서 어린 묘목의 줄기와 잎을 식해하고, 특히 1년생 실생묘에 심한 피해를 주는 해충은?

① 소나무좀 　　　② 거세미나방
③ 미끈이하늘소 　④ 잣나무넓적잎벌

해설 거세미나방
　　① 묘포해충
　　② 낮에는 주로 땅 위의 돌 밑이나 얕은 흙 속에 숨어 있다가, 밤이 되면 나와 식물의 싹을 먹어 치운다. 담배와 무 등 여러 가지의 농작물과 풀의 뿌리부터 줄기, 잎까지 잘 먹어 사육하기 쉬운 종이다.

12. 솔껍질깍지벌레는 어느 부류에 속하는가?

① 흡즙성 해충
② 천공성 해충
③ 식엽성 해충
④ 충영형성 해충

해설 솔껍질깍지벌레
　　기주식물의 가지에 기생하면서 수피를 흡즙하여 가해하는 흡즙성 해충이다.

13. 볕데기에 대한 설명으로 옳지 않은 것은?

① 강한 직사광선이 직접 투입되는 것은 막아 예방할 수 있다.
② 코르크층이 발달된 수종에서 특히 취약하다.
③ 피해부위는 움푹게 들어가고 갈라져 터지므로 부후균의 침입을 받기 쉽다.
④ 고립목의 줄기는 짚으로 둘러주거나 석회유 등을 발라 피해를 입지 않게 한다.

해설 볕데기피해
　　① 수피가 평활하고 코르크층이 발달하지 않는 나무가 볕데기(피소)를 피해를 받기 쉽다.
　　② 오동나무, 후박나무, 호두나무, 배롱나무 등

14. 다음 중 표징(標徵)에 해당되는 것은?

① 위축
② 균사체
③ 시들음
④ 줄기마름

해설 ① 위축, 시들음, 줄기마름: 병징
　　② 균사체 : 표징

15. 단성생식으로 다음 세대를 이어가는 해충으로 옳은 것은?

① 솔노랑잎벌
② 밤나무혹벌
③ 천막벌레나방
④ 소나무노랑점바구미

해설 단성생식
① 처녀생식, 단위생식
② 암컷 배우자가 수컷 배우자와 수정하지 아니하고 새로운 개체를 만드는 생식 방법
③ 밤나무혹벌 : 현재 암컷만 알려져 단성생식을 하는 해충

16. 담자균류에 의한 수목병으로 옳지 않은 것은?

① 소나무 혹병
② 전나무 잎녹병
③ 잣나무 털녹병
④ 낙엽송 잎떨림병

해설 낙엽송 잎떨림병은 자낭균류에 의한 병이다.

17. 늦가을 줄기에 짚을 감아두었다가 봄에 이것을 모아 태워 해충과 익충도 함께 유살되는 방법은?

① 식이유살법
② 등화유살법
③ 번식처유살법
④ 잠복장소유살법

해설 유살법
① 식이유살법 : 곤충이 좋아하는 먹이를 이용하여 유살하는 방법
② 등화유살법 : 곤충의 추광성(趨光性)을 이용해 유살하는 방법(나방류)
③ 번식처유살법 : 통나무유살법, 입목유살법
④ 잠복장소유살법 : 월동할 때나 용화할 때 잠복소로 유인해 유살하는 방법

18. 뽕나무 오갈병의 원인이 되는 병원체는?

① 세균
② 곰팡이
③ 바이러스
④ 파이토플라즈마

해설 뽕나무오갈병 병원균 : 파이토플라즈마

19. 다음 병원균 중 기주교대를 하는 것은?

① 녹병균
② 흰가루병균
③ 모잘록병균
④ 빗자루병균

해설 녹병균 : 기주교대(이종기생) 병원균

20. 다음 수병 중 바이러스 발생원인으로 옳은 것은?

① 불마름병
② 뿌리혹병
③ 흰가루병
④ 모자이크병

해설 ① 불마름병, 뿌리혹병 : 세균
② 흰가루병 : 진균
③ 모자이크병 : 바이러스

정답   15. ②   16. ④   17. ④   18. ④   19. ①   20. ④

1. 한해(旱害 : Drought Injury)의 피해를 가장 적게 받는 수종은?

① 버드나무　　　　② 잣나무
③ 은백양　　　　　④ 포플러류

해설 한해에는 오리나무, 버드나무, 은백양, 들메나무 등 물을 좋아하는 습지성식물은 피해가 크다.

2. 다음 중 각피를 통해 감염을 하는 수목병은?

① 소나무 잎떨림병
② 오동나무 빗자루병
③ 밤나무 줄기마름병
④ 뽕나무 자줏빛날개무늬병

해설 ① 소나무 잎떨림병 : 기공으로 감염
　　② 오동나무 빗자루병 : 상처로 감염
　　③ 밤나무 줄기마름병 : 상처로 감염

3. 밤나무 줄기마름병의 방제 방법으로 가장 효과적인 것은?

① 중간기주를 제거한다.
② 매개충을 구제한다.
③ 항생제 계통 약제로 나무주사를 실시한다.
④ 병든 부위를 도려내고 도포제를 발라준다.

해설 줄기마름병의 방제
　　① 상처를 통해 병원균이 침입하므로 나무에 상처가 생기지 않도록 주의
　　② 줄기의 병환부는 일찍 예리한 칼로 도려내고 그 자리는 알코올로 소독한 다음 그 위에 타르, 페인트, 접밀, 석회유 등을 바른다.

4. 소나무 재선충병의 방제법으로 옳지 않은 것은?

① 피해목을 훈증한다.
② 중간기주식물을 제거한다.
③ 솔수염하늘소를 구제한다.
④ 소나무 주변으로 토양관주를 실시한다.

해설 소나무 재선충병은 솔수염하늘소에의해 매개전염되므로 중간기주식물과는 관계가 없다.

5. 군집생활을 하며 임목을 고사시키는 조류는?

① 할매새　　　　　② 왜가리
③ 동박새　　　　　④ 산비둘기

해설 왜가리는 마을 근처에서 군집하며 나무를 고사시킨다.

6. 곤충의 내외부 형태에 대한 설명으로 옳지 않은 것은?

① 표피는 외표피와 원표피로 구분된다.
② 입틀은 윗입술, 큰턱, 작은턱, 아랫입술, 혀 등으로 구성된다.
③ 기체의 통로는 기문으로 하며 가슴에 4쌍, 배에 6쌍, 모두 10쌍이 일반적이다.
④ 가슴은 앞가슴, 가운데가슴, 뒷가슴이 있고, 가운데가슴과 뒷 가슴에 각각 1쌍의 날개가 있다.

해설 바르게 고치면
　　기체의 통로는 기문으로 하며 가슴에 2쌍, 배에 8쌍, 모두 10쌍이 일반적이다.

7. 천공성 해충에 속하지 않는 것은?

① 박쥐나방　　　　② 광릉긴나무좀
③ 알락하늘소　　　④ 솔잎혹파리

해설 솔잎혹파리 – 충영형성해충

정답 1. ② 2. ④ 3. ④ 4. ② 5. ② 6. ③ 7. ④

8. 가을에 수목에 내리는 이른 서리에 의해 발생하는 수목 피해는?

① 만상　　　　　② 동상
③ 한상　　　　　④ 조상

해설 ① 만상 : 봄철 늦은 서리에 의한 피해
② 동상 : 겨울철 서리에 의한 피해
③ 한상 : 0℃ 이하의 기온에서 열대식물 등이 차가운 성질로 인해 생활기능이 장해를 받아죽음에 이르는 것을 말한다. 이때 식물체 내에 결빙이 일어나지는 않는다.
④ 조상 : 가을철 이른 서리에 의한 피해

9. 담배장님노린재를 구제하여 방제가 가능한 수목병은?

① 소나무 잎녹병　　　② 오동나무 빗자루병
③ 대추나무 빗자루병　④ 잣나무 털녹병

해설 오동나무 빗나무병의 매개충 – 담배장님노린재

10. 침엽수 묘목의 모잘록병을 방제하는데 가장 알맞은 방법은?

① 중간 기주를 제거한다.
② 살충제를 뿌려서 매개 곤충을 구제한다.
③ 살균제로 토양소독과 종자소독을 한다.
④ 질소질비료를 충분히 주어 묘목을 튼튼하게 한다.

해설 모잘록병의 방제
묘포의 위생, 토양소독, 종자소독, 약제살포 등 효과적이다.

11. 병원생물 중 *Bacillus thuringiensis*는 주로 어느 해충을 방제하는데 사용되는가?

① 솔껍질깍지벌레 후약충　② 솔수염하늘소 번데기
③ 소나무좀 성충　　　　　④ 나비류 유충

해설 *Bacillus thuringiensis*
① 진정세균(Eubacteriales) Bacillus 속의 곤충병원균의 일종, 배양이 용이하다.
② 나비목 해충의 미생물농약으로 사용된다.

12. 유충 및 성충 모두가 수목을 가해하는 것은?

① 오리나무잎벌레
② 박쥐나방
③ 황다리독나방
④ 솔나방

해설 오리나무잎벌레
① 연 1회 발생하고 성충으로서 낙엽 속이나 흙 속에서 겨울을 지낸다. 월동한 성충은 5월 중순부터 잎 뒷면에 50~60개씩 덩어리로 300여개의 노란색 알을 산란한다.
② 15일이 지나 부화한 유충은 잎 뒷면에서 머리를 나란히 하고 잎을 갉아먹다가 2회 탈피한 후 땅 속으로 들어가 흙집을 짓고 번데기가 된다. 번데기 기간은 약 20일이며 우화한 성충은 월동에 들어가는 8월 하순까지 활동한다.
③ 성충은 4월 말부터 나타나 오리나무 잎을 갉아먹는다. 수관 아래의 잎을 먼저 갉아먹고 점차 위로 올라가며 갉아먹는다.

13. 완전변태를 하는 내시류에 속하는 곤충목은?

① 흰개미목
② 메뚜기목
③ 나비목
④ 잠자리목

해설 완전변태를 하는 내시류
① 유충기간 중에는 날개가 외부에 나타나지 않는 곤충의 총칭. 완전변태류에 해당한다.
② 완전변태 고등곤충류 : 나비목, 딱정벌레목, 파리목, 벌목 등

정답　8. ④　9. ②　10. ③　11. ④　12. ①　13. ③

14. 볕데기가 잘 발생하지 않는 수종은?

① 버즘나무　　　　② 가문비나무
③ 소태나무　　　　④ 굴참나무

해설 볕데기
　　수피가 평활하고 코르크층이 발달되지 않은 오동나무, 후박나무, 호두나무, 버즘나무, 소태나무, 가문비나무 등의 수종에 피소를 일으키기 쉽다.

15. 농약의 약제를 제형에 따라 분류한 용어가 아닌 것은?

① 미립제　　　　② 액제
③ 수화제　　　　④ 용제

해설 농약의 약제 제형
　　유제, 수화제, 수용제, 액제, 분제, 입제, 미분제, 미립제, 저비산분제, 액상수화제 등

16. 해충의 생물적 방제를 위한 천적 선택조건으로 옳지 않은 것은?

① 잡식성이어야 한다.
② 해충의 출현과 천적의 생활사가 잘 일치하여야 한다.
③ 천적에 기생하는 곤충이 없어야 한다.
④ 천적은 대량 증식이 되어야 한다.

해설 바르게 고치면
　　단식성이어야 한다.

17. 균사에 격벽이 없는 균류는?

① 불완전균류　　　　② 담자균류
③ 자낭균류　　　　④ 난균류

해설 난균류
　　① 유성생식을 할 때 조란기(造卵器)가 생겨서 붙은 이름
　　② 균사는 잘 발달, 분지가 많고, 격벽이 없어 1개의 긴 세포로 그 속에 다수의 핵을 함유한다.

18. 수목병과 매개충의 연결로 옳지 않은 것은?

① 아까시나무 모자이크병 : 진딧물
② 밤나무 흰가루병 : 밤나무순혹벌
③ 오동나무 빗자루병 : 담배장님노린재
④ 대추나무 빗자루병 : 마름무늬매미충

해설 밤나무 흰가루병은 주로 바람에 의해 전반된다.

19. 옥시테트라사이클린을 주입하여 치료하는 병은?

① 잣나무 털녹병　　　　② 포플러 모자이크병
③ 밤나무 근두암종병　　④ 오동나무 빗자루병

해설 대추나무와 오동나무의 빗자루병과 뽕나무의 오갈병
　　옥시테트라사이클린의 수간주입

20. 방화선 설치에 대한 설명으로 옳지 않은 것은?

① 방화선 설치 시 임목과 가연물을 활용해 구축한다.
② 삽, 괭이, 기계톱 등을 이용하여 방화선을 구축한다.
③ 산의 능선, 산림 구획선, 임도 등을 이용한다.
④ 너비는 보통의 경우 10~20m로 한다.

해설 바르게 고치면
　　방화선 설치 시 가연물은 제거해야 한다.

산림기사 · 산림산업기사 ②권

산림보호학 上

저 자 이 윤 진
발행인 이 종 권

2023年 10月 20日 초 판 인 쇄
2023年 10月 26日 초 판 발 행

發行處 **(주) 한솔아카데미**

(우)06775 서울시 서초구 마방로10길 25 트윈타워 A동 2002호
TEL : (02)575-6144/5   FAX : (02)529-1130
〈1998. 2. 19 登錄 第16-1608號〉

ISBN 979-11-6654-372-2 14520
ISBN 979-11-6654-370-8 (세트)

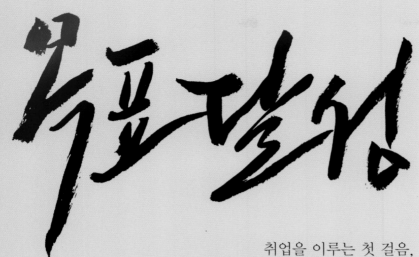

목표달성

취업을 이루는 첫 걸음,
기사 자격취득을 도와준 고마운 사람들이 있습니다.
그 중에서도 가장 든든한 멘토는
한솔아카데미의 철저한 교육 System입니다.

inup 한솔아카데미

PASS

2024 한번에 끝내기

산림기사·산림산업기사

산림보호학

최근 7개년 기출문제

산림기사·산업기사 CBT실전테스트

실제 컴퓨터 필기 자격시험 환경과 동일하게 구성하여 CBT(컴퓨터기반시험) 실전 테스트 풀기

www.bestbook.co.kr

www.inup.co.kr

PASS

2024 한번에 끝내기

산림기사·산림산업기사

임도공학
사방공학

최근 7개년 기출문제

제 下 권

01 핵심이론
02 산림기사 기출문제
03 산림산업기사 기출문제

CBT 시험대비 실전테스트

홈페이지(www.bestbook.co.kr)에서 일부 필기시험 문제를 CBT 모의 TEST로 체험하실 수 있습니다.

CBT 필기시험문제	▶ 산림기사	산림산업기사
	■ 2023년 제1회 시행	■ 2023년 제1회 시행
	■ 2023년 제2회 시행	■ 2023년 제2회 시행
	■ 2023년 제3회 시행	■ 2023년 제3회 시행

■ 무료수강 쿠폰번호안내

회원 쿠폰번호	ZSZB-55UK-FG4S

■ 산림기사 · 산림산업기사 CBT 필기시험문제 응시방법

① 한솔아카데미 인터넷서점 베스트북 홈페이지(www.bestbook.co.kr) 접속 후 로그인합니다.
② [CBT모의고사] – [산림기사] 또는 [산림산업기사] 메뉴에서 쿠폰번호를 입력합니다.
③ [내가 신청한 모의고사] 메뉴에서 모의고사 응시가 가능합니다.

※ 쿠폰 사용 유효기간은 2024년 12월 31일까지입니다.

PASS

2024 한번에 끝내기

산림기사·산림산업기사

임도공학
사방공학

최근 7개년 기출문제

제 下 권

01 핵심이론
02 산림기사 기출문제
03 산림산업기사 기출문제

 한솔아카데미

한솔아카데미가 답이다!
산림기사·산림산업기사 인터넷 강좌

한솔과 함께라면 빠르게 합격 할 수 있습니다.

합격전략 · CBT 모의고사 · 질의응답 · 3일 무료동영상

산림기사·산림산업기사 필기 동영상 강의

구 분	과 목	담당강사	강의시간	동영상	교 재
필 기	조림학	이윤진	약 23시간		
	임업경영학	이윤진	약 19시간		
	산림보호학	이윤진	약 13시간		
	임도공학	이윤진	약 16시간		
	사방공학	이윤진	약 12시간		

- 신청 후 필기강의 4개월 동안 같은 강좌를 **5회씩 반복수강**
- 할인혜택 : 동일강좌 재수강시 **50% 할인**, 다른 강좌 수강시 **10% 할인**

산림기사·산림산업기사 필기
본 도서를 구매하신 분께 드리는 혜택

1 필기 종합반 3일 무료동영상

- 100% 저자 직강
- 출제경향분석
- 필기 종합반 동영상 강의

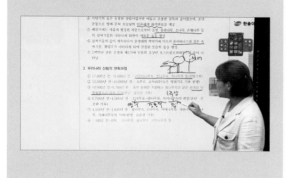

2 CBT 실전테스트

- 산림기사 3회분 모의고사 제공
- 산림산업기사 3회분 모의고사 제공

3 동영상 할인혜택

정규 종합반 2만원 할인쿠폰
(신청일로부터120일 동안)

2024년 대비 동영상강좌 할인권
종목 : 산림기사·산림산업기사 필기종합반

20,000
축시발행

할인등록 유효기간 : 2023년 10월 1일 ~ 2024년 12월 31일

할인문의 (02)575-6144 / 한솔아카데미 www.inup.co.kr

※ 교재의 인증번호를 입력하면 강의 신청 시 사용가능한 할인
쿠폰이 발급되며 **중복할인은 불가**합니다.

수강신청 방법

★ 도서구매 후 무료수강쿠폰 번호 확인 ★

❶ 홈페이지 회원가입
❷ 마이페이지 접속
❸ 쿠폰 등록/내역
❹ 도서 인증번호 입력
❺ 나의 강의실에서 수강이 가능합니다.

교재 인증번호 등록을 통한 학습관리 시스템

❶ 필기 종합반 3일 무료동영상   ❷ CBT 실전테스트   ❸ 동영상 할인혜택

무료수강 쿠폰번호   **ZSZB-55UK-FG4S**

01 사이트 접속

인터넷 주소창에 **https://www.inup.co.kr** 을 입력하여 한솔아카데미 홈페이지에 접속합니다.

02 회원가입 로그인

홈페이지 우측 상단에 있는 **회원가입** 또는 아이디로 **로그인**을 한 후, **산림 · 조경** 사이트로 접속을 합니다.

03 나의 강의실

나의강의실로 접속하여 왼쪽 메뉴에 있는 **[쿠폰/포인트관리]–[쿠폰등록/내역]**을 클릭합니다.

04 쿠폰 등록

도서에 기입된 **인증번호 12자리** 입력(–표시 제외)이 완료되면 **[나의강의실]**에서 학습가이드 관련 응시가 가능합니다.

■ **모바일 동영상 수강방법 안내**

❶ QR코드 이미지를 모바일로 촬영합니다.

❷ 회원가입 및 로그인 후, 쿠폰 인증번호를 입력합니다.

❸ 인증번호 입력이 완료되면 [나의강의실]에서 강의 수강이 가능합니다.

※ QR코드를 찍을 수 있는 앱을 다운받으신 후 진행하시길 바랍니다.

2024

산림기사·산림산업기사

필기 임도공학

한솔아카데미

4과목 | 임도공학 학습법

✔ 과목이해

• 숲을 경영하기 위해 필요한 도로를 개설하는 것이 임도의 주목적이며, 임도는 목재라는 재화를 수확하기 위한 도구와 장비사용방법의 숙지 필요

✔ 공략방법

• 2차 시험(필답)에 출제비중 가장 높은 과목이므로 1차 필기시험 볼 때도 기본기를 다져놓아야 하는 과목
• 임도의 계획, 설계와 시공, 관리 및 목재수확 전과정에 대한 흐름을 이해가 필요한 과목
• 목표점수는 70점 이상

✔ 핵심내용

• 임도의 설계에 관련된 선형, 기울기, 횡단구조 및 배수계획이 중요한 내용
• 임도 건설과 산림수확을 위한 산림측량
• 벌도, 집재, 운반 등 목재의 수확계획과 방법

✔ 출제기준 (교재 chapter 연계)

주요항목	중요도	세부항목	세세항목	교재 chapter
1. 임도망 계획	★★	1. 임도의 종류와 특성	임도의 종류, 임도의 특성, 임도의 기능	01
		2. 임도밀도와 산지 개발도	임도의 밀도, 산지 개발도, 임도노선의 선정	
		3. 기계 작업로망 배치	작업로망 배치, 산지 경사별 배치형태	
		4. 도상 배치	도상의 배치 종류, 도상의 배치 방법 및 특성	
		5. 임도시설규정	임도의 시설, 임도의 시설 규격	
2. 임도와 환경	★	1. 모암과 토질	모암, 토질, 흙의 특성	
		2. 지형과 임도관계	지형별 임도배치 방법, 지형지수 산출방법	
		3. 산림 기능과 임도 관계	산림기능별 임도 밀도, 임도배치방법	
		4. 생태와 임도관계	생태계와 임도의 관계, 생태통로 설치 방법	02
3. 임도의 구조	★★★	1. 노체구조	노체의 구성, 노면재료 특성, 노면시공 방법	
		2. 종단구조	종단기울기(경사), 종단면형, 종단곡선	
		3. 횡단구조	횡단기울기(경사), 횡단면형, 합성기울기	
		4. 평면구조	곡선의 종류, 곡선반지름, 곡선부의 확폭	
		5. 노면포장	포장 재료의 특성, 포장 재료별 포장 방법	
4. 임도 설계	★★★	1. 노선 선정계획	예비조사 및 답사, 예측 및 실측	03
		2. 영선, 중심선, 종·횡단 측량	평면측량, 종단측량, 곡선결정	
		3. 설계도 작성	평면도, 종단면도, 횡단면도, 구조물도	
		4. 공사 수량의 산출	설계서 작성방법, 예정공정표, 공사수량산출	
		5. 공사비 내역 작성	공정별 수량계산, 공사비 및 공사원가, 일위대가표 작성	

주요항목	중요도	세부항목	세세항목	교재 chapter
5. 임도시공	★★	1. 노선 지장목 정리	노선 지장목의 처리 일반, 임도 부지폭, 지장목 처리 방법	04
		2. 토공작업	사면의 절취, 성토방법 / 다짐	
		3. 암석 천공 및 폭파	암석의 천공방법, 암석의 폭파방법, 폭파시 유의 사항, 암석 판정 기준	
		4. 배수 및 집수정 공사	배수시설의 종류, 유출량의 산정, 배수시설 설계	
		5. 사면 안정 및 보호공사	사면 안정공, 사면 보호공, 사면의 배수, 시공방법	
		6. 노면보호공사	포장의 종류, 노면의 배수처리 등 기타	
		7. 시공작업 관리기법	노면, 사면, 구조물, 배수시설 관리방법	
6. 임도 유지 관리 및 안전관리	★	1. 임도의 붕괴와 침식	사면붕괴의 원인, 사면붕괴의 유형, 침식의 종류	
		2. 유지관리 기술	임도의 유지 관리 등 기타	
		3. 안전사고의 유형과 대책	안전사고의 유형, 재해 방지 요령 등 기타	
		4. 안전관리	사고예방대책, 기본원리, 보호 장비 등 기타	
7. 산림측량	★★★	1. 지형도 및 입지도 분석	지형도 분석, 입지도 분석, 축척계산과 도상 면적계산, 지형경사도 계산, 곡밀도 예측, 거리 계산, 등고선 등 기타	07
		2. 콤파스 및 평판측량	콤파스의 검사와 조정, 자오선과 국지 인력, 콤파스 측량방법, 평판 측량방법, 측량의 오차와 정도, 응용 평판 측량방법 등 기타	
		3. 고저측량	고저측량의 정의, 원리 및 측정방법, 오차와 정확도, 응용 등 기타	
		4. 항공사진 측량	사진측량 원리, 판독방법 등 기타	
		5. 원격탐사	개요, 측정방법, 정확도, 응용 등 기타	
		6. GPS 측량	GPS 측량 원리, 판독 및 보정, GIS활용 기법	

주요항목	중요도	세부항목	세세항목	교재 chapter
8. 임업기계	★★	1. 임업기계 일반	기계의 역학적 기초, 작업기계의 기술적 특성, 기계작업 방법, 기계투입 기법	06
		2. 임업기계 및 장비의 종류와 특성	육림 기계·장비, 수확 기계·장비, 산림토목 기계·장비	
		3. 인간공학	작업심리, 생리, 위생 및 임금, 안전관리	
		4. 작업계획과 관리	작업연구, 작업관리, 기계투입 계획, 기계사용비 계산	
		5. 산림수확	벌목의 계획 및 실행, 집재의 방법과 집재장비, 운재 방법, 삭도시설, 저목장, 집재작업 시스템	

CONTENTS

CHAPTER 07 산림측량

CONTENTS

복원 기출문제 CBT 따라하기

홈페이지(www.bestbook.co.kr)에서 최근 기출문제를 CBT 모의 TEST로 체험하실 수 있습니다.

임도공학
핵심이론

단원별 출제비중

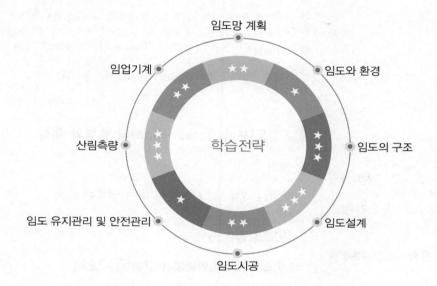

학습전략

임도망 계획 ★★

임도와 환경 ★

임도의 구조 ★★★

임도설계 ★★

임도시공 ★★

임도 유지관리 및 안전관리 ★

산림측량 ★★★

임업기계 ★★

출제경향분석

- 임도공학은 임도의 계획, 설계와 시공, 관리 및 목재수확 전과정에 대한 흐름을 이해할 필요가 있는 과목이며, 2차 시험(필답)에 출제비중이 가장 높은 과목이므로 1차 필기시험을 볼 때도 기본기를 다져놓아야 합니다.
- 목표 점수는 70점 이상입니다.

핵심

01 | 임도의 계획

학습주안점

- 임도 시설을 기능과 이용도에 따라 구분하고 유형별로 암기해야 한다.
- 임도밀도, 임도 간격, 집재거리, 평균집재거리의 관계에 관해 이해하고 공식을 알고 있어야 한다.
- 임도망배치시 고려사항과 임도를 설치할 수 없는 경우에 대해 알고 있어야 한다.
- 임도의 타당성 평가 항목별 기준의 평가항목에 대해 알아두어야 한다.
- 도상배치시 노선 설치방법을 이해하고, 양각기 계획법에 의한 도상 배치의 경우 공식을 적용해 풀이가 가능해야 한다.
- 임도 개설에 적합한 토질에 대해 이해하고 암기해야 한다.

---

1 임도(林道, forest road)의 종류와 특성

1. 정의

산림의 경영 및 관리를 위하여 설치한 도로

2. 임도의 종류 ☆☆☆

1) 임도시설(산림법령에서 규정하는 임도)

① 간선임도
  ㉮ 산림의 경영관리 및 보호상 중추적인 역할을 하는 임도로서 도로와 도로를 연결하는 임도
  ㉯ 연결임도, 도달임도
② 지선임도
  ㉮ 일정구역의 산림경영 및 산림보호를 목적으로 간선임도 또는 도로에서 연결하여 설치하는 임도
  ㉯ 경영임도, 사업임도
③ 작업임도
  ㉮ 일정구역의 산림사업 시행을 위하여 간선임도 · 지선임도 또는 도로에서 연결하여 설치하는 임도
  ㉯ 기존의 작업로 · 운재로 등으로 임도로 활용가치가 높다고 판단되는 지역에 설치

■ **임도의 종류**
  ① 산림법령에서 규정하는 임도 : 간선임도, 지선임도, 작업임도
  ② 이용도에 따른 구분 : 주임도, 부임도, 기계로, 운재로, 작업로
  ③ 설치주체에 따른 구분 : 국유임도, 민유임도(공설임도, 사설임도)

■ **임도 시설에 따른 종류(기능에 따른 분류)**
  ① 간선임도
    • 이동기능
    • 연결임도 · 도달임도
    • 도로와 도로를 연결 산림지역을 순환하여 산림의 보호 및 경영관리상 중추적인 역할을 하는 공도적인 성격의 임도
  ② 지선임도
    • 접근기능
    • 조림, 육림, 수학 및 보호 관리 등 임업경영의 목적으로 시설되는 임도
    • 시업임도, 경영임도

2) 이용도에 따른 구분

① 주임도 : 연중 자동차 통행이 가능한 임도로 집재장 또는 부임도로부터 공도 까지 연결되는 영구적인 임도

② 부임도 : 기후조건에 따라 자동차 주행에 제한을 받는 임도로 집재장 또는 작업 도로로 부터 주임도 또는 공도까지 연결되는 영구적인 임도

③ 기계로 : 벌채한 목재와 운재를 위해 트랙터 등 기계의 주행이 가능하도록 임시 로 산림에 개설된 도로

④ 운재로 : 산림에서 생산된 임산물(토석 제외)을 운반하기 위하여 일시적으로 산림 내 설치하는 통로

⑤ 작업로
㉮ 임산물의 생산·관리를 위하여 산림 내에 설치하는 통로로 운재로를 제외함.
㉯ 벌채한 목재의 집재와 작업장 구획 등을 위하여 지표의 장애물과 지상물을 제거하고 인력장비의 이동과 운반이 가능하도록 만든 작업길

■ 임도 이용도에 따른 종류
① 주임도 : 연중 자동차의 통행이 가능한 도로 (영구적)
② 부임도 : 기후조건에 따라 자동차의 주행에 제한을 받는 임도(영구적)
③ 기계로 : 기계의 주행이 가능하도록 임시로 개설된 도로
④ 운재로 : 임산물을 운반하기 위하여 일시적으로 산림 내에 만들어진 통로
⑤ 작업로 : 임도, 운재로는 제외 (임시)

3) 설치주체에 따른 구분

① 국유임도 : 국가가 설치하는 임도

② 민유임도
㉮ 공설임도 : 지방자치단체가 설치하는 임도
㉯ 사설임도 : 산림소유자 또는 산림을 경영하는 자(국유림에 분수림을 설정한 자 포함)가 자기 부담으로 설치하는 임도

3. 임도의 기능 ☆

① 이동기능
㉮ 높은 생산성과 경제적 기능을 증진시키는 산림관리 기반시설
㉯ 각종 자재(묘목·비료 등)의 운반 및 임산물의 생산과 운재에 필요한 비용 이 절감

② 접근기능 : 산림작업을 위한 출입과 안전사고 및 재해방지(산불 진화·병해충 방제)에 이용

③ 공간기능 : 집재, 집적, 주차 등의 공공용지나 휴양림에서 광장 등의 생활공간 으로 사용

④ 임도는 교통과 농·임산물의 운반을 원활히 하여 지역사회를 균형 있게 발전 시키고 농산촌 주민의 소득증대에 기여함.

⑤ 소면적 벌채, 미입목지 조림, 간벌 등을 통하여 환경보호기능을 증진에 기여함.

■ 임도의 기능
① 이동기능
② 접근기능
③ 공간기능
④ 지역사회의 균형 있는 발전과 농산촌 주민의 소득증대 기여
⑤ 환경보호 기능을 증진

4. 임도의 특성

① 산림의 효율적인 개발. 이용의 고도화 또는 임업의 기계화 등 임업의 생산기반 정비를 위하여 필요하다고 인정할 때에는 임도를 시설하게 할 수 있음.
② 일반적으로 산림의 관리·경영을 위해 필요한 교통을 목적으로 만들어진 반영 구적인 시설로, 주로 임업을 영위하기 위하여 사용하는 도로
③ 임산물의 반출 및 합리적인 임업경영, 관리를 위한 필수적인 생산기반시설이 며 농산촌 지역주민의 생활로로서 중요한 역할을 한다. 임산물가격은 목재의 시장가격에서 생산비와 운반비를 공제한 차액이므로 임도의 개설을 통하여 산림 의 가치가 상대적으로 증대됨.

5. 임도 개설효과

1) 직접효과

벌채비용의 절감, 벌채시간의 절감, 벌채사고의 감소, 작업원이 피로 경감, 품질의 향상, 집약적 경영을 가능하게 하여 임업기계화 및 임업생산비용을 절감

2) 간접효과

사회간접시설 및 산림의 휴양기능을 제고 등 국민 경제적 측면 공헌

6. 임도 개설의 악영향

① 수원을 파괴시키고 산림토양의 침식이 발생
② 야생동물의 서식 공간이 단절되고 산림오염이 증가되는 등 생태 및 생물학적 문제 발생
③ 자연풍치가 불량해지고 산림휴양객의 접근과 산책길로 이용되는 등 산림환경 에 피해 우려

■ 임도계획의 의의
임도의 계획은 임도망을 계획하고자 하는 구역 안에 임도를 어느 정도의 밀 도로서 어떻게 배치하는 것이 경제적 이고 이용효율성이 높은 임도를 시설 할 수 있는가를 알기 위하여 필요함.

[예시]
산림면적이 2,000ha이고 임도가 30km 가 시설되어 있다.
이때의 임도밀도는 얼마인가?
[해설]
임도밀도 $= \dfrac{30,000m}{2,000ha} = 15m/ha$

2 임도계획

1. 임도의 밀도

1) 임도밀도(Forest Road Density) ☆☆☆

① 노망(路網)의 충족도를 나타내는 양적지표
② 산림의 단위 면적당 임도 연장(m/ha)으로 나타냄.

$$임도밀도 = \frac{총임도연장거리(m)}{경영대상면적(ha)}$$

③ 임도밀도는 임도 및 그 임도와 관련된 산림면적의 측정으로 산출할 수 있으며 임도 밀도가 높을수록 산림의 개발정도와 사업의 집약도가 높음을 나타냄.

2) 임도밀도의 산출방법

해석적 방법 (Mattews)	임도개설노선의 노선도를 작성하지 않고 순수하게 계산만으로 이론적 최적임도밀도 및 최적임도간격을 산출
경험적 방법 (대안비교법)	우선 몇 개의 예정개설노선을 계획하고, 이익과 비용에 의하여 비교판단을 하는 방법

3) Matthews의 최적임도간격 및 최적임도밀도이론 ☆☆☆

① 생산원가관리이론을 적용, 임도밀도가 높을수록(임도간격이 좁을수록) 임도의 개설로 인해 직접적으로 영향을 받는 집재비용이 절감되어 임도비(임도개설비+유지비)와 집재비의 합계가 최소가 되는 점의 임도밀도(임도간격)을 가장 적정한 임도밀도(임도간격)를 나타냄.

② 임도간격(m) = $\dfrac{10,000}{임도밀도}$

③ 적정임도밀도 : 임도의 우회율과 집재거리 우회율 등을 고려하여 산출

$$d = 50\sqrt{\frac{V \cdot E \cdot \eta \cdot \eta'}{r}}$$

여기서, d : 임도밀도(m/ha), E : 집재비(원/m/m³)
η : 임도우회계수(1.0~2.0), η' : 집재우회계수(1.0~1.5)
d : 임도밀도(m/ha), r : 임도개설비(원/m)
V : 생산예정재적(m³/ha)

4) 산림기능별 임도밀도 ☆

① 기본임도밀도
  ㉮ 조림부터 수확까지 산림작업에 투입되는 노동인력들이 작업장까지 왕복통근에 소요되는 보행경비
  ㉯ 비생산노무경비를 임도시설에 전환하여 사회간접 자본화하는 개념

② 적정임도밀도 : 임업생산비 중 임도개설연장의 증감에 따라 변화되는 주벌의 집재비용과 임도개설비의 합계를 가장 최소화시키는 임도밀도

③ 지선임도밀도 ☆

$$D = \frac{a}{s}$$

여기서 D : 지선임도밀도(m/ha), s : 평균집재거리(km), a : 임도효율계수

④ 지선임도가격 ☆

$$지선임도가격 = \frac{지선임도개설비단가 \times 지선임도밀도}{수확재적}$$

■ 지선임도밀도
입지조건에 따라서 집재방법과 운재시스템이 다르기 때문에 임도의 효율성을 계수로서 정하고, 이 계수와 사용가능한 집재장비의 최대집재거리를 적용하여 경험적인 임도밀도를 산출하는 방법

[예시1]
경사지대의 평균집재거리가 7km이고, 임도효율이 7일 때 지선임도밀도는?

해설

지선임도밀도 = $\dfrac{임도효율계수}{평균집재거리}$

　　　　= $\dfrac{7}{0.7}$ = 10m/ha

[예시2]
임도밀도가 1ha당 40m인 임지에서의 임도간격과 최대집재거리는 각각 얼마인가?

해설

① 임도간격 = $\dfrac{10,000}{임도밀도}$

　　　= $\dfrac{10,000}{40}$

　　　= 250m

② 집재거리 = $\dfrac{5,000}{임도밀도}$

　　　= $\dfrac{5,000}{40}$

　　　= 125m

5) 임도간격, 집재거리, 평균집재거리의 관계

① 임도간격은 임도와 임도사이의 거리로 표현한다.

$$RS=\frac{10,000\eta\acute{\eta}}{ORD}$$

여기서, RS : 임도간격(m)
η : 임도우회계수
$\eta\acute{}$: 임도우회계수
ORD : 적정임도밀도(m/ha)

② 집재거리(단방향집재)

$$SD=\frac{10,000\eta\acute{\eta}}{ORD\times2}=\frac{5,000\eta\acute{\eta}}{ORD}$$

여기서, SD : 임도간격(m)
ORD : 적정임도밀도(m/ha)

③ 평균집재거리(양방향집재) : 임도밀도가 크고 우회계수(보정계수)가 작을수록 평균집재거리가 짧아 노선배치가 양호함.

$$ASD=\frac{10,000\eta\acute{\eta}}{ORD\times4}=\frac{2,500\eta\acute{\eta}}{ORD}$$

여기서, ASD : 집재거리(m)
ORD : 적정임도밀도(m/ha)

④ 개발지수 : 임도의 질적 기준을 나타내는 지표로 임도배치 효율성의 정도를 표현함.

$$임도간격\ I=ASD\times\frac{ORD}{2,500}$$

여기서, I : 개발지수,
ASD : 집재거리(m)
ORD : 적정임도밀도(m/ha)

⑤ m² 당 소요 임도비용 : 임도밀도가 적정치일 경우에는 적정임도밀도를, 임도밀도가 적정치가 아닐 경우에는 실제임도밀도를 대입함.

$$RC=\frac{R\cdot ORD(RD)}{1,000\cdot V}$$

여기서, RC : 임도비용(원/m³)
R : 임도개설비(원/km)
ORD : 적정임도밀도(m/ha)
RD : 실제임도밀도(m/ha)
V : 원목생산예정량(m³/ha)

6) 임도간격, 집재거리, 평균집재거리의 관계

① 임도간격은 임도와 임도사이의 거리로 표현

② 집재거리는 양쪽의 임도에서 서로 집재작업이 실행되므로 평지림의 경우 임도간격의 1/2이 됨.

③ 평균집재거리는 임도변의 집재작업(최소집재거리)과 집재한계선까지(최대집재거리) 집재작업이 동일하게 실행되므로 평지림의 경우 집재거리의 1/2이 되고 임도간격의 1/4이 됨.

④ 기본계산식은 평지림을 기준으로 정립된 것이므로 산악지에 적용할 경우에는 임도와 집재우회계수를 계상하여야 함.

7) 산지개발도

① 개발된 면적 대 전체 산림경영구의 면적비로 표시

② 임도망 배치시 고려사항 ☆☆

> ㉮ 산지경사가 40% 이하인 완경사지에는 산록부에, 급경사지에는 산중복부에 배치하며 집재거리는 300m 정도로 함.
>
> ㉯ 운재비가 적게 들고 신속한 운반이 되도록 하며 운반량에 제한이 없도록 함.
>
> ㉰ 운반도중 목재손상이 적어야 함.
>
> ㉱ 원목시장과 관계자들의 출입을 고려하여 시장에서 단거리에 위치하고, 인접된 경영계획구와 마을 사이를 연계하여 상호협력과 유지관리가 편리하도록 함.
>
> ㉲ 날씨와 계절에 따라 운재능력에 제한이 없도록 하고 운재방법을 단일화하며, 산림경영 효과를 최대한 달성할 수 있도록 지역산업 발전에 도움이 되어야 함.
>
> ㉳ 산림풍치 파괴와 산사태 등에 의한 시설물의 피해를 방지하며 산림휴양효과를 증대시키기 위하여 휴양 거점지역을 통과하도록 배치함.

③ 임도망 계획을 위한 주요 조사 항목

㉮ 계획노선을 이용하게 될 이용구역을 결정

㉯ 계획노선에 대해서는 노선 선정에 관련된 임도구분, 노선명, 너비 등을 조사

㉰ 이용구역 내의 산림에 대해서는 면적, 성장량, 자연환경보전의 조건 등에 대해서 조사

㉱ 이용구역 내의 국유림·사유림·자연휴양림 등을 조사하고 그 현황을 지형도에 표시

㉲ 이용구역 내의 강수량, 기온, 지형, 지질 등 자연조건에 대해 조사

㉳ 이용구역 내의 가설임도, 임도 이외의 도로 등에 대해 조사

㉴ 임도 기점에서 임산물시장에 이르는 기존도로의 종류, 너비, 연장 등에 대해 조사

핵심 PLUS

[예시]
1ha당 30m의 노망일 때 집재거리는?

해설

① 임도간격 $= \dfrac{10,000}{\text{임도밀도}}$

$\qquad = \dfrac{10,000}{30}$

$\qquad ≒ 330m$

② 집재거리는 임도간격의 $\dfrac{1}{2}$ 이므로

$\qquad 330 ÷ 2 = 165m$가 된다.

■ 임도노선의 선정 ☆☆☆
① 임도의 노선을 선정할 때는 동물의 서식상황, 임상, 지형·토양의 특성, 주변도로 및 임도의 현황 등을 고려해야 함.
② 선정요인
  • 공익적 기능에 대한 배려
  • 구조규격
  • 다른 도로와의 조정
  • 지역노망의 형성
  • 중요한 구조물의 위치
  • 애추지대 등의 통과
  • 일반산지부의 통과
  • 제한임지 내의 통과

■ 임도의 주요 통과지점 결정 ☆☆☆
① 교량, 석축, 옹벽 등의 구조물 시설이 적은 곳
② 건조하고 양지바른 곳
③ 암석지, 연약지반, 붕괴지역은 가능한 피함.
④ 너무 많은 흙깎기와 흙쌓기, 높고 긴 교량을 필요로 하는 곳은 되도록 우회함.
⑤ 가교지점은 양안에 침식된 부분이 없는 곳은 선정하고 강 중심에 대하여 되도록 직각으로 건너야 함.
⑥ 임도개설에 유리한 지점은 통과하며, 이와 같은 지점으로는 말안장 지역, 여울목, 급경사지내의 완경사지, 공사용 자재의 매장지 등이 있음.
⑦ 임도개설에 불리한 지점은 피하며, 이와 같은 지점으로는 늪과 같은 습지, 붕괴지, 산사태지와 같은 지반이 불안정한 산지사면, 암석지, 홍수범람지역, 소유경계 등이 있음.

■ 산림의 공익적 기능에 의한 노선 선정 방법
① 절취·벌개 등을 최소화 할 수 있도록 노선 선정
② 절취 및 성토의 비탈면 안정을 도모할 수 있는 공정을 선정하고 필요시 사토장이나 토사유출방지시설 등을 설치
③ 발생 토량이 많은 지대나 흙일을 피할 수 없는 지대를 부득이 통과하는 경우 교량이나 터널 계획
④ 암석지대는 굴착 후의 경관복구가 곤란하므로 가급적 피하여 선정

8) 임도노선의 선정

① 임도노선 흐름도 작성 순서 : 지형도 → 예정선의 기입 → 노선선정 → 현지측정 → 개략설계

② 임도노선을 설치할 수 없는 경우 ☆☆☆

> ㉮ 산지전용이 제한되는 지역이 포함되어 있는 경우
> ㉯ 임도거리의 10% 이상이 경사 35° 이상의 급경사지를 지나게 되는 경우(다만, 절취한 토석을 급경사지 구간 밖으로 운반하여 처리할 것을 조건으로 하는 경우에는 설치가능)
> ㉰ 임도거리의 10% 이상이 「도로법」에 따른 도로로부터 300m 이내인 지역을 지나게 되는 경우(다만, 절토·성토면의 전면적에 경관유지를 위한 녹화공법을 적용할 것을 조건으로 하는 경우에는 설치가능)
> ㉱ 임도거리의 20% 이상이 화강암질 풍화토로 구성된 지역을 지나게 되는 경우(다만, 무너짐·땅밀림 방지를 위한 보강공법을 적용할 것을 조건으로 하는 경우에는 설치가능)
> ㉲ 임도거리의 30% 이상이 암반으로 구성된 지역을 지나게 되는 경우(다만, 절토·성토면의 전면적에 경관유지를 위한 녹화공법을 적용할 것을 조건으로 하는 경우에는 설치가능)
> ㉳ 「도로법」에 따른 도로 또는 「농어촌도로정비법」에 따른 농로로 확정·고시된 노선과 중복되는 경우

③ 임도설치 대상지의 우선 선정기준

  ㉮ 조림·육림·간벌·주벌 등 산림사업 대상지
  ㉯ 산림경영계획이 수립된 임지
  ㉰ 산불예방·병해충방제 등 산림의 보호·관리를 위하여 필요한 임지
  ㉱ 산림휴양자원의 이용 또는 산촌진흥을 위하여 필요한 임지
  ㉲ 농산촌 마을의 연결을 위하여 필요한 임지
  ㉳ 기존 임도간 연결, 임도와 도로 연결 및 순환임도 시설이 필요한 임지

2. 임도망 편성

1) 지형별 임도배치 방법 ☆

① 노선선정방식 : 지형의 상태에 따라 평지임도망과 산악임도망으로 구분
② 작업노망 배치형태에 대한 이용효율 : 수지형(樹技形) > 간선수지형 > 간선어골형(魚骨形) > 방사복합형(放射複合型) > 단선형(單線形) > 방사형(放射形)의 순으로 순임.
③ 경사도에 따라 : 중경사에서는 수지형과 방사복합형, 급경사에서는 간선수지형과 간선어골형이 바람직함.

| 방사형 | 단선형 | 방사복합형 | 수지형 | 간선수지형 | 간선어골형 |

2) 설치 위치별 임도망의 형태

① 평지임도망 : 적정 임도간격과 적정 임도밀도에 의해 구축

② 산악임도망 ☆ ☆

계곡임도	• 하단부로부터 개발, 임지개발의 중추적인 역할 • 홍수로 인한 유실을 방지하고 임도시설비용을 절감하기 위하여 계곡하단부에 설치하지 않고 약간 위인 산록부의 사면에 최대홍수위보다 10m 정도 높게 설치
사면임도 (산복임도)	• 계곡임도에서 시작되어 산록부와 산복부에 설치하는 임도 • 하단부로부터 점차적으로 선형을 계획하여 진행하며 산지개발효과와 집재작업효율이 높으며 상향집재방식의 적용이 가능한 임도
능선임도	축조비용이 저렴하고 토사 유출이 적지만 가선집재방법과 같은 상향집재시스템에 의하지 않고는 산림을 개발할 수 없음.
산정부 개발형	산정부 주위를 순환하는 노망을 설치
계곡분지의 개발형	사면의 길이가 길고 하부의 경사가 급한 곳에 설치
반대편 능선부 산림개발형	계곡의 발달이 거의 없거나 늪이나 암석 급경사지 등의 원인으로 계곡임도를 개설할 수 없는 경우 설치(역구배 약 5% 이내)

3) 지형지수(地形指數) 산출방법

① 정의 : 산림의 지형조건(험준함. 복잡함)을 개괄적으로 표시하는 지수로서 임지경사, 기복량, 곡밀도의 3가지 지형요소로부터 구할 수 있음.

② 면적 500ha, 1,000ha의 산림지역을 대상으로 하며, 이 지수에 의해 지형을 분류, 임도망을 계획할 때는 지형지수에 의해 지형을 구분하는 것이 편리함.

③ 지형구분과 지형지수

구분	Ⅰ(평탄)	Ⅱ(완)	Ⅲ(급)	Ⅳ(급준)
지형지수	0~19	20~39	40~69	70 이상
표준임도밀도(m/ha)	30~50	20~30	10~20	5~15

■ 임도 방식 ☆

순환방식	계곡임도형, 산정부 개발형
대각선방식	사면임도형(완경사)
지그재그방식	사면임도형(급경사)

3. 임도망의 평가

1) 산출

① 집재거리 : 임목이 서 있는 지점에서부터 임도변 집재장까지의 최단 직선거리
② 평균(산술)집재거리 : 모든 집재지점으로부터 계획된 노선까지의 최단집재거리의 평균치
③ 평균(산술)집재거리률 : 임도밀도에 의한 이론적 평균집재거리와 임도를 계획한 노선의 평균집재거리와의 비율
④ 집재불능지점비율 : 전체 대상 임지에서 계획된 노망이 가지는 최대집재거리로 집재할 수 없는 지점의 비율
⑤ 집재거리표준편차 : 평균집재거리가 변동하는 정도

2) 개발지수

① 임도배치의 효율성을 나타내는 정도
② 이상적인 배치를 하는 경우의 평균집재거리에 대해 동일한 밀도로 실제로 개설된 임도망의 평균집재거리의 비율

3) 경제성 분석

① 임도교통에 소요되는 비용은 임도비와 임도사용자비용으로 구분
② 경제성 분석의 궁극적인 목적은 임도운송비를 최소한으로 줄일 수 있는 대안을 설정임.

4) 산림관리기반시설의 타당성 평가 ☆

① 타당성평가의 항목별기준

평가항목	항목별 배점 (총점 100점)	평가기준	평가기준 (평가기준별 배점)			
1. 필요성	50		–			
가. 산림경영	20	활용도	매우높음 (20)	높음. (16)	보통 (12)	낮음. (8)
나. 산림보호 및 관리	20	활용도	매우높음 (20)	높음. (16)	보통 (12)	낮음. (8)
다. 산림휴양 자원이용	5	활용도	매우높음 (5)	높음. (4)	보통 (3)	낮음. (2)
라. 농산촌 마을 연결	5	활용도	매우높음 (5)	높음. (4)	보통 (3)	낮음. (2)

평가항목	항목별 배점 (총점 100점)	평가기준	평가기준 (평가기준별 배점)			
2. 적합성	50		–			
가. 경사도	15	35도 이상 구간	5% 미만 (15)	5% 이상 7% 미만 (12)	7% 이상 10% 미만 (9)	10% 이상 (6)
나. 도로와의 연접성	10	300m 이내 구간	5% 미만 (10)	5% 이상 7% 미만 (12)	7% 이상 10% 미만 (6)	10% 이상 (4)
다. 토질	15	화강암질 풍화토 구간	10% 미만 (15)	10% 이상 15% 미만 (12)	15% 이상 20% 미만 (9)	20% 이상 (6)
라. 노출암반	10	암반지역 구간	20% 미만 (10)	20% 이상 25% 미만 (8)	25% 이상 30% 미만 (6)	30% 이상 (4)
3. 환경성			–			
가. 멸종위기 동·식물 서식지	가. 불가	포함. 여부	「자연환경보전법」에서 정하고 있는 멸종위기 동·식물서식지가 임도노선에 포함되는 경우에는 불가능			
나. 산사태 등 재해 취약지	가. 불가	포함. 여부	임도노선에 산사태 등 재해취약지가 포함되는 경우에는 불가능. 다만, 방재시설을 하는 것을 조건으로 하는 경우에는 가능			
다. 상수원 오염 등 주민생활 저해요인	가. 불가	포함. 여부	상수원 오염 등 주민생활의 저해요인이 발생할 수 있는 경우에는 불가능. 다만, 상수원오염 방지시설을 하는 것을 조건으로 하는 경우에는 가능			

② 임도의 타당성평가방법 : 산림, 환경, 토목, 수자원개발, 토질 또는 그 기초분야에 관한 전문지식이 있는 자 중에서 시·도지사, 시장·군수·구청장 또는 지방 산림청장이 위촉하는 평가자가 합동으로 실시

핵심 PLUS

- **임도사업의 수립절차** ☆☆☆
  ① 임도사업기본계획 수립(10년 단위)
  ② 임도설치계획 수립(5년 단위)
  ③ 노선선정(지선·작업임도) : 간선
     임도는 설치 5개년 계획에 반영된
     노선에 한함.
  ④ 타당성평가
  ⑤ 사업계획 수립 : 전년 8월 말
  ⑥ 사업계획 확정(통보) : 전년 11월 말
  ⑦ 산주동의(사유림) : 설계 전
  ⑧ 기본조사 : 설치 전년도
  ⑨ 설계→시공(감리)→ 준공 : 연중
  ⑩ 평가 : 중앙평가(익년 5월 말). 지
     방평가(12월 말까지)

- **임도설치계획 작성시 고려사항**
  ① 경제림육성단지에 우선적으로 계획
  ② 국·민유림 구분 없이 전체 산림을
     대상으로 지역 간 연계되어 활용성
     이 최대가 되도록 계획하되, 유역
     내 산림면적이 많은 시·군 또는
     국유림관리소에서 계획
  ③ 예정노선은 가설임도와 장래에 추가
     로 설치할 노선을 고려하여 효율적
     이고 체계적으로 계획
  ④ 예정노선의 총 길이가 2km 미만이
     되는 단거리계획은 가급적 지양
  ⑤ 테마임도로 활용 가능한 노선으로
     위 첫번째내지 네번째호의 요건을
     충족하는 임지
  ⑥ 임도노선 유역 내 호우피해 예방을
     위한 사방시설 설치 필요성

4. 전국임도기본계획

① 「산림자원의 조성 및 관리에 관한 법률」 시행규칙 "산림관리기반시설의 범위 및 기준 등"에서 산림청장은 전국임도기본계획을 10년 단위로 수립하여야 함.
② 임도기본계획의 내용
  ㉮ 임도의 효율적 설치·관리를 위하여 임도에 관한 기본목표와 추진방향
  ㉯ 임도의 설치 및 관리현황, 임도의 이용 활성화에 관한 사항, 임도의 설치 및 관리에 소요되는 재원의 조달에 관한 사항, 임도의 효율적 설치·관리를 위하여 산림청장이 필요하다고 인정하는 사항이 포함되어야 함.
③ 임도설치계획 작성
  ㉮ 특별시장·광역시장·특별자치 시장·도지사·특별자치도지사 또는 지방산림청장은 5년 단위로 수립하여야 함.
  ㉯ 임도설치계획 작성
  ㉰ 다른 관서에서 관할하는 산림이 포함되거나 연접 또는 인접지역에 임도설치계획을 작성하고자 하는 경우에는 미리 관할 산림부서와 협의하여야 함.
  ㉱ 시장·군수 또는 국유림관리소장이 임도설치계획을 작성하였을 때에는 연도별 임도설치계획서에 다음의 서류를 첨부하여 광역 시장·도지사·특별자치도지사 또는 지방산림청장에게 제출해야 함.
    • 첨부서류 : 예정노선조사서, 노선도(축척 2만5천분의1) 1부, 협의 공문 사본 1부(다른 산림부서와 협의한 경우에 한 함)
④ 산림소유자의 동의
  ㉮ 임도설치를 위하여 산림소유자의 동의를 얻고자 하는 경우에는 다음의 서류를 첨부하여 산림소유자에게 동의를 요청해야 함.
  ㉯ 서류
    ㉠ 임도설치 공사의 개요(임도설치의 필요성, 임도의 설치장소, 임도의 종류, 공사예정연도 등) 1부
    ㉡ 임도예정노선이 표시된 위치도(축척 2만5천분의 1) 및 노선도(축척 5천분의 1) 각 1부
  ㉰ 임도 5개년계획에 포함된 노선에 대하여는 설치계획이 확정되지 않더라도 사전에 산주동의서를 받을 수 있음.
⑤ 임도사업계획의 확정
  ㉮ 임도의 타당성평가 결과 노선이 확정되면 시·도 지사 또는 지방산림청장은 다음해의 임도사업계획(신설·구조개량·보수)을 사업실행 전년도 8월 말까지 산림청장에게 제출해야 함.
  ㉯ 산림청장은 제㉮항에 의한 임도사업계획을 검토하여 사업실행 전년도 11월말 까지 임도사업량을 확정하고, 그 내용을 시·도지사 또는 지방산림청장에게 통보해야 함.

ⓓ 시·도지사 또는 지방산림청장은 제⑪항에 의한 임도사업량에 따라 다음해에 설치할 임도사업계획을 확정하여 시장·군수 또는 국유림관리소장에게 시달하여야 함.

⑥ 임도의 실시설계

  ㉮ 임도를 설치하고자 하는 해의 전년도에 실시하는 것을 원칙으로 함. 다만, 산림소유자의 동의가 지연되거나 기타 부득이한 경우에는 사업실행 당 해년도에 실시설계를 할 수 있음.

  ㉯ 산림관리기반시설의 설계 및 시설기준 중 임도의 설계 및 시설기준에 의하되, 수해방지 및 경관유지를 위하여 다음사항을 감안하여 설계해야 함.

> • 임도노선이 계곡을 지나는 경우에는 계곡의 단면 및 유역전체의 유수량을 고려하여 최대 홍수위보다 2배 이상 높은 위치에 시설되도록 설계
> • 계류를 횡단하는 구간에는 가능한 배수구 막힘 우려가 없는 물넘이 포장(세월교) 또는 교량 등으로 시공되도록 설계
> • 배수관 유출부에는 원 지반에 연결되는 물받이를 설치하여 유수가 분산되도록 설계
> • 임도설치로 인하여 발생하는 나무뿌리·가지 등이 강우시 유실되거나 경관을 저해하지 않도록 일정한 장소로 운반·정리되도록 설계
> • 임도 노선은 과도한 산림훼손 방지 및 경관유지를 위하여 가급적 산복부 이하로 통과하도록 설계하여야 한다. 다만 도로 및 기존임도간의 연결 등 불가피한 경우는 제외한다.
> • 임도상부에 토석·유목이 흘러내려와 배수구·암거 등이 막힐 우려가 있는 지역은 골막이·소형사방댐 등이 시공되도록 설계

⑦ 임도의 신설순위 결정 ☆

  ㉮ 신설임도 계획 시의 판정지수(임업효과지수는 매년. 다른 지수는 매년도 예정 시)

    → 임업효과지수(전체계획), 투자효율지수(전체계획, 당년도 시설분), 경영기여율지수(전체 계획. 당년도 시설분), 교통효용지수(전체계획). 수익성지수(전체계획)

  ㉯ 임업효과지수가 1.2 이상일 때 간선임도 신설, 0.9 이상일 때 사업임도 신설

  ㉰ 수익성지수가 1.0 이상일 때 간벌임도 신설

  ㉱ 투자효율지수가 1.0 이상일 때 임도 신설

■ 테마임도
① 산림관리기반시설로서의 기능을 유지하면서 특정주제(산림 문화·휴양·레포츠 등)로 널리 이용되고 있거나 이용될 가능성이 높은 임도
② 종류

산림 휴양형	자연휴양림, 산림욕장 또는 생활권 주변의 임도에서 휴식과 여가를 즐기면서 아름다운 경관과 산림의 효용을 느끼거나 역사·문화를 탐방할 수 있는 임도
산림 레포츠형	임도와 주변 환경을 이용하여 산림레포츠(산악자전거·산악 마라톤·오리엔티어링·산악승마 등) 활동을 할 수 있는 임도

■ 신설임도 계획시 판정지수
① 임업효과지수
② 투자효율지수
③ 경영기여율지수
④ 교통효용지수
⑤ 수익성지수

5. 도상 배치 ☆☆

1) 노망(노선) 설치 방법

① 자유배치법 : 노선의 시점과 종점 결정, 경험을 바탕으로 노선 작성 후 구간별 물매만 계산하여 허용물매 이내로 노선 완화

② 양각기 계획법 : 등고선간격(표고차), 종단물매, 등고선거리를 구해 노선 배치

③ 자동배치법 : 물매를 고려하면서 여러 가지 평가인자를 이용하여 노선 배치

2) 양각기 계획법에 의한 도상 배치

① 작업원리 : 양각기의 1폭(S)을 임도의 영선(Zero Line)에 대한 수평거리(D) 로 하고 등고선간격(1/25,000 지형도 : 10m, 1/50,000 지형도 : 20m)을 높이 로 간주하여 종단물매(G)를 산출한 후 지형도상에서 적정한 노선을 선정하는 방법

> • D : h＝100 : G에서
>
> $$D = 100 \times \frac{h}{G}$$
>
> 여기서, D : 양각기 1폭에 대한 실거리(m), h : 등고선 간격, G : 물매(%), 도상거리(d)＝실거리(D)÷축척의 분모수

② 작업기준

㉮ 임산물은 근주로부터 임도까지 직선거리로 가장 가까운 임도변에 집재되는 것으로 가정

㉯ 임도는 동일한 간격을 유지하고 평행하여 교차되지 아니하는 것으로 가정

㉰ 임산물을 운송하기 위한 임도는 산림의 상단부에서 우회하여 계곡부로 내려오 는 것이 정상이지만 급경사지형에 설치되는 부임도는 능선에 설치될 수도 있음.

㉱ 일반적으로 임산물이 임도변까지 집재되는 과정은 집재비에 큰 영향을 미치기 때문에 상향, 하향 또는 양방향 등 집재방향을 먼저 검토

㉲ 가선이나 장비 등을 이용하는 집재방법으로 실행할 경우에는 실제 임목집 재비 뿐만 아니라 그 장비투입 비용도 포함하여 집재비용을 추정

㉳ 임도는 가끔 임산물이나 노동력의 수송에 대한 편익 이외에도 또 다른 목적 으로 이용될 수 있음.

③ 작업방법

㉮ 지형도(1/25,000, 1/5,000)를 준비하여 계획구역을 설정하고 생산임지와 비생산임지를 구분한 후 주요 사업계획지, 주교통방향이나 임목의 반출도로 등을 도시

[예시1]
축척 1/25,000의 지형도상에서 종단물매 5%의 임도노선을 선정하려고 한다. 두 지점간의 수평거리는 250m이다. 이때 두 지점의 표고차는?

해설
종단물매는 수평거리 100에 대한 수직거리로 나타낸다.
250 : h＝100 : 5%
∴h＝12.5m

[예시2]
양각기계획법으로 1 : 25.000 지형도상에 종단물매 10%인 노선을 배치할 때 양각기 조정폭은?(단, 두 등고선 표차 10m)

해설
0.10×양각기 폭＝10m,
양각기 폭＝100m
1 : 25,000 지형도이므로 $\frac{10,000}{25,000}$＝0.4
∴0.4cm

[예시3]
1/50,000 지형도에서 양각기 계획법으로 임도망을 편성하고자 한다. 종단물매를 5%로 계획할 때 도상거리는? (단, 등고선 간격은 20m이다)

해설
등고선 간격
→ 높이 0.05×수평거리＝20m
   수평거리＝400m
1 : 50,000＝도상거리 : 400,
도상거리＝0.008m＝8
∴ 8mm

ⓒ 노선의 통제점(control point) 즉, 유리점(시점, 종점, 배향곡선 설치가능지, 안부, 여울목 등)과 불리점(늪, 불안정된 사면, 암석지, 홍수범람지, 소유경계 등) 및 역물매 지역을 도시

ⓓ 각 노선에 대한 예비노선을 노선의 특성을 파악 분석하여 계획노선대를 도시

ⓔ 양각기의 폭(s)을 참고하여 지형도의 축척에 알맞게 조정

ⓕ 시점부와 종점부의 결정은 절·성토사면형태, 평면선형 등에 대한 현지조건을 검토하여 진행

3 임도와 환경

1. 모암과 토질

1) 모암

우리나라의 주요 모암은 화강암과 화강편마암 등이 있으며 이 암석은 여러 곳에 널리 분포되어 전국토의 약 2/3를 차지함.

2) 토양(土壤)

① 암석의 풍화산물이 유기물의 생화학적 작용을 받아 생성된 것

② 암석의 풍화산물은 모암이 있던 자리나 그 부근에 퇴적한 정적토(定積土)와 수력·풍력 또는 중력에 의해 다른 곳으로 이동 및 운반된 운적토(運積土)로 구분함.

3) 화강암이 이룬 우리나라 토양의 특징

① 규산분이 많고 염류(칼슘, 마그네슘, 망간, 칼륨 등)가 적음.

② 배수와 통기가 잘 됨.

③ 산성토양으로 되기 쉬움.

④ 양분과 수분을 지니는 힘이 약함.

⑤ 토양이 유실되기 쉬움.

4) 토질

① 토질 및 지질에 대한 조사 : 예비조사 → 현지조사 → 정밀조사 ☆☆

ⓐ 예비조사 : 토양도, 지질도 및 기상상황을 조사

ⓑ 현지조사 : 현지 토양의 입도, 팽창성, 건조 등을 조사

ⓒ 정밀조사 : 재료의 선정을 위한 토질시험

② 토질시험의 종류

탄성파 검사	지하의 지질 상태 시험
전기 탐사	지하수 조사
관입시험	현장에 있는 흙의 단위체적중량시험과 흙의 강도 판정
베인(vane) 시험	연한 점토 또는 실트의 전단강도 측정
평판재하시험	노상, 보조기층의 지반계수(지지력계수) 측정과 시공관리
현장 투수시험	관정 등을 이용하여 투수계수 측정 등

③ 암 판정 기준

㉮ 풍화암 : 유압식 리퍼가 사용될 수 있을 정도로 풍화가 진행된 지층(가동능률의 기준)으로 암질이 부식되고 균열이 1~10cm 진행된 암질

㉯ 발파암 : 발파를 이용하는 것이 유효한 지층으로 연암, 보통암(준경암), 경암으로 구분

연암	혈암, 사암 등으로 균열이 10~30cm 진행된 암질
보통암(준경암)	풍화된 상태는 아니나 균열이 30~50cm 진행된 암질
경암	화강암, 안산암 등으로 균열이 1m 이내로 진행된 암질

㉰ 실용적 기준은 유압식 리퍼의 가동능률을 기준으로 리퍼의 기능이 가능한 것을 풍화암으로 봄

■ 채석허가대상 암석
① 석재로 이용할 수 있는 화강암·현무암·섬록암·반려암·반암·안산암·사문암·휘록암·편마암·점판암·사암·규암·혈암 등
② 광물은 개체의 어느 부분에서나 균질한 구조를 가지나, 암석은 통상 여러 광물의 집합체이므로 전체적으로 그 구조가 균질하지 않은 것이 특징임

2. 흙의 특성

1) 흙의 성질

① 흙은 흙 입자(고체), 물(액체) 그리고 공기(기체)의 세 가지 성분으로 이 중에서 물과 공기가 차지하고 있는 부분을 간극(공극)이라 함.

② 간극비, 간극률, 포화도, 함수비

간극비	흙 입자의 부피에 대한 간극의 부피의 비
간극률	전체의 부피에 대한 간극의 부피의 비율을 표시한 것
포화도	간극의 부피에 대한 간극 속 물의 부피의 비
함수비	흙 입자의 무게에 대한 물의 무게의 비

2) 흙의 특성 ☆

① 입경에 의한 분류 : 입경(粒徑)에 의한 토립자 구분으로 흙 입자는 그 크기에 따라 자갈, 모래, 미사 또는 점토 등으로 분류

② 통일분류법(unified classification)

㉮ 대부분 2개의 문자조합으로 표시, 주기호(첫번째 문자)는 흙의 형, 부기호(두번째 문자)는 흙의 속성을 나타냄.

㉯ 두 무리의 분류특성이 공존하는 흙은 (−)로 연결된 복합분류기호로 나타냄.

주기호	부기호
G : 자갈	W : 입도 양호
S : 모래	P : 입도 불량
M : 실트	M : 비소성 세립토 포함.
C : 점토	C : 소성 세립토 포함.
O : 유기질토	L : 저소성
Pt : 이탄	H : 고소성

• 조립토 : No. 200체(0.074mm)보다 큰 입자가 50% 이상
• 세립토 : No. 200체(0.074mm)보다 작은 입자가 50% 이상
• GW : 입도가 양호한 자갈, 모래질 자갈→임도의 노반(노면)으로 적당
• GM : 실트질 자갈
• SP : 입도가 불량한 자갈질 모래
• ML : 저소성의 무기질 실트
• SM : 실트질 모래
• CL : 저소성의 무기질 점토
• Pt : 고소성의 유기질 점토

③ 국제토양학회법에 의한 토양 구분 : 자갈(2mm 또는 4.76mm 이상), 모래(0.06mm 또는 0.074mm 이상), 실트(0.002mm 이상), 점토(0.002mm 이하)

④ 삼각좌표에 의한 구분 : 모래, 미사, 점토 3성분의 함유율의 합계가 반드시 100%가 되어함.

3) 흙의 입도 분석

① 균등계수(均等係數, uniformity coefficient)

㉮ 토양을 구성하는 굵은 입자, 가는 입자, 미립자의 입도 배분의 간단한 표시법으로 체로 분류하여 60% 통과율을 나타내는 모래 입자 크기의 비

㉯ 모래 입자의 크기가 고르면 1.0 에 가까움.

㉰ 균등계수는 통과중량백분율 60%에 대응하는 입경을 통과중량백분율 10%에 대응하는 입경으로 나눈 값으로 표시

$$균등계수 = \frac{통과중량백분율\,60\%에\,대응하는\,입경(D_{60})}{통과중량백분율\,10\%에\,대응하는\,입경(유효입경,\,D_{10})}$$

② 균등계수가 4보다 작으면 입도가 균등하, 균등계수가 10보다 크면 입도 분포가 양호함을 뜻함.

■ 입도 정의
흙 입자의 크기는 0.001mm 이상부터 100mm 이하까지 그 분포의 범위가 매우 넓음, 흙은 여러 가지 크고 작은 입자를 포함하고 있으며, 이러한 여러 가지 크기의 입자들이 어떤 비율로 섞여 있는가를 나타내는 것을 입도라고 함.

■ 생태통로의 종류(요약)
① 터널형(하부통로형): 인간의 영향이 빈번한 곳, 육교형 설치가 어려운 곳, 지하에 중소 하천이 있는 경우
  • 박스형 암거 : 대형동물 이동가능
  • 파이프형 암거 : 소형동물을 위해 설치
② 육교형(상부통로형) : 횡단부위가 넓은 곳, 절토·장애물 등으로 터널 설치가 어려운 곳, 대부분의 동물 이용가능
③ 선형 : 도로·철도 혹은 하천변 등을 따라 길게 설치된 통로

3. 생태통로의 종류

1) 생태통로 설계

① 터널형(하부통로형)

박스형 암거	• 도로 건설을 위해 성토된 계곡부, 도로가 수로나 작은 도로와 입체교차 하거나 횡단 거리가 짧고 서식지가 인접한 곳에 적절하게 설치 • 대형·중형·소형 포유류 및 일부 조류, 양서·파충류 등을 대상 • 대형동물의 이용이 가능
파이프형 암거	• 도로 건설을 위해 성토된 계곡부, 도로가 농수로나 개울을 통과하며 양쪽의 수위차가 적은 경우에 설치 • 야산과 하천·습지·논 등 소형동물의 서식지를 긴밀히 연결할 필요성이 있는 지점에 설치 • 소형동물을 위해 설치

② 육교형(상부통로형)

㉮ 도로의 양쪽 모두가 절토된 지역 또는 도로 양쪽의 높이가 도로 보다 높아 하부 통로 설치가 불가능한 지점에 설치

㉯ 넓은 면적이 단절되거나 생태적 가치가 우수하여 설치의 필요성이 높은 지역에 주로 적용

㉰ 대형·중형·소형 포유류, 조류, 양서류, 파충류 등 대부분의 동물이 이용 가능

③ 선형 : 도로, 철도 혹은 하천변 등을 따라 길게 설치된 통로로 단절지를 연속적으로 연결해야 하는 지역에 설치

2) 보조시설물의 설계

① 울타리(침입 방지책, 유도 펜스)의 설계 : 울타리 자체가 생태계 단절요소가 될 수 있으므로 충돌사고가 빈번하거나 생태통로로 유도하는 효과가 가능한 경우에 한하여 설치

② 배수구의 설계 : 배수구에 빠진 소형동물의 탈출이 가능하도록 울퉁불퉁한 재질을 이용하여 미끄럽지 않게 경사가 완만한 탈출구를 설치

③ 도로 조명의 설계 : 차량 전조등 불빛의 차단을 위한 차광벽 또는 차광식생 등을 조성, 조명은 야생동물의 이동에 많은 영향을 미치므로 조명구조의 변경 등을 통해 도로의 조명이 생태통로에 영향이 없도록 함.

④ 대체서식지의 설계 : 계획된 도로 노선이 특정종이나 희귀종 또는 환경 변화에 매우 민감한 종의 서식지를 부득이 통과하는 경우에는 반드시 대체서식지를 조성하여, 특징적인 환경조건을 보전

⑤ 기타 보조 구조물의 설계 : 동물출현 표지판, 과속 방지턱, 야생동물 경고거울·반사경 등을 설치하고 방호벽의 형태 변경 등을 알림

■■■■ 1. 임도의 계획

1. 임도의 기능을 설명한 것 중 잘못된 것은?

① 산촌에 건설되는 임도는 산촌 주민들의 일반 교통에 공도로서 이용된다.
② 임도는 수송연락을 위한 기능과 산림생산을 위한 기능을 겸하고 있는 경우가 많다.
③ 국립공원과 같은 경관(景觀)보전지역에 개설되는 임도는 공도적 기능을 발휘한다.
④ 임업적 기능을 지닌 임도를 시설임도 또는 도달임도라 한다.

2. 다음 중 임도의 일반적 역할이 아닌 것은?

① 산림사업의 경비절감
② 산림사업의 시간단축
③ 운반 및 수송작업 등의 수단의 특수화
④ 다양한 산림사업의 기능

3. 우리나라의 산림법령에서 규정하는 임도는 어느 것인가?

① 지선임도　　　　　② 차도
③ 우마차도　　　　　④ 목마도

4. 다음 중 기능 구분을 기준으로 할 때 임업적 기능을 지닌 임도를 무엇이라 하는가?

① 주임도　　　　　② 도달임도
③ 부임도　　　　　④ 사업임도

5. 임산물의 수송 또는 작업원의 이동에 필요한 기능을 하는 임도는?

① 도달임도　　　　　② 사업임도
③ 경영임도　　　　　④ 보조임도

해　　설

해설 **1**
임업적 기능을 지닌 임도를 사업임도 또는 경영임도라고 하며, 공도적 기능을 지닌 임도를 도달임도 또는 연결임도라고 한다.

해설 **2**
임도는 산림 및 임업의 경영관리상 필요한 물건과 사람의 운반 및 수송에 있어서 운송수단의 보편화를 기할 수 있게 한다.

해설 **3**
우리나라의 산림법령상에서 규정하는 임도는 간선임도, 지선임도, 작업임도이다.

해설 **4**
임업적 기능을 지닌 목적의 임도에는 지선임도, 경영임도, 사업임도가 있다.

해설 **5**
도달임도는 도로와 도로를 연결하거나 산림의 경영관리 및 보호상 중추적인 역할을 하는 공도적(公道的) 성격의 임도이다.

정답　1. ④　2. ③　3. ①　4. ④
　　　5. ①

6. 임도의 특성을 설명한 것이다. 틀린 것은?

① 임산물의 반출과 산림의 합리적인 경영을 도모한다.
② 산림의 집약적 관리가 용이하다,
③ 세부적이고 조직적인 산림사업을 시행할 수 없다.
④ 임도는 지역산업의 진흥과 주민의 복지향상에도 지대한 역할을 담당하고 있다.

해 설

해설 **6**
임도는 세부적이고 조직적인 산림시업을 가능하게 한다.

7. 임도의 임업적 기능과 거리가 먼 것은?

① 수송기능
② 시업기능
③ 도달기능
④ 생활로 기능

해설 **7**
임도의 기능에는 수송기능, 도달기능, 시업기능 등이 있다.

8. 임도건설로 인해 끼칠 수 있는 악영향이 아닌 것은?

① 계곡수 오염
② 야생동식물 이동통로 단절
③ 야생동식물 서식처 파괴
④ 단위면적당 생장량 급감

해설 **8**
임도건설의 악영향에는 수원(水源) 파괴, 산림토양의 침식, 야생동물의 서식 공간 단절, 산림오염 증가 등의 생태 및 생물학적으로 문제를 야기시킨다.

9. 임도건설은 여러 가지 파급효과를 가져오는데 임도개설에 따른 직접효과를 나열한 것 중 잘못 기술한 것은?

① 벌채비의 절감
② 벌채시간의 절감
③ 작업원의 피로 경감
④ 산촌의 과다한 벌채 완화

해설 **9**
임도의 건설은 임업의 집약적인 경영을 가능하게 하여 임업기계화 및 산림생산 비용을 절감시킨다.

10. 임도개설 효과 중 직접적인 효과가 아닌 것은?

① 벌채 비용의 절감
② 작업원의 피로경감 및 품질향상
③ 지역산업의 발달
④ 벌채 시간 및 사고의 감소

해설 **10**
지역산업의 발달, 사회간접시설 및 산림의 휴양기능을 제고하는 등 국민 경제적 측면에 공헌은 임도개설의 간접적인 효과이다.

정답 6. ③ 7. ④ 8. ④ 9. ④
10. ③

11. 임도밀도란 무엇인가?

① 총연장거리(m) / 총면적(ha)
② 임도간격 / 4
③ 임도간격(m) / 경영구 면적(ha)
④ 개발된 산림면적(ha) / 총산림면적(ha)

12. 임도밀도를 나타내는 단위로 적당한 것은?

① m/ha
② ha/m
③ m²
④ ha

13. 산림의 단위면적당 임도연장으로 나타내는 하나의 양적지표를 무엇이라 하는가?

① 산림개발도
② 임도효율요인
③ 임도밀도
④ 평균집재거리

14. 경영구 면적 1,000ha 임도시설 10,000m일 때 임도밀도는?

① 1m/ha
② 5m/ha
③ 10m/ha
④ 20m/ha

15. 20ha의 산림에서 간선임도가 400m, 지선임도가 200m, 기계작업로가 200m일 때 ha당 임도밀도는?

① 10m/ha
② 20m/ha
③ 30m/ha
④ 40m/ha

해설 11

임도밀도는 산림의 개발정도와 사업의 집약도로 산림의 단위면적당 임도연장(m/ha)으로 나타낸다.

해설 12

임도밀도는 산림의 단위면적당 임도연장(m/ha)으로 나타낸다.

해설 13

임도밀도는 노망(路網)의 충족도를 나타내는 양적지표이다.

해설 14

임도밀도=10,000m/1,000ha
=10m/ha

해설 15

임도밀도=총연장거리(m)/총면적(ha)
=(400+200)/20
=30m/ha

정답 11. ① 12. ① 13. ③ 14. ③
15. ③

	해　　설

16. 지형지수가 20 ~ 39일 때의 표준임도밀도(m/ha)는?

① 30 ~ 50m/ha　　　　　② 20 ~ 30m/ha
③ 10 ~ 20m/ha　　　　　④ 5 ~ 15m/ha

해설 **16**
지형지수와 표준임도밀도 관계에서 ①은 지형지수 0~19, ③은 지형지수 40~69, ④는 지형지수 70 이상일 때의 표준임도밀도이다.

17. 산림면적이 2,000ha인 곳에 임도가 30km로 시설되어 있다. 이때의 임도밀도는 얼마인가?

① 0.015m/ha　　　　　② 0.15m/ha
③ 1.5m/ha　　　　　　④ 15m/ha

해설 **17**
임도밀도=30,000m/2,000ha
　　　　=15m/ha

18. 완경사지에 있어서 가장 적합한 임도밀도는?

① 5 ~ 15 m/ha　　　　② 10 ~ 20 m/ha
③ 20 ~ 30 m/ha　　　　④ 30 ~ 50 m/ha

해설 **18**
①은 급준경사, ②는 급경사, ④는 평탄지를 나타낸다.

19. 경사 지대의 평균 집재거리가 0.7km이고 임도효율이 7일 때 지선임도밀도는?

① 10m/ha　　　　　　② 20m/ha
③ 30m/ha　　　　　　④ 40m/ha

해설 **19**
지선임도밀도
$$= \frac{임도효율계수}{평균집재거리}$$
$$= \frac{7}{0.7}$$
$$= 10m/ha$$

20. 지선임도밀도가 20m/ha이고, 지선임도개설단가가 1ha당 2,000원, 1ha당 수확재적이 20m³일 때 지선임도가격은 1m³당 얼마인가?

① 1,500원　　　　　　② 2,000원
③ 4,000원　　　　　　④ 20,000원

해설 **20**
지선임도가격
$$= \frac{(지선임도개설단가 \times 지선임도 밀도)}{수확재적}$$
$$= \frac{2,000 \times 20}{20}$$
$$= 2,000원$$

정답 16. ②　17. ④　18. ③　19. ①
20. ②

해 설

21. 임도효율 5.0, 평균집재거리 0.2km, 지선임도개설비 단가가 1ha당 1,300원, 1ha당 수확재적이 30m³일 때 지선임도가격은 얼마인가?

① 1,083(원/m³)
② 1,120(원/m³)
③ 1,127(원/m³)
④ 1,130(원/m³)

해설 **21**

지선임도가격
= {지선임도개설단가×지선임도밀도
 (임도효율/평균집재거리)}/수확재적
= {(1,300×(5.0/0.2)}/30
= 1,083원

22. 경사지대에서 임도밀도가 20m/ha이고 임도효율이 8일 때 평균집재거리는?

① 0.2km
② 0.3km
③ 0.4km
④ 0.5km

해설 **22**

$$평균집재거리 = \frac{임도효율요인}{임도밀도}$$
$$= \frac{8}{20}$$
$$= 0.4km$$

23. 임도밀도가 10m/ha일 때 적정지선의 임도간격은 얼마인가?

① 500m
② 1,000m
③ 1,500m
④ 2,000m

해설 **23**

$$적정지선의 임도간격 = \frac{10,000}{임도밀도}$$
$$= \frac{10,000}{10}$$
$$= 1,000m$$

24. 적정임도밀도가 25m/ha인 산림의 도로 양쪽에서 임목을 집재한다면 이 지역의 평균집재거리는 얼마인가?

① 30m
② 50m
③ 80m
④ 100m

해설 **24**

$$평균집재거리 = \frac{2,500}{임도밀도}$$
$$= \frac{2,500}{25}$$
$$= 100m$$

25. 임도밀도가 1ha당 40m인 임지에서의 임도간격과 최대집재 거리는 각각 얼마인가?

① 125m, 250m
② 250m, 125m
③ 250m, 500m
④ 500m, 250m

해설 **25**

$$임도간격 = \frac{10,000}{임도밀도} = \frac{10,000}{40}$$
$$= 250m$$
$$집재거리 = \frac{5,000}{임도밀도} = \frac{5,000}{40}$$
$$= 125m$$

정답 21. ① 22. ③ 23. ② 24. ④
25. ②

26. 1ha당 30m의 노망이라면 집재거리는 얼마인가?

① 165m　　　　　　　② 30m
③ 330m　　　　　　　④ 125m

27. 임도간격, 집재거리, 평균집재거리와의 관계가 잘못된 것은?

① 임도간격은 임도와 임도 사이의 거리로 표현된다.
② 집재거리는 평지림의 경우 임도간격의 1/2이 된다.
③ 평균집재거리는 평지림의 경우 집재거리와 임도간격의 1/2이 된다.
④ 기본계산식은 평지림에서 정립된 것이므로 산악지에 적용할 경우 임도와 집재 우회계수를 계상하여야 한다.

28. 임도간격과 평균집재거리의 관계가 옳은 것은?

① 평균집재거리=임도간격/2　　② 평균집재거리=임도간격/3
③ 평균집재거리=임도간격/4　　④ 평균집재거리=임도간격/5

29. 노선 위치를 기준으로 한 임도의 종류에 해당되지 않는 것은?

① 계곡임도　　　　　　② 사면임도
③ 연결임도　　　　　　④ 능선임도

30. 다음 중 산림을 개발할 때 일반적으로 처음 시설되는 임도는?

① 계곡임도　　　　　　② 능선임도
③ 산복임도　　　　　　④ 산정임도

해 설

해설 26

$$임도간격 = \frac{10,000}{임도밀도} = \frac{10,000}{30}$$
$$≒ 330m$$

집재거리는 임도간격의 1/2이므로 약 165m이다.

해설 27

평균집재거리는 평지림의 경우 집재거리의 1/2, 임도간격의 1/4이 된다.

해설 28

평균집재거리는 임도변의 집재작업(최소 집재거리)과 집재한계선(최대집재거리)까지 집재작업이 동일하게 실행되므로 평지림의 경우 집재거리의 1/2이 되고 임도간격의 1/4이 된다.

해설 29

임도는 지형의 상태에 따라 평지임도와 산악임도로, 산악임도는 계곡임도. 산복(사면)임도, 능선임도 등으로 구분된다.

해설 30

임지는 하부로부터 개발하므로 계곡임도는 임지개발의 중추적 역할을 한다.

정답 26. ①　27. ③　28. ③　29. ③
30. ①

31. 임도개발의 형태에 있어서 계곡임도의 장점은?

① 양쪽 사면을 개발할 수 있다.
② 홍수시 피해가 심하다.
③ 교량 등 배수시설비가 많이 소요된다.
④ 삭도 집재비가 높다.

해설 **31**
계곡임도는 홍수로 인한 유실을 방지하기 위해 약간 위쪽의 사면(斜面)에 설치한다.

32. 산지개발의 효과가 가장 높고 집재작업효율이 높으며 상향 집재방식의 적용이 가능한 임도는?

① 계곡임도　　　　　② 산능경계임도
③ 산복(사면) 임도　　④ 산정임도

해설 **32**
산복(사면)임도는 계곡임도에서 시작되어 산록부와 산복부에 설치하는 임도이다.

33. 산악지대의 임도배치 중 건설비가 가장 적게 소요되는 것은?

① 계곡임도　　　　　② 사면임도
③ 능선임도　　　　　④ 산복임도

해설 **33**
능선임도형은 축조비용이 저렴하고 토사 유출도 적다.

34. 가선집재 방법과 같은 상향 집재시스템에 의하지 않고는 산림을 개발할 수 없는 임도는?

① 계곡임도　　　　　② 사면임도
③ 능선임도　　　　　④ 산정부개발형

해설 **34**
능선임도형은 제한된 범위 내에서만 이용이 가능하다.

35. 산정부(山頂部)의 임도노선으로 가장 알맞은 방법은?

① 순환방식　　　　　② 지그재그방식
③ 대각선방식　　　　④ 삼각형방식

해설 **35**
순환방식은 계곡임도형과 산정부 개발형에 적용된다.

정답 31. ①　32. ③　33. ③　34. ③
35. ①

36. 다음 중 임도의 타당성평가 항목으로 보기 어려운 것은?

① 필요성   ② 적합성
③ 환경성   ④ 문화성

37. 다음 중 임도의 타당성평가 항목 중 경사도의 평가기준은?

① 45°   ② 35°
③ 25°   ④ 15°

38. 임도의 타당성평가는 언제까지 실시하여야 하는가?

① 임도를 설치하고자 하는 해의 전년도 11월 말까지
② 임도를 설치하고자 하는 해의 1월 말까지
③ 임도를 설치하고자 하는 해의 전년도 7월 말까지
④ 임도를 설치하고자 하는 해의 2월 말까지

39. 임도의 설치가 타당성이 있는 것으로 평가되는 경우는?

① 환경성 분야 평가항목 중 불가에 해당되는 항목이 없고, 타당성평가 점수가
   60점 이상인 경우
② 환경성 분야 평가항목 중 불가에 해당되는 항목이 1가지 이하이고, 타당성평가
   점수가 80점 이상인 경우
③ 환경성 분야 평가항목 중 불가에 해당되는 항목이 2가지 이하이고, 타당성평가
   점수가 60점 이상인 경우
④ 환경성 분야 평가항목 중 불가에 해당되는 항목이 없고, 타당성평가 점수가
   70점 이상인 경우

해   설

해설 **36**
임도의 타당성평가 항목은 필요성, 적합성, 환경성 등이다.

해설 **37**
경사도 35° 이상 구간이 5% 미만이면 15점, 10% 이상이면 6점의 배점을 받는다.

해설 **38**
타당성평가는 임도를 설치하고자 하는 해의 전년도 7월 말까지 실시하여야 한다. 다만, 간선임도의 설치계획이 변경되는 경우에는 그 변경 전에 실시할 수 있다.

해설 **39**
환경성 분야 평가항목 중 불가에 해당되는 항목이 없고, 타당성평가 점수가 70점 이상인 경우에 한하여 임도의 설치가 타당성이 있는 것으로 평가한다.

정답 36. ④ 37. ② 38. ③ 39. ④

40. 특별시장·광역시장·도지사·특별자치도지사 또는 지방산림청장은 몇 년 단위로 연도별 임도설치계획을 작성하여야 하는가?

① 3년 ② 5년
③ 7년 ④ 10년

해설 **40**

산림청장은 임도의 효율적 설치·관리를 위하여 전국임도기본계획을 10년 단위로 수립하여야 하며, 특별시장·광역시장·도지사·특별자치도지사 또는 지방산림청장은 전국임도기본계획에 따라 산림관리기반시설 중 임도의 효율적인 설치를 위하여 임도설치계획을 5년 단위로 수립하여야 한다.

41. 임도망 배치시 고려할 사항으로 거리가 먼 것은?

① 운재비가 적게 들도록 시장에서 단거리가 되도록 한다.
② 인접된 경영구와 마을 사이를 연계하여 상호협력과 지원이 가능하도록 한다.
③ 습지대와 산지 경사 70% 이상인 지역을 우선적으로 선정한다.
④ 산림의 여러 기능이 최대로 발휘될 수 있도록 과학적으로 배치한다.

해설 **41**

산지경사 70% 이상인 급경사지대에는 신중히 고려하여 임도를 배치한다.

42. 임도설치 대상지의 선정기준에 포함되지 않는 곳은?

① 조림·육림·간벌·주벌 등 산림사업 대상지
② 산불예방·병해충방제 등 산림의 보호·관리를 위하여 필요한 임지
③ 산림휴양자원의 이용 또는 산촌진흥을 위하여 필요한 임지
④ 도로의 노선계획이 확정·고시된 지역

해설 **42**

도로의 노선계획이 확정·고시된 지역 또는 다른 임도와 병행하는 지역은 임도 설치 대상지에서 제외 한다.

43. 국유림의 임도 예정지로 부적합한 곳은?

① 임산물의 유통 및 조림사업의 보속작업을 기할 수 있는 곳
② 보호 및 사후관리가 용이한 곳
③ 지역사회 개발 등 지역경제의 활용도가 높은 곳
④ 인근 도시의 인구가 많은 곳

해설 **43**

조사결과에 따른 여러 인자를 종합하여 대상지를 선정한다.

44. 임도망 계획시 고려해야 할 사항이 아닌 것은?

① 운재비가 적게 들도록 한다.
② 운반 도중에 목재의 손모가 적도록 한다.
③ 신속한 운반이 되도록 한다.
④ 계절에 따라 운재량을 제한한다.

45. 다음 중 임도를 설치할 수 있는 곳은?

① 산지전용이 제한되는 지역이 포함되어 있는 경우
② 임도거리의 30% 이상이 암반으로 구성된 지역을 지나게 되는 경우
③ 농산촌 마을의 연결을 위하여 필요한 임지인 경우
④ 임도거리의 20% 이상이 화강암질풍화토로 구성된 지역을 지나게 되는 경우

46. 임도설치계획 작성 시의 고려사항으로 거리가 먼 것은?

① 경제림육성단지에 우선적으로 계획한다.
② 국·민유림 구분 없이 분수령을 경계로 하는 유역 전체 산림을 대상으로 계획하되, 유역 내 산림면적이 많은 시·군 또는 국유림관리소에서 계획한다.
③ 예정노선은 기설임도와 장래에 추가로 설치할 노선을 고려하여 효율적이고 체계적으로 계획한다.
④ 주로 예정노선의 총 길이가 2km 미만이 되는 단거리계획으로 작성한다.

47. 임도 성토면의 안정 대책 수립 시 토성은 중요한 역할을 한다. 다음 암석을 보고 시공지의 토성이 양질 또는 사질토가 될 모암의 종류는?

① 안산암(安山岩)　　② 화강암(花崗岩)
③ 석회암(石灰岩)　　④ 혈암(頁岩)

48. 임도의 설계 시 구분되는 암의 종류가 아닌 것은?

① 화강암　　② 연암
③ 보통암　　④ 경암

해　설

해설 **44**
날씨와 계절에 따라 운재능력에 제한이 없도록 하고 운재방법은 단일화한다.

해설 **45**
①, ②, ④와 임도거리의 10 % 이상이 경사 35° 이상의 급경사지나 도로로부터 300m 이내인 지역을 지나게 되는 경우에는 임도를 설치할 수 없다.

해설 **46**
예정노선의 총 길이가 2km 미만이 되는 단거리계획은 가급적 지양한다.

해설 **47**
화강암은 화성암에 속하는 심성암이다.

해설 **48**
임도에서 사용되는 발파암은 연암, 보통(준경암), 경암으로 구분된다.

정답 44. ④　45. ③　46. ④　47. ②
48. ①

49. 임도를 시공하려는 지역의 토질이 임도 개설에 가장 적당하지 않은 지역은?

① 함수율이 높은 점질토
② 호박돌이 많은 사질토
③ 함수율이 낮은 연암지대
④ 경암지대

50. 다음 중 임도 개설 예정지 선정에서 마사토 지역을 가급적 제한하는 주된 이유는?

① 다른 토질에 비해 붕괴나 침식이 발생하기 쉽기 때문이다.
② 식생 회복이 다른 토질에 비해 쉽지 않기 때문이다.
③ 마사토지역은 공사가 어려워서 공사비가 많이 소요되기 때문이다.
④ 마사토지역은 공사가 어렵고 대형 붕괴나 침식이 일어나기 때문이다.

51. 흙의 입도분포의 좋고, 나쁜 것을 나타내는 균등계수의 산출식은?

① $\dfrac{\text{통과중량백분율 50\%에 대응하는 입경}}{\text{통과중량백분율 20\%에 대응하는 입경}}$

② $\dfrac{\text{통과중량백분율 60\%에 대응하는 입경}}{\text{통과중량백분율 10\%에 대응하는 입경}}$

③ $\dfrac{\text{통과중량백분율 20\%에 대응하는 입경}}{\text{통과중량백분율 50\%에 대응하는 입경}}$

④ $\dfrac{\text{통과중량백분율 10\%에 대응하는 입경}}{\text{통과중량백분율 60\%에 대응하는 입경}}$

52. 지층이 깊은 경우 실시하는 지반조사 방법으로 적절하지 못한 것은?

① 오거보링
② 토질시험
③ 관입시험
④ 베인시험

53. 흙의 통일분류법에 의한 분류기호를 잘못 나타낸 것은?

① GW : 입도가 양호한 자갈
② GM : 실트질 자갈
③ CL : 고소성의 무기질 점토
④ OH : 고소성의 유기질 점토

해 설

해설 49
점토함량이 많은 토양은 통기 및 통기성이 불량하고 지력이 낮아 임도개설에 적당하지 않다.

해설 50
마사토는 화강암이 풍화된 모래흙으로 배수성과 통기성이 좋으나 붕괴나 침식이 발생하기 쉽다.

해설 51
균등계수는 토양을 구성하는 굵은 입자, 가는 입자, 미립자의 입도배분의 간단한 표시법이다.

해설 52
오거보링은 땅 속에 있는 토양시료를 채취하는 기구이다.

해설 53
주기호 C는 점토를, 부기호 L은 저소성을 나타낸다.

정답 49. ① 50. ① 51. ② 52. ①
53. ③

54. 다음 생태통로 중 대부분의 동물이 이용 가능한 종류는?

① 터널형 통로   ② 육교형 통로

③ 선형 통로   ④ 울타리형 통로

55. 다음 중 인간의 영향이 빈번한 지역이나 지하에 중소 하천이 있는 경우 등에 설치하는 생태통로는?

① 터널형 통로   ② 육교형 통로

③ 선형 통로   ④ 울타리형 통로

해 설

해설 **54**

육교형은 도로 위를 횡단하는 육교 형태로 설치하여 대형·중형·소형 포유류, 조류, 양서·파충류 등 대부분의 동물이 이용 가능하다.

해설 **55**

터널형은 하부통로형이며 지형적으로 육교형 통로 설치가 어려운 지역에 설치한다.

정답 54. ②   55. ①

핵심

02 임도의 구조

학습주안점

• 임도의 노체가 노상→ 노반→ 기층 및 표층으로 구성되고 노면의 경우 종류에 따라 토사도, 자갈도, 쇄석도, 통나무길, 섶길로 시공되는데 있어서 주의점 등을 알고 있어야 한다.
• 임도설계에 기준이 되는 차량의 규격과 속도기준, 너비 횡단기울기, 합성기울기 등의 개념을 이해하고 적용할 수 있어야 한다.
• 평면곡선의 종류, 물매곡률비, 곡선반지름, 곡선부 확폭의 설계의 목적과 적용 공식 등을 알고 있어야 한다.
• 설계속도별 임도의 종단기울기와 종단곡선의 길이 등의 공식을 이해하고 적용할 수 있어야 한다.
• 임도부속시설의 내용과 설치기준을 알고 있어야 한다.

핵심 PLUS

1 노선의 선형(線形)

1. 평면선형

구성	내용
직선	• 가장 단순하여 설계하기 쉽고 운전자가 전방의 시야를 확보 할 수 있어 안전한 선형 • 도로에서 직선부가 너무 길면, 시각적인 단조로움으로 인해 운전자가 과속과 사고를 낼 위험이 있어 가벼운 긴장감을 부여하기 위해 직선보다는 반경이 긴 곡선으로 설계하는 경우가 많음.
단곡선(원곡선)	• 노선의 방향을 변경할 경우 사용하는 곡률이 일정한 선형 • 곡률이란 곡선 또는 곡면의 휨 정도를 나타내는 변화율을 말함.
완화곡선	• 노선의 직선부가 원곡선부 사이 혹은 원곡선과 원곡선 사이에 설치하여 자연스럽게 주행이 이어질 수 있도록 하는 선형을 의미 • 뒷바퀴의 움직임을 감안하여 폭을 넓히고, 경사에 차이를 두어 트랙터의 전복과 밀려나가는 현상을 방지하도록 설치함.

■ 임도의 선형 ☆
① 노선의 선형은 노선 설계의 기준이 되는 노선의 중심선을 입체적으로 그린 선의 형상을 말함.
② 횡단선형, 평면선형, 종단선형, 노면 등이 있음.

2. 종단선형

① 노선의 중심선이 진행 방향으로 그리는 고저 변화의 형상
② 종단면도에서 쉽게 확인한 수 있으며 종단경사, 종단곡선 등으로 구성

구성	내용
종단 경사	• 노선의 종단면에 맞춰 경사를 나타낸 것으로 수평거리에 대한 연직 거리의 비 • 경제적인 측면에서 허용할 수 있는 범위 내에서 가능한 한 운전자의 속도 저하가 작아지도록 하여 교통 용량의 감소 및 안전성 저하를 방지하도록 결정됨 • 0%의 경사, 즉 수평한 도로는 주행에는 좋으나 비가 올 때 배수가 좋지 않으므로 일반적으로 약간의 경사를 둠.
종단 곡선	• 두 개의 다른 종단경사가 접속되는 지점에 그 경사가 매끈하게 이어지도록 하는 선형을 의미 • 경사가 변화하는 곳에 충격을 완화하고 충분한 시거를 확보할 목적으로 곡선을 설치하여 차량이 원활하게 주행할 수 있도록 해줌. • 종단곡선으로는 원곡선과 포물선이 이용되고 지형에 따라 볼록곡선과 오목곡선의 형태가 됨.

3. 임도의 선형 설계 시 고려할 기본적인 사항 ☆☆☆

① 지역 및 지형과의 조화
② 교통상의 안정성
③ 선형의 연속성
④ 종단선형과 평면선형과의 조화

2 노체의 구조

1. 노체의 구성

① 노상
  ㉮ 최하층에 위치한 도로의 기초부분으로서 균등한 지지력을 확보
  ㉯ 원지반의 흙이 양호할 때는 그대로 사용할 수 있으나, 연약한 경우에는 다른 흙으로 치환하거나 적당한 물리 · 화학적 처리를 실시
  ㉰ 토질은 자갈이나 모래를 많이 함유하고 있는 조립토가 좋으며, 세립토는 충분한 다짐을 실시해야 함.

② 노반(보조기층) ☆
  ㉮ 상부의 포장부분을 지지하며, 상부의 교통하중을 분산하여 노상에 전달하는 중요한 역할을 함.
  ㉯ 충분한 지지력과 내구성이 풍부한 재료를 이용하여 충분히 다져야함.
  ㉰ 보조기층을 시공할 때는 입경이 큰 것부터 깔고 다져야 하며, 이때의 두께는 10cm 내외가 좋음.
③ 기층 및 표층 : 포장은 재료에 따라 아스팔트 포장과 콘크리트 포장으로 구분, 표층은 차량하중에 의한 노면의 마모에 직접 저항하는 부분임.

2. 노면의 재료의 특성 및 종류 ☆☆☆

1) 특성
① 피복의 재료에 따라 임도의 노면을 흙모랫길(토사도), 자갈길(사리도), 쇄석도, 콘크리트 포장도로, 아스팔트 포장도로로 구분하며 포장하는 경우는 드묾.
② 일시적인 임도는 주로 토사도이고 때로는 자갈길, 쇄석도로 시공하기도 하며, 저습지대에서는 통나무길 또는 섶길을 만들기도 함.

2) 토사도(흙모랫길)
① 노면이 자연지반의 흙으로 된 도로 또는 여기에 입자를 조정하여 인공적으로 개량한 도로
② 노면이 토사 즉, 점토와 모래의 혼합물(1 : 3)로 구성된 도로로 노상을 긁어 자연전압(自然轉壓)에 의하는 경우와 지름 5~10mm의 표층용(表層用) 자갈과 토사를 15~30cm 두께로 깔아주는 경우가 있음.
③ 토사도는 교통량이 적은 곳에 축조하며 시공비가 적게 드나 물로 인하여 파손되기 쉬우므로 배수에 특별히 유의하여야 함.

3) 자갈도(사리도)
① 자연지반의 흙 위에 자갈을 깔고 교통에 의한 자연전압으로 노면을 만든 것으로서 굵은 골재로서는 자갈, 결합재로서는 점토나 세점토를 골라서 적당한 비율로 깔고 롤러로 다져서 표면을 시공
② 사리도의 노반시공법은 상치식과 상굴식이 있음.

4) 쇄석도(부분돌길) ☆
① 부순돌로 구성된 쇄석들끼리 서로 물려서 죄는 힘과 결합력에 의하여 단단한 노면을 만드는 것으로서 중노동에도 견디고, 가장 경제적이어서 임도에서 가장 널리 사용됨.
② 표면을 평활하게 다듬어 그 위에 깬자갈, 모래, 점토 등이 일정비율로 혼합된 재료를 깔고 진동 롤러 등으로 전압하여 틈막이재를 쇄석사이에 압입시킨 도로

핵심 PLUS

■ 노면재료의 종류
① 토사도(흙모랫길)
② 자갈도(사리도) : 상치식, 상굴식
③ 쇄석도(부분돌길)
④ 통나무길, 섶길

■ 자갈도의 상치식과 상굴식

상치식	중앙부를 상당한 두께로 만들고 양끝이 두께를 갖지 않은 구조로 일반적으로 임도에 널리 이용
상굴식	• 유효폭을 굴취하여 그 곳에 자갈을 깔고 다짐한 것으로 자갈을 2~3차례 반복하여 깔고 결합제를 섞어 다짐한 것 • 자갈은 지름 20~25mm가 적당하며 자갈무게의 10~15%의 세점토를 결합제로 사용함, 세점토를 함유하지 않은 자갈을 사용하면 차량 주행 시 자갈이 튀어나감. • 추운곳, 동토지대에 적용

③ 쇄석도의 두께는 15~25cm이지만 20cm가 표준이고, 다짐 후에는 10cm 정도로 감소됨.

④ 노반시공법은 텔퍼드식과 머캐덤식이 있음.

5) 통나무길

① 노면의 횡단방향에 지름 20cm 정도의 통나무를 깔아서 만든 길로, 특수한 곳(연약지반, 습지대)에서 부득이한 경우 사용

② 교통하중에는 약하지만 차량이 저속으로 통행함

6) 섶길

노상 위에 지름 30cm 정도의 섶다발을 가로방향으로 깔고, 그 위에 20~30cm로 성토하여 노면을 만든 것

7) 기타

① 시멘트 콘크리트 포장도 : 모래, 자갈, 부순돌 등의 골재와 포틀랜드 시멘트를 이용하여 슬래브로 만든 포장도

② 블록포장도 : 벽돌, 콘크리트블록, 아스팔트블록 등 일정한 크기로 만든 블록을 표층에 깐 도로

3. 노면시공방법 ☆

① 노체 각 층의 강도는 노면에 가까울수록 큰 응력에 견디어야 하므로 상층부로 시공할수록 양질의 재료를 사용

② 노면은 암반지역인 경우를 제외하고는 정지가 완료된 후 진동 로울러로 다져야 함. 다만, 진동 로울러 다짐이 필요 없는 단단한 토질인 경우에 한하여 불도저·굴삭기(궤도식 0.7m³ 이상)로 다짐을 할 수 있음.

③ 노면의 종단기울기가 8%를 초과하는 사질토양 또는 점토질 토양인 구간과 종단기울기가 8% 이하인 구간으로서 지반이 약하고 습하여 차량 소통이 어려운 구간의 경우에는 쇄석·자갈을 부설하거나 콘크리트 등으로 포장함.

④ 임도노선의 굴곡이 심하여 시야가 가려지는 곡선부에는 반사경을 설치하며, 성토사면의 경사가 급하고 길이가 길어 추락의 위험이 있는 구간의 길어깨 부위에는 위험표지·경계석 또는 가드레일을 설치함.

4. 임도의 부속물

① 임도구조의 보전과 안전하고 원활한 임도 통행의 확보. 그 밖에 임도의 관리에 필요한 시설 또는 공작물

② 종류

㉮ 임도의 원표, 이정표, 거리표주, 경계표주

㉯ 임도 표지판, 가드레일, 반사경 등 통행안전 시설

㉰ 임도에 연접하는 간이주차장 또는 다목적 공간

㉱ 임도방호 울타리, 가로수 등 임도관리기관이 설치한 시설

㉲ 토사유출·낙석방지 등 재해를 방지하기 위한 시설

㉳ 임도 이용자를 위한 간이휴게시설, 간이운동시설 등 편의시설

㉴ 기타 테마임도·레포츠임도의 기능향상과 이용편의를 위하여 임도관리기관
이 설치한 시설

3 횡단구조

1. 횡단면형

1) 임도의 횡단선형

도로의 중심선을 횡단면으로 본 형상으로 임도의 차도너비, 길어깨, 옆도랑, 흙깎
기 및 흙쌓기 비탈면 등의 요소들을 말함.

2) 차량규격과 속도기준 ★☆

① 간선임도·지선임도

㉮ 임도설계에 기준이 되는 차량의 규격(단위 m)

제원 / 자동차종별	길이	폭	높이	앞뒤바퀴거리	앞내민길이	뒷내민길이	최소회전반경
소형자동차	4.7	1.7	2.0	2.7	0.8	1.2	6.0
보통자동차	13.0	2.5	4.0	6.5	2.5	4.0	12.0

〈비고〉
• 앞뒤바퀴 거리 : 앞바퀴축의 중심으로부터 뒷바퀴축의 중심까지의 거리
• 앞내민길이 : 차량의 전면으로부터 앞바퀴축의 중심까지의 거리
• 뒷내민길이 : 뒷바퀴축의 중심으로부터 차량의 후면까지의 거리

㉯ 임도의 종류별 설계속도 ★★★

구분	설계속도(km/hr)
간선임도	40~20
지선임도	30~20

핵심 PLUS

■ 임도설계시 기준이 되는 차량규격
① 간선임도, 지선임도
• 소형자동차 : 4.7×1.7m
• 보통자동차 : 13.0×2.5m
② 작업임도
• 2.5톤 트럭 : 6.1×2.0m

핵심 PLUS

② 작업임도

    ㉮ 작업임도의 설치대상지 : 산림사업을 위하여 필요한 지역, 기존의 작업로 · 운재로 등으로서 임도로 활용가치가 높다고 판단되는 지역

    ㉯ 차량규격(단위 : m)

제원 자동차종별	길이	폭	높이	앞뒤 바퀴 거리	앞내민 길이	뒷내민 길이	최소 회전 반경
2.5톤 트럭	6.1	2.0	2.3	3.4	1.1	1.6	7.0

    ㉰ 속도기준 : 작업임도의 속도기준은 20km/hr 이하로 함. ☆

3) 너 비 ☆☆☆

① 간선임도 · 지선임도

    ㉮ 유효너비(차도너비) : 길어깨 · 옆도랑의 너비를 제외한 임도의 유효너비는 3m를 기준으로 하며, 배향곡선지의 경우에는 6m 이상으로 함.

    ㉯ 길어깨 · 옆도랑너비 : 임도의 길어깨 및 옆도랑의 너비는 각각 50cm~1m 범위로 하며, 암반지역 등 지형여건상 불가피한 경우 또는 옆도랑이 없는 임도의 경우에는 설치하지 않을 수 있음.

    ㉰ 축조한계 : 자동차의 안전주행을 위해 도로의 위쪽에 건축물을 설치할 수 없는 일정한 한계를 말하며, 임도의 축조한계는 유효너비와 길어깨를 포함한 너비규격에 의하여 설치함.

② 작업임도

    ㉮ 유효너비 : 2.5~3m를 기준, 배향곡선지의 경우 6m 이상으로 함.

    ㉯ 길어깨 너비 : 50cm 내외로 함.

2. 횡단기울기

① 작업임도의 횡단기울기는 물이 성토면으로 고르고 원활하게 분산될 수 있도록 외향경사를 3~5% 내외가 되도록 하며, 옆도랑을 설치하는 경우 등 특수한 경우에는 그러하지 않을 수 있음.

② 차량이 곡선부를 통과하는 경우에는 원심력에 의해 바깥쪽으로 나가려는 힘이 생기므로 곡선부의 노면 바깥쪽을 안쪽보다 높게 하는데 이를 외쪽기울기(외쪽물매)라 함. (일반적으로 외쪽기울기는 8% 이하)

$$i = \frac{V^2}{127 \times R} - f$$

여기서, V=설계속도(km/hr), i=곡선부 외쪽물매(%/100),

    f : 가로미끄러짐에 대한 노면과 타이어의 마찰계수, R : 곡선반지름(m)

■ 길어깨(갓길, 노견) ☆
노체구조의 안정, 차량의 안전 통행, 보행자의 대피, 차도의 주요 구조부 보호 등을 목적으로 차도에 연접하여 시설하는 것을 말한다.

■ 임도의 너비
=유효너비+길어깨

■ 횡단기울기
일반적인 차도에서는 중앙부를 높게 하고 양쪽 길가쪽을 낮게 하는 횡단기울기를 만들어야 하며 간선임도 · 지선임도의 경우 노면의 종류에 따라 포장을 하지 않은 노면(쇄석 · 자갈을 부설한 노면 포함)은 3~5%, 포장한 노면은 1.5~2%로 한다.

■ 곡선 반지름 구하는 공식
$$R = \frac{V^2}{127(i+f)}$$

3. 합성기울기(물매) ☆☆☆

① 종단기울기와 횡단기울기를 합성한 물매
② 임도시설규정에서는 12% 이하로 함. 다만, 현지의 지형여건상 불가피한 경우에는 간선임도는 13% 이하, 지선임도는 15% 이하로 할 수 있으며, 노면포장을 하는 경우에 한하여 18% 이하로 할 수 있음.
③ 합성물매의 산출

$$S = \sqrt{(i^2 + j^2)}$$
S : 합성물매(%), i : 횡단기울기(%), j : 종단기울기(%)

4 평면구조

1. 곡선의 종류 ☆☆

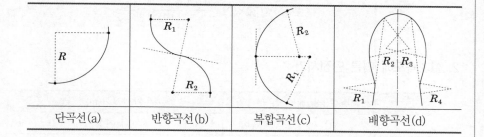

단곡선(a)	반향곡선(b)	복합곡선(c)	배향곡선(d)

1) 단곡선(원곡선)
중심이 1개의 원호로 구성된 곡선, 가장 많이 사용(a)

2) 반향곡선(반대곡선)
① S-curve라 하며 방향이 다른 두 개의 원곡선이 직접 접속하는 곡선으로 곡선의 중심이 서로 반대쪽에 위치한 곡선(b)
② 서로 맞물린 곳에 10m 이상의 직선부를 설치해야 함.

3) 복합곡선(복심곡선)
① 동일한 방향으로 굽고 곡률이 다른 두 개 이상의 원곡선이 직접 접속되는 곡선(c)
② 운전시 피하는 것이 좋음.

핵심 PLUS

■ 곡선의 개념
안전을 확보하고 주행속도와 수송능력을 저하시키지 않도록 지형에 따라 곡선을 설치함.

■ 곡선의 종류
① 단곡선
② 반향곡선(반대곡선)
③ 복합곡선(복심곡선)
④ 배향곡선(헤어핀곡선)
⑤ 완화곡선

4) 배향곡선(헤어핀곡선)

① 반지름이 작은 원호의 바로 앞이나 뒤에 반대방향 곡선을 넣은 것으로 헤어핀 곡선이라고도 함, 산복부에서 노선 길이를 연장하여 종단경사를 완화하게 하거나 동일사면에서 우회할 목적으로 설치(d)

② 급경사지에서 노선거리를 연장하여 종단기울기를 완화할 때 사용됨.

③ 배향곡선의 적정간격 $= \dfrac{0.5 \times 임도간격(m) \times 산지경사(\%)}{종단물매}$

5) 완화곡선

① 직선부에서 곡선부로 옮겨지는 곳에 사용

② 일정한 반지름의 원곡선이 직선부에 연결되거나 직선부에서 원곡선에 연결될 때 차량의 동요를 경감시키고 차량의 주행을 원활히 하기 위해 단곡선의 시종점과 곡선간 또는 복심곡선의 곡률변화점에 삽입함.

$$완화구간의 \ 길이 = \dfrac{0.036 \times 설계속도^3}{곡선반지름}$$

2. 설계속도에 따른 안전시거

설계속도(km/hr)	안전시거(m)
40	40 이상
30	30 이상
20	20 이상

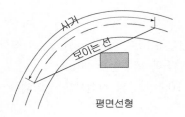

평면선형

$$S = 0.01745 \times R \times \theta = \dfrac{2\pi \times R \times \theta}{360°}$$

여기서, S : 안전시거(m), R : 곡선반지름(m), θ : 중심각(°)

3. 물매곡률비

① 곡선부의 내각이 예각일 경우에는 급한 곡선이 설정되기 때문에 곡선부를 통과하는 자동차의 안정성에 크게 영향을 미치게 됨.

② 보완하기 위하여 곡선반지름을 크게 하면 할수록 임도의 구조는 양호해지지만 급경사지에서는 성·절토량이 증가하게 되므로 공사비는 증가하게 됨.

$$K = \frac{R}{I}$$

여기서, K : 물매곡률비, R : 곡선반지름(m), I : 종단물매(%)

4. 곡선반지름 ☆☆☆

① 곡선부의 중심선 반지름은 다음의 규격 이상으로 설치해야 함, 다만, 내각이 155도 이상 되는 장소에 대하여는 곡선을 설치하지 않을 수 있음.

설계속도(km/hr)	최소곡선반지름(m)	
	일반지형	특수지형
40	60	40
30	30	20
20	15	12

② 배향곡선은 중심선 반지름 10m 이상이 되도록 설치함.

③ 곡선반지름의 산출 ☆

• 운반되는 통나무의 길이에 의한 경우

$$R(\text{곡선 반지름, m}) = \frac{l^2}{4B}$$

여기서, l : 통나무 길이(m), B : 노폭(m)

• 원심력과 타이어 마찰계수에 의할 경우

$$R(\text{곡선 반지름, m}) = \frac{V^2}{127(f+i)}$$

여기서, V : 설계속도(km/hr),
f : 가로 미끄러짐에 대한 노면과 타이어의 마찰계수,
i : 곡선부 원쪽물매(편경사 0.15)

■ 곡선반지름
노선의 굴곡 정도는 곡선부 중심선의 곡선반지름으로 나타내며, 차량의 안전한 주행을 위하여 가급적 큰 것이 좋음.

[예시]
통나무의 길이가 16m, 노폭이 4m인 경우 최소곡선 반지름은?
[해설]
최소곡선반지름$(R) = \dfrac{l^2}{4B} = \dfrac{16^2}{4 \times 4\text{m}}$
$= 16\text{m}$

5. 가시거리의 산출

① 대상물이 고정되어 있는 경우

$$S = \frac{0.694 + 0.00394\,V^2}{f}$$

여기서, S : 가시거리(m), V : 주행속도(km/hr),
f : 타이어와 노면의 가로미끄러짐 마찰계수

② 양쪽에서 마주 오는 자동차가 동시에 정지할 경우

$$S = \frac{1.388\,V + 0.00788\,V^2}{f}$$

여기서, S : 가시거리(m), V : 주행속도(km/hr),
f : 타이어와 노면의 가로미끄러짐 마찰계수

③ 곡선부의 가시거리

- 곡선부의 안쪽에 절토부가 있을 때에는 시야가 가려지므로 절토면을 층따기를 하여 시야를 넓힌다.

$$S = Q \times R = 0.01754 \times \theta \times R \qquad d = R\left(1 - \cos\frac{\theta}{2}\right) = R\left\{1 - \cos\left(28.7 \times \frac{S}{R}\right)\right\}$$

여기서, S : 가시거리(m), Q : 호도법에 의한 중심각 R : 곡선반지름(m)
d : 중심선에서 안쪽으로 층따기를 해야 할 거리(m)

■ 곡선부의 확폭
곡선부의 내각이 예각일 경우 곡선부의 안쪽으로 그만큼 더 확폭해야 함.

6. 곡선부의 확폭

① 확폭량(m) $= \dfrac{L^2}{2R}$

여기서, L : 차량 앞바퀴에서 뒷바퀴까지의 길이(m), R : 곡선반지름(m)

② 임도의 곡선부 너비는 다음의 기준 이상으로 확대하여야 하며, 대피소·차돌림곳, 그 밖에 현지여건상 필요한 경우에는 그 너비를 조정할 수 있음.

곡선반경	확대기준
10m 이상~13m 미만	2.25
13m 이상~14m 미만	2.00
14m 이상~15m 미만	1.75
15m 이상~18m 미만	1.50
18m 이상~20m 미만	1.25
20m 이상~25m 미만	1.00
25m 이상~30m 미만	0.75
30m 이상~40m 미만	0.50
40m 이상~45m 미만	0.25

5 종단선형

1. 종단기울기

① 종단물매가 너무 급하면 차량의 주행이 어렵거나 제동이 곤란하며, 강우 시 종방향의 유수에 의하여 노면침식이 발생

② 종단물매가 너무 완만하면 노면에서 정체수 및 침투수가 발생하여 노체의 약화 및 붕괴를 일으킴.

③ 간선임도·지선임도의 설계속도별 종단기울기 ☆☆☆

설계속도(km/hr)	종단기울기(순기울기)	
	일반지형	특수지형
40	7% 이하	10% 이하
30	8% 이하	12% 이하
20	9% 이하	14% 이하

· 지형여건상 특수지형의 종단에 기준을 적용하기 어려운 경우에는 노면포장을 하는 경우에 한하여 종단기울기를 18%의 범위에서 조정하여 행할 수 있다.

④ 작업임도의 종단기울기는 최대 20%의 범위에서 조정함.

2. 설계속도

① 앞차의 앞면과 후속차 앞면의 간격, 그 곳을 통행하는 교통량으로 산출하나 임도는 1차선이므로 대피소 간의 왕복거리와 교통량으로 산출함.

$$V = \frac{N \times d}{1,000}$$

여기서, V : 설계속도(km/hr), N : 시간당 교통량(대/hr),
d : 차두간격 또는 대피소 간의 왕복거리(m)

② 지형에 따른 임도의 설계속도

㉮ 평지보다 산지의 설계속도를 낮게 함.

㉯ 장거리보다 단거리 임도의 설계속도를 낮게 함.

㉰ 교통량이 많은 노선보다 적은 노선의 설계속도를 낮게 함.

③ 차도폭 산출(1차선일 경우)

㉮ 설계속도에 의한 경우

$$W = B + \frac{V}{50} + 0.5$$

여기서, W : 차도폭(m), B : 자동차의 폭(m), V : 설계속도(km/hr)

㉯ 길가와 자동차의 간격에 의한 경우

$$W=B+2(b-b')$$

여기서, W : 차도폭(m), b : 자동차 바퀴에서 길가까지의 간격,
b' : 자동차 바퀴에서 가장자리의 간격(0.3m 적용)

■ 종단곡선의 목적
차량의 주행시 충격을 완화시켜 노면을 보호하고 가시거리를 확보하여 안전에 대한 효과를 높인다.

3. 종단곡선

① 종단물매가 m, n인 두 기울기선이 교차하는 점에서는 물매가 급하게 변화되어 자동차의 안전운행에 지장을 주게 되므로 그 수직면 내에 적당한 곡선을 삽입하여 물매의 변화를 완만하게 해야 하며, 이 때 사용되는 곡선을 종단곡선이라고 함.

② 종단곡선으로는 포물선이 많이 사용됨.

③ 설계속도에 따른 종단곡선의 길이 ☆☆☆

■ 물매의 산출
① 각도=수평을 0°, 수직을 90°로 하여 그 사이를 90등분 한 것
② 1 : n 또는 1/n=높이 1에 대하여 수평거리 n으로 나눈 것
③ n%=수평거리 100에 대하여 n의 고저차를 갖는 백분율

설계속도(km/hr)	종단곡선의 반경(m)	종단곡선의 길이(m)
40	450 이상	40 이상
30	250 이상	30 이상
20	100 이상	20 이상

④ 포장도로가 아닌 곳으로서 종단기울기의 대수차가 5% 이하인 경우에는 이를 적용하지 않음.

⑤ 종단곡선의 길이 ☆

$$L=\frac{(m-n)\,V^2}{360}$$

여기서, L : 종단곡선의 수평길이, $m-n$: 구배차(%), V : 자동차의 속도

[예시] 다음과 같은 도로에서 자동차 속도 V=60km/hr인 경우 종단곡선장은?

① 6m
② 6.5m
③ 15m
④ 65m

답 ④

해설 $L=\frac{(m-n)\,V^2}{360}$ (L : 종단곡선길이(m) $m-n$: 구배차 V : 속도(km/hr)

• 구배차=2.5-(-4)

• $L=\frac{2.5-(-4)\times60^2}{360}=65m$

6 임도시설물

① 구조물 : 임도노선이 급경사지 또는 화강암질 풍화토 등의 연약지반을 통과하는 경우 피해발생 방지를 위하여 옹벽·석축 등의 피해방지시설을 설치함.

② 임도부속시설 : 대피소, 차돌림곳, 방호시설 등

㉮ 대피소의 설치기준 ☆☆

구분	기준
간격	300m 이내
너비	5m 이상
유효길이	15m 이상

㉯ 차돌림곳의 너비 : 차돌림 곳은 너비를 10m 이상으로 함.

㉰ 붕괴가 우려되는 곳, 교통에 지장을 주는 곳, 사고의 위험이 있는 곳 등에 방호시설이나 안전시설을 설치함.

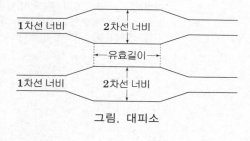

그림. 대피소

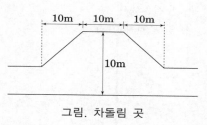

그림. 차돌림 곳

■■■ 2. 임도의 구조

1. 임도의 선형을 설계할 때 고려되어야 할 사항이 아닌 것은?

① 임도의 선형은 되도록 연속적으로 설계한다.
② 임도의 선형은 교통의 안전성에 맞도록 설계한다.
③ 임도의 선형은 지형 및 지역의 조화를 고려하여 설계한다.
④ 임도의 선형은 지세에 관계없이 직선화되도록 설계한다.

[해설] **1**
임도의 선형은 평면선형과 종단선형이 조화를 이루도록 설계한다.

2. 임도의 중심선이 입체적으로 그리는 형상은 무엇인가?

① 선형(線形)
② 노선(路線)
③ 곡선(曲線)
④ 임도망(林道網)

[해설] **2**
선형(線形)이란 도로의 중심선이 입체적으로 그리는 형상으로 횡단선형, 평면선형, 종단선형, 노면 등이 있다.

3. 임도의 구조(構造)에 포함되지 않는 것은?

① 횡단선형
② 노면
③ 평면선형
④ 운재능력

[해설] **3**
임도의 구조에는 횡단선형, 평면선형, 종단선형, 노면 등이 있다.

4. 임도의 굴곡이 심해 시야가 가려지는 곡선부의 시공으로 틀린 것은?

① 시야가 가려지는 부위에 반사경을 설치한다.
② 종단기울기가 8% 이하의 지반이 약하고 습하여 차량소통이 어려운 구간에는 쇄석·자갈을 부설하거나 콘크리트 등으로 포장한다.
③ 성토사면의 경사가 완만하고 길이가 짧은 구간의 길어깨 부위에는 위험표지·경계석 또는 가드레일을 설치한다.
④ 노면은 정지가 완료된 후 불도저·굴삭기(궤도식 0.7m³ 이상) 또는 진동롤러 등으로 다져준다.

[해설] **4**
성토사면의 경사가 급하고 길이가 길어 추락의 위험이 있는 구간의 길어깨 부위에는 위험표지·경계석 또는 가드레일을 설치한다.

[정답] 1. ④ 2. ① 3. ④ 4. ③

5. 임도의 노체를 구축하는 과정 중 가장 알맞은 것은?

① 노체는 자동차의 하중을 직접적으로 받지 아니하므로 재료에 구애받을 필요가 없다.

② 각 층의 강도는 노면에 가까울수록 큰 응력에 견디어야 하므로 상층부로 시공할수록 양질의 재료를 사용하여야 한다.

③ 노상은 노체의 최하층이므로 차량의 하중을 직접 받지는 아니 하지만 상질의 재료를 사용하여야 한다.

④ 임도의 표층은 노면 위에 시설하는 자갈, 쇄석, 콘크리트 포장면이라고 할 수 없다.

해설 **5**

노체 구축시 노상, 노반(노면), 기층, 표층의 순으로 더 양질의 재료를 사용해야 한다.

6. 포장과 교통하중을 지지하는 도로의 기초부분은?

① 노반　　　　　　　　　② 표층
③ 기층　　　　　　　　　④ 노상

해설 **6**

노체의 최하층인 도로의 본체를 노상(路床)이라 한다.

7. 저습지대에서 노면의 침하를 방지하기 위하여 사용하는 노면은?

① 토사도　　　　　　　　② 사리도
③ 쇄석도　　　　　　　　④ 통나무 및 섶길

해설 **7**

저습지나 급경사구간 또는 특수한 곳에는 통나무 및 섶길로 시공하기도 한다.

8. 토사도(土砂道, 흙모랫길)에 대한 설명으로 옳지 않은 것은?

① 노면이 토사, 즉 점토와 모래의 혼합물(1 : 3)로 구성된 도로이다.

② 지름 10mm 이상의 큰 자갈을 사용한다.

③ 교통량이 적은 곳에 축조할 수 있고 시공비가 적게 소요된다.

④ 종단기울기가 4%를 초과하면 호우 때 노면의 물흐름이 심하여 침식되기 쉽다.

해설 **8**

토사도는 점토와 모래의 혼합물(1 : 3)로 구성된 도로로 노상을 긁어 자연전압에 의하는 경우와 지름 5~10mm의 표층용 자갈과 토사를 15~30cm 두께로 깔아주는 경우가 있다.

정답　5. ②　6. ④　7. ④　8. ②

9. 사리도(砂利道)에 대한 설명 중 옳지 않은 것은?

  ① 자갈을 노면에 깔고 교통에 의한 자연전압으로 노면을 만든 것이다.
  ② 노반의 시공방법은 크게 상치식과 상굴식으로 구분할 수 있다.
  ③ 하층일수록 잔자갈을, 표층에 가까울수록 굵은 자갈을 부설하는 것이 좋다.
  ④ 결합재로는 점토나 세점토사 등이 이용되며, 결합재의 적정량은 자갈 무게의
     10 ~ 15%이다.

해   설

해설 **9**
하층에는 굵은 자갈을, 표층에 가까울수록 세점토를 포함한 잔자갈을 부설하는 것이 좋다.

10. 자갈길(사리도)에서 자갈의 지름은 몇 mm 정도가 가장 알맞은가?

  ① 5 ~ 16 mm   ② 10 ~ 15 mm
  ③ 15 ~ 20 mm   ④ 20 ~ 25 mm

해설 **10**
자갈길에서 자갈지름은 20~25mm가 적당하며 자갈무게의 10~15%의 세점토를 결합제로 사용한다.

11. 임도에서 가장 많이 사용되는 노면은 어느 것인가?

  ① 토사토   ② 사리도
  ③ 섶길   ④ 쇄석도

해설 **11**
쇄석도는 부순돌끼리 서로 물려서 죄는 힘과 결합력에 의하여 단단한 노면을 만든 것이다.

12. 다음 재료 중 임도노면의 피복 재료로 가장 적합한 것은?

  ① 강자갈과 왕 모래가 섞인 것
  ② 강자갈과 고운 모래가 섞인 것
  ③ 깬자갈과 둥근자갈이 섞인 것
  ④ 깬자갈과 왕모래가 섞인 것

해설 **12**
임도에 가장 많이 사용되는 쇄석도는 깬자갈, 모래, 점토 등이 일정비율로 혼합된 재료로 시공한다.

13. 머캐덤식이 노반의 조성에 많이 사용되고 굵은 돌과 서로 결합되어 대단히 견고한 노면은?

  ① 토사도   ② 사리도
  ③ 쇄석도   ④ 환태도

해설 **13**
쇄석도의 시공중 머캐덤식은 쇄석재료만으로 피복하여 다진 도로로 자동차 도로에 적용된다.

정답   9. ③   10. ④   11. ④   12. ④
13. ③

14. 쇄석도(碎石道, 부순돌길)에 대한 설명으로 옳지 않은 것은?

① 임도에서 많이 사용되고 있다.
② 머캐덤도라고도 하며 부순돌길을 말한다.
③ 쇄석도란 쇄석(부순돌)을 타르나 아스팔트로 결합시킨 도로이다.
④ 쇄석도의 두께는 20cm 정도를 표준으로 하고 있다.

15. 쇄석도에 대한 설명 중 틀린 것은?

① 노면이 단단하여 중교통(重交通)에도 잘 견딘다.
② 눈과 서리의 작용을 입지 않으므로 가장 경제적이어서 임도에서 가장 널리 사용된다.
③ 시공요령은 먼저 작은 쇄석, 모래, 실트, 점토 등을 깔아 노상표면을 다듬은 후 그 위에 큰 쇄석을 펴서 깐 다음 진동롤러로 전압한다.
④ 머캐덤식은 쇄석 지름이 5cm 이하의 것만을 3층으로 나누어 전압 한 것이다.

16. 차도 너비, 길어깨, 대피소 등의 부분으로 구성되는 것은?

① 횡단선형
② 평면선형
③ 종단선형
④ 노면

17. 간선 및 지선임도 시설기준에서 설계기준차량으로 정하고 있는 것은?

① 트레일러연결차
② 중형자동차
③ 보통자동차
④ 대형자동차

18. 간선 및 지선임도 설계의 기준이 되는 소형자동차의 길이는?

① 4.0m
② 4.3m
③ 4.7m
④ 5.0m

해설 **14**
부순돌로 구성된 쇄석들끼리 서로 물려서 죄는 힘과 결합력에 의하여 단단한 노면을 만드는 것으로서 중노동에도 견디고, 가장 경제적이어서 임도에서 가장 널리 사용된다.

해설 **15**
시공요령은 먼저 노상표면을 평활하게 다듬고 그 위에 큰 쇄석을 펴서 깔며 다시 그 위에 틈막이용으로 작은 쇄석, 모래, 실트, 점토 등의 혼합물을 덮은 다음 이것을 진동롤러로 전압한다.

해설 **16**
횡단선형은 임도의 횡단면 구조로 차도의 너비, 길어깨, 대피소 등으로 구성된다.

해설 **17**
임도 시설기준에서 설계기준차량은 소형자동차와 보통자동차로 규정되어 있다.

해설 **18**
소형자동차의 길이는 4.7m 폭은 1.7m를 기준으로 한다.

정답 14. ③ 15. ③ 16. ① 17. ③
18. ③

19. 간선 및 지선임도 시설기준에서 보통자동차의 앞뒤바퀴 거리는?

① 2.5m

② 4.0m

③ 6.5m

④ 2.7m

20. 작업임도의 차량규격에서 2.5톤 트럭의 최소회전반경은?

① 6.0m

② 6.5m

③ 6.9m

④ 7.0m

21. 작업임도의 차량규격에서 기준이 되는 2.5톤 트럭의 길이와 폭은?

① 길이 4.7m, 폭 1.7m

② 길이 13.0m, 폭 2.5m

③ 길이 8.8m, 폭 2,49m

④ 길이 6.1m, 폭 2,0m

22. 우리나라의 임도시설기준에서 간선임도의 설계속도는 얼마인가?

① 10 ~ 20km/hr

② 20 ~ 30km/hr

③ 30 ~ 40km/hr

④ 40 ~ 20km/hr

23. 임도시설기준에서 간선임도의 유효너비는 얼마를 기준으로 하는가?

① 3.0m 내외

② 4.0m 내외

③ 5.0m 내외

④ 6.0m 내외

24. 임도의 유효너비에서 배향곡선지의 경우에는 몇 m 이상으로 하는가?

① 3.0m

② 5.0m

③ 6.0m

④ 7.0m

해   설

해설 **19**

앞뒤바퀴 거리는 앞바퀴축의 중심으로부터 뒷바퀴축의 중심까지의 거리를 말한다.

해설 **20**

작업임도의 차량규격에서 2.5톤 트럭의 최소회전반경은 7.0m이다.

해설 **21**

① 간선 · 지선임도의 소형자동차 기준

② 간선 · 지선임도의 보통자동차 기준

③ 산불방지임도의 대형소방차 기준

해설 **22**

설계속도는 간선임도 40~20km/hr, 지선임도 30~20km/hr이다.

해설 **23**

길어깨 · 옆도랑의 너비를 제외한 임도의 유효너비는 간선임도 · 지선임도의 경우 3m를 기준으로 한다.

해설 **24**

임도의 유효너비는 배향곡선지의 경우에는 6m 이상으로 한다.

정답 19. ③ 20. ④ 21. ④ 22. ④
23. ① 24. ③

25. 차도의 주요 구조부를 보호하고, 차도의 효용을 유지하기 위하여 차도에 연접하여 시설하는 도로의 시설을 무엇이라 하는가?

① 대피소
② 길어깨(노견)
③ 유효너비
④ 옆도랑(측구)

CHAPTER 02 임도의 구조

해설 25
길어깨는 차량의 안전통행, 보행자의 대피 등을 목적으로 한다.

26. 임도에서 길어깨(노견)의 기능이 아닌 것은?

① 차도 구조부의 보호
② 도로의 유지보수 작업 공간 제공
③ 보행자, 자전거 등의 통행 및 대피
④ 관광표지판, 휴지통 등의 설치

해설 26
길어깨는 차도 구조부의 보호, 보행자·자전거 등의 통행 및 대피공간 도로를 유지보수 작업 공간 제공 기능을 한다.

27. 길어깨의 바깥쪽에 설치하는 옆도랑, 계단 및 기타시설을 길어깨 안에 설치할 때 경제적이지 않은 경우는?

① 암석 절취의 경우
② 용지 등에 제약이 있는 경우
③ 절취 비탈면의 길이가 짧은 경우
④ 절취 비탈면 등에 방호시설 등을 설치하는 경우

해설 27
절취 비탈면의 길이가 긴 경우에 경제적이다.

28. 임도의 구조에서 실제 차량이나 소, 말이 지나가는 데 쓰이는 부분의 너비를 무엇이라 하는가?

① 길어깨
② 대피소
③ 유효너비
④ 물매

해설 28
유효너비는 차량이 주행하는 부분이다.

정답 25. ② 26. ④ 27. ③ 28. ③

29. 다음 중 임도의 길어깨에 대한 설명으로 틀린 것은?

① 일반적으로 임도의 길어깨 너비는 최소한도 0.5m 이내로 설치해야 한다.
② 보행자의 통행, 자전거 등의 대피 등과 같은 기능이 있다.
③ 길어깨 설치의 주목적은 차도의 구조부를 보호하는 것이다.
④ 일반차도와는 달리 임도에 있어서는 일반적으로 길어깨의 노면공사를 하지 않는다.

30. 임도에서 임도의 너비란?

① 유효너비
② 유효너비 + 길어깨
③ 유효너비 + 길어깨 + 측구
④ 유효너비 + 측구

31. 차량이 곡선부를 통과하는 경우에 원심력에 의한 차쏠림 현상을 방지하기 위하여 곡선부의 노면 바깥쪽을 안쪽보다 높게 하여 횡단면 전체에 적당한 물매를 준 것을 무엇이라고 하는가?

① 횡단물매
② 합성물매
③ 외쪽물매
④ 종단물매

32. 간선 및 지선임도의 합성기울기는 원칙상 얼마로 하는가?

① 8% 이하
② 12% 이하
③ 15% 이하
④ 20% 이하

33. 횡단기울기 3%, 종단기울기 4%일 경우 합성기울기는 얼마인가?

① 1%
② 5%
③ 7%
④ 12%

해   설

해설 **29**
간선 및 지선임도의 길어깨 및 옆도랑의 너비는 각각 50cm~1m의 범위로 한다.

해설 **30**
임도의 유효너비와 길어깨(갓길)를 합한 것을 노폭이라고도 한다.

해설 **31**
차량이 곡선부를 통과하는 경우에는 원심력에 의해 바깥쪽으로 나가려는 힘이 생기므로 곡선부의 노면 바깥쪽을 안쪽보다 높게 하는데 이를 외쪽기울기(외쪽물매)라 한다.

해설 **32**
합성기울기는 간선 및 지선임도에서는 12% 이하로 하며, 현지의 지형여건상 불가피한 경우에는 간선임도는 13% 이하, 지선임도는 15% 이하로 할 수 있으며, 노면포장을 하는 경우에 한하여 18% 이하로 할 수 있다

해설 **33**
종단기울기와 횡단기울기를 제곱하여 합한 값의 제곱근을 합성기울기라 한다.
$S = \sqrt{(3^2 + 4^2)} = 5\%$

정답 29. ① 30. ② 31. ③ 32. ②
33. ②

34. 다음 중 임도의 곡선 종류가 아닌 것은?

① 단곡선   ② 쌍곡선
③ 복합곡선   ④ 배향곡선

35. 반지름이 다른 두 단곡선이 같은 방향으로 연속되는 곡선은?

① 복합곡선   ② 단곡선
③ 배향곡선   ④ 반대곡선

36. 상반되는 방향의 곡선을 연속시켜 S-curve라 불리는 곡선은?

① 복합곡선   ② 단곡선
③ 반대곡선   ④ 배향곡선

37. 도로의 굴곡부에 반지름이 작은 원호의 직전이나 직후에 반대방향의 곡선을 넣은 것으로 hair pin curve라고도 하는 것은?

① 단곡선   ② 복심곡선
③ 반대곡선   ④ 배향곡선

38. 다음 중 완화구간의 설치지역으로 볼 수 없는 곳은?

① 직선부와 곡선부, 혹은 곡률이 다른 곡선부의 연결구간
② 외쪽물매와 직선부의 횡단물매 또는 외쪽물매 상호간의 연결구간
③ 곡선부, 확폭구간과 직선부의 연결구간
④ 이정량(移程量)이 20cm 이하인 직선부

해설 34
임도에 사용되는 곡선에는 단곡선, 복합곡선, 반대곡선, 배향곡선 등이 있다.

해설 35
복합곡선은 복심곡선이라고도 하며, 동일한 방향으로 굽고 곡률이 다른 두 개 이상의 원곡선이 직접 접속되는 곡선을 말한다.

해설 36
반대곡선은 반향곡선, S-curve 이라도 하며 서로 맞물린 곳에 10m 이상의 직선부를 설치해야 한다.

해설 37
반지름이 작은 원호의 바로 앞이나 뒤에 반대방향 곡선을 넣은 것으로 헤어핀곡선이라고도 하며, 급경사지에서 노선거리를 연장하여 종단기울기를 완화할 때 사용된다.

해설 38
완화구간은 이정량이 20cm 이하 일 경우에는 설치하지 않는다.

정답 34. ②   35. ①   36. ③   37. ④
38. ④

| | 해   설 |

39. 가시거리란 차도의 중심선상에 있는 몇 m 높이에서 볼 수 있는 거리를 말하는가?

① 1.0m   ② 1.2m
③ 1.5m   ④ 2.0m

해설 **39**
시거란 차도 중심선상 1.2m 높이에서 당해 차선의 중심선상에 있는 높이 10cm인 물체의 정점을 볼 수 있는 거리를 말한다.

40. 임도에서 차량 주행시 안전시거를 고려하지 않아도 되는 사항은?

① 횡단물매   ② 평면선형
③ 종단선형   ④ 배향곡선

해설 **40**
안전시거는 평면선형(곡선)과 종단선형의 고려사항이다

41. 간선임도를 설계속도 40km/시간으로 설계한다면 안전시거는?

① 50m   ② 40m
③ 30m   ④ 20m

해설 **41**
설계속도 30km/hr의 안전시거는 30m 이상이다.

42. 최소곡선반지름의 크기에 영향을 미치는 인자가 아닌 것은?

① 도로의 길이   ② 반출할 목재의 길이
③ 차량의 구조   ④ 시거

해설 **42**
최소곡선반지름의 크기에 영향을 미치는 인자에는 반출할 목재의 길이, 차량의 구조 및 운행속도, 도로의 너비, 도로의 구조, 시거 등이 있다.

43. 설계속도 30km/hr, 외쪽물매 5%, 타이어의 마찰계수 0.15일 때의 최소곡선반지름은 얼마인가?

① 27.5m   ② 32.3m
③ 33.6m   ④ 35.4m

해설 **43**

$$최소곡선반지름\ R = \frac{V^2}{127(f+i)}$$
$$= \frac{30^2}{127(0.15+0.05)}$$
$$= 35.4m$$

정답 39. ②   40. ①   41. ②   42. ①
43. ④

44. 최소곡선반지름의 크기에 영향을 미치는 인자에는 도로의 너비, 반출 목재의 길이, 차량구조 및 운행속도, 도로의 구조, 시거(視距) 등이 있고 보통 $R = \dfrac{l^2}{4B}$ 의 식으로 구할 수 있다. 여기에서 B는 무엇인가?

① 최소곡선 반지름(m)
② 반출할 목재의 길이(m)
③ 도로의 너비(m)
④ 차량의 운행속도(m/sec)

45. 전간목의 길이가 16m, 노폭이 4m인 경우 최소곡선반지름을 구하면 얼마인가?

① 10m
② 12m
③ 14m
④ 16m

46. 임도시설기준에서 정한 임도의 설치 시 곡선을 설치하지 않는 내각의 한계 각도는?

① 145°
② 150°
③ 155°
④ 160°

47. 다음 중 임도의 운행속도가 20km/hr일 때 설치할 수 있는 최소곡선반경으로 적당한 것은? (단, 일반지형인 경우)

① 5.0m
② 10.0m
③ 15.0m
④ 20.0m

48. 임도의 시설기준에서 배향곡선을 설치할 경우 간선임도와 지선임도의 중심선 반지름을 각각 몇 m 이상 되도록 설치 것이 다음 중 가장 바람직한가?

① 30m
② 25m
③ 15m
④ 10m

해   설

해설 **44**

$R = \dfrac{l^2}{4B}$ 공식에서, R : 최소곡선반지름 (m), l : 반출할 목재의 길이(m), B는 도로의 너비이다.

해설 **45**

최소곡선반지름 $R = \dfrac{16^2}{4 \times 4} = 16m$

해설 **46**

곡선부의 중심선 반지름은 내각이 155° 이상 되는 장소에 대하여는 곡선을 설치하지 않을 수 있다.

해설 **47**

임도 운행속도 20km/hr시 최소곡선반지름은 일반지형 15m, 특수지형 12m로 한다.

해설 **48**

배향곡선(Hair Pin 곡선)은 중심선 반지름이 10m 이상이 되도록 설치한다.

정답 44. ③   45. ④   46. ③   47. ③
48. ④

49. 자동차의 앞바퀴에서 뒷바퀴까지의 길이가 2m이고 곡선반지름이 20m일 때 너비 넓힘의 크기는 얼마인가?

① 0.1m　　　　　　　② 0.2m
③ 0.3m　　　　　　　④ 0.4m

해설 **49**

$$확폭량(m) = (\frac{L^2}{2R}) = \frac{2^2}{2 \times 20} = 0.1m$$

50. 임도시설규정에서 곡선반경을 14m 이상~15m 미만이 되게 설치할 때, 노폭에서 확대시켜야 할 기준량은?

① 1.0m　　　　　　　② 1.25m
③ 1.50m　　　　　　　④ 1.75m

해설 **50**

곡선반경에 따른 도로의 확폭기준
15m 이상 ~ 18m 미만 : 1.50m,
18m 이상 ~ 20m 미만 : 1.25m

51. 임도의 종단기울기가 8%라고 하는 것은 수평거리 50m에 대한 수직거리 몇 m에 해당하는가?

① 4m　　　　　　　　② 8m
③ 12m　　　　　　　　④ 16m

해설 **51**

$$\frac{수직거리}{수평거리} \times 100 = 경사도,$$
$$\frac{수직거리}{50} \times 100 = 8\%$$
수직거리=4m

52. 간선 및 지선임도의 설계속도를 20km/h로 할 때 특수지형의 종단기울기는?

① 10% 이하　　　　　② 12% 이하
③ 14% 이하　　　　　④ 18% 이하

해설 **52**

①는 40 km/h, ②는 30 km/h로 할 때이며, 지형여건상 특수지형의 종단에 기울기 기준을 적용하기 어려운 경우에는 노면 포장을 하는 경우에 한하여 종단기울기를 18%의 범위 안에서 조정하여 행할 수 있다.

53. 간선 및 지선임도 설치 시 설계속도 40km/h일 때 특수지형의 종단기울기는 몇 % 이하로 하는가?

① 3%　　　　　　　　② 7%
③ 9%　　　　　　　　④ 10%

해설 **53**

설계속도 40km/h일 때 일반지형의 종단기울기는 7% 이하로 한다.

정답 49. ①　50. ④　51. ①　52. ③
53. ④

54. 작업임도의 종단기울기는 최대 어느 정도의 범위에서 조정하는가?

① 16%
② 18%
③ 20%
④ 22%

55. 종단선형에 대한 설명으로 틀린 것은?

① 종단기울기는 길 중심선의 수평면에 대한 기울기 이다.
② 보통 수평거리 100에 대하여 수직거리 x의 차가 있는 경우에 $x\%$ 로 한다.
③ 설계속도별 종단물매는 대체로 3~5% 정도이다.
④ 종단곡선으로는 포물선이 많이 이용된다.

56. 다음에서 임도의 종단곡선으로 많이 채용되고 있는 곡선 형태는?

① 단곡선
② 포물선
③ 반대곡선
④ 배향곡선

57. 간선 및 지선임도의 설계속도가 40km/시간일 때 종단곡선의 반경과 길이에 대한 기준이 맞는 것은?

① 종단곡선의 반지름 450m 이상, 종단곡선의 길이 40m 이상
② 종단곡선의 반지름 250m 이상, 종단곡선의 길이 30m 이상
③ 종단곡선의 반지름 100m 이상, 종단곡선의 길이 20m 이상
④ 종단곡선의 반지름 50m 이상, 종단곡선의 길이 10m 이상

58. 임도시설기준에서 정한 간선 및 지선임도의 설계속도별 종단기울기에 대한 기준이 맞는 것은?

① 40km/시간 : 일반지형 7% 이하, 특수지형 10% 이하
② 40km/시간 : 일반지형 9% 이하, 특수지형 14% 이하
③ 30km/시간 : 일반지형 8% 이하, 특수지형 14% 이하
④ 20km/시간 : 일반지형 9% 이하, 특수지형 12% 이하

CHAPTER 02
임도의 구조

해　설

해설 **54**
작업임도의 종단기울기는 최대 20%의 범위에서 조정한다.

해설 **55**
종단기울기는 일반지형 7~9%, 특수지형 10~14%이다.

해설 **56**
종단곡선은 포물선 곡선방식을 적용할 수 있다.

해설 **57**
②는 30km/시간, ③는 20km/시간이며, 포장도로가 아닌 곳으로서 종단기울기의 대수차가 5% 이하인 경우에는 이를 적용하지 않는다.

해설 **58**
바르게 고치면
· 설계속도 30km/시간 : 일반지형 8% 이하, 특수지형 12% 이하
· 설계속도 20km/시간 : 일반지형 9% 이하, 특수지형 14% 이하

정답 54. ③　55. ③　56. ②　57. ①
58. ①

59. 임도의 적정 종단기울기의 범위를 결정하는 중요한 이유로 가장 적합한 것은?

① 토양침식 예방과 통행 차량에 의한 임도파손의 예방
② 주행 차량의 등판력과 목재를 실은 차량의 속도 유지
③ 임도시공 장비의 등판력과 시공작업 능률 유지
④ 절토량과 성토량의 비를 동일하게 유지

60. 임도시설기준에 따른 대피소의 설치기준에 의한 내용이다. 바르게 설명한 것은?

① 간선임도에 있어서 대피소의 간격은 200m 이내, 너비 5m 이상, 유효길이는 20m 이상이다.
② 간선·지선임도 모두 대피소의 간격은 300m 이내, 너비 5m 이상, 유효길이는 15m 이상이다.
③ 지선임도에 있어서 대피소의 간격은 400m 이내, 너비 5m 이상, 유효길이는 15m 이상이다.
④ 간선·지선임도 모두 대피소의 간격은 300m 이내, 너비 5m 이상, 유효길이는 10m 이상이다.

해   설

해설 **59**
종단기울기는 최소 2~3% 이상 되어야 비가 올 때 배수가 잘되어 차량이 원활하게 주행할 수 있다.

해설 **60**
대피소의 설치기준
① 간격 : 300m 이내
② 너비 : 5m 이상
③ 유효길이 : 15m 이상
④ 차돌림곳의 너비 : 10m 이상

정답 59. ① 60. ②

핵심

03 임도의 설계

- 임도설계순서와 노선 결정시 주요 통과지점에 대해 알고 있어야 한다.
- 영선측량과 중심선측량을 구분할 수 있어야 한다.
- 설계도 작성시 평면도, 종단면도, 횡단면도, 구조물설계도의 축척과 기입내용을 암기해야 한다.
- 설계서에 필요한 작성내용에 대해 알고 있어야 한다.

핵심 PLUS

1 노선 선정계획

1. 예비조사

1) 내용

① 임도를 설계하고자 할 때 가장 먼저 실시, 임도계획을 위한 기초조사에서 이용한 도면과 지형을 분석함.

㉮ 수문 및 배수구조물 : 배수구조물의 위치 및 유역에 대한 지형·집수면적·유수상태·유량 등을 조사

㉯ 토질조사 : 토사와 암반으로 구분하고, 지하 암반은 지형 또는 표면상태, 부근지역의 절토단면을 참고하여 추정 조사

㉰ 용지 및 지장물 조사 : 소유구분을 하여야 할 용지도는 해당 지역의 최근 지적도 및 임야도를 사용하며, 용지조사는 지번별·지목별 순서로 면적 및 지장물을 조사

② 각종 설계인자 조사

㉮ 설계내역서 작성에 필요한 단가는 조달청이나 공인기관에서 공표한 가격을 적용하되, 이에 누락된 것은 2개 이상의 사업자로부터 실거래 가격을 조사하여 확인한 가격을 적용

㉯ 각종자재 및 골재운반거리는 현장에 반입할 수 있는 최단지역의 운반거리를 조사하여 적용하되, 자재단가와 종합적으로 비교하여 경제적인 것을 적용

㉰ 석축 등에 필요한 야면석 등은 가급적 현장에서 채취·사용하도록 운반거리를 조사

2) 노선 결정

① 시·종점의 결정

㉮ 가설도로에서 진출입이 편리하고 교통에 안정성이 있는 곳.

■ **임도설계 개요** ☆☆☆

예비조사 → 답사 → 예측 → 실측 →
설계도 작성 → 공사량의 산출 →
설계서 작성

① 예비조사 : 임도계획을 위한 기초조사에서 이용한 도면과 지형을 분석

② 답사 : 지형도에서 검토한 노선의 적정여부를 확인하기 위해 직접 답사하여 예정선을 확정

③ 예측 : 답사에 의해 확정한 예정선을 경사측정기, 방위측정기, 거리측정기 등으로 실측하여 예측도를 작성

④ 실측 : 예측에 의한 노선을 현지에서 정밀측량을 행하는 것, 평면측량·종단측량·횡단측량·구조물측량 등으로 구분함

⊕ 가능한 한 완경사지를 선택하여 차돌림과 주차장, 가설사무소와 숙소 등의
     시설이 편리한 곳

⊕ 노선연장시 곡선 설치에 지장을 주지 않는 곳

② 주요 통과 지점 ☆

㉮ 교량, 석축, 옹벽 등의 구조물 시설이 적은 곳

㉯ 건조하고 양지바른 곳

㉰ 암석지, 연약지반, 붕괴지역은 가급적 피하고 너무 많은 흙깎기와 흙쌓기
     지역 높고 긴 교량을 필요로 하는 곳은 되도록 우회

③ 임도개설에 불리한 지점

  · 늪(Swamp)과 같은 습지 붕괴지, 산사태지(山沙沈地)와 같은 지반이 불안
     정한 산지사면, 암석지, 홍수범람지역, 소유경계 등

■ 답사
① 지형도에서 검토한 노선의 적정여
   부를 확인하기 위하여 직접 답사하
   여 예정선을 확정
② 예정선의 확정시에는 옹벽, 암거,
   교량 등의 구조물과 토질, 경사도,
   작업의 난이도 등을 함께 조사

2. 답사

1) 기본사항

① 답사 시에는 테이프자 · 핸드레벨 · 경사측정기 · 기압계 · 쌍안경 등을 휴대하
   여 거리 · 방향 · 고저차 등을 측정

② 목측(目測)으로 측정할 경우에는 시환(視幻, 시각적 오차)에 주의해야 함.

2) 답사 시 나타날 수 있는 시각적 오차 ☆☆☆

① 눈앞의 직선은 길게 보이고, 먼 곳의 직선은 짧게 보임.

② 비탈진 지반에 서서 높은 곳을 보면 45°는 약 75°로, 60°는 거의 수직으로, 1할
   5푼은 1할의 기울기로 보임, 특히 높은 곳에서 비탈진 아래를 보면 더 심하게
   느껴짐.

③ 덤불이 무성한 지역은 공사하기 어렵게 보이고 반대로 고저기복이 심하지 않은
   곳이나 기울기가 완만한 곳은 공사하기 쉽게 보임.

■ 임도 예정선 측량시 필요한 사항
① 도구의 종류 : 경사측정기, 거리측
   정기(자), 방위각측정기(컴퍼스)
② 피해야 할 지역 : 늪과 같은 습지,
   붕괴지, 산사태지와 같은 지반이
   불안정한 산지 사면, 암석지, 홍수
   범람지, 소유경계
③ 통과지역 : 안부, 여울목, 급경사지
   내의 완경사지, 공사용 자재의 매
   장지와 산재지

3. 예측(豫測) 및 실측(實測)

1) 예측

답사에 의해 확정한 예정선을 경사측정기, 방위측정기, 거리측정자 등으로 실측하
여 예측도를 작성하는 것이 예측임.

2) 실측

① 예측에 의한 노선을 현지에서 정밀측량을 행하는 것이 실측임.

② 평면측량, 종단측량, 횡단측량, 구조물측량으로 구분

4. 임도의 기본조사와 사업비

1) 기본조사

① 조사시기 : 임도를 설치하려는 해의 전년도에 실시설계를 하기 전에 실시
② 조사방법 : 선정된 임도노선을 측량한 후 최상의 임도기능 유지와 피해방지 · 경관유지가 가능하도록 모든 공종과 공종별 위치 · 물량을 산출

2) 사업비

① 임도사업비는 현지를 조사한 결과에 따라 최상의 임도기능 유지와 피해방지 · 경관유지가 가능하도록 기본조사에서 산출된 실제사업비를 실시설계에 반영함.
② 실시설계 결과 산출된 실제사업비가 기본조사에서 산출된 사업비보다 많을 경우에는 실시설계 결과 산출된 실제사업비를 반영함.
③ 토공에 필요한 사업비 등은 산림청장이 정하는 바에 따름.

2 현지측량

1. 중심선 측량(中心線測量. center line method)과 영선측량(零線測量, zero line method) ☆☆☆

중심선 측량	영선측량
• 노폭의 1/2이 되는 지점을 측점별로 연결한 노선의 종축을 중심선이라 함. • 평탄지와 완경사지에서 많이 이용 • 측점 간격은 20m로 하고 중심말뚝을 설치하되, 지형상 종 · 횡단의 변화가 심한 지점, 구조물 설치지점 등 필요한 각 점에는 보조말뚝을 설치	• 경사지에 설치하는 측점별로 임도에서 노면의 시공면과 산지의 경사면이 만나는 점을 영점이라 하고 이 점을 연결한 노선의 종축을 영선이라 함. • 산악지에서 많이 이용 • 경사면과 임도 시공 기면(基面)과의 교차선으로 노반에 나타나며 임도 시공시 절토작업과 성토작업의 경계선이 됨. • 절토량과 성토량이 동일하기 때문에 붙여진 이름 • 종단측량을 먼저 실시하여 영선을 정한 후 평면측량 · 횡단측량을 함. • 경사측정기, 방위측정기(컴퍼스), 거리측정자(줄자), 표적판 등이 필요

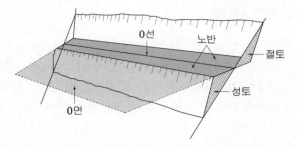

그림. 0선=영선, 0면=기면(영면), 노반=노면(시공기면)

2. 종단측량

① 철도·도로·수로 등의 일정한 노선에 따라 거리와 고저의 관계
② 일정한 간격마다 중심말뚝을 박아 중심선을 설정하여 이 선상의 지반의 변화를 측정하고, 이때 고저의 변화가 있는 곳은 플러스말뚝을 박음
③ 종단면도에 표시 : 측점간의 수평거리, 각 측점의 지반고 및 B.M의 높이, 계획선의 기울기, 측점에서의 계획고 등
④ 고저차는 수평거리에 비해 보통 작으므로 그 차를 분명히 알기 위하여 수직축척은 수평축척보다 크게 하는데, 우리나라 종단도면의 축척은 횡 1/1,000, 종 1/200로 작성
⑤ 주로 구조물 주변 및 연장 1km마다 변동되지 아니하는 표적에 임시기표를 표시하고 평면도에 이를 표시함.

3. 횡단측량

① 노선의 각 측점 즉 중심말뚝 및 플러스말뚝에서 중심선에 직각인 방향으로 지반의 고저 변화를 측정하는 측량
② 종단측량이 완료되면 경사측정기나 핸드레벨 등을 이용하여 각 측점마다 중심선의 직각 방향이 되도록 중심선 좌·우의 지형에 대한 변화 상태 등 현지지형을 충분히 측정하여 설계도 작성과 공사수량 산출에 지장이 없도록 함.
③ 노폭, 중심선, 종단면도의 지반고, 계획고 및 토성에 따른 안식각에 따라 각 측점별로 횡단면도를 작성
④ 중심선의 각 측점·지형이 급변하는 지점, 구조물설치 지점의 중심선에서 양방향으로 현지지형을 설계도면 작성에 지장이 없도록 측정

4. 평면측량

① 노선의 방향이 바뀌는 점에 교점말뚝을 박고 시점말뚝을 0으로 하여 교점의 일련번호를 기입

② 교점말뚝 1의 중심점에 측각기구를 설치하여 시점을 시준한 후 교점 2를 반복 시준하여 교각을 구함.

③ 평면측량 시 교각에 대한 곡선의 곡선시점과 곡선중점, 곡선종점 등의 곡선말뚝은 현지에 설정

④ 노선의 시점을 기준으로 20m마다 측점말뚝을 박은 후 시점말뚝으로부터 측점번호를 기입하고 변화가 심한 지점, 구조물설치 지점, 곡선부의 주요점 등에 보조말뚝을 설치하여 측점번호를 부여하며 측점간의 번호는 20m 이내에서 조정

⑤ 지형현황 측량 : 임도예정노선상 경계구분이 필요한 지역은 평면측량으로 도로중심선 좌우 30m 이내의 지형을 측정하되, 암거 등 구조물 설치지점은 도면·현지에 세부현황측량의 측점을 표지함.

5. 곡선결정

1) 교각법

① 교각을 쉽게 구할 수 있을 때 사용되는 곡선설치법으로 가장 기본적인 방법으로 곡선말뚝을 현지에 설정할 때 이용

② 임도 같이 비교적 반지름의 작은 곡선을 설정하는 데는 교각을 쉽게 구할 수 있으므로 교각법을 이용하는 것이 바람직함.

③ 교각법은 곡선 상의 3개의 주요점, 곡선시점(BC), 곡선중점(MC) 및 곡선종점(EC)으로 곡선을 규정하는 방법이므로 곡선이 필요한 구간에 이들 3점을 표시해 주어야 함.

④ 교각은 두 곡선이 한 점에서 만날 때 두 곡선이 이루는 각으로 식은 다음과 같음.

> 교각=어떤 측선의 방위각-하나 앞 측선의 방위각

- M(Middle Ordinate : 중앙종거)=$R\left\{1-\cos\left(\dfrac{\theta}{2}\right)\right\}$

  (M : 중심선에서 직각방향 곡선부 안쪽 장해물에 이르는 최단거리로 중심선에서 안쪽으로 층따기해야 할 거리)

- R(Radius : 곡선반지름)=$TL \cdot \cot\left(\dfrac{\theta}{2}\right)$

- TL(Tangent Length : 접선길이)=$R \cdot \tan\left(\dfrac{\theta}{2}\right)$

- ES(External Secant : 외선길이)=$R\left\{\sec\left(\dfrac{\theta}{2}\right)-1\right\}$

■ 곡선지점 표시방법 ☆
곡선부의 중심선이 통과하는 지점을 현지에 말뚝을 박아 표시하는 것으로 교각법, 편각법, 진출법 등이 있음.

■ BC, MC, EC
① BC(Beginning of Curve) : 곡선시점
② MC(Middle of Curve) : 곡선중점
③ EC(End of Curve) : 곡선종점

- CL(Curve Length : 곡선길이)$= 0.01745 \cdot R \cdot \theta = \dfrac{2\pi R \theta}{360}$
- $\overline{IP-O} = R \cdot \sec\left(\dfrac{\theta}{2}\right)$
- $\overline{BC-EC} = 2 \cdot R \cdot s\left(\dfrac{\theta}{2}\right)$
- IP(Intersecting Point) : 교각점
- θ : 교각(Intersection Angle)
- α : 내각$(180°-\theta)$

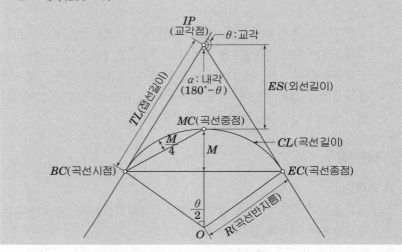

2) 편각법

① 반경이 크거나 주요지점의 곡선부 중심선은 편각법으로 설치

② 편각(접선과 현이 이루는 각)으로 거리를 측정하여 곡선상의 점을 얻는 매우 정밀한 방법

$$\sin\alpha = \frac{S}{2R}$$

여기서, s : 현의 길이(m), R : 곡선반지름(m), α : 편각(°)

3) 진출법

① 진출법은 현의 길이, 절선 편거, 현편거 및 곡선반지름 등을 이용하는 방법

② 시준이 좋지 않은 곳에서도 폴과 테이프자만으로 곡선의 설치가 가능함.

4) 각의 종류

교각	전 측선과 다음 측선이 이루는 각으로 측점을 전개할 때 진행 방향으로 왼쪽 각을 좌측각, 오른쪽 각을 우측각이라고 함.
편각	전 측선의 연장과 다음 측선이 이루는 각, 다각형에서 편각의 합은 360°임
방위각	진북을 기준으로 시계 방향으로 측정한 수평각으로 360°까지만 표시
방향각	임의의 기준 방향에서 시계 방향으로 측정한 수평각

3 설계도와 설계서의 작성 ☆☆

1. 도면

1) 평면도
① 평면도는 종단도면 상단에 축척 1/1,200로 작성
② 평면도에는 임시기표 · 교각점 · 측점번호 및 사유토지의 지번별 경계 · 구조물 · 지형지물 등을 도시하며, 곡선제원 등을 기입

2) 종단면도
① 축척은 횡 1/1,000, 종 1/200로 작성
② 종단면도에는 곡선, 선측점, 구간거리, 누가거리, 지반높이, 계획높이, 절토높이, 성토높이, 기울기 등을 기재하며, 수평축을 거리(m)로, 수직축은 높이(표고 : m)로 표시함.
③ 종단면도에서 땅깎기구간은 계획높이가 지반높이보다 낮아짐
④ 시공계획고는 절토량과 성토량이 균형을 이루게 하되, 피해방지 · 경관유지를 감안하여 결정
⑤ 종단기울기의 변화점에는 종단곡선을 삽입
⑥ 종단면도는 전후도면이 접합되도록 함.

3) 횡단면도
① 축척은 1/100로 작성
② 횡단기입의 순서는 좌측하단에서 상단방향으로 함.
③ 절토부분은 토사 · 암반으로 구분하되, 암반부분은 추정선으로 기입
④ 구조물은 별도로 표시
⑤ 각 측점의 단면마다 지반고 · 계획고 · 절토고 단면적, 지장목제거 · 측구터파기 단면적 · 사면보호공 등의 물량을 기입
⑥ 횡단기울기는 직선부에서는 5% 이내, 곡선부에서는 바깥쪽 기울기 7% 이내로 함.

■ 설계도 작성
① 임도의 설계도면에는 위치도, 평면도, 종단면도, 횡단면도 및 구조물설계도가 포함되며 제도는 KSF1001 토목제도통칙에 따른다.
② 위치도에는 임도의 위치, 임지, 이용구역, 운반관계 등을 명시한다.

■ 설계도 작성: 위치도, 평면도, 종단면도, 횡단면도 및 구조물설계도가 포함
① 위치도: 지도상에 시공대상 임도의 위치를 표시한 도면
② 평면도
 • 축척은 1/1,200으로 작성
 • 도로의 중심선, 구조물의 위치와 종류 및 규격, 임도예정노선 등 주변지역의 등고선 등을 평면적으로 표시한 도면
③ 종단면도
 • 축척은 횡 1/1,000, 종 1/200으로 작성
 • 측량 야장에 의거하여 종단물매, 성토고, 절취고, 지반고 등을 나타낸 도면
④ 횡단면도
 • 축척은 1/100으로 작성
 • 횡단측량 야장에 의거하여 각 측점마다 도로 횡단면상의 형상을 나타낸 도면
 • 절토 · 성토 높이를 결정, 옆도랑, 돌쌓기 옹벽 등을 설계
⑤ 구조물 설계도
 • 축척은 1/20, 1/50으로 작성
 • 배수시설, 구조물의 치수 및 규격을 표시한 도면

4) 구조물설계도

① 구조물설계도(표준도)는 교량·배수구 등 배수시설과 구조물의 치수 및 규격을 표시 한 도면

② 축척은 1 : 20, 1 : 50으로 표시함.

2. 임도의 설계

1) 실시설계

임도를 설치하고자 하는 해의 전년도에 실시하는 것을 원칙으로 하며, 산림소유자의 동의가 지연되거나 기타 부득이한 경우에는 사업 실행 당해년도에 실시설계를 할 수 있음.

2) 설계심사

① 발주청은 건당 공사비 규모가 2억원 이상의 임도사업(신설·구조개량·보수)의 실시설계를 검사하기 전에 다음과 같이 설계심사를 심사

② 시·군 또는 국유림관리소에서 발주하는 경우에는 발주청의 차상급 기관(시·도 또는 지방산림청)에 요청하여 심사하되, 대학교수 또는 1급 산림공학기술자 이상의 전문가를 참여시켜 설계심사를 해야 함.

③ 시·도(산림환경연구소 등 시·도의 산하기관 포함) 또는 지방산림청에서 발주하는 경우에는 발주청에서 심사하되, 대학교수 또는 1급 산림공학기술자 이상의 전문가를 참여시켜 설계 심사함.

3) 설계심사

설계도서에 의한 서면심사와 현장조사로 구분하여 시행하며, 발주청은 설계심사가 완료된 후에는 설계심사 결과보고서를 작성·비치해야 함.

3. 공사 설계서 작성

1) 설계지침서의 작성 ☆☆

① 측량 및 설계를 실행할 때에는 사업별·공사별로 설계지침서를 작성해야 함.

② 포함내용

㉮ 현지조사(측량·설계인자) 및 제도방법

㉯ 축조물의 위치·규모·크기·형상

㉰ 공법 및 공사시방서

㉱ 사용 중기의 종류 및 용도별 명세

㉲ 주요재료의 품명·규격·수량·산지 및 조달방법

㉳ 골재원·지질·토취장·배합설계 등 사전조사자료

㉴ 축조·공작물의 구조·공법·규모·형상

㉕ 공사 및 공정관리에 관한 사항

㉗ 공사의 시공순위

㉘ 필요한 경우 임도의 활용성 및 타당성(도면을 포함한다)

㉮ 설계변경조건

㉰ 공사기간 산정기준근거

㉲ 그 밖에 설계도서 작성의 지침이 되는 사항

2) 설계서 작성

① 설계에 필요한 각종 단가산출서의 적용기준은 산림청장이 정하는 기준과 건설표준품셈을 적용하되, 실적공사에 의한 예정가격으로도 적용할 수 있음.

㉮ 산림청장이 정하는 기준 : 사방기준공정단비표와 같이 산림청장이 단가를 지정하여 적용하는 경우

㉯ 건설표준품셈 : 건설 분야에서 임의의 공종별로 적용할 수 있도록 표준적인 재료와 노무비, 기계정비 등의 품을 산출하여 정리한 기준서

㉰ 실적공사에 의한 예정가격

- 표준품셈에 의한 방법이 오류를 발생하거나 필요 이상으로 과다하게 적용하는 기준으로 활용
- 현장의 감독관이 예산 책정 및 집행에 어려움을 유발하는 경우가 많아 이를 예방하기 위하여 품셈을 이용하지 않고 재료비, 노무비, 직접 공사경비가 포함된 공종별 단가를 계약단가에서 추출하여 유사공사의 예정가격 산정에 활용하는 방식

㉱ 노임은 대한건설협회 조사 시중노임단가를 상·하반기 구분하여 적용

㉲ 시설자재는 조달청 게시가격이나 공인기관에서 공표한 가격을 기준으로 하고, 이에 없는 것은 2개 이상의 사업자로부터 거래 실례가격을 조사하여 확인한 가격을 적용

㉳ 중기노무비는 「근로기준법」·「산업안전보건법」 및 「국가를 당사자로 하는 계약에 관한 법류」 또는 「지방자치단체를 당사자로 하는 계약에 관한 법률」 등에 맞추어 산정

㉴ 일반관리비·간접노무비·이윤(수수료)·부가가치세·경비(보험료·안전관리비 등)의 요율은 「국가를 당사자로 하는 계약에 관한 법률」 또는 「지방자치단체를 당사자로 하는 계약에 관한 법률」 등에 맞추어 산정

㉭ 기계화 시공시 중기 작업효율 등은 보편적인 현장상태를 기준으로 적용하되 공사 현장의 여건에 따라 신축성있게 조정·적용

㉮ 관급자재·시공자 직접 조달자재 등 자재구입에 필요한 사항은 임도공사 발주기관이 정하는 바에 따름.

■ 설계서 작성 ☆

설계서는 목차·공사설명서·일반시방서·특별시방서·예정공정표·예산내역서·일위대가표·단가산출서·각종중기경비계산서·공종별 수량계산서·각종 소요자재총괄표·토적표·산출기초 순으로 작성

■ 설계서의 내용

① 설계(공사)설명서 : 공사의 목적, 설계기준, 시공 후 기여도 등을 기재

② 시방서
- 일반 시방서 : 일반적 과업 지시 사항
- 특별 시방서 : 공사목적, 형지의 입지조건 등에 필히 준수 할 사항

③ 예정 공정표 : 작업의 난이도 와 작업원의 수, 계절적 조건과 건설 자재량을 고려하여 공정표를 작업 실행에 차질이 없도록 함

④ 예산 내역서 : 공종별 수량 계산서에 의한 공종별 수량 단가 산출서 및 일위 대가표에 의한 공종별 단가를 곱하여 작성

⑤ 공종별 수량 계산서 : 공종별로 집계표를 작성하고 누계하여 적용, 평균산출시 가중 평균법을 이용

■ 수량산출

① 공종별로 공사비 계산의 기초가 되는 공사 수량은 공종별로 구하며, 공사 수량의 계산은 평균단면적법에 의하여 각 측점마다 구함.

② 공종구분 : 공사원가계산의 기본이 되는 공종은 공사의 종류에 따라 다르지만 일반적으로 공사발주기관에서 따로 정하지 아니하면 건설표준품셈표에 의하여 구분함.

② 수량산출(數量算出)

- 체적과 면적의 산출 : 공종별 공사수량은 구조가 간단한 것은 표준도나 종·횡단면도에 의하여 단면적(또는 높이)과 길이가 산출되지만 주요구조물은 구조물도의 재료표에 의하여 직접 그 수량을 적용함.
- 구조물도에 의한 수량산출 : 재료공종별(터파기, 구체콘크리트, 거푸집, 동바리, 되메우기 등) 재료별로 수량을 산출
- 토량수급계획 : 토적계산표에 의해 측점, 거리, 총성토량 및 총절토량을 구하고 성토량은 토량환산계수(다짐상태/자연상태)에 의한 보정토량을 산출 기재
- 공사원가 산출 : 각 공종별 공사수량산출이 완료되면 각 공종별 단가를 산출하며, 공사원가를 산출할 때에는 관계규정과 행정지침을 참고하여 공사여건(자재 채취 및 구입, 인력수급, 자재운반, 시공방법 등)에 따라 가장 합리적이고 현실적으로 진행될 수 있도록 함.

③ 세부내용

㉮ 공사설명서 : 공사에 대한 개요설명으로 공사명, 공사목적, 위치, 주요공종, 골재원 등의 내용을 요약하여 공사에 대한 전반적인 내용을 한 눈에 알아볼 수 있도록 하는 양식으로서 한글이나 엑셀로 작성함.

㉯ 예정공정표

- 예정공정 및 인원동원계획표로서 해당 공사기간에 공사를 수행하기 위해서 필요한 총 인력의 배분계획
- 설계내역프로그램에서 노무비 집계표를 출력하여 보통 인부와 기타로 구분하여 배분계획을 세우게 되며, 예정공정표에서는 토공, 구조물공, 부대공을 공사에서 차지하는 비율을 계산하여 월별 배분계획을 수립

㉰ 공사비총괄표 : 내역작성 작업 결과를 이용하여 해당 자료를 직접 입력하여 작성

㉱ 시방서의 작성

- 시방서는 공사의 수행에 관련되는 제반 규정 및 요구사항 등을 정한 서류로서 전반적인 내용의 일반시방서와 특별시방서로 분류
- 일반시방서 : 공사관련 용어의 정의, 착수에서 준공처리의 단계별 업무사항 등에 대한 일반 사항과 사업과 관련된 법규나 조례와 같은 적용법령, 공사관련 기준 등을 정리한 것, 특히, 설계변경조건이 포함되는데 이에 대한 면밀한 검토가 중요하며, 감리를 시행하는 사업일 경우에 감리와 관련된 내용이 명시되어 있는지 확인토록 하여야 하며, 적용 법규의 내용이 지나치게 포괄적으로 산림자원조성 및 관리에 관한 법령에서 벗어나도록 하고 있지 않은지 확인해야 함.
- 특별시방서는 일반시방서를 보충하고 본 공사만의 특별한 사항 및 전문적인 사항에 대한 제반규정 및 요구사항을 정한 시방서를 말함.
- 공사전문시방서 : 녹생토취부공법이나 보강토블록옹벽, 앵커공법처럼 특허 공법이나 신기술 관련 공법처럼 특정 시공방법을 가지고 있어 구별해야 할 필요가 있는 경우에는 별도로 공사전문시방서로 작성할 수 있음.

④ 현장조사 실명제

   ㉮ 실시설계를 하기 전에 설계자는 직접 2회 이상 현장조사를 실시

   ㉯ 실시설계 도서를 납품할 때 현장조사의 날짜, 사진자료, 견취도 등 현장조사를 실시하였음을 증명할 수 있는 구체적 자료를 발주청에 제출해야 함.

⑤ 설계서 납품

   ㉮ 수치지도의 기준과 방법은 건설교통부 「수치지도작성 작업규칙」을 준용하되 다음의 각 내용을 기준으로 1/5,000의 수치지형도 위에 제작(DXF 또는 Shape 파일)해야 함.

> • 임도노선은 임도중앙선과 노면의 폭 및 절·성토면의 상단부와 하단부가 나타나도록 제작
> • 구조물의 위치·종류·크기 등의 정보수치지도상에 문자 또는 숫자로 표시
> • 수치지도는 임도노선, 절·성토면. 구조물의 위치, 문자 및 숫자의 정보는 분리해서 제작
> • 최종 납품하는 수치지도는 설계서의 정보, 시공·감리와 임도노선 등에 대한 정보가 표시된 메타데이터를 포함.

   ㉯ 임도를 시공하는 과정에서 설계변경이 이루어진 경우에는 수치지도에 변경된 부분을 반영해야 함.

⑥ 설계변경

   ㉮ 설계변경의 조건

> • 공법의 변경, 공사물량의 증감, 사용재료 운반거리의 증감 및 현장여건의 변경
> • 콘크리트배합 비율 변경으로 시멘트, 모래, 자갈량의 증감이 생길 때 변경
> • 토공량 중 암석은 추정에 의한 것이므로 시공후 발생한 암석량으로 정산토록 변경

   ㉯ 설계변경 요청

> • 공사의 일부 또는 전부의 시행을 중지시키거나 설계서를 변경할 필요가 있을 때 계약자에게 서면으로 요구
> • 이로 인하여 공사량의 증감이 발생할 때 당해 계약금을 조정할 수 있음.

   ㉰ 설계변경으로 인한 금액 조정

> • 증감된 공사량의 단가는 산출내역서상의 계약단가에 의거 처리하되 증가된 물량에 대하여는 계약단가와 예정가격조사상의 단가 중 최저단가로 조정함.
> • 신규 비목의 단가는 설계변경 당시를 기준으로 산정한 단가에 낙찰률을 곱한 금액으로 조정
> • 계약상대자가 새로운 기술, 공법 등을 사용하여 공사비를 절감할 경우 계약상대자의 요구에 의거 설계를 변경할 수 있고 이때의 공사비는 감액하지 않음.
> • 물가 변동으로 인한 계약급액의 조정은 계약체결 수 90일이 경과하고 계약금액에 대하여 차지하는 비율이 100분의 5 이상인 경우 그 증감액을 산출하여 조정·지급할 수 있음.

■ 설계서 납품
설계도서·구조물의 위치가 포함된 수치지도와 그 밖의 계약담당관의 요구하는 각종 자료 및 성과품 등으로 하며, 수치지도에 관련된 사항은 산림청장이 정함.

■ 공사현장에서 계약담당관에게 보고해야하는 상황

① 천재지변, 그 밖의 사유로 피해가 발생하거나 시공이 불가능하게 될 때

② 계약자가 이유 없이 공사를 중단하거나 정당한 지시에 불응한 때

③ 계약자 또는 현장대리인이 계속하여 현장에 주재하지 아니한 때

④ 관급자재·장비·노임 등이 적기에 공급되지 아니하거나 공급된 관급자재가 멸실·훼손된 때

⑤ 계약자가 제출하는 각종 서류에 대하여 의견을 첨부하여 계약담당관에게 보고함.

⑥ 현장감독관·현장대리인은 이 기준에서 정하는 사항 외에 공사에 관하여 발주권자가 명하는 사항을 준수함.

⑦ 현장감독관의 임무

㉮ 재료 또는 기성부분에 대한 검사·시험을 실시한 결과가 시방서·설계서·설계도에 적합하지 아니할 때에는 교체 또는 재시공을 명하고 그 내용을 문서로 기록·관리함.

㉯ 공사감독일지·반입재료검사부·자재수술부·재료시험표(한국공업규격 표시품을 제외)를 비치하고 이를 기록·관리

㉰ 시공 후 매몰되거나 구조물 내부에 포함되어 사후검사가 곤란하다고 인정되는 부분에 대하여는 시공 당시의 상황 등 그 시공을 명확히 입증할 수 있도록 감독조사서를 작성

㉱ 공사현장에서 필요한 조치를 취하고 그 경위를 계약담당관에게 보고함.

■■■ 3. 임도의 설계

1. 임도의 설계순서로 가장 적당한 것은?

① 예비조사 → 답사 → 예측 → 실측 → 설계서 작성
② 예측 → 답사 → 예비조사 → 실측 → 설계서 작성
③ 답사 → 예비조사 → 실측 → 설계서 작성
④ 답사 → 예측 → 실측 → 설계서 작성

해설 1

예비조사 → 답사 → 예측·실측 → 설계서 작성 → 공사량의 산출 → 설계서 작성의 순서로 진행된다.

2. 임도 노선이 통과해야 할 지점으로 옳지 않은 것은?

① 상승(블록)사면의 산정부
② 하강(오목)사면의 산록부
③ 복합사면의 산복부, 영마루
④ 암석지대

해설 2

임도 설계시 늪과 같은 습지 붕괴지, 지반이 불안정한 산지사면, 암석지, 홍수 범람지, 소유경계 등은 피한다.

3. 임도개설시 영선의 위치는?

① 절토면의 윗부분에 나타난다.
② 성토면의 아래 부분에 나타난다.
③ 노반에 나타난다.
④ 옆도랑에 나타난다.

해설 3

임도에서 노면의 시공면과 산지의 경사면이 만나는 영점을 연결한 노선의 종축을 영선이라 한다.

4. 영선측량에서 영선이란?

① 임도의 중앙선을 말한다.
② 절토와 성토의 경계선을 말한다.
③ 절토면을 말한다.
④ 종단선을 말한다.

해설 4

영선은 경사면과 임도시공 기면과의 교차선으로 절토작업과 성토작업의 경계선이 된다.

5. 임도설계기준의 현지조사 방법 중 중심선 측량의 측점 설치 간격은?

① 5m
② 10m
③ 20m
④ 50m

해설 5

현지조사 방법 중 중심선 측량 시 측점 간격은 20m로 하고 중심말뚝을 설치한다.

정답 1. ① 2. ④ 3. ③ 4. ②
5. ③

해 설

6. 다음 중 임도의 영선측량 시 사용되는 도구가 아닌 것은?

① 평판(plane table)
② 경사측정기(clinometer)
③ 컴퍼스(compass)
④ 줄자(tape)

해설 **6**
영선측량 시에는 경사측정기, 방위측정기(컴퍼스), 거리측정자(줄자), 표적판 등이 필요하다.

7. 임도의 설계 시 실측에 대한 설명으로 틀린 것은?

① 실측의 내용은 평면측량, 종단측량, 횡단측량 및 구조물조사로 구분한다.
② 평면측량 시 교각에 대한 곡선의 곡선시점과 곡선중점, 곡선종점 등의 곡선말뚝은 현지에 설정한다.
③ 종단측량은 계획노선의 번호말뚝과 중심말뚝에 대해 거리를 측정하여 중심선의 유효너비편차의 상황을 밝히는 것이다.
④ 횡단측량은 중심말뚝마다 중심선과 직각방향으로 지형의 고저기복의 상태를 측정하는 것이다.

해설 **7**
종단측량은 계획노선의 중심말뚝 및 보조말뚝에 따라 고저차를 측정하여 일정한 간격마다 중심말뚝을 박고 중심선을 설정하여 중심선의 고저기복의 상황을 밝히는 것이다.

8. 임도의 횡단측량 시 측량하는 지점으로 맞지 않는 것은?

① 중심선의 각 지점
② 지형이 급변하는 지점
③ 지형이 완만한 지점
④ 구조물설치 지점

해설 **8**
횡단측량은 중심선의 각 지점·지형이 급변하는 지점, 구조물설치지점의 중심선에서 양방향으로 현지지형을 설계도면 작성에 지장이 없도록 측정한다.

9. 임도의 설계 시 곡선 설정법에 해당되지 않는 것은?

① 교각법
② 교차법
③ 편각법
④ 진출법

해설 **9**
곡선부의 곡선 설정법에는 교각법, 편각법, 진출법 등의 방법이 있다.

10. 임도의 곡선설정에 있어서 가장 중요한 인자는?

① 곡선반지름
② 접선길이
③ 곡선길이
④ 교각

해설 **10**
임도 곡선설정에 있어 가장 중요한 인자는 교각으로 두 곡선이 한 점에서 만날 때 두 곡선이 이루는 각을 말한다.

정답   6. ①   7. ③   8. ③   9. ②
10. ④

11. 임도의 곡선설정을 설명한 것 중에서 옳은 것은?

① 곡선설정을 하는 방법으로는 영선과 중심선을 교차시켜야 한다.
② 교각점은 계획노선의 번호말뚝과 일치하여야 한다.
③ 곡선설정법은 현지 상황서에 따라 교각법, 편각법, 진출법 등으로 한다.
④ 곡선의 주요인자는 BC(곡선시점), HC(곡선높이), EC(곡선종점) 등이 있다.

해 설

해설 **11**
교각법은 곡선 상의 3개의 주요점은 곡선시점(BC), 곡선중점(MC), 곡선종점(EC) 등이 있다. 곡선의 설정법은 교각법, 편각법, 진출법 등으로 한다.

12. 교각이 90°, 곡선반경이 500m인 단곡선에서 접선길이(T.L)는 얼마인가?

① 200m   ② 300m
③ 400m   ④ 500m

해설 **12**
$$R(곡선반지름)=TL \cdot \cot\left(\frac{\theta}{2}\right)$$
$500=$접선길이$\times\cot 45°(=1)$
∴ 접선길이$=500$m

13. 편각법에 의해 임도의 곡선을 설정할 때 곡선반지름(R)이 100m이면 표준단현 L=20m의 편각은 얼마인가?

① 3° 43′ 8″   ② 8° 59′ 5″
③ 5° 43′ 48″   ④ 17° 19′ 00″

해설 **13**
$$\sin\alpha = \frac{현의 길이}{2R}, \quad \sin=\frac{20}{2\times100}=0.1$$
∴ 경사각도 10%=5° 43′ 48″

14. 임도의 설계도에 포함되지 않는 것은?

① 평면도   ② 조감도
③ 횡단면도   ④ 종단면도

해설 **14**
임도의 설계도면에는 위치도, 평면도, 종단면도, 횡단면도 및 구조물설계도가 포함된다.

15. 임도 설계 평면도를 제도할 때 기본 축척은?

① 1 : 800   ② 1 : 1,000
③ 1 : 1,200   ④ 1 : 1,500

해설 **15**
평면도는 종단면도 상단에 축척 1 : 1,200으로 작성한다.

정답 **11.** ③ **12.** ④ **13.** ③ **14.** ②
15. ③

16. 임도설계 시 임시기표, 교각점, 측점번호 및 사유토지의 지번별 경계, 구조물 등을 도시하며 곡선제원 등을 기입하는 도면은?

① 평면도   ② 종단면도
③ 횡단면도   ④ 구조도

해 설

해설 **16**
평면도에는 임시기표, 교각점, 측점번호 및 사유토지의 지번별 경계·구조물·지형지물 등을 도시하며, 곡선제원 등을 기입한다.

17. 임도 설계도 작업 중 평면도상에 표기하지 않아도 되는 것은?

① 교각점, 곡선반지름, 구조물의 위치, 고정물의 현황
② 지형의 변화(등고선·급경사지등) 및 지형지물
③ 곡선제원표, 축척, 방위, 도면번호
④ 곡선측점, 물매, 누가거리, 지반선, 계획선

해설 **17**
④은 종단면도에 기입한다.

18. 임도의 평면도에 기재할 사항이 아닌 것은?

① 축척   ② 돌쌓기옹벽의 길이
③ 지형지물   ④ 측점번호

해설 **18**
②은 횡단면도에 기재한다.

19. 임도 측량 후 종단면도를 작성할 때 필요하지 않은 것은?

① 지반고   ② 계획고
③ 절토고   ④ 기계고

해설 **19**
종단면도 작성시 지반높이, 계획높이, 절토높이, 성토높이, 기울기 등을 기재한다.

20. 임도 종단면도상의 수평축척이 1 : 1,000인 경우 수직축척은?

① 1 : 100   ② 1 : 200
③ 1 : 1,000   ④ 1 : 1,200

해설 **20**
종단면도는 축척은 횡 1 : 1,000, 종 1 : 200으로 작성한다.

정답 16. ① 17. ④ 18. ② 19. ④
20. ②

21. 임도의 측량 설계 시에 종단면도에 기입되지 않는 것은?

① 측점
② 누가거리
③ 측구터파기 단면적
④ 곡선구간

22. 각 측점의 절성토높이 및 절성토량을 산출하기 위한 자료는 어느 설계도에 나타나는가?

① 평면도
② 도로표준도
③ 횡단면도
④ 구조물도

23. 임도의 실시설계는 원칙적으로 언제 해야 하는가?

① 사업실행 이전 아무 때나
② 사업실행 전전년도
③ 사업실행 당해년도
④ 사업실행 전년도

24. 임도노선이 계곡을 지나는 경우 최대 홍수위보다 몇 배 이상 높은 위치에 시설되도록 설계하여야 하는가?

① 1.5 배
② 2배
③ 2.5 배
④ 3배

25. 공정별 수량계산서를 작성하는 데 근거가 되는 설계도는?

① 종단면도
② 횡단면도
③ 평면도
④ 구조물도

해설 **21**
측구터파기 단면적은 횡단면도에 기입한다.

해설 **22**
횡단면도에는 각 측점의 단면마다 지반고 · 계획고 · 절토고 · 성토고 · 단면적 · 지장목 제거 · 측구터파기 단면적 · 사면보호공 등의 물량을 기입한다.

해설 **23**
임도의 실시설계는 임도를 설치하고자 하는 해의 전년도에 실시하는 것을 원칙으로 하나 산림소유자의 동의가 지연되거나 기타 부득이한 경우에는 사업실행 당해년도에 실시설계를 할 수 있다.

해설 **24**
임도노선이 계곡을 지나는 경우에는 계곡의 단면 및 유역전체 유수량을 고려하여 최대 홍수위보다 2배 이상 높은 위치에 시설되도록 설계하여야 한다.

해설 **25**
횡단면도에는 각 측점의 절취면적, 성토면적, 떼붙이기, 돌쌓기, 블록쌓기 등의 길이가 구해지므로 이를 근거로 하여 노선의 공사 수량계산서를 작성한다.

정답 21. ③ 22. ③ 23. ④ 24. ②
25. ②

26. 임도 설계서 작성 시 구비되어야 하는 서류들끼리 묶여 있는 것은?

① 시방서, 예산내역서
② 예정공정표, 주민동의서
③ 공정별 수량계산서, 토질조사서
④ 환경영향평가서, 녹화공법서

27. 임도 설계서에 포함되지 않는 것은?

① 시공계약서   ② 설계설명서
③ 예산내역서   ④ 공종별 수량계산서

28. 임도설계서 작성 시 예산내역서 항목에 들어가지 않는 것은?

① 공사원가 계산서   ② 일위대가표
③ 일반시방서   ④ 단가산출서

29. 구조물공정 중 구조물 터파기 수량 948m³, m³당 노무비 1,238원, 재료비 181원, 경비 338원일 때 이 공정의 공사비총액은?

① 1,665,636원   ② 1,173,624원
③ 171,588원   ④ 320,424원

해 설

[해설] 26

임도 설계서는 목차 · 공사설명서 · 일반시방서 · 특별시방서 · 예정공정표 · 예산내역서 · 일위대가표 · 단가산출서 각종 중기경비계산서 · 공종별 수량계산서 · 각종 소요자재 총괄표 · 토적표 · 산출기초 순으로 작성한다.

[해설] 27

임도설계서에는 목차, 설계설명서, 일반시방서, 특별시방서 예정공정표, 예산내역서, 일위대가표, 자재표, 단가산출서 및 공종별 수량계산서 등이 작성되어야 한다.

[해설] 28

예산내역서는 공종별 수량과 단가산출서 및 일위대가표에 의한 공종별 단가를 곱하여 작성한다.

[해설] 29

m³당 소요되는 노무비, 재료비, 경비의 합에 공정별 물량을 곱하여 산정한다.
$948 \times (1.238 + 181 + 338)$
$= 1,665,636$원

핵심 04 임도의 시공 및 관리

학습주안점

• 임도시공시 토공작업순서를 이해하고 각 작업에 해당되는 유의사항과 토공기계에 관해 알아두어야 한다.
• 토공작업시 발생되는 토적계산을 할 수 있어야 한다.
• 구조물에 의한 사면보호공법과 식물에 의한 사면보호공법을 암기해야 한다.
• 절토와 성토면의 배수시설의 유형과 설치되는 지역, 방법에 대해 알아두어야 한다.
• 노면보호공사 적용되는 포장 종류와 재료별 포장방법을 암기해야 한다.
• 배수시설의 설계시 옆도랑, 횡단배수구, 소형사방댐, 물넘이 포장시설, 세월시설이 설치되는 장소와 목적에 대해 알아두어야 한다.
• 임도유지관리 목적과 임도 평가내용과 실시기준을 알아두어야 한다.

핵심 PLUS

■ 시공계획과 공사 준비사항
① 시공계획
  • 동일공사 내에서 각종 세부공사의 시공에 대한 우선순위의 결정이나 또는 가설재료·가설도로·기계 도구와 작업인부 등의 배치계획과 작업계획을 말함.
  • 시공계획은 공간적 계획, 공정계획은 시간적 계획으로 정의 함.
② 작업표준 : 작업향상을 증진시키기 위해 작업표준을 결정함.
  • 작업내용과 작업순서
  • 각 작업공정에 대한 표준작업시간
  • 각 작업공정에 대한 필요한 인원의 질과 양
  • 각 공정에 필요한 기계 및 장비
  • 작업 중 우선순위 결정

1 임도시공계획

1. 시공계획의 순서

1) 시공계약조건의 사전검토

계약조건은 대체로 문서로 명시된 내용, 자구의 해석 혹은 구두에 의한 설명서도 포함.

2) 현장조건의 조사

① 설계도서나 현장설명에서 개략의 내용을 파악
② 현장의 자연조건, 공사 시행상 편의와 장애요인, 공사주변지역의 주민과 주변 여건 등에 착안하여 조사

3) 시공기본계획

① 공사의 순서와 시공법의 선택
② 작업량의 검토
③ 주요기계의 선정과 배분
④ 가설계획의 검토

4) 각종 조달계획

① 사용계획 및 노무계획
② 재료의 구입 및 보관계획
③ 기계조달, 사용계획
④ 각종·기재·인원·수송계획

5) 현장운영계획

① 현장관리조직 및 운영절차

② 실행예산서 및 수지계획

③ 안전관리계획

④ 품질관리계획

2. 시공관리

1) 시공측량

① 도급자는 공사의 계약이 끝나면 신속하게 필요한 측량을 실시하고 중심선, 종단 및 횡단 등을 확인해야 함.

② 간이 측량방법으로 종단상 예정 계획고에 대한 시공 지반고를 시공 전에 생입목이나 시공측량 말뚝을 설치하여 시공을 추진하면 공사감독에 편리하므로 최소한 시공 지반고는 지장목 제거전에 표시한 후 시공함.

2) 공사관리

① 공사시행의 계획 및 관리를 총괄하여 공사 관리함.

② 생산수단 5M을 이용해 5R을 확보함.

5M	5R
사람(Men) 방법(Methods) 재료(Meterials) 기계(Machines) 돈(Money)	적정한 생산물(Right Product) 적정한 품질(Right Quarity) 적정한 수량(Right Quantity) 적정한 시기(Right Time) 적정한 가격(Right Price)

③ 공사관리의 3대 요소

공사관리	내용
품질관리	소정 기일 내에 목적물을 완성하기 위해 경제적으로 합리적인 계획을 수립하고 통제하여 작업계획을 합리화하는 관리기술
공정관리	시공 계획에 따라서 공사를 합리적, 능률적으로 진행함.
원가관리	공사의 원가를 분류 정리하여 과목과 비용을 착공일로부터 완공까지 표준화함.

3. 현장대리인의 의무 ☆

1) 현장대리인의 자격

① 특급 및 1급 산림공항기술자 : 임도시설에 대한 계획 설계, 시공, 시공지도 및 감리업무

② 2급 산림토목기술자 : 공사금액의 규모가 5억 미만의 임도시설에 대한 계획, 설계, 시공, 시공지도 및 감리업무

2) 현장대리인의 임무

① 공정계획, 자재수급계획, 인원동원계획 등을 관리함에 있어 효율적으로 운영 기업의 이윤을 추구하도록 함.

② 공정별로 전문화하도록 하여 종사자는 물론 장비가 쉴 새 없이 가동되도록 진행함.

4. 기계화 시공

1) 장점

① 시공 속도 향상에 의해 공사 기간이 단축

② 많은 작업을 동시에 할 수 있으므로 공사 규모의 확대가 가능

③ 대형 및 정밀한 기계의 사용으로 복잡하고 어려운 시공이 가능

④ 인력에 의한 시공에 비하여 공사의 질을 높일 수 있음.

⑤ 공기 단축 등에 의해 공사비 절감 등의 효과를 기대함.

2) 단점

① 소음, 진동 등의 공해가 발생

② 소규모 공사에는 인력보다 경비가 많이 발생

③ 기계의 구입에 따른 초기 비용과 설비비가 비쌈.

④ 기계 가동을 위한 유지비(동력 연료, 기계 부품, 수리비) 등이 필요

⑤ 숙련된 운전사 및 정비원이 필요

2 임도시공일반

1. 기초공사

① 기초 (foundation) : 상부 구조물에서 오는 하중을 지반에 전달하여 구조물을 안전하게 지지하기 위한 하부 구조를 말하며, 이들 구조에 대한 공사를 기초공사 라고 함.

② 기초는 많은 경우 지하 깊숙이 매설되어 시공 중이거나 시공 후에 지하 상태 를 파악하기 어렵기 때문에 지반 조사, 설계, 시공 등에 충분한 주의가 필요함.

■ 현장대리인
공사 현장에 상주하면서 공사 현장에 서 발생하는 모든 책임과 권한을 계약 자로부터 위임받아 처리하는 법정 대 리인

CHAPTER 04 임도의 시공 및 관리

■ 임도시공시 토공작업순서
절취 → 싣기 → 운반 → 성토 → 다짐

핵심 PLUS

■ 벌개제근(伐開除根)의 목적
① 임도 용지 내에 서있는 나무뿌리, 잡초 등을 제거하는 작업으로 절취부에 벌개제근을 할 경우에는 시공 효율을 높일 수 있음.
② 벌개제근을 완전히 하지 않으면 나무사이의 공극에 토사가 잘 들어가지 않고 또 부식으로 인한 공극이 발생하여 성토부가 침하하는 원인이 되기도 함.
③ 표토, 즉 부식토가 되는 표층과 그 아래 풍화층은 장래의 침하나 활동의 원인이 되기에 성토 재료로써 부적합하여 걷어냄.
④ 노면이나 절토대상지에 있는 입목(관목 포함)과 그 뿌리 표토는 전량 제거 및 반출함.

2. 노선지장목 정리

1) 노선지장목의 처리 일반

① 발생된 노선지장목(폐뿌리 포함)은 흙막이, 동·식물의 서식처 조성사업 등에 적극 이용
② 지장목은 처음부터 임도부지(경계 표시 부분) 내 전체 제거를 금지, 1차적으로 노체폭 만큼(50% 정도)만 제거하고 나머지는 시행작업 중 2차적으로 제거 후 전량 파쇄함. (특히, 성토면의 임목은 최대한 존치하여 경관 유지)
③ 불량림의 수종갱신을 위한 벌채 및 각종 피해목이나 지장목 벌채, 간이산림토양도상 비옥도 Ⅰ~Ⅲ 급지인 지역의 벌채는 기준 벌기령을 적용하지 않을 수 있음.
④ 공공용 등 특정사업을 위한 지장목 시업실행에 지장이 되는 임목만을 벌채 대상목으로 할 때 그 수량은 최소한으로 함.
⑤ 지장목과 간벌재가 많은 곳은 섶가지나 대나무 대신에 통나무를 이용할 수 있음.

2) **지장목 처리 방법** ☆☆☆

① 노선상의 장애물인 지장목 벌채지역의 폭은 평균 10m 정도가 됨.
② 소경목은 불도저 등에 의해 제거하며, 근주 지름 25cm 정도의 입목은 블레이드 등으로 압도하여 근주를 뽑아냄.
③ 근주 지름 30cm 이상은 체인톱으로 벌채하여 근주의 한 쪽을 파내 장비로 견인하여 압도함, 뿌리 뽑기가 곤란할 때에는 주위를 파낸 후 불도저로 잘라내는 방법도 가능함.
④ 비탈에 임도개설 시 계곡 쪽의 입목과 능선 쪽 깎아 낸 비탈어깨 부근의 낮은 것은 가급적 남기고 바람에 의해 넘어질 우려가 있는 고목은 벌채가 안전함.

■ 토공작업
토공이라 함은 자연 지형에 시설물을 시공하기 위한 기초 지반 형성 작업으로 흙의 굴착, 싣기, 쌓기, 다지기 등 흙을 대상으로 하는 모든 작업을 말함.

■ 토공의 시공 계획시 시공기면을 결정할 때 고려사항
① 토공량이 최소가 되도록 한다.
② 절토량과 성토량이 균형되도록 배분한다.
③ 운반거리를 짧게 한다.
④ 연약지반, 산사태 지역을 피한다.

3. 토공작업

1) 토공의 분류 및 용어

① 절토(깎기, 절취, cutting)
  ㉮ 흙을 파내는 작업으로 굴착이라고도 함.
  ㉯ 일반적인 토사의 절토 구배 표준은 1 : 1
  ㉰ 절취 : 시설물 기초 위해 지표면의 흙을 약간(20cm) 걷어내는 일
  ㉱ 터파기 : 절취 이상의 땅을 파내는 일
  ㉲ 준설(수중굴착) : 물 밑의 토사, 암반을 굴착하는 수중에서의 굴착
  ㉳ 작업기계 : 불도우저, 파워셔블, 백호 등

② 성토(쌓기, Banking)

㉮ 도로 제방이나 축제와 같이 흙을 쌓는 것

㉯ 일반적인 토사의 성토 구배 표준은 1 : 1.5

㉰ 매립(Reclamation) : 저지대에 상당한 면적으로 성토하는 작업, 수중에서의 성토

㉱ 축제(Embankment) : 하천 제방, 도로, 철도 등과 같이 상당히 긴 성토를 말함.

㉲ 다짐(전압, rolling) : 성토한 흙을 다짐

㉳ 마운딩(造山, 築山작업) : 조경에서 경관의 변화, 방음, 방풍, 방설을 목적으로 작은 동산을 만드는 것

③ 정지 : 부지 내에서의 성토와 절토를 말함.

④ 유용토 : 절토한 흙 중에서 성토에 쓰이는 흙을 말함.

⑤ 토취장(Borrow-pit) : 필요한 흙을 채취하는 장소를 말함.

⑥ 토사장(Spoil-bank) : 절토한 흙이나 공사에 부적합한 흙을 버리는 장소를 말함.

⑦ 시공기면 : 절토 및 성토를 하고자 하는 지반의 계획고

⑧ 소단(턱) : 사면 중간에 만든 폭 50cm~1m 정도의 평면, 소단은 비탈면의 안정 뿐만 아니라 비탈면의 점검로와 배수로 역할

2) 흙의 안식각(Angle of repose) ☆

① 흙을 쌓아올려 그대로 두면 기울기가 급한 비탈면은 시간이 경과함에 따라 점차 무너져서 자연 비탈을 이루게 됨.

② 안정된 자연사면과 수평면과의 각도를 흙의 안식각 또는 자연 경사각이라 함.

③ 흙의 안식각은 토사의 크기 및 함수상태에 따라 다르며, 일반적으로 30~35° 정도임.

④ 일반적으로 물로 포화되면 젖은 상태보다 안식각의 크기가 작아지고, 같은 조건에서는 마른 자갈보다 마른 모래의 안식각이 작음.

⑤ 흙깎기나 흙쌓기 할 때 토공의 안정을 위해서 비탈 기울기를 그 흙의 안식각보다 작게 하는 것이 좋으며, 비탈 기울기가 완만할수록 안전하며 토량이나 지면을 많이 차지해서 공사비가 많이 듦.

■ 토량의 증감

① 절토시 흙의 부피는 증가하고, 운반 시 진동 등으로 인해 어느 정도 부피가 줄어들고, 이 흙으로 쌓기를 한 후에는 비바람이나 자중에 의하여 수축이 되며, 토량의 증감은 토질, 흙쌓기의 높이, 시공 방법 등에 따라 달라짐.

② 흙쌓기 공사가 끝난 후 흙의 수축으로 인한 단면의 축소에 대비하여 높이와 비탈 기울기를 더 크게 하여 쌓는 것을 더쌓기라 함.

3) 토량의 증감과 더쌓기(더돋기)

① 흙쌓기는 시공 후에 시일이 경과하면 수축하여 용적이 감소되고 시공면이 어느 정도 침하하므로 흙쌓기 높이의 5~10% 정도를 더쌓기를 함.

② 더쌓기의 표준

흙쌓기 높이(H)	더쌓기 높이(h)
3m 까지	높이의 10%
3~6m 까지	높이의 8 %
6~9m 까지	높이의 7 %
9~12m 까지	높이의 6 %
12m 이상	높이의 5%

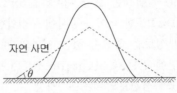

그림. 흙의 안식각

4) 준비공

① 토공 지역의 잡목, 잡초, 뿌리를 제거한 다음 현장 시공을 위한 측량과 겨냥틀(규준틀)을 설치함.

② 겨냥틀은 흙깎기와 흙쌓기를 할 때 토공 기준을 나타내는 것으로 20m 간격으로 설치

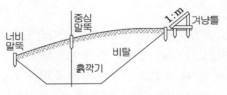

그림1. 절토 겨냥틀

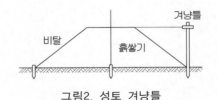

그림2. 성토 겨냥틀

5) 절취

① 경사지에 개설되는 임도는 산복의 굴삭을 주로 하는 절토시공이 많음.

② 절토사면 기울기 : 지질, 토질, 함수량의 변화, 지하수위, 용수의 상황, 풍화의 정도, 상층상태 등을 종합적으로 고려하여 절취높이에 대한 충분한 안전성이 확보될 수 있도록 기울기를 설정 ☆

③ 사면 조성시 주의사항

㉮ 절토시에는 비탈면 붕괴가 우려되므로 설계 시에 토질 · 지질조사를 실시하여 타당성과 보호방법 등을 검토해야 함.

㉯ 주의할 지역은 다음과 같음.

> • 지하수위가 높고 사면에 용수의 우려가 있는 곳
> • 투수층과 점토층 등이 교대로 층을 이루고 있고 그 경계면의 경사도가 절취면의 경사도와 동일한 방향으로 구성되어 있는 곳
> • 수성암의 경사층이 절취면과 동일한 방향으로 경사진 곳
> • 사문암, 혈암, 점판암 등의 변질암이 있는 곳이나 산사태 또는 산허리 붕괴의 위험이 있는 곳
> • 단층 또는 단층의 영향을 받고 있는 곳
> • 물을 포함한 세립분이 많은 사층이나 연한 점토, 경면표상(鏡面表狀), 모상균열(毛狀龜裂)이 있는 경점토가 있는 곳

④ 절토의 피해방지

㉮ 노면형성을 위하여 절토한 토석은 이를 전량 반출 · 처리하여야 한다. 다만, 피해방지를 위하여 필요한 옹벽 · 석축 등 구조물을 설치하거나 피해발생 우려가 없는 완경사구간의 경우에 한하여 반출 · 처리하지 않을 수 있음.

㉯ 옹벽 · 석축 등 구조물을 설치하여 노면을 형성하려는 경우 절토 · 성토작업을 하기 전에 원지반에 미리 구조물을 설치한 다음 절토 · 성토작업을 하여야 함.

㉰ 절토사면의 길이가 긴 구간에는 절토사면 또는 절토사면의 경계 바깥쪽에 떼 · 돌 등을 이용한 배수로를 설치

㉱ 절토 · 성토사면에서 용출수가 나오는 지역은 용출수의 처리를 위하여 배수시설을 설치하고, 절토 · 성토사면의 안정이 필요한 경우에는 하단부에 배수기능이 포함된 안정구조물을 추가로 설치

㉲ 성토면의 안정과 피해방지를 위해 총사업비 중 산림청장이 정하는 비율 이상의 사업비를 성토면의 안정과 피해방지에 투입해야 함.

⑤ 절토면의 입목벌채 · 표토제거

㉮ 노면 · 절토대상지에 있는 입목(관목을 포함)과 그 뿌리, 표토는 전량 제거 · 반출함.

㉯ 표토를 제거할 때 나오는 부식토 중 현지에서 활용가능한 부식토는 사면복구에 활용할 수 있음.

■ 성토의 기초지반과 성토재료
① 성토의 기초지반은 성토, 포장의 중량 및 교통하중에 침하하지 않고 안전하게 지지하도록 하고 연약지반 위에 성토를 할 경우 기초지반이 유동되거나 압밀침하를 일으킬 우려가 있으므로 충분히 검토함.
② 성토재료는 시공의 난이도와 역학적인 성질을 좌우하게 되므로 시공이 용이하고 전단강도가 크며 압축성이 작은 성질을 가진 흙을 선택해야 함.

■ 성토공사의 주요내용
① 성토재는 시공이 용이하고 전단강도가 크며 압축성이 작은 성질을 가진 흙을 선택한다.
② 성토한 경사면의 기울기 : 1:1.2~2.0의 범위
③ 성토사면의 길이 : 5m 이내
④ 시일이 경과하면 수축하여 용적이 감소되므로 흙쌓기 높이의 5~10% 정도 더쌓기 실시한다.
⑤ 소단설치 : 경사면이 붕괴 또는 밀려 내려갈 우려가 있는 지역에는 사면길이 3~5m 마다 폭 50~100cm로 단의 폭을 끊어서 소단 설치
⑥ 성토의 운반 : 굴착한 토양의 부피는 1.15 ~ 1.30 정도 증가

■ 흙의 다짐
① 다짐은 흙 속의 공기량을 감소시키고 알갱이 사이의 간극을 좁혀서 흙의 밀도를 높이는 것을 말하며, 이때 흙 속의 물의 부피는 변하지 않음.
② 흙을 다지면 흙의 강도가 커지고, 투수성이 감소하며, 지지력이 증가하여 동상이나 수축 등으로 인한 바람직하지 않은 부피 변화가 일어나지 않음.

6) 성토 ☆☆

① 토사도인 임도의 경우는 특히 다짐횟수, 기계종류 등을 결정하기 위한 시험을 생략하며, 토공기계의 주행에 의해서 다지기를 실시함, 이 경우에는 성토의 깊이를 30cm 이하, 각층의 다지기 횟수는 5회 이상으로 하며, 주행부분만이 다져지는 현상이 발생되지 않도록 노면 전체를 균일하게 주행하여야 함.

② 성토한 경사면의 기울기는 1 : 1.2~2.0의 범위 안에서 토질 및 용수 등 지형여건을 종합적으로 고려하여 성토 사면에 대한 안정성이 확보되도록 기울기를 설정하며, 성토너비가 1m 이하이고 지형여건상 부득이한 경우에는 기울기를 조정할 수 있으며 경사면의 기울기는 수직높이 1에 대한 수평거리로 나타냄.

③ 성토사면의 길이는 5m 이내로 하며, 5m를 초과하는 경우에는 성토사면의 보호를 위하여 옹벽·석축 등의 피해방지시설을 설치함.

④ 성토면의 입목벌채·표토제거 : 성토대상지에 있는 입목은 사면다짐 등 노체형성에 장애가 되는 것이 명백한 경우 또는 흙에 많이 묻히게 되어 고사위험이 있는 경우를 제외하고는 그대로 존치하며, 표토 등은 제거·정리함.

⑤ 구조물 설치 : 임도노선이 급경사지 또는 화강암질풍화토 등의 연약지반을 통과하는 경우 피해발생 방지를 위하여 옹벽·석축 등의 피해방지시설을 설치함.

⑥ 소단설치 ☆

• 절토·성토한 경사면이 붕괴 또는 밀려 내려갈 우려가 있는 지역에는 사면길이 2~3m마다 폭 50~100cm로 단의 폭을 끊어서 소단을 설치
• 소단은 사면의 안정성을 높이고, 유지보수작업 시 작업원의 발판으로 이용할 수 있으며, 유수로 인하여 사면에서 발생하는 침식의 진행을 방지함.

⑦ 사토장·토취장의 지정 : 절토·성토 시 부족한 토사공급 또는 남는 토사의 처리가 필요한 경우 적정한 장소에 사토장 또는 토취장을 지정함, 이 경우 사토장·토취장은 임상이 양호한 지역에는 설치하지 않음.

⑧ 암석절취 : 암석지역 중 급경사지 또는 도로변의 가시지역 및 민가 주변에서의 암석절취는 브레이커절취를 위주로 함.

⑨ 야생동물 이동통로 : 임도의 절토면 또는 성토면 중 야생동물의 이동을 위하여 필요한 장소에는 경사로·자연형계단 등 야생동물 이동통로를 설치함.

⑩ 다짐

㉠ 성토된 노체, 노상 및 사면 등을 안정된 상태로 유지하고, 교통하중지지 및 내압 강도 향상, 압밀침하를 줄이기 위하여 다짐을 실시하며 비탈면의 안정을 기할 수 있음.

㉡ 다짐의 기준은 흙의 다짐시험방법에 의해 얻어진 최대건조밀도의 90% 이상 다짐이 되도록 하며, 시험다짐시 최적의 다짐상태를 확인하기 위하여 현장시험을 실시

ⓗ 1회 다짐두께는 20~30cm로 하고 양질의 재료는 포장면에 가까운 윗층부에 포설하고 자갈의 최대치수는 20~30cm 정도로 함.

ⓘ 도로에서 다짐 정도는 흙의 종류에 따라 다르지만 90~100%를 필요로 하며, 현장 함수비는 최적함수비에 맞게 함수비를 조절하는 것이 좋음.

ⓙ 흙의 다짐 효과는 흙의 종류, 함수비 그리고 다짐 장비에 의해 제공되는 에너지 등에 좌우됨.

4. 암석굴착(천공)

1) 천공방법

① 착암기로 암석에 구멍을 뚫고 폭약을 구멍 속에 장약하여 폭파시켜 암석을 파쇄함.

② 암석의 천공방법 ☆

ⓐ 천공(穿孔, Boring) : 천공은 수직, 수평, 사면식의 착암방법이 있으며 사면 착암시는 8~14m 깊이까지 천공할 수 있음.

ⓑ 산지경사가 70% 이하이고 암질이 견고하지 않은 시공 시에는 1개의 천공으로 목적을 달성할 수 있음.

ⓒ 암석의 천공에 사용하는 착암기에는 왜건드릴, 잭해머, 크롤러드릴 등이 사용

2) 폭파방법

① 화약

ⓐ 흑색화약과 고급화약으로 구분

ⓑ 흑색화약은 발화점이 높아 위험성은 적으나, 수중에서 폭발하지 않고 저항거리가 약하여 토목공사에는 고급화약을 사용함, 고급화약은 다이나마이트와 초안 폭약을 일반적으로 사용함.

② 장약 : 천공 깊이와 암질에 따라 적정량을 결정, 3개의 화약을 장약 할 경우 천공구멍에 2개를 넣고, 1개는 뇌관을 장치하여 장약하고, 흙으로 채우거나 흙이 채워진 발파용 자루모양의 비닐주머니를 구멍에 채워 공기가 밖으로 새어 나오지 않게 하여 발파력을 높임.

③ 뇌관 : 순발뇌관과 지발뇌관이 있으며 순발뇌관은 일시에 전류를 충전하여 암석을 순간적으로 파괴함.

④ 발파 : 천공 깊이까지 장약하고 발파선을 발파기에 연결하여 작동 조작하여 암석을 파쇄하는 과정까지를 말하며 장약 및 발파는 반드시 화약기사가 실시하되 발파 전에 이상 유무를 확인·점검하고 발파기를 작동하여야 함.

■ 토량환산계수 적용시
① 10m³의 자연상태 토량에 대한 흐트러진 상태의 토량은 $10 \times L$(m³)이다.
② 10m³의 자연상태 토량을 굴착한 후 흐트러진 다음 다짐 후의 토량은 $10 \times C$(m³)이다.
③ 10m³의 성토에 필요한 원지반의 토량은 $10 \times \dfrac{1}{C}$(m³)이다.

5. 토량의 변화 ☆☆

① 자연 상태의 흙을 파내면 공극이 증가되어 부피가 증가함.

토질		부피증가율
모래		보통 15~20%
자갈		5~15%
진흙		20~45%
모래, 점토, 자갈, 혼합물		30%
암석	연암	25~60
	경암	70~90

② 토량의 증가율 $\quad L = \dfrac{\text{흐트러진상태의토량m}^3}{\text{자연상태의토량m}^3}$

토량의 감소율 $\quad C = \dfrac{\text{다져진상태의토량m}^3}{\text{자연상태의토량m}^3}$

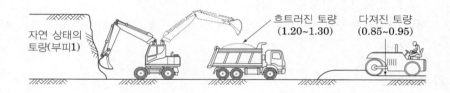

자연 상태의 토량(부피1) / 흐트러진 토량 (1.20~1.30) / 다져진 토량 (0.85~0.95)

	자연상태의 토량	흐트러진 상태의 토량	다져진 상태의 토량
자연상태의 토량	1	L	C
흐트러진 상태의 토량	1/L	1	C/L
다져진 상태의 토량	1/C	L/C	1

6. 면적 측정

① 삼각형법 : 면적을 측정하고자 하는 다각형을 여러 개의 삼각형으로 구분하고, 각 삼각형의 면적을 산출한 후 이들의 면적을 더하여 다각형의 면적을 구하는 방법
② 지거법 : 임의의 기준선에서 측정점에 내린 수선을 '지거'라고 하며, 지거를 이용하여 다각형의 면적 산출
③ 도상거리법 : 도상에서의 면적 측정은 방안법, 띠측법, 등량법 등
④ 구적기 방법 : 도상면적을 측정하는 기구로 정극플라니미터를 많이 사용

■ 헤론의 공식
① 삼각형의 변의 길이로부터 삼각형의 넓이를 산정함.
② 삼각형의 세 변 a, b, c의 합의 1/2을 s라 하면 넓이는 $s(s-a)(s-b)(s-c)$의 제곱근과 같다.
공식 $S = \sqrt{s(s-a)(s-b)(s-c)}$
여기서 $s = \dfrac{a+b+c}{2}$

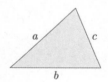

7. 토적계산 ☆

1) 가늘고 긴 지역 단면법 : 양단면적평균법, 중앙단면적법, 각주 공식에 의한 방법

① 도로, 하천 제방, 철도와 같은 폭이 좁고 길이는 긴 노선의 토공량을 계산할 때 주로 이용되는 방법

② 방법 ☆

양단면적평균법 (a)	• 좁고 긴 지형의 토공량 계산 시 이용하는 방법 • 일반적으로 실제값보다 다소 크게 나타나는 경향 $$V(체적) = \frac{l}{2}(A_1 + A_2)$$ (A_1, A_2: 양단면적 면적, l : 양단면 거리)
중앙단면적법 (b)	• 구간의 양단면 밑변길이와 높이의 평균값을 이용하여 중앙단면적을 구하여 이를 거리와 곱해 토적을 계산하는 방법 • 일반적으로 실제 토적보다 적은 값이 나오지만 오차는 양단면적평균법보다 작음. $$V(체적) = A_m \cdot l$$ (A_m : 중앙단면, l : 양단면간의 거리)
각주공식 (c)	• 양단면이 불규칙하지 않고 측면이 전부 평면인 경우에 이용 • 굴착 토량을 구할 때 사용되는 방법 $$V(체적) = \frac{l}{6}(A_1 + 4A_m + A_2)$$ (A_1, A_2: 양단면적, A_m : 중앙단면, l : 양단면간의 거리)

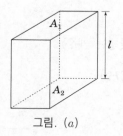
그림. (a)

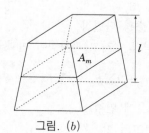
그림. (b)

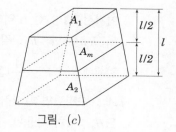
그림. (c)

■ 점고법
① 넓은 지역의 토공량을 계산하기 위한 방법으로 대상 지역을 사각형 또는 삼각형으로 나누어 토량을 계산하는 방법
② 사각분할, 삼각분할법

2) 점고법

① 사각분할 : 지역을 여러 개의 사각형으로 구분할 경우에는 각 구역을 사각기둥으로 생각하여 각 구역의 체적과 전체체적을 다음과 같이 구함.

㉮ 구역체적 $V_o = \dfrac{A(h_1 + h_2 + h_3 + h_4)}{4}$

여기서, A : 한 구역의 수평 단면적

h_1, h_2, h_3, h_4 : 각 점의 수직고(꼭지점이 면과 맞닿는 개수)

㉯ 전체체적 $V = \dfrac{A}{4}(\sum h_1 + 2\sum h_2 + 3\sum h_3 + 4\sum h_4)$

여기서, A : 수평단면적(사각형 1개 면적)

$\sum H_1$: 1회 사용된 지반고의 합 $\sum H_2$: 2회 사용된 지반고의 합

$\sum H_3$: 3회 사용된 지반고의 합 $\sum H_4$: 4회 사용된 지반고의 합

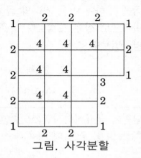

그림. 사각분할

② 삼각분할 : 지역을 여러 개의 삼각형으로 구분할 경우에는 각 구역을 삼각기둥으로 생각하여 각 구역의 체적과 전체체적을 다음과 같이 구함.

㉮ 구역체적 : $V_o = \dfrac{A(h_1 + h_2 + h_3)}{3}$

여기서, A : 한 구역의 수평 단면적

$h_1, h_2, \cdots h_7, h_8$: 각 점의 수직고(꼭지점이 면과 맞닿는 개수)

㉯ 전체체적 : $V = \dfrac{A}{3}(\sum h_1 + 2\sum h_2 + 3\sum h_3 \cdots + 8\sum h_8)$

A : 수평단면적(삼각형 1개 면적)

$\sum H_n$: n회 사용된 지반고의 합

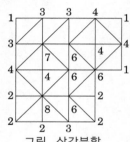

그림. 삼각분할

4) 등고선법

각 등고선에 의해 둘러싸인 부분의 면적을 A, 등고선 간격을 h라고 하여 정함.

$$V = \frac{h}{3}\{A_0 + A_4 + 4(A_1 + A_3) + 2A_2\} + \frac{h}{2}(A_4 + A_5) + \frac{h'}{3}A_5$$

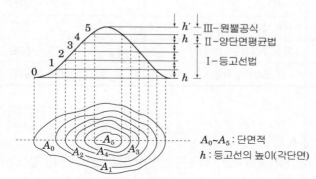

$A_0 \sim A_5$: 단면적
h : 등고선의 높이(각단면)

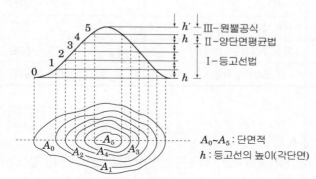

3 구조물에 의한 사면보호 공사

1. 사면 안정공

1) 돌쌓기와 돌붙이기공 ☆☆☆

① 사면기울기 > 1할, 급할 경우 : 돌쌓기공과 블록쌓기공

② 사면기울기 < 1할, 완만할 경우 : 돌붙이기공과 블록붙이기공

③ 방식

찰쌓기 (1 : 0.2)	• 줄눈에는 모르타르를 사용, 뒷면에는 콘크리트(50cm 이상)를 사용 • 시공면적 2m²마다 지름 3~4cm의 관으로 물빼기 구멍을 설치
메쌓기 (1 : 0.3)	• 뒷면에는 모르타르를 사용하며 물빼기 구멍이 없음. • 견고도가 낮아 높이에 제한을 받음.
골쌓기	견치돌이나 막깬돌을 사용하여 마름모꼴 대각선으로 쌓은 방법
켜쌓기	가로 줄눈이 일직선이 되도록 하며 마름돌이 주로 사용

④ 줄눈의 두께는 10mm 정도로 통줄눈을 피하고 파선줄눈으로 쌓음.

⑤ 뒤채움 콘크리트 두께는 50cm 이상으로 공사를 충실하게 함.

⑥ 돌의 배치에 유의하여 다섯에움 이상 일곱에움 이하가 되도록 하고 금기돌이 발견되면 즉시 들어냄.

⑦ 금기돌은 돌쌓기 방법에 어긋나게 시공된 것으로 돌의 접촉부가 맞지 않거나 힘을 받지 못하는 불안정한 돌을 말하며 뜬돌, 거울돌, 선돌, 포갠돌, 뾰족돌, 누운돌, 떨어진돌 등이 있음.

핵심 PLUS

■ 등고선법
등고선 지도로부터 각 등고선 내의 면적을 구적기로 측정하여 체적을 계산하는 방법으로 불규칙한 지역의 체적 또는 저수지 용량, 넓은 택지의 토량을 계산하는데 편리

■ 석재의 종류

견치돌	• 돌을 뜰 때 앞면, 길이, 뒷면, 접촉부 및 허리치기의 치수를 특별한 규격에 맞도록 지정하여 깨 낸 석재로 가장 많이 사용 • 앞면의 길이를 기준으로 하여 뒷길이는 1.5배 이상, 접촉부의 너비는 1/5 이상, 뒷면을 1/3 정도의 크기로 함.
호박돌	호박모양의 둥글고 갸름한 자연석재로 안정성이 낮아 강도가 요구되지 않는 비탈면의 안정을 위해 사용
갓돌	돌쌓기벽의 가장 위에 실리는 돌로 석축의 보호와 외관상 매우 중요하며 큰 돌을 사용
귀돌	돌쌓기벽의 모서리각에 사용되는 돌로 모서리돌
야면석	개천 계곡에 있는 무게 약 100kg 이상인 자연 전석으로 주로 돌쌓기현장 부근에서 채취하여 찰쌓기와 메쌓기 등에 사용

CHAPTER 04 임도의 시공 및 관리

⑧ 돌쌓기공작물의 허용강도

구분	허용강도(ton/m²)
잡석 쌓기	110 ~ 165
막깬돌 쌓기	165 ~ 220
석회석견치돌 쌓기	229 ~ 275
화강암견치돌 쌓기	275 ~ 330
콘크리트공작물	300 ~ 400

2) 옹벽공법

① 중력식 옹벽

㉮ 시공이 가장 용이하고, 기초지반이 좋거나 높이가 3m 정도인 경우에 경제적이며, 자중에 의하여 전도나 활동에 대한 안정을 유지함.

㉯ 일반적으로 석재, 벽돌, 콘크리트 블록 또는 무근 콘크리트로 만들어짐

② 반중력식 옹벽

㉮ 중력식과 철근 콘크리트옹벽의 중간 구조

㉯ 벽체 단면의 크기와 콘크리트 양을 줄이고, 벽체 내부에 생기는 인장 응력을 받게 하기 위하여 옹벽의 뒷면 부근에 소량의 철근을 사용함.

③ 캔틸레버 옹벽

㉮ 옹벽의 높이가 3m~7.5m일 때 사용되는 철근 콘크리트 옹벽으로 경제성과 시공의 단순성 때문에 많이 이용됨.

㉯ 벽체의 위치에 따라 역T형 옹벽, L형 옹벽 및 역L형 옹벽으로 분류되며, 지반이 연약한 곳에서는 L형보다 T자형을 선택하는 것이 유리함.

④ 부벽식 옹벽

㉮ 옹벽의 높이가 8m 이상으로 높게 되면 토압이 과대하여 캔틸레버 옹벽으로는 단면이 매우 커져 비경제적인 설계됨.

㉯ 이를 해결하기 위하여 벽체와 뒷판을 적당한 간격으로 묶어 주는 가로 방향 벽체인 부벽을 설치함.

3) 비탈흙막이공법

① 틀공

㉮ 높은 사면이나 표준기울기보다 급한 성토 사면, 용수가 있는 절토사면 등의 식생이 부적합한 곳에 시공

㉯ 블록쌓기 흙막이는 벽면의 안정을 위하여 중량이 무거운 것이 좋으며 콘크리트블록은 일반적으로 m³ 당 300~400kg의 것이 널리 사용

② 돌망태공

㉮ 신축 변형되므로 내부의 토사가 유실되어도 붕괴가 일어나지 않기 때문에 매우 효과적임.

㉯ 땅밀림지대 또는 지반이 연약한 곳에 시공하기에 가장 적합함.

③ 바자얽기 : 산지비탈 또는 계단 위에 목책형 또는 편책형 바자(植)를 설치하여 표토의 유실 방지와 식재 묘목의 생육에 양호한 환경조건 조성을 위한 비탈 안정 공법임

4) 비탈힘줄박기공법

비탈면에 거푸집을 설치하고 콘크리트를 타설하여 뼈대(힘줄)를 만든 다음 그 틀 안에 떼나 작은 돌 등으로 채우는 공법

5) 비탈격자틀붙이기공법

① 비탈면에 콘크리트블록이나 플라스틱제 또는 금속제품 등을 사용하여 격자상 으로 조립하는 공법

② 채움재료는 콘크리트, 조약돌 및 호박돌, 자갈채우기, 떼채우기 등 사용함.

6) 콘크리트뿜어붙이기공법

비탈에 용수가 없고, 풍화 · 낙석이 우려되는 사면 등에 콘크리트나 시멘트모르타 르를 뿜어 붙이는 공법

2. 식물에 의한 사면보호공

1) 비탈선떼붙이기공

① 다듬기 공사 후 등고선방향으로 단끊기를 하고 그 앞면에 떼를 붙임.

② 수평계단 1m당 떼의 사용 매수에 따라 고급 1급에서 저급 9급으로 구분하며 선떼붙이기 공작물은 대부분 3~5단 연속적으로 시공

2) 떼다지기공 : 보통떼의 규격 30cm×30cm×5cm

① 줄떼공 : 주로 성토면에 사용하며 수직높이 20~30cm 간격을 반떼를 수평으로 붙임.

② 평떼공 : 주로 절토면에 사용하며 30cm×30cm를 비탈면 전체에 떼붙임꽂이로 사면에 붙임. (1:1보다 완만한 비탈면)

③ 식생공 : 흙, 퇴비, 비료 등의 혼합체와 소량의 물을 썩혀 볏짚에 발라 식생판 을 만들어 꽂이로 사면에 붙임.

④ 식수공 : 사면에 울타리를 만들고 그 위에 묘목을 심거나, 식혈을 파서 흙과 비료를 넣고 식수함.

■ 급수에 따른 떼 사용 매수(1m당)
  ① 1급: 12.5매
  ② 2급: 11.25매
  ③ 3급: 10매
  ④ 4급: 8.75
  ⑤ 5급: 7.5매
  ⑥ 6급: 6.25매
  ⑦ 7급: 5매
  ⑧ 8급: 3.75매
  ⑨ 9급: 2.5매

핵심 PLUS

CHAPTER 04 임도의 시공 및 관리

⑤ 파종공 : 사면녹화에 적합하며 종자, 비료, 안정제, 양생제, 흙 등을 혼합하여 압력으로 뿜어 붙임.

3. 절토 · 성토면의 배수시설 ☆

1) 돌림수로
산지 비탈면 등에서 흘러내리는 지표 유출수가 나출된 지표면을 흐르지 않도록 도중에서 차단 또는 분산시켜 안정된 외부로 보내기 위해 만들어진 수로

2) 비탈돌림수로
① 비탈면의 보호를 위해 비탈면의 최상부, 즉 비탈어깨부위와 원래 자연비탈면의 경계부위의 적당한 곳에 설치
② 비탈면의 안정에 가장 중요한 배수시설 중 하나임.

3) 돌수로
① 석재로 건축한 배수시설로 시공비가 많이 들어 특별히 큰 강도를 요구하거나 돌의 경관을 필요로 할 경우에 시공
② 메붙임돌수로 : 막깬돌, 잡석, 호박돌 등을 축설하며, 유량이 적고 기울기가 비교적 급한 산복에 이용, 뒷채움을 충실이 하여 석재가 빠져 나오지 않도록 시공
③ 찰붙임돌수로 : 메붙임 돌수로로는 위험한 경우에 시공, 집수량이 많아 침식 위험이 높은 산비탈에 적용, 뒷붙임을 할 때 뒷부분에 콘크리트를 채우고 축설

4) 콘크리트수로
현장에서 콘크리트를 쳐서 시공하는 것으로 모양과 크기를 임의로 조절하여 시공

5) 떼수로
비탈면 경사가 비교적 작고 유량이 적으며 떼의 경관을 필요로 하는 곳에 시공

6) 속도랑배수구
비탈면의 호우 시 지하수 분출로 인한 비탈면의 붕괴가 우려되는 지대에 시공

7) 소단설치
절토 · 성토한 경사면이 붕괴 또는 밀려 내려갈 우려가 있는 지역에는 사면길이 2~3m마다 폭 50~100cm로 단을 끊어서 소단을 설치

■ 절토 · 성토면의 배수
① 절토사면의 길이가 긴 구간에는 절토사면 또는 절토사면의 경계 바깥쪽에 떼 · 돌 등을 이용한 배수로를 설치
② 절토 · 성토사면에서 용출구가 나오는 지역은 용출수의 처리를 위하여 배수시설을 설치하고, 절토 · 성토사면의 안정이 필요한 경우에는 하단부에 배수기능이 포함된 안정구조물을 추가로 설치
③ 성토면의 안정과 피해방지를 위해 총사업비 중 산림청장이 정하는 비율 이상의 사업비를 성토면의 안정과 피해방지에 투입함.

■ 비탈면 배수시설 유형
비탈돌림수로, 돌수로, 콘크리트수로, 떼수로, 속도랑배수구 등

4. 교량 ☆

1) 교량 계획·설계시 중요한 조사사항

① 교량가설지점의 측량 및 지질 암반의 조사
② 하천의 상황과 변동 예측
③ 교통의 현황과 장래의 추정
④ 접속노선과의 관련성
⑤ 공사용지의 유무 및 보상 관계
⑥ 공사용 재료의 공급관계
⑦ 교폭과 경간

2) 관련요소

① 교량높이 : 최고수위로부터 교량 밑까지의 높이가 특수한 경우를 제외하고는 1.5m 이상이 되도록 함.
② 교량너비 : 원칙적으로 임도의 너비와 같게 하되, 난간 또는 흙덮개의 안쪽 너비를 3m 이상으로 함.
③ 복토 : 교량·암거에 불가피하게 복토를 해야 할 경우에는 흙의 두께는 50cm 이상으로 하며, 그 복토하중에 대하여도 중량을 계산·설계
④ 사하중
  ㉮ 사하중은 교상의 시설 및 첨가물, 바닥판·바닥틀의 무게, 주항(主桁) 또는 주트러스의 무게 등 교량자체의 무게
  ㉯ 교량 및 암거의 사하중 산정시 사용되는 주된 재료의 무게는 국토교통부의 도로교량 표준시방서에 의함.
⑤ 활하중 ☆
  ㉮ 활하중은 사하중에 실리는 차량·보행자 등에 따른 교통하중을 말함.
  ㉯ 그 무게산정은 사하중 위에서 실제로 움직여지고 있는 DB−18하중(총중량 32.45톤) 이상의 무게에 따름.
⑥ 종단기울기 : 교량은 특별한 장소를 제외하고는 종단기울기를 적용하지 않는다. 다만, 특별한 장소로서 입지조건에 따라 불가피한 경우에는 종단기울기를 완만하게 설치할 수 있음.
⑦ 교각·중간벽 : 교량·암거는 특히 필요하다고 인정되는 경우를 제외하고는 교각과 중간벽이 없는 단경간으로 설치

CHAPTER 04 임도의 시공 및 관리

핵심 PLUS

■ 시멘트 콘크리트 포장 구성
  노상 위에 보조기층, 기층, 시멘트 콘크
  리트 표층으로 구성

4 노면보호공사

1. 포장의 종류

1) 시멘트 콘크리트포장

① 보통 콘크리트 포장(무근콘크리트 포장, 줄눈을 둔 콘크리트 포장) : 철근의 보강 없이 줄눈을 배치하여 균열을 허용하지 않는 포장, 균열의 발생·확산 방지를 위해 철망을 삽입하는 경우도 포함. 무근콘크리트 포장, 줄눈을 둔 콘크리트 포장

② 철근콘크리트포장 : 콘크리트 슬래브 단면의 상하를 복철근으로 배치 보강하여 줄눈을 두며 균열발생을 허용하는 포장

③ 연속철근콘크리트포장 : 줄눈의 취약점을 개선하고 철근으로 보강하여 줄눈의 설치없이 미세균열의 발생을 허용하는 포장

④ 프리스트레스(pre-stresed)콘크리트포장 : 슬래브 내에 강선을 배치하여 프리스트레스를 도입하고 줄눈을 두어 균열발생을 허용하는 포장

2) 콘크리트 블록포장

콘크리트를 적당한 모양과 크기로 대량 생산하여 노면에 포설하는 포장

3) 아스팔트 콘크리트 포장

노상 위에 동상방지층, 보조기층, 기층, 중간층, 표층의 순으로 구성

4) 자갈포설

① 노면을 자갈(폐석 포함)로 포설할 경우에는 길섶을 제외한 유효노폭은 지형에 따라 20~30cm 깊이로 노면의 흙을 파내고 다짐한 후 포설

② 기초에 포설하는 자갈은 지름 40mm내외가 적합하고 기초자갈층 위에 5~10cm 두께의 석분(石粉) 또는 마사(磨砂)를 포설하고 다짐하여야 충분한 효과를 가져 옴.

2. 포장 재료별 포장 방법

1) 입상재료공법

막자갈, 막부순 돌을 그대로 사용 마무리 하며 보조기층에 많이 사용

2) 입도조정공법

2종 이상의 재료를 혼합하여 입도를 조정해 사용

3) 시멘트 안정처리공법

현지재료 또는 여기에 보충재를 가한 것에 시멘트를 첨가하는 공법으로 강도를 높이며 내구성을 높임.

4) 가열아스팔트 안정처리공법

현지재료 또는 여기에 보충재를 가한 것에 아스팔트로 가열처리하는 공법으로 시공성,
내구성이 우수함.

5) 상온아스팔트 안정처리공법

현지재료 또는 여기에 보충재를 가한 것에 유화아스팔트 등 점성이 낮은 역청재료
를 첨가 혼합하는 공법으로 기층에 주로 사용

6) 머캐덤공법

한 층 마무리 두께와 거의 같은 입경의 주골재(쇄석)를 포설하고 전압한 후 그 위에
채움. 골재를 넣어 마무리 하는 공법

7) 침투식공법

포설한 골재에 역청재료를 침투시켜 골재의 맞물림과 역청재의 접착성(점성)에
의해 골재의 이동을 방지하고 안정된 층을 이룸.

5 배수 및 집수정 공사

1. 배수시설의 종류 ☆☆☆

1) 표면배수시설

노면배수시설	길어깨 배수시설, 중앙분리대 배수시설
사면배수시설	사면끝 배수시설, 도수로 배수시설(세로 배수시설), 소단 배수 시설 (가로 배수시설)

2) 지하배수시설

① 땅깎기 구간의 지하 배수시설 : 가로지하 배수구(맹암거 등), 세로지하 배수구
   (횡단배수구)
② 흙쌓기 구간의 지하 배수시설
③ 절취부와 성취부 경계부의 지하 배수시설

3) 임도 인접지 배수시설

① 사면어깨(산마루) 배수시설 : 산마루 측구, 감쇄공(energy dissipater) 등의
   배수시설

핵심 PLUS

■ 노상이 연약한 경우
노상토가 보조기층으로 침입하는 것을
방지할 목적으로 하천사 또는 양질의
산사를 사용하여 차단층을 시공하고,
한랭지에는 동상방지를 위해 모래, 막자
갈, 슬래그 등으로 선택층을 시공함.

■ 배수시설의 종류
① 표면배수시설
② 지하배수시설
③ 임도 인접지 배수시설

산마루측구	임야를 절토할 때 절토사면과 산림과의 경계지점에 설치하는 빗물받이로, 우수가 절토사면으로 흘러 내려 절토사면이 유실되지 않도록 설치하는 배수로
감쇄공	고속 유출수의 에너지를 약화시킴으로서 구조물의 침식과 파괴를 방지하기 위하여 설치하는 구조물

② 배수구 및 배수관 : 집수정, 배수구, 배수관 및 맨홀 등의 배수시설

2. 배수시설의 설계

1) 옆도랑(측구, roadside drain) ☆

① 노면과 인접된 사면의 물을 배수하기 위하여 임도의 종단방향에 따라 설치하는 배수시설

② 옆도랑의 종단기울기는 최소한 0.5% 이상이 필요하며, 5% 이상 되면 침식 예방을 위한 대책을 강구해야 함.

③ 가장 많이 사용되는 옆도랑은 사다리꼴 모양과 비슷한 흙수로임.

④ 옆도랑의 깊이는 30cm 내외로 하고 암석이 집단적으로 분포되어 있는 구간 및 능선부분과 절토사면의 길이가 길어지는 구간은 L자형으로 설치할 수 있으며, L자형 상부지점에는 배수시설을 설치함. (다만, 노출형 횡단수로를 설치하여 물을 분산시킬 수 있는 경우에는 옆도랑을 설치하지 않을 수 있음)

⑤ 옆도랑은 동물의 이동이 용이하도록 설치

⑥ 종단기울기가 급하여 침식우려가 있는 옆도랑에는 중간에 유수를 완화하는 시설을 설치

⑦ 성토면이 안정되고 종단경사가 5% 미만인 경우에는 옆도랑을 파지 않고 3~5% 내외로 외향경사를 주어 물을 성토면 전체로 고르게 분산시킬 수 있음, 이 경우 임도를 횡단하여 유수를 차단하는 노출형 횡단수로를 30m 내외의 간격으로 비스듬한 각도로 설치함.

2) 횡단배수구 ☆☆☆

① 작은 골짜기유역으로부터 집수되는 유수의 처리와 옆도랑으로 유하하는 물을 처리할 목적으로 임도를 횡단시켜 흙쌓기 비탈면 아래쪽으로 배수하기 위한 시설물로 속도랑(암거)과 겉도랑(명거)으로 구분함.

속도랑	철근콘크리트관, 파형철판관, 파형FRP관 등 원통관이 주로 사용되며 매설깊이는 보통 배수관의 지름 이상이 되도록 함.
겉도랑	• 말구가 약 10cm 내외의 중경목 통나무 2개를 꺽쇠와 말뚝으로 고정시켜 폭은 통나무 하나 크기 정도 • 조립식이나 규격화된 횡단구가 일반화되고 있음.

② 유역의 강우강도, 임도의 종단물매, 노상의 토질, 옆도랑의 종류 등을 검토하여 노상을 침식하지 않는 범위 내에서 설치
③ 배수구의 통수단면은 100년 빈도 확률강우량와 홍수도달시간을 이용한 합리식으로 계산된 최대홍수유출량의 1.2배 이상으로 설계·설치함. ☆
④ 배수구는 수리계산과 현지여건을 감안하되, 기본적으로 100m 내외의 간격으로 설치하며 그 지름은 1,000mm 이상으로 함. (단, 현지여건상 필요한 경우에는 배수구의 지름을 800mm 이상으로 설치할 수 있음)
⑤ 배수구는 공인시험기관에서 외압강도가 원심력 철근콘크리트관 이상으로 인정된 제품을 기준으로 시공단비 및 시공 난이도를 비교하여 경제적인 것을 선정하며, 집수통 및 날개벽은 콘크리트·조립식 주철맨홀 등으로 시공하되, 현지의 석재 활용이 용이할 때에는 석축쌓기로 설계할 수 있음.
⑥ 배수구에는 유출구로부터 원지반까지 도수로·물받이를 설치
⑦ 배수구는 동물의 이동이 용이하도록 설치
⑧ 종단기울기가 급하고 길이가 긴 구간에는 노면으로 흐르는 유수를 차단할 수 있도록 임도를 횡단하는 노출형 횡단수로를 많이 설치함.
⑨ 소형임도의 경우 임도를 횡단하여 유수를 차단하는 노출형 횡단수로를 30m 내외의 간격으로 비스듬한 각도로 설치하며, 현지여건상 필요한 경우에는 설치간격을 늘리거나 줄일 수 있음.
⑩ 나뭇가지 또는 토석 등으로 배수구가 막힐 우려가 있는 지형에는 배수구의 유입구에 유입방지시설을 설치함.

3) 소형사방댐·물넘이포장의 설치 ☆

① 계류 상부에서 물과 함께 토석·유목이 흘러내려와 교량·암거 또는 배수구를 막을 우려가 있는 경우에는 계류의 상부에 토석과 유목을 동시에 차단하는 기능을 가진 복합형 사방댐(소형)을 설치
② 임도가 소계류를 통과하는 지역에는 가급적 배수구 또는 암거보다 콘크리트 등으로 물넘이포장 또는 세월교를 설치하되, 수리계산에 따른 적정한 배수단면을 확보하고 차량통과가 가능하도록 충분한 반경으로 설치함.

4) 세월(洗越)시설 ☆

① 평소에는 유량이 적지만 비가 오면 유량이 급격히 증가하는 지역에 설치하는 호상(弧狀)의 배수로로 상류로부터 자갈 등의 유동물질이 많고 노면이 암석으로 된 교통량이 적은 곳에 적합함.
② 평상시는 관거 등을 통해 배수하고 홍수시는 월류할 수 있게 함.
③ 가능한 한 호의 길이를 길게 하고 수로면에 돌붙임콘크리트(찰붙임) 또는 콘크리트를 타설하여 차량의 통행이 편리하도록 함.

- 횡단배수구 설치장소
  ① 물이 흐르는 아래 방향의 종단기울기 변이점
  ② 외쪽물매로 인해 옆도랑 물이 역류하는 곳
  ③ 흙이 부족하여 속도랑으로 부적당한 곳
  ④ 구조물의 앞과 뒤
  ⑤ 체류수가 있는 곳

- 횡단배수구, 겉도랑, 속도랑
  ① 횡단배수구 : 옆도랑의 물과 계곡의 물을 횡단으로 배수시키는 시설물
  ② 겉도랑 : 작은 골짜기 유역으로부터 집수되는 유수의 처리와 옆도랑을 유하하는 물을 처리 할 목적으로 임도를 횡단시켜 아래의 골짜기로 배수하기 위해 노면에 드러나게 설치한 횡단 배수구의 일종
  ③ 속도랑 : 겉도랑과 같은 목적으로 설치되나 임도의 밑을 횡단하도록 설치

- 세월시설 설치장소
  ① 편상지, 애추지대(풍화된 물이 중력의 작용으로 급사면에서 업어져 쌓인 지형)등을 횡단하는 경우
  ② 상류부가 황폐계류인 경우
  ③ 관거 등으로 흙이 부족한 경우
  ④ 계상물매가 급하여 산측으로부터 유입하기 쉬운 계류인 곳

6 시공작업 관리 기법

1. 노면과 사면

1) 노면

① 절토사면 조성 시 자연 상태의 본 바닥을 절취할 때에는 비탈면 붕괴가 우려되므로 설계 시에 토질조사 또는 지질조사를 실시하여 사면기울기에 대한 타당성과 보호방법 등을 검토

② 성토의 기초지반은 성토, 포장의 중량 및 교통하중에 침하하지 않고 안전하게 지지하도록 하며, 기초지반이 옆으로 유동되거나 압밀침하를 일으키지 않도록 충분히 검토

③ 성토재료는 시공의 난이도와 역학적인 성질을 고려하여 양질의 재료를 선택

④ 다짐은 성토된 노체, 노상 및 사면 등을 안정된 상태로 유지

⑤ 제설은 제설판(snow-plough) 또는 그레이더를 이용할 수 있도록 하고, 노면 결빙 시 곡선부나 급구배지 등에는 모래, 부순돌, 석탄재, 염화칼슘, 소금 등을 준비하여 살포

■ 사면
성토사면 기울기의 설정은 현장의 지형, 토질, 기상조건, 인접하는 물건, 사면 보호공의 종류, 시공법 등을 고려하여 안정성이 충분히 보장될 수 있도록 함.

2) 사면

① 절토나 성토 사면을 오래 방치하면 강우로 인한 침수와 풍화작용으로 붕괴하게 되므로 현장조건에 알맞은 보호방법으로 안정을 유지함.

② 사면의 파종·녹화

㉮ 대상지 : 임목이 없어 노출되는 절토·성토면은 파종 그 밖의 녹화공법에 따라 전면적을 녹화함. (단, 암석지로서 녹화가 어려운 절토면의 경우에는 그러하지 않음)

㉯ 시기 : 파종은 임도의 추진상황 등을 고려 적기를 판단하여 시공

㉰ 공법 및 종자의 종류 : 경사·토양·지역특성에 알맞은 공법·종자를 사용하되 특별한 경우를 제외하고는 국산 종자를 사용함.

2. 구조물과 배수시설 관리기법

1) 구조물

① 구조물은 시설에 많은 비용이 소요되고 파손되면 많은 지장을 주므로 임도의 계획, 설계 시에 그 필요성, 위치, 효과 등을 면밀히 조사 검토

② 구조물은 수시 점검하여 결함부의 원인을 제거하고 보강·보수함.

■ 구조물
구조물은 흙 이외의 재료를 이용 노체 및 임도 공간을 유지하기 위한 시설로서 구조물과 임도부속물 등이 있음.

2) 배수시설

① 배수는 임도의 수명과 기능유지를 위한 인자로서 설계나 시공 시에 지형, 토질, 기상, 지하수의 상황 등을 충분히 검토하고 그 위치, 형식, 수량을 적정하게 결정함.

② 배수시설은 설계 시의 유수단면적이 유지될 수 있도록 수시 점검하여 보수함.

■ 임도에서의 배수시설
임도는 물에 의하여 영향을 받을 우려가 많으므로 시공 중이나 시공 후에도 배수에 충분히 유의함.

7 임도 유지관리

1. 임도의 붕괴

1) 사면붕괴의 원인 ☆

① 빗물, 눈 기타의 하중 · 함량의 증가 : 온도 변화에 의한 신축 · 동결과 융해의 반복

② 지진 또는 발파에 의한 충격 : 인장응력에 의한 균열

③ 함수비에 의한 팽창 · 공극 수압의 증가 · 균열 중의 수압 : 조직의 파괴, 점착력
이 약해질 때 등

2) 사면붕괴의 유형

① 붕괴 요인 : 지형, 지질, 토질, 임상 등이 있으며 붕괴평균경사각, 붕괴면적, 붕괴
평균깊이를 사면붕괴의 3요소라 함.

② 원형활동면에 의한 도로사면의 파괴는 사면선단파괴, 사면내파괴, 사면저부파괴
등으로 구분함.

■ 사면붕괴 구분 ☆

사면 밑 붕괴원 (筋壞圓)	연한 점토성 사면의 길이가 비교적 높을 경우
사면 붕괴원 (廟壞圓)	사면의 기울기가 비교적 급할 경우
중앙점 (中失點) 붕괴원	활면(滑面)이 굳은 층과 접하고 있을 경우

2. 유지관리기술과 책임

1) 임도시설의 유지관리

① 산림청장은 산림의 효율적인 개발 · 이용의 고도화 또는 임업의 기계화 등 임업
의 생산기반정비를 촉진하기 위하여 필요하다고 인정할 때에는 산림소유자의
동의를 얻어 임도(산림의 경영 및 관리를 위하여 설치한도로)를 설치할 수 있음.

② 임도는 시 · 도지사 또는 지방산림청장이 유지 · 관리함. (단, 필요한 경우에는
산림소유자로 하여금 유지 · 관리하게 할 수 있게 함)

③ 사설임도는 산림소유자 또는 산림을 경영하는 자가 스스로 유지 · 관리하되,
산림소유자 또는 산림을 경영하는 자가 동의하는 경우에는 시장 · 군수가 공설
임도로 관리할 수 있음.

④ 임도에 대하여 피해를 입힌 자는 그 피해를 복구하거나 복구에 필요한 비용을
변상하여야 함.

2) 임도관리원의 임무 및 배치기준

① 임무

㉮ 차량 통행에 지장을 주는 잡초 · 입목 제거, 배수로 · 암거의 물 흐름을 방해
하는 물질 제거, 노면 고르기

㉯ 임도기능 발휘에 저해가 되거나 재해발생의 원인이 될 수 있는 토사 · 나뭇
가지 제거 등 장비를 사용하지 않고 인력보수가 가능한 일

㉰ 임도피해 또는 피해발생 우려가 있어 장비를 이용한 보수작업이 필요한 임도
를 발견하였을 때에는 임도관리 기관에 즉시 신고

② 배치기준

    ㉮ 임도관리원은 임도거리 10km당 1인을 기준으로 배치하되, 하나의 노선이 10km 미만인 경우에는 1 인당 3개 노선 이내로 배치

    ㉯ 해빙기(2~5월) 및 집중호우기(6~8월)에는 노선별·지역별로 필요한 구간을 정하여 추가 배치 가능

3) 임도의 유지관리 책임

① 시장·군수 또는 국유림관리소장 책임하에 산림소유자와 동 임도를 이용하는 취락주민대표가 공동으로 실행하도록 되어 있으나 사실상 시행청의 주관하에 관리하는 실정

② 시장·군수 또는 국유림관리소장은 임도시설물에 대한 대장을 비치하고 대장에 그 점검결과 및 관리사항을 기재하여야 하고, 통행의 안전을 기할 수 있도록 연 2회 이상 점검함.

③ 시장·군수·구청장 또는 국유림관리소장은 민간모니터를 위촉하여 임도에 대한 모니터링을 실시하고 그 결과를 임도관리에 반영

④ 시장·군수·구청장 또는 국유림관리소장은 임도의 갈림길에 방향을 표시한 이정표를 설치하고, 국가지점번호판를 500m마다 설치·관리하되, 필요시 거리를 조정할 수 있으며, 연락처는 국민안전처 긴급전화와 시설관리기관의 연락처를 병기할 수 있음.

⑤ 임도의 시점 및 종점에 안내판(임도 명칭·시행자·시공자·설치연도·임도 길이·주의사항 등)을 설치 (단, 임도노선을 계속하여 연결시켜 나가는 경우에는 최초 시점과 마지막으로 임도가 끝나는 종점에 설치)

⑥ 테마임도로 지정된 임도는 산림문화·휴양 및 산림레포츠 활동에 필요한 임도 부속물을 설치할 수 있음.

3. 임도의 유지보수

1) 보수사업계획서

임도시설물에 대한 점검결과에 따라서 보수사업계획서를 작성·실행

2) 보수의 종류 및 실행 ☆

① 상시보수 : 임도의 노체를 유지하기 위하여 노면의 관리 및 시설물에 대한 상시 보수를 연중 실시

② 정기보수

    ㉮ 춘계보수 : 해빙기에 대비한 전면적인 보수와 하절기 강우 및 홍수피해 예상 지역에 대한 종합적인 보수 및 노면진압을 실시

■ 임도 피해원인

① 임도는 보통 경사지에 건설하여 항상 재해발생에 대한 위험을 안고 있으므로 결함이 있을 때에는 즉시 보수공사를 실시

② 임도 시공 후 보통 3~4년 동안은 호우 때 토사유실이 자주 발생하므로 계속적인 관찰과 점검이 필요

③ 임도의 피해 원인으로는 주행 차량, 폭우와 눈에 의한 물의 영향 등 시공요인 이외의 원인과 노체 시공 시 가지·줄기·뿌리 등이 노체에 포함되는 경우, 급경사와 배수시설의 불안정 등 시공기술 불량으로 인한 원인이 있음.

■ 유지보수 계획수립순서 ☆☆☆

임도의 예산, 임도현황, 기상자료 등의 기초자료 검토→ 유지보수 계획의 수립 → 공종별 장기계획 수립 → 단기계획 (월간·주간계획) 작성

ⓙ 추계보수 : 월동에 대비한 보수와 동계적설 및 결빙을 예상한 소요자재의 비축과 장비의 정비를 실시

ⓣ 긴급보수 : 시장·군수 또는 국유림관리소장은 예상 외의 재해가 발생 또는 불가항력적인 이유로 임도의 긴급보수가 불가피할 때 응급조치로 보수실시

ⓡ 집중보수 : 재해발생으로 인하여 집중적으로 실행하는 도급서의 보수로 주로 구조물시설이 필요하며 설계도서를 작성·보수를 실시

3) 임도의 유지보수 세부사항 ☆

① 노면의 보호

  ㉮ 노체의 지지력이 약화될 때 자갈이나 쇄석 등을 깔아 지지력을 보강

  ㉯ 노면이 습할 때나 호우가 내린 후 또는 해빙기 후에는 노면 보호를 위해 차량의 통행을 제한

  ㉰ 노면 고르기는 노면이 습윤상태일 때 실시, 차량이 주행할 때 임도에 남은 바퀴 자국은 수로의 역할을 하여 노면침식의 원인이 됨.

② 배수로의 유지

  ㉮ 강우 전에 빗물받이를 점검하고 나뭇가지나 낙엽 등으로 막혀 있는 암거의 입구 등을 수시로 치움.

  ㉯ 노면보다 높은 길어깨는 깎아내고 다지며, 옆도랑에 쌓인 토사를 신속히 제거하여 물의 흐름을 원활하게 함.

③ 보수공사의 기계화 : 임도의 유지 및 보수작업을 기계화함.

④ 재해예방 : 임도의 수명이 연장될 수 있도록 안전운행에 위험한 지역을 사전에 점검하여 예방대책을 강구

4. 국유임도의 평가 ☆

1) 일반사항

① 산림청장, 시·도지사 또는 지방산림청장은 매년 임도평가를 실시하여야 하며, 임도평가에 참여한 민간전문가에 대하여는 예산의 범위 내에서 소요경비를 지급할 수 있음.

② 종류 : 중앙평가는 산림청에서 지방산림청을 대상으로 평가, 지방평가는 지방산림청에서 국유림 관리소를 대상으로 평가

③ 횟수 : 매년 1회 실시

④ 대상지 선정 : 전년도에 설치(시행)한 신설임도 및 구조개량사업지를 각각 표본추출 중앙평가 대상지는 지방산림청별로 각각 1개 노선을 선정, 지방평가 대상지는 국유림관리소별로 각각 1개 노선을 선정

핵심 PLUS

■ 국유림 평가결과의 활용과 제출

① 새로운 공법의 개발, 예산절감 등 우수모범사례는 계속 확산, 발전되도록 하고 미흡한 사항은 시정·개선되도록 조치

② 평가결과 우수기관 우수공무원 및 시공관계자에 대하여는 포상, 예산지원 등 우대함.

③ 방산림청장은 신설임도 및 구조개량사업지 평가결과를 매년 10월말까지 산림청장에게 제출

CHAPTER 04 임도의 시공 및 관리

2) 평가반 편성

① 1개반 3명으로 편성하되, 평가반원의 일정 등에 따라 여러 개의 반으로 편성 가능

② 평가반은 공무원 1명, 생태 · 환경분야 시민단체에서 추천한 자 1명, 대학에서 임학이나 산림토목학을 강의하는 교수 또는 산림공학기술자(1 급) 또는 특급 산림공학기술자 1명으로 편성

5. 임도구조개량사업

1) 적용공법 종합

① 집중호우 시 피해발생의 위험이 있는 임도

㉮ 노면보강재 시공

> • 노면의 유실을 방지하기 위하여 필요한 경우에는 혼합골재(쇄석 · 석분 등) 또는 기타 노면보강재로 시공하고, 경사가 급한 구간에는 콘크리트 · 아스콘 등으로 포장하여 침식을 방지
> • 경사가 급한 노면에는 포장을 하거나 유수집중을 방지할 수 있도록 일정한 간격으로 노면 배수시설을 설치하고, 침식우려가 있는 옆도랑에는 낙차공 등 유수완화시설을 설치

㉯ 피해방지를 위한 구조물 설치 확대 : 성토면의 무너짐을 방지하기 위한 공사 가 필요한 구간에는 옹벽(콘크리트 · 방부목 옹벽 등) · 산돌쌓기 · 방부목격 자틀 · 목책 기타 필요한 구조물을 설치

㉰ 절토면의 안정을 위한 추가절토 병행

> • 안정각 유지가 필요한 지역에는 추가로 절토
> • 흘러내리는 흙으로 인한 측구 막힘을 방지하는 조치가 필요한 지역에는 절토면 에 파종 · 녹화공법을 적용하거나 옹벽(콘크리트, 방부목 옹벽 등) · 산돌쌓기 · 방부목격자틀 · 목책 기타 필요한 구조물을 설치

㉱ 배수처리

> • 배수가 원활하게 하기 위해 암거를 설치하거나 배수관의 크기를 확대 또는 증설하며, 측구터파기 등을 병행함.
> • 배수관의 유출부는 위치 여건에 따라 콘크리트수로 · 찰쌓기수로 · 낙차공 등 으로 시공하여 세굴되지 않도록 함.
> • 계류를 횡단하는 구간은 가급적 물넘이 포장(세월교)을 하고 배수관 시설지 앞쪽 계곡에는 계간공작물을 설치하는 등 배수관 막힘 방지대책을 강구함.

■ 임도구조개량사업
이미 설치된 임도 중 피해발생 경관지 해가 우려되는 구간에 필요한 공종을 보강하여 임도의 구조를 개량하는 것을 말함.

■ 대상지
① 집중호우시 피해발생의 위험이 있는 임도
  • 주요산업시설 · 가옥 · 농경지 등에 대한 재해예방이 필요한 지역, 사양토(마사토) 지역, 급경사지를 성토한 지역
  • 배수관의 크기 확대 또는 증설이 필요한 지역
  • 절토 · 성토면의 안정각 유지 등 보강이 필요한 지역
  • 기타 노면의 보호, 노면의 무너짐 방지 등의 조치가 필요한 지역
② 절토 · 성토면이 녹화되지 않은 임도 : 인근 도로에서 보이는 지역, 절토 · 성토면이 녹화 · 피복되지 않아 피해발생 우려가 있거나 주변경관을 저해하는 지역
③ 테마임도로 지정된 임도 : 지정 목적 달성을 위하여 임도부속물의 설치가 필요한 지역
④ 대형차량 통행이 필요한 간선임도 : 대경재 생산시기에 도달한 임지내 시설된 간선임도 중 대형차량(25톤 규모)의 통행이 곤란한 곡선반지름이 25m 이하의 곡선 구간

② 절토·성토면이 녹화되어 있지 않은 임도

   ㉮ 새심기·파종 등의 방법으로 녹화·피복, 필요한 경우에는 방부목격자틀·피아그린·코아넷트·론생·거적덮기·볏짚덮기 기타 현지여건에 알맞은 공법을 병행(단, 암석이 많아 녹화가 어렵거나 필요하지 않은 경우에는 이를 생략할 수 있음)

   ㉯ 안정각이 유지되어야 녹화가 가능한 경우에는 추가로 절토하거나 옹벽(콘크리트·방부목 옹벽 등)·석축, 방부목격자틀·목책 기타 구조물을 설치한 후 녹화·피복

   ㉰ 성토면에 암석 파편이 많아 파종이 어려운 구간의 경우에는 복토한 후 파종하거나 덩굴류 피복공법 등을 적용

③ 테마임도로 지정된 임도 : 현지여건과 안정성을 고려한 공법 적용

④ 대형차량 통행이 필요한 간선임도

   ㉮ 진·출입각도 90° 이상 135°는 135°, 135° 이상 180°는 180°의 최소 확대 너비를 적용

   ㉯ 현재의 곡선반지름이 진·출입 각도별 최소 곡선반지름보다 작은 경우 최소 곡선반지름 이상이 되도록 중심선을 조정한 후 해당 곡선반지름의 확대너비를 적용

   ㉰ 차량통행의 안전을 위하여 길어깨는 0.5~1m의 너비를 추가하여 시설

2) 사업실행

① 구조개량사업은 노선완결원칙으로 실행

② 구조물을 설치하거나 파종·녹화공종을 반영하고자 할 때에는 현지여건에 부합되도록 경제적이고 효과가 높은 공종으로 시공함.

③ 사업을 실행하기 전에 산림소유자에게 사업의 내용을 통지하여 민원이 발생되지 않도록 하여야 함.

CHAPTER 04 임도의 시공 및 관리

■■■■ 4. 임도의 시공 및 관리

1. 지반을 수직으로 깎아 내면 시일이 지남에 따라 흙이 무너져 차차 물매가 완만해지는데 이 각을 무엇이라 하는가?

① 영구각
② 안식각
③ 휴면각
④ 균형각

2. 임도시공에서 토사지역의 절토사면 기울기로 알맞은 것은?

① 1 : 0.5 ~ 2.0
② 1 : 0.6 ~ 1.8
③ 1 : 0.3 ~ 1.2
④ 1 : 0.8 ~ 1.5

3. 임도시공에서 성토 비탈면의 표준적인 물매는?

① 1.0 ~ 1.1
② 1.1 ~1.2
③ 1.2 ~ 2.0
④ 2.1 ~ 2.2

4. 임도를 시공할 때 흙쌓기를 하여야 하는데, 비탈 수직높이가 2.5m이고, 비탈밑의 수평거리가 5m일 때, 흙쌓기 비탈물매는 얼마인가?

① 1 : 3
② 1 : 2
③ 1 : 2.5
④ 1 : 5

5. 흙쌓기(盛土)작업의 규정에 배치되는 것은?

① 성토는 충분히 다진 후에 이를 반복하여 쌓아야 한다.
② 성토사면에 대한 안정성이 확보되도록 기울기를 설정한다.
③ 성토한 경사면의 기울기는 1 : 1.2~2.0의 범위로 한다.
④ 성토사면의 보호를 위하여 옹벽·석축 등의 구조물을 설치하는 경우, 길이는 5m 이내로 한다.

해 설

해설 1
안식각은 흙이 무너져 경사가 물매가 완만해지는데 영구히 안정을 유지하는 비탈면이 수평면과 이루는 각을 말한다.

해설 2
절토사면 기울기는 토사지역은 1 : 0.8 ~ 1.5 암석지의 경암은 1 : 0.3~0.8, 연암은 1 : 0.5 ~ 1.2이다.

해설 3
성토경사면의 기울기는 1 : 1.2~2.0의 범위 안에서 설정한다.

해설 4
비탈물매는 수직높이 1에 대한 수평거리로 2.5 : 5 → 1 : 2 비탈물매이다.

해설 5
성토사면의 길이는 5m 이내로 하며, 5m를 초과하는 경우에는 성토사면의 보호를 위하여 옹벽·석축 등의 구조물을 설치한다.

정답 1. ② 2. ④ 3. ③ 4. ②
5. ④

6. 임도시설기준에 따른 절토·성토 시의 규정에 맞지 않는 것은?

① 사토장·토취장은 임상이 양호한 지역에 설치한다.

② 임도노선이 급경사지 또는 화강암질풍화토 등의 연약지반을 통과하는 경우 옹벽·석축 등의 피해방지시설을 설치한다.

③ 급경사지 또는 도로변의 가시지역 및 민가 주변에서의 암석절취는 브레이커절취를 위주로 한다.

④ 성토대상지에 있는 입목은 사면다짐 등 노체형성에 장애가 되는 것이 명백한 경우 또는 흙에 많이 묻히게 되어 고사위험이 있는 경우를 제외하고는 그대로 존치하며, 표토 등은 제거·정리한다.

7. 옹벽·석축 등 구조물을 설치하여 노면을 형성할 때 피해방지를 위한 대책으로 옳지 않은 것은?

① 노면형성을 위하여 절토한 토석은 이를 전량 운반 처리하여야 한다.

② 절토작업을 한 후에 원지반에 구조물을 설치하여야 한다.

③ 절토·성토사면에서 용출수가 나오는 지역은 용출수의 처리를 위하여 배수시설을 설치하거나 절토·성토사면의 하단부에 토압을 견딜 수 있는 옹벽·석축 등의 구조물을 설치한다.

④ 절토사면 또는 절토사면의 경계 바깥쪽에 떼·돌 등을 이용한 배수로를 설치한다.

8. 비탈면의 안정성을 높이고 비탈을 흘러내리는 유수로 인한 침식의 진행을 방지하는 역할을 하며 비탈면 유지보수의 발판을 목적으로 설치하는 것은?

① 길어깨   ② 비탈면돌림수로

③ 소단   ④ 겉도랑

9. 흙쌓기 시의 다짐작업에 대하여 틀리게 설명한 것은?

① 다짐작업에 의한 흙의 빈틈을 줄이고, 침하가 너무 커지지 않게 하고 비탈면의 안정을 기한다.

② 시험 흙쌓기는 고속국도 등 특별한 경우에 한해서 필요하다.

③ 도로에서 다짐 정도는 흙의 종류에 따라 다르지만 최대건조밀도의 90~100%를 필요로 한다.

④ 현장 함수비는 최적함수비에 맞게 함수비를 조절하는 것이 좋다.

해설 **6**
사토장·토취장은 임상이 양호한 지역에는 설치하지 않는다.

해설 **7**
원지반에 미리 구조물을 설치한 후 절토작업을 하여야 한다.

해설 **8**
절토·성토한 경사면이 붕괴 또는 밀려 내려갈 우려가 있는 지역에는 사면길이 2~3m마다 폭 50~100cm로 단의 폭을 끊어서 소단을 설치한다.

해설 **9**
성토지반은 기초지반이 침하되지 않도록 충분히 다짐을 실시한다.

정답   6. ①   7. ②   8. ③   9. ②

10. 임도공사 시 발생하는 토적을 양단면적평균법에 의하여 구하면 몇 m³인가? (단, 양단의 단면적 $A_1=25m^2$, $A_2=35m^2$, 양단면 사이의 거리 18m)

① 540m³
② 440m³
③ 340m³
④ 240m³

해설 **10**
토적
$$= \left(\frac{A_1 + A_2}{2} \right) \times 양단면 \ 사이의 \ 거리$$
$$= \left(\frac{25 + 35}{2} \right) \times 18$$
$$= 540m^3$$

11. 임도에 노선측량을 하여 횡단면도를 제도할 때 측점 1의 횡단면적이 220m², 측점 2의 횡단면적이 400m², 측점사이의 거리가 20m 였다면 이 구간의 토량은?

① 7,200m³
② 6,200m³
③ 5,800m³
④ 3,600m³

해설 **11**
$$V(체적) = \frac{l}{2}(A_1 + A_2)$$
$$= \frac{20}{2}(220 + 400)$$
$$= 6,200m^3$$

12. 20m 간격의 중심말뚝에 대해 횡단측량을 실시한 결과, 횡단면도에 나타난 측점 1의 절토단면적은 4.0m², 성토단면적은 2.4m²이었고, 측점 2의 절토단면적은 2.4m², 성토단면적은 2.0m²이었다면 이 구간의 성토량은 얼마인가?

① 20m³
② 44m³
③ 64m³
④ 108m³

해설 **12**
$$V(체적) = \frac{l}{2}(A_1 + A_2)$$
절토량 $= \frac{20}{2}(4.0 + 2.4)$
$$= 64m^3, \ 성토량$$
$$= \frac{20}{2}(2.4 + 2.0)$$
$$= 44m^3$$

13. 산악지(화강암지대)의 토양(사질토)을 덤프트럭으로 운반하고자 한다. 덤프트럭 적재 용량이 5m³이라면 산악지의 본 땅에서 굴착할 토양은 대략 얼마가 되어야 하는가? (단, 사질토의 토양변화율은 1.25)

① 5.2m³
② 4.0m³
③ 3.2m³
④ 2.2m³

해설 **13**
1.25=흐트러진 상태의 토량(5.0)/자연 상태의 토량
∴ 자연상태의 토량=4.0m³

14. 임도의 비탈면을 안정시키고 붕괴의 위험을 완화시키기 위한 비탈면안정공법과 거리가 먼 것은?

① 옹벽
② 돌쌓기공법
③ 돌수로
④ 콘크리트블록쌓기공법

해설 **14**
돌수로는 석재로 건축한 배수시설로 특별히 큰 강도를 요구하거나 돌의 경관을 필요로 할 경우에 시공된다.

정답 10. ① 11. ② 12. ② 13. ②
14. ③

15. 임도 성토면의 녹화 및 안정공법으로 적당치 않는 것은?

① 콘크리트격자틀공법　　② 수벽공법
③ 목책공법　　④ 전석 메쌓기 공법

16. 돌쌓기 방법 중 뒷채움에 콘크리트를 사용하고 줄눈에 모르타르를 사용하며 물빼기 구멍을 설치하는 것은?

① 메쌓기　　② 찰쌓기
③ 막쌓기　　④ 켜쌓기

17. 돌쌓기를 할 때 찰쌓기 구조물의 경우 표준물매는 얼마로 하는가?

① 1 : 0.2　　② 1 : 0.3
③ 1 : 0.5　　④ 1 : 1

18. 돌쌓기 공법 중 돌을 마름모꼴로 대각선으로 쌓는 방법을 무엇이라고 하는가?

① 켜쌓기　　② 궤쌓기
③ 메쌓기　　④ 골쌓기

19. 메쌓기를 할 때 몇 m²당 배수구를 설치하는가?

① 1m²　　② 5m²
③ 10m²　　④ 설치가 불필요하다.

20. 돌쌓기 공사에 가장 일반적으로 많이 사용하는 돌은?

① 막돌(호박돌)　　② 견치돌
③ 판석　　④ 각석

해설 **15**

수벽공법은 주로 암석을 채굴하고 깎아낸 암반비탈이나 채석장 또는 절개지 비탈 등이 보이지 않도록 암반비탈의 앞쪽에 나무를 2~3열로 식재하는 공법이다.

해설 **16**

찰쌓기는 뒷채움에 콘크리트와 줄눈에 모르타르를 사용하여 메쌓기보다 높게 시공할 수 있다.

해설 **17**

메쌓기시 표준물매는 1 : 0.3을 기준으로 한다.

해설 **18**

골쌓기는 사방공작물의 돌쌓기에 이용되며 견치돌이나 막깬돌을 사용하여 마름모꼴 대각선으로 쌓는 방법이다.

해설 **19**

메쌓기 공법은 돌로만으로 쌓는 방법으로 배수가 원활하여 배수구를 설치할 필요가 없다.

해설 **20**

견치돌은 앞면의 길이를 기준으로 하여 뒷길이는 1.5배 이상, 접촉부의 너비는 1/5 이상, 뒷면을 1/3 정도의 크기로 한다.

정답　15. ②　16. ②　17. ①　18. ④
19. ④　20. ②

21. 돌쌓기벽의 가장 위에 실리는 돌은?

① 뒷채움돌   ② 갓돌
③ 지지돌   ④ 호박돌

22. 산림토목공사용 석재의 종류가 아닌 것은?

① 마름돌   ② 호박돌
③ 견치돌   ④ 대리석

23. T자형 옹벽과 L자형 옹벽에 대한 설명으로 틀린 것은?

① 두 옹벽은 모두 캔틸레버를 이용하여 재료를 절약한 것이다
② 두 옹벽 (retaining wall)은 모두 배후 수평판의 흙의 무게로 합력의 편심을 작게 한다.
③ 지반이 연약한 곳에서는 L자형을 택한다.
④ 두 옹벽은 모두 높이가 6 ~ 7m 까지는 경제적이다.

24. 임도개설 시 비탈면에는 어느 정도 시일이 지나면 자연히 식물이 번성하게 되나 그동안 침식과 붕괴가 진행될 수 있으므로 임도를 보호하고 환경 및 생태적인 측면을 고려하여 조속히 식생이 피복 될 수 있도록 비탈면 녹화공법을 도입한다. 다음 중 식물에 의한 녹화공법이 아닌 것은?

① 비탈면 선떼 붙이기 공법   ② 떼단쌓기 공법
③ 분사식파종공법   ④ 비탈면격자틀붙이기공법

25. 다음 중 비탈면바자얽기 흙막이 공법에 속하는 것은?

① 콘크리트의 목흙막이공작물   ② 목책공작물
③ 플라스틱 격자틀   ④ 비탈면통나무 격자틀

해 설

해설 **21**
갓돌은 돌쌓기벽에 가장 위에 실리는 돌로 석축의 보호와 외관상 매우 중요하며 큰 돌을 사용한다.

해설 **22**
대리석은 실내장재로 열에 약하고 산에 약해 외부공사용으로는 부적당하다.

해설 **23**
지반이 연약한 곳에서는 T자형을 택한다.

해설 **24**
비탈면격자틀붙이기공법은 비탈면에 콘크리트블록이나 플라스틱제 또는 금속제품 등 인공구조물을 사용하는 공법이다.

해설 **25**
비탈면바자얽기 흙막이공법에 속하는 것에는 목책공작물과 편책공작물이 있다.

정답   21. ②   22. ④   23. ③   24. ④
25. ②

26. 비탈면에 콘크리트블록이나 플라스틱제 또는 금속제품 등을 사용하여 격자상으로 조립하고, 그 골조에 의하여 비탈면을 눌러서 안정시키는 공법이 아닌 것은?

① 비탈힘줄박기공법
② 비탈격자틀붙이기공법
③ 프리캐스트틀공법
④ 비탈틀공법

27. 임도 성토면의 무너짐을 방지하기 위한 공사가 아닌 것은?

① 목책
② 아스콘
③ 산돌 쌓기
④ 콘크리트 옹벽

28. 비탈선떼붙이기공법에 대한 설명 중 잘못된 것은?

① 비탈면 다듬기 공사 후 등고선 방향으로 단끊기를 하고 그 앞면에 떼를 붙인다.
② 수평계단 1m당 떼의 사용매수에 따라 1급에서 9급으로 구분한다.
③ 시공목적은 비탈면을 안정 녹화하는 데 있다
④ 선떼붙이기 공작물은 대부분 단층으로 시공한다.

29. 줄떼다지기 공법에서 반떼를 삽입하는 경우 상하 수직높이의 간격은 얼마인가?

① 10 ~ 20cm
② 20 ~ 30cm
③ 30 ~ 40cm
④ 40 ~ 50cm

30. 산림분야의 사방공사에 쓰이는 보통떼의 규격은 얼마인가?

① 40cm×25cm×5cm
② 30cm×30cm×5cm
③ 33cm×20cm×5cm
④ 25cm×20cm×3cm

[해설] **26**
비탈격자틀붙이기공법은 프리캐스트틀 공법, 비탈틀공법이라고도 한다.

[해설] **27**
아스콘은 도로포장용 재료이다

[해설] **28**
선떼붙이기 공작물은 대부분 3~5단으로 연속 시공을 한다.

[해설] **29**
줄떼공은 주로 성토면에 사용하며 수직 높이 20~30cm 간격으로 반떼를 수평 으로 붙인다.

[해설] **30**
①은 대형 떼, ③은 소형 떼, ④는 식생 반의 규격이다.

정답 26. ① 27. ② 28. ④ 29. ② 30. ②

31. 임도시설기준에 따른 교량 및 암거의 규정에 맞지 않는 것은?

① 최고수위로부터 교량 밑까지의 높이가 특수한 경우를 제외하고는 1.5m 이상이 되도록 한다.

② 교량에는 반드시 종단기울기를 적용하여야 한다.

③ 교량에 불가피하게 복토해야 하는 경우에는 흙의 두께는 50cm 이상으로 하며, 그 복토하중에 대하여도 중량을 계산·설계한다.

④ 교량의 너비는 원칙적으로 임도의 너비와 같게 하되, 난간 또는 흙 덮개의 안쪽너비를 3m 이상으로 한다.

32. 교량 및 암거의 활하중의 기준은 사하중 위에서 실제로 움직이고 있는 얼마의 무게를 기준으로 하는가?

① DB-18하중 이상
② DB-18하중 이하
③ DB-13.5하중 이상
④ DB-13.5하중 이하

33. 다음 중 교량의 활하중에 속하는 것은?

① 교상의 시설 및 첨가물
② 바닥판의 무게
③ 바닥틀의 무게
④ 교통량에 의한 하중

34. 임도시설공사에 적용빈도가 가장 낮은 것은?

① 흙공사
② 사면처리공사
③ 배수공사
④ 노면포장공사

35. 노면과 인접된 사면의 물을 배수하기 위하여 임도의 종단방향에 따라 설치하는 배수시설을 무엇이라 하는가?

① 옆도랑
② 속도랑
③ 겉도랑
④ 횡단배수구

해   설

해설 **31**

교량은 특별한 장소를 제외하고는 종단기울기를 적용하지 않으며, 특별한 장소로서 입지조건에 의하여 불가피한 경우에는 종단기울기를 완만하게 설치할 수 있다.

해설 **32**

교량 및 암거의 활하중은 사하중에 실리는 차량·보행자 등에 의한 교통량에 의한 하중을 말하며, 그 무게산정은 사하중 위에서 실제로 움직여지고 있는 DB-18하중(총중량 32.45톤) 이상의 무게를 기준으로 한다.

해설 **33**

①, ②, ③은 사하중(死荷重)에 속한다.

해설 **34**

임도의 노면은 보통 토사도나 사리도, 쇄석도로 시공하며 특수한 지역의 경우 콘크리트 등으로 포장한다.

해설 **35**

가장 많이 사용되는 옆도랑은 사다리꼴 모양과 비슷한 흙수로이다.

정답 31. ② 32. ① 33. ④ 34. ④ 35. ①

36. 임도의 옆도랑 설치에 관한 사항으로 맞는 것은?

① 깊이는 30cm 내외로 하고, 암석이 있는 구간은 L형으로 설치 할 수 있다.
② 깊이는 50cm 내외로 하고, 능선부분과 절토사면의 길이가 길어지는 구간은 L형으로 설치할 수 있다.
③ 깊이는 30cm 내외로 하고, L형 상부지점에는 배수시설을 설치하지 않는다.
④ 깊이는 40cm 내외로 하고, 횡단배수구를 설치하여서는 안 된다.

37. 배수로에 관한 설명 중 옳지 않은 것은?

① 일반적으로 배수시설이 갖는 범위는 임도상부의 집수역으로부터의 표면수와 임도노면상의 표면수가 있다.
② 임도에서는 배수기능에 따라 옆도랑과 횡단배수구로 구분한다.
③ 유량을 계산할 때 물의 흐름을 직각으로 자른 단면을 유량이라고 한다.
④ 배수로에 유하하는 유량의 추정에는 일반적으로 집수면적과 최대강우강도를 기준으로 하는 시우량식이 많이 사용된다.

38. 배수로 작업에 대한 설명 중 옳지 않은 것은?

① 임도의 피해는 과도한 강우로 인한 물이 최대의 요인으로 임도의 수명을 단축시킨다.
② 배수시설에는 옆도랑(측구), 종단배수구, 횡단배수구, 비탈어깨, 돌림 배수로 등이 있다.
③ 흙수로로 된 배수로는 종단기울기가 10% 이상 되면 침식예방을 위한 대책을 강구한다.
④ 옆도랑의 유지관리를 기계화하는 데는 V형 옆도랑(측구)이 유리하다.

39. 옆도랑에 대한 설명으로 옳은 것은?

① 사다리꼴 옆도랑이 임도에서 가장 많이 사용되며 배수용량도 크다.
② 옆도랑의 종단기울기는 최소한 0.3%가 필요하다.
③ L자형 콘크리트블록옆도랑은 시공이 용이하고 시공비가 적게 든다.
④ U자형 콘크리트블록옆도랑은 특히 급준한 임도에 유리하며 길어깨를 겸할 수 있다.

해 설

해설 **36**
옆도랑의 깊이는 30cm 내외로 하고 암석이 집단적으로 분포되어있는 구간 및 능선부분과 절토사면의 길이가 길어지는 구간은 U자형으로 설치할 수 있으며, L자형 상부지점에는 배수시설을 설치한다.

해설 **37**
물의 흐름을 수류, 흐름의 속도를 유속, 물의 흐름을 직각으로 자른 단면을 유적, 단위시간내에 유적을 통과하는 물의 용량을 유량이라고 한다.

해설 **38**
종단기울기가 5% 이상 되면 침식이 발생하기 쉽다.

해설 **39**
바르게 고치면
②는 옆도랑의 종단기울기는 최소한 0.5% 이상
③은 U자형 콘크리트블록옆도랑에 대한 설명
④는 L자형 콘크리트블록옆도랑의 설명

40. 횡단배수구의 설치 시 검토사항이 아닌 것은?

① 강우 강도　　　　　　　② 종단기울기

③ 노폭　　　　　　　　　　④ 노상의 토질

41. 횡단배수구의 중점적인 설치장소가 아닌 것은?

① 유하방향의 종단물매 변이점

② 구조물의 앞이나 뒤

③ 외쪽물매 때문에 옆도랑물이 역류하는 곳

④ 속도랑으로서 적당한 곳

42. 임도의 배수로에 대한 설명 중 옳지 않은 것은?

① 횡단배수로는 옆도랑의 물을 횡단으로 배수시키는 시설물이다.

② 속도랑은 철근콘크리트관, 파형철판관 등 원통관이 주로 사용된다.

③ 겉도랑은 소형 통나무를 이용하여 만든다.

④ 속도랑의 경우 배수관 매설 깊이는 배수관의 지름보다 작아야 한다.

43. 임도시설기준에서 정한 배수구 설치에 대하여 타당하지 않은 것은?

① 배수구는 곡선 또는 직선구간마다 설치한다.

② 배수구는 유수량을 감안하여 설치하며, 유출구로부터 원지반까지 도수로·물받이를 설치한다.

③ 종단기울기가 급하고 길이가 긴 구간에는 노면으로 흐르는 유수를 차단할 수 있도록 임도를 횡단하는 노출형 횡단수로를 많이 설치한다.

④ 배수구가 막힐 우려가 있는 지형에는 배수구의 유입구에 유입방지시설을 설치한다.

해　　설

[해설] **40**
횡단배수구는 옆도랑의 물과 계곡의 물을 횡단으로 배수시키는 시설물로 유역의 강우강도, 임도의 종단물매, 노상의 토질, 옆도랑의 종류 등을 검토한다.

[해설] **41**
흙이 부족하여 속도랑으로서는 부적당한 곳에 횡단배수구를 설치한다.

[해설] **42**
배수관의 매설 깊이는 배수관의 지름 이상이 되도록 하고 기울기는 3~7%로 한다.

[해설] **43**
배수구는 수리계산과 현지여건을 감안하되, 기본적으로 100m 내외의 간격으로 설치하며 그 지름은 1,000mm 이상으로 한다.

정답　40. ③　41. ④　42. ④　43. ①

44. 산림관계법의 규정에서 배수구 등의 설계 시 배수구의 통수단면은 최대홍수유출량의 몇 배 이상으로 설계 및 설치하여야 하는가?

① 1.2 배
② 1.5 배
③ 2 배
④ 2.5 배

45. 세월시설에 대한 설명으로 옳지 않은 것은?

① 상류로부터 자갈 등의 유동물질이 많고 노면이 암석으로 되어있는 곳에 적합하다.
② 콘크리트, 암석, 목재 등을 이용한 세월교가 있다.
③ 암거(속도랑)를 겸한 세월교는 강도 및 하중에 강하고 평소 물의 양이 적은 계곡에서 홍수 시 대량의 물이 흐르는 지역이 적합하다.
④ 교통량이 많은 곳에 적합하다.

46. 평시에는 유량이 적지만 강우 시에 유량이 급격히 증가하는 지역 등과 같은 곳에 설치하는 배수시설로 가장 적당한 것은?

① 횡단배수관
② 속도랑
③ 빗물받이
④ 세월시설

47. 산복 비탈면에서와 호우 시의 지하수 분출로 인한 비탈면의 붕괴가 우려되는 지대에 채용되는 배수로는?

① 비탈돌림수로
② 속도랑배수구
③ 콘크리트수로
④ 떼수로

48. 비탈면배수시설에 대한 설명이 아닌 것은?

① 다른 공작물이 파괴되지 않도록 일정한 곳으로 물을 모아 배수한다.
② 속도랑에 의하여 모인 물을 지표로 유도하고 안전하게 배수한다.
③ 미끄럼 붕괴에 강하고 항구적이다.
④ 상부에서 하부까지 일정한 물매를 갖도록 한다.

해설 **44**
배수구의 통수단면은 100년빈도 확률강우량과 홍수도달시간을 이용한 합리식으로 계산된 최대홍수유출량의 1.2배 이상으로 설계·설치한다.

해설 **45**
교통량이 적은 곳에 적합하며 홍수 때나 빙결 시 이용하기 어렵고 차체가 낮은 차량의 통행시 지장을 받는다.

해설 **46**
세월시설은 상류로부터 자갈 등의 유동물질이 많고 노면이 암석으로 된 곳에 적합하다.

해설 **47**
속도랑 배수구는 비탈면의 호우 시 지하수 분출로 인한 비탈면의 붕괴가 우려되는 지대에 시공한다.

해설 **48**
비탈면배수시설은 항구적이지는 못하다.

정답 44. ① 45. ④ 46. ④ 47. ②
48. ③

49. 개인소유의 자연휴양림 내에 있는 임도는 산림관계법상 원칙적으로 누가 관리할 책임이 있는가?

① 자연휴양림 허가관청인 산림청   ② 산림소유자
③ 관할 시장·군수   ④ 시공한 산림조합

50. 다음 중 임도의 성토사면에 있어서 붕괴가 일어날 가능성이 적은 경우는 어느 것인가?

① 공극수압이 감소될 때   ② 잔존 그루터기가 사면상에 있을 때
③ 토양의 점착력이 증가될 때   ④ 동결 및 융해가 반복될 때

51. 원형활동면에 의한 도로사면의 파괴를 구분한 것 중 옳지 않은 것은?

① 사면선단파괴   ② 사면내파괴
③ 사면압축파괴   ④ 사면저부파괴

52. 임도를 안전하게 유지하기 위한 작업이 아닌 것은?

① 옆도랑에 쌓인 토사를 신속히 제거한다.
② 노면보다 낮은 길어깨는 높인다.
③ 노면의 바퀴자국이나 골은 수시로 롤러로 답압한다.
④ 강우 직후나 해빙기에는 통행을 규제한다.

53. 임도 유지보수계획을 세울 때의 순서를 바르게 나열한 것은?

㉮ 공종별 장기계획 수립
㉯ 예산, 임도현황, 기상자료 등의 기초자료 검토
㉰ 유지보수 계획의 수립
㉱ 단기계획(월간, 주간계획) 작성

① ㉯ - ㉰ - ㉮ - ㉱   ② ㉱ - ㉯ - ㉰ - ㉮
③ ㉱ - ㉯ - ㉰ - ㉮   ④ ㉯ - ㉮ - ㉱ - ㉰

[해설] 49
임도는 시·도지사 또는 지방산림청장이 유지·관리하며, 필요한 경우에는 산림소유자로 하여금 유지·관리하게 할 수 있다.

[해설] 50
비탈면의 공극수압이 증가될 때 사면의 붕괴가 일어난다.

[해설] 51
원형활동면에 의한 도로사면의 파괴는 사면선단파괴, 사면내파괴, 사면저부파괴 등으로 구분할 수 있다.

[해설] 52
길어깨는 노면보다 낮게 유지한다.

[해설] 53
임도의 유지보수계획은 임도시설물의 점검결과에 따라 작성·실행한다.

정답 49. ② 50. ① 51. ③ 52. ② 53. ①

54. 임도의 유지보수에 대한 다음 설명 중 바르지 못한 것은?

① 경사지에 건설하므로 항상 재해발생에 대한 위험을 안고 있다.
② 결함이 있을 때에는 즉시 보수공사를 하여야 한다.
③ 임도의 일부를 장기간 새로 구조 개량하는 대규모 작업은 유지보수라 할 수 없다.
④ 임도뿐만 아니라 작업로에 대해서도 수시로 점검을 하여야 한다.

55. 임도 유지 관리상 굴삭기를 투입해야 하는 경우가 아닌 것은?

① 인공시설물 뒷면 채우기
② 집수정 정리
③ 절토사면에 암석 박기
④ 임도로 기운 나무 제거

56. 다음 중 임도의 피해 원인으로 보기 어려운 것은?

① 호우로 인한 토사유실
② 배수시설의 불안정
③ 폭우와 눈에 의한 물의 영향
④ 임도의 안내판 설치

57. 임도 유지관리의 목적으로 가장 거리가 먼 것은?

① 노반의 강도 및 지지력을 증대시킨다.
② 겨울철의 동결 피해를 막고 건습 등의 기상작용에 대한 저항력을 증가시킨다.
③ 노반의 투수성을 감소시킨다.
④ 함수비의 변화에 의한 강도변화를 증가시킨다.

58. 다음 중 임도의 평가에 대해 잘못 설명한 것은?

① 중앙평가는 산림청에서 지방산림청을 대상으로 평가한다.
② 지방평가는 지방산림청에서 국유림관리소를 대상으로 평가한다.
③ 평가는 2년에 1회 실시한다.
④ 평가대상지는 전년도에 설치(시행)한 신설임도 및 구조개량사업지를 각각 표본 추출한다.

해설 **54**
보기 ③의 임도 일부를 장기간 새로 구조 개량하는 대규모 작업도 유지보수에 해당한다.

해설 **55**
임도로 기운 나무는 불도저로 제거한다.

해설 **56**
임도의 피해 원인으로는 시공기술 불량으로 인한 원인과 시공요인이외의 원인이 있다.

해설 **57**
임도의 유지관리는 보통 노반 또는 기층에 시행한다.

해설 **58**
임도의 평가는 매년 1회 실시한다.

정답 54. ③ 55. ④ 56. ④ 57. ④
58. ③

59. 집중호우 시 피해발생의 위험이 있는 임도로 보기 어려운 지역은?

① 급경사지를 성토한 지역

② 배수관의 크기 확대 또는 증설이 필요한 지역

③ 절토·성토면의 안정각 유지 등 보강이 필요한 지역

④ 인근 도로에서 보이는 지역

60. 임도구조개량사업에서 성토면의 무너짐을 방지하기 위한 공사가 필요한 구간에 설치하는 구간에 설치하는 구조물로 적당하지 않은 것은?

① 옹벽   ② 낙차공

③ 방부목격자틀   ④ 목책

61. 임도구조개량사업의 실행에 대해 잘못 설명한 것은?

① 임도의 구조개량이란 이미 설치된 임도 중 피해발생·경관저해가 우려되는 구간에 필요한 공종을 보강하여 구조를 개량하는 것이다.

② 구조개량사업은 노선의 일부에만 실행한다.

③ 구조물을 설치하거나 파종·녹화공종을 반영하고자 할 때에는 현지여건에 부합되도록 경제적이고 효과가 높은 공종으로 시공한다.

④ 사업을 실행하기 전에 산림소유자에게 사업의 내용을 통지하여 민원이 발생되지 않도록 하여야 한다.

해	설

해설 59

보기 ④의 인근 도로에서 보이는 지역의 임도는 주변경관을 저해시 녹화 및 피복이 필요하다.

해설 60

낙차공은 침식우려가 있는 옆도랑에 설치하는 유수완화시설이다.

해설 61

구조개량사업은 노선완결원칙으로 실행한다.

정답 59. ④ 60. ② 61. ②

05 임업기계

학습주안점

• 임업기계화의 목적과 효과를 이해해야 한다.
• 작업도구의 구비조건과 양묘 및 조림, 육림용, 벌목용 소도구의 구분할 수 있어야 한다.
• 벌목용 기계 중 체인톱은 부분별 기능과 안전장치관련내용, 체인톱의 점검사항에 대해 알고 있어야 한다.
• 임목집재 방법에 따른 종류와 가선집재시 와이어로프의 구조와 명칭 교체기준을 암기해야 한다.
• 다공정 임업기계의 각 기능에 대해 구분하고 있어야 한다.
• 산림토목용 기계 중 불도저는 유형별 특징과 용도를 세부적으로 알고 있어야 하며, 그 밖의 기계는 기능(굴착, 적재, 정지, 전압 등)과 적용환경을 알고 있어야 한다.

핵심 PLUS

1 임업기계화 일반

1. 목적과 효과

1) 목적 ☆☆☆

① 노동생산성의 향상

㉮ 노동생산성은 생산량과 투입노동량의 비율로 정의

㉯ 농촌노동력 감소와 고령화 등 산림작업 가용인력 확보난에 대한 대처 방안

② 생산비용의 절감 : 산림 경영비에서 가장 큰 비율인 인건비를 최소화함으로써 경영수익성을 극대화 또는 손실을 최소화

③ 중노동으로부터의 해방 : 육체노동을 감소시켜 노동조건을 질적으로 개선함으로서 작업원의 복지향상을 도모

④ 계획생산의 실시

⑤ 생산속도가 증가되어 상품가치가 향상

2) 임업기계화의 효과

① 작업능률의 향상 : 기계톱은 인력벌채에 비해 9~12배, 트랙터부착형 윈치나 가선계 집재 기계는 인력집재에 비해 작업능률이 3~5배 향상

② 작업시간이 단축되어 작업원의 노동 부담이 경감됨.

■ 임업기계의 개념 ☆

① 산림의 기능을 최대한 발휘할 수 있도록 경영수단을 제공하는 데 사용되는 기계류의 총칭

② 광의적 의미 : 산림의 조성 관리 및 생산물의 수확 등 산림경영활동에 활용되는 모든 장비(임업전용장비 및 임업분야에 활용되는 일반 토목 장비, 농업용 장비 포함)

③ 협의적 의미 : 임업용으로 활용하기 위하여 제작된 체인톱을 비롯하여 집재 및 운재용 기계 등 임업전용 장비

④ 기계화지수

• 임업기계화 발전수준을 비교할 수 있는 것으로 전체 작업비 중 기계비용의 비율을 나타냄.

• Skogarbeteng, Bright의 기계화지수법, 단위생산당 기계비용법, 단위면적당 에너지 투입량에 의한 방법. 노동생산성에 의한 비교법 등으로 기계화지수를 구할 수 있음.

2. 기계화벌목의 특징과 제약인자

1) 기계화벌목의 특징

① 벌목, 조재, 집재 등의 작업능률이 높고 생산량이 증대

② 인력작업에 비해 안전하고 원목의 손상이 적으며 인력을 줄일 수 있어 경제적

③ 입목의 크기에 제한을 받으며, 지형이 험준한 지역에서는 작업이 곤란함.

2) 기계화 작업의 제약인자

① 경영규모의 의존도가 높음 : 고가장비 투입에 의한 연간 일정량 이상의 작업량 확보 필요

② 작업성과가 기계 운전원의 기능에 좌우

③ 노동재해 및 작업안전 대책 강화 필요

④ 지리적인 불리성

⑤ 자연환경과 임지훼손 문제

■ 임업기계의 선택
지형, 임도노망시설 현황, 벌채종류,
경영규모 등에 따라 선택

3. 임업기계의 선택

1) 지형분류와 작업방식

① 경사도 50%를 기준하여 트랙터 지형과 가선 지형으로 구분하고 투입가능 장비가 결정됨.

유형	경사		구분
	퍼센트(%)	도(°)	
1	0~10	0~6	평지
2	10~20	6~11	양호
3	20~33	11~18	보통
4	33~50	18~27	급함.
5	50 초과	27 초과	매우 급함.

② 임지경사, 기복량, 곡밀도 이 3가지 지형요소로부터 지형지수를 알 수 있음.

㉮ 지형지수 = {3×경사+기복량(0.1+0.01×곡밀도)}/4

㉯ 곡밀도(V) : 대상지역내의 전체 계곡수(n)을 대상 총면적 A로 나눔(V=n/A)

지형구분	Ⅰ완	Ⅱ중	Ⅲ급	Ⅳ급준
지형지수	0~19	20~39	40~69	70 이상
집운재방식	트럭	트랙터	중거리가선	장거리가선

2) 기계 특성별 작업로망 배치

① 작업로의 종류

기계로	4륜구동 트럭과 같은 운재작업용 차량은 주행할 수 없으나 벌목수확용 기계장비가 운행할 수 있는 반영구적인 길
집재로	집재로상에서 트랙터부착 윈치 등을 이용하여 집재작업을 실시하는 임시적인 작업로
가선집재로	가공본선을 이용하는 가선집재장비를 가지고 생산목을 임도나 다른 작업로까지 집재하는 노선

② 작업로망 배치

㉮ 작업로망 배치형태의 이용성 : 수지형 〉 간선수지형 〉 간선어골형 〉 방사복합형 〉 단선형 〉 방사형의 순으로 높음.

㉯ 경사도에 따른 이용 가능한 배치형태 : 중경사지에서는 수지형과 방사복합형, 급경사지에서는 간선수지형과 간선어골형이 바람직한 형태가 된다.

4. 기계사용료 계산 ☆

1) 고정비

① 감가상각비 : 사용비용 중 가장 큰 비용을 차지함.

② 감가상각의 4가지 기본요소 : 취득원가 또는 기초가치, 잔존가치, 추정내용연수, 감가상각방법

③ 투자에 대한 이자

④ 세금, 보험료, 수리비 등

2) 변동비

① 연료비와 윤활유비 : 연료소비율은 시간당, 출력당 소비된 연료의 양으로 나타내며, 윤활유는 연료소비의 10~15%로 계산함.

② 인건비 : 변동비 중 가장 큰 비중을 차지함.

③ 자재비 등

3) 임업기계의 감가상각방법 ☆☆

임업경영학 〈07. 임업경영계산〉 3. 감가상각부분의 내용을 참고해주세요

핵심 PLUS

■ 작업로망 배치
① 작업로는 임도에 준하는 기능을 갖기 때문에 배치형태가 중요
② 일정한 면적의 임지에서 원활한 작업을 수행하기 위한 차량의 이동성과 작업흐름의 연계성 등이 고려된 체계적인 작업로의 배치가 요구됨.

■ 기계사용료 계산
① 임업기계를 사용하는 경우 손익분기점과 감가상각방법 및 임업기계의 연료소비량 및 소모기재의 종류와 수량을 알 필요가 있음.
② 고정비 : 연간 사용시간에 관계없이 일정하게 발생하는 비용
③ 변동비 : 기계의 이용시간의 증감에 따라 비례적으로 증감하는 비용

■ 임업기계의 감가상각방법
① 정액법(직선법)
② 정률법
③ 연수합계법
④ 작업시간비례법
⑤ 생산량비례법

CHAPTER 05 임업기계

■ 작업도구의 구비조건 ☆☆
① 도구는 손의 연장이며 적은 힘으로 보다 많은 작업효과를 가져다 줄 수 있는 구조를 갖추어야함.
② 도구의 형태와 크기는 작업자 신체에 적합해야 함.
③ 도구의 날 부분은 작업 목적을 효과적으로 충족시킬 수 있도록 단단하고 날카로운 것이어야 함.
④ 도구의 손잡이는 사람의 손에 자연스럽게 꼭 맞아야 함.
⑤ 작업자의 힘을 최대한 도구 날 부분에 전달할 수 있어야 함.
⑥ 도구 날과 자루는 작업시 발생하는 충격을 작업자에게 최소한으로 줄일 수 있는 형태와 재료로 만들어져야 함.
⑦ 자루의 재료는 가볍고 녹슬지 않으며 열전도율이 낮고, 탄력이 있으며 견고해야 함.

■ 양묘사업용 소도구
이식판, 이식승, 묘목운반상자, 식혈봉, 호미, 삽, 쇠스랑 등

■ 조림사업용 소도구
재래식 삽, 재래식 괭이, 각식재용 양날괭이, 사식재 괭이, 아이디얼 식혈삽, 손도끼, 묘목 운반용 비닐 주머니

2 산림작업도구

1. 양묘사업용 소도구

1) 이식판
소묘 이식시 사용되며 열과 간격을 맞출 때 적합한 도구

2) 이식승
이식판과 같은 용도로 사용되며 묘상이 긴 경우에 적합

3) 묘목운반상자
묘목운반에 사용되는 도구

4) 식혈봉
유묘 및 소묘 이식용으로 사용

5) 기타
호미, 삽, 쇠스랑 등

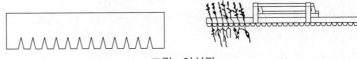

그림. 이식판

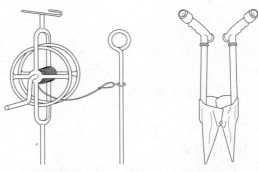

그림. 이식승

2. 조림사업용 소도구

1) 재래식 삽, 재래식 괭이
산림작업에 있어서 식재 · 사방분야에서 많이 사용

2) 각식재용 양날괭이

조림작업시 한쪽은 땅을 가르는 데 사용되고, 다른 쪽은 땅을 벌리는데 사용

3) 사식재 괭이

대묘보다 소묘의 사식에 적합, 평지나 경사지 등에 사용이 가능, 괭이날의 자루에 대한 각도는 60~70°

4) 아이디얼 식혈삽

우리나라에는 사용되지 않으나 대묘식재와 천연치수 이식에 적합

5) 손도끼

뿌리의 단근 작업에 사용

6) 묘목 운반용 비닐 주머니

운반용 주머니로 건포 및 비닐주머니가 있음.

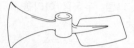

그림. 양날괭이(네모형) 　　그림. 사식재 괭이　　　　그림. 아이디얼 식혈삽

3. 숲가꾸기(육림) 작업용 소도구

1) 재래식 낫

풀베기 작업 도구로 적합

2) 스위스 보육낫

손잡이 끝에 손이 미끄러지지 않도록 받침쇠가 있어 침ㆍ활엽수 유령림 숲가꾸기 작업에 적합

3) 소형 전정가위

신초부와 쌍가지 제거 등 직경 1.5cm 내외의 가지를 자를 때 사용

4) 무육용 이리톱

무육용 날과 가지치기용 날이 함께 있어 가지치기와 직경 6~15cm 내외의 유령림 무육작업에 적합하며, 손잡이가 구부러져 있음.

CHAPTER 05 임업기계

■ 숲가꾸기(육림)작업용 소도구
재래식 낫, 스쉬스 보육낫, 무육용 이리톱, 가치기기 톱(소형 손톱, 고지절단용 톱), 재래식 톱

5) 가지치기 톱

① 소형 손톱 : 덩굴식물의 제거와 직경 2~5cm 정도 이하의 가지치기에 적합

② 고지절단용 톱 : 수간의 높이가 4~5m 정도로 높은 곳의 가지치기, 일반형, 침·활엽수 겸용형, 활엽수형, 다목적형 등이 있으며 이 톱은 자루의 길이를 조절할 수 있어야 하며, 가볍고 단단하여 절단면을 깨끗이 작업할 수 있는 날을 갖추어야 함.

6) 재래식 톱

소형 체인톱에 밀려 벌목작업에는 거의 사용되지 않고 유령림 무육작업에 주로 사용됨.

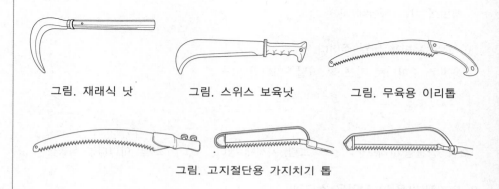

그림. 재래식 낫   그림. 스위스 보육낫   그림. 무육용 이리톱

그림. 고지절단용 가지치기 톱

■ 벌목작업용 소도구
① 작업 목적에 따라 벌목용, 가지치기용, 각목다듬기용, 장작패기용 및 소형 손도끼로 구분한다.
② 쐐기 : 벌도 방향의 결정, 안전작업이 목적
③ 원목방향 전환용 지렛대, 원목방향 전환용 갈고리
④ 박피용 도구
⑤ 사피 : 통나무용 끌개
⑥ 측척 : 벌채목을 규격대로 자름.

4. 벌목작업용 소도구

1) 도끼

① 벌목용 도끼 : 무게 440~1,400g, 날의 각도 9~12°

② 가지치기용 도끼 : 무게 850~1,250g, 날의 각도 8~10°

③ 각목다듬기용 도끼 : 무게 2~3kg

④ 단단한 나무(활엽수) 장작패기용 도끼 : 무게 2.5~3kg, 날의 각도 30~35°

⑤ 약한 나무(침엽수) 장작패기용 도끼 : 무게 2~2.5kg, 날의 각도 15°

⑥ 손도끼 : 무게 800g

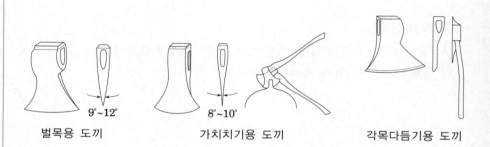

벌목용 도끼   가지치기용 도끼   각목다듬기용 도끼

2) 쐐기 ☆

① 용도에 따라 벌목용 쐐기, 나무쪼개기용 쐐기, 절단용 쐐기 등으로 구분
② 쐐기 재료에 따라서는 목재쐐기, 철제쐐기, 알루미늄쐐기, 플라스틱쐐기 등으로 구분

핵 심 PLUS

■ 쐐기
주로 벌도 방향의 결정과 안전작업을 위하여 사용

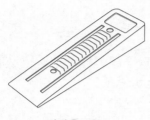
절단용 쐐기

벌목용쐐기

3) 원목방향 전환용 지렛대

벌목시 나무가 걸려 있을 때 밀어 넘기거나 또는 벌목된 나무의 가지를 자를 때 벌도목을 반대방향으로 전환시킬 경우에 사용

4) 원목방향 전환용 갈고리

① 벌도목의 방향전환을 갈고리와 전달해 놓은 원목을 운반하는 데 사용
② 방향용 갈고리, 운반용 갈고리, 집게 등이 있음.

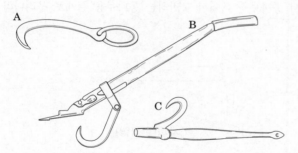
전환용 지렛대(A : 걸어당김고리, B·C : 지렛대)

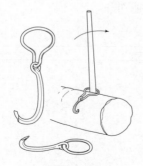
방향갈고리

CHAPTER 05 임업기계

5) 박피용 도구

① 벌도된 나무의 껍질을 제거하는 데 사용

② 수피의 두께나 특성에 적합한 것을 사용하며 소형 박피도구, 재래식 박피도구,
외국형 박피도구 등

박피도구

재래식 박피도구

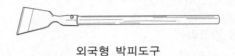

외국형 박피도구

6) 사피

산악지대에서 통나무를 찍어서 운반하는 통나무용 끌개로 우리나라 작업자의 체형
에 적합함.

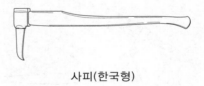

사피(한국형)

7) 측척

벌채목을 규격대로 자를 때 사용

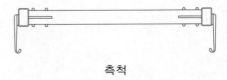

측척

3 임업기계

1. 양묘용 기계

① 양묘장은 일반적으로 평지이기에 농업에서 사용되는 기계가 주로 사용

② 소규모 포지에서는 2륜 경운기, 대규모 포지에서는 승용형 4륜 트랙터가 사용

③ 부착 작업기로는 3연쟁기, 로우터틸러, 퇴비산포기, 조상기, 이식기, 중경제초기, 방제기, 단근굴취기, 측근절단기, 토양소독기 등 다양한 기종이 활용됨.

2. 조림 및 숲가꾸기용 기계

1) 예불기 ☆☆

① 1950년대 후반 일본 등지에서 주로 조림지 정리작업 및 풀베기용으로 개발·보급됨.

② 종류

㉮ 휴대방식(장착방식)별 분류 : 어깨걸이식(a), 손잡이식(b), 등짐식(c)

㉯ 엔진 종류에 의한 분류 : 엔진식, 전동식

㉰ 예불기 날의 종류에 의한 구분 : 회전날식, 직선왕복날실, 왕복요동식, 나일론 코드식

③ 구조 : 엔진부, 동력전달부(클러치, 드라이브 샤프트, 아우터 파이프, 핸들), 예불날(머리)부

(a)   (b)   (c)

예불기 종류

2) 식혈기

① 높이 30cm 전후의 묘목을 조림지에 식재할 목적으로 직경 30cm, 깊이 30cm의 식재용 구덩이를 파는 기계

② 종류 : 가솔린 엔진의 휴대용, 경운기 장착용, 트랙터 부착용

3) 육림용 트랙터

육림작업에 사용되는 장비로 차륜형과 궤도형이 있음.

■ 조림 및 숲가꾸기용 기계
① 예불기 : 조림지 정리작업 및 풀베기용
② 식혈기 : 높이 30cm 전후의 묘목 식재
③ 육림용 트랙터
④ 레이크 도저 : 벌채지 지조정리, 경운작업, 벌근처리
⑤ 근주 파쇄기 : 지하부 벌근장비
⑥ 로터리 커터, 플레일 모우어 : 관목, 조릿대, 잡초 등을 용이하게 제거
⑦ 어스오거 : 식혈장비
⑧ 입목식재기
⑨ 지타기 : 가지치기

4) 레이크 도져

벌채지의 지조정리, 식재를 고려한 얕은 경운작업, 소경목 벌근처리 등의 작업이 가능

5) 근주 파쇄기

트레일러식과 트랙터 부착 마운트식으로 지하부의 벌근을 제거

6) 로터리 커터, 플레일 모우어

트랙터에 부착하여 관목, 조릿대, 잡초 등을 용이하게 제거하는 장비

7) 어스오거

조림작업을 위한 식혈 장비

8) 입목식재기

조림예정지 정리 작업, 장비 뒤에 사람이 앉아 있어 식재를 동시에 할 수 있는 장비

9) 지타기

가지치기를 할 수 있는 장비, 자동 지타기와 등짐식 지타기가 있음.

3. 벌목용 기계

1) 체인톱(기계톱, chain saw) ☆☆☆

① 구조

<table>
<tr><td>원동기부분</td><td>• 엔진의 본체(실린더, 실린더헤드, 피스톤, 피스톤핀, 연접봉, 크랭크축)
• 크랭크케이스, 머플러, 기화기(카브레타), 연료탱크, 냉각용 팬을 겸한 플라이휠, 마그네트로부터 점화되는 점화장치, 시동장치 외에 쏘체인에 체인오일을 급유하기 위한 급유장치, 오일탱크, 목재의 절단 시에 이용하는 스파이크, 체인톱을 움켜쥐고 조작 · 휴대 보행을 위한 핸들 등으로 구성</td></tr>
<tr><td>동력전달부</td><td>• 엔진의 동력을 톱체인(쏘체인)에 전달하는 부분
• 다이렉트 드라이브형은 원심클러치와 스프라킷으로 구성
• 기어 드라이브형에서는 원심클러치와 감속장치 및 스프라킷으로 구성</td></tr>
<tr><td>톱날부</td><td>• 톱날부는 목재를 절단하는 부분
• 톱체인 장력조절장치, 체인커버 등으로 구성</td></tr>
</table>

전동체인톱

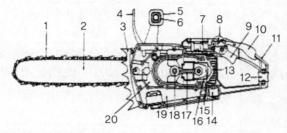

1. 쏘체인 2.안내판 3. 스파이크 4.핸드가드(앞손보호판) 5.핸들 6,7,12,14.방진고무
8.스위치 9.스로틀레버 10.안전스로틀레버 11.핸들(뒷조종간) 13.실린더 15.피스톤
16.피스톤링 17.커넥팅로드 18.크랭크축 19.연료탱크 20.오일탱크

② 부분별 기능

톱체인(체인톱날)	체인에 절삭용 톱날을 부착, 나무를 절삭하는 체인
안내판(가이드바)	체인톱날의 지탱 및 체인이 돌아가는 레일의 역할 • 평균사용시간 : 450분, 길이 : 400~500mm • 안내판 코 : 가장 마멸이 심한 부분으로 체인이 느슨해질 경우 윗부분에 요철이 생김 • 안내판의 뒤끝 : 안내판을 몸체에 고정하는 고정나사와 톱체인의 장력 조절하는 장력조정나사를 끼울 수 있는 구멍이 있음.
안내판 덮개	원심분리형 클러치, 스프로킷, 오일유출구 등을 보호
스프로킷	• 체인을 걸어 톱날을 구동하는 톱니바퀴로 크랭크축에 연결되어 톱체인을 회전 • 다이렉트드라이브 : 원심분리형 클러치로부터 동력을 받아 스프로킷이 톱체인을 구동 • 동력전달장치
스로틀레버	기화기의 공기차단판과 연결되어 엔진의 회전속도 조절
점화플러그	• 실린더 내의 연소실에 압축된 혼합가스를 점화시키는 장치 • 중심전극과 접지전극 사이의 간격 : 0.4~0.5mm
에어필터	기관에 흡입되는 공기 중의 먼지나 톱밥 등 오물 제거

CHAPTER 05 임업기계

■ 체인톱의 동력 전달순서
크랭크축 → 원심분리형클러치 → (회전속도 증가, 원심력. 마찰력) → 스프로킷 → 체인회전

핵심 PLUS

■ 체인톱 안전장치 ☆
전방 손보호판, 후방 손보호판, 체인브레이크, 체인잡이 볼트, 지레발톱, 스로틀레버 차단판, 진동방지고무 등

③ 안전장치

앞손 · 뒷손 보호판(핸드가드)	뒷손보호판은 체인이 끊겨졌을 때 또는 나뭇가지 등으로부터 오른손을 보호. 앞손보호판은 체인브레이크와 연결
스로틀레버 차단판	톱을 작동할 때 장애물에 의해 액셀레버가 작동되지 않도록 차단하는 장치
손잡이	체인톱으로부터 발생하는 진동을 완화시키기 위해 고무 등이 부착
체인브레이크	체인톱이 튀거나 충격을 받았을 때 브레이크밴드가 스프로킷을 잡아 회전하는 체인을 강제로 급정지함.
완충스파이크 (지레발톱)	벌목할 나무에 스파이크를 박아 톱을 안정시키는 톱니 모양의 돌기로 정확한 작업을 할 수 있도록 체인톱을 지지하고 튕김을 방지
체인덮개	체인톱을 운반할 때 톱날에 의한 작업자의 상해를 방지하고 톱날을 보호
체인잡이볼트	체인이 끊어지거나 튀는 것을 막아주는 고리
진동방지장치	체인톱의 몸통과 작업기와의 연결부위 등에 있는 진동 방지 고무 등
소음기	체인톱의 엔진에서 발생하는 소음 피해 방지

■ 엔진에 출력에 따른 분류
① 소형 체인톱 : 엔진출력 2.2Kw, 무게 6kg
② 중형 체인톱 : 엔진출력 3.3Kw, 무게 9kg
③ 대형 체인톱 : 엔진출력 4.0Kw, 무게 12kg

2) 톱체인의 규격
① 톱체인의 규격은 피치(pitch)로 표시
② 피치는 서로 접하여 있는 3개 리벳 간격의 1/2 길이를 말하며, 단위는 보통 인치(inch)를 사용
③ 톱체인의 종류별로 창날각, 가슴각, 지붕각을 일정하게 하여 휘어서 절단되지 않도록 하고 보통 줄 직경의 1/10 정도를 톱날 위로 나오게 함.
④ 대패형은 수평으로, 반끌형과 끌형은 수평에서 위로 10° 정도 상향으로 줄질을 함.

3) 체인톱의 수명
① 엔진의 가동시간을 뜻하며 약 1,500시간 정도
② 엔진은 1분에 약 6,000~9,000회까지 고속회전하고 톱체인도 초당 약 15m의 속도로 안내판 주위를 회전함.

■ 체인톱의 점검 ☆

일일 정비	휘발유와 오일의 혼합, 에어필터 청소, 안내판 손질
주간 정비	안내판, 체인톱날, 점화부분, 체인톱 본체
분기별 정비	연료통과 연료필터 청소, 윤활유 통과 거름망 청소, 시동줄과 시동스프링 점검, 냉각장치, 전자점화장치, 원심분리형 클러치, 기화기

4) 체인톱의 구비조건
① 중량이 가볍고 소형이며 취급방법이 간편할 것
② 견고하고 가동률이 높으며 절삭능력이 좋을 것
③ 소음과 진동이 적고 내구성이 높을 것
④ 벌근(伐根, 그루터기)의 높이를 되도록 낮게 절단할 수 있을 것
⑤ 연료소비, 수리유지비 등 경비가 적게 소요될 것
⑥ 부품공급이 용이하고 가격이 저렴할 것

5) 체인톱의 연료

① 체인톱 엔진은 2행정기관이므로 반드시 가솔린에 윤활유(2사이클 전용 엔진 오일)를 약간 혼합하여 사용하며, 배합비는 가솔린 : 윤활유의 비율이 25 : 1 정도가 적당함.

② 연료에 비해 윤활유가 부족하면 피스톤, 실린더 및 엔진 각 부분에 눌러 붙을 염려가 있고 과다하면 카본 등이 점화플러그 전극 부위에 퇴적되어 출력저하 또는 시동불량 현상이 나타날 수 있음.

③ 체인톱에 연료 주입 시 오일과 연료를 혼합 후 주입하며, 내폭성이 낮은 저옥탄가의 가솔린을 사용

④ 체인톱의 시간당 평균연료소비량은 휘발유 1.5L, 오일 0.4L 정도임.

4. 임목집재용 기계

1) 중력식 집재

① 활로에 의한 집재

벌채지의 산비탈에 자연적·인공적으로 설치한 홈통 모양의 골 위에 목재를 활주시켜 집재하는 것으로 통길집재 또는 수라(修羅)라고 함.

구분	장점	단점	특징
토수라	시설비 적음.	임지훼손, 목재훼손	토수라의 최소경사 • 얼음판 : 8% • 눈 : 12% • 습할 때 : 35%
목수라, 판자수라	목재훼손 적음.	시설비용이 높음.	–
플라스틱수라	효율성 높음.	구입비용이 높음.	경사 및 거리 • 최소경사 : 25% • 최대경사 : 55% • 최대거리 : 500m • 최적거리 : 100m~150m

② 강선(鋼線)에 의한 집재

㉮ 강선·철선·와이어 로프 등을 집재지 상부 적재지점의 지주와 하부 짐내림 지점 사이의 공중에 설치하고 강선집재용 고리에 걸어 원목을 내려보내는 방법

㉯ 강선의 지름은 6~10mm 정도, 강선의 설치 경사도는 25~50%가 적당하며 최대 60%가 넘지 않도록 함, 시설비용이 적고 설치시간이 짧으며 임분의 피해가 적고 수명이 긴 장점이 있으나, 무겁고 크거나 길이 5m 이상 긴 나무의 집재가 어려운 단점이 있음.

■ 집재
임지 내에 흩어져 있는 벌채목이나 원목을 임도변까지 끌어모으는 작업

■ 집재 방법
① 중력식 집재 : 목재의 자중(自重)을 이용하여 집재하는 방법
  • 활로에 의한 집재 : 토수라, 목수라, 판자수라, 플라스틱 수라
  • 강선에 의한 집재 : 강선, 철선, 와이어 로프
② 기계식 집재
  • 소형 윈치류
  • 트랙터 집재기
  • 포워더
  • 가선집재기계

CHAPTER 05 임업기계

2) 기계식 집재

① 소형원치류

㉮ 윈치는 비교적 지형이 험하거나 단거리에 흩어져 있는 적은 양의 통나무를 집재하는데 사용

㉯ 지면 집재형, 아크야형 등이 있으며, 체인톱 엔진을 사용함.

㉰ 가솔린과 오일의 혼합비는 25 : 1 정도

소형원치 종류

② 트랙터 집재기

㉮ 일반적으로 평탄지나 완경사지에 적당한 집재기

㉯ 최근 초저압 타이어와 차체 굴절 조향방식을 갖추어 임내 주행성 향상, 회전 반경 단축, 요철형 지면에서의 견인력 향상, 차체의 안전성 등이 확보된 타이어 바퀴 트랙터 집재기가 많이 사용됨.

다목적 트랙터

③ 포워더(forwarder)

· 집재할 통나무를 차체에 싣고 운반하는 장비로 주로 평지림에 적합하며 경사지에서도 운재로를 이용하여 운반할 수 있음.

포워더(8륜형)

④ 가선집재기계
  ㉮ 집재용 가선(삭도) 부분과 야더집재기 부분으로 구성된 기계화 집재시스템
    으로 경사가 급한 산악림에서의 집재작업이 가능함.
  ㉯ 야더(Yarder) 집재기 : 타워야더 집재기가 개발되기 전에 사용하던 집재기
    로 드럼용량이 커서 일반적으로 장거리 집재에 적합하며, 작업자의 노력을
    경감해 주고 임지의 피해를 최소화 할 수 있으나, 가선의 가설과 해체에 높
    은 기술력과 시간이 많이 필요함, 임목집재작업에 사용되는 가공선 집재기
    계의 대표적인 임업기계임

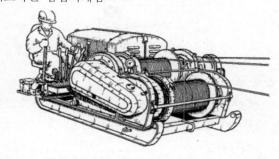

야더집재기

  ㉰ 가선집재기계용 부속기구

반송기(搬送器, carriage, 캐리지)	• 목재를 매달아 스카이라인을 왕복하는 기능을 지닌 운반기 • 보통 반송기, 슬랙풀링 반송기, 계류형 반송기, 자주식 반송기 등이 있음.
가공본줄	반송기에 실은 목재를 지지함과 동시에 철도에서 레일과 같은 역할을 함.

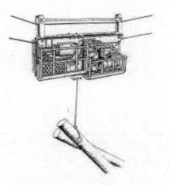

자주식 반송기

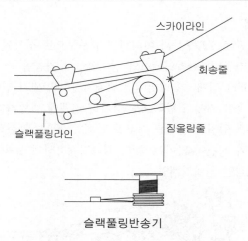

슬랙풀링반송기

3) 와이어로프 ☆☆☆

① 소정의 인장강도를 가진 와이어를 몇 개에서 몇 십 개까지 꼬아 합쳐 스트랜드
를 만들고, 다시 스트랜드를 심강을 중심으로 몇 개 꼬아 합쳐진 구조

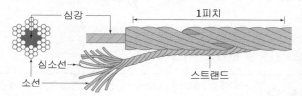

② 구조와 명칭

· 꼬임방법 : 와이어로프의 꼬임과 스트랜드의 꼬임방향이 반대로 된 것을 보통
꼬임(작업줄, Regular lay), 같은 방향으로 된 것을 랑꼬임(가공본줄, lang's
lay)이라 함.

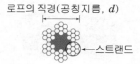

6×7
그림. 7본선6꼬임

■ 와이어로프의 표시와 의미 ☆
6×7 · C/L · 20mm · B종
· 6×7→6개의 스트랜드×7개의 와이
어로 구성된 스트랜드(7본선 6꼬임)
· C : 콤포지션(Composition)유 도장
· O : 일반 오일 도장
· L : 랑Z꼬임, 보통꼬임이면 표기안함
· 20mm : 로프지름20mm, 공칭지름
· B종 : 인장강도 180kg/mm²
· A종 : 인장강도 165kg/mm²

보통꼬임	· 스트랜드의 꼬임 방향과 스트랜드를 구성하는 와이어의 꼬임 방향이 역방향으로 된 것 · 킹크(kink, 뒤틀리고 엉키는 현상)가 생기기 어렵고 취급이 용이 · 집재가선의 되돌림줄, 짐당김줄 등 일반 작업줄에 적당하나 마모가 쉬움.
랭(Lang)꼬임	· 스트랜드의 꼬임 방향과 스트랜드를 구성하는 와이어의 꼬임 방향이 같은 방향으로 된 것 · 킹크가 생기기 쉬우나 마모와 피로에 대해 강하며 가공본줄에 사용

| 보통 Z꼬임
(보통 오른꼬임) | 보통 S꼬임 | 랭 Z꼬임
(랭 오른꼬임) | 랭 S꼬임 |

③ 임업용 와이어로프는 스트랜드의 수가 6개인 것을 많이 사용, 작업줄은 보통 꼬임을 주로 사용함.

④ 교체 기준 ☆☆☆

㉮ 와이어로프의 1피치 사이에 와이어가 끊어진 비율이 10%에 달하는 경우

㉯ 와이어로프의 지름이 공칭지름보다 7% 이상 마모된 것

㉰ 심하게 킹크되거나 부식된 것

⑤ 와이어로프의 안전계수 = $\dfrac{\text{와이어로프의 절단하중}(kg)}{\text{와이어로프에 걸리는 최대장력}(kg)}$

⑥ 와이어로프의 용도별 안전계수

㉮ 가공본줄 : 2.7

㉯ 짐당김줄·되돌림줄·버팀줄·고정줄 : 4.0

㉰ 짐올림줄·짐매달음줄 : 6.0

5. 다공정 임업기계(다공정 임목수확기계) ☆☆☆

하베스터	• 임내를 이동하면서 입목의 벌도·가지제거·절단작동 등의 작업을 하는 기계로서 벌도 및 조재작업을 1대의 기계로 연속작업을 할 수 있는 장비 • 비교적 균일한 소경목을 대상으로 벌채가 이루어지는 곳에서 널리 사용 • 임내에서 직접 벌목, 조재를 하는 장비이므로 반드시 조재된 원목을 임내부터 임도변 임지저목장까지 운반할 수 있는 포워더 등의 장비와 조합하여 사용
프로세서	• 하베스터와 유사하나 벌도 기능만 없는 장비 • 체인톱이나 펠러번처 등에 의해 벌도된 전목을 스키더나 타워야더로 토장이나 임도에 집재한 후 집재목의 전목에 대해 가지를 제거하는 가지훑기, 집재목의 길이를 측정하는 조재목 마름질, 통나무자르기 등 일련의 조재작업을 한공정으로 수행하여 한 곳에 모아 쌓는 장비
포워더류	목재를 적재함에 적재한 후, 작업로 또는 임지를 주행하여 임도변 토장까지 운반하는 장비를 총칭하며, 궤도식 소형 집재차(미니포워더), 4륜형 소형·대형집재차가 있음.
펠러번처	벌도뿐만 아니라 임목을 붙잡을 수 있는 장치를 구비하고 있어서 벌도되는 나무를 집재작업이 용이하도록 모아 쌓기 기능이 있음.
트리펠러	단순히 벌도만 가능함.

■ 다공정 임업기계
벌도, 가지자르기, 통나무자르기, 집재 작업 등 임목수확작업의 단위작업 중 공정 가운데 복수의 공정을 연속적으로 처리하는 차량형 기계를 총칭하는 말

6. 집적 및 상·하차기계

① 운반 및 하역잡업은 원목의 상차, 하차, 선별, 집적 등을 실시하는 작업
② 원목 집게류, 운재용 트럭(그레인 트럭, 다목적 작업차, 칩 운반차 등) 등이 있음.

4 산림토목용 기계 ☆☆☆

1. 굴착운반기계

1) 불도저

① 궤도형 트랙터의 전면에 작업 목적에 따라 부속장비로서 다양한 블레이드(토공판, 배토판)를 부착한 기계
② 배토판의 종류에 따라 불도저(스트레이트 도저), 틸트도저(배토판 상하이동), 앵글도저(배토판 전후이동) 등이 있음.
③ 불도저는 단거리 토공작업에 적합한 기계로 가장 경제적인 작업능률 범위는 50m 정도, 올라가는 경사지에서는 작업능률이 떨어지나 내려가는 경사지에서는 작업능률이 높음.
④ 리퍼는 연암 또는 단단한 지반의 굴착에 적당한 산림토목 공사용 기계

종류	특징	용도
스트레이트도저	배토판이 도저의 진행 방향 축에 직각으로 달린 도저	대량의 흙을 굴착하여 밀거나 흙을 다지는 데 사용
앵글도저	배토판의 각도를 진행 방향에 대하여 좌우로 각도를 회전시킬 수 있는 도저	측면 굴착이나 흙을 좌우 측면으로 밀어붙일 수 있어 지면 고르기 및 굴착된 도랑을 되메우는 데 사용
레이크도저	배토판 대신 갈퀴와 같은 레이크를 단 도저	나무 뿌리 뽑기(벌근), 뿌리 제거(제근) 및 굳은 지반 파헤치기에 사용
리퍼 도저	불도저의 뒤쪽에 칼날과 같은 리퍼를 붙인 도저	단단한 흙, 연암 등의 파쇄 작업에 사용

스트레이트 도저　　　　앵글 도저　　　　레이크 도저

2) 스크레이퍼(scraper)

① 저압타이어 4륜 또는 3륜을 가진 이동용 차체의 중간 부분에 토사를 실어 담을 수 있는 보울(bowl)을 상하로 움직여서 토사를 굴착, 적재, 운반, 다짐 등의 작업을 일관되게 연속적으로 진행하는 토공용 건설 기계

② 종류에는 트랙터에 의해 견인되는 스크레이퍼(tractor scraper)와 자주(自走)할 수 있는 모터 스크레이퍼(motor scraper)로 구분됨.

2. 굴착 · 적재 기계

종류	특징
파워 셔블 (Power shovel)	버킷을 밀어 올리면서 주로 기계의 위치보다 높은 곳의 토사를 굴착하고 이를 원하는 위치까지 회전시켜 운반 기계에 적재하는 기계
백호우 (Back hoe)	• 버킷을 기계쪽으로 또는 아래로 끌어당기면서 주로 기계의 위치보다 낮은 곳의 토사를 굴착하는 데 사용되는 기계 • 백호우는 상체가 360° 회전할 수 있기 때문에 작업이 편리 • 버킷의 용량은 0.5m³ 이하에서 1.0m³ 이상까지 다양함. • 굳은 지반의 굴착에 사용하며 옆도랑과 빗물받이의 토사를 제거할 때 적합
드래그라인 (Drag line)	• 상부 선회 장치 앞에 긴 붐과 드래그라인 버킷을 설치한 트랙터가 주로 높은 곳에 위치하여 버킷을 노천에 멀리 던지고 이를 끌어당기면서 지면보다 낮은 곳의 표토를 굴착하거나 운반차에 적재하는 등의 노천 굴착 작업용 기계 • 수중굴착이 가능하여 주로 하상의 굴착, 하천의 골재 채취 및 준설, 넓은 배수로, 연약 지반의 굴착 등 광범위한 얕은 굴착 등에 이용
크램셸 (Clamshell)	• 크레인(crane)의 붐 끝에 움켜쥐는 형식의 크램셸 버킷을 설치하고 이를 지면보다 낮은 위치에 수직 낙하시켜 토사류를 굴착하고 버킷을 들어 올려 운반 기계에 적재하는 기계 • 호퍼(hopper) 작업과 비교적 좁은 장소에서 깊게 굴착하는 데 유효

3. 정지 및 전압(다짐)기계

1) 정지기계 : 모터그레이더

모터그레이더	노면을 평평하게 깎아내고 노면기울기 잡기. 노면다지기, 포장재 혼합 등에 사용

■ 굴착 · 적재 기계
① 파워셔블, 백호우, 드래그라인, 크램셸 등
② 흙과 연한 암석을 굴착하여 적재하는 기계로 일반적으로 기동성, 주행성이 부족하여 덤프트럭 등의 운반기계와 결합하여 사용
③ 셔블계 굴착기의 능력은 버킷 또는 디퍼의 용량으로 표시하며, 보통 버킷은 0.3~2.0m³

■ 정지기계
① 모터그레이더
② 불도저
③ 스크레이퍼

2) 전압기계

로드롤러	전동식 롤러, 머캐덤 롤러 및 탠덤 롤러가 있음. • 머캐덤 롤러 : 쇄석이나 자갈 또는 모래가 혼입된 흙과 같이 변형에 대한 저항이 큰 재료를 얇게 다짐하는 데 가장 적당 • 탠덤 롤러 : 머캐덤 롤러를 사용한 후의 끝내기 작업이나 아스콘 포장면의 다짐에 효과적
타이어롤러	기층이나 노반의 표면 다짐, 사질토나 사질 점성토의 다짐 등 도로 토공에 많이 이용
탬핑롤러	롤러의 표면에 돌기를 부착한 것으로 댐, 제방. 도로 등 대규모의 두꺼운 성토의 다짐과 점착성이 큰 점질토의 다짐에 효과적
진동컴팩터	내마모성의 두꺼운 강 또는 주강제의 다짐판 위에 장착된 기진기를 엔진의 동력으로 회전시켜 발생한 기진력으로 다짐판을 진동시켜 다짐함.
래머	단기통 기관의 폭발력을 직접 이용하여 기체를 도약시켰다가 낙하 시의 충격 에너지에 의해 다짐을 하는 기계
탬퍼	외형적으로는 래머와 거의 유사하지만 래머가 충격 다짐을 하는 반면에 탬퍼는 충격과 진동 다짐을 실시

4. 작업능력의 산정

1) 불도저 작업

임도개설공사에 사용되는 불도저 규격은 11톤 혹은 13톤을 표준으로 함.

$$Q = \frac{60 \times q \times f \times E}{Cm}$$

• Q : 1시간당 작업량(m^3/h)
• q : 1회의 토공판 용량(m^3/h)
• f : 토량환산계수
• E : 불도저의 작업효율
• Cm : 1회 작업당의 사이클타임(min)

2) 쇼벨계 굴삭기 작업

쇼벨계 굴삭기의 선정은 $0.6m^3$을 표준으로 하나 소규모의 백호우의 작업에서는 $0.3m^3$을 사용

$$Q = \frac{3600 \times q \times K \times f \times E}{Cm}$$

• Q : 운전 1시간당 작업량(m^3/h)
• q : 버킷의 공칭용량(m^3/h)
• K : 버킷의 계수
• f : 토량환산계수
• E : 작업효율
• Cm : 사이클타임(sec)

■ 토공기계작업
토공기계의 작업은 반복 작업이므로 운전시간당 작업량의 일반식은 사이클타임(Cycle Time) Cm으로 나누면 다음과 같은 식이 된다.

기본식

$$Q = \frac{60 \times q \times f \times E}{Cm}$$

• Q : 1시간당 작업량(m^3/h)
• q : 1회 작업사이클당 표준작업량 (m^3/h)
• f : 토량환산계수
• E : 작업효율
• Cm : 1회 작업당의 사이클타임 (min)

3) 덤프트럭 작업

보통 8톤과 6톤을 표준, 현장이 좁고 적은 회전이 필요할 때는 2톤 적용 대규모 공사에는 대형 덤프트럭을 선정함.

$$Q = \frac{60 \times q \times f \times E}{Cm}$$

- Q : 1시간당 운반토량(m^3/h)
- q : 적재토량(m^3)
- f : 토량환산계수
- E : 작업효율
- Cm : 사이클타임(min)

4) 다지기 작업

$$Q = \frac{V \times W \times D \times f \times E}{n}$$

$$A = \frac{V \times W \times E}{n}$$

- Q : 운전 1시간당 작업량(m^3/h)
- A : 운전 1시간당 작업면적(m^2/h)
- V : 다짐속도(m/h)
- W : 롤러의 유효다짐 폭(m)
- D : 펴는 흙의 두께(m)
- n : 다짐횟수
- f : 토량환산계수
- E : 작업효율

■■■ 5. 임업기계

1. 임도 기계화시공의 장점이 아닌 것은?

① 흙깎기, 흙나르기, 흙쌓기, 흙다지기 등의 시공을 쉽게 할 수 있다.
② 공사비 절감과 시공 효율을 높일 수 있다.
③ 기계성능이 발달하고 기계가 대형화되어도 신제품을 구입할 필요는 없다.
④ 인력으로 곤란한 공사라도 기계시공으로 무난히 완공할 수 있다.

해설 **1**
신제품 구입의 부담이 단점이다.

2. 다음 중 임업기계화의 목적이 아닌 것은?

① 노동생산성 향상
② 임업경영의 단순화
③ 생산비용의 절감
④ 중노동으로부터의 해방

해설 **2**
임업기계화의 목적은 노동생산성 향상, 생산비용의 절감, 중노동으로부터의 해방 등이다.

3. 다음 중 우리나라 기계화의 제약요소가 아닌 것은?

① 지형이 복잡하고 경사도가 높아 기계화에 불리하다.
② 임업수익성은 높으나 기계화 투자를 꺼려한다.
③ 임도시설이 미비하다.
④ 전문기술 인력의 부족 및 행정지원체계 개선이 필요하다.

해설 **3**
우리나라의 임업수익성은 낮다.

4. 감가상각의 4가지 기본요소가 아닌 것은?

① 취득원가 또는 기초가치
② 잔존가치
③ 실제내용연수
④ 감가상각방법

해설 **4**
감가상각의 4가지 기본요소는 취득원가 또는 기초가치, 잔존가치, 추정내용연수, 감가상각방법이다.

정답 1. ③ 2. ② 3. ② 4. ③

5. 어떤 장비의 장비 원가가 100만원이고 폐기할 때의 잔존가치가 10만원으로 예상되며, 그 내용연수가 6년이라 할 때, 이 장비의 연간 감가상각비를 정액법에 의해 계산하면 얼마인가?

① 900,000원

② 150,000원

③ 100,000원

④ 50,000원

6. 산림작업도구의 구비조건에 대한 설명으로 옳지 않은 것은?

① 자루의 재료는 가볍고 녹슬지 않으며, 열전도율이 낮고 탄력이 있으며, 견고해야 한다.

② 작업자의 힘을 최대한 도구 날 부분에 전달할 수 있어야 한다.

③ 도구의 날 부분은 작업 목적을 효과적으로 충족시킬 수 있도록 단단하고 둔한 것이어야 한다.

④ 도구는 손의 연장이며 적은 힘으로 보다 많은 작업효과를 가져다 줄 수 있는 구조를 갖추어야 하며, 도구의 형태와 크기는 작업자 신체에 적합하여야 한다.

7. 양묘사업용 소도구의 종류에 대한 설명으로 틀리게 연결된 것은?

① 이식판 – 소묘 이식시 사용되며 열과 간격을 맞추는데 적합한 도구

② 이식승 – 이식판과 같은 용도로 사용되며 묘상이 긴 경우에 적합

③ 묘목운반상자 – 묘목운반에 사용되는 도구

④ 식혈봉 – 대묘 이식용으로 사용

8. 다음 중 잘못 연결된 것은?

① 벌목용 도끼 – 무게 850~1,400g, 날의 각도 15° 이하

② 약한 나무 장작패기용 도끼 – 무게 2,000~2,500g, 날의 각도 15°

③ 가지치기용 도끼 – 무게 850~1,250g, 날의 각도 8~10°

④ 단단한 나무 장작패기용 도끼 – 무게 2,500~3,000g, 날의 각도 30~35°

해 설

해설 **5**

(1,000,000−100,000)/6=150,000원/년

해설 **6**

도구의 날은 작업 목적을 효과적으로 충족시킬 수 있도록 단단하고 날카로운 것이어야 한다.

해설 **7**

식혈봉은 유묘 또는 소묘 이식용으로 사용된다.

해설 **8**

벌목용 도끼의 무게는 440~1,400kg, 날의 각도는 9~12°이다.

정답 **5.** ② **6.** ③ **7.** ④ **8.** ①

CHAPTER 05 임업기계

9. 다음 중 손도끼의 무게는?

① 약 500g ② 약 800g
③ 약 1kg ④ 약 2kg

10. 벌도방향의 결정과 안전작업을 위하여 사용되는 쐐기의 용도별 종류가 아닌 것은?

① 벌목용 쐐기 ② 절단용 쐐기
③ 가지제거용 쐐기 ④ 나무쪼개기용 쐐기

11. 예불기 날의 종류에 의한 구분으로 다른 하나는?

① 직선왕복날식 ② 나일론코드식
③ 왕복요동식 ④ 회전체인식

12. 예불기의 각 기능별 특성을 잘못 기술한 것은?

① 쵸크 : 엔진을 시동하고자 할 때 또는 기계가 식어 있을 때 사용한다.
② 스로틀레버 : 엔진시동과 기계의 정지 때 사용한다.
③ 공기필터덮개 : 공기필터를 외부로부터 보호하기 위한 장치이다.
④ 안전커버 : 톱날을 보호하기 위한 장치이다.

13. 엔진의 종류에 따른 체인톱의 분류가 아닌 것은?

① 가솔린엔진 체인톱 ② 디젤엔진 체인톱
③ 전동 체인톱 ④ 유압 체인톱

14. 다음 중 체인톱의 안전장치가 아닌 것은?

① 전방 손보호판 ② 스로틀레버 차단판
③ 스프라켓 ④ 지레발톱

15. 기계톱의 안전장치라고 할 수 없는 것은?

① 스프라켓
② 핸드가드
③ 안전드로틀
④ 자동체인브레이크

16. 다음 중 잘못 연결된 것은?

① 체인톱의 일일정비 – 에어필터 청소
② 체인톱의 일일정비 – 점화부분 청소
③ 체인톱의 주간정비 – 체인톱날 정비
④ 체인톱의 분기별 정비 – 연료통과 연료필터 청소

17. 가장 간단한 방법으로서 산허리의 경사면에 따라 약간의 인공을 가한 도랑을 이용하는 중력에 의한 집재방법은?

① 토수라
② 도수라
③ 목수라
④ 플라스틱수라

18. 강선에 의한 집재방법에 대한 설명 중 틀린 것은?

① 시설비용이 적다.
② 사용수명이 길다.
③ 무겁거나 큰 나무의 집재가 곤란하다.
④ 길이 10m 정도 이상의 장재의 집재가 가능하다.

19. 와이어로프는 구성을 그 기호로 나타내는데 6×7 C/L 20mm B종은 무엇을 의미하는가?

① 6본선 7꼬임 콤퍼지션 유도장 랭 Z꼬임 로프지름 20mm B종
② 6본선 7꼬임 콤퍼지션 유도장 랭 L꼬임 로프지름 20mm B종
③ 7본선 6꼬임 콤퍼지션 유도장 랭 Z꼬임 로프지름 20mm B종
④ 7본선 6꼬임 콤퍼지션 유도장 랭 L꼬임 로프지름 20mm B종

해설 **15**
스프라켓은 동력전달장치이다.

해설 **16**
점화부분의 청소는 체인톱의 주간정비에 해당된다.

해설 **17**
벌채지의 산비탈에 자연적 · 인공적으로 설치한 홈통 모양의 골 위에 목재를 활주시켜 집재하는 것을 수라(修羅)라고 한다.

해설 **18**
강선에 의한 집재는 무겁고 크거나 길이 5m 이상 긴 나무의 집재가 어려운 단점이 있다.

해설 **19**
"7본선 6꼬임 콤 · 포지션(Composition) 유도장 · 랭 Z꼬임 · 로프지름 20mm B종"을 의미한다.

정답 15. ① 16. ② 17. ① 18. ④
19. ③

20. 레이크 도저는 무엇인가?

① 벌채지의 지조정리, 식재를 고려한 얕은 경운작업장비
② 임도의 절·성토 작업장비
③ 목재 집재작업장비
④ 목재 운송장비

21. 다음 중 틸트 도저의 설명으로 옳은 것은?

① 배토판이 상하로 움직인다.　② 배토판이 전후로 움직인다.
③ 배토판이 움직이지 않는다.　④ 레이크 도저의 다른 말이다.

22. 다음 임도시공용 기계 중 굴착기계가 아닌 것은?

① 롤러 (roller)　　　　② 불도저 (bulldozer)
③ 스크레이퍼(scraper)　④ 파워셔블(power shovel)

23. 셔블계(shovel) 굴착기의 크기는 무엇으로 나타내는가?

① 암의 길이　　　② 셔블의 무게
③ 붐의 길이　　　④ 디퍼의 용적

24. 기계가 서 있는 지면보다 낮은 장소의 굴착에도 적당하고 수중굴착도 가능한 셔블계 굴착기는?

① 파워셔블　　　② 불도저
③ 백호우　　　　④ 클램셸

해　설

해설 20
레이크 도저는 벌채지의 나무 뿌리 뽑기(벌근). 뿌리 제거(제근) 및 굳은 지반 파헤치기에 사용된다.

해설 21
틸트도저는 배토판이 상하로 움직인다.

해설 22
굴착기의 대표적인 종류에는 파워셔블, 백호우, 클램셀, 불도저, 레이크도저, 스크레이퍼 등이 있다.

해설 23
셔블계 굴착기는 본체, 하부주행기구, 앞부속장치의 3부분으로 구성되며 붐의 길이로 크기를 나타낸다.

해설 24
백호우는 기계가 서 있는 지면보다 낮은 장소의 굴착에 적당하고 굳은 지반의 굴착에 사용하여 수중굴착도 가능하다.

정답 20. ① 21. ① 22. ① 23. ③ 24. ③

25. 임도시공 시 벌목 및 제근 작업에 주로 적용되는 기계의 종류는?

① backhoe   ② tractor shovel
③ bulldozer   ④ road roller

26. 하나의 기계로 굴착, 적재, 운반 및 성토 등의 작업을 할 수 있는 장비는 어느 것인가?

① 백호우   ② 불도저
③ 파워셔블   ④ 스크레이퍼

27. 다음의 임도시공 시 정지작업에 사용되는 장비가 아닌 것은?

① 불도저   ② 트랙터 셔블
③ 모터그레이더   ④ 스크레이퍼 도저

28. 산림토목용 장비가 아닌 것은?

① 쇼벨   ② 그레이더
③ 펠러번처   ④ 스크레퍼

29. 장궤형(裝軌形, 크롤러형) 트랙터에 비한 바퀴형 트랙터의 잇점은?

① 견인력이 커서 연약지반이나 험한 지형에서의 주행성이 양호하다.
② 무게중심이 낮아 경사지에서의 작업성과 등판능력이 우수하다.
③ 회전반경이 작아 임지나 작업도에 대한 피해가 적은 편이다.
④ 상대적으로 염가이며 가벼워서 고속주행이 가능하며 기동력이 있다.

해 설

해설 25
불도저는 트랙터의 전면에 블레이드를 부착한 것으로 벌목, 제근, 굴착, 운반 등의 작업을 할 수 있다.

해설 26
스크레이퍼는 굴착, 적재, 운반 및 성토, 흙깔기, 흙다지기 등의 작업을 하나의 기계로 시공할 수 있는 장비이다.

해설 27
트랙터셔블은 적재작업 이외에도 재료운반, 골재처리, 비탈다듬기, 도랑파기 등에 사용된다.

해설 28
펠러번처는 다공정 벌목장비이다.

해설 29
바퀴형 트랙터의 견인력과 안정성은 장궤형(궤도형)에 비해 떨어진다.

정답   25. ③   26. ④   27. ②   28. ③
29. ④

30. 임도 기계화 시공에서 수중 굴착 및 구조물의 기초바닥 등과 같은 상당히 깊은 범위의 굴착과 호퍼(hopper)작업에 적당한 기계는?

① 드랙라인　　　　　　② 크레인
③ 클램셸　　　　　　　④ 파워셔블

31. 도저의 틸트(Tilt) 작용에 대하여 가장 바르게 설명한 것은?

① 속도를 빨리 내는 작용이다.
② 돌을 깨는 작용이다.
③ 삽날의 좌우높이를 조절하는 작용이다.
④ 삽날을 위로 올리는 작용이다.

32. 다음 건설장비 중 흙 다짐용 기계로 사용할 수 없는 것은?

① 백호우(Backhoe)
② 진동 롤러(Vibrating Roller)
③ 진동 콤팩터(Vibrating Compactor)
④ 불도저(Bulldozer)

33. 블레이드면의 방향이 진행방향의 중심선에 대하여 20°~30°의 경사가 진 도저의 종류는?

① 트리불도저　　　　　② 스트레이트도저
③ 앵글도저　　　　　　④ 틸트도저

34. 롤러의 표면에 돌기를 만들어 부착한 것으로 돌기가 전압층에 관입함에 의해 풍화암을 파쇄하여 흙속의 간극수압을 분산시키며, 점착성이 큰 점질토의 다짐에 가장 적합한 롤러(Roller)는?

① 탬핑롤러(Tamping Roller)　② 탠덤롤러(Tandem Roller)
③ 머캐덤롤러(Macadam Roller)　④ 로드롤러(Road Roller)

해　설

해설 **30**
클램셸은 수중 굴착에 적당한 셔블(shovel)계 기계이다.

해설 **31**
도저의 틸트는 삽날이 좌우높이를 움직이는 작용을 말한다.

해설 **32**
백호우는 굴삭기로 흙 파기용 기계이다.

해설 **33**
앵글도저는 배토판의 각도를 진행 방향에 대하여 좌우로 바꿀 수 있는 도저이다.

해설 **34**
탬핑롤러는 롤러의 표면에 돌기를 부착한 것으로 댐, 제방. 도로 등 대규모의 두꺼운 성토의 다짐과 점착성이 큰 점질토의 다짐에 효과적이다.

정답
30. ③　31. ③　32. ①　33. ③
34. ①

35. 임업토목시공용 전압기계 중 로드롤러(Road Roller)의 종류가 아닌 것은?

① 머캐덤롤러　　　　　　　② 탠덤롤러
③ 탬핑롤러　　　　　　　　④ 진동롤러

36. 임업용 트랙터의 기계경비 계산 중 아래의 조건에 대하 수리유지비(RM)를 계산하면? (단, 기계구입비 : 8천 만원, 장비의 경제적 수명 : 2만 시간, 수리정비계수 : 0.8이다)

① 2,100원/시간　　　　　　② 2,800원/시간
③ 3,200원/시간　　　　　　④ 4,300원/시간

해　설

해설 **35**
탬핑롤러는 공극 등을 채워주며 전압하는 기계로 로드롤러와는 다르다.

해설 **36**
수리유지비
=(기계구입비/장비의 경제적 수명)×
　수리정비계수
=(80,000,000/20.000)×0.8
=3,200원/시간

핵심

06 산림수확작업 및 작업관리

핵심 PLUS

학습주안점
- 임목수확작업에 미치는 영향요인을 이해하고 있어야 한다.
- 벌목작업시 수구, 추구, 벌도맥의 이해와 벌목 기본 방법과 주의점 알고 있어야 한다.
- 트랙터집재와 가선집재의 종류와 특징, 장단점을 구분할 수 있어야 한다.
- 가선집재와 관련된 용어와 운재방법, 목재생산방법의 종류에 대해 알고 있어야 한다.
- 안전사고의 정의와 발생원인, 안전장비, 재해발생의 주요 원인을 알고 있어야 한다.

■ 임도수확의 정의
① 입목을 벌도하여 일정규격의 원목으로 조재하거나, 간단하게 조재작업을 한 집재목을 시장이나 공장으로 운반하는 작업을 지칭
② 작업구성 : 벌도, 조재, 집재, 운재

■ 작업계획 기본원칙
① 작업 경비의 절감
② 최고의 작업 능률
③ 최고의 수익
④ 안전한 작업 수행
⑤ 최소의 환경 피해

1 임목수확작업

1. 작업내용 ☆

벌목	서 있는 수목의 지상부를 잘라 넘기는 것
조재	벌목된 나무줄기의 가지와 나무껍질을 제거하고 용도에 따라 적당한 길이로 잘라 토막 내는 것
집재	벌목된 나무를 산림 밖이나 제재소 및 공장으로 운반하는 데 편리한 장소, 즉 집재장 또는 임도변까지 모으는 작업
운재	집재한 원목의 운반 거리가 대략 500m 이상일 경우로 수상 운재, 도로 운재 등의 방법이 있음.

■ 임목수확작업에 미치는 영향요인(요약)
① 기후적 요인 : 강수, 기온, 바람, 계절적 영향
② 지형적 요인 : 지형구분, 경사
③ 토양 요인
④ 임분 구조적 요인

2. 임목수확작업에 미치는 영향요인 ☆☆

1) 기후적 요인
① 강수 : 지속적 강우로 인한 토양의 견밀도 감소 및 임도나 작업로에서의 장비의 주행성 저하
② 기온 : 추위와 결빙에 의한 사고의 위험성 증대와 기계장비의 효율성 저하
③ 바람 : 강풍이 불 때는 작업 중지

④ 계절적 영향

여름 작업	겨울 작업
작업환경이 온화하여 작업이 용이	해충과 균류에 의한 피해가 없음.
작업장으로의 접근성이 수월함.	수액 정지 기간에 작업하므로 양질의 목재를 수확함.
일조시간이 길어 긴 작업 기능 시간으로 도급제 실시에 유리	농한기여서 인력수급이 원활
벌도목이 쉽게 건조되어 집재에 유리	잔존 임분에 대한 영향이 적음.

2) 지형적 요인

① 지형구분 : 양호한 지역, 보통 지역, 제한적 가능지역, 불가능 지역
② 경사
   ㉮ 경사도 : 작업능률에 제일 중요한 인자
   ㉯ 경사형 : 평탄형, 굴곡형, 계단형
   ㉰ 경사 길이 : 300m 이상일 경우 작업 능률 저하
   ㉱ 지표구조 : 작업의 안전성과 관계됨.

3) 토양 요인

① 토양의 강도 : 토양의 전단저항
② 토양의 연경도 : 흙의 함수량에 의해 나타나는 성질

4) 임분 구조적 요인

입목의 크기, 임분의 동일성, 임목의 공간적 분포, 수종

2 벌목작업

1. 수구, 추구, 벌도맥

1) 수구

① 방향베기, 나무가 넘어가는 방향을 정함
② 지름의 1/4 이상을 베며 각도는 30~45° 가 적당

2) 추구

① 따라베기
② 벌도시 톱질의 마지막 단계
③ 수구면 보다 약간 높은 위치를 베어냄

■ 벌도 전 퇴로 및 대피장소 확보
  ① 벌목 전 벌도목을 선정
  ② 벌도방향 반대편 45°의 장애물을 제거하여 벌도 후 빠르게 대피 할 수 있도록 함.
  ③ 벌목대상 수목을 중심으로 수목높이의 2배 이상 안전거리를 유지하고 안전지대를 확보함.

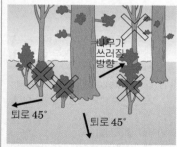

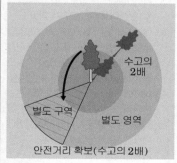

3) 벌도맥

① 벌도방향을 확실히 하며 나무가 넘어가는 속도를 조절해줌.

② 빠른 작업을 위하여 간과하기 쉽지만 안전을 위해 가장 중요함.

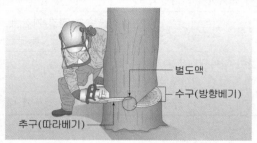

2. 벌목의 기본 방법의 순서와 주의점 ☆☆☆

1) 벌목의 기본 방법

① 재적 비율을 높이기 위해 벌채점은 되도록 낮아야 함.

② 벌도방향에 대하여 직각으로 근주직경 1/4 이상의 수구(방향베기) 자르기를 함.(흉고직경 50cm 이상은 1/3 이상이 바람직)

③ 수구 자르기 할 때의 각은 30~(40)45° 정도로 함.

④ 추구(따라베기)는 수구 높이의 2/3 정도로 자르고 수구와 평행하도록 입목직경의 1/10 정도 벌도맥을 남김.

■ 벌목 대상목의 주위정리 ☆
① 수간의 가슴높이까지 가지를 먼저 자름.
② 벌도목 주위에 벌도작업에 방해가 되는 관목, 덩굴, 치수 등을 제거, 돌 등도 제거함.
③ 수피가 두꺼운 수종은 벌도하기 전에 도끼로 벌채점 부분에 대한 박피를 실시
④ 근주 부근의 톱질할 부근에 융기부나 팽대부가 있는 나무는 이것을 절단·제거해야 함.
⑤ 벌목지 주위에 서있는 고사목은 벌도작업 전에 먼저 벌도·제거해야 함.

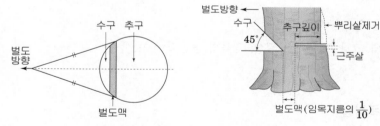

그림. 벌목시 수구 및 추구자르기

2) 벌목작업 구획·방향 및 주의점 ☆☆☆

① 벌채사면의 구획은 종방향으로 하고, 동일 벌채사면의 상·하 동시 작업을 금함.

② 벌목영역은 벌채목을 중심으로 수고의 2배에 해당하는 영역이며, 이 구역 내에는 작업에 참가하는 사람만 있어야 함.

③ 벌목작업 시에는 보호장비를 갖추고 작업조는 2인1조로 편성

④ 벌도방향은 수형, 인접목, 지형, 하층식생, 풍향, 대피장소 등을 고려하나, 우선적으로 집재방향과 집재방법에 의해 벌도방향이 고려하여 결정되어야 함.

■ 기계화 벌도작업
① 펠러(feller) : 벌도작업만 수행할 수 있으며 방향 벌도만 가능
② 펠러번쳐(feller buncher) : 벌도작업 수행 후 벌도목의 용도 분류 가능
③ 펠러스키더(feller skidder) : 벌도작업과 동시에 임도변까지 운반함.
④ 하베스터(harvester) : 벌도작업 뿐만 아니라 초두부 제거, 가지제거 작업을 거쳐 일정 길이의 원목생산에 이르는 조재작업을 동시에 수행, 다공정처리기계

그림. 하베스터 (harvester)

3. 조재작업

벌도한 수목의 가지를 자르고, 필요에 따라서 박피를 하며, 용도에 적합한 길이로 측정하여 통나무 자르기를 하는 일련의 작업

4. 집재작업

1) 사용하는 동력에 의한 집재작업의 종류
① 인력에 의한 집재
② 축력에 의한 집재 : 동물의 힘을 빌어 집재
③ 중력에 의한 집재(활로에 의한 집재, 강선에 의한 집재)
④ 기계력에 의한 집재(트랙터집재, 가선집재)

2) 트랙터집재
① 트랙터집재의 종류
㉮ 지면끌기식 집재(지면견인식 집재) : 기계력을 이용하여 생산하고자 하는 원목을 지면에 끌면서 이동하는 방법
㉯ 적재식 임내주행 : 임내에 벌도, 모아쌓기(집적)된 벌도목을 회전 반경이 작은 소형 집재용 차량이나 포워더 등에 적재하여 집재하는 방법

■ 트랙터 견인력에 영향을 미치는 요인 ☆
① 토양상태 : 연약한 지반에서 견인력 저하
② 차축하중 : 습한 토양에서 견인력 저하
③ 타이어의 직경 및 공기 압력 : 타이어의 직경이 클수록, 공기압이 낮을수록 견인력이 증가
④ 주행장치 : 주행장치의 종류별 특성상 생산성 차이가 발생

② 트랙터집재작업 능률에 미치는 인자 ☆

㉮ 임목의 소밀도 : 낮은 임목 밀도는 생산성 저하

㉯ 경사 : 일반적으로 50~60%가 작업 한계경사이지만 30% 내의 경사가 작업의
능률과 안전면에서 유리

㉰ 토양상태 : 젖은 토양의 생산성 저하

㉱ 단재적 : 단재적이 적은 것은 여러 개의 원목을 집재함으로 생산성이 저하

㉲ 집재거리 : 크롤러 바퀴식 트랙터 집재기는 100~180m, 바퀴식은 300m
까지가 경제성 있는 집재거리

■ 가선집재 종류
① 고정 방식 : 타일러 방식, 엔드리스
타일러 방식, 폴링블록 방식, 호이
스트 캐리지 방식, 스너빙 방식
② 이동 방식 : 하이리드 방식, 슬랙라인
방식, 러닝스카이라인 방식, 모노
케이블 방식

3) 가선집재의 종류 ☆☆☆

① 고정 스카이라인방식 : 고정된 가공본줄(스카이라인)을 사용하는 방식

타일러 방식	• 가공본줄의 경사가 10~25°인 범위에서 대면적 개벌작업에 적합, 운전 조작, 가로집재가 용이 • 집재거리가 제한적, 택벌지에서 가로집재에 의한 잔존목의 손상이 많고, 롤러 및 와이어로프의 마모가 심함.
엔드리스 타일러 방식	• 가공본줄의 경사 10° 이하이고 자중에 의한 반송기의 이동이 곤란하 거나 20° 이상의 급경사지에서 반송기의 속도 조절이 어려운 개벌작 업지에 적합하고 운전·가로집재·집재목의 짐내림이 용이 • 가로집재를 위한 장치가 있을 경우 택벌지에서 직각 방향으로 가로 집재가 가능
폴링블록 방식	• 가공본줄의 경사가 10° 전후까지의 단거리·소면적·소량의 집재에 유리한 작업 • 가공본줄의 설치 및 철거가 쉽지만, 운전조작이 어렵고 집재속도가 낮음.
호이스트 캐리지 방식	• 임지와 잔존목의 훼손을 가능한 최소화 시킬 수 있는 작업형태 • 운전조작이 간편하고 짐달림도르래가 불필요하며 가로집재의 작업능 률이 뛰어남. • 전용 반송기가 필요하고, 가로집재 거리가 제한적이나 가설에 소요되 는 시간이 짧음.
스너빙 방식	• 상향집재와 하향집재에 사용되며, 가공본줄의 경사가 10~ 30°의 범위 에서 적용이 가능함. • 작업본줄 1개만 작업이 가능하므로 설치가 간단하고 운전이 쉬우며 장거 리 집재도 가능함. • 일반적으로 가로집재는 불가능하나, 자동계류형 반송기 사용 시 일부 가능함.

② 이동 스카이라인방식 : 가공본줄을 사용하지 않거나 고정하지 않는 방식

하이리드방식	• 작업지의 길이가 100m 내외의 완경사지에서 소량의 작업에 용이함. • 단순하고 운전이 용이하나 임지훼손이 크고, 장애물이나 굴곡이 심한 지형은 작업능률이 크게 감소함.
슬랙라인방식	• 찜도르래(Heel block)를 이용하여 가공본줄의 인장력을 조정하는 형태 • 반송기의 이동은 자중에 의하며, 짐올림줄을 필요로 하지 않아 가선 설치가 용이하지만 큰 장력이 걸리는 가공본줄을 작업줄로 사용하는 경우에는 사용하기 어려움 • 지형의 굴곡이 심한 경우에는 반송기를 완전히 지면으로 이동할 수 있으며 가공본줄의 인장력을 조정하는 형태로 자중에 의한 반송기 이동 가능함. • 임지훼손이 큼.
러닝스카이라인방식	• 집재거리 300m, 경사도 10° 전후의 소량 간벌 · 택벌작업지에 적합 • 구조는 간단하지만 운전은 비교적 어려운 편으로, 비교적 긴 가로 집재에도 사용, 가설 및 철거가 용이하여 타워야더에 가장 많이 사용
모노케이블방식 (단순순환식)	• 간벌이나 택벌작업지에서 적용 가능, 가선설치시 제거해야 할 나무들이 많고 잔존목의 피해가 많이 발생 • 작은 직경의 와이어로프를 사용하므로 큰 용재는 생산할 수 없고, 작업효율도 낮음.

4) 트랙터집재와 가선집재 특징 및 용어 ☆

① 특징

집재방법	장점	단점
트랙터 집재	• 기동성이 높음. • 작업생산성이 높음. • 작업이 단순함. • 작업 비용이 낮음.	• 환경에 대한 피해가 큼. • 완경사지에서만 작업 가능 • 높은 임도밀도를 필요로 함.
가선 집재	• 주위환경, 잔존임분에 대한 피해가 적음. • 낮은 임밀도에서도 작업이 가능 • 급경사지에서도 작업 가능	• 기동성이 떨어짐. • 장비구입비가 비쌈. • 숙련된 기술이 필요 • 세밀한 작업계획이 필요 • 장비설치 및 철거시간이 필요 • 작업생산성이 낮음.

핵심 PLUS

■ 삭도

임도와 같이 원목을 운반하기 위한 시설물의 한가지로서 보통 고정된 두 지점을 연결하는 고정식이나 반영구적으로 설치된 가선설비로, 이는 단순히 두 지점간의 원목의 운반역할을 하며 가로집재(측방집재)를 할 수 있는 기능이 없음.

■ 소집재

임내에 산재된 원목을 짧은 거리를 운반하여 일정규모의 무더기로 모으는 작업

■ 토장

집재목의 하역 장소로 다음 단계의 운반을 위해서는 임시로 쌓이는 장소

② 가선집재 관련용어 ☆☆☆

㉮ 머리기둥 : 가공본줄이 통과하는 지주목 중 집재기에 가까운 쪽을 일컫는 말

㉯ 뒷기둥 : 가공본줄이 통과하는 지주목 중 집재기에 먼 쪽을 일컫는 말

㉰ 사잇기둥 : 가공본줄을 지표면으로부터 일정 높이를 유지시켜 주기 위해 설치하는 지지대로서 반송기가 통과할 수 있는 구조로 되어있고, 입목을 이용하거나 철제 또는 목재 기둥을 이용함.

㉱ 가공본줄 : 주삭, 가공삭 또는 스카이라인이라고도 하며, 원목을 운반하는 반송기가 지표면에 끌리지 않고 공중에 들려 이동하도록 일정한 장력을 주어 설치한 와이어로프로서 반송기가 여기에 매달려 왕복하는 통로역할을 함.

㉲ 지간 : 기둥 간의 가공본줄 수평거리로 머리기둥과 꼬리기둥 사이에 사잇기둥이 있는 경우를 다지간 가공본줄 시스템, 없는 경우를 단지간 가공본줄 시스템이라 함.

㉳ 반송기 : 반기 또는 캐리지라 하며, 집재 대상목을 매달고 스카이라인을 왕복하는 장치로 단순히 도르래를 이용하는 간단한 것으로부터, 엔진과 리모콘 장치, 클램프 등이 장착된 복잡한 형태 등 다양한 종류가 있음.

㉴ 작업본줄 : 메인라인, 당김줄, 연인삭이라고도 하며 반송기를 작업 장소에서 집재기 방향으로 이동시키는 와이어로프를 의미함.

㉵ 되돌림줄 : 회송삭이라 하며 반송기를 당김줄과 반대방향으로, 즉 집재기 방향에서 작업장쪽으로 되돌려 주는 역할을 하는 줄

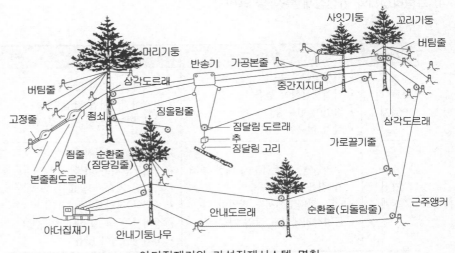

야더집재기와 가선집재시스템 명칭

3 운재작업

1. 개념

임목수확작업의 마지막 작업요소인 운재 작업은 토장 또는 중간 토장으로부터 제
재소 등의 가공지까지 모든 목재의 수송을 말함.

2. 방법

1) 도로운재

트럭을 이용하는 트럭운재로 기동성이 있고 시설비 및 유지보수비가 적음.

2) 철도운재

우리나라에서는 일제강점기에 산림철도를 이용하였으나, 외국의 경우 일반 철도
를 이용한 대량 목재 운반 등을 하고 있음.

3) 삭도운재

공중에 와이어로프를 설치하고 이것을 반송기에 장착한 목재운반 시설을 삭도라
하는데, 설치에 많은 시간이 소요되어 소규모 작업물량 투입에 부적합함.

4) 수상운재

수리를 이용하여 설비 및 운임이 적으나 우리나라의 경우는 댐 건설로 인해 불가
능함.

5) 기타운재

헬리콥터 또는 기구 등을 이용

4 임목수확작업 시스템

1. 경사별 작업 시스템 분류 ☆

1) 완경사지형 작업 시스템(경사도 30% 미만)

① 대규모 작업형태

㉮ 대형장비 이용 : 하베스터 집재 → 포워더 운반

㉯ 인력+대형장비 : 체인톱 벌목 → 프로세스 작업 → 포워더 운반

② 소규모 작업 형태

㉮ 인력 집재 : 체인톱 벌목조재 → 인력 집재

㉯ 수라 집재 : 체인톱 벌목조재 → 수라 집재

㉰ 임내차 집재 : 체인톱 벌목조재 → 소형 임내차 집재 → 굴삭기 집적

핵심 PLUS

■ 운재방법
① 도로운재
② 철도운재
③ 삭도운재
④ 수상운재

■ 우리나라 기계화의 제약인자
① 지형이 복잡하고 경사도가 높아 기계
화에 불리함.
② 소유 규모가 작고 규모 경제성이
낮아 불리
③ 장령림 이상의 인공림 비율이 낮음.
④ 기계화에 적합한 대단위 사업 단지
가 필요
⑤ 임도시설이 미비함.
⑥ 임업수익성이 낮아 기계화 투자를
꺼려함.
⑦ 전문기술 인력의 부족 및 행정지원
체계 개선 필요

CHAPTER 06 산림수확작업 및 작업관리

2) 중경사지형 작업 시스템(경사도 30~60%)

① 대규모 작업 형태

㉮ 트랙터 윈치 집재 : 체인톱 벌목지타 → 트랙터 집재 → 그래플 쏘우 조재

㉯ 그래플 스키더 집재 : 펠러번처 벌목 → 그래플 스키더 집재 → 프로세서 조재

㉰ 소형 스키더 집재 : 체인톱 벌목 → 스키더 집재 → 프로세서 조재

② 소규모 작업 형태

㉮ 수라 집재 : 체인톱 벌목조재 → 수라집재

㉯ 임내차(Ⅰ) 집재 : 체인톱 벌목조재 → 소형 임내차 집재 → 굴삭기 집적

㉰ 임내차(Ⅱ) 집재 : 체인톱 벌목조재 → 굴삭기 소집재, 적재 → 임내차 집재 → 굴삭기 집적

3) 급경사지형 작업 시스템

① 대규모 작업 형태

㉮ 타워식 집재기 + 프로세서 : 체인톱 벌목 → 타워식 집재기 → 프로세서 조재

㉯ 타워식 집재기 + 그래플 쏘우 : 체인톱 벌목조재 → 타워식 집재기 → 그래플 쏘우 작동

② 소규모 작업 형태 : 라디케리 집재 : 체인톱 벌목 → 라디케리 집재 → 체인톱 조재

2. 수확작업 기종별 기능 구분(전업형과 겸업형으로 구분)

1) 전업형

고성능 고가장비를 이용한 작업 형태

2) 겸업형

소규모 벌채 현장 이용

■ 용어
① 작동 : 통나무자르기
② 지타 : 가지자르기

구분	기종명	작업기능	적용규모
벌목장비	체인톱	인력벌목, 작동, 지타	겸업형
	펠러번처	벌목, 작동	전업형
조재장비	프로세서	지타, 집적 및 작동작업	전업형
	그래플 쏘우	작동작업	전 · 겸업형
벌목조재장비	하베스터	벌목, 지타, 집적 및 작동	전업형

구분	기종명	작업기능	적용규모
집재장비	굴삭기 그래플	임내 단거리 소집재	겸업형
	트랙터 윈치	임내 작업도 이용 집재	겸업형
	스키더	임업전용 굴절기 트랙터	전·겸업형
	임내차	임업용 소형 집·운재 차량	겸업형
	타워식 집재기	자주식 가선집재 장비	전업형
	자주식 반송기	가선집재	겸업형
	수라	중력집재	겸업형
집운재장비	포워더	작업도 이용 집·운재	전업형
	4륜 구동트럭	작업도 이용 집·운재	겸업형
원목상차장비	굴삭기 그래플	원목상차	전·겸업형
	크레인 트럭	원목상차	겸업형

3. 목재생산방법의 종류 ☆☆☆

1) 전목생산방법

① 임분 내에서 벌도된 벌도목을 그래플 스키더, 케이블 크레인 등으로 끌어내어 임도변 또는 토장에서 지타(가지자르기)·작동(통나무자르기)을 하는 작업형태

② 프로세서 등의 고성능 장비를 사용하여 소요인력을 최소화할 수 있는 임목수 확방법으로 제거된 가지 등이 임내에 환원되지 않아 척박한 임지에서는 토양 양료 순환 등의 문제점 발생

2) 전간생산방법

① 임분 내에서 벌도와 지타를 실시한 벌도목을 트랙터, 케이블 크레인 등을 이용 하여 임도변이나 토장까지 집재하여 원목을 생산하는 방법

② 전목집재와 같이 대형장비와 임도변에 넓은 토장이 필요하며 긴 수간의 이동으 로 잔존임분에 피해를 줄 우려가 있으나 토양 양료 순환의 문제점은 감소

3) 단목생산방법

① 임분 내에서 벌도와 지타, 작동을 실시하여 일정규격의 원목을 생산하는 방법

② 주로 인력작업에 많이 활용되며, 평탄한 간벌작업지는 트랙터를 이용하고, 산악 간벌지에서는 케이블크레인을 이용함. 체인톱을 이용하여 벌목조재작업을 임내 에서 실시하므로 인건비 비중이 높아 작업비용이 많이 들어감.

■ 목재생산방법
임목의 가공 상태에 따라 전목, 전간, 단목 생산방법으로 구분

4. 기계화 작업 단계별 임목수확작업 방법의 적용가능 범위

기계화 수준		작업단계별 작업수단			목재생산 방법		
		벌목	조재	집재방법	전목	전간	단목
인력작업단계		체인톱	체인톱, 도기	인력, 축력		○	◎
기계화단계	중급 기계화	체인톱	체인톱	트랙터, 가선	○	◎	○
	고급 기계화	체인톱		트랙터, 가선	◎		
	완전 기계화	하베스터		포워더			◎
		펠러 번처	프로 세서	그래플 스키더	◎		

○ 부분적으로 적용가능한 작업 방식, ◎ 대부분의 작업방식

5. 토장(임지저목장)의 설치 ☆

1) 토장

집재작업을 통하여 수집된 집재목은 임도나 작업로를 이용하여 목재 집하장이나 제재소 등으로 운반하기 위하여 일정 장소에 모으는 곳

2) 설치 요령

① 간벌작업은 토장이 설치될 장소에서부터 작업을 수행
② 위치는 작업로와 임도의 연결점 부근에서 정함.
③ 곡선부, 협곡점, 언덕부위, 습한 곳 등과 장비의 이동에 지장이 되는 곳은 피함.
④ 쌓기의 방향은 운재 방향에 따름.
⑤ 집적용량은 운반차량 용량의 최소한 반 정도는 되도록 함.

5 작업계획과 관리 및 임업노동

1. 노동관리

1) 에너지 대사율(RMR; Relative Metabolic Rate)

① 작업강도의 지표로서 가장 많이 이용되고 있는 생리적 부하 측정평가방법으로 산소호흡량을 측정하여 에너지의 소모량을 표시

② 노동의 에너지 대사율$=\dfrac{\text{노동 시 에너지 대사량} - \text{안정시 에너지 대사량}}{\text{기초대사량}}$

③ 일상 생활활동에 소요되는 에너지량은 생활활동지수를 사용해서 계산하며, 사람이 활동하는 노동강도에 의한 생활활동지수는 다음과 같으며 격심한 노동에 해당하는 임업노동의 분당 에너지 소요량은 약 17 KJ/분임.

노동의 종류	노동강도에 의한 생활활동지수
가벼운 노동(일반사무원, 기술자)	0.35
보통 노동(교사, 교원, 주부)	0.50
심한 노동(농부, 어부, 간호원)	0.75
격심한 노동(벌목작업, 운동선수)	1.00

2. 작업조직

1) 1인 1조
① 장점 : 독립적이고 융통성이 크고 작업능률도 높음.
② 단점 : 과로하기 쉽고 사고발생시 위험

2) 2인 1조
① 장점 : 2인의 지식과 경험을 합하여 작업, 융통성을 갖고 능률을 올릴 수 있음.
② 단점 : 타협해야 하고 양보해야 함.

3) 3인 1조
① 장점 : 책임량이 적어 부담이 적음.
② 단점 : 작업에 흥미를 잃기 쉽고 책임의식이 낮고 사고 위험이 높아짐.

4) 편성효율
작업조의 인원이 적으면 적을수록 효율이 좋다고 할 수 있으며 1인 작업조가 효율이 가장 좋고, 홀수 인원보다 짝수인원의 작업조의 효율이 높음.

3. 작업안전

1) 산림작업이 어려운 이유
① 더위, 추위, 비, 눈, 바람 등과 같은 기상조건에 영향을 많이 받음.
② 산악지의 장애물과 경사로 인한 미끄러지기 쉬움.
③ 산림작업도구 및 기계 자체가 위험성을 내포함.
④ 작업장소를 계속 이동하여야 함.
⑤ 무거운 통나무가 넘어지거나 굴러 내리는 경우가 많음.
⑥ 기타 독충, 독사, 구르는 돌 등에 의해 피해를 받기 쉬움.

■ 안전사고의 정의 ☆
고의성이 없는 불안전한 인간의 행동과 불안전한 물리적 상태 및 조건이 원인으로 작용하여 사망을 초래한 사고

■ 안전사고 발생원인 ☆
① 위험을 두려워하지 않고 오만한 태도를 지녔을 때
② 안일한 생각으로 태만히 작업을 할 때
③ 과로하거나 과중한 작업을 수행할 때
④ 계획 없이 일을 서둘러 할 때
⑤ 실없는 자부심과 자만심이 발동할 때

2) 안전사고 예방 준칙

① 작업 실행에 심사숙고할 것
② 작업의 중용을 지킬 것
③ 긴장하지 말고 부드럽게 할 것
④ 규칙적인 휴식을 취하고 율동적인 작업을 할 것
⑤ 휴식 직후에는 서서히 작업속도를 높일 것
⑥ 몸의 일부로만 계속 작업을 피하고 몸 전체를 고르게 움직일 것
⑦ 위험을 항상 염두에 두고 보호장비를 항상 착용할 것
⑧ 작업복은 작업종과 일기에 맞추어 입을 것
⑨ 올바른 기술과 적당한 도구를 사용할 것
⑩ 유사시를 대비하여 혼자서 작업하지 말 것
⑪ 산불을 조심할 것

3) 안전장비

① 안전헬멧 : 머리와 눈을 보호하고 소음으로부터의 난청을 예방하기 위하여 귀마개와 보호망이 부착된 헬멧을 착용
② 귀마개 : 난청을 예방하는 장비
③ 얼굴 보호망 : 눈을 보호하는 안전 장비
④ 안전복 : 추위나 더위로부터 신체보호 및 오염이나 각종 상해로부터 작업자 보호, 작업자의 식별을 쉽게 하기 위하여 등과 가슴부위·손목과 발목부분에 경계색(안전색 : 주황색·붉은색)을 넣고 땀을 잘 흡수하고 물이 스며들지 않는 옷감이어야 함.
⑤ 안전장갑 : 손을 보호, 찰과상, 진동, 찔림 등으로부터 손을 보호, 와이어로프 작업용은 손바닥 부분이 두 겹으로 되고 손목이 긴 장갑을 착용함.
⑥ 안전화 : 안전화 코에 척제가 달려있어 발을 안전하게 보호함, 미끄럼을 막고, 기계톱 및 도기 등에 의한 상해 및 타격으로부터 발을 보호, 앞코에 철판이 들어있는 것을 착용함.

4. 산림작업자 피로

1) 피로의 원인

① 작업시간과 작업강도 : RMR 7 정도의 작업은 10분, RMR 3 정도의 작업은 3시간 정도 작업을 할 수 있음. ☆

구분	매우 가벼운 작업	가벼운 작업	보통 작업	힘든 작업	매우 힘든 작업	극히 힘든 작업
분당 산소 소비량(l/분)	0.5 이하	0.5~1.0	1.0~1.5	1.5~2.0	2.0~2.5	2.5 이상
맥박수(회/분)	75 이하	75~100	100~125	125~150	150~175	175 이상
에너지소비량 (kcal/분)	2.5 이하	2.5~5.0	5.0~7.5	7.5~10.0	10.0~12.5	12.5 이상
RMR 추정치	2.5 이하	2.5~4.8	4.8~6.8	6.8~10.0	10.0~12.0	12.0 이상

<RMR(에너지대사율)=작업에 소요되는 에너지량/기초대사량>

② 작업환경조건 : 열악한 작업환경이 작업강도에 직접 관여하여 육체적 · 정신적으로 부하를 높임.

③ 작업속도 : 주작업의 에너지 대사율 4~5 부근이 한계, 8시간 지속작업을 원한다면 RMR 2~3 정도가 적정함.

④ 작업시각과 작업시간 : 야간근무는 주간근무에 비해 작업경과 시간 약 80%에서 피로상태에 도달

⑤ 작업태도 : 의욕이 높을 때 주관적 피로감이 적고 작업의 능률도 오름.

2) 피로가 작업에 미치는 영향 ☆

① 실동률의 저하
② 인적여유 시간과 그 횟수의 증대
③ 작업속도의 저하
④ 작업정확도의 저하
⑤ 재해의 발생

3) 피로의 회복 대책

휴식과 수면을 취할 것, 충분한 영양을 섭취, 산책 및 가벼운 체조를 실시, 음악감상, 오락 등으로 기분전환, 목욕, 마사지 등 물리적 요법 취함.

핵심 PLUS

■ 피로의 정의
어느 정도 일정한 시간 작업 활동을 계속하면 객관적으로 작업능률의 감퇴 및 저하, 착오의 증가, 주관적으로는 주의력 감소, 흥미의 상실, 권태 등으로 일종의 복잡한 심리적 불쾌감을 일으키는 현상

■ 피로의 검사방법
① 자각증세 검사
② 생리적 검사
③ 생화학적 검사
④ 심리학적 검사

CHAPTER 06 산림수확작업 및 작업관리

■ 재해발생의 주요 원인 ☆
 ① 사회적 환경과 유전적 요소
 ② 불안전한 행동(인적원인)
 ③ 불안전한 상태(물적원인)

■ 안전보호구
 ① 작업 중에 발생되는 재해를 막기 위해 작업자가 착용하는 보호용 의류 및 장비기구 등
 ② 작업자의 작업용도에 따라 재질을 정한다.

5. 산림작업 사고 및 재해

1) 재해발생의 주요 원인

① 사회적 환경과 유전적 요소
- ㉮ 부적절한 태도
- ㉯ 전문지식의 결여 및 기술 숙련도 부족
- ㉰ 신체적 부적격
- ㉱ 부적절한 기계적 · 물리적 환경
- ㉲ 정신적 · 성격적 결함.(무모함, 신경성, 흥분, 과격한 기질, 동기부여 실패)

② 불안전한 행동(인적 원인)
- ㉮ 권한 없이 행한 조작
- ㉯ 불안전한 속도 및 위험 경고 없이 조작
- ㉰ 안전장치의 속도 및 위험 경고 없이 조작
- ㉱ 안전장치의 고장이나 기능 불량
- ㉲ 결함 있는 장비, 물자, 공구, 차량 등 운전 및 시설의 불안전한 사용
- ㉳ 보호구 미착용 및 위험한 장비에서 작업
- ㉴ 필요장비를 사용하지 않거나 불안전한 기구를 대신 사용
- ㉵ 불안전한 적재, 배치, 결합, 정리정돈 미비
- ㉶ 불안전한 인양, 운반
- ㉷ 불안전한 자세 및 위치
- ㉸ 당황, 놀람, 잡담, 장난

③ 불안전한 상태(물적 원인)
- ㉮ 결함. 있는 기계 설비 및 장비
- ㉯ 불안전한 설계, 위험한 배열 및 공정
- ㉰ 부적절한 조명, 환기, 복장, 보호구
- ㉱ 불량한 정리정돈
- ㉲ 불량상태(미끄러움, 날카로움, 거칠음, 깨짐, 부식)

2) 사고 발생의 원인

① 관리적 원인
- ㉮ 기술적 원인 : 건물 · 기계장치의 불량, 구조 재료의 부적합, 생산방법의 부적당, 점검 · 정비 · 보존 등의 불량 등
- ㉯ 교육적 원인 : 안전지식 부족, 안전수칙 불이행, 경험 · 훈련의 부족, 작업방법 · 유해작업에 대한 교육 부족 등
- ㉰ 작업관리상 원인 : 안전관리조직 및 안전수칙의 미제정, 작업준비의 불충분, 인원배치 및 작업지시의 부적당 등

② 직접 원인

  ㉮ 인적 요인 : 위험장소 접근, 안전장치 기능 제거, 복장 · 보호구 및 기계 · 기구의 잘못 사용, 운전중인 기계장치의 손질, 불안전한 속도조작, 불안전한 상태 방치 및 자세 · 동작, 감독 및 연락 미비 등

  ㉯ 물적 요인 : 물질 자체의 결함, 안전방호장치 및 복장 · 보호구의 결함, 배치 · 작업장소 및 작업환경의 결함, 생산 공정의 결함. 등

③ 가해 물질에 의한 원인

  ㉮ 동력기계 : 원동기 및 동력전달장치

  ㉯ 운반기계 : 이송장치 및 운반레일, 수송차량

  ㉰ 작업장비 : 기계톱 · 칼날이 있는 도구와 예불기

  ㉱ 경사지 · 위험한 작업대상 : 미끄러짐 · 뒹굴음 · 벌목 · 집재 · 임도

  ㉲ 동 · 식물 및 기후 : 독충 · 독사 · 벌 · 폭설 · 강풍 등

3) 재해예방의 4원칙 ☆

① 손실우연의 원칙

  ㉮ 재해손실은 사고 발생시 사고대상의 조건에 따라 달라지므로 한 사고의 결과로서 생긴 재해 손실은 우연성에 의해서 결정

  ㉯ 재해 방지의 대상은 우연성에 좌우되는 손실의 방지보다는 사고발생 자체의 방지가 되어야 함.

② 원인계기의 원칙 : 사고에는 반드시 원인이 있고 원인은 대부분 복합적 연계원임.

③ 예방가능의 원칙 : 자연적 재해, 즉 천재지변을 제외한 모든 인재는 예방이 가능

④ 대책선정의 원칙(재해예방을 위한 가능한 안전대책)

  ㉮ 기술적 대책(공학적 대책) : 안전설계, 작업행정 개선, 안전기준의 설정, 환경 설비의 개선, 점검보전의 확립 등

  ㉯ 교육적 대책 : 안전교육 및 훈련을 실시

  ㉰ 관리적 대책 : 각종 규정 및 수칙의 준수, 전 종업원의 기준 이해, 경영자 및 관리자의 솔선수범, 부단한 동기부여와 사기 향상

■■■■ 6. 산림수확작업 및 작업관리

1. 기계화 벌목작업의 특징이 아닌 것은?

① 생산량이 증대된다.
② 입목의 크기에 제한을 받지 않는다.
③ 집재 및 가지치기 비용이 절감된다.
④ 소규모에서는 작업비가 많이 소요된다.

2. 다음 중 임목수확작업에 직접적으로 미치는 영향이 아닌 것은?

① 환경적 요인   ② 기후적 영향
③ 임분 구조적 요인   ④ 지형적 요인

3. 임목수확작업의 계절적 영향에 대한 설명으로 옳지 않은 것은?

① 겨울작업은 수액 정지 기간에 작업하므로 양질의 목재를 수확할 수 있다.
② 겨울작업은 잔존 임분에 대한 영향이 적다.
③ 여름작업은 작업장으로의 접근성이 겨울작업에 비해 어렵다.
④ 여름작업은 일조시간이 길어 긴 작업시간으로 도급제 실시에 유리하다.

4. 다음 중 입목 벌도방법을 잘못 설명한 것은?

① 재적 비율을 높이기 위해 벌채점은 되도록 낮아야 하는데, 대경목의 경우 보통 지상 20~30cm의 높이에서 벌채한다.
② 벌도방향에 대하여 직각으로 근주직경 1/4 이상의 수구 자르기를 한다.
③ 수구 자르기 할 때 흉고직경 50cm 이상은 1/3 이상이 바람직하다.
④ 수구 자르기 할 때의 경사는 50° 정도로 한다.

해설 1
벌목작업은 입목의 크기에 제한을 받으며, 지형이 험준한 지역에서는 작업이 곤란하다.

해설 2
임목수확의 영향은 기후적, 임분구조적, 지형적 요인 등이 있다.

해설 3
여름수확은 작업장으로의 접근이 겨울작업에 비해 쉽다.

해설 4
수구 자르기를 할 때 경사는 30~45° 정도로 한다.

정답 1. ② 2. ① 3. ③ 4. ④

5. 다음 설명 중 틀린 것은?

① 경사진 방향에서의 벌도방향은 경사방향에 대하여 약 30° 경사진 방향이 적당하다.

② 벌목방향은 수형, 인접목, 지형, 하층식생, 풍향, 대피장소 등을 고려하여 하여야 하나, 무엇보다도 벌목작업에 의해 벌도방향이 우선적으로 고려되어 결정되어야 한다.

③ 벌도목 주위에 벌도작업에 방해가 되는 관목, 덩굴, 치수 등을 제거한다.

④ 벌도대상목의 주위정리를 할 때 수간의 가슴높이까지 가지를 먼저 자른다.

6. 다음에는 벌도, 가지치기, 조재 등의 작업을 동시에 수행함으로서 목재수확의 능률을 향상시킨 작업기계는?

① 펠러번처　　　　　② 펠러스키더
③ 우드칩퍼　　　　　④ 하베스터

7. 기계화 벌도작업시 사용되는 장비가 아닌 것은?

① 펠러번처　　　　　② 하베스터
③ 프로세서　　　　　④ 펠러스키더

8. 트랙터집재작업 능률에 영향을 미치는 요인이 아닌 것은?

① 지주목의 상태　　　② 임목의 소밀도
③ 목재의 단재적　　　④ 집재거리

9. 이동식 스카이라인 방식이 아닌 것은?

① 하이리드 방식　　　② 러닝 스카이라인 방식
③ 모노 케이블 방식　　④ 호이스트 캐리지 방식

해설 **5**
벌도방향은 수형, 인접목, 지형, 하층식생, 풍향, 대피장소 등을 고려하나, 우선적으로 집재방향과 집재방법에 의해 벌도방향이 고려하여 결정되어야 한다.

해설 **6**
하베스터는 벌도, 가지치기, 조재 등 다공정 장비이다.

해설 **7**
프로세서는 가지자르기, 작동을 동시에 하는 다공정장비이다.

해설 **8**
지주목의 상태는 가선집재와 관련된다.

해설 **9**
호이스트 캐리지 방식은 고정식 스카이라인 방식이다.

정답 5. ② 6. ④ 7. ③ 8. ①
9. ④

CHAPTER 06 산림수확작업 및 작업관리

10. 트랙터집재와 가선집재에 대해 설명으로 맞는 것은?

① 트랙터집재는 가선집재에 비해 작업비용이 높다.
② 트랙터집재는 가선집재에 비해 환경에 친화적이다.
③ 가선집재는 트랙터집재에 비해 작업생산성이 낮다.
④ 가선집재는 트랙터집재에 비해 경사에 제한을 받는다.

11. 다음 중 가선집재와 관련이 없는 용어는?

① 되돌림줄　　② 사잇기둥
③ 앵커　　④ 굴절형 차량

12. 프로세서(processor)의 구성 요소가 아닌 것은?

① 송재장치　　② 절단장치
③ 조재목 마름질장치　　④ 벌도장치

13. 가공본줄을 이용한 가선집재방식의 종류와 특징을 기술한 것 중 옳지 못한 것은?

① 타일러식 집재방법은 가로집재가 가능하며 롤러 및 와이어로프의 마모가 심하지 않다.
② 엔드리스 타일러식 집재방법은 긴 가로집재가 가능하며 설치시간이 많이 소요된다.
③ 스너빙방식 집재방법은 구조가 간단하여 운전이 용이하나 가로집재가 불가능하다.
④ 슬랙라인식 집재방법은 구조가 간단하여 설치가 용이하나 임지훼손이 크다.

14. 기계력에 의한 집재작업 중 가선집재방법의 장단점을 잘못 기술한 것은 어느 것인가?

① 기동성이 좋으며, 저가에 장비를 구입할 수 있다.
② 주위환경, 잔존 임분 및 목재에 피해가 적다.
③ 낮은 임도밀도 지역에서의 작업이 가능하다.
④ 급경사에서도 작업이 가능하나, 작업 생산성이 낮다.

해　설

해설 10
트랙터집재는 가선집재에 비해 작업 생산성이 높다.

해설 11
굴절형 차량은 트랙터 집재에 관련된 용어이다.

해설 12
프로세서는 벌목작업이 불가능하다.

해설 13
타일러식은 집재거리가 제한적이며, 택벌지에서 가로집재에 의한 잔존목의 손상이 많고 롤러 및 와이어로프의 마모가 심하다.

해설 14
가선의 가설과 해체에 높은 기술력과 시간이 많이 필요하다.

정답 10. ③　11. ④　12. ④　13. ①
14. ①

15. 죔도르래의 이용으로 가공본줄의 인장력을 조정하여 반송기의 이동을 자중으로 하는 가선집재방법은?

① 러닝스카이라인식
② 폴링블록식
③ 슬랙라인식
④ 타일러식

16. 다음 중 운재의 종류가 아닌 것은?

① 철도운재
② 수상운재
③ 가선운재
④ 삭도운재

17. 경사별 작업시스템 분류에 대한 설명으로 옳지 않은 것은?

① 완경사지 작업시스템(대규모 작업시스템) – 대형장비 이용(하베스터 집재 → 포워더 운반)
② 중경사지 작업시스템(대규모 작업시스템) – 트랙터 윈치 집재(체인톱 벌목지타 → 트랙터 집재 → 그래플 쏘우 조재)
③ 급경사지 작업시스템(대규모 작업시스템) – 타워식 집재기 + 프로세서(체인톱 벌목 → 타워식 집재기 → 프로세서 조재)
④ 중경사지 작업시스템(소규모 작업시스템) – 라디케리 집재(체인톱 벌목 → 라디케리 집재 → 체인톱 조재)

18. 기계화 수준별 목재생산방법에 대한 설명으로 옳지 않은 것은?

① 인력작업 단계 – 단목
② 중급 기계화 단계 – 전간
③ 고급 기계화 단계 – 전목
④ 완전 기계화 단계(하베스터) – 전목

19. 안전사고의 정의로 옳지 않은 것은?

① 고의성이 없는 사건이다.
② 불안전한 인간의 행동과 물리적 환경조건이 선행된다.
③ 생산능률을 향상시킨다.
④ 인명과 재산의 손실을 가져올 수 있는 사건이다.

[해설] **15**
슬랙라인식은 짐올림줄을 필요로 하지 않아 가선설치가 용이하지만 큰 장력이 걸리는 가공본줄을 작업줄로 사용하는 경우에는 사용하기 어렵다.

[해설] **16**
운재의 방법에는 도로운재, 철도운재, 삭도운재 등이 있다. 가선은 집재방법이다.

[해설] **17**
중경사지 작업시스템
• 수라 집재 : 체인톱 벌목조재→수라집재
• 임내차(Ⅰ) 집재 : 체인톱 벌목조재 → 소형 임내차 집재 → 굴삭기 집적
• 임내차(Ⅱ) 집재 : 체인톱 벌목조재 → 굴삭기 소집재, 적재 → 임내차 집재 → 굴삭기 집적

[해설] **18**
바르게 고치면
완전 기계화 단계(하베스터) – 단목

[해설] **19**
안전사고는 생산능률을 감소시킨다.

정답 15. ③ 16. ③ 17. ④ 18. ④
19. ③

20. 원인별 안전사고 발생률이 가장 높은 것은?

① 안전작업 미숙과 부주의에 따른 불안전한 행동
② 시설결함. 등 불안전한 상태
③ 감독 불충분 등의 안전관리상태 결함.
④ 작업환경 불량

21. 작업조직에 대한 설명으로 옳은 것은?

① 1인 1조는 독립적이고 융통성이 크며 작업능률도 높다.
② 2인 1조는 과로하기 쉽고 사고발생시 위험하다.
③ 1인 1조는 작업에 흥미를 잃기 쉽고 책임의식이 낮으며 사고 위험이 크다.
④ 3인 1조는 부담이 크다.

22. 다음 중 재해발생의 주요 원인이 아닌 것은?

① 정신적 · 성격적 결함.
② 보호구 미착용 및 위험한 장비에서 작업
③ 장비의 대형화
④ 권한 없이 행한 조작

23. 산림작업이 안전사고 발생이 높은 이유가 아닌 것은?

① 산악지의 장애물과 경사로 인해 미끄러지기 쉽다.
② 작업장소가 일정하여 계속 일정한 작업을 해야 한다.
③ 무거운 통나무가 넘어지거나 굴러 내리는 경우가 많다.
④ 산림작업도구 및 기계 자체가 위험성을 내포하고 있다.

24. 다음 중 피로의 원인이 아닌 것은?

① 작업시간과 작업강도   ② 작업내용
③ 장비의 다양화   ④ 권한 없이 행한 조작

해 설

[해설] 20
통계 결과 불안전한 행동이 가장 큰 원인 이다.

[해설] 21
1인 1조의 장점은 독립적이고 융통성 이 크고 작업능률도 높으며 단점은 과로 하기 쉽고 사고발생시 위험하다.

[해설] 22
장비의 대형화는 재해발생의 주요 원인 에 해당되지 않는다.

[해설] 23
산림작업시 작업장소를 계속 이동해야 한다.

[해설] 24
피로의 원인에는 작업시간과 강도, 작업 속도, 작업환경조건, 작업의 시각, 작업의 태도 등이다.

[정답] 20. ①   21. ①   22. ③   23. ②
24. ②

25. 다음 중 안전사고 예방준칙이 아닌 것은?

① 몸의 일부로만 작업을 계속하지 말고 몸 전체를 고르게 움직일 것
② 보호장비는 작업내용에 따라 필요시 착용할 것
③ 작업복은 작업종과 일기에 맞추어 입을 것
④ 휴식 직후에는 서서히 작업속도를 높일 것

해 설

해설 **25**
안전사고를 예방하기 위해 보호장비는
반드시 착용한다.

26. 다음 안전사고의 발생원인 중 인적요인으로 볼 수 없는 것은?

① 위험장소 접근
② 안전장치 기능 제거
③ 불안전한 속도조작
④ 작업환경의 결함

해설 **26**
물질 자체의 결함, 안전방호장치 및 복장·
보호구의 결함, 배치·작업장소 및 작업
환경의 결함, 생산공정의 결함. 등은 안전
사고 발생의 물적요인이다.

27. 산림작업의 노동재해원인을 인적 요인, 물적 요인, 작업환경요인으로 구분할 때,
다음 중 인적 요인에 해당하지 않는 것은?

① 과로
② 부주의
③ 경험부족
④ 보호장비 미착용

해설 **27**
보호장비 미착용은 물적 원인에 해당된다.

28. 다음 중 불안전한 행동에 의한 사고발생 요인은?

① 기계나 장비 등이 부적당하게 장치되어 있는 상태
② 결함이나 위험성이 있는 장비
③ 기계나 장비의 위험한 배치
④ 전문적인 지식의 결여 또는 숙련도의 부족

해설 **28**
①, ②, ③ 는 작업자에게 재해를 불러
일으키기 쉬운 불안전한 상태를 말한다.

29. 임도시공현장에서의 안전사고 대책으로 가장 부적당한 것은?

① 무리한 작업계획을 세우지 말고 충분한 안전시설 및 설비를 갖출 것
② 노무자에게 안전관리의 목적과 내용을 충분히 숙지시킬 것
③ 작업감독자는 개개의 작업을 분석하여 위험이 예상되는 곳의 방지대책을 세울 것
④ 작업장의 정리정돈은 작업의 편의를 위하여 작업상태 그대로 방치할 것

해설 **29**
작업장은 작업의 편의를 위해 항상 정리
정돈한다.

정답 25. ② 26. ④ 27. ④ 28. ④
29. ④

CHAPTER 06 산림수확작업 및 작업관리

30. 산림작업은 야외에 노출되어 온도·습도·바람·강우 등의 영향을 받는다. 이 영향을 미치는 작업환경 요소는?

① 소음
② 기후
③ 진동
④ 유해가스

31. 작업자의 작업능률 향상에 지장을 주는 작업행동의 장해조건으로 볼 수 없는 것은?

① 안전표지 부착
② 좁은 작업공간·통로 및 장애물의 방치
③ 적합하지 않은 복장
④ 기계장비의 인간공학적 결함.

32. 안전보호구의 선택 시 유의할 사항으로 옳지 않은 것은?

① 사용목적에 적합하여야 한다.
② 착용하여 작업하기가 편리하여야 한다.
③ 작업자의 생활수준에 따라 재질을 정하여야 한다.
④ 대상물에 대해서 방호가 완전하여야 한다.

33. 안전보호구에 대한 기술로 옳지 않은 것은?

① 작업중에 발생되는 재해를 막기 위하여 작업자가 착용하는 보호용 의류 및 장비기구 등을 말한다.
② 보호구는 공구나 기계설비의 안전장치이다.
③ 안전보호구 사용만으로 사고를 방지할 수 있는 것은 아니다.
④ 산림작업 시에는 안전보호구를 착용하여야 한다.

해   설

해설 **30**
임내에 작업막사 또는 이동막사를 설치하여 대피할 수 있게 하여야 한다.

해설 **31**
안전표지 부착은 안전유지에 도움이 된다.

해설 **32**
안전보호구는 작업자의 작업용도에 따라 재질을 정한다.

해설 **33**
안전보호구는 재해를 막기 위하여 작업자가 착용하는 보호용 의류 및 장비기구 등을 말하며, 작업시 안전보호구를 착용해야 한다.

정답 30. ②   31. ①   32. ③   33. ②

학습주안점

- 등고선의 성질과 종류, 간격을 이해하고 암기해야 한다.
- 지형경사도와 축척의 개념을 이해하고 이를 활용한 면적과 거리를 계산할 수 있어야 한다.
- 측량시 발생되는 오차의 종류에 대해 이해하고 공식을 암기해야 한다.
- 컴퍼스 및 평판측량과 수준측량 시 관련한 용어를 알고 측량방법 등을 숙지하고 있어야 한다.
- 트레버스 측량의 종류와 수평각 측량법을 이해하고 방위각 계산이 할 수 있어야 한다.
- 사진측량의 원리와 판독요소, GIS 정보자료의 유형에 대해서 이해하고 있어야 한다.

핵심 PLUS

1 지형측량

1. 지형측량 순서 ☆☆☆

계획 → 답사 및 선점 → 기준점 측량 → 세부측량 → 측량 원도 작성

2. 지형의 표현방법

1) 음영법(shading)

① 수직음영법 : 빛이 수평으로 비출 때 평행으로 동등한 강도를 가질 것이라는 것을 이용한 방법, 평탄한 것은 엷게, 급경사는 어둡게 나타남.

② 사선음영법 : 광원이 왼쪽에 있다고 가정하여 남동으로 그림자의 기복을 나타내는 방법, 급경사는 어두운 그림자, 완경사는 밝은 그림자로 나타냄.

③ 사상선 : 사상선의 간격, 굵기, 길이 방향으로 지형을 표시하는 방법으로 급경사는 굵고 짧고, 완경사는 가늘고 길게 표현

2) 우모법

① 짧은 털 모양의 선 기호를 사용하여 지형을 표현한 방법

② 사면의 방향, 경사의 크기 정도를 고려하면서 최대 경사선 방향으로 단선을 그려 지형의 입체감을 나타내며, 지형 기록과 기온 분포 등에도 많이 사용

3) 점고법(spot height system)

지표면과 수면상에 일정한 간격으로 점의 표고와 수심을 숫자로 기입하는 방법

4) 등고선법(contour system)

지표와 같은 높이의 점을 연결하는 곡선

■ 지형표현방법
① 음영법 : 수직음영법, 사선음영법, 사상선
② 우모법
③ 점고법
④ 등고선법

■ 산림측량의 종류
① 주위측량 : 산림경계선을 명백히 하고 그 면적을 확정하기 위하여 경계를 따라 주위 측량을 한다.
② 산림구획 측량 : 주위 측량이 끝난 후 산림 구획 계획이 수립되면 임반, 소반의 구획선 및 면적을 구하기 위하여 산림 구획을 한다.
③ 시설측량 : 교통로 및 운반로 개설과 기타 산림경영에 필요한 건물을 설치하고자 할 때에는 설치 예정지에 대한 측량을 한다.

핵심 PLUS

사상선

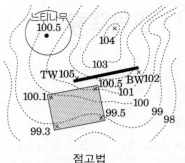

점고법

■ 지성선
  ① 능선 : 지표면의 높은 점들을 연결한 선으로 분수선이라고도 하며 실선을 사용하여 나타냄.
  ② 계곡선 : 지표면의 낮은 점들을 연결한 선으로 합수선이라도 하며 점선을 사용하여 나타냄.
  ③ 경사변환선 : 능선이나 계곡선상의 경사상태가 변하는 경우의 선
  ④ 최대경사선(유하선)
   • 경사가 급해지는 방향선으로 등고선과 수직을 이루는 선
   • 지표의 임의의 한점에서 그 경사가 최대로 되는 방향을 표시한 선으로 등고선에 직각으로 교차하며 물이 흐르는 선이란 의미에서 유하선이라고도 함.

3. 등고선의 성질 ☆

① 등고선 위의 모든 점은 높이가 같다.
② 등고선 도면의 안이나 밖에서 폐합되며, 도중에서 없어지지 않는다.
③ 도면 내에서 폐합되는 경우 등고선의 내부에 산정이나 분지가 존재한다.
④ 높이가 다른 등고선은 절벽과 동굴을 제외하고 교차하거나 합치지 않는다. 절벽과 동굴에서는 2점에서 교차한다.
⑤ 등경사지는 등고선의 간격이 같으며, 등경사평면의 지표에서는 같은 간격의 평행선이 된다.
⑥ 급경사지는 등고선의 간격이 좁고, 완경사지는 등고선의 간격이 넓다.
⑦ 등고선 사이의 최단거리의 방향은 그 지표면의 최대경사의 방향이며, 최대경사의 방향은 등고선의 수직 방향이고, 물의 배수방향이다.
⑧ 철사면의 등고선 형태는 높은쪽 등고선 간격이 낮은쪽 등고선 간격보다 넓다.
⑨ 요사면의 등고선 형태는 낮은쪽 등고선 간격이 높은쪽 등고선 간격보다 넓다.
⑩ 고개는 등고선이 쌍곡선을 이루는 것과 같은 부분으로 산의 능선이 말안장 모양으로 움푹 들어간 부분과 같다고 하여 안부라고도 한다. 산을 넘는 경우 교통로로 이용되는 경우가 많고, 약간의 평탄지가 있으며, 측량에서 기준점을 설치하는 장소로 이용된다.
⑪ 분지의 경우 일반적으로 등고선 높이를 값으로 표시한다.

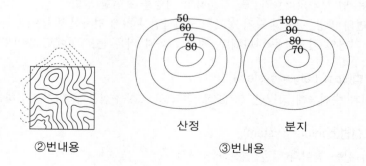

②번내용

산정   분지

③번내용

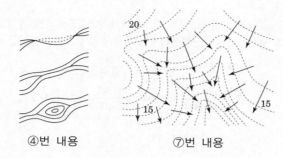

④번 내용   ⑦번 내용

4. 등고선의 종류와 간격 ☆☆

1) 종류

종류	표시	기준
계곡선	굵은실선	주곡선 5개마다 1개를 굵게 표시한 선
주곡선	실선	지형의 기본 곡선
간곡선	가는파선	주곡선의 1/2로 주곡선만으로 지모의 상태를 나타내지 못할 곳은 긴 점선으로 표시
조곡선	가는점선	간곡선의 1/2로 간곡선만으로 지모의 상태를 나타내지 못할 곳은 점선으로 표시

2) 간격

축척	계곡선 (m)	주곡선 (m)	간곡선 (m)	조곡선 (m)
1/500	5	1	0.2	0.25
1/1,000	5	1	0.5	0.25
1/2,500	10	2	1	0.5
1/5,000	25	5	2.5	1.25
1/25,000	50	10	5	2.5
1/50,000	100	20	10	5

5. 지형경사도계산 ☆☆

1) 경사도 계산방법

$$경사도(\%) = \frac{표고차}{구간거리(실제거리)} \times 100$$

■ 지형경사도
경사도는 경사의 정도에 따른 등급 구분과 형태에 따른 구분이 요구되며 토양구조, 토양단면의 생성, 토양모재와 관계됨.

핵심 PLUS

[예시] 1 : 25,000의 지형도상에서 산정표고가 225.75m, 산밑의 표고가 47.25m인 사면의 경사는? (단, 산정부터 산밑까지의 수평거리는 5m임)

▶ 경사도 = $\dfrac{표고차}{구간거리(실제거리)} \times 100$

$\dfrac{225.75 - 47.25}{5 \times 25,000} \times 100 = \dfrac{178.5}{125,000} \times 100 = 0.14\%$

2) 경사보정량

$$경사보정량(\%) = -\left(\dfrac{고저차^2}{2 \times 거리}\right) \times 100$$

[예시] 낮은 산지의 고저차가 1m 되는 두 점간의 거리가 10m일 때의 경사보정량 (cm)은?

▶ 경사보정량$(\%) = -\left(\dfrac{고저차^2}{2 \times 거리}\right) \times 100$

$-\left(\dfrac{1^2}{2 \times 10}\right) \times 100 = -\,0.05\text{m} = -5\text{cm}$

6. 축척과 거리 및 면적 ☆

1) 거리구하기

① 실제거리와 도면상의 거리가 주어지고 축척을 구할 때 : 축척 = $\dfrac{도면상거리}{실제거리}$

② 도면상거리와 축척이 주어지고 실제거리을 구할 때
: 실제거리=도면상거리×축척의 역수

2) 면적구하기

① 실제면적을 구할 때 : 실제면적=도상면적×축척의 분모수^2
② 도상면적을 구할 때 : 도상면적=실제면적×축척의 분모수^2

7. 곡밀도 예측 ☆

① 산림의 지형조건을 개괄적으로 나타내는 지형지수는 임지경사, 기복량, 곡밀도 (谷密度)의 3가지 지형요소로부터 구함.

② 곡밀도 = $\dfrac{대상지역내의 전체 계곡수(본)}{대상총면적}$

[예시]
1 : 1,000 지도에서 1cm²은 실제면적으로 몇 m²인가?
해설
실제면적=도상면적×축척의 분모수^2
1cm²(→ 0.0001m²)×1,000^2=100m²

8. 거리

1) 거리측량

① 두 점간의 최단거리(수평거리)이며, 측지측량에서는 기준타원체면상에서의 거리를 말함.

② H는 수평거리, D는 경사거리, h는 연직거리, 보통은 수평거리를 의미함.

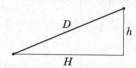

③ 거리 측정값은 작업자, 측량 기계, 기후 등에 의해 오차가 발생하며 정밀한 측량 결과를 위해서는 온도, 경사, 처짐 등에 대한 보정이 필요함.

2) 직선거리 계산

① 도해법(graphical method) : 전방교차법을 응용하여 도상에서 거리를 측정하는 방법

② 시준의 스타디아법(alidade stadia method) : 시준의(視準儀)의 시준공과 잣눈을 이용하여 두 점간의 거리를 구하는 방법

3) 표고차를 알고 있는 지점간의 거리측정

두 지점간의 잣눈의 차를 측정한 후에 산출함.

9. 면적 및 체적 측정

1) 면적 측정

삼각형법, 지거법, 도상거리법, 구적기법(세부내용은 4장 임도시공 및 관리 참고)

2) 체적 측정

① 가늘고 긴 지역의 측정 방법 : 평균단면적법, 중앙단면적법, 각주법 등

② 넓은 지역의 측정 방법 : 사각분할법, 삼각분할법(세부 내용은 4장 임도시공 및 관리 참고)

2 측량일반

1. 기준점 측량

1) 답사에 의한 기준점 선정 ★☆

기준점은 도면 작성의 기준이 되는 점이며, 도면과 시공자, 감독관의 시야를 일치시키는 기준점이 됨.

2) 기준점 측량

① 삼각측량

㉮ 시거측량이나 트랜싯측량을 주로 실시

㉯ 최근에는 토털스테이션측량에서 GPS측량으로 변모하고 있는 추세임

② 토털스테이션(Total-station)을 이용한 삼각측량 : 광파거리측정기와 트랜싯 또는 스타디아 기능이 융합되어 거리와 고저각 및 수평각을 동시에 관측할 수 있는 측량장비인 토털스테이션을 활용한 측량을 말함.

③ GPS를 이용한 기준점 측량

㉮ 인공위성에서 방송하는 위치정보를 전파의 형태로 수신하여 현재의 위치를 결정하는 방식

㉯ 시준선의 확보가 필요 없고 기상조건의 제약이 없으며, 정적·동적 측량이 모두 가능하고 장거리 측량이 가능함.

④ DGPS(Differential GPS)를 이용한 기준점 측량 : 고정위치데이터를 알려주는 기지국과 수신기가 위치한 이동국 사이의 차이를 나타내는 데이터(Differences Data)를 이용하여 후처리 또는 실시간 처리로 위치를 알아내는 GPS의 일종이다.

2. 오차

- **오차**
  어떤 양을 측정하는 경우에라도 그 참 값을 구하기 어렵고 반드시 참값과 측 정값 사이에는 차이가 발생, 즉 참값과 측정값의 차이를 오차라고 함.

1) 측량의 신뢰도 : 무게(경중률)

① 측정값의 신뢰 정도를 표시하는 값을 무게 또는 경중률이라 함.

② 일정한 거리를 측정하는데 갑은 1회, 을은 3회를 측정했다면, 을의 측정값이 3배의 신뢰도가 있으므로 갑과 을의 경중률은 1 : 3이 됨.

③ 최확값 : 어떤 관측량에서 가장 높은 확률을 가지는 값으로 반복 측정된 값의 산술평균으로 구함.

④ 잔차 : 최확값과 관측값의 차이로 오차라 부르기도 함.

⑤ 참값 : 이론적으로 정확한 값으로 오차가 없는 값으로 존재하지 않으며 아무리 주의 깊게 측정해도 참값은 얻을 수 없고 대신 최확값을 사용

- **오차의 3대 법칙**
  ① 작은 크기의 오차는 큰 오차보다 발생할 확률이 높음.
  ② 같은 크기의 정 (+)오차와 부(-) 오차의 발생 확률은 같음.
  ③ 매우 큰 오차는 거의 발생하지 않음.

2) 원인

기계적 오차 (instrumental error)	기계의 조작 불완전, 기계의 조정 불완전, 기계의 부분적 수축 팽창, 기계의 성능 및 구조에 기인되어 일어나는 오차
개인적 오차 (personal error)	측량자의 시각 및 습성, 조작의 불량, 부주의, 과오, 그 밖에 감각의 불완전 등으로 일어나는 오차
자연 오차 (natural error)	온도, 습도, 기압의 변화, 광선의 굴절, 바람 등의 자연현상으로 인하여 일어나는 오차

3) 종류 ☆

① 정오차

- ㉮ 일정한 조건에서는 언제나 같은 방향 및 크기로 일어나는 오차로서 상차 (常差)라고도 하며, 때로는 작은 오차가 모여서 큰 오차가 되는데 이를 누차 (累差)라고도 함.
- ㉯ 오차의 발생원인이 확실하고, 측정횟수에 비례하여 일정한 크기와 방향으로 나타나 누차라고도 한다. 정오차는 계산하여 보정함.
- ㉰ 보정 : 관측한 줄자의 정수보정, 온도보정, 경사보정, 평균해면상의 길이보정, 장력에 대한 보정, 처짐에 대한 보정 등이 있음.

정오차(R)=측정횟수(n)×1회 측정시 오차(a)

② 부정오차

- ㉮ 오차의 원인을 찾기가 어렵거나 모를 경우의 오차
- ㉯ 오차 발생원인이 불분명하여 주의해도 없앨 수 없는 오차로 부정오차라 하며, 때로는 서로 상쇄되어 없어지기도 하므로 상차라 하고, 우연히 발생한다하여 우차라고 함.
- ㉰ 측정횟수의 제곱근에 비례하며 Gauss의 오차론에 의해 처리함.

우연오차(R)=±$b\sqrt{n}$ b=1회 측정시 오차

③ 과오 : 관측자의 부주의나 미숙에서 발생하는 과실

---

3 컴퍼스 및 평판측량

1. 컴퍼스 측량(compass surveying)

1) 방법

도선법	기점에서 차례로 방위와 거리를 측정해 가는 방법으로 복도선법과 단도선법 (측점을 하나씩 건너 측정)이 있음.
사출법	컴퍼스를 각 점이 모두 보일 수 있는 위치에 설치하여 각 측점의 방위와 거리를 측정함.
교차법	측선상의 점에서 각 측점에 대한 방위를 측정

2) 검사와 조정

① 자침 : 자침은 어떠한 곳에 설치하여도 운동이 활발하고 자력이 충분하면 정상
② 수준기 : 수준기의 기포를 중앙에 오게 한 후 수평으로 180도 회전시켜도 역시 기포가 중앙에 있으면 정상

■ 오차의 종류
① 정오차(누차)
    =측정횟수(n)×1회 측정시 오차(a)
② 부정오차(상차, 우차)
    =±1회 측정시 오차$\sqrt{측정횟수(a)}$
③ 과오 : 관측자 부주의 미숙에서 오는 오차

■ 컴퍼스 측량
컴퍼스로 방위각 또는 방위를 측정하고, 체인 또는 테이프로 거리를 측정하여 각 측점의 평면상의 위치를 결정하는 측량으로 시준선은 N과 S를 연결하는 방향에서 얻어짐.

③ 자침의 중심과 분도원의 중심의 일치 : 컴퍼스를 수평으로 세웠을 때 자침의 양단이 같은 도수를 가리키고 있고, 자침도 수평을 유지하면 정상

④ 시준평면과 수준기 평면의 직각 : 컴퍼스를 세우고 정준한 다음 적당한 거리에 연직선을 만들어 시준할 때 시준종공 또는 시준가와 수직선이 일치하면 정상

⑤ 시준면과 자침면이 동일평면에 위치 : 양 시준공 사이에 가는 실을 늘이고, 위에서 내려다 보아 이것과 분도원의 N과 S가 일치하면 정상

3) 자오선과 국지인력

① 자오선(meridian) : 자오선은 지구의 양극을 지나는 가상의 선으로 진북선(true north line) 또는 참자오선이라고 하는데, 평면측량에서는 각 점을 지나는 자오선을 평행한 것으로 취급

② 자침편차 : 진북(true north)과 자북(magnetic north)이 이루는 각으로 그 편차는 북쪽으로 갈수록 커짐, 자침편차는 끊임없이 변화하며 일변화, 년 변화, 영년(주기) 변화, 불규칙변화 등이 있음, 우리나라는 서쪽으로 5°~7°의 자침편차가 있음.

③ 일차(日差) : 자침편차의 주기적인 변화 가운데 하루 사이에 일어나는 변화로 변화량은 5′~10′ 정도임, 컴퍼스측량 시의 일차는 오전 11시경 평균이고, 오후 2시경이 최대임.

④ 국지인력(local attraction) : 부근에 철제 구조물, 철광석, 직류전류 등이 있으면 자력선의 방향이 변하여 자침이 정확한 자북을 가리키지 않게 되는데, 이를 보정하려면 최초 발생한 측점의 방위각을 전 측점의 방위각에서 ±180° 보정함.

■ 방위각 측정
① 진북선을 기준으로 시계방향으로 어느 측선까지 이루는 각
② 역방위각은 앞 측선의 방위각이 180°를 넘지 않으면 +180°를, 앞 측선의 방위각이 180°를 넘으면 −180°를 함.

2. 평판측량(plane table surveying)

1) 평판측량기구

① 평판 : 삼각대 위에 고정시켜 제도용지를 깔고 측정한 결과를 그리는 판

② 앨리데이드 : 목표물을 시준해 방향을 결정하는 기구, 시준판, 기포관, 정준간 등으로 구성

③ 구심기 : 추를 매달아 땅 위의 측점과 도면 위의 측점을 같은 연직선에 오게 하는 기구

④ 자침기 : 도면의 방향을 결정할 때 사용하는 기구

■ 평판측량
삼각위에 제도지를 붙인 평판을 고정하고, 앨리데이드(Alidade)를 사용하여 거리·각도·고저 등을 측정함으로써 직접 현장에서 제도하는 측량법

■ 평판측량기구
평판, 삼각대, 자침기, 구심기, 줄자, 엘리데이드(평판기준기) 등

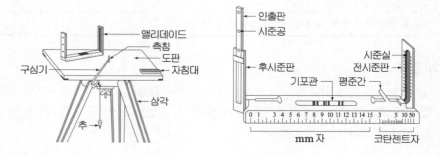

2) 평판설치 3가지 조건 ☆☆

① 정치(Leveling Up, 수평맞추기)

㉮ 평판이 수평이어야 할 것

㉯ 앨리데이드를 평판에 가로 방향으로 놓고 삼각을 이용하여 기포관의 기포가 중앙에 오도록 조절

㉰ 가로 방향으로 놓여있던 앨리데이드를 그 방향과 수직이 되는 세로 방향으로 놓고 삼각을 이용하여 가로 방향과 같은 방법으로 기포관의 기포가 중앙에 오도록 조절

② 구심(Centering, 중심맞추기)

㉮ 평판상의 측점을 표시하는 위치는 지상의 측점과 일치하며, 동일 수직선장에 있을 것

㉯ 구심기와 구심추를 이용하여 구심을 맞출 때 구심추를 측점(말뚝 중심)과 연직선 상에 놓으려 해도 미세한 오차가 발생함 → 구심에 허용되는 편심거리(偏心距離)는 축척에 의해서 결정되는데 편심거리는 가측점에서의 측각값을 본래의 3각점에서의 측정값으로 수정하는 계산(귀심계산. 歸心)에 필요한 수치

③ 표정(Orientation)

㉮ 평판이 일정한 방향 또는 방위를 취할 것

㉯ 표정 작업에서 발생하는 오차(방향오차)가 전체 오차에 가장 큰 영향을 미치므로 주의해야 함.

3) 귀심(Reduction to Center)

① 지형에 따라서 측점상에 평판을 설치할 수 없는 경우에는 적당한 위치에 평판을 설치하고, 평판을 설치한 점과 측점과의 관계 위치를 측정하여 조정하는 것

② 한도는 축척 1/50,000의 경우에는 5.0m, 1/10,000의 경우에는 1.0m, 1/1,000의 경우에는 0.1m, 1/500의 경우에는 0.05m이며 정밀을 요하지 않을 때에는 이 값의 2배 정도를 취하여도 무방함.

4) 평판측량의 장점 · 단점 ☆

장점	단점
• 현장 작업에서 직접 작도하므로 잘못된 곳을 찾기 쉽고 불필요한 부분을 뺄 수 있음. • 야장기입이 없어 이에 따르는 오차가 없음. • 측량법이 간단하고 작업이 신속 • 측량용 기구가 간단하여 운반이 편리	• 건습에 의한 도판지의 신축으로 오차가 생기기 쉬움. • 외업시간이 많고 기후의 영향을 많이 받음. • 다른 측량방법에 비해 정밀도가 낮음. • 수량산출 및 축척 변경이 곤란

핵심 PLUS

■ 평판을 세우는 법
① 정준 : 수평 맞추기, 평판이 수평이 되어야 함.
② 치심 · 구심: 중심 맞추기, 평판상의 측점과 지상의 측점을 일치 시키는 것
③ 표정 : 평판을 일정한 방향에 따라 고정 시킴.

CHAPTER 07
산림측량

■ 평판측량 방법
① 방사법(사출법) : 장애물이 없고, 좁은 지역에서 주로 사용, 오차검정 못함.
② 전진법(도선법, 절측법) : 측량할 구역이 비교적 넓고 장애물이 많은 경우 적합, 완경사지에서 측점을 많이 설정할 경우에 이용
③ 교회법(교차법) : 넓은 지역에서 세부측량이나 소축척의 세부측량에 적합, 전방교차법 · 측방교차법 · 후방교차법으로 구분

■ 교회법의 종류 ☆

전방교회법	기지점에서 미지점의 위치를 결정하는 방법으로 측량지역이 넓고 장애물이 있어서 목표점까지 거리를 재기가 곤란한 경우 사용함.
후방교회법	기지의 3점으로부터 미지의 점을 구하는 방법
측방교회법	전방교회법과 후방교회법을 겸한 방법으로 기지의 2점 중 한점에 접근이 곤란한 경우 기지의 2점을 이용하여 미지의 한점을 구하는 방법

5) 평판측량의 방법

① 방사법(사출법, method of radiation)
  ㉮ 측량지역에 장애물이 없는 곳에서 한 번 세워 여러 점들을 쉽게 구할 수 있음.
  ㉯ 평판을 세운 후 각점을 시준하여 방향선을 긋고 거리를 측정하여 축척에 따라 각 점들을 나타냄.
  ㉰ 비교적 좁은 지역에 대축척으로 세부측량을 할 경우 효율적이며, 오차를 검정할 수 없는 결점이 있음(시준거리 60m 이내)

② 전진법(도선법, 절측법, graphical traversing)
  ㉮ 측량지역에 장애물이 있어 이 장애물을 비켜서 측점사이의 거리와 방향을 측정하고 평판을 옮겨가면서 측량하는 방법으로 비교적 정밀도가 높음.
  ㉯ 한 측점에서 많은 점의 시준이 어렵거나 구역이 좁거나 길고 장애물로 인하여 교차법을 사용할 수 없는 경우 또는 완경사지에서 측점을 많이 설정할 경우에 이용

③ 교회법(교차법. method of intorsoction)
  ㉮ 광대한 지역에서 소축척의 측량을 하는 것이며, 거리를 실측하지 않으므로 작업이 신속함.
  ㉯ 2개 또는 3개의 기지점에서 평판을 세우고 이들 점에서 측정하려는 목표물을 시준하여 그은 방향선의 교점으로 측점위치를 결정하는 방법

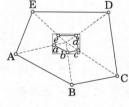

그림. 방사법

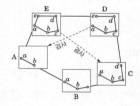

그림. 전진법

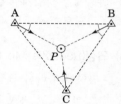

그림. 교회법(교선법)

6) 평판측량의 오차

기계 오차	• 기계의 조정이 불완전하여 오차를 수정하기 어려우므로 오차의 발생을 줄이도록 함. • 앨리데이드의 외심오차 : 앨리데이드의 잣눈면과 시준면 사이의 거리, 즉 외심 거리 때문에 생기는 오차 • 앨리데이드의 시준오차 : 시준공의 크기와 시준선의 굵기 때문에 시준선의 방향 오차가 생기는 것
평판을 세울 때의 오차	• 평판기울기에 따른 오차(정준오차) • 구심오차 : 도상의 점과 지상의 점이 일치하지 않기 때문에 생기는 오차 • 자침오차 : 평판을 일정한 방향으로 고정할 때 발생하는 오차

측량방법에 따른 오차	방사법에 의한 오차, 전진법에 의한 오차, 교회법에 의한 오차
정밀도	평탄지 : $\dfrac{1}{1,000}$ 이하, 완경사지 : $\dfrac{1}{1,000} \sim \dfrac{1}{500}$ 산지 및 복잡한 지형 : $\dfrac{1}{500} \sim \dfrac{1}{300}$
폐합오차의 분배	$\dfrac{\text{폐합오차}}{\text{측선길이의 종합}} \times$ 출발점에서 조정할 측점까지의 거리
제도에 의한 오차	방향선 도시 또는 거리 측정시 도지의 신축 등에 의해 발생되는 오차

4 수준측량 (고저측량, leveling)

1. 수준측량 용어

① 연직선 : 지표면의 어느 점으로부터 지구 중심에 이르는 선

② 수준면(level surface)

   ㉮ 각 점들이 중력방향으로 직각으로 이루어진 곡면

   ㉯ 지오이드면, 회전타원체면 등으로 가정하지만 소규모 범위의 측량에서는 평면으로 가정해도 무방함.

③ 수준선(level line) : 지구의 중심을 포함한 평면과 수준면이 교차하는 곡선으로 보통 시준거리의 범위에서는 수평선과 일치함.

④ 기준면

   ㉮ 지반고의 기준이 되는 면으로 이면의 모든 높이는 ±0이다.

   ㉯ 일반적으로 기준면으로 기준면은 평균해수면을 사용하고 나라마다 독립된 기준면을 가짐.

⑤ 수준점(Bench mark, B.M)

   ㉮ 기준 수준면에서부터 높이를 정확히 구하여 놓은 점으로 수준측량시 기준이 되는 점

   ㉯ 우리나라 국도 및 주요도로를 따라 1등 수준점 4km 마다, 2등 수준점 2km 마다 수준표석을 설치하여 놓음

⑥ 수준원점(Original Bench mark, B.M)

   ㉮ 기준면(가상의 면)으로부터 정확한 높이를 측정하여 정해놓은 점

   ㉯ 우리나라는 인천 인하대학교 교정에 있으며 그 높이는 26.6871m임.

⑦ 수평면 : 연직선에 직교하는 곡면으로 시준거리의 범위에서는 수준면과 일치함.

- 정의
  여러 점의 표고 또는 고저차를 구하거나 목적하는 높이를 설정하는 측량이며, 기준점은 평균해수면이 된다.

CHAPTER 07
산림측량

핵심 PLUS

[예시]

B 두 지점간의 수준측량 결과, 전시가 45m, 후시가 90m이다. A점 지반고가 150m일 때 B점의 지반고는?

[해설]

① 지반고=기계고-전시
② 기계고=지반고+후시
  =150+90
  =240m
③ 기계고-전시=지반고
  =240-45
  =195m

2. 수준측량에 사용되는 용어

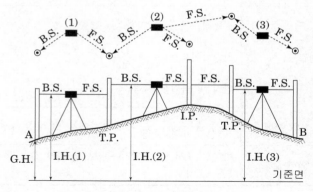

그림. 수준측량용어

측점(station, S)	표척을 세워서 시준하는 점으로 수준측량에서는 다른 측량방법과 달리 기계를 임의점에 세우고 측점에 세우지 않는다.
후시(back sight, B.S)	지반고를 알고 있는 점에 표척을 세웠을 때 눈금을 읽은 값
전시(fore sight, F.S)	표고를 구하려는 점(미지점)에 표척을 세웠을 때 눈금을 읽은 값
이기점 (turning point, T.P)	기계를 옮기기 위한 점으로 전시와 후시를 동시에 취하는 점
중간점, 간시 (intermediate point, I.P)	그 점의 표고를 구하고자 전시만 취한 점
기계고 (instrument height, I.H)	기계를 수평으로 설치했을 때 기준면으로부터 망원경의 시준선까지의 높이 $I.H = G.H + B.S$
지반고 (ground height, G.H)	표척을 세운 지점의 지표면의 높이 $G.H = I.H - F.S$
고저 차	두 지점간의 표고 차

3. 수준측량의 원리

$$\Delta h = (a_1 - b_1) + (a_2 - b_2) + ... = (a_1 + a_2 + ...) - (b_1 + b_2 + ...)$$
$$= \Sigma B.S - \Sigma F.S$$
$$H_B = H_A + \Delta h = H_A + (\Sigma B.S - \Sigma F.S)$$

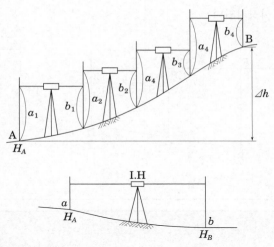

$$기계고(I.H) = H_A + 후시(a)$$

$$B점의\ 지반고 : H_B = 기계고(I.H) - 전시(b) = H_A + a - b$$

4. 야장기입법

① 고저측량의 결과를 표로 나타낸 것을 고저측량야장(수준야장)이라함.

② 야장의 기입법: 고차식, 승강식, 기고식

  ㉮ 고차식 야장기입법

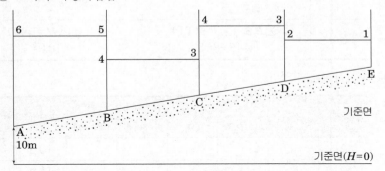

〈고차식 야장〉

S.P	B.S	F.S	G.H	비고
A	6		10	
B	4	5	11	
C	4	3	12	
D	2	3	13	
E		1	14	
계	16	12		
검산	$\sum B.S - \sum F.S = 16 - 12 = 4$		$\Delta H = 14 - 10 = 4$	

핵심 PLUS

■ 야장기입방법 및 용도

	방법	용도
고차식	전시의 합과 후시의 합의 차로서 고저차를 구하는 방법	2점간의 높이만을 구하는 것이 주목적 이므로 점검이 용이하지 않음.
승강식	후시값과 전시값의 차가 ⊕이면 승(昇)란에 기입하고 ⊖이면 강(降)란에 기입하는 방법	완전한 검산을 할 수 있어 정밀측량을 요할 때 쓰임.
기고식	시준높이를 구한 다음 여기에 임의의 점의 지반높이에 그 후시를 더하여 기계높이를 얻은 다음 그것에서 다른 점의 전시를 빼어 그 점의 지반높이를 얻는 방법	주로 사용하는 방법으로 중간시가 많을 때 사용하며 편리한 방법이나 완전한 검산을 할 수 없음.

산림측량

■ 기고식

* I.H(기계고)＝G.H(지반고)＋B.H(후시)
* G.H(지반고)＝I.H(기계고)－F.S(전시)

④ 기고식 야장기입법

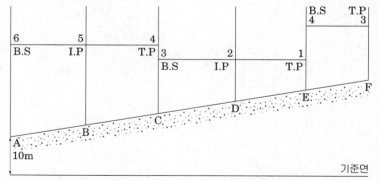

S.P.	B.S.	F.S.		I.H	G.H(m)	비고
		T.P.	I.P.			
A	6			16.0	10.0	
B			5		11.0	
C	3	4		15.0	12.0	
D			2		13.0	
E	4	1		18.0	14.0	
F		3			15.0	
계	13	8				
검산	$\sum B.S - \sum F.S$(T.P) $=13-8=5$				$\Delta H = 15.0$ $-10.0 = 5.0$	

④ 승강식 야장기입법

S.P.	B.S.	F.S.		승 (Rise,+)	강 (Fall,－)	G.H(m)	비고
		T.P.	I.P.				
A	6					10.0	
B			5	1.0		11.0	
C	3	4		2.0		12.0	
D			2	1.0		13.0	
E	4	1		2.0		14.0	
F		3		1.0		15.0	
계	13	8					
검산	$\sum B.S - \sum F.S$(T.P) $=13-8=5$			$\sum$승($T.P$)$-\sum$강 $=5-0=5$			

■ 승강식

* 전측선의 $B.S - F.S = + \rightarrow$ 승(Rise)
* 전측선의 $B.S - F.S = - \rightarrow$ 강(Fall)

5. 오차의 원인 ☆

1) 자연적 원인

① 관측 중 레벨과 표척이 침하

② 지구 곡률 오차

③ 공기 굴절 오차

④ 기상 변화에 의한 오차

2) 착오

① 표척의 밑바닥에 흙이 붙어 있음.

② 표척을 정확히 빼 올리지 않음.

③ 십자선으로 읽지 않고 스타디아선으로 표척의 값을 읽음.

④ 측정값의 오독이 있음.

⑤ 야장 기입란을 바꾸어 기입

⑥ 기입 사항에 누락 및 오기를 함.

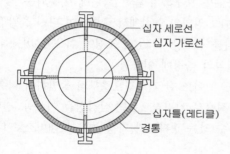

3) 기계적인 원인과 개인적 원인

	기계적인 원인	개인적 원인
레벨	• 레벨의 조정이 불완전함. • 기포의 감도가 낮음. • 기포관 곡률이 균일하지 않음.	• 시준할 때 기포가 정중앙에 있지 않음. • 조준의 불완전, 즉 시차가 있음.
표척	• 표척 눈금이 불완전함. • 표척·표척 이음매 부분이 정확하지 않음. • 표척 바닥의 0 눈금이 맞지 않음.	표척을 정확히 수직으로 세우지 않음.

■ 트래버스측량
기준점을 연결하여 이루어지는 다각형에 대한 변의 길이와 그 사잇각을 측정하여 측점의 수평 위치(x, y)를 결정하는 측량으로서, 어느 지역을 측량하려면 삼각측량으로 결정된 삼각점을 기준으로 세부측량의 기준점을 연결할 때와 노선측량, 지적측량 등 골조측량에 이용되는 중요한 측량임

■ 트래버스 종류 ☆
① 개방트래버스
② 폐합트래버스
③ 결합트래버스

■ 수평각 측량법
① 교각법
② 편각법
③ 방위각법

5 트래버스 측량

1. 특징

① 국가 기본삼각점이 멀리 배치되어 있어 좁은 지역에 세부측량의 기준이 되는 점을 추가 설치할 경우에 편리함.
② 복잡한 시가지나 지형의 기복이 심하여 시준이 어려운 지역의 측량에 적합하며, 선로(도로, 하천, 철도)와 같이 좁고 긴 곳의 측량에도 적합
③ 거리와 각을 관측하여 도식해법에 의하여 모든 점의 위치를 결정할 경우 편리함.
④ 삼각측량과 같이 높은 정도를 요구하지 않는 골조측량에 이용

2. 트레버스의 종류와 수평각 측량법

1) 트레버스 종류

① 개방트래버스(a) : 연속된 측점의 전개에 있어서 임의의 출발점과 종점 간에 아무런 관계가 없는 것으로 측량결과의 점검이 되지 않으므로, 노선측량의 답사 등의 높은 정확도를 요구하지 않는 측량에 이용되는 트래버스
② 폐합트래버스(b) : 임의의 측점에서 출발하여 다시 출발점으로 돌아오는 트래버스로 측량결과를 검토할 수 있고, 조정이 쉬우며, 비교적 정확도가 높은 측량으로 소규모 지역의 측량에 이용됨.
③ 결합트래버스(c) : 어느 한 기지점으로부터 출발하여 다른 기지점으로 결합시킨 것으로 일반적으로 기지점으로는 삼각점을 이용함, 결합트래버스는 측량의 결과가 점검될 수 있는 정확도가 가장 높은 트래버스로 대규모 지역의 측량에 이용됨.

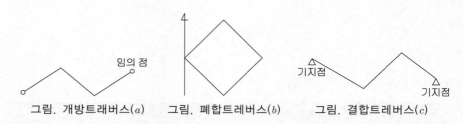

그림. 개방트래버스(a) 그림. 폐합트래버스(b) 그림. 결합트래버스(c)

2) 트레버스 측량의 수평각 측량법

① 교각법(a) : 어느 측선이 그 앞의 측선과 이루는 각(a)
② 편각법(b) : 각 측선이 그 앞 측선의 연장선과 이루는 각(b)
③ 방위각(c) : 진북선을 기준으로 하여 시계 방향으로 어느 측선까지 이루는 각을 측정하는 방법(c)

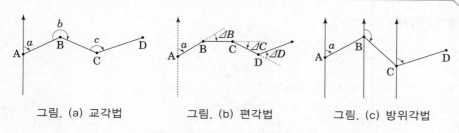

그림. (a) 교각법   그림. (b) 편각법   그림. (c) 방위각법

3. 방위각 및 방위 계산

1) 교각법에 의한 방위각 계산

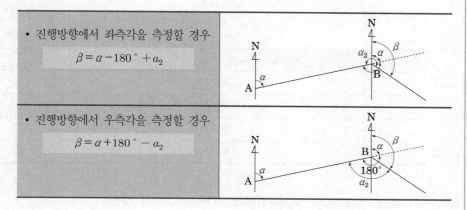

• 진행방향에서 좌측각을 측정할 경우 $\beta = \alpha - 180° + a_2$	
• 진행방향에서 우측각을 측정할 경우 $\beta = \alpha + 180° - a_2$	

2) 편각법에 의한 방위각 계산

어떤 측선의 방위각=(하나 앞 측선의 방위각) ± (편각)

여기서, 편각은 전 측선의 연장에 대하여 우회전을(+), 좌회전을 (−)로 하여 계산함.

■ 편각법에 의한 방위각 계산
일반적으로 개방 Traverse측량이나 노선
측량의 예측 등에서는 편각법이 쓰인다.

3) 방위각계산

① 역방위각=방위각+ 180°

② 방위각이 360°를 넘으면 360°를 감(−) 한다.

③ 방위각이 (−)값이 나오면 360°를 가(+) 한다.

4. 방위계산

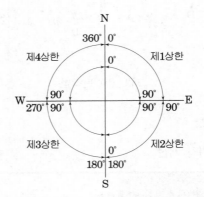

방위각		방위
0~90°	제1상한	N 방위각 E
90~180°	제2상한	S 180° – 방위각 E
180~270°	제3상한	S 방위각 – 180° W
270~360°	제4상한	N 360° – 방위각 W

5. 위거(緯距 ; Latitude) 및 경거(經距 ; Departure)의 계산

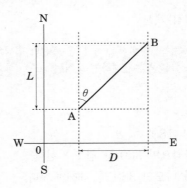

① XY를 직교축으로 가정할 때, 종축의 방향(NS)을 자오선, 횡축의 방향(EW)을 위선(緯線)이라고 하면 θ는 방위각이 됨.

② AB 측선의 방위각이 θ일 때, AB 측선 거리의 남북방향 성분을 위거(L), 동서방향 성분을 경거(D)라 함. (삼각함수에 의한 방법)

　㉮ 측선 AB의 위거(L)=L_{AB}=AB×$\cos\theta$

　㉯ 측선 AB의 경거(D)=L_{AB}=AB×$\sin\theta$

③ 위거와 경거는 θ 크기에 따라 양수 또는 음수가 되며, 위거가 음수가 되면 B점이 A점의 남쪽에 있고, 경거가 음수가 되면 B점이 A점의 서쪽에 있게 됨.

상한	위거(X)	경거(Y)
제1상한	+	+
제2상한	−	+
제3상한	−	−
제4상한	+	−

④ 폐합오차와 폐합비

㉮ 폐합트래버스에서는 위거(경거)의 경우 N(E) 방향을 (+), S(W) 방향을 (−)로 하여 계산하므로 총합은 0이 되어야 하나, 실제 계산에서는 오차로 인해 폐합 오차가 발생하게 됨.

㉯ 폐합비는 측선 전체의 길이에 대한 폐합오차의 비율을 말하며, 분자가 1인 분수의 형태로 표시하며, 트래버스의 정밀도는 폐합비로 나타냄.

㉰ 위거의 총합을 $\sum L$, 경거의 총합을 $\sum D$ 라 할 때, 폐합오차(E)와 폐합비 (R)를 구하는 공식

$$폐합오차(E) : E = \sqrt{(\sum L)^2 + (\sum D)^2}$$

$$폐합비(R) : R = \frac{폐합오차}{총길이} = \frac{\sqrt{(\sum L)^2 + (\sum D)^2}}{측선의 \ 전체길이}$$

6. 위거와 경거를 알 경우 거리와 방위각의 계산

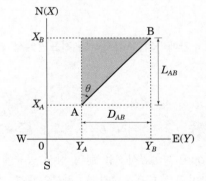

1) AB 의 거리

$$AB = \sqrt{(X_B - X_A)^2 + (Y_B - Y_A)^2}$$

2) AB 의 방위각

$$\tan \theta = \frac{Y}{X} = \frac{Y_B - Y_A}{X_B - X_A}$$

7. 좌표계산

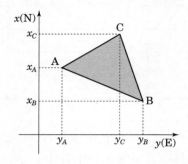

1) A점(X_A, Y_A)를 알고 B점(X_B, Y_B)를 구하는 방법

$X_B = X_A + AB$측선위거 → AB위거 = $\overline{AB} \times \cos\theta$ (여기서, θ는 AB측선의 방위각)

$Y_B = Y_A + AB$측선경거 → AB경거 = $\overline{AB} \times \sin\theta$

2) B점(X_B, Y_B)를 알고 C점(X_C, Y_C)를 구하는 방법

$X_C = X_B + BC$측선위거 → BC위거 = $\overline{BC} \times \cos\theta$ (여기서, θ는 BC측선의 방위각)

$Y_C = Y_B + BC$측선경거 → BC경거 = $\overline{BC} \times \sin\theta$

6 항공사진측량

1. 판독방법

① 항공사진의 축척 : 카메라의 초점거리와 지표면에서 카메라 렌즈까지의 높이의 비로 나타냄.

> 사진축척(M) : $M = \dfrac{1}{m} = \dfrac{\ell}{L} = \dfrac{f}{H}$
> (m : 축척의 분모수, ℓ : 지상거리, L : 화면거리, f : 초점거리, H : 촬영고도)

② 입체경(stereoscope) : 항공사진을 촬영 당시 공중에서 본 영상을 입체적으로 볼 수 있는 장비로 휴대용·교각식·반사입체경·쌍안 반사 입체경 등이 있음.

③ 항공사진 입체시 : 동일 물체를 같은 거리로 위치를 달리하여 중복촬영하고, 두눈의 간격에 맞추어 배열해 보면 입체시하여 판독 및 측정이 가능

④ 시차(parallax) : 중복 촬영된 한 쌍의 사진에서 동일점의 위치가 촬영위치에 의해 이동된 길이

⑤ 틸트(tilt) : 사진촬영 순간 항공기의 동요로 카메라축이 움직여서 연직선과 벗어나는 것

■ 사진측량의 원리
① 항공사진은 지표면의 상태를 그대로 기록한 것으로 거시적인 관찰이 가능함.
② 넓은 지역을 신속하게 측정할 수 있으며 길이, 넓이 등의 2차원적인 측정과 용적, 경사 등 3차원적 측정이 가능함, 정밀도가 같으며 개인적인 차가 작음.
③ 넓은 면적의 조사 시에는 경제적이나 일기에 영향을 받으며 좁은 면적일 경우에는 비경제적이며 전문적인 기술이 필요함.
④ 산림실태조사, 산림토양조사, 조림 벌채지 선정·확인, 간벌대상지 선정, 병충해피해조사, 산불피해조사, 임도계획 등에 활용되며 각종 피해상황조사와 임분의 생장과정, 건전도 등의 조사에 활용

⑥ 틸트된 항공사진의 특수3점 : 주점, 연직점, 등각점

주점 (principal point, m)	렌즈의 중심에서 사진면에 내린 수선의 발(m)로 사진의 중심점이 됨.
연직점 (nadir point, n)	렌즈 중심을 통한 연직축과 사진면과의 교점을(n) 말함.
등각점 (isocenter, j)	사진면과 직교하는 광선과 연직선이 이루는 각을 2등분하는 점

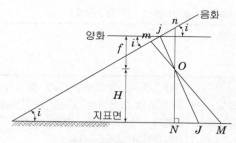

그림. 항공사진의 특수 3점

여기서, m, M : 화면의 주점, 지상의 주점
n, N : 화면연직점, 지상연직점
j, J : 화면등각점, 지상등각점
O : 투영중심
f : 초점거리

2. 판독요소

① 모양과 크기 : 지표대상물은 고유의 모양과 크기를 지니며 침엽수의 수관은 원추형에 가깝고 활엽수의 수관은 불규칙한 구형으로 나타냄.

② 색조 : 임목의 색조는 잎의 모양과 크기, 잎의 밀생 정도, 입목밀도 등에 따라 차이가 있으나 침엽수는 어두운 색조를, 활엽수는 밝은 색조를 띰

③ 질감 : 화면이 거칠게 또는 잔잔하게 느껴지는 등의 촉감을 나타냄, 유령목은 부드러운 조, 성숙림은 거칠은 밀, 노령목은 불규칙한 조밀상태를 보임.

④ 수고측정 : 항공사진을 입체시하여 시차 측정간을 이용하여 시차차를 구하여 수고를 계산

⑤ 인공림 : 식재열이 뚜렷하고 임분 전체의 색조가 균일하고 임분의 경계가 직선에 가까움.

■ 촬영계획

① 사진 촬영시간 : 태양고도 30도 이상인 오전 10시에서 오후 2시 사이에 1일 약 4시간 실시 1일 촬영 가능

② 항공사진 촬영시 중복도
- 종중복 : 동일 코스 내에서의 중복으로 약 60%를 기준
- 횡중복 : 인접 코스간의 중복으로 약 30%를 기준
- 산악지역이나 고층빌딩 밀집된 지역은 사각부를 없애기 위해 중복도를 10~20%증가시킴.

■ 원격탐사
① 항공기나 인공위성을 이용하여 카메라나 다파장 센서에 의해 관측 수신된 사진이나 화상 자료로 지표물의 각종 현상 및 특성을 알아내는 방법
② 원격탐사는 육안으로 식별해낼 수 없는 각종 현상 즉, 식물의 활력도, 수분함량, 해수면의 온도 등을 효과적으로 파악할 수 있음.

7 원격탐사

1. 특징

1) 화상 · 자료의 형태

다파장화상자료	위성자료의 파일구조는 화소(pixel) 및 line의 배열 방법에 따라 BIP(band interleaved by pixel), BSQ(band sequential), BIL(band interleaved by line) 등이 있음.
수치화상자료	수신된 화상 자료는 컴퓨터가 처리할 수 있는 CCT(computer compatible tape) 수치화상자료

2) 보정

방사보정처리 (radiometric correction)	태양 고도각, 센서의 응답특성, 대기의 상태 및 지형적 요인 등에 의해 발생되는 오차는 분석결과에 영향을 미치므로 태양의 고도각 보정, 절대방사량 추정, 대기보정, 지형적 반사특성의 보정을 거침
기하보정처리 (geometric correction)	지리적 왜곡 원인은 불규칙하게 발생하기 때문에 지상기준점 (ground control point)과 수학적 모델을 사용하여 보정함.

■ 지형정보시스템
① GIS는 세계에 존재하는 지형지물에 대한 모든 형태의 정보를 효과적으로 취득, 입력, 저장, 갱신, 조작, 분석, 출력하여 다른 가치 있는 정보로 유용하게 활용하기 위한 체계적인 활동 과정
② 산림자원 파악 및 산림재해 모니터링 등 종합적인 산림정보 수집과 각종 산림자원관리에 실질적으로 활용

2. 지형정보시스템(GIS : Geographic Information System) 특징

① 대량의 정보를 저장하거나 수정하는 등의 관리가 용이
② 자료를 연계하여 종합적 정보의 획득이 가능
③ 복잡한 정보의 분류나 분석에 유용

3. GIS자료

1) 정보구분
공간 정보와 속성 정보

2) 공간정보
① 대상물의 위치와 그 주변과의 관계를 나타내기 위한 자료로 컴퓨터에 저장하는 방식에는 래스터 유형과 벡터 유형이 있음.

래스터(Raster) 유형	벡터(Vector) 유형
• 실세계의 대상을 일정 크기의 최소 지도화 단위인 셀로 분할 • 각 셀에 속성값을 입력하고 저장하여 연산하는 자료구조	대상물을 좌표(X, Y)로 저장하며, 점(0) · 선(1차원) · 면(2차원)의 공간형상을 표현

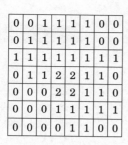

래스터 유형

벡터 유형

② 데이터 저장 구조는 적절한 용도가 존재, 서로 상호 보완적으로 사용되며, 하나의 지도 안에서 공존할 수도 있고, 도구를 사용하여 벡터 유형을 래스터 유형으로, 래스터 유형을 벡터 유형으로 변환할 수도 있음.

3) 속성 정보

① 지형도상의 특성, 지질, 지형,지물의 관계 자료
② 속성 정보는 테이블 형식으로 저장하고, 아라비아 숫자나 텍스트·기호 등의 문자 형태로 표현

4. 산림공간정보시스템 (FGIS : Forest Geospatial Information System)

① 산림에 대한 각종 위치와 속성정보를 컴퓨터에 입력하여 분석하여 계획수립 및 의사결정 지원 등에 활용하는 소프트웨어·하드웨어 및 인적자원의 통합적인 시스템
② 산림의 토양, 임상, 표고 등 속성 정보와 위치 정보를 항공사진, 위성영상과 산림행정을 통합하여 운영하는 서비스 체계를 의미

■■■■ 7. 산림측량

1. 1 : 25,000의 지형도에서 주곡선의 등고선 간격은 몇 m인가?

① 10m　　　　　　　　　　② 15m
③ 20m　　　　　　　　　　④ 25m

해설 **1**
주곡선은 1 : 50,000에서 20m를 나타
내므로 1 : 25,000에서는 10m를 나타
낸다.

2. 1 : 5,000 지형도에서 등고선 중 간곡선의 간격은?

① 2.5m　　　　　　　　　② 5m
③ 7.5m　　　　　　　　　④ 10m

해설 **2**
주곡선은 1 : 5,000에서 5m를 나타내
고 간곡선은 주곡선 간격의 1/2이다.

3. 1 : 25,000 지형도에서 4cm는 실제로 몇 m인가?

① 400m　　　　　　　　　② 10,000m
③ 1.000m　　　　　　　　④ 250m

해설 **3**
실제거리=지도상의 거리×축척의 역수
　　　　=4cm×25,000
　　　　=100,000cm
　　　　=1,000m

4. 1 : 25,000 지형도의 주곡선간격은 10m이다. 이 때 5%의 경사도로 노선을 선정
하려면 도상거리는 몇 mm인가?

① 4mm　　　　　　　　　② 8mm
③ 15mm　　　　　　　　　④ 20mm

해설 **4**
$$경사도=\frac{수직거리}{수평거리}\times100$$
$$5\%=\frac{10}{지도상거리\times25,000}$$

5. 실제 지상비 두 점간의 거리가 100m이고, 지도상의 거리가 4mm일 때 이 지도의 축척은?

① 1 : 1,000　　　　　　　② 1 : 2,500
③ 1 : 25,000　　　　　　④ 1 : 50,000

해설 **5**
실제거리=지도상의 거리×축척의 역수
100m=0.004m×축척의 역수
축척=25,000

정답 1. ①　2. ①　3. ③　4. ②
5. ③

6. 1 : 25,000의 지형도상에서 산정표고가 225.75m, 산밑의 표고가 47.25m인 사면의 경사는? (단, 산정부터 산밑까지의 수평거리는 5m임)

① 1/5
② 1/6
③ 1/7
④ 1/8

7. 1 : 25,000의 지형도상에서 종단기울기 5%의 임도노선을 선정하려 한다. 두 지점 간의 수평거리가 250m일 때 두 지점의 표고차는?

① 10.5m
② 11.5m
③ 12.5m
④ 13.5m

8. 컴퍼스 자침의 검사와 조정에서 자침이 정상적인가를 알고자 한다. 다음 중 정확한 검사를 말하고 있는 것은?

① 자침의 운동이 활발하고 자력이 충분하면 정상적이다.
② 수준기의 기포를 중앙에 오게 한다.
③ 기포의 위치가 이동된다.
④ 수준나사로 조정한다.

9. 컴퍼스 측량과 관계가 적은 것은?

① 방위각의 계산
② 자북의 측정
③ 국지인력
④ 내각의 측정

10. 컴퍼스측량에서 시준선은 무엇을 기준으로 하는가?

① N, S
② E, W
③ N, E
④ S, W

해   설

[해설] 6

$$경사도 = \left(\frac{표고차}{실제거리}\right) \times 100$$

$$= \frac{225.75 - 47.25}{5 \times 25,000} \times 100$$

$$= 0.14\%$$

[해설] 7

$$경사도 = \left(\frac{표고차}{실제거리}\right) \times 100$$

$$5 = \left(\frac{표고차}{250}\right) \times 100$$

$$\therefore 표고차 = 12.5m$$

[해설] 8

자침은 검사와 조정에서 어떠한 곳에서도 운동이 활발하고 자력이 충분하면 정상이며 조정 시는 자력이 충분하면 정상이며 조정 시는 자력이 강한 막대자석으로 마찰하여 자력을 준다.

[해설] 9

컴퍼스 측량은 컴퍼스로 방위각 또는 방위를 측정하고, 체인 또는 테이프로 거리를 측정하여 각 측점의 평면상의 위치를 결정하는 측량이다.

[해설] 10

컴퍼스의 시준선은 N과 S를 연결하는 방향에서 얻어진다.

CHAPTER 07

산림측량

정답 6. ③ 7. ③ 8. ① 9. ④
10. ①

11. 자침편차가 변화하는 주된 내용이 아닌 것은?

① 일변화   ② 연변화
③ 영년(주기)변화   ④ 규칙변화

12. 컴퍼스를 수평으로 설치하였을 때, 자침의 양끝이 같은 도수를 가리키지 않을 경우의 원인이 아닌 것은?

① 자침이 일직선이 아닐 때
② 첨축이 분도원의 중심에 없을 때
③ 분도원의 눈금이 불완전할 때
④ 자침이 국지인력의 영향을 받을 때

13. 컴퍼스측량으로 AB측선의 방위각을 측정하니 40°였다. 역방위각을 구하면 얼마인가?

① 80°   ② 160°
③ 220°   ④ 360°

14. 다음 중 보통 앨리데이드의 구조에 속하지 않는 것은 무엇인가?

① 시준판   ② 평행반
③ 기포관   ④ 정준간

15. 평판측량의 단점이 아닌 것은?

① 건습에 의한 도판지의 신축으로 오차가 생기기 쉽다.
② 측량용 기구가 간단하여 운반이 편리하다.
③ 외업에 많은 시간을 요한다.
④ 다른 측량방법에 비해 정밀도가 낮다.

해 설

해설 **11**
자침편차는 끊임없이 변화하는데 주된 내용에 있어서는 일변화, 년변화, 영년(주기)변화, 불규칙변화 등이 있다.

해설 **12**
자침이 국지인력의 영향을 받을 때는 최초 발생한 측점의 방위각을 전 측점의 방위각에서 ±180° 보정한다.

해설 **13**
역방위각은 앞 측선의 방위각이 180°를 넘지 않으면 +180°를, 앞 측선의 방위각이 180°를 넘으면 −180°를 한다.

해설 **14**
앨리데이드(평판기준기)는 시준판, 기포관, 정준간 등으로 구성되어 있다.

해설 **15**
평판측량의 장점은 측량의 과실발견 용이, 즉시 수정 가능하고, 간단한 측량법과 신속한 작업 등이다.

정답 11. ④   12. ④   13. ③   14. ②
15. ②

16. 다음 중 측량할 구역이 비교적 좁고 장애물이 많을 경우에 적합한 평판측량 방법은?

① 지거법
② 방사법
③ 전진법
④ 교회법

17. 평판을 세우는 세가지 조건을 바르게 나타낸 것은?

① 정준, 치심, 정위
② 축척, 방위, 편차
③ 오차, 정도, 구적
④ 극좌표, 직각좌표, 시준

18. 2~3개의 기지점을 이용하여 미지점의 위치를 결정하는 방법으로 장애물이 있어서 거리의 측정이 곤란한 경우에 실시하는 평판측량방법은?

① 방사법
② 복전진법
③ 전방교차법
④ 사출법

19. 평판측량에 있어서 일반적으로 시준을 방해하는 장애물이 없고 비교적 좁은 지역에서 주로 사용되는 방법은?

① 방사법
② 후방교회법
③ 교회법
④ 전진법

20. 다음의 거리측정에 있어서 오차가 생기는 원인 중 정오차에 대한 설명으로 틀린 것은?

① 테이프의 길이가 표준 길이보다 짧거나 길 경우에 발생하는 오차이다.
② 측정을 동일한 측선 위에서 정확하게 하지 않을 경우에 생기는 오차이다.
③ 온도나 습도 또는 당기는 힘이 때때로 변할 경우에 생기는 오차이다.
④ 테이프가 바람이나 자중 또는 초목에 걸쳐서 직선(또는 수평)이 되지 않을 경우에 생기는 오차이다.

해　　설

해설 16
전진법은 구역이 좁거나 길고 장애물로 인하여 교차법을 사용할 수 없는 경우나 완경사지에서 많이 설정할 경우에 이용한다.

해설 17
평판을 세우는 방법
종준(수평맞추기), 치심(중심맞추기), 정위(표정, 방위맞추기)

해설 18
전방교차법은 기지점을 이용하여 미지점의 위치를 결정하는 방법이다.

해설 19
방사법은 장애물이 없는 경우에 주로 사용되나 오차를 검정할 수 없다는 결점이 있다.

해설 20
정오차는 측량 후 오차 조정이 가능하다.

정답 16. ③ 17. ① 18. ③ 19. ①
20. ③

21. 측량 시 아무리 주의해도 피할 수 없고 계산으로 완전히 조정할 수 없는 오차는?

① 우연오차　　　　　　　② 정오차
③ 착오　　　　　　　　　④ 누적오차

22. 평판측량에서 일어나는 오차의 원인 중 정치오차에 속하는 것은?

① 자침오차　　　　　　　② 앨리데이드의 외심오차
③ 평판의 경사에 의한 오차　④ 앨리데이드의 시준오차

23. 평판측량결과 기선길이가 2m, 시준판 잣눈의 눈금차가 4일 때 두 점간의 거리는 얼마인가?

① 30m　　　　　　　　　② 40m
③ 50m　　　　　　　　　④ 60m

24. 다음의 고저측량을 설명한 것 중에서 틀린 것은?

① 전시(F.S)와 후시(B.S)가 모두 있는 측점을 이기점(T.P)이라한다.
② 기계고(I.H)는 지반고(G.H) + 후시(B.S)이다.
③ 기점과 최종점의 고저차는 후시의 합계 + 이기점의 전시의 합계이다.
④ 지반고(G.H)는 기계고(I.H) - 전시(F.S)이다.

25. B 두 지점간의 수준측량 결과, 전시가 45m, 후시가 90m 이다. A점의 지반고가 150m일 때 B점의 지반고는 얼마인가?

① 145m　　　　　　　　② 195m
③ 245m　　　　　　　　④ 295m

해　　설

해설 **21**
우연오차(부정오차)는 오차의 제거가 어려우며, 최소제곱법으로 오차가 보정한다.

해설 **22**
표정(정치)오차에는 평판 경사에 의한 오차, 구심오차 등이 있다.

해설 **23**
$$측정거리 = \left(\frac{기선길이}{시준판 잣눈의차}\right) \times 100$$
$$= \left(\frac{2}{4}\right) \times 100 = 50m$$

해설 **24**
고저차는 후시(B.S)합 - 전시(F.S)합로 계산한다.

해설 **25**
지반고＝기계고－전시
　　　＝(지반고＋후시)－전시
　　　＝(150＋90)－45
　　　＝195m

정답　21. ①　22. ③　23. ③　24. ③
　　　25. ②

26. AB 측선의 거리가 100m, 방위각이 135°일 때 위거 및 경거는?

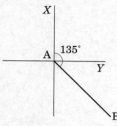

① 위거=−70.71, 경거=70.71m
② 위거=70.71, 경거=−70.71m
③ 위거=−86.60, 경거=86.60m
④ 위거=86.60, 경거=−86.60m

27. 항공사진에서 침엽수, 활엽수 등 식물류의 판독에 쓰이는 요소는?

① 형상　　　　　　② 색조
③ 음영　　　　　　④ 촬영조건

28. 항공사진의 판독요소 중 질감의 표현 방법이 아닌 것은?

① 조　　　　　　② 평활
③ 거칠음　　　　④ 밀

29. 사진의 특수3점이 아닌 것은 무엇인가?

① 연직점　　　　② 등각점
③ 주점　　　　　④ 표정점

해설 **26**

AB 측선 거리의 남북방향 성분을 위거·동서방향 성분을 경거라 하며 B점이 남쪽에 있으면, 그림에서 B점은 남쪽과 동쪽에 있으므로 위거는 음수, 경거는 양수이다.

• 위거＝측선 거리×cos θ
　　＝100×cos 135°(=0.7071)
　　＝−70.71m
• 경거＝측선 거리×sin θ
　　＝100×sin 135°(=0.7071)
　　＝70.71m

해설 **27**

임목의 색조는 잎의 모양과 크기, 잎의 밀생정도, 입목일도 등에 따라 차이가 있다.

해설 **28**

질감은 화면이 거칠게 또는 잔잔하게 느껴지는 등의 촉감을 나타낸 것으로 유령목은 부드러운 조, 성숙림은 거친 밀, 노령목은 불규칙한 조밀상태를 보인다.

해설 **29**

항공사진의 특수3점은 연직점, 등각점, 주점이다.

7개년 기출문제

학습전략

핵심이론 학습 후 핵심기출문제를 풀어봄으로써 내용 다지기와 더불어 시험에서 실전감각을 키울 수 있도록 하였고, 왜 정답인지를 문제해설을 통해 바로 확인할 수 있도록 하였습니다.

이후, 산림기사에 출제되었던 최근 7개년 기출문제를 풀어봄으로써 스스로를 진단하면서 필기합격을 위한 실전연습이 될 수 있도록 하였습니다.

1. 임도 노체의 기본구조를 순서대로 나열한 것은?

① 노상 – 노반 – 기층 – 표층
② 노상 – 기층 _ 노반 – 표층
③ 노상 – 기층 – 표층 – 노반
④ 노상 – 표층 – 기층 – 노반

[해설] 노체는 도로의 본체인 최하층 노상과 노반(노면), 기층, 표층의 순으로 구성되어 있다.

2. 실제 지상의 두 점간 거리가 100m인 지점이 지도상에서 4mm로 나타났다면 이 지도의 축척은?

① 1 / 1000   ② 1 / 2500
③ 1 / 25000   ④ 1 / 50000

[해설] ① 실제거리 = 지도상의 거리 × 축척의 역수
② 100m = 0.004m × 축척의 역수

$$\therefore 축척 = \frac{1}{25,000}$$

3. 40ha 면적의 산림에 간선임도 500m, 지선임도 300m, 작업임도 200m가 시설되어 있다면 임도 밀도는?

① 12.5m/ha   ② 20m/ha
③ 25m/ha   ④ 40m/ha

[해설] 임도밀도 $= \dfrac{500+300+200}{40} = 25m/ha$

4. 임도 배수구 설계 시 배수구의 통수단면은 최대홍수 유출량의 몇 배 이상으로 설계 · 설치하는가?

① 1.0배   ② 1.2배
③ 1.5배   ④ 2.0배

[해설] 배수구의 통수단면은 100년 빈도 확률강우량과 홍수도달 시간을 이용한 합리식으로 계산된 최대홍수유출량의 1.2 배 이상으로 설계 · 설치한다.

5. 임도의 적정 종단기울기를 결정하는 요인으로 거리가 먼 것은?

① 노면 배수를 고려한다.
② 적정한 임도 우회율을 설정한다.
③ 주행 차량의 회전을 원활하게 한다.
④ 주행 차량의 등판력과 속도를 고려한다.

[해설] 회전은 곡선 반지름의 요인이다.

6. 임도 설계서 작성에 필요한 내용으로 옳지 않은 것은?

① 목차   ② 토적표
③ 특별시방서   ④ 타당성 평가표

[해설] 임도 설계서
목차 · 공사설명서 · 일반시방서 · 특별시방서 · 예정공정표 · 예산내역서 · 일위대가표 · 단가산출서 각종 중기 경비계산서 · 공종별 수량계산서 · 각종 소요자재총괄표 · 토적표 · 산출기초 순으로 작성한다.

7. 임도 선형설계를 제약하는 요소로 적합하지 않은 것은?

① 시공상에서의 제약
② 대상지 주요 수종에 의한 제약
③ 사업비 · 유지관리비 등에 의한 제약
④ 자연환경의 보존 · 국토보전 상에서 의 제약

[해설] 선형설계를 제약하는 요소
자연환경의 보존 · 국토보전 상에서의 제약, 지질 · 지형 · 지물 등에 의한 제약, 시공 상에서의 제약, 사업비 · 유지관리비 등에 의한 제약 등이다.

정답   1. ①   2. ③   3. ③   4. ②   5. ③   6. ④   7. ②

8. 시장 또는 국유림관리소장은 임도 노선별로 노면 및 시설물의 상태를 연간 몇 회 이상 점검하도록 되어있는 가?

① 1회 이상
② 2회 이상
③ 3회 이상
④ 4회 이상

해설 시장·군수 또는 국유림관리소장은 임도 노선별로 노면 및 절·성토면 기타 시설물의 상태를 연 2회 이상 자체 점검 또는 평가를 실시한 후 업무에 활용하고 그 결과를 실시 후 1개월 이내 산림청장에 제출한다.

9. 임도의 각 측점 단면마다 지반고, 계획고, 절·성토고 및 지장목 제거 등의 물량을 기입하는 도면은?

① 평면도
② 표준도
③ 종단면도
④ 횡단면도

해설 횡단면도 기입내용
지반고, 계획고, 절토고·성토고, 절토·성토 단면적 및 공작물, 지장목 제거, 측구터파기를 표시

10. 다음 그림과 조건을 이용하여 계산한 측선 CA의 방 위각은?

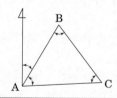

• 내각 ∠A = 62° 15′ 27″
• 내각 ∠B = 54° 37′ 49″
• 내각 ∠C = 63° 06′ 53″
• 측선 AB의 방위각 = 27° 35′ 15″

① 89° 50′ 39″
② 89° 50′ 42″
③ 269° 50′ 39″
④ 269° 50′ 42″

해설 ① 내각의 합을 모두 더하면 180°에서 9″를 초과하므로 각 내각에서 3″를 감한다.

② 측선 AC의 방위각
= 측선AB의 방위각 + 내각 ∠A
= 27° 35′ 15″ + 62° 15′ 24″
= 89° 50′ 39″
③ 측선 CA의 방위각
= 측선 AC의 역방위각(측선 AC의 방위각 + 180°)
= 89° 50′ 39″ + 180°= 269° 5′ 39″

11. 다음 설명에 해당하는 임도 노선 배치방법은?

지형도 상에서 임도노선의 시점과 종점을 결정하 여 경험을 바탕으로 노선을 작성한 다음 허용기울 기 이내인가를 검토하는 방법이다.

① 자유배치법
② 자동배치법
③ 선택적배치법
④ 양각기 분할법

해설 ① 자유배치법 : 노선의 시점과 종점 결정, 경험을 바탕으 로 노선 작성 후 구간별 물매만 계산하여 허용물매 이 내로 노선을 완화하는 방법
② 자동배치법 : 물매를 고려하면서 여러 가지 평가인자 를 고려하여 노선을 배치하는 방법
③ 양각기 분할법 : 양각기를 이용하여 지형도의 축척과 등고선을 고려하여 지형도 상에 적정한 물매의 임도노 선을 배치하는 방법

12. 지형지수 산출 인자로 옳지 않은 것은?

① 식생
② 곡밀도
③ 기복량
④ 산복경사

해설 지형지수
산림의 지형조건(험준함·복잡함)을 개괄적으로 표시하 는 지수 산복경사(임지경사), 기복량, 곡밀도의 3가지 지 형요소로부터 구할 수 있다.

13. 가장 일반적으로 이용되는 다각측량의 각 관측방법으로 임도곡선 설정 시 현지에서 측점을 설치하는 곡선설정 방법은?

① 교각법
② 편각법
③ 진출법
④ 방위각법

[해설] 다각측량에 의한 임도곡선 설정방법으로는 교각법, 편각법, 진출법이 있으며, 그 중 교각법이 가장 일반적으로 사용된다.

14. 임도 개설에 따른 절·성토 시 부족한 토사공급을 위한 장소는?

① 객토장   ② 사토장
③ 집재장   ④ 토취장

[해설] ① 객토장 : 객토가 묻혀 있는 곳이나 묻힌 객토를 파내는 곳
② 사토장 : 흙을 버리는 곳
③ 집재장 : 벌채목을 쌓아 두는 곳
④ 취토장 : 자재로 쓰기 위한 흙을 파내는 곳

15. 임도의 횡단배수구 설치장소로 적당하지 않은 곳은?

① 구조물 위치의 전·후
② 노면이 암석으로 되어 있는 곳
③ 물 흐름 방향의 종단기울기 변이점
④ 외쪽기울기로 인한 옆도랑 물이 역류하는 곳

[해설] 임도의 횡단배수구 설치장소
① 구조물 위치의 전·후
② 물 흐름 방향의 종단기울기 변이점
③ 외쪽기울기로 인한 옆도랑 물이 역류하는 곳
④ 흙이 부족하여 속도랑으로 부적당한 곳
⑤ 체류수가 있는 곳 등

16. 토사지역에 절토 경사면을 설치하려 할 때 기울기의 기준은?

① 1 : 0.3~0.8
② 1 : 0.5~1.2
③ 1 : 0.8~1.5
④ 1 : 1.2~1.5

[해설]

구 분	기 울 기	비 고
암석지	• 경암 − 1 : 0.3~0.8 • 연암 − 1 : 0.5~1.2	흙깎기 공사시 경암 (안산 · 화강 · 현무암)은 폭약을 이용
토사지역	1 : 0.8~1.5 높이 5m 이하 − 1 : 0.8~1.1	절토면의 높이에 따라 소단 설치소단 : 사면길이(높이) 2~3m(3~4m)마다 폭 50~100cm

17. 와이어로프의 안전계수식을 올바르게 나타낸 것은?

① 와이어로프의 최소장력 ÷ 와이어로프에 걸리는 절단하중
② 와이어로프의 최대장력 ÷ 와이어로프에 걸리는 절단하중
③ 와이어로프의 절단하중 ÷ 와이어로프에 걸리는 최소장력
④ 와이어로프의 절단하중 ÷ 와이어로프에 걸리는 최대장력

[해설] ① 안전계수 = 와이어로프의 절단하중(kg) ÷ 와이어로프에 걸리는 최대장력(kg)
② 와이어로프 안전계수 기준
• 스카이라인(가공본줄) : 2.7이상
• 짐올림줄, 짐매달음줄 : 6.0이상
• 기타(짐당김줄, 되돌림줄, 버팀줄, 고정줄) : 4.0이상

정답   13. ①   14. ④   15. ②   16. ③   17. ④

18. 임도의 합성기울기를 11%로 설정할 경우 외쪽기울기가 5%일 때 종단기울기로 가장 적당한 것은?

① 약 8%
② 약 10%
③ 약 12%
④ 약 14%

해설 ① $11^2 = (종단기울기)^2 + 5^5$
② $(종단기울기)^2 = 96$ 이므로
종단기울기 $= 9.7979...$ 약 10 %

19. 임도의 횡단선형을 구성하는 요소가 아닌 것은?

① 길어깨
② 옆도랑
③ 차도너비
④ 곡선반지름

해설 임도의 횡단선형
도로의 중심선을 횡단면으로 본 형상으로 임도의 차도너비, 길어깨, 옆도랑, 흙깎기 및 흙쌓기 비탈면 등

20. 집재가선을 설치할 때 본줄을 설치하기 위한 집재기 쪽의 지주를 무엇이라 하는가?

① 머리기둥
② 꼬리기둥
③ 안내기둥
④ 받침기둥

해설 ① 머리기둥(앞기둥) : 본줄을 설치하기 위한 지주에서 집재기쪽의 지주
② 꼬리기둥(뒷기둥) : 반대쪽의 기둥을 꼬리기둥
③ 안내기둥 : 머리기둥과 꼬리기둥 중간에 있는 기둥
④ 받침기둥(앵카목) : 가공본줄을 고정시키는 임목

정답   18. ②   19. ④   20. ①

1. 개발지수에 대한 설명으로 옳지 않은 것은?

① 노망의 배치상태에 따라서 이용효율성은 크게 달라진다.
② 개발지수 산출식은 평균집재거리와 임도밀도를 곱한 값이다.
③ 임도가 이상적으로 배치되었을 때는 개발지수가10에 근접한다.
④ 임도망이 어느 정도 이상적인 배치를 하고 있는가를 평가하는 지수이다.

해설 개발지수
① 임도의 질적 기준을 나타내는 지표로 임도배치 효율성의 정도를 표현
② 이론적으로 균일하게 임도가 배치되었을 경우의 개발지수는 1이 된다.

2. 지반고가 시점 10m, 종점 50m이고 수평거리가 1000m일 때 종단기울기는?

① 4%   ② 5%
③ 6%   ④ 7%

해설 종단기울기
① 수평거리 100에 대한 수직거리로 나타낸다.
② 100 : 종단기울기 = 1,000 : 40
종단기울기 = 4%

3. 산림관리 기반시설의 설계 및 시설기준에서 암거, 배수관 등 유수가 통과하는 배수 구조물 등의 통수단면은 최대 홍수유량 단면적에 비해 어느 정도 되어야 한다고 규정하고 있는가?

① 1.0배 이상   ② 1.2배 이상
③ 1.5배 이상   ④ 1.7배 이상

해설 산림관리 기반시설의 설계 및 시설기준에 따르면 배수구의 통수단면은 100년 빈도 확률 강우량과 홍수도달시간을 이용한 합리식으로 계산된 최대홍수 유출량의 1.2배 이상으로 설계·설치한다.

4. 임도의 유지 및 보수에 대한 설명으로 옳지 않은 것은?

① 노체의 지지력이 약화되었을 경우 기층 및 표층의 재료를 교체하지 않는다.
② 노면 고르기는 노면이 건조한 상태보다 어느 정도 습윤한 상태에서 실시한다.
③ 결빙된 노면은 마찰저항이 증대되는 모래, 부순돌, 석탄재, 염화칼슘 등을 뿌린다.
④ 유토, 지조와 낙엽 등에 의하여 배수구의 유수단면적이 적어지므로 수시로 제거한다.

해설 노체의 지지력이 약화되었을 경우 기층 및 표층의 재료를 교체한다.

5. 다각형의 좌표가 다음과 같을 때 면적은?

측점	X	Y
A	3	2
B	6	3
C	9	7
D	4	10
E	1	7

① 33.5m²   ② 34.5m²
③ 35.5m²   ④ 36.5m²

해설 다각형의 꼭지점 좌표가 주어졌을 때 다각형의 넓이를 구하는 방법

$$= \frac{1}{2} [\{(x_0 y_1) + (x_1 y_2) + (x_2 y_3) + (x_3 y_4) + (x_4 y_0)\}$$
$$- \{(x_1 y_0) + (x_2 y_1) + (x_3 y_2) + (x_4 y_3) + (x_0 y_4)\}]$$
$$= \frac{1}{2} [\{(3 \times 3) + (6 \times 7) + (9 \times 10) + (4 \times 7) + (1 \times 2)\}$$
$$- \{(6 \times 2) + (9 \times 3) + (4 \times 7) + (1 \times 10) + (3 \times 7)\}] = 36.5$$

정답   1. ③   2. ①   3. ②   4. ①   5. ④

6. 중심선측량과 영선측량에 대한 설명으로 옳지 않은 것은?

① 영선측량은 평탄지에서 주로 적용된다.
② 영선측량은 시공기면의 시공선을 따라 측량한다.
③ 중심선측량은 파상지형의 소능선과 소계곡을 관통하며 진행된다.
④ 균일한 사면일 경우에는 중심선과 영선은 일치되는 경우도 있지만 대개 완전히 일치되지 않는다.

해설 바르게 고치면
　중심선측량은 평탄지에서 주로 적용된다.

7. 임도노선의 곡선설정 시 사용되는 식에서 곡선반지름과 tan(교각/2)값을 곱하여 알 수 있는 것은?

① 곡선길이
② 곡선반경
③ 외선길이
④ 접선길이

해설 ① 곡선반지름(R) = 접선길이(TL) $\cdot \cot\left(\dfrac{\theta}{2}\right)$
　② 접선길이(TL) = 곡선반지름(R) $\cdot \tan\left(\dfrac{\theta}{2}\right)$

8. 노면을 쇄석, 자갈로 부설한 임도의 경우 횡단 기울기의 설치 기준은?

① 1.5~2%
② 3~5%
③ 6~10%
④ 11~14%

해설 횡단기울기
　노면의 종류에 따라 포장을 하지 않은 노면(쇄석·자갈을 부설한 노면포함)은 3~5%, 포장한 노면은 1.5~2%로 한다.

9. 임도망 계획 시 고려사항으로 옳지 않은 것은?

① 운재비가 적게 들도록 한다.
② 신속한 운반이 되도록 한다.
③ 운재 방법이 다양화 되도록 한다.
④ 산림풍치의 보전과 등산, 관광 등의 편익도 고려한다.

해설 날씨와 계절에 따라 운재능력에 제한이 없도록 하고 운재 방법을 단일화되어야 운반비가 적게 들고 효율이 높다.

10. 일반적으로 지주를 콘크리트 흙막이나 옹벽위에 설치하는 비탈면 안정공법은?

① 바자얽기공법
② 낙석저지책공법
③ 돌망태흙막이공법
④ 낙석방지망덮기공법

해설 낙석방지책(울타리)공법
　낙석이 도로로 유입되는 것을 차단하는 울타리를 설치하는 공법

11. 어떤 산림에 임도를 설계하고자 할 때 가장 먼저 해야 할 사항은?

① 실측
② 답사
③ 예비조사
④ 설계서 작성

해설 임도의 설계
　예비조사 → 답사 → 예측·실측 → 설계도작성 → 공사량의 산출 → 설계서작성

12. 임도의 횡단면도를 설계할 때 사용하는 축척으로 옳은 것은?

① 1 / 100
② 1 / 200
③ 1 / 1000
④ 1 / 1200

해설 횡단면도
　1/100 축척

정답　6. ①　7. ④　8. ②　9. ③　10. ②　11. ③　12. ①

13. 임목수확작업에서 일반적으로 노동재해의 발생빈도가 가장 높은 신체부위는?

① 손　　　　　　② 머리
③ 몸통　　　　　④ 다리

해설 산림작업 시 신체 부위별 안전사고 발생률
　　손(36%), 다리(32%), 머리(21%), 몸통과 팔 (11%) 등

14. 임도시공 시 불도저 리퍼에 의한 굴착작업이 어려운 곳은?

① 사암　　　　　② 혈암
③ 점판암　　　　④ 화강암

해설 안산암, 화강암, 현무암 등 암질이 대단히 굳고 단단한 암석이므로 굴착작업시 발파나 브레이커를 이용한다.

15. 산림토목 공사용 기계 중 토사 굴착에 가장 적합하지 않은 것은?

① 백호우(backhoe)
② 불도저(bulldozer)
③ 트리 도저(tree dozer)
④ 트랙터 셔블(tractor shovel)

해설 트리 도저
　　벌목이나 제근, 입목의 전도 작업 등에 이용

16. 종단기울기가 0인 임도의 중앙점에서 양측길섶(길어깨)으로 3%의 횡단경사를 주고자 한다. 임도폭이 4m일 경우 양측 길섶은 임도 중앙점보다 얼마가 낮아져야 하는가?

① 1cm　　　　　② 2cm
③ 3cm　　　　　④ 6cm

해설 임도 중앙점에서 길어깨까지는 임도 4m 폭의 반으로 2m가 된다.

$$\frac{수직고}{2} \times 100 = 3\% \quad 수직고 = 0.06m$$

17. 임도에 설치하는 대피소의 유효길이 기준은?

① 5m 이상　　　　② 10m 이상
③ 15m 이상　　　④ 20m 이상

해설 임도의 대피소
　　① 차량이 비켜 지나갈 수 있도록 시설한 곳으로 경사가 완만하고 일정한 간격으로 설치
　　② 유효길이는 15미터 이상

18. 평판을 한 측점에 고정하고 많은 측점을 시준하여 방향선을 그리고, 거리는 직접 측량하는 방법은?

① 전진법
② 방사법
③ 도선법
④ 전방교회법

해설 방사법은 장애물이 없고 비교적 좁은 지역에 적합하다.

19. 급경사지에서 노선거리를 연장하여 기울기를 완화할 목적으로 설치하는 평면선형에서의 곡선은?

① 완화곡선
② 배향곡선
③ 복심곡선
④ 반향곡선

해설 배향곡선
　　반지름이 작은 원호의 바로 앞이나 뒤에 반대방향의 곡선을 넣은 것으로 헤어핀곡선이라고도 한다.

정답　13. ①　14. ④　15. ③　16. ④　17. ③　18. ②　19. ②

20. 임도개설시 흙을 다지는 목적으로 옳지 않은 것은?

① 압축성의 감소　　② 지지력의 증대
③ 흡수력의 감소　　④ 투수성의 증대

해설 흙 다짐의 목적
　　① 성토된 노체, 노상 및 사면 등을 안정된 상태로 유지
　　② 교통하중 지지 및 내압강도 향상
　　③ 압밀침하를 줄이기 위하여 다짐을 실시

정답　**20.** ④

3회
1회독 ☐ 2회독 ☐ 3회독 ☐

1. 점착성이 큰 점질토의 두꺼운 성토층 다짐에 가장 효과적인 롤러는?

① 탬핑 롤러   ② 텐덤 롤러
③ 머캐덤 롤러   ④ 타이어 롤러

[해설] 탬핑 롤러
　　① 롤러의 표면에 돌기를 부착한 것
　　② 댐, 제방, 도로 등 대규모의 두꺼운 성토의 다짐과 점착성이 큰 점질토의 다짐에 효과적이다.

2. 임도의 설계에서 종단면도를 작성할 때 횡, 종의 축척은 얼마로 해야 하는가?

① 횡 : 1/100   종 : 1/1200
② 횡 : 1/200   종 : 1/1000
③ 횡 : 1/1000 종 : 1/200
④ 횡 : 1/1200 종 : 1/100

[해설] 종단면도는 축척
　　횡 1/1000, 종 1/200 작성

3. 임도 시공 시 벌개제근 작업에 대한 설명으로 옳지 않은 것은?

① 절취부에 벌개제근 작업을 할 경우에는 시공 효율을 높일 수 있다.
② 성토량이 부족할 경우 벌개제근된 임목을 묻어 부족한 토량을 보충하기도 한다.
③ 벌개제근 작업을 완전히 하지 않으면 나무사이의 공극에 토사가 잘 들어가지 않는다.
④ 벌개제근 작업을 제대로 하지 않으면 부식으로 인한 공극이 발생하여 성토부가 침하하는 원인이 되기도 한다.

[해설] 벌개제근
　　임도 용지 내에 서있는 나무뿌리, 잡초 등을 제거하는 벌개제근 작업으로 시공효율을 높일 수 있다.

4. 임도 노면 시공방법에 따른 분류로 머캐덤(Macadam)도라고도 불리는 것은?

① 쇄석도   ② 사리도
③ 토사도   ④ 통나무길

[해설] 머캐덤도
　　부순 돌을 재료로 하여 표층을 부설한 길을 쇄석도라고도 한다.

5. 임도의 노체를 구성하는 기본적인 구조가 아닌 것은?

① 노상   ② 기층
③ 표층   ④ 노층

[해설] 임도 노체의 구성
　　노상 - 보조기층 - 기층 - 표층

6. 영선측량과 중심선측량에 대한 설명으로 옳지 않은 것은?

① 영선은 절토작업과 성토작업의 경계점이 된다.
② 산지경사가 완만할수록 중심선이 영선보다 안쪽에 위치하게 된다.
③ 중심선측량은 지형상태에 따라 파형지형의 소능 선과 소계곡을 관통하며 진행된다.
④ 산지 경사가 45%~55% 정도일 때 두 측량방법으로 각각 측량한 측점이 대략 일치한다.

[해설] 바르게 고치면
　　산지지반의 기울기가 급할수록 중심선이 영선보다 경사지의 안쪽에 위치하게 된다.

정답 1. ① 2. ③ 3. ② 4. ① 5. ④ 6. ②

7. 적정임도밀도에 대한 설명으로 옳지 않은 것은?

① 임도밀도가 증가하면 조재비, 집재비는 낮아진다.
② 임도간격이 크면 단위면적당 임도개설비용은 감소한다.
③ 집재비와 임도개설비의 합계비용을 최대화하여 산정한다.
④ 집재비와 임도개설비의 합계는 임도간격이 좁거나 넓어도 모두 증가한다.

해설 바르게 고치면
적정임도밀도는 주벌의 집재비용과 임도개설비의 합계비용을 최소화하여 산정한다.

8. 임도 곡선 설정법에 해당하지 않는 것은?

① 우회법
② 편각법
③ 교각법
④ 진출법

해설 임도 곡선설정
① 곡선부의 중심선이 통과하는 지점을 현지에 말뚝을 박아 표시함
② 방법 : 교각법, 편각법, 진출법 등

9. 콘크리트 포장 시공에서 보조기층의 기능으로 옳지 않은 것은?

① 동상의 영향을 최소화한다.
② 노상의 지지력을 증대시킨다.
③ 노상이나 차단층의 손상을 방지한다.
④ 줄눈, 균열, 슬래브 단부에서 펌핑현상을 증대시킨다.

해설 보조기층
포장시공시 기층과 노상 사이에 위치하며, 포장층 상부로부터 전달되는 교통하중을 다시 분산하여 노상으로 전달하는 역할을 한다.

10. 비탈면의 위치와 기울기, 노체와 노상의 끝손질 높이 등을 표시하여 흙깎기와 흙쌓기 공사를 정확히 실시하기 위해 설치하는 것은?

① 수평틀
② 토공틀
③ 흙일겨냥틀
④ 비탈물매 지시판

해설 흙깎기와 흙쌓기공사를 시공할 때는 현장에 흙일 기준을 쉽게 설명하기 위해 만들어진 틀로, 적당한 간격으로 흙일겨냥틀을 설치한다.

11. 흙의 입도분포의 좋고 나쁨을 나타내는 균등계수의 산출식으로 옳은 것은?(단, 통과중량백분율 x에 대응하는 입경은 D_x)

① $D_{10} \div D_{60}$
② $D_{20} \div D_{60}$
③ $D_{60} \div D_{20}$
④ $D_{60} \div D_{10}$

해설 균등계수 $= \dfrac{D_{60}}{D_{10}}$

① D10, D60은 입도분포곡선에서 통과중량백분율이 각각 10%, 60%인 입경
② 균등계수가 4보다 작으면 입도가 균등하고, 균등계수가 10보다 크면 입도 분포가 양호함을 뜻한다.

12. A지점의 지반고가 19.5m, B지점의 지반고가 23.5m 이고 두 지점 간의 수평거리가 40m일 때 A로 부터 몇 m 지점에서 지반고 20m 등고선이 지나가는가?

① 3m
② 5m
③ 7m
④ 10m

해설 $40 : (23.5 - 19.5) = x : (20 - 19.5)$
$x = 5m$

정답   7. ③   8. ①   9. ④   10. ③   11. ④   12. ②

13. 사리도(자갈길, gravel road)의 유지관리에 대한 설명으로 옳지 않은 것은?

① 방진처리에 염화칼슘은 사용하지 않는다.
② 노면의 제초나 예불은 1년에 한 번 이상 실시한다.
③ 비가 온 후 습윤한 상태에서 노면 정지작업을 실시한다.
④ 횡단배수구의 기울기는 5~6% 정도를 유지하도록 한다.

[해설] 방진처리
　　① 먼지를 방지하기 위함
　　② 물, 염화칼슘, 폐유, 타르, 아스팔트 유제 등을 살포

14. 임도의 종단기울기에 대한 설명으로 옳지 않은 것은?

① 최소 기울기는 3% 이상으로 설치한다.
② 종단기울기를 높게 하면 임도우회율이 적어진다.
③ 보통 자동차가 설계속도의 90% 이상 정도로 오를 수 있도록 설정한다.
④ 임도 설계 시 종단기울기 변경은 전 노선을 조정 하여 재시공하는 의미를 갖는다.

[해설] 임도의 종단기울기
　　① 설계속도, 안전시거, 우회율 등과 관련
　　② 종단기울기가 너무 급하면 차량의 주행이 어렵거나 제동이 곤란하지만 임도우회율은 감소한다.
　　③ 보통 자동차에서 설계속도는 약 50~80% 이상 정도로 오를 수 있도록 설정한다.

15. 임도 종단면도에 기록하는 사항이 아닌 것은?

① 측점　　　　② 단면적
③ 성토고　　　④ 누가거리

[해설] 종단면도 기록 내용
　　측점 간의 수평거리, 각 측점의 지반고, 구간거리, 누가거리, 지반높이, 계획높이, 절토높이, 성토높이, 기울기 등

16. 임도 측선의 거리가 99.16m 이고 방위가 S39° 15′ 25″W일 때 위거와 경거의 값으로 옳은 것은?

① 위거 = +76.78m, 경거 = +62.75m
② 위거 = +76.78m, 경거 = −62.75m
③ 위거 = −76.78m, 경거 = +62.75m
④ 위거 = −76.78m, 경거 = −62.75m

[해설] ① 위거 : 99.16m×cos39°15′25″(0.77431)
　　　　　 =(−)76.78
　　② 경거 : 99.16m×sin39°15′25″(0.63279)
　　　　　 =(−)62.75

17. 법령상 임도 설치가 가능한 지역은?

① 산지관리법에서 정한 산지 전용 제한지역
② 임도 타당성 평가점수가 60점 이상인 지역
③ 임도거리의 10% 이상의 지역이 경사 35° 미만인 지역
④ 농어촌도로정비법에 따른 농로로 확정·고시된 노선과 중복되는 지역

[해설] 보기의 ①, ②, ④는 임도 설치 대상지에서 제외지역이다.

18. 가선집재와 비교한 트랙터에 의한 집재작업의 장점으로 옳지 않은 것은?

① 기동성이 높다.
② 작업이 단순하다.
③ 작업생산성이 높다.
④ 잔존임분에 대한 피해가 적다.

[해설] 트랙터 집재기
　　① 일반적으로 평탄지나 완경사지에 적합하다.
　　② 환경에 대한 피해가 크고, 높은 임도밀도를 요구한다.

정답　13. ①　14. ③　15. ②　16. ④　17. ③　18. ④

19. 절토 · 성토사면에 붕괴의 우려가 있는 지역에 사면 길이 2~3m마다 설치하는 소단의 폭 기준은?

① 0.1~0.5m   ② 0.5~1.0m

③ 1.5~2.5m   ④ 2.5~3.5m

해설 소단폭의 기준

경사면 길이 2~3m 마다 0.5~1.0m로 끊어서 설치한다.

20. 다음 조건에서 양단면적평균법으로 계산한 토량은?

- 단면적 A_1 : 4m²
- 단면적 A_2 : 6m²
- 양단면적간의 거리 : 5m

① 25m³   ② 50m³

③ 75m³   ④ 100m³

해설 $V = \dfrac{A_1 + A_2}{2} \times L = \dfrac{4+6}{2} \times 5 = 25\text{m}^3$

1회

1회독 ☐ 2회독 ☐ 3회독 ☐

1. 아스팔트 포장과 비교하였을 때 시멘트 콘크리트 포장의 장점으로 옳은 것은?

① 평탄성이 좋다.
② 내마모성이 크다.
③ 시공속도가 빠르다.
④ 간단 공법으로 유지수선이 가능하다.

해설 ①, ③, ④ 는 아스팔트 포장의 장점으로 말한다.

2. 임도의 종단면도에 대한 설명으로 옳지 않은 것은?

① 축척은 횡 1/1,000, 종 1/200로 작성한다.
② 종단면도는 전후도면이 접합되도록 한다.
③ 종단기울기의 변화점에는 종단곡선을 삽입한다.
④ 종단기입의 순서는 좌측하단에서 상단 방향으로 한다.

해설 바르게 고치면
　　 횡단면도의 종단기입의 순서는 좌측하단에서 상단 방향으로 한다.

3. 도면에서 기울기를 표현하는 방법으로 옳지 않은 것은?

① l/n : 수평거리 1에 대하여 높이 n로 나눈 것
② n% : 수평거리 100에 대한 n의 고저차를 갖는 백분율
③ n‰ : 수평거리 1,000에 대한 n의 고저차를 갖는 천분율
④ 각도 : 수평은 0°, 수직은 90°로 하여 그 사이를 90등분한 것

해설 1/n, 1:n
　　 수직거리 1에 대하여 수평거리 n 나타낸 것

4. 측점 A에서 다각측량을 시작하여 다시 측점 A에 폐합시켰다. 위거의 오차가 10cm, 경거의 오차가 15cm이었다. 이때의 폐합비는 얼마인가?(단, 측선의 전체거리는 1,800m)

① 약 $\frac{1}{10,000}$　　② 약 $\frac{1}{15,000}$

③ 약 $\frac{1}{20,000}$　　④ 약 $\frac{1}{25,000}$

해설 폐합비
　　① 위거의 오차가 10cm, 경거의 오차가 15cm 이므로 직선거리는 $\sqrt{10^2 + 15^2}$ = 약18cm
　　② 폐합오차 18cm, 측선의 전체거리 1,800m 전체거리에 대한 폐합오차는 약 1/10,000

5. 임도 실시설계를 위한 현지측량에 대한 설명으로 옳지 않은 것은?

① 주로 산악지에는 중심선측량, 평탄지와 완경사지에는 영선측량법을 적용하고 있다.
② 중심선측량은 측점 간격을 20m로 하여 중심말뚝을 설치하되, 필요한 각 점에는 보조말뚝을 설치한다.
③ 횡단측량은 중심선의 각 측점·지형이 급변하는 지점, 구조물설치 지점의 중심선에서 양방향으로 실시한다.
④ 종단측량은 노선의 중심선을 따라 측량하되, 주요 구조물 주변 및 연장 lkm마다 임시기표를 표시하고 평면도에 표시한다.

해설 바르게 고치면
　　 주로 산악지에는 영선측량, 평탄지와 완경사지에는 중앙선측량법을 적용하고 있다.

6. 임도 설계 시 구분되는 암(岩)의 종류로 옳지 않은 것은?

① 경암　　　　　② 연암
③ 준경암　　　　④ 최강암

해설 암의 종류
　　 연암, 준경암(보통암), 경암

정답   1. ②   2. ④   3. ①   4. ①   5. ①   6. ④

7. 쇄석의 틈 사이에 석분을 물로 침투시켜 롤러로 다져 진 도로는?

① 수체 머캐덤도　　　② 역청 머캐덤도
③ 교통체 머캐덤도　　④ 시멘트 머캐덤도

해설 ① 역청 머캐덤도 : 쇄석을 타르 또는 아스팔트로 결합한 도로
　　② 교통체 머캐덤도 : 쇄석이 교통과 강우로 다져진 도로

8. 임도의 횡단 기울기에 대한 설명으로 옳지 않은 것은?

① 노면배수를 위해 적용한다.
② 차량의 원심력을 크게 하기 위해 적용한다.
③ 포장이 된 노면에서는 1.5~2%를 기준으로 한다.
④ 포장이 안 된 노면에서는 3~5%를 기준으로 한다.

해설 횡단기울기
　　배수를 위한 경사

9. 트래버스측량에서 측선 AB의 위거(L_{AB})를 계산하기 위한 식은?(단, NS는 자오선, EW는 위선, θ는 방위각)

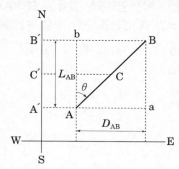

① $AB\sin\theta$　　　　② $AB\sec\theta$
③ $AB\cos\theta$　　　　④ $AB\cot\theta$

해설 위거
　　코사인 값

10. 임도에서 대피소 설치의 주요 목적은?

① 운전자가 쉬었다 가기 위함
② 차량이 서로 비켜가기 위함
③ 산사태 발생 시 대피하기 위함
④ 차량이 짐을 싣고 내리기 위함

해설 대피소
　　차량교행이 목적

11. 산악지대의 임도노선 선정 형태로 옳지 않은 것은?

① 사면임도
② 작업임도
③ 능선임도
④ 계곡임도

해설 작업임도
　　노선 선정의 형태가 아니고 노선의 이용 방법으로 구분한다.

12. 임도설계 시 각 측점의 단면마다 절토고, 성토고 및 지장목 제거, 측구터파기 단면적 등의 물량을 기입하는 설계도는?

① 평면도
② 종단면도
③ 횡단면도
④ 구조물도

해설 횡단면도 기입 내용
　　각 측점의 단면마다 지반고·계획고·절토고·성토고·단면적·지장목 제거·측구터파기 단면적·사면보호공 등

13. 임도의 중심선에 따라 20m 간격으로 종단측량을 행한 결과 다음과 같은 성과표를 얻었다. 측점1의 계획고를 40.93m로 하고 2% 상향 기울기로 설치하면 측점4의 절토고는?

측 점	1	2	3	4
지반고(m)	39.73	41.23	42.88	45.53

① 0.35m

② 0.75m

③ 3.00m

④ 3.40m

해설 ① 측점 1에서 측점 4까지 2% 씩 상향이므로

$$\frac{x(수직높이)}{60(임도중심선간격)} \times 100 = 2\%$$

수직높이 = 1.2m

② 측점 4 계획고 = 40.93m + 1.2m=42.13m

③ 45.53−42.13 = 3.4m(절토)

14. 임도에 설치하는 교량 및 암거에 대한 설명으로 다음 (   ) 안에 알맞은 것은?

> 교량 및 암거의 활하중은 사하중에 실리는 차량·보행자 등에 따른 교통하중을 말하며, 그 무게산정은 사하중 위에서 실제로 움직여지고 있는 (   )하중 이상의 무게에 따른다.

① DB−10

② DB−12

③ DB−18

④ DB−20

해설 교량 및 암거의 활하중

사하중에 실리는 차량·보행자 등에 따른 교통하중을 말하며, 그 무게산정은 사하중 위에서 실제로 움직여지고 있는 DB−18하중(총중량 32.45톤) 이상의 무게에 따른다.

15. 벌목 작업 전에 준비 사항으로 옳지 않은 것은?

① 벌도목 수간의 가슴높이까지 가지를 먼저 자른다.

② 벌도목 주위의 큰 돌들을 치우고 대피로의 방해물을 제거한다.

③ 벌도목 주위에 서 있는 고사목은 벌목작업 후에 제거해야 한다.

④ 톱질할 부근에 융기부나 팽대부가 있는 나무는 이것을 절단 제거한다.

해설 바르게 고치면

벌도목 주위에 서 있는 고사목은 벌목작업 전에 제거해야 한다.

16. 임도망 계획 시 고려할 사항이 아닌 것은?

① 운반비가 적게 들도록 한다.

② 목재의 손실이 적도록 한다.

③ 신속한 운반이 되도록 한다.

④ 운재방법이 다양화되도록 한다.

해설 바르게 고치면

운재방법은 단순화되도록 한다.

17. 교각법에 의한 임도곡선 설치 시 교각은 60°, 곡선반지름이 20m일 때 안전을 위한 적정 곡선길이는?

① 약 18m

② 약 21m

③ 약 28m

④ 약 31m

해설 곡선부의 가시거리 = 0.01754 × 60° × 20m

= 21.1m

18. 임도에 설치하는 배수구의 통수단면계산에 필요한 확률 강우량 빈도의 기준 년 수는?

① 50년

② 70년

③ 100년

④ 120년

해설 강우량 빈도의 기준 연수

100년

19. 모르타르뿜어붙이기공법에서 건조·수축으로 인한 균열을 방지하는 방법이 아닌 것은?

① 응결완화제를 사용한다.
② 뿜는 두께를 증가시킨다.
③ 물과 시멘트의 비를 작게 한다.
④ 사용하는 시멘트의 양을 적게 한다.

해설 응결완화제
  균열 방지가 아닌 응결을 완화하는 것으로 쓰임.

20. 임도 노면의 땅고르기 작업을 위해 가장 적합한 기계는?

① 탬퍼
② 트랙터
③ 하베스터
④ 모터그레이더

해설 모터그레이더
  노면 정지 작업용

1. 흙의 기본성질에 대한 설명으로 옳지 않은 것은?

① 공극비는 흙 입자의 용적에 대한 공극의 용적비이다.
② 포화도는 흙 입자의 중량에 대한 수분의 중량비를 백분율로 표시한 것 이다.
③ 공극률은 흙덩이 전체의 용적에 대한 간극의 용적비를 백분율로 표시한 것이다.
④ 무기질의 흙덩이는 고체(흙 입자), 액체(물), 기체(공기)의 세 가지 성분으로 구성된다.

해설 포화도 S는 흙의 공극체적 중 물이 차지하는 부피 (V_W)

와 흙의 공극의 부피 Vv로 $S = \dfrac{V_W}{V_V} \times 100$로 나타낸다.

2. 임도의 평면선형이 영향을 주는 요소로 가장 거리가 먼 것은?

① 주행속도
② 운재능력
③ 노면배수
④ 교통차량의 안전성

해설 노면배수
종단선형의 요소

3. 반출할 목재의 길이가 16m, 도로의 폭이 8m 일 때 최소곡선반지름은?

① 8m
② 14m
③ 16m
④ 32m

해설 최소곡선반지름 $= \dfrac{16^2}{4 \times 8} = 8\text{m}$

4. 평판측량에서 사용되지 않는 방법은?

① 전진법
② 교회법
③ 방사법
④ 방향각법

해설 평판측량방법
방사법, 전진법, 교회법

5. 임도망 배치 시 산정림 개발에 가장 적합한 노선은?

① 비교 노선
② 순환식 노선
③ 대각선방식 노선
④ 지그재그방식 노선

해설 산정
산정을 순환하는 순환식 노선

6. 구릉지대에서 지선임도밀도가 20m/ha이고, 임도효율이 5일 때 평균집재 거리는?

① 4m
② 100m
③ 250m
④ 400m

해설 평균집재거리 $= \dfrac{5}{20} = 0.25\text{km} = 250\text{m}$

7. 설계속도가 40km/시간인 특수지형에서의 임도에 대한 종단기울기 기준은?

① 3% 이하
② 6% 이하
③ 8% 이하
④ 10% 이하

해설 종단기울기

설계속도 (km/시간)	종단기울기 (순기울기, %)	
	일반지형	특수지형
40	7 이하	10 이하
30	8 이하	12 이하
20	9 이하	14 이하

정답 1. ② 2. ③ 3. ① 4. ④ 5. ② 6. ③ 7. ④

8. 다음 표는 임도의 횡단측량 야장이다. A, B, C, D에 대한 설명으로 옳지 않은 것은?

좌 측	측 점	우 측
L3.0 $\dfrac{1}{1.2}$ C	(NO.0) A MC1	L3.0 $\dfrac{L}{1.3}$
$\dfrac{-1.8}{0.4}$		$\dfrac{+1.5}{1.5}$ B
B $\dfrac{-0.3}{2.0}$	$\dfrac{-0.3}{2.0}$ (MC_1 +3.70) D	$\dfrac{+0.4}{2.0}$

① A : 측점이 No.0인 경우는 기설노면을 의미한다.
② B : 분자는 고저차로서 +는 성토량, −는 절토량을 의미한다.
③ C : 분모는 수평거리로서 측점을 기준으로 왼편 1.2m 지점을 의미한다.
④ D : MC$_1$ 지점으로부터 3.70m 전진한 지점을 뜻한다.

9. 임도의 대피소 간격 설치 기준은?

① 300m 이내 ② 400m 이내
③ 500m 이내 ④ 1,000m 이내

해설 대피소의 설치기준

구 분	기 준
간 격	300m 이내
너 비	5m 이상
유효길이	15m 이상

10. 가선집재와 비교하여 트랙터를 이용한 집재작업의 특징으로 거리가 먼 것은?

① 기동성이 높다.
② 작업이 단순하다.
③ 임지 훼손이 적다.
④ 경사도가 높은 곳에서 작업이 불가능하다.

해설 바르게 고치면
트랙터 집재는 임지훼손이 크다.

11. 사리도의 유지보수에 대한 설명으로 옳지 않은 것은?

① 방진처리를 위하여 물, 염화칼슘 등이 사용된다.
② 횡단기울기를 10~15% 정도로 하여 노면배수가 양호하도록 한다.
③ 노면의 정지작업은 가급적 비가 온 후 습윤한 상태에서 실시하는 것이 좋다.
④ 길어깨가 높아져 배수가 불량할 경우 그레이더로 정형하고 롤러로 다진다.

해설 바르게 고치면
횡단기울기는 3~5% 정도로 한다.

12. 임도의 노면침하를 방지하기 위하여 저습지대에 시설하는 것은?

① 토사도 ② 사리도
③ 쇄석도 ④ 통나무길

해설 저습지대의 통나무
노면침하 방지

13. 임도 설계 시 종단 기울기에 대한 설명으로 옳은 것은?

① 종단기울기를 급하게 하면 임도우회율을 낮출 수 있다.
② 종단기울기의 계획은 설계차량의 규격과 관계가 없다.
③ 종단기울기는 완만한 것이 좋기 때문에 0%를 유지하는 것이 좋다.
④ 종단기울기는 시공 후 임도의 개·보수를 통하여 손쉽게 변경할 수 있다.

해설 종단기울기 설계 시 고려할 사항
① 종단물매의 변경은 전 노선을 조정하여야 하는 재시공을 의미하므로 매우 중요하다.
② 종단물매의 일반치는 승용차에서는 설계속도 정도로, 보통 자동차에서는 설계속도의 약 50~80%정도로 오를 수 있는 상태를 조건으로 설정한다.
③ 물매를 높게 하면 임도우회율이 적어지므로 연장이 짧아져서 임도시설비가 감소될 수 있지만 자동차의 통행에 지장을 주고 강우의 피해가 많아져 관리비가 증가한다.
④ 노면 배수가 불량하면 노면 형상이 변하기 쉽고 바퀴자국으로 유로가 발생하여 노면피해를 가중시킬 수 있으므로 이를 방지하기 위한 물매를 최소물매라 하며 최소물매를 2%이상으로 설치하는 것이 좋다.
⑤ 노면 기울기가 급하면 속력이 저하되고, 엔진과열로 연료소모가 많으며, 타이어의 마모도 많게 되고 제동도 불량해진다. 또한 급한 기울기는 강우 시 종방향 침식의 문제가 생기므로 이를 위하여 최급 물매를 12%이하로 하는 것이 좋다.

14. 임도 설계 업무의 순서로 옳은 것은?

① 예비조사 → 답사 → 예측 → 실측─ → 설계서 작성
② 예비조사 → 예측 → 답사 → 실측 → 설계서 작성
③ 예측 → 예비조사 → 답사 → 실측 → 설계서 작성
④ 답사 → 예비조사 → 예측 → 실측 → 설계서 작성

해설 임도설계업무의 순서
예비조사 → 답사 → 예측 → 실측 → 설계서 작성

15. 임도의 노체와 노면에 대한 설명으로 옳지 않은 것은?

① 사리도는 노면을 자갈로 깔아 놓은 임도이다.
② 토사도는 배수 문제가 적어 가장 많이 사용된다.
③ 노체는 노상, 노반, 기층, 표층으로 구성되는 것이 일반적이다.
④ 노상은 다른 층에 비해 작은 응력을 받으므로 특별히 부적당한 재료가 아니면 현장 재료를 사용한다.

해설 바르게 고치면
토사도는 우천 시 배수에 문제가 생긴다.

16. 임도의 횡단면도상 각 측점의 단면마다 표기하지 않아도 되는 것은?

① 사면보호공 물량
② 지장목 제거 물량
③ 지반고 및 계획고
④ 곡선제원 및 교각점

해설 횡단면도상 각 측점 단면마다 표기내용
지반고 및 계획고, 절토고 · 성토고 · 단면적, 지장목 제거, 측구터파기 단면적, 사면보호공 등의 물량

17. 임도 구조물 시공 시 기초공사의 종류가 아닌 것은?

① 전면기초
② 말뚝기초
③ 고정기초
④ 깊은기초

해설 기초 공사
깊은기초, 직접기초, 전면기초, 말뚝기초, 케이슨 기초 등

18. 임지와 잔존목의 훼손을 가장 최소화 할 수 있는 가선집재 시스템은?

① 타일러식 시스템
② 단선순환식 시스템
③ 하이리드식 시스템
④ 호이스터캐리지식 시스템

해설 호이스터캐리지
반송기를 이용해 공중에서 운반하므로 임지 훼손이 가장 적다.

정답 14. ① 15. ② 16. ④ 17. ③ 18. ④

19. 방위각 135° 3′의 역방위각은?

① 44° 25′   ② 135° 35′

③ 224° 257′   ④ 315° 35′

해설 역방위각 = 180° + 135° 35′ = 315° 35′

20. 횡단면 A1, A2, A3의 면적은 각각 5m², 7m², 9m²이고, A1 와 A2의 거리는 10m, A2와 A3의 거리는 15m이다. 양단면적평균법에 의한 3단면 사이의 총토적량(m³)은?

① 100   ② 150

③ 180   ④ 200

해설 ① A1에서 A2 = $\dfrac{5+7}{2} \times 10 = 60m^3$

② A2에서 A3 = $\dfrac{7+9}{2} \times 15 = 120m^3$

③ 총 토적량 = 60 + 120 = 180m³

3회

1회독 ☐ 2회독 ☐ 3회독 ☐

1. 임도 설계 시 절토 경사면의 기울기 기준으로 옳은 것은?

① 토사지역 1 : 1.2~1.5
② 점토지역 1 : 0.5~1.2
③ 암석지(경암) 1 : 0.3~0.8
④ 암석지(연암) 1 : 0.5~0.8

해설 절토 경사면의 기울기 기준

구 분	기울기
암석지(경암)	1 : 0.3~0.8
암석지(연암)	1 : 0.5~1.2
토사지역	1 : 0.8~1.5

2. 임도설계 시 예산내역서에 대한 설명으로 옳은 것은?

① 공정별로 집계표를 작성하고 누계하여 적용한다.
② 당해공사의 목적, 기준·시공 후 기여도 등을 상세히 기록한다.
③ 일반적인 과업지시 사항과 공사목적 및 현지의 입지조건 등을 수록한다.
④ 공정별 수량계산서에 의한 공종별 수량과 단가산출서에 의한 공종별 단가를 곱하여 작성한다.

해설 바르게 고치면
    예산 내역서는 공종별 수량에 단가를 곱하여 산출 한다.

3. 임도에 교량을 설치할 때 적합하지 않은 지점은?

① 계류의 방향이 바뀌는 굴곡진 곳
② 지질이 견고하고 복잡하지 않은 곳
③ 하상의 변동이 적고 하천의 폭이 협소한 곳
④ 하천 수면보다 교량면을 상당히 높게 할 수 있는 곳

해설 교량 가설시 위치 (교량 설치조건)
① 지질이 견고하고 복잡하지 않은 곳
② 하상이 변동이 적고, 하폭이 좁은 곳
③ 하천이 가급적 직선인 곳(굴곡부는 피함)
④ 교면을 수면보다 상당히 높이 할 수 있는 곳
⑤ 과도한 사교(교축과 교대가 직각이 아닌 것)가 되지 않는 곳

4. 임도 관련 법령에 따른 산림기반시설에 해당되지 않는 것은?

① 간선임도   ② 지선임도
③ 산정임도   ④ 작업임도

해설 ① 기능에 따른 임도 – 간선임도, 지선임도, 작업임도
② 설치위치 따른 임도 – 계곡임도, 산정임도

5. 임도의 성토사면에 있어서 붕괴가 일어날 가능성이 적은 경우는?

① 함수량이 증가할 때
② 공극수압이 감소될 때
③ 동결 및 융해가 반복될 때
④ 토양의 점착력이 약해질 때

해설 공급수압이 감소되면 사면이 안정된다.

6. 임도 관련 법령에 의한 임도 실시 설계의 실측 과정에서 이루어지는 업무가 아닌 것은?

① 횡단측량   ② 종단측량
③ 영선측량   ④ 중심선측량

해설 ① 임도 실시 설계 실측 : 평면·종단·횡단측량, 구조물측량, 중심선측량 으로 구분하여 정밀측정
② 영선측량 : 영선을 기준으로 측량하는 예측으로 산악지에서 많이 사용

정답 1. ③ 2. ④ 3. ① 4. ③ 5. ② 6. ③

7. 임도에서 합성기울기와 관련이 있는 조합은?

① 횡단기울기와 편기울기
② 종단기울기와 역기울기
③ 편기울기와 곡선반지름
④ 종단기울기와 횡단기울기

[해설] 합성기울기 $= \sqrt{(종단물매^2 + 횡단물매^2)}$

8. 임도의 곡선을 결정할 때 외선길이가 10m이고 교각이 90°인 경우 곡선반지름은?

① 약 14m   ② 약 24m
③ 약 34m   ④ 약 44m

[해설] 곡선반지름 $= \dfrac{10(외선길이)}{\sec\dfrac{90}{2}-1} = \dfrac{10}{\sec45-1}$

$= 24.2\text{m}$

9. 토목공사용 굴착기의 앞부속장치로 옳지 않은 것은?

① crane
② clam line
③ pile driver
④ drag shovel

[해설] 클램셸(clam shell) 및 드래그라인(drag line)은 수중굴착, 구조물 기초바닥, 상당히 깊은 굴착에 사용되는 장비이다.

10. 평판측량에 대한 설명으로 옳지 않은 것은?

① 대부분의 작업이 현장에서 이뤄진다.
② 다른 측량방법에 비해 정확도가 낮다.
③ 비가 오는 날에는 측량이 매우 곤란하다.
④ 측량용 기구가 간단하여 운반이 편리하다.

[해설] 평판측량
① 장점
• 현지에서 직접 결과를 제도하므로 결측, 재측의 위험이 없다.
• 측량의 과실발견이 용이하며 즉시 수정가능
• 측량법이 간단하고 작업이 신속하다.
② 단점
• 건습에 의한 도판지의 신축으로 오차가 발생하기 쉽다.
• 외업에 많은 시간을 요한다.
• 날씨가 나쁘면 작업능률이 저하된다.
• 다른 측량방법에 비해 정밀도가 낮다.
• 수량산출 및 축적변경이 곤란하다.

11. 임도의 비탈면 기울기를 나타내는 방법에 대한 설명으로 옳은 것은?

① 비탈어깨와 비탈밑 사이의 수직높이가 1에 대하여 수평거리가 n일 때 1 : n으로 표기한다.
② 비탈어깨와 비탈밑 사이의 수평거리 1에 대하여 수직높이가 n일 때 1 : n으로 표기한다.
③ 비탈어깨와 비탈밑 사이의 수평거리 100에 대하여 수직높이가 n일 때 1 : n으로 표기한다.
④ 비탈어깨와 비탈밑 사이의 수직높이 100에 대하여 수평거리가 n일 때 1 : n으로 표기한다.

[해설] 비탈면 기울기 1 : n은 수직높이 1에 대한 수평거리 n으로 표기한다.

12. 임도의 노체에 대한 설명으로 옳지 않은 것은?

① 측구는 공법에 따라 토사도, 사리도, 쇄석도 등으로 구분한다.
② 임도의 노체는 노상, 노면, 기층 및 표층의 각 층으로 구성된다.
③ 노면에 가까울수록 큰 응력에 견디기 쉬운 재료를 사용하여야 한다.
④ 통나무길 및 섶길은 저습지대에 있어서 노면의 침하를 방지하기 위하여 사용하는 것이다.

[해설] 토사도, 사리도, 쇄석도
재료에 따른 노면 구분

정답   7. ④   8. ②   9. ②   10. ④   11. ①   12. ①

13. 노동재해의 정도를 나타내는 도수율에서 노동시간 수가 10,000시간이고 노동재해 발생건수가 10건일 때에 도수율은 얼마인가?

① 10
② 100
③ 1,000
④ 10,000

해설 도수율
① 산업 재해의 지표의 하나로 노동 시간에 대한 재해의 발생 빈도를 나타내는 것이다.

② 도수율 $= \dfrac{\text{재해건수}}{\text{연노동시간수}} \times 1,000,000$

$= \dfrac{10}{10,000} \times 1,000,000 = 1,000$

14. 임도 설계 시 일반적인 곡선설정법이 아닌 것은?

① 교각법
② 교회법
③ 편각법
④ 진출법

해설 곡선결정
① 곡선부 중심선이 통과하는 지점을 현지말뚝에 박아 표시하는 것
② 방법 : 교각, 편각, 진출법

15. 1 : 50,000 지형도상에 종단기울기가 8%인 임도노선을 양각기 계획법으로 배치하고자 할 때 등고선 간의 도상거리는?

① 2.5mm
② 5.0mm
③ 7.5mm
④ 10.0mm

해설 경사도 $= \dfrac{\text{표고차}}{\text{수평거리}}$, $8\% = \dfrac{20}{\text{수평거리}} \times 100$

수평거리 $= 250$m

$\dfrac{250(\text{수평거리})}{50,000} = 0.005\text{m} \rightarrow 5\text{mm}$

16. 임도망 계획 시 고려해야 할 사항으로 옳지 않은 것은?

① 운재비가 적게 들도록 한다.
② 신속한 운반이 되도록 한다.
③ 운재 방법이 다양하도록 한다.
④ 계절에 따른 운반능력의 제한이 없도록 한다.

해설 임도망계획시 고려사항
① 운재비가 적게 들도록 한다.
② 운반도중 목재의 손모가 적게 적도록 한다.
③ 날씨와 계절에 따른 운재능력 제한이 없도록 한다.
④ 운재방법의 단일화한다.

17. 자침 편차의 변화값이 아닌 것은?

① 일차
② 년차
③ 주차
④ 규칙변화

해설 자침편차
① 진북과 자북이 이루는 각을 말하며 편차는 북쪽으로 갈수록 커진다.
② 자침편차는 끊임없이 변화하며, 일변화·연변화·영년(주기)변화·불규칙변화가 있다.

18. 다음 그림에서 $\angle XAB = 16°25'38''$, $AB = 45.58$m, $\angle XAC = 63°17'19''$, $AC = 51.73$m일 때, 두 나무 사이의 거리는?

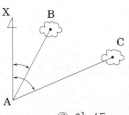

① 약 40m
② 약 45m
③ 약 50m
④ 약 55m

| 해설 | 삼각형 $\angle BAC$ 에서 두변 AB와 AC의 길이를 알때 BC의 거리를 구하고자 한다. |

① $63°17'19''(\angle XAC) - 16°25'38''(\angle XAB)$
   $= \angle BAC = 46°51'41''$

② AC로 수선(H)을 내리고 그 수선값과 A에서 수선까지의 거리를 구하고 BC의 거리(피타고라스의 정리적용)를 산정한다.

$AH = 45.58 \times \sin(46°51'41'' = 46.8614°) = 33.3m$
$BH = 45.58 \times \cos(46°51'41'' = 46.8614°) = 31.2m$,
$CH = 51.73 - 31.2 = 20.53m$
여기서 BC의 거리
$= \sqrt{33.3^2 + 20.53^2} = 39.12m \rightarrow$ 약 40m

| 해설 | 입고분포곡선 |

① 중량 백분율의 10%에 해당하는 입경으로 D10으로 표시한다.

② 누적중량의 10%가 통과하는 입자의 직경을 말하며, 전체에서 10%를 통과시킨 체눈의 크기에 해당하는 입자의 직경과 같은 뜻이다.

③ 유효입경이 작다는 것은 입경이 미세하다는 의미로 비표면적은 증가한다.

19. 임도의 최소 종단기울기를 유지해야 하는 주요 목적은?

① 성토면의 토량을 확보하여 시공비를 절약하기 위해
② 시공비용이 높기 때문에 벌채점까지 신속히 접근시키기 위해
③ 임도 표면에 잡초들의 발생을 예방하여 유지비를 절약하기 위해
④ 임도 표면의 배수를 용이하게 하여 임도 파손을 막고 유지비를 절약하기 위해

| 해설 | 임도의 종단기울기 |

① 길중심선의 수평면에 대한 기울기로 토양침식, 통행차량 임도파손 예방하기 위해 규정한다.
③ 설계속도, 안전시거, 우회율과 관련한다.
• 종단기울기가 급하면 차량주행이 어렵지만 임도우회율은 감소한다.
• 최소 2~3% 이상, 역기울기는 5%
• 시공후 구조변경이 어려워 가장 중요하게 고려한다.

20. 토질시험 시 입경누적곡선에서 유효입경은 중량백분율의 몇 %인가?

① 10%   ② 20%
③ 30%   ④ 40%

1회   1회독 □ 2회독 □ 3회독 □

1. 산악지대의 임도 노선 선정 방식 중에서 지그재그 방식 또는 대각선 방식이 적당한 임도는?

① 사면임도   ② 계곡임도
③ 능선임도   ④ 평지임도

해설 사면임도
① 산복부에 설치하는 임도로서 가장 효율적으로 목재수확작업의 수행이 가능
② 임목을 가선집재 방법으로 상·하향으로 집재할 필요가 있을 때 설치

2. 임도의 최소곡선반지름 크기에 영향을 미치지 않는 인자는?

① 임도의 유효폭   ② 반출목재의 길이
③ 임도의 설계속도   ④ 임도의 종단기울기

해설 임도의 최소곡선반지름
① 영향인자 : 목재의 길이, 임도의 유효폭, 임도의 설계속도
② 공식 : $\dfrac{\text{목재의 길이}^2}{4 \times \text{임도너비}}$

3. 하베스터와 포워더를 이용한 작업시스템의 목재생산 방법은?

① 전목생산방법   ② 전간생산방법
③ 단목생산방법   ④ 전간목생산방법

해설 단목생산방법
포워더는 기본적으로 벌도·조재작업의 하베스터(Harvester, 벌도조재기)와 집재작업의 포워더의 조합에 의한 단목생산의 임목생산작업시스템인 하베스터형 임목수확작업시스템에 사용되는 차량계 고성능 임업기계이다.

4. 아래 표는 수준측량에 의한 야장이다. 측점6의 지반고(m)는?

측점	후시 (m)	전시(m)		지반고 (m)
		T.P	I.P	
B.M	2191			10000
1			2507	
2			2325	
3	3019	1496		
4			2513	
5	1846	3811		
6		3817		

① 8838   ② 8932
③ 9864   ④ 9933

해설

측점	후시 (m)	전시(m)		지반고 (m)
		T.P	I.P	
B.M	2191			10000
1			2507	
2			2325	
3	3019	1496		
4			2513	
5	1846	2811		
6		3817		
계	7056	8124		
검산	후시합-전시합 = 7056-8124 = -1068		$\triangle H$ = 10000-1068 = 8932	

5. 접착성이 큰 점질토의 두꺼운 성토층 다짐에 가장 효과적인 롤러는?

① 탠덤 롤러   ② 탬핑 롤러
③ 머캐덤 롤러   ④ 타이어 롤러

정답   1. ①   2. ④   3. ③   4. ②   5. ②

해설 ① 탠덤 롤러 : 쇄석을 평평하게 다지고 아스팔트 포장을 고르게 마무리하는 데 사용하는 바퀴가 두 개 달린 롤러
② 탬핑 롤러 : 롤러에 돌기가 있어 깊은 땅속까지 다질 수 있다.
③ 머캐덤 롤러 : 쇄석 기층이나 아스팔트 도로의 표층을 다질 때 쓰이는 롤러. 바퀴가 세 개이고, 뒷바퀴의 무게가 탠덤 롤러보다 크다.
④ 타이어 롤러 : 여러 개의 공기 타이어를 연달아 배치하여 지반을 눌러 다지는 건축용 장비

6. 임도 설계 도면 제도에 대한 설명으로 옳은 것은?

① 평면도는 축척 1/1000으로 한다.
② 횡단면도는 축척 1/200으로 한다.
③ 종단면도 상부에 곡선계획 등을 기입한다.
④ 종단면도 축척은 횡 1/1000, 종 1/200으로 한다.

해설 바르게 고치면
① 평면도는 축척 1/1,200으로 한다.
② 횡단면도는 축척 1/100으로 한다.
③ 평면도에 곡선제원 등을 기입한다.

7. 임도의 기능에 따른 종류가 아닌 것은?

① 임시임도   ② 간선임도
③ 작업임도   ④ 지선임도

해설 임도의 종류
① 간선임도 : 이용구역의 근간이 됨, 설계속도 20~40km
② 지선임도 : 순수한 산림개발이 목적, 설계속도 20~30km
③ 작업임도 : 작업이 완료된 후에는 사용안함

8. 임도의 평면 선형에서 곡선의 종류가 아닌 것은?

① 단곡선   ② 배향곡선
③ 이중곡선   ④ 반향곡선

해설 임도의 평면 선형에서 곡선의 종류
단곡선(원곡선), 배향곡선(헤어핀곡선), 반대곡선(반향곡선), 복합곡선(복심곡선)

9. 곡선지가 아닌 임도의 유효너비 기준은?

① 2.5m
② 3m
③ 5m
④ 6m

해설 임도유효너비 - 3m 기준

10. 임도 설계 업무의 순서로 옳은 것은?

① 예비조사 → 답사 → 예측 → 실측 → 설계도 작성
② 예비조사 → 답사 → 실측 → 예측 → 설계도 작성
③ 답사 → 예비조사 → 실측 → 예측 → 설계도 작성
④ 답사 → 예비조사 → 예측 → 실측 → 설계도 작성

해설 예비조사 → 답사 → 예측 → 실측 → 설계도 작성 → 공사량산출

11. 시점의 표고가 100m, 종점의 표고가 500m 종단경사가 6%인 임도의 최단 길이는? (단, 임도 우회율은 적용하지 않음)

① 약 0.7km
② 약 2.4km
③ 약 6.7km
④ 약 24km

해설 $100 : 6 = x : 400$
6%의 의미는 수평거리 100m일 때 높이가 6m이므로 400m(500-100)일때를 구하면 x = 약 6.7km

정답 6. ④   7. ①   8. ③   9. ②   10. ①   11. ③

12. 임도망 계획에서 고려해야 할 사항으로 옳지 않은 것은?

① 운재비가 적게 들도록 한다.
② 운반량에 제한이 없도록 한다.
③ 운재방법이 다원화되도록 한다.
④ 계절에 따른 운재능력에 제한이 없도록 한다.

해설 바르게 고치면
　　운재방법은 단순화되어야 한다.

13. 배수관의 유속을 구하는 매닝(Manning)공식에서 R이 나타내는 것은?

$$V = \frac{1}{n} R^{\frac{2}{3}} I^{\frac{1}{2}}$$

① 경심　　　　　　② 조도계수
③ 수면 기울기　　④ 배수관 반지름

해설 n : 조도계수, R : 경심, I : 수로의 물매

14. 임도설치 대상지 우선선정 기준으로 옳지 않은 것은?

① 도시개발이 예정된 임지
② 산림보호 및 관리를 위해 필요한 임지
③ 임도와 도로 연결을 위해 필요한 임지
④ 산림휴양자원의 이용 또는 산촌진흥을 위해 필요한 임지

해설 임도설치 대상지 우선선정 기준
　　① 조림, 육림, 간벌, 주벌 등 산림사업 대상지
　　② 산림경영계획이 수립된 임지
　　③ 산불예방 병해충방제 등 산림의 보호 관리를 위하여 필요한 임지
　　④ 산림휴양자원의 이동 또는 산촌진흥을 위하여 필요한 임지
　　⑤ 농산촌 마을의 연결을 위하여 필요한 임지
　　⑥ 기존 임도간 연결, 임도와 도로 연결 및 순환임도 시설이 필요한 임지
　　⑦ 도로의 노선계획이 확정 고시된 지역 또는 다른 임도와 병행하는 지역은 임도 설치 대상지에서 제외한다.

15. 임도 노선 설치 시 단곡선에서 교각이 30°31′00″이고 곡선반지름이 150m 일 때 접선 길이는?

① 약 4.1m　　　　② 약 8.8m
③ 약 41m　　　　④ 약 88m

해설 ① 30°31′00″ = 30 + $\frac{31}{60}$ = 30.517°

　　② 접선길이 = 150 × tan $\frac{30.517}{2}$ = 40.92

　　　→ 약 41m

16. 컴퍼스 측량을 할 때 관측하지 않아도 되는 것은?

① 거리　　　　　　② 표고
③ 방위　　　　　　④ 방위각

해설 컴퍼스 측량시 관측내용
　　거리, 방위, 방위각

17. 임도에서 성토한 경사면의 기울기 기준은?

① 1 : 0.3~0.8　　② 1 : 0.5~1.2
③ 1 : 0.8~1.5　　④ 1 : 1.2~2.0

해설 임도에서 성토한 경사면 기울기
　　1 : 1.2~2.0

18. 등고선에 대한 설명으로 옳지 않은 것은?

① 절벽 또는 굴인 경우 등고선이 교차한다.
② 최대경사의 방향은 등고선에 평행한 방향이다.
③ 지표면의 경사가 일정하면 등고선 간격은 같고 평행하다.
④ 일반적으로 등고선은 도중에 소실되지 않으며 폐합된다.

해설 바르게 고치면
　　최대경사의 방향은 등고선에 직각한 방향이다.

정답 　12. ③　13. ①　14. ①　15. ③　16. ②　17. ④　18. ②

19. 임도의 곡선부에 외쪽기울기를 설치하는 주요 목적은?

① 배수 원활   ② 노면 보호
③ 시거 확보   ④ 안전 운행

[해설] 곡선부의 외쪽기울기의 목적은 원심력을 보정해 안전 운
행을 하기 위함이다.

20. 임도의 노체 구성 순서로 옳은 것은?

① 노반 → 기층 → 노상 → 표층
② 노상 → 기층 → 노반 → 표층
③ 노반 → 노상 → 기층 → 표층
④ 노상 → 노반 → 기층 → 표층

[해설] 임도 노체 구성 순서
　　　노상 → 노반 → 기층 → 표층

1. 임도의 노체를 구성하고 있는 순서로 옳은 것은?

① 노상 → 기층 → 노반 → 표층
② 기층 → 노반 → 노상 → 표층
③ 노상 → 노반 → 기층 → 표층
④ 기층 → 노상 → 노반 → 표층

해설 임도의 노체 순서
    노상 → 노반 → 기층 → 표층

2. 다음 ( )안에 적절한 것은?

> 포장도로가 아닌 곳에서 종단기울기의 대수차가
> ( )% 이하인 경우에 임도의 종단곡선 규정을
> 적용하지 않는다.

① 3   ② 5
③ 7   ④ 9

해설 ① 포장 도로가 아닌 곳으로 종단기울기의 대수차가 5%
    이하인 경우에는 이를 적용하지 않음.
    ② 종단기울기 : 최소 2 ~ 3%, 최대 10 ~ 12%, 역기울기
    5%

3. 임도의 종단기울기가 4%, 횡단기울기가 3%일 때의
합성기울기는?

① 1%   ② 5%
③ 7%   ④ 25%

해설 $\sqrt{4^2 + 3^2}$ = 5%

4. 토량곡선에 대한 설명으로 옳지 않은 것은?

① 곡선이 상향인 구간은 절토구간이고 하향은 성토구
   간이다.
② 곡선과 평형선이 교차하는 점은 절토량과 성토량이
   평형상태를 나타낸다.
③ 평형선에서 곡선의 곡점과 정점까지의 높이는 절토
   에서 성토로 운반되는 전체의 토량이다.
④ 곡선이 평형선보다 위에 있는 경우에는 성토에서 절토로
   운반되며 작업방향은 우에서 좌로 이루어진다.

해설 바르게 고치면
    곡선이 평형선보다 위에 있는 경우에는 절토에서 성토로
    운반되며 작업방향은 좌에서 우로 이루어진다.

5. 급경사의 긴 비탈면인 산지에서는 지그재그 방식, 완경
사지에서 대각선방식이 적당한 임도의 종류는?

① 계곡임도
② 사면임도
③ 능선임도
④ 산정임도

해설 설치부위별 임도 시설
   ① 계곡임도
     • 계곡임도는 임지개발의 중추적인 역할을 함
     • 계곡의 범람으로 인한 홍수로부터 유실을 방지하기
      위하여 최대홍수위 보다 10m정도 높은 산록부의 사
      면 설치
   ② 사면임도
     • 산복부에 설치하는 임도로서 가장 효율적으로 목재수
      확작업의 수행이 가능
     • 임목을 가선집재 방법으로 상·하향으로 집재할 필요
      가 있을 때 설치
   ③ 능선임도
     • 축조비용이 저렴하고 토사유출이 적지만 상향집재시
      스템에 의한 방법만 가능
   ④ 산정부 개발형
     • 산정부가 발달되어 있는 지형의 개발은 산정주위를
      순환하는 노망을 배치

정답   1. ③   2. ②   3. ②   4. ④   5. ②

6. 일반 도저와 비교한 틸트 도저(tilt-dozer)의 특징으로 옳은 것은?

① 속도가 빠르다.
② 삽날의 좌우 높이를 조절한다.
③ 점질토면에서 수월하게 주행한다.
④ 사용 가능한 부속품 종류가 다양하다.

해설 틸트도저의 특징
　　토공판을 좌우로 기울일 수 있는 도저, 딱딱한 흙의 굴착, 얕은 홈의 굴착에 적합하다.

7. 아래 그림에서 경사도의 표기와 기울기값으로 옳은 것은?

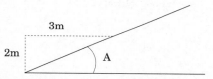

① 1 : 0.5와 약 67%　　② 1 : 0.5와 약 150%
③ 1 : 1.5와 약 67%　　④ 1 : 1.5와 약 150%

해설 2 : 3=1 : 1.5, $\frac{2}{3} \times 100 = 67\%$

8. 임도 측량 방법으로 영선에 대한 설명으로 옳지 않은 것은?

① 노폭의 1/2 되는 점을 연결한 선이다.
② 절토작업과 성토작업의 경계선이 되기도 한다.
③ 산지 경사면과 임도 노면의 시공면과 만나는 점을 연결한 노선의 종축이다.
④ 영선측량의 경우 종단측량을 먼저 실시하여 영선을 정한 후에 평면 및 횡단측량을 한다.

해설 바르게 고치면
　　절토와 성토의 합이 0이 되는 점을 연결한 선이다.

9. 어떤 측점에서부터 차례로 측량을 하여 최후에 다시 출발한 측점으로 되돌아오는 측량방법으로 소규모의 단독적인 측량에 많이 이용되는 트래버스 방법은?

① 폐합 트래버스　　② 결합 트래버스
③ 개방 트래버스　　④ 다각형 트래버스

해설 트래버스의 종류
　　① 폐합 트래버스 : 어떤 측점으로부터 차례로 측량을 하여 최후에 다시 출발한 점에 연결시키는 측량 방법으로, 측량 결과의 점검이 가능하며, 소규모 측량에 이용
　　② 개방 트래버스 : 시작하는 측점과 끝나는 측점 간에 아무런 조건 없이 정확도를 기대할 수 없는 트래버스로서 노선 측량의 답사 등에 이용
　　③ 결합 트래버스 : 어떤 기지점에서 출발하여 다른 기지점에 결합 시키는 측량 방법으로, 높은 정확도를 요구하는 대규모 지역의 측량에 이용
　　④ 트래버스망 : 2개 이상의 트래버스를 조합시켜 하나의 망 형태로 된 것

10. 적정지선 임도간격이 500m일 때 적정지선 임도밀도(m/ha)는?

① 20　　　　　　② 25
③ 50　　　　　　④ 200

해설 산림의 단위 면적당 임도연장(m/ha)
　　$\frac{10,000}{500} = 20\text{m/ha}$

11. 임도의 설계 업무 순서로 옳은 것은?

① 예비조사 → 예측 → 실측 → 답사 → 설계도 작성
② 예비조사 → 예측 → 답사 → 실측 → 설계도 작성
③ 예비조사 → 답사 → 예측 → 실측 → 설계도 작성
④ 예비조사 → 답사 → 실측 → 예측 → 설계도 작성

해설 임도의 설계업무순서
　　예비조사 → 답사 → 예측 → 실측 → 설계도 작성

12. 지표면 및 비탈면의 상태에 따른 유출계수가 가장 작은 것은?

① 떼비탈면
② 흙비탈면
③ 아스팔트포장
④ 콘크리트포장

해설 유출량이 적을 때가 유출계수 값이 작아지므로 흡수가 용이한 떼비탈면이 가장 작다.

13. 임도망 계획 시 고려하지 않아도 되는 사항은?

① 신속한 운반이 되도록 한다.
② 운재비가 적게 들도록 한다.
③ 운재방법이 단일화되도록 한다.
④ 운반량의 상한선을 두어야 한다.

해설 운반량은 되도록 한 번에 많이 운반할수록 좋다.

14. 배향곡선지에서 임도의 유효너비 기준은?

① 3m 이상
② 5m 이상
③ 6m 이상
④ 8m 이상

해설 배향곡선지에서 임도의 유효너비
6m

15. 암석을 굴착하기에 가장 적합한 기계는?

① 로우더(loader)
② 머캐덤 롤러(macadam roller)
③ 리퍼 불도저(ripper bulldozer)
④ 진동 콤팩터(vibrating compactor)

해설 ① 운반장비, ②, ④은 전압기계

16. 임도의 평면선형에서 사용하지 않는 곡선은?

① 단곡선
② 배향곡선
③ 반향곡선
④ 포물선곡선

해설 임도의 평면선형
① 단곡선(원곡선) : 중심이 1개이고 1개의 원호로 구성된 일정한 곡선으로 가장 많이 사용됨
② 배향곡선(헤어핀곡선) : 반지름이 작은 원호의 앞뒤에 반대방향 곡선을 넣은 것. 급경사지에서 노선거리 연장하여 종단기울기 완화시 사용
③ 반대곡선(반향곡선) : 상반되는 방향의 곡선을 연속시킨 곡선으로 s-curve라 하며 맞물린 곳에 10m정도의 직선부 설치
④ 복합곡선(복심곡선) : 반지름이 다른 두 단곡선이 같은 방향으로 연속되는 곡선

17. 컴퍼스측량에서 전시로 시준한 방위가 N37°E 일 때 후시로 시준한 역방위는?

① S37°W
② S37°E
③ N53°S
④ N53°W

해설 NE의 후시 → SW이고 방위는 37°

18. 임도의 설계속도가 30km/h, 외쪽기울기는 5%, 타이어의 마찰계수가 0.15일 때 최소곡선 반지름은?

① 약 27m
② 약 32m
③ 약 33m
④ 약 35m

해설 최소 곡선반지름

$$= \frac{속도^2}{127(타이어\ 마찰계수 + 노면의\ 횡단물매)}$$

$$= \frac{30^2}{127(0.05 + 0.15)} = 35.43 → 약\ 35m$$

19. 임도 교량에 영향을 주는 활하중에 해당하는 것은?

① 주보의 무게

② 바닥 틀의 무게

③ 교량 시설물의 무게

④ 통행하는 트럭의 무게

해설 활하중

사하중에 실린 차량·보행자 등에 의한 하중

20. 임도의 종단면도에 기입하지 않는 사항은?

① 성토고, 측점, 축척

② 설계자, 기계고, 후시

③ 도명, 누가거리, 거리

④ 절취고, 계획고, 지반고

해설 기계고, 후시, 전시 등

수준측량에 기입 내용

3회
1회독 ☐ 2회독 ☐ 3회독 ☐

1. 임도의 노체를 구성하고 있는 순서로 옳은 것은?

① 노상 → 기층 → 노반 → 표층
② 기층 → 노반 → 노상 → 표층
③ 노상 → 노반 → 기층 → 표층
④ 기층 → 노상 → 노반 → 표층

해설 임도의 노체 순서
　　노상 → 노반 → 기층 → 표층

2. 평판을 한 측점에 고정하고 많은 측점을 시준하여 방향선을 그리고, 거리는 직접 측량하는 방법은?

① 전진법　　　　② 방사법
③ 도선법　　　　④ 전방교회법

해설 평판측량 방법
① 방사법(사출법) – 측량할 구역안에 장애물이 없고 비교적 좁은 구역에 적합, 모든 점이 시준되는 위치에 평판설치함
② 전진법(도선법) – 측량할 지역안에 장애물이 많아 방사법이 불가능 할 때 사용
③ 교차법(교회법) – 기지점에서 미지점의 위치를 결정하는 방법으로 측량지역이 넓고 장애물이 있어서 목표점까지 거리를 재기가 곤란한 경우 사용

3. 임도의 횡단면도 작성 방법에 대한 설명으로 옳지 않은 것은?

① 축척은 1/1000로 작성한다.
② 구조물은 별도로 표시한다.
③ 횡단기입의 순서는 좌측하단에서 상단방향으로 한다.
④ 절토부분은 토사·암반으로 구분하되, 암반부분은 추정선으로 기입한다.

해설 바르게 고치면
　　축척은 1/100으로 작성한다.

4. 지반 조사에 사용하는 방법이 아닌 것은?

① 오거 보링
② 베인 시험
③ 케이슨 공법
④ 파이프 때려박기

해설 케이슨 공법
　　건조물의 기초부분을 만들기 위한 공법

5. 임도의 평면선형에서 두 측선의 내각이 몇 도 이상되는 장소에 대해서는 곡선을 설치할 필요가 없는가?

① 125°
② 135°
③ 145°
④ 155°

해설 내각이 155° 이상이면 곡선을 설치하지 않아도 된다.

6. 임도에서 횡단기울기에 대한 설명으로 옳은 것은?

① 배수의 목적으로 만든다.
② 운전자의 안전한 시야 범위가 확보되도록 만든다.
③ 곡선부에서 차량의 주행이 안전하고 쾌적하기 위해 만든다.
④ 곡선부에서 차량의 전륜과 후륜사이에 내륜차를 고려하여 만든다.

해설 임도의 횡단 기울기
　　배수목적

정답 1. ② 2. ② 3. ① 4. ③ 5. ④ 6. ①

7. 수로의 평균유속을 구하는 매닝(Manning)공식에서 수로벽면 재료에 따라 조도계수가 작은 것부터 큰 것의 순서로 올바르게 나열된 것은?

> ㉠ 시멘트블록 ㉡ 콘크리트 ㉢ 목재 ㉣ 흙

① ㉡-㉢-㉠-㉣
② ㉡-㉢-㉣-㉠
③ ㉢-㉡-㉠-㉣
④ ㉢-㉡-㉣-㉠

해설 조도계수
　　① 흐름이 있는 경계면의 거친 정도를 나타내는 계수
　　② (작은것 → 큰순서) 목재-콘크리트-시멘트블록-콘크리트

8. 반출 목재의 길이가 12m이고 임도 유효폭이 3m일 때 최소 곡선 반지름은?

① 6m
② 12m
③ 18m
④ 24m

해설 최소곡선 반지름
$$\frac{목재의\ 길이^2}{4 \times 임도너비} = \frac{12^2}{4 \times 3} = 12m$$

9. 머캐덤도 대한 설명으로 옳지 않은 것은?

① 시멘트 머캐덤도 : 쇄석을 시멘트로 결합시킨 도로
② 역청 머캐덤도 : 쇄석을 타르나 아스팔로 결합시킨 도로
③ 교통체 머캐덤도 : 쇄석이 교통과 강우로 인하여 다져진 도로
④ 수체 머캐덤도 : 쇄석의 틈 사이에 모래 및 마사를 침투시켜 롤러로 다져진 도로

해설 ④ 수체 머캐덤도 : 쇄석의 틈 사이에 물을 침투하도록한 도로

10. 흙의 동결로 인한 동상을 가장 받기 쉬운 토질은?

① 실트
② 모래
③ 자갈
④ 점토

해설 ① 흙의 동상
　　• 흙 속의 수분이 얼어 동결상태가 된 흙을 동토라고 하며, 흙이 동결되면 아래쪽에서 수분을 공급받아 흙이 크게 팽창되어 지표면이 융기된다.
　　• 이와 같이 동결에 의해 흙의 표면이 팽창되는 현상을 동상이라고 한다.
　　• 동결부분에는 다량의 물이 집중되어 있고 봄철에 융해되며, 노상·노반이 연약화되어 지지력은 현저하게 저하된다.
　　② 동상현상이 큰 토질
　　• 동상은 모세관 상승높이가 크고 투수성도 적당히 큰 실트질 흙에서 가장 현저하게 나타난다.
　　• 모래나 자갈과 같이 모세관 상승높이가 낮은 조립토나 점토와 같은 투수성이 낮은 흙에서는 발생되지 않는다.

11. 산림면적이 1000ha인 임지에 간선임도 1000m, 지선임도 15km가 개설되어 있을 때 임도밀도는?

① 1m/ha
② 10m/ha
③ 15m/ha
④ 16m/ha

해설 임도밀도 $= \dfrac{1,000 + 15,000}{1,000} = 16m/ha$

12. 지형의 표시방법 중 자연적 도법에 해당하는 것은?

① 영선법
② 채색법
③ 점고선법
④ 등고선법

해설 지형의 표시방법
　　① 자연적 도법 : 음영법, 영선법
　　② 부호적 도법 : 단채법, 점고법, 등고선법

13. 임도의 유효너비 기준은?

① 배향곡선지의 경우 3.0m 이상
② 간선임도의 경우에는 6.0m 이상
③ 길어깨 및 옆도랑을 제외한 3.0m
④ 길어깨 및 옆도랑을 포함한 3.0m

해설 임도의 유효너비
    3m (길어깨 및 옆도랑 제외)

14. 임도 시공장비의 기계정비 산출 시 기계손료에 포함되지 않는 항목은?

① 정비비   ② 유류비
③ 관리비   ④ 감가상각비

해설 유류비
    원재료비

15. 임도 설계 과정에서 예측 단계에서 수행하는 것은?

① 임도설계에 필요한 각종 요인을 조사한다.
② 평면측량을 실행하고 종단, 횡단측량을 실행한다.
③ 예정노선을 간단한 기구로 측량하여 도면을 작성한다.
④ 임시노선에 대하여 현지에 나가서 적정여부를 조사한다.

해설 예측은 도면에 예정노선을 간단하게 그려 넣는 것을 말한다.

16. 임도의 적정 종단기울기를 결정하는 요인으로 거리가 먼 것은?

① 노면 배수를 고려한다.
② 적정한 임도우회율을 설정한다.
③ 주행 차량의 회전을 원활하게 한다.
④ 주행 차량의 등판력과 속도를 고려한다.

해설 주행 차량의 회전을 원활하게 하려면 곡선 반지름과 곡선 횡단 기울기를 고려해야 한다.

17. 다각형의 좌표가 다음과 같을 때 면적은? (단, 측점 간 거리 단위는 m)

측점 \ 좌표축	X	Y
A	3	2
B	6	3
C	9	7
D	4	10
E	1	7

① 33.5m²   ② 34.5m²
③ 35.5m²   ④ 36.5m²

해설

측점 \ 좌표	X	Y	현측점아래 X좌표-현측점위 X 좌표	현측점Y-전측점Y + 위값	+ 면적	- 면적
A	3	2	0	0	0	0
B	6	3	6	1	6	
C	9	7	-2	5		-10
D	4	10	-8	8		-64
E	1	7	-1	5		-5
A	3	2	0	0		
계					6	-79
면적			$\dfrac{|-79+6|}{2} = 36.5$			

18. 다음 중 정지 및 전압 전용기계가 아닌 것은?

① 탬퍼(tamper)
② 트렌쳐(trencher)
③ 모터 그레이더(motor grader)
④ 진동 콤팩터(vibrating compactor)

해설 트렌쳐
여러 개의 굴착용 버킷을 부착하고 이동하면서 도랑을 파는 기계

19. 임도 시공 시 절토면의 침식이나 붕괴를 방지하기 위해서 시설하는 배수구는?

① 암거   ② 세월교
③ 옆도랑   ④ 돌림수로

해설 비탈돌림수로
비탈면 최상부에 설치, 가장 중요한 배수시설, 절토면의 길이가 길어 침식이나 붕괴의 위험지역에 시공

20. 다음 설명에 해당하는 임도 노선 배치방법은?

지형도상에서 임도노선의 시점과 종점을 결정하여 경험을 바탕으로 노선을 작성한 다음 허용기울기 이내인가를 검토하는 방법이다.

① 자유배치법   ② 자동배치법
③ 선택적배치법   ④ 양각기 분할법

해설 ① 자유배치법(free hand 계획법) : 지형도상에 임도노선의 시점과 종점을 결정하여, 경험을 바탕으로 노망을 작성한 다음, 임의적으로 각각의 구간별로 물매만을 계산하여, 그 물매가 허용물매인가를 검토하는 방법
② 양각기 분활법 (Divider step method) : 양각기를 이용하여 지형도의 축척과 등고선 간격을 고려하여 지형도상에 적정한 구배의 임도예정 노선을 도시하는 것을 양각기 계획법

③ 자동배치법 : 위 두 가지의 노선 배치물매만을 위주로 하였으나, 자동배치법은 물매를 고려하면서 여러가지 평가인자를 이용하여 노선을 배치하는 방법

정답   18. ②   19. ④   20. ①

1. 임도의 설계기준으로 중심선 측량에서 측점 간격은?

① 5m   ② 10m
③ 20m   ④ 50m

해설 중심선측량

측점 간격은 20미터로 하고 중심말뚝을 설치하되, 지형상 종·횡단의 변화가 심한 지점, 구조물설치지점 등 필요한 각 점에는 보조말뚝을 설치한다.

2. 집재가선을 설치할 때 본줄을 설치하기 위한 집재기 쪽의 지주를 무엇이라 하는가?

① 머리기둥
② 꼬리기둥
③ 안내기둥
④ 받침기둥

해설 지주

① 머리기둥(head spar) : 집재기 쪽의 지주
② 꼬리기둥(tail spar) : 반대쪽의 기둥
③ 안내기둥(guide spar) : 앞기둥과 집재기와의 중간에 있는 기둥

3. 임도망의 특성을 나타내는 지표가 아닌 것은?

① 임도 밀도
② 임도 간격
③ 평균집재거리
④ 임도 곡선반지름

해설 임도망의 특성을 나타내는 지표

임도밀도, 임도간격, 집재거리, 평균집재거리

4. 임도 시공 방법에 대한 설명으로 옳은 것은?

① 성토 대상지에 있는 모든 임목은 사면다짐 등 노체 형성에 유리하므로 그대로 존치시킨다.
② 암석지역 중 급경사지 또는 가시권 지역에서의 암석 절취는 발파 위주로 시공한다.
③ 토공작업 시 부족한 토사공급 또는 남은 토사의 처리가 필요한 경우에는 임지 밖에 사토장 또는 토취장을 지정한다.
④ 노면 및 절토대상지에 있는 임목과 그 뿌리, 표토는 전량 제거하여 반출한다. 다만, 부식토는 사면복구에 활용할 수 있다.

해설 바르게 고치면

① 성토대상지에 있는 임목은 사면다짐 등 노체형성에 장애가 되는 것이 명백한 경우 또는 흙에 많이 묻히게 되어 고사위험이 있는 경우를 제외하고는 그대로 존치하며, 표토 등은 제거·정리한다.
② 암석지역 중 급경사지 또는 도로변의 가시지역 및 민가 주변에서의 암석절취는 브레이커절취를 위주로 한다.
③ 절토·성토시 부족한 토사공급 또는 남는 토사의 처리가 필요한 경우에는 적정한 장소에 사토장 또는 토취장을 지정한다. 이 경우 사토장·토취장은 임상이 양호한 지역에는 설치하지 아니한다.

5. 평판측량에 있어서 어느 다각형을 전진법에 의하여 측량하였다. 이때 폐합오차가 20cm 발생하였다면 측점 C의 오차 배분량은?(단, AB = 50m, BC = 40m, CD = 5m, DA = 5m)

① 0.10m   ② 0.14m
③ 0.18m   ④ 0.20m

해설 폐합오차

$$= \frac{\text{출발점에서 조정할 점까지의 거리}}{\text{측선의 길이의 총합}} \times \text{조정량}$$

$$= \frac{50+40}{100} \times 0.2 = 0.18m$$

6. 설계에서 제약 요소가 아닌 것은?

① 시공 상에서의 제약
② 대상지 주요 수종에 의한 제약
③ 사업비·유지관리비 등에 의한 제약
④ 자연환경의 보존·국토보전 상에서의 제약

해설 임도의 선형설계를 제약하는 요소
① 자연환경의 보존,국토보존상 에서의 제약
② 지형,지질,지물에 의한 제약
③ 시공상 에서의 제약
④ 사업비 유지 관리비 등에 의한 제약

7. 임도 시공시 토사지역에서 절토 경사면의 기울기 기준은?

① 1 : 0.3~0.5
② 1 : 0.3~0.8
③ 1 : 0.8~1.2
④ 1 : 0.8~1.5

해설 절토사면 기울기

구분	기울기
암석지	1:0.3 ~ 1.2
토사지역	1:0.8 ~ 1.5
경암	1:0.3 ~ 0.8
연암	1:0.5 ~ 1.2

8. 곡선설치법에서 교각법에 의해 곡선을 설치할 때 교각이 32°15′, 곡선반지름이 200m일 경우 접선길이는?

① 약 58m   ② 약 65m
③ 약 75m   ④ 약 83m

해설 TL(접선길이) = R × $\tan\left(\dfrac{\theta}{2}\right)$

$150 \times \tan\dfrac{32°15′}{2}$ = 약 58m

9. 최소곡선반지름의 크기에 영향을 주는 인자가 아닌 것은?

① 임도 밀도
② 도로의 너비
③ 반출할 목재의 길이
④ 차량의 구조 및 운행속도

해설 최소곡선반지름의 크기에 영향을 주는 인자
도로 너비, 운행속도, 도로와 차량의 구조, 반출목재길이, 시거, 타이어와 노면마찰, 횡단물매 영향을 받음

10. 임도 시공에서 다짐작업에 사용되는 토공 기계로 가장 거리가 먼 것은?

① 불도저
② 탬핑롤러
③ 진동 콤팩터
④ 모터그레이더

해설 전압기계, 정지기계
① 전압기계(다짐기계) : 로드롤러, 타이어롤러, 진동콤팩터, 래퍼, 탬퍼롤러, 불도저
② 정지기계
• 모터그레이드
• 노면평평, 노면기울기잡기, 포장재혼합

11. 임도의 횡단선형에서 길어깨의 기능이 아닌 것은?

① 시거의 여유 공간
② 폭설 시 제설 공간
③ 보행자의 통행 공간
④ 차량의 주행상 여유 공간

해설 길어깨(노견, 갓길)의 기능
① 노체의 구조안정
② 차량의 안전통행
③ 보행자의 대피
④ 차도의 주요 구조부 보호
⑤ 폭설시 제설공간

정답 6. ② 7. ④ 8. ① 9. ① 10. ④ 11. ①

PART 02. 7개년 기출문제 **245**

12. 개설 비용이 저렴하고, 토사발생량도 적으며, 상향집재 작업에 가장 적합한 임도는?

① 사면임도   ② 계곡임도
③ 능선임도   ④ 복합임도

해설 산악임도망 종류
  ① 계곡임도
    • 주임도(간선임도)로 건설, 산림개발시 처음 시설되는 임도
    • 홍수유실방지위해 약간 위쪽사면에 설치하므로 양쪽 사면 개발가능
    • 비탈면 아래에 있기 때문에 위쪽으로부터 하양식 중력집재 가능, m당 운재비 가장 낮다.
  ② 사면(산복)임도
    • 산록부와 산복부에 설치
    • 산지개발 효과와 집재작업효율이 높고, 상향집재방식이 적용가능, 효율성과 경제성 높다.
    • 접근거리단축효과, 이용면적확대효과, 임목수집비 저렴, 경관저하
  ③ 능선임도
    • 축조비용이 저렴하고, 가선집재와 같은 상향집재방식에 의존하여 산림개발(접근거리단축효과)
    • 배수잘됨, 대개직선, 눈에 띔
  ④ 산정부개발형
    • 산정 주위를 순환하는 노망을 설치하는 것
  ⑤ 계곡분지개발형
    • 사면길이가 길고, 경사도가 급한 곳에 설치

13. 임도에서 대피소의 설치 간격 기준은?

① 100m 이내   ② 300m 이내
③ 500m 이내   ④ 1,000m 이내

해설 임도 대피소 설치기준

대피소	기준
간 격	300m
너 비	5m 이상
차돌림 곳 너비	10m 이상
유효길이	15m 이상

14. 임도 설계 과정에서 가장 먼저 실시하는 업무는?

① 예측   ② 답사
③ 예비조사   ④ 공사 수량 산출

해설 임도의 설계업무 순서
  예비조사 → 답사 → 예측.실측 → 설계도작성 → 공사량산출 → 설계서작성

15. 임도의 횡단 선형에 대한 설명으로 옳지 않은 것은?

① 길어깨의 너비는 50cm~1m로 한다.
② 배향곡선의 중심선 반지름은 10m 이상으로 설치한다.
③ 임도의 유효너비 기준은 길어깨 및 옆도랑의 너비를 합친 3m이다.
④ 곡선부의 중심선 반지름은 내각이 155° 이상인 경우 곡선을 설치하지 않을 수 있다.

해설 임도의 유효너비(차도너비)
  • 길어깨.옆도랑의 너비를 제외한 임도의 유효너비로 3m를 기준한다.
  • 암반지역은 2.5m이상, 배향곡선지는 6m이상으로 한다.

16. 임도 밀도를 산출하기 위한 해석적 방법으로 옳은 것은?

① 몇 개의 예정노선을 계획하고 이익과 비용에 의해 비교 판단한다.
② 예정 개설 노선의 노선도를 작성하고 계산과 이론으로 최적 임도를 산출한다.
③ 몇 개의 예정노선을 계획 작성하고 임지마다 최적의 노선배치에 의한 최적 임도를 선정한다.
④ 예정노선의 노선도를 작성하지 않고 순수하게 계산만으로 이론적 최적임도 밀도를 산출한다.

해설 밀도 산출의 해석적방법
  예정노선의 노선도를 작성하지 않고 순수계산만으로 이론적 최적임도밀도를 산출하는 것을 말한다.

정답 12. ③ 13. ② 14. ③ 15. ③ 16. ④

17. 컴퍼스측량에서 발생하는 자침편차 중 일차에 해당하는 변화는?

① 0′ ~5′   ② 5′ ~10′

③ 15′ ~20′   ④ 20′ ~25′

해설 자침편차

    ① 진북과 자북이 이루는 각을 말하며 편차는 북쪽으로 갈수록 커진다.

    ② 자침편차는 끊임없이 변화하며, 일변화, 연변화, 영년(주기)변화, 불규칙변화가 있다.

18. 임도 설계속도가 20km/시간일 때 일반지형에서 최소곡선반지름 기준은?

① 12m   ② 15m

③ 20m   ④ 30m

해설 최소곡선반지름

    • 노선의 굴곡 정도를 나타냄

설계속도 (km/hr)	최소곡선반지름(m)	
	일반지형	특수지형
40	60	40
30	30	20
20	15	12

19. 다음과 같은 지형에서 직사각형 기둥법에 의한 토적량은?(단, 사각형의 면적은 200m^{2}로 모두 동일함)

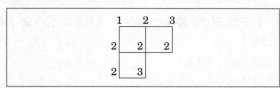

① 1,200m^3 ② 1,250m^3

③ 1,300m^3 ④ 1,350m^3

해설 $\frac{A}{4}(\sum_{h1}+2\sum_{h2}+3\sum_{h3}+4\sum_{h3})$

$\sum_{h1} = 1+3+2+2+3 = 11$

$\sum_{h2} = 2+2 = 4$

$\sum_{h3} = 2$

$\frac{200}{4}(11+2\times4+3\times2) = 1,250m^3$

20. 수준 측량에서 시점의 지반고가 100m이고, 전시의 합은 120.5m, 후시의 합은 110.5m일 때 종점의 지반고는?

① 90m   ② 100m

③ 110m   ④ 120m

해설 높이 = 후시의 합−전시의 합 = 110.5−120.5

           = −10m

    지반고 = 100−10 = 90m

1. 임도시공 시 굴착 및 운반작업 수행이 가장 어려운 장비는?

① 불도저
② 파워셔블
③ 스크레이퍼
④ 모터그레이더

해설 모터그레이더
노면을 평평하게 깎아내고 노면기울기 잡기, 노면다지기, 포장재 혼합 등에 사용

2. 임도의 유지관리를 위한 시설에 대한 설명으로 옳은 것은?

① 빗물받이는 주로 절토 비탈면 위에 설치한다.
② 옆도랑에 쌓인 토사는 답압하여 길어깨로 사용한다.
③ 평시에 유량이 많은 지역에는 세월시설을 설치하여 관리한다.
④ 종단기울기와 절취면의 토질에 따라 적절한 간격으로 횡단배수구를 설치하여 표면 유출수가 신속히 배수되도록 한다.

해설 바르게 고치면
① 빗물받이는 주로 절토 비탈면 아래에 설치한다.
② 옆도랑에 쌓인 토사를 신속히 제거하여 물의 흐름을 원활하게 한다.
③ 평시에는 유량이 적지만 강우 시에 유량이 급격히 증가하는 지역에는 세월시설을 설치하여 관리한다.

3. 산악지대의 임도망 구축에 있어 지형에 대응한 노선 선정 방식에 대한 설명으로 옳지 않은 것은?

① 산정부에 배치되는 임도는 순환식 노선이 좋다.
② 능선임도는 임도노선 배치방식 중 건설비가 가장 적게 든다.
③ 계곡임도는 계곡보다 약간 위의 사면에 설치하는 것이 좋다.
④ 급경사의 긴 비탈면에 설치하는 사면임도는 대각선 방식이 적당하다.

해설 바르게 고치면
급경사의 긴 비탈면에 설치하는 사면임도는 지그재그 방식이 적당하다.

4. 임도의 대피소 설치 기준으로 옳은 것은?

① 너비 : 5m 이상
② 간격 : 100m 이내
③ 유효길이 : 10m 이상
④ 종단 기울기 : 5% 이하

해설 임도대피소 설치기준

구분	기준
간격	300m 이내
너비	5m 이상
유효길이	15m 이상

5. 임도공사 시 기초작업에서 지반의 허용지지력이 가장 큰 것은?

① 연암
② 잔모래
③ 연한 점토
④ 자갈과 거친 모래

해설 지반의 허용지지력
지반이 지지할 수 있는 극한지지력을 안전율로 나눈 것으로 암석은 모래와 점토보다는 허용지지력이 크다.

6. 임도의 평면선형에서 곡선을 설치하지 않아도 되는 기준은?

① 내각 25° 이상
② 내각 55° 이상
③ 내각 90° 이상
④ 내각 155° 이상

해설 임도 평면선형의 곡선설치 예외기준
내각이 155도 이상 되는 장소에 대하여는 곡선을 설치하지 않을 수 있다.

정답 1. ④   2. ④   3. ④   4. ①   5. ①   6. ④

7. 1,000ha의 산림경영지에 적정임도밀도가 20m/ha라 한다면 평균집재거리는?

① 62.5m

② 125m

③ 250m

④ 500m

해설 ① 임도간격 $= \dfrac{10,000}{\text{임도밀도}} = \dfrac{10,000}{40} = 250\text{m}$

② 집재거리 $= \dfrac{5,000}{\text{임도밀도}} = \dfrac{5,000}{40} = 125\text{m}$

8. 임도의 종류별 설계속도 기준으로 옳은 것은?

① 간선임도 : 40~30km/시간

② 간선임도 : 40~20km/시간

③ 지선임도 : 30~10km/시간

④ 지선임도 : 20~10km/시간

해설 임도의 종류별 설계속도

구분	설계속도(km/hr)
간선임도	40~20
지선임도	30~20

9. 임도의 노체를 구성하는 기본적인 구조가 아닌 것은?

① 노상　　　　　② 기층

③ 표층　　　　　④ 노층

해설 노체

① 원지반과 운반된 재료에 의하여 피복된 층으로 구분되며 노체의 최하층인 도로의 본체를 노상이라 한다.

② 노체는 노상, 노반, 기층 및 표층의 순으로 더 좋은 재료를 사용하여 피복시키는 것이 이상적이다.

10. 토사지역에서 절토 경사면의 설계 기준은?

① 1 : 0.3~0.8　　② 1 : 0.5~0.8

③ 1 : 0.5~1.2　　④ 1 : 0.8~1.5

해설 절토사면 기울기

구 분	기울기	비고
암석지	·	
경 암	1:0.3~0.8	토사지역은 절토면의 높이에 따라 소단 설치
연 암	1:0.5~1.2	
토사지역	1:0.8~1.5	

11. 레벨을 이용한 고저측량 시 기고식야장법에 의한 지반고를 구하는 방법은?

① 기계고+전시

② 기계고−전시

③ 기계고+후시

④ 후시−기계고

해설 기고식야장에서 기계고와 지반고 구하기

① I.H(기계고)=G.H(지반고)+B.H(후시)

② G.H(지반고)=I.H(기계고)−F.S(전시)

12. 임도 설계 시 횡단면도를 작성하는 기준 축척은?

① 1/100　　　　② 1/200

③ 1/500　　　　④ 1/1,000

해설 도면 기준축척

① 횡단면도: 축척은 1/100으로 작성

② 종단면도: 축척은 횡 1/1,000, 종 1/200으로 작성

③ 평면도: 축척은 1/1,200으로 작성

④ 구조물 설계도: 축척은 1/20, 1/50으로 작성

정답　7. ②　8. ②　9. ④　10. ④　11. ②　12. ①

13. 산림의 경계선을 명백히 하고 그 면적을 확정하기 위해 실시하는 측량은?

① 시설측량　　　　② 세부측량
③ 주위측량　　　　④ 산림구획측량

해설 산림측량의 종류
　① 주위측량 : 산림경계선을 명백히 하고 그 면적을 확정하기 위하여 경계를 따라 주의 측량을 한다.
　② 산림구획 측량 : 주위 측량이 끝난 후 산림 구획 계획이 수립되면 임반, 소반의 구획선 및 면적을 구하기 위하여 산림 구획을 한다.
　③ 시설측량 : 교통로 및 운반로 개설과 기타 산림경영에 필요한 건물을 설치하고자 할 때에는 설치 예정지에 대한 측량을 한다.

14. 임도의 곡선반지름이 30m, 설계속도가 30km/h일 때 자동차의 원활한 통행을 위한 완화구간의 길이는?

① 약 30m　　　　② 약 32m
③ 약 36m　　　　④ 약 40m

해설 완화구간의 길이 $= \dfrac{0.036 \times 설계속도^3}{곡선반지름}$

$$= \dfrac{0.036 \times 30^3}{30} = 32.4 \to 약 \ 32m$$

5. 옹벽에 대한 설명으로 옳지 않은 것은?

① 부벽식 옹벽은 토압을 받는 쪽에 부벽을 만드는 옹벽이다.
② 반중력식 옹벽은 철근을 보강하며, 기초가 견고하지 못한 곳에 시공한다.
③ L형 옹벽은 철근콘크리트 형식으로 자중과 뒷채움한 토사의 무게를 이용한다.
④ 중력식 옹벽은 무철콘크리트로서 자중으로 토압을 견디며 기초가 견고한 곳에 시공한다.

해설 바르게 고치면
　부벽식 옹벽은 벽체와 뒷판을 적당한 간격으로 묶어 주는 가로 방향 벽체인 부벽을 설치한다.

16. 가선집재와 비교하여 트랙터를 이용한 집재작업의 특징으로 거리가 먼 것은?

① 기동성이 높다.
② 작업이 단순하다.
③ 임지 훼손이 적다.
④ 경사가 큰 곳에서 작업이 불가능하다.

해설 바르게 고치면
　트랙터집재는 임지 훼손이 크다.

17. 모르타르뿜어붙이기공법에서 건조·수축으로 인한 균열을 방지하는 방법이 아닌 것은?

① 응결완화제를 사용한다.
② 뿜는 두께를 증가시킨다.
③ 물과 시멘트의 비를 작게 한다.
④ 사용하는 시멘트의 양을 적게 한다.

해설 모르타르뿜어붙이기공법에서 균열방지방법
　① 모르타르 뿜는 두께를 증가시킴
　② 물/시멘트의 비를 작게함
　③ 사용하는 시멘트의 양을 적게 함

18. 산지 경사면과 임도 시공기면과의 교차선으로 임도 시공 시 절토와 성토작업을 구분하는 경계선은?

① 영선　　　　② 시공선
③ 중심선　　　　④ 경사선

해설 영선
　① 경사지에 설치하는 측점별로 임도에서 노면의 시공면과 산지의 경사면이 만나는 점을 영점이라 하고 이 점을 연결한 노선의 종축을 영선이라 한다.

② 산악지에서 많이 이용
③ 경사면과 임도 시공 기면(基面)과의 교차선으로 노반에 나타나며 임도 시공시 절토작업과 성토작업의 경계선이 된다.

19. 임도의 횡단선형을 구성하는 요소가 아닌 것은?

① 길어깨   ② 옆도랑
③ 차도나비   ④ 곡선반지름

해설 임도의 횡단선형의 구성요소
도로의 중심선을 횡단면으로 본 형상으로 임도의 차도너비, 길어깨, 옆도랑, 흙깎기 및 흙쌓기 비탈면 등의 요소들을 말한다.

20. 측선 AB의 방위각이 45°, 측선 BC의 방위각이 130°일 때 교각은?

① 45°   ② 75°
③ 85°   ④ 175°

해설 교각 = 어떤 측선의 방위각 − 하나 앞 측선의 방위각
       = 130−45 = 85°

1. 임도의 시공면과 산지의 경사면이 만나는 점을 연결한 노선의 종축은?

① 영선
② 중심선
③ 지반선
④ 지형선

[해설] 영선

경사면과 임도시공 기면과의 교차선으로 노반에 나타나며 임도시공 시 절토작업과 성토작업의 경계선이 된다.

2. 식생이 사면 안정에 미치는 효과가 아닌 것은?

① 표토층 침식 방지
② 심층부 붕괴 방지
③ 강우 및 바람에 의한 토양 유실 방지
④ 급경사지에서 수목 자체 무게로 인한 토양 안정

[해설] 식생의 성립이 사면 안정에 미치는 영향

① 안정측 요소: 침식방지효과, 말뚝효과, 네트효과
② 위험측 요소: 토양 침투성의 증대, 하중의 증대

3. 급경사지에서 노선거리를 연장하여 기울기를 완화할 목적으로 설치하는 평면선형에서의 곡선은?

① 완화곡선
② 복심곡선
③ 반향곡선
④ 배향곡선

[해설] 배향곡선

반지름이 작은 원호의 바로 앞이나 뒤에 반대방향의 곡선을 넣은 것으로 헤어핀곡선이라고도 한다.

4. 임도계획의 순서로 옳은 것은?

① 임도노선 선정 → 임도노선배치 계획 → 임도밀도계획
② 임도밀도 계획 → 임도노선배치 계획 → 임도노선 선정
③ 임도노선배치 계획 → 임도노선 선정 → 임도밀도 계획
④ 임도밀도 계획 → 임도노선 선정 → 임도노선 배치계획

[해설] 임도계획의 순서

임도밀도계획 – 임도노선배치계획 – 임도노선선정

5. 임도의 합성기울기 설치 기준으로 옳은 것은?(단, 지형여건이 불가피한 경우는 제외)

① 간선임도인 경우 15% 이하로 한다.
② 지선임도인 경우 14% 이하로 한다.
③ 포장 노면인 경우 13% 이하로 한다.
④ 비포장 노면인 경우 12% 이하로 한다.

[해설] 합성기울기

① 종단기울기와 횡단기울기를 합성한 물매
② 임도시설규정에서는 12% 이하로 함. 간선임도는 13% 이하, 지선임도는 15% 이하로 할 수 있으며, 노면포장을 하는 경우에 한하여 18% 이하로 함

6. 임도에서 대피소 설치 기준으로 옳은 것은?

① 대피소의 간격은 300m 이내, 너비는 5m 이상, 유효길이는 10m 이상이다.
② 대피소의 간격은 300m 이내, 너비는 5m 이상, 유효길이는 15m 이상이다.
③ 대피소의 간격은 500m 이내, 너비는 5m 이상, 유효길이는 10m 이상이다.
④ 대피소의 간격은 500m 이내, 너비는 5m 이상, 유효길이는 15m 이상이다.

정답   1. ①   2. ④   3. ④   4. ②   5. ④   6. ②

해설 대피소의 설치기준

구분	기준
간격	300m 이내
너비	5m 이상
유효길이	15m 이상

7. 임도 개설 시 흙을 다지는 목적으로 옳지 않은 것은?

① 투수성의 증대   ② 지지력의 증대
③ 압축성의 감소   ④ 흡수력의 감소

해설 임도 개설 시 흙의 다짐 목적
     교통하중 지지력 및 내압강도 증대, 압축성감소

8. 1/25,000 지형도 상에서 A점과 B점간의 표고 차이가 400m이고 거리가 20cm인 경우 종단경사는?

① 2%   ② 4%
③ 8%   ④ 12%

해설 경사도 $= \dfrac{\text{수직거리}}{\text{수평거리}} \times 100$

     1/25,000 지형도에서 1cm=250m 이므로
     실제거리=20×250=5,000

     $\dfrac{400}{5,000} \times 100 = 8\%$

9. 가선집재 시 머리기둥과 꼬리기둥에 장착하여 본줄의 지지를 하는 도르래는?

① 죔도르래   ② 안내도르래
③ 삼각도르래   ④ 짐달림도르래

해설 삼각도르래(보충설명)
     ① 삼각활차, 삼각도르래는 앞기둥과 뒷기둥에 장치되어 가공본줄의 하중을 지지하는 것

② 장력을 분산시키기 위하여 보통 2개의 시브 도르래가 부착되어 있는 삼각형 모양의 측판이 부착되어 있으므로 삼각도르래라고 하며 이는 가공본줄이 장력을 받으면 이로 인한 수직하중을 앞기둥과 뒷기둥에 각각 전달하는 역할을 한다.

10. 고저 측량에 있어서 후시에 대한 설명으로 옳은 것은?

① 기지점에 세운 수준척 눈금의 값이다.
② 미지점에 세운 수준척 눈금의 값이다.
③ 중간점에 세운 수준척 눈금의 값이다.
④ 측량 진행 방향에 세운 수준척 눈금의 값이다.

해설 후시(back sight, B.S)
     지반고를 알고 있는 점(기지점)에 표척을 세웠을 때 눈금을 읽은 값

11. 롤러의 표면에 돌기를 부착한 것으로 점착성이 큰 점성토나 풍화연암 다짐에 적합하며 다짐 유효깊이가 큰 장점을 가진 기계는?

① 탠덤롤러
② 탬핑롤러
③ 타이어롤러
④ 머캐덤롤러

해설 탬핑롤러
     롤러의 표면에 돌기를 부착한 것으로 댐, 제방·도로 등 대규모의 두꺼운 성토의 다짐과 점착성이 큰 점질토의 다짐에 효과적임

12. 임도의 총길이가 2km이고 산림 면적이 100ha이면 임도 간격은?

① 100m   ② 250m
③ 500m   ④ 1,000m

정답 7. ①   8. ③   9. ③   10. ①   11. ②   12. ③

해설 ① 임도밀도 $=\dfrac{\text{총임도연장거리(m)}}{\text{경영대상면적(ha)}}$

$=\dfrac{2,000}{100}=20\text{m/ha}$

② 임도간격(m) $=\dfrac{10,000}{\text{임도밀도}}$

$=\dfrac{10,000}{20}=500\text{m}$

13. 임도에서 길어깨의 주요 기능으로 옳지 않은 것은?

① 보행자의 통행을 위한 곳이다.
② 임목의 집재 작업을 위한 공간이다.
③ 노상시설, 지하매설물, 유지보수 등의 작업 시 여유를 준다.
④ 차량 주행의 여유를 주어 차량이 밖으로 이탈하지 않도록 한다.

해설 길어깨(갓길, 노견)의 기능
노체구조의 안정, 차량의 안전 통행, 보행자의 대피, 차도의 주요 구조부 보호 등

14. 컴퍼스 측량에서 전시와 후시의 방위각 차는?

① 0°
② 90°
③ 180°
④ 270°

해설 전시의 각 + 180° – 후시의 각

15. 임도의 노체와 노면에 관한 설명으로 옳은 것은?

① 쇄석을 노면으로 사용한 것은 사리도이다.
② 노체는 노상, 노반, 기층, 표층 순서대로 시공한다.
③ 토사도는 교통량이 많은 곳에 적용하는 것이 가장 경제적이다.
④ 노상은 임도의 최하층에 위치하여 다른 층에 비해 내구성이 큰 재료를 필요로 한다.

해설 바르게 고치면
① 쇄석을 노면으로 사용한 도로는 쇄석도이다.
③ 토사도는 물에 의한 피해가 있으므로 교통량이 적은 곳에 시공한다.
④ 노상은 임도의 최하층으로 단단한 지반이기에 원지반을 사용한다.

16. 산림자원 조성을 위한 산림관리기반시설에 해당하지 않는 것은?

① 작업로
② 작업임도
③ 간선임도
④ 지선임도

해설 산림관리기반시설 임도
간선임도, 지선임도, 작업임도

17. 지형지수 산출 인자에 해당하지 않는 것은?

① 식생
② 곡밀도
③ 기복량
④ 산복경사

해설 지형지수
산림의 지형조건(험준함·복잡함)을 개괄적으로 표시하는 지수 산복경사(임지경사), 기복량, 곡밀도의 3가지 지형요소로부터 구할 수 있다.

18. 교각법을 이용하여 임도 곡선을 설치할 때, 교각이 90°, 곡선반경이 400m인 단곡선에서의 접선길이는?

① 50m
② 100m
③ 200m
④ 400m

해설 R(Radius : 곡선반지름) $=\text{TL}\cdot\cot\left(\dfrac{\theta}{2}\right)$

$400=\text{T.L}\times\tan\dfrac{90}{2}$, 접선길이 $=400\text{m}$

정답　13. ②　14. ③　15. ②　16. ①　17. ①　18. ④

19. 옹벽의 안정도를 계산 검토해야 하는 조건이 아닌 것은?

① 전도에 대한 안정
② 활동에 대한 안정
③ 침하에 대한 안정
④ 외부응력에 대한 안정

해설 옹벽의 안정조건
① 전도에 대한 안정
② 활동에 대한 안정
③ 내부응력에 대한 안정
④ 침하에 대한 안정

20. 다음의 ( ) 안에 들어갈 내용을 순서대로 나열한 것은?

> • 배수구는 수리계산과 현지여건을 감안하되 기본적으로 ( )m 내외의 간격으로 설치하며 그 지름은 ( )mm 이상으로 한다. 다만, 부득이한 경우에는 배수구의 지름을 ( )mm 이상으로 한다.

① 100, 800, 400
② 200, 800, 600
③ 100, 1,000, 800
④ 200, 1,000, 600

1회 1회독 ☐ 2회독 ☐ 3회독 ☐

1. 가선집재와 비교한 트랙터에 의한 집재작업의 장점으로 옳지 않은 것은?

① 기동성이 높다.
② 작업이 단순하다.
③ 작업생산성이 높다.
④ 잔존임분에 대한 피해가 적다.

해설 트랙터집재 작업의 장단점

장점	단점
• 기동성이 높음. • 작업생산성이 높음. • 작업이 단순함. • 작업 비용이 낮음.	• 환경에 대한 피해가 큼. • 완경사지에서만 작업 가능 • 높은 임도밀도를 필요로 함.

2. 다음 표는 임도의 횡단측량 야장이다. A, B, C, D에 대한 설명으로 옳지 않은 것은?

좌 측	측 점	우 측
	L3.0 A	L3.0 B
$\dfrac{-1.8}{0.4}$ $\left(\dfrac{1}{1.2}\right)$ C	(NO.0) $\dfrac{L}{1.3}$	$\left(+1.5\right)$ $\dfrac{}{1.5}$
A $\left(-0.3\right)$ $\dfrac{}{2.0}$ $\dfrac{-0.3}{2.0}$	MC1 $\left(MC_1 \atop +3.70\right)$ D	$\dfrac{+0.4}{2.0}$ $\dfrac{+0.4}{2.0}$

① A : 측점이 No.0인 경우는 기설노면을 의미한다.
② B : 분자는 고저차로서 +는 성토량, −는 절토량을 의미한다.
③ C : 분모는 수평거리로서 측점을 기준으로 왼편 1.2m 지점을 의미한다.
④ D : MC_1 지점으로부터 3.70m 전진한 지점을 뜻한다.

해설 B : 분자는 고저차로서 +는 절토량, −는 성토량을 의미한다.

3. 컴퍼스측량에 대한 설명으로 옳지 않은 것은?

① 국지인력의 영향 때문에 철제구조물과 전류가 많은 시가지 측량에 적합하다.
② 컴퍼스의 눈금판은 일반적으로 N과 S점에서 양측으로 0°~90°까지 나누어져 있다.
③ 시준선이 어떤 방향으로 향할 때 자침이 가리키는 값은 남북방향을 기준으로 한 각이 된다.
④ 농지, 임야지 등과 같은 국지인력의 영향이 없는 곳이나 높은 정도를 필요로 하지 않는 곳에서 작업이 신속하고 간편하기에 많이 이용된다.

해설 바르게 고치면
국지인력의 영향 때문에 철제구조물과 전류가 많은 시가지 측량에는 적합하지 않다.

4. 1/5000 지형도에 종단경사 10%의 임도노선을 도상배치하고자 한다. 이론적인 수치보다 10%의 할증을 더 두어 계산해야 한다면 양각기 폭은? (단, 한 등고선의 간격은 5m)

① 1.0mm ② 1.1mm
③ 10mm ④ 11mm

해설 양각기폭 : $D = 100 \times \dfrac{h}{G} = 100 \times \dfrac{5}{10} = 50\text{m}$

1 : 5,000 지형도이므로 $\dfrac{5,000}{5,000} = 1\text{cm}$ (이론적수치)

10% 할증을 고려한 폭 $1 \times 1.1 = 1.1\text{cm} = 11\text{mm}$

5. 콘크리트 포장 시공에서 보조기층의 기능으로 옳지 않은 것은?

① 동상의 영향을 최소화한다.
② 노상의 지지력을 증대시킨다.
③ 노상이나 차단층의 손상을 방지한다 .
④ 줄눈, 균열, 슬래브 단부에서 펌핑현상을 증대시킨다.

정답 1. ④ 2. ② 3. ① 4. ④ 5. ④

해설 노반(보조기층)
- 상부의 포장부분을 지지하며, 상부의 교통하중을 분산하여 노상에 전달하는 중요한 역할을 한다.
- 충분한 지지력과 내구성이 풍부한 재료를 이용하여 충분히 다져야 한다.
- 보조기층을 시공할 때는 입경이 큰 것부터 깔고 다져야 하며, 이때의 두께는 10cm 내외가 좋다.

6. 임도 설계를 위한 중심선측량 시 측점 간격 기준은?

① 10m   ② 15m
③ 20m   ④ 25m

해설 중심선 측점 간격은 20m로 하고 중심말뚝을 설치한다.

7. 합성기울기가 10%이고, 외쪽기울기가 6%인 임도의 종단기울기는?

① 4%   ② 6%
③ 8%   ④ 10%

해설 $S = \sqrt{(i^2 + j^2)}$ $10\% = \sqrt{(6^2 + j^2)}$
S : 합성물매(%), i : 횡단기울기(%),
j : 종단기울기(%) $i = 8\%$

8. 배향곡선지가 아닌 경우 임도의 유효너비 기준은?

① 3m
② 4m
③ 5m
④ 6m

해설 길어깨 · 옆도랑의 너비를 제외한 임도의 유효너비는 3m를 기준으로 하며, 배향곡선지의 경우에는 6m 이상으로 한다.

9. 산림 토목공사용 기계로 옳지 않은 것은?

① 전압기   ② 착암기
③ 식혈기   ④ 정지기

해설 식혈기 – 조림 및 숲가꾸기용 기계

10. 사리도(자갈길, gravel road)의 유지관리에 대한 설명으로 옳지 않은 것은?

① 방진처리에 염화칼슘은 사용하지 않는다.
② 노면의 제초나 예불은 1년에 한 번 이상 실시한다.
③ 비가 온 후 습윤한 상태에서 노면 정지작업을 실시한다.
④ 횡단배수구의 기울기는 5~6% 정도를 유지 하도록 한다.

해설 염화칼슘은 동결방지, 서리방지, 방진 등의 기능을 한다.

11. 임도 노면 시공방법에 따른 분류로 머캐덤(Macadam)에 해당하는 것은?

① 사리도   ② 쇄석도
③ 토사도   ④ 통나무길

해설 쇄석도(부분돌길)
부순돌로 구성된 쇄석들끼리 서로 물려서 죄는 힘과 결합력에 의하여 단단한 노면을 만드는 것으로서 가장 경제적이어서 임도에서 가장 널리 사용되며 시공법에는 텔퍼드식과 머캐덤식이 있다.

12. 임도시공 시 토질조사 작업에서 예비조사의 주요항목이 아닌 것은?

① 토양   ② 지질
③ 기상   ④ 지적

해설 예비조사의 주요항목
토양도, 지질도 및 기상상황을 조사한다.

13. 임도 설계업무의 진행 순서로 옳은 것은?

① 예비조사 → 예측 → 답사 → 실측 → 설계도작성
② 예비조사 → 답사 → 예측 → 실측 → 설계도작성
③ 실측 → 예측 → 지형도분석 → 답사 → 설계도작성
④ 실측 → 지형도분석 → 예측 → 구조물조사 → 설계도작성

[해설] 임도 설계업무
예비조사 → 답사 → 예측·실측 → 설계도 작성 → 공사량의 산출 → 설계도 작성

14. 다음 종단측량 결과표를 이용하여 측점 1~4를 연결하는 도로계획선의 종단기울기는? (단, 중심말뚝 간격은 30m)

측점	1	2	3	4
지반고(m)	65.45	66.03	63.67	68.83

① 약 -3.8%
② 약 +3.8%
③ 약 -5.6%
④ 약 +5.6%

[해설] 종단기울기 $= \dfrac{68.83 - 65.45}{90} \times 100 = 3.7555\ldots$

→ 3.8%

15. 임도 시설기준에 대한 설명으로 옳은 것은?

① 배향곡선은 중심선 반지름이 10m 이상으로 한다.
② 종단곡선은 포물선곡선방식을 적용하지 않는다.
③ 특수지형에서 최소곡선반지름은 설계속도와 관계없이 14m 이상으로 한다.
④ 특수지형에서 노면포장을 하는 경우 종단기울기는 20% 범위에서 조정할 수 있다.

[해설] 바르게 고치면
② 종단곡선은 포물선곡선방식을 적용된다.
③ 특수지형에서 최소곡선반지름은 설계속도에 따라 다르다.

설계속도(km/hr)	최소곡선반지름(m)
	특수지형
40	40
30	20
20	12

④ 특수지형에서 노면포장을 하는 경우 종단기울기는 18% 범위에서 조정할 수 있다.

16. 적정임도밀도가 10m/ha이고 양방향으로 집재할 때 평균집재거리는?

① 250m
② 500m
③ 750m
④ 1000m

[해설] $ASD = \dfrac{10,000\eta\eta'}{ORD \times 4} = \dfrac{2,500\eta\eta'}{ORD}$

여기서, ASD : 집재거리(m),
ORD : 적정임도밀도(m/ha)

$\dfrac{2,500\eta\eta'}{10} = 250\text{m}$

17. 일반지형의 경우 임도 설계속도가 20km/시간일 때 설치할 수 있는 최소곡선반지름 기준은?

① 12m
② 15m
③ 20m
④ 30m

[해설] 최소곡선반지름

설계속도(km/hr)	최소곡선반지름(m)	
	일반지형	특수지형
40	60	40
30	30	20
20	15	12

18. 반출할 목재의 길이가 20m인 전간재를 너비가 4m 인 임도에서 트럭으로 운반할 때 최소곡선 반지름은?

① 4m ② 20m

③ 25m ④ 50m

해설 R(곡선 반지름, m) $= \dfrac{l^2}{4B}$

여기서, l : 통나무 길이(m), B : 노폭(m)

$\dfrac{20^2}{4 \times 4} = 25\,m$

19. 임도망 배치의 효율성 정도를 나타내는 개발지수에 대한 설명으로 옳지 않은 것은?

① 평균집재거리와 임도밀도를 곱하여 계산한다.

② 균일하게 임도가 배치되었을 때의 값은 1.0이다.

③ 노선이 중첩되면 될수록 임도배치 효율성은 높아진다.

④ 임도간격과 밀도가 동일하더라도 노망의 배치상태에 따라 이용효율성은 크게 달라진다.

해설 바르게 고치면

노선이 중첩될수록 이용효율성은 저하하게 된다.

20. 흙의 입도분포의 좋고 나쁨을 나타내는 균등계수의 산출식으로 옳은 것은? (단, 통과중량백분율 x에 대응하는 입경은 Dx)

① $D_{10} \div D_{60}$ ② $D_{20} \div D_{60}$

③ $D_{60} \div D_{20}$ ④ $D_{60} \div D_{10}$

해설 균등계수

• 통과중량백분율 60%에 대응하는 입경을 통과중량백분율 10%에 대응하는 입경으로 나눈 값으로 표시

• 균등계수$=$
$\dfrac{\text{통과중량백분율}\,60\%\text{에 대응하는 입경}(D_{60})}{\text{통과중량백분율}\,10\%\text{에 대응하는 입경(유효입경, }D_{10})}$

2021년 1회

1. 배향곡선지인 경우 길어깨와 옆도랑의 너비를 제외한 임도의 유효너비의 기준은?

① 3m ② 5m
③ 6m ④ 10m

해설 간선임도·지선임도의 유효너비
길어깨·옆도랑의 너비를 제외한 임도의 유효너비는 3m를 기준으로 하며, 배향곡선지의 경우에는 6m 이상으로 한다.

2. 산악지대의 임도노선 선정 형태로 옳지 않은 것은?

① 사면임도
② 능선임도
③ 계곡임도
④ 작업임도

해설 산악임도 노선망 형태
계곡임도, 사면임도, 능선임도, 산정부개발형, 계곡분지의 개발형

3. 수확한 임목을 임내에서 박피하는 이유로 가장 거리가 먼 것은?

① 운재작업 용이
② 병충해 피해방지
③ 신속한 원목 건조
④ 공장에서 작업하는 경우보다 생산원가 절감

해설 수확한 임목을 임내에서 박피하는 이유
임목을 운재하기 용이하게 하고, 병충해 피해를 방지하며, 원목의 건조를 빠르게 돕는 역할을 한다.

4. 등고선에 대한 설명으로 옳지 않은 것은?

① 절벽 또는 굴인 경우 등고선이 교차한다.
② 최대경사의 방향은 등고선에 평행한 방향이다.
③ 지표면의 경사가 일정하면 등고선 간격은 같고 평행하다.
④ 일반적으로 등고선은 도중에 소실되지 않으며 폐합된다.

해설 바르게 고치면
최대경사의 방향은 등고선에 직각한 방향이다.

5. 대피소를 설치할 때 유효길이 기준으로 옳은 것은?

① 5m 이상 ② 10m 이상
③ 15m 이상 ④ 300m 이내

해설 대피소 설치기준

구분	기준
간격	300m 이내
너비	5m 이상
유효길이	15m 이상

6. 임도의 종단 기울기에 대한 설명으로 옳지 않은 것은?

① 최소 기울기는 3% 이상으로 설치한다.
② 종단 기울기를 낮게 하면 시설비는 증가될 수 있다.
③ 종단 기울기를 높게 하면 임도우회율이 적어진다.
④ 보통 자동차가 설계속도의 90% 이상 정도로 오를 수 있도록 설정한다.

해설 종단기울기
• 종단물매가 너무 완만하면 노면에서 정체수 및 침투수가 발생하여 노체의 약화 및 붕괴를 일으킨다.
• 최소 2~3% 이상 되어야 비가 올 때 차량이 빠지지 않고 주행할 수 있으며, 짐을 싣고 올라가는 역기울기는 설계속도가 20~40km일 경우 5%로 규정되어 있다.

정답 1. ③ 2. ④ 3. ④ 4. ② 5. ③ 6. ④

7. 다음 ( ) 안에 해당되는 것을 순서대로 올바르게 나열한 것은?

산림관리 기반시설의 설계 및 시설기준에 따르면 배수구의 통수단면은 ( ) 년 빈도 확률 강우량과 홍수도달시간을 이용한 합리식으로 계산된 최대 홍수 유출량의 ( ) 배 이상으로 설계 및 설치한다.

① 50, 1.2　　　② 50, 1.5
③ 100, 1.2　　　④ 100, 1.5

해설 배수구의 통수단면
100년 빈도 확률강우량과 홍수도달시간을 이용한 합리식으로 계산된 최대홍수유출량의 1.2배 이상으로 설계·설치한다.

8. 사면붕괴 및 사면침식 등 임도 비탈면의 유지관리를 위한 표면유수 유입방지용 배수시설은?

① 맹거
② 종배수구
③ 횡배수구
④ 산마루 측구

해설 임도 인접지 표면 유수 배수시설
산마루측구, 감쇄공 등

9. 다음과 같은 조건에서 매튜스식(Matthews method)에 의한 적정임도밀도는?

• 집재단가 : 40원/m · m^3
• 생산예정재적 : 60m^3/ha
• 임도시설단가 : 60,000원/m
• 우회계수는 무시(모두 0)하여 계산

① 10m/ha　　　② 15m/ha
③ 20m/ha　　　④ 50m/ha

해설 매튜스는 임도의 우회율과 집재거리 우회율 등을 고려하여 적정임도밀도를 산출하였다.

$$d = 50\sqrt{\frac{V \cdot E \cdot \eta \cdot \eta'}{r}}$$

여기서, d : 임도밀도(m/ha),
E : 집재비(원/m/m^3)
η : 임도우회계수(1.0~2.0),
η' : 집재우회계수(1.0~1.5)
d : 임도밀도(m/ha),
r : 임도개설비(원/m),
V : 생산예정재적(m^3/ha)

$$d = 50\sqrt{\frac{60 \times 40}{60,000}} = 10\text{m/ha}$$

10. 다음 그림에서 각 꼭지점이 높이(m)를 나타낼 때 점고법을 이용한 전체 토량과, 절토량과 성토량이 균형을 이루는 시공면고(높이)는? (단, 각 구역의 면적은 32m^{2}로 동일)

① 전체 토량 208m^3, 시공면고 2.2m
② 전체 토량 320m^3, 시공면고 2.2m
③ 전체 토량 208m^3, 시공면고 3.3m
④ 전체 토량 320m^3, 시공면고 3.3m

해설 ① 전체토량

$$V = \frac{A}{4}(\sum h_1 + 2\sum h_2 + 3\sum h_3 + 4\sum h_4)$$

$\sum H_1 = 2 + 5 + 3 + 2 + 4 = 16$

$\sum H_2 = 3 + 3 = 6$

$\sum H_3 = 4$

$$V = \frac{32}{4}(16 + 2 \times 6 + 3 \times 4) = 320\text{m}^3$$

② 절토량과 성토량이 균형을 이루는 시공면고
＝전체토량÷전체면적
＝320÷(32×3) = 3.33333
→ 3.3m

정답　7. ③　8. ④　9. ①　10. ④

11. 임도의 유지 빛 보수에 대한 설명으로 옳지 않은 것은?

① 노체의 지지력이 약화되었을 경우 기층 및 표층의 재료를 교체하지 않는다.
② 노면 고르기는 노면이 건조한 상태보다 어느 정도 습윤한 상태에서 실시한다.
③ 결빙된 노면은 마찰저항이 증대되는 모래, 부순돌, 석탄재, 염화칼슘 등을 뿌린다.
④ 유토, 지조와 낙엽 등에 의하여 배수구의 유수단면적이 적어지므로 수시로 제거한다.

해설 바르게 고치면
노체의 지지력이 약화될 때 자갈이나 쇄석 등을 깔아 지지력을 보강한다.

12. 임도 측량 시 측선 AB의 방위각이 80°이고 길이가 30m라면 AB사이의 위거 및 경거는?

① 위거 5.2m, 경거 29.5m
② 위거 29.5m, 경거 5.2m
③ 위거 10.4m, 경거 59.1m
④ 위거 59.1m, 경거 10.4m

해설 • 측선 AB의 위거(L)
$=L_{AB}=AB \times \cos\theta = 30 \times \cos 80 = 5.2m$
• 측선 AB의 경거(D)$=L_{AB}$
$=AB \times \sin\theta = 30 \times \sin 80 = 29.5m$

13. 교각법에 의한 임도 설계 시 평면도의 곡선제원표에 포함되지 않는 것은?

① 교각점
② 접선길이
③ 중앙종거
④ 곡선반지름

해설 임도설계시 평면도상 표기사항
교각점, 곡선반지름, 구조물의 위치, 지형의 변화 및 지형지물, 곡선제원표, 축척, 방위, 도면번호 등

14. 임도 양쪽으로부터 임목이 집재될 때 평균 집재거리는 임도간격의 몇 배인가?

① 1/5
② 1/4
③ 1/3
④ 1/2

해설 임도간격, 집재거리, 평균집재거리의 관계
• 임도간격은 임도와 임도사이의 거리로 표현
• 집재거리는 양쪽의 임도에서 서로 집재작업이 실행되므로 평지림의 경우 임도간격의 1/2이 된다.
• 평균집재거리는 임도변의 집재작업과 집재한계선까지 집재작업이 동일하게 실행되므로 평지림의 경우 집재거리의 1/2이 되고 임도간격의 1/4이 됨.

15. 다음 종단측량 야장에서 측점간 거리가 20m이고 계획고를 +4% 경사(상향)로 할 때 측점2에서의 절·성토고는? (단위: m)

측점	BS	IH	TP	IP	GH	계획고
0	3.255				104.505	104.650
1				2.525		
2	2.635		0.555			

① 절토고 0.955m
② 성토고 0.955m
③ 절토고 1.022m
④ 성토고 1.022m

해설

측점	BS	IH	TP	IP	GH	계획고
0	3.255	① 107.76			104.505	104.650
1				2.525	②105.235	④105.45
2	2.635		0.555		③107.205	⑤106.25

① 측점0의 기계고$=104.505+3.255=107.76$
② 측점1의 지반고$=107.76-2.525=105.235$
③ 측점2의 지반고$=107.76-0.555=107.205$
④ 측점0에서 측점1의 4% 경사(상향) 계획고
$4\%=\dfrac{수직고}{20} \times 100$, 수직고$=0.8$이므로
계획고는 $104.650+0.8=105.45$
⑤ 측점0에서 측점2의 4% 경사(상향) 계획고
$4\%=\dfrac{수직고}{40} \times 100$, 수직고$=1.6$이므로
계획고는 $104.650+1.6=106.25$
⑥ 측점2의 절토고$=106.25-107.205=-0.955$

정답 11. ① 12. ① 13. ③ 14. ② 15. ①

16. 임도의 비탈면 기울기를 나타내는 방법에 대한 설명으로 옳은 것은?

① 비탈어깨와 비탈밑 사이의 수직높이가 1에 대하여 수평거리가 n일 때 1:n으로 표기한다.
② 비탈어깨와 비탈밑 사이의 수평거리 1에 대하여 수직높이가 n일 때 1:n으로 표기한다.
③ 비탈어깨와 비탈밑 사이의 수평거리 100에 대하여 수직높이가 n일 때 1:n으로 표기한다.
④ 비탈어깨와 비탈밑 사이의 수직높이 100에 대하여 수평거리가 n일 때 1:n으로 표기한다.

해설 임도 비탈면 기울기
　　1:n = 비탈어깨와 비탈밑 사이의 수직높이 : 수평거리

17. 롤러 표면에 돌기를 부착한 것으로 점착성이 큰 점성토 다짐에 적합하며 다짐 유효깊이가 큰 장비는?

① 탠덤롤러　　　② 탬핑롤러
③ 타이어롤러　　④ 머캐덤롤러

해설 • 탠덤롤러 : 전륜, 후륜 각 1개의 철륜을 가진 롤러를 2축 탠덤 롤러 또는 단순히 탠덤 롤러라 하며, 3륜을 따라 나열한 것을 3축 탠덤 롤러라 한다. 점성토나 자갈, 쇄석의 다짐, 아스팔트 포장의 마무리 전압에 사용된다.
• 탬핑롤러 : 롤러의 표면에 돌기를 부착한 것으로 댐, 제방. 도로 등 대규모의 두꺼운 성토의 다짐과 점착성이 큰 점질토의 다짐에 효과적이다.
• 타이어롤러 : 기층이나 노반의 표면 다짐, 사질토나 사질 점성토의 다짐 등 도로 토공에 많이 이용된다.
• 머캐덤롤러 : 3륜차의형식으로 쇠바퀴 롤러가 배치된 기계로 부순돌이나 자갈길의 1차 전압 및 마감 전압에 사용된다. 아스팔트 포장의 초기 전압에도 이용된다.

18. 일반지형에서 임도의 설계속도가 30km/시간일 때 최소곡선반지름의 설치 기준은 몇 m 이상인가?

① 20　　　　　② 30
③ 40　　　　　④ 60

해설 임도 설계시 최소곡선반지름

설계속도(km/hr)	최소곡선반지름(m)	
	일반지형	특수지형
40	60	40
30	30	20
20	15	12

19. 임도의 곡선반지름이 15m, 차량의 앞면과 뒷차축과의 거리가 6m인 경우 곡선부에서의 나비넓힘(확폭량)은?

① 0.4m　　　　② 1.0m
③ 1.2m　　　　④ 2.5m

해설 곡선부의 확폭(m) $= \dfrac{L^2}{2R} = \dfrac{6^2}{2 \times 15} = 1.2$m

20. 아스팔트 포장과 비교하였을 때 시멘트 콘크리트 포장의 장점으로 옳은 것은?

① 평탄성이 좋다.
② 내마모성이 크다.
③ 시공속도가 빠르다.
④ 간단 공법으로 유지수선이 가능하다.

해설 시멘트콘크리트 포장은 아프팔트 포장과 비교하면 내마모성은 크나, 시공속도는 느리고 양생이 필요하다.

3회   1회독 □ 2회독 □ 3회독 □

1. 간벌을 위한 임도 개설 시 적용하는 지수로 가장 적합한 것은?

① 수익성지수
② 임업효과지수
③ 교통효과지수
④ 경영기여율지수

해설 ① 수익성지수가 1.0 이상일 때 간벌임도 신설
② 임업효과지수가 1.2 이상일 때 간선임도 신설, 0.9 이상일 때 사업임도 신설

2. 임도의 각 측점 단면마다 지반고, 계획고, 절·성토고 및 지장목 제거 등의 물량을 기입하는 도면은?

① 평면도
② 표준도
③ 종단면도
④ 횡단면도

해설 횡단면도
① 축척은 1/100로 작성
② 각 측점의 단면마다 지반고·계획고·절토고 단면적, 지장목제거·측구터파기 단면적·사면보호공 등의 물량을 기입

3. 타워야더와 비교한 트랙터를 이용한 집재 방법에 대한 설명으로 옳지 않은 것은?

① 임도밀도가 높은 경우에 적합하다.
② 주변 환경 및 목재의 피해가 적다.
③ 급경사지보다 완경사지가 적합하다.
④ 장거리 운반에는 바람직하지 못하다.

해설 트랙터집재
① 장점 : 기동성이 높음, 작업생산성이 높음, 작업이 단순함, 작업 비용이 낮음
② 단점 : 환경에 대한 피해가 큼, 완경사지에서만 작업 가능, 높은 임도 밀도를 필요로 함

4. 연암 또는 단단한 지반 굴착에 가장 적합한 기계는?

① 로더
② 리퍼불도저
③ 머캐덤롤러
④ 모터그레이더

해설 리퍼 불도저
불도저의 뒤쪽에 칼날과 같은 리퍼를 붙인 도저로 단단한 흙, 연암 등의 파쇄 작업에 사용된다.

5. 트래버스 측량 결과가 아래의 표와 같을 경우 ( )에 값으로 옳지 않은 것은? (단, 위·경거 오차는 없음)

측점	방위각 (°)	거리 (m)	위거(m) N(+)	위거(m) S(−)	경거(m) E(+)	경거(m) W(−)
AB	50	10	6.4		7.6	
BC	150	5		4.3	2.5	
CD	(가)	(나)			(다)	(라)
DA	300	7	3.5			6.0

① 가 : 36.2
② 나 : 7
③ 다 : 5.6
④ 라 : 4.1

해설

측점	방위각 (°)	거리 (m)	위거(m) N(+)	위거(m) S(−)	경거(m) E(+)	경거(m) W(−)	합위거	합경거	측점
AB	50	10	6.4		7.6		0	0	A
BC	150	5		4.3	2.5		6.4	7.6	B
CD		7		5.6		4.1	2.1	10.1	C
DA	300	7	3.5			6.0	−3.5	6.0	D

위

거의 총합이 0이 되어야 하고, 경거의 총합도 0이 되어야 한다.

∴ CD측선의 위거=−5.6m,
CD측선의 경거=−4.1m 표에서

$$\overline{CD} = \sqrt{(X_D - X_C)^2 + (Y_D - Y_C)^2}$$
$$= \sqrt{(-3.5 - 2.1)^2 + (6.0 - 10.1)^2}$$
$$= 6.94 \rightarrow 7\text{m}$$

정답   1. ①   2. ④   3. ②   4. ②   5. ①

CD의 방위각 $\tan^{-1}\left(\dfrac{Y_D - Y_C}{X_D - X_C}\right) = \tan^{-1}$

$\left(\dfrac{6.0 - 10.1}{-3.5 - 2.1}\right) = 36.2°$

$\tan\theta$의 경우 X, Y 부호를 확인하여 방위각을 계산한다.

X	Y	상한
+	+	1상한
−	+	2상한
−	−	3상한
+	−	4상한

3상한으로 $180° + 36.2° = 216.2°$

6. 옹벽의 안정성 검토 사항으로 옳지 않은 것은?

① 전도　　　　　② 활동
③ 다짐　　　　　④ 침하

해설 옹벽의 안정조건
　　① 전도에 대한 안정
　　② 활동에 대한 안정
　　③ 내부응력에 대한 안정
　　④ 침하에 대한 안정

7. 임도의 평면 선형에서 곡선의 종류가 아닌 것은?

① 단곡선
② 배향곡선
③ 복선곡선
④ 반향곡선

해설 곡선의 종류
　　① 단곡선
　　② 반향곡선(반대곡선)
　　③ 복합곡선(복심곡선)
　　④ 배향곡선(헤어핀곡선)

8. 임도 설계 시 종단 기울기에 대한 설명으로 옳은 것은?

① 종단기울기의 계획은 설계차량의 규격과 관계가 없다.
② 종단기울기를 급하게 하면 임도우회율을 낮출 수 있다.
③ 종단기울기는 완만한 것이 좋기 때문에 0%를 유지하는 것이 좋다.
④ 종단기울기는 시공 후 임도의 개·보수를 통하여 손쉽게 변경할 수 있다.

해설 임도 설계 시 종단 기울기
　　① 종단기울기의 계획은 설계차량 규격과 관련된다.
　　② 종단기울기가 급하면 임도우회율을 낮춘다.
　　③ 종단기울기는 최소 2~3% 이상 되어야 비가 올 때 차량이 빠지지 않고 주행할 수 있으며, 짐을 싣고 올라가는 역기울기는 설계속도가 20~40km일 경우 5%로 규정되어 있다.
　　④ 종단기울기는 시공 후 임도의 개·보수를 통하여 손쉽게 변경이 어렵다.

9. 노면 또는 땅깎기 비탈면에 설치하는 배수 시설로 길어깨와 비탈 사이에 종단 방향으로 설치하는 것은?

① 겉도랑　　　　② 속도랑
③ 옆도랑　　　　④ 빗물받이

해설 옆도랑(측구, roadside drain)
　　① 노면과 인접된 사면의 물을 배수하기 위하여 임도의 종단방향에 따라 설치하는 배수시설
　　② 옆도랑의 종단기울기는 최소한 0.5% 이상이 필요하며, 5% 이상 되면 침식예방을 위한 대책을 강구한다.

10. 실제거리 150m를 지형도에 나타낸 길이가 15cm일 때 지형도의 축척은?

① 1 : 10　　　　　② 1 : 100
③ 1 : 1,000　　　　④ 1 : 10,000

해설 $\dfrac{1}{m} = \dfrac{\text{도상거리}}{\text{실제거리}} = \dfrac{15}{15000}$ 이므로 1 : 1,000

2021년 3회

11. 임도 구조물 시공 시 기초공사의 종류가 아닌 것은?

① 전면기초   ② 말뚝기초
③ 고정기초   ④ 확대기초

해설 임도 기초공사
    ① 직접(얕은)기초 : 확대기초(독립, 복합, 연속), 전면기초
    ② 간접(깊은) 기초 : 말뚝기초, 케이슨기초, 피어기초

12. 임도 설계 시 작성하는 도면의 축척 기준으로 옳지 않은 것은?

① 평면도 : 1/1,200   ② 횡단면도 : 1/500
③ 종단면도 : 종 1/200   ④ 종단면도 : 횡 1/1,000

해설 바르게 고치면
    횡단면도 : 1/100

13. 임도 설계 과정에서 곡선반경이 400m, 교각이 90°인 단곡선에서 접선의 길이는?

① 200m   ② 400m
③ 600m   ④ 800m

해설 R(곡선반지름)$=TL \cdot \cot(\frac{\theta}{2})$

    $400 = 접선길이 \times \cot 45° (=1)$
    ∴ 접선길이$=400m$

14. 다음 조건에 따라 양단면적평균법에 의하여 계산한 토량은?

- 시작 구간 단면적 : 30m²
- 종료 구간 단면적 : 70m²
- 구간 거리 : 40m

① 600m³   ② 1,000m³
③ 1,400m³   ④ 2,000m³

해설 양단면적평균법

$$V(체적) = \frac{l}{2}(A_1 + A_2) = \frac{40}{2}(30 + 70)$$
$$= 2,000m^3$$

15. 임도 실시설계를 위한 현지측량에 대한 설명으로 옳지 않은 것은?

① 주로 산악지에는 중심선측량, 평탄지와 완경사지에는 영선측량법을 적용하고 있다.
② 중심선측량은 측점 간격을 20m로 하여 중심말뚝을 설치하되, 필요한 각 지점에는 보조말뚝을 설치한다.
③ 횡단측량은 중심선의 각 측점·지형이 급변하는 지점, 구조물설치 지점의 중심선에서 양방향으로 실시한다.
④ 종단측량은 노선의 중심선을 따라 측량하되, 주요 구조물 주변 및 연장 1km마다 임시기표를 표시하고 평면도에 표시한다.

해설 바르게 고치면
    평탄지와 완경사지는 중심선측량, 산악지에서는 영선측량을 적용하고 있다.

16. 도면에서 기울기를 표현하는 방법으로 옳지 않은 것은?

① 1/n : 수평거리 1에 대하여 높이 n로 나눈 것
② n% : 수평거리 100에 대한 n의 고저차를 갖는 백분율
③ n‰ : 수평거리 1000에 대한 n의 고저차를 갖는 천분율
④ 각도 : 수평은 0°, 수직은 90°로 하여 그 사이를 90 등분한 것

해설 바르게 고치면
    1/n : 수평거리 n에 대하여 높이 1로 나눈 것

정답   11. ③   12. ②   13. ②   14. ④   15. ①   16. ①

17. 임도망 계획에서 설치 위치별 구분이 아닌 것은?

① 사면임도
② 능선임도
③ 계곡임도
④ 연결임도

해설 임도

지형의 상태에 따라 평지임도와 산악임도로, 산악임도는 계곡임도. 산복(사면)임도, 능선임도 등으로 구분된다.

18. 임도의 유효너비 설치기준으로 다음 ( ) 안에 적합한 수치를 순서대로 나열한 것은?

| 유효너비는 ( )m를 기준으로 하며, 배향곡선지인 경우 ( )m 이상으로 한다. |

① 2.5, 5
② 2.5, 6
③ 3, 5
④ 3, 6

해설 임도의 유효너비(차도너비)

길어깨 · 옆도랑의 너비를 제외한 임도의 유효너비는 3m를 기준으로 하며, 배향곡선지의 경우에는 6m 이상으로 한다.

19. 다음 ( ) 안에 적합한 단어로 옳은 것은?

| 임도노선 배치계획은 (가)에서 결정된 임도연장을 목표로 하여 (나)을(를) 포함한 신설노선의 배치를 결정하는 과정이고, 이 경우도 (다)와(과) 같이 임업의 시업인자 및 (라) 등이 감안되어야 한다. |

① 가 : 임도밀도계획
② 나 : 교통도로
③ 다 : 임도보수계획
④ 라 : 준공검사

해설 임도계획순서

임도밀도계획 – 임도노선배치계획 – 임도노선 설정

20. 종단 기울기가 0%인 임도의 중앙점에서 양측 길어깨로 3%의 횡단경사를 주고자 한다. 임도 폭이 4m일 경우 양측 길어깨는 임도 중앙점보다 얼마나 낮아져야 하는가?

① 1cm
② 2cm
③ 3cm
④ 6cm

해설 $G = \dfrac{D}{L} \times 100$, $3\% = \dfrac{D}{2} \times 100$

$D = 0.06 \rightarrow 6\text{cm}$

정답   17. ④   18. ④   19. ①   20. ④

1. 종단측량 야장을 이용한 No.0 측점부터 No.4 측점까지의 기울기는? (단위 : m, 측점간 거리 : 20m)

측점	후시	기계고	중간점	이점	지반고
0	6.4	23.7	–	–	–
1	–	–	4.0	–	19.7
2	–	–	4.6	–	19.1
3	5.4	21.1	–	7.9	15.7
4	–	–	6.6	–	–

① −3.5%

② +3.5%

③ +5.0%

④ −5.0%

해설 ① 측점 0의 지반고=기계고−후시=23.7−6.4=17.3
② 측점 4의 지반고=기계고−중간점
$$=21.1−6.6=14.5$$
③ 경사도=$\dfrac{\text{마지막 측점}-\text{첫측점}}{\text{수평거리}}\times100$
(여기서, 수평거리는 0~4까지의 거리로 각 측점간 거리는 20m이므로 20×4=80m)
$$\dfrac{14.5-17.3}{80}=-3.5\%$$

2. 토적 계산 방법으로 실제의 토적보다 다소 적게 나오지만 양단면평균법보다 오차가 작은 것은?

① 등고선법

② 각주공식

③ 주상체공식

④ 중앙단면적법

해설 중앙단면적의 토적계산은 실제 토적보다 작게 나오지만 오차는 양단면평균법보다 작다.

3. 중심선측량 및 영선측량에 대한 설명으로 옳지 않은 것은?

① 영선은 절토작업과 성토작업의 경계선이 되기도 한다.

② 영선측량은 지반고 상태에서 측량하며 종단면도 상에서 계획선을 결정한다.

③ 지반의 기울기가 급할수록 영선보다 중심선이 경사지의 안쪽에 위치한다.

④ 중심선측량은 평면측량에서 중심선을 설정한 후 종단·횡단 측량을 한다.

해설 중심선측량은 지반고 상태에서 측량하며 종단면도 상에서 계획선을 결정한다.

4. 집재 및 운재 작업에서 가공본선으로 사용되는 와이어로프의 안전계수 기준은?

① 2.7 이상

② 4.0 이상

③ 4.7 이상

④ 6.0 이상

해설 와이어로프의 용도별 안전계수
① 가공본줄 : 2.7
② 짐당김줄·되돌림줄·버팀줄·고정줄 : 4.0
③ 짐올림줄·짐매달음줄 : 6.0

5. 임도의 평면곡선에 대한 설명으로 옳지 않은 것은?

① 복심곡선은 반지름이 다른 곡선이 같은 방향으로 연속되는 곡선이다.

② 단곡선은 직성에 원호가 접속된 원곡선으로 설치가 용이하여 일반적으로 많이 사용된다.

③ 배향곡선은 상반되는 방향의 곡선을 연속시킨 곡선으로 양호 사이에 직선부를 설치한다.

④ 완화곡선은 임도의 직선으로부터 곡선부로 옮겨지는 곳에는 곡선부의 외쪽기울기와 나비넓힘이 원활하게 이어지도록 한다.

정답   1. ①   2. ④   3. ②   4. ①   5. ③

반지름이 작은 원호의 바로 앞이나 뒤에 반대방향 곡선을 넣은 것으로 헤어핀곡선이라고도 한다.

6. 임도의 노체에 대한 설명으로 옳지 않은 것은?

① 측구는 공법에 따라 토사도, 사리도, 쇄석도 등으로 구분한다.

② 임도의 노체는 일반적으로 노상, 노반, 기층 및 표층으로 구성된다.

③ 노면에 가까울수록 큰 응력에 견디기 쉬운 재료를 사용하여야 한다.

④ 통나무길 및 섶길은 저습지대에 있어서 노면의 침하를 방지하기 위하여 사용하는 것이다.

해설 바르게 고치면
임도 노면은 재료에 따라 토사도, 사리도, 쇄석도 등으로 구분한다.

7. 임도 설계 시 횡단면도 작성에 사용하는 축척은?

① 1/100　　　　② 1/200
③ 1/1,000　　　④ 1/1,200

해설 임도설계시 횡단면도는 1/100 축척으로 사용된다.

8. 임도 시공 시 부족한 토사의 공급을 위한 장소는?

① 객토장　　　　② 토취장
③ 사토장　　　　④ 집재장

해설 ① 객토장 : 객토를 모아둔 곳
② 토취장 : 토공에서 성토재료의 공급을 위해 흙을 채취하는 장소
③ 사토장 : 토공에서 흙을 버리는 곳
④ 집재장 : 벌채한 뒤 임내에서 벌채한 임목들 모아두는 곳

9. 1 : 25,000 지형도에서 도상거리가 8cm일 때 실제 지상거리는 몇 km인가?

① 0.2　　　　② 2
③ 8　　　　　④ 20

해설 실제거리 = 도상거리 × 축척
8cm × 25,000 = 200,000cm → 2km

10. 임도 교향에 영향을 주는 활하중에 해당하는 것은?

① 주보의 무게　　② 바닥 틀의 무게
③ 교량 시설물의 무게　④ 통행하는 트럭의 무게

해설 활하중
① 사하중에 실리는 차량·보행자 등에 따른 교통하중을 말함.
② 그 무게산정은 사하중 위에서 실제로 움직여지고 있는 DB−18하중(총 중량 32.45톤) 이상의 무게에 따름

11. 임도설계 시 각 측점의 단면마다 절토고, 성토고 및 지장목 제거, 측구터파기 단면적 등의 물량을 기입하는 설계도는?

① 평면도　　　　② 종단면도
③ 횡단면도　　　④ 구조물도

해설 ① 횡단면도 : 각 측점의 단면마다 지반고·계획고·절토고 단면적, 지장목제거·측구터파기 단면적·사면보호공 등의 물량을 기입
② 종단면도 : 곡선, 선측점, 구간거리, 누가거리, 지반높이, 계획높이, 절토높이, 성토높이, 기울기 등을 기입

12. 일반적인 지형 조건에서 임도의 길어깨 및 옆도랑 너비 기준은?

① 각각 20~30cm　　② 각각 30~50cm
③ 각각 50~100cm　　④ 각각 100~150cm

해설 임도의 길어깨는 50cm~1m 범위로 한다.

13. 급경사의 긴 비탈면인 산지에서는 지그재그 방식, 완경사지에서는 대각선방식이 가장 적합한 임도의 종류는?

① 계곡임도
② 사면임도
③ 능선임도
④ 산정임도

해설 사면임도(산복임도)
완경사에서는 대각선방식, 급경사에서는 지그재그방식으로 한다.

14. 적정지선 임도간격이 500m일 때 적정지선 임도밀도(m/ha)는?

① 20
② 25
③ 50
④ 200

해설 적정지선 임도간격(RS) = $\dfrac{10,000}{적정임도밀도}$

$500 = \dfrac{10,000}{적정임도밀도}$ 이므로 적정임도밀도는 20m/ha

15. 우수한 목재 재질 및 노동 사정을 고려할 때 가장 적합한 벌목 시기는?

① 봄
② 여름
③ 가을
④ 겨울

해설 겨울은 수액 정지 기간에 작업하므로 양질의 목재를 얻을 수 있다.

16. 임도망 계획 시 고려 사항으로 옳지 않은 것은?

① 신속한 운반이 되도록 한다.
② 운재비가 적게 들도록 한다.
③ 운재방법이 단일화되도록 한다.
④ 운반량의 상한선을 두어야 한다.

해설 운재비가 적게 들고 신속한 운반이 되도록 하며 운반량에 제한이 없도록 한다. 운재방법은 단일화한다.

17. 측선거리가 100m, 방위각이 120°일 때, 위거 및 경거의 값은? (단, cos60°=0.5, sin60°=0.86)

① 위거 +50m, 경거 +86m
② 위거 −50m, 경거 +86m
③ 위거 +50m, 경거 −86m
④ 위거 −50m, 경거 −86m

해설 AB 측선의 방위각이 120°이므로 180°에서 120°를 뺀 값이 방위각 60°가 된다.
① 위거 (L)=AB cos θ
위거=100×cos(180−120)°=100×−0.5=−50m
② 경거 (D)=AB sin θ
경거=100×sin(180−120)°=100×0.866=86m

18. 임도의 적정 종단기울기를 결정하는 요인으로 가장 거리가 먼 것은?

① 노면 배수를 고려한다.
② 적정한 임도우회율을 설정한다.
③ 주행 차량의 회전을 원활하게 한다.
④ 주행 차량의 등판력과 속도를 고려한다.

해설 종단기울기
① 길 중심선 수평면에 대한 기울기
② 토양침식, 통행차량에 의한 임도 파손 예방을 위해 규정하고, 설계속도, 안전시거, 임도우회율 등과 관련
③ 짐 싣고 올라가는 역기울기는 설계속도 20 ~ 40km일 때, 5%로 규정

정답   13. ②   14. ①   15. ④   16. ④   17. ②   18. ③

19. 임도 시공 시 충분히 다진 후 5m 미만으로 흙쌓기 비탈면을 설치할 때 기울기 기준은?

① 1 : 0.3~0.8   ② 1 : 0.5~1.2

③ 1 : 0.8~1.5   ④ 1 : 1.2~2.0

해설 흙쌓기(성토)한 경사면의 기울기는 1 : 1.2~2.0의 범위 안에서 토질 및 용수 등 지형여건을 종합적으로 고려하여 성토 사면에 대한 안정성이 확보되도록 기울기를 설정한다.

20. 임도에서 노면과 차량의 마찰계수가 0.15, 노면의 횡단물매는 5%, 설계속도가 20km/h일 때의 곡선반지름은?

① 약 4m   ② 약 8m

③ 약 16m   ④ 약 20m

해설 곡선반지름 $= \dfrac{20^2}{127 \times (0.15 + 0.05)} = 12.75 \rightarrow 16\text{m}$

1. 절토 경사면이 경암인 경우의 기울기 기준으로 옳은 것은?

① 1 : 0.3~0.8
② 1 : 0.5~0.8
③ 1 : 0.5~1.5
④ 1 : 0.8~1.5

해설

구분	기울기
암석지	–
경암	1:0.3~0.8
연암	1:0.5~1.2
토사지역	1:0.8~1.5

2. 개발지수에 대한 설명으로 옳지 않은 것은?

① 노망의 배치상태에 따라서 이용효율성은 크게 달라진다.
② 개발지수 산출식은 평균집재거리와 임도밀도를 곱한 값이다.
③ 임도가 이상적으로 배치되었을 때는 개발지수가 10에 근접한다.
④ 임도망이 어느 정도 이상적인 배치를 하고 있는가를 평가하는 지수이다.

해설 바르게 고치면
임도가 이상적으로 배치되었을 때는 개발지수가 1에 근접한다.

3. 지반고가 시점 10m, 종점 50m이고 수평거리가 1km일 때 종단기울기는?

① 4%
② 5%
③ 6%
④ 7%

해설 종단기울기 $= \dfrac{50-10}{1,000} \times 100 = 4\%$

4. 다음 조건에서 곡선반지름(m)은?

- 설계속도: 25km/시간
- 가로 미끄럼에 대한 노면과 타이어의 마찰계수 : 0.15
- 노면의 횡단기울기: 5%

① 약 15
② 약 25
③ 약 30
④ 약 50

해설 곡선반지름 $= \dfrac{25^2}{127(0.15+0.05)} = 24.6 \rightarrow$ 약25m

5. 굴삭기의 시간당 작업량 산출 계산을 위한 인자로 거리가 먼 것은?

① 작업효율
② 버킷계수
③ 체적계수
④ 버킷면적

해설 $Q = \dfrac{3600 \times q \times K \times f \times E}{Cm}$

여기서, Q : 운전 1시간당 작업량(m^3/h), q : 버킷의 버킷 용량(m^3/h), K : 버킷계수, f : 토량환산계수, E: 작업효율, Cm : 사이클타임(sec)

6. 수준측량 결과가 다음과 같을 때 종점의 지반고는?

- 시점의 지반고 : 100m
- 전시의 합 : 150.8m
- 후시의 합 : 205.4m

① 45.4m
② 54.6m
③ 154.6m
④ 456.2m

해설 ① 고저차=후시의 합-전시의 합=205.4-150.8=54.6m
② 지반고=시점의 지반고+고저차=100+54.6=154.6m

정답 1. ① 2. ③ 3. ① 4. ② 5. ④ 6. ③

7. 임도의 종단면도에 대한 설명으로 옳지 않은 것은?

① 축척은 횡 1/1,000, 종 1/200로 작성한다.
② 종단면도는 전후도면이 접합되도록 한다.
③ 종단기울기의 변화점에는 종단곡선을 삽입한다.
④ 종단기입의 순서는 좌측 하단에서 상단 방향으로 한다.

해설 바르게 고치면
　　 횡단기입의 순서는 좌측하단에서 상단방향으로 한다.

8. 임도 측선의 거리가 99.16m이고 방위가 S39° 15′ 25″ W일 때 위거와 경거의 값으로 옳은 것은?

① 위거 +76.78m, 경거 +62.75m
② 위거 +76.78m, 경거 −62.75m
③ 위거 −76.78m, 경거 +62.75m
④ 위거 −76.78m, 경거 −62.75m

해설 ① 방위 S 3915′ 25″W을 각으로 환산하면
　　 39° (39+0.2569=39.6667) 15′ (15.4167/60
　　 =0.2569) 25″ (25/60=0.4167)=39.6667° 이다.
　　 ② 위거와 경거의 값
　　 • 위거(−)=99.16×cos39.2569=−76.78m
　　 • 경거(−)=99.16×sin39.2569=−62.75m

9. 머캐덤도에 대한 설명으로 옳지 않은 것은?

① 시멘트 머캐덤도 : 쇄석을 시멘트로 결합시킨 도로
② 역청 머캐덤도 : 쇄석을 타르나 아스팔트로 결합시킨 도로
③ 교통체 머캐덤도 : 쇄석이 교통과 강우로 인하여 다져진 도로
④ 수체 머캐덤도 : 쇄석의 틈 사이에 모래 및 마사를 침투시켜 롤러로 다져진 도로

해설 수체(水締) 머캐덤도
　　 쇄석의 틈사이석분을 물로 침투시켜 롤러로 다져진 도로

10. 임도의 횡단기울기에 대한 설명으로 옳지 않은 것은?

① 노면 배수를 위해 적용한다.
② 차량의 원심력을 크게 하기 위해 적용한다.
③ 포장이 된 노면에서는 1.5~2%를 기준으로 한다.
④ 포장이 안 된 노면에서는 3~5%를 기준으로 한다.

해설 바르게 고치면
　　 임도의 횡단기울기는 노면의 배수를 위해 적용한다.

11. 적정임도밀도가 10m/ha이고 집재방향이 양방향일 때 평균집재거리는? (단, 우회계수는 고려하지 않음)

① 10m
② 100m
③ 250m
④ 500m

해설 평균집재거리(양방향집재) $= \dfrac{2,500}{\text{적정임도밀도}}$
　　 $= \dfrac{2,500}{10} = 250\text{m}$

12. 임도 측량 방법으로 영선에 대한 설명으로 옳지 않은 것은?

① 노폭의 1/2 되는 점을 연결한 선이다.
② 절토작업과 성토작업의 경계선이 되기도 한다.
③ 산지 경사면과 임도 노면의 시공면과 만나는 점을 연결한 노선의 종축이다.
④ 영선측량의 경우 종단측량을 먼저 실시하여 영선을 정한 후에 평면 및 횡단측량을 한다.

해설 노폭의 1/2 되는 점을 연결한 선은 중심선이다.

13. 원목 집재 및 운재용 장비로 가장 적합한 것은?

① 포워더　　　　　② 트리펠러
③ 프로세서　　　　④ 하베스터

해설 다공정 임업기계
　　① 포워더 : 집재＋운재
　　② 트리펠러 : 벌도
　　③ 프로세서 : 가지치기＋절단작동
　　④ 하베스터 : 벌도＋가지제거＋절단작동

14. 간선임도의 구조에 대한 설명으로 옳지 않은 것은?

① 차돌림 곳은 너비를 10m 이상으로 한다.
② 임도의 유효너비는 3m를 기준으로 한다.
③ 대피소의 유효길이는 15m 이상으로 한다.
④ 설계속도 20km/시간일 때 최소곡선반지름은 일반지
　형의 경우 12m 이상으로 한다.

해설 바르게 고치면
　　설계속도 20km/시간일 때 최소곡선반지름은 일반지형의
　　경우 15m 이상으로 한다.

15. 지형도의 등고선에 대한 설명으로 옳지 않은 것은?

① 조곡선은 간곡선의 1/2의 거리로 불규칙한 지형을
　나타낼 때 사용한다.
② 간곡선은 산지의 형태를 표시하며 주곡선 5개마다 1
　개를 굵게 표시한다.
③ 주곡선은 가는 실선으로 그리며 지형을 나타내는 기
　본이 되는 곡선이다.
④ 등고선의 간격은 서로 옆에 있는 등고선 사이의 수직
　거리를 말하며 평면도의 축척과 같은 의미를 가진다.

해설 바르게 고치면
　　계곡선은 산지의 형태를 표시하며 주곡선 5개마다 1개를
　　굵게 표시한다.

16. 와이어로프의 안전계수가 4이고 절단하중이 360kg이
라면 이 와이어로프의 최대 장력은?

① 60kg
② 90kg
③ 120kg
④ 180kg

해설 와이어로프의 안전계수
$$= \frac{와이어로프의\ 절단하중(kg)}{와이어로프에\ 걸리는\ 최대장력(kg)}\ 이므로$$

와이어로프의 최대 장력 $= \dfrac{360}{4} = 90kg$

17. 임도를 설계하고자 할 때 다음 중 가장 먼저 해야 할
업무는?

① 예측
② 답사
③ 예비조사
④ 설계도서 작성

해설 임도 설계 순서
　　예비조사 → 답사 → 예측 → 실측 → 설계도 작성 → 공사
　　량의 산출 → 설계서 작성

18. 임도의 노체 구성 순서로 옳은 것은?
　(단, 아래에서 위로의 순서에 해당됨)

① 노반 → 기층 → 노상 → 표층
② 노상 → 노반 → 기층 → 표층
③ 노반 → 노상 → 기층 → 표층
④ 노상 → 기층 → 노반 → 표층

해설 임도의 노체 구성 순서
　　노상 → 노반 → 기층 → 표층

19. 임도망 계획 시 고려할 사항으로 옳은 것을 모두 고른 것은?

> 가. 운반비를 적게 한다.
> 나. 목재의 손실이 적게 한다.
> 다. 신속한 운반이 되도록 한다.
> 라. 운반량을 제한하여 계획한다.

① 가, 나, 다   ② 가, 나, 라

③ 가, 다, 라   ④ 가, 나, 다, 라

[해설] 임도망 배치시 고려사항
① 운재비가 적게 들고 신속한 운반이 되도록 하며 운반량에 제한이 없도록 한다.
② 날씨와 계절에 따라 운재능력에 제한이 없도록 하고 운재방법을 단일화하며 목재의 손실이 적게 한다.

20. 작업임도에서 차량규격으로 2.5톤 트럭의 최소회전반경(m) 기준은?

① 5.0   ② 6.0

③ 7.0   ④ 12.0

[해설] 작업임도의 차량규격에서 2.5톤 트럭의 최소회전반경은 7.0m이다.

3회   1회독 □ 2회독 □ 3회독 □

1. 산악지대의 임도노선 선정 방식 중 급경사의 긴 비탈면 산지에서는 지그재그 방식에 적당하고 완경사지에서는 대각선 방식이 적당한 임도는?

① 계곡임도   ② 능선임도
③ 사면임도   ④ 평지임도

해설 사면임도
  ① 계곡임도에서 시작되어 산록부와 산복부에 설치하는 임도
  ② 하단부로부터 점차적으로 선형을 계획하여 진행하며 산지개발효과와 집재작업효율이 높으며 상향집재방식의 적용이 가능한 임도

2. Mattews 이론에 따라 적정임도밀도를 산출할 때 고려하는 요인이 아닌 것은?

① 횡단물매   ② 집재비
③ 임도우회계수   ④ 생산예정재적

해설 Mattews 이론에 따라 적정임도밀도의 고려 요인
  임도밀도, 집재비, 임도우회계수, 집재우회계수, 임도개설비, 생산예정재적

3. 임업기계 자재 및 작업원 등을 작업 현장 가까운곳 까지 수송하고 간이, 집운재작업을 효율적으로 수행하기 위해 개설하고 작업 종료 후 사용되지 않는 간이 도로는?

① 사면임도   ② 부임도
③ 사업임도   ④ 작업도

해설 작업도
  ① 임도에 준하는 기능을 갖기 때문에 배치형태가 중요하다.
  ② 일정한 면적의 임지에서 원활한 작업을 수행하기 위한 차량의 이동성과 작업흐름의 연계성 등이 고려된 체계적인 작업로의 배치가 요구된다.

4. 반출한 목재의 길이가 15m, 3.5m 도로의 폭이 일 때 최소곡선반지름은?

① 약 14m   ② 약 16m
③ 약 18m   ④ 약 20m

해설 R(곡선 반지름, m)$= \dfrac{l^2}{4B} = \dfrac{15^2}{4 \times 3.5} = 16.071 \cdots \rightarrow$ 약 16m

5. 차도 유효너비가 3.5m이고 길어깨 너비가 0.25m일 때 길어깨가 양쪽으로 있는 임도의 너비는?

① 4m   ② 3.75m
③ 3m   ④ 3.25m

해설 임도의 축조한계
  유효너비(차도너비)와 길어깨를 포함한 너비규격에 의하여 설치한다.
  3.5m+0.25m+0.25m=4m

6. 산림관리기반시설의 설계 및 시설기준에서 임도 설계 시 횡단면도의 작성을 위한 축척은?

① 1/500   ② 1/400
③ 1/300   ④ 1/100

해설 횡단면도는 1/100 축척으로 작성하며 좌측 하단에서 상단 방향으로 횡단기입을 한다.

7. 1 : 25,000 A점과 B점의 길이는 10cm이다. A점의 표고 150m, B점의 표고 100m일 때 AB 물매는?

① 2%   ② 4%
③ 8%   ④ 12%

해설 경사도$= \dfrac{150-100}{2,500} \times 100 = 2\%$
  도면상 10cm의 실제거리는 10cm×25,000=2,500

정답   1. ③   2. ①   3. ④   4. ②   5. ①   6. ④   7. ①

8. 임도의 시공 시 부드러운 점질토 및 점토인 경우에 성토의 높이를 5m 미만으로 설치할 때 흙쌓기 비탈면의 표준 물매는?

① 1 : 1.0 ~ 1 : 1.2
② 1 : 1.2 ~ 1 : 1.5
③ 1 : 1.5 ~ 1 : 1.8
④ 1 : 1.8 ~ 1 : 2.0

해설 부드러운 점질토 및 부드러운 점토인 경우 성토의 높이가 5m 미만일 때 흙쌓기시 비탈면의 표준 물매는 1.8~2.0 이다.

9. 어느 측점의 내각이 134°55′ 이라면 편각은?

① 45°5′
② 47°5′
③ 137°5′
④ 227°5′

해설 측점의 내각과 편각의 합은 180이다.
180－134°55′ ＝45°5′

10. 그림과 같은 도형의 재적을 점고법으로 구한 값은?

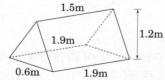

① 0.936m³
② 0.836m³
③ 0.736m³
④ 0.636m³

해설 $\dfrac{\dfrac{0.6 \times 1.2}{2}}{3}(1.5+1.9+1.9)= 0.636m^3$

11. 임도 노면을 유지 보수하는데 틀린 작업인 것은?

① 노면보다 낮은 길어깨는 채우고 다져서 노면보다 높인다.
② 노면 고르기는 노면이 습윤상태일 때 한다.
③ 노체의 지지력이 약화될 때 자갈이나 쇄석 등을 깐다.
④ 강우 직후나 해빙기 후에는 노면 보호를 위해 통행을 규제한다.

해설 노면보다 높은 길어깨는 깎아내고 다지며 옆도랑에 쌓인 토사를 신속히 제거하여 배수를 원활하게 한다.

12. 임도의 절토 경사면이 토사지역일 때 기울기 기준으로 옳은 것은?

① 1 : 0.3~0.8 ② 1 : 0.5~1.2
③ 1 : 0.8~1.5 ④ 1 : 1.2~2.0

해설 절토 경사면 기울기
① 토사 － 1 : 0.8~1.5
② 연암 － 1 : 0.5~1.2
③ 경암 － 1 : 0.3~0.8

13. 간선임도 지선임도의 시설기준에서 정한 곡선반지름의 규격은 내각이 얼마 이상이 되는 곳에 곡선 설치를 하지 않아도 되는가?

① 100° ② 120°
③ 155° ④ 200°

해설 곡선부의 중심선 반지름은 일정규격 이상으로 설치해야 하나 내각이 155도 이상되는 장소에 대하여는 곡선을 설치하지 않을 수 있다.

정답 8. ④ 9. ① 10. ④ 11. ① 12. ③ 13. ③

14. 다음 기계톱의 구조 중에서 동력전달부에 속하지 않는 것은?

① 크랭크축
② 원심클러치
③ 안내판
④ 스프라킷

해설 크랭크축은 원동기부분에 속한다.

15. 보통 포틀랜드시멘트에 대한 설명으로 틀린 것은?

① 수경성이며 강도가 크다.
② 비중은 대체로 2.50~2.65이다.
③ 시멘트의 단위용적중량은 보통 1,500kg/m³을 표준으로 한다.
④ 토목 건축의 구조물 콘크리트제품 등 다방면에 이용된다.

해설 포틀랜드 시멘트의 비중은 대체로 3.10~3.15이다.

16. 물매가 급하고 지하수가 용출되는 연약한 지층구조로 이뤄진 비탈면을 안정시키는 안정공법으로 가장 바람직한 공법은?

① 바자얽기공법
② 비탈힘줄박기공법
③ 낙석방지망덮기공법
④ 비탈선떼붙이기공법

해설 비탈힘줄박기공법
비탈 흙막이 공법으로 비탈면에 거푸집을 설치하고 콘크리트를 타설하여 뼈대(힘줄)를 만든 다음 그 틀 안에 떼나 작은 돌 등으로 채우는 공법을 말한다.

7. 임도시공 작업의 하나인 벌개제근의 설명으로 틀린 것은?

① 벌개제근을 완전히 하지 않으면 나무사이의 공극에 토사가 잘 들어가지 않고 또 부식으로 인한 공극이 발생하여 성토부가 침하하는 원인이 되기도 한다.
② 표토, 즉 부식토가 되는 표층과 그 아래 풍화층은 장래의 침하나 활동의 원인이 되기에 성토 재료로써 부적합하므로 걷어내야 한다.
③ 벌개제근이란 임도 용지 내에 서있는 나무뿌리 잡초 등을 제거하는 작업으로 잘취부에 벌개제근을 할 경우에는 시공 효율을 높일 수 있다.
④ 벌개제근된 임목은 흙으로 덮고 성토부는 제근을 하지 않는 것이 좋다.

해설 절토대상지나 노면의 입목은 뿌리, 표토는 전량 제거하고 반출한다.

18. 평판측량 시 방향오차는 주로 무엇 때문에 발생하는 오차인가?

① 치심   ② 정치
③ 이심   ④ 표정

해설 표정(Orientation)
① 평판이 일정한 방향 또는 방위를 취할 것
② 표정 작업에서 발생하는 오차(방향오차)가 전체 오차에 가장 큰 영향을 미치므로 주의해야 한다.

19. 고저측량의 기고식 야장기입법에서 지반고를 구하는 식으로 옳은 것은?

① 기계고(I.H) + 후시(B,S)
② 기계고(I.H) − 후시(B,S)
③ 기계고(I.H) − 전시(F,S)
④ 기계고(I.H) + 전시(F,S)

해설 지반고(G.H) = 기계고(I.H) − 전시(F,S)

정답   14. ①   15. ②   16. ②   17. ④   18. ④   19. ③

20. 유량계산을 Lautterburg 공식에 의거 다음 식으로 계산하고자 할 때 m이 의미하는 것은? (단 Q는 유량, K는 유출계수, a는 집수면적이다.)

$$Q = K \times \frac{a \times \dfrac{m}{1,000}}{60 \times 60}$$

① 수면물매   ② 최대시우량
③ 노반의 함유수분량   ④ 평균유속

해설 유역면적에 의한 최대시우량으로 m은 최대시우량 (mm/hr)을 의미한다.

1회

1회독 ☐ 2회독 ☐ 3회독 ☐

1. 임도의 노체와 노면에 관한 설명으로 옳은 것은?

① 노체는 노상, 노반, 기층, 표층 순서대로 시공한다.
② 쇄석을 노면으로 사용한 것은 사리도이다.
③ 토사도는 교통량이 많은 곳에 적용하는 것이 가장 경제적이다.
④ 노상은 임도의 최하층에 위치하여 다른 층에 비해 내구성이 큰 재료를 필요로 한다.

[해설] 바르게 고치면
　② 쇄석을 노면으로 사용한 도로는 쇄석도이다.
　③ 토사도는 물에 의한 피해가 있으므로 교통량이 적은 곳에 시공한다.
　④ 노상은 임도의 최하층으로 단단한 지반이기에 원지반을 사용한다.

2. 임도 측량 방법으로 영선에 대한 설명으로 옳지 않은 것은?

① 절토작업과 성토작업의 경계선이 되기도 한다.
② 산지 경사면과 임도 노면의 시공면과 만나는 점을 연결한 노선의 종축이다.
③ 노폭의 1/2 되는 점을 연결한 선이다.
④ 영선측량의 경우 종단측량을 먼저 실시하여 영선을 정한 후에 평면 및 횡단측량을 한다.

[해설] 바르게 고치면
　절토와 성토의 합이 0이 되는 점을 연결한 선이다.

3. 롤러의 표면에 돌기를 부착한 것으로 점착성이 큰 점성토나 풍화연암 다짐에 적합하며 다짐 유효깊이가 큰 장점을 가진 기계는?

① 머캐덤롤러　　　② 타이어롤러
③ 탬핑롤러　　　　④ 탠덤롤러

[해설] 탬핑롤러
　롤러의 표면에 돌기를 부착한 것으로 댐, 제방·도로 등 대규모의 두꺼운 성토의 다짐과 점착성이 큰 점질토의 다짐에 효과적이다.

4. 옹벽의 안정도를 계산 검토해야 하는 조건이 아닌 것은?

① 전도에 대한 안정　　② 활동에 대한 안정
③ 외부응력에 대한 안정　④ 침하에 대한 안정

[해설] 옹벽의 안정조건
　① 전도에 대한 안정
　② 활동에 대한 안정
　③ 내부응력에 대한 안정
　④ 침하에 대한 안정

5. 임도 시공시 토사지역에서 절토 경사면의 기울기 기준은?

① 1 : 0.3~0.5　　② 1 : 0.3~0.8
③ 1 : 0.8~1.2　　④ 1 : 0.8~1.5

[해설] 절토사면 기울기

구분	기울기
암석지	1:0.3 ~ 1.2
토사지역	1:0.8 ~ 1.5
경암	1:0.3 ~ 0.8
연암	1:0.5 ~ 1.2

6. 개설 비용이 저렴하고, 토사발생량도 적으며, 상향집재작업에 가장 적합한 임도는?

① 사면임도　　　② 계곡임도
③ 능선임도　　　④ 복합임도

정답　1. ①　2. ③　3. ③　4. ③　5. ④　6. ③

산악임도망 종류
① 계곡임도
- 주임도(간선임도)로 건설, 산림개발시 처음 시설되는 임도
- 홍수유실방지위해 약간 위쪽사면에 설치하므로 양쪽 사면 개발가능
- 비탈면 아래에 있기 때문에 위쪽으로부터 하양식 중력집재 가능, m당 운재비 가장 낮다.
② 사면(산복)임도
- 산록부와 산복부에 설치
- 산지개발 효과와 집재작업효율이 높고, 상향집재방식이 적용가능, 효율성과 경제성 높다.
- 접근거리단축효과, 이용면적확대효과,임목수집비 저렴, 경관저하
③ 능선임도
- 축조비용이 저렴하고, 가선집재와 같은 상향집재방식에 의존하여 산림개발(접근거리단축효과)
- 배수잘됨, 대개직선, 눈에 띔
④ 산정부개발형
- 산정 주위를 순환하는 노망을 설치하는 것
⑤ 계곡분지개발형
- 사면길이가 길고, 경사도가 급한 곳에 설치

7. 임도의 설계 업무 순서로 옳은 것은?

① 예비조사 → 답사 → 예측 → 실측 → 설계도 작성
② 예비조사 → 예측 → 답사 → 실측 → 설계도 작성
③ 예비조사 → 예측 → 실측 → 답사 → 설계도 작성
④ 예비조사 → 답사 → 실측 → 예측 → 설계도 작성

해설 임도의 설계업무순서
예비조사 → 답사 → 예측 → 실측 → 설계도 작성

8. 적정지선 임도간격이 500m일 때 적정지선 임도밀도 (m/ha)는?

① 20
② 25
③ 50
④ 200

해설 산림의 단위 면적당 임도연장(m/ha)

$$\frac{10,000}{500} = 20m/ha$$

9. 임도망 계획 시 고려하지 않아도 되는 사항은?

① 운재방법이 단일화되도록 한다.
② 운반량의 상한선을 두어야 한다.
③ 신속한 운반이 되도록 한다.
④ 운재비가 적게 들도록 한다.

해설 운반량은 되도록 한 번에 많이 운반할수록 좋다.

10. 임도의 종단면도에 기입하지 않는 사항은?

① 성토고, 측점, 축척
② 누가거리, 거리
③ 전시, 기계고, 후시
④ 절취고, 계획고, 지반고

해설 기계고, 후시, 전시 – 수준측량에 기입 내용

11. 임도의 종단기울기가 4%, 횡단기울기가 3%일 때의 합성기울기는?

① 1%
② 5%
③ 7%
④ 25%

해설 $\sqrt{4^2 + 3^2}$ = 5%

12. 다음의 ( ) 안에 들어갈 내용을 순서대로 나열한 것은?

> 배수구는 수리계산과 현지여건을 감안하되 기본적으로 ( )m 내외의 간격으로 설치하며 그 지름은 ( )mm 이상으로 한다. 다만, 부득이한 경우에는 배수구의 지름을 ( )mm 이상으로 한다.

① 100, 800, 400　　　② 200, 800, 600
③ 100, 1,000, 800　　④ 200, 1,000, 600
。

해설 ① 배수구의 통수단면은 100년 빈도 확률강우량와 홍수도달시간을 이용한 합리식으로 계산된 최대홍수유출량의 1.2배 이상으로 설계·설치한다.
② 배수구는 수리계산과 현지여건을 감안하되, 기본적으로 100m 내외의 간격으로 설치하며 그 지름은 1,000mm 이상으로 한다. (단, 현지여건상 필요한 경우에는 배수구의 지름을 800mm 이상으로 설치할 수 있음)

13. 임도에서 길어깨의 주요 기능으로 옳지 않은 것은?

① 임목의 집재 작업을 위한 공간이다.
② 보행자의 대피을 위한 곳이다.
③ 차량 주행의 여유를 주어 차량이 밖으로 이탈하지 않도록 한다.
④ 노상시설, 지하매설물, 유지보수 등의 작업 시 여유를 준다.

해설 길어깨(갓길, 노견)의 기능
노체구조의 안정, 차량의 안전 통행, 보행자의 대피, 차도의 주요 구조부 보호 등

14. 지형지수 산출 인자에 해당하지 않는 것은?

① 곡밀도　　　　　② 수목량
③ 기복량　　　　　④ 산복경사

해설 지형지수
산림의 지형조건(험준함·복잡함)을 개괄적으로 표시하는 지수 산복경사(임지경사), 기복량, 곡밀도의 3가지 지형요소로부터 구할 수 있다.

15. 교각법을 이용하여 임도 곡선을 설치할 때, 교각이 90°, 곡선반경이 400m인 단곡선에서의 접선길이는?

① 50m　　　　　　② 100m
③ 200m　　　　　④ 400m

해설 $R(Radius : 곡선반지름) = TL \cdot \cot\left(\dfrac{\theta}{2}\right)$

$400 = T.L \times \tan\dfrac{90}{2}$, 접선길이 = 400m

16. 컴퍼스측량에서 전시로 시준한 방위가 N37° E 일 때 후시로 시준한 역방위는?

① S37° W
② S37° E
③ N53° S
④ N53° W

해설 NE의 후시 → SW이고 방위는 37°

17. 가선집재와 비교하여 트랙터를 이용한 집재작업의 특징으로 거리가 먼 것은?

① 임지 훼손이 크다.
② 작업이 복잡하다.
③ 기동성이 높다.
④ 경사가 큰 곳에서 작업이 불가능하다.

해설 바르게 고치면
트랙터집재는 작업이 단순하다.

18. 지표면 및 비탈면의 상태에 따른 유출계수가 가장 작은 것은?

① 흙비탈면
② 떼비탈면
③ 아스팔트포장
④ 콘크리트포장

해설 유출계수
① 어느 지역의 유출량을 내린 강수량으로 나눈 값으로 유출계수가 높을수록 홍수의 위험성도 높다.
② 떼비탈면 : 0.30, 흙비탈면 : 0.60, 아스팔트포장 : 0.80~0.95, 콘크리트포장 : 0.70~0.90

19. 수확한 임목을 임내에서 박피하는 이유로 가장 부적합한 것은?

① 운재작업의 용이
② 병충해 피해 방지
③ 신속한 건조
④ 고성능 기계화로 생산원가의 절감

해설 박피작업을 하는 이유
신속한 건조, 병충해 피해방지, 운재작업의 용이

20. 모르타르뿜어붙이기공법에서 건조·수축으로 인한 균열을 방지하는 방법이 아닌 것은?

① 뿜는 두께를 증가시킨다.
② 응결완화제를 사용한다.
③ 물과 시멘트의 비를 작게 한다.
④ 사용하는 시멘트의 양을 적게 한다.

해설 모르타르뿜어붙이기공법에서 균열방지방법
① 모르타르 뿜는 두께를 증가시킴
② 물/시멘트의 비를 작게함
③ 사용하는 시멘트의 양을 적게 함

2회

1회독 □ 2회독 □ 3회독 □

1. 다음 중 임도설계시 곡선설정법이 아닌 것은?

① 교각법 　　　② 편각법
③ 진출법 　　　④ 교회법

해설 • 곡선설정법 : 교각법, 편각법, 진출법
　　 • 교회법 : 평판측량 종류

2. 지반조사에 이용되는 것이 아닌 것은?

① 오거 보링(Auger Boring)
② 관입(貫入) 시험
③ 케이슨 공법
④ 파이프 때려박기

해설 지반조사
　　 오거 보링, 관입시험, 파이프 때려박기

3. 임도의 주된 역할 및 효용으로 볼 수 없는 것은?

① 지역진흥
② 산림생태계 보전 및 미적 경관의 증진
③ 임업·임산업의 진흥
④ 삼림의 공익적 기능의 고도 발휘

해설 임도의 역할과 효용
　　 임업·임산업의 진흥, 산림의 공익적 기능 발휘, 지역진흥

4. 경사면과 임도 시공기면과의 교차선으로 임도시공시 절토와 성토작업을 구분하는 경계선은?

① 중심선 　　　② 시공선
③ 곡선시점 　　④ 영선

5. 임도 종단면도는 종단측량 결과에 의거 수평축척과 수직축척을 표시하여 제도하는데 옳은 축척은?

① 수평축척은 1 : 1,000, 수직축척은 1 : 200
② 수평축척은 1 : 200, 수직축척은 1 : 1,200
③ 수평축척은 1 : 1,000, 수직축척은 1 : 100
④ 수평축척은 1 : 100, 수직축척은 1 : 1,000

해설 종단도면 축척
　　 수평축척(횡) − 1 : 1,000, 수직축척(종) − 1 : 200

6. 다음 중 고저측량에 대한 설명으로 틀린 것은?

① 전시(F.S)와 후시(B.S)가 모두 있는 측점을 이기점 (T.P)이라 한다.
② 기계고(I.H)는 지반고(G.H) + 후시(B.S)이다.
③ 기점과 최종점의 고저차는 후시의 합계 + 이기점의 전시의 합계이다.
④ 지반고(G.H)는 기계고(I.H) − 전시(F.S)이다.

해설 바르게 고치면
　　 기점과 최종점의 고저차는 후시의 합계 − 이기점의 전시 합계이다.

7. 임도에 횡단배수구를 설치할 때 검토해야 할 사항으로 틀린 것은?

① 유역의 강우강도
② 임도의 종단물매
③ 노상의 토질
④ 돌림수로의 상태

해설 횡단배수구 설치 시 검토사항
　　 유역의 강우강도, 임도의 종단물매, 노상의 토질 등

정답　1. ④　2. ③　3. ②　4. ④　5. ①　6. ③　7. ④

8. 다음 유량 계산식에서 m이 의미하는 것은?

$$유량(Q) = k \times \dfrac{a \times \dfrac{m}{1,000}}{60 \times 60}$$

① 유역면적(m^2)
② 최대시우량(mm/시간)
③ 유출계수
④ 평균유속(m/s)

[해설] m : 시간당 최대강우량, 최대시우량

9. 와이어로프의 용도별 안전계수 중 가공본줄의 안전계수는?

① 2.7 이상
② 4.0 이상
③ 4.7 이상
④ 6.0 이상

[해설] 와이어로프의 작업별 안전계수
가공본줄 2.7, 짐당김줄과 버팀줄 4.0, 짐올림줄 6.0

10. 환경보전을 고려한 경제적이고, 효율적인 임도를 개설하기 위하여 적정한 노선을 선택하고자 임도노선 흐름도를 작성하려고 한다. 노선 흐름도의 작성 순서로서 가장 적절히 나열된 것은?

① 지형도 → 현지측정 → 노선선정 → 예정선의 기입 → 개략설계
② 지형도 → 예정선의 기입 → 노선선정 → 현지측정 → 개략설계
③ 지형도 → 예정선의 기입 → 현지측정 → 노선선정 → 개략설계
④ 지형도 → 개략설계 → 노선선정 → 현지측정 → 예정선의 기입

[해설] 노선 흐름도 작성 순서
지형도 → 예정선의 기입 → 노선선정 → 현지측정 → 개략설계

11. 블레이드면의 방향이 진행방향의 중심선에 대하여 20~30°의 경사가진 도저의 종류는?

① 트리불도저
② 스트레이트도저
③ 앵글도저
④ 틸트도저

[해설] 배토판 종류에 따라 도저의 종류
• 앵글 도저 : 배토판 20~30° 이동
• 틸트 도저 : 배토판 상하이동
• 스트레이트 도저

12. 합성물매가 10%이고, 외쪽물매가 6%인 지역의 종단물매는 얼마인가?

① 7%
② 8%
③ 9%
④ 10%

[해설] 합성물매^2=외쪽물매^2+종단물매^2
$100 = 36 + $종단물매^2, 종단물매$^2 = 64$, 종단물매$=8\%$

13. 반출할 목재의 길이가 20m인 전간목을 너비가 4m인 도로에서 트레일러로 운반할 때 최소곡선반지름은 몇 m로 하여야 하는가?

① 20m
② 25m
③ 30m
④ 35m

[해설] $\dfrac{20^2}{4 \times 4} = 25m$

14. 측구(콘크리트관)에 흐르는 유적(流積)이 $0.35m^2$이고, 측구를 흐르는 물의 평균 유속이 4m/s일 때 유량을 구하면?

① $1.4m^2/s$
② $2.0m^2/s$
③ $2.8m^2/s$
④ $3.5m^2/s$

[해설] 유량=유적×유속=$0.35 \times 4 = 1.4m^2/s$

15. 도로 양쪽으로부터 임목이 집재되고 도로 양쪽의 면적이 거의 같다고 가정할 때 평균 집재거리는 임도간격의 몇분의 1에 해당되는가?

① 1/2　　　　　　② 1/3
③ 1/4　　　　　　④ 1/5

해설 임도간격을 반으로 나누어 집재되므로 평균집재거리는 임도간격의 1/4이다.

16. 수준측량에 있어서 측점6의 지반고(m)는 얼마인가?

측점	후시 (m)	전시(m)		지반고 (m)
		TP	IP	
BM	2.191			
1			2.507	
2			3.325	
3	3.019	1.486		
4			2.513	
5	1.752	2.811		
6		3.817		

① 8.838　　　　　② 8.932
③ 9.684　　　　　④ 9.933

해설

측점	후시 (m)	기계고	전시(m)		지반고	지반고 (m)
			TP	IP		
BM	2.191	12.191				10.000
1				2.507	9.684	
2				3.325	9.866	
3	3.019	13.714	1.486		10.695	
4				2.513	11.201	
5	1.752	12.655	2.811		10.903	
6			3.817		8.838	

17. 임도계획의 순서로 가장 적합한 것은?

① 임도밀도계획－임도노선배치계획－임도노선선정
② 임도노선배치계획－임도노선선정－임도밀도계획
③ 임도밀도계획－임도노선선정－임도노선배치계획
④ 임도노선선정－임도노선배치계획－임도밀도계획

해설 임도계획순서
임도밀도계획－임도노선배치계획－임도노선선정

18. 콤파스 측량으로 AB측선의 방위각을 측정하니 $50°$였다. 역방위각을 구하면 얼마인가?

① $25°$　　　　　② $140°$
③ $230°$　　　　④ $320°$

해설 역방위각＝방위각±180°＝50+180＝230°

19. 임도의 노체를 구성하는 기본적인 구조가 아닌 것은?

① 노상　　　　　② 기층
③ 표층　　　　　④ 노층

해설 노체
노상 → 노반(보조기층) → 기층 및 표층

20. 종단면도에 기록되는 사항 중 옳지 않은 것은?

① 측점　　　　　② 단면적
③ 성토고　　　　④ 누가거리

해설 종단면도 기록되는 사항
측점간의 수평거리 및 누가거리, 각 측점의 지반고 및 B.M의 높이, 계획선의 기울기, 측점에서의 계획고

[해설] • 사하중 : 주보의 무게, 바닥 틀의 무게, 시설물
· 활하중 : 교량을 통행하는 차량 및 보행자 등의 교통하중

1. 통일 분류법에 의한 모래는 흙 입자 지름이 몇 mm의 범위인가?

① 0.005mm~0.42mm

② 0.075mm~4.75mm

③ 0.042mm~2mm

④ 2mm~4mm

[해설] 통일 분류법에 의한 모래
흙 입자 지름이 200번체 (0.0075mm)에 50% 이상 남고, 4번체(4.75mm)에 50%이상 통과한다.

4. 임도의 횡단선형 중 임도의 너비로 맞는 것은?

① 차도너비

② 차도너비 + 길어깨너비

③ 차도너비 + 길어깨너비 + 옆도랑

④ 차도너비 + 길어깨너비 + 옆도랑 + 성토의 비탈면

[해설] 임도너비=차도너비(유효너비) + 길어깨너비(노견)

2. 임도노면 포장공사의 방법에는 여러 가지가 있으나 부순돌을 재료로 하여 표층을 부설한 길을 쇄석도 또는 머캐덤도라고도 한다. 다음 중 머캐덤도의 설명으로 틀린 것은?

① 교통체(交通締) 머캐덤도-쇄석(碎石)이 교통과 강우로 인하여 다져진 도로

② 수체(水締) 머캐덤도-쇄석의 틈 사이에 모래 및 마사를 삼투(渗透)시켜 롤러로 다져진 도로

③ 역청(歷靑) 머캐덤도-쇄석을 타르나 아스팔트로 결합시킨 도로

④ 시멘트 머캐덤도-쇄석을 시멘트로 결합시킨 도로

[해설] 수체머캐덤도
쇄석의 틈사이로 석분을 물로 침투시켜 롤러로 다져진 도로

5. 임도 구조와 구성요소에 대한 연결이 잘못된 것은?

① 시거 – 노체길

② 길어깨 – 횡단선형

③ 최급 물매 – 종단선형

④ 최소 곡선 반지름 – 평면선형

[해설] 시거 : 평면선형

6. 임도시설의 물매를 표현하는 방법으로 틀린 것은?

① 각도 : 수평은 0°, 수직은 90°로 하여 그 사이를 90등분한 것

② 1/n : 높이 1에 대하여 수평거리 n으로 나눈 것

③ n% : 수평거리 100에 대한 n의 고저차를 갖는 백분율

④ 비탈물매 : 수평거리 100에 대한 수직높이의 비

[해설] 비탈물매 : 수평거리 100에 대한 수직높이의 백분율

3. 다음 중 임도교량의 활하중에 속하는 것은?

① 주보의 무게

② 통행하는 트럭의 무게

③ 바닥 틀의 무게

④ 교량의 시설물

7. 임도에서 콘크리트옹벽의 제작 과정을 순서대로 바르게 나열한 것은?

> ㉠ 양생
> ㉡ 콘크리트 치기
> ㉢ 콘크리트 다지기
> ㉣ 콘크리트 비비기

① ㉣ → ㉡ → ㉢ → ㉠
② ㉠ → ㉢ → ㉡ → ㉣
③ ㉠ → ㉡ → ㉢ → ㉣
④ ㉡ → ㉢ → ㉣ → ㉠

[해설] 콘크리트 옹벽 제작 과정
콘크리트 비비기 → 콘크리트 치기 → 콘크리트 다지기 → 양생

8. 임의의 등고선과 교차되는 두 점을 지나는 임도의 노선 물매가 10%이고, 등고선 간격이 5m일 때 두 점간의 수평거리는?

① 5m
② 50m
③ 10m
④ 100m

[해설] $10\% = \dfrac{5\text{m}(등고선간격)}{수평거리} \times 100$

수평거리=50m

9. 평판측량에 있어 평판설치의 3요소가 아닌 것은?

① 치심
② 표정
③ 시준
④ 정치

[해설] 평판설치의 3요소
치심, 표정, 정치

10. 산림관리 기반시설의 설계 및 시설기준에서 암거, 배수관 등 유수가 통과하는 배수 구조물 등의 통수단면은 최대홍수유량 단면적에 비해 어느 정도 되어야 한다고 규정하고 있는가?

① 1.0배 이상
② 1.2배 이상
③ 1.5배 이상
④ 1.7배 이상

[해설] 교량과 암거의 통수단면적
100년 빈도 확률 강수량과 홍수도달시간을 이용한 합리식으로 계산된 최대홍수유출량의 1.2배 이상으로 규정한다.

11. 급경사지에서 노선거리를 연장하여 물매를 완화할 목적으로 설치하는 평면선형에서의 곡선은?

① 완화곡선
② 복심곡선
③ 배향곡선
④ 반향곡선

[해설] 배향곡선
- 반지름이 작은 원호의 바로 앞이나 뒤에 반대방향 곡선을 넣은 것으로 헤어핀 곡선이라고도 한다.
- 산복부에서 노선 길이를 연장하여 종단경사를 완화하게 하거나 동일사면에서 우회할 목적으로 설치
- 급경사지에서 노선거리를 연장하여 종단기울기를 완화할 때 사용됨.

12. 롤러의 표면에 돌기를 부착한 것으로 점착성이 큰 점성토나 풍화연암 다짐에 적합하며, 다짐유효깊이가 큰 장점을 가진 임업기계는?

① 탠덤롤러
② 탬핑롤러
③ 타이어롤러
④ 머캐덤롤러

[해설] 탬핑롤러
롤러의 표면에 돌기를 부착한 것으로 댐, 제방. 도로 등 대규모의 두꺼운 성토의 다짐과 점착성이 큰 점질토의 다짐에 효과적이다.

정답   7. ①   8. ②   9. ③   10. ②   11. ③   12. ②

13. 일반적으로 돌쌓기의 표준물매는 찰쌓기 구조물의 경우에 얼마로 하는가?

① 1 : 0.2　　　　② 1 : 0.3
③ 1 : 0.5　　　　④ 1 : 1

해설 돌쌓기 표준 물매
　　메쌓기 1 : 03, 찰쌓기 1 : 0.2

14. 저습지대에서 노면의 침하를 방지하기 위하여 사용하는 것은?

① 토사도　　　　② 사리도
③ 섶길　　　　　④ 쇄석도

해설 통나무 및 섶길은 저습지대의 노면의 침하는 방지하기 위해 사용된다.

15. 토목작업 시 깎아낸 흙이 부족할 때에는 다른 곳에서 파와야 된다. 이렇게 필요한 채취하는 곳을 무엇이라 하는가?

① 취토장　　　　② 사토장
③ 집재장　　　　④ 토장

해설 토사장과 취토장
　• 토사장 : 흙을 버리는 장소
　• 취토장 : 흙을 가져오는 장소

16. 우리나라 임도 관련 규정상에서 설계속도 40(km/시간)으로 건설된 간선임도 종단곡선의 길이(미터)에 대한 기준은?

① 50m 이상　　　② 40m 이상
③ 30m 이상　　　④ 20m 이상

해설 설계속도에 따른 종단곡선의 길이

설계속도 (km/hr)	종단곡선의 반경(m)	종단곡선의 길이=시거(m)
40	450	40
30	250	30
20	100	20

17. 임도의 시공시 흙쌓기 공사 중 흙의 압축 또는 수축을 고려할 때, 흙쌓기의 높이를 9~12m로 한다면 더 쌓기의 높이는 얼마로 하는 것이 바람직한가?

① 흙쌓기높이의 10%
② 흙쌓기높이의 8%
③ 흙쌓기높이의 6%
④ 흙쌓기높이의 4%

해설 더쌓기 표준

흙쌓기높이(m)	더쌓기높이(%)
3	높이의 10
3~6	높이의 8
6~9	높이의 7
9~12 까지	높이의 6
12이상	높이의 5
–	–

18. 노선의 전체 길이가 3km인 다각측량을 실시하였더니, 폐합비가 1/5,000 이었다. 폐합오차는 몇 cm인가?

① 0.06cm
② 0.6cm
③ 6cm
④ 60cm

해설 $\dfrac{3,000\text{m}}{5,000} = 0.6\text{m} = 60\text{cm}$

19. 아래 그림에서 경사도의 표식과 물매값으로 옳은 것은?

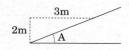

① 2:3과 67%　　② 2:3과 150
③ 3회 이상　　　④ 4회 이상

해설 경사도 $= \dfrac{수직거리}{수평거리} = \dfrac{2}{3}$, $\dfrac{2}{3} \times 100 = 67\%$

20. 평면곡선에서 중심각은 60°, 곡선반지름이 20m일 때 안전시거는 약 얼마인가?

① 18m　　　　② 21m
③ 28m　　　　④ 31m

해설 안전시거(곡선길이, CL)

$= \dfrac{2\pi R}{360°} \times \theta$ (교각 또는 중심각)

$= \dfrac{2\pi 20}{360°} \times 60 = 20.93.. \rightarrow 21m$

2024
산림기사·산림산업기사

필기 | 사방공학

inup 한솔아카데미

5과목 | 사방공학 학습법

✔ 과목이해

• 사방사업의 정의, 분류, 사방공사와 임도공사시 세부적인 공법의 선택과 시공방법에 대해 학습
• 숲에서의 물의 흐름과 순환에 대한 이해 요구

✔ 공략방법

• 사방사업의 계획, 설계, 시공 전과정을 이해하고 세부 공종의 간략한 도면을 익혀 실전에 적용할 수 있는 수준까지 학습
• 단원별 기출문제와 최근 기출문제 풀이로 적용능력을 배양
• 2차 필답형 시험에 출제비중이 높은 과목으로 임도공학과 더불어 용어와 공법 등의 암기가 필요
• 기본공식과 공법 등에 집중하여 학습하면 고득점을 얻기 쉬운 과목
• 목표점수는 70점 이상

✔ 핵심내용

• 임도 및 사방공사시 공종선택 및 각 공종의 시공방법
• 야계와 산지와 해안 사방 공법

✔ 출제기준 (교재 chapter 연계)

주요항목	중요도	세부항목	세세항목	교재 chapter
1. 토양 침식	★	모암과 토양수	모암의 종류, 토성, 토양수, 지형	01
		물의 순환과 강우 특성	물의 순환, 강우의 특성, 강우강도, 홍수량	
		침식 발생의 역학적 특성	침식종류, 각 종류별 특성	
		붕괴의 유형과 발생원인	붕괴의 유형, 붕괴발생의 원인	
2. 비탈면 안정 녹화	★★★	비탈면의 안정공법	의의 및 목표, 비탈면 안전공법의 종류	02
		비탈면의 녹화공법	의의 및 목표, 비탈면 녹화공법의 종류	
		비탈면 안정 및 녹화재료	토목 재료, 식생 재료	04
3. 야계 사방 공사	★★	유량, 유속과 침식관계	유량의 계산, 유량과 침식과의 관계, 유속과 침식과의 관계	01 02
		야계사방구조물의 종류와 설계 시공	야계사방구조물의 기능 및 설계, 시공 및 적용	05
		토석류	발생원인, 기작, 방지방법	
		사방댐	사방댐의 종류와 특성, 설계요건	
4. 산지 사방 공사	★★★	산지 황폐의 유형과 발생원인	산지황폐의 유형, 산지황폐의 발생원인	02 03
		산사태 및 땅밀림	발생 원인, 기작, 유형	
		산지 사방구조물	산지 사방구조물의 기능 및 설계, 시공 및 적용	
5. 특수지 사방 공사	★	산불 피해지 복원공사	원인, 복원대책, 공사설계, 시공 및 적용, 사후관리	06
		산지의 복원공사	원인, 복원대책, 공사설계, 시공 및 적용, 사후관리	
		등산로 정비공사	원인, 복원대책, 공사설계, 시공 및 적용, 사후관리	
		해안사방공사	원인, 복원대책, 공사설계, 시공 및 적용, 사후관리	

CONTENTS

PART 02 산림기사 7개년 기출문제

복원 기출문제 CBT 따라하기

홈페이지(www.bestbook.co.kr)에서 최근 기출문제를 CBT 모의 TEST로 체험하실 수 있습니다.

CONTENTS

복원 기출문제 CBT 따라하기

홈페이지(www.bestbook.co.kr)에서 최근 기출문제를 CBT 모의 TEST로 체험하실 수 있습니다.

PART

01 사방공학
핵심이론

단원별 출제비중

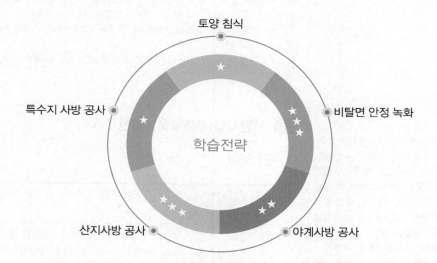

출제경향분석

- 사방공학은 사방사업의 계획, 설계, 시공 전과정을 이해하고 세부 공종의 간략한 도면을 익혀 실전에 적용할 수 있는 수준까지 학습해야하는 과목입니다.
  2차 필답형 시험이 출제 비중이 높은 과목으로 임도공학과 더불어 용어와 공법 등의 암기가 필요하며, 기본공식과 공법 등에 집중하여 학습하면 고득점을 얻기 쉽습니다.
- 목표 점수는 70점 이상입니다.

핵심

01 사방사업

핵심 PLUS

학습주안점

- 사방사업과 관련한 용어와 사방사업의 전체적 내용 및 효과에 대해 이해해야 한다.
- 사방사업은 강우와 연관되어 있으므로 물순환계, 강우의 특성, 산림 유역의 강수량을 산정하는 방법을 이해하고 기본 공식은 암기해야 한다.
- 유량은 유적과 유속에 연관되며, 평균유속과 관련되는 세지공식, 바진공식, 매닝공식 등을 알아 두어야 한다.
- 최대홍수 유량산정은 시우량법을 적용되는 계수 적용은 암기해야 한다.

■ 사방사업 개념 ☆
① 황폐지를 복구하거나 산지의 붕괴, 토석·나무 등의 유출 또는 모래의 날림 등을 방지 또는 예방하기 위하여 공작물을 설치하거나 식물을 파종·식재하는 사업 또는 이에 부수되는 경관의 조성이나 수원의 함양을 위한 사업을 말함.
② 산림청장은 사방사업을 계획적·체계적으로 추진하기 위하여 5년마다 사방사업 기본계획을 수립·시행해야 함.

1 사방사업(砂防事業) 일반

1. 관련용어

사방 (Erosion Control)	유역에서의 토사의 생산과 유출에 수반하여 발생하는 재해를 방지하는 것
사방시설	사방사업에 의하여 설치된 공작물과 파종·식재된 식물(사방사업의 시행 전부터 사방사업의 시행지역 안에서 자라고 있는 식물 포함)
사방지	사방사업을 시행하였거나 시행하기 위한 지역으로서 특별시장·광역시장·도지사·특별자치도지사 또는 지방산림청장이 지정 고시한 지역
치산 (Soil Conservation, Erosion Control)	산지의 가속침식을 방지하고 토사재해를 방지·경감하는 것을 목표로 하여 황폐산지를 복구·정비하며 산지의 보전을 통해 재해를 방지하는 것
황폐지	자연적 또는 인위적인 원인으로 인하여 산지(기타 토지를 포함)가 붕괴되거나 토석·나무 등의 유출 또는 모래의 날림 등이 발생하는 지역으로서 국토의 보전, 재해의 방지, 경관의 조성 또는 수원의 함양을 위하여 복구공사가 필요한 지역

2. 사방사업의 구분과 효과

1) 구분

① 대상지역에 따라 산지사방사업, 해안사방사업, 야계사방사업 등으로 구분

② 산지사방사업 : 산지에 대해 시행

산사태예방사업	산사태의 발생을 방지하기 위하여 시행
산사태복구사업	산사태가 발생한 지역을 복구하기 위하여 시행
산지보전사업	산지의 붕괴·침식 또는 토석의 유출을 방지하기 위하여 시행
산지복원사업	자연적·인위적인 원인으로 훼손된 산지를 복원하기 위하여 시행

③ 해안사방사업 : 해안 모래언덕 등 해안과 연접한 지역에 대하여 시행

해안방재림조성사업	해일·풍랑·모래날림·염분 등에 의한 피해를 감소시키기 위하여 시행
해안침식방지사업	파도 등에 의한 해안침식을 방지하거나 복구하기 위하여 시행

④ 야계사방사업 : 산지의 계곡, 산지에 접속된 시내 또는 하천에 대하여 시행

계류보전사업	계류(溪流)의 유속을 줄이고 침식 및 토석류를 방지하기 위하여 시행
계류복원사업	자연적·인위적인 원인으로 훼손된 계류를 복원하기 위하여 시행
사방댐 설치사업	계류의 경사도를 완화시켜 침식을 방지하고 상류에서 내려오는 토석·나무 등과 토석류를 차단하며 수원 함양을 위하여 계류를 횡단하여 소규모 댐을 설치하는 사방사업

2) 사방사업의 효과

① 공익적·경제적 효과

공익적 효과	경제적 효과
• 재해방지 효과 : 국토보전 효과 • 수원함양효과 • 생활환경보전 효과 : 대기정화 효과, 기상완화효과, 방음·방풍·방조 효과	• 산림녹화 및 임산자원 조성 • 산림부산물과 야생조수증식

핵심 PLUS

■ 사방의 내용

① 토목적 방법과 식생적 또는 조림적 방법 및 이들 두 가지를 조합으로 수행

② 표면침식·붕괴·산사태·땅밀림 등에 의한 국토황폐의 예방과 복구

③ 계류 및 야계의 흐름을 안전하게 하기 위한 여러 가지 공사

④ 비사와 해안사지 침식의 방지

⑤ 기타 낙석과 눈사태 등과 같은 산지에서 일어나기 쉬운 재해의 방지

⑥ 각종 훼손지 비탈면의 복구 및 녹화

⑦ 토양침식 및 침전에 의한 공해의 방지

② 직접적 · 간접적효과 ☆☆☆

직집적 효과	간접적 효과
• 산지침식 및 토사유출방지 • 산복붕괴 및 계안침식방지 • 산각의 고정 및 땅밀림 방지 • 계상 물매의 완화 및 계류의 보전 • 비사의 고정 및 방재림 형성 • 홍수조절 및 수원함양 • 하구 및 항만 토사퇴적방지 • 경지 및 저수지 매몰 방지 • 탄갱 침투수 방지, 국토 보전	• 각종 용수의 보전 • 하천 공작물의 보호 • 경지와 택지의 조성 및 안정 • 자연환경의 복구 및 보전

■ 사방사업의 기능
  ① 재해방지의 기능
  ② 수자원 함양 기능
  ③ 생활환경보전의 기능
  ④ 정책상의 기능

3. 사방사업의 기능

1) 재해 방지의 기능

① 산림은 지표를 피복하여 표면의 침식을 방지하고, 근계가 산림토양을 긴박하여 지면의 균열을 방지함으로써 산지의 붕괴 · 산사태 및 토사유출을 방지

② 임목지보다 무임목지에서 붕괴가 약 2배 많이 발생

③ 연간 토사유출량은 100ha당 임목지 100m³, 황폐지 5,000~15,000m³, 붕괴지 50,000m³ 정도

2) 수자원 함양의 기능

① 임지에 낙엽과 부식질이 쌓여 있으면 지하 침투를 좋게 하여 지하에 저류된 물은 서서히 유출되는데, 댐의 저수 효과와 비슷하여 녹색댐의 기능을 함.

② 1시간당 평균침투능력

  ㉮ 두꺼운 부식층을 가진 양호한 산림 : 125~150mm/hr

  ㉯ 낙엽이 없는 황폐지 토양 : 10~40mm/hr

3) 생활환경보전의 기능

산림을 조성하거나 또는 유지 개량하여 주민의 보건휴양과 생활환경의 보전을 도모

4) 정책상의 기능

산업부흥을 위한 사방사업은 국민경제 및 농촌경제에 도움을 줌.

2 강우와 사방

1. 물순환계

1) 물의 순환(water cycle)

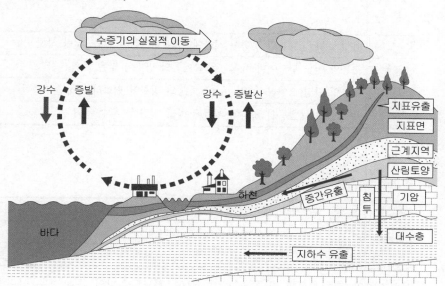

① 지구상에서 물의 시간적·공간적 분포 및 변화의 상태를 수문이라 함.

② 태양에너지에 의해 지표면이나 수역으로부터 증발된 수증기는 대기의 일부가 되고 대기 중으로 상승 운반되어 지표면이나 바다로 강하하고, 강하된 물은 유출, 침투, 투수, 지하수 저류, 증발 및 증산과정을 거쳐 지표면이나 수류으로 되돌아가는 현상(원동력은 태양에너지)

③ 상승 경로 : 태양에너지에 의해 추진

④ 하강 경로 : 중력에 의해 이루어짐

⑤ 증발산 : 호수 및 지면으로부터의 수분 증발과 식생으로부터의 증산을 포괄하는 개념으로 식생으로 피복된 지면으로부터의 증발량과 증산량만을 특히 소비수량이라 함.

⑥ 응결 : 수증기는 대기와 함께 이동, 일부는 응결하여 구름이 됨.

⑦ 강수 : 구름은 비나 눈이 되어 지표로 되돌아오며, 일부는 다시 증발하여 대기 중으로 돌아가는 순환을 되풀이 함.

■ 수류의 정의
수면에 경사가 있을 때 중력에 의해 물의 입자가 연속적으로 움직이는 상태의 물의 흐름

2) 수류

① 수류는 시간과 장소를 기준으로 정류(定流)와 부정류(不定流)로 구분하며, 정류는 다시 등류(等流)와 부등류(不等流)로 구분, 물분자의 운동상황에 따라 층류(層流)와 난류(亂流)로 구분

② 구분 ☆

정류	유적·유속·흐름의 방향이 시간에 따라 변화하지 않음, 일반 하천
등류	수류의 어느 단면이나 유적·유속 흐름의 방향이 같은 하천
부등류	수류의 단면에 따라 유적·유속·흐름의 방향이 변화하는 하천
부정류	유적·유속·흐름의 방향이 시간에 따라 변화함. 홍수 하천

■ 침투와 관련된 용어 ☆
① 침투(浸透) : 물이 지표면으로부터 땅속으로 스며드는 것
② 침투능 : 어느 주어진 조건하에서 어떤 토양면을 통하여 물이 침투할 수 있는 최대율을 일컬음, mm/hr
③ 투수(透水) : 침투된 물이 땅속으로 물이 이동하는 것
④ 침윤(浸潤) : 투수된 물이 중력의 영향으로 지하수면에 도달하는 현상

3) 침투와 투수

① 침투능의 측정 기구

관수형 침투계	내부관과 외부관으로 구성된 기구를 땅에 박고 시험하는 기구
살수형 침투계	노즐을 이용하여 인공강우를 내리게 하여 시험하는 기구
유수형 침투계	정사각형 금속제 틀상자에 물을 흐르게 하여 시험하는 기구

② 산림지역의 지하수로의 침투능은 약 51% 정도, 초지의 침투능은 산림의 75%, 산사태 지역은 산림의 50%, 보도는 산림의 5% 정도임

③ 강우 시의 침투능력
㉮ 강우시간이 지속되면 점점 작아지다가 일정한 값이 됨.
㉯ 초지보다 산림지의 침투능이 더 큼.
㉰ 활엽수림이 침엽수림보다 침투능이 5% 정도 더 큼.
㉱ 나지보다 경작지 또는 벌채적지의 침투능이 더 큼.
㉲ 토양이 건조해 있는 강우초기에 침투능이 더 큼.

■ 지표저류와 지표하저류
① 지표저류 : 지면에 저장된 물
② 지표하저류 : 토양속에 저장된 수분 중 모관력에 영향을 받지 않는 비모관 공극에 저류된 물(지중저류)

■ 모관저류와 중력저류
① 모관저류 : 토양속에 작은 공간에 저장되어 모관력의 지배를 받는 저류
② 중력저류 : 토양속에 저장된 수분 중 모관력에 영향을 받지 않는 비모관 공극에 저류된 물

4) 저류

① 어떤 공간에 물이 존재하는 현상 또는 그 물의 양을 저류라 함.
② 장소에 따라 지표저류와 지표하저류, 기작에 따라 모관저류와 중력저류로 구분

2. 강우

1) 특성

① 집중호우 및 태풍에 의한 침식과 홍수발생 요인은 시간강우량 즉, 강우강도이나 연속적으로 내리는 연속우량도 큰 영향을 끼침.
② 홍수 발생의 우려 : 1일 강우량이 80mm 이상, 시우량이 30mm 이상일 경우
③ 산사태 및 홍수의 재해 : 연속 강우량이 200mm 이상일 경우

2) 강우강도 ☆

① 강우강도 : 단위시간에 내리는 강우량의 척도

② 지속시간 : 강우가 계속되는 시간의 길이

③ 강우강도와 지속기간 간의 관계는 지역에 따라 다르나 대체로 다음 세 가지 유형이 경험공식으로 표시함.

- Talbot형 $I = \dfrac{a}{t+b}$
- Sherman형 $I = \dfrac{c}{t^n}$
- 강우강도와 일우량(日雨量) $I = \dfrac{R_{24}}{24}\left(\dfrac{24}{t}\right)^n$

여기서, I : 강우강도(mm/hr),   t : 지속기간(min) R_{24} : 일우량

a,b,c,n : 지역에 따라 다른 값을 가지는 상수

3. 산림유역의 강수량 산정법 ☆☆

1) 산술평균법

① 유역 내의 평균강수량을 산정하는 가장 간단한 방법

② 유역 내에 관측점의 지점강우량을 산술평균하여 평균 강우량을 얻는 방법

$$P_m = \frac{P_1 + P_2 + \cdots + P_n}{N} = \frac{1}{N}\sum_{i=1}^{n} P_i$$

- P_m : 유역의 평균강수량
- $P_1, P_2, \cdots, P_n$: 유역 내 각 관측점에 기록된 강우량
- N : 유역 내 관측점수의 합계

2) Thiessen법

① 강우분포가 불균등할 경우

② 전 유역면적에 대한 각 관측점의 지배면적비를 가중인자로 하여 이를 각 우량치로 곱하고 합계를 한 후 이 값을 전 유역면적으로 나눔으로써 평균강우량을 산정하는 방법

$$P_m = \frac{A_1 P_1 + A_2 P_2 + \cdots + A_N P_N}{A_1 + A_2 + \cdots + A_N} = \sum_{i=1}^{N} A_i P_i \Big/ \sum_{i=1}^{N} A_i$$

- P_m : 유역의 평균강수량
- $P_1, P_2, \cdots, P_n$: 유역 내 각 관측점에 기록된 강우량
- $A_1, A_2, \cdots, A_n$: 내 관측점수의 지배면적

핵심 PLUS

■ 산림유역의 강수량 산정법 ☆
① 산술평균법
② Thiessen법
③ 등우선법

CHAPTER 01 사방사업

3) 등우선법

① 강우에 대한 산악의 영향을 고려

② 지도상에 관측점의 위치와 강우량을 표시한 후 등우선을 그리고, 각 등우선 간의 면적을 구적기로 측정한 다음 전 유역면적에 대한 등우선 간 면적비를 해당 등우선 간의 평균 강우량에 곱하여 이들을 전부 더함으로써 전 유역에 대한 평균강우량을 구하는 방법

$$P_m = \frac{A_1 P_{1m} + A_2 P_{2m} + \cdots + A_N P_{Nm}}{A_1 + A_2 + \cdots + A_N} = \sum_{i=1}^{N} A_i P_m / \sum_{i=1}^{N} A_i$$

- P_m : 유역의 평균강수량
- $A_1, A_2, \cdots, A_N$: 각 등우선 간의 면적
- N : 등우선에 의하여 구분되는 면적구간의 수
- P_{im} : 두 인접 등우선 간의 면적에 대한 평균강수량

4. 산림의 이수시험

1) 일반사항

① 산림유역의 강수량 및 기타의 기상요인과 같은 유역으로부터 유출량을 관측함으로써 물의 순환과정

② 특히 유출에 미치는 산림의 영향을 밝혀내기 위하여 계속적인 기록을 얻을 수 있는 양수웨어를 설치하여 야외에서 실험을 실시함.

2) 방법

① 단독법 : 1개의 유역에서 산림벌채 전후의 모든 수문량 비교

② 병행법 : 임상이 다른 2개 이상이 유역의 관측치를 비교

③ 대조유역법 : 처음 임상이 동등한 2개 이상의 유역에 대하여 전기 관측기간에 유출량을 구하고 그 다음에 대조 후 산림에 벌채하고 후기 관측기간에 유출량 변동을 구하는 방법

① 유속(流速)
- 물의 속도, 편의상 평균유속은 V로 표시함(m/s).
- $v \equiv \dfrac{Q}{A}$

② 유적(流積)
- 물 흐름을 직각으로 자른 횡단면적을 통수단면적 또는 A로 표시함(m²).

③ 유량(流量)
- 단위 시간당 유적을 통과하는 물의 용량, Q로 표시함(m³/sec).
- $Q = A \times V$

④ 윤변(潤邊)
- 수로의 횡단면에 있어서 물과 접촉하는 수로 주변의 길이, P로 표시함.

⑤ 경심(徑深)
- 유적을 윤변으로 나눈 것을 경심(R) 또는 동수반지름이라 함.
- 자연하천과 같이 수심에 비하여 수면의 너비가 매우 넓을 경우에는 윤변과 수면의 너비가 거의 같다고 보아 유적을 수면의 너비로 나눈 경심이 수로의 평균수심이 됨.
- $R \equiv \dfrac{A}{P}$

3 유량과 유속

1. 유속과 평균유속

1) 유속의 측정 방법

① 부표 : 수면부표와 이중부표, 봉부표

② 유속계 : Price 유속계, Ellis 유속계, 광정 유속계

③ 화학적 측정법 : 물과 화학반응을 일으키지 않는 물질을 하천구간에 투입하여 상단부에서 하단부로 도착하는 시간을 측정하는 방법

2) 평균유속의 산정

① 수면으로부터 수심의 0.8배에서 최대유속, 0.6배에서 평균유속이 각각 나타나며, 깊이별 유속분포는 포물선 모양이나 대수곡선형 홍수 시에는 명확하지는 않음.

$$V = V_{0.6} = \frac{V_{0.2} + V_{0.8}}{2} = \frac{V + 2V_{0.6} + V_{0.8}}{4}$$

여기서, $V_{0.6}$: 수면으로부터 수심의 0.6배의 유속(m/s), $V_{0.2}$: 수면으로부터 수심의 0.2배의 유속(m/s), $V_{0.8}$ 수면으로부터 수심의 0.8배의 유속 (m/s)

② 세지공식(Chezy's formula) : 물의 흐름이 등류상태에 있을 경우 적용 ☆☆

$$V = c\sqrt{RI}$$

여기서, V : 평균유속(m/sec), c : 유속계수, R : 경심(m), I : 수로의 물매(=수면물매=하상물매, 2%일 경우 0.02)

③ 바진공식(Bazin's formula) : 물매가 급하고 유속이 빠른 수로에 적용 (황폐계류나 야계사방)

$$V = \sqrt{\frac{1}{\alpha + \beta/R}} \cdot \sqrt{RI}$$

여기서, 조도계수 $\alpha = 0.0004$, $\beta = 0.0007$

■ 조도계수 ☆
수로의 거친 정도를 나타내는 값

표. Bazin 구공식의 조도계수 α와 β의 값

구분	수로의 상태	α	β
제1종	시멘트를 바른 수로 또는 대패질한 판자수로	0.00015	0.0000045
제2종	다듬돌 · 벽돌 및 대패질을 하지 않은 판자수로	0.00019	0.0000133
제3종	축석수로 및 장석수로	0.00024	0.0000600
제4종	흙수로	0.00028	0.0003500
제5종	자갈이 있는 불규칙한 수로(황폐계류)	0.00040	0.0007000

④ Bazin 신공식(대하천)

$$V = \frac{87}{1 + n/\sqrt{R}} \cdot \sqrt{RI}$$

여기서, 조도계수 n (0.06~1.75)

표. Bazin 신공식의 조도계수 n의 값

구분	수로의 상태	n
제1종	시멘트를 바른 수로 또는 대패질한 판자수로	0.06
제2종	대패질을 하지 않은 판자수로 · 벽돌수로 · 콘크리트수로	0.16
제3종	다듬돌 또는 야면석수로	0.46
제4종	축석수로 및 장석수로	0.86
제5종	흙수로	1.30
제6종	큰 자갈 및 수초가 많은 흙수로(황폐계류)	1.75

■ 임계유속
① 유속이 어떤 한계보다 작으면 물 입자
는 관측에 나란히 층상을 이루어
질서 있게 흐름을 층류라 하며, 유속
이 어떤 한계보다 크면 물 입자는
상하좌우로 불규칙하게 흩어지면
는 흐름을 난류라고 함. 이러한 층
류에서 난류로 변화할 때의 유속을
일컫는 말로서 계상의 침식을 일으
키지 않는 경우의 최대유속 (침식을
일으키는 경우는 난류의 유속)
② 정지한 사력(砂礫)이 활동하기 시작
할 때의 유속이므로 평균유속과 임계
유속이 같은 경우는 유수가 사력으
로 포화된 상태임.

⑤ Manning 공식 ☆

$$V = \frac{1}{n} \cdot R^{2/3} \cdot I^{1/2}$$

여기서, n : 유로조도계수이며, 조도계수(n)가 커질수록 유속(V)은 감소됨.
일반적으로 구불구불하고 자갈과 수초가 있는 계천에서의 n의 범위는
0.030~0.055이다.

⑥ Kutter 공식 : 등류의 유속계산에는 편리하지만 부등류나 부정류의 해석에 이용
하기 곤란하므로 Manning 공식을 많이 사용

⑦ 야계유속표 이용 : 종래 야계사방공사에서는 Bazin 구공식에 의하여 계산한
야계유속표를 이용

2. 유량산정법

1) 유속에 의한 방법

통수단면적(A, 유적)을 실측하고, 평균유속공식에 의한 평균유속(V)으로 유량
(Q)을 산정하는 방법으로 유량이 많은 하천에 사용

$$Q(\text{m}^3/\text{sec}) = V \times A$$

여기서, Q : 유량(m^3/s), A : 통수단면적(m^2), V : 평균유속(m/s)

[예제]
배수로의 배수 소요단면적이 4.0m², 배
수로를 흐르는 물의 유속이 3.0m/s일 때
유량은?
[해설]
유량(m³/s)
=단면적(m²)×평균유속(m/s)
=4.0×3.0=12.0m³/sec

2) 양수웨어에 의한 방법

① 사각웨어 (rectangular notch, rectangular weir) : 칼날웨어 중에서 노치부
분의 형상이 직각모양인 것, 주로 유량측정에 사용

$$Q = 1.84\left(b - \frac{n}{10}h\right)h^{3/2}$$

여기서, b : 웨어의 너비(m), n : 완전수축의 수(직류웨어 $n=0$, 편축류웨어
$n=1$, 축류웨어 $n=2$ 사용), h : 웨어의 월류 수심

② 삼각웨어 (triangular weir, triangular notch weir) : 칼날웨어 중 노치부분의 형상이 이등변삼각형 형태인 것, 약간의 변화에 대해 월류수심이 크게 변화하므로 비교적 적은 유량의 측정에 사용

$$Q ≒ 1.4h^{5/2}$$

3. 최대홍수 유량산정법 ☆☆☆

1) 시우량법(Lauterburg식) : 유역면적에 의한 최대시우량

$$Q = K \cdot \frac{a \times \left(\dfrac{m}{1,000}\right)}{60 \times 60} = 0.002778 \times K \times a \times m$$

여기서, Q : 1초 동안의 유량(m³/sec), K : 유거계수(유역내 우량과 하천의 유거량과의 비), a : 유역면적(m²), m : 최대시우량(mm/hr)

① 1시간 동안 내린 비가 1시간 후에 계획지점에 있어서 최고 수위가 된다고 가정하여 만든 공식이므로 비교적 좁은 유역에서는 유리
② 유거계수(K)
  ㉮ 어느 지역의 유출량을 내린 강수량으로 나눈 값으로 유출계수가 높을수록 홍수의 위험성도 높음.
  ㉯ 일반적으로 임상이 좋은 산지유역에서는 0.35~0.45, 임상이 좋지 않은 산지유역에서는 0.45~0.65, 그리고 황폐유역에서는 0.65~0.85 정도
③ 최대시우량 : 사방시설의 경제효과를 고려하여 20~50년의 확률치를 사용하고, 일반적으로 100mm/hr를 적용하는 것이 관례이나, 최근에는 강우강도가 높아 그 이상 적용함.

2) 합리식법 ☆

① 어떤 배수유역 내에 발생한 호우의 강도와 첨두유출량, 즉 최대홍수유량 간의 관계를 나타내는 대표적인 공식으로 사방댐 최대홍수유량을 계산할 때 사용
② 우리나라와 같은 황폐계류의 유출계수는 사력생산지에서 0.9 이상, 사력유과지에서 0.8 이상, 사력퇴적지에서 0.7 이상이 됨.

• 유역면적의 단위가 ha일 때

$$Q = \frac{1}{360}CIA = 0.002778\,CIA$$

여기서, C : 유출계수, I : 강우강도(mm/hr), A : 유역면적(ha)
• 유역면적의 단위가 km²일 때

$$Q = 0.2778\,CIA$$

여기서, C : 유출계수, I : 강우강도(mm/hr), A : 유역면적(km²),
    0.2778 : 비유량(比流量)

유역면적(A)
관측점(유량Q)
비유량 $= \dfrac{Q}{A}$

3) 홍수위 흔적법

홍수 직후 유로를 조사하여 쓰레기의 흔적이나 계안 표토 침식 등의 위치에서 홍수위를 추정하는 방법

■■■ 1. 사방사업

1. 산지에 접속된 시내 또는 하천에 대하여 시행하는 사방사업은?

① 산지사방사업
② 해안사방사업
③ 야계사방사업
④ 계곡사방사업

2. 사방사업의 직접적인 효과가 아닌 것은?

① 산지침식 및 토사유출방지
② 산복붕괴 및 계안결괴(溪岸缺壞) 방지
③ 비사의 고정
④ 정책상의 효과

3. 다음 중 사방사업의 직접적 효과로 볼 수 없는 것은?

① 산지침식 및 토사유출방지
② 하천공작물의 보호
③ 홍수조절 및 수원함양
④ 하상 물매 완화 및 계류 보전

4. 다음 중 산지사방 사업의 직접적 기능이 아닌 것은?

① 재해방지 및 수자원함양 효과
② 경관 및 산림자원 조성 효과
③ 생활환경의 보전 효과
④ 사구의 안정 녹화 효과

5. 수류(水流)에 대한설명 중 틀린 것은?

① 수류는 시간과 장소를 기준으로 하여 정류(定流)와 부정류(不定流)로 구분한다.
② 수류는 물분자의 운동상황에 따라 층류(層流)와 난류(亂流)로 구분한다.
③ 홍수 시의 하천은 정류에 속한다.
④ 자연하천은 엄밀한 의미에서는 등류 구간이 없다.

해설

해설 1
사방사업은 그 대상지역에 따라 산지사방사업, 해안사방사업, 야계사방사업으로 구분한다.

해설 2
정책상의 효과는 간접적인 효과로 볼 수 있다.

해설 3
사방사업이 간접적인 효과에는 하천공작물의 보호, 자연환경 및 각종용수의 보전, 경지 및 택지의 조성 등이 있다.

해설 4
사구(砂丘)는 모래로 조성된 언덕으로 해안사방 사업과 관련된 내용이다.

해설 5
홍수 시의 하천은 부정류에 속한다.

정답 1. ③ 2. ④ 3. ② 4. ④ 5. ③

6. 단면에 따라 유적, 유속, 흐름의 방향이 변화하는 하천을 무엇이라 하는가?

① 부등류   ② 부정류

③ 정류   ④ 등류

7. 투수된 물이 중력의 영향으로 지하수면에 도달하는 현상을 무엇이라 하는가?

① 침투(浸透)   ② 침윤(浸潤)

③ 수류(水流)   ④ 응결(凝結)

8. 침투능을 측정하는 침투계의 종류가 아닌 것은?

① 관수형 침투계   ② 살수형 침투계

③ 유출형 침투계   ④ 유수형 침투계

9. 유역 내 5개 관측점의 면적이 각각 60km², 33km², 49km², 50km², 38km² 이며, 이곳에서 측정한 강수량이 각각 120mm, 88mm, 106mm, 104mm, 92mm일 때, 이 유역의 평균강수량을 산술평균법으로 구하면 얼마인가?

① 100mm   ② 102mm

③ 104mm   ④ 106mm

10. 임도배수관 규격결정시 Manning 공식을 사용한다. 여기서 I의 값은 무엇을 의미하는가?

① 유로 조도계수   ② 유속

③ 경심   ④ 배수관 물매

11. 수로의 횡단면적이 78.5m² 이고, 윤변길이가 31.4m일 때 유수의 평균깊이는 얼마인가?

① 0.4m   ② 0.8m

③ 1.25m   ④ 2.5m

해 설

해설 6

정류는 등류(等流)와 부등류(不等流)로 구분한다.

해설 7

침윤은 침투로 스며든 물이 중력의 영향으로 계속 지하로 이동하여 지하수면에 도달하는 현상을 말한다.

해설 8

토양의 침투능력은 침투계로 측정하며 침투계의 종류에는 관수형 침투계, 살수형 침투계, 유수형 침투계 등이 있다.

해설 9

유역의 평균강수량은 유역 내 관측점의 지점강우량을 산술평균하는 방법이 이용된다.
평균강수량
=관측지점별 강수량합계/관측지점의 수
=(120+88+106+104+92)/5
=510/5
=102mm

해설 10

Manning 공식에서 I는 배수관 물매, 즉 수로의 기울기(%)를 의미한다.

해설 11

유수의 평균깊이(m)
=횡단면적(유적, m²)/윤변(m)
=78.5/31.4
=2.5 m

정답   6. ①   7. ②   8. ③   9. ②
     10. ④   11. ④

12. 계상에서 침식을 일으키지 않는 경우의 최대유속을 무엇이라 하는가?

① 야계유속　　　　　　② 임계유속
③ 수면유속　　　　　　④ 하상유속

13. 유량산정을 측정하기 위한 옳은 산정법은?

① $Q = A/V$　　　　　② $Q = V/A$
③ $Q = 2V/A$　　　　　④ $Q = AV$

14. 배수로의 배수 소요단면적이 4.0m², 배수로를 흐르는 물의 유속이 2.0m/s일 때 유량은?

① 0.5 m³/s　　　　　　② 2.0 m³/s
③ 8.0 m³/s　　　　　　④ 16.0 m³/s

15. 다음 중 어느 산림유역에서 집수면적(ha)에 대한 유량 계산식으로 알맞은 것은?

① $Q = 0.0002778\ CIA$　　② $Q = 0.002778\ CIA$
③ $Q = 0.02778\ CIA$　　　④ $Q = 0.2778\ CIA$

16. 수로 설치를 위한 집수구역의 유량계산 공식(시우량법) $Q = K\dfrac{a \times \dfrac{m}{1,000}}{60 \times 60}\ (\mathrm{m/s})$ 에서 K의 의미와 a의 단위는?

① 유거계수, m²　　　　② 유역면적, km²
③ 총강우량, ha　　　　④ 시간당 유출량, ft²

해　설

해설 **12**
임계유속은 층류에서 난류로 변화할 때의 유속이다.

해설 **13**
Q : 유량, A : 단면적, V : 평균유속
$Q = A \times V$

해설 **14**
유량(m³/s)
= 단면적(m²) × 평균유속(m/s)
= 4.0 × 2.0
= 8.0 m³/sec

해설 **15**
유역면적의 단위가 ha일 때의 시우량공식은 $Q = 0.002778\ CIA$ 이다. 여기서 C : 유거계수, I : 강우강도, A : 유역면적을 나타낸다.

해설 **16**
유량계산 공식에서 K는 유거계수, a는 유역면적(m²)을 나타낸다.

정답　12. ②　13. ④　14. ③　15. ②
16. ①

핵심 02 침식·붕괴의 유형과 대책

학습주안점

- 토양침식을 원인과 작용에 따라 분류할 수 있어야 한다.
- 가속침식의 유형 중 빗물침식의 순서를 이해하고 암기해야 하며, 중력과 수식 및 풍식 의한 침식 유형과 대책도 알아두어야 한다.
- 비탈면 안정녹화를 위한 비탈면 보강공법과 비탈면 지반개량공법, 비탈면 녹화공법을 구분해서 알아두어야 한다.

■ 토양의 침식
토양의 표면이 물이나 바람, 파도 및 기상학적·지질적 요인 등에 의해 깎여 이탈되는 현상으로서 산지에서 뿐만 아니라 농경지 및 도로의 비탈 등에서 발생

■ 풍식과 수식의 주요인자
① 풍식 – 강우 속도
② 수식 – 풍속

1 침식의 유형

1. 토양의 침식(浸餘, erosion)의 구분

1) 원인에 따른 분류 ☆☆☆

정상침식	자연적인 지표의 풍화상태로서 자연침식 또는 지질학적 침식이라고도 함.		
가속침식	침식을 일으키는 요인에 따라 수식(水蝕, 물에 의해 깎임), 풍식(風蝕), 중력침식(重力浸蝕)이 있음.		
	수식	• 우수(빗물)침식 • 지중침식	• 하천침식 • 바다침식
	중력침식	• 붕괴형침식(산사태, 산붕, 붕락, 포락 등) • 지활형침식(땅밀림) • 유동형침식(토석류, 토류) • 동상침식	
	풍식	• 내륙사구침식	• 해안사구침식

2) 작용에 따른 분류

기계적침식	• 물리적인 풍화작용에 의하여 암석의 파쇄현상이 발생하는 것 • 암석의 절리나 균열에 의하여 침입한 물이 동결하여 압력을 미치며, 풍화 생성물 자체의 성질에는 아무런 변화도 받지 않음. • 온도변화에 의한 파쇄되는 암석 : 화성암류 • 물에 의해 파괴되는 암석 : 수성암류 • 물리적 작용은 건조지역이나 한랭지대에서 발생되기 쉬움.
화학적침식	• 암석이 물·산소·탄소 등의 작용에 의하여 화학변화를 일으킴. • 고온다습한 지역에서 발생

2. 물침식(수식(水蝕) : water erosion)

1) 빗물침식

① 순서 : 우격침식 → 면상침식 → 누구침식 → 구곡침식 → 야계침식

우격침식 (raindrop erosion)	• 타격침식(打擊浸蝕 : splash erosion), 토양입단파괴침식 : puddle erosion) • 우적침식의 크기를 결정하는 인자 : 빗방울의 크기와 낙하속도, 유실률은 빗방울의 낙하속도의 4.33제곱에 비례함. • 지표면의 토양입자를 빗방울이 타격하여 흙입자를 분산·비산시키는 분산작용과 운반작용에 의하여 일어나는 침식현상

↓

면상침식 (面狀浸齡, sheet erosion)	• 층상침식, 평면침식, 표층침식, 우세침식(雨洗浸蝕)이라고 함. • 빗방울의 튀김과 표면유거수의 결과로써 토양표면 전면이 얇게 유실되는 침식 • 토지로부터 가벼운 흙 입자와 유기물은 물론 양료(養料)가 유실되기 때문에 비옥도와 생산성을 유지하기 어려움 • 국토보전상 면상침식은 중요시해야 함.

↓

누구침식 (淚溝浸蝕, rill erosion)	• 누로침식(淚路浸蝕 : rill erosion), 우열침식(雨製浸蝕 : rill washing), 우곡침식(雨谷浸蝕 : trickle erosion) 또는 세류침식 (細流浸蝕 : tream-let erosion)이라 불림 • 경사지에서 면상침식이 더 진행되어 구곡침식으로 진행되는 과도기적 침식 단계로 물이 모여서 세력이 점차 증대되어 하나의 작은 물길, 즉 누구를 진행하면서 형성되는 침식형태

↓

구곡침식 (溝谷浸蝕, gully erosion)	• 협곡침식 또는 계곡침식(계류침식)이라 불림 • 침식의 중기 유형으로 토양표면에 잔 도랑이 불규칙하게 생기면서 깎이는 현상 • 심곡(深谷 : ravine) : 구곡이 더 진행되고 발달되어 그 폭이 넓어지고 구곡바닥의 물매가 비교적 완만하게 된 것

② 야계침식 (野溪浸餘; torrent erosion)

㉮ 계천침식 또는 계간침식이라고도 하며, 구곡침식 또는 하천침식에 포함시키기도 함.

㉯ 우리나라의 사방분야에서 중요한 침식성이 높은 자연계천으로, 야계사방의 대상

핵심 PLUS

■ 개요
① 물에 의하여 지표 또는 토양에서 발생되는 침식
② 침식이 발생하는 기구 또는 장소에 따라 빗물침식·하천침식·지중침식 및 바다침식으로 구분

CHAPTER 02 침식·붕괴의 유형과 대책

■ 토양침식의 영향요인
① 강우속도와 강우량, 경사도와 경사장, 토양의 성질 및 지표면의 피복상태에 따라 다름.
② 기상조건, 지형, 토양조건 및 식물 생육상태에 따라 다르며 이들 인자가 종합적으로 작용

토양침식이 커지는 경우	• 총강우량이 많고 강우속도가 큰 경우 • 우량보다 우세(雨勢)의 영향이 큰 경우 • 단시간의 폭우가 오는 경우 • 경사도가 급한 경우 • 경사면의 길이가 긴 경우
토양침식이 작아지는 경우	• 토양의 투수성이 크고 구조가 잘 발달하여 내수성 입단이 많은 경우 • 토양표면이 내식성 식물로 피복된 경우 • 생짚, 건초 등에 의한 부초나 비닐 등의 인공피복이 된 경우

■ 소류력
① 강바닥의 토사나 자갈은 유속이 느린 동안에는 이동하지 않으나 유속이 커지면 서서히 움직이기 시작함.
② 소류력은 지하로 침투하지 못한 빗물이 지표유출수를 형성하여 흐르면서 토사를 움직이게 하는 힘

2) 영향요인 ☆☆

① **강우속도와 강우량**

㉮ 수식에 관여하는 주요인자로 총강우량이 많고 강수속도가 클수록 토양침식은 큼.

㉯ 강우에 의한 침식은 용량인자인 우량(雨量)보다는 강도인자인 우세(雨勢)의 영향이 더욱 크며 단시간이라도 폭우가 장시간의 약한 비에 비해 토양침식이 더 큼.

㉰ 10분간에 2mm를 초과하는 강우는 토양침식의 위험이 있어 위험강우라 함.

㉱ 우리나라의 경우 7~8월에 큰 강도의 폭우가 집중되므로 수식은 주로 이 시기에 발생됨.

② **경사도와 경사장(傾斜長)**

㉮ 다른 조건이 같다면 경사도가 클수록 유거수(流去水)의 속도가 증가되어 유거수량이 삼투수량보다 많아져 토양유실량이 증가함.

㉯ 경사면의 길이가 길수록 유거수의 가속도가 증가되어 유거수량이 증가되며 토양유실량이 커지고 토양침식은 증대

㉰ 토양침식량은 유거수량이 많을수록 증대하며 유속이 2배이면 운반력은 유속의 5제곱에 비례하여 $2^5 \to 32$배가 되고 토양침식량은 4배가 됨.

③ **토양의 성질** : 토양의 투수성과 구조의 안전성에 관여

④ 투수성이 크고 구조가 잘 발달되어 내수성 입단이 많을수록 수식은 적음.

⑤ **토양표면의 피복상태**

㉮ 지표면이 식물로 피복되어 있으면 강우차단효과로 입단파괴와 토립분산을 막고 급작스런 유거수량의 증가와 유거수속도를 완화하여 수식을 경감시킴.

㉯ 강우차단효과는 식물의 종류, 재식밀도, 우세에 따라 다르나 내식성(耐餘性) 식물로 잘 피복되어 있으면 투수성 불량에 의한 토양침식도 방지함.

㉰ 토양표면이 생짚, 건초 등에 의한 부초나 비닐 등의 인공피복물로 잘 피복되어 있으면 빗방울의 지표타격작용에 의한 우격침식을 방지함.

3) 유수의 소류력(掃流力)

① 유수의 힘이 강바닥의 저항력보다 커졌을 때 모래와 자갈을 이동시키는 힘 즉, 유수에 의하여 강바닥에 작용하는 마찰력이라 할 수 있음.

② 계상에서 유수의 소류력이 최소가 되고 안정물매가 최대가 되는 물매를 편류물매라 하며, 하천사방공사는 편류물매를 개량하여 평형기울기를 유지하기 위해 실시함.

4) 유속과 침식과의 관계

① 면상침식은 물 흐름의 유속과 교란작용 및 이것이 옮기는 삭마(削磨)성 물질 의 양과 형태에 따라 지배됨.
② 물 흐름의 유속은 깊이가 깊을수록, 토지의 경사가 커질수록 빨라짐.
③ 물 흐름의 교란작용은 강우의 강도가 커질수록, 凹부위에 집중될수록 늘어남.
④ 물 흐름의 분산성과 운반성은 누구침식에서 더 크고 심함.

5) 하천침식 (stream erosion)

가로침식	• 횡침식, 측각침식(側刻浸蝕)또는 측방침식이라고 함. • 하상의 폭을 확대시키는 방향으로 침식 • 하도 굴곡부의 바깥쪽에서 측방침식이 강하게 작용
세로침식	• 종침식, 하각침식(下刻浸蝕)이라고 함. • 지반의 융기, 하천수량의 증가, 토사량의 감소, 해수면등의 기준면 저하 나 상승으로 퇴적이 진행됨. • 하상이 높아지지도 낮아지지도 않고 안정되어 있는 경우에는 가로침식 이 진행됨.

6) 지중침식(地中浸蝕)

용출침식 (湧出浸蝕, erupt erosion)	• 수위차이에 의한 침투수압에 의하여 일어나는 침식 • 모래인 경우에는 침투수압에 의하여 고수위 쪽으로부터 저수위 쪽을 향하여 흙입자가 압류되어 하류 쪽의 지반이 압력을 받게 되거나 또는 하류 쪽의 지반에 물이 용출하게 됨.
지중침식 (地中浸蝕)	• 주로 점성토 등의 난투수성 지반에 생기는 것 • 침투수에 의해 토양입자가 유실되어 지반 내에 파이프 모양의 물길이 생겨 유동화하는 토사가 물로 함께 분출하는 현상 • 제방이나 필댐(fill dam)에 파이핑이 생기면 파괴의 원인이 되고, 호우 시에 산복사면에 생기는 붕괴의 계기

7) 바다침식

파랑침식 (波浪浸蝕)	바람에 의하여 발생하는 파도가 일으키는 침식, 풍속이 빠를수록, 풍역 (風域)의 길이나 시간이 길수록 커짐.
해빈류침식 (海濱流浸蝕)	파도운동으로 파도가 연안을 쇄파하면서 공간적으로 불균일하게 일으 키는 침식

3. 중력에 의한 침식 ☆☆☆

1) 붕괴형 침식(slip erosion)의 유형

■ 붕괴형 침식
호우로 인해 급경사지 또는 흙비탈면에 깊은 토층이 수분으로 포화되어 응집력을 잃어 무너져 내리는 침식(붕괴 속도가 대단히 빠름)

산사태(landslide)	주로 호우 등의 원인에 의해 산정 가까운 산복부의 지괴가 융해 · 팽창되어 일시에 계곡 · 계류를 향하여 연속적으로 비교적 길게 붕괴되는 지층의 현상
산붕(landslip)	산사태보다 규모가 작을 소형 산사태로 산허리 이하인 산록부에서 많이 발생
붕락(slumping)	눈이나 얼음이 녹은 물로서 포화되어 무너져 떨어지는 중력 침식의 한 형태로서 붕락된 지표층에 주름이 잡혀짐
포락(caving)	계천의 흐름에 의한 가로침식작용으로 토사가 유실됨
암설붕락(debris slides)	돌부스러기가 붕괴되는 침식현상

2) 지활형 침식(地滑型侵蝕, 땅 밀림 침식)

■ 지활형 침식
주로 지하수에 의하여 땅속의 전단저항이나 점착력이 약한 부분에 따라 그 상층부의 지괴가 서서히 아래 비탈면을 향하여 이동하는 현상으로 땅밀림이 전형적인 침식형태

〈지활형 침식(땅밀림)과 산사태 및 산붕 비교〉

구분	산사태 및 산붕	땅밀림
지질	관계가 적음.	특정 지질 · 지질구조에서 많이 발생
토질	사질토에서 많이 발생	점성토가 미끄럼면으로 활동
지형	20° 이상의 급경사지	5~20°의 완경사지
활동상황	돌발성, 시간의존성이 낮음.	지속성, 재발성, 시간의존성이 큼.
이동속도	10mm/일 이상, 굉장히 속도가 빠름	0.01~10mm/일 이하, 느림
흙덩이	교란	교란이 적고, 원형을 보전
유인	강우 · 강우강도 영향	지하수
규모	작음.	큼(1~100ha)
징조	돌발적으로 발생	발생 전 균열의 발생 · 함몰 · 융기 · 지하수의 변동 등이 발생

3) 동상침식(凍上浸蝕)

① 토사비탈면 위에서 과습한 토양과 기타 포화물질이 얼었다 · 녹았다 하는 과정에서 서서히 밀려내려가는 침식현상

② 빙상동결융해침식 : 서리의 작용으로 지층이 영속적으로 어는 지방의 토양입자와 돌부스러기 등의 선택적 이동을 말함.

4) 유동형 침식(流動型浸蝕)

암설류(巖屑流)	다양한 크기의 암설을 포함한 물질의 유동, 상당한 양의 수분을 포함.
토석류(土石流)	• 산붕이나 산사태 등과 같은 붕괴작용에 의하여 무너진 토사 또는 계상에 퇴적된 토사석력이 계천에 밀려내려 물과 섞여서 유동하는 형태 • 수량보다도 고형물(암괴 · 목편 및 토사) 등의 양이 많음.
토사류(土砂流)	• 상부비탈면으로부터 중력 침식된 토괴가 유수와 같이 유하하는 형태 • 토석류와 소류사(痛流砂)의 중간적인 형태
이류(泥流)	실트 · 점토입자 등의 미세한 토사의 진흙의 유수
유목(流木)	• 계류나 하천을 유하, 퇴적하는 지름 10cm, 길이 1.0m 이상의 통나무 • 계류나 하천에 유목막이나 투과형 댐이 설치

■ 유동형 침식
붕괴형 침식이나 지활형 침식의 결과로 그 유동성 물질에 의한 침식작용으로 발생되는 것으로 암설류 · 토석류 · 토류 · 이류 등이 있음.

4. 풍력에 의한 침식

1) 관여 요소

① 풍속

㉮ 풍식의 정도에 직접적으로 영향하는 인자

㉯ 갑자기 불어오는 강풍이나 돌풍은 토립의 비산을 증가시켜 토양침식을 증대시킴.

② 토양의 성질

㉮ 토양구조가 잘 발달되어 있으면 강풍에 의한 입단의 파괴와 토립의 비산이 적음.

㉯ 토양이 건조가 심하거나 수분함량이 적으면 수식과 풍식의 정도가 커서 토양침식이 큼.

㉰ 토양의 내식성 : 수분함량이 적을수록, 점토 및 교질의 함량이 적을수록, 가소성(可聖性)이 작을수록, 팽윤도가 작을수록 내식성이 커짐.

㉱ 토양표면의 피복상태 : 지표면에 피복도가 큰 식물이 생육하고 있거나 인공 피복물 또는 부초로 피복되어 있으면 풍속을 약화시켜 입단의 파괴와 토립의 비산이 경감되어 풍식이 적음.

③ 인위적 작용

㉮ 이랑의 방향, 경운정도 등 인위적인 작용은 풍식의 정도와 밀접한 관련이 있음.

㉯ 바람이 불어오는 방향으로 이랑을 만들면 풍식은 매우 크며 거친 경운을 하면 토양이 건조되어 입단파괴와 토립의 비산이 증대되어 토양침식은 커짐.

■ 풍력에 의한 침식
① 국지적으로 바람에 의해 표토가 교란되는 것으로, 해풍으로 인한 해변 모래의 내륙이동이나 건조한 지방의 표토이동을 말함.
② 관여 요소 : 풍력, 토양의 입도, 수분 및 식생피복상태 등

2 산지 침식의 원인 및 대책

1. 원인

1) 기상요인

강우, 강설, 바람, 기온의 변화 등

2) 지형요인

비탈면의 경사가 급할수록, 길이가 증대될수록 침식이 쉽게 발생

3) 지질 · 토양요인

점토질 입자가 많거나 모래 입자가 과도하게 많은 산림토양은 내침식성이 약해서 침식이 쉽게 발생

4) 식생요인

산지에 지피식생 및 임목이 없으면 강우 및 지표 유거수에 의해 침식이 쉽게 발생

5) 산지관리요인

도로건설, 군사시설, 토석채취 등 부적절한 산림훼손과 등산인구의 증가로 산림이 침식

6) 침식의 지배요인

① Musgrave 방정식 : $E = T \times S \times L \times P \times M \times R$
  여기서, E : 토양의 침식, T : 토양의 종류, S : 경사도, L : 비탈면의 길이, P : 토지관리방법, M : 침식방지시설, R : 강우량
② 만능토양유실방정식 : $A = R \times K \times L \times S \times C \times P$
  여기서, A : 토양유실량, R : 강우의 침식성지수, k : 토양의 침식요인, L : 비탈면의 길이요인, S : 경사도요인, C : 작물재배요인, P : 토양보전공법요인

2. 수식의 대책 ☆☆☆

1) 치산치수

① 산림조성과 자연초지의 개량이 선행되어야 함.
② 경사지 구릉지토양에 있어서는 유거수 속도 조절을 위한 경작법이 실시

③ 유거수 속도 조절을 위한 경작법 ☆

등고선재배	• 등고선을 따라 경사면에 이랑을 만들어 재배 • 유거수 속도 완화, 침식억제, 이랑자체가 저수역할 담당
초생대 대상재배	• 경사면을 등고선을 따라 일정간격으로 초생대를 만들고 그 사이에 작물 재배 • 물의 유거 및 토양의 유실 감소
배수로설치 재배	• 경사면을 등고선을 따라 일정간격으로 배수구를 만고 그 사이에 작물 재배 • 물의 유거 및 토양의 유실 감소

■ 유거수 속도를 위한 경작법
① 등고선 재배
② 초생대 대상재배
③ 배수로설치 재배

2) 경지의 적정 이용법 강구

① 구릉지(붕적토), 경사지(잔적토) 및 신개간지 등에서는 유거수 속도조절이 수식방지의 주요대책
② 경사도 15% 이하인 농경지는 등고선재배법이나 등고선·대상재배로 토양보전이 가능
③ 15%~25%일 때는 배수로 설치재배와 초생대재배
④ 25% 이상인 경지는 계단식재배로 토양을 관리

3) 토양표면의 피복

① 경작지토양의 수식방지를 위한 주요 관리방법 : 부초법, 인공피복법, 내식성 작물의 선택과 작부체계개선 등
② 내식성작물 : 토양보전작물
  ㉮ 토양보전작물의 조건 : 키가 작고 잎이 짧으며 지면 가까이에 줄기와 잎이 무성하고 긴잔뿌리가 많아야 함, 김매기가 필요 없고 수확한 후 유기물을 많이 남기는 것
  ㉯ 내식성이 강한 작물(수확한 후 유기물을 많이 남기는 작물) : 목초, 호밀
  ㉰ 내식성이 약한 작물(수확한 후 유기물을 적게 남기는 작물) : 콩. 옥수수, 감자, 담배, 과수, 목화, 채소 등
③ 토양개량제
  ㉮ 토양개량에 의한 방법으로 토양의 투수성, 보수력의 증대와 내수성 입단구조로 안정성 있는 토양구조로 발달시킴
  ㉯ 유기물의 시용 : 퇴구비·녹비 등
  ㉰ 석회질물질의 시용 : 규회석·탄산석회·소석회 등
  ㉱ 입단생성제인 토양개량제를 시용 : 크릴륨·아크리소일 등

■ 토양표면의 피복
연중 나지기간을 단축시키는 일이 매우 중요하며 우리나라의 수식은 대개 7~8월의 위험강우기에 주로 발생되고 있으므로 이 기간에 특히 지표면을 잘 피복해야 함.

핵심 PLUS

■ 풍식의 대책
① 방풍림, 방풍울타리 설치
② 피복작물 재배
③ 토양개량
④ 토양진압
⑤ 관개담수
⑥ 풍향과 직각방향으로 이랑만들기

3. 풍식의 대책

1) 방풍림과 방풍울타리 설치

경작지 외곽에 풍향과 직각 방향으로 방풍림 조성, 방풍울타리를 설치

2) 피복작물의 재배

토양보전작물로 초생화함.

3) 토양개량

① 유기물의 다량 시용
② 양질 점토의 객토로 입단화 도모
③ C/N율이 높은 유기물로 입단구조 발달에 효과적이므로 미숙 난분해성 유기물을 시용

4) 토양진압

겨울철이나 봄철 건조기에 실시해 풍식을 경감시킴.

5) 관개담수

토양수분이 충분하면 풍식이 경감되므로 관개하여 토양건조를 막아주고 관개수가 충분하면 담수하여 토양입자의 비산을 방지

6) 풍향과 직각방향으로 이랑 만들기 · 경운

① 거친 경운은 토양건조를 초래하여 풍식을 조장하므로 삼감
② 작물이 재배되지 않을 때는 풍향과 직각 방향으로 이랑을 만들어 토사이동과 비산을 막으며 작물이 재배될 때에는 토사의 퇴적으로 매몰되므로 풍향과 평행 방향으로 이랑을 만듦.

■ 비탈면 유형 : 자연 비탈면, 인위 비탈면
① 인위 비탈면 : 절개지(절토) 비탈면, 흙쌓기(성토) 비탈면
② 절개지 비탈면 : 비탈면 구성에 따라 암석, 토사, 토석 비탈면으로 나뉨.
③ 흙쌓기 비탈면 : 암석쌓기, 사력(자갈)쌓기, 흙쌓기 비탈면

3 비탈면 안정녹화

1. 비탈면 보강공법 ☆☆☆

1) 비탈다듬기 공법

① 경사를 완화시켜 비탈면의 안전성 증대시키는 공법(기초지반 정리작업)
② 흙비탈면과 암비탈면에 적용

2) 철근삽입공법(마이크로파일공법)

① 천공 후 강관을 삽입하고 시멘트를 주입하여 소구경 파일을 형성하는 공법
② 흙비탈면에 적용

③ 시공성이 우수하고 품질이 양호하나 암반이 견고할 때는 별도의 장비가 필요함.

3) 록볼트(Rock Bolt) 공법
① 암블럭에 록볼트를 연결시켜 암반을 안정화 시키는 공법
② 암반비탈면에 적용
③ 시공성이 우수하고 품질이 확실하나 암반이 결고할 때는 별도의 장비가 필요함.

4) 록앵커(Rock Anchor) 공법
① 앵커의 인장력으로 암반블록의 전단저항력을 증가시켜 암반을 안정화 시키는 공법
② 암반비탈면에 적용
③ 원지반의 보강 및 강도가 증대하나 추가적인 토지확보가 필요함.

5) 소일 네일링(Soil Nailing) 공법
① 천공 후 땅속에 철근을 삽입시켜 시멘트로 고결시키는 공법
② 흙비탈면에 적용
③ 시공성이 우수하나 추가적인 토지확보가 필요함.

6) 옹벽 공법
① 옹벽이 배면토압을 받아 비탈면을 안정화 시키는 공법
② 흙비탈면에 적용

7) 다웰바(Dowel Bar) 공법
① 암블록에 다웰바를 설치하여 블록의 탈락을 방지 시키는 공법
② 암반비탈면에 적용

2. 비탈면 지반개량 공법과 비탈면 녹화공법

1) 비탈면 지반개량 공법
① 주입 공법 : 시멘트나 약액을 주입하여 지반을 강화 하는 공법
② 이온교환 공법 : 흙의 공학적 성질을 변경하여 안정을 꾀하는 공법
③ 전기 화학적 공법 : 전기화학적으로 흙을 개량하여 비탈면의 안정을 꾀하는 공법
④ 시멘트안정 처리공법 : 흙에 시멘트를 첨가하여 고화시켜 사면의 안정을 도모 하는 공법
⑤ 석회안정 처리공법 : 점성토에 생석회를 섞어 화학적 결합작용으로 사면 안정 을 도모하는 방법
⑥ 소결공법 : 가열에 의한 토성을 개량하는 안정공법

핵심 PLUS

■ 흙깎기 비탈면의 기울기 ☆☆

구분	기울기	비고
암석지	1:0.3~1.2	토사지역은 절토면의 높이에 따라 소단 설치
토사지역	1:0.8~1.5	
경암	1:0.3~0.8	
연암	1:0.5~1.2	

■ 비탈면 보강공법
① 비탈다듬기 공법
② 철근삽입공법(마이크로파일공법)
③ 록볼트 공법
④ 록앵커 공법
⑤ 소일 네일링 공법
⑥ 옹벽 공법
⑦ 다웰바 공법

■ 비탈면 지반개량공법
① 주입공법
② 이온교환공법
③ 전기 화학적 공법
④ 시멘트안정 처리공법
⑤ 석회안정 처리공법
⑥ 소결공법

2) 비탈면의 녹화공법

① 절개지 비탈면(절개지 사면, 흙깎기 사면)의 안정 녹화

모래층 비탈면	물의 침식에 약해서 표층객토 작업 후 분사식 파종공법으로 파종하여 거적덮기, 피복망덮기로 보호
사질토 비탈면	침식에 약하므로 식생공법으로 묘목을 심거나 분사식 파종공법을 사용
자갈이 많은 비탈면	강우로 인한 유실과 요철이 생기기 쉬워 객토 후 분사식 파종공법을 사용
점질성 흙 비탈면	표면침식에 약하여 전면적 평떼붙이기와 부분객토 식생공법을 병용함.
경암 비탈면	풍화 낙석의 위험이 적어 암반원형을 노출시키거나 낙석저지책 또는 낙석방지망덮기로 시공하고 덩굴식물로 피복 녹화함.
연암 비탈면	객토를 두껍게 하고 수평방향으로 작은 골을 파서 흙을 채우고 콘크리트 블록격자를 붙임.

② 흙쌓기 비탈면(성토사면)의 안정과 녹화

모래층 비탈면	피복토를 객토한 후 식생녹화공법으로 보호
사질토 비탈면	객토 후 식생녹화공법을 도입하고 표면침식방지에 주의하며 호우 시에는 임시로 비닐을 덮는다.
점토성 비탈면	객토하지 않고 식생녹화공법을 채용
자갈이 많은 비탈면	객토와 콘크리트 블록 격자 붙이기 공법을 병행하여 식생공법을 채용
큰 비탈면	• 특별히 큰 비탈면에서는 소단(높이 5~7m마다) 설치 후 격자틀 붙이기와 힘줄박기 공법을 병행 • 비탈면 기울기는 관목 1:2, 교목 1:3 정도로 완만하게 시공함.
용수 비탈면	돌망태, 암거, 물빼기 배수구 설치공법 등

3. 비탈면 조경 사방공법

1) 구조물 녹화공법

① 격자틀붙이기공법

㉮ 표층토사 붕괴, 침식 및 세굴, 표층 암반의 풍화, 낙석방지를 방지

㉯ 표면 정리 후 블록으로 격자를 만들어 앵커핀으로 고정시켜 격자안을 비탈면에 적합한 재료로 채워 표면을 보호하는 공법

② 뿜어붙이기공법

㉮ 비탈면의 풍화와 낙석을 방지

㉯ 분체상 혹은 입상 재료를 압축공기의 압력으로 비탈면에 뿜어 붙이는 공법

ⓒ 시멘트 모르타르 뿜어붙이기, 특수 콘크리트 뿜어붙이기, 종자 뿜어붙이기, 플라스틱 뿜어붙이기 등 공법

③ 힘줄박기공법 ☆

㉮ 직접 거푸집을 설치하여 콘크리트를 쳐 비탈면의 안정을 위한 뼈대인 힘줄을 만들고 흙이나 돌로 채워 녹화 시공방법

㉯ 사각형틀모양, 삼각형틀모양, 계단상 수평띠모양

④ 낙석방지공법

㉮ 암반 비탈면에 풍화의 진행, 강우, 암반의 동결융해, 침식, 발파 등에 의해 낙석의 위험이 있는 곳에 설치

㉯ 암반 비탈면 중 풍화의 진행, 강우·암반의 동결융해, 침식, 발파 등에 낙석의 위험이 있는 곳에 인명이나 재산에 피해를 유발할 가능성이 있는 비탈면에 실시

㉢ 낙석방지공 : 코팅한 철선 또는 합성섬유로 짠 망을 비탈면에 덮고 굵은 와이어로프로 가로, 세로 방향으로 잡아끌어 앵커에 고정

㉣ 낙석방지 울타리공 : 낙석이 도로로 유입되는 것을 차단하기 위해 울타리를 설치, 낙석방지공만으로 낙석의 위험이 있는 곳에 설치

㉤ 낙석방지옹벽공 : 낙석이 도로로 유입되는 것을 차단하기 위해 도로의 가장자리에 설치

⑤ 돌망태공 ☆

㉮ 일정 규격의 직사각형 아연도금 철망상자 속에 돌채움을 한 돌망태를 벽돌쌓는 방법으로 쌓아 올리는 공법

㉯ 배수성이 양호하여 용수가 있는 비탈면에 적합하며, 설계시 수압의 작용을 고려할 필요가 없음

㉢ 신축 및 변형되어 보강성 유연성이 좋고 투수성 방음성도 뛰어남

⑥ 기타공법

㉮ 새집공법 : 암반사면에 제비집모양으로 잡석을 쌓아 내부를 흙으로 채운 후 식생을 조성하는 공법

㉯ 암벽녹화 : 흙이 없는 암석 비탈을 식물로 피복 하는 것, 식생기반설치, 구조물붙이기, 피복녹화, 분사파종, 비탈면안정공법

㉢ 기타공법 : 평떼붙이기, 평떼심기, 띠떼심기, 분사식파종공법, 종자·비료·토양 뿜어 붙이기, 비탈면 녹화식재 공법 등

2) 녹화조경공법의 종류

① 식생공법

㉮ 인위비탈면을 식물로 피복 녹화하여 토양침식을 방지

㉯ 지표면의 온도를 완화 조절하며 식물체에 의한 표토의 입자에 대한 동상붕락의 억제 및 녹화에 의한 경관조성 효과를 목적으로 시공함

핵심 PLUS

■ 비탈면 조경 녹화공법
① 구조물 녹화공법
• 격자틀붙이기공법
• 뿜어붙이기공법
• 힘줄박이공법
• 낙석방지공법
• 돌망태공
• 기타공법 : 새집공법, 암벽녹화, 기타공법
② 녹화조경공법
• 식생공법 : 씨앗뿌리기공법, 식생매트공, 식생반공, 식생근공, 식생대공 등
• 식재공법 : 차폐수벽공

■ 새집공법에 적합한 수종
회양목, 개나리, 병꽃나무, 노간주나무, 눈향나무, 담쟁이 덩굴 등의 관목류나 덩굴류

■ 차폐수벽공법
① 3열 식재지 중앙에 활엽교목을 1열을 식재하고, 앞뒤로 침엽수 또는 관목을 열식하거나 중앙에 교목을 2열로 열식하고 앞뒤에 관목을 열식할 수 있음.
② 경관유지를 위해 생장이 빠른 속성수를 차폐 식재함.
③ 적합한 수종 : 이태리포플러 · 은수원사시나무 등의 속성수, 가중나무 · 버즘나무 등의 내건성 수종, 리기다소나무 · 곰솔 · 편백나무 · 측백나무 등의 침엽수

■ 유의사항
① 빠르고 확실히 식물피복을 완성하기 위하여 식물이 생육할 수 있는 기반을 확보
② 환경에 적합한 식물을 선택하고 경관을 고려하여 사용
③ 수분을 확보하고 양분을 보급하며 토양방지공법을 사용

■ 식생녹화 공법
① 선떼붙이기, 줄떼 · 평떼 다지기, 식생공, 식수공
② 비탈면을 식생으로 피복하는 것

② 파종공법 : 씨앗뿌리기공법, 식생매트공, 식생반공, 식생근공, 식생대공, 식생혈공, 객토식생 등

③ 식재공법

㉮ 여러 수종의 혼효림조성, 하층에 초본류를 식재하여 안정도가 높은 복층림을 유도

㉯ 차폐수벽공법 : 암반비탈이나 채석장 또는 절개지 비탈을 주택 등지에서 보이지 않도록 비탈 앞쪽에 나무를 2~3열로 수벽을 조성하기 위한 공법

■■■ **2. 침식·붕괴의 유형과 대책**

1. 산지의 토양침식 중에서 물침식에 속하는 것은?

① 산사태 　　　　　　② 포락
③ 구곡침식 　　　　　 ④ 해안사구침식

해설 **1**
산사태와 포락은 중력에 의한 붕괴형 침식, 해안사구침식은 바람에 의한 침식이다.

2. 빗물에 의한 침식의 발생 순서로 올바른 것은?

① 우격침식 – 면상침식 – 누구침식 – 구곡침식
② 구곡침식 – 누구침식 – 우격침식 – 면상침식
③ 면상침식 – 우격침식 – 구곡침식 – 누구침식
④ 누구침식 – 면상침식 – 우격침식 – 구곡침식

해설 **2**
빗물에 의한 침식은 우격침식, 면상침식, 누구침식, 구곡침식의 순으로 발생된다.

3. 흐르는 물에 의한 침식이 아닌 것은?

① 우격침식 　　　　　 ② 면상침식
③ 누구침식 　　　　　 ④ 구곡침식

해설 **3**
우격침식은 빗방울의 타격에 의한 침식이다.

4. 다음 중 빗물(우수)침식에 의한 구분이 아닌 것은?

① 면상침식 　　　　　 ② 누구침식
③ 구곡침식 　　　　　 ④ 용출침식

해설 **4**
용출침식은 물이 땅속을 통과할 때 발생하는 지중침식이다.

5. 다음 침식의 형태 중 토양의 유실이 가장 많은 것은?

① 우격침식 　　　　　 ② 면상침식
③ 누구침식 　　　　　 ④ 구곡침식

해설 **5**
구곡침식(세류침식)은 침식이 가장 심할 때 생기는 유형으로 도랑이 커지면서 표토뿐만 아니라 심토까지도 유실된다.

정답 1. ③ 2. ① 3. ① 4. ④
5. ④

해　설

6. 다음 중 토양침식에 관여하는 직접적인 인자로 보기 어려운 것은?

① 강우량　　　　　　　　② 경사도
③ 토양의 성질　　　　　　④ 기온

해설 **6**
①, ②, ③ 외에 기상조건, 지형, 식생, 지표면의 피복상태 등이 토양침식에 작용하는 인자이다.

7. 다음 중 토양수식(水蝕)의 인자가 아닌 것은?

① 강우속도와 강우량　　　② 작휴방향
③ 경사도와 경사면의 길이　④ 지표면의 피복상태

해설 **7**
작휴방향이나 경운(耕法) 정도 등 인위적인 작용은 풍식(風蝕)과 관계가 깊다.

8. 빗물에 의한 토양 침식을 좌우하는 가장 큰 요인은?

① 비가 내리는 시간　　　② 빗물의 양
③ 비가 내린 표면적　　　④ 단위시간에 내린 강우강도

해설 **8**
토양침식을 좌우하는 강우의 영향은 양보다는 강도가 중요하다.

9. 토양의 가속침식속도에 영향을 미치는 결정적 요인이 아닌 것은?

① 수질　　　　　　　　　② 강우의 양과 분포
③ 경사의 길이와 정도　　　④ 토양의 침식성

해설 **9**
토양의 가속침식속도의 영향요인에는 강우의 양과 분포, 경사의 길이와 정도, 토양의 침식성, 작물의 관리, 경작법, 침식의 조절방법 등이 있다.

10. 다음 중 토양침식면에서의 위험강우를 바르게 설명한 것은?

① 10분간에 　2mm를 초과하는 때
② 10분간에 10mm를 초과하는 때
③ 30분간에 　2mm를 초과하는 때
④ 30분간에 10mm를 초과하는 때

해설 **10**
토양침식의 위험이 있어 위험강우 10분간에 2mm를 초과하는 강우이다.

11. 우리나라는 언제 토양침식이 가장 많이 일어나는가?

① 2 ~ 3월　　　　　　　② 4 ~ 5월
③ 7 ~ 8월　　　　　　　④ 11~12월

해설 **11**
우리나라의 토양침식은 큰 강도의 비가 많이 내리는 7 ~ 8월에 가장 많이 일어난다.

정답
6. ④　7. ②　8. ④　9. ①
10. ①　11. ③

12. 다음 중 유속(流速)이 2배가 되면 토양운반력과 토양침식력은 몇 배가 되겠는가?

① 토양운반력 : 8배, 토양침식력 : 2배
② 토양운반력 : 16배, 토양침식력 : 2배
③ 토양운반력 : 32배, 토양침식력 : 4배
④ 토양운반력 : 64배, 토양침식력 : 4배

13. 다음과 같은 조건에서 토양침식이 가장 심한 경우는?

① 경사도가 크고 경사장이 길다. ② 경사도가 작고 경사장이 길다.
③ 경사도가 크고 경사장이 짧다. ④ 경사도가 작고 경사장이 짧다.

14. 토양의 투수력(透水力)에 영향을 주는 요인과 가장 거리가 먼 것은?

① 토양입자   ② 유기물함량
③ 토심   ④ 규산함량

15. 토양의 종류 및 성질에 따라 침식에 대한 저항성은 달라진다. 다음 설명 중 옳지 않은 것은?

① 점토 및 교질의 함량이 적은 토양일수록 내식성(耐蝕性)이 크다.
② 수분함량이 적은 토양이 내식성이 크다.
③ 팽윤도(膨潤度)가 큰 토양일수록 내식성이 크다.
④ 가소성(可塑性)이 작을수록 내식성이 크다.

16. 다음 토양 중 건조하면 바람에 날리기 쉬워 이를 막기 위해 수분을 유지해 주어야 하는 토양은?

① 배수가 양호한 식양토   ② 배수가 불량한 미사질양토
③ 배수가 불량한 사양토   ④ 배수가 양호한 세사양토

해설 **12**
토양침식력은 유거수량이 많을수록 증대하며 유속이 2배이면 운반력은 유속의 5제곱에 비례하여 $2^5=32$배가 되고, 토양침식량은 4배가 된다

해설 **13**
토양침식량은 경사도가 클수록, 경사면의 길이가 길수록 흐르는 물의 속도와 양이 증가되어 토양유실량이 많아진다.

해설 **14**
토양의 투수력은 토양의 입자가 클수록, 유기물함량이 많을수록, 토심이 깊을수록 크다

해설 **15**
팽윤도가 큰 토양일수록 침식을 받기 쉽다.

해설 **16**
건조하고 토양입자가 작으면 풍식이 우려되므로 관개하여 토양건조를 막아주고 관개담수하여 토양 입자의 비산을 방지한다.

정답 12. ③ 13. ① 14. ④ 15. ③
16. ④

17. 다음 중 풍식(風蝕)의 인자가 될 수 없는 것은?

① 풍속   ② 토양구조의 안정성

③ 경사도와 경사면의 길이   ④ 작휴방향과 경운정도

해설 17
경사도와 경사면의 길이는 수식(水蝕)의 인자이다.

18. 다음에 제시된 방법 중 토양유실 방지효과가 가장 큰 것은?

① 심경   ② 윤작

③ 부초   ④ 심토파쇄

해설 18
부초(敷草)는 작물의 유체(遺體) 건초 등으로 지표면을 피복하는 것으로 토양유실 방지효과가 크다.

19. 다음 중 수식과 풍식의 주요인자가 알맞게 짝지어진 것은?

① 수식 : 경사도,   풍식 : 토양의 성질

② 수식 : 강우속도, 풍식 : 풍속

③ 수식 : 강우량,   풍식 : 피복상태

④ 수식 : 경사장,   풍식 : 인위적작용

해설 19
수식과 풍식의 각 주요인자는 강우속도와 풍속이다.

20. 발생부위가 반드시 유수와 관계되어 그 비탈면 끝을 흐르는 계천의 가로침식에 의하여 무너지는 침식현상은?

① 산붕   ② 붕락

③ 포락   ④ 벼랑붕괴

해설 20
포락(caving)은 계천의 흐름에 의한 가로침식작용으로 침식된 토사가 무너지는 현상이다.

21. 산지침식의 지배요인을 설명하는 Musgrave 방정식은 $E = T \times S \times L \times P \times M \times R$ 로 표시한다. 여기서 S가 뜻하는 것은 무엇인가?

① 경사도   ② 토양의 종류

③ 비탈면의 길이   ④ 토지 관리법

해설 21
토양의 침식(E)=토양의 종류(T)×경사도(S)×비탈면의 길이(L)×토지관리방법(P)×침식방지시설(M)×강우량(R)

정답 17. ③   18. ③   19. ②   20. ③
21. ①

22. 산지침식력을 약화시키는 방법이 아닌 것은?

① 비탈면의 표면 피복
② 비탈면의 경사 완화
③ 우수를 분산 유하시켜야 함.
④ 우수를 특정한 유로에 모아서 나출면을 흐르는 유량을 증가시킴.

23. 다음 중 토양침식의 대책이 아닌 것은?

① 초생재배
② 등고선재배
③ 토양피복
④ 전면재배

24. 다음 피복작물 재배지 중 가장 토양침식의 해가 적은 곳은?

① 목초지
② 옥수수재배지
③ 콩 재배지
④ 나지(裸地)

25. 토양보전작물이 갖추어야 할 조건으로 보기 어려운 것은?

① 지면 가까이 줄기와 잎이 무성해야 한다.
② 긴 잔뿌리가 많아야 한다.
③ 키가 크고 잎이 길어야 한다.
④ 김매기가 필요 없고 부식을 많이 남기는 것이어야 한다.

26. 경사지에서 등고선재배법을 권장하는 이유는?

① 토양침식을 방지하기 위하여
② 토양관리를 편리하게 하기 위하여
③ 미관상 아름답게 하기 위하여
④ 수량을 높이기 위하여

해설 22
④는 산지침식력을 강화시키는 경우이다.

해설 23
등고선에 따라 경사면에 이랑을 만들어 작물을 재배하거나 토양을 피복하면 유거수의 속도를 완화하여 토양침식이 억제된다.

해설 24
목초나 호밀 등의 재배지가 토양의 유실량이 가장 적은 편이다.

해설 25
토양보전작물은 키가 작고 잎이 짧은 것이 유리하다.

해설 26
등고선재배법은 개간, 파종, 관리, 수확 등 모든 작업이 등고선을 따라 이루어지므로, 비가 오면 각 이랑에 물이 고여 땅속에 스며들기 때문에 토양표면으로 흐르는 물이 감소되어 토사의 유실을 억제하는 효과가 있다.

정답 22. ④ 23. ④ 24. ① 25. ③
26. ①

27. 등고선재배법으로 토양보전이 가능한 경사도는 어느 정도인가?

① 15% 이하   ② 20% 이하

③ 25% 이하   ④ 30% 이하

해	설

해설 27

일반적으로 15% 이하에서는 등고선재배법, 15 ~ 25% 에서는 배수로설치재배나 초생대재배, 25% 이상의 경사지에서는 계단식재배법 등이 이용된다.

28. 토양을 침식으로부터 보호하는 방법이 아닌 것은?

① 과도한 경운   ② 토양개량제 사용

③ 등고선 재배법   ④ 보호작물 재배

해설 28

과도한 경운은 토양이 건조되어 입단파괴와 토양입자의 비산이 증대되어 토양침식은 커진다.

29. 사방사업의 설계·시공 세부기준에 의한 비탈면의 기울기로 가장 적당하지 않은 것은?

① 절토(경암) 1 : 1.5 ~ 2.0   ② 절토(연암) 1 : 0.5 ~ 1.2

③ 절토(토사) 1 : 1.0 ~ 1.5   ④ 성토   1 : 1.0 ~ 2.0

해설 29

절토(경암) 1 : 0.3 ~ 0.8 적당하다.

30. 흙쌓기와 흙깎이 비탈면의 보호를 위한 방법으로 옳지 않은 것은?

① 비탈면에 잡석 퍼기   ② 비탈면에 살수하기

③ 흙을 쌓는 비탈면에 줄떼심기   ④ 흙을 깎는 비탈면에 떼펴기

해설 30

비탈면은 강우 등에 의한 물에 침식되므로 지하수나 표면수가 흙쌓기부에 침투되지 않도록 처리해야 한다.

31. 특수 비탈면 안정공법으로 볼 수 없는 것은?

① 앵커박기공법   ② 철근삽입공법

③ 약액주입공법   ④ 선떼붙이기공법

해설 31

선떼붙이기공법은 비탈면 녹화공법이다.

32. 산비탈 공사의 기초지반 정리작업이라 볼 수 있는 시공법은?

① 줄떼심기   ② 비탈다듬기

③ 흙쌓기   ④ 흙깎이

해설 32

비탈다듬기는 경사를 완화시켜 비탈면의 안정성을 높이는 시공법이다.

정답 27. ①   28. ①   29. ①   30. ②
31. ④   32. ②

33. 식생의 근계가 충분히 착생하기 전에 유실될 염려가 있어 흙으로 전면적 표층 객토작업을 하는 비탈면은?

① 사질토 비탈면
② 모래층 비탈면
③ 경암 비탈면
④ 자갈층 비탈면

해설 **33**
모래층 비탈면은 물의 침식에 약하여 유실될 염려가 있으므로 표층 객토작업을 하고 분사식 파종공법으로 파종하여 거적덮기, 피복망 덮기로 보호한다.

34. 암반원형을 노출시키거나 낙석 저지책 또는 낙석 방지망 덮기로 시공하는 비탈면은?

① 사질토 비탈면
② 모래층 비탈면
③ 경암 비탈면
④ 자갈층 비탈면

해설 **34**
경암 비탈면은 풍화낙석의 위험이 적으므로 암반원형을 노출시키거나 낙석 저지책 또는 낙석 방지망 덮기로 시공하고 덩굴식물로 피복 녹화한다.

35. 토양경도 23kg/cm² 이상의 굳은 비탈면에 적합한 녹화공법은?

① 흙으로 전면적 표층객토작업을 한다.
② 콘크리트블록 격자틀 붙이기로 틀 안에 떼를 심는다.
③ 전면적인 평떼붙이기 공법이 적합하다.
④ 수평방향으로 작은 골을 파고 객토로 채운 후 띠떼 심기를 한다.

해설 **35**
①, ②는 모래층 비탈면, ③는 점질성 흙비탈면에 적합하다.

36. 연암 비탈면의 녹화공법으로 바람직하지 않은 것은?

① 직접식생공법이 가장 바람직하다.
② 객토를 두껍게 한다.
③ 콘크리트블록격자틀 붙이기공법이 적당하다.
④ 낙석방지망 덮기 및 낙석저지책 설치공법이 필요하다.

해설 **36**
연암의 비탈면에 직접 식생공법으로는 식생을 기대하기 어렵다.

37. 큰 비탈면의 경관적 처리로 옳지 않은 것은?

① 비탈면의 높이 5 ~ 7m마다 소단을 설치하여 분할한다.
② 비탈어깨 끝부분을 라운딩 공사로 다듬는다.
③ 비탈어깨돌림수로를 설치한다.
④ 길이가 길고 면적이 넓거나 급한 기울기일수록 가까이 가면 압박감을 느끼지 않는다.

해설 **37**
큰 비탈면은 소단을 설치하여 비탈면의 안정과 위압감을 해소한다.

정답 33. ② 34. ③ 35. ④ 36. ①
37. ④

38. 자연지형과 인공지형의 조화를 이룰 수 있는 녹화공법이 아닌 것은?

① 두 지형이 연속성을 가지게 한다.
② 점진적인 변이를 이루게 한다.
③ 시멘트 모르타르 뿜어붙이기 공법을 쓴다.
④ 주변 식생과 어울리도록 친자연적 시공법을 쓴다.

39. 큰 비탈면의 처리기술로 부적절한 것은?

① 인공비탈면은 크고 웅장한 멋을 나타내기 위하여 비탈면 길이를 길게 하고, 물매를 급하게 한다.
② 급한 물매인 비탈면의 경우, 성토부에서는 하부로 갈수록 비탈면을 완만하게 한다.
③ 물매가 급한 비탈면의 경우, 절토부에서는 상부로 갈수록 비탈면을 완만하게 한다.
④ 특히 절토사면 및 인접한 평지부에 식재를 함으로써 비탈면의 노출을 피하도록 한다.

40. 비탈면에 조경 수목을 심을 때 관목일 경우의 비탈면 기울기는?

① 1 : 1   ② 1 : 2
③ 1 : 3   ④ 1 : 4

41. 인공비탈면 안정을 위한 녹화공법으로 적합하지 않은 것은?

① 식생근공법   ② 식생대공법
③ 식생반공법   ④ 기슭막이공법

42. 콘크리트 공작물의 경관적 처리로 바람직하지 않은 것은?

① 공작물의 시공표면은 요철면이 형성되지 않게 끝손질을 잘한다.
② 광선의 심한 반사작용을 막아야 한다.
③ 무늬 있는 거푸집 자재를 사용하는 것도 효과적이다.
④ 덩굴식물로 피복·녹화하거나 차폐수벽을 조성하여 비탈면을 가린다.

해 설

해설 **38**
뿜어붙이기공법 중 시멘트 모르타르 뿜어붙이기는 주변과 부조화 된다.

해설 **9**
길이가 길고 면적이 한 기울기의 인공 비탈면에는 높이 5 ~ 7m 마다 소단을 설치하여 분할하는 것이 안전하다.

해설 **40**
비탈면 기울기가 1 : 2은 관목, 1 : 3 은 소교목으로 시공한다.

해설 **41**
기슭막이공법은 계간사방공법에 해당 된다.

해설 **42**
시공표면은 요철면이 잘 형성되도록 끝손질을 한다.

정답 38. ③   39. ①   40. ②   41. ④
42. ①

43. 비탈면 녹화공법으로 식생의 생육환경을 조성 및 정비하는 공법은?

① 녹화식생공법
② 녹화기초공법
③ 식생유도공법
④ 녹화식생관리공법

44. 비탈면의 조경녹화공법으로 보기 어려운 것은?

① 비탈다듬기공법
② 낙석방지망덮기공법
③ 콘크리트블록쌓기공법
④ 모르타르콘크리트뿜어붙이기공법

45. 비탈면 녹화공법으로 보기 어려운 것은?

① 힘줄박기공법, 새집공법
② 록앵커공법, 소일네일링공법
③ 격자틀붙이기공법, 선떼붙이기공법
④ 식생공법, 뿜어붙이기공법

46. 식생공법에 관한 설명으로 옳지 않은 것은?

① 인위적으로 발생된 비탈면을 식물로 피복녹화하는 방법을 말한다.
② 토양침식을 방지하며, 지표면의 온도를 완화 및 조절한다.
③ 표토의 토립자에 대한 동상붕락(凍上崩落)의 억제를 꾀할 수 있다.
④ 경관 훼손이 주요 문제로 자주 대두될 수 있다.

47. 직접 거푸집을 설치하고 콘크리트치기하여 비탈면의 안정을 위한 뼈대 즉, 힘줄을 만들어 그 안을 돌이나 흙으로 채워 녹화 하는 공법은?

① 힘줄박기공법
② 격자틀붙이기공법
③ 콘크리트 뿜어붙이기공법
④ 낙석저지책 설치공법

해설 **43**
① 식물을 도입하는 공법, ③ 식생의 자연 침입을 촉진하는 공법, ④ 목표로 하는 식생 군락에 조기에 확실히 접근하도록 유지하고 보호하는 공법이다.

해설 **44**
비탈다듬기공법은 비탈면의 안정성을 증대시키는 비탈면 보강공법이다.

해설 **45**
록앵커공법, 소일네일링공법, 철근삽입공법 등은 비탈면 보강공법에 속한다.

해설 **46**
식생공법은 녹화에 의한 미관향상과 환경보전을 기대할 수 있으며 경제적이다.

해설 **47**
힘줄박기공법은 격자틀붙이기 공법으로 시공하기 어려운 곳에 적용된다.

정답 43. ② 44. ① 45. ② 46. ④
47. ①

48. 비탈면 힘줄박기공법에 관한 설명으로 맞지 않는 것은?

① 비탈면의 토질이 혼효성으로 복잡하고 마사토로 구성되어 취급이 곤란한 곳에 시공한다.

② 지하수가 용출하거나 누수에 의한 침식이 심한 곳에 시공한다.

③ 시공방법으로는 사각형틀모양, 삼각형틀모양, 계단상 수평띠모양 등이 있다.

④ 시공작업이 용이하고 시공기간도 짧아서 격자틀공법에 비하여 능률적이다.

49. 힘줄박기공법을 적용하기 어려운 곳은?

① 마사토로 구성되어 붕괴되기 쉬운 곳

② 지하수가 용출되는 곳

③ 비탈면의 토질이 단순한 곳

④ 누수에 의한 침식붕괴가 심한 곳

50. 특별히 큰 비탈면에 적합하지 않은 녹화안정공법은?

① 소단설치   ② 격자틀붙이기공법

③ 돌망태공법   ④ 힘줄박기공법

51. 녹화를 위한 식생공법보다 경관성이 뒤지는 것은?

① 식재공법   ② 돌망태공법

③ 떼붙이기공법   ④ 씨뿌리기 공법

해 설

[해설] 48
시공작업이 용이하지 않고 시공기간이 길어 격자틀공법에 비하여 능률적이지 못하다.

[해설] 49
비탈면의 토질이 대단히 복잡한곳에 적용된다.

[해설] 50
돌망태공법는 배수성이 양호하기 때문에 용수가 있는 비탈면에 적합하며 작용토압이 큰 비탈면에는 적합하지 않다.

[해설] 51
돌망태공법은 일정 규격의 각형 아연도금 철망상자 속에 돌채움을 한 돌망태를 벽돌 쌓는 방법으로 쌓아 올려 벽체를 형성하는 공법이다.

정답   48. ④   49. ③   50. ③   51. ②

03 산복사방

학습주안점

- 산림황폐의 원인과 황폐의 진행상태(척악임지, 임간나지, 초기황폐지, 황폐이행지, 민둥산)을 알아야 한다.
- 산사태의 발생원인과 예방에 대해 이해하고, 산복사방 목표를 알고 있어야 한다.
- 산복사방공종을 산복기초공사와 산복녹화공사의 공법을 선택하고 알아두어야 한다.
- 돌쌓기종류와 잘못된 돌쌓기방식을 찾을 수 있어야 한다.
- 누구막이와 산복수로의 목적과 시공방법을 이해해야 한다.
- 산복녹화공사의 공법을 암기하고 사방용 수종 조건을 이해해야 한다.

1 산지사방일반

1. 산림황폐의 원인

1) 자연적 원인

① 지질 : 우리나라 토양은 풍화가 용이한 화강암과 화강편마암으로 구성, 급경사임.

② 강우 : 동기와 춘기에는 건조, 6~8월 사이에 전 강우량의 60%가 내리며 7~8월 집중호우로 토사유출과 산사태가 많이 발생

③ 기온 : 계절과 주·야간의 온도차가 커서 소해(燒害), 동해(凍害) 및 바람에 의한 임분의 피해가 심함.

④ 병충해 : 소나무재선충병 등 각종 병해충으로 인하여 산림이 황폐화됨.

⑤ 기타 재해 : 연해(煙害), 조풍(潮風), 설해(雪害) 등으로 산림이 파괴됨.

2) 인위적 원인

산불, 산림훼손, 낙엽 및 근주의 채취, 도남벌, 개간, 채랑, 토석채취 등

- **산지사방**
  ① 황폐한 산지 또는 황폐가 예상되는 산지에서 산림식생을 복구·보전하여 산림황폐로 인한 재해를 방지하기 위하여 산지에 시행하는 사방공사로서 산복공사와 계간공사로 구분함.
  ② 산복공사 : 황폐사면에서 생산되는 토사유출을 억제하기 위한 공사
  ③ 계간공사 : 황폐계류 바닥의 종횡침식을 방지하고 산각을 고정하여 산복을 보전하며 하류로의 유송토사를 억제하고 조정하는 공사

핵심 PLUS

① 황폐의 진행상태 및 정도 등에 따라 그 초기단계로부터 척악임지, 임간나지, 초기황폐지, 황폐이행지, 민둥산, 특수황폐지 등으로 구분

② 황폐는 척악임지 → 임간나지 → 초기황폐지 → 황폐이행지 → 민둥산 순으로 진행됨.

2. 황폐지(荒廢地, denuded land)

1) 황폐지구분

척악임지 (瘠惡林地)	정의	• 산지비탈면이 오랫동안의 표면침식과 토양유실로 인하여 산림토양의 비옥도가 심히 쇠퇴한 척박한 상태의 산지 • 속히 임지비배의 기술이 도입되어야 할 곳
	사방공법	비료목 식재, 등고선구의 설치, 비탈면 덮기 및 시비
임간나지 (林地裸地)	정의	비교적 키가 큰 임목들이 외견상 엉성한 숲을 이루고 있지만, 지표면에 지피식물이나 유기물이 적어 때로는 우수침식(면상·누구·구곡)으로 상층 입목이 제거되거나 산림병해충의 피해로 고사하게 되면 곧 초기황폐지나 또는 황폐이생지 형태로 급진전되는 황폐지
	사방공법	내음성 초류 파식, 지피식물조성, 누구막이 및 구곡막이 설치
초기황폐지 (初期荒廢地)	정의	척악임지나 임간나지는 그 안에서 이미 침식이 진행되는 형태이나 이것이 더욱 악화되면 산지의 침식이나 토양상태로 보아 외견상으로도 분명히 황폐지라고 인식할 수 있는 상태의 산지
	사방공법	비료목 식재, 사방수 밀식, 비탈면 씨흩어뿌리기 또는 줄뿌리기
황폐이행지 (荒廢移行地)	정의	초기황폐지는 이 단계에서 복구되지 않으면 점점 더 급속히 악화되어 가까운 장래에 민둥산이나 붕괴지로 될 위험성이 있는 단계
	사방공법	집약적 파식작업, 산복선떼붙이기, 산복돌쌓기, 막논돌수로내기, 떼수로내기, 돌구곡막이, 떼누구막이, 돌누구막이, 싸리 및 잡초 혼합파종 등
민둥산	정의	황폐이행지가 진전되면 누구와 구곡의 발달이 현저하여 산지 전체로 보면 심한 침식지 또는 나지가 되는데 이와 같이 표면침식에 의한 면적이 비교적 넓은 나지상태의 산지
	사방공법	피복공법과 밀파식, 집약적인 산복사방과 계간사방시공
특수황폐지	정의	각종 침식 및 황폐단계가 복합적으로 작용하여 발생된 산지의 황폐도가 대단히 격심한 황폐지로 암석산지, 공해공단지대
	사방공법	특수 사방시공법 등 적용

2) 붕괴지

① 유형

표층붕괴지	• 사면붕괴 중에 두께 0.5~2.0m 정도의 표층토가 표층토와 지반층의 경계에 따라 활락(滑落)하는 비교적 작은 규모의 붕괴현상 발생지 • 원인 : 강우침투에 의한 간극수압 상승, 지진동(地震動)
심층붕괴지	• 표층 붕괴보다 깊은 곳에서 발생하여 표토층 뿐만 아니라 심층지반까지도 붕괴하는 비교적 큰 붕괴현상이 발생한 곳 • 원인 : 지질구조에 관여하며, 호우시나 호우 이후의 지하수 이동, 비교적 큰 지진활동
산복붕괴지	강우나 지진 등에 의해 산지에 발생하는 자연사면의 붕괴, 지형적으로 오목한 유형 개소에서 발생
계안붕괴지	계류를 따라 산지면의 하부에 계류의 횡침식에 의한 붕괴발생

② 붕괴의 3요소 : 붕괴평균경사각, 붕괴면적, 붕괴평균깊이 ☆☆☆

③ 사방대책

예방대책	• 겉·속도랑 배수구 계통적 배치 • 붕괴위험지의 옹벽 및 붕괴방지용 흙막이 공작물 설치
사후대책	• 배수로 설치 • 산복돌쌓기 및 바자얽기 등의 산복흙막이 시설 • 돌이나 콘크리트구조와 같이 내구력 있는 흙막이 시설

3) 지활지(밀린 땅)

① 지활침식은 땅밀림 침식에 의하여 나타나는 밀린 땅으로 특수한 지대의 깊은 토층에서 발생

② 사방공법 : 집수정 및 집배수로 설치, 붕괴지와 같은 동일한 대책을 적용

4) 훼손지

① 인위적으로 토지의 형질에 변화를 가져오게 된 곳으로 흙깎기(절토) 및 흙쌓기(성토) 비탈면, 채석장 및 채광지 등

② 유형별 대책

㉮ 절토와 성토비탈면 : 기초공사로서 비탈다듬기, 기초옹벽·힘줄박기·콘크리트격자틀붙이기·돌쌓기·바자얽기·배수로설치·떼단쌓기·비탈면선떼붙이기·비탈면줄떼다지기·기타 식수공법 등이 많이 이용

㉯ 채석장 : 간접적 녹화공법 적용 → 암벽면에 제비집붙이기공법으로 관목류를 식재하거나 담쟁이 덩굴로 피복 녹화, 속성수로 차폐식재

㉰ 채광지 : 흙막이 공법(기초옹벽식 돌쌓기·산복돌쌓기·돌단쌓기·돌조공법·편책공법 등)과 비탈면격자틀붙이기 공법 및 힘줄박기공법과 전면후층객토공법의 병용, 파종공법 및 씨뿜어붙이기공법, 상록대표식재공법

■ 붕괴지

① 붕괴지 : 비탈면의 일부가 강우나 지진 등에 의해 안정성을 잃고 토사가 집단을 이루어 아래쪽으로 이동하는 현상

② 발생위치별 유형
 • 표층붕괴지
 • 심층붕괴지
 • 산복붕괴지
 • 계안붕괴지

③ 침식 현상별 유형
 • 산사태지
 • 산붕지
 • 붕락지
 • 포락지

■ 점토가 20% 이하인 토양은 토양응집력이 약하지만 그 이상이 되면 응집력이 증가한다.

■ 지활지
밀림 침식으로 인해 사면의 암석이 아래로 이동하는 느린속도의 황폐지

■ 훼손지 유형
① 절토 비탈면
② 성토 비탈면
③ 채석장
④ 채광지

핵심 PLUS

■ 황폐계류 유형
① 계간 황폐지
② 야계

5) 황폐계류(荒廢溪流)

① 토석류 등으로 계상 자체가 황폐되는 것

② 유형

㉮ 계간(溪間) 황폐지 또는 침식계류 : 위치가 산지 내의 계곡이나 계간이 있을 때

㉯ 야계(野鷄) : 계곡 밖이나 농경지 등과 접속될 때

③ 사방공법 : 구곡막이, 사방댐, 바닥막이, 기슭막이, 수제, 계간수로, 모래막이 등

■ 해안사지유형
① 해안사구지
② 해안비사지

6) 해안사지

① 이동사구로 구성되는 모래언덕으로 해안사구지, 비사현상이 심한 해안비사지

② 사방공법 : 해안사구에서 이동하는 모래언덕을 고정하기 위한 퇴사공법, 모래날림을 안정시키기 위한 정사공법(靜砂工法) 등

2 산사태 일반사항

1. 발생원인과 예방

1) 발생원인

■ 산사태
① 사면을 형성하고 있는 표토 또는 풍화암층이 평형을 잃고 붕락하는 현상으로, 호우 등으로 산복부의 지괴가 융해·팽창되어 계곡·계류를 따라 길게 붕괴됨.
② 산사태는 산지의 상부가 급경사로 되어 있고 붕괴원·침식부의 양사면은 급경사면을 형성하며 토층은 미풍화토양 또는 기반암으로 이루어진 곳, 토층바닥에 암반이 깔려 있는 곳에서 쉽게 발생
③ 산사태는 크고 작은 바위가 낙하하는 돌사태와 기반암이 풍화되어 생성된 표토가 물로 거의 포화될 때 일어나는 흙사태로 구분

① 집중호우

㉮ 강우에 의하여 간극 수압의 급격한 상승, 표면 유수에 의한 침식

㉯ 흙의 포화로 인한 단위체적당 중량 증가 등의 원인

㉰ 산지 사면이 붕괴하려는 힘이 커지는 반면 흙의 전단강도 약화, 내부마찰각의 감소로 산사태 발생에 대한 저항력의 감소가 동시에 일어남.

② 지형

㉮ 가장 중요한 인자는 사면경사도와 경사형, 하강사면에서 산사태가 많이 발생하며 특히 경사의 변환점에서 산사태의 발생 빈도가 높게 나타남.

㉯ 하천이나 계안에서 산지의 사면하부가 침식될 때에도 산사태가 잘 발생됨.

③ 지질

㉮ 지질의 암석학적 요인보다는 국소적인 구조적 요인이 산사태 발생에 영향

■ 산사태 발생 요인
① 집중호우
② 지형(가장 중요한 요인)
③ 지질(가장 작은 요인)
④ 임상요인
⑤ 인위적 원인

㉯ 단층에 의한 파쇄대는 암석의 강도를 급격히 감소시키면서 연약한 부위를 형성하고 천층지하수의 유로가 되어 산사태의 발생이 용이해짐.

④ 임상 요인

㉮ 임목은 산사태의 발생에 관여함.

㉯ 큰 나무의 뿌리는 얕은 토층에서 사면경사를 따라 내려오는 토괴를 단단하게 고정하여 산사태의 발생을 저지함.

⑤ 인위적 원인 : 임도건설, 토석채취 등 인간의 간섭

2) 예방

① 집중호우가 발생했을 때 산사태의 발생이 예상되는 급경사지 및 계곡 주위, 모래로 표토층이 형성되어 있는 곳에 대한 배수로 정비 및 순찰활동을 강화하여 산사태를 예방

② 지반의 갈라짐 현상과 같은 산사태의 전조가 보일 때는 주민을 대피시킴

③ 순찰 시에 지표에 갈라진 틈, 사면하부의 배부름 현상, 나무 등 지표식물의 기울어짐, 파이핑현상으로 사면 표면에 발생하는 구멍, 소하천의 부유물 증가나 수량 감소, 갑작스런 유출량 증가 등을 관찰로 예측이 가능함.

2. 산사태 발생과정 및 유형

1) 발생과정

① 풍화토층에 점토가 결핍되면 응집력이 약해져 우수 침입이 용이함.

② 토괴의 하향이동에 대한 저항력은 물리적 성질에 의해 결정

③ 비탈면의 경사도가 급하고 토층이 얇으면 토양함수량이 과다해짐.

2) 산사태의 유형

① 발생위치에 따른 유형 ☆

산복붕괴(山腹崩壞)	지표면 또는 토양단면상의 불연속이 원인이 되어 산복부에서 발생
계안붕괴(溪岸崩壞)	계류의 종횡침식작용에 의하여 계안에서 발생
와지붕괴(窪地崩壞)	집수가 원인이 되어 산복과 계안사이의 토심이 비교적 깊은 웅덩이(와지)에서 발생

② 평면형에 따른 유형 ☆

수지상(樹枝狀)	지형이 복잡하고 유수가 모여드는 하강 및 평면사면의 산복유로에서 발생
패각상(貝殼狀)	경사가 짧고 급한 사면, 경사가 길고 변곡점이 있는 사면에서 발생
선상(線狀)	지형이 단순하며 유로가 좁고 경사가 긴 하강사면이나 평형사면의 유로변에서 발생
판상(板狀)	표토 밑에 단단한 암반층이나 불침투성 모재층이 있는 지역에서 발생

3 산복사방공사

1. 산복 사방의 목표 ☆☆☆

1) 표토침식의 방지

① 비탈면의 경사 완화
② 우수를 분산 유하
③ 표면을 피복
④ 우수를 특정한 유로에 모아 나출면에 흐르는 유량 감소

2) 붕괴 및 산사태의 확대 방지

① 경사의 완화
② 흙막이벽 설치
③ 침투수의 배수시설

3) 산사태 위험지의 대책 수립

① 토층의 안정화 : 지하수의 배수시설과 흙막이 시공
② 낙석위험지 : 위험부제거, 낙석방지망, 낙석저지책 설치

2. 사방기초공사 ☆

1) 사방기초공사

① **직접기초(얕은기초)**

확대기초	• 상부구조의 하중을 확대하여 직접 지반에 전달하는 기초 • 단독기둥을 지지하는 독립기초와 벽을 지지하는 연속기초, 복합기초 등
전면기초	• 확대기초만으로 지반의 지지력이 불충분할 때 전체의 기둥 하중을 하나의 기초슬래브로 지지하는 형태의 기초 • 부등침하의 영향이 적고 큰 침하에도 적응

② **간접기초(깊은기초)** ☆

말뚝기초	• 기초공 밑의 지반이 상부 구조물을 충분히 지지할 수 없어 직접 기초로 시공하기 곤란한 경우에 많이 사용하는 기초 • 나무말뚝기초, 콘크리트말뚝기초, 강재말뚝기초
케이슨기초	• 지상에서 콘크리트나 철제 구조물을 형성시킨 후, 상부 구조물로부터 전달되는 하중을 중간에 있는 지반을 관통해서 소요의 지지력을 갖는 층까지 전달하는 역할을 하는 깊은 기초 • 우물통기초, 공기케이슨기초
피어기초	구조물의 하중을 견고한 지반에 전달하기 위하여 먼저 지반을 굴착한 후, 그 속에 현장 콘크리트를 타설하여 만든 기둥 모양의 기초

2) 기초 지반 조사와 지지력 ☆

① 기초지반 조사
- ㉮ 지층이 얕은 지반 : 파이프 때려박기, 오거보링공법
- ㉯ 지층이 깊은 지반 : 심층보링, 토질시험

② 지지력 조사
- ㉮ 점토질 지반 : 압밀(壓密) 및 유통에 의한 장기 침하가 발생 될 위험이 있음.
- ㉯ 모래 지반 특징 : 물이 포함되어 있을 때는 진동이나 충격이 크지 않아도 모래입자의 배열이 흩어져 부피가 감소하여 급속히 침하가 발생
- ㉰ 지하수면 아래의 토층 : 부력을 받으므로 단위 중량은 감소되고 지지력이 저하함.
- ㉱ 지하수위 처리가 불량한 사질지반 : 굴착 시 지하수로 인하여 지반이 주저 앉을 우려가 있어 지지력을 약화시킴.

3) 기초공사의 시공

① 밑들어가기
- ㉮ 지반이 굳어서 지지력이 충분한 때에도 동결 깊이 이상으로 들어가서 피해를 입지 않도록 함.
- ㉯ 지반이 암석일 경우
  - 본래의 지반이 암석일 경우 그대로 기초를 사용할 수 있음.
  - 깎아 낸 암반의 표면은 모르타르를 발라서 수평을 만들어야 함.
- ㉰ 지반이 암석지반이 아닐 경우 작업 내용
  - 지표층이 풍화작용을 받아 변질될 경우, 이 부분을 제거함.
  - 구조물의 합성 압력은 기초면에 수직으로 작용하도록 기초면을 깎아냄.

② 굴착공법
- ㉮ 절개공법, 아일랜드공법, 트랜치컷공법 등이 있으며 일반적으로 절개공법을 많이 사용
- ㉯ 절개공법은 지표면에서 직접 굴착하는 것으로 오픈컷공법 이라고도 함.

③ 말뚝기초공사 : 나무말뚝, 콘크리트말뚝이 많이 사용되며, 소규모 기초공사에 나무말뚝이 사용됨.

④ 나무말뚝기초공사 : 소규모 기초공사에 주로 사용되며, 휨에 대하여 저항성이 큼.
- ㉮ 운반·취급이 용이하고 간단히 길이를 조절할 수 있음.
- ㉯ 통나무 말뚝의 최대지지력은 약 30ton 이하이고, 허용지지력은 콘크리트 말뚝의 1/2 정도
- ㉰ 리기다소나무, 소나무, 낙엽송 같은 침엽수 통나무가 주로 사용
- ㉱ 말뚝머리에 쇠가락지를 끼워 손상을 적게하고 말뚝 끝은 깎아 슈(shoe)를 씌어 자갈 속에서도 잘 박히게 함.

■ 기초공사의 시공
① 밑들어가기
② 굴착공법
③ 말뚝기초공사

■ 산복사방공종

① 불안정한 토층이 많을 경우에는 흙막이 등의 산복기초공사에 의하여 안정시키고, 산복녹화공사에 의하여 식생을 회복시킴

② 집수지형인 경우에는 산복수로로 강우 시의 지표유하수를 안전한 위치로 배수시키고, 용수 등이 있는 경우에는 속도랑을 배치함.

③ 강우에 의하여 침식될 위험이 있는 경우에는 편책이나 떼단 쌓기 등으로 표면침식을 방지

④ 붕괴될 위험이 있는 곳에는 비탈다듬기·앵커공·보강토공 등으로 사면을 안정, 산복녹화공사로 표면침식을 방지함.

3. 산복사방공종의 분류 ☆☆☆

산지 사방 공사	산복 기초 공사	• 비탈다듬기 • 단끊기 • 땅속흙막이 : 돌·바자·흙·돌망태·블록·콘크리트·앵글크리브 등 • 산복흙막이 : 콘크리트·철근콘크리트·돌쌓기·돌망태·통나무 • 돌쌓기 : 찰쌓기·메쌓기·골쌓기 등 • 누구막이 : 돌·떼·돌망태·콘크리트 콘크리트블록·통나무 등 • 산복수로 : 떼붙임·돌붙임·콘크리트·콘크리트블록·흙자루 등 • 속도랑 : 자갈·돌망태·콘크리트 관
	산복 녹화 공사	녹화 기초 공사
		• 바자얽기 : 바자·통나무·콘크리트판 • 울쌍얽기 : 목책·합성수지·콘크리트판 • 단쌓기 : 떼단·돌떼단쌓기 • 선떼붙이기 : 1~9급 선떼붙이기·대석 • 줄떼다지기 : 줄떼다지기·줄떼심기 • 평떼붙이기 : 평떼붙이기·평떼심기·띠떼심기 • 조공 : 떼·돌·새·짚·통나무·섶·콘크리트판·녹화 2차 자재 등 • 비탈덮기 : 짚·거적·망·섶·합성재 등 • 등고선구공법
		식생 공사
		• 사방파종공법(씨뿌리기) : 조공식·사면혼파·분사식·항공 파종 등 • 나무심기 : 유묘심기·대묘심기·용기묘심기 등 • 식생관리 : 추식·보식·제초·하예·덩굴치기 등

4. 산복기초공사의 세부

1) 지형의 정리

① 비탈다듬기 ☆

㉮ 목적 : 산복비탈면에 있어서 불안정한 토층을 완화하여 안정된 비탈면을 조성

㉯ 설계시 또는 시공시 유의할 점 ☆

> • 산복비탈면의 수정물매는 대체로 최대 35° 전후
> • 퇴적층의 두께가 3m 이상일 때에는 묻히기 공작물(땅속흙막이)을 설계
> • 물매가 급한 장소에서는 선떼붙이기와 산복돌쌓기로 조정
> • 붕괴면 주변의 상부는 충분히 끊어내도록 설계
> • 일반적으로 상부로부터 하부로 시공함.
> • 비옥한 표토는 가능한 한 산복면에 남김.
> • 속도랑 공사 및 묻히기 공사는 비탈면다듬기 공사를 하기 전에 시공함.

② 단끊기

   ㉮ 목적 : 산비탈면의 길이를 줄이고 수평면을 유지하게 함으로써 사면에 유하되는 토사를 저지하고 유수를 분산시켜 침식을 방지하는 동시에 식생조성이 필요한 기반조성을 위한 공사로 선떼 붙이기나 조공, 흙포대 흙막이 및 파종공을 병행해 실시함

   ㉯ 비탈다듬기를 끝낸 산복면에 여러 가지 계단공사를 시공하기 위하여 수평으로 단을 끊는 기초공사

   ㉰ 설계시 또는 시공시 유의할 점 ☆

> • 계단너비는 일반적으로 50~70cm로 하지만 급할 때는 계단너비를 좁게 하여 물매를 완화함.
> • 계단의 간격은 지형이나 공종에 알맞게 결정
> • 일반적으로 상부로부터 하부로 시공함.

2) 땅속흙막이(묻히기) ☆☆

① 목적 : 비탈다듬기와 단끊기 등에 의해 잉여된 퇴적토사의 전단저항과 마찰저항을 높여 토사층의 활동을 방지, 안정시켜 토사유실을 방지하고, 산각(山脚)을 고정시키고자 함.

② 종류 : 땅속흙막이 · 바자땅속흙막이 · 흙땅속흙막이 · 돌망태땅속흙막이 · 블록땅속흙막이 · 콘크리트땅속흙막이 등

③ 시공요령

   ㉮ 상부의 토압에 충분히 견딜 수 있는 구조물로 되도록 안정된 기반위에 설치하며, 바닥파기를 충분히 실시, 높이의 2/3 이상이 묻히도록 함.

   ㉯ 퇴적토사가 진흙일 때에는 돌땅속흙막이 · 콘크리트땅속흙막이 · 블록땅속흙막이를 시공

   ㉰ 퇴적토사가 사질 또는 건조할 때는 돌땅속흙막이를, 자재 취득이 곤란한 경우 심벽(心壁)을 넣은 흙땅속흙막이를 시공

   ㉱ 방향은 상류를 향해 직각이 되도록 축설하며, 돌쌓기의 비탈은 1 : 0.3, 흙땅속흙막이의 비탈은 1 : 1.0~1.3으로 함.

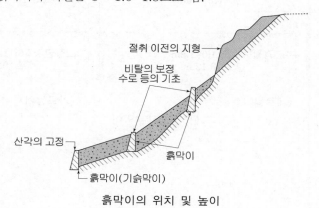

흙막이의 위치 및 높이

핵심 PLUS

■ 산복흙막이 적용장소
사면이 붕괴 위험성이 있거나 비탈다
듬기 및 단끊기로 생기는 토사가 유치
되는 곳에 시공됨.

■ 돌흙막이 공사 내용 ☆
① 석재는 견치돌, 막깬돌, 잡석, 야면
석을 사용하며 충분히 바닥파기를
실시하고 축설
② 돌흙막이 높이는 원칙적으로 찰쌓
기는 3.0m 이하, 메쌓기는 2.0m
이하 기울기는 1:0.3
③ 블록쌓기 흙막이는 벽면의 안정을
위하여 중량이 무거운 것이 좋으며
일반적으로 300 ~400kg/m², 벽면
의 뒷길이는 대체로 30cm 이상 이
어야 함.

■ 돌망태흙막이 시공장소
① 콘크리트흙막이나 찰쌓기 흙막이 등
으로는 기초지반의 부동침하나 활동
(滑動)의 발생을 막을 수 없는 곳
② 응급 공사를 시공할 필요가 있는 곳
③ 높이가 낮고 뒷면의 토압이 적어 기초
지반의 지지력 요구도가 작은 곳
④ 용수가 있는 곳 및 산복비탈면이나
근처의 계류로부터 호박돌과 자갈
을 구하기 쉬운 곳에 돌망태의 유연
성을 이용하여 시공함.

3) 산복흙막이(산비탈 흙막이) ☆

① 목적 : 산복경사의 완화, 붕괴의 위험성이 있는 비탈면의 유지, 매토층 밑부분
의 지지 또는 수로의 지지 등을 목적으로 산복면에 설치하는 구조물

② 시공재료에 따른 종류 : 산복콘크리트벽쌓기, 산복돌쌓기, 산복콘크리트블록
쌓기, 산복콘크리트기둥쌓기, 산복PNC판쌓기, 산복돌망태쌓기, 산복통나무쌓기,
산복바자얽기 등

③ 시공요령

㉮ 흙막이의 마루는 수평이 되도록 하며, 간격은 비탈면의 물매가 35° 미만에
서는 20m를 표준, 35° 이상에서는 15m를 표준으로 함.

㉯ 산복비탈면에 대해 직각이 되도록 계획하며, 흙막이의 방향은 절취토사의
억제용량을 최대한으로 확보, 흙막이에 작용하는 토압에 대한 안정도를 높이
기 위해 산복비탈면에 직각으로 계획함.

㉰ 불투수성의 흙막이 공사는 뒷면에 체수(滯水)되지 않도록 직경 5~10cm
정도 물빼기 구멍을 3m²당 1개소 정도 설치

㉱ 콘크리트 흙막이 : 흙층이 이동할 위험성이 있고 토압이 커서 다른 흙막이
공작물로서는 안정을 기대할 수 없는 경우에 시공하며 높이는 산복기초로
서는 4m 이하를 원칙으로 하나 산비탈면에 시공하는 경우에는 2m 정도가
좋음.

㉲ 콘크리트판 흙막이 : 높이 1.6m 이하, 반드시 자갈로 뒷채움을 충실하게 함.

㉳ 돌흙막이 : 찰쌓기와 메쌓기, 석재 또는 콘크리트 블록을 사용하는 경우

㉴ 돌망태흙막이
• 종류 : 둥근돌망태, 방석돌망태, 마름모골·방석돌망태와 변형돌망태
• 속채움돌의 규격은 지름 15~30cm, 높이 2.0m 정도가 좋으며,

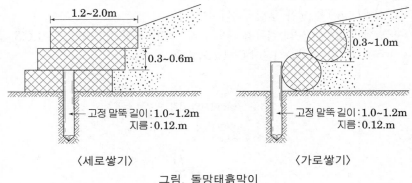

그림. 돌망태흙막이

ⓐ 통나무쌓기 흙막이
- 기초바닥파기 후 1.0m 정도의 말뚝을 약 1.0m 간격으로 박고, 그 위에 횡목(橫木)을 놓은 후에 0.7~1.0m의 공목(控木)을 0.5~1.0m 간격으로 설치하여 횡목에 고정시킴.
- 속채움은 토사나 자갈로 실시한 후에 충분히 다지기고, 공극 부분에는 식생을 도입하여 조기에 착생시켜 토사의 유출을 방지함.

핵심 PLUS

- 통나무쌓기 흙막이
간벌재 등을 사용하는 간단한 흙막이로 환경과의 적응성이 높은 유기자재, 현지 자재의 활용도 가능

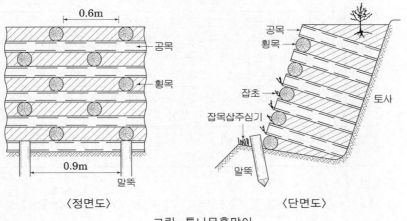

〈정면도〉　　　　　　　〈단면도〉

그림. 통나무흙막이

4) 돌쌓기

① 종류

㉮ 모르타르의 사용 여부에 따라 : 메쌓기와 찰쌓기

㉯ 축조방법에 따라 : 골쌓기와 켜쌓기로 구분하며, 골쌓기는 비교적 안정되고 견치돌(축댓돌)이나 큰 들돌을 이용하여 층을 형성하지 않고 쌓기 때문에 막쌓기라고도 하며, 켜쌓기는 마름돌이나 견치돌을 이용하여 돌의 면의 높이를 같게 하여 가로줄눈을 일직선으로 쌓기 때문에 바른층쌓기라고 함.

- 돌쌓기 시공장소 ☆
산비탈이나 산각부에 토사의 퇴적량과 붕괴토사가 많은 45도 이상의 습지 또는 지반이 견고하여 비탈다듬기나 선떼붙이기를 시공하기 곤란한 기복지형에 사용

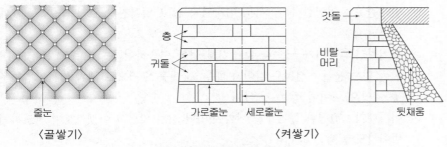

〈골쌓기〉　　　　　〈켜쌓기〉

그림. 돌쌓기의 종류 ☆☆☆

찰쌓기	• 돌을 쌓아 올릴 때 뒷채움에 콘크리트를 사용, 줄눈에 모르타르를 사용 • 돌쌓기 2~3m²마다 한 개의 지름 약 3cm의 PVC 파이프 등으로 물빼기 구멍·배수구를 설치, 물빼기 구멍은 어긋나게 배치 • 콘크리트의 사용량은 m²당 0.2~0.3m³로 시공, 뒷채움자갈의 사용량은 m²당 0.2~0.3m³으로 함, 다습지로 퇴적토의 붕괴가 예상되는 곳은 m²당 0.3~0.5m³로 시공함. • 막깬돌찰쌓기 공사는 골쌓기를 원칙으로 함. • 1일 시공량 1.2m 정도, 일반적인 물매 : 1 : 0.2를 표준
메쌓기	• 돌을 쌓아 올릴 때 모르타르를 사용하지 않고 쌓는 것 • 뒷면의 침투수 등이 돌사이로 잘 빠지기 때문에 토압이 증가될 염려는 없지만 쌓는 높이에 제한을 받음. • 일반적인 물매 : 1 : 0.3을 표준
골쌓기	막쌓기, 비교적 안정되고, 견치돌이나 비교적 큰 돌을 사용할 수 있으므로 흔히 사용하는 돌쌓기 방법
켜쌓기	바른층 쌓기, 돌의 면 높이를 같게 하여 가로줄눈이 일직선이 되도록 쌓는 방법

■ 잘못된 돌쌓기 ☆
① 돌쌓기에서는 돌의 배치에 특히 주의해야 하는데 다섯에움 이상 일곱에움 이하가 되도록 하여야 하며 보통은 여섯에움으로 함.
② 금기돌은 돌쌓기 방법에 어긋나는 돌쌓기를 하면 돌의 접촉부가 맞지 않아서 힘을 받지 못하는 불안정한 돌쪽 말함.

② 잘못된 돌쌓기

㉮ 넷붙임 : 정사각형 또는 둥근 돌로서 크기가 비슷한 4개의 돌을 붙이는 돌쌓기(A)

㉯ 셋붙임 : 특히 길고 큰 돌을 작은 돌 틈에 섞어 쌓을 때 나타나며, 긴 돌에 작은 돌 3개가 나란히 접해진 상태(B)

㉰ 넷에움 : 1개의 돌을 4개의 돌이 에워싼 형태로 둘러 쌓인 돌은 뜬 돌이나 떨어진 돌이 되기 쉬우며 돌쌓기가 약해짐.(C)

㉱ 뜬돌 : 길이가 긴 돌을 작은 돌과 섞어 나타나는 것으로서 큰 돌의 한쪽 길이에 작은 돌 3개가 접할 때 그 가운데 돌이 떠 있는 형태, 셋붙임과 다른 점은 큰돌의 아랫변이 작은 다른 두 돌과 접하고 있음.(D)

㉲ 거울돌 : 뒷길이가 매우 짧고 넓적한 돌의 넓은 면을 쌓는 앞면이 되도록 놓아 앞에서 볼 때 거울과 비슷한 모양으로 쌓은 돌(E)

㉳ 떨어진돌 : 인접한 돌이 서로 접착되지 않고 떨어진 돌로서 부주의 할 때 나타남.(F)

㉴ 꼬치쌓기 : 크기가 비슷한 돌을 3개 이상 연속하여 수직으로 쌓는 것(G)

㉵ 선돌 및 누운돌 : 선돌은 길이가 매우 긴 돌을 수직으로 세워 쌓는 것, 누운 돌은 옆으로 뉘어 쌓는 것(H, I)

㉶ 이마대기 : 편평한 돌 2개를 세워 이마가 서로 맞닿고 아랫부분이 과도하게 벌어지도록 쌓는 것(J)

㉷ 포갠돌 : 찬합을 쌓아 올린 것과 같이 넓적한 돌을 수평으로 포개 쌓는 것(K)

㉸ 뾰족돌 : 한쪽 끝이 뾰족한 돌을 좁은 두 돌 틈에 넣은 모양으로 끝이 상하게 되면 이 돌이 쐐기의 작용을 하게 되어 옆 돌의 위치에 변동을 주게 됨.(L)

ⓣ 새입붙이기 : 막깬돌이나 잡석을 쌓을 때 정해진 접착부를 만들지 않고 쌓기 때문에 생기는 것으로서 작은 외력에도 돌이 빠지거나 변형되기 쉬움.(M)

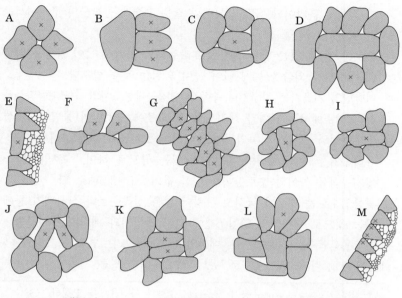

A : 넷붙임 B : 셋붙임 C : 넷에움
D : 뜬돌 E : 거울돌 F : 떨어진돌
G : 꼬치쌓기 H : 선돌 I : 누운돌
J : 이마대기 K : 포갠돌 L : 뽀족돌
M : 새입붙이기

그림. 잘못된 돌쌓기〔금기석(禁忌石)〕

5) 누구막이(비탈 수토 보전공법)

① 목적

　㉮ 비탈면에서 강수 및 유수에 의한 비탈침식의 진행으로 발생되는 누구(溫淸; rill)침식을 방지하기 위해 누구를 횡단하여 시공

　㉯ 산복배수로와 떼단쌓기의 기초공사나 토사를 유치(留置)할 목적으로 시공

② 종류 : 돌누구막이 · 콘크리트누구막이 · 콘크리트블록누구막이 · 떼누구막이 · 돌망태 누구막이 · 바자누구막이 · 통나무누구막이 · 흙포대누구막이 등으로 구분

　㉮ 돌누구막이 : 잡활석이나 야면석을 이용, 터파기 후 폭 40cm의 뒷채움을 실시, 시공요령은 땅속흙막이나 골막이에 준함, 사면은 3m² 이내, 비탈경사는 1 : 0.3으로 함.

　㉯ 떼누구막이 : 용수가 없고 토양구조가 양호한 지역에 시공

　㉰ 콘크리트누구막이 : 무너진 땅의 산복에 시공

■ 산복수로 목적
① 비탈면의 침식을 방지, 특히 다른 공작물이 파괴되지 않도록 일정한 개소에 유수를 모아 배수
② 산복공사의 속도랑(암거)에 의하여 집수된 물을 지표에 도출하고 안전하게 배수
③ 붕괴비탈면을 자유롭게 유하하는 자연유로의 고정을 도모하기 위해 실시

■ 시공장소
유수가 집수되는 凹부이다.

6) 산복수로(산비탈수로) ☆☆☆

① 시공요령

㉮ 수로의 기울기는 가급적이면 상부에서 하부에 이르기까지 일정하게 계획하며 적어도 흙막이와 흙막이 사이와 같은 수평대 공작물의 구간에서는 일정한 기울기로 시공

㉯ 수로는 될 수 있는 한 직선적으로 축설해야 하며 부득이 방향을 바꿀 경우에는 반드시 외측을 높게 하여 물이 넘치는 것을 방지함.

㉰ 비탈면의 기울기를 바꾸거나 수로의 받침공작물로서의 수평대공작물을 축설하는 장소에서는 낙차가 생기므로 그 하부에 수로받이(물받이)를 설치

㉱ 수로받이의 크기는 낙차의 유효높이와 수로기울기 등을 고려하여 결정하고 유하수가 직접 붕괴면에 비산되지 않는 규모로 하며, 수로받이의 길이는 쌓기공작물 높이와 수로깊이를 더한 값의 1.5~2.0배로 함.

㉲ 돌붙임수로는 경사가 급하고 유량이 많은 산복수로나 산사태지 등에 설치하는 것으로 경사도와 입지조건에 따라 찰쌓기와 메쌓기로 시공함.

② 종류 : 돌붙임수로(찰붙임수로, 메붙임수로), 콘크리트수로, 콘크리트블록수로, 떼붙임수로, 바자수로, 섶수로, 통나무수로, 흙수로 등

찰붙임돌수로	유량이 많은 간선수로와 자연유로를 고정하는 곳
메붙임돌수로	상수가 없고 물매가 급한 곳, 지반이 견고하고 집수량이 적은 곳
떼(붙임)수로	완경사로 상수와 토사유송이 없고, 유량이 적으며, 떼의 생육에 적당한 곳, 반원형
콘크리트수로	유량이 많고 상수가 있는 곳, 유량이 많은 간선수로, 역사다리꼴
콘크리트블록수로	집수량이 많은 간선수로, 비탈어깨 돌림수로, 역사다리꼴
콘크리트관수로	집수량이 적은 간선수로
철선돌망태수로	지반이 연약하고, 상수가 없는 곳
목책·편책 수로	집수량이 적고, 비교적 가벼운 내구성으로 충분한 곳
흙자루·금망 수로 상	상수와 토사유송이 없고, 유량이 적으며, 떼의 생육에 적당한 곳
플라스틱관수로	비탈의 소규모 수로, 비탈어깨의 돌림수로, 역사다리꼴

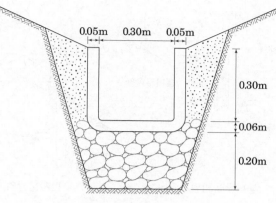

그림. 콘크리트블록(U자관)수로

7) 속도랑배수구

① 지하수·침투수를 신속히 배제하여 토층의 활동적 이동방지하고, 지하수가 지표면에 분출되거나 용수가 발생하여 재붕괴를 일으는 것을 방지하기 위해 설치

② 종류 : 자갈속도랑배수구, 돌망태속도랑배수구, 콘크리트관속도랑배수구 등

5. 산복녹화공사

1) 산복바자얽기

① 산지 사면의 토사 유치와 붕괴방지 및 식생조성을 목적으로 비탈면 또는 계단상에 바자(책, 편책)를 설치하고 뒤쪽에 흙을 채워 식생을 조성하는 공작물

② 종류

㉮ 사용재료에 따라 바자, 통나무. 판자류, 콘크리트판, 초두목, 가지 등 구분

㉯ 바자공작물은 바자(編柵) 책얽기와 통나무(木柵) 울짱얽기로 구분

㉰ 편책 : 말구지름이 8~10cm 정도, 길이 1.0~1.5m의 말뚝을 산복비탈면 또는 계단에 0.5~1m 간격으로 길이의 1/2 정도 박고, 그 내측에 초두목이나 가지로 바자를 얽어매는 책 공작물

㉱ 목책 : 말구지름이 10cm 정도, 길이 1.0~1.5m의 말뚝을 산복비탈면 또는 계단에 1m 간격으로 막은 다음 그 내측에 간벌재 등을 나란히 놓고 흙을 메우는 책 공작물

■ 산복바자얽기 시공장소

① 떼 채취가 곤란하고 떼붙임으로 실효를 거둘수 없는 지역

② 토압이 적고 식생의 도입이 용이하며 토양조건이 양호한 지역으로 사용재료를 쉽게 얻을 수 있는 지역 등

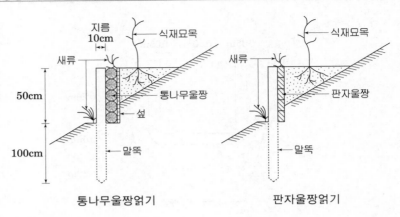

통나무울짱얽기   판자울짱얽기

■ 선떼붙이기 적용장소
① 비탈다듬기 공사를 시행한 산복비 탈면에 수평계단을 설치하고, 그 앞면에 뜬떼를 세워 붙이며, 그 뒷부분에 묘목을 심는 등고선 계단모양의 산복녹화공종으로 경사가 비교적 급하고 지질이 단단한 지역에 시공
② 표토 이동, 강수차단 목적 : 5급 이상
③ 사방지식재 및 파종목재 : 6급 이하
④ 황폐임지 산복공사 : 6~7급

■ 시공장소
경사가 비교적 급하고 지질이 단단한 지역

2) 선떼붙이기 ☆☆☆

① 목적 : 수평계단에 의하여 지표유하수를 분산해 침식을 방지, 수토보전을 도모함.

② 급별 시공기준 : 수평단 길이 1m당 떼의 사용 매수에 따라 고급 선떼붙이기 1급에서 저급 선떼붙이기 9급까지 구분

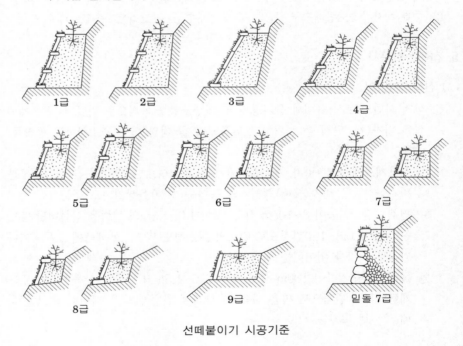

선떼붙이기 시공기준

② 시공요령 ☆☆☆

㉮ 직고 1~2m의 간격으로 단을 끊으며, 계단폭은 50~70cm, 발디딤은 10~20cm, 천단폭(마루너비)은 40cm를 기준, 떼붙이기 기울기는 1 : 0.2~0.3으로 함.

㉯ 단끊기는 등고선 방향으로 실시하며 산 상부에서 시작하여 하부로 내려오면서 한 계단씩 차례로 끊어내림.

㉰ 가장 중요한 것은 떼를 붙이는 일로 선떼가 갓떼(머리떼), 받침떼, 바닥떼 등과 잘 밀착되어야 하며, 마루는 항상 수평을 유지하고 토사의 침하율을 감안하여 5cm 정도 흙을 돋우어 줌.

㉱ 저급으로 시공하는 것이 효과적이므로 일반적으로 6~7급이 많이 시공됨.

㉲ 계단폭은 산복 비탈면의 경사도가 비교적 완만하고 토질이 부드러운 곳은 70cm 정도로, 경사가 급하고 토질이 단단한 곳은 50cm 정도로 시공함.

㉳ 갓떼·받침떼·바닥떼로는 반떼(20cm×25cm×5cm)가, 그리고 선떼에는 온떼(40cm×25cm×5cm)가 사용됨.

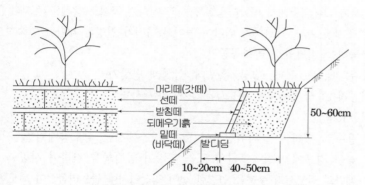

선떼붙이기공법의 시공구조와 명칭

3) 줄떼공(줄떼다지기)

① 흙쌓기 비탈면을 일정한 기울기로 유지하며, 비탈면을 보호·녹화하기 위하여 흙쌓기 비탈면에 수직높이 20~30cm 간격으로 반떼를 수평으로 삽입하고 달구판으로 단단하게 다지는 것으로 장차 떼가 활성화하여 번성하게 되면 사면이 안정화

② 시공요령

㉮ 폭 10~ 15cm의 수평 골에 길이 20~30cm, 폭 10~15cm의 흙이 붙은 반떼, 새 또는 잡초 등을 수평으로 놓고 흙을 덮은 후에 다짐, 비탈면기울기는 1 : 1~1.5

㉯ 줄떼붙이기 : 땅깎이 비탈에 흙이 떨어지지 않은 반떼를 수평방향의 줄로 붙여서 활착 및 녹화하는 식생공법으로 줄떼는 상부에서 하부로 향하여 내려가면서 시공한 후 떼꽂이로 고정함.

ⓒ 줄떼심기 : 평탄지에 줄간격 20~30cm 정도로 줄띄기를 하고 줄을 따라 골을 판 후 줄떼를 놓고 흙덮기를 한후 고루 밟아줌

4) 평떼붙이기

① 전면적에 걸쳐 흙이 털어지지 않은 평떼(흙떼)를 붙이거나 심어서 비탈을 일시에 녹화하는 방법

② 시공장소 : 경사 45° 이하의 비교적 토양이 좋은 산복비탈면에 적합

③ 시공요령

ⓐ 비탈은 표면을 다시 다듬어야 하며, 석력 및 초목 등의 유해물을 완전히 제거한 후 떼붙이기공사를 함.

ⓑ 땅깎기 비탈면에서 채용되나 흙쌓기 비탈에 평떼붙이기공사를 할 때에는 떼를 붙이기전에 흙다지기를 실시함.

5) 단쌓기

① 경사가 급한지역에서 비탈다듬기 공사나 단끊기 공사로 생산된 토사가 많은 사면을 조기에 안정, 녹화하기 위하여 높이와 너비가 일정한 계단을 연속적으로 붙여 구축하는 비탈안정 녹화공종

② 종류: 떼, 돌, 돌떼, 짚망, 흙포대, 합성재 단쌓기

③ 시공장소: 급경사지로 부토(浮土)가 많은 사면

④ 시공요령

ⓐ 용수로 인하여 붕괴위험성이 있는 장소에서는 속도랑내기를, 시공높이가 높은 경우에는 땅속흙막이 또는 흙막이 공작물을 겸하여 시공

ⓑ 떼단의 앞모서리 부분을 연결한 선이 직선이거나 줄드리움선이 되도록 시공함.

ⓒ 돌단쌓기는 돌이 많은 지역에서 떼대신 돌(잡석)을 이용하여 시공함.

6) 조공(條工, strip-terracing work)

① 목적

ⓐ 경사가 완만한 산복비탈면이나 붕괴지 비탈면을 유하하는 우수를 분산시켜 지표침식을 방지

ⓑ 식생을 조기에 도입하기 위해 생육환경을 정비

② 선떼붙이기공법까지는 필요하지 않은 비교적 완경사지의 산복비탈면에 수평으로 계단간 수직높이 1.0~1.5m, 너비 50~60cm의 계단을 만들고 그 앞면에 침식을 방지하기 위하여 떼, 새포기, 잡석 등으로 낮게 쌓아 계단을 보호하며, 뒷면에는 흙을 덮은 후 사방묘목을 식재하는 공법

③ 종류

ⓐ 천연자재조공(돌조공법, 새조공법, 섶조공법, 통나무조공법, 떼조공법)

ⓑ 인공녹화재를 사용하는 조공법(식생반 및 식생자루 조공법, 식생대조공법)

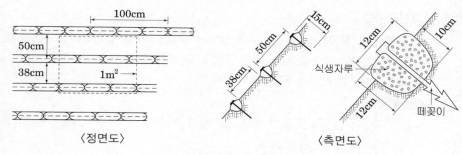

〈정면도〉 〈측면도〉

식생자루조공

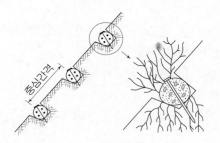

식생대조공

돌조공	• 산복비탈면 또는 절 · 성토 비탈면에 토석이 많거나 용수가 있는 곳에 돌쌓기보다 작은 규모의 구조물 • 시공높이 : 50cm 내외, 돌쌓기 비탈면 : 1 : 0.2~0.3
통나무조공	• 통나무 채취 · 설치가 용이한 곳에 통나무를 일렬로 포개쌓은 후 그 뒤에 흙을 채움. • 통나무 사이에 초본류 · 목본류 등을 식재
섶조공	섶 채취가 용이하고 토질이 좋은 곳에 계획, 복토 부분에는 새나 잡초 등을 식재
새조공	경사 30도 이하 연약지대나 산복 하부의 퇴적지대
식생반조공	길이 25cm, 폭 20cm, 두께 3cm의 식생반에 비료를 혼합한 흙을 넣고, 표면에 종자를 고정시킨 다음 50~60cm 간격으로 수평 골에 부설함.
식생자루공	길이 30cm, 폭 12cm, 두께 12cm 정도의 망이나 자루에 종자 · 비료 · 흙 · 양생재 등을 채운 다음 비탈면에 일정한 간격으로 파 놓은 수평도랑에 부설
식생대공	종자와 비료 등을 부착한 띠모양의 식생대를 비탈면에 일정 간격으로 수평이 되게 시공
식생구멍공	• 비탈면에 직각으로 일정한 간격의 구멍을 파고 종자 · 비료 · 토양을 충전 • 식물을 도입하기 곤란한 단단한 점토질이나 경질 화산회토 등 균일한 절취비탈면, 동상피해가 현저한 비탈면에 적용

■ 등고선구공법 시공장소
   토양유실이 예상되고 수분이 부족한
   사면

6) 등고선구공법

① 산복비탈면에 등고선 방향으로 수평구(contour trench)를 설치하여 표면유출에 따른 이수기능의 감소를 저지, 토양침식과 토사이동을 저지하여 식물의 생육에 필요한 수분을 공급하기 위해 실시

② 시공요령 ☆

㉮ 30° 이하의 산복에 등고선 방향으로 길이 8~10m, 간격 6~10m, 수평거리 10~15m의 수평도랑을 설치

㉯ 도랑의 규격은 밑너비 0.3m, 윗너비 1.1m, 깊이 0.36m, 양쪽 물매 1 : 1.2 로 시공

㉰ 물고랑이 짧은 것은 어긋나게 파며, 긴 것은 중간에 고랑 높이보다 10cm 정도 낮게 칸막이를 설치함.

㉱ 부토는 줄떼공이나 씨뿌리기로 녹화함.

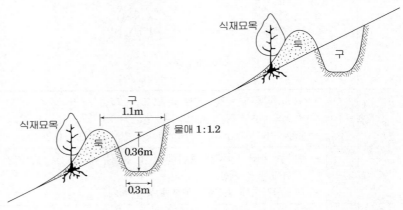

그림. 등고선구공법

7) 비탈덮기

① 비탈면이 강우에 의하여 침식되고, 누구가 발생하면 선떼붙이기 공작물 등이 파괴되기 쉬우며, 동상지대에 있어서는 동상과 서릿발 등에 의하여 비탈면이 붕락될 위험성이 있을 때 비탈면의 보호를 위하여 시공하는 경우와 비탈면 혼파지 에서 종자의 유실을 방지하는 주목적으로 시공하는 경우

② 종류 : 산복섶덮기공법, 산복짚덮기공법, 산복짚망덮기공법, 산복거적덮기공법, 산복망덮기공법

섶덮기	• 동상과 서릿발이 많은 지대에 사용 • 섶은 좌우를 엇갈리도록 놓고, 상하에 말뚝을 1m 내외의 간격으로 박은 후 나무나 철사를 사용하여 고정함.

짚덮기	• 산지비탈이 비교적 완만하고 토질이 부드러운 지역의 뜬흙 표면을 짚으로 피복 • 바람이 강하고 암반이 노출된 지역은 피하고 주로 서릿발이 발생되는 지역에 시공
거적덮기	거적을 덮은 다음 적당한 크기의 나무꽂이를 사용하여 거적이 미끄러져 내려 가지 못하도록 고정
코어넷	도로사면. 주택지 인근 등 주요 시설물 주변에 사용할 수 있음.

6. 산복녹화 식생공사

1) 목적

산복기초공사 및 녹화기초공사에 의하여 안정된 비탈면에 식생을 도입, 침식을 방지하고 근계의 긴박(緊縛)효과에 의해 비탈면을 안정화함.

2) 방법

① 파종공법 : 초본류와 목본류의 종자를 산복비탈면과 계단에 직접 파종
   ㉮ 인력파종공법 : 조공식 파종공법, 사면혼파공법
   ㉯ 기계파종공법 : 분사식 파종공법, 항공파종공법
② 나무심기

3) 사방용 수종 ☆☆☆

① 수종요구조건
   ㉮ 생장력이 왕성하여 잘 번무할 것
   ㉯ 피음(被陰)에도 어느 정도 견디어 낼 것
   ㉰ 뿌리의 자람이 좋고, 토양의 긴박력이 클 것
   ㉱ 척악지·건조·한해·충해 등에 대하여 적응성이 클 것
   ㉲ 토량개량효과가 기대될 것
   ㉳ 갱신이 용이하게 되고, 가급적이면 경제가치가 높을 것
   ㉴ 묘목의 생산비가 적게 들고, 대량생산이 잘 될 것
② 대표적 수종
   ㉮ 주요사방조림수종 : 리기다소나무, 곰솔(해안지방), 물(산)오리나무, 물갬나무, 사방오리나무, 아까시나무, 싸리, 참싸리, 상수리나무, 졸참나무, 족제비싸리, 보리장나무 등
   ㉯ 암석산지 또는 암벽녹화용 : 병꽃나무류, 노간주나무, 눈향나무 등
   ㉰ 덩굴식물 : 담쟁이덩굴, 댕댕이덩굴, 등수국, 칡, 등나무, 줄사철나무, 송악, 영국송악, 마삭줄, 인동덩굴 등

■■■■ 3. 산복사방

1. 황폐의 진행 순서로 맞는 것은?

① 척악임지 → 임간나지 → 민둥산 → 초기황폐지 → 황폐이행지
② 척악임지 → 임간나지 → 초기황폐지 → 황폐이행지 → 민둥산
③ 임간나지 → 척악임지 → 민둥산 → 초기황폐지 → 황폐이행지
④ 임간나지 → 척악임지 → 초기황폐지 → 황폐이행지 → 민둥산

2. 황폐지를 진행상태 및 정도에 따라 구분할 경우 초기황폐지 단계를 설명한 것은?

① 산지 비탈면이 여러 해 동안의 표면침식과 토양유실로 토양의 비옥도가 떨어진 임지
② 외관상으로 황폐지로 보이지 않지만, 임지내에서 이미 침식상태가 진행 중인 임지
③ 산지의 임상이나 산지의 표면침식으로 외견상 분명히 황폐지라 인식할 수 있는 상태의 임지
④ 지표면의 침식이 현저하여 방치하면 가까운 장래에 민둥산이 될 가능성이 높은 임지

3. 과거 우리나라 산지황폐의 요인 중 관계가 것은?

① 산지사방을 하였기 때문이다.
② 연료채취로 인한 산림에 대한 남벌과 도벌이 심하였다.
③ 산지의 경사가 급하여 호우 시 토사유출과 산사태로 인한 피해가 많았다.
④ 우리나라의 기상조건으로 6 ~ 8월에 연강우량의 60%가 집중되어 이로 인한 산림피해가 많았다.

4. 산지에서 붕괴의 3요소가 아닌 것은?

① 붕괴평균경사각   ② 붕괴면적
③ 붕괴형상   ④ 붕괴평균깊이

해 설

해설 1
황폐진행순서는 척악임지 → 임간나지 → 초기황폐지 → 황폐이행지 → 민둥산으로 진행된다.

해설 2
• 초기황폐지 : 산지의 임상이나 산지의 표면침식으로 외견상 분명히 황폐지라 인식할 수 있는 상태의 임지
• 황폐이행지 : 초기황폐지가 급속히 악화되어 곧 민둥산이나 붕괴지로 될 위험성이 있는 임지

해설 3
산지사방은 산지황폐를 예방하기 위한 수단이다.

해설 4
산지 붕괴의 3요소는 붕괴평균경사각, 붕괴면적, 붕괴평균깊이이다.

정답 1. ② 2. ③ 3. ① 4. ③

5. 산사태의 발생원인 중 그 영향이 가장 작을 것으로 생각되는 것은?

① 집중호우　　　　　　② 지질
③ 지형　　　　　　　　④ 인위적 요인

6. 최근에 발생되는 산사태의 가장 큰 요인은?

① 지질적인 요인　　　　② 임상적인 요인
③ 기상적인 요인　　　　④ 인위적인 요인

7. 우리나라 산림황폐의 원인 중 인위적 원인에 속하는 것은?

① 대부분의 지질이 화강암과 화강편마암으로 이루어졌다.
② 산지의 지형이 급경사로 이루어졌다.
③ 고성산불과 같은 대형 산불이 발생한다.
④ 장마기에 집중 호우가 온다.

8. 경사가 짧고 급한 사면에서 발생되는 산사태의 평면형은?

① 수지상　　　　　　　② 선상
③ 패각상　　　　　　　④ 판상

9. 발생위치에 따른 산사태의 유형이 아닌 것은?

① 선상붕괴　　　　　　② 산복붕괴
③ 계안붕괴　　　　　　④ 와지붕괴

10. 전체의 기둥 하중을 하나의 기초슬래브로 지지하는 형태의 기초는?

① 확대기초　　　　　　② 전면기초
③ 말뚝기초　　　　　　④ 독립기초

해설 **5**

산사태의 발생에는 지질의 암석학적 요인
보다는 국소적인 구조적 요인이 산사태
발생에 영향을 준다.

해설 **6**

최근에 발생되는 대부분의 산사태는 구릉
지와 산지개발에 따른 인위적인 요인에
의한 경우가 대부분 이다.

해설 **7**

산림황폐의 인위적 원인은 산불 및 도로
건설, 골프장시설, 토석채취, 연료채취로
인한 도벌 및 남벌, 낙엽 및 근주의 채취
등의 부적절한 산림훼손 등이다.

해설 **8**

패각상은 경사가 길고 변곡점이 있는
사면(강수가 집수되는 凹형 사면), 경사가
짧고 급한 사면,에서 발생된다.

해설 **9**

산사태는 발생위치에 따라 산복붕괴,
계안붕괴, 와지붕괴로 구분한다.

해설 **10**

확대기초로 지반지지력이 불충분할 때는
전면기초로 한다.

정답　5. ②　　6. ④　7. ③　8. ③
　　　9. ①　10. ②

11. 견고한 지반 위에 기초콘크리트를 직접 시공하고 이 기초콘크리트에 하중이 작용하도록 한 기초를 무엇이라 하는가?

① 얕은기초   ② 확대기초
③ 말뚝기초   ④ 깊은기초

12. 우리나라에서 큰 교량 공사의 기초공사는 다음 중 어느 방법을 주로 채택하고 있는가?

① 직접기초   ② 확대기초
③ 깊은기초   ④ 우물통기초

13. 지반의 지지력이 비교적 약할 때 구조물의 바닥을 저면적으로 1개의 기초로 받치는 기초는?

① 독립기초   ② 복합기초
③ 연속기초   ④ 전면기초

14. 상부구조의 하중을 확대하여 직접지반에 전달하는 직접 기초공사가 아닌 것은?

① 말뚝기초   ② 연속기초
③ 독립기초   ④ 복합기초

15. 지반조사의 결과가 다음과 같을 때 다음 중 부등침하의 원인이 되지 않는 것은?

① 아래의 지반이 연약하다.
② 지하수위가 부분적으로 변화한다.
③ 지반이 경사져 있다.
④ 모래층 지반이다.

해　설

[해설] 11
얕은기초를 직접기초라고도 하며 확대기초와 전면기초로 구분한다.

[해설] 12
우물통기초는 큰 관과 같은 모양의 우물통 내부를 어느 깊이까지 침하시켜 수중콘크리트로 쳐서 만든 기초로 큰 교량 공사에 적용된다.

[해설] 13
전면기초는 부등침하의 영향이 적고 큰 침하에도 적응할 수 있다.

[해설] 14
깊은기초에는 말뚝기초(나무말뚝기초, 콘크리트말뚝기초, 강재말뚝기초)와 케이슨기초(우물통기초, 공기케이슨기초) 등이 있고 확대기초(독립, 복합, 연속)와 전면기초는 얕은기초(직접기초)에 속한다.

[해설] 15
부등침하의 원인은 지반의 연약화, 지하수위의 변화, 지반의 경사 등이 원인이 된다.

정답 11. ①   12. ④   13. ④   14. ①
15. ④

16. 기초 지반의 지지력 강화에 대한 원인으로 옳지 않은 것은?

① 지하수면 아래의 토층은 부력을 받으므로 단위 중량은 감소되고 지지력이 저하한다.
② 점토질 지반에서는 압밀(壓密) 및 유동에 의한 단기 침하의 우려가 있다.
③ 모래층 지반이 물에 포화되어 있을 때는 진동이나 충격이 크지 않아도 모래입자의 배열이 흐트러져 부피가 감소한다. 이것을 보통 quick sand라 부른다.
④ 지하수의 처리가 불량하면 사질지반에서는 굴착할 때 지하수로 인하여 지반이 주저앉을 우려가 있어 지지력을 약화시킨다.

17. 직접 기초 공사의 밑들어가기에 관한 설명 중 틀린 것은?

① 지표층이 풍화작용을 받아 변질될 경우가 대부분이므로 이 부분은 제거해야 한다.
② 본래 지반이 암석일 경우에는 그대로 기초로 할 수 있다.
③ 구조물의 합성 압력은 기초면에 수직으로 작용하도록 기초면을 깎아낸다.
④ 깎아낸 면은 고운 흙을 깔아 고르게 해야 한다.

18. 기초공사를 위한 굴착공법에서 가장 많이 사용되는 방법은?

① 절개공법
② 아일랜드공법
③ 말뚝공법
④ 트랜치컷공법

19. 나무말뚝의 최대지지력은?

① 10 ton 이하
② 20 ton 이하
③ 30 ton 이하
④ 50 ton 이하

20. 나무말뚝에 대한 설명으로 옳지 않은 것은?

① 대규모의 기초공사에 주로 사용되며 휨에 대하여 저항성이 크다.
② 운반·취급이 용이하고 길이의 조절을 간단히 할 수 있다.
③ 리기다소나무, 소나무, 낙엽송 같은 침엽수 통나무가 주로 쓰인다.
④ 말뚝머리에 쇠가락지를 끼워 손상을 적게 하고 말뚝 끝을 깎아 shoe를 씌워 잘 박히게 한다.

[해설] **16**
점토질 지반에서는 장기침하가 발생될 우려가 있다.

[해설] **17**
깎아 낸 암반의 표면은 모르타르를 발라서 수평으로 만들어야 한다.

[해설] **18**
기초공사 굴착에 가장 많이 사용되는 공법으로 절개공법은 지표면에서 직접 굴착하는 것으로 오픈컷공법이라고도 한다.

[해설] **19**
나무말뚝의 최대지지력은 약 30ton 이하로 허용지지력은 콘크리트 말뚝의 1/2 정도이다.

[해설] **20**
나무말뚝은 소규모의 기초공사에 주로 쓰인다.

정답 16. ② 17. ④ 18. ① 19. ③
20. ①

CHAPTER 03 산복사방

21. 산복공사의 기초 지반정리작업이라고 볼 수 있는 공종(工種)은?

① 땅속흙막이　　　　　　② 흙막이
③ 비탈다듬기　　　　　　④ 산비탈돌쌓기

22. 빗물을 땅속에 스며들게 하여 표면 침식을 저지하기 위하여 비탈다듬기 후에 시공하는 공작물은?

① 사방댐　　　　　　② 수평계단
③ 흙막이　　　　　　④ 돌막이

23. 비탈다듬기와 단끊기에 의하여 생기는 잉여 토사를 산비탈의 적당히 깊은 곳에 유치하고 고정하여 침식을 방치하고자 시공하는 공사는?

① 골막이　　　　　　② 흙막이
③ 땅속흙막이　　　　　　④ 바닥막이

24. 부토(浮土)를 고정하고 나중에는 표면에 노출되지 않는 공작물은?

① 골막이　　　　　　② 흙막이
③ 바닥막이　　　　　　④ 땅속흙막이

25. 산지에서 비탈다듬기공사를 설계할 때 유의사항과 거리가 먼 것은?

① 물매가 급한 곳에서는 산비탈돌쌓기로 조정한다.
② 산복비탈면에서 수정물매는 최대 35° 전후로 한다.
③ 붕괴면 주변의 상부는 충분히 끊어내도록 설계한다.
④ 토양퇴적층의 두께가 3m 이상일 때는 비탈흙막이를 설계한다.

26. 누구 및 붕괴지의 유실토사를 유치 고정하며 수로공과 선떼붙이기 등의 기초를 마련하고자 산비탈면에 설치하는 공작물은?

① 비탈다듬기　　　　　　② 산비탈흙막이
③ 단끊기　　　　　　　　④ 선떼붙이기

27. 산비탈에 이용되는 돌흙막이의 원칙적인 높이는?

① 찰쌓기 : 2.0m 이하, 메쌓기 : 1.0m 이하
② 찰쌓기 : 1.0m 이하, 메쌓기 : 2.0m 이하
③ 찰쌓기 : 2.0m 이하, 메쌓기 : 3.0m 이하
④ 찰쌓기 : 3.0m 이하, 메쌓기 : 1.0m 이하

28. 유역면적이 작은 산지에서 산복침식이 심한 경우 이것을 안정시키고자 할 때 적용할 가장 적합한 공작물은?

① 편책 기슭막이　　　　　② 떼 누구막이
③ 산돌쌓기　　　　　　　④ 콘크리트 옹벽

29. 산지 비탈면 사방공사에 해당하는 것은?

① 누구막이　　　　　　　② 기슭막이
③ 사방댐　　　　　　　　④ 수제공

30. 산비탈을 흐르는 지표수를 일정한 장소에 모아 가장 안전한 방법으로 배수시키고자 설치하는 공작물은?

① 산복수로공　　　　　　② 수로공
③ 수문공　　　　　　　　④ 관배수로공

해설 26
비탈흙막이는 흙이 무너지거나 흘러내림을 막는 공작물로서 비탈다듬기 및 단끊기로 생기는 토사가 유치되는 곳에 설치한다.

해설 27
돌흙막이는 원칙적으로 찰쌓기는 3.0m 이하, 메쌓기는 2.0m 이하로 하며 기울기는 1 : 0.3 으로 한다.

해설 28
누구막이는 산비탈 수로 및 떼단쌓기의 기초로도 사용되며 때로는 토사유치를 목적으로 이용되기도 한다. 떼 누구막이는 용수가 없고 토양구조가 양호한 지역에 시공한다.

해설 29
누구막이는 강우 및 유수에 의한 비탈침식의 진행으로 발생되는 누구(淚溝) 침식을 방지하기 위해 누구를 횡단하여 구축하는 공작물이다.

해설 30
산비탈수로내기(산복수로공)는 빗물에 의한 비탈면 침식을 방지하고 시공공작물이 파괴되지 않도록 일정한 장소에 유수를 모아 배수시키는 공작물이다.

정답 26. ②　27. ④　28. ②　29. ①　30. ①

31. 침식이 심하고 경사가 급하며 상수(常水)가 있는 산비탈의 수로에 적합한 공법은?

① 바자수로　　　　　　　　② 떼수로
③ 돌붙임수로　　　　　　　④ 편책수로

해설 31
돌수로(돌붙임수로)는 경사가 급하고 유량이 많은 산복수로나 산사태지 등에 설치하는 것으로 경사도와 입지조건에 따라 찰쌓기와 메쌓기로 시공한다.

32. 다음 중 비탈면배수로의 종류가 아닌 것은?

① 비탈면돌림수로
② 돌수로, 떼수로
③ 콘크리트수로, 콘크리트블록수로
④ 겉도랑배수구

해설 32
겉도랑배수구는 노면과 비탈면에 모아진 물을 배수하기 위해 종단노선을 따라 설치한 옆도랑배수구의 노출된 형태를 말한다.

33. 산복 선떼붙이기 공법(立芝工法)과 관계가 없는 것은?

① 줄떼(線芝)　　　　　　　② 갓떼(冠芝)
③ 받침떼(支芝)　　　　　　④ 바닥떼(基芝)

해설 33
선떼붙이기에 있어 선떼가 갓떼(머리떼), 받침떼, 바닥떼 등과 잘 밀착되는 것이 중요하다.

34. 산복공사에서 사용한 1급 선떼붙이기의 1m당 사용 매수는?

① 3.5매　　　　　　　　　② 5.5매
③ 12.5매　　　　　　　　　④ 22.5매

해설 34
선떼붙이기의 급수별 1m당 떼 사용 매수는 1급 : 12.5매, 3급 : 10매, 5급 : 7.5매, 6급 : 6.25매, 8급 : 3.75매 등이다.

35. 산복 사면에 직고 1.2m 간격으로 연속한 계단을 끊고, 계단 전면에 떼를 쌓거나 붙인 후 수초를 파식하게 되는데 1m당 떼의 매수에 따라 1~9급으로 구분 시공하는 공사를 무엇이라 하는가?

① 떼단쌓기　　　　　　　　② 조공법(條工法)
③ 선떼붙이기　　　　　　　④ 줄떼다지기

해설 35
선떼붙이기는 수평계단에 의해서 지표유하수를 분산하여 침식 방지와 수토보전을 도모하며 떼붙이기의 사용·매수에 따라 1~9급으로 구분한다.

정답 **31.** ③　**32.** ④　**33.** ①　**34.** ③
35. ③

36. 선떼붙이기 작업시 일반적인 단끊기의 너비와 발디딤의 너비가 옳게 연결된 것은?

① 단끊기 : 30~45cm, 발디딤 : 25cm
② 단끊기 : 25cm,   발디딤 : 30~45cm
③ 단끊기 : 50~70cm, 발디딤 : 15cm
④ 단끊기 : 15cm,   발디딤 : 50~70cm

37. 다음 중 3급 선떼붙이기 시공시 10m를 시공하는 데 사용되는 떼사용 매수는?
(단, 떼크기는 길이 40cm, 너비 25cm)

① 10매   ② 50매
③ 100매   ④ 200매

38. 다음 중 일반적으로 황폐임지 산복공사에서 많이 사용하는 선떼붙이기 급수는?

① 6 ~ 7급   ② 5 ~ 6급
③ 4 ~ 3급   ④ 1 ~ 2급

39. 기울기가 완만한 비탈에 전면적으로 떼를 붙여서 비탈을 일시에 녹화하는 공법은?

① 줄떼다지기공법   ② 줄떼붙이기공법
③ 선떼붙이기공법   ④ 평떼붙이기공법

40. 인위적 비탈면의 각이 60° 이상일 때 사용하지 않는 공법은?

① 평떼붙이기   ② 옹벽치기
③ 콘크리트 격자공   ④ 모르타르 뿜어붙이기

해설 **36**
선떼붙이기 작업은 직고 1~2m의 간격으로 단을 끊는데 계단폭은 50~70cm, 발디딤(踏路)은 10~20 cm, 천단폭(마루너비)은 40cm를 기준으로 하며 떼붙이기 기울기는 1 : 0.2~0.3으로 한다.

해설 **37**
3급 선떼붙이기에는 1m당 10매가 필요하다.

해설 **38**
선떼붙이기의 높이는 저급(9급에 가까운 것)이 효과적이나 일반적으로 황폐임지 산복공사에는 6~7급(높이 40cm)을 많이 시공하고 있다.

해설 **39**
평떼붙이기는 전면적에 걸쳐 흙이 털어지지 않은 평떼(張芝, 흙떼)를 붙이거나 심어서 비탈을 일시 녹화하는 방법으로 평떼붙이기와 평떼심기가 있다.

해설 **40**
평떼붙이기의 시공 장소는 경사 45° 이하의 비교적 토양이 비옥한 산지사면이 적합하다.

정답 36. ③ 37. ③ 38. ① 39. ④
40. ①

41. 경사가 급한 지역에서 비탈다듬기공사나 단끊기공사로 생산된 토사가 많은 사면을 조기에 안정, 녹화하기 위하여 높이 너비가 일정한 계단을 연속적으로 붙여 구축하는 공법은 무엇인가?

    ① 조공   ② 울짱얽기
    ③ 흙막이   ④ 단쌓기

42. 다음 중 가장 많이 사용되는 조공은?

    ① 돌조공   ② 떼조공
    ③ 짚조공   ④ 통나무조공

해 설

해설 **41**
사용·재료에 따라 떼, 돌, 돌+떼, 짚망, 흙포대, 합성재 단쌓기가 있다.

해설 **42**
돌조공은 붕괴지의 비탈면에 자갈 또는 용수가 있는 곳, 다른 조공법으로 부적당한 곳, 비탈면에 산재한 자갈을 정리할 필요가 있는 곳 등에 쓰이며, 줄돌쌓기(石條工)라고도 한다.

정답   41. ④   42. ①

04 사방재료

> **학습주안점**
>
> • 석재(마름돌, 견치돌, 막깬돌, 호박돌)의 규격 등을 알아두어야 한다.
> • 골재의 품질, 시멘트의 종류, 콘크리트의 특징 및 배합, 시공, 양생에 관련되는 내용을 폭넓게 학습해야 한다.
> • 식생재료로 사용되는 떼의 종류, 녹화 기반자재, 치산녹화용 초목, 침식방지제 등으로 사용되는 재료를 알아두어야 한다.

핵심 PLUS

1 토목재료

1. 목재

1) 제재하지 않은 통나무

주로 사방댐, 구곡막이, 바닥막이, 기슭막이공사 등에 사용되고 그 밖에 바자얽기 공사 및 각종 말뚝용으로 사용

2) 말뚝용

소나무, 리기다소나무, 밤나무, 참나무류 등 줄기 사용, 그밖에 우죽은 바자얽기 시공에 말목과 함께 사용되는 주요한 섶재로서 비탈면덮기공법 및 해안모래덮기 공법 등에 널리 사용

2. 석재 ☆☆☆

1) 원석

모암에서 1차 파쇄된 암석

2) 마름돌

① 직사각형 육면체가 되도록 각 면을 다듬은 석재로서 다듬돌, 견고한 사방댐이나 미관을 요하는 돌쌓기 공사에 사용

② 크기는 가로 30cm×세로 30cm×길이 50~60cm 정도

3) 야면석

표면을 다듬지 않은 자연석으로 쌓기에 적합한 모양을 가진 비교적 큰 돌덩이

> ■ 석재의 강도
> ① 암석의 압축강도는 인장강도·휨강도·전단강도에 비해 매우 크기 때문에 석재를 구조용으로 사용할 경우에는 주로 압축력을 받는 부분에 사용
> ② 주로 화강암과 같은 경도가 큰 돌로 만듦(비중 2.50~2.65)

4) 견치돌

① 견고를 요하는 돌쌓기 공사에 사용, 특별히 다듬은 석재로서 단단하고 치밀한 돌을 사용, 돌을 뜰 때 치수를 특별한 규격에 맞도록 지정하여 깨낸 돌

② 앞면은 25cm×25cm~40cm×40cm이고, 뒷길이는 35~60cm이며, 앞면은 직사각형 또는 정사각형이고 1개의 무게는 보통 70~100kg임

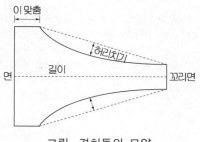

그림. 견치돌의 모양

5) 막깬돌

① 견치돌과 같이 엄격한 규격치수에 의하지 않으나 면의 모양이 직사각형에 가깝고 1개의 무게는 60kg 정도

② 경제적이어서 사방공사에 많이 사용되며 반드시 찰쌓기 공법으로 시공함.

6) 전석(轉石)

① 자연적으로 계천 바닥에 있는 돌, 1개의 무게는 100kg 이상, 크기는 0.5m³ 이상 되는 석괴

② 보통 찰쌓기와 메쌓기, 콘크리트 포석용으로 이용

7) 호박돌

① 기초, 잡석 쌓기 기초바닥용, 콘크리트 기초바닥용 등으로 사용

② 지름이 30cm 정도인 호박모양의 둥글고 긴 천연석재로서 산이나 개울 등지에서 채취

8) 잡석

① 산복이나 계천에 산재하고 있는 모양이 일정하지 않은 작은 전석

② 크기는 대개 막깬돌이나 호박돌보다 작음.

9) 뒤채움돌 및 굄돌

① 뒤채움돌은 메쌓기공법에서 돌쌓기의 뒷부분을 채우는 돌

② 굄돌은 돌쌓기에서 돌을 괴는 데 사용하는 돌

10) 조약돌·굵은 자갈·자갈 및 력(礫,gravel)

① 조약돌은 자연석으로 지름 10~20cm 정도인 계란형의 돌

② 굵은 자갈은 자연석으로 지름 7.5~20cm 정도의 돌

③ 자갈은 지름 0.5~7.5cm 정도

④ 력은 자연적인 굵은 자갈과 자갈이 골고루 섞여있는 상태

3. 골재

시멘트와 물을 비벼서 혼합할 때 넣은 모래, 자갈, 부순 자갈, 부순 모래 및 그 밖의 이와 비슷한 재료로 콘크리트 부피의 65~80% 차지

1) 분류 ☆☆☆

크기에 따른 구분	• 잔골재 : 한국공업규격에서 4번체(눈금 5mm)에 무게의 85% 이상이 통과하는 것 • 굵은골재 : 한국공업규격에서 4번체(눈금 5mm)에 무게의 85% 이상이 남는 것
비중 및 용도에 따른 구분	• 콘크리트 공사용 골재는 비중 2.60 이상을 표준 • 보통골재 : 비중이 2.50~2.65 • 경량골재 : 비중이 2.50 이하 • 중량골재 : 비중이 2.70 이상 • 용도 : 모르타르용 골재, 콘크리트용 골재, 포장콘크리트용 골재, 경량 콘크리트용 골재, 철도선로용 골재
채취장소와 생산수단에 의한 구분	• 천연골재 : 강모래, 강자갈, 산모래, 산자갈 • 가공골재 : 부순돌, 부순모래, 인공경량골재
공극률에 의한 구분	• 공극률이 작은 것이 좋음. • 잔골재 : 공극률 30~45% • 굵은골재 : 공극률 35~45%
무게에 의한 구분	• 잔골재 : 1,450~1,700kg/m³ • 굵은골재 : 1,550~1,850kg/m³ • 잔골재와 굵은골재 혼합 : 1,760~2,000kg/m³

2) 굵은 골재의 최대치수

구조물의 종류	최대치수(mm)	구조물의 종류	최대치수(mm)
철근콘크리트	50 이하 표준	무근콘크리트	100 이하
두꺼운판	40~50	큰 단면	80~100
판·보·벽·기둥	25	보통단면	50~80
확대 기초	40	포장콘크리트	50 이하
지하벽·케이슨	50	댐콘크리트	80~150

※ 골재의 품질 ☆

① 골재의 표면은 거칠고 둥근 모양이 긴 모양보다 가치가 있음.

② 골재의 강도는 시멘트풀이 경화하였을 때 시멘트풀의 최대강도 이상이어야 함.

③ 골재는 잔 것과 굵은 것이 혼합된 것이 좋음.

④ 유해량 이상 염분은 포함하지 말아야하며, 운모가 다량 함유된 골재는 콘크리트 강도를 떨어뜨리고 풍화됨.

⑤ 마모를 견딜 수 있고 화재를 견딜 수 있어야함.

핵심 PLUS

■ 시멘트
① 주원료 : 석회석, 점토, 슬래그(slag)
② 포틀랜드시멘트 비중 :
3.05~3.15, 무게 : 1,500kg/m³

■ 시멘트 조기강도증진
조기강도를 위해 염화칼슘과 같은 경화촉진제를 사용, 겨울철에는 시멘트 무게의 1%인 염화칼슘 AE제를 사용

4. 시멘트(cement) ☆☆☆

1) 특성

① 수화(水和; hydration) : 시멘트가 물과 접하여 시멘트 속의 수경성 화합물이 물과 화학반응을 일으키는 것

② 응결 : 시멘트풀이 시간이 경과함에 따라 유동성과 점성을 상실하고 굳어지는 현상

③ 경화 : 응결이 끝난 시멘트가 기간이 경과할수록 젤(gel)이 생성되어 시멘트 입자 간의 조직이 치밀하게 메워지면서 진행됨.

④ 수축 : 시멘트페이스트는 경화, 건조, 탄산화 등에 의해 수축하나 주로 건조에 의한 수축이 많음.

⑤ 풍화

㉮ 시멘트는 저장 중에 공기와 접촉하면 수분을 흡수하여 경미한 수화작용을 일으키거나 이산화탄소를 흡수하여 응결이 늦어지고 강도가 저해되는 현상을 말함.

㉯ 시멘트를 장기간 저장하면 풍화로 인해 강도 발현이 저하됨.

⑥ 분말도(粉末度; fineness)

㉮ 시멘트 입자의 크기를 비표면적으로 나타낸 것

㉯ 입자가 미세할수록 분말도가 크며, 분말도가 높을수록 물과 접촉 표면적이 커져 수화반응이 빨라지고 초기강도가 커지며 블리딩이 적어지지만, 풍화되기 쉽고 수축으로 인해 균열이 발생

2) 강도

① 영향인자 : 시멘트의 조성, 물−시멘트비, 재령, 양생조건 등

② 최대강도는 시멘트페이스트가 2,800kgf/cm², 모르타르 및 콘크리트가 1,400kgf/cm² 정도

3) 시멘트의 보관방법 ☆☆

① 창고의 바닥높이는 지면에서 30cm 이상으로 함.

② 지상은 비가 새지 않는 구조로 하고, 벽이나 천장은 기밀하게 함.

③ 창고주위는 배수도랑을 두고 우수의 침입방지

④ 출입구, 채광창 이외의 환기창은 두지 않음.

⑤ 반입구와 반출구는 따로 두어 먼저 쌓는 것부터 사용함.

⑥ 시멘트 쌓기의 높이는 13포(1.5m) 이내로 하고 장기간 쌓아두는 것은 7포 이내

⑦ 시멘트의 보관은 1m² 당 30~35포대 정도로 함.

4) 시멘트의 종류와 특성 ☆

① 보통 포틀랜드시멘트

핵심 PLUS

■ 보통(포틀랜드)시멘트 주성분
CaO_3, SiO_2, Fe_2O_3, Al_2O_3

제1종(보통)	시멘트의 대표적 제품으로 일반적인 시멘트를 말하며 토목, 건축공사 등에 가장 많이 사용됨.
제2종(중용열)	• 보통 시멘트와 저열 시멘트의 중간 수준의 수화열을 갖고 건조 수축이 작아 균열방지 기능이 있고 장기 강도를 증진시킨 시멘트 • 지하 구조물, 댐, 터널, 도로포장 및 활주로 공사 등에 이용
제3종(조강)	• 급경성(急硬性)으로 수화 속도가 빨라 조기 강도가 커 재령 7일에 보통 포틀랜드 시멘트의 재령 28일에 해당하는 강도를 나타냄. • 저온에서도 강도발현이 양호하여 긴급 공사, 겨울철 공사, 지하철 공사, 수중 공사 등에 이용
제4종(저열)	• 수화열이 낮아 온도 균열 제어에 탁월하고 고유동성, 우수한 고강도를 나타내는 시멘트 • 지중 연속벽을 비롯한 대형 건축물, 여러 분야의 매스(mass) 콘크리트 공사에 이용
제5종(내황산염)	• 황산염에 대한 저항성이 큰 시멘트 • 해수, 광천수 등 황산염을 많이 포함한 토양, 지하수나 하천이 닿는 구조물, 공장 폐수 시설, 원자로 항만·해양 공사 등에 이용

② 혼합시멘트

■ 혼합시멘트
보통 포틀랜드 시멘트의 결함을 제거하기 위해 포틀랜드 시멘트에 고로 슬래그, 연소재(Fly Ash) 등을 혼합한 시멘트로서 내구성의 증진과 워커빌리티 개선에 효과

고로 슬래그 시멘트	• 제철 공장의 부산물인 고로 슬래그를 첨가한 시멘트로서 특성은 수화열이 적으며 수밀성, 화학적 저항성, 장기 강도가 큼. • 해수(海水)나 하수(河水) 등에 의한 내식성(耐蝕性)이 커서 수리구조물이나 기름의 작용을 받는 구조물·오수로 구축 등에 적합함.
플라이 애쉬(fly ash) 시멘트	• 화력 발전소의 석탄 연소재를 혼화재로 사용한 시멘트 • 워커빌리티와 수밀성이 우수, 장기 강도가 큼.
실리카 시멘트	• 화산암 풍화물, 백토, 규조토 등을 혼합재로 사용한 시멘트로 황산염에 강하고 수밀성 및 내열성이 좋음. • 수화열이 낮아 초기 강도는 낮으나 장기 강도는 큼. • 동결·융해작용에 대한 저항성이 적고 화학적 저항성이 커서 특수목적에 사용

CHAPTER 04
사방재료

③ 특수시멘트

초속경시멘트	응결시간이 짧고, 경화 시 발열이 크기 때문에 긴급공사·보수공사·콘크리트 2차 제품·뿜어붙이기공법·그라우트 등에 쓰이며, 포틀랜드시멘트와는 함께 사용하지 않음.
팽창 시멘트	• 응결 후 초기 경화 기간 중 부피가 현저하게 증가하는 시멘트로 콘크리트 균열을 막고 방수성이 좋음. • 콘크리트 포장, 그라우트 모르타르에 사용
알루미나 시멘트	• 보크사이트와 석회석을 혼합하여 만든 것으로 재령 1 일에 보통 포틀랜드 시멘트 재령 28일 강도를 나타낸다(One day Cement라고 불림). • 긴급 공사에 사용하고 한중 콘크리트에 사용 • 발열량이 매우 크므로 물시멘트비(W/C)를 40% 이하로 사용하고 철근 부식에 유의해야 함.

■ 혼화재료
시멘트, 모래, 자갈, 물 이외에 콘크리트의 질을 개선하기 위해 필요에 따라 첨가하는 재료로 혼화재(混和材)와 혼화제(混和劑)로 구분

5) 시멘트 혼화재료

① 혼화재 : 사용량이 많아 부피가 콘크리트 배합계산에 관계함.

포졸란	• 콘크리트의 수밀성, 내구성, 강도 등을 높이고 수화열을 저하시킴 • 응결경화는 느리지만 장기 강도는 증가
플라이애쉬	• 혼합량이 증가하면 응결시간이 길어져서 조기강도는 낮으며 수화열이 감소함. • 장기강도가 커지고 수밀성이 커지며 단위수량도 줄일 수 있다.

② 혼화제 : 사용량이 적어 콘크리트 배합계산에 무시됨, 보통 콘크리트에 넣어 동결·융해·내구성 등을 좋게 함.

AE제 ☆ (air entraining agent)	• 미세한 기포를 콘크리트 내에 균일 분포토록 함. • 동결융해에 대한 저항성증가, 방수성, 화학작용에 대한 저항성이 커짐, 강도가 저하되고 철근 부착이 떨어짐. • 0.02~0.05mm 기포가 품질개선이 유리함.
응결 경화촉진제	• 수화반응을 촉진하여 조기 강도를 내는 역할 • 염화칼슘, 염화알루미늄, 규산나트륨 등
지연제	• 수화반응시간을 지연시켜 응결시간을 길게 할 때 • 콘크리트 운반시간이 길 때, 많은 콘크리트를 장시간 쳐야할 때, 고온일 때 사용
방수제	콘크리트의 흡수성과 투수성을 감소시키고 방수성을 증가시키는 역할

5. 콘크리트

1) 특징

장점	단점
• 압축강도가 큼. • 내화성, 내수성, 내구적이 큼.	• 중량이 큼. • 인장강도가 작음(철근으로 인장력 보강) • 수축에 의한 균열발생 • 보수, 제거 곤란

2) 구분

① 콘크리트(concrete)=시멘트+물+모래+자갈+부순돌+혼화재료
② 시멘트풀(cement paste)=시멘트+물
③ 모르타르(mortar)=시멘트+잔골재+물

3) 배합비

① 보통콘크리트 1:3:6(시멘트 : 잔골재 : 굵은골재의 부피비)
② 철근콘크리트 1:2:4(시멘트 : 잔골재 : 굵은골재의 부피비) : 진동을 받는 기초 등 사용
③ 중요하지 않은 곳 1:4:8(시멘트 : 잔골재 : 굵은골재의 부피비)

4) 물, 시멘트비(W/C ratio)

① 콘크리트의 강도는 물과 시멘트의 중량비에 따라 결정됨

② $\dfrac{물무게}{시멘트무게}=40{\sim}70\%$

㉮ 수밀을 요하는 콘크리트 55% 이하
㉯ 정밀도를 지정하지 아니한 보통의 경우 70% 이하
㉰ 물·시멘트비의 최대영향인자는 압축강도이고 내구성, 수밀성 등을 지배하는 요인
㉱ 물·시멘트비가 낮을수록 높은강도를 나타내며, 수밀성, 내구성에 연관한 최대값 규정도 있음.

5) 굳지 않은 콘크리트의 성질

반죽질기 (consistency)	수량의 다소에 따라 반죽이 되고 진 정도를 나타내는 것
워커빌러티 (workability)	반죽질기에 따라 비비기, 운반, 치기, 다지기, 마무리 등의 작업난이 정도와 재료 분리에 저항하는 정도, 시공연도

핵심 PLUS

CHAPTER 04 사방재료

■ 콘크리트 배합비
 ① 콘크리트에 대한 잔골재 굵은골재의 비율
 ② 소규모 공사 : 용적비 적용
 ③ 대규모 공사 : 중량비 적용
 ④ 근래에는 용적비보다 무게비를 주로 사용함.

■ 굳지 않은 콘크리트의 성질
 ① 반죽질기
 ② 워커빌리티
 ③ 성형성
 ④ 피니셔빌리티

성형성 (plasticity)	거푸집에 쉽게 다져 넣을 수 있고 거푸집을 제거하면 천천히 형상이 변하기는 하지만 허물어지거나 재료가 분리하는 일이 없는 굳지 않는 콘크리트의 성질
피니셔빌러티 (finishability)	굵은 골재의 최대치수, 잔골재율, 잔골재의 입도, 반죽질기 등에 따라 마무리하는 난이의 정도, 워커빌리티와 반드시 일치하지는 않음.

- **양생 목적과 요소** ☆
  ① 목적 : 콘크리트를 친 후 응결과 경화가 완전히 이루어지도록 보호하는 것
  ② 좋은 양생을 위한 요소
  - 적당한 수분 공급 : 살수 또는 침수 → 강도 증진
  - 적당한 온도 유지 : 양생온도 15~30℃, 보통은 20℃ 전후가 적당하다.
    - 보통 포틀랜드 시멘트는 7일, 조강 포틀랜드 시멘트는 3일 정도를 습윤양생기간으로 함.

6) 양생(보양)

습윤 양생	• 콘크리트 노출면을 가마니, 마대 등으로 덮어 자주 물을 뿌려 습윤 상태를 유지하는 것 • 기간은 15℃ 이상이면 최소 5일, 10℃ 이상이면 최소 7일, 5℃ 이상일 경우 최소 9일
피막양생	표면에 반수막이 생기는 피막 보양제 뿌려 수분증발 방지, 넓은 지역, 물주기 곤란한 경우에 이용
증기양생	단시일 내 소요강도 내기 위해 고온 또는 고압 증기로 양생시키는 방법
전기양생	콘크리트에 저압 교류를 통하게 하여 생기는 열로 양생

- **콘크리트의 비비기**
  비비기는 믹서에 반죽된 콘크리트의 성형성이 균등한 상태까지 실시한다.

- **거듭비비기와 되비비기**
  ① 거듭비비기 : 모르타르나 콘크리트를 비빔 후에 아직 굳어지지 않았으나 상당시간 지나거나 재료분리가 발생할 경우 사용하기 전에 다시 비비는 작업
  ② 되비비기 : 모르타르, 콘크리트의 슬럼프 저하로 경화가 시작하였을 때 물과 유동화제를 첨가하여 다시 비비는 작업

7) 콘크리트 비비기

삽 비비기	철판으로 된 비빔판에 잔 골재, 다음에 시멘트를 넣어 각삽으로 잘 섞어 물을 붓고 비벼서 모르타르를 만든 다음 굵은 골재를 넣어 충분히 비빔
기계식 비비기	믹서가 회전할 때 물을 조금씩 부으면서 시멘트·모래·자갈을 동시에 넣고 마지막으로 전량의 물을 부음
레미콘	콘크리트 혼합공장에서 지정된 배합의 콘크리트를 비벼 시공현장에 배달되는 ready mixed concrete를 말하며 운반시간은 비벼졌을 때부터 치기까지의 시간을 1시간 30분 이내로 함.

8) 콘크리트 시공 ☆

① 콘크리트가 운반되면 즉시 쳐야 하나 즉시 칠 수 없는 상황에서는 건조시 1시간, 습랭시 2시간을 넘지 않게 하고 물을 주지 않고 거듭 비비기를 해 놓음.

② 시공에 맞도록 설치된 거푸집에 비빈 콘크리트를 빨리 넣어 다짐질을 하고 치기가 완료된 콘크리트의 표면은 수평이 되도록 하되 1구획의 콘크리트는 연속 적으로 쳐 넣어야 한다. 콘크리트 다짐에는 진동기나 다짐메를 사용하며, 1대의 진동기로 다지는 용적은 소형의 경우 4~8m³/h 정도

③ 일부 굳어진 콘크리트 위에 새 콘크리트를 칠 때에는 상하 두 층의 콘크리트가 일체가 되도록 시공함.

9) 특수콘크리트

① AE콘크리트 : AE제로 콘크리트 속에 미세한 기포를 발생시켜 공기량을 3~6% 증가시킨 것으로 내구성, 저항성, 수밀성을 증대

② 레디믹스트콘크리트 : 일반적인 레미콘을 말함.

③ 한중콘크리트 : 일평균 기온이 4℃ 이하로 떨어질 것이 예상될 때 한중콘크리트 시공

④ 서중콘크리트 : 일 평균기온이 25℃ 또는 최고온도가 30℃를 넘으면 서중콘크리트 시공

⑤ 수중콘크리트 : 수중에서 타설되는 콘크리트이며, 수면하에 트레미관을 내리고, 펌프로 연속 타설하면서 관을 끌어 올리는 공법이 일반적

⑥ 프리팩트콘크리트 : 특정입도의 굵은 골재를 거푸집에 채워넣고 그 공극 속에 모르타르를 적당한 압력으로 주입하는 것

⑦ 뿜어붙이기콘크리트 : 압축공기로 콘크리트나 모르타르를 시공면에 뿜어 붙이는 공법

⑧ 경량골재콘크리트 : 자중을 경감시키기 위해 경량골재를 이용하며 단위용적중량 2.0톤/m³ 이하의 것으로 사용

⑨ 중량콘크리트 : 비중이 큰 골재의 단위용적중량 3~5톤/m³ 정도의 것

⑩ 시멘트콘크리트제품

특징	• 시공현장에 거푸집이나 동바리 시설이 필요치 않음. • 공장에서 제조되어 기후조건에 지배를 받지 않음. • 전문 대량제조로 제품의 품질이 좋고 균일함.
제품의 종류	U형 콘크리트관, 콘크리트블록, 콘크리트의목(인공목재)

6. 철사 돌망태

① 돌망태(개비온)는 철사로 만든 철선망태로서 그 속에 굵은 자갈이나 잡석을 넣어 제방보호 및 기슭막이와 같은 각종 계천보호공사에 많이 사용

② 보통 아연도금철선 또는 합성수지피복철선재 8~10번 선을 사용하여 망눈크기 8~15cm의 마름모꼴로 짬.

③ 표면의 조도가 크고 굴절성이 좋으며 작업실행이 쉬운 장점이 있지만 내구성(보통 10년 정도)이 부족한 단점이 있음.

④ 돌망태의 종류 : 침상형 돌망태, 사석형 돌망태, 술통형 돌망태, 파상형 돌망태, 구두형 돌망태

7. 합성수지 제품

1) 종류

열가소성	PVC(polyvinylchloride), PE(polyethylene), PP(polypropylene), PET (polyester) 등
열경화성	RTR(reinforced thermosetting resin ; FRP 또는 GRP)과 RPM (reinforced plastic mortar)

2) 합성수지 제품의 성질

① 중량 : 금속재, 석재, 콘크리트재 보다 가벼움(비중 1~2 정도)

② 강도 : 경질 수지의 인장강도는 900kg/cm², 압축강도는 700kg/cm² 정도로 강도는 크나 탄성이 부족

③ 화학적 성질 : 내화학성이 부족하나 페놀 수지, 염화비닐 등은 내약품성, 내산성, 내알칼리성 등이 크며 녹슬지 않음.

④ 형태 : 착색, 광택 등이 좋아 장식재로 효과가 크며 2차적인 가공이 용이함.

8. 토목섬유(geosynthetics)

① 종류 : polypropylene, polyester, polyethylene, nylon 등의 고분자 합성섬유와 geotextile, geomembranes, geogrid 등

② geotextile : 분리, 보강, 필터 기능을 하는 직포(woven geotextilo)와 분리, 보강 · 배수 · 필터 기능을 하는 부직포

③ geomembranes : HDPE, PVC, Urethane 등, 차수기능

④ geogrid : PET, PP, PE 등을 소재로 분리, 보강 기능

⑤ 복합포(geocomposites) : 2종류 이상의 토목섬유가 중첩되어 사용된 형태로 복합기능을 함.

⑥ geo web : 고밀도 polyethylene(HDPE) 으로 고강도를 가진 세포형의 망을 형성하여 토양 억제 시스템을 구성하는 공법으로 지반 보강 및 사면 보호에 이용

2 식생재료

1. 떼(Sod)

1) 떼의 종류

① 일반적으로 토공에 사용되는 떼를 뜬떼라 하며, 떼를 뜬 후 흙을 털어버린 떼를 턴떼, 흙이 붙어 있는 떼를 흙떼라고 함.

② 뜬떼를 온떼(30cm×30cm×30cm)라 하고, 이것을 길이 방향으로 잘라 둘로 만든 떼를 반떼라고 함.

2) 크기별 종류

① 대형떼 : 40cm×25cm×5cm (1매당 4kg)
② 소형떼 : 33cm×20cm×5cm (1매당 2.7kg)
③ 보통떼 : 30cm×30cm×3~5cm, 즉 3.3m²

2. 떼 대용 녹화자재

1) 식생반

① 뜬떼 대용품으로 고안, 유기질 토양·비료·토양개량제·종자 등을 섞어 만듦.
② 녹화가 빠르고 토지에 적합한 종자의 배합이 자유로우며, 종자가 유출하지 않음.
③ 토사의 유실방지력이 크며, 동상의 피해가 방지되고, 비교적 시공비가 적게 듦.

2) 식생자루

① 폴리에틸렌망으로 된 자루에 비료, 유기질 미량요소, 종자 등을 섞어 혼입한 것
② 호우에 의한 종자의 유실을 방지하고 겨울철에 동상의 피해를 방지하는 효과가 큼.

3) 식생대

① 종자와 비료를 장착한 피복자재로 침식이 발생하기 쉬우므로 급경사지의 경질토 및 사력지에는 부적합
② 절토사면에 등고선 방향으로 폭 10cm 정도의 소단 및 도랑을 축조한 후에 설치

4) 식생매트

종자·비료·보수재·토양개량제·비료주머니 또는 인공객토를 장착한 매트모양의 피복자재로 전면에 앵커 등으로 고정함.

5) 식생망

① 시트모양의 피복자재에 종자·비료를 장착한 것, 시트의 자재에는 짚·거적·부직포·수용성 종이 등을 사용
② 주로 성토사면에 적용되지만, 절토사면에 적용하는 경우에는 토양경도 25mm 이하의 양질토에 한정하여 사용

③ 종류

코어 네트 (Coir Net)	• 코코넛 열매를 물속에 3개월 정도 담가 두었다가 원심분리기로 섬유질을 채취해 5mm매트로 만듦. • 보온 · 보습이 좋고 가뭄과 냉해로부터 식물의 발아 및 생장을 보호, 방부 · 방충 · 방습 및 인장강도가 매우 높음. • 7~8년 경과되면 자연 부식되어 유기질비료가 되기 때문에 친환경적 소재 • 가격이 저렴하여 사면녹화공법에 많이 사용
쥬트네트 (Jute Net)	• 황마를 주재료로 한 천연섬유 • 보온성 · 보습성이 있고, 가뭄과 냉해로부터 식물의 발아 및 생장을 보호, 우천 시에는 절 · 성토 비탈면의 세굴 · 유실 · 침식을 막아줌 • 2~3년 후 자연 부식되어 섬유질의 비료 역할을 하여 식물의 발아 및 생장을 원활하게 해줌.
론생볏짚	• 볏짚을 이용한 피복재료 • 여름철의 고온 · 겨울철의 한랭 · 장마철 토양의 유실방지, 가뭄 시의 보습효과, 식생의 발아 및 발육 촉진 등의 효과를 증진
다기능 필터	97~98%의 공극률을 갖고 있는 부드러운 필터구조 부직포

■ 녹화 기반자재
배양토, 토양개량재, 비료, 배수자재, 보수제 등의 말하며 원료에 따라서 유기질계, 무기질계, 합성고분자계로 구분

3. 녹화 기반자재(綠化基盤材)

1) 배양토

인공지반은 다양한 종류의 토양개량재를 조합한 인공배양토 조성

2) 토양개량재

■ 토지개량재
토양의 통기성 · 보수성 등의 물리성을 개량하고, 보비성 등의 화학성을 개량하기 위하여 토양에 첨가하는 자재로 토양안정제라고도 함.

유기질계 토양개량자재	수피, 가죽 부스러기 퇴비, 피트 모스(Peat moss) 등 은 토양단립(圓植)구조의 형성을 촉진하고 비료효과도 기대
무기질계 토양개량자재	진주암, 규석 등을 고온에서 소성한 펄라이트, 버미클라이트 등은 보수성, 통기성, 배수성의 회복에 기여
합성고분자계 토양개량자재	토양의 단립화를 촉진하고, 통기성, 투수성을 회복하기 위한 보수제로서 건조지의 녹화 등에 활용

3) 비료

식물의 생육을 위해 유안, 초안, 요소, 과석, 중과석, 산림용 고형복합비료 선택

4) 배수자재

배수체계 정비를 위해 FRP파형관(유공관), PVC관 등의 사용

5) 보수재

토양과 뿜어붙이기 재료를 적당히 섞어서 보수성을 높이는 물질

4. 침식방지제

1) 기능

① 토양의 표층부를 고결시킴으로써 토양의 침식 및 객토의 유출을 방지

② 살포되는 종자·비료·피복보호제 등의 유실을 방지하며, 토양수분의 증산 및 표면 건조를 방지하여 보온효과를 기대

③ 침식방지제는 분사식 씨뿌리기 공법이나 뿜어 붙이기 공법에서 펄프와 같은 유기질재와 섞어서 사용

2) 종류

En cap, Coherex, Soil-guard, Unisol-91, 아스팔트유제, Curasol, 합성수지

5. 치산녹화용 초목류 및 비료

1) 초목류 ☆

① 재래 초종 : 새, 솔새, 개솔새, 잔디, 참억새, 수크령, 김의털, 그늘사초, 실새풀, 매듭풀 등

② 도입초종 : Switch Grass, Kentycky 31 Fescue, Orchard Grass, Perennial Ryegrass, Redtop, Italian Ryegrass, Weeping Lovegrass, Bermuda Grass, Bahia Grass, Greeping Red Fescue, Timothy, Reed Canarygrass, Ladino Clover, White Clover 등

③ 수종 : 리기다소나무, 곰솔, (산)오리나무, 물갬나무, 사방오리나무, 왕사방오리나무, 좀사방오리나무, 아까시나무, 싸리, 참싸리, 족제비싸리, 상수리나무, 졸참나무, 눈향나무 등

④ 환경녹화용 덩굴식물 : 담쟁이덩굴, 댕댕이 덩굴, 등수국, 칡, 송악, 등나무, 줄사철나무, 마삭줄, 인동덩굴 등

2) 비료

요소, 황산암모늄, 과인산석회, 중과인산석회, 황산칼륨, 복합비료, 고형비료, 초목회, 퇴비 및 각종영양 비료 등

표. 치산녹화용 주요 외래초본식물의 종류와 특성

구분	pH의 범위	초장 (cm)	번식형	발아 개시 온도 (℃)	입자수 (g당)	적응조건
Kentucky Fescue	5.4~7.6	80~120	분얼	5	500	① 그다지 토양을 가리지 않고 수분과 질소분이 있으면 겨울철에도 생육한다. ② 한서(寒暑)에 대한 적응력이 크고 그늘에 강하고 겨울철에도 푸르지만 겨울철에 고사하는 다른 풀과 혼파하는 것이 좋다.
Weeping Lovegrass	5.5~7.0	70~90	지상경	10	3,300	① 그다지 토양을 가리지 않고 사지(砂地)에서도 자라며, 그늘에 극히 약하고 건열건조에 극히 강하며, 추위에 약하고 겨울철에 고사한다. ② 비탈면에 적당한 초종이나, 단, 겨울철에 잎이 마르고 일음지(日陰地)에 부적당하다.
Creeping Red Fesuce	5.4~7.6	30~50	지하경	5	1,300	① 사질토에서 잘 자라고 음지에서도 잘 자라며, 건조에 견디고 더위에 다소 약하다. ② 초장이 짧으므로 식생반공법(植生盤工法)에는 부적당하다.
Orchard Grass	6.0~7.0	80~100	분얼	5	1,400	토양에 대한 적응성이 크고 내산성(耐酸性)이 강하며, 추위에 강하고 한랭지에서는 혼파하면 좋으며, 건조에 약간 약하다.
Switch Grass	6.0~7.0	80~120	분얼	5	855	토양에 대한 적응성이 크고 내산성이 강하며, 추위에 강하고 한랭지에서는 혼파하면 좋으며, 건조에 약간 약하다.

표. 치산녹화용 주요 재래초본식물의 종류와 특성

구분	발아율 (%)	입자수 (만립/kg)	초장(m)	결실기	성질
새 (솔새·개솔새)	20~60	130~160	0.7~1.20	초가을	① 지상부가 확대되고, 피복량이 크다. ② 상장생장(上場生長)이 빠르고, 근계의 발달이 좋다. ③ 채종이 용이하다. ④ 건조지나 사력지에서도 자란다. ⑤ 발아가 늦고, 고르지 않다.
억새	20~60	100~150 (850~860)	1.0~2.0	초가을	
산쑥	50~80	150~200	1.0~2.0	초가을	① 지상부의 생장이 좋고, 지하층이 발달하여, 근계번식(根系繁殖)을 한다. ② 습지에도 견딘다(추위에도 강하다). ③ 채종이 용이하고, 분주(分株)가 된다. ④ 비교적 혼파가 용이하다. ⑤ 초기 생장이 늦고, 발아도 늦다. ⑥ 겨울철에 지상부가 고사하여 나지상(裸地狀)으로 되기 쉽다. ⑦ 지엽(枝葉)이 많고, 비료분이 부족하기 쉽다.
쑥	50~80	350~400	0.5~1.0	한여름~ 초가을	
제비쑥	40~70	200~250	0.5~1.0	초가을	
까치수영	20~60	50~60	0.5~1.5	초가을	① 척지(瘠地)에 견딘다. ② 건조지에서 자라고, 지상부의 생장이 좋다. ③ 발육기가 짧은 것, 긴 것 등 일정하지 않다. ④ 근계가 조근(粗根)이다. ⑤ 겨울철에 고사하여 나지상으로 되기 쉽다.
왕까치수영		40~50	1.0~2.0	초가을	

■■■■ 4. 사방재료

1. 다음 중 채석장에서 떼어낸 돌을 소요치수에 따라 대체로 긴면에서 직사각형 육면체가 되도록 각 면을 다듬은 석재는?

① 마름돌
② 견치돌
③ 막깬돌
④ 야면석(들돌)

해설 **1**
마름돌은 화강암과 같이 경도가 큰 돌을 깨서 만든다.

2. 석재 중에서 가장 고급품이고 미관과 내구성이 요구되는 구조물이나 석축(石築)에 주로 메쌓기로 사용하는 석재는?

① 마름돌
② 견치돌
③ 막깬돌
④ 호박돌

해설 **2**
마름돌은 미관을 요하는 공사에 메쌓기로 이용된다.

3. 석재 중 가로 30cm, 세로 30cm, 길이 50 ~ 60cm 정도인 것은?

① 견치돌
② 마름돌
③ 막깬돌
④ 야면석

해설 **3**
마름돌의 크기는 사용목적에 따라 다르나 보통 가로 30cm, 세로30cm, 길이 50~60cm 정도이다.

4. 견고도가 요구되며 규모가 큰 돌댐이나 옹벽공사에 사용되는 돌은?

① 견치돌
② 막깬돌
③ 야면석
④ 옥석

해설 **4**
견치돌은 견고도가 요구되는 사방공사에 사용되는 돌이다.

5. 석재 중에서 치수 특별한 규격에 맞도록 지정하여 깨낸 것은?

① 견치돌
② 마름돌
③ 야면석
④ 막깬돌

해설 **5**
견치돌의 앞면은 25cm×25~40cm×40cm이고, 뒷길이는 35~60cm 이다.

정답 1. ① 2. ① 3. ② 4. ①
5. ①

6. 일반적으로 사방용, 규모가 큰 돌댐, 옹벽쌓기 등에 사용되는 견치돌의 무게는?

① 30 ~ 50 kg
② 100kg 이상
③ 70 ~ 100 kg
④ 50 kg 이하

7. 토목공사용 석재 중 견치돌은 성인에 따라 어디에 속하는가?

① 화강암
② 안산암
③ 응회암
④ 사암

8. 지름 20~30cm의 둥그스름하고 약간 길쭉한 자연적인 돌로 기초공사, 잡석쌓기, 기초바닥용 등에 사용되는 석재는?

① 마름돌
② 견치돌
③ 막깬돌
④ 호박돌

9. 돌쌓기 시공을 할 때 석재가 좌우 또는 상하로 움직이지 못 하도록 괴어 주기 위해 사용되는 석재는?

① 뒤채움돌
② 굄돌
③ 호박돌
④ 들돌

10. 일반적으로 좋은 석재의 비중은 얼마인가?

① 1.0 ~ 1.5
② 2.0
③ 3.0 ~ 3.5
④ 2.50 ~ 2.65

11. 콘크리트나 모르타르를 만들 때 시멘트와 물과 비벼서 혼합하는 자갈, 모래, 부순 돌 등을 무엇이라 하는가?

① 골재
② 점토
③ 목재
④ 석재

해   설

해설 **6**
견치돌의 앞면은 직사각형 또는 정사각형이고 1개의 무게는 보통 70~100kg 이다.

해설 **7**
견치돌과 마름돌 등은 주로 화강암과 같이 경도가 큰 돌을 깨서 만든다.

해설 **8**
호박돌은 강도를 요구하지 않는 비탈면의 안정을 위한 낮은 돌쌓기에 사용되기도 하나 안전성이 낮아 붕괴의 위험성이 높다.

해설 **9**
뒤채움돌은 메쌓기 공법에서 돌쌓기의 뒷부분을 채우는 데 사용한다.

해설 **10**
강도는 비중에 정비례하므로 무거운 석재일수록 강도가 크며 일반적으로 좋은 석재의 비중은 약 2.65 이다.

해설 **11**
콘크리트 · 모르타르를 만들 때 시멘트와 물을 혼합하는 모래, 자갈, 부순 자갈 및 이와 비슷한 재료를 모두 골재(aggregate)라 한다.

정답 6. ③ 7. ① 8. ④ 9. ②
10. ④ 11. ①

12. 콘크리트의 전 체적에서 골재가 차지하는 체적의 비율은?

① 40 ~ 50%   ② 50 ~ 60%

③ 65 ~ 80%   ④ 80 ~ 90%

13. 골재의 특성에 대한 설명으로 옳지 않은 것은?

① 모양이 둥그스름하고 시멘트페이스트와의 부착력이 큰 표면조직을 가져야 한다.

② 물리적 · 화학적으로 안정성이 있어야 한다.

③ 단단하여 마멸에 대한 저항력이 작아야 한다.

④ 골재의 입도(粒度)는 콘크리트를 치밀하게 함으로써 강도를 높여주는 성질이다.

14. 콘크리트 시공 시 사용되는 시멘트 양을 줄이려면 어느 것을 고려하는가?

① 비중(比重)   ② 유해물의 함유정도

③ 입도(粒度)   ④ 비표면적

15. 콘크리트 제조 시에 골재의 공극률이 적은 것을 선택적으로 얻어지는 효과에 해당되지 않는 것은?

① 단위수량을 감소시킬 수 있다.

② 콘크리트의 내구성, 마모 저항성, 수밀성이 커진다.

③ 투수성 및 흡수성을 증가시킨다.

④ 단위 시멘트의 양을 줄일 수 있다.

16. 잔골재의 공극률은 어느 정도인가?

① 10 ~ 15%   ② 20 ~ 30%

③ 30 ~ 45%   ④ 35 ~ 45%

해   설

해설 12
골재는 콘크리트 부피의 65~80%를 차지하므로 골재의 품질은 콘크리트의 품질에 크게 영향을 미친다.

해설 13
골재는 단단하여 마멸에 대한 저항력이 커야 한다.

해설 14
골재의 입도가 적당하면 공극률이 축소되어 단위용적중량 및 강도가 커지고 시멘트가 절약된다.

해설 15
단위시멘트의 양이 적어지므로 경제적이고 건조 수축이 작아지면 수화열도 감소하여 균열이 적다.

해설 16
굵은 골재의 공극률은 35~45%이며, 되도록 공극률이 작은 것이 좋다.

정답 12. ③   13. ③   14. ③   15. ③
16. ③

17. 골재의 크기 분류에서 중량비의 몇% 이상이 체 규격 5mm체에서 통과하는 골재를 잔골재라 하는가?

① 45%
② 55%
③ 75%
④ 85%

18. 골재의 비중은 일반적으로 얼마 정도인가?

① 1.50
② 2.0
③ 2.60
④ 3.0

19. 산림토목 공사에 사용하는 골재를 비중에 따라 분류할 경우 중량 골재는 비중이 어느 정도이어야 하는가?

① 2.50 이상
② 2.60 이상
③ 2.70 이상
④ 2.80 이상

20. 잔골재의 중량은 대체로 어느 정도인가?

① 1,000 kg/m³
② 1,500 kg/m³
③ 2,000 kg/m³
④ 2,500 kg/m³

21. 골재의 분류에 적당하지 않은 것은?

① 크기에 따른 분류
② 생산수단에 따른 분류
③ 비중에 따른 분류
④ 강도에 따른 분류

해설 17
• 잔골재 : 체 규격 5mm체에서 중량비로 85% 이상 통과하는 골재
• 굵은골재 : 체 규격 5mm체에서 중량비로 85% 이상 남는 골재

해설 18
콘크리트 공사용 골재는 비중 2.60 이상을 표준으로 한다.

해설 19
중량골재의 비중은 2.70 이상이다.

해설 20
골재 단위무게는 잔골재 1.450~1.700kg/m³, 굵은골재 1.550~1.850kg/m³, 이 두 골재를 혼합하였을 때 1,760~2,000kg/m³이다.

해설 21
골재는 크기, 생산수단, 비중, 무게 등으로 분류한다.

정답 17. ④ 18. ③ 19. ③ 20. ②
21. ④

22. 다음 골재에 대한 설명 중 틀리는 것은?

① 굵은 골재란 체 규격 10mm체에서 중량비로 85% 이상 남는 골재를 말한다.
② 골재는 콘크리트 품질에 큰 영향을 끼친다.
③ 골재의 모양은 둥근형이나 입방체에 가까운 형상의 것이 좋다.
④ 표면이 매끄러운 것보다 꺼칠꺼칠한 것이 좋다.

23. 골재의 분류에 대한 설명으로 옳지 않은 것은?

① 굵은 골재는 체 규격 5mm체로 쳐서 85% 이상 남는 골재로 자갈에 해당된다.
② 하천골재, 바다골재, 산골재는 천연골재이다.
③ 비중이 2.50 이하이면 경량골재이다.
④ 바닷자갈이나 바닷모래는 염분을 씻어내지 않고 사용하여야 내구성이 길다.

24. 다음 중 시멘트에 대한 설명으로 맞지 않는 것은?

① 주원료는 석회석, 점토 등이다.
② 분말도가 높을수록 수화작용이 느리다.
③ 비중은 보통 3.10 ~ 3.15 이다.
④ 풍화되거나 혼화재료가 들어가면 비중이 낮아진다.

25. 시멘트의 특징 중 틀린 것은?

① 일반적으로 시멘트라 하면 포틀랜드시멘트를 가리킨다.
② 분말도가 높을수록 콘크리트의 초기 강도가 크다.
③ 분말도가 높은 시멘트로 제조한 콘크리트는 내구성이 강하다.
④ 시멘트의 강도는 모르타르의 강도로 표시한다.

해 설
해설 **22** 굵은골재란 체 규격 5mm체에서 중량비로 85% 이상 남는 골재를 말한다.
해설 **23** 바닷자갈이나 바닷모래는 염분을 깨끗이 씻어내야 한다.
해설 **24** 시멘트는 분말도가 높을수록 수화작용이 빨라 초기 강도가 크다.
해설 **25** 분말도가 높으면 초기강도는 커지나, 수축과 균열이 커져 내구성이 약해진다.

정답 **22.** ① **23.** ④ **24.** ② **25.** ③

26. 시멘트는 저장 중에 공기 중의 수분을 흡수하여 경미한 수화작용을 일으키고, 이산화탄소를 흡수하여 응결이 늦어지고 강도가 저하된다. 이러한 작용을 무엇이라 하는가?

① 풍화(aeration)　　　　② 경화(hardening)
③ 양생(curing)　　　　　④ 소성(plasticity)

27. 시멘트에 대한 설명 중 틀리는 것은?

① 시멘트를 만들 때 석고를 넣으면 급결성이 된다.
② 시멘트에 적당한 양의 물을 가하여 혼합한 시멘트풀은 시간이 경과함에 따라 응결과정으로 발전한다.
③ 시멘트는 분말도가 높을수록 콘크리트의 초기강도가 크다.
④ 시멘트의 양생에 의한 압축강도는 일반적으로 1주일 후 150kg/cm²이 된다.

28. 한국산업규격(KS)에 의한 콘크리트 초결시간은?

① 30분 이후　　　　　　② 30분 이내
③ 1시간 이후　　　　　　④ 10시간이내

29. 시멘트의 성질에 대하여 옳지 않은 것은?

① 수화작용을 할 때에는 수화열이 발생한다.
② 시멘트의 강도가 영향을 주는 요인은 분말도, 양생온도, 사용물량 등이다.
③ 시멘트는 저장 중 수분을 흡수하여 수산화칼슘을 생성하고 이것은 공기 중의 이산화탄소와 결합하여 탄산칼슘을 만들며 이것이 풍화이다.
④ 시멘트페이스트가 액체상태에서 소성상태가 되었을 때를 경화라 한다.

30. 한국산업규격(KS)에 의한 1주일 후의 압축강도는?

① 50 kg/cm²　　　　　　② 100 kg/cm²
③ 150 kg/cm²　　　　　　④ 245 kg/cm²

[해설] **26**
포장시멘트를 장기간 저장하면 풍화로 인해 시멘트의 강도 발현이 저하된다.

[해설] **27**
시멘트를 만들 때 석고를 넣으면 완결성이 되고 탄산칼슘이나 탄산나트륨을 넣으면 급결성이 된다.

[해설] **28**
응결시간은 초결은 1시간 이후, 종결은 10시간 이내로 규정되어 있다.

[해설] **29**
시멘트페이스트가 액체상태에서 소성상태가 되었을 때를 응결, 응결이후 시멘트페이스트가 고체화되는 과정을 경화라 한다.

[해설] **30**
시멘트의 양생에 의한 압축강도는 보통 1주일 후 150kg/cm², 4주일 후 245kg/cm²을 표준으로 한다.

정답　26. ①　27. ①　28. ③　29. ④
30. ③

CHAPTER 04 사방재료

31. 시멘트를 창고에 저장시 포개 놓는 포대수로 적합한 것은?

① 최대 6포 이하　　　　② 최대 13포 이하
③ 최대 20포 이하　　　　④ 최대 27포 이하

32. 시멘트의 풍화를 막기 위한 방법으로 옳지 않은 것은?

① 방습창고에 통풍이 되지 않도록 보관한다.
② 시멘트의 보관은 1m²당 150 ~ 150포대 정도로 한다.
③ 벽이나 땅바닥에서 30cm 이상 떨어진 마루에 쌓는다.
④ 13포대 이상 포개 쌓지 않는다.

33. 시멘트 저장법에 대한 설명 중 옳지 않은 것은?

① 반입구와 반출구를 따로 두어 먼저 쌓는 것부터 사용하도록 한다.
② 지붕은 비가 새지 않는 구조로 하고, 벽이나 천장은 기밀하게 한다.
③ 굳어져서 덩어리가 된 시멘트를 먼저 공사에 사용하도록 한다.
④ 장기간 쌓아두는 것은 7포 이내로 한다.

34. 일반적으로 가장 많이 사용되는 시멘트는?

① 보통 포틀랜드시멘트　　② 알루미나시멘트
③ 슬래그시멘트　　　　　④ 실리카시멘트

35. 다음 중 보통 포틀랜드시멘트의 주성분으로 이루어져 있는 것은?

① CaO_3, SiO_2, Fe_2O_3, Al_2O_3
② Al_2O_3, FeO_3, MgO_3, SO_3
③ SiO_2, CaO_3, SO_3, Al_2O_3
④ MgO_2, FeO_3, SiO_2, CaO

36. 초기 강도가 높고 급속한 공사에 적합한 시멘트는?

① 고로시멘트
② 조강 포틀랜드시멘트
③ fly ash cement
④ 보통 포틀랜드시멘트

37. 겨울철에 콘크리트 바닥막이를 시공하기 위해 사용하는 시멘트로 가장 적합한 것은?

① 일반 포틀랜드시멘트
② 조강 포틀랜드시멘트
③ 백색 포틀랜드시멘트
④ 고로 시멘트

38. 다음 중 혼합 시멘트에 해당하지 않는 것은?

① 고로시멘트
② 실리카시멘트
③ 중용열 포틀랜드시멘트
④ 플라이애시시멘트

39. 장기강도가 높고 해수, 하수(河水)등에 의한 내식성(耐蝕性)이 커서 수리구조물에 적합한 시멘트는?

① 고로시멘트
② 조강 포틀랜드시멘트
③ 플라이애시시멘트
④ 보통 포틀랜드시멘트

40. 시멘트 혼화재료의 설명 중 옳지 않은 것은?

① 시멘트 사용량을 절약한다.
② 시멘트 분리를 방지한다.
③ AE제, 시멘트 분산제, 응결경화 촉진제, 포촐란 등이 있다.
④ 콘크리트의 성상은 나빠진다.

해설 **36**
조강 포틀랜드시멘트는 급경성(急硬性)을 갖고 단기에 높은 강도를 낸다.

해설 **37**
조강 포틀랜드시멘트는 수밀성이 좋아 겨울이나 수중공사 등에 적합하다.

해설 **38**
중용열 포틀랜드시멘트는 보통 포틀랜드시멘트와 조강 포틀랜드시멘트의 중간 성질을 가진 시멘트로 댐, 터널공사 등에 적합하다.

해설 **39**
고로시멘트는 제철소의 용광에서 생긴 슬레그(slag, 광재)를 넣어 만든 시멘트로 슬래그 시멘트라고도 한다.

해설 **40**
혼화재료는 콘크리트의 질을 개선하기 위하여 필요에 따라 첨가하는 재료이다.

정답 36. ② 37. ② 38. ③ 39. ①
40. ④

41. 콘크리트의 배합계산에 영향을 주는 재료는?

① 혼화재　　　　　　　　② AE제
③ 지연제　　　　　　　　④ 방수제

해　　설

[해설] **41**
②, ③, ④는 혼화제(混和劑)로 사용량이 적어서 콘크리트 배합시 계산에서 무시된다.

42. 다음 중 시멘트 혼화재(混和材)의 종류가 아닌 것은?

① AE제　　　　　　　　② 플라이애쉬
③ 고로슬래그　　　　　　④ 소성점토

[해설] **42**
AE제는 보통 콘크리트에 넣어 동결·융해·내구성 등을 좋게 하는 혼화제(混和劑)에 속한다.

43. 콘크리트를 비빌 때 시멘트, 물 및 골재 이외에 필요 따라 첨가하는 재료를 혼화재라 한다. 혼화재 중 감수제(減水劑)에 해당하는 것은?

① AE제　　　　　　　　② 포졸란
③ 파라핀 유제　　　　　　④ 염화칼슘

[해설] **43**
포졸란은 콘크리트의 수밀성, 내구성, 강도 등을 높이고 수화열을 저하시키는 감수제이다.

44. 콘크리트 혼화재료 중 미소하고 독립된 기포를 콘크리트 속에 균등하게 분포시켜 재료의 분리를 감소시키고 내구성과 수밀성을 증진시키는 것은?

① 지연제　　　　　　　　② AE제
③ 응결경화촉진제　　　　④ 포졸란

[해설] **44**
AE제는 미세하고 독립된 기포를 콘크리트 속에 균등하게 분포시켜 콘크리트의 작업능률을 향상시킴으로써 재료의 분리 감소, 내구성과 수밀성 증진, 겨울철 동해 저항성 증진 등의 역할을 한다.

45. 콘크리트의 품질개선에 가장 유효한 AE제의 기포 크기는?

① 0.01 ~ 0.03mm　　　② 0.02 ~ 0.05mm
③ 0.2 ~ 0.5mm　　　　④ 0.1 ~ 1.0mm

[해설] **45**
AE제는 미세하고 독립된 기포를 콘크리트 속에 균등하게 분포시켜 콘크리트의 작업능률을 향상시키는 것으로 0.02 ~ 0.05mm의 기포가 콘크리트의 품질개선에 유효하다.

46. 다음 중 시멘트의 응결경화촉진제로 쓰이는 것은?

① 염화나트륨　　　　　　② 석고
③ 염화칼슘　　　　　　　④ 물

[해설] **46**
응결 경화촉진제는 수화열 발생으로 수화반응을 촉진하여 조기에 강도를 내는 역할을 한다.

정답　41. ①　42. ①　43. ②　44. ②
　　　45. ②　46. ③

47. 콘크리트의 장점으로 볼 수 없는 것은?

① 큰 구조물의 시공도 용이하다.
② 물이나 불의 작용(耐水·耐火性)에 잘 견딜 수 있다.
③ 공사의 단가가 저렴하다.
④ 경화하는 데 시간이 걸린다.

48. 콘크리트의 강도 설명 중 옳은 표현은?

① 인장강도가 압축강도보다 크다.
② 압축강도가 인장강도보다 크다.
③ 압축강도와 인장강도가 같다.
④ 전단강도가 압축강도보다 크다

49. 소규모 공사에 주로 사용하는 콘크리트 배합방법은?

① 용적배합
② 중량배합
③ 복식배합
④ 복합배합

50. 콘크리트의 배합은 어떻게 하는 것이 가장 바람직한가?

① 중량배합으로 한다.
② 용적배합으로 한다.
③ 콘크리트의 색깔로 조절하여 배합한다.
④ 재료를 적당히 섞어서 배합한다.

51. 콘크리트 부피배합에서 철근 콘크리트 배합비로서 알맞은 것은?

① 1 : 3 : 6
② 1 : 2 : 4
③ 1 : 2 : 4
④ 1 : 4 : 6

해설 **47**
경화하는 데 시간이 걸리기 때문에 시공일수가 길다.

해설 **48**
콘크리트는 압축강도에 비해 인장강도와 휨강도가 작다.

해설 **49**
콘크리트의 배합비는 시멘트에 대한 잔골재와 굵은골재의 비율로 소규모 공사에는 용적비를 사용하나 대규모 공사에는 무게비를 사용한다.

해설 **50**
근래에는 용적비보다 무게비를 주로 사용한다.

해설 **51**
표준배합이라고도 하며 철근콘크리트와 진동을 받는 기초 등에 사용된다.

정답 47. ④ 48. ② 49. ① 50. ①
51. ②

52. 일반적으로 무근콘크리트의 배합비례는 어느 것인가?

① 1 : 2 : 4　　　　　　　② 1 : 3 : 6
③ 1 : 4 : 8　　　　　　　④ 2 : 4 : 6

53. 콘크리트를 쳐서 수화작용이 충분히 계속되도록 보존하는 것을 무엇이라고 부르는가?

① 배합　　　　　　　② 재령
③ 응결　　　　　　　④ 양생

54. 콘크리트를 쳐 넣은 후 가마니 덮기와 물 뿌리기 등을 일정 계속해 주어야 한다. 그 이유로 가장 적당한 것은?

① 시멘트가 골재사이로 침투되어 공극을 없애기 위함.
② 시멘트와 골재와의 혼합이 잘되도록 하여 콘크리트 강도를 높이기 위함.
③ 물과 시멘트와의 수화작용을 높여 콘크리트 강도를 높이기 위함.
④ 콘크리트 표면이 고르게 응결되어 미적 효과를 높이기 위함.

55. 콘크리트의 양생(curing) 목적에 해당되지 않는 것은?

① 수분의 증발을 촉진시키기 위해서
② 콘크리트의 응결 · 경화가 완전히 이루어지게 하기 위해서
③ 건조수축에 의한 균열을 방지하기 위해
④ 콘크리트를 하중이나 진동, 충격으로부터 보호하기 위하여

56. 콘크리트의 노출면을 가마니나 마포 등으로 덮어 직사광선을 피하고 자주 물을 뿌려 양생하는 방법은?

① 습윤양생　　　　　　　② 피막양생
③ 증기양생　　　　　　　④ 전기양생

해　설

해설 **52**
무근콘크리트 배합비는 중요하지 않는 곳에 적용된다.

해설 **53**
양생이란 콘크리트에 충분한 습도와 적당한 온도를 주어 응결 · 경화가 완전히 이루어지도록 한다.

해설 **54**
콘크리트의 강도는 양생에 따라 현저하게 달라진다.

해설 **55**
콘크리트는 충분한 습기가 있어야 시간이 경과함에 따라 강도가 증진하게 된다.

해설 **56**
습윤양생은 수분증발을 방지하기 위해 젖은 모래 등으로 콘크리트 노출면에 물을 뿌려 습윤 상태를 유지하는 것이다.

정답 52. ② 53. ④ 54. ③ 55. ①
56. ①

57. 콘크리트공사의 강도를 좌우하는 요인 중에서 가장 큰 요인은?

① 골재량 ② 양생기간
③ 물-시멘트 ④ 다지기

58. 콘크리트 양생에 대한 설명 중 옳지 않은 것은?

① 노출면은 가마니, 포대 등을 적셔서 덮어야 한다.
② 콘크리트를 친 후 적어도 7일간 습윤상태로 보호하면 양생효과가 나타난다.
③ 조강 포틀랜드시멘트는 3일간 습윤상태로 보호해야 한다.
④ 콘크리트는 온도 10℃, 14일 정도면 충분히 강도를 지니게 된다.

59. 콘크리트의 강도에 관한 설명 중 타당한 것은?

① 콘크리트의 압축강도는 물과 시멘트비가 작을수록 크다.
② 콘크리트의 굽힘강도는 인장강도보다 작다.
③ 콘크리트의 압축강도는 일정범위에서는 양생온도가 낮을수록 크다.
④ 콘크리트의 인장강도는 압축강도가 작은 콘크리트일수록 크다.

60. 콘크리트의 강도에 대한 설명 중 옳지 않은 것은?

① 콘크리트의 압축강도는 재령 28일의 강도를 표준으로 한다.
② 물-시멘트비를 65% 이하로 하는 것이 강도저하를 방지할 수 있다.
③ 콘크리트는 전단강도가 가장 크다.
④ 잘 비벼진 콘크리트 강도는 200~250kg/cm²이고, 허용강도는 60~80kg/cm²이다.

61. 물-시멘트비가 60%, 단위수량이 175kg일 때 시멘트량은?

① 300kg ② 292kg
③ 325kg ④ 157kg

해설 57
콘크리트의 강도는 물과 시멘트의 중량비에 의한 공극률, 재료의 품질과 배합방법, 양생방법 등이 영향을 미치며 가장 중요한 요인은 물과 시멘트비이다.

해설 58
보통 콘크리트는 온도 20℃, 28일 정도면 충분히 강도를 지니게 된다.

해설 59
일반적으로 양생온도 4 ~ 40℃의 범위에서는 온도가 높을수록 콘크리트의 강도가 커지나 온도가 지나치게 높으면 오히려 강도발현에 부정적 영향을 미친다.

해설 60
콘크리트는 압축강도가 가장 크며, 인장강도와 전단강도는 압축강도의 10% 정도이다.

해설 61
물-시멘트비(%) = (단위수량/단위시멘트량)×100

$$60 = \frac{175}{단위시멘트량} \times 100$$

∴ 시멘트량=292kg

정답 57. ③ 58. ④ 59. ③ 60. ③
61. ②

62. 콘크리트의 배합 설계에서 단위수량이 165kg, 단위시멘트량(시멘트, 모래, 자갈의 혼합물)이 300kg일 때 물-시멘트비는 다음 중 어느 것인가?

① 45%   ② 48%
③ 52%   ④ 55%

|해설| **62**

물-시멘트비(%)
= (단위수량/단위시멘트량)×100
$= \dfrac{165}{300} \times 100 = 55\%$

63. 철근 콘크리트용 콘크리트에서 콘크리트 1m³을 만드는 데 소요되는 시멘트 사용량은?

① 100kg   ② 150kg
③ 200kg   ④ 320kg

|해설| **63**

1 : 2 : 4의 배합인 경우 콘크리트 1m³에 시멘트 8포대(320kg), 모래 0.45m³, 자갈 0.90m³로 배합한다.

64. 콘크리트의 기계비비기에서 믹서에 가장 먼저 투입해야 되는 재료는 어느 것인가?

① 시멘트   ② 잔골재
③ 굵은골재   ④ 물

|해설| **64**

기계비비기는 믹서가 회전할 때 물을 조금씩 부으면서 시멘트 · 모래 · 자갈을 동시에 넣고 마지막으로 전량의 물을 붓는다.

65. 재료의 분리나 콘크리트의 수축을 적게 하려 할 때의 비비기는?

① 되비비기   ② 거듭비비기
③ 삽비비기   ④ 기계비비기

|해설| **65**

거듭비비기는 믹서에서 반죽된 콘크리트가 굳어지지 않을 때에 재료가 분리되지 않도록 다시 비비는 작업이며, 되비비기는 굳기 시작할 때부터 비비는 것이다.

66. 다음 중 콘크리트를 치는 방법에 대한 설명으로 잘못된 것은 어느 것인가?

① 비빈 콘크리트를 될 수 있는 대로 신속히 계속하여 친다.
② 상당한 시간이 지난 콘크리트는 물을 더 주어 다시 비벼서 사용한다.
③ 거푸집 안에 넣었을 경우 표면이 수평이 되도록 한다.
④ 일반적으로 1.5m 이하의 높이에서는 떨어뜨려 사용해도 무방하다.

|해설| **66**

상당한 시간이 지난 콘크리트는 물을 더 주지 않고 다시 비벼서 사용한다.

정답
62. ④ 63. ④ 64. ④ 65. ①
66. ②

67. 콘크리트 치기에 대한 설명 중 옳지 않은 것은?

① 콘크리트는 일평균기온 4℃ 이상일 때 치는 것이 원칙이다.
② 일부 굳어진 콘크리트 위에 새 콘크리트를 칠 때에는 상하 두층의 콘크리트가 분리 되도록 시공해야 한다.
③ 콘크리트가 반죽되어 끝날 때까지의 시간을 따뜻하고 건조한 때는 1시간, 저온으로 습랭할 때에는 2시간을 넘지 않게 한다.
④ 콘크리트가 굳기 시작은 안하였으나 상당한 시간이 경과되었을 때는 물을 주지 않고 거듭비비기(remixing)를 하여 쓴다.

68. 사방식재용 수종으로 요구되는 조건이 아닌 것은?

① 생장력이 왕성할 것
② 건조 및 한해에 강한 수종일 것
③ 갱신이 용이할 것
④ 내음성이 적을 것

69. 다음 중 치산녹화용 재래 초종이 아닌 것은?

① 새
② 솔새
③ 잔디
④ 능수귀염풀

70. 암석 산지나 암벽 녹화용으로 사용되는 사방식재 수종이 아닌 것은?

① 병꽃나무
② 노간주나무
③ 눈향나무
④ 상수리나무

71. 다음 중 사방조림 수종은?

① 잣나무
② 낙엽송
③ 아까시나무
④ 오동나무

[해설] **67**
일부 굳어진 콘크리트 위에 새 콘크리트를 칠 때에는 상하 두 층의 콘크리트가 일체가 되도록 시공해야 한다.

[해설] **68**
사방식재용 수종은 척박지에 대한 적응력이 강하고 어느 정도의 피음(被陰)에 견딜 수 있어야 한다.

[해설] **69**
능수귀염풀(Weepeng lovegrass)은 도입초종이다.

[해설] **70**
상수리나무는 토양이 비옥하고 경사가 완만한 곳에서 잘 자라는 수종이다.

[해설] **71**
아까시나무는 공중질소를 고정하는 콩과의 낙엽교목으로 척박지에서 잘 자란다.

정답 67. ② 68. ④ 69. ④ 70. ④
71. ③

72. 다음 중 척박한 절토비탈면의 녹화수종으로 바람직하지 않은 것은?

① 소나무　　　　　　　　② 회양목
③ 병꽃나무　　　　　　　④ 서어나무

73. 인공 떼의 제품이 아닌 것은?

① 식생반　　　　　　　　② 턴떼
③ 식생자루　　　　　　　④ 식생벨트

74. 비탈면 전체를 빠르게 녹화하기 위하여 종자와 비료를 사이에 넣어 만든 인공떼를 가리키는 것은?

① 식생루　　　　　　　　② 식생반
③ 식생대　　　　　　　　④ 식생매트

75. 코코넛 섬유를 원료로 한 비탈덮기용 재료는?

① 주트넷(Jute net)　　　② 코어넷(Coir net)
③ 툴파이버(Turfiber)　　④ 그린파이버(Green fiber)

76. 유기질계 토양개량자재가 아닌 것은?

① 퇴비　　　　　　　　　② 피트 모스
③ 녹비　　　　　　　　　④ 버미큘라이트

해　설

[해설] 72
리기다소나무, 해송(곰솔), 물(산)오리나무, 아까시나무, 회양목, 병꽃나무, 족제비싸리, 졸참나무, 눈향나무 등은 사방녹화용 수종이다.

[해설] 73
턴떼는 흙을 털어버린 자연생떼를 말한다.

[해설] 74
식생반은 유기질 토양, 비료, 토양개량제, 종자 등을 섞어 만들며 녹화가 빠르고 종자의 배합이 자유롭다.

[해설] 75
코어넷은 코코넛 열매에서 추출한 섬유질을 5mm로 메시한 제품으로 코코넛 섬유질 매트로 피복한 후 씨앗과 혼합된 사질토를 뿜어 표면을 보호한다.

[해설] 76
버미큘라이트는 무기질계 토양개량자재로 토양의 보수성, 통기성, 배수성이 양호하다.

정답　72. ④　73. ②　74. ②　75. ②
　　　76. ④

77. 다음 비탈면 안정을 위한 침식방지제 사용효과에 대한 설명 중 맞지 않는 것은?

① 살포되는 종자, 비료, 피복보호제 등의 유실 방지
② 객토의 유출 및 침식 방지
③ 토양수분의 증산 및 표면 건조
④ 보온 효과 기대

78. 임도 설치를 위하여 이루어진 절토 사면이나 성토 경사면에 뿌리는 비탈안정제의 사용 목적에 해당하지 않는 것은?

① 토양 표면의 신속한 고결로 침식 방지
② 비료분 유실 방지
③ 식생의 착생
④ 조수 피해로부터 종자 보호

해설 **77**
침식방지제는 토양수분의 증산 및 표면 건조를 방지한다.

해설 **78**
조수의 피해로부터 종자를 보호하기 위해 작은 골을 파고 종자를 파종한다.

CHAPTER 04 사방재료

정답 77. ③ 78. ④

학습주안점
- 황폐계류의 특성과 유역을 구분할 수 있어야 한다.
- 계간공사의 기본유형과 공종에 따른 공법을 이해해야 한다.
- 계간사방공작물인 사방댐의 세부설계요소, 중력댐의 안정조건, 사방댐의 외력, 물받이, 물방석의 목적에 대해 이해하고 암기해야 한다.
- 골막이와 사방댐의 차이점을 이해하고 골막이의 종류, 바닥막이, 기슭막이, 수제의 기능과 시공위치를 알아야 한다.

1 계간사방 일반

1. 정의

1) 야계(野溪, torrent)
황폐계류가 계곡 밖에서 농경지 등과 접속된 침식성이 높은 자연계천을 말함.

2) 황폐계류(Wild torrent)
① 계간황폐지−야계구간, 황폐산지로부터 생산된 토사가 공급되어 계상변동이 빈번하게 발생하는 계류
② 평상시에는 유량이 적으나 우천시 계천이 범람하여 계상침식에 의한 토석이동으로 계상 자체가 황폐화되는 곳

3) 야계사방(野鷄砂防)
① 황폐계류의 계상(沒床) 및 계안(沒岸)에 공작물을 설치하여 계천의 종·횡침식을 방지하고 산각(山脚)을 고정하여 계류의 안전유출을 기하는 것을 말함.
② 야계의 작용은 연속적인 것이 아니고 호우시 많은 유량을 유출시키는 것이 특징이며, 이러한 야계에 시설하는 사방 공작물을 야계사방 공작물이라 함.

4) 계간사방
① 계류에 있어서 유수에 의한 돌, 자갈, 모래 등의 침식, 운반, 퇴적 등의 작용으로 발생하는 재해를 미연에 방지하거나 또는 그 확대를 억제하며, 황폐를 복구하는 사방공사를 말함.
② 야계는 산지에 접촉된 일부분의 계천을 말하지만 계간이란 하천 이전의 모든 계류를 말하는 광범위한 내용을 포함함.

핵심 PLUS

■ 야계(野鷄)의 분류
① 유역의 크기에 의한 분류
- 소야계 : 유역면적 10~20ha
- 중야계 : 유역면적 20~100ha 정도
- 대야계 : 유역면적 100~1,000ha 정도
② 지계의 유무에 의한 분류
- 단일야계 : 지류가 없는 야계
- 복합야계 : 2개 이상의 지류가 있는 야계
- 야계적 하천 : 계류 바닥의 물매가 대개 6% 정도인 야계

2. 황폐계류의 특성 및 유역구분

1) 특성 ☆

① 유로의 연장이 비교적 짧고 계상의 물매가 급하며 유량은 강우나 융설 등에 의해 급격히 증가하거나 감소함.

② 유수는 계안과 계상을 침식하고 사력(砂礫)을 생산하여 하류부에 유출함, 호우가 끝나면 유량이 격감되고 사력의 이동도 중지됨.

2) 유역구분 ☆☆

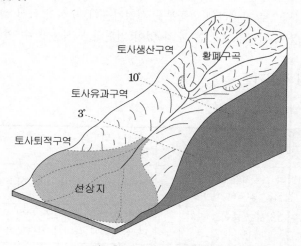

그림. 황폐계류의 유역구분

토사생산구역	황폐계류의 최상류부로 계안과 계상의 침식에 의해 토사의 생산이 왕성하며 계상의 기울기는 현저히 저하됨.
토사유과구역	토사생산구역에서 생산된 토사를 이동시키는 구역으로 침식 및 퇴적이 적으며 협곡을 이루는 경우가 많음.
토사퇴적구역	토사가 퇴적되는 황폐계류의 최하류부로 계상의 기울기는 완만하고 계폭이 넓음.

3. 설계 및 시공

1) 계천바닥의 기울기 조정

① 황폐계천의 기울기는 불규칙하고 급하므로 계천바닥을 침식하지 않는 최대기울기인 보정기울기로 조정해야 함.

② 보정기울기는 안정구배라고도 하며 자갈의 모양, 크기, 유수의 밀도, 지형적 기복 상태에 따라 달라짐.

③ 보정기울기 : 대략 3% 내외이며 현 계천바닥 기울기의 1/2~2/3 정도로 결정

■ 황폐계류의 3구역
① 토사생산구역
② 토사유과구역
③ 토사퇴적구역

■ 계간사방 계획
① 경상계획 : 일정한 계획하에서 황폐계류를 처리하는 계획
② 응급계획 : 재해가 발생했을 때 하류의 가옥과 경지 등을 복구하기 위한 계획
③ 예방계획 : 아직 황폐되지 않았지만 가능성이 매우 높은 계류에 대하여 이행하는 계획

핵심 PLUS

2) 만곡부의 처리

① 자연계천의 굴곡부는 물의 충돌을 많게 하여 침식을 조장하므로 직선으로 유도
② 계천의 만곡부에서는 물이 흐를 때 바깥쪽이 안쪽보다 높게 되므로 둑을 쌓을 때는 바깥쪽 둑을 안쪽 둑보다 약간 높게 쌓아야 함.
③ 큰 유로의 경우 최소반지름을 밑너비의 15배 이상으로 함.
④ 작은 유로의 경우 최소반지름을 밑너비의 10배 이상으로 함.
⑤ 이동 토사가 적은 경우 적당한 반지름은 최소반지름의 2배로 함.
⑥ 이동 토사가 많은 경우 적당한 반지름은 최소반지름의 3배로 함.
⑦ 보통 1/4법으로 간략하게 만곡부를 설정하는데, 노선의 곡선 설치법보다 정밀하다고 볼 수 는 없지만 큰 오차 없이 간편하게 적용할 수 있음.

■ 야계유량의 산정
유역면적 및 임상, 지형과 지질 및 배수조직, 강수량과 강수분포 및 강우강도 등의 요인을 고려

4. 계간공사의 적용기준

1) 기본유형 ☆☆

① 계간 사방공작물의 계획	⇨	규모는 되도록 작고 효과는 크며 친자연적인 시공법을 적용
② 계류 바닥의 기울기를 완화하고 계류의 침식을 방지하려는 곳	⇨	사방댐 또는 바닥막이를 연속적으로 배치
③ 산기슭을 고정하고 붕괴를 방지하려는 곳	⇨	사방댐으로 계류 바닥을 높여 산기슭을 고정하거나 산기슭에 붙여서 기슭막이 공사로 고정
④ 황폐유역에 유출되는 토사자갈의 저류하려는 곳	⇨	다소 높은 댐을 건설하되 기초는 단단한 암반이고 댐 위쪽에 넓은 저사지를 가지는 장소를 택함.
⑤ 모래, 자갈 퇴적지의 난류방지 및 계류바닥의 고정하려는 곳	⇨	기슭막이와 수제로 난류를 조정하고 바닥막이를 계단식으로 배치
⑥ 계류바닥의 유지하려는 곳	⇨	바닥막이 공사를 계단식으로 배치 시공

2) 계간사방공사의 공종에 따른 분류 ☆☆☆

공종	공법	
종침식 방지공사	횡공작물을 계류의 가로 방향으로 배치	• 골막이, 사방댐 : 유수의 충돌력 약화시키는 방법 • 바닥막이 : 계상의 저항력을 증강시키는 방법
횡침식 방지공사	종공작물은 계류의 세로 방향으로 배치	• 기슭막이 : 수로에 평행하도록 설치 • 수제 : 유심에 직각 또는 상하 방향으로 설치
토석류 조절공사	토석류 유출을 방지	사방댐, 모래막이
난류 조절공사	홍수시 종·횡침식으로 부터 하류부의 수로 안정	수제·바닥막이

공종	공법
유목 대책공사	• 유목발생억지공사 : 산복·계안·계상 등을 보호하여 토사와 함께 유목의 발생을 억지 또는 경감 • 유목포착공사 ; 도목(倒木)이 토적되어 있는 산복이나 유목이 유하하는 계류 에서 유목막이 등을 시공하는 유하대책
사방환경 정비공사	경관과 조화 및 친밀감을 유지하기 위해 수변녹지 등의 자연공간 확보하는 사업

3) 시공기준

① 상류로부터 밀려 내려오는 토사·자갈 등의 차단과 저수(貯水)가 필요한 곳
→ 사방댐 등을 설치

② 시내 또는 하천의 종(縱)·횡(橫)침식방지를 위하여 필요한 곳→ 골막이·기슭
막이 등을 설치

③ 시내 또는 하천바닥의 불안정한 침식방지 및 적정한 기울기를 유지하기 위하
여 필요한 곳→ 바닥막이 등을 설치

④ 각종 시설물의 안전을 위하여 필요한 곳→ 물받이·측벽 등을 설치

⑤ 시내 또는 하천은 현지의 여건에 따라 가급적 자연선형(自然線形)을 유지하고
곡선부 등은 생태계 보호를 위하여 필요한 시설을 설치함.

2 계간사방공작물

1. 사방댐(Srodion Control Dam, Soil Conservation Dam)

1) 사방댐의 기능 ★★☆

① 계상물매를 완화하고 종침식을 방지하는 작용(바닥막이 기능)

② 산각을 고정하여 붕괴를 방지하는 기능(구곡막이 기능)

③ 산지와 상류지역의 계상에 퇴적한 불안정한 토사의 유동을 방지하여 양안의
산각을 고정하는 작용

2) 구축재료에 따른 사방댐의 종류 ★

① 콘크리트 댐

㉮ 시공할 곳에 충분한 터파기를 하고 거푸집을 설치하여 레미콘을 채워 양생
하며 콘크리트의 강도와 신축 줄눈 및 물빼기 구멍의 배치에 유의하고 자연
경관과 조화를 이루게 함.

㉯ 철근 콘크리트 댐 : 철근을 배치하고 콘크리트를 채우는 것으로 제체의 균열
은 방지되나 시공비가 많이 소요됨

■ 사방댐
① 황폐계류상에서 종횡침식으로 인한
돌, 자갈, 모래, 흙 등과 같은 침식
및 붕괴물질을 억제하여 산사태로
인한 토석류 피해를 저지하기 위하
여 계류를 횡단하여 설치하는 횡공
작물
② 치산댐이라고도 하며 최근의 사방
댐은 산불진화 취수용, 농업용수
공급원 등으로 활용할 수 있도록
시공하고 있고 그 규모도 폭 50m
까지 커지고 있음.

② 돌댐

㉮ 석재를 구하기 쉽고 상수가 흐르는 계류에 적합한 댐으로 마름돌이나 견치 돌을 주로 사용

㉯ 종류 : 콘크리트와 모르타르의 사용여부에 따라 돌댐은 메쌓기댐과 찰쌓기 댐으로 구분, 전석(轉石) 이용 시 전석댐이라 함.

표. 돌댐의 유형

메쌓기댐	• 콘크리트, 모르타르를 사용하지 않고 석재 또는 콘크리트블록으로 축조한 것 • 댐의 높이는 4m 정도를 최대한으로 정하고 둑마루 나비는 댐 높이의 1/2 정도로 하며 물매 1 : 0.3 ~ 0.5로 함.
찰쌓기댐	• 표면을 돌 쌓기를 하고 내부는 호박돌 콘크리트치기를 하는 댐 • 시공비가 저렴한 경우에 이용
혼합쌓기댐	표면에 돌쌓기나 블록쌓기 또는 콘크리트치기를 하고, 내부는 자갈, 호박돌 또는 모래로 채우는 댐
돌망태댐	소계류에서 지반이 불안정한 경우에 효과적

③ 물 층계식 댐

㉮ 댐 반수면 물받이 구조를 물층계식으로 3~4단 낙차공, 물방석 구조로 하여 토석이 단계적으로 저지 및 퇴사되게 함.

㉯ 콘크리트 댐 상류부에 강관을 사용하여 전석 저지책을 설치

④ 포석 콘크리트 댐

㉮ 자연휴양림 시설지의 계곡에 적합

㉯ 야면석이나 큰 호박돌이 산재한 곳에 시공하면 효과적이고 경관도 좋음.

⑤ 강제댐 : 비교적 짧은 기간에 시공할 필요가 있거나 또는 자재운반의 반입에 많은 경비가 소요될 경우 유리하다

⑥ 통나무댐 : 질이 좋은 석재가 없고 운반이 불편한 곳에서 사용

3) 외력에 대한 사방댐의 종류

직선 중력댐	댐의 자중에 의해 외력에 저항하도록 한 것
아치댐	아치 작용에 의해 외력에 저항하도록 설계된 원호상의 댐
3차원댐	댐 본체를 양안 및 계상에 고정된 '판'으로 간주하여 탄성 해석법으로 설계한 반중력식 댐
부벽식댐	공사 기간의 단축과 겨울철에도 시공이 가능하며 강제를 재료로 사용한 댐
투과식댐	토석류에 대응하여 물과 토석의 분리 목적으로 하는 다양한 형태의 댐

4) 시공목적·시공형식에 따른 사방댐의 종류

① 시공목적에 따른 분류

중력식 사방댐	• 토석(土石) 차단을 주목적으로 하는 경우 • 콘크리트 사방댐·전석사방댐·블록사방댐 등
버팀식 사방댐	• 유목(流木) 차단을 주목적으로 하는 경우 • 버트리스·스크린·슬리트 등
복합식 사방댐	• 토석과 유목을 동시 차단을 목적으로 하는 경우 • 다기능사방댐·빔크린사방댐·콘크린사방댐 등

② 시공형식에 따른 분류

투과형	본체의 횡단구조 개방으로 상류토사의 하류이동이 가능
일부투과형	본체의 횡단구조가 일부 개방되었거나 개방되었더라도 본체기초의 높이로 토사의 하류이동이 제한적인 형태
불투과형	본체의 횡단구조가 평상시에도 상류에서 하류지역으로 토사 등의 이동이 불가능한 형태

유 형	주재료	종 류
투과형	콘크리트	콘크리트 슬릿댐, 에코필라댐
	철 강 재	버트리스댐, 철강재 슬릿댐
일부투과형	콘크리트	도징댐, 콘크리트 슬릿댐, 다기능댐, 버트리스댐
	철 강 재	철강재 슬릿댐, 빔크린댐, 그리드댐
	와이어로프	와이어로프
불투과형	콘크리트	콘크리트댐, 블록댐
	철 강 재	셀댐, 철강재틀댐
	석 재	전석댐, 전석붙임 콘크리트댐
	토 사	흙댐
	목 재	목재댐

③ 수질정화댐

㉮ 수원저수지, 수원계류의 취수시설지로 유입되는 탁수, 산간 소계류 주변의 산업시설, 휴양시설 등지에서 배출되는 오폐수의 수질을 정화하기 위하여 설치하는 시설물

㉯ 강제틀댐, 스크린댐, 슬릿댐 등

■ 정화매체 종류

① 자갈의 역간작용 : 수질정화기능을 높이기 위해 철강제틀에 채운 호박돌에 형성되는 다층의 부착미생물막에 의해 정화기능을 증대시키는 것을 목적으로 함.

② 활성탄 : 수질정화를 위해 광범위하게 이용

③ 목탄 : 목탄의 미세한 공간은 물질을 흡착하는 효과

5) 각 부위별 명칭 ☆☆☆

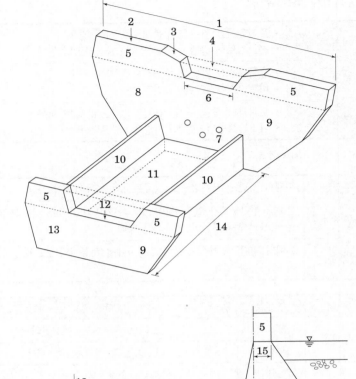

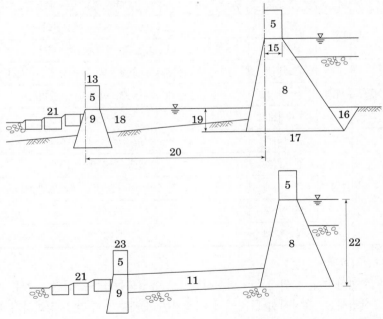

1. 댐 길이 2. 댐둑마루 3. 댐둑어깨 물매 4. 방수로 5. 댐둑어깨 6. 방수로 폭
7. 물빼기구멍 8. 본댐 9. 본체 10. 측벽 11. 물받이 12. 앞댐의 방수로 13. 앞댐
14. 전정보호공 15. 댐둑마루 폭 16. 사이채움 17. 댐둑밑 18. 물방석 19. 중복높이
20. 본댐과 앞댐의 거리 21. 막돌놓기 22. 댐 높이 23. 수직벽

그림. 사방댐의 부위별 명칭

- 앞댐
① 본댐의 하류에 설치하여 본댐과 앞
  댐사이에 물방석을 설치함.
② 낙수의 충격력을 약화시키고 세굴
  을 방지함.

6) 사방댐의 설계요인 ☆☆☆

① 위치의 결정

㉮ 상류부가 넓고 댐자리의 계류 폭이 좁은 곳

㉯ 지계의 합류점 부근에서는 합류점의 하류부

㉰ 가급적 암반이 노출되어 있거나 지반이 암반일 가능성이 높은 장소

㉱ 계단상 댐을 설치할 때 첫 번째 댐의 추정퇴사선이 구계상물매를 자르는 점에 상류댐이 위치하도록 함.

㉲ 특수목적을 가지고 시설하는 경우에는 그 목적 달성에 가장 적합한 장소

② 방향의 결정 : 횡공작물은 상류의 유심선(퇴사된 후의 가정 유심선)에 직각방향으로, 곡선부는 홍수 시 유심선의 접선에 직각방향으로 함.

③ 높이의 결정 : 높이는 제저로부터 댐마루(방수로)까지이고, 유효높이는 시공 전 계상의 평균선으로부터 방수로까지 말함.

㉮ 규모가 큰 붕괴지는 높은 사방댐을 시공

㉯ 산각의 침식방지 목적의 댐은 비교적 낮은 댐을 계단상으로 설치

㉰ 토석류방지용 댐은 충분한 여유가 있는 높이로 하며, 저사를 목적으로 할 경우에는 가급적 높게 정함.

④ 방수로(放水路, outlet)의 결정

㉮ 댐의 유지면에서 매우 중요하며 크기는 집수면적, 강수량, 산림의 상태, 산복의 경사, 황폐 상황 등에 의해 결정됨.

㉯ 댐 축설 지점이 하류면 끝 부위의 양안 및 계상에 좋은 암반이 있을 때는 어느 곳에 방수로를 설치해도 무방함.

㉰ 연약한 지반일 때 암반이 있는 쪽에 방수로를 설치

㉱ 암반이 없고 연약지반일 때는 계류의 중심부에 설치

㉲ 일부 암반층, 일부는 사력층일 때 사력층에 설치하지 않음

㉳ 상·하류의 계류 양편에 농경지나 가옥 등이 있을 때는 물이 흐르는 깊이 및 댐의 방향을 고려하여 방수로의 위치를 결정

㉴ 방수로 형상 : 일반적으로 역사다리꼴을 많이 이용, 방수로 양 옆의 기울기는 1 : 1(45° 표준)

㉵ 방수로 단면 : 최대홍수유량에 의해 일반적으로 결정하는데 가능한 200~500%로 충분히 여유를 갖도록 설계함.

⑤ 물빼기 구멍

> ㉮ 하류댐의 물빼기 구멍은 상류 댐의 기초보다 낮은 위치에 설치하고, 여러 개를 설치할 때는 계상선(溪床線)이나 댐 높이의 1/3 지점에 설치
> ㉯ 큰 규모의 방사댐은 최상단 물빼기 구멍은 토석류가 충돌할 때 상부가 파괴되기 쉬우므로 어깨로부터 1.5m 이하에 설치함.
> ㉰ 구멍의 크기 : 중간 정도의 홍수유량이 통과, 파이프는 300mm의 염화비닐관을 표준

핵심 PLUS

■ 사방댐의 설치목적 ☆☆☆
① 상류계상의 물매를 완화하고 종횡 침식을 방지
② 산각 고정 및 산복의 붕괴 방지
③ 계상퇴적물(토사·토석류·유목)의 유출 억제와 조절
④ 계류생태계의 보전
⑤ 산불 진화용수 및 야생동물의 음용수 공급

■ 사방댐의 설계요인 ☆
① 설계기준에 따른 현지조사 사항
② 사방댐의 위치·방향·높이
③ 반수면의 기울기(6m 미만인 댐에서는 1:0.3을 표준, 6m 이상이면 1:0.2를 표준)
④ 방수로
⑤ 물빼기구멍(댐높이의1/3지점)
⑥ 중력댐의 안정조건
⑦ 물받이(댐 밑의 세굴을 방지하기 위해서 설치 물받이의 길이는 6m 미만의 보통댐은 물높이의 2배, 높을 때는 1.5배)
⑧ 물방석(낙수의 충격을 완화하기 위해 본댐과 앞댐 사이에 설치하며 잘 파괴되므로 견고하게 시공)

■ 퇴사물매의 결정
계획물매는 계상물매의 $\frac{1}{2} \sim \frac{2}{3}$ 를 표준

■ 물빼기구멍의 설치목적
① 대수면(댐의 상류측 사면)에 가해지는 수압 감소, 퇴사 후 침투수압 감소
② 유출토사량 조절
③ 사력기초의 잠류속도 감소 등

⑥ 댐어깨

㉮ 댐어깨의 양쪽 끝 부분이 암반의 경우에는 1~2m 내외, 토사의 경우에는 2~3m 이상으로 충분히 넣음

㉯ 댐 마루는 양쪽 기슭을 향하여 오르막 기울기로 계획할 수 있음.

⑦ 댐 단면 및 기울기

㉮ 댐몸체 하류면의 기울기는 원칙적으로 사방댐 단면에 의해 결정하되, 댐의 유효고 및 떠내려 올 토석의 최대 크기, 저수되는 물의 깊이, 상류 측의 기울기 등을 고려하여 결정

㉯ 댐몸체 상류면의 기울기는 전석댐, 콘크리트사방댐의 경우 수직으로 하거나 1 : 0.1~0.2로 하되, 현지의 저사선 등을 참고하여 토석이 많이 퇴적되는 계류에서는 급하게, 세굴이 심한 계류에서는 완만하게 함.

㉰ 중력식 사방댐의 마루(天端)두께는 유속, 떠내려 올 토석의 최대 크기, 월류하는 물의 깊이, 상류 쪽의 기울기 등을 고려하여 결정하여야 하며, 대체로 다음 두께를 표준으로 함.

- 떠내려 올 토석의 크기가 작은 계류에서는 0.8m 이상
- 일반 계류에서는 1.5m 이상
- 홍수로 큰 토석이 떠내려 올 위험성이 있는 곳에서는 2.0m 이상
- 상류에서 산사태가 발생할 경우 토석이 대량 떠내려 올 위험성이 있거나, 산사태로 측압을 받게 될 위험성이 있는 곳에서는 2.0~3.0m 내외

㉱ 중력식 사방댐의 반수면(反水面)의 물매 : 댐 높이 6.0m 이상이면 1 : 0.2, 6.0m 미만이면 1 : 0.3을 표준으로 함.

⑧ 저사선

㉮ 사방댐의 상류측에 형성되는 저사선의 기울기 : 현재의 계류바닥 기울기의 1/2~2/3 내외

㉯ 유역인자(토석의 크기와 유역 면적)에 의한 계획기울기 추정치를 적용

7) 중력댐의 안정조건 ☆☆☆

① 전도에 대한 안정 : 합력작용선이 제저의 중앙 1/3보다 하류측을 통과하면 댐 몸체의 상류측에 장력이 생기므로 합력작용선이 제저의 1/3 내를 통과해야 함.

② 활동에 대한 안정 : 저항력의 총합이 원칙적으로 수평외력의 총합 이상으로 되어야 함.

③ 제체의 파괴에 대한 안정 : 제체에서의 최대압축력은 그 허용압축을 초과하지 않아야 함.

④ 기초지반의 지지력에 대한 안정 : 최대압축응력이 지반의 허용압축강도보다 작으면 지반은 안전함.

8) 사방댐에 작용하는 외력

제체의 중량	사방댐 모든 재료의 단위 부피에 대한 중량
수압	댐 상류면에 가하는 물의 중량 1.0~1.2ton/m³, 물을 함유하지 않은 퇴사의 중량 1.8ton/m³
퇴사압	퇴사는 물이 빠짐에 따라 견밀하게 되므로 이와 같은 경우 토압은 정수압 보다 작아짐.
양압력	퇴사 후 수압이 변화하여 제체를 상방으로 들어 올리는 힘

9) 물받이

① 물받이의 길이는 6m 미만의 보통댐에서는 물높이의 2.0배, 이보다 높을 때는 1.5배 정도
② 물받이공사는 호박돌이나 암석 등이 유하하는 경우에는 물받침이 파괴되므로 이 경우 물방석을 만들거나 앞댐을 계획함.
③ 물받이 길이와 두께

물받이의 길이	$L = (1.5\text{~}2.0)(H+t) - nH$	여기서 H : 댐높이, t : 월류수
물받이의 두께	$D_\alpha = \alpha(0.6H + 3t - 1.0)$	심(m), n : 반수면의 기울기, α : 경험값(0.2)

10) 물방석

① 본댐의 높이가 높은 경우, 유동사력의 지름이 큰 경우 및 유량이 많은 경우 낙수의 충격을 완화하기 위해 본댐과 앞댐 사이에 설치하는 것
② 잘 파괴되므로 특별히 견고하게 시공함.

11) 수축줄눈

① 길이가 긴 콘크리트 구조물은 온도나 수분의 변화 또는 건조수축을 받게 되며 팽창이나 수축에 의한 내부 비틀림에 의하여 균열이 생김.
② 댐의 길이 30m 이상의 콘크리트 댐에서는 수축줄눈을 설치함.

12) 측벽

① 물받이 부분의 양쪽 기슭이 침식될 우려가 있거나, 물받이 부분에서 물 흐름을 바로 잡을 필요가 있을 경우에 측벽을 설치
② 높이 : 방수로의 위치, 높이, 물이 흐르는 방향 등을 고려하여 홍수유량을 안전하게 유출되도록 방수로 깊이와 같은 높이 또는 그 이상으로 하며, 측벽의 마루 높이는 원칙적으로 보조댐의 어깨 높이와 같게 함.
③ 양쪽 기슭이 암반으로 형성되어 있어서 피해발생 우려가 없을 경우에는 측벽을 설치하지 않을 수 있음.

■ 물받이의 목적
방수로에서 떨어지는 유수에 의해 댐의 앞부분이 패이는 것을 방지하기 위해 설치

■ 물방석의 목적
낙수충격을 완화하기 위해 시공

CHAPTER 05 제2장 사방

13) 사방댐에 작용하는 수압 ☆

일류수심(넘쳐 흐르는 물의 수심)이 없는 경우	일류수심(넘쳐 흐르는 물의 수심)이 있는 경우
$p = \dfrac{1}{2}rh^2$	$p = \dfrac{1}{2}rh(r+2h')$

여기서, P : 총수압 r : 물의 단위중량 h : 댐의 높이 h' : 일류수심

■ 사방댐의 설계순서 ☆☆☆
예정지 지형 및 지질조사 → 측량 및 위치 결정 → 댐의 방향과 높이의 결정 → 댐의 형식과 기울기 결정 → 방수로 및 기타 부분의 설계 → 콘크리트 배합 설계 → 단면의 설계 · 물빼기구멍의 설계 → 물받침 여부의 설계 → 임시 배수로 및 물막이 공법의 설계 → 수량의 산정 → 부대공사의 설계 → 설계도서의 작성

14) 본댐과 앞댐의 간격

① 월류수류의 낙하지점에서 세굴토사가 하류측에 충격을 주어 평형상태를 이루도록 정함.
② 높은 댐 1.5, 낮은 댐 2.0을 적용
③ 본댐과 앞댐과의 간격계산 : $L \geq (1.5 \sim 2.0) \times (H+t)$
여기서, L : 본댐과 앞댐과의 간격 H : 본댐의 유효고 t : 월류수심

15) 저댐군(低댐群)공법

① 3기가 1조로, 최상류의 댐은 토사나 토석의 선단을 분해하여 저댐의 양쪽에 분산 퇴적시키고, 유수는 확산하여 유하시킴.
② 중간댐은 유수와 유출사를 안정시켜 마지막 댐으로 유하시킴.
③ 최적간격은 40~50m, 유효높이는 2m 전후로 설치함.

2. 골막이 (구곡막이, Erosion Check Dam)

1) 개념 ☆☆☆

① 침식성 구곡의 유속을 완화하여 종 · 횡 침식을 방지하고, 수세(水勢)를 줄여 산각을 고정하고 토사유출 및 사면붕괴를 방지하기 위하여 시공하는 횡단공작물
② 골막이는 곡선부는 피하고 직선부에 설치하며, 가급적 물이 흐르는 중심선 방향에 직각이 되도록 시공하며, 바닥 비탈 기울기가 급한 곳에서는 단계적으로 여러 개소를 시공함.
③ 반수면은 하류 계상보다 2m를 넘지 않도록 하는 경우가 많으며, 반수면의 비탈 물매는 1 : 0.2~0.3으로 하고, 계상물매가 급한 경우에는 세굴에 대비하여 물받이 · 수직벽 · 막돌놓기 등을 설치함.

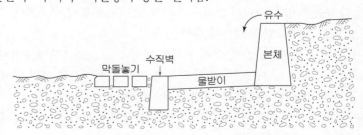

그림. 골막이의 시공

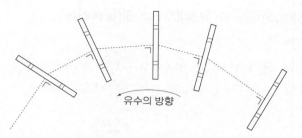

유수의 방향

그림. 골막이의 방향

2) 골막이와 사방댐의 차이점 ☆☆☆

구분	골막이	사방댐
규모	작음	큼
시공위치	계류상 윗 부분	계류상 아래 부분
반수면과 대수면	반수면만 축설	반수면과 대수면 모두 축설
양쪽 귀	견고한 지반까지 파내고 시공하지 않고 그 양쪽 끝에 유수가 돌지 않도록 공작물의 둑마루를 높임.	견고하나 지반까지 파내고 시공

3) 골막이(구곡막이)의 종류 ☆

① 구곡막이는 축조재료에 따라 돌골막이, 돌망태골막이, 콘크리트골막이, 바자골막이, 통나무구곡막이 등

② 돌구곡막이의 축설요령

　㉮ 석재를 구하기 쉬운 곳이나 침식이 활성적이고 토사의 유하량이 많은 곳에 적합

　㉯ 대상유역은 4~5ha 이내, 크기는 길이 4~5m, 높이는 2m 이내로 축설

　㉰ 계천의 굴곡부를 피하고 직선부에 축설, 축설방향은 상류의 유심에 대하여 직각이 되도록 됨.

　㉱ 댐마루 부분은 방수로를 설치하지 않는 대신 중앙부를 약간 낮게 하여 활꼴 단면이 되도록 함.

　㉲ 돌쌓기의 물매 : 1 : 0.3를 표준

　㉳ 반수면은 견치돌(견고한 시공시), 막깬돌로 쌓고 댐마루까지의 높이의 1/2에 해당하는 두께의 뒷채움을 실시

　㉴ 물받침공사를 설치하지 않으므로 막돌놓기공법(감쇄용 사석공법) 등으로 수세를 약화시킴

③ 콘크리트 골막이 : 큰 규모의 구곡침식이 발생하는 계곡 중 견고한 공작물이 필요한 장소에서 침식을 방지하고 산각을 고정하기 위해 시공함.

■ 골막이(구곡막이) 종류

① 돌 골막이 : 침식이 활성적이고 토사의 유하량이 많은곳 적합

② 콘크리트 골막이 : 석재구입이 어렵고 견고한 구조물 시공시 적합

③ 흙 골막이 : 흙으로 골막이를 축설하고 댐마루 반수면에 떼를 입혀 시공

④ 바자 골막이 : 직경 10m내외 통나무로 말뚝을 박고, 지조를 엮어 토심이 깊고 암반노출이 없는 습한 지역에 축설

⑤ 통나무 골막이 : 직경 6cm 횡목으로 일정간격 배치 후 결속선으로 묶어 공간을 자갈 돌흙으로 채워 축설

핵심 PLUS

■ 바닥막이
① 계상침식 방지, 종침식 방지
② 토사석력의 유실방지와 계류를 안정적으로 보전하기 위하여 시공

3. 바닥막이(Stream Grade-Stavilization Strucures) ☆

1) 목적

황폐계류나 야계의 바닥침식을 방지하고 현재의 바닥을 유지하기 위하여 계류를 횡단하여 시설하는 횡구조물로 설계요인은 사방댐에 준함.

2) 시공위치

① 계상이 낮아질 곳, 하류지점 직하부
② 사방공작물의 파괴 또는 종·횡 침식 발생예상지역의 하류
③ 난류 발생지역

3) 높이

① 보통 3.0m 이하가 많지만 단면은 원칙적으로 사방댐에 준해 결정함.
② 높이가 2.0~3.0m 이상 경우, 경험적으로 사방댐보다 댐마루의 폭은 1.0~1.5m 정도, 반수면의 물매 1 : 0.2, 대수면의 물매는 수직으로 함.

4) 방향

상류에서 하류방향으로 바라볼 때 물이 흐르는 중심선(유심선)에 직각이 되도록 설치하며, 물이 부딪히는 곡점부에는 높게, 반대쪽은 상대적으로 낮게 설치함.

5) 시공재료에 따른 종류

① 돌바닥막이, 콘크리트바닥막이, 돌망태바닥막이 등이 있으나 돌바닥막이가 가장 많이 사용됨.
② 돌바닥막이 : 석재를 구하기 쉬운곳에서는 주로 막깬돌을 사용하여 찰쌓기함, 높이는 1~2m 정도

6) 낮은 바닥막이 공사(stream bed works)

① 황폐한 계천바닥의 세굴 침식을 막고 바닥의 안정을 위하여 계류를 횡단하여 바닥막이 사이에 설치함.
② 높이 : 계상의 상승높이에 다소 여유높이를 두어 2.0m 정도로 함, 둑마루의 높이는 계획계상고와 같게 하여 낙차를 두지 않음.

■ 기슭막이
계안의 횡침식을 방지하고 산복공작물의 기초 및 산복붕괴의 직접적인 방지 등을 목적으로 계안에 따라 설치하는 종공조물(縱工造物)

4. 기슭막이(Revetment) ☆☆

① 목적 : 계안의 횡침식방지, 산복공작물의 기초보호, 산복붕괴의 직접적인 방지
② 설치시 유의사항
㉮ 기초의 세굴을 피함.
㉯ 유수에 의하여 기슭막이 공작물의 뒷부분이 세굴되지 않도록 함.

㉢ 한편에 기슭막이 공사를 함으로써 다른 편의 계안에 새로운 세굴이 발생하지 않도록 함.

㉣ 물이 부딪히는 곡선부에 설치하는 구조물은 높게, 반대쪽에 설치하는 구조물은 상대적으로 낮게 시공, 기슭막이 높이는 계획홍수위 기준 이상으로 함.

㉤ 축석의 기울기는 1 : 0.3~0.5로 하며, 물빼기 구멍을 배치하여 뒷면으로부터의 수압에 의해 붕괴되지 않도록 함.

③ 기슭막이는 산기슭 또는 계류의 기슭에 설치하여 기슭붕괴 또는 계류의 물이 넘치는 것을 방지하고, 높은 수위의 계류흐름에 의한 계안침식을 막기 위한 것으로 옹벽과 유사함.

④ 축설재료에 따른 종류

㉮ 돌기슭막이

- 가장 많이 시공, 돌쌓기의 기울기는 찰쌓기 1 : 0.3, 메쌓기 1 : 0.5를 표준으로 하며 토사가 새어 나오지 않도록 충분한 뒷채움을 함.
- 계폭이 비교적 넓고 계상물매가 완만한 곳에 설치, 돌붙임 물매는 1 : 1.5

㉯ 콘크리트 기슭막이

- 유수의 충격력이 크고, 계안침식이 심한 곳에 시공
- 둑마루 두께 0.3~0.5m, 앞면기울기 1 : 0.3~0.5
- 연장이 20m를 초과하면 원칙적으로 수축줄눈을 10~15m 마다 1개소로 설치함.

㉰ 돌망태 기슭막이

- 기울기는 1 : 0.5 이상으로 말뚝으로 고정하며 높은 경우에는 가로로 쌓아 견고도를 높임.
- 시공지 부근에 호박돌이나 잡석이 많은 곳에서는 돌망태 기슭막이로 하천둑을 보호함.

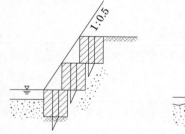
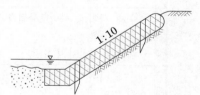

그림. 돌망태 기슭막이

㉱ 바자 기슭막이 : 계안을 따라 길이 1.2m 정도의 말뚝을 0.6~1.0m간격으로 박고 나무섶 등으로 바자를 엮어 흙을 채우며 떼를 붙여 견고도를 증강시킴.

㉲ 타이어 기슭막이: 터파기 한 후 폐타이어를 놓고 막자갈로 채운 후 타이어 뒷쪽에 되메우기하고 같은 작업을 반복함.

■ 기슭막이 시공위치
① 계류에 있어서 수류·유로의 만곡에 의하여 물의 충격을 받는 수충부나 요철, 계안이나 산복의 위험성이 있는 곳에는 그 전방에 시공함
② 유로의 변경 공법은 구간이 짧은 경우에 적합

■ 축설재료에 따른 기슭막이 종류
돌기슭막이, 돌망태기슭막이, 콘크리트기슭막이, 콘크리트블럭기슭막이, 통나무기슭막이, 바자기슭막이 등

CHAPTER 05 제간사방

■ 수제 ☆
① 한쪽 또는 양쪽 계안으로부터 유심을 향하여 적당한 길이와 방향으로 돌출한 공작물로서 주로 유심의 방향을 변경시키기 위하여 시공하는 계간사방공작물
② 보통 계상너비가 넓고 계상물매가 완만한 계류에 계획하며, 계안으로부터 유심을 멀리하여 수류에 의한 계안의 침식을 방지하고 기슭막이 공작물의 세굴을 방지하기 위하여 설치함.
③ 방향 : 유심선 또는 접선에 대해 상향 70~90°의 각도

5. 수제(水制, Spur Dike)

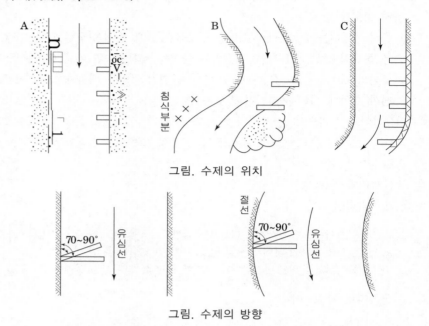

그림. 수제의 위치

그림. 수제의 방향

1) 종류

① 사용·재료에 따라 : 돌수제, 돌망태수제, 콘크리트수제, 콘크리트블럭수제, 통나무수제, 바자수제 등
② 유수방향에 따라 : 횡수제, 평행수제
③ 유수투과 여부 : 투과수제, 불투과수제
④ 물의 월류상태에 따라 : 월류수제와 불월류수제
⑤ 돌출각도에 따라 상향수제·직각수제·하향수제로 구분

상향수제	• 수제 사이의 사력토사퇴적이 하향수제나 직각수제에 비해 많고 두부의 세굴작용이 가장 강함. • 계류의 중심을 향하여 편류함.
직각수제	• 수제 사이의 사력토사퇴적이 직각수제보다 적고 두부의 세굴작용이 가장 약함. • 계안을 향하여 편류함.
하향수제	• 수제 사이의 중앙에 토사의 퇴적이 생기고 두부의 세굴작용이 비교적 약함. • 편류를 일으키지 않음.

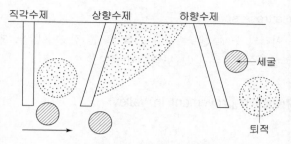

그림. 수제의 돌출각도와 계상변동

2) 형상

I자형(황폐계류에 일반적사용), T자형, 역L자형, 열쇠형(사력퇴적지대) 등

3) 길이와 간격 ☆

① 수제의 길이는 짧게 하고 수제와 기슭막이를 함께 설치가 효과적임.

② 수제의 길이는 계폭의 10% 이하 표준

③ 수제의 간격은 길이·방향·작용범위·유수의 강도·계상물매·계상상황에 따라 정하며, 일반적으로 수제 길이의 1.25~4.5배로 함.

④ 수제의 길이는 짧은 것을 설치하는 것이 효과적이고 계폭의 $\frac{1}{3}$ 이내로 함.

4) 높이

① 두부침식을 방지하기 위해 보통 두부의 기초를 깊게 계상에 밑넣기를 함.

② 유심을 향해 1/15~1/10의 물매가 되도록 앞부분을 낮게 축설함.

③ 수제 높이는 최대홍수유량을 기준으로 결정함.

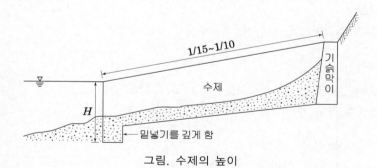

그림. 수제의 높이

5) 말뚝수제(pile spur)

대표적 투과수제, 목재말뚝 또는 철근콘크리트 말뚝을 1개 또는 말뚝묶음을 한 줄 또는 여러 줄로 박고, 말뚝을 종·횡·대각선으로 연결하여 설치

6) 침상수제(mattress spur)

계상을 덮는 형태의 수제, 불투과수제로 설치되는 경우가 많음, 재료에 따라 섶침상수제 · 목공침상수제 · 콘크리트방틀수제 등으로 구분

6. 계간수로(Stream Improvement in Valley)

1) 목적

황폐된 계천의 구불구불한 유로를 정지하여 안정시키는 것

2) 시공재료에 따른 구분

돌수로, 콘크리트수로, 콘크리트블록 수로, 돌망태 수로 등으로 구분

3) 공사의 종류 ☆

① 물줄기 바로잡기 공사(수로변경공사) : 보호대상물에 인접한 유로를 변경시켜 유수를 안전하게 유하시킴.
② 냇바닥 치우기 공사(수로정리공사) : 계상면(溪床面)의 토석을 제거하거나 폐인 곳을 메우는 등 계상침식을 방지하는 공사
③ 호안공사 : 수로변경 공사시 깎고 쌓은 양안을 돌이나 콘크리트 블록 또는 돌망태로 보호하는 공사
④ 사석공사 : 호안공사의 밑막이, 댐 물받이 하류의 세굴 방지를 위하여 잡석을 깔아 놓는 공사

7. 모래막이(Sand Catching Structure, 사류지(砂溜地))

1) 설치장소

토석류의 상습발생지, 선상지, 계간수로의 상류에 설치

2) 모래막이의 용량

① 강우량, 유역면적, 지형, 지질, 황폐정도 등으로 결정
② 연 1회 정도 제거작업에 의하여 기능 회복가능한 용량

3) 모래막이의 형상

주걱형, 반주걱형, 위(胃)형, 자루형

4) 모래막이의 구조

유입부의 θ각은 30° 정도가 적당함.

■ 계간수로
① 유로공사라고도 하며, 주로 모래 및 자갈 퇴적지 또는 구불구불한 계간수로의 흐름을 방지하고, 난류(亂流)의 흐름을 방지, 종횡침식을 방지하여 유로의 확정과 함께 하도의 안정을 도모하기 위하여 시공하는 계간사방공사
② 수로의 단면은 사다리꼴 형태가 가장 효과적이며 직사각형 형태는 소형수로에, 활꼴형태는 속도랑에 이용됨.

■ 모래막이
상류지역으로부터 유출토사량이 많은 경우 또는 호우 등으로 인한 과도한 토사유출에 의한 유해 예방을 목적으로 유로의 일부를 확대하여 토사력을 저류하기 위하여 설치함.

8. 둑쌓기

① 물의 흐름을 유도하여 범람을 방지하기 위하여 계류의 기슭에 시설

② 둑의 상단폭은 1~3m 내외로 하고, 둑의 안쪽면과 바깥쪽면의 비탈은 다음의 기준으로 시공함.

〈둑의 높이에 따른 비탈기울기〉☆

둑 높이	둑 바깥쪽면 (반수면)의 기울기	둑 안쪽면 (대수면)의 기울기	둑마루의 두께
1.0 이하(m)	1 : 1.3	1 : 1.0	0.7~1.0(m)
1.1~2.0	1 : 1.5	1 : 1.3	1.0~1.5
2.1~3.0	1 : 2.0	1 : 1.5	1.5~2.0
3.1~5.0	1 : 2.5	1 : 2.0	2.0~3.0

③ 둑 자체의 압력과 침하를 고려하여 계획 제방 높이에 0.5~1.0m 내외의 여유고를 더하여 시공

④ 계류의 폭은 최대 유량이 안전하게 유출되도록 함.

⑤ 농지에 연접된 둑의 경우 여유고를 줄이거나 생략하여 시공

⑥ 둑의 보호를 위하여 침윤선을 적용하여 시공

■■■■ 5. 계간사방(溪間砂防)

1. 황폐계류로 인한 계상의 침식방지를 위한 사방공사는?

① 하천사방　　　　　　② 계류사방
③ 산복사방　　　　　　④ 야계사방

해설 **1**
야계사방은 황폐계류의 계상(溪床) 및 계안(溪岸)에 공작물을 설치하여 계천의 종횡침식을 방지하고 산각(山脚)을 고정하여 계류의 안전유출을 기하는 것을 말한다.

2. 다음 중에서 계간사방(溪間砂防)에 포함되지 않는 것은?

① 계간침식방지 공사　　② 산사태 발생위험지 공사
③ 유송토사의 저사조절 공사　④ 토석류의 억지 공사

해설 **2**
산사태 발생위험지 공사는 산지사방공사에 해당된다.

3. 황폐계류의 특성이 아닌 것은?

① 유로의 연장이 비교적 짧으며 계상물매가 급하다.
② 유량은 강우(降雨)나 응설(融雪) 등에 의해 급격히 증가하거나 감소한다.
③ 사력(砂礫)의 이동이 거의 없다.
④ 호우가 끝나면 유량이 격감된다.

해설 **3**
황폐계류는 사력(砂礫)을 생산하여 하류부에 유출한다.

4. 일반적으로 홍수 피해의 직접적인 발생원인이라고 할 수 없는 것은?

① 우천이 계속될 때　　　② 사방사업이 없을 때
③ 강우량이 너무 많을 때　④ 하천 유역에 산림이 없을 때

해설 **4**
사방사업이 미비하면 홍수로 인한 간접피해가 심해진다.

5. 다음 중 야계 및 계간사방과 관계가 먼 것은?

① 사방댐　　　　　　　② 바닥막이
③ 계간수로　　　　　　④ 비탈다듬기

해설 **5**
비탈다듬기는 산지사방의 기초공사에 해당된다.

정답 1. ④　2. ②　3. ③　4. ②
5. ④

6. 황폐계류유역의 구분에 속하지 않는 것은?

① 토사고정구역
② 토사생산구역
③ 토사퇴적구역
④ 토사유과구역

7. 황폐계류의 유역을 구분할 때 최하류에 해당하는 것은?

① 토사생산구역
② 토사퇴적구역
③ 토사유과구역
④ 토사통과구역

8. 야계를 나누는 방법으로 유역크기에 의한 분류가 있는데 중야계의 면적은 어느 정도인가?

① 유역면적 10 ~ 20ha 이내
② 유역면적 20 ~ 100ha 정도
③ 유역면적 100ha 이상 1000ha 이하
④ 유역면적 1000ha 이상

9. 야계의 계획구배는 현 계상의 얼마가 좋은가?

① 1/2 ~ 2/3
② 1/3 ~ 1/2
③ 1/4 ~ 1/3
④ 1/5 ~ 1/4

10. 계류바닥의 보정 기울기에 대한 설명 중 옳지 않은 것은?

① 계류바닥을 침식시킬 만큼의 최대 기울기이다.
② 자갈의 모양, 크기, 유수의 밀도, 지형적 기복상태에 따라 달라진다.
③ 평균사도, 자연사도, 안정구배라고도 한다.
④ 보정기울기는 대략 3% 내외이다.

해설 **6**
황폐계류의 유역의 구분은 토사생산구역, 토사유과구역, 토사퇴적구역으로 구분할 수 있다.

해설 **7**
토사퇴적구역은 토사가 퇴적되는 황폐계류의 최하류부로 계상의 기울기는 완만하고 계폭이 넓다.

해설 **8**
중야계(中野溪)는 유역면적이 20~100ha이다.

해설 **9**
보정기울기는 대략 3% 내외이며 현 계천바닥 기울기의 1/2~2/3정도로 결정한다.

해설 **10**
보정기울기는 계천바닥을 침식하지 않는 최대의 기울기이다.

정답 6. ① 7. ② 8. ② 9. ①
10. ①

11. 야계사방에 있어서 유량을 결정하는 요인과 관계가 가장 적은 것은?

① 유역면적 및 임상
② 지형·지질 및 배수조직
③ 강수량·강수분포 및 강우강도
④ 계상 물매 및 만곡부의 처리

12. 계간공사의 기본 유형에서 기슭막이와 수제로 난류를 조정하고 바닥막이를 계단식으로 배치해야 하는 곳은?

① 계류 바닥의 기울기를 완화하고 방지하려는 곳
② 산기슭을 고정하고 붕괴를 방지하려는 곳
③ 황폐유역에 유출되는 토사자갈의 저류를 목적으로 하는 곳
④ 모래, 자갈 퇴적지의 난류방지 및 계류바닥의 고정을 목적으로 하는 곳

13. 계간공사의 기본 유형에서 계류 바닥의 기울기를 완화하려는 곳에는 무엇을 연속적으로 배치하는 것이 적당한가?

① 사방댐 또는 바닥막이
② 기슭막이 또는 수제
③ 바닥막이 또는 기슭막이
④ 골막이 또는 계단수로

14. 다음 중 계간공사의 시공기준에서 잘못 연결된 것은?

① 시내 또는 하천의 종·횡침식방지가 필요한 곳 : 골막이, 기슭막이
② 상류로부터 밀려 내려오는 토사·자갈 등의 차단과 저수가 필요한곳 : 사방댐
③ 각종 시설물의 안전을 위하여 필요한 곳 : 모래막이, 비탈면
④ 시내 또는 하천바닥의 불안정한 침식방지 및 적정한 기울기의 유지가 필요한 곳 : 바닥막이

15. 우리나라에서 최근에 저수기능을 겸하도록 시공되고 있는 계간 공작물은 무엇인가?

① 사방댐
② 바닥막이
③ 골막이
④ 기슭막이

해　　설

해설 **11**
야계사방에 있어서 유량을 결정할 때는 유역면적 및 임상, 지형과 지질 및 배수조직, 강수량과 강수분포 및 강우강도 등의 요인을 고려하여야 한다.

해설 **12**
계간 사방공작물의 계획은 규모는 되도록 작고 효과는 크며 친자연적인 시공법을 적용할 수 있도록 한다.

해설 **13**
계류 바닥의 기울기를 완화하는 곳에는 사방댐 또는 바닥막이를 연속적으로 배치한다.

해설 **14**
각종 시설물의 안전을 위하여 필요한 곳에는 물받이와 측벽(側壁) 등을 설치한다.

해설 **15**
최근의 사방댐은 산불진화 취수용, 농업용수 공급원 등으로 활용할 수 있도록 시공하고 있으며 그 규모도 폭 50m까지 커지고 있다.

정답 11. ④ 12. ④ 13. ① 14. ③
15. ①

16. 다음 댐형식의 선정에 있어서 옳지 않은 것은?

① 직선중력댐은 댐부근에서 재료를 구입하기 쉽고 양안이 견고한 곳이어야 한다.
② 부벽식 댐은 지반의 경사도가 약간 있거나 지지력이 비교적 적은 지반에 콘크리트 운반거리가 비교적 먼 경우에 알맞다.
③ 아치댐은 지반이 비교적 길이가 길고 양안의 지질이 연약한 경우에 좋다.
④ 흙댐은 지반이 비교적 연약하고 부근에서 양질의 흙을 쉽게 구할 수 있을 때 알맞다.

17. 사방댐 중에서 모르타르를 사용하지 않고 석재 또는 콘크리트블록으로 축조한 댐은?

① 메쌓기댐
② 찰쌓기댐
③ 돌망태댐
④ 혼합쌓기댐

18. 사방댐을 설치할 가장 좋은 위치는?

① 상하류의 계폭의 변화가 없는 곳
② 상류의 계류바닥 물매가 급한 곳
③ 상류가 좁고 하류가 넓은 곳
④ 하류가 좁고 상류가 넓은 곳

19. 사방댐의 기능에 해당하지 않는 것은?

① 상류계상 물매완화
② 종횡침식의 방지
③ 비탈면의 안정유지
④ 산각고정

20. 댐높이가 6m 미만인 사방댐의 반수면 물매는?

① 1 : 0.3
② 1 : 0.5
③ 1 : 0.8
④ 1 : 1.5

해설 **16**
아치댐은 질이 좋은 암반이 노출되고 댐의 높이에 비해 계곡의 나비가 좁은 경우에 설치한다.

해설 **17**
콘크리트와 모르타르의 사용여부에 따라 돌댐은 메쌓기댐과 찰쌓기댐으로 구분된다.

해설 **18**
댐자리의 계류 폭이 좁고 상류부분은 넓어 많은 퇴사량을 간직할 수있는 곳에 사방댐을 시공한다.

해설 **19**
사방댐의 기능은 ①, ②, ④외 흐르는 물의 배수, 토사 및 자갈의 퇴적, 산불 진화용수 및 야생동물의 음용수 공급 등이다.

해설 **20**
댐의 높이가 6.0m 이상이면 1 : 0.2, 6.0m 미만이면 1 : 0.3을 표준으로 한다.

정답 16. ③ 17. ① 18. ④ 19. ③
20. ①

21. 사방댐의 방수로 크기를 결정하는 요인이 아닌 것은?

① 집수면적   ② 강수량
③ 산림의 상태   ④ 댐의 크기

22. 사방댐에 있어서 물빼기 구멍의 적정설치 위치는?

① 댐 아래쪽의 계상선   ② 댐의 중간 위치
③ 댐 높이의 1/5 지점   ④ 최대수면의 위치

23. 중력댐의 안정조건에 해당되지 않는 것은?

① 활동에 대한 안정   ② 전도에 대한 안정
③ 홍수에 대한 안정   ④ 기초지반의 지지력에 대한 안정

24. 중력댐의 안정조건 중에서 전도에 대해 안정하기 위해서는 합력작용선이 제저의 중앙 얼마 이내를 통과해야 하는가?

① 1/2   ② 1/3
③ 1/4   ④ 1/5

25. 사방댐에서 파괴가 잘되어 특별히 잘 시공해야 하는 부위는 어느 부분인가?

① 방수로   ② 대수면
③ 측벽   ④ 물방석

26. 댐밑의 세굴을 방지하기 위해서 설치하는 물받침의 길이는 보통댐인 경우 일반적으로 물높이에 대한 얼마만큼의 비율로 하는가?

① 물높이와 동일하게   ② 물높이의 2.0배
③ 물높이의 3.0배   ④ 물높이의 4.0배

해 설

해설 21
방수로는 댐의 유지면에서 매우 중요하며 크기는 집수면적, 강수량, 산림의 상태, 산복의 경사 등에 의해 결정된다.

해설 22
사방댐의 물빼기 구멍은 대수면에 가해지는 수압을 감소시키기 위해 설치하며 댐 아래쪽의 계상선이나 댐 높이의 1/3 지점에 설치한다.

해설 23
중력댐이 수압 또는 기타 외력에 저항하기 위한 안정조건에는 전도·활동·체체의 파괴 및 기초지반의 지지력에 대한 안정의 조건을 만족해야 한다.

해설 24
전도에 대해 안정하기 위해서는 합력작용선이 제저(堤底)의 중앙 1/3 이내를 통과해야 한다.

해설 25
물방석은 낙수의 충격을 완화하기 위해 본댐과 앞댐 사이에 설치하는 것으로 잘 파괴되므로 특별히 견고하게 시공해야 한다.

해설 26
물받이의 길이는 6m 미만의 보통댐에서는 물높이의 2.0배, 이보다 높을 때는 1.5배 정도로 한다.

정답 21. ④   22. ①   23. ③   24. ②
25. ④   26. ②

27. 다음 중 사방댐과 골막이를 잘못 설명한 것은?

① 댐의 규모는 사방댐이 크다. ② 시공위치는 사방댐이 위다.
③ 골막이는 반수면만 축설한다. ④ 골막이는 일종의 작은 댐이다.

28. 다음 중 돌골막이의 설명 중 틀린 것은?

① 쌓기 비탈물매는 대체로 1 : 0.3으로 한다.
② 길이 4 ~ 5m, 높이 2m 이내로 축설한다.
③ 찰쌓기를 할 때는 1m³ 당 1개 정도의 물빼기 구멍을 설치한다.
④ 사방댐과는 달리 대수면만을 설치한다.

29. 구곡막이(골막이)에 대한 설명 중 맞지 않는 것은?

① 축설목적은 사방댐과 같다.
② 토사유출 및 사면붕괴를 방지하기 위하여 시공하는 공작물이다.
③ 돌골막이의 경우 방수로를 따로 만들어야 한다.
④ 흙골막이의 경우 심벽 없이 축설하는 경우도 있다.

30. 돌골막이 뒷채움돌의 두께는 높이의 얼마로 해야 적정한가?

① 1   ② 1/2
③ 1/3   ④ 1/4

31. 계상침식의 방지 및 계상을 보호하기 위하여 시공하는 공작물은?

① 수제   ② 기슭막이
③ 바닥막이   ④ 구곡막이(골막이)

해설 **27**
시공위치는 골막이가 계류 상의 위이고 사방댐이 아래이다.

해설 **28**
사방댐은 대수면(對水面)과 반수면(反水面)을 모두 축조하지만 골막이는 반수면만을 축조하고 중앙부를 낮게 하여 물이 흐르게 한다.

해설 **29**
돌골막이의 경우 방수로를 따로 만들 필요 없이 중앙부를 약간 낮게 한다.

해설 **30**
반수면은 견치돌(견고한시공시), 막깬돌로 쌓고 댐마루까지의 높이의 1/2에 해당하는 두께의 뒷채움 자갈을 넣는다.

해설 **31**
바닥막이는 황폐계류나 야계의 바닥침식을 막고 퇴적된 불안정한 토사석력의 유실 방지와 계류를 안정적으로 보전하기 위하여 시공한다.

정답 27. ② 28. ④ 29. ③ 30. ②
31. ③

32. 바닥막이(保床工)의 설치 지점 선정 조건이 아닌 것은?

① 분지 합류지 하류　　② 종횡침식 하류
③ 곡선(굴곡부)도 가능　④ 계상이 안정된 지점

33. 바닥막이에서 가장 많이 사용되는 재료는?

① 돌　　　② 콘크리트
③ 블록　④ PVC 판

34. 계상의 침식을 방지하기 위하여 시설하는 공작물로서 계상에 현저히 나와 있지 않은 것은?

① 흙막이(留土工)　　② 묻히기(埋設工)
③ 사방댐(保谷工)　④ 바닥막이(保床工)

35. 바닥막이 공사에 관한 설명으로 옳지 않은 것은?

① 계상의 종침식을 방지하는 경우에는 낮은 바닥막이를 계획한다.
② 횡침식 방지를 주목적으로 한다.
③ 연속적인 바닥막이 공사로 계상(溪床)물매를 완화시킨다.
④ 바닥막이 공사 지점의 간격은 일정치 않을 수 있다.

36. 야계 사방에 있어서 기슭막이의 시공 목적이 아닌 것은?

① 기초세굴을 피한다.
② 계안의 세굴을 피한다.
③ 구곡(溝谷)의 유속을 완화한다.
④ 황폐 계천을 정비한다.

37. 산각이나 계류양안을 유수의 침식작용으로 보호하고, 또 계안을 안정시키기 위하여 계안에 따라 설치하는 공작물을 무엇이라 하는가?

① 구곡막이(골막이)　　　② 바닥막이
③ 기슭막이　　　　　　　④ 수제

38. 임도측면 기슭막이 석축재료는 압축강도가 높아야 하는데 다음 중 그 압축강도가 제일 큰 것은?

① 안산암　　　　　　　　② 사암
③ 석회암　　　　　　　　④ 화강암

39. 물받이가 필요하지 않은 공작물은?

① 바닥막이　　　　　　　② 사방댐
③ 골막이　　　　　　　　④ 흙막이

40. 계류의 유속과 흐름 방향을 조절할 수 있도록 둑이나 계안으로부터 돌출하여 설치하는 계간 사방 공작물은?

① 보상공　　　　　　　　② 보곡공
③ 수제공　　　　　　　　④ 물받침공

41. 수제의 설명으로 틀린 것은?

① 수제가 소규모인 경우에는 돌망태 수제가 많이 이용된다.
② 수제의 길이는 가능한 한 긴 것을 적게 설치하는 것이 효과적이다.
③ 수제의 간격은 수제길이의 1.25 ~ 4.5 배가 적당하다.
④ 수제의 길이는 계폭의 1/3 이내가 적당하다.

해설 **37**
기슭막이는 산각이나 계류양안의 계안 침식을 막기 위한 것으로 옹벽과 유사한 공작물이다.

해설 **38**
화강암은 화성암으로 압축강도가 가장 크다.

해설 **39**
흙막이는 흙이 무너지거나 흘러내림을 막는 공작물이다.

해설 **40**
수제는 계류의 유속과 흐름방향을 변경시켜 계안의 침식과 기슭막이 공작물의 세굴을 방지하기 위해 둑이나 계안으로부터 돌출하여 설치하는 계간 사방 공작물이다.

해설 **41**
수제의 길이는 짧게 하고 수제와 기슭막이를 함께 설치가 효과적이다.

정답　37. ③　38. ④　39. ④　40. ③
　　　41. ②

42. 수제 사이의 사력토사퇴적이 가장 많고 두부의 세굴작용이 가장 강한 수제는?

① 직각수제
② 하향수제
③ 상향수제
④ 수도형(垂導型) 수제

43. 물줄기를 바로잡기 위하여 깎고 쌓은 양안을 돌이나 콘크리트블록 또는 돌망태로 보호하는 공사는?

① 수제공사
② 사석공사
③ 양안공사
④ 호안공사

44. 일반적인 수로 단면의 형태로 가장 적당한 것은?

① 삼각형
② 사다리꼴
③ 마름모꼴
④ 쐐기형

45. 모래막이의 용량에 직접적으로 영향을 미치지 않는 것은?

① 강우량
② 하류지역의 개발정도
③ 유역면적
④ 황폐정도

46. 야계사방공사에서 둑을 쌓을 때 비탈기울기 중 가장 표준적인 것은?

① 바깥 비탈기울기 1 : 1.3, 안쪽 비탈기울기 1 : 1.5
② 바깥 비탈기울기 1 : 1.5, 안쪽 비탈기울기 1 : 1.3
③ 바깥 비탈기울기 1 : 1.2, 안쪽 비탈기울기 1 : 1.4
④ 바깥 비탈기울기 1 : 1.4, 안쪽 비탈기울기 1 : 1.2

해   설

해설 42

상향수제는 수제 사이의 사력토사퇴적이 하향수제나 직각수제에 비해 많고 두부의 세굴작용이 가장 강하다.

해설 43

호안공사는 수로변경공사시 쌓은 양안을 돌이나 콘크리트블록 또는 돌망태로 보호하는 공사이다.

해설 44

수로의 단면은 사다리꼴 형태가 가장 효과적이다.

해설 45

모래막이의 용량은 강우량, 유역면적, 지형, 지질, 황폐정도 등에 의해 결정된다.

해설 46

야계사방공사에서 둑을 쌓을 때는 0.5~0.6m의 여유 높이를 두고 더 쌓기 하는 것이 좋으며 비탈기울기는 일반적으로 높이 2m 내외에서는 바깥 비탈기울기는 약 1 : 1.5, 안쪽 비탈기울기는 1 : 1.3 정도로 한다.

정답   42. ③   43. ④   44. ②   45. ②
46. ②

06 해안·특수지 사방

학습주안점

• 모래언덕과정에 대해 이해하고, 해안 사방 공종 및 적합한 조림수종을 적용할 수 있어야 한다.
• 특수지사방 대상지 특징과 복구원칙과 대책에 대해 알고 있어야 한다.

핵심 PLUS

1 해안사방

1. 일반사항

1) 해안 사구의 형성 ☆☆

① 해안의 모래언덕(사구, 砂丘)에 있는 모래는 주로 하천의 상류지대에서 토양 침식에 의해 생성된 토사가 바다로 유출되어 운반된 것과 해안 및 해저의 암석이 파도로 파쇄되어 이동된 모래 등으로 구성됨

② 모래언덕의 구분 : 모래가 바람이나 파도에 의하여 밀어 올려진 후부터 모래 언덕을 구성할 때까지는 치올린 모래언덕 → 설상사구 → 반월사구의 3단계 과정을 거침

치올린 모래언덕	바다로부터 불어오는 파도에 의하여 모래가 퇴적하여 얕은 모래둑이 형성
설상사구	바다로부터 불어 오는 바람은 치올린 언덕의 모래를 비산하여 내륙으로 이동시키는데 이때 방해물이 있으면 방해물 뒤편에 합류하여 혀모양의 모래언덕을 형성
반월사구	설상사구에서 바람이 모래를 수평으로 이동시켜 양쪽에 반달 모양의 날개 모양의 모래언덕을 형성하게 되는데 바르한(Barchan)이라고도 함.

③ 사구는 해안으로부터 앞 모래언덕(전사구), 주사구, 자연사구의 순으로 분포
④ 해안 사구지대에서 바람에 의한 모래 날림이나 이동하는 사구를 고정할 경우에 는 모래를 이동시키는 바람에 대한 방벽으로 전사구를 해안의 제1선에 설치함.

■ 해안사방
해안 사구지에서 바람에 의한 모래의 이동, 즉 비사로 인한 가옥이나 농경지 등의 피해를 예방하기 위하여 시행하는 공사

■ 모래언덕과정
치올린 모래언덕→설상사구→반월사구

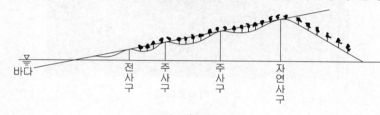

그림. 사구의 분포

2. 해안사방공종 ☆☆

방조공	• 방조제, 방조호안, 소파공, 소파제, 돌제, 부대시설 • 방조제 : 파도의 침입과 해안침식을 방지하기 위하여 해안방재림과 그 예정지를 보호하고 모래언덕과 산림을 조성 • 방조호안 : 모래언덕이나 해안선을 고정하여 모래언덕 및 산림조성의 기초로 사용 • 소파공 : 방조제, 방조호안 등의 전면부에 퇴사를 촉진하며 세굴을 방지 • 소파제 : 모래언덕, 해안선이 후퇴하는 것을 방지하여 정선을 유지하고 그 뒷면에 퇴사를 촉진 • 돌제 : 해안에 떠도는 모래를 억제 또는 퇴적시켜 해안침식을 방지
사구조성	• 사구에 의해 지형을 정리하여 해안으로부터의 풍력을 감쇄시키거나 균일화하여 비사를 방지하고 사지를 고정하며, 식재목의 정상적인 생육을 꾀함. • 공종 : 퇴사공(퇴사울타리공법, 구정바자얽기공법), 성토공, 모래덮기(모래덮기공법, 사초심기공법, 실파종), 파도막이퇴사공, 구정바자얽기, 모래막이, 파도막이
산림조성 (해안사지 조림공법)	• 해안사지에 숲을 조성하여 비사, 조풍 등의 재해를 방지 또는 경감하고, 배후지를 보전함. • 공종 : 방풍공, 배수공, 정사울세우기, 식재공 등

1) 퇴사공

① 퇴사울타리

㉮ 모래날림이 많은 지역에는 식재목을 보호하기 위하여 설치

㉯ 높이 : 1.0m

㉰ 말뚝용 재료 : 곰솔, 소나무, 낙엽송, 삼나무 또는 잡목

㉱ 발의 재료 : 섶, 갈대, 대나무, 억새류 등

■ 퇴사울타리
바다 쪽에서 불어오는 바람에 의해 날리는 모래를 억류하고 퇴적시켜서 사구를 조성하는 목적의 공작물

그림. 퇴사울타리

② 구정바자얽기

㉮ 퇴사울타리공법 등에 의하여 조성된 사구는 때때로 바람침식을 받아 파괴되는
경우가 있으므로 계획된 높이와 단면으로 퇴사되면 풍식방지를 위해 실시

㉯ 풍혈이 생기지 않도록 20cm 정도를 땅속에 묻으며, 바자의 꼭대기는 수평
으로 설치

㉰ 위치와 높이 : 가장 바람이 센 곳 ,높이 0.4~0.6m

㉱ 발의 재료 : 내구성이 큰 재료

2) 성토공

① 퇴사울에 의해 자연퇴사를 기대할 수 없는 경우나 보전대상이 신속하게 사구
를 조성할 필요가 있는 경우에 인공사구를 조성

② 성토의 양쪽 비탈면은 성토재료의 안식각으로 함, 표면은 침식을 방지하기 위해
점성토로 20cm 이상 피복하고 녹화함.

3) 모래덮기

① 모래덮기공법

㉮ 조성된 사구가 식생에 의하여 피복될 때까지 사구의 표면에 갈대발이나 거적,
새, 섶, 짚 등을 피복하여 수분을 보존하고, 비사를 방지하기 위해 시공

㉯ 사용재료에 따라 소나무섶, 갈대, 짚 모래덮기로 구분

그림. 모래덮기

② 사초심기

㉮ 식재사초는 모래의 퇴적으로 고사하지 않고 기는 줄기나 땅속 줄기가 뻗어
모래층을 잘 긴박하는 것을 선택

■ 사초심기
퇴사울타리와 정사울타리가 부식된 후,
이들의 기능을 보충하기 위해 화본과,
사초과 또는 국화과 등에 속 하는 초본
류 중 내풍성, 내염성이 강하고 퇴사에
의한 매몰, 건조, 더위에 강하여 모래땅
에서도 잘 생육하는 사초를 식재하여
사면을 피복, 비사를 고정하는 공법

화본과	갯개고리풀, 갯쇠보리, 새, 솔새
사초과	보리사초, 통보리사초, 솔보리사초, 행부자(숨복사지)
국화과	갯쑥부장이, 갯쑥, 갯씀바귀, 갯상근, 갯메꽃, 갯질경, 모래지치, 갯보리, 큰개미자리, 자귀풀
콩과	갯완두

■ 사초를 심는 방법
  줄심기, 망심기, 다발심기 등

㉴ 사초를 심는 방법

줄심기	1~2주를 1열로 하여 주간거리 4~5cm, 열간거리 30~40cm가 되도록 심음.
망심기	구획 크기 : 2m×2m 정도
다발심기	사초 4~8 포기를 한다발로 만들어 30~50cm 간격으로 식재

③ 실파종 : 사초심기공법 대신에 사초류 또는 기타 초본류의 종자를 직접 사지에 파종

그림. 사초심기

4) 파도막이

① 고정된 사구가 예측되지 않는 파도에 의해 침식되지 않도록 사구의 앞에 설치하는 공작물

② 위치 : 사구의 바다 쪽에 파도의 도달선을 고려하여 설치, 파도막이의 방향은 원칙적으로 정선에 평행하게 하며, 그 정부는 수평으로 함.

③ 종류 : 바자얽기, 파도막이 울짱얽기, 파도막이 돌망태쌓기, 최근에는 콘크리트판, 콘크리트블럭 등을 사용

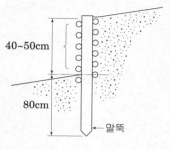

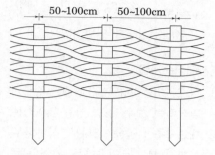

그림. 파도막이

5) 정사공법

① 정사울세우기

㉮ 주로 전사구의 육지 쪽에 후방모래를 고정하여 그 표면에 전면적인 모래의 안정을 도모하고 식재목이 잘 생육할 수 있도록 환경을 조성하는 목적으로 시행

㉯ 정사울타리는 한 변이 7~15m의 정사각형이나 직사각형으로 구획하고, 한 변(직사각형의 경우는 긴 변)을 주풍향에 직각이 되도록 설치

㉰ 울타리의 높이는 1.0~1.2m를 표준으로 20cm 정도를 모래에 묻음.

그림. 정사울세우기

② 정사 낮은울타리 세우기

㉮ 정사울타리 내부를 작은 구역(2~4m의 정사각형 또는 직사각형)으로 구획

㉯ 울타리 높이 : 30~50cm, 통풍비 : 1 : 1

㉰ 정사울을 설치한 다음 구획내부에 ha당 10,000본의 묘목을 식재

③ 충립공법

㉮ 식재공의 풍상에 새 등을 세워 바람이 식재목에 직접 닿지 않도록 설치

㉯ 바람에 의한 식재목의 수분증발을 억제하여 활착률을 높이고, 동시에 강우를 땅 속에 침투시켜 모래땅의 건조방지에 도움을 주려는 것으로 사지조림에서는 효과적인 방법

■ 정사공법

① 식재예정지의 전면에 정사울타리를 세워 식재목이 생육할 수 있는 환경을 만들기 위해 조성

② 전사구를 축설하여 후방지대에 풍속을 약화시켜 모래의 이동을 막고 식재목이 잘 자랄 수 있도록 환경을 조성하는 사지조림공법

- 사지식수공법
  사구를 영구히 고정하여 후방에 있는
  경지나 택지 등을 보호하기 위해 시행
  하며, 사구림은 방풍(防風) · 방조(防
  潮) · 방랑(防浪) 등의 효과가 있는 방
  재림(防災林)으로 활용

- 수종구비조건 ☆
  ① 양분과 수분에 대한 요구가 적을 것
  ② 온도의 급격한 변화에도 잘 견디어
    낼 것
  ③ 비사, 한해, 조해 등의 피해에도 잘
    견딜 것
  ④ 바람에 대한 저항력이 클 것
  ⑤ 울폐력이 좋고 낙엽, 낙지 등에 의
    하여 지력을 증진시킬 수 있는 것
  ⑥ 생활환경이나 풍치의 보전, 창출에
    적합할 것

ⓐ 위치는 식재목으로부터 15cm 정도 떨어진 풍상에 배치, 폭 30cm 정도, 높이
40cm 정도가 일반적임.

6) 사지식수공법

① 식재본수는 1ha당 10,000본 정도가 표준이나 조기에 수림화를 유도하기 위해
밀식하는 경우 ha당 상층 2,000본, 하층 5,000본 이상 식재

② 대표수종 : 곰솔, 소나무, 섬향나무, 노간주나무, 사시나무, 떡갈나무, 해당화,
아까시나무, 보리수나무, 자귀나무, 보리장나무, 싸리, 순비기나무, 팽나무

③ 객토와 시비

  ㉮ 해안에는 수분과 양분이 부족하므로 충분한 객토와 유기질 비료를 시비

  ㉯ 객토는 근계의 발달을 고려하여 현지의 모래 등을 혼합하여 시공

  ㉰ 비료는 지효성 비료를 기본으로 함.

④ 방풍시설 설치

  ㉮ 재목을 강풍으로부터 보호하기 위하여 설치하는 구조물의 유효높이는 일반
  적으로 2~3m 내외가 되도록 설치

  ㉯ 원칙적으로 주풍방향에 직각이 되도록 설치, 주풍방향과 직각이 아닌 경우
  에는 해안방재림과 평행이 되도록 설치

  ㉰ 폭이 넓고 1열의 방풍시설로는 효과를 기대할 수 없는 곳에는 여러 개의 방풍
  시설을 열지어 배치

  ㉱ 주풍방향이 계절마다 변하는 곳에는 방풍시설의 끝부분에 보조 방풍시설을
  설치

  ㉲ 낮은 방풍시설을 계속적으로 설치하는 경우에는 이음부분에서 풍속이 증가
  하여 피해를 증대시키기 때문에 방풍시설의 양끝을 중복시킴

2 특수지사방

1. 폐탄광 · 폐석지의 복원공사

- 특수지사방
  ① 폐탄광 · 폐석지 복원공사
  ② 등산로 정비공사
  ③ 산불피해지 복원공사

1) 대상지 특징

① 채광 및 채석(석재 채취) 등의 작업이 종료되어 인위적으로 토지의 형질 변화
를 가져온 곳으로, 이곳을 식생녹화공사에 적합하도록 정리하고 붕괴 방지를
위한 사면의 안정공사를 실시

② 주로 pH가 낮은 강산성 토양으로, 식물의 생장에 필요한 영양소가 부족하고 유해
한 중금속 함량이 높으며 낮은 보습력으로 인하여 식물의 물질생산능력이 매우
저조함.

③ 가급적 자연친화적이고 경관적인 식생으로 훼손된 폐탄 · 폐석지를 빠른 시일
내에 복원하고자 함.

2) 복구를 위한 시공 및 적용공사

① 복구준비 조치공사 : 비탈다듬기공사와 잔벽소단설치공사

② 안정·녹화공사

㉮ 돌림수로와 흙막이공사로 사면을 안정시키고 새심기, 씨뿌리기와 나무심기 등으로 녹화

㉯ 폐광지의 오염물질을 흡수·고정하는 정화능력이 높은 박달나무 등의 향토수종을 선발·육성

③ 낙상 및 붕괴예방 : 위해방지시설(철책) 및 산비탈 돌쌓기를 설치

④ 산물처리장 및 퇴적장구역

㉮ 평탄부분은 객토한 후 파식에 의하여 녹화

㉯ 퇴적장의 불안정한 사면은 수로내기, 축대벽(옹벽), 흙막이공사 등으로 사면을 안정시킴.

⑤ 진입로 등 기타구역 : 완경사지로 계곡부의 붕괴우려지에는 계간부에 기슭막이, 골막이 등을 시공하여 계상과 산각을 고정하고 그밖에 사면에는 새심기, 줄 씨뿌리기와 나무심기로 녹화함.

3) 복구설계서의 승인기준 (산지관리법 시행규칙)

① 최초의 소단(小段)의 앞부분은 수목을 존치하거나 식재하여 녹화하여야 하고, 각 소단에는 평균 두께 60센티미터 이상 흙(토질이 척박하거나 폐석적치지인 경우에는 수목의 활착 및 생육에 지장이 없도록 충분한 객토를 실시)을 덮고 수목·초본류 및 덩굴류 등을 식재하여 비탈면이 덮히도록 하여야 한다. 다만, 비탈면의 녹화가 가능한 경우에는 그러하지 아니하다.

② 복구대상지역 안에 있는 건축물·공작물의 철거 또는 이전계획이 복구설계서에 반영되어야 한다. 다만, 당해 복구대상 지역을 다른 용도로 사용하기 위하여 인·허가 등의 행정처분을 받은 경우에는 그러하지 아니하다.

③ 목적사업의 수행을 위하여 산지전용·산지일시 사용되는 산지가 아닌 비탈면은 사방공법으로 복구하여야 한다.

④ 고속국도·일반국도·철도·관광휴양지·명승지·공원 주변 등 경관조성 또는 생태복원이 필요한 지역의 비탈면에 대하여는 차폐공법·특수공법 등으로 가리거나 녹화하여야 한다.

⑤ 복구설계서에 따라 복구공사를 할 수 있도록 적정한 공사비가 복구설계서에 계상되어야 한다.

⑥ 토사유출의 우려가 있는 경우에는 하류에 토사유출을 방지하기 위한 침사지(沈砂池) 등을 설치하여야 한다.

■ 폐석처리장 사방복구시 수목 생육에 적합한 복토깊이는 60cm 이다.

CHAPTER 06 해안·특수지 사방

핵심 PLUS

⑦ 배수량이 적고 토사유출 또는 붕괴의 우려가 없는 경우를 제외하고는 하천 또는 다른 배수시설 등으로 배수되도록 배수시설을 설치하여야 하며, 배수로 인하여 수질이 오염되지 아니하도록 하여야 한다.

⑧ 복구를 위한 식재수종은 복구대상지의 임상과 토질에 적합하게 선정되어야 한다.

⑨ 산지전용, 산지일시사용 또는 토석채취를 한 산지를 복구하는 경우에는 주변의 자연배수 수준의 기준면까지 토석으로 성토한 후 수목의 생육에 적합하도록 60센티미터 이상 흙으로 덮어야 한다.

■ 채광 · 채석 · 토사 채취지의 소단은 비탈면 수직높이 15m 이상인 경우 수직높이 15m 이하 간격으로 너비 5m 이상의 소단을 조성한다. 이 때 비탈면의 각도는 75° 이하가 적당하다.

4) 광물의 채굴 · 토석채취지의 경우

① 비탈면의 수직높이가 15미터 이상인 경우에는 수직높이 15미터 이하의 간격으로서 비탈면의 너비를 제외한 너비 5미터 이상의 소단을 조성하여야 한다. 이 경우 장대비탈면(비탈면의 수직높이가 60미터 이상인 경우)이 발생하는 경우에는 비탈면의 수직높이 60미터 이하의 간격으로 비탈면의 너비를 제외한 너비 10미터 이상의 소단을 조성하는 등 재해를 줄이기 위한 대책을 수립하여야 한다.

② 소단에 발생하는 각각의 비탈면의 각도는 75도 이하이어야 한다. 다만, 건축용 석재를 직면체로 석재를 굴취 · 채취하는 등 불가피한 경우에는 그러하지 아니하다.

③ 광물의 채굴 · 석재의 굴취 · 채취인 경우에 비탈면을 제외한 각각의 소단바닥에 대한 수목식재는 제 ①의 규정에 불구하고 평균깊이 1미터 이상 너비 3미터 이상인 구덩이를 파거나 돌을 쌓는 등 등 토사유출을 방지하기 위한 시설을 설치하고 흙을 객토한 후 수목을 식재하여 수목이 생육함에 따라 비탈면이 차폐될 수 있도록 하여야 한다. 이 경우 배수에 차질이 없어야 하며, 토질이 척박하거나 폐석적치지인 경우에는 수목의 활착(活着) 및 생육에 지장이 없도록 충분한 객토를 실시하여야 한다.

④ 비탈면의 평균 기울기는 토석의 종류에 따라 다음의 요건을 충족하여야 한다.

㉮ 건축용석재의 굴취 · 채취의 경우에는 1 : 0.4 이하일 것

㉯ 광물의 채굴 및 건축용석재가 아닌 석재의 굴취 · 채취의 경우에는 1 : 0.5 이하일 것

㉰ 토사채취의 경우에는 1 : 1.0 이하일 것

⑤ 폐석처리장은 사방공법으로 복구하되, 60센티미터 이상 흙을 덮어야 한다.

⑥ 도로 · 철도 연변가시지역으로서 2킬로미터 이내의 지역에 대하여는 경관유지를 위하여 높이 1미터 이상의 나무를 2미터 이내의 간격으로 식재하여 차폐조림을 하여야 한다.

⑦ 폐석 등이 많이 적치된 지역은 비탈면의 정지작업을 철저히 하고 객토를 많이 하여 수목의 활착 · 생육에 지장이 없도록 하여야 한다.

⑧ 복구를 위한 식재수종은 아까시나무, 오리나무 등 척박지에 잘 자라는 수종으로 선정하여야 한다.

2. 등산로 정비공사

1) 등산로 훼손에 영향을 미치는 인자

구분	영향인자	주요항목
자연적 요인	기상	바람, 집중강우, 기온변화, 동결심도
	지형	방위, 경사도, 사면길이, 지형교란
	토양	지질, 토심, 토성
	식생	초지, 조릿대, 관목림, 교목림, 나지
인위적 요인	이용행태	과밀이용, 체류기간, 식물채취, 지름길 통과, 고의적 파괴, 피크닉, 야영장
	시설·시공 유지관리	배수체계 교란, 안내·보호·계도시설부족, 도선체계불량, 재료보수·정비체계 결여, 이용자관리체계 결여

2) 등산로 및 주연부 식생 훼손등급과 관리대책

등급	훼손상태 주연부 식생	훼손상태 등산로	관리대책 이용객	관리대책 등산로	관리대책 식생
1	지피의 답압상태	경미한 물리적 변화	현 이용수준의 유지	• 자연적 회복이 가능 • 이용객행태 통제 필요	보호안내판 설치
2	지피식생의 고사현상	표토층 훼손 시작	• 자연생태계는 아직 환경변화에 수용력이 있으나 이용객행태통제 필요 • 이용객 분산책 마련	순환코스 이용 유도	• 자연회복가능 • 나지에 표토 흙채우기
3	대부분 지피 식생 고사	• 대부분 표토층 훼손 • 토양침식발생	• 현 이용수준 전환 필요 • 관리인 순찰	• 등산로의 훼손구간 보수 및 정지 • 자연휴식년제 실시	• 나지에 표토 흙채우기 • 식생복구작업
4	수목의 뿌리 노출	황폐화 가속단계	• 출입금지 울타리 설치	• 출입금지 후 등산로 복구사업 실시	• 나지에 표토 흙채우기 • 전문팀에 의한 식생복구사업

- 등산로 훼손원인
① 등산로는 과도한 이용압력과 집중호우 등에 따른 침식으로 훼손되고 있으며 주등산로를 무시한 주변에 있는 수많은 샛길 이용으로 산림이 훼손됨.
② 불필요한 체육시설물의 설치는 과도한 이용과 침식작용으로 인해 식물의 뿌리가 들어 나는 등의 폐해가 심해짐.
③ 가장 문제가 되는 것은 등산로면과 등산로 경계부의 토양침식, 등산로 주변부 식생의 훼손
④ 등산로 결절지점과 바람이 많은 능선부에 위치한 등산로 주위의 면적훼손의 피해는 심각함.

CHAPTER 06 해안·특수지 사방

■ 등산로 주변 식생복원
등산로 주변 식생복원은 대상지역 산림의 등산로 주변에서 자라고 있는 주연부 수종(병꽃나무, 국수나무, 딸기나무류, 싸리류 등)의 종자를 미리 파종하거나 양묘하여 이식하는 것이 필요

3) 등산로 및 보행동선 주연부 수종

성상	도시 · 공단지역	자연산림지역
교목	졸참나무, 당단풍, 때죽나무, 팥배나무, 개암나무 등	쇠물푸레나무, 참나무류, 당단풍, 때죽나무, 붉나무 등
관목	국수나무, 조록싸리, 딸기나무류, 병꽃나무, 화살나무, 진달래 등	딸기나무류, 조록싸리, 병꽃나무, 산초나무, 국수나무, 철쭉꽃, 진달래, 작살나무, 조팝나무 등

4) 등산로 복구 및 정비지침(등산로 이용자의 편의도모 및 환경훼손적인 이용형태를 규제조치)

① 계획등산로를 제외한 자연발생적 등산로는 먼저 지형을 복구한 후 식생을 복원
② 경사지는 계단 등 걷기 쉬운 구조를 도입하고 보행 방해물이 없게 함.
③ 통행량에 따라 등산로 폭을 다양하게 조정
④ 노면을 다듬어 걷기 쉽게 함.
⑤ 경사도에 따라 다양한 바닥시설을 설치
⑥ 이용규제를 위하여 다양한 경계울타리를 설치

■ 산불의 원인
  ① 산불
   • 산림 내의 가연물질(可燃物質)이 산소와 열과 화합해서 열에너지와 광에너지로 바뀌는 화학변화 현상
   • 연소의 3요소 : 연료, 열, 공기
  ② 대형 산불의 범위 : 1건의 산불로서 피해면적의 규모가 30ha 이상으로 확산된 산불 또는 24시간 이상 지속되고 화선의 길이 · 화세 · 연소물질의 양 등을 고려하여 진화가 어려울 것으로 판단되는 산불

3. 산불피해지복원

1) 산불피해지 복구원칙

① 자연복원과 인공복원을 조화롭게 병행하며 입지환경을 고려하여 생태적 시업을 적용
② 복구 방향에 대한 주민의사를 최대한 반영
③ 피해지 대부분이 주거지에 인접할 경우 환경 훼손을 최소화함.
④ 주민의 소득증대를 위하여 산림에서의 소득원을 개발
⑤ 농업지대로서 저수지가 많을 경우 수자원 보호를 위한 시업을 적용
⑥ 급경사지에 대한 토사유출 방지로 주민의 안전을 도모하고 지형을 보전

2) 조림적 복구대책

① 산불피해는 소나무림이 활엽수림보다 크고, 자연복원력은 반대로 활엽수림이 소나무림보다 우수하며 자연복원지가 인공조림지보다 종 다양성, 토양보호 등의 측면에서 우수함.
② 인공조림의 경우에는 산불피해 직후에 산불 피해목 및 움싹 등을 제거하고 조림하면 토사유출이 심한 것으로 나타났으며, 자연복원력이 없는 경우에는 종자 직파 및 보완 식재함.

③ 주요지역에 산불피해를 최소화하기 위한 방화선을 설치할 수 있으며, 대단지 조림지나 산불발생시 대규모 피해가 우려되는 지역에는 상수리나무·굴참나무 또는 고로쇠나무 등 내화수종으로 방화수림대를 조성

3) 산불피해도에 따른 공사설계

① 산불피해도가 "경(피해목이 30% 이하로서 생립목이 혼생)'인 경우 자연복원을 적용

② 산불피해도가 "중(생립목과 피해목이 31~60% 정도 혼생)" 이상인 경우에는 식생 조사 결과를 토대로 상수리나무와 굴참나무가 있는 경우와 없는 경우로 구분

> ㉮ 갱신기준으로서 상수리나무와 굴참나무가 3,000본 이상의 그루터기를 가진 경우 : 자연복원
> ㉯ 갱신기준으로서 상수리나무와 굴참나무가 3,000본 이하이면 생태사업 I를 적용 하여 맹아는 지제부를 절단하여 건전한 맹아를 발생시키고 종자나 용기묘를 식재 하여 후계림을 조성함.

③ 산불피해도 "중" 이상인 경우로서 상수리나무나 굴참나무가 없으며 사면의 경사 도가 30° 이상인 경우 생태사업 II를 적용

④ 경사도가 30° 이하인 경우 토양형이 B2, B3이면 경제수를 조림하고 그렇지 않은 경우에는 생태사업 I 을 적용하여 맹아는 지제부를 절단하여 건전한 맹아가 발생하도록 유도하고 빈공간에 용기묘 및 일반묘를 조림하는 보완 식재를 실시

4) 시업지침

① 자연복원지역
> ㉮ 산불의 피해가 경미하거나 산불의 피해가 있더라도 자연력을 이용하여 잔존목 및 맹아로 후계림 조성이 가능한 지역
> ㉯ 임관이 유지된 산림으로 벌채·조림을 실시할 필요가 없는 지역과 임관이 일부 훼손되었다 하더라도 맹아에 의한 자연복원을 통한 임분 형성이 가능 한 지역
> ㉰ 산불 피해목은 존치하되 피해 "중" 이상인 지역에서는 이용 가능재를 벌채 함, 맹아의 지제부를 절단하여 건전 맹아가 발생되도록 유도
> ㉱ 4~5년 후 임분이 어느 정도 안정된 후에는 맹아 및 잔존목을 관리하고, 아까 시나무가 우점하는 경우 자연복원 후 참나무림으로 유도함.

② 생태사업 I 지역
> ㉮ 잔존목 및 맹아를 최대한 활용할 수 있으나 맹아의 밀도가 낮은 지역으로 서, 산불피해도가 "중", "심"인 지역 중 상수리나무, 굴참나무 이외의 임분 으로 경사도가 30° 이하이나 토양의 생산력이 낮은 지역

■ 자연복원 적용
 ① 산불피해도 "경"인 경우 : 피해목 이 30% 이하
 ② 산불피해도 "중"인 경우 : 상수리 나무, 굴참나무가 3000본 이상의 그루터기를 가진 경우

CHAPTER 06 해안·특수지 사방

■ 생태사업 I 지역
 → 보완식재로 복원함.

㉯ 신갈나무, 갈참나무, 졸참나무 등의 참나무류는 맹아로 임분을 유도할 경우 개체별로 심재부후에 의한 동공현상이 많은 수종이기 때문에 맹아림 유도를 억제

㉰ 생태시업 Ⅰ 대상지역의 시업지침 ☆

- 산불피해목은 제거하고, 빈 공간에는 용기묘 및 일반묘를 조림
- 맹아는 지제부에서 절단하여 건전한 맹아가 발생하도록 유도
- 소나무 등 모수가 있는 경우에는 잔존시켜 천연치수 발생을 유도하고 건전목이 군상으로 있는 경우에는 잔존시킴
- 4~5년 후 임분이 어느 정도 안정된 후에는 맹아와 잔존목을 집중 관리함.

■ 생태시업 Ⅱ 지역
→ 식생을 유입하여 복원

③ 생태시업 Ⅱ 지역

㉮ 척박지 및 능선부 지역으로 토양의 안정을 위하여 식생의 유입이 시급한 지역으로, 산불피해도가 30% 이상의 피해 "중", "심"인 지역

㉯ 이 지역에서 상수리나무, 굴참나무의 맹아가 ha당 3,000본 이하로 맹아가 적은 지역은 상수리나무, 굴참나무의 맹아본수가 적어 임분 회복 속도가 느리므로 인공적으로 식생을 유입함.

㉰ 산불피해가 "중", "심"인 지역 중 상수리나무, 굴참나무 이외의 임분으로 경사도가 30° 이상인 지역은 토양 유실이 우려되므로 인공적으로 식생을 유입시켜 줌.

㉱ 생태시업 Ⅱ 대상지역의 시업지침 ☆

- 산불피해목은 제거하고 종자나 용기묘로 후계림을 조성
- 맹아는 지제부를 절단하여 건전한 맹아가 발생하도록 유도
- 4~5년 후 임분이 어느 정도 안정된 후에는 맹아 및 잔존목을 관리
- 입지가 불량하므로 소나무류 위주로 조성

5) 사후관리

① 산불피해지역의 항구적인 토사유출 방지를 위해서는 사방댐 설치가 필수적으로 재(灰) 유출방지를 위해 필터공법이 병행되어야 함.

② 토양침식에 의해 많은 양의 토사 및 양분이 유출됨으로써 피해지역 자체의 황폐화를 초래할 수 있는 지역과 경사가 극심하여 산사태와 토양 침식이 심할 것으로 예상되는 지역에는 사방공사를 시행함.

③ 번식력이 뛰어난 초본류를 우선적으로 식재하며, 자연적인 복구가 바람직한 지역은 맹아의 생장을 방해하지 않는 범위에서 토사 유출을 방지할 수 있도록 흙막이 공사 등을 실시

④ 산불진화와 각종 산림사업에 물을 공급하기 위하여 사방댐과 연계하여 담수시설을 설치

■■■■ 6. 해안·특수지 사방

1. 모래언덕의 발달단계를 맞게 표현한 것은?

① 치올린 모래언덕 → 반월사구 → 설상사구
② 치올린 모래언덕 → 설상사구 → 반월사구
③ 설상사구 → 반월사구 → 치올린 모래언덕
④ 반월사구 → 설상사구 → 치올린 모래언덕

2. 퇴사울세우기공법의 울타리 적정높이는?

① 0.4~0.6m   ② 1m
③ 1~2m   ④ 2m

3. 해안사지식수공법에 적당한 수종이 아닌 것은?

① 사시나무   ② 떡갈나무
③ 동백나무   ④ 팽나무

4. 다음 중 해안사방 조림수종의 구비조건이 아닌 것은?

① 양분과 수분에 대한 요구가 적을 것
② 온도의 급격한 변화에도 잘 견디어 낼 것
③ 비사, 한해, 조해 등의 피해에도 잘 견딜 것
④ 피음도가 높을 것

해 설

해설 1

모래언덕의 발달단계는 치올린 모래언덕→설상사구→반월사구 순서이다.

해설 2

퇴사울세우기의 울타리의 적정높이는 1m 이다.

해설 3

해안사지식수시 적당한 수종은 곰솔, 소나무, 섬향나무, 노간주나무, 사시나무, 떡갈나무, 해당화, 아까시나무, 보리수나무, 자귀나무, 보리장나무, 싸리, 순비기나무, 팽나무 등이다.

해설 4

- 양분과 수분에 대한 요구가 적을 것
- 온도의 급격한 변화에도 잘 견디어 낼 것
- 비사, 한해, 조해 등의 피해에도 잘 견딜 것
- 바람에 대한 저항력이 클 것
- 울폐력이 좋고 낙엽, 낙지 등에 의하여 지력을 증진시킬 수 있는 것
- 생활환경이나 풍치의 보전, 창출에 적합할 것

정답 1. ②   2. ②   3. ③   4. ④

	해 설

5. 다음 중 해안사방의 기본공종 중 그 내용이 다른 하나는?

① 정사울세우기공법   ② 퇴사울세우기공법

③ 모래덮기   ④ 파도막이

해설 **5**
정사울세우기공법은 해안사지 조림공법이다.

6. 폐탄광지역 사방공사의 주요 사항이 아닌 것은?

① 차폐식재를 하여 좋은 경관을 만든다.

② 계단식 댐을 쌓아 침사지를 만든다.

③ 풍화암석 및 협잡물을 제거하고 복토를 하여 식재한다.

④ 경제림을 단기적으로 조성한다.

해설 **6**
장기적으로 척박한 토양에서 견딜 수 있는 수종을 선정한다.

7. 다음 중 폐석처리장 복구를 위해 복토를 할 경우의 적정 복토 깊이는 얼마인가?

① 10 cm   ② 20 cm

③ 40 cm   ④ 60 cm

해설 **7**
폐석처리장은 사방복구시 수목의 생육에 적합하도록 60센티미터 이상 흙으로 덮어야한다.

8. 채광·채석·토사채취지의 경우 비탈면의 수직높이가 15m 이상인 경우에는 너비 몇 m 이상의 소단을 조성해야 하는가?

① 3 m   ② 5 m

③ 7 m   ④ 9 m

해설 **8**
비탈면의 수직높이가 15m 이상인 경우에는 수직높이 15m 이하의 간격으로 비탈면의 너비를 제외한 너비 5m 이상의 소단을 조성하여야 한다.

9. 다음 중 채광·채석·토사채취지에 조성하는 소단의 비탈면 각도로 적당한 것은?

① 95° 이하   ② 85° 이하

③ 75° 이하   ④ 80° 이하

해설 **9**
소단의 비탈면의 각도는 75° 이하이어야 한다.

정답 5. ①   6. ④   7. ④   8. ②
9. ③

10. 산불 발생 지역의 사방조림사업이 가장 옳게 설명된 것은?

① 사방수목으로 잣나무, 전나무를 식재한다.
② 풍치 경관용으로 조성한다.
③ 산불 발생한 이듬해에 조림한다.
④ 피해목을 모두 제거한 후 조림한다.

11. 산불의 간접적인 피해에 속하지 않는 것은?

① 풍치파괴   ② 홍수의 원인
③ 수원고갈   ④ 임목의 피해

12. 방화림대를 만드는 데 적당한 수종은 어느 것인가?

① 침엽수   ② 활엽수
③ 상록활엽수   ④ 관목류

13. 산불피해지 복원공사에서 자연복원을 적용하는 피해 정도는?

① 피해목이 30% 이하   ② 피해목이 40% 이하
③ 피해목이 50% 이하   ④ 피해목이 60% 이하

14. 산불피해도가 "중" 이상인 경우에서 상수리나무와 굴참나무가 3,000본 이상의 그루터기를 가진 경우의 복원방법은?

① 생태시업I 적용   ② 생태시업II 적용
③ 생태시업III 적용   ④ 자연복원

해설 **10**
산불피해 직후에 산불 피해목 및 움싹 등을 제거하고 조림하면 유출이 심하므로 산불 발생한 이듬해에 종자 직파 및 보완 식재한다.

해설 **11**
임지와 임목의 피해는 산불의 직접적인 피해이다.

해설 **12**
방화수종으로는 상록활엽수가 적당하다.

해설 **13**
산불피해도가 "경(피해목이 30% 이하로서 생립목이 혼생)"인 경우에 자연복원을 적용한다.

해설 **14**
산불피해도가 "중" 이상인 경우 갱신기준으로서 상수리나무와 굴참나무가 3,000본 이상의 그루터기를 가진 경우에는 자연복원을 시킨다.

정답 10. ③ 11. ④ 12. ③ 13. ①
14. ④

15. 산림복원방법 중 생태시업Ⅱ를 적용하는 경우로 알맞은 것은?

① 산불피해도가 "경"인 경우
② 산불피해도 "중" 이상인 경우로서 상수리나무나 굴참나무가 없으며 사면의 경사도가 30° 이상인 경우
③ 산불피해도 "중" 이상인 경우로서 상수리나무나 굴참나무가 없으며 사면의 경사도가 30° 이하인 경우
④ 산불피해 결과 잔존목 및 맹아를 최대한 활용할 수 있으나 맹아의 밀도가 낮은 지역

16. 자연복원 대상지역의 시업지침으로 잘못된 것은?

① 산불피해목은 제거하고, 빈 공간에는 용기묘 및 일반묘를 조림한다.
② 맹아의 지제부를 절단함으로써 건전 맹아가 발생되도록 유도한다.
③ 45년 후 임분이 어느 정도 안정된 후 맹아 및 잔존목을 관리한다.
④ 아까시나무가 우점하는 경우 자연복원 후 참나무림으로 유도한다.

17. 생태시업Ⅰ 대상지역에서 동공현상이 많은 수종이기 때문에 맹아림 유도를 억제해야 하는 수종으로 볼 수 없는 것은?

① 신갈나무   ② 갈참나무
③ 졸참나무   ④ 아까시나무

18. 다음 중 식생을 유입하여 복원해야 하는 지역은?

① 생태시업Ⅰ 지역   ② 생태시업Ⅱ 지역
③ 생태시업Ⅲ 지역   ④ 자연복원 지역

해 설

해설 15
① 자연복원 적용
③④ 생태시업Ⅰ 적용

해설 16
①는 생태시업Ⅰ 대상지역의 시업지침이고, 자연복원 대상지역의 산불 피해목은 존치하되 피해 "중" 이상인 지역에서는 이용 가능재를 벌채한다.

해설 17
신갈나무, 갈참나무, 졸참나무 등의 참나무류는 맹아로 임분을 유도할 경우 개체별로 심재부후에 의한 동공현상이 많은 수종이기 때문에 맹아림 유도를 억제한다.

해설 18
생태시업Ⅰ 지역은 보완식재로 복원한다.

정답   15. ②   16. ①   17. ④   18. ②

19. 생태시업 Ⅱ 지역에 대한 설명으로 잘못된 것은?

① 척박지 및 능선부 지역으로 토양의 안정을 위하여 식생의 유입이 시급한 지역이다.

② 산불피해도가 30% 이상의 피해 "중", "심"인 지역이다.

③ 잔존목 및 맹아를 최대한 활용할 수 있으나 맹아의 밀도가 낮은 지역이다.

④ 인공적으로 식생을 유입해야 하는 지역이다.

20. 맹아가 잘 발생되어 산림복원방법의 기준이 되는 수종은?

① 소나무, 잣나무

② 향나무, 리기다소나무

③ 상수리나무, 굴참나무

④ 낙엽송, 곰솔

해 설

해설 **19**

③은 생태시업 Ⅰ 지역에 대한 설명이다.

해설 **20**

산불피해도가 "중" 이상인 경우에는 식생 조사 결과를 토대로 상수리나무와 굴참나무가 있는 경우와 없는 경우로 구분한다.

정답 19. ③ 20. ③

7개년 기출문제

학습전략

핵심이론 학습 후 핵심기출문제를 풀어봄으로써 내용 다지기와 더불어 시험에서 실전감각을 키울 수 있도록 하였고, 왜 정답인지를 문제해설을 통해 바로 확인할 수 있도록 하였습니다.

이후, 산림기사에 출제되었던 최근 7개년 기출문제를 풀어봄으로써 스스로를 진단하면서 필기합격을 위한 실전연습이 될 수 있도록 하였습니다.

1. 빗물에 의한 침식의 발생 순서로 옳은 것은?

① 우격침식 – 면상침식 – 구곡침식 – 누구침식
② 우격침식 – 구곡침식 – 면상침식 – 누구침식
③ 우격침식 – 누구침식 – 면상침식 – 구곡침식
④ 우격침식 – 면상침식 – 누구침식 – 구곡침식

해설 ① 빗물침식 : 빗방울침식 → 면상침식 → 누구침식 → 구곡침식의 순으로 이루어짐
② 우격침식(빗방울침식, 타격침식) : 빗방울이 땅 표면의 토양입자를 타격하여 분산 및 비산시키는 것
③ 면상침식(평면침식, 층상침식) : 침식의 초기유형으로 토양표면 전면이 얇게 유실됨
④ 누구침식(우열침식) : 침식의 중기 유형으로 토양표면에 잔 도랑이 불규칙하게 생기면서 깎이는 현상
⑤ 구곡침식(세류침식) : 침식이 가장 심할 때 생기는 유형으로 도랑이 커지면서 표토와 심토까지 심하게 깎이는 현상

2. 다음 시우량법 공식에서 K가 의미하는 것은?

$$Q = K \times \dfrac{A \times \dfrac{m}{1000}}{60 \times 60}$$

① 유역면적   ② 총강우량
③ 총유출량   ④ 유거계수

해설 ① K : 유거계수
• 임상이 좋은 산지유역 : 0.35~0.45
• 임상이 좋지 않은 산지유역 : 0.45~0.65,
• 황폐가 심한유역 : 0.65~0.85
• 황폐가 심한 민둥산유역 : 1.0
② A : 유역면적(m^2)
③ Q : 1초 동안의 유량(m^3/sec)

3. 산지사방 공사에 해당하지 않는 것은?

① 기슭막이   ② 비탈다듬기
③ 땅속흙막이   ④ 선떼붙이기

해설 기슭막이
계간사방공사로 침식 방지 및 산비탈이나 산허리의 붕괴 방지를 위해 시공한다.

4. 선떼붙이기 공법에 대한 설명으로 옳지 않은 것은?

① 발디딤은 작업의 편의를 도모한다.
② 1~2급을 적용하는 것이 경제적이다.
③ 1급 선떼붙이기에 가까울수록 고급 공법이다.
④ 1m당 떼의 사용매수에 따라 1~9급으로 구분한다.

해설 선떼붙이기의 높이는 저급(9급에 가까운 것)이 경제적이나 일반적으로 황폐임지 산복공사에는 6~7급(높이 40cm)을 많이 시공하고 있다.

5. 사력의 교대는 일어나지만 하상 종단면의 형상에는 변화가 없는 하상의 기울기는?

① 임계기울기   ② 안정기울기
③ 홍수기울기   ④ 평형기울기

해설 안정기울기
① 보정기울기, 평균기울기라고도 한다.
② 유수는 상류로부터 운반해 온 큰 돌을 침전시키고, 그 대신 작은 돌을 하류로 운반하여 하상재료의 재배열이 일어난다.

6. 사방댐에서 안전시공을 위해 고려해야 할 외력이 아닌 것은?

① 수압   ② 풍력
③ 양압력   ④ 퇴사압

정답   1. ②   2. ①   3. ④   4. ④   5. ①   6. ④

[해설] 사방댐에 작용하는 외력

제체의 중량	사방댐 모든 재료의 단위 부피에 대한 중량
수압(水壓)	댐 상류면에 가하는 중량은 1.0~1.2t 물을 함유하지 않는 퇴사의 중량 1.8t/m³
퇴사압(堆沙壓)	퇴사는 물이 빠짐에 따라 견밀하게 되므로 토압은 정수압보다 작아진다.
양압력(揚壓力)	사력기초의 경우 퇴수 후 흙 속 수압이 변화해 제체를 상방으로 들어 올리는 힘
지진력(地震刀)	

7. 산사태의 발생원인에서 지질적 요인이 아닌 것은?

① 절리의 존재 ② 단층대의 존재
③ 붕적토의 분포 ④ 지표수의 집중

[해설] 산사태의 발생
① 내적요인(잠재적 요인) : 지형, 지질, 임상(林相) 등
① 외적요인(직접적 요인) : 집중호우, 인위적 원인 등

8. 수로 경사가 30도, 경심이 1.0m, 유속계수가 0.36일 때 Chezy 평균유속공식에 의한 유속은?

① 약 0.10m/s ② 약 0.21m/s
③ 약 0.27m/s ④ 약 0.38m/s

[해설] Chezy의 평균유속
① 유속계수 × $\sqrt{경심 × 수로의 기울기}$
② 수로의 기울기 : 경사 30° = tan 30° = 0.57735
③ 0.36 × $\sqrt{1.0 × 0.57735}$ = 0.2735

9. 사방댐 중에서 가장 많이 시공된 댐은?

① 흙댐 ② 돌망태댐
③ 강철틀댐 ④ 콘크리트댐

[해설] 가장 많이 시공되는 댐 – 중력식 콘크리트댐

10. 사방댐의 설치 목적이 아닌 것은?

① 산각을 고정하여 사면 붕괴 방지
② 계상 기울기를 완화하고 종침식 방지
③ 유수의 흐름 방향을 변경하여 계안 보호
④ 계상에 퇴적된 불안정한 토사의 유동 방지

[해설] 사방댐의 시설목적
① 상류계상의 물매를 완화하고 종횡침식을 방지, 산각 고정 및 산복의 붕괴 방지
② 흐르는 물은 배수하고 토사 및 자갈을 퇴적시켜 양안의 산각 고정, 산불 진화용수 및 야생동물의 음용수 공급
• 보기 ③은 수제의 설치 목적이다.

11. 비탈면에 직접 거푸집을 설치하고 콘크리트 치기를 하여 틀을 만드는 비탈안정공법은?

① 비탈힘줄박기공법
② 비탈블록붙이기공법
③ 비탈지오웨이브공법
④ 콘크리트뿜어붙이기공법

[해설] 비탈힘줄박기공법
직접 거푸집을 설치하여 콘크리트를 쳐 비탈면의 안정을 위한 뼈대인 힘줄을 만들고 흙이나 돌로 채워 녹화한다.

12. 채광지 복구 과정에서 사용되는 공법으로 가장 부적합한 것은?

① 돌단쌓기
② 모래덮기
③ 씨뿜어붙이기
④ 기초옹벽식 돌쌓기

[해설] 모래덮기 – 해안사방 공법

13. 산지사방에서 비탈다듬기 공사를 하기 전에 시공하는 것이 효과적인 공사는?

① 단끊기
② 떼단쌓기
③ 땅속흙막이
④ 퇴사울세우기

해설 땅속흙막이
① 비탈다듬기와 단끊기 등으로 생산되는 뜬흙(푸석흙, 浮土)을 산비탈의 계곡부에 투입하여 유실을 방지
② 산각의 고정을 기하고자 축설하는 공법

14. 배수로 단면의 윤변이 10m이고 유적이 15㎡일 때 경심은?

① 0.7m
② 1.0m
③ 1.5m
④ 2.0m

해설 경심 $= \dfrac{유적}{윤변} = \dfrac{15}{10} = 1.5m$

15. 땅밀림과 비교한 산사태에 대한 틀린 설명은?

① 점성토를 미끄럼면으로 하여 속도가 느리게 이동한다.
② 주로 호우에 의하여 산정에서 가까운 산복부에서 많이 발생한다.
③ 흙덩어리가 일시에 계곡, 계류를 향하여 연속적 으로 길게 붕괴하는 것이다.
④ 비교적 산지 경사가 급하고 토층 바닥에 암반이 깔린 곳에서 많이 발생한다.

해설 바르게 고치면
땅밀림이 점성토를 미끄럼면으로 하여 속도가 느리게 이동되는 특성이다.

16. 콘크리트 혼화제 중 응결경화촉진제에 해당하는 것은?

① AE제
② 포졸란
③ 염화칼슘
④ 파라핀 유제

해설 경화촉진제
① 수화열의 발생으로 수화반응을 촉진하여 조기에 강도를 내는 역할
② 염화칼슘, 염화알루미늄, 규산나트륨 등이 이용

17. 비탈면에 나무를 심을 때 고려할 사항으로 옳지 않은 것은?

① 비탈면에는 관목을 식재하지 않는 것이 좋다.
② 수목이 넘어져도 위험성이 없도록 해야 한다.
③ 흙쌓기 비탈면에서는 비탈면의 하단부에 식재하 는 것이 좋다.
④ 인공재료에 의한 시공에 비해 비탈면 기울기를 완화시켜야 한다.

해설 비탈면에는 교목보다는 관목으로 식재한다.

18. 견치돌의 길이는 앞면의 크기의 몇 배 이상인가?

① 0.8
② 1.0
③ 1.2
④ 1.5

해설 견치돌
① 앞면의 길이를 기준으로 하여 뒷길이는 1.5배 이상
② 접촉부의 너비는 1/5 이상, 뒷면을 1/3 정도의 크기로 함

19. 사방사업 대상지 분류에서 황폐지의 초기단계에 속하는 것은?

① 척악임지
② 땅밀림지
③ 임간나지
④ 민둥산지

정답 13. ③ 14. ③ 15. ① 16. ③ 17. ① 18. ④ 19. ①

해설 황폐산지의 진행순서
① 척악임지 → 임간나지 → 초기황폐지 → 황폐이행지 → 민둥산의 순으로 진행
② 황폐산지의 진행정도

척악임지	산지 비탈면이 오랫동안의 표면침식과 토양유실로 산림토양의 비옥도가 척박한 지역
임간나지	키 큰 입목이 숲을 이루고 있으나 지피식물이나 유기물이 적어 우수침식(누구 또는 구곡 침식)이 발생되고 있어, 상층 입목이 제거될 때 황폐화가 우려되는 지역
초기황폐지	산지의 임상이나 산지의 표면침식으로 외견상 분명히 황폐지라 인식할 수 있는 상태의 임지
황폐이행지	초기황폐지가 급속히 악화되어 곧 민둥산이나 붕괴지로 될 위험성이 있는 임지
민둥산	입목·지피식생이 거의 없어 지표침식이 비교적 넓은 면적에서 진행되어 나지상태를 이룬 산지

20. 비탈면 끝을 흐르는 계천의 가로침식에 의하여 무너지는 침식현상은?

① 산붕　　　　　② 포락
③ 붕락　　　　　④ 산사태

해설 붕괴형침식
급경사지 또는 흙비탈면에 깊은 토층이 강우때 물로 포화되어 응집력을 잃어 무너져내리는 형태
① 산사태 : 호우로 산정부에서 가까운 산복부의 흙층이 물로 포화 팽창되어 계류를 향해 연속적으로 길게 붕괴되는 현상
② 산붕 : 산사태와 같은 원인으로 발생하지만 규모가 작고 산허리 이하인 산록부에서 많이 발생
③ 붕락 : 인위적인 흙비탈면에서 장기간의 강우나 융설수 등으로 토층이 포화되어 균형이 무너져내리고 무너진 토층이 주름이 잡힌 상태로 정지하는 현상
④ 포락 : 계천의 흐름(유수)에 의한 가로침식작용으로 침식된 토사가 유실되는 현상
⑤ 암설붕락 : 돌부스러기가 붕괴되는 침식현상

정답　20. ②

2회   1회독 □   2회독 □   3회독 □

1. 선떼붙이기 공법에서 급수별 떼 사용 매수로 옳은 것은? (단, 떼 크기는 40cm × 25cm)

① 1급 : 3.75매/m

② 3급 : 10매/m

③ 5급 : 6.25매/m

④ 8급 : 12.5매/m

해설 선떼붙이기 급수별 1m당 떼 사용 매수

떼크기	길이 40, 폭 20cm	
구 분	단면상 매수	연장 1m 당 매수
1급	5.0	12.50
2급	4.5	11.25
3급	4.0	10.00
4급	3.5	8.75
5급	3.0	7.50
6급	2.5	6.25
7급	2.0	5.00
8급	1.5	3.75
9급	1.0	2.50

2. 사방댐 설계를 위한 안정조건이 아닌 것은?

① 전도에 대한 안정

② 풍력에 대한 안정

③ 지반 지지력에 대한 안정

④ 제체의 파괴에 대한 안정

해설 사방댐

수압 또는 기타 외력에 저항하므로 전도 · 활동 · 제체의 파괴 및 기초지반의 지지력에 대한 안정되어 한다.

3. 파종한 종자의 유실을 방지하기 위하여 급경사 비탈면에 시공하는 것으로 가장 적합한 공법은?

① 떼단쌓기

② 비탈덮기

③ 선떼붙이기

④ 줄떼다지기

해설 비탈덮기

① 목적 : 급경사 사면을 피복하여 강수에 의한 표토의 유출방지 및 식생을 조성 및 녹화하기 위해 시공

② 재료 : 짚, 거적, 섶, 망, 합성재 덮기 등

4. 비탈면에서 분사식씨뿌리기에 사용되는 혼합재료가 아닌 것은?

① 비료

② 종자

③ 전착제

④ 천연섬유 네트

해설 천연섬유 네트

급경사면을 덮기 공법 재료

5. 붕괴지 현황조사 항목에서 붕괴 3요소에 해당되지 않는 것은?

① 붕괴형태

② 붕괴면적

③ 붕괴 평균깊이

④ 붕괴 평균경사각

해설 붕괴의 3요소

붕괴평균경사각, 붕괴면적, 붕괴평균깊이 등

6. 경사가 완만하고 수량이 적으며 토사의 유송이 적은 곳에 가장 적합한 산복수로는?

① 떼(붙임)수로

② 콘크리트수로

③ 돌(찰붙임)수로

④ 돌(메붙임)수로

해설 떼(붙임)수로

비탈면 경사가 비교적 작고 유량이 적으며 떼의 경관을 필요로 하는 곳에 시공한다.

정답   1. ②   2. ②   3. ②   4. ④   5. ①   6. ①

7. 산지사방의 기초공사에 해당하는 것은?

① 바자얽기
② 수평구공법
③ 선떼붙이기
④ 땅속흙막이

해설 땅속흙막이(묻히기)
　　① 산지사방의 기초공사
　　② 비탈다듬기와 단끊기 등으로 생산되는 뜬흙을 산비탈의 계곡부에 투입하여 유실을 방지

8. 조도계수가 가장 큰 수로는?

① 흙수로
② 야면석수로
③ 콘크리트 수로
④ 큰 자갈과 수초가 많은 수로

해설 조도계수
　　① 윤변에 굴곡이 많고 거칠수록 커진다.
　　② 황폐계천일수록 커진다.

9. 사방댐에 설치하는 물받침에 대한 설명으로 옳지 않은 것은?

① 앞댐, 막돌놓기 등의 공사를 함께 한다.
② 사방댐 본체나 측벽과 분리되도록 설치한다.
③ 방수로를 월류하여 낙하하는 유수에 의해 대수면 하단이 세굴되는 것을 방지한다.
④ 토석류의 충돌로 인해 발생하는 충격이 사방댐 본체와 측벽에 바로 전달되지 않도록 한다.

해설 물받침공사
　　① 하상보호 공작물
　　② 댐으로부터 월류하여 떨어지는 물의 힘에 의해 댐 하류부, 즉 반수면 측의 하상이 세굴되는 것을 방지하기 위하여 설치

10. 유역면적이 100ha이고 최대시우량이 150mm/hr일 때 임상이 산림지역의 홍수유량은?(단, 유거계수는 0.35)

① 약 0.14m³/sec
② 약 1.46m³/sec
③ 약 14.58m³/sec
④ 약 145.83m³/sec

해설 유역면적의 단위가 ha일 때

$$최대홍수유량 = \frac{1}{360}(유거계수 \times 강우강도 \times 유역면적)$$

$$= 0.002778(0.35 \times 150 \times 100) = 14.58m^3/sec$$

11. 사다리꼴 횡단면의 계간수로에서 가장 적합한 단면 산정식은?(단, 수로의 밑너비 b, 깊이 t, 측사각 ϕ)

① $b = t \tan\frac{\phi}{2}$
② $b = 2t \tan\frac{\phi}{2}$
③ $b = t \tan\phi$
④ $b = 2t \tan\phi$

해설 수로의 단면
　　① 사다리꼴 형태가 가장 효과적이며 직사각형 형태는 소형수로에, 활꼴형태는 속도량에 가장 많이 이용된다.
　　② 단면 산정식
　　　• 사다리꼴 횡단면의 계간수로 $b = t \tan\frac{\phi}{2}$
　　　• 직사각형 횡단면 $b = 2t$
　　　• 활꼴 횡단면 $b = T + \frac{8D^2}{3T}$
　　　（T : 수로의 윗길이, D : 수로의 중앙깊이）

12. 사방댐에 대한 설명으로 옳지 않은 것은?

① 계상 기울기를 완화하여 계류의 침식을 방지한다.
② 가장 많이 이용되는 것은 중력식 콘크리트 사방댐이다.
③ 황폐한 계류에서 돌, 흙, 모래, 유목 등 각종 침식 유송물을 저지한다.
④ 한 개의 높은 사방댐의 대용으로 낮은 사방댐을 연속적으로 만들 수 없다.

해설 계류 바닥의 기울기를 완화하고 계류의 침식을 방지하려는 곳은 사방댐 또는 바닥막이를 연속적으로 배치하는 것이 유리하다.

13. 사방사업 대상지로 가장 거리가 먼 것은?

① 황폐계류　　　　　② 황폐산지
③ 벌채 대상지　　　　④ 생활권 훼손지

[해설] 다른 용도로 개발이 예정 또는 확정되어 있거나 사방사업
　　　이 필요하지 않은 지역은 사방사업 대상지에서 제외한다.
　　　벌채 대상지는 훼손지에 해당되지 않는다.

14. 답압으로 인한 임지 피해에 대한 설명으로 옳지 않은
것은?

① 휴양활동이 많은 곳에서 많이 발생한다.
② 답압이 지속되면 지표면에 쌓인 낙엽층이 손실된다.
③ 답압에 의해 토양입자가 서로 완화되어 토양유실이
　감소한다.
④ 답압된 토양 속으로 물이 침투되기 어려워 지표유출
　이 증가한다.

[해설] 답압으로 인한 임지피해
　　　① 토양의 크고 작은 공극을 막아 여러 가지 토양물리적
　　　　성질을 악화시킨다.
　　　② 토양 공극량의 감소는 통기성과 투수성의 저하로 이어
　　　　지고 이는 다시 토양의 양분 및 수분 저장능력 상실로
　　　　이어지게 된다.
　　　③ 답압에 의해 토양입자가 서로 밀착되어 토양유실이 감소
　　　　한다.

15. 산지 붕괴현상에 대한 설명으로 옳지 않은 것은?

① 토양 속의 간극수압이 낮을수록 많이 발생한다.
② 풍화토층과 하부기반의 경계가 명확할수록 많이 발
　생한다.
③ 화강암계통에서 풍화된 사질토와 역질토에서 많이
　발생한다.
④ 풍화토층에 점토가 결핍되면 응집력이 약화되어 많
　이 발생한다.

[해설] 바르게 고치면
　　　강우 등으로 토층과 하부의 경암 사이에 간극수압이 높을
　　　수록 유효수직응력은 그 만큼 약화되어 비탈면 붕괴가 발생
　　　한다.

16. 물에 의한 침식의 종류가 아닌 것은?

① 지중침식　　　　　② 사구침식
③ 하천침식　　　　　④ 우수침식

[해설] ① 물침식 : 우수침식, 하천침식, 지중침식, 바다침식
　　　② 중력침식 : 붕괴형 침식, 지활형침식, 유동형침식, 사태
　　　　형침식, 빙하침식
　　　③ 침강침식 : 곡상침강, 구멍내기, 틈내기
　　　④ 바람침식 : 내륙사구침식, 해안사구침식

17. 비탈면 안정녹화공법에 대한 설명으로 옳지 않은 것은?

① 사초심기, 사지식수공법 등이 있다.
② 수목 식재 시에는 비탈면 기울기를 완화시킨다
③ 규모가 큰 비탈의 경우에는 소단을 분할하여 설치한
　다.
④ 콘크리트 블록이나 옹벽에는 덩굴식물을 심어 은폐한
　다.

[해설] 사초심기, 사지식수공법
　　　해안사방공법

18. 새집공법 적용에 가장 적당한 곳은?

① 절개 암반지　　　　② 산불 피해지
③ 사질 성토사면　　　④ 사질 절토사면

[해설] 새집공법
　　　암반사면에 반달형 제비집 모양으로 잡석을 쌓고 내부를
　　　흙으로 채운 후 회양목, 개나리, 노간주나무, 눈향나무 등의
　　　관목류로 식생을 조성하는 공법이다.

19. 땅밀림 침식에 대한 설명으로 옳지 않은 것은?

① 침식의 규모는 1~100ha이다.
② 5~20°의 경사지에서 발생한다.
③ 사질토로 된 곳에서 많이 발생한다.
④ 침식의 이동속도가 100mm/day 이하로 느리다.

[해설] 바르게 고치면
땅밀림은 주로 점성토로 미끄럼면에서 많이 발생한다.

20. 경사지에서 침식이 계속되어 비탈면을 따라 작은 물길에 의해 일어나는 빗물침식은?

① 구곡침식   ② 면상침식
③ 우적침식   ④ 누구침식

[해설] 누구침식(우열침식, 누로침식)
① 경사지에서 면상침식이 진행되어 구곡침식으로 진행되는 과정의 과도기적 침식 단계
② 토양사면에 잔 도랑이 불규칙하게 생기면서 깎이는 현상

1. 3ha 유역에 최대 시우량이 60m/h이면 시우량법에 의한 최대 홍수유량은?(단, 유거계수는 0.8)

① 0.04m³/s

② 0.4m³/s

③ 4.0m³/s

④ 40.0m³/s

해설   유역면적에 의한 최대시우량

$$= 0.8 \times \frac{(3 \times 10,000) + \dfrac{60}{1,000}}{3,600} = 0.4 \text{m}^3/\text{sec}$$

2. 땅깎기 비탈면의 안정과 녹화를 위한 시공 방법으로 옳지 않은 것은?

① 경암 비탈면은 풍화·낙석 우려가 많으므로 새 심기 공법이 적절하다.

② 점질성 비탈면은 표면침식에 약하고 동상·붕락이 많으므로 떼붙이기 공법이 적절하다.

③ 모래층 비탈면은 절토공사 직후에는 단단한 편 이나 건조해지면 붕락되기 쉬우므로 전면적 객토 가 좋다.

④ 자갈이 많은 비탈면은 모래가 유실 후 요철면이 생기기 쉬우므로 떼붙이기보다 분사파종공법이 좋다.

해설   바르게 고치면

경암 비탈면 풍화낙석의 위험이 적으므로 암반원형을 노출시키거나 낙석저지책 또는 낙석방지망덮기로 시공하고 덩굴식물로 피복 녹화한다.

3. 벌도목, 간벌재를 이용하여 강우로 인한 토사 유출을 방지할 목적으로 시공하는 공법은?

① 식책공

② 식수공

③ 편책공

④ 돌망태공

해설   편책공

① 바자얽기라고도 하며 산지비탈 또는 계단 위에 목책형 또는 편책형 바자(柵)를 설치

② 표토의 유실방지와 식재 묘목의 생육에 양호한 환경조건 조성을 위한 비탈안정공법이다.

4. 시멘트 콘크리트의 응결경화 촉진제로 많이 사용하는 혼화제는?

① 석회

② 규조토

③ 규산백토

④ 염화칼슘

해설   경화촉진제

① 수화열의 방생으로 수화반응을 촉진하여 조기에 강도를 내는 역할

② 염화칼슘, 염화알루미늄, 규산나트륨 등이 이용

5. 다음 중 산사태의 발생 요인에서 내적요인에 해당하는 것은?

① 강우

② 지진

③ 벌목

④ 토질

해설   산사태의 발생

• 내적요인(잠재적 요인) : 지형, 지질, 임상(林相) 등

• 외적요인(직접적 요인) : 집중호우, 인위적 원인 등

6. 전수직응력이 100gf/cm², tanφ(φ는 내부마찰각)값이 0.8, 점착력이 20gf/cm²일 때 토양의 전단강도는?(단, 간극수압은 무시함)

① 80gf/cm²

② 100gf/cm²

③ 120gf/cm²

④ 145gf/cm²

해설   전단강도 = (수직응력 × tanφ) + 점착력

(100 × 0.8) + 20 = 100gf/cm²

7. 메쌓기 사방댐의 시공 높이 한계는?

① 1.0m ② 2.0m
③ 3.0m ④ 4.0m

해설 메쌓기 사방댐의 높이
　　4.0m 정도

8. 돌쌓기 기슭막이 공법의 표준 기울기는?

① 1 : 0.3~0.5 ② 1 : 0.3~1.5
③ 1 : 0.5~1.3 ④ 1 : 1.3~1.5

해설 돌 기슭막이
　　돌쌓기의 기울기는 찰쌓기 1 : 0.3, 메쌓기 1 : 0.5를 표준
　　으로 하며 토사가 새어나오지 않도록 충분한 뒷채움을 한다.

9. 비탈다듬기나 단끊기 공사로 생긴 토사를 계곡부에 넣어서 토사 활동을 방지하기 위해 설치하는 산지사방 공사는?

① 골막이 ② 누구막이
③ 기슭막이 ④ 땅속흙막이

해설 땅속흙막이
　　① 비탈다듬기와 단끊기 등으로 생산되는 뜬흙을 산비탈
　　　의 계곡부에 투입하여 유실을 방지
　　② 산각의 고정을 기하고자 축설하는 공법

10. 땅깎기 비탈면에 흙이 붙어있는 반떼를 수평방향으로 줄로 붙여 활착 녹화시키는 공법은?

① 줄떼심기공법 ② 줄떼다지기공법
③ 줄떼붙이기공법 ④ 평떼공입

해설 줄떼는 상부에서 하부로 향하여 내려가면서 줄로 붙힌 후 떼꽂이로 고정한다.

11. 계류의 유심을 변경하여 계안의 붕괴와 침식을 방지하는 사방공작물은?

① 수제
② 둑막이
③ 바닥막이
④ 기슭막이

해설 수제
　　① 계류의 유속과 흐름방향을 변경시켜 계안의 침식과 기
　　　슭막이 공작물의 세굴을 방지
　　② 둑이나 계안으로 부터 돌출하여 설치하는 계간 사방 공
　　　작물

12. 비탈면 하단부에 흐르는 계천의 가로침식에 의해 일어나며 침식 및 붕괴된 물질은 퇴적되지 않고 대부분 유수와 함께 유실되는 붕괴형 침식은?

① 산붕
② 포락
③ 붕락
④ 산사태

해설 포락
　　계천의 흐름에 의한 가로침식작용으로 침식된 토사가 무너지는 현상

13. 2매의 선떼와 1매의 갓떼 또는 바닥떼를 사용하는 선떼붙이기는?

① 2급 ② 4급
③ 6급 ④ 8급

해설 ① 2급 : 3매의 선떼와 1매의 갓떼, 2매의 받침떼
　　② 4급 : 2매의 선떼와 1매의 갓떼 1매의 받침떼
　　　1매의 바닥떼 도는 2매의 선떼와 1매의 갓떼
　　③ 6급 : 2매의 선떼와 1매의 갓떼 또는 바닥떼
　　④ 8급 : 1매의 선떼와 1매의 갓떼 또는 바닥떼

정답　7. ④　8. ①　9. ④　10. ③　11. ①　12. ②　13. ③

14. 폐탄광지의 복구녹화에 대한 설명으로 옳지 않은 것은?

① 경제림을 단기적으로 조성한다.
② 차폐식재하여 좋은 경관을 만든다.
③ 폐석탄 등을 제거하고 복토하여 식재한다.
④ 사면붕괴 방지를 위해 사면 안정각을 유지한다.

해설 폐탄광지의 복구녹화는 경제림을 장기적으로 속성수림을 단기적으로 조성한다.

15. 임내강우량의 구성요소가 아닌 것은?

① 수간유하우량   ② 수관통과우량
③ 수관적하우량   ④ 수관차단우량

해설 ① 임내강우량의 구성요소 : 수관통과우량, 수관적하우량, 수간유하우량
② 수관차단우량 : 비가 올 때는 숲의 바닥에 떨어지지 않고 가지와 잎에 묻었다가 비가 그친 후 바로 증발하는 현상으로 임내에 머물지 않는다.

16. 중력식 사방댐 설계에서 고려하는 안정조건이 아닌 것은?

① 전도   ② 퇴적
③ 제체파괴   ④ 기초지반 지지력

해설 중력댐의 안정조건
① 전도에 대한 안정
② 활동에 대한 안정
③ 제체의 파괴에 대한 안정
④ 기초지반의 지지력에 대해 안정

17. 사방사업 대상지 유형 중 황폐지에 속하는 것은?

① 밀린땅   ② 붕괴지
③ 민둥산   ④ 절토사면

해설 ① 밀린땅 - 지활지
② 붕괴지 - 붕괴지
③ 민둥산 - 황폐지
④ 절토사면 - 훼손지

18. 사방댐의 설계요인에 대한 설명으로 옳지 않은 것은?

① 댐의 위치는 계상에 암반이 존재해야만 설치할 수 있다.
② 계획 계상기울기는 현 계상기울기의 1/2 ~ 2/3 정도가 가장 실용적이다.
③ 종·횡침식이 일어나는 구간이 긴 구간에서는 원칙적으로 계단상 댐을 계획한다.
④ 단독의 높은 댐과 연속된 낮은 댐군의 선택은 그 지역의 토사생산의 특성과 시공 및 유지의 난이도를 충분히 검토하여 결정한다.

해설 바르게 고치면
계상에 암반이 존재하는 것을 원칙으로 한다. 계상에 암반이 존재하지 않더라도 물받이 공작물이나 앞댐 등으로 반수면의 끝 부위를 보호하면 설치할 수 있다.

19. 침식의 원인이 다른 것은?

① 자연침식
② 가속침식
③ 정상침식
④ 지질학적 침식

해설 가속침식
① 이상침식(異常浸蝕)이라고도 한다.
② 토양의 표면이 물이나 바람, 파도 및 기상학적, 지질적 요인에 의해 깎여 이탈되는 현상으로 산지에서 뿐만 아니라 농경지 및 도로의 비탈 등에서 발생한다.

정답   14. ①   15. ④   16. ②   17. ③   18. ①   19. ②

20. 비탈면 돌쌓기에 대한 설명으로 옳지 않은 것은?

① 돌을 쌓는 방법에 따라 골쌓기와 켜쌓기가 있다.
② 찰쌓기는 2~3m² 마다 물빼기 구멍을 설치한다.
③ 돌쌓기는 일곱에움 이상 아홉에움 이하가 되도록 한다.
④ 비탈 기울기가 1 : 1보다 완만한 경우는 돌붙이 기공
  사라고 한다.

해설 바르게 고치면
  돌쌓기는 다섯에움 이상 일곱에움 이하가 되도록 한다.

1회   1회독 ☐   2회독 ☐   3회독 ☐

1. 새집공법에 적용하는 수종으로 가장 부적합한 것은?

① 회양목   ② 개나리
③ 버드나무   ④ 눈향나무

해설 **새집공법**
　　 관목위주의 나무를 식재

2. 해안사방 조림용 수종의 구비 조건으로 옳지 않은 것은?

① 바람에 대한 저항력이 클 것
② 울폐력이 작아 수관밀도가 낮을 것
③ 양분과 수분에 대한 요구가 적을 것
④ 온도의 급격한 변화에도 잘 견디어 낼 것

해설 **바르게 고치면**
　　 울폐력이 커 수관밀도가 높을 것

3. 빗물에 의한 침식의 발달과정에서 가장 초기 상태의 침식은?

① 구곡침식   ② 우격침식
③ 누구침식   ④ 면상침식

해설 **빗물에 의한 침식의 발달과정**
　　 우격침식 → 면상침식 → 누구침식 → 구곡침식

4. 침식이 심하고 경사가 급하며 상수(常水)가 있는 산비탈에 적합한 수로는?

① 흙수로   ② 돌붙임수로
③ 메쌓기수로   ④ 떼붙임수로

해설 침식이 심하고 상수가 있으므로 돌붙임수로가 적합하다.

5. 황폐지를 진행상태 및 정도에 따라 구분할 때 초기 황폐지 단계에 대한 설명으로 옳은 것은?

① 외관상으로 황폐지로 보이지 않지만, 임지 내에서 이미 침식상태가 진행 중인 임지
② 지표면의 침식이 현저하여 방치하면 가까운 장래에 민둥산이 될 가능성이 높은 임지
③ 산지 비탈면이 여러 해 동안의 표면침식과 토양유실로 토양의 비옥도가 떨어진 임지
④ 산지의 임상이나 산지의 표면침식으로 외견상 분명히 황폐지라 인식할 수 있는 상태의 임지

해설 **초기황폐지**
　　 척악임지나 임간나지는 그 안에서 이미 침식이 진행되는 형태이나 이것이 더욱 악화되면 산지의 침식이나 토양상태로 보아 외견상으로도 분명히 황폐지라고 인식할 수 있는 상태의 산지를 말한다.

6. 앵커박기공법에 대한 설명으로 옳지 않은 것은?

① 땅밀림의 기반암 속에 앵커체를 매입 설치한다.
② 앵커 몸체를 지상에서 작성하여 기반에 매입하는 방식이 있다.
③ 자연비탈의 안정을 위해 일반적으로 그라우트식 앵커는 잘 사용되지 않는다.
④ 기반 내에 보링을 하고 시멘트 모르타르를 주입하여 앵커 몸체를 형성하는 그라우트 방식이 있다.

해설 **바르게 고치면**
　　 자연비탈의 안정을 위해 일반적으로 그라우트식 앵커가 보편적이다.

7. 산비탈기초 사방공사가 아닌 것은?

① 배수로   ② 흙막이
③ 떼단쌓기   ④ 비탈다듬기

해설 **떼단쌓기**
　　 녹화공사

정답   1. ③   2. ②   3. ②   4. ②   5. ④   6. ③   7. ③

8. 녹화용 외래초본식물이 아닌 것은?

① 오리새   ② 까치수영
③ 우산잔디   ④ 능수귀염풀

해설 까치수영
　　재래종

9. 다음 그림은 인공개수로의 단면도이다. P에 해당하는 용어는?

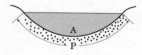

① 윤변   ② 경심
③ 유적   ④ 동수반지름

해설 ① 윤변(P) - 수로의 횡단면에 있어서 물과 접촉하는 수
　　로 주변의 길이
　　② 경심(R) 또는 동수반지름 - 유적을 윤변으로 나눈 것

10. 황폐 계류 유역을 구분하는데 포함되지 않는 것은?

① 토사생산구역
② 토사피적구역
③ 토사유과구역
④ 토사준설구역

해설 황폐 계류 유역은 토사생산구역, 토사유과구역, 토사퇴적
　　구역이다.

11. 사방댐을 설치하는 주요 목적으로 옳지 않은 것은?

① 산각의 고정
② 종횡침식의 방지
③ 계상기울기의 완화
④ 지표수의 신속 배제

해설 사방댐의 목적
　　① 바닥막이 기능 : 계상물매를 완화하고 종침식을 방지
　　　하는 작용
　　② 구곡막이 기능 : 산각을 고정하여 붕괴를 방지하는 기능
　　③ 계상에 퇴적한 불안정한 토사의 유동을 방지하여 양안
　　　의 산각을 고정하는 작용

12. 사방사업법에 의한 사방사업의 구분에 해당되지 않
는 것은?

① 산지사방사업
② 해안사방사업
③ 야계사방사업
④ 생활권사방사업

해설 사방사업의 구분
　　① 산지사방사업
　　　• 산사태예방사업 : 산사태의 발생 방지를 위한 사방사업
　　　• 산사태복구사업 : 산사태가 발생한 지역을 복구하기 위
　　　　하여 시행하는 사방사업
　　　• 산지보전사업 : 산지의 붕괴·침식 또는 토석의 유출
　　　　을 방지하기 위하여 시행하는 사방사업
　　　• 산지복원사업 : 자연적·인위적인 원인으로 훼손된 산
　　　　지를 복원하기 위하여 시행하는 사방사업
　　② 해안사방사업 : 해안와 연접한 지역에 대한 사방사업
　　　• 해안방재림 조성사업 : 해일, 풍랑, 모래날림, 염분 등에
　　　　의한 피해를 줄이기 위하여 시행하는 사방사업
　　　• 해안침식 방지사업 : 파도 등에 의한 해안침식을 방지하
　　　　거나 침식된 해안을 복구하기 위한 사방사업
　　③ 야계사방사업 : 산지의 계곡, 산지에 연결된 시내 또는
　　　하천에 대하여 시행하는 사업
　　　• 계류보전사업 : 계류의 유속을 줄이고 침식 및 토석류
　　　　를 방지하기 위하여 시행하는 사방사업
　　　• 계류복원사업 : 자연적·인위적인 원인으로 훼손된
　　　　계류를 복원하기 위하여 시행하는 사방사업
　　　• 사방댐 설치사업 : 계류의 경사도를 완화시켜 침식을
　　　　방지하고 상류에서 내려오는 토석나무 등과 토석류를
　　　　차단하며 수원함양을 위하여 계류를 횡단하여 소규모
　　　　댐을 설치하는 사방사업

13. 선떼붙이기에서 발디딤을 설치하는 주요 목적으로 옳지 않은 것은?

① 작업용 흙을 쌓아 둠
② 공작물의 파괴를 방지함
③ 바닥떼의 활착을 조장함
④ 밟고 서서 작업하도록 함

해설 발디딤의 목적
① 공작물의 파괴를 방지함
② 바닥떼의 활착을 조장함
③ 밟고 서서 작업하도록 함

14. 산사태 및 산붕에 대한 설명으로 옳지 않은 것은?

① 강우강도에 영향을 받는다.
② 주로 사질토에서 많이 발생한다.
③ 징후의 발생이 많고 서서히 활동한다.
④ 20° 이상의 급경사지에서 많이 발생한다.

해설 징후의 발생이 많고 서서히 활동
     땅 밀림

15. 조도계수는 0.05, 통수단면적이 3m², 윤변이 1.5m, 수로 기울기가 2%일 때 Manning의 평균유속공식에 의한 유량은?

① 0.45m³/s
② 4.49m³/s
③ 13.47m³/s
④ 17.58m³/s

해설 ① Manning의 평균유속공식에 의한 유속
     $= (1/0.05) \times (3/1.5)^{2/3} \times (0.02)^{1/2} = 4.490$
② 유량 $= 4.490 \times 3m^2 = 13.47m^3/s$

16. 선떼붙이기 6급으로 1m를 시공하는데 필요한 떼 사용 매수는?(단, 떼는 40cm×25cm, 흙 두께는 5cm)

① 5.00매   ② 6.25매
③ 7.50매   ④ 8.75매

해설 ① 4급 → 2.5장이 필요
② 너비가 40cm 이므로 1m 시공을 위해서는 2.5장 × 2.5배수 = 6.25매

17. 최대홍수량을 산정하는 합리식으로 옳은 것은?

① 유속 × 강우강도 × 유역면적
② 유출계수 × 유속 × 강우강도
③ 유출계수 × 유속 × 유역면적
④ 유출계수 × 강우강도 × 유역면적

해설 Q = 0.002778 × C(유출계수) × I(최대시 우량 mm/hr) × A(유역면적 ha)

18. 시멘트가 공기 중의 수분을 흡수하여 수화작용을 일으키고, 그 결과 생긴 수산화칼슘이 이산화탄소와 결합하여 탄산칼슘을 만드는 과정은?

① 풍화   ② 경화
③ 양생   ④ 소성

해설 시멘트
     풍화작용과 탄산화 작용

19. 돌쌓기벽 그림에서 A의 명칭은?

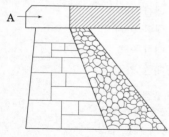

① 갓돌
② 귀돌
③ 모서리돌
④ 뒷채움돌

해설 갓돌
　　윗머리에 있는 돌

20. 중력식 사방댐의 안정에 대한 설명으로 옳지 않은 것은?

① 합력의 작용선이 제저 중앙의 1/3범위 밖에 있어야 전도되지 않는다.
② 제체에 발생하는 인장응력이 허용인장강도를 초과하면 안 된다.
③ 제저에 발생하는 최대압축응력은 지반의 허용압축강도 보다 작아야 한다.
④ 수평분력의 총합과 수직분력의 총합의 비가 제저와 기초지반 사이의 마찰계수보다 작으면 활동되지 않는다.

해설 바르게 고치면
　　전도에 대한 안정은 합력의 작용선이 제저 중앙의 1/3범위 내에 있어야 전도되지 않는다.

2회
1회독 □ 2회독 □ 3회독 □

1. 폭 15m, 높이 2m인 직사각형 수로에서 수심 1m, 평균유속 2m/s로 흐르고 있을 때 유량은?

① 15m³/s
② 30m³/s
③ 60m³/s
④ 80m³/s

해설 유량=유적×유속=(15×1)×2=30m³/s

2. 유동형 침식의 하나인 토석류에 대한 설명으로 옳은 것은?

① 토괴의 흐트러짐이 적다.
② 주로 점성토의 미끄럼면에서 미끄러진다.
③ 일반적으로 움직이는 속도가 0.01~10mm/day 이다.
④ 물을 윤활제로 하여 집합운반의 형태를 가진다.

해설 바르게 고치면
    ① 토괴의 흐트러짐이 많다.
    ② 점성토의 미끄럼면에서 미끄럼짐은 지활형침식에 관한 내용이다.
    ③ 움직이는 속도가 느린 것은 지활형침식에 관한 설명이다.

3. 토질이 모래층인 절토사면에 대한 설명으로 옳지 않은 것은?

① 새집공법을 적용하는 것이 가장 적합하다.
② 토양유실을 방지할 목적으로 전면적 객토를 해주어야 한다.
③ 침식에 대단히 약하여 식생이 착근하기 전에 유실될 가능성이 높다.
④ 절토공사 직후에는 단단한 편이나 건조하면 푸석푸석 해지고 무너지기 쉽다.

해설 새집공법
    암반면 적용

4. 비탈면에 시공하는 옹벽의 안정조건이 아닌 것은?

① 전도에 대한 안정
② 침수에 대한 안정
③ 활동에 대한 안정
④ 침하에 대한 안정

해설 옹벽의 안정조건
    ① 전도에 대한 안정
    ② 활동에 대한 안정
    ③ 침하에 대한 안정

5. 사방사업 대상지로 가장 거리가 먼 것은?

① 임도가 미개설 되어 접근이 어려운 지역
② 산불 등으로 산지의 피복이 훼손된 지역
③ 황폐가 예상되는 산지와 계천으로 복구공사가 필요한 지역
④ 해일 및 풍랑 등 재해예방을 위해 해안림 조성이 필요한 지역

해설 사방사업 대상지는 임도가 개설되어 접근이 가능한 지역부터 한다.

6. 집수량이 많아 침식 위험이 높은 산비탈에 설치하는 수로로 가장 적당한 것은?

① 흙수로
② 바자수로
③ 떼붙임수로
④ 찰붙임수로

해설 침식위험이 높으면 가장 견고한 찰붙임수로가 적당하다.

7. 유역 평균강수량을 산정하는 방법이 아닌 것은?

① 물수지법
② 등우선법
③ 산술평균법
④ Thiessen법

정답 1. ② 2. ④ 3. ① 4. ② 5. ① 6. ④ 7. ①

해설 유역 평균강수량 산정방법
　① Thiessen의 가중평균법 – 각 관측소가 지배하는 면적에 대한 가중치를 반영하여 산출한다.
　② 산출평균법 – 각 지점별 강우량을 합산하여 관측점 수로 나누어 산출한다.
　② 등우량선법 – 관측점의 위치와 강우량으로 등우량선을 작도하여 산출하는 방법
　③ 삼각형법
　　• 관측소간을 삼각형이 되도록 직선 연결하여 산출하는 방법
　　• 삼각형내의 평균우량은 삼각형을 구성하는 관측자료의 평균치를 적용
　④ 격자법 – 등우량선도를 그린 대상지역에 보통 2~5km의 간격으로 격자선을 그려 산출하는 방법.
　⑤ 강우량 고도법 – 강수량을 고도에 따라 증가하는 것을 이용하여 산출하는 방법

8. 비탈다듬기나 단끊기로 생긴 뜬 흙의 활동을 방지하기 위해 계곡부에 설치하는 공작물은?

① 조공
② 누구막이
③ 땅속흙막이
④ 산비탈흙막이

해설 땅속흙막이
　비탈면 다듬기로 생긴 토사의 활동을 방지하기 위해 땅속에 설치하는 공작물

9. 산지의 침식형태 중 중력에 의한 침식으로 옳지 않은 것은?

① 산붕
② 포락
③ 산사태
④ 사구침식

해설 사구침식 – 바다침식

10. 붕괴형 산사태에 대한 설명으로 옳은 것은?

① 지하수로 인해 발생하는 경우가 많다.
② 파쇄대 또는 온천지대에서 많이 발생한다.
③ 이동면적이 1ha이하가 많고, 깊이도 수 m이하가 많다.
④ 속도는 완만해서 토괴는 교란되지 않고 원형을 유지한다.

해설 붕괴형 산사태
　① 호우가 원인이다.
　② 지질과는 관계가 적다
　④ 속도는 빠르고 토괴는 교란된다.

11. 콘크리트흙막이 공작물 시공방법으로 옳지 않은 것은?

① 물빼기구멍은 지름 5~10cm 정도의 관을 2~3m² 당 1개소를 설치한다.
② 견고하지 않은 지반에 시공하는 경우 반드시 말뚝기초 등으로 보강해야 한다.
③ 뒤채움돌은 시공의 난이도 및 배수효과 등을 고려하여 위아래 모두 20cm 내외로 한다.
④ 비탈면의 토층이 이동할 위험이 있고, 토압이 커서 다른 흙막이 공작물로는 안정을 기대하기 어려운 경우 설치한다.

해설 바르게 고치면
　뒤채움돌은 아래에는 20cm, 위는 제일 위쪽은 뒷채움하지 않는다.

12. 사방댐과 골막이에 모두 축설하는 것은?

① 앞댐
② 방수로
③ 반수면
④ 대수면

해설 사방댐과 골막이(구곡막이)는 반수면을 축설한다.

정답　8. ③　9. ④　10. ③　11. ③　12. ③

13. 계단 연장이 3km인 비탈면에 선떼붙이기를 7급으로 할 때에 필요한 떼의 총 소요 매수는?(단, 떼의 크기 : 40cm × 25cm)

① 11,250매
② 15,000매
③ 16,500매
④ 18,750매

해설 ① 7급은 대형떼(40cm × 25cm)는 연장 1m당 5.0매가 필요하다.
② 3,000 × 5매/m² = 15,000매

14. 최대홍수유량을 계산하려 할 때 필요한 인자가 아닌 것은?

① 유거계수
② 최대시우량
③ 안정기울기
④ 집수구역의 면적

해설 안정기울기
① 석력의 교대는 있어도 세굴과 침전이 평형을 유지
② 종단형상에 변화를 일으키지 않는 계상의 물매

15. 비중이 2.50 이하인 골재는?

① 잔골재
② 보통골재
③ 중량골재
④ 경량골재

해설 • 보통골재 : 비중이 2.50~2.65
• 경량골재 : 비중이 2.50 이하
• 중량골재 : 비중이 2.70 이상

16. 정사울타리에 대한 설명으로 옳지 않은 것은?

① 높이는 60~70cm를 표준으로 한다.
② 방향은 주풍방향에 직각이 되도록 한다.
③ 정사각형이나 직사각형 모양으로 구획한다.
④ 구획 내부에 ha당 10,000본의 곰솔 등의 묘목을 식재한다.

해설 바르게 고치면
정사울세우기 – 높이 1.0~1.2m 표준

17. 수평분력의 총합과 수직분력의 총합, 제저와 기초지반과의 마찰계수를 이용하여 계산하는 중력식 사방댐의 안정조건은?

① 전도에 대한 안정
② 활동에 대한 안정
③ 제체의 파괴에 대한 안정
④ 기초지반의 지지력에 대한 안정

해설 ① 활동에 대한 안정
• 저항력의 총합 ≥수평외력의 총합
② 전도에 대한 안정
• 합력작용선(수평분력과 수직분력의 총합)이 제저의 중앙 1/3보다 하류측을 통과하면 댐 몸체의 상류측에 장력이 생기므로 합력작용선이 제저의 1/3 내를 통과해야 한다.

18. 야계사방의 주요 목적으로 거리가 먼 것은?

① 계안의 침식 방지
② 계류의 바닥 안정
③ 계류의 토사유출 억제
④ 붕괴지의 인공적인 복구

해설 붕괴지의 인공적인 복구
산지사방의 주요 목적

19. 황폐계류의 특성으로 옳지 않은 것은?

① 호우가 끝나면 유량이 급감한다.
② 호우에도 모래나 자갈의 이동은 거의 없다.
③ 유량은 강수에 의해 급격히 증가하거나 감소한다.
④ 유로의 연장이 비교적 짧으며 계상 기울기가 급하다.

해설 바르게 고치면
호우에 석력의 이동이 활발하다.

정답 13. ② 14. ③ 15. ④ 16. ① 17. ② 18. ④ 19. ②

20. 콘크리트 배합에서 시멘트 사용량이 가장 많은 것은?

① 1 : 2 : 2　　　　② 1 : 2 : 4

③ 1 : 3 : 3　　　　④ 1 : 3 : 6

해설 콘크리트의 배합
   ① 시멘트 : 잔골재(모래) : 굵은 골재(자갈)
   ② 잔골재 : 굵은 골재의 무게비가 작을수록 시멘트양이 많아진다.

정답　**20.** ①

3회
1회독 □   2회독 □   3회독 □

1. 비탈다듬기 공사의 시공 요령으로 옳은 것은?

① 산 아래부터 시작하여 산꼭대기로 진행한다.
② 속도랑 공사는 비탈다듬기를 완료한 후에 시공한다.
③ 붕괴면 주변의 가장자리 부분은 최소한으로 끊어 내도록 한다.
④ 비탈다듬기공사 후 뜬 흙이 안정될 때까지 상당 기간 동안 비바람에 노출시킨다.

해설 바르게 고치면
　① 산꼭대기부터 산 아래로 진행한다.
　② 속도랑 공사는 비탈다듬기 전에 시공한다.
　③ 붕괴면 주변의 가장자리는 최대한으로 끊어낸다.

2. 임간나지에 대한 설명으로 옳은 것은?

① 산림이 회복되어 가는 임상이다.
② 비교적 키가 작은 울창한 숲이다.
③ 초기황폐지나 황폐이행지로 될 위험성은 없다.
④ 지표면에 지피식물 상태가 불량하고 누구 또는 구곡침식이 형성되어 있다.

해설 임간나지
비교적 키가 큰 임목들이 외견상 엉성한 숲을 이루고 있지만, 지표면에 지피식물이나 유기물이 적고 때로는 면상, 누구 또는 구곡침식까지 발생되고 있으므로 입목이 제거되거나 산림 병해충의 피해로 고사하게 되면 곧 초기황폐지나 또는 황폐 이행지 형태로 급진전되는 황폐지

3. 3급 선떼 붙이기에서 1m를 시공하는데 사용되는 적정 떼 사용 매수는?(단, 떼 크기는 길이 40cm, 너비 25cm)

① 1매
② 5매
③ 10매
④ 20매

해설 선떼붙이기 급수별 1m당 떼 사용 매수

떼크기	길이 40, 폭 20 cm	
구 분	단면상 매수	연장 1m 당 매수
1급	5.0	12.50
2급	4.5	11.25
3급	4.0	10.00
4급	3.5	8.75
5급	3.0	7.50
6급	2.5	6.25
7급	2.0	5.00
8급	1.5	3.75
9급	1.0	2.50

4. 다음 그림과 같은 사다리꼴 수로에서 윤변을 구하는 계산식으로 옳은 것은?

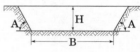

① $B + \dfrac{H}{\sin A}$ 　② $B + \dfrac{H}{\cos A}$

③ $B + \dfrac{2H}{\sin A}$ 　④ $B + \dfrac{2H}{\cos A}$

해설 윤변 = 하상폭(B) + 그 옆면의 총 길이 $\dfrac{2H}{\sin A}$

5. 비탈면 안정을 위한 계획을 수립할 때 설계를 위한 주요 조사항목으로 거리가 먼 것은?

① 지위조사
② 기상조사
③ 지형조사
④ 지질조사

해설 비탈면 설계의 주요 조사항목
　기상요인, 지형요인, 지질·토양요인, 식생요인 등

정답　1. ④　2. ④　3. ③　4. ③　5. ①

6. 사방댐을 설치한 계류의 기울기에 대한 설명으로 옳지 않은 것은?

① 사방댐을 축설하고 나서 홍수가 발생하면 하상기울기는 홍수기울기로 고정된다.

② 홍수기울기와 평형기울기 사이의 퇴사량을 댐의 토사조절량이라고 한다.

③ 유수가 사력을 포함하지 않을 경우의 계상기울기는 가장 완만한데 이를 평형기울기라 한다.

④ 홍수로 다량의 사력을 함유하면 계상기울기가 가장 급하게 되는데 이를 홍수 기울기라 한다.

[해설] 사방댐을 축설하고 나서 홍수가 발생하면 하상기울기가 변화한다.

7. 유기물이 많은 겉흙을 넓게 제거하여 토양비옥도와 생산성을 저하시키는 침식 형태는?

① 면상침식

② 우격침식

③ 구곡침식

④ 누구침식

[해설] 면상침식

비교적 지표가 고른 경우 유거수는 지표면을 고루 흐르게 되고 이때 토양의 표면전면으로부터 얇게 일어나는 침식을 말한다.

8. 중력식 사방댐이 전도에 대하여 안정하기 위해서는 합력작용선이 제저 중앙의 얼마이내를 통과해야 하는가?

① 1/2

② 1/3

③ 1/4

④ 1/5

[해설] 전도에 대한 안정

합력작용선이 제저의 중앙 1/3보다 하류측을 통과하면 댐 몸체의 상류측에 장력이 생기므로 합력작용선이 제저의 1/3 내를 통과해야 한다.

9. 골막이에 대한 설명으로 옳지 않은 것은?

① 물이 흐르는 중심선 방향에 직각이 되도록 설치한다.

② 본류와 지류가 합류하는 경우 합류부 위쪽에 설치한다.

③ 계상기울기를 수정하여 유속을 완화시키는 공작물이다.

④ 구곡막이라고도 하며 주로 상류부에 설치하여 유송토사를 억제하는데 목적이 있다.

[해설] 바르게 고치면
본류와 지류가 합류하는 경우 합류부 아래쪽에 설치한다.

10. 가속침식에 해당되지 않는 것은?

① 물침식

② 중력침식

③ 자연침식

④ 바람침식

[해설] 자연침식
정상침식, 지질학적 침식을 말한다.

11. 지하수의 용출 및 누수에 의한 침식이 심한 비탈면에서 직접 거푸집을 설치하여 콘크리트를 치는 공법은?

① 새집공법

② 비탈힘줄박기

③ 콘크리트블록쌓기

④ 콘크리트뿜어붙이기

[해설] 비탈힘줄박기

① 정상적인 콘크리트 블록으로 된 격자틀 붙이기 공법으로서 처리하기 곤란한 비탈면 적용

② 현장에서 직접 거푸집을 설치하고 콘크리트 치기를 하여 비탈면의 안정을 위한 뼈대(힘줄)를 만들고, 그 안을 작은 돌이나 흙으로 채우고 녹화하는 비탈면 안정공법

12. 황폐된 산림의 면적이 50ha이고, 최대시우량이 45mm/hr, 유거계수가 0.80이면 최대시우량법에 의한 최대홍수유량은?

① 1.8m³/sec

② 5m³/sec

③ 18m³/sec

④ 50m³/sec

해설 시우량법
① 사방에서 널리 사용되고 있는 방법
② 유역에서 가장 가까운 관측소에서 관측된 시우량 (mm/h)과 유역면적 (ha)에 의하여 1초당 유량 (m²/s)을 산정하는 방법
③ 적용공식

$$Q = K \times \frac{a \times \frac{m}{1,000}}{60 \times 60} = 0.002778 \times k \times a \times m$$

식에서, Q : 최대홍수량(m³/s), k : 유출계수(황폐지 0.8, 소면적 1.0) a : 유역면적(ha), m : 최대시우량 (mm/h)

$Q = 0.002778 \times 0.8 \times 50 \times 45$
$= 5.0004 \rightarrow 5m^3/sec$

13. 황폐계류유역을 상류로부터 하류까지 구분하는 순서는?

① 토사생산구역 → 토사퇴적구역 → 토사유과구역
② 토사유과구역 → 토사생산구역 → 토사퇴적구역
③ 토사유과구역 → 토사퇴적구역 → 토사생산구역
④ 토사생산구역 → 토사유과구역 → 토사퇴적구역

해설 황폐계류의 3구역
토사생산구역, 토사유과구역, 토사퇴적구역

14. 산지사방에 대한 설명으로 옳지 않은 것은?

① 눈사태 방재림 조성은 제외된다.
② 시공 대상지는 붕괴지, 밀린땅 등이 있다.
③ 산사태 발생의 위험이 있는 산지에 대해서도 실시할 수 있다.
④ 황폐되었거나 황폐될 위험성이 있는 산지의 토양침식 방지를 위해 실시한다.

해설 방재림 조성
산지사방의 내용

15. 훼손지 및 비탈면의 녹화공법에 사용 되는 수종으로 적합하지 않은 것은?

① 은행나무
② 오리나무
③ 싸리나무
④ 아까시나무

해설 건조하고 척박한 곳이므로 콩과식물 수종인 자귀나무, 싸리나무, 아까시나무 등을 식재한다.

16. 콘크리트의 방수성을 높일 목적으로 사용되는 혼화재료가 아닌 것은?

① 아스팔트
② 규산나트륨
③ 플라이 애시
④ 파라핀 유제

해설 플라이 애시
① 혼화재
② 워커빌리티(workability)를 향상
③ 수화열이 감소하여 조기강도가 낮고 장기강도가 커짐

17. 사방사업이 필요한 지역의 유형분류에서 황폐지에 해당되지 않는 것은?

① 민둥산
② 밀린땅
③ 임간나지
④ 척악임지

해설 밀린땅
산지 침식지

18. 수제의 간격을 결정할 때 고려되어야 할 사항으로 가장 거리가 먼 것은?

① 유수의 강도
② 수제의 길이
③ 계상의 기울기
④ 대수면의 면적

해설 수제
① 시공목적
• 유심의 방향 변경
• 계안침식의 방지와 토사의 퇴적
• 계류 하류의 난류지역 보호
• 상류 붕괴지의 밑부분 보호
② 간격 결정요인 : 수제 길이 및 작용 범위, 유수 강도 및 방향, 계상기울기, 형상
③ 높이 결정요인 : 유수의 저항, 전석 및 계상면 형상

③ 정사울 세우기
• 앞모래언덕(전사구)을 축설 후 그 후방지대에 풍속을 약화시켜서 모래의 이동을 막고 식재목이 잘 자랄 수 있도록 환경을 조성
④ 구정바자얽기
• 퇴사울 세우기에 의하여 조성된 사구가 바람에 의하여 침식이 우려되는 지역은 사구의 꼭대기에 높이 40~60cm의 구정바자얽기를 함

19. 빗물에 의한 토양의 침식 순서로 옳은 것은?

① 누구침식 → 구곡침식 → 면상침식 → 우격침식
② 누구침식 → 우격침식 → 면상침식 → 구곡침식
③ 우격침식 → 면상침식 → 누구침식 → 구곡침식
④ 우격침식 → 누구침식 → 구곡침식 → 면상침식

해설 ① 우격침식 : 빗방울이 지표면을 타격하는 침식
② 면상침식 : 침식의 초기유형으로 지표면이 엷게 유실되는 침식
③ 누구침식 : 침식의 중기유형으로 토양이 깎이는 정도의 침식
④ 구곡침식 : 침식이 가장 심할 때 생기는 유형으로 심토까지 심하게 깎이는 현상

20. 앞모래언덕 육지쪽에 후방 모래를 고정하여 표면을 안정시키고 식재목이 잘 생육할 수 있는 환경 조성을 위해 실시하는 공법은?

① 모래덮기　　　② 퇴사울세우기
③ 구정바자얽기　　④ 정사울세우기

해설 ① 퇴사울세우기
• 바다 쪽에서 불어오는 바람에 의하여 날리는 모래를 억류하고 퇴적시켜서 사구를 조성
② 모래덮기
• 퇴사울세우기 또는 인공모래쌓기공법에 의하여 조성된 사구가 식생에 의하여 피복될 때까지 사구의 표면에 갈대발이나 거적, 새, 섶, 짚 등을 깔고 덮어서 수분을 보존하며 비사를 방지하기 위하여 시공

정답　19. ③　20. ④

1. 돌쌓기 방법으로 비교적 규격이 일정한 막깬돌이나 견치돌을 이용하며, 층을 형성하지 않기 때문에 막쌓기라고도 하는 것은?

① 골쌓기 ② 켜쌓기
③ 찰쌓기 ④ 메쌓기

해설 ① 골쌓기 – 견치돌과 막깬돌 사용
② 켜쌓기 – 가로줄눈이 일직선이 되도록 마름돌을 사용
③ 찰쌓기 – 뒤채움에 콘크리트, 줄눈에 모르타르를 사용, 막깬돌 주로 사용, 1 : 0.2
④ 메쌓기 – 뒤채움이나 줄눈에 모르타르를 사용하지 않음, 1 : 0.3

2. 다음 설명에 해당하는 중력침식의 유형은?

주로 집중호우, 융설수에 의하여 토층이 포화되어 비탈면의 지괴가 균형을 잃고 아래쪽으로 무너져 내리는 중력침식의 형태이다. 보통 무너진 지괴는 그 비탈면 하단부나 산각부에 쌓여 있는 경우가 많고, 주름 모양의 형태를 띠게 된다.

① 산붕 ② 포락
③ 이류 ④ 붕락

해설 붕괴형 침식
① 산사태 : 흙층이 물로 포화 팽창되어 사면계곡으로 연속적으로 길게 붕괴되는 현상
② 산붕 : 규모가 작고 산허리 이하 산록부에서 많이 발생
③ 붕락 : 장기간 강우나 융설수 등으로 토층이 무너지고 무너진 토층이 주름이 잡힌 상태로 정지하는 현상
④ 포락 : 가로침식 작용으로 침식된 토사가 무너지는 현상
⑤ 암설붕락 : 돌부스러기가 중력의 작용으로 밀려 내리는 현상

3. 산지 침식의 종류로 가속침식에 해당하는 것은?

① 자연침식
② 정상침식
③ 붕괴형 침식
④ 지질학적 침식

해설 가속침식
어떤 장소에서 침식이 빠르게 진행되는 것. 벌채나 개간 등 인위적 작용에 의해서 식생이 감소하고, 토양표면이 직접 풍우에 떨어져 나가기 때문에 토양의 유실을 일으킨다.

4. 비탈다듬기공사에서 상단의 단면적이 10m², 하단의 단면적이 20m²이고 상하단의 거리가 10m일 때 평균 단면적법으로 토사량을 구하면?

① 150m³ ② 300m³
③ 1500m³ ④ 3000m³

해설 $\dfrac{10+20}{2} \times 10 = 150m^3$

5. 사방댐의 위치로 적합하지 않은 곳은?

① 상류부가 넓고 댐자리가 좁은 곳
② 계상 및 양안이 견고한 암반인 곳
③ 본류와 지류가 합류하는 지점의 하류
④ 횡침식으로 인한 계상 저하가 예상되는 곳

해설 사방댐의 시공장소
① 암반이 노출되어 침식이 방지되고 댐이 견고하게 자리 잡을 수 있는 곳
② 댐 부분이 좁고 상류부분이 넓어 많은 퇴사량을 간직할 수 있는 곳
③ 상류 계류바닥 기울기가 완만하고 두 지류가 합류 하는 곳

6. 황폐계천에서 유수로 인한 계안의 횡침식을 방지하고 산각의 안정을 도모하기 위하여 계류 흐름방향을 따라서 축설하는 사방 공작물은?

① 수제
② 골막이
③ 기슭막이
④ 바닥막이

[해설] 기슭막이
　　① 계안침식 방지
　　② 횡침식의 방지, 산각의 안정을 도모하고 계류의 흐름 방향에 따라 축설한다.

7. 견고한 돌쌓기 공사에서 사용될 수 있도록 특별한 규격으로 다듬은 것으로 단단하고 치밀한 석재는?

① 견치돌
② 막깬돌
③ 호박돌
④ 야면석

[해설] 견치돌
　　견치돌은 앞면(큰면)이 30×30cm 미만이며, 뒤굄 길이(큰 면과 작은 면 사이의 길이)는 큰 면의 약 1.5배(45cm안팎)이다. 돌의 종류는 화강암질이나 안산암질 등의 경암을 사용한다.

8. 사방댐의 안정 계산에 필요한 하중 및 수치중에서 댐 높이가 15m 미만일 때 고려하지 않은 것은?

① 자중
② 정수압
③ 퇴사압
④ 양압력

[해설] 15m 미만의 댐높이에서는 양압력(중력방향의 반대 방향으로 작용하는 연직성분의 수압)을 고려하지 않아도 된다.

9. 퇴사퇴적구역에 대한 설명으로 옳지 않은 것은?

① 유수의 유송력이 대부분 상실되는 지점이다.
② 침적지대 또는 사력퇴적지역 등으로 불린다.
③ 황폐계류의 최하부로서 계상물매가 급하고 계폭이 좁다.
④ 유송토사의 대부분이 퇴적되어 계상이 높아지게 된다.

[해설] 바르게 고치면
　　황폐계류의 최하부로 계상물매가 완만하고 계폭이 넓다.

10. 빗물에 의한 침식의 발달 단계로 옳은 것은?

① 우격침식 → 면상침식 → 누구침식 → 구곡침식
② 면상침식 → 우격침식 → 누구침식 → 구곡침식
③ 우격침식 → 면상침식 → 구곡침식 → 누구침식
④ 면상침식 → 우격침식 → 구곡침식 → 누구침식

[해설] 빗물에 의한 침식의 발달 단계
　　우격침식 → 면상침식 → 누구침식 → 구곡침식

11. 산지사방 중 씨뿌리기에 사용되는 식생에 대한 설명으로 옳지 않은 것은?

① 초본류는 생장이 빠르고 엽량이 많은 것이 좋다.
② 초본류는 일년생으로 번식력이 왕성한 것이 좋다.
③ 목본류는 근계가 잘 발달하고 토양의 긴박효과가 있어야 한다.
④ 목본류는 척악지나 환경조건에 대한 적응성이나 저항성이 커야 한다.

[해설] 바르게 고치면
　　초본류는 다년생으로 번식력이 왕성한 것이 좋다.

12. 암석 산지나 암벽 녹화용으로 가장 부적합한 수종은?

① 병꽃나무
② 눈향나무
③ 노간주나무
④ 상수리나무

[해설] 암석 산지나 암벽 녹화에는 초본이나 관목위주로 식재한다.

13. 비탈파종녹화를 위한 파종량 산출식으로 옳은 것은? (단, W는 파종량(g/m²), S는 평균입수(입/g), B는 발아율(%), P는 순량율(%), C는 발생기대본수(본/m²))

① $W = \dfrac{B}{S \times P \times C}$ ② $W = \dfrac{P}{S \times B \times C}$

③ $W = \dfrac{S}{P \times B \times C}$ ④ $W = \dfrac{C}{P \times B \times S}$

해설 파종량 $= \dfrac{\text{발생기대본수}}{\text{평균입수} \times \text{발아율} \times \text{순량율}}$

14. 기울기가 완만하고 유량과 토사유송이 적은 곳에 설치하는 수로로 가장 적합한 것은?

① 떼붙임수로 ② 찰붙임수로
③ 메붙임수로 ④ 콘크리트수로

해설 떼붙임수로
  ① 기울기가 완만하고, 유량과 토사유송이 적은 곳에 시공
  ② 소규모 붕괴지에 적용

15. 산지사방에서 녹화공사에 해당하지 않은 것은?

① 단쌓기 ② 사초심기
③ 등고선구공법 ④ 산비탈바자얽기

해설 사초심기
  해안사방공사

16. 해안사방공의 주요 공종에 해당하지 않는 것은?

① 파도막이 ② 모래덮기
③ 새집공법 ④ 퇴사울세우기

해설 새집공법
  절개 암반지에 반달형 제비집 모양으로 잡석을 쌓고 내부를 흙으로 채움

17. 다음 설명에 가장 적합한 불투과형 중력식 사방댐은?

- 땅밀림지, 산사태지 등의 응급복구 사방공사에 적합하다.
- 터파기는 깊이 1m 정도로 하고 말뚝으로 체제를 유지해야 하며, 높이는 3m 이하로 한다.

① 흙댐 ② 돌망태댐
③ 콘크리트댐 ④ 콘크리트틀댐

해설 돌망태댐
  지반이 불안정할 때, 응급복구 사방공사, 깊이와 높이가 낮을 때 적합하다.

18. 유량이 40m³/s이고, 평균유속이 5m/s일 때 수로의 횡단면적(m²)은?

① 0.5 ② 8
③ 45 ④ 200

해설 수로의 횡단면적 × 평균유속 = 유량
  수로의 횡단면적 × 5 = 40, 수로의 횡단면적 = 8m²

19. 초기황폐지 단계에서 복구되지 않으면 점점 더 급속히 악화되어 가까운 장래에 민둥산이나 붕괴지가 될 위험성이 있는 상태는?

① 척악임지 ② 임간나지
③ 황폐 이행지 ④ 특수 황폐지

해설 황폐이행지
  임간나지 등 초기황폐지를 복구하지 않으면 급속히 악화되어 가까운 장래에 민둥산이나 붕괴지로 될 위험성이 있는 상태를 말한다.

정답 13. ④ 14. ① 15. ② 16. ③ 17. ② 18. ② 19. ③

20. 바닥막이 시공 장소로 적합하지 않은 것은?

① 합류 지점의 하류
② 계상 굴곡부의 상류
③ 계상이 낮아질 위험이 있는 곳
④ 종침식과 횡침식이 발생하는 지역의 하류부

해설 바르게 고치면
　　계상 굴곡부의 하류

정답　20. ②

1회독 □ 2회독 □ 3회독 □

1. 해안의 모래언덕이 발달하는 순서로 옳은 것은?

① 치올린 모래언덕 → 반월사구 → 설상사구
② 반월사구 → 설상사구 → 치올린 모래언덕
③ 치올린 모래언덕 → 설상사구 → 반월사구
④ 반월사구 → 치올린 모래언덕 → 설상사구

해설 해안모래언덕발달
　치올린 모래언덕 → 설상사구 → 반월사구

2. 산지사방에서 기초공사에 해당되지 않는 것은?

① 비탈덮기　　② 비탈다듬기
③ 땅속흙막이　④ 산복수로공

해설 비탈덮기
　산복녹화공법

3. 잔골재에 대한 설명으로 옳은 것은?

① 10mm 체를 85% 이상 통과한다.
② 5mm 체를 전부 통과하고 0.08mm 체에는 전부 남는다.
③ 5mm 체를 전부 통과하고 0.5mm 체에는 85% 이상 통과한다.
④ 5mm 체를 50% 이상 통과하며 0.08mm 체에는 거의 다 남는다.

해설 ① 잔골재
　• 표준체에 규정된 10mm체를 전부 통과하고, 5mm체를 거의 다 통과하며 0.08mm체에 거의 남는 골재
　• 일반적으로 입경 5mm 이하의 것
② 굵은골재
　• 입경 5mm이상의 골재
　• 시방서에는 중량비로 5mm체에 85% 이상 남는 것

4. 중력식 사방댐의 안정조건이 아닌 것은?

① 자중에 대한 안정
② 전도에 대한 안정
③ 활동에 대한 안정
④ 기초지반의 지지력에 대한 안정

해설 중력식 사방댐의 안정조건
　① 전도에 대한 안정
　② 활동에 대한 안정
　③ 기초지반의 지지력에 대한 안정

5. 땅깎기비탈면의 토질별 안정공법으로 가장 적정하게 연결된 것은?

① 사질토 – 새집공법
② 경암 – 낙석방지망덮기
③ 점질토 – 분사식씨뿌리기
④ 모래층 – 종비토뿜어붙이기

해설 • 사질토 – 분사식 씨뿌리기
　• 경암 – 새집공법
　• 점질토 – 종비토 뿜어붙이기

6. 사방 녹화용 식물재료로 재래 초본류가 아닌 것은?

① 쑥
② 겨이삭
③ 김의털
④ 까치수영

해설 겨이삭
　벼과 겨이삭속의 두해살이풀로 분포 한국의 각처 저지대 길가에서 자란다.

7. 황폐지의 진행 순서로 옳은 것은?

① 임간나지 → 초기황폐지 → 황폐이행지 → 민둥산 → 척악임지

② 초기황폐지 → 황폐이행지 → 척악임지 → 임간나지 → 민둥산

③ 임간나지 → 척악임지 → 황폐이행지 → 초기황폐지 → 민둥산

④ 척악임지 → 임간나지 → 초기황폐지 → 황폐이행지 → 민둥산

해설 황폐지 진행순서
① 척악임지 → 임간나지 → 초기황폐지 → 황폐이행지 → 민둥산
② 척악임지 : 산림의 토양 비옥도가 척박한 지역
③ 임간나지 : 상층 입목제거시 황폐 우려지역
④ 민둥산 : 입목이 거의없어 나지상태의 임지

8. 대상지 1ha에 15° 경사로 1.0m 높이의 단끊기공을 시공할 때 평면적법에 의한 계단 길이는?

① 약 1,786m   ② 약 2,061m
③ 약 2,679m   ④ 약 3,640m

해설 $10,000 \times \tan15° = 2,679$m

9. 산지사방의 목적으로 가장 거리가 먼 것은?

① 붕괴 확대 방지   ② 표토 침식 방지
③ 유속 토사 조절   ④ 산사태 위험 대책

해설 산지사방의 목적
① 산지침식 및 토사유출방지
② 산복붕괴방지
③ 홍수조절 및 수원함양
④ 하상물매완화 및 계류보전
⑤ 비사의 고정
⑥ 경지매몰방지

10. 수제에 대한 설명으로 옳지 않은 것은?

① 계안으로부터 유심을 향해 돌출한 공작물을 말한다.
② 계상 폭이 좁고 계상 기울기가 급한 황폐계류에 적용한다.
③ 돌출 방향은 유심선 또는 접선에 대해 상향 70~90°를 기준으로 한다.
④ 상향수제는 수제 사이의 사력 퇴적이 하향수제보다 많고 두부의 세굴이 강하다.

해설 수제
계안의 침식과 기슭막이 공작물의 세굴방지를 위해 둑이나 계안으로부터 돌출하여 설치하는 계간 사방 공작물

11. 계류의 바닥 폭이 3.8m, 양안의 경사각이 모두 45°이고, 높이가 1.2m일 때의 계류 횡단면적(m²)은?

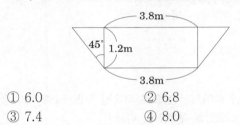

① 6.0   ② 6.8
③ 7.4   ④ 8.0

해설 ① 윗변의 길이 $1.2 + 3.8 + 1.2 = 6.2$m
② 횡단면적 $\dfrac{3.8+6.2}{2} \times 1.2 = 6.0$m²

12. 토사유과구역에 대한 설명으로 옳지 않은 것은?

① 상류에서 생산된 토사가 통과한다.
② 토사유하구역 또는 중립지대라고도 한다.
③ 붕괴 및 침식작용이 가장 활발히 진행되는 구역이다.
④ 계상의 형태는 협착부에서 모래와 자갈을 하류로 운반하는 수로에 해당된다.

해설 붕괴 및 침식작용이 가장 활발히 진행되는 구역 → 토사생산구역

13. 임지에 도달한 강우의 침투강도에 영향을 주는 인자로 가장 거리가 먼 것은?

① 유역 면적
② 지표면의 상태
③ 토양 공극의 차이
④ 당초의 토양 수분

해설 강우의 침투강도에 영향 인자
① 지표면의 상태
② 토양 공극의 차이
③ 당초 토양 수분

14. 일반적인 모래막이 공작물의 평면형상이 아닌 것은?

① 위형
② 주걱형
③ 자루형
④ 침상형

해설 모래막이 공작물의 평면형상
위형, 자루형, 주걱형, 반주걱형

15. 증발산 중에서 식생으로 피복된 지면으로부터의 증발량과 증산량만을 무엇이라 하는가?

① 증산률
② 증발산률
③ 증발기회
④ 소비수량

해설 ① 임내강우량 : 수관통과우량, 수관적하우량, 수간유하우량
② 소비수량 = 증발량 + 증산량
③ 소실수량 : 증발산량, 강수량 − 유출량

16. 사방댐의 방수면에 설치하는 물받이 길이는 일반적으로 댐높이와 월류수심 합의 몇 배로 하는 것이 좋은가?

① 0.5 ~ 1.0배
② 1.0 ~ 1.5배
③ 1.5 ~ 2.0배
④ 2.0 ~ 2.5배

해설 사방댐의 방수면의 물받이의 길이 = (댐높이 + 월류수심)1.5 ~ 2.0배

17. 빗물에 의한 침식으로 가장 거리가 먼 것은?

① 지중침식
② 구곡침식
③ 누구침식
④ 면상침식

해설 빗물침식
① 우격침식 − 침식메커니즘의 초기상태
② 면상침식 − 가벼운 흙입자나 유기물 탈취, 토양 비옥도와 생산성 유지에 손실
③ 누구침식 − 작은 물줄기에 의한 피해
④ 구곡침식 − 도랑이 커져 심토까지도 심하게 깎임

18. 선떼붙이기 공법에서 가장 윗부분에 사용되는 떼의 명칭은?

① 선떼
② 평떼
③ 받침떼
④ 머리떼

해설 선떼붙이기시 떼의 명칭(윗부분부터)
머리떼(갓떼) → 선떼 → 받침떼 → 밑떼(바닥떼)

19. 돌골막이를 시공할 때 돌쌓기의 기울기 기준은?

① 1 : 0.1
② 1 : 0.3
③ 1 : 0.5
④ 1 : 0.7

해설 돌쌓기 기울기
1 : 0.3

20. 비탈면 안정 평가를 위해 안전율을 계산하는 방법으로 옳은 것은?

① 비탈의 활동면에 대한 흙의 압축응력을 전단강도로 나눈 값
② 비탈의 활동면에 대한 흙의 전단응력을 전단강도로 나눈 값
③ 비탈의 활동면에 대한 흙의 압축강도를 압축응력으로 나눈 값
④ 비탈의 활동면에 대한 흙의 전단강도를 전단응력으로 나눈 값

해설 비탈면 안정 평가를 위한 안전율
$$= \frac{\text{비탈의 활동면에 대한 흙의 전단강도}}{\text{전단응력}}$$

정답 13. ①　14. ④　15. ④　16. ③　17. ①　18. ④　19. ②　20. ④

1. 계안으로부터 유심을 향해 돌출한 공작물로 유심의 방향을 변경시켜 계안의 침식이나 붕괴를 방지하기 위해 설치하는 것은?

① 수제   ② 밑막이

③ 바닥막이   ④ 기슭막이

해설 ① 수제
- 계안의 침식과 기슭막이 공작물의 세굴방지
- 둑이나 계안으로부터 돌출하여 설치하는 계간 사방 공작물
② 기슭막이 정의
- 계안침식 방지
- 횡침식을 방지 및 산각의 안정을 도모하고 계류의 흐름 방향에 따라 축설
③ 바닥막이 정의
- 계상침식 방지, 종침식 방지
- 종침식 방지 및 토사석력의 유실방지와 계류를 안정적으로 보전하기 위하여 시공

2. 배수로 단면의 윤변이 10m이고 유적이 20m²일 때 경심은?

① 0.2m   ② 1m

③ 2m   ④ 10m

해설 경심 $= \dfrac{유적}{윤변} = \dfrac{20}{10} = 2m$

3. 우량계가 유역에 불균등하게 분포되었을 경우에 가장 적정한 평균 강우량 산정방법은?

① 등우선법
② 침투형법
③ 산술평균법
④ Thiessen법

해설 티쎈(Thiessen)법
① 일종의 가중 값에 의한 평균방법으로서 각 관측소가 차지하는 면적을 전체 면적으로 나눈 값을 가중 값으로 하여 평균한 값
② 각각의 관측소가 차지하는 지배면적은 관측소를 직선으로 연결하여 삼각형을 만든 후, 각 변의 수직이등분선을 그어 각 관측점의 주위에 다각형을 만들어 얻어지게 된다.

4. 투과형 버트리스 사방댐에 대한 설명으로 옳지 않은 것은?

① 측압에 강하다.
② 스크린댐이 가장 일반적인 형식이다.
③ 주로 철강제를 이용하여 공사기간을 단축할 수 있다.
④ 구조적으로 댐 자리의 폭이 넓고 댐 높이가 낮은 곳에 시공한다.

해설 바르게 고치면
투과형 버트리스 사방댐은 측압에 약하다.

5. 선떼붙이기공법에 대한 설명으로 옳은 것은?

① 소단폭은 50~70cm로 한다.
② 발 디딤 공간은 50~100cm 이다.
③ 선떼붙이기의 기울기는 1:0.5로 한다.
④ 단끊기는 직고 2~3m 간격으로 실시한다.

해설 선떼붙이기공법
① 적용 : 경사가 비교적 급하고 지질이 단단한 지역
② 시공요령
- 직고 1~2m간격으로 단을 끊는데 소단폭은 50~70cm
- 발디딤은 10~20cm, 천단폭은 40cm를 기준
- 떼붙이기 기울기는 1 : 0.2~0.3
- 등고선 방향으로 실시하며 상부에서 하부방향으로 한 계단씩 끊어내림
- 부토가 깊은 지역은 산비탈돌쌓기를 실시한 후 선떼붙이기를 시공

정답   1. ①   2. ③   3. ④   4. ①   5. ①

6. 붕괴형 산사태가 아닌 것은?

① 산붕 ② 붕락
③ 포락 ④ 땅밀림

[해설] 땅밀림–지활형침식

7. 중력에 의한 침식이 아닌 것은?

① 붕괴형 침식 ② 지활형 침식
③ 지중형 침식 ④ 유동형 침식

[해설] 중력에 의한 침식
붕괴형침식, 지활형침식, 유동형침식, 동상침식

8. 돌쌓기 방법에서 금기돌이 아닌 것은?

① 선돌 ② 굄돌
③ 거울돌 ④ 포갠돌

[해설] 굄돌은 돌쌓기에 사용되는 돌이다.

9. 조공 시공 시 소단위 수직높이와 너비 기준을 순서대로 올바르게 나열한 것은?

① 1.0~1.5m, 50~60cm
② 1.0~1.5m, 40~50cm
③ 2.0~2.5m, 50~60cm
④ 2.0~2.5m, 40~50cm

[해설] 조공법
① 황폐사면에 나무와 풀을 파식하기 위하여 산복 비탈면에 수평으로 계단을 끊고 앞면에는 떼, 새포기, 잡석 등으로 낮게 쌓아 계단을 보호하며 뒷면에는 흙을 채워서 파식상을 조성한 후 파식하는 산복녹화공법이다.
② 시공장소 : 비교적 완경사지의 녹화대상지
③ 시공요령 : 계단 간 수직높이는 1.0~1.2m, 계단 너비는 50~60cm의 계단을 수평으로 설치

10. 경암지역 땅깍기비탈면 안정을 위한 공법으로 가장 적합한 것은?

① 떼붙이기 ② 새집붙이기
③ 격자틀붙이기 ④ 종비토뿜어붙이기

[해설] 새집공법
암반사면에 제비집모양으로 잡석을 쌓아 내부를 흙으로 채운 후 식생을 조성하는 공법

11. 해안사방의 모래언덕 조성 공종에 해당하지 않는 것은?

① 파도막이 ② 모래덮기
③ 퇴사울세우기 ④ 정사울세우기

[해설] 정사울세우기
사지조림공법

12. 돌을 쌓아 올릴 때 뒷채움에 콘크리트를 사용하고 줄눈에 모르타르를 사용하는 돌쌓기는?

① 메쌓기 ② 막쌓기
③ 찰쌓기 ④ 잡석쌓기

[해설] 찰쌓기
뒷채움에 콘크리트를 사용하고 줄눈에 모르타르를 사용하는 돌쌓기

13. 비탈다듬기나 단끊기 공사로 생긴 토사의 활동을 방지하기 위하여 설치하는 공작물은?

① 단쌓기 ② 누구막이
③ 땅속흙막이 ④ 산비탈흙막이

[해설] ① 땅속흙막이 – 비탈다듬기나 단끊기 공사로 생긴 토사의 활동을 막는 역할
② 산비탈흙막이 – 비탈면 전체를 막는 공작물

14. 우리나라 지질계통별 분포 면적과 구성비가 가장 높은 것은?

① 현무암   ② 석회암
③ 결정편암   ④ 화강편마암

해설 우리나라는 화강암과 화강편마암의 분포가 가장 높다.

15. 골막이에 대한 설명으로 옳지 않은 것은?

① 사방댐과 외견상 모양이 유사하다.
② 대수면과 반수면이 모두 존재한다.
③ 계상이 저하될 위험이 있는 곳에 계획한다.
④ 돌골막이의 경우 돌쌓기의 기울기는 1:0.3을 표준으로 한다.

해설 골막이는 반수면만을 축조하며 규모는 사방댐보다 작다. 중앙부를 낮게 하여 물이 흐르게 한다.

16. 중력식 사방댐의 안정조건으로 거리가 먼 것은?

① 전도에 대한 안정
② 고정에 대한 안정
③ 제체파괴에 대한 안정
④ 기초지반의 지지력에 대한 안정

해설 중력댐의 안정조건
전도에 대한 안정, 활동에 대한 안정, 제체의 파괴에 대한 안정, 기초지반의 지지력에 대한 안정

17. 불투과형 중력식 사방댐의 구축재료에 의한 구분 중 내구성이 낮지만 산사태지 등 응급 복구에 가장 적합한 것은?

① 흙댐   ② 큰돌댐
③ 메쌓기댐   ④ 돌망태댐

해설 돌망태댐은 소계류에서 지반이 불안정한 경우에 효과적이다.

18. 수로 경사가 30°, 경심이 0.6m, 유속계수가 0.36일 때 Chezy 평균유속에 의한 유속은?

① 약 0.10m/s   ② 약 0.21m/s
③ 약 0.27m/s   ④ 약 0.38m/s

해설 Chezy 공식 $V = C\sqrt{RI}$
C : 유속계수, R : 경심, I : 수로의 기울기%
$0.36\sqrt{0.57735\% \times 0.6}$ = 약 0.21m/s

19. 사방사업 대상지 분류에서 황폐지의 초기단계에 속하는 것은?

① 땅밀림지   ② 임간나지
③ 척악임지   ④ 민둥산지

해설 황폐순서 : 척악임지 → 임간나지 → 초기황폐 → 황폐이행지 → 민둥산

20. 산지사방 식재용 수목에 요구되는 조건으로 가장 거리가 먼 것은?

① 양수 수종일 것
② 갱신이 용이할 것
③ 생장력이 왕성할 것
④ 건조 및 한해에 강한 수종일 것

해설 산지사방 수목은 불량한 환경에 견딜 수 있는 수종이어야 한다.

정답   14. ④   15. ②   16. ②   17. ④   18. ②   19. ③   20. ①

1 · 2회

1회독 ☐ 2회독 ☐ 3회독 ☐

1. 막깬돌의 길이는 앞면의 몇 배 이상으로 하는가?

① 0.5배
② 1.0배
③ 1.5배
④ 2.0배

해설 **막깬돌**
① 견치돌과 유사하나 견치돌과는 달리 일정한 규격에 의하여 만드는 돌이 아니라 대체로 옆면을 삼각형과 유사하게 막 깬 석재
② 길이는 앞면의 1.5배이상으로 한다.

2. 흙골막이에서 제체를 축설하는 흙쌓기 비탈면의 기울기 기준은?

① 대수면과 반수면이 다같이 1 : 1 보다 완만하게 하여야 한다.
② 대수면과 반수면이 다같이 1 : 1.5보다 완만하게 하여야 한다.
③ 대수면은 1 : 1.5, 반수면은 1 : 1보다 완만하게 하여야 한다.
④ 대수면은 1 : 1, 반수면은 1 : 1.5보다 완만하게 하여야 한다.

해설 **흙골막이**
① 골막이
  • 침식성 구곡의 유속을 완화하여 종 · 횡 침식을 방지
  • 수세를 줄여 산각을 고정하고 토사유출 및 사면붕괴를 방지한다. 시공위치는 계류 상의 위쪽이며 사방댐은 아랫쪽이다.
② 흙골막이
  • 흙으로 골막이를 축설하고 댐마루의 반수면에 떼를 입혀 제체를 보호
  • 흙쌓기 비탈면의 표준기울기는 대수면과 반수면에서 다같이 1 : 1.5보다 완만하게 한다.

3. 계속되는 강우로 인하여 토층이 포화상태가 되면서 산지 전면에 걸쳐 얇은 층으로 발생하는 침식은?

① 면상침식
② 우격침식
③ 누구침식
④ 구곡침식

해설 **빗물에 의한 침식**
① 우격침식 : 빗방울이 지표면을 타격하는 침식
② 면상침식 : 침식의 초기유형으로 지표면이 엷게 유실되는 침식
③ 누구침식 : 침식의 중기유형으로 토양이 깎이는 정도의 침식
④ 구곡침식 : 침식이 가장 심할 때 생기는 유형으로 심토까지 심하게 깎이는 현상

4. 중력침식에 대한 설명으로 옳지 않은 것은?

① 붕괴형 침식, 동상 침식, 지활형 침식, 유동형 침식 등이 있다.
② 유수나 바람과 같은 독립된 외력의 작용에 의하여 발생하는 침식이다.
③ 토층이 수분으로 포화되어 중력작용으로 토층이 집단적으로 밀리는 현상이다.
④ 중력의 영향으로 비탈면에서 토사와 석력의 지괴가 이동하는 침식의 특수 형태이다.

해설 **침식의 구분**
① 수식 : 우수(빗물)침식, 하천침식, 지중침식, 바다침식
② 중력침식
  • 붕괴형침식, 지활형침식, 유동형침식, 사태형침식
  • 중력의 영향으로 비탈면에서 토사력의 지괴가 이동하는 침식의 특수형태
③ 풍식 : 내륙사구침식, 해안사구침식

5. 콘크리트 측구에 흐르는 유적이 0.35m² 이고, 평균 유속이 4m/s일 때 유량은?

① 0.14m³/s
② 1.14m³/s
③ 1.40m³/s
④ 11.43m³/s

정답 1. ③ 2. ② 3. ① 4. ② 5. ③

[해설] 유량

$$유량 = 유적 \times 평균유속 = 0.35 \times 4 = 1.40 m^3/s$$

6. 양단면적이 각각 $10m^2$, $20m^2$이고, 양단면의 거리가 20m일 때 양단면평균법에 의한 토사량은?

① $300m^3$ ② $400m^3$

③ $500m^3$ ④ $600m^3$

[해설] 양단면평균법

$$\frac{10+20}{2} \times 20 = 300m^3$$

7. 산사태 예방공사 중 지하수 배제공사에 속하는 것은?

① 주입공사   ② 집수정공사

③ 돌림수로내기   ④ 침투수방지공사

[해설] 산사태예방공사

  ① 지표수 배제공사 : 침투수 방지공사, 돌림수로, 주입공사

  ② 지하수 배제공사 : 속도랑배수공, 터널속도랑내기, 집수정공사, 지하수차단공사

8. 사방댐 안정조건의 검토 항목으로 옳지 않은 것은?

① 유출에 대한 안정

② 전도에 대한 안정

③ 제체파괴에 대한 안정

④ 기초지반 지지력에 대한 안정

[해설] 중력댐 안정조건

  ① 전도에 대한 안정

  ② 활동에 대한 안정

  ③ 제체파괴 및 기초지반 지지력에 대한 안정

  ④ 침하에 대한 안정

9. 황폐계류유역에 해당하지 않는 것은?

① 토사생산구역

② 토사유과구역

③ 토사퇴적구역

④ 토사억제구역

[해설] 황폐계류의 3구역

  토사생산구역, 토사유과구역, 토사퇴적구역

10. 산사태의 발생요인에서 내적요인에 해당하는 것은?

① 강우   ② 지진

③ 벌목   ④ 토질

[해설] 산사태 발생요인 내적요인

  대상사면의 지형, 지질, 토질 및 식생상태 등에 잠재된 요인

11. 사방공사용 재래 초본류에 해당하는 것은?

① 억새   ② 오리새

③ 겨이삭   ④ 우산잔디

[해설] 사방공사용 초본류

  ① 재래 초종 : 새류에 속하는 새, 솔새, 개솔새, 잔디, 억새, 기름새 등과 콩과로 비수리, 칡, 매듭풀 등

  ② 도입 초종 : 붉은 겨이삭, 다년생 호밀풀, 왕포아풀, 켄터키 개미털, 능수귀염풀, 큰조아재비, 오리새, 우산잔디 등

12. 야계사방에 해당하는 공종이 아닌 것은?

① 사방댐   ② 흙막이

③ 바닥막이   ④ 기슭막이

[해설] 흙막이 – 산복(산지)사방공사

정답   6. ①   7. ②   8. ①   9. ④   10. ④   11. ①   12. ②

13. 땅밀림과 비교한 산사태에 대한 설명으로 옳지 않은 것은?

① 점성토를 미끄럼면으로 하여 속도가 느리게 이동한다.
② 주로 호우에 의하여 산정에서 가까운 산복부에서 많이 발생한다.
③ 흙덩어리가 일시에 계곡, 계류를 향하여 연속적으로 길게 붕괴하는 것이다.
④ 비교적 산지 경사가 급하고 토층 바닥에 암반이 깔린 곳에서 많이 발생한다.

해설 산사태와 땅밀림
① 산사태 : 지질과의 관련이 적고, 사질토에서도 많이 발생한다.
② 땅밀림 : 점성토를 미끄럼면으로 하여 속도가 느리게 이동한다

14. 계류의 상류에 쌓는 소규모 공작물로 사방댐과 모습이 비슷하나 규모가 작고 토사퇴적 기능이 없으며 반수면만 존재하는 것은?

① 수제   ② 골막이
③ 누구막이   ④ 기슭막이

해설 수제, 누구막이, 기슭막이
① 수제 : 계류의 유속과 흐름방향을 변경시켜 계안의 침식과 기슭막이 공작물의 세굴을 방지하기 위해 둑이나 계안으로부터 돌출하여 설치하는 계간 사방 공작물
② 누구막이 : 강우·유수에 의한 비탈침식의 진행으로 발생되는 누구침식을 방지하기 위해 누구를 횡단하여 구축하는 공법
③ 기슭막이 : 황폐계류에 의한 계안 및 야계의 횡침식을 방지하고 산각의 안정을 도모하기 위해 계류의 흐름방향에 따라 축설

15. 석재를 이용하여 공작물을 시공할 때 식생 도입이 곤란한 기울기가 1:1 보다 완만한 비탈면이나 수변지역의 기슭막이에 사용되는 방법은?

① 찰쌓기   ② 골쌓기
③ 메쌓기   ④ 돌붙이기

해설 돌붙이기
① 비탈의 풍화, 침식, 박리, 붕괴현상 등이 현저하여 비탈면의 처리가 식생공법 등의 녹화공사가 곤란한 곳
② 안정녹화가 부적절한 곳에서 석재를 사용하여 구축물을 만드는 비탈 안정 공법, 또는 비탈 보호 공법
③ 특히 비탈물매가 1:1보다 완만한 경우로, 주로 돌붙이기나 콘크리트블록붙이기 공사가 널리 활용된다.

16. 다음 설명에 해당하는 것은?

> 산림지대에서 지하수 유출과 깊은 유출을 합한 것이며, 평상 시의 유량은 대부분 이것에 해당한다.

① 직접유출
② 간접유출
③ 기저유출
④ 표면유출

해설 기저유출
① 물의 순환 과정 중 투수면을 통해 땅 속으로 침투된 빗물이 지하수와 지표하유출의 형태로 하천으로 다시 유출되는 것을 말한다.
② 하천 수로를 통한 물의 유출 가운데 유출이 지연된 중간 유출과 지하수 유출을 합한 것을 말한다.

17. 척박하고 건조한 지역에서 비교적 잘 자라며, 맹아갱신이 잘 이루어지는 사방녹화용 주요 목본식물은?

① 단풍나무
② 가시나무
③ 아까시나무
④ 테다소나무

해설 사방녹화용 목본식물
리기다소나무, 해송(곰솔), 물(산)오리나무, 아까시나무, 회양목, 병꽃나무, 싸리류, 족제비싸리, 졸참나무 등

정답   13. ①   14. ②   15. ④   16. ③   17. ③

18. 사방시설의 공작물도를 작성하는데 기준이 되며 설계홍수량 산정에 쓰이는 강우확률 빈도는?

① 30년   ② 50년
③ 80년   ④ 100년

해설 공작물의 설계홍수량 산정

설계홍수량은 최근 100년 빈도 확률강우량과 홍수도달시간을 이용한 합리식으로 계산된 최대홍수유출량의 1.2배 이상으로 한다.

19. 해안사방의 정사울세우기에 대한 설명으로 옳지 않은 것은?

① 울타리의 유효높이는 보통 1.0~1.2m로 한다.
② 울타리의 방향은 주풍방향에 직각이 되게 한다.
③ 구획의 크기는 한 변의 길이가 7~15m 정도인 정사각형이나 직사각형으로 한다.
④ 해안으로부터 이동하는 모래를 배후에 퇴적시켜 인공모래언덕을 조성하기 위해 설치한다.

해설 정사울세우기

① 앞모래언덕(前砂丘)축설후 그 후방지대에 풍속을 약화시켜서 모래의 이동을 막고 식재목이 잘 자랄수 있도록 환경을 조성하는 목적으로 시행하는 공법이다.
② 모래덮기공법과 사초(砂草)심기공법을 병용하여 시공한다.

20. 다음 설명에 해당하는 것은?

> 비탈면이나 누구에서 모여드는 물이 점점 많아지면 구곡의 바닥과 양쪽 기슭의 침식력이 커지는데, 이 때의 침식력을 의미한다.

① 유송력
② 운반력
③ 소류력
④ 수직응력

해설 소류력(掃流力, tractive force)

① 이동상 수로에서 물의 흐름이 한계소류력을 초과하여 수로바닥의 토사를 움직이게 하는 힘
② 소류력의 크기에 따라 유사량이 변화하며 자연하천이나 해안의 구조물에서 주로 세굴과 퇴적이 일어나고 단면의 변화가 생긴다.
③ 강바닥의 토사나 자갈은 유속이 느릴때는 이동하지 않으나, 유속이 커지면 서서히 움직이기 시작한다.

1. 황폐계류에 대한 설명으로 옳지 않은 것은?

① 유량이 강우에 의해 급격히 증감한다.
② 유로연장이 비교적 길고 하상 기울기가 완만하다.
③ 토사생산구역, 토사유과구역, 토사퇴적구역으로 구분된다.
④ 호우가 끝나면 유량은 급격히 감소되고 모래와 자갈의 유송은 완전히 중지된다.

해설 바르게 고치면
유로의 연장이 비교적 짧고 하상 기울기가 급하다.

2. 유역면적이 5km²이고, 비유량이 12m³/sec/km²일 때 최대홍수유량은?

① 30m³/sec   ② 60m³/sec
③ 90m³/sec   ④ 120m³/sec

해설 유역면적의 단위가 km²일 때
$Q = $ 비유량 $\times CIA$
여기서, C : 유출계수, I : 강우강도(mm/hr),
A : 유역면적(km²)
$Q = 12 \times 5 = 60$m³/sec

3. 찰쌓기에서 지름 약 3cm의 PVC 파이프로 물빼기구멍을 설치하는 기준은?

① 0.5~1m²마다 1개씩 설치한다.
② 2~3m²마다 1개씩 설치한다.
③ 3~5m²마다 1개씩 설치한다.
④ 5~5.5m²마다 1개씩 설치한다.

해설 찰쌓기시 물빼기 구멍의 설치 기준
2~3m²마다 한 개의 지름 약 3cm의 PVC 파이프 등으로 물빼기 구멍·배수구를 설치하며, 물빼기 구멍은 어긋나게 배치한다.

4. 계상에서 유수의 소류력이 최소로 되고 안정 기울기가 최대로 되는 기울기는?

① 편류기울기   ② 평형기울기
③ 보정기울기   ④ 홍수기울기

해설 편류기울기
계상에서 유수의 소류력이 최소가 되고 안정물매가 최대가 되는 물매를 편류물매라 하며, 하천사방공사는 편류물매를 개량하여 평형기울기를 유지하기 위해 실시한다.

5. 황폐지 및 훼손지의 복구용 수종으로 가장 적합한 것은?

① 싸리류, 은행나무
② 아까시나무, 구상나무
③ 상수리나무, 종비나무
④ 오리나무류, 리기다소나무

해설 주요사방조림수종
리기다소나무, 곰솔(해안지방), 물(산)오리나무, 물갬나무, 사방오리나무, 아까시나무, 싸리, 참싸리, 상수리나무, 졸참나무, 족제비싸리, 보리장나무 등

6. 계류의 유속과 흐름방향을 조절할 수 있도록 둑이나 계안으로부터 돌출하여 설치하는 것은?

① 수제   ② 구곡막이
③ 바닥막이   ④ 기슭막이

해설 구곡막이, 바닥막이, 기슭막이
① 구곡막이 : 침식성 구곡의 유속을 완화하여 종·횡 침식을 방지하고, 수세(水勢)를 줄여 산각을 고정하고 토사유출 및 사면붕괴를 방지하기 위하여 시공하는 횡단공작물
② 바닥막이 : 황폐계류나 야계의 바닥침식을 방지하고 현재의 바닥을 유지하기 위하여 계류를 횡단하여 시설하는 횡구조물로 설계요인은 사방댐에 준함
③ 기슭막이 : 계안의 횡침식방지, 산복공작물의 기초보호, 산복붕괴의 직접적인 방지

정답   1. ②   2. ②   3. ②   4. ①   5. ④   6. ①

7. 비탈면에서 분사식씨뿌리기에 사용되는 혼합재료가 아닌 것은?

① 비료   ② 종자
③ 전착제   ④ 천연섬유 네트

해설 분사식씨뿌리기
파종이 부적당한 토사 비탈면, 토양 조건이 열악한 급경사지나 파종된 종자와 비료의 정착이 곤란하여 조속히 전면 녹화의 필요가 있는 경우에 계획하여 시공하는 녹화 공법

8. 산사태의 발생 원인에서 지질적 요인이 아닌 것은?

① 절리의 존재   ② 단층대의 존재
③ 붕적토의 분포   ④ 지표수의 집중

해설 산사태의 발생 원인에서 지질적 요인
① 단층·파쇄대의 존재
② 절리의 존재
③ 층리면·편리면의 존재
④ 암석·암반의 풍화: 화강암의 심층 풍화 등
⑤ 변질대의 분포 : 온천 변질 등
⑥ 붕적토의 분포 : 2차적 미끄러짐
⑦ 화산 쇄토물의 분포 : 화산회, 양토 등 미고결 퇴적물의 분포
⑧ 연암의 분포 : 신생대 제3기층의 사암·이암 및 응회암의 분포
⑨ 특수한 암석 및 지층의 분포

9. 평균유속 0.5m/s로 5초 동안에 $10m^3$의 물을 유송하는 수로의 횡단면적은?

① $2m^2$ ② $4m^2$
③ $10m^2$ ④ $20m^2$

해설 유량
① 단위 시간당 유적을 통과하는 물의 용량, Q(유량) $= A$(단면적) $\times V$(유속) 로 표시함
② $10 = A \times 0.5 \times 5$ $A = 4\ m^2$

10. 땅깎기 비탈면의 안정과 녹화를 위한 시공 방법으로 옳지 않은 것은?

① 경암 비탈면은 풍화·낙석 우려가 많으므로 새심기공법이 적절하다.
② 점질성 비탈면은 표면침식에 약하고 동상·붕락이 많으므로 떼붙이기 공법이 적절하다.
③ 모래층 비탈면은 절토공사 직후에는 단단한 편이나 건조해지면 붕락되기 쉬우므로 전면적 객토가 좋다.
④ 자갈이 많은 비탈면은 모래가 유실 후, 요철면이 생기기 쉬우므로 떼붙이기보다 분사파종공법이 좋다.

해설 바르게 고치면
경암비탈면은 돌출부 제거, 낙석방지망덮기 또는 새집붙이기공법이 적합하다.

11. 사방사업 대상지 유형 중 황폐지에 속하는 것은?

① 밀린땅   ② 붕괴지
③ 민둥산   ④ 절토사면

해설 황폐지
① 산지의 지피식생이 오랫동안에 걸쳐서 소멸되거나 파괴되고, 산지 위에 각종 형태의 토양침식이 발생되어 강우시 토사유실이 심하게 발생하여 사방공사가 필요한 산지
② 황폐는 척암임지→임간나지→초기황폐지→ 황폐이행지→민둥산 순으로 진행된다.

12. 다음 설명에 해당하는 산지사방 공법은?

> 비탈다듬기 공사를 실시한 사면에 선떼붙이기공사와 같은 계단식공사를 시공하기 위해 수평으로 소단을 설치하는 기초공사이다.

① 흙막이   ② 단쌓기
③ 단끊기   ④ 바자얽기

[해설] 단끊기

산비탈면의 길이를 줄이고 수평면을 유지하게 함으로써 사면에 유하되는 토사를 저지하고 유수를 분산시켜 침식을 방지하는 동시에 식생조성이 필요한 기반조성을 위한 공사로 선떼 붙이기나 조공, 흙포대 흙막이 및 파종공을 병행해 실시한다.

13. 화성암은 화학적으로 어떤 성분함량에 따라 산성암, 중성암, 염기성암으로 구분되는가?

① K_2O
② SiO_2
③ Al_2O_3
④ Fe_2O_3

[해설] 화성암

① 이산화규소의 농도가 높을수록 산성을 띠게되고, 그만큼 산소도 많이 포함하게 된다.
② 이산화규소의 농도에 따라 산성·중성·염기성으로 분류한다. 산성암은 63% 이상, 중성암은 52%~63%, 염기성암은 45%~52%, 초염기성암은 42% 이하의 이산화규소를 포함한다.

14. 사방댐에서 대수면에 해당하는 것은?

① 방수로 부분
② 댐의 천단부분
③ 댐의 하류측 사면
④ 댐의 상류측 사면

[해설] 사방댐 대수면은 댐의 상류측 사면을 말한다.

15. 사방댐에 설치하는 물받침에 대한 설명으로 옳지 않은 것은?

① 앞댐, 막돌놓기 등의 공사를 함께 한다.
② 사방댐 본체나 측벽과 분리되도록 설치한다.
③ 방수로를 월류하여 낙하하는 유수에 의해 대수면 하단이 세굴되는 것을 방지한다.
④ 토석류의 충돌로 인해 발생하는 충격이 사방댐 본체와 측벽에 바로 전달되지 않도록 한다.

[해설] 물받침

방수로에서 떨어지는 유수에 의해 댐의 앞부분이 패이는 것을 방지하기 위해 설치한다.

16. 해안사방에서 사초심기공법에 관한 설명으로 옳지 않은 것은?

① 망구획 크기는 2m×2m 구획으로 내부에도 사이심기를 한다.
② 식재하는 사초는 모래의 퇴적으로 잘 말라죽지 않는 초종으로 선택한다.
③ 다발심기는 사초 30~40포기를 한다발로 만들어 30~50cm 간격으로 심는다.
④ 줄심기는 1~2주를 1열로 하여 주간거리 4~5cm, 열간거리 30~40cm가 되도록 심는다.

[해설] 바르게 고치면

다발심기는 사초 4~8 포기를 한다발로 만들어 30~50cm 간격으로 식재한다.

17. 비탈다듬기공사를 설계할 때 유의사항으로 옳지 않은 것은?

① 비탈면의 수정 기울기는 최대 35° 전후로 한다.
② 기울기가 급한 곳에서는 산비탈돌쌓기로 조정한다.
③ 토양퇴적층의 두께가 3m 이상일 때는 비탈흙막이를 설계한다.
④ 전체 대상지를 조사하고, 절취량은 다듬기의 면적에 평균 높이를 곱하여 산출한다.

[해설] 바르게 고치면

퇴적층의 두께가 3m 이상일 때에는 묻히기 공작물(땅속 흙막이)을 설계한다.

정답 13. ② 14. ④ 15. ③ 16. ③ 17. ③

18. 선떼붙이기공법을 1급부터 9급까지 구분하는 기준은?

① 수평단길이 1m당 떼의 사용매수
② 수직단길이 1m당 떼의 사용매수
③ 수직단면적 1m²당 떼의 사용매수
④ 수평단면적 1m²당 떼의 사용매수

해설 선떼붙이기공법에서 급별 시공기준
평단 길이 1m당 떼의 사용 매수에 따라 고급 선떼붙이기 1급에서 저급 선떼붙이기 9급까지 구분한다.

19. 강우에 의해 토층이 포화상태가 되어 경사지 전면에 걸쳐 얇은 층으로 흙 입자가 이동하는 침식은?

① 우격침식
② 누구침식
③ 구곡침식
④ 면상침식

해설 빗물침식
① 우격침식 : 지표면의 토양입자를 빗방울이 타격하여 흙 입자를 분산·비산시키는 분산작용과 운반작용에 의하여 일어나는 침식현상
② 면상침식 : 빗방울의 튀김과 표면유거수의 결과로써 토양표면 전면이 얇게 유실되는 침식
③ 누구침식 : 경사지에서 면상침식이 더 진행되어 구곡침식으로 진행되는 과도기적 침식 단계로 물이 모여서 세력이 점차 증대되어 하나의 작은 물길
④ 구곡침식 : 침식의 중기 유형으로 토양표면에 잔 도랑이 불규칙하게 생기면서 깎이는 현상

20. 파종녹화공법에서 파종량(W)을 구하는 식으로 옳은 것은? (단, S : 평균입수, P : 순량율, B : 발아율, C : 발생기대본수)

① $W = C \times S \times P \times B$ ② $W = \dfrac{C}{S \times P \times B}$

③ $W = \dfrac{C}{S \times P} \times B$ ④ $W = \dfrac{C}{S \times B} \times P$

해설 파종녹화공법
① 초본류 및 목본류의 종자를 산지비탈 또는 각종 훼손지 비탈에 직접 파종하여 비탈 녹화를 도모하는 공법
② 공식 : 파종량 $= \dfrac{\text{발생기대본수}}{\text{평균입수} \times \text{순량율} \times \text{발아율}}$

1. 산복수로에서 쌓기 공작물의 높이가 3m이고 수로의 깊이가 1m일 때 수로받이의 적절한 길이는?

① 2.0~4.0m   ② 4.0~6.0m
③ 6.0~8.0m   ④ 8.0~10.0m

해설 ① 수로받이의 크기는 낙차의 유효높이와 수로기울기 등을 고려하여 결정하고 유하수가 직접붕괴면에 비산되지 않는 규모
② 수로받이의 길이는 쌓기 공작물 높이와 수로깊이를 더한 값의 1.5~2.0배로 함
③ 공작물의 높이 3m+수로의 깊이 1m=4m의 1.5~2.0배

2. 해안방재림 조성 공법에 해당되지 않는 것은?

① 사초심기   ② 나무심기
③ 퇴사울세우기   ④ 정사울세우기

해설 퇴사울세우기
① 목적 : 해안 사구에서 바람으로 이동되는 불안정한 모래를 고착하여 퇴적 및 안정시키는 공사
② 나무판자, 섶, 갈대, 참억새 등을 이용

3. 다음 설명에서 주어진 장소에 가장 적합한 산복수로는?

- 반원형 형상으로 지반이 견고하고 집수량이 적은 곳
- 상수가 없고 경사가 급한 곳

① 떼수로   ② FRP관수로
③ 콘크리트수로   ④ 돌(메붙임)수로

해설 ① 떼(붙임)수로 : 완경사로 상수와 토사유송이 없고, 유량이 적으며, 떼의 생육에 적당한 곳, 반원형
② 콘크리트수로 : 유량이 많고 상수가 있는 곳, 유량이 많은 간선수로, 역사다리꼴

4. 하천 바닥에 자갈과 모래의 움직임이 발생하지만 침식이 일어나지 않아 하상 종단면의 형상에는 변화가 없는 것은?

① 임계기울기   ② 안정기울기
③ 홍수기울기   ④ 평형기울기

해설 안정기울기
① 석력의 교대는 있어도 세굴과 침전이 평형을 유지
② 종단형상에 변화를 일으키지 않는 계상의 물매

5. 사방공작물 중 횡공작물이 아닌 것은?

① 사방댐   ② 둑쌓기
③ 골막이   ④ 바닥막이

해설 횡공작물을 계류의 가로방향으로 배치
① 골막이, 사방댐 : 유수의 충돌력 약화시키는 방법
② 바닥막이 : 계상의 저항력을 증강시키는 방법

6. 낙석방지망덮기 공법에 대한 설명으로 옳지 않은 것은?

① 철망 눈의 크기는 5mm 정도이다.
② 합성섬유망은 100kg 이내의 돌을 대상으로 한다.
③ 와이어로프의 간격은 가로와 세로 모두 4~5m 정도로 한다.
④ 철망, 합성섬유망 등을 사용하여 비탈면에서 낙석이 발생하지 않도록 한다.

해설 시공요령
① 철망은 앵커를 세우고 종 로프를 고정 → 최상단 횡 로프를 동일방법으로 앵커에 고정하고 다시 종 로프에 철물을 써서 결합 → 철망을 꿰메서 최상단 횡 로프까지 끌어올리고 결속선으로 고정 → 중간부 이하의 횡 로프를 치고 앵커에 고정한 다음 종 로프와 결합한다.
② 네트의 하단은 사면 끝에서 1m 정도가 되도록 설치한다.
③ 망을 깐 후에 가로세로 양쪽방향으로 튼튼한 로프로 망을 잡아끌어서 끝부분을 앵커에 고정시킨다. (로프의 간격은 가로세로 4~5m로 한다.)
④ 망눈의 크기 : 약 50×50mm(대상 돌무게 : 철사망 – 약 1ton, 합성섬유망 – 약 100kg)

7. 산지 붕괴현상에 대한 설명으로 옳지 않은 것은?

① 토양 속의 간극수압이 낮을수록 많이 발생한다.
② 풍화토층과 하부기반의 경계가 명확할수록 많이 발생한다.
③ 화강암 계통에서 풍화된 사질토와 역질토에서 많이 발생한다.
④ 풍화토층에 점토가 결핍되면 응집력이 약화되어 많이 발생한다.

해설 바르게 고치면
    강우 등으로 토층과 하부의 경암 사이에 간극수압이 높을수록 유효수직응력은 그 만큼 약화되어 비탈면 붕괴가 발생한다.

8. 돌골막이 시공 높이로 가장 적절한 것은?

① 2m 이내   ② 3m 이내
③ 4m 이내   ④ 5m 이내

해설 돌골막이(구곡막이)의 축설 요령
    ① 석재를 구하기 쉬운 곳이나 침식이 활성적이고 토사의 유하량이 많은 곳에 적합
    ② 대상유역은 4~5ha이내, 크기는 길이 4~5m, 높이는 2m 이내로 축설

9. 발생기대본수가 3,000본/m², 평균입도 1,000립/g인 종자가 순량율이 50%, 발아율이 80%라면 1ha의 비탈면에 필요한 종자량은?

① 55kg   ② 75kg
③ 550kg   ④ 750kg

해설 파종량 $= \dfrac{\text{발생기대본수}}{\text{평균입수} \times \text{발아율} \times \text{순량율}}$

$= \dfrac{3,000}{1,000 \times 0.8 \times 0.5}$

$= 7.5 \text{g/m}^2 \times 10,000$

$= 75,000 \text{g} \rightarrow 75 \text{kg}$

10. 코코넛 섬유를 원료로 한 비탈덮기용 재료는?

① 튤 파이버   ② 쥬트 네트
③ 그린 파이버   ④ 코이어 네트

해설 코어 네트(Coir Net)
    코코넛 열매를 물속에 3개월 정도 담가 두었다가 원심분리기로 섬유질을 채취해 5mm매트로 만듦

11. 비탈 옹벽공법을 구조에 따라 분류한 것이 아닌 것은?

① T형 옹벽   ② 돌쌓기 옹벽
③ 부벽식 옹벽   ④ 중력식 옹벽

해설 돌쌓기 옹벽-구축 재료에 따라 구분

12. 콘크리트를 쳐서 수화작용이 충분히 계속되도록 보존하는 것은?

① 풍화   ② 배합
③ 경화   ④ 양생

해설 양생 목적과 요소
    ① 목적 : 콘크리트를 친 후 응결과 경화가 완전히 이루어지도록 보호하는 것
    ② 좋은 양생을 위한 요소
    • 적당한 수분 공급 : 살수 또는 침수 → 강도 증진
    • 적당한 온도 유지 : 양생온도 15~30℃, 보통은 20℃ 전후가 적당하다.

13. 사방사업 대상지와 가장 거리가 먼 것은?

① 황폐계류   ② 황폐산지
③ 벌채 대상지   ④ 생활권 훼손지

해설 다른 용도로 개발이 예정 또는 확정되어 있거나 사방사업이 필요하지 않은 지역은 사방사업 대상지에서 제외한다. 벌채 대상지는 훼손지에 해당되지 않는다.

정답 7. ① 8. ① 9. ② 10. ④ 11. ② 12. ④ 13. ③

14. 선떼붙이기 시공요령에 대한 설명으로 옳지 않은 것은?

① 완만한 비탈지에서는 떼붙이기 할 때 표토를 절취할 필요가 없다.
② 선떼의 활착을 좋게 하고 견고도를 높이기 위해서 다지기를 충분히 한다.
③ 바닥떼는 발디딤을 보호하는 효과가 있으므로 저급 선떼붙이기에는 필수적이다.
④ 머리떼는 천단에 놓인 토사의 유출을 방지하여 선떼의 견고도를 높이는 효과가 있다.

해설 선떼붙이기
① 비탈다듬기에서 생산된 부토를 고정하고, 식생을 조성하기 위한 파식상을 설치하는데 필요한 기본 공작물로서 산복비탈면에 계단을 끊고 계단전면에 떼를 쌓거나 붙인 후 그 뒷쪽에 흙으로 채우고 파식
② 바닥떼 : 계단의 발디딤 안쪽에 수평으로 배치하는 떼로서, 발디딤을 보호하고 선떼와 밀착되어 매토부분과 일체화시키는 역할을 한다. 급경사지의 고급 선떼붙이기에는 많이 이용됨

15. 사방댐의 방수로 단면결정을 위한 계획홍수량 산정에 시우량법을 이용할 경우 계산인자가 아닌 것은?

① 조도계수
② 유역면적
③ 유출계수
④ 최대시우량

해설 시우량법
① 유역에서 가장 가까운 관측소에서 관측된 시우량 (mm/h)과 유역면적 (ha)에 의하여 1초당 유량 (m^2 /s)을 산정하는 방법
② 계산인자 : 유역면적, 유출계수, 최대시우량

16. 콘크리트 기슭막이에 대한 설명으로 옳은 것은?

① 앞면 기울기는 1 : 0.5를 기준으로 한다.
② 유수의 충격력이 적고 비교적 계안침식이 적은 곳에 설치한다.
③ 신축에 의한 균열을 방지하기 위해 1m 마다 신축줄눈을 설치한다.
④ 뒷면 기울기는 토압에 따라 결정하지만 대개 수직으로 계획한다.

17. 비탈면 끝에 흐르는 계천의 가로침식에 의하여 무너지는 침식 현상은?

① 산붕
② 붕락
③ 포락
④ 산사태

해설 붕괴형 침식
① 산사태 : 호우로 산정부에서 가까운 산복부의 흙층이 물로 포화 팽창되어 계류를 향해 연속적으로 길게 붕괴되는 현상
② 산붕 : 산사태와 같은 원인으로 발생하지만 규모가 작고 산허리 이하인 산록부에서 많이 발생
③ 붕락 : 인위적인 흙비탈면에서 장기간의 강우나 융설수 등으로 토층이 포화되어 균형이 무너져내리고 무너진 토층이 주름이 잡힌 상태로 정지하는 현상

18. 퇴적암에 속하지 않는 암석은?

① 혈암
② 사암
③ 응회암
④ 섬록암

해설 섬록암 - 화성암

19. 사방댐의 형식을 외력에 의한 저항력에 따라 분류한 것으로 옳지 않은 것은?

① 중력댐
② 아치댐
③ 강제댐
④ 3차원댐

해설 외력에 대한 사방댐 종류
　　　직선중력댐, 아치댐, 3차원 응력해석 댐, 부벽댐(버트리스댐) 등

20. 직선유로에서 유수의 차단 효과가 가장 큰 사방댐의 설정 방향으로 적합한 것은?

① 유심선에 직각으로 설정
② 유심선과 관계없이 설정
③ 유심선에 평행 방향으로 설정
④ 유심선에 45°의 방향으로 설정

해설 사방댐의 방향
　　　① 유심선에 직각으로 설정한 선을 댐의 방향으로 설정
　　　② 곡선부에 계획하는 경우에는 방수로의 중심선에서 유심선의 접선에 직각으로 설정

1. 붕괴형 산사태에 대한 설명으로 옳은 것은?

① 지하수로 인해 발생하는 경우가 많다.
② 파쇄 또는 온천 지대에서 많이 발생한다.
③ 속도는 완만해서 흙덩이는 흩어지지 않고 원형을 유지한다.
④ 이동 면적이 1ha 이하로 작고, 깊이도 수 m 이하로 얕은 경우가 많다.

[해설] 붕괴형 산사태
- 호우로 인해 급경사지 또는 흙비탈면에 깊은 토층이 수분으로 포화되어 응집력을 잃어 무너져 내리는 침식(붕괴속도가 대단히 빠름)이다.
- 흙덩이의 교란이 발생, 강우·강우강도 영향, 이동속도는 빠르고, 규모는 작다.

2. 유역면적 200ha, 최대시우량 180mm/h, 유거계수 0.6일 때 최대홍수유량(m³/s)은?

① 60   ② 90
③ 120   ④ 180

[해설] 유역면적의 단위가 ha일 때의 최대홍수유량

$$= \frac{1}{360} \times 유거계수 \times 강우강도(최대홍수유량, mn/h) \times 유역 면적(ha)$$

$$= \frac{1}{360} \times 0.6 \times 180 \times 200 = 60m^3/s$$

3. 비탈다듬기 공법에 대한 설명으로 옳지 않은 것은?

① 붕괴면의 주변 상부는 충분히 끊어낸다.
② 기울기가 급한 장소에서는 선떼붙이기와 산비탈돌쌓기 등으로 조정한다.
③ 퇴적층 두께가 3m 이상일 때에는 땅속흙막이를 시공한 후 실시한다.
④ 수정기울기는 지질·면적·공법 등에 따라 차이를 두되 대체로 45° 전후로 한다.

[해설] 바르게 고치면
수정기울기는 지질·면적·공법 등에 따라 차이를 두되 대체로 35° 전후로 한다.

4. 비탈면 붕괴를 방지하기 위한 돌망태쌓기 공법에 대한 설명으로 옳지 않은 것은?

① 보강성 및 유연성이 좋다.
② 투수성 및 방음성이 불량하다.
③ 일체성과 연속성을 지닌 구조물이다.
④ 주로 철선으로 짠 망태에 호박돌 또는 잡석을 채워 사용한다.

[해설] 돌망태쌓기
- 철사로 만든 철선망태로서 그 속에 굵은 자갈이나 잡석을 넣어 제방보호 및 기슭막이와 같은 각종 계천보호공사에 많이 사용한다.
- 배수성(투수성)이 양호하기 때문에 용수가 있는 비탈면에 적합하다.
- 표면의 조도가 크고 굴절성이 좋으며 작업실행이 쉬운 장점이 있지만 내구성(보통 10년 정도)이 부족한 단점이 있다.

5. 강우 시 침투능에 대한 설명으로 옳지 않은 것은?

① 나지보다 경작지의 침투능이 더 크다.
② 초지보다 산림지의 침투능이 더 크다.
③ 침엽수림이 활엽수림보다 침투능이 더 크다.
④ 시간이 지속되면 점점 작아지다가 일정한 값이 된다.

[해설] 침투능
- 어느 주어진 조건하에서 어떤 토양면을 통하여 물이 침투할 수 있는 최대율을 말한다.
- 활엽수림이 침엽수림보다 침투능이 5% 정도 더 크다.

정답   1. ④   2. ①   3. ④   4. ②   5. ③

6. 콘크리트 흙막이를 산복기초로 시공할 경우 가장 적합한 높이는?

① 2.5m 이하   ② 3.0m 이하

③ 3.5m 이하   ④ 4.0m 이하

해설 콘크리트 흙막이 산복기초

흙층이 이동할 위험성이 있고 토압이 커서 다른 흙막이 공작물로서는 안정을 기대할 수 없는 경우에 시공하며 높이는 산복기초로서는 4m 이하를 원칙으로 하나 산비탈면에 시공하는 경우에는 2m 정도가 좋다.

7. 황폐 계류 유역을 구분하는데 포함되지 않는 것은?

① 토사준설구역

② 토사생산구역

③ 토사퇴적구역

④ 토사유과구역

해설 황폐 계류 유역은 토사생산구역, 토사유과구역, 토사퇴적구역이다.

8. 다음 설명에 해당하는 것은?

- 막깬돌, 잡석 및 호박돌 등을 가공하지 않은 상태로 축설한다.
- 유량이 비교적 적고 기울기가 비교적 급한 산복에 이용되는 수로이다.

① 떼붙임 수로

② 메붙임 돌수로

③ 찰붙임 돌수로

④ 콘크리트 수로

해설 메붙임수로

막깬돌, 호박돌 등을 붙여 축설하는 것으로 유량이 적고 기울기가 급한 곳에 이용된다.

9. 기슭막이에 대한 설명으로 옳지 않은 것은?

① 기슭막이의 둑마루 두께는 0.3~0.5m를 표준으로 한다.

② 기슭막이의 높이는 계획고 수위보다 0.5~0.7m 높게 한다.

③ 유로의 만곡에 의해 물의 충격을 받는 수충부 하류에 계획한다.

④ 기초의 밑넣기 깊이는 계상의 상황 등을 고려하여 세굴되지 않도록 한다.

해설 기슭막이

계류에 있어서 수류·유로의 만곡에 의하여 물의 충격을 받는 수충부에 계획한다.

10. 설상사구에 대한 설명으로 옳은 것은?

① 주로 파도막이 뒤에 형성되는 모래 언덕이다.

② 모래가 정선부에 퇴적하여 얕은 모래 둑을 형성한다.

③ 혀 모양의 형태로 모래가 쌓인 후 반달 모양으로 형태가 바뀐 것이다.

④ 치올린 언덕의 모래가 비산하여 내륙으로 이동하면서 수목이나 사초가 있을 때 형성된다.

해설 설상사구

- 바다로부터 불어오는 바람은 치올린 언덕의 모래를 비산하여 내륙으로 이동시키는데 이때 방해물이 있으면 방해물 뒤편에 합류하여 혀모양의 모래언덕을 형성한다.
- 모래가 바람이나 파도에 의하여 밀어 올려진 후부터 모래언덕을 구성할 때까지는 치올린 모래언덕→설상사구→반월사구의 3단계 과정을 거친다.

11. 비중에 따라 골재를 구분할 경우 중량골재의 비중 기준은?

① 2.50 이하   ② 2.60 이상

③ 2.70 이상   ④ 2.80 이하

2021년 1회

해설 비중에 의한 골재 구분

종류	내용
경량골재	비중 2.50 이하
보통골재	비중 2.50~2.65 이하
중량골재	비중 2.70 이상

12. 콘크리트 치기 작업의 주의사항으로 옳지 않은 것은?

① 가급적 신속하게 콘크리트 치기를 실시하여 작업을 완료해야 한다.

② 일반적으로 1.5m 이상의 높이에서 콘크리트를 떨어뜨려서는 안 된다.

③ 거푸집 내면의 막음널에 이탈제로 광유를 바르거나 비눗물을 바르기도 한다.

④ 기둥, 교각, 벽 등에는 콘크리트를 쳐 올라감에 따라 뜬 물이 생기므로 묽은 반죽으로 하는 것이 좋다.

해설 콘크리트 벽·기둥의 타설
- 벽 또는 기둥과 같이 높이가 높은 콘크리트를 연속해서 타설할 경우에는 타설 및 다질 때 재료 분리가 될 수 있는 대로 적게 하도록 콘크리트의 반죽질기 및 타설 속도를 조정하여야 한다.
- 기둥은 한 번에 부어넣지 않으며, 하부 측은 묽은비빔으로 하고, 상부 측은 된비빔이 되도록 부어넣는다.

3. 흙사방댐의 높이가 2.5m일 때에 가장 적합한 댐마루 나비는? (단, Merrimar식 이용)

① 2.0m

② 2.25m

③ 2.5m

④ 2.75m

해설 댐마루 너비 $= \left(\dfrac{\text{댐높이}}{5}\right) + 1.5 = \left(\dfrac{2.5}{5}\right) + 1.5 = 2\text{m}$

14. 토양침식 형태에서 중력침식에 해당되지 않는 것은?

① 붕괴형

② 지중형

③ 지활형

④ 유동형

해설
- 중력침식 : 붕괴형 침식, 지활형 침식, 유동형 침식, 사태형 침식
- 물침식 : 지중침식, 우수침식. 하천침식, 바다침식

15. 사방댐을 직선유로에 계획할 때 올바른 방향은?

① 유심선에 직각

② 유심선에 평행

③ 유심선의 접선에 직각

④ 유심선의 접선에 평행

해설 사방댐의 방향 결정
횡공작물은 상류의 유심선(퇴사된 후의 가정 유심선)에 직각방향으로, 곡부부는 홍수 시 유심선의 접선에 직각방향으로 한다.

16. 돌골막이 시공 시 돌쌓기의 표준 기울기로 옳은 것은?

① 1 : 0.1

② 1 : 0.2

③ 1 : 0.3

④ 1 : 0.4

해설 돌쌓기 기울기 – 1 : 0.3

17. 비탈면 녹화공법에 해당하지 않는 것은?

① 조공

② 사초심기

③ 비탈덮기

④ 선떼붙이기

해설 사초심기 – 해안사방공법

정답 12. ④ 13. ① 14. ② 15. ① 16. ③ 17. ②

18. 임간나지에 대한 설명으로 옳은 것은?

① 산림이 회복되어 가는 임상이다.
② 비교적 키가 작은 울창한 숲이다.
③ 초기황폐지나 황폐이행지로 될 위험성은 없다.
④ 지표면에 지피식물 상태가 불량하고 누구 또는 구곡침식이 형성되어 있다.

해설 임간나지
비교적 키가 큰 임목들이 외견상 영성한 숲을 이루고 있지만, 지표면에 지피식물이나 유기물이 적어 때로는 우수침식(면상·누구·구곡)으로 상층 입목이 제거되거나 산림병해충의 피해로 고사하게 되면 곧 초기황폐지나 또는 황폐이생지 형태로 급진전되는 황폐지를 말한다.

19. 시우량법을 이용하여 최대홍수유량을 산정할 때 침투 정도가 보통인 평지 토양에서 유거계수가 가장 큰 경우는?

① 산림 　　　　② 초지
③ 암석지 　　　④ 농경지

해설 유거계수
어느 지역의 유출량을 내린 강수량으로 나눈 값으로 유출계수가 높을수록 홍수의 위험성도 높다.

20. 계류의 임계유속에 대한 설명으로 옳은 것은?

① 유수가 흐르지 않는 상태이다.
② 계상에 침식이 일어나지 않는다.
③ 계상에 침식이 가장 많이 일어난다.
④ 유수의 속도가 가장 빠른 상태이다.

해설 임계유속
계상에서 침식을 일으키지 않는 경우의 최대유속, 층류에서 난류로 변화할 때의 유속이다.

1. 사방댐의 위치 선정에 대한 설명으로 옳은 것은?

① 댐은 계상 및 양안에 암반이 존재해야 하며, 사력층 위에는 사방댐을 계획하면 안 된다.

② 지계의 합류점 부근에서 댐을 계획할 때는 일반적으로 합류점의 상류부에 위치를 선정한다.

③ 유출토사 억지 목적의 댐은 퇴적지 하류에서 댐 상류부의 계상 기울기가 완만하고 계폭이 좁은 지점에 계획한다.

④ 계단상으로 댐을 계획할 때는 첫 번째 댐의 추정 퇴사선이 기존의 계상 기울기를 자르는 점에 상류댐을 설치하도록 한다.

해설 사방댐 위치의 결정
- 상류부가 넓고 댐자리의 계류 폭이 좁은 곳
- 지류의 합류점 부근에서는 합류점의 하류부
- 가급적 암반이 노출되어 있거나 지반이 암반일 가능성이 높은 장소
- 특수목적을 가지고 시설하는 경우에는 그 목적 달성에 가장 적합한 장소

2. 황폐 계천에 설치하는 사방 공작물로 토사퇴적구역에 가장 적합한 것은?

① 사방댐
② 말뚝박기
③ 모래막이
④ 바자얽기

해설 모래막이
상류지역으로부터 유출토사량이 많은 경우 또는 호우 등으로 인한 과도한 토사유출에 의한 유해 예방을 목적으로 유로의 일부를 확대하여 토사력을 저류하기 위하여 설치한다.

3. 빗물에 의한 토양이 침식되는 과정의 순서로 옳은 것은?

① 면상 → 우적 → 구곡 → 누구
② 우적 → 면상 → 구곡 → 누구
③ 면상 → 우적 → 누구 → 구곡
④ 우적 → 면상 → 누구 → 구곡

해설 토양침식과정
우격침식(우적침식) → 면상침식 → 누구침식 → 구곡침식 → 야계침식

4. 사방용 수종에 요구되는 특성으로 옳지 않은 것은?

① 뿌리가 잘 자랄 것
② 가급적 양수 수종일 것
③ 척악지의 조건에 적응성이 강할 것
④ 생장력이 왕성하며 쉽게 번무할 것

해설 바르게 고치면
피음(被陰)에도 어느 정도 견디어 낼 것

5. 다음 설명에 해당하는 것은?

- 비탈면의 물리적 안정을 기대하기 곤란한 곳에 직접 거푸집을 설치하고 콘크리트치기를 하여 뼈대를 만든다.
- 뼈대 내부에 작은 돌이나 흙을 충전하여 녹화한다.

① 비탈힘줄박기
② 격자틀붙이기
③ 콘크리트블록쌓기
④ 콘크리트뿜어붙이기

해설 힘줄박기공법
직접 거푸집을 설치하여 콘크리트를 쳐 비탈면의 안정을 위한 뼈대인 힘줄을 만들고 흙이나 돌로 채워 녹화 시공방법으로 사각형틀모양, 삼각형틀모양, 계단상 수평띠모양이 있다.

정답   1. ④   2. ①   3. ④   4. ②   5. ③

6. 수제에 대한 설명으로 옳지 않은 것은?

① 상향수제는 길이가 가장 짧고 공사비가 적게 든다.
② 하향수제는 수제 앞부분의 세굴 작용이 가장 약하다.
③ 유수의 월류 여부에 따라 월류수제와 불월류수제로 나눈다.
④ 계류의 유심 방향을 변경하여 계안 침식을 방지하기 위해 계획한다.

해설 길이가 짧고 공사비가 저렴한 수제는 직각 수제의 특징이다.

7. 땅밀림과 비교한 산사태 및 산붕에 대한 설명으로 옳지 않은 것은?

① 강우 강도에 영향을 받는다.
② 주로 사질토에서 많이 발생한다.
③ 징후의 발생이 많고 서서히 활동한다.
④ 20° 이상의 급경사지에서 많이 발생한다.

해설 산사태 및 산붕
- 강우강도 영향을 받으며, 사질토에서 많이 발생한다.
- 돌발성이며 시간의존성이 낮다.
- 20° 이상의 급경사지에서 많이 발생한다.

8. 메쌓기 높이가 1.5m일 때 기울기의 기준으로 옳은 것은?

① 흙쌓기의 경우 1 : 0.20
② 땅깎기의 경우 1 : 0.20
③ 흙쌓기의 경우 1 : 0.30
④ 땅깎기의 경우 1 : 0.30

해설 메쌓기 기울기 기준
2.0m 이하인 경우 1:0.3

9. 경사가 완만하고 상수가 없으며 유량이 적고 토사의 유송이 없는 곳에 가장 적합한 산복수로는?

① 떼붙임 수로
② 메쌓기 돌수로
③ 찰쌓기 돌수로
④ 콘크리트 수로

해설 산복수로 종류

찰쌓기돌수로	유량이 많은 간선수로와 자연유로를 고정하는 곳
메쌓기돌수로	상수가 없고 물매가 급한 곳, 지반이 견고하고 집수량이 적은 곳
떼(붙임)수로	완경사로 상수와 토사유송이 없고, 유량이 적으며, 떼의 생육에 적당한 곳, 반원형
콘크리트수로	유량이 많고 상수가 있는 곳, 유량이 많은 간선수로, 역사다리꼴

10. 물의 순환과 산림유역의 물수지에 대한 설명으로 옳지 않은 것은?

① 증발량과 증산량은 비슷하다.
② 물의 수문학적 순환은 강수량의 한계범위 내에서 이루어진다.
③ 강수가 없는 동안에도 유역 내 저류되어 있는 물은 유출, 증발 및 증산에 의하여 감소한다.
④ 유역 내에서 강수량은 저류량의 변화와 지하 유출을 무시하면 유출량, 증발량, 증산량의 합과 같다.

해설 물수지(water balance)
- 물순환 과정에서 있어서 어떤 유역, 호수, 저수지, 하도, 임관, 토양수대, 대수층 등에 유입되는 물의 양과 유출되거나 담겨져 있는 물의 양 사이의 균형 관계를 말하며, 이러한 균형관계를 나타내는 식을 물수지식이라 한다.
- 일반적으로 증발량은 증산량보다 크다.

11. 산지사방 녹화공사에 해당하지 않는 것은?

① 조공
② 단끊기
③ 단쌓기
④ 등고선구공법

해설 단끊기 : 산복기초공사

12. 황폐계류에 대한 설명으로 옳지 않은 것은?

① 유량의 변화가 적다.
② 계류의 기울기가 급하다.
③ 유로의 길이가 비교적 짧다.
④ 호우 시의 사력의 유송이 심하다.

해설 황폐계류의 특성
유로의 연장이 비교적 짧고 계상의 물매가 급하며 유량은 강우나 융설 등에 의해 급격히 증가하거나 감소하는 등 유량의 변화가 크다.

13. 사면에 등고선 계단을 계획할 때 사면의 기울기가 45°, 면적이 1ha일 때 계단 간격을 1m로 한다면 평면적 법에 의한 계단 연장은?

① 5,000m
② 8,000m
③ 10,000m
④ 15,000m

해설 $10,000\,\text{m}^2(1\text{ha})$에서 tan값만큼 올라가므로 올라가는 계단길이는 $10,000 \times \tan 45 = 10,000\text{m}$가 된다.

14. 사방댐의 높이가 4.5m일 때 총 수압의 합력작용선 의 최대 높이는 밑면에서 몇 m 지점인가?

① 0.50　　　　② 0.75
③ 1.00　　　　④ 1.50

해설 사방댐의 합력작용선
• 전도에 대해 안정하기 위해서는 합력작용선이 제저(堤底)의 중앙 1/3 이내를 통과해야 한다.
• $4.5 \times \dfrac{1}{3} = 1.5\text{m}$

15. 땅속흙막이를 설치하는 주요 목적에 해당하는 것은?

① 누구침식의 발달을 방지한다.
② 빗물에 의한 침식을 방지한다.
③ 산지 사면의 계단공사를 하기 위해 설치한다.
④ 비탈다듬기와 단끊기 등에 의해 생산된 퇴적토사의 활동을 방지한다.

해설 땅속흙막이 목적
비탈다듬기와 단끊기 등에 의해 잉여된 퇴적토사의 전단저 항과 마찰저항을 높여 토사층의 활동을 방지하고 안정시켜 토사유실을 방지하고, 산각(山脚)을 고정시키고자 실시 한다.

16. 물에 의한 토양의 침식 정도에 영향을 주는 인자로 가장 거리가 먼 것은?

① 강우량과 강우 강도
② 토양의 화학적 구조
③ 사면의 길이와 경사도
④ 지표 식생의 피복 상태

해설 토양침식의 영향요인
• 강우속도와 강우량, 경사도와 경사길이, 토양의 성질 및 지표면의 피복상태에 따라 다르다.
• 기상조건, 지형, 토양조건 및 식물생육상태에 따라 다르 며 이들 인자가 종합적으로 작용한다.

17. 임계 유속에 대한 설명으로 옳은 것은?

① 계상에 침식을 최대로 일으키는 최소 유속이다.
② 계상에 침식을 일으키지 않는 경우의 최대 유속이다.
③ 어느 집수 유역에서도 존재할 수 있는 최소 유속이다.
④ 어느 집수 유역에서도 존재할 수 있는 최대 유속이다.

해설 임계유속
층류에서 난류로 변화할 때의 유속을 일컫는 말로 계상의 침식을 일으키지 않는 경우의 최대유속을 말한다.

정답　12. ①　13. ③　14. ④　15. ④　16. ②　17. ②

18. 해안방재림 조성용 묘목의 식재본수 기준은?

① 5,000본/ha　　② 8,000본/ha

③ 10,000본/ha　　④ 15,000본/ha

해설 해안방재림

해일·풍랑·모래날림·염분 등에 의한 피해를 감소시키기 위하여 시행하고 10,000본/ha 식재한다.

19. 사방댐의 표면처리나 돌쌓기 공사에 주로 사용되는 다듬돌의 규격은?

① 15cm × 15cm × 25cm

② 30cm × 30cm × 50cm

③ 45cm × 45cm × 60cm

④ 60cm × 60cm × 60cm

해설 마름돌

• 직사각형 육면체가 되도록 각 면을 다듬은 석재로서 다듬돌, 견고한 사방댐이나 미관을 요하는 돌쌓기 공사에 사용

• 크기 : 가로 30cm×세로 30cm×길이 50~60cm 정도

20. 황폐계천에서 유수에 의한 계안의 횡침식을 방지하고 산각의 안정을 도모하기 위하여 계류 흐름방향에 따라 축설하는 것은?

① 밑막이　　② 골막이

③ 바닥막이　　④ 기슭막이

해설 기슭막이 목적

계안의 횡침식을 방지하고 산복공작물의 기초 및 산복붕괴의 직접적인 방지 등을 목적으로 계안에 따라 설치하는 종공조물(縱工造物)

3회　　　1회독 □　2회독 □　3회독 □

1. 누구침식이 점점 더 진행되어 규모가 커져 깊고 넓은 골을 형성하는 왕성한 침식형태는?

① 구곡침식
② 하천침식
③ 우격침식
④ 면상침식

해설 빗물침식의 순서
　　① 우격침식 → 면상침식 → 누구침식 → 구곡침식 → 야계침식
　　② 구곡침식 : 침식의 중기 유형으로 토양표면에 잔 도랑이 불규칙하게 생기면서 깎이는 현상

2. 우리나라에서 녹화용으로 식재되는 사방조림 수종과 가장 거리가 먼 것은?

① 잣나무
② 아까시나무
③ 산오리나무
④ 리기다소나무

해설 주요사방조림수종 : 리기다소나무, 곰솔(해안지방), 물(산)오리나무, 물갬나무, 사방오리나무, 아까시나무, 싸리, 참싸리, 상수리나무, 졸참나무, 족제비싸리, 보리장나무 등

3. 유역면적 1ha, 최대시우량 100mm/hr, 유거계수 0.7일 때 시우량법에 의한 최대홍수 유량(m^3/s)은?

① 0.166
② 0.194
③ 1.167
④ 1.944

해설 $Q = 0.002778 \times K \times a \times m$
　　$0.002778 \times 0.7 \times 1 \times 100 = 0.194 m^3/s$

4. 산비탈흙막이 공법에 대한 설명으로 옳지 않은 것은?

① 표면 유하수를 분산시키기 위한 공작물이다.
② 산지사방의 부토고정을 위해 설치하는 종공작물이다.
③ 비탈면 기울기를 완화하여 비탈면의 안정성을 유지시킨다.
④ 사용하는 재료로는 콘크리트, 돌, 통나무, 콘크리트블록 등이 있다.

해설 산비탈흙막이 공법
　　① 목적 : 경사완화, 표면 유하수의 분산, 붕괴방지, 매토층 하단부 지지
　　② 산비탈에 직각이 되도록 설치
　　③ 시공재료 : 콘크리트, 콘크리트 기둥틀, 돌, 돌망태, 통나무

5. 격자틀붙이기공법에서 용수가 있는 격자틀 내부를 처리하는 방법으로 가장 적절한 것은?

① 흙 채움
② 작은 돌 채움
③ 떼붙이기 채움
④ 콘크리트 채움

해설 격자틀붙이기 공법
　　① 사면보호공법, 비탈면에 콘크리트블록이나 플라스틱제 또는 금속제품 등을 사용하여 격자상으로 조립하는 공법
　　② 용수가 있는 경우는 작은 돌로 채움

6. 황폐지를 진행상태 및 정도에 따라 구분할 때 초기 황폐지 단계에 대한 설명으로 옳은 것은?

① 지표면의 침식이 현저하여 방치하면 가까운 장래에 민둥산이 될 가능성이 높다.
② 외관상으로 황폐지로 보이지 않지만 임지 내에서 이미 침식상태가 진행 중이다.
③ 산지 비탈면이 여러 해 동안의 표면침식과 토양유실로 토양의 비옥도가 떨어진다.
④ 산지의 임상이나 산지의 표면침식으로 외견상 명확하게 황폐지라 인식할 수 있다.

정답　1. ①　2. ①　3. ②　4. ②　5. ②　6. ④

초기황폐지

척악임지나 임간나지는 그 안에서 이미 침식이 진행되는 형태이나 이것이 더욱 악화되면 산지의 침식이나 토양상태로 보아 외견상으로도 분명히 황폐지라고 인식할 수 있는 상태의 산지를 말한다.

7. 중력식 사방댐의 전도에 대한 안정을 위한 수압 작용점의 높이는?

① 사방댐 밑에서 높이의 1/3 지점
② 사방댐 밑에서 높이의 1/2 지점
③ 사방댐 위에서 밑을 향하여 1/3 지점
④ 사방댐 위에서 밑을 향하여 1/4 지점

중력식 사방댐의 전도에 대한 안정

합력작용선이 제저의 중앙 1/3보다 하류측을 통과하면 댐 몸체의 상류측에 장력이 생기므로 합력작용선이 제저의 1/3 내를 통과해야 한다.

8. 중력침식 유형 중에서 발생 속도가 가장 느린 것은?

① 산붕
② 포락
③ 산사태
④ 땅밀림

땅밀림

점성토가 미끄럼면으로 활동하는 것으로 이동속도는 0.01~10mm/일 이하로 느리다.

9. 유동형 침식의 하나인 토석류에 대한 설명으로 옳은 것은?

① 규모가 큰 돌은 이동시키지 못한다.
② 주로 점성토의 미끄럼면에서 미끄러진다.
③ 물을 활제로 하여 집합운반의 형태를 가진다.
④ 일반적으로 하루에 0.01~10mm 정도 이동한다.

유동형 침식 - 토석류(土石流)

① 산붕이나 산사태 등과 같은 붕괴작용에 의하여 무너진 토사 또는 계상에 퇴적된 토사석력이 계천에 밀려내려 물과 섞여서 유동하는 형태
② 수량보다도 고형물(암괴·목편 및 토사) 등의 양이 많다.

10. 수제의 간격은 일반적으로 수제 길이의 몇 배 정도인가?

① 0.25~0.50
② 0.50~1.25
③ 1.25~4.50
④ 4.50~8.25

수제의 간격

일반적으로 수제 길이의 1.25~4.5배로 한다.

11. 수제의 간격을 결정할 때 고려되어야 할 사항으로 가장 거리가 먼 것은?

① 유수의 강도
② 수제의 길이
③ 계상의 기울기
④ 대수면의 면적

수제의 간격

수제의 길이·방향·작용범위·유수의 강도·계상물매·계상상황에 따라 정한다.

12. 산지사방에서 기초공사에 해당하지 않는 것은?

① 단끊기
② 단쌓기
③ 땅속흙막이
④ 속도랑배수구

단쌓기

산지사방공사의 산복녹화공사로 녹화 기초공사에 해당된다.

정답 7. ① 8. ④ 9. ③ 10. ③ 11. ④ 12. ②

13. 산지사방의 공종별 설명으로 옳지 않은 것은?

① 평떼붙이기 : 땅깎기 비탈면에 평떼를 붙여 비탈면 전체 면적을 일시에 녹화한다.

② 새심기 : 산불발생지, 민둥산지, 석력지 등 대규모로 녹화가 필요한 곳에 새류의 풀포기를 식재한다.

③ 조공 : 완만한 경사의 비탈면에 수평으로 소단을 만들고, 앞면에는 떼, 새포기, 잡석 등으로 소단을 보호한다.

④ 선떼붙이기 : 비탈다듬기에서 생산된 뜬흙을 고정하고, 식생을 조성하기 위한 파식상을 설치하는데 필요한 공작물이다.

해설 새심기

경사 30도 이하 연약지대나 산복 하부의 퇴적지대에 식재한다.

14. 해풍에 의한 비사를 억류하고 퇴적시켜서 모래언덕을 조성할 목적으로 시공하는 것은?

① 파도막이
② 모래막이
③ 정사울세우기
④ 퇴사울세우기

해설 퇴사울타리

바다 쪽에서 불어오는 바람에 의해 날리는 모래를 억류하고 퇴적시켜서 사구를 조성하는 목적의 공작물로 높이는 1.0m로 한다.

15. 다음 설명에 해당하는 것은?

> • 주목적은 토사생산구역에서 구곡침식을 방지하는 것이다.
> • 사방댐보다 규모가 작고 반수면만 존재한다.

① 골막이
② 바닥막이
③ 기슭막이
④ 누구막이

해설 골막이

① 바닥막이 : 계상침식 방지, 종침식 방지, 토사석력의 유실방지와 계류를 안정적으로 보전하기 위하여 시공

② 기슭막이 : 계안의 횡침식을 방지하고 산복공작물의 기초 및 산복붕괴의 직접적인 방지 등을 목적으로 계안에 따라 설치하는 종공조물

③ 누구막이 : 산복배수로와 떼단쌓기의 기초공사나 토사를 유치할 목적으로 시공

16. 조도계수는 0.05, 통수단면적이 3m^2, 윤변이 1.5m, 수로 기울기가 2%일 때 Manning의 평균유속공식에 의한 유량은?

① 0.45m^3/s
② 4.49m^3/s
③ 13.47m^3/s
④ 17.58m^3/s

해설 ① 매닝공식 $V = \dfrac{1}{n} \cdot R^{2/3} \cdot I^{1/2}$

$$= \frac{1}{0.05} \times 2^{\frac{2}{3}} \times 0.02^{\frac{1}{2}} = 4.489 \text{ ...m/s}$$

여기서, n(조도계수),

R(경심) $= \dfrac{A(\text{단면적})}{P(\text{윤변})} = = \dfrac{3}{1.5} = 2$,

I(수로의 물매) = 2%일 경우 0.02

② 유량 $= Q = A \times V = 3 \times 4.489$

$= 13.4695 \rightarrow 14.47 \text{m}^3/\text{s}$

17. 사방댐의 주요 기능이 아닌 것은?

① 산각을 고정하여 붕괴를 방지한다.
② 계상 기울기를 완화하고 종침식을 방지한다.
③ 유심의 방향을 변경시켜 계안의 침식을 방지한다.
④ 계상에 퇴적한 불안정한 토사의 유동을 방지한다.

[해설] 사방댐의 기능
① 계상물매를 완화하고 종침식을 방지하는 작용
  (바닥막이 기능)
② 산각을 고정하여 붕괴를 방지하는 기능
  (구곡막이 기능)
③ 산지와 상류지역의 계상에 퇴적한 불안정한 토사의 유동을 방지하여 양안의 산각을 고정하는 작용

18. 바닥막이에 대한 설명으로 옳지 않은 것은?

① 높이는 사방댐보다 낮게, 골막이보다 높게 설치한다.
② 방수로의 폭은 계천 폭과 같게 하거나 다소 좁게 한다.
③ 연속적인 바닥막이 공사로 계상 기울기를 완화시킨다.
④ 계상의 종침식을 방지하는 경우에는 낮은 바닥막이를 계획한다.

[해설] 바닥막이
① 계상침식 방지, 종침식 방지
② 보통 3.0m 이하가 많지만 단면은 원칙적으로 사방댐에 준해 결정한다.

19. 비탈면 안정 및 녹화공법에 해당하지 않는 것은?

① 새집공법
② 생울타리
③ 사초심기
④ 차폐수벽공

[해설] 사초심기
① 해안사방공종
② 퇴사울타리와 정사울타리가 부식된 후, 이들의 기능을 보충하기 위해 모래땅에 잘 생육하는 사초를 식재하여 사면을 피복, 비사를 고정하는 공법

20. 산림환경보전공사용 토목재료의 특성으로 옳지 않은 것은?

① 내구성이 커야 한다.
② 변형이 적어야 한다.
③ 내마모성이 커야 한다.
④ 내수성이 낮아야 한다.

[해설] 산림환경보전공사용 토목재료의 특성
내구성, 내마모성, 내수성 등의 커야 하며, 변형이 적어야 한다.

1회

1회독 ☐ 2회독 ☐ 3회독 ☐

1. 불투과형 중력식 사방댐의 시공요령으로 옳지 않은 것은?

① 방수로 양옆의 기준 기울기는 1:1이다.
② 방수로는 보통 정사각형 모양으로 한다.
③ 계상의 양안에 암반이 있는 지역이 시공적지이다.
④ 찰쌓기댐을 시공할 때 3m²당 1개의 배수구를 설치한다.

해설 바르게 고치면
방수로는 보통 사다리꼴 모양으로 한다.

2. 돌흙막이공을 계획할 때 높이 기준은?

① 찰쌓기 2.5m 이하, 메쌓기 1.5m 이하
② 찰쌓기 3.0m 이하, 메쌓기 2.0m 이하
③ 찰쌓기 3.5m 이하, 메쌓기 2.5m 이하
④ 찰쌓기 4.0m 이하, 메쌓기 3.0m 이하

해설 흙막이공
찰쌓기 3m, 메쌓기 2m 이하, 기울이 1:0.3

3. 불투과형 중력식 사방댐의 형태인 흙댐의 시공요령으로 내심벽을 만들 때 사용하는 것은?

① 모래
② 자갈
③ 점토
④ 호박돌

해설 흙댐은 체제 중앙부에 사질토와 점질토와 다지기 해 시공한다.

4. 다음 조건에 따른 비탈다듬기공사에서 발생한 토사량(m³)은?

- A의 단면적 : 20m²
- B이 단면적 : 30m²
- 단면 사이의 길이 : 50m
- 계산방법: 평균단면적법

① 125
② 500
③ 1,250
④ 2,500

해설 토사량 $= \dfrac{20+30}{2} \times 50 = 1,250$

5. 해안사방에서 식재목의 생육환경 조성을 위하여 후방에 풍속을 약화시키고 모래의 이동을 막는 목적으로 시공하는 것은?

① 모래덮기
② 퇴사울세우기
③ 사지식수공법
④ 정사울세우기

해설 정사울세우기
① 목적 : 모래 이동 방지, 강풍으로 인한 모래날림, 바람, 염분의 피해로부터 묘목 보호하기 위해 일정규모로 설치하는 울타리
② 기능 : 전사구 후방 모래를 고정해 표면 안정과 식재목이 잘 생육할 수 있는 환경을 조성

6. 다음 설명에 해당하는 것은?

- 사용자가 지정한 배합 콘크리트를 공장으로부터 현장까지 배달 및 공급하는 특수콘크리트이다.
- 운반 즉시 타설하고, 충분히 다져야 한다.

① AE콘크리트
② 프리팩트콘크리트
③ 레디믹스콘크리트
④ 뿜어붙이기콘크리트

정답   1. ①   2. ①   3. ③   4. ②   5. ②   6. ④

해설 ① AE콘크리트 : AE제로 콘크리트 속에 미세한 기포를 발생시켜 공기량을 3~6% 증대시킨 것으로 내구성, 저항성, 수밀성을 증대한 콘크리트
② 프리팩트콘크리트 : 특정입도의 굵은 골재를 거푸집에 채워넣고 그 공극 속에 모르타르를 적당한 압력으로 주입한 콘크리트
③ 뿜어붙이기콘크리트 : 압축공기로 콘크리트나 모르타르를 시공면에 뿜어 붙이는 공법의 콘크리트

7. 강우 및 토양침식능인자, 경사장 및 경사도인자, 작물경작인자, 침식조절관행인자를 이용하여 연간 토사유출량을 추정하는 방법은?

① 부유사량 측정에 의한 방법
② 하천퇴적량 측정에 의한 방법
③ 만능토양유실량식에 의한 방법
④ 총유실량과 유사운송비 계산에 의한 방법

해설 ① 부유사량 측정에 의한 방법 : 하천에 토사가 유입시 수송형태에 따라 소류수송과 부유수송으로 이동되며 소류수송은 하상 바닥에 토사가 이동을 말하며, 부유수송은 사력입자가 침전하지 않고 상층으로 이동되는 현상을 말한다. 부유수송에 의해 운반된 토사의 측정을 부유사량 측정방법이라고 한다.
② 총유실량과 유사운송비 계산에 의한 방법 : 유실된 토사와 이동한 토사의 비율을 계산한 방법

8. 계단 연장이 3km인 비탈면에 선떼붙이기를 7급으로 할 때에 필요한 떼의 총 소요 매수는? (단, 떼의 크기 : 40cm×25cm)

① 11,250매   ② 15,000매
③ 16,500매   ④ 18,750매

해설 ① 급수별 1m 당 떼사용 매수
1급 : 12.5매, 2급 : 11.25매, 3급 : 10매, 4급 : 8.75매, 5급 : 7.5매, 6급 : 6.25매, 7급 : 5매, 8급 : 3.75매, 9급 : 2.5매
② 5매×연장길이 3,000m = 15,000매

9. 돌쌓기벽 그림에서 A의 명칭은?

① 갓돌
② 귀돌
③ 모서리돌
④ 뒷채움돌

10. 사방사업 대상지로 가장 거리가 먼 것은?

① 임도가 미개설되어 접근이 어려운 지역
② 산불 등으로 산지의 피복이 훼손된 지역
③ 황폐가 예상되는 산지와 계천으로 복구공사가 필요한 지역
④ 해일 및 풍란 등 재해예방을 위해 해안림 조성이 필요한 지역

해설 사방사업 대상지
황폐지 복구, 산지 붕괴, 토석·나무 등의 유출, 모래 날림을 방지·예방하기 위해 실시하며 산지사방사업, 야계사방사업, 해안사방사업으로 구분된다. 임도가 미개설되어 접근이 어려운 지역은 대상지에서 제외된다.

11. 빗물에 의한 침식의 발달과정에서 가장 초기상태의 침식은?

① 우격침식   ② 구곡침식
③ 누구침식   ④ 면상침식

해설 빗물의 의한 침식
우격침식 → 면상침식 → 누구침식 → 구곡침식

12. 산지의 침식형태 중 중력에 의한 침식에 해당되지 않는 것은?

① 산붕   ② 포락
③ 산사태   ④ 사구침식

해설 사구침식은 바람에 의한 침식이다.

2022년 1회

13. 다음 조건에 따른 비탈파종녹화를 위한 파종량 산출식으로 옳은 것은?

- W : 파종량(g/m²)
- S : 평균입수(입/g)
- B : 발아율(%)
- P : 순량율(%)
- C : 발생기대본수(본/m²)

① $W = \dfrac{B}{S \times P \times C}$ ② $W = \dfrac{P}{S \times B \times C}$

③ $W = \dfrac{S}{P \times B \times C}$ ④ $W = \dfrac{C}{P \times B \times S}$

해설 파종량 = $\dfrac{발생기대본수}{발아율 \times 순량율 \times 평균입수}$

14. 야계사방 둑쌓기에서 계획홍수량이 200~500 m³/s인 경우 둑높이 여유고의 기준은?

① 0.6m 이상 ② 0.8m 이상
③ 1.0m 이상 ④ 1.5m 이상

해설 야계사방 둑높이 여유고
① 계획홍수량이 200m³/s 미만 : 둑높이 여유고는 1.0m
② 계획홍수량이 200~500m³/s : 둑높이 여유고는 0.8m

15. 돌쌓기의 시공요령으로 옳지 않은 것은?

① 메쌓기의 기울기는 1 : 0.3을 기준으로 한다.
② 돌쌓기에서 세로줄눈을 일직선으로 하는 통줄눈으로 한다.
③ 찰쌓기를 할 때는 물빼기 구멍을 반드시 설치하여야 한다.
④ 돌의 배치는 다섯에움 이상, 일곱에움 이하가 되도록 한다.

해설 바르게 고치면
돌쌓기에서 세로줄눈은 파선줄눈으로 한다.

16. 폭 10m, 높이 5cm인 직사각형 단면 야계수로에 수심 2m, 평균유속 3m/s로 유출이 일어날 때의 유량(m³/s)은?

① 15 ② 30
③ 60 ④ 150

해설 유량=단면적×평균유속=10×2×3=60m³/s

17. 다음 설명에 해당하는 것은?

비탈다듬기 및 단끊기의 시공과정에서 발생하는 잉여토사를 산복의 깊은 곳에 넣어서 이것을 유치 고정하는 공사이다.

① 골막이 ② 누구막이
③ 땅속흙막이 ④ 산비탈흙막이

해설 땅속흙막이
① 목적 : 비탈다듬기와 단끊기로 생산된 뜬 흙을 산비탈 계곡부에 투입해 유실방지, 산각 고정위해 축설한다.
② 상부 토압 충분히 견딜 수 있는 구조물이 되도록 안정된 기반 위 설치하고 바닥파기 충분히 해 높이 2/3 이상 묻히도록 한다.

18. 다음 설명에 해당하는 것은?

산지 계곡을 벗어나 농경지 등과 접한 지역에서 유량 증가에 의한 침식되어 사방사업이 필요한 지역이다.

① 야계 ② 밀린땅
③ 붕괴지 ④ 황폐지

해설 산지계곡의 유량 증가에 의한 침식은 야계사방사업을 실시한다.

정답   13. ④   14. ②   15. ②   16. ③   17. ③   18. ①

19. 야계사방의 공법으로만 올바르게 짝지어진 것은?

① 흙막이, 바닥막이   ② 흙막이, 누구막이
③ 기슭막이, 누구막이   ④ 기슭막이, 바닥막이

해설 흙막이, 누구막이 → 산지사방 공법
     기슭막이, 바닥막이 → 야계사방 공법

20. 평떼붙이기공법에 대한 설명으로 옳지 않은 것은?

① 주로 45° 이상의 급경사에 지형에 시공한다.
② 떼를 붙이기 전에 흙다지기를 잘 해야 한다.
③ 붙인 떼는 떼 꽂이 등으로 고정하여 활착이 잘 이뤄지게 한다.
④ 심은 후에는 잘 밟아 다져 뗏밥을 주고 깨끗이 뒷정리를 한다.

해설 평떼붙이기공법
    ① 전면적에 걸쳐 흙이 털어지지 않은 평떼(흙떼)를 붙이거나 심어, 비탈 일시 녹화하는 공법
    ② 경사 45° 이하의 토양 비옥한 산지사면이 시공적지이다.

2회   1회독 ☐ 2회독 ☐ 3회독 ☐

1. 수제에 대한 설명으로 옳지 않은 것은?

① 계안으로부터 유심을 향해 돌출한 공작물을 말한다.
② 계상 폭이 좁고 계상 기울기가 급한 황폐 계류에 적용한다.
③ 수제의 높이는 최고수위로 하고 끝부분을 다소 낮게 설치한다.
④ 상향수제는 수제 사이의 토사 퇴적이 하향수제보다 많고, 수제 앞부분에서의 세굴이 강하다.

해설 수제의 적용
   ① 보통 계상너비가 넓고 계상물매가 완만한 계류에 계획한다.
   ② 계안으로부터 유심을 멀리하여 수류에 의한 계안의 침식을 방지하고 기슭막이 공작물의 세굴을 방지하기 위하여 설치한다.

2. 야계사방의 주요 목적으로 옳지 않은 것은?

① 유송토사 억제 및 조정
② 산각의 고정과 산복의 붕괴방지
③ 계상 기울기를 완화하여 계류의 침식 방지
④ 계류의 수질 정화와 산림 황폐지로 인한 재해 방지

해설 야계사방
   황폐계류의 계상 및 계안에 공작물을 설치하여 계천의 종·횡침식을 방지하고 산각을 고정하여 계류의 안전유출을 기하는 것을 말한다.

3. 정사울타리를 설치할 때 기준 높이로 옳은 것은?

① 0.5~0.7m   ② 1.0~1.2m③
  2.0~2.2m   ④ 2.5~2.7m

해설 울타리의 높이
   1.0~1.2m를 표준으로 20cm 정도를 모래에 묻는다.

4. 기슭막이의 시공목적에 대한 설명으로 옳지 않은 것은?

① 기슭의 유로 변경
② 계안의 횡침식 방지
③ 산각의 안정을 도모
④ 산지 사방공작물의 기초 보호

해설 기슭막이의 목적
   계안의 횡침식방지, 산복공작물의 기초보호, 산복붕괴의 직접적인 방지

5. 다음 설명에 해당하는 것은?

• 토양에 대한 적응성이 좋다.
• 내음성 및 내한성이 커서 한랭지에서는 혼파하는 것이 적당하다.

① 큰조아재비(timothy)
② 오리새(orchard grass)
③ 우산잔디(bermuda grass)
④ 능수귀염풀(weeping love grass)

해설 오리새(orchard grass)
   다년생 화본과 목초로서 유럽이 원산지이나 세계의 온대지역에 널리 분포한다. 내한성과 내음성이 크며 강하고 비옥한 토양에서 잘 자란다.

6. 선떼붙이기 공법에서 1등급 증가할 때마다 연장 1m당 떼의 사용매수는 얼마씩 차이가 나는가? (단, 떼의 크기는 길이 40cm, 나비는 25cm)

① 1.25매씩 감소
② 1.25매씩 증가
③ 2.50매씩 감소
④ 2.50매씩 증가

해설 선떼붙이 공법은 1급에서 9급으로 내려올 때 1m당 떼의 사용 매수가 1.25매씩 감소한다.

정답   1. ②   2. ④   3. ②   4. ①   5. ②   6. ①

7. 비탈면에 설치하는 소단의 효과가 아닌 것은?

① 시공비를 절약할 수 있다.
② 비탈면의 안정성을 높인다.
③ 유지보수작업 시 작업원의 발판으로 이용할 수 있다.
④ 유수로 인하여 비탈면에서 발생하는 침식의 진행을 방지한다.

해설 비탈면의 소단
비탈면의 침식을 방지하고 안정성을 높이며 유지보수 작업시 작업원의 발판으로 이용가능하다.

8. 돌쌓기 배치 방법으로 잘못된 쌓기가 아닌 것은?

① 포갠돌
② 이마대기
③ 여섯에움
④ 새입붙이기

해설 돌쌓기 배치방법
돌의 배치에 특히 주의해야 하는데 다섯에움 이상 일곱에움 이하가 되도록 하여야 하며 보통은 여섯에움으로 한다.

9. 다음 (　) 안에 가장 적합한 수치는?

| 사방댐의 계획기울기는 현 계상기울기의 (　)을 (를) 기준으로 설계한다. |

① 1/2~2/3
② 1/2~1
③ 2/3~1
④ 2/3~3/2

해설 사방댐의 퇴사물매
현 계상기울기의 1/2~2/3를 기준으로 설계한다.

10. 계류의 바닥 폭이 3.8m, 양안의 경사각이 모두 45° 이고, 높이가 1.2m일 때의 계류 횡단면적(m²)은?

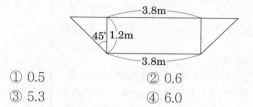

① 0.5
② 0.6
③ 5.3
④ 6.0

해설 횡단면적
① 사각형면적 부분 : $3.8 \times 1.2 = 4.56$
② 삼각형면적 부분 : $\dfrac{1.2 \times (1.2 \times \tan 45°)}{2} \times 2$면
$= 1.44$
∴ 횡단면적 $= 4.56 + 1.44 = 6\text{m}^2$

11. 유역면적이 10ha이고 최대시우량이 150mm/hr일 때 임상이 좋은 산림지역의 최대홍수유량은?
(단, 유거계수는 0.35)

① 약 0.14m³/sec
② 약 1.46m³/sec
③ 약 14.58m³/sec
④ 약 145.83m³/sec

해설 최대홍수유량
$=0.002778 \times$ 유거계수 $\times$ 유역면적 $\times$ 최대시우량
$0.002778 \times 0.35 \times 10 \times 150 = 1.45845$
$\rightarrow$ 약 1.46m³/sec

12. 중력식 콘크리트 사방댐의 구조에 포함되지 않는 것은?

① 물받이
② 방수로
③ 밑막이
④ 댐둑어깨

해설 중력식 콘크리트 사방댐의 구조요소
방수로, 댐둑마루, 댐둑어깨, 물빼기구멍, 앞댐, 물방석, 물받이, 측벽

13. 산지사방에서 비탈다듬기 공사를 하기 전에 시공하는 것이 효과적인 공사는?

① 단끊기　　　　　② 떼단쌓기
③ 땅속흙막이　　　④ 퇴사울세우기

해설 땅속흙막이

비탈다듬기와 단끊기 등에 의해 잉여된 퇴적토사의 전단 저항과 마찰저항을 높여 토사층의 활동을 방지, 안정시켜 토사유실을 방지하고, 산각을 고정시키고자 한다.

14. 골막이에 대한 설명으로 옳지 않은 것은?

① 토사퇴적 기능은 없다.
② 사방댐보다 규모가 작다.
③ 계류의 상류부에 설치한다.
④ 반수면은 토사를 채우고 대수면은 떼를 입힌다.

해설 골막이(구곡막이)는 대수면없이 반수면만 축설한다.

15. 다음 설명에 해당하는 것은?

- 비탈면 하단부에 흐르는 계천의 가로 침식에 의해 일어난다.
- 침식 및 붕괴된 물질은 퇴적되지 않고 대부분 유수와 함께 유실되는 붕괴형 침식이다.

① 산봉　　　　　② 붕락
③ 포락　　　　　④ 산사태

해설 산봉, 붕락, 산사태

① 산봉 : 산사태보다 규모가 작을 소형 산사태로 산허리 이하인 산록부에서 많이 발생

② 붕락 : 눈이나 얼음이 녹은 물로서 포화되어 무너져 떨어지는 중력침식의 한 형태로서 붕락된 지표층에 주름이 잡혀짐

③ 산사태 : 주로 호우 등의 원인에 의해 산정 가까운 산복부의 지괴가 융해·팽창되어 일시에 계곡·계류를 향하여 연속적으로 비교적 길게 붕괴되는 지층의 현상

16. 산사태와 비교한 땅밀림에 대한 설명으로 옳지 않은 것은?

① 이동 속도가 빠르다.
② 지하수의 영향이 크다.
③ 완경사면에서 주로 발생한다.
④ 주로 점성토가 미끄럼면으로 활동한다.

해설 바르게 고치면

땅밀림은 이동 속도가 느리다.

17. 사방댐 설치에 있어 홍수기울기와 평형기울기 사이의 퇴사량을 무엇이라 하는가?

① 토사퇴적량　　　② 토사안정량
③ 토사침식량　　　④ 토사조절량

해설 토사조절량은 홍수기울기와 평형기울기 사이 퇴사량을 말한다.

18. 시멘트에 대한 설명으로 옳지 않은 것은?

① 조기에 강도를 내기 위하여 염화칼슘을 쓰기도 한다.
② 시멘트를 제조할 때 석고를 넣으면 급결성이 된다.
③ 시멘트는 분말도가 너무 높으면 내구성이 약해지기 쉬우므로 주의해야 한다.
④ 일반적으로 포틀랜드시멘트는 수경성이고 강도가 크며 비중은 대체로 3.05~3.15 정도이다.

해설 바르게 고치면

시멘트를 제조할 때 탄산칼슘이나 탄산나트륨을 넣으면 급결성이 된다.

19. 돌골막이 공법에서 돌쌓기의 표준 기울기로 옳은 것은?

① 1 : 0.1　　　　② 1 : 0.2
③ 1 : 0.3　　　　④ 1 : 0.4

해설 돌골막이 공법 시 돌쌓기의 물매 : 1 : 0.3를 표준으로 한다.

정답　13. ③　14. ④　15. ③　16. ①　17. ④　18. ②　19. ③

20. 강우에 의한 산지침식의 발달과정 순서로 옳은 것은?

① 구곡침식 → 면상침식 → 누구침식
② 구곡침식 → 누구침식 → 면상침식
③ 면상침식 → 구곡침식 → 누구침식
④ 면상침식 → 누구침식 → 구곡침식

해설 빗물의 의한 침식

　　우격침식 → 면상침식 → 누구침식 → 구곡침식

1. 사다리꼴 수로 횡단면의 밑나비를 b, 깊이를 t, 양측면의 경사각을 ϕ라 할 때 윤변은 (p) 어떤 식으로 표시 되는가?

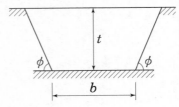

① $p = b + \dfrac{\sin\phi}{2t}$

② $p = b + \dfrac{\cos\phi}{2t}$

③ $p = b + \dfrac{2t}{\sin\phi}$

④ $p = b + \dfrac{2t}{\cos\phi}$

해설 윤변(潤邊)은 수로의 횡단면에 있어서 물과 접촉하는 수로 주변의 길이를 말한다.

2. 사방공작물 중에서 주로 야계의 횡침식을 방지하기 위해 축설하는 공작물은?

① 야계둑
② 기슭막이
③ 바닥막이
④ 수로공

해설 기슭막이
계안의 횡침식을 방지하고 산복공작물의 기초 및 산복붕괴의 직접적인 방지 등을 목적으로 계안에 따라 설치하는 종공작물이다.

3. 사방댐에서 물받이와 물방석에 대한 설명 중 틀린 것은?

① 물받이 공사는 계상위에 유수, 석력, 유목 등의 낙하로 인한 제각 및 반수면 부위 계상의 세굴을 방지할 목적으로 시공한다.
② 물방석은 본댐과 앞댐 사이에 설치하므로써 낙수의 충격력을 약화시키고 세굴을 방지할 목적으로 시공한다.
③ 물받이공사는 호박돌이나 암석 등이 유하하는 경우에는 물받침이 파괴되므로 이 경우 말방석을 만들거나 앞댐을 계획한다.
④ 물방석은 앞댐이 본댐의 높이보다 낮은 경우 유동사력의 지름이 작은 경우 및 유량이 많은 경우에 설치한다.

4. 계간사방 공사에서 돌골막이의 돌쌓기 기울기는 얼마를 표준으로 하는가?

① 1 : 0.1　　　② 1 : 0.3
③ 1 : 0.5　　　④ 1 : 0.7

해설 돌골막이
① 돌쌓기의 물매는 1 : 0.3를 표준
② 반수면은 견치돌(견고한 시공시), 막깬돌로 쌓고 댐마루까지의 높이의 1/2에 해당하는 두께의 뒷채움을 실시한다.

5. 흐르는 물에 의한 침식이 아닌 것은?

① 우격침식　　　② 면상침식
③ 누구침식　　　④ 구곡침식

해설 우격침식
지표면의 토양입자를 빗방울이 타격하여 흙입자를 분산·비산시키는 분산작용과 운반작용에 의하여 일어나는 침식현상을 말한다.

정답　1. ③　2. ②　3. ④　4. ②　5. ①

6. 중력사방댐의 안정조건 중 전도에 대한 안정을 위해서는 합력작용선이 제저 중앙의 얼마이내를 통과해야 하는가?

① 1/2　　　　　　② 1/3
③ 1/4　　　　　　④ 1/5

해설 중력사방댐의 전도에 대한 안정

　　합력작용선이 제저의 중앙 1/3보다 하류측을 통과하면 댐 몸체의 상류측에 장력이 생기므로 합력작용선이 제저의 1/3 내를 통과해야 한다.

7. 기울기가 완만하고 수량이 적으며 토사의 유송이 적은 곳에 시설되는 산복 수로공은?

① 떼붙임 수로　　② 찰붙임 수로
③ 메붙임 수로　　④ 콘크리트 수로

해설 떼붙임 수로

　　완경사로 상수와 토사유송이 없고, 유량이 적으며, 떼의 생육에 적당한 곳에 시공한다.

8. 비탈면안정을 위해 인공절개지 높이가 19m일 때 소단은 몇개가 필요한가?

① 1　　　　　　② 3
③ 5　　　　　　④ 7

해설 비탈면 높이 5~7m 마다 소단을 설치한다.

9. 속도랑에서 가장 많이 사용되는 수로횡단면형은?

① 반원형　　　② 사다리꼴형
③ 직사각형　　④ 활꼴형

해설 수로의 단면

　　사다리꼴 형태가 가장 효과적이며 직사각형 형태는 소형수로에, 활꼴형태는 속도랑에 이용된다.

10. 폭 15m, 깊이 2m 인 직사각형 야계수로에서 수심 1m, 유속 2m/s로 유출되고 있을 때 유출유량은?

① 60m³/s　　　② 80m³/s
③ 20m³/s　　　④ 30m³/s

해설 유량＝유적×유속＝(1×15)×2＝30m³/s

11. 산지사방공사의 단끊기에 대한 설명으로 옳지 않은 것은?

① 단끊기에 의한 절취토사의 이동은 최소로 한다.
② 단끊기는 상부로부터 하부로 향하여 시공한다.
③ 단 간격의 수직높이는 비탈의 경사에 따라 다르게한다.
④ 비탈의 경사가 급할 때에는 단의 너비를 넓게 하여 상·하단 간의 비탈경사가 완만하게 한다.

해설 바르게 고치면

　　비탈의 경사가 급할 때에는 단의 너비를 좁게 하여 상·하단 간의 비탈경사가 완만하게 한다.

12. 콘크리트 비빔 시에 결합시기를 촉진하고 동절기콘크리트 공사수행을 위하여 사용하는 혼화재료는?

① 점토　　　　② 인산염
③ 염화칼슘　　④ 플라이애시

해설 염화칼슘

　　응결 및 경화촉진제로 수화반응을 촉진, 조기강도가 증가한다.

13. 사방사업이 필요한 지역의 유형분류에서 황폐지에 해당되지 않는 것은?

① 민둥산　　　② 붕괴지
③ 임간나지　　④ 척악임지

해설 황폐지는 진행정도에 따라 척악임지, 임간나지, 민둥산, 특수황폐지 등으로 구분한다.

정답　6. ②　7. ①　8. ②　9. ④　10. ④　11. ④　12. ③　13. ②

14. 사면혼파공법의 일반적인 시공요령으로 옳지 않은 것은?

① 부토사는 하부에 흙막이 공작물을 시공하여 처리한다.
② 비탈면에는 수평으로 작은 골을 파서 종자 유실을 방지한다.
③ 비탈다듬기 공사를 하고 견지반을 노출시키지 않도록 한다.
④ 비탈면에는 수직높이 60cm 정도, 나비 20~30cm의 수평계단을 설치한다.

해설 바르게 고치면
비탈다듬기 공사를 하고 비탈면의 부토사는 전부 정리하여 반드시 견지반을 노출시켜야 한다.

15. 사방댐의 시공요령으로 옳지 않은 것은?

① 방수로 양옆의 기울기는 1 : 2이 표준이다.
② 계상의 양안에 암반이 있는 지역이 시공적지이다.
③ 찰쌓기(측벽)를 할 때 3m²당 1개의 물빼기 구멍을 설치한다.
④ 계획기울기는 현재 계상기울기의 1/2~2/3를 표준으로 한다.

해설 바르게 고치면
방수로 양옆의 기울기는 1 : 1이 표준이다.

16. 황폐계류에 대한 설명으로 옳지 않는 것은?

① 유량의 변화가 적다.
② 계류의 기울기가 급하다.
③ 유로의 길이가 비교적 짧다.
④ 호우 시에 사력의 유송이 심하다.

해설 황폐계류
평상시에는 유량이 없거나 적으며, 호우 시 물이 넘쳐 흐르는 지역으로 유량의 변화가 크다.

17. 누구침식에 대한 설명으로 옳은 것은?

① 가벼운 흙 입자 및 유기물이 유실된다.
② 침식의 규모가 작아 경운작업으로 쉽게 제거된다.
③ 빗방울이 땅에 떨어져 지표의 토양을 타격하고 분산시킨다.
④ 산지침식 중에서 대형은 깊이가 2m 이상, 나비가 5m 이상이 된다.

해설 누구침식
침식의 중기 유형으로 침식 규모가 작아 경운 작업으로 쉽게 제거되면 누구 침식, 제거되지 못하면 구곡 침식이다.

18. 산지의 침식형태 중에서 중력에 의한 침식으로 옳지 않은 것은?

① 산붕   ② 포락
③ 산사태   ④ 사구침식

해설 중력에 의한 붕괴형 침식
산사태, 산붕, 붕락, 포락 암석붕락 등

19. 땅밀림과 비교한 산사태에 대한 틀린 설명은?

① 점성토를 미끄럼면으로 하여 속도가 느리게 이동한다.
② 주로 호우에 의하여 산정에서 가까운 산복부에서 많이 발생한다.
③ 흙덩어리가 일시에 계곡, 계류를 향하여 연속적으로 길게 붕괴하는 것이다.
④ 비교적 산지 경사가 급하고 토층 바닥에 암반이 깔린 곳에서 많이 발생한다.

해설 바르게 고치면
땅밀림이 점성토를 미끄럼면으로 하여 속도가 느리게 이동되는 특성이다.

20. 앞 모래언덕 육지 쪽에 후방 모래를 고정하여 표면을 안정시키고 식재목이 잘 생육할 수 있는 환경조성을 위해 실시하는 공법은?

① 구정바자얽기   ② 모래덮기공법

③ 퇴사울타리공법   ④ 정사울세우기공법

해설 정사울세우기공법

사구에 조림할 경우 모래의 이동을 방지하고 강풍으로 인한 모래 날림의 피해로부터 묘목을 보호하기 위한 사구조림공법이다.

1. 소실수량(증발산량)에 대한 설명으로 옳은 것은?

① 강수량에서 유출량을 뺀 값이다.
② 유출량에서 강수량을 뺀 값이다.
③ 강수량과 유출량을 합한 값이다.
④ 강수량과 유출량을 곱한 값이다.

해설 **소실수량(소비수량)**
소실수량은 강수량에서 유출량을 뺀 값으로 증발산량과 같다.

2. 비탈다듬기 또는 단끊기에 의하여 발생한 토사를 산복의 깊은 곳에 넣어 고정 및 유지시키며 침식을 방지하고자 시공하는 것은?

① 땅속흙막이
② 산복수로공
③ 비탈힘줄박기
④ 산비탈 흙막이

해설 **땅속흙막이**
비탈다듬기와 단끊기 등에 의해 퇴적한 지역으로 기초가 단단한 지역에 적용한다.

3. 퇴사울타리를 설치할 때 기준 높이는?

① 0.5m   ② 1.0m
③ 1.5m   ④ 2.0m

해설 **퇴사 울타리 공법**
① 말뚝용재료 : 곰솔, 소나무, 낙엽송, 삼나무 또는 잡목
② 발의 재료 : 섶, 갈대, 대나무, 억새류 등
③ 높이 : 1.0m

4. 황폐지 및 훼손지의 복구용 수종으로 가장 적합한 것은?

① 졸참나무, 구상나무
② 싸리류, 은행나무
③ 상수리나무, 종비나무
④ 아까시나무, 족제비싸리

해설 **주요사방조림수종**
리기다소나무, 곰솔(해안지방), 물(산)오리나무, 물갬나무, 사방오리나무, 아까시나무, 싸리, 참싸리, 상수리나무, 졸참나무, 족제비싸리, 보리장나무 등

5. 사방사업 대상지 유형 중 황폐지에 속하는 것은?

① 밀린땅
② 붕괴지
③ 민둥산
④ 절토사면

해설 **황폐지**
① 산지의 지피식생이 오랫동안에 걸쳐서 소멸되거나 파괴되고, 산지 위에 각종 형태의 토양침식이 발생되어 강우시 토사유실이 심하게 발생하여 사방공사가 필요한 산지
② 황폐는 척암임지→임간나지→초기황폐지→ 황폐이행지→민둥산 순으로 진행된다.

6. 사방댐에서 대수면에 해당하는 것은?

① 댐의 천단부분
② 방수로 부분
③ 댐의 상류측 사면
④ 댐의 하류측 사면

해설 사방댐 대수면은 댐의 상류측 사면을 말한다.

정답   1. ①   2. ①   3. ②   4. ④   5. ③   6. ③

7. 선떼붙이기공법을 1급부터 9급까지 구분하는 기준은?

① 수직단길이 1m당 떼의 사용·매수
② 수평단길이 1m당 떼의 사용·매수
③ 수직단면적 1m²당 떼의 사용·매수
④ 수평단면적 1m²당 떼의 사용·매수

해설 선떼붙이기공법에서 급별 시공기준
평단 길이 1m당 떼의 사용 매수에 따라 고급 선떼붙이기 1급에서 저급 선떼붙이기 9급까지 구분한다.

8. 유역내 강수량 관측지점의 면적이 각각 100ha, 150ha, 250ha이다. 각각의 면적에서 측정한 강수량이 각각 110mm, 100mm, 115mm일 때, Thiessen법으로 계산한 평균강수량은?

① 약 100mm
② 약 105mm
③ 약 110mm
④ 약 115mm

해설 티센법
$= (100 \times 110 + 150 \times 100 + 250 \times 115)/(100 + 150 + 250)$
$= (11,000 + 15,000 + 28,750)/(500) = 109.5mm$

9. 흐르는 물에 의한 침식이 아닌 것은?

① 우격침식
② 면상침식
③ 누구침식
④ 구곡침식

해설 ① 우격침식(빗방울침식)은 빗방울이 땅 표면의 토양입자를 타격하여 분산 및 비산시키는 침식현상으로 가장 초기단계이다.
② 빗물에 의한 침식은 우격침식, 면상침식, 누구침식, 구곡침식의 순으로 이루어진다.

10. 수류(flow)에 대한 설명으로 틀린 것은?

① 정류는 등류와 부등류로 구분할 수 있다.
② 홍수 시의 하천은 정류에 속한다.
③ 자연하천은 엄밀한 의미에서는 등류 구간이 없다.
④ 수류는 시간과 장소를 기준으로 하여 정류와 부정류로 구분할 수 있다.

해설 부정류(不定流)
① 수류(水流)의 임의 단면에 있어서 유적, 유속 및 흐름의 방향이 시간에 따라 변화하는 물의 흐름을 말한다.
② 홍수 시의 하천은 부정류에 속한다.

11. 야계사방공사의 시공목적과 가장 거리가 먼 것은?

① 계류바닥의 종횡침식을 방지한다.
② 붕괴지의 산각을 고정하는 산지사방의 기초가 된다.
③ 산각을 고정하여 황폐계류와 계간을 안정상태로 유도한다.
④ 인위적으로 발생한 사면의 안정화와 경관 조성을 추구한다.

해설 ① 야계사방공사 – 인위적으로 발생한 사면의 안정이 아닌 흐르는 유수에 의하여 토사가 침식, 운반, 퇴적 및 재이동 과정에서 발생하는 토사재해를 억제하거나 조절하기 위해 실시하는 공사이다.
② 산복사방공사 – 사면의 안정화와 경관 조성 추구

12. 사방댐과 비교한 골막이의 특징으로 옳지 않은 것은?

① 토사퇴적 기능은 없다.
② 대수측만 축설하고 반수측은 채우기를 한다.
③ 규모가 작다.
④ 계류의 상류에 설치한다.

해설 사방댐은 대수면과 반수면을 모두 축조하지만, 골막이는 반수면만을 축조하고 중앙부를 낮게 하여 물이 흐르게 한다.

13. 바닥막이 시공 장소로 적합하지 않은 것은?

① 계상 굴곡부의 상류
② 합류 지점의 하류
③ 종침식과 횡침식이 발생하는 지역의 하류부
④ 계상이 낮아질 위험이 있는 곳

해설 바르게 고치면
계상 굴곡부의 하류

14. 유량이 40m³/s이고, 평균유속이 5m/s일 때 수로의 횡단면적(m²)은?

① 0.5
② 8
③ 45
④ 200

해설 수로의 횡단면적 × 평균유속 = 유량
수로의 횡단면적 × 5 =40, 수로의 횡단면적 = 8m²

15. 돌쌓기 방법으로 비교적 규격이 일정한 막깬돌이나 견치돌을 이용하며, 층을 형성하지 않기 때문에 막쌓기 라고도 하는 것은?

① 골쌓기
② 켜쌓기
③ 찰쌓기
④ 메쌓기

해설 ① 골쌓기 - 견치돌과 막깬돌 사용
② 켜쌓기 - 가로줄눈이 일직선이 되도록 마름돌을 사용
③ 찰쌓기 - 뒤채움에 콘크리트, 줄눈에 모르타르를 사용, 막깬돌 주로 사용, 1 : 0.2
④ 메쌓기 - 뒤채움이나 줄눈에 모르타르를 사용하지 않음, 1 : 0.3

16. 사방댐의 위치로 적합하지 않은 곳은?

① 횡침식으로 인한 계상 저하가 예상되는 곳
② 상류부가 넓고 댐자리가 좁은 곳
③ 본류와 지류가 합류하는 지점의 하류
④ 계상 및 양안이 견고한 암반인 곳

해설 사방댐의 시공장소
① 암반이 노출되어 침식이 방지되고 댐이 견고하게 자리 잡을 수 있는 곳
② 댐 부분이 좁고 상류부분이 넓어 많은 퇴사량을 간직할 수 있는 곳
③ 상류 계류바닥 기울기가 완만하고 두 지류가 합류 하는 곳

17. 황폐계천에서 유수에 의한 계안의 횡침식을 방지하고 산각의 안정을 도모하기 위하여 계류 흐름방향에 따라 축설하는 것은?

① 기슭막이
② 골막이
③ 바닥막이
④ 밑막이

해설 기슭막이 목적
계안의 횡침식을 방지하고 산복공작물의 기초 및 산복붕괴의 직접적인 방지 등을 목적으로 계안에 따라 설치하는 종공조물(縱工造物)

18. 1m 깊이의 하천에 수면으로부터 20cm 깊이의 유속은 1.1m/s, 60cm 깊이의 유속은 0.92m/s, 바닥의 유속은 0.64m/s이었다면, 종유속곡선이 포물선에 가까울 때 이 수로의 평균 유속(m/s) 은?

① 0.64
② 0.89
③ 0.92
④ 1.10

해설 종유속곡선이 포물선에 가까울 때 이 수로의 평균유속 (m/s)은 수면의 60% 지점의 유속이므로 0.92가 된다.

정답 13. ① 14. ② 15. ① 16. ① 17. ① 18. ③

19. 산비탈면 비탈다듬기공사에 대한 설명으로 옳지 않은 것은?

① 수정기울기는 대체로 최대 35° 전후로 한다.
② 공사는 산 아래부터 시작하여 산꼭대기로 진행한다.
③ 붕괴면 주변의 상부는 충분히 끊어내도록 설계한다.
④ 퇴적층의 두께가 3m 이상일 때에는 땅속 흙막이 공작물을 설계한다.

[해설] 바르게 고치면
산비탈면 비탈다듬기공사는 산 위에서부터 시작하여 산 밑으로 진행한다.

20. 해안사방에서 조기에 수림화를 유도하기 위해 밀식하는 경우 1ha당 가장 적당한 본수는 얼마인가?

① 상층 2,000본, 하층 5,000본
② 상층 2,500본, 하층 6,000본
③ 상층 2,500본, 하층 3,000본
④ 상층 2,500본, 하층 4,000본

[해설] 해안사방의 표준식재본수는 10,000본/ha 정도가 적당하다. (근사치 값 적용)

1. 해안사방 조림용으로 일반적으로 사용되지 않는 수종은?

① 사시나무   ② 자귀나무
③ 느티나무   ④ 아까시나무

해설 느티나무는 조경수로 사용된다.

2. 다음 중 침식의 성질이 다른 것은?

① 가속침식   ② 자연침식
③ 정상침식   ④ 지질학적 침식

해설 • 가속침식 : 사방의 대상이 되는 침식
    • 정상침식, 자연침식, 지질학적침식 : 자연적인 지표의 풍화 상태

3. 사방녹화용 재래 초본식물은?

① 겨이삭   ② 오리새
③ 매듭풀   ④ 지팽이풀

해설 재래초종
    ① 새류 : 새, 솔새, 개솔새, 잔디, 참억새, 기름새
    ② 콩과식물 : 비수리, 칡, 차풀, 매듭풀, 김의털

4. 해안사방의 기본 공종에서 사구(모래언덕) 조성을 위한 공법으로 옳지 않은 것은?

① 파도막이   ② 모래덮기공법
③ 퇴사울타리공법   ④ 정사울세우기공법

해설 정사울세우기공법−식재목이 잘 생육하도록 하는 공법

5. 유수의 교란성에 의한 상향하는 속도 성분에 의하여 유로단면상에서 운반되는 토사로 옳은 것은?

① 소류사
② 전동사
③ 도동사
④ 부유사

해설 부유사
    하천이나 해안에서 물의 흐름이나 파랑에 의해 저면으로부터 부상하여 이동되는 가는 입경의 토사

6. 땅깎기 비탈면의 안정과 녹화를 위한 적용공법에 관한 설명으로 옳지 않은 것은?

① 경암 비탈면은 풍화·낙석 우려가 많으므로 부분 객토식생공법이 적절하다.
② 점질성 비탈면은 표면침식에 약하고 동상·붕락이 많으므로 떼붙이기공법이 적절하다.
③ 자갈이 많은 비탈면은 모래가 유실 후 요철면이 생기기 쉬우므로 떼붙이기보다 분사파종공법이 좋다.
④ 모래층 비탈면은 절토공사 직후에는 단단한 편이나 건조해지면 붕락되기 쉬우므로 전면적 객토를 요한다.

해설 경암비탈면은 비탈경사가 급하므로 객토가 부적절하다.

7. 유역면적이 30ha이고 최대시우량이 60mm/h인 유역을 대상으로 시우량법에 의한 최대홍수유량(m³/s)은?(단, 유거계수는 0.8로 한다.)

① 0.4   ② 1.4
③ 2.0   ④ 4.0

해설 Q(최대홍수량)

$$= \frac{0.8 \times \left(300,000 \times \dfrac{60}{1,000}\right)}{60 \times 60} = 4.0$$

정답   1. ③   2. ①   3. ③   4. ④   5. ④   6. ①   7. ④

8. 다음 중 비탈면녹화공법에 해당하지 않는 것은?

① 조공
② 사초심기
③ 비탈덮기
④ 선떼붙이기

해설 사초심기-해안사방공법

9. 산사태와 비교하였을 때 땅밀림에 대한 설명으로 옳지 않은 것은?

① 이동속도가 빠르다.
② 지하수의 영향이 크다.
③ 완경사면에서 주로 발생한다.
④ 주로 점성토가 미끄럼면으로 활동한다.

해설 땅밀림은 이동속도가 느리다.

10. 정사울타리를 설치할 때 표준높이로 옳은 것은?

① 0.5~0.7m
② 1.0~1.2m
③ 2.0~2.2m
④ 2.5~2.7m

해설 정사울타리 높이는 1.0~1.2m 표준으로 하고, 20cm 정도를 모래 속에 묻어야 한다.

11. 계간사방의 공법으로 짝지어진 것은?

① 흙막이, 바닥막이
② 기슭막이, 누구막이
③ 누구막이, 흙막이
④ 바닥막이, 기슭막이

해설 누구막이, 기슭막이 : 산복사방의 공법

12. 계간사방공사의 시공목적으로 옳지 않은 것은?

① 유송토사 억제 및 조정
② 계류의 수질정화와 산사태 대비
③ 산각의 고정과 산복의 붕괴방지
④ 계상물매를 완화하여 계류의 침식방지

해설 계간사방공사의 시공목적
 • 유송토사 억제 및 조성
 • 산각의 고정과 산복의 붕괴방지
 • 계상물매를 완화하여 계류의 침식방지

13. 토사유과구역에 대한 설명으로 맞지 않는 것은?

① 토사생산구역에 접속된 구역이다.
② 침식이나 퇴적이 비교적 적다.
③ 보통 선상지(扇狀地)를 형성한다.
④ 중립지대 또는 무작용지대 등으로 불린다.

해설 황폐계류유역은 토사생산구역, 토사유과구역, 토사퇴적구역

14. 중력댐의 안정조건으로 거리가 먼 것은?

① 전도에 대한 안정
② 활동에 대한 안정
③ 홍수에 대한 안정
④ 기초지반의 지지력에 대한 안정

해설 중력댐의 안정조건
 전도에 대한 안정, 활동에 대한 안정, 제체의 파괴의 대한 인정, 기초지반의 지지력에 대한 안정

15. 산복사방에서 비탈다듬기로 생긴 토사의 활동을 방지하기 위해 설치하는 것은?

① 누구막이
② 선떼붙이기
③ 땅속흙막이공작물
④ 사방댐

해설 땅속흙막이공작물
 비탈다듬기로 생긴 토사의 활동을 저지하는 공작물

정답 8. ② 9. ① 10. ② 11. ④ 12. ② 13. ③ 14. ③ 15. ③

16. 해안의 모래언덕 발달순서로 옳은 것은?

① 치올린 모래언덕 → 반월사구 → 설상사구
② 반월사구 → 설상사구 → 치올린 모래언덕
③ 치올린 모래언덕 → 설상사구 → 반월사구
④ 반월사구 → 치올린 모래언덕 → 설상사구

해설 해안의 모래언덕 발달순서
치올린 모래언덕 → 설상사구 → 반월사구

17. 돌골막이의 축설 요령에 대한 설명으로 틀린 것은?

① 쌓기 비탈물매는 1 : 0.3으로 한다.
② 길이 4~5m, 높이 2m 이내로 축설한다.
③ 사방댐과는 달리 대수측만을 설치한다.
④ 축설방향은 상류의 유심에 대하여 직각이 되도록 한다.

해설 바르게 고치면
골막이는 반수면만 설치한다.

18. 등산로 및 주변 환경 훼손상태에 따른 관리대책으로 옳지 않은 것은?

① 등산로의 경미한 물리적 변화가 발생한 경우 현 이용 수준이 유지될 수 있도록 한다.
② 등산로의 표토층 훼손이 시작되면 등산객의 순환코스 이용을 유도하여 훼손 확산을 방지한다.
③ 등산로의 토양침식이 발생하여 지피식생이 고사하는 경우 식생복구 작업을 실시한다.
④ 등산로 황폐화가 가속되어 수목의 뿌리가 노출된 경우 나지에 표토 흙을 채워 자연회복되도록 한다.

해설 등산로 황폐화는 자연회복보다는 인공적인 회복이 필요하다.

19. 붕괴 현황조사에서 중요시하는 붕괴의 3요소에 해당되지 않는 것은?

① 붕괴 위치   ② 붕괴 면적
③ 붕괴 평균 깊이   ④ 붕괴 평균 경사각

해설 붕괴의 3요소
붕괴 평균 경사각, 붕괴 면적, 붕괴 평균 깊이

20. 비탈면 안정평가를 위해 안전율을 계산하는 방법으로 옳은 것은?

① 비탈의 활동면에 대한 흙의 압축응력을 현재의 전단강도로 나눈 값
② 비탈의 활동면에 대한 흙의 전단응력을 현재의 전단강도로 나눈 값
③ 비탈의 활동면에 대한 흙의 압축강도를 현재의 압축응력으로 나눈 값
④ 비탈의 활동면에 대한 흙의 전단강도를 현재의 전단응력으로 나눈 값

해설 안전율$= \dfrac{흙의 \ 전단강도}{실제하중(허용응력, 실제응력)}$

1. 녹화파종공법을 시행할 때 파종량의 산출에 대하여 바르게 설명한 것은?

① 파종량의 결정은 발아율과 비례관계에 있다.
② 파종량의 결정은 순량률과 비례관계에 있다.
③ 파종량의 결정은 평균입수와 비례관계에 있다.
④ 파종량의 결정은 발생기대본수와 비례관계에 있다.

해설 녹화파종공법시 파종량은 발생기대본수에 비례관계를 가진다.

2. 지표면 유출현상이 계속적으로 일어나 소규모의 물줄기에 의한 흐름 때문에 생기는 토사이동현상으로 옳은 것은?

① 구곡침식   ② 면상침식
③ 우적침식   ④ 누구침식

해설 소규모 물길은 누구침식의 단계이다.

3. 폐탄광지 복구를 위한 공법으로 부적합한 것은?

① 바자얽기   ② 돌조공법
③ 산비탈돌쌓기   ④ 기슭막이공법

해설 기슭막이공법은 계간의 산비탈부분의 공법이다.

4. 유역면적이 10,000m²이고, 최대시 우량이 150mm/hr일 때 임상이 좋은 산림지역에서의 유량은 약 얼마인가?(단, 유거계수는 0.35이다)

① 0.146m³/sec   ② 1.458m³/sec
③ 14.58m³/sec   ④ 145.8m³/sec

해설 유량$= \dfrac{0.35 \times 10,000 \times \dfrac{150}{1,000}}{3,600} = 0.146$m³/sec

5. 선떼붙이기에서 발디딤의 설치 목적으로 옳지 않은 것은?

① 작업용 흙을 쌓아 놓기 위해
② 공작물의 파괴를 방지하기 위해
③ 바닥떼의 활착을 조장하기 위해
④ 작업자들이 밟고 서서 작업하기 위해

해설 발디딤 설치 목적
     공작물의 파괴를 방지거나, 바닥떼의 파괴를 방지하고 작업자들이 밟고 서서 작업하기 위해 설치한다.

6. 설상사구에 대한 설명으로 옳은 것은?

① 주로 파도막이 뒤에 형성되는 모래언덕이다.
② 모래가 정선부에 퇴적하여 얕은 모래둑을 형성한다.
③ 혀 모양의 형태로 모래가 쌓인 후 반달 모양으로 형태가 바뀐 것이다.
④ 치올린 언덕의 모래가 비산하여 내륙으로 이동하면서 진로상 수목이나 사초가 있을 때 형성된다.

해설 모래언덕의 구분
     ① 치올린 모래언덕 : 불어오는 파도에 의해 모래가 퇴적하여 얕은 모래둑을 형성
     ② 설상사구 : 치올린 언덕의 모래가 비산하여 내륙으로 이용되는데, 이때 방해물이 있으면 방해물 뒤편에 합류하여 혀 모양의 모래언덕이 형성
     ③ 반월사구 : 설상사구의 바람이 모래를 수평으로 이동시켜 양쪽에 반달모양의 날개 모양을 형성한다.

7. 빗물에 의한 침식의 발생 순서로 올바른 것은?

① 우격침식-면상침식-구곡침식-누구침식
② 우격침식-구곡침식-면상침식-누구침식
③ 우격침식-누구침식-면상침식-구곡침식
④ 우격침식-면상침식-누구침식-구곡침식

해설 빗물침식순서
     우격침식-면상침식-누구침식-구곡침식

정답   1. ④   2. ④   3. ④   4. ①   5. ①   6. ④   7. ④

8. 산사태 및 산붕과 비교한 땅밀림 침식의 설명으로 옳지 않은 것은?

① 침식의 규모가 1~100ha로 넓은 편이다.
② 5~20° 이상의 완경사지에서 발생한다.
③ 주로 사질토로 된 곳에서 많이 발생한다.
④ 침식의 이동속도가 10m/day 이하로 일반적으로 느리다.

해설 산사태 및 산붕은 사질토에서 주로 발생한다.

9. 돌골막이의 돌쌓기를 실시할 때 길이는 일반적으로 얼마인가?

① 0~1m   ② 2~3m
③ 4~5m   ④ 6~7m

해설 돌골막이의 크기는 길이 4~5m, 높이 2m 이내로 축설한다.

10. 채광지 복구 공법으로 가장 부적당한 것은?

① 파종공법   ② 편책공법
③ 모래덮기공법   ④ 기초옹벽식 돌쌓기

해설 모래덮기공법 : 해안사방공법

11. 해안사방에서 사초심기공법에 관한 설명으로 옳지 않은 것은?

① 망구획 크기는 1m×1m 구획으로 내부에도 사이심기를 한다.
② 식재사초는 모래의 퇴적으로 잘 말라죽지 않는 수종으로 선택한다.
③ 다발심기는 사초 4~8포기를 한다발로 만들어 30~50cm 간격으로 심는다.
④ 줄심기는 1~2주를 1열로 하여 주간거리 4~5cm, 열간거리 30~40cm가 되도록 심는다.

해설 망구획 크기는 2m×2m 구획으로 내부에도 사이심기를 한다.

12. 단면 A의 면적은 180m², 단면 B의 면적은 600m²이고 양단면 사이의 거리가 20m이면 양단면적 평균법을 이용한 토량(m³)은?

① 7,800
② 8,600
③ 9,400
④ 12,600

해설 $\dfrac{180+600}{2}\times20=7,800\,\text{m}^3$

13. 산지 수로공에서 수로의 경사가 30도, 경심이 1.0m, 유속계수가 0.5였을 때 Chezy의 평균유속공식에 의한 유속은 약 얼마인가?

① 0.10m/s   ② 0.21m/s
③ 0.27m/s   ④ 0.38m/s

해설 Chezy 공식
평균유속(V)=유속계수(C)×$\sqrt{경심(R)}$×유로의 물매(%)
0.5×$\sqrt{1.0}$×(경사30도→약 58%=0.58) =0.38m/s

14. 강우시의 침투능에 대한 설명으로 틀린 것은?

① 나지보다 경작지의 침투능이 더 크다.
② 초지보다 산림지의 침투능이 더 크다.
③ 침엽수림이 활엽수림보다 침투능이 더 크다.
④ 시간이 지속되면 점점 작아지다가 일정한 값이 된다.

해설 ① 침투능 : 어느 주어진 조건하에 어떤 토양면을 통하여 물이 침투할 수 있는 최대율로 mm/hr로 표시
② 침엽수림 토양면은 밀집하므로 활엽수림이 침수능이 더 크다.

정답   8. ③   9. ③   10. ③   11. ①   12. ①   13. ④   14. ③

15. 시멘트에 대한 설명으로 옳지 않은 것은?

① 시멘트를 제조할 때 석고를 넣으면 급결성이 된다.
② 조기에 강도를 내기 위하여 염화칼슘을 쓰기도 한다.
③ 시멘트는 분말도가 높을수록 내구성이 약해지기 쉬우므로 주의해야 한다.
④ 일반적으로 포틀랜드시멘트는 수경성이고 강도가 크며, 비중은 대체로 3.05~3.15이다.

해설 탄산칼슘이나 탄산나트륨을 넣으면 급결성이 되고, 석고를 넣으면 완결성이 된다.

16. 비탈면의 토질이 대단히 혼효성으로 복잡하거나, 마사토로 구성되어 취약하거나, 지하수의 용출·누수에 의한 침식이 심한 곳에 적용하면 좋은 공법으로 현장에서 직접 거푸집을 설치하여 콘크리트치기하는 공법은?

① 숏크리트 공법
② 힘줄박기 공법
③ 격자틀붙이기 공법
④ 콘크리트블록쌓기 공법

해설 힘줄박기 공법
비탈면에 직접 거푸집을 설치하여 콘크리트치기를 하여 힘줄을 만들고 그 안을 작은 돌과 흙으로 채우고 녹화하는 방법

17. 수제(水劑)의 간격은 일반적으로 수제 길이의 몇 배로 하는가?

① 0.25~0.50
② 0.50~1.25
③ 1.25~4.50
④ 4.50~8.25

해설 수제의 간격은 수제 길이의 1.25~4.5배로 한다.

18. 암석산지나 노출된 암벽의 녹화용 공법(새집공법)으로 주로 사용되는 수종이 아닌 것은?

① 회양목
② 개나리
③ 버드나무
④ 노간주나무

해설 버드나무는 하천 등의 복원공사 사용되는 수종이다.

19. 콘크리트를 비빌 때 첨가하는 재료로 시멘트를 절약하고 콘크리트 성질을 개선하는 것으로 사용량이 비교적 많은 것은 무엇인가?

① 석고
② 혼화재
③ 탄산나트륨
④ 경화촉진제

해설 혼화재
혼화재료중 사용량이 비교적 많아서 그 자체의 부피가 콘크리트의 배합계산에 관계되는 혼화재료. 플라이애시, 고로슬래그, 미분말 포졸란 등이 이에 해당한다.

20. 황폐 계천 사방공작물 중 토사퇴적구역에 주로 시공하는 거은?

① 사방댐
② 식생공법
③ 모래막이
④ 바자얽기

해설 모래막이
토사퇴적구역은 선상지와 모래내를 형성되는 경우가 많아 모래막이 공작물이 적정하며, 종류에는 자루형, 주격형, 위형, 반주격형 등이 있다.

정답 15. ① 16. ② 17. ③ 18. ③ 19. ② 20. ③

7개년 기출문제

학습전략

핵심이론 학습 후 핵심기출문제를 풀어봄으로써 내용 다지기와 더불어 시험에서
실전감각을 키울 수 있도록 하였고, 왜 정답인지를 문제해설을 통해 바로 확인
할 수 있도록 하였습니다.

이후, 산림산업기사에 출제되었던 최근 7개년 기출문제를 풀어봄으로써 스스로를
진단하면서 필기합격을 위한 실전연습이 될 수 있도록 하였습니다.

1회

1회독 □ 2회독 □ 3회독 □

1. 임도설계에서 교각법에 의하여 단곡선 설정 시 내각이 90°, 곡선반경이 500m이면, 접선길이는?

① 100m   ② 250m
③ 500m   ④ 1,000m

해설 접선길이

  ① $TL = R \cdot \tan\left(\dfrac{\theta}{2}\right) = 500 \times \tan\left(\dfrac{180 - 90}{2}\right)$
         $= 500 \times \tan 45 = 500\text{m}$

  ② 교각 θ = 180 − 내각

2. 적정 임도밀도가 25m/h인 산림에서 도로 양쪽에서 임목을 집재한다면 이지역의 평균집재거리는?

① 25m   ② 50m
③ 100m   ④ 200m

해설 ① 임도간격 : $\dfrac{10,000}{25}$ = 400m

  ② 임도간 평균거리 : $\dfrac{400}{2}$ = 200m (집재최대거리)

  ③ 집재평균거리 : $\dfrac{200}{2}$ = 100m

3. 사방댐 중에서 흙댐의 경우 댐 높이가 10m일 때 댐마루 너비는?

① 2m   ② 2.5m
③ 3m   ④ 3.5m

해설 댐 마루 너비 $= \left(\dfrac{\text{댐높이}}{5}\right) + 1.5$

                $= \dfrac{10}{5} + 1.5 = 3.5$

4. 임도를 설계할 때 필요 없는 도면은?

① 평면도   ② 측면도
③ 종단면도   ④ 횡단면도

해설 임도 설계시 필요한 도면
     평면도, 종단면도, 횡단면도, 구조물설계도, 표준도, 전개도, 용지도, 위치도

5. 벌목작업 시 수구를 만드는 방향은?

① 계곡 쪽   ② 임도가 있는 쪽
③ 작업자가 있는 쪽   ④ 벌도목이 넘어지는 쪽

해설 수구와 추구
     ① 수구 : 방향베기, 벌도목이 넘어지고자 하는 방향
     ② 추구 : 따라베기, 벌도목이 넘어지고자 하는 반대 방향

6. 임도의 선형설계에서의 제약요소로 가장 거리가 먼 것은?

① 기상조건의 제약
② 시공상에서의 제약
③ 지질, 지형에서의 제약
④ 사업비, 유지관리비 등에서의 제약

해설 임도의 선형설계의 제약조건
     자연환경의 보존, 국토보전 상의 제약, 지질·지형·지물 등에 의한 시공 상의 제약, 사업비 유지관리비 등에 의한 제약

7. 트랙터 주행장치의 유형에서 타이어방식과 비교한 크롤러 바퀴방식의 특징으로 옳지 않은 것은?

① 기동력이 높다.
② 회전 반지름이 작다.
③ 가격이 고가이고, 수리 유지비가 많이 소요된다.
④ 견인력과 접지면적이 커서 험준한 지형에서도 주행성이 양호하다.

해설 바르게 고치면
     크롤러 바퀴방식(캐터필러·무한궤도)은 기동력이 낮다.

정답   1. ③   2. ②   3. ③   4. ②   5. ①   6. ②   7. ④

8. 비탈면 녹화에 사용하는 사방용 초본류 중 재래종이 아닌 것은?

① 김의털 ② 오리새
③ 제비쑥 ④ 까치수영

해설 • 재래 초종 : 새, 솔새, 개솔새, 잔디, 참억새, 수크령, 김의털, 그늘사초, 매듭풀, 제비쑥, 까치수영 등
• 오리새 : orchard grass, 유럽과 서아시아 원산, 목초로서 미국을 통해 들어왔으나 들로 번식되었다.

9. 비탈안정공법에 해당되지 않는 것은?

① 자연석쌓기 ② 격자틀붙이기
③ 비탈힘줄박기 ④ 종비토뿜어붙이기

해설 종비토뿜어붙이기 – 비탈녹화공법

10. 반송기를 사용하는 장비는?

① 체인톱 ② 예불기
③ 펠러번처 ④ 타워야더

해설 반송기
삭도집재기(타워야더) 원목을 집재할 때 가공 본줄에 원목을 달고 가공본줄 위를 주행하는 역할을 하며 2~4개의 주행용 도르래가 부착되어 있다. 반송기가 중간지지대를 통과 할 수 있는 구조로 탈선 방지 장치가 부착되어 있다.

11. 산지사방 기초공사에 해당되지 않는 것은?

① 바자얽기 ② 누구막이
③ 비탈다듬기 ④ 땅속흙막이

해설 바자얽기 – 녹화공사

12. 외래 초본류를 도입하여 사용하는 파종공법에 대한 설명으로 옳지 않은 것은?

① 재래 초본류를 혼합하여 사용하지 않는다.
② 일반적으로 발아가 빠르고 조기에 피복한다.
③ 생육이 왕성하여 뿌리의 자람이 좋은 편이다.
④ 지표의 유기물질을 집적하여 토양의 성질을 개선해 준다.

해설 바르게 고치면
외래 초본류와 재래 초본류를 혼합하여 사용한다.

13. 임도의 유지·보수에 대한 설명으로 옳지 않은 것은?

① 작업임도에 대해서도 관리를 하여야 한다.
② 지선임도는 유지보수 관리 대상이 아니다.
③ 결함이 있을 때에는 보수공사를 하여야 한다.
④ 수시점검, 일상점검, 정기점검, 긴급점검 등이 있다.

해설 지선임도도 유지보수 관리 대상이다.

14. 다음 괄호 안에 들어갈 용어가 아닌 것은?

> 노면의 종단기울기가 8%를 초과하는 사질토양 또는 점토질토양인 구간과 종단기울기가 8% 이하인 구간으로서 지반이 약하고 습한 구간에는 (   )·(   )을(를) 부설하거나 (   ) 등으로 포장한다.

① 섶
② 쇄석
③ 자갈
④ 콘크리트

정답 8. ② 9. ④ 10. ④ 11. ① 12. ① 13. ② 14. ①

해설 쇄석 · 자갈을 부설하거나 콘크리트로 포장
① 노면의 종단기울기가 8퍼센트를 초과하는 사질토양,
점토질 토양인 구간
② 종단기울기가 8퍼센트 이하인 구간으로서 지반이 약
하고 습한 구간

15. 임도망 편성에 있어 설치 위치별 분류에 해당되지 않는
것은?

① 계곡임도
② 사면임도
③ 임연임도
④ 능선임도

해설 설치 위치별 임도망의 형태
계곡임도, 사면임도, 능선임도, 산정부 개발형, 계곡분지의
개발형, 반대편 능선부 개발형

16. 임도설치 관련 규정에 의한 임도의 종류에 포함되
지 않은 것은?

① 사설임도
② 공설임도
③ 단체임도
④ 테마임도

해설 임도설치 및 관리 등에 관한 규정에 의한 임도의 종류
① 국유임도 : 국가가 설치하는 임도
② 공설임도 : 지방자치단체가 설치하는 임도
③ 사설임도 : 산림소유자 또는 산림을 경영하는 자(국유
림에 분수림을 설정한 자를 포함한다)가 자기 부담으로
설치하는 임도
④ 테마임도 : 산림관리기반시설로서의 기능을 유지하면
서 특정주제(산림 문화 · 휴양 · 레포츠 등)로 널리 이
용되고 있거나 이용될 가능성이 높은 임도

17. 해안사지 조림용 수종의 구비조건으로 거리가 먼 것은?

① 바람에 대한 저항력이 클 것
② 양분과 수분에 대한 요구가 클 것
③ 온도의 급격한 변화에도 잘 견디어 낼 것
④ 울폐력이 좋고 낙엽, 낙지 등에 의하여 지력을 증진시
킬 수 있을 것

해설 바르게 고치면
건조하고 척박한 곳에 잘 견딜 것

18. 밑판, 종자, 표면덮개의 3부분으로 구성된 녹화용
피복자재는?

① 식생대
② 식생반
③ 식생자루
④ 식생매트

해설 식생반
① 뜬떼 대용품으로 밑판, 종자, 표면덮개 등으로 구성
② 종자가 유출하지 않고, 토사의 유실 방지력이 크다.
③ 동상의 피해가 방지되고, 비교적 시공비가 저렴하다.

19. 와이어로프의 폐기기준으로 옳지 않은 것은?

① 킹크상태인 것
② 현저하게 변형된 것
③ 와이이로프 소선이 10% 이상 절단된 것
④ 마모에 의한 직경감소가 공칭직경의 10%를 초과하
는 것

해설 와이어로프 폐기기준
① 와이어로프 1피치사이에 와이어 소선의 단선수가
1/10 이상인 것
② 마모에 의한 와이어로프의 지름의 감소가 공칭지름의 7%
를 초과하는 것
③ 그밖의 킹크된 것, 현저히 변형, 부식된 것

정답 15. ③ 16. ③ 17. ② 18. ② 19. ④

20. 사방댐에서 일반적으로 가장 많이 사용되는 댐마루의 형상은?(단, 그림에서 빗금 부분이 사방댐임)

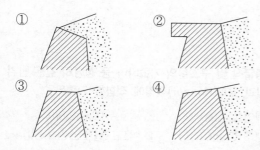

해설 ① 하류의 모서리각이 손상이 우려된다.
　　 ② 돌출부가 손상될 수 있다.
　　 ④ 댐의 상류수로와 접속하는 경우 적용한다.

2회

1회독 □ 2회독 □ 3회독 □

1. 방위가 S49°10W일 때의 방위각은?

① 130°50   ② 229°10

③ 310°50   ④ 49°10

해설 방위각 = 180° + 49°10 = 229°10

2. 벌목 운재계획을 위한 예비조사가 아닌 것은?

① 임황 및 지황조사
② 반출방법에 대한 조사
③ 벌목구역의 개황조사
④ 기존 실행결과에 의한 조사

해설 임황 및 지황조사
    경영계획에서의 조사인자

3. 겨울에 산림수확작업을 수행하는 경우 장점으로 옳지 않은 것은?

① 잔존 임분에 대한 영향이 적다.
② 해충과 균류에 의한 피해가 적다.
③ 작업원 안전사고가 적게 발생한다.
④ 수액 정지기간에 작업하므로 양질의 목재를 수확할 수 있다.

해설 겨울에는 작업원의 안전사고가 많이 발생한다.

4. 임도 식생사면의 유지보수에 대한 설명으로 옳지 않은 것은?

① 사면으로 직접 물이 흐르도록 배수시설을 설치한다.
② 강수량이 일시 집중적인 곳에는 붕괴에 대비하여야 한다.
③ 나무가 너무 커서 넘어질 경우 비탈면 붕괴가 되지 않도록 관리한다.
④ 떼붙임을 한 사면은 주기적으로 풀베기를 실시하여 다른 식물의 생장을 막아 주어야 한다.

해설 바르게 고치면
    부득이한 경우가 아니면 사면으로 우회하여 돌림수로를 설치한다.

5. 수중굴착 및 구조물의 기초바닥 등 상당히 깊은 범위의 굴착과 호퍼(Hopper)작업에 적합한 기종은?

① 크레인(Crane)   ② 백호우(Backhoe)
③ 클렘셸(Clamshell)   ④ 어드드릴(Earth Drill)

해설 클렘셸
    수중굴착 및 구조물의 기초바닥 등 상당히 깊은 범위의 굴착과 호퍼(Hopper)작업에 적합한 기종

6. 임도 설계 시 곡선설치를 생략하는 기준은?

① 내각이 140° 이상   ② 내각이 145° 이상
③ 내각이 150° 이상   ④ 내각이 155° 이상

해설 곡선부 중심선 반지름
    단, 내각이 155° 이상 되는 장소에 대하여는 곡선을 설치하지 않을 수 있다.

설계속도 (km/시간)	최소곡선반지름(미터)	
	일반지형	특수지형
40	60	40
30	30	20
20	15	12

7. 암반 비탈면 녹화에 주로 사용하는 공법이 아닌 것은?

① 새집 공법   ② 피복녹화 공법
③ 선떼붙이기 공법   ④ 덩굴받침망 설치 공법

해설 선떼붙이기 공법
    흙 비탈면에 적용

정답   1. ②   2. ①   3. ③   4. ①   5. ③   6. ④   7. ③

8. 사방댐의 방수로 크기를 결정하는 주요 요인이 아닌 것은?

① 강수량 　　　② 집수면적
③ 댐의 종류 　　④ 상류 하상의 상태

[해설] 사방댐의 방수로 크기를 결정하 요인
　　　집수면적, 강수량, 산복의 경사, 산림의 상태 및 황폐상황 등

9. 다음 석재 중 압축강도가 가장 큰 것은?

① 사암 　　　　② 화강암
③ 안산암 　　　④ 석회암

[해설] 화강암의 압축강도는 1450 ~ 2000kgf/cm²로 다른 석재 들보다 크다.

10. 습한 지대에서 임도의 노면이 가라앉는 것을 막기 위 하여 만드는 것은?

① 자갈길 　　　② 흙모랫길
③ 부순돌길 　　④ 통나무길

[해설] 자갈길, 흙모랫길, 부순돌길은 습한 지대에서 임도가 가라 앉으므로 통나무길을 만든다.

11. 산지사방 식재용 수종의 요구조건으로 가장 부적절 한 것은?

① 토양개량 효과가 기대될 것
② 뿌리 발육이 천천히 진행될 것
③ 생장력이 왕성하여 잘 번성할 것
④ 묘목의 생산비가 적게 들고 대량생산이 가능할 것

[해설] 바르게 고치면
　　　뿌리 발육이 빠르게 진행되어야 할 것

12. 주로 사면기울기가 1:1보다 완만한 곳에 흙이 털어지지 않은 온떼를 사용하여 전면녹화를 목적으로 시공하는 산지 사방 녹화공법은?

① 띠떼심기
② 줄떼다지기
③ 선떼붙이기
④ 평떼붙이기

[해설] 전면붙이기
　　　평떼붙이기 공법

13. 평판을 설치할 때 만족되어야 하는 필수조건이 아 닌 것은?

① 표정
② 치심
③ 정준
④ 방위

[해설] 평판 측량의 3요소

정준 (정치)	평판이 수평이 되도록 하는 것
치심(구심)	도상의 측점과 지상의 측점을 일치시키는 것
표정	평판을 일정한 방향에 따라 고정시키는 작업

14. 비탈면 녹화용 피복자재에 해당하지 않는 것은?

① 그라우트
② 볏집거적
③ 쥬트네트
④ 코이어네트

[해설] 그라우트
　　　누수방지 공사나 토질안정 등을 위하여 지반의 갈라진 틈 이나 공동 등에 충전재를 주입하는 작업

15. 다음 조건에서 임도 설계 시 적용하는 곡선 반지름으로 가장 적합한 것은?

> • 설계속도 : 40km/h
> • 노면의 외쪽기울기 : 6%
> • 일반지형에서 가로미끄럼에 대한 노면과 타이어의 마찰계수 : 0.15

① 50m   ② 60m
③ 70m   ④ 80m

해설 곡선 반지름 $= \dfrac{설계속도(40^2)}{127 \times (0.15 + 0.06)} = 60m$

16. 임도의 합성기울기를 10%로 설정하려 할 때 외쪽기울기가 6%라면 종단기울기는?

① 8%   ② 10%
③ 12%   ④ 14%

해설 임도의 합성기울기(10%) $= \sqrt{6^2 + X^2}$
$100 = 6^2 + X^2$
$X^2 = 100 - 36 = 64$
$X = 8\%$

17. 옆도랑과 길어깨를 제외한 임도의 구조는?

① 대피소   ② 유효너비
③ 도로너비   ④ 합성기울기

해설 유효너비 + 길어깨 + 옆도랑 = 임도의 횡단구조

18. 체인톱의 쏘체인 규격은 무엇으로 구분하는가?

① 피치   ② 중량
③ 배기량   ④ 엔진출력

해설 체인의 규격
피치는 서로 접해있는 3개의 리벳간격을 2로 나눈 값을 인치로 나타낸 것

19. 기슭막이에 대한 설명으로 옳지 않은 것은?

① 황폐계천에서 유수에 의한 계안의 횡침식을 방지하기 위해 설치한다.
② 유로의 만곡에 의하여 물의 충격을 받거나 붕괴 위험성이 있는 계천변이에 설치한다.
③ 계류의 둑쌓기 구간 내에 시공할 경우 둑쌓기 계획비탈 기울기와 동일한 기울기로 계획한다.
④ 침식이 심하고 유수의 충돌이 심한 곳에서는 통나무 기슭막이나 바자기슭막이를 적용한다.

해설 바르게 고치면
침식이 심하고 유수의 충돌이 심한 곳에서는 콘크리트기슭막이를 적용한다.

20. 다음 그림에서 수제의 설치위치로 가장 적당한 것은?

① 가, 다   ② 나, 다
③ 나, 라   ④ 다, 라

해설 '나'와 '라'는 의 침식이 심한 곳으로 유심의 방향을 변경시키는 수제가 설치되어야 한다.

1. 돌쌓기에서 모르타르나 콘크리트를 사용하는 것은?

① 메쌓기 ② 찰쌓기
③ 골쌓기 ④ 켜쌓기

해설 • 메쌓기 – 몰탈을 사용하지 않고 쌓는 것
 • 찰쌓기 – 몰탈이나 콘크리트를 사용하여 쌓는 것
 • 켜쌓기(바른층쌓기) – 각층의 가로 줄눈이 직선이 되게 쌓는 방식
 • 골쌓기 – 줄눈을 파상으로 불규칙하게 쌓는 방식

2. 삭도운재방법에 대한 설명으로 옳지 않은 것은?

① 대량운반이 용이하다.
② 임지 훼손을 최소화할 수 있다.
③ 험준한 지형에서도 설치가 가능하다.
④ 지정된 장소에서만 적재 및 하역이 가능하다.

해설 바르게 고치면
 삭도운재는 한 번에 일정한 양의 운반이 가능하다.

3. 목재의 충해와 균해를 방지(예방)하고, 장기간 보존하기 위하여 주로 사용되는 저목방법은?

① 수중저목 ② 최종저목
③ 중계저목 ④ 산지저목

해설 수중저목
 ① 저목장 : 대규모 시설을 갖추고 장기간에 걸쳐서 저목하는 집재장
 ② 수중저목
 • 목재를 물 속에 저목하여 주로 충해 및 균해를 방제하고, 목재를 장기간 보존하기 위하여 설치된 저목장
 • 수중저목장의 수심은 2~5m의 도랑과, 반입 및 반출을 위한 수로가 있다.
 • 육상저목장과 같이 목재를 높게 적재할 수 없으므로 저재량은 1ha당 약 3,000m³이 표준이다.

4. 시멘트에 탄산나트륨이나 탄산칼슘을 넣으면 어떻게 되는가?

① 빨리 굳는다. ② 동해에 강하다.
③ 느리게 굳는다. ④ 방수효과가 있다.

해설 탄산나트륨이나 탄산칼슘 – 응결·경화촉진제

5. 앞면·길이·뒷면·접촉부 및 허리치기의 치수를 특별히 맞도록 지정하여 제작한 석재는?

① 막깬돌 ② 견치돌
③ 야면석 ④ 호박돌

해설 ① 막깬돌 : 막깨낸 석재로 길이는 면의 1.5배 이상으로 하고 1개의 무게는 60kg 정도이다.
 ② 야면석 : 모가나지 않은 자연상태의 돌로 하천이나 산간에 산재하여 있는 돌로서 돌쌓기공사에 사용할 수 있는 돌로 무게100kg 정도 되는 전석이다.
 ③ 호박돌 : 직경 20~30cm 정도의 둥글넓적한 돌로, 개울산의 천연석재, 기초 잡석지정·바닥콘크리트지정 등으로 쓰임

6. 기초공사에 대한 설명으로 옳지 않은 것은?

① 전면기초는 상부구조의 전 면적을 받치는 단일슬랩의 지지층에 실려 있는 형태이다.
② 확대기초는 직접기초의 일종으로 상부구조의 하중을 확대하여 직접지반에 전달한다.
③ 직접기초는 견고한 지반 위에 기초콘크리트를 직접 시공하고 하중이 작용하도록 한다.
④ 공기케이슨기초는 큰 관과 같은 모양의 통 내부를 수중 굴착하여 침하시킨 다음 수중콘크리트를 쳐서 만든 기초이다.

해설 공기 케이슨공법
 • 케이슨의 하단에 기밀한 작업실을 만들고 압축 공기를 불어 넣어 지하수를 배제하고 굴착·콘크리트 타설 등의 작업을 하는 공법
 • 압기(壓氣)에 의한 인체의 안전 때문에 40m의 깊이가 한계

정답 1. ② 2. ① 3. ① 4. ① 5. ② 6. ④

7. 계류보전사업에서 고려되어야 할 사항이 아닌 것은?

① 계류의 분류점과 합류점은 예각이 되도록 한다.
② 상류부에는 산지사방의 계간사방공사와 연계한다.
③ 계안이나 제방으로 보호할 곳은 기슭막이 시공을 해야 한다.
④ 하류부에는 골막이 또는 사방댐을 설치하여 산각을 고정한다.

[해설] 바르게 고치면
　　　상류부에 골막이 또는 사방댐을 설치하여 산각을 고정한다.

8. 작업로망 배치형태의 이용성이 가장 높은 형태는?

① 방사형　　　　　② 단선형
③ 간선수지형　　　④ 방사복합형

[해설] 작업로망의 배치형태의 이용성
　　　수지형 〉 간선수지형 〉 간선어골형 〉 방사복합형 〉 단선형 〉 방사형

9. 임도시공에 흙쌓기는 시공 후에 시일이 경과하면 수축하여 용적이 감소되어 공사면이 어느 정도 침하된다. 이를 보완하기 위해 시공하는 것은?

① 더쌓기　　　　　② 다지기
③ 단끊기　　　　　④ 물빼기

[해설] 더쌓기(여성토)
　　　제방에서 침하량을 감안하여 미리 여분으로 더 쌓아 두는 것으로, 하천의 제방에서는 계획 높이의 10% 정도로 한다.

10. 와이어로프의 폐기기준으로 옳지 않은 것은?

① 꼬임상태인 것
② 현저하게 변형 또는 부식된 것
③ 와이어로프 소선이 10분의 1 이상 절단된 것
④ 마모에 의한 직경 감소가 공칭직경의 10%를 초과하는 것

[해설] 와이어로프 폐기기준
　　• 와이어로프 1피치사이에 와이어 소선의 단선수가 1/10 이상인 것
　　• 마모에 의한 와이어로프의 지름의 감소가 공칭지름의 7%를 초과하는것
　　• 그 밖의 킹크된 것, 현저히 변형·부식된 것

11. 아스팔트 포장작업 마무리 및 성토전압에 주로 사용하는 것은?

① 탬핑롤러
② 진동롤러
③ 타이어롤러
④ 진동콤팩터

[해설] 아스팔트는 포장
　　　타이어롤러를 사용해 마무리 성토전압

12. 임도의 종단기울기가 8%인 구간에 곡선부의 외쪽기울기를 6%로 설치할 때 합성기울기는?

① 2.0%
② 6.9%
③ 10.0%
④ 14.0%

[해설] 합성기울기 $= \sqrt{8^2 + 6^2} = 10\%$

13. 임도의 폭이 5m, 반출할 목재의 길이가 20m인 경우에 임도의 최소곡선반지름은?

① 10m　　　　　② 15m
③ 20m　　　　　④ 25m

[해설] 임도의 최소곡선 반지름 $= \dfrac{l^2}{4 \times B} = \dfrac{20^2}{4 \times 5}$

　　　　　　$= 20m$

정답　7. ④　8. ③　9. ①　10. ④　11. ③　12. ③　13. ③

14. 비탈면의 녹화를 위한 시방공사에 속하지 않는 것은?

① 조공   ② 비탈덮기
③ 바자얽기   ④ 비탈다듬기

해설 비탈다듬기공사 – 기초공사

15. 설계속도가 30km/h인 일반지형 임도의 경우에 종단기울기 설치기준은?

① 7% 이하
② 8% 이하
③ 10% 이하
④ 12% 이하

해설

설계속도 (km/시간)	종단기울기 (순기울기)	
	일반지형	특수지형
40	7% 이하	10% 이하
30	8% 이하	12% 이하
20	9% 이하	14% 이하

16. 방호책이나 가드레일 등을 노측에 설치하는 방법에 대한 설명으로 옳지 않은 것은?

① 임도의 축조한계 밖에 시설해야 한다.
② 표지와 같은 부속물은 절취 또는 성토 비탈면에 설치한다.
③ 옹벽 등에 설치하는 경우에는 기둥부분까지 마루너비를 넓힌다.
④ 축조한계와 접하여 설치하는 경우에는 기둥을 얕게 묻어 차량통행에 방해되지 않도록 한다.

해설 바르게 고치면
축조한계와 접하여 설치하는 경우에는 기둥을 깊게 묻어 차량통행에 방해되지 않도록 한다.

17. 비탈면에 자주 일어나는 침식형태로 산사태, 붕락, 포락 등에 해당하는 것은?

① 붕괴형 침식   ② 지중형 침식
③ 유동형 침식   ④ 땅밀림 침식

해설 산사태, 붕락, 포락 등 – 붕괴형 침식

18. 녹화용 피복자재가 아닌 것은?

① 식생반   ② 그라우트
③ 볏짚거적   ④ 쥬트네트

해설 그라우트
토목공사에서 누수방지 공사나 토질안정 등을 위하여 지반의 갈라진 틈·공동 등에 충전재를 주입하는 일이다.

19. 산림토양 10,000m³를 4m³ 용량의 덤프트럭으로 운반한다면 필요한 덤프트럭의 수는?(단, L = 1.25)

① 2,000대   ② 2,500대
③ 3,125대   ④ 3,425대

해설 $\dfrac{10,000\text{m}^3 \times 1.25}{4\text{m}^3} = 3,125$대

20. 사방댐 설계 시 고려하여야 할 사항으로 옳은 것은?

① 댐의 하단부에 암석층이 없어야 한다.
② 구역이 긴 구간은 계단상 댐을 설치한다.
③ 평형기울기와 홍수기울기가 같아야 한다.
④ 댐 어깨가 접하는 곳에는 점토가 있어야 한다.

해설 바르게 고치면
① 댐의 하단부에 암석층이 있어야 한다.
③ 평형기울기가 홍수기울기보다 낮다.
④ 댐 어깨가 접하는 곳에는 암반이나 토사가 있어야 한다.

정답   14. ④   15. ②   16. ④   17. ①   18. ②   19. ③   20. ②

1. 인공 수로에서 윤변이 30m이고, 유적이 15m일 때 경심은?

① 0.5m   ② 1.0m   ③ 1.5m   ④ 2.0m

해설 경심 = $\dfrac{유적}{윤변}$, $\dfrac{15}{30}$ = 0.5m

2. 산사태나 산붕의 위험성이 가장 높은 토질은?

① 점토   ② 사질토
③ 미사토   ④ 사질양토

해설

구분	산사태 및 산붕	땅밀림
토질	사질토에서 많이 발생	점성토가 미끄럼면

3. 임목수확작업 시 벌도, 가지치기, 토막내기, 조재목 마름질에 가장 적합한 기계는?

① 포워더(forwarder)   ② 하베스터(harvester)
③ 프로세서(processor) ④ 펠러번처(feller buncher)

해설 벌도, 가지치기, 토막내기, 조재목 마름질을 동시에 수행하는 고성능 장비는 하베스터이다.

4. 임도 설계서에서 예정공정표 작성 시 점검하는 사항으로 가장 거리가 먼 것은?

① 작업의 난이도   ② 계절적인 조건
③ 시방서 준수여부   ④ 기술인력 투입정도

해설 시방서와 예정 작업 공정표는 따로 작성한다.

5. 조공식 파종공법에 대한 설명으로 옳지 않은 것은?

① 사용되는 비료는 속효성 비료보다 지효성 비료가 좋다.
② 파종구에 토양과 비료를 잘 혼합한 후 체로 쳐서 사용한다.
③ 파종 후에는 잘 밟아주고 다시 약간의 흙덮기를 하여 준다.
④ 비탈면에 일정간격으로 수평계단을 설치하고 계단 안에 파종구를 설치한다.

해설 사용되는 비료는 효과가 빠른 속효성 비료가 좋다.

6. 1ha 당 적정 임도밀도가 20m일 때 집재거리는?

① 62.5m   ② 125.0m
③ 187.5m   ④ 250.0m

해설 10,000m²/20=500m/2=250m(전체거리를 상하로 나눈 절반이 집재거리임)

7. 산림의 단위 면적당 임도연장으로 나타내는 양적 지표는?

① 임도밀도   ② 산림개발도
③ 임도효율요인   ④ 평균집재거리

해설 양적지표는 임도밀도(m/ha) 이다.

8. 임도 노선의 실체 측량 시에 중심말뚝의 측점은 몇 m 간격마다 설치하는가?

① 10m   ② 20m
③ 30m   ④ 40m

해설 측점간격은 20m 이다.

정답   1. ①   2. ②   3. ②   4. ③   5. ①   6. ④   7. ①   8. ②

9. 잔골재 크기에 대한 구분 방법으로 다음 ( ) 안을 순서대로 올바르게 나열한 것은?

> 한국산업표준(KSF 2523)에서는 잔골재란 ( ) mm체를 통과하고 ( )mm체를 거의 다 통과하며 ( )mm체에 거의 남은 입상 상태의 암석

① 10, 5, 2.5 　　② 5, 2.5, 0.08
③ 10, 5, 0.08 　　④ 10, 2.5, 0.08

해설 크기가 작은 골재인 잔골재는 KSA 5101(표준체)에 규정되어 있는 10mm체를 전부 통과하고 No.4 체(5mm)를 거의 다 통과하며 No.200체(0.08mm)에 거의 다 남는 골재.

10. 해안지역의 모래언덕에 조림하는 수종으로 가장 부적합한 것은?

① 곰솔, 소나무 아까시나무 등의 수종
② 양분과 수분에 대한 요구도가 높은 수종
③ 온도의 변화와 강한 바람에 잘 견디는 수종
④ 왕성한 낙엽, 낙지 등으로 지력을 증진시키는 수종

해설 바르게 고치면
　　② 양분과 수분에 대한 요구도가 낮은 수종

11. 임도 시공에서 흙쌓기 공사에 대한 설명으로 옳지 않은 것은?

① 시공면의 침하를 고려하여 더쌓기를 실시한다.
② 흙쌓는 두께 30~50cm마다 흙다지기를 해야 한다.
③ 흙쌓기 비탈면은 줄떼다지기 등의 보호공사를 실시해야 한다.
④ 더쌓기의 두께는 기준높이의 20~25%를 표준으로 한다.

해설 바르게 고치면
흙쌓기를 실시할 때 5~10% 정도를 쌓아 지반의 표준으로 한다.

12. 체인톱에 대한 설명으로 옳지 않은 것은?

① 체인톱 몸통의 수명은 약 1,500시간 이다.
② 휘발유와 체인톱 전용오일의 혼합비는 40 : 1이다.
③ 체인톱 날 처짐은 상관없으나 볼트, 너트 풀림 상태는 항상 확인하여야 한다.
④ 우리나라에서 주로 사용되는 체인톱 기종은 배기량 30~70cc 정도의 소형 및 중형이다.

해설 체인톱날 처짐은 이탈의 우려가 있어 적정한 장력을 유지하도록 한다.(참고; 체인톱의 연료 : 오일의 혼합비는 원칙적으로 25 : 1이다. 그러나 식물성 오일(수입품) 중 일부는 50 : 1까지도 가능하다. 40 : 1은 애매한 점이 있는 문제이다.)

13. 척박한 황폐지의 녹화수종으로 가장 부적합한 것은?

① 소나무 　　② 싸리류
③ 오리나무 　　④ 서어나무

해설 서어나무는 계곡부위 근처에서 잘 자란다.

14. 설계속도가 30km/시간, 마찰계수가 0.15, 노면의 횡단물매가 0.15인 경우, 임도 노선의 최소곡선반지름은?

① 20.6m 　　② 21.6m
③ 22.6m 　　④ 23.6m

해설 곡선반지름 $= 30^2/(127 \times (0.15 + 0.15))$
　　　　　$= 900/38.1 = 23.6$m

15. 나무운반미끄럼틀을 이용한 집재 시 스위치백(switch back)을 설치하는 곳은?

① 암석지 　　② 훼손지
③ 급경사지 　　④ 급한 굴곡지

해설 나무운반미끄럼틀은 하향작업이기에 굴곡진 곳은 다시 방향 전환하는(switch back) 작업이 필요하다.

16. 견치돌에 대한 설명으로 옳지 않은 것은?

① 마름돌과 같이 고가의 재료이다.
② 특별한 규격으로 다듬은 석재이다.
③ 사방댐이나 옹벽에는 사용하지 않는다.
④ 견고를 요하는 돌쌓기 공사에 사용한다.

해설 사방댐이나 옹벽에 많이 사용한다.

17. 일반지형에서 설계속도가 20km/시간인 경우 종단기울기는?

① 7% 이하
② 9% 이하
③ 10% 이하
④ 14% 이하

해설

설계속도 (km/시간)	종단기울기 (순기울기)	
	일반지형	특수지형
40	7% 이하	10% 이하
30	8% 이하	12% 이하
20	9% 이하	14% 이하

18. 트랙터집재와 비교한 가선집재의 장점으로 옳은 것은?

① 작업이 단순하다.
② 작업생산성이 높다.
③ 장비구입비가 저렴하다.
④ 잔존 임분에 피해가 적다.

해설 ① 작업이 복잡하다.
② 작업생산성이 낮다.
③ 장비구입비가 비싸다.

19. 산지 침식의 주요 요인이 아닌 것은?

① 지리적 요인
② 기상적 요인
③ 지형적 요인
④ 지질적 요인

해설 지리적 위치나 요인은 산지침식의 요인이 아니다.

20. 평판측량의 장점으로 옳지 않은 것은?

① 오측을 쉽게 발견할 수 있다.
② 내업이 다른 측량보다 적은 편이다.
③ 기상에 따른 영향을 거의 받지 않는다.
④ 현장에서 제도하므로 정확하게 표시할 수 있다.

해설 평판측량은 외업을 위주로 하므로 기상에 따른 영향을 많이 받는다.

정답 16. ③ 17. ② 18. ④ 19. ① 20. ③

1. 유역내 강수량 관측지점의 면적이 각각 100ha, 150ha, 250ha이다. 각각의 면적에서 측정한 강수량이 각각 110mm, 100mm, 115mm일 때, Thiessen법으로 계산한 평균강수량은?

① 약 100mm   ② 약 105mm
③ 약 110mm   ④ 약 115mm

해설 티센법
= (100×110 + 150×100 + 250×115)/(100 + 150 + 250)
= (11,000 + 15,000 + 28,750)/(500) = 109.5mm

2. 임도의 평면선형에서 사용되는 곡선이 아닌 것은?

① 단곡선   ② 이중곡선
③ 복심곡선   ④ 배향곡선

해설 임도의 평면선형에서 사용되는 곡선
단곡선, 복심곡선, 반향곡선, 배향곡선

3. 계류의 상류부에 축설하는 시설물로서 반수면만 축조하는 공작물은?

① 사방댐   ② 골막이
③ 밑막이   ④ 기슭막이

해설 골막이(구곡막이)는 반수면만 축설한다.

4. 산지사방의 목표와 거리가 먼 것은?

① 산사태의 방지   ② 붕괴의 확대방지
③ 표토침식의 방지   ④ 계상침식의 방지

해설 계상침식방지는 야계사방에 관련된 내용이다.

5. 임도의 종단곡선 기준으로 옳은 것은? (단, 설계속도 40km/시간인 경우)

① 종단곡선의 길이 : 20m 이상
② 종단곡선의 길이 : 30m 이상
③ 종단곡선의 반경 : 250m 이상
④ 종단곡선의 반경 : 450m 이상

해설

설계속도 (km/시간)	종단곡선의 반경(m)	종단곡선의 반경(m)
40	450 이상	40 이상
30	250 이상	30 이상
20	100 이상	20 이상

6. 돌망태에 관한 설명으로 옳지 않은 것은?

① 작업실행이 쉽다.
② 표면의 조도가 크다.
③ 가설공사에 주로 사용된다.
④ 내구성이 길어 영구적이다.

해설 내구성이 보통 10년 정도로 아주 영구적이지는 않다.

7. 임도의 노체를 시공하는 순서로 옳은 것은?

① 노상 → 노반 → 기층 → 표층
② 노반 → 노상 → 기층 → 표층
③ 노상 → 노반 → 표층 → 기층
④ 노반 → 노상 → 표층 → 기층

해설 임도의 노체(아래부터)
노상 → 노반 → 기층 → 표층

정답   1. ③   2. ②   3. ②   4. ④   5. ④   6. ④   7. ①

8. 돌을 다듬을 때 앞면 · 길이 · 뒷면 · 접촉부 및 허리치기의 치수를 특별한 규격에 맞도록 하여 만든 석재는?

① 갠돌
② 사석
③ 견치돌
④ 야면석

해설 견치돌
  ① 견고를 요하는 돌쌓기 공사에 사용되며 특별히 다듬은 석재로서 단단하고 치밀한 돌을 사용한다.
  ② 크기는 대체로 면의 길이를 기준으로 하여 길이는 1.5배 이상, 이맞춤 나비는 1/5 이상, 뒷면은 1/3 정도, 그리고 허리치기의 중간은 1/10 정도
  ③ 1개의 무게는 보통 70~100kg 이다.

9. 대경재 벌목 방법으로 옳지 않은 것은?

① 쐐기나 지렛대를 이용한다.
② 기계톱에 무리한 힘을 가하지 않는다.
③ 바버 체어(Baber Chair)가 발생하도록 작업한다.
④ 목재 손실을 방지하기 위해 옆면노치 자르기를 한다.

해설 바르게 고치면
  벌목 시 수평으로 쪼개지지 않고 수직으로 쪼개지는 바버 체어(Baber Chair)가 발생하지 않도록 작업한다.

10. 자연적인 현상에 의한 황폐지 유형이 아닌 것은?

① 훼손지
② 붕괴지
③ 밀린땅
④ 황폐계류

해설 훼손지 – 인위적현상 황폐지

11. 한 측점에서 많은 점의 시준이 안 되고, 길고 좁은 지역의 측량에 주로 이용되는 방법은?

① 도선법
② 방사법
③ 전방교회법
④ 측방교회법

해설 도선법
  ① 넓은 완경사지에서 측점을 많이 설정할 때
  ② 구역이 좁고 길거나 장애물이 있어서 교차법을 사용할 수 없는 경우

12. 퇴사울타리를 설치할 때 기준 높이는?

① 0.5m
② 1.0m
③ 1.5m
④ 2.0m

해설 퇴사 울타리 공법
  ① 말뚝용재료 : 곰솔, 소나무, 낙엽송, 삼나무 또는 잡목
  ② 발의 재료 : 섶, 갈대, 대나무, 억새류 등
  ③ 높이 : 1.0m

13. 씨뿌리기공법에 해당되지 않은 것은?

① 섶뿌리기
② 점뿌리기
③ 흩어뿌리기
④ 분사식씨뿌리기

해설 점뿌리기, 흩어뿌리기, 분사식씨뿌리기

14. 임도설계업무 순서로 옳은 것은?

① 답사 → 예비조사 → 예측 → 실측 → 설계도 작성 → 공사수량의 산출 → 설계서 작성
② 답사 → 예측 → 예비조사 → 실측 → 설계도 작성 → 공사수량의 산출 → 설계서 작성
③ 예비조사 → 예측 → 답사 → 실측 → 설계도 작성 → 공사수량의 산출 → 설계서 작성
④ 예비조사 → 답사 → 예측 → 실측 → 설계도 작성 → 공사수량의 산출 → 설계서 작성

해설 임도설계업무 순서
  예비조사 → 답사 → 예측 → 실측 → 설계도 작성 → 공사수량의 산출 → 설계서 작성

정답   8. ③   9. ③   10. ①   11. ①   12. ②   13. ①   14. ④

15. 반출할 목재의 길이가 10m이고, 임도의 나비가 5m일 때 최소곡선반지름은?

① 3m   ② 4m
③ 5m   ④ 6m

해설 곡선반지름 $= \dfrac{10^2}{4 \times 5} = 5m$

16. 와이어로프에 대한 설명으로 옳은 것은?

① 임업용 와이어로프는 스트랜드의 수가 4개인 것을 많이 사용한다.
② 보통꼬임은 꼬임이 안정되어 킹크가 생기기 어렵고 취급이 용이하다.
③ 랑꼬임은 꼬임이 풀리기 쉬어 킹크가 일어나기 쉽고 보통꼬임보다 강도가 낮다.
④ 와이어의 꼬임과 스트랜드의 꼬임이 동일방향으로 된 것을 보통꼬임이라 한다.

해설 바르게 고치면
  ① 임업용에는 스트랜드가 6개인 것이 가장 많이 사용된다.
  ③ 랑꼬임은 꼬임이 풀리기 쉬어 킹크가 일어나기 쉬우나 보통꼬임보다 강도가 높아 가공본줄에 사용된다.
  ④ 와이어의 꼬임과 스트랜드의 꼬임이 동일방향으로 된 것을 랑꼬임이라 한다.

17. 등고선 간격이 10m인 1 : 25,000 지형도에서 종단기울기가 8%가 되게 노선을 그릴 때 도상의 수평거리는?

① 4mm
③ 8mm
② 5mm
④ 10mm

해설 100 : 8% = 수평거리 : 10, 수평거리는 125m,
  도상에서는 $\dfrac{125}{25000} = 0.005m = 5mm$

18. 도저의 블레이드면의 방향이 진행방향의 중심선에 대하여 20~30°의 경사가 진 것은?

① 불도저
② 틸트도저
③ 앵글도저
④ 스트레이트도저

해설 토공판 설치각도에 따른 분류
  ① 스트레이트도저
    • 토공판이 트랙터의 중심선에 대해여 직각으로 설치
    • 절삭력이 크고 토공판 측면으로 흐르는 토사가 적어 절삭, 압토, 벌개, 제근, 암석처리 등에 사용
  ② 앵글도저
    • 중심선에 대하여 직각은 물론 전후 25° 경사질 수 있게 설계되어 한쪽으로 편중되게 토사를 배출 가능
    • 일반적인 정지 작업, 산복도로의 편절취, 경사지 반입로 조성, 굴착지 되메움
  ③ 틸트도저
    • 중심선에 대하여 어느 정도 좌우 상하로 기울일 수 있는 도저
  ④ U형 도저(U-type dozer)
    • 블레이드 좌우를 U자 형으로 만든 것
    • 블레이드가 대용량이므로 석탄, 나무조각, 부드러운 흙 등 비교적 비중이 적은 것의 운반처리에 적합
  ⑤ 습지 도저(wet type dozer)
    • 트랙슈가 삼각형으로 된 것
    • 접지압력이 $0.1 \sim 0.3 kgf/cm^2$ 정도
  ⑥ 레이크 도저(rake dozer)
    • 블레이드 대신에 레이크(갈퀴)를 설치하고 나무뿌리나 잡목을 제거하는 데 사용
  ⑦ 불도저
    • 토공판이 아래 위로만 전체가 움직이는 도저

19. 임도 개설 시 m³ 당 임목수집비를 고려할 때 효율성과 경제성이 가장 큰 위치는?

① 산복부   ② 능선부
③ 계곡부   ④ 복합지역

해설 산복임도 – 경제성이 가장 높음

정답   15. ③   16. ②   17. ②   18. ③   19. ①

20. 벌목작업 시 벌도목이 인근 나무에 걸렸을 때 해결 방법으로 가장 적합한 것은?

① 걸려있는 인근 나무를 베도록 한다.
② 걸치고 있는 나무를 벌도하여 함께 넘긴다.
③ 걸린 나무에 올라가 흔들어 떨어뜨리도록 한다.
④ 지렛대를 사용하여 걸린 나무를 돌려 낙하되도록 한다.

[해설] 벌도목이 인근 나무에 걸렸을 때 지렛대를 사용하여 걸린 나무를 돌려 낙하되도록 한다.

1. 임도의 종단면도 설계도 작성에 대한 설명으로 옳지 않은 것은?

① 축척은 횡 1/1,000, 종1/200으로 한다.
② 종단기울기의 변화점에는 종단곡선을 삽입한다.
③ 시공계획고는 절토량과 성토량이 균형을 이루게 한다.
④ 절토부분은 토사 및 암반으로 구분하되 임반부분은 추정선으로 기입한다.

해설 바르게 고치면
횡단면도의 절토부분은 토사 및 암반으로 구분하되 임반부분은 추정선으로 기입한다.

2. 임도의 폭이 4m이고 횡단기울기가 3%일 때 암도 중앙점과 길어깨와의 높이차는?

① 3cm
② 4cm
③ 6cm
④ 9cm

해설 100 : 3(%) = 2(중간점) : x
여기서 x = 6/100 = 0.06m = 6cm

3. 시멘트의 경화 촉진제로 쓰이는 것은?

① 석고
② 염화칼슘
③ 탄산칼슘
④ 탄산나트륨

해설 염화칼슘은 조강성을 높혀 경화촉진제로 쓰인다.

4. 임도에 설치된 교량이 받는 활하중에 속하는 것은?

① 교량의 시설물
② 교량 바닥틀의 무게
③ 교량을 지나는 트럭의 무게
④ 교량 주트러스(Main Truss) 무게

해설 임도에 설치된 교량의 하중
① 사하중 : 교량 및 암거의 사하중 산정시 사용되는 주된 재료의 무게
② 활하중 : 교량 및 암거의 활하중은 사하중에 실리는 차량
③ 보행자 등에 따른 교통하중을 말하며, 그 무게산정은 사하중 위에서 실제로 움직여지고 있는 DB−18하중(총중량 32.45톤) 이상의 무게에 따른다.

5. 선떼붙이기에 대한 설명으로 옳지 않은 것은?

① 기울기는 1 : 0.2~0.3으로 한다.
② 경사가 급할수록 큰 급수를 적용한다.
③ 지표수를 분산시켜 침식을 방지하기 위한 공법이다.
④ 떼붙이기의 사용매수에 따라 1~9급으로 구분한다.

해설 바르게 고치면
경사가 급할수록 고급(1급)이며 작은 급수를 적용한다.

6. 하베스터에 대한 설명으로 옳지 않은 것은?

① 조재목 검척
② 조재목 마름질
③ 가지제거 작업
④ 통나무 자르기

해설 하베스터
① 나무베기, 가지 자르기
② 정해진 길이로 토막내기

정답 1. ④ 2. ③ 3. ② 4. ③ 5. ② 6. ②

7. 산악지대 임도를 배치하는 방법으로 개설비용이 가장 적고 토사 유출이 적지만 상향집재만 가능한 것은?

① 능선임도 ② 계곡임도
③ 사면임도 ④ 산복임도

해설 능선임도는 상향집재만 가능하다.

8. 컴퍼스 측량에 발생하는 오차가 아닌 것은?

① 치심오차
② 기계오차
③ 관측오차
④ 국소인력에 의한 오차

해설 치심오차는 평판측량 오차에 해당된다.

9. 임도의 세월시설에 대한 설명으로 옳은 것은?

① 계상기울기가 완만한 계류통과부에 설치한다.
② 하류부가 황폐계류인 경우에 설치하는 것이 효과적이다.
③ 유로에 해당되는 부분은 사다리꼴의 단면으로 한다.
④ 평상시는 관거 등을 통해 배수하고 홍수시는 월류할 수 있게 한다.

해설 세월시설
   물을 월류 할 수 있게 하는 시설

10. 중력댐의 안정조건이 아닌 것은?

① 전도에 대한 안정
② 활동에 대한 안정
③ 대수면의 기울기에 대한 안정
④ 기초지반의 지지력에 대한 안정

해설 중력댐의 안정조건
   ① 전도에 대한 안정
   ② 활동에 대한 안전
   ③ 제체의 파괴에 대한 안정
   ④ 기초지반의 지지력에 대한 안정

11. 철강제 틀 댐에 대한 설명으로 옳지 않은 것은?

① 설치작업 공사기간이 단축된다.
② 시공 자재의 운반 작업이 용이하다.
③ 터파기를 줄일 수 있고 연약지반에 설치할 수 있다.
④ 구조물의 연결부분을 편구조로 하여 탄력성이 낮아진다.

해설 바르게 고치면
   구조물의 연결부분을 편구조로 하여 탄력성이 좋아진다.

12. 1m 깊이의 하천에 수면으로부터 20cm 깊이의 유속은 1.1m/s, 60cm 깊이의 유속은 0.92m/s, 바닥의 유속은 0.64m/s이었다면, 종유속곡선이 포물선에 가까울 때 이 수로의 평균 유속(m/s)은?

① 0.64 ② 0.89
③ 0.92 ④ 1.10

해설 종유속곡선이 포물선에 가까울 때 이 수로의 평균유속 (m/s)은 수면의 60% 지점의 유속이므로 0.92가 된다.

13. 산지사방 공작물의 종류와 기능에 대한 설명으로 옳지 않은 것은?

① 누구막이는 누구로 인한 침식을 방지한다.
② 땅속흙막이는 비탈 다듬기로 생긴 토사의 활동을 방지한다.
③ 산비탈흙막이는 산비탈의 경사를 완화하여 산비탈의 붕괴를 방지한다.
④ 골막이는 속도량에 의하여 집수된 물을 지표에 도출하고 안전하게 배수한다.

해설 골막이(구곡막이)
   구곡의 침식을 방지하기 위한 계간사방공작물

정답 7. ① 8. ① 9. ④ 10. ③ 11. ④ 12. ③ 13. ④

14. 임도의 곡선부에서 곡률반경이 4m, 트럭의 길이가 2m, 트럭의 폭이 1m일 때 확폭량은?

① 0.1m

② 0.2m

③ 0.5m

④ 1.5m

해설 트럭 확폭량

① 앞차축에서 뒷차축거리까지 적용

② 수치가 정확치 않아 모호하나 0.5m가 적용된 문제이다.

15. 산지와 절개지에서 발생한 황폐지 복구 방법으로 옳지 않은 것은?

① 빗물을 분산시켜 일정한 장소에 모이거나 흐르게 한다.

② 도랑이나 작은 구곡 수로에는 떼로 수로와 누구막이를 만들어 침식을 막는다.

③ 불규칙한 지반을 정리하고 녹화공법 위주로 식생을 조성하여 표토를 피복한다.

④ 경사가 완만한 경우는 단을 끊고 가급적 파종상을 만들지 않아 표토의 이동이 없도록 한다.

해설 바르게 고치면

경사가 완만한 경우는 단을 끊고 가급적 파종상을 만들어 표토의 이동이 없도록 한다.

16. 일반지형에서 임도의 설계속도가 20km/h인 경우 종단기울기 기준은?

① 7% 이하

② 9% 이하

③ 12% 이하

④ 14% 이하

해설 종단기울기

설계속도 (km/시간)	종단기울기 (순기울기)	
	일반지형	특수지형
40	7% 이하	10% 이하
30	8% 이하	12% 이하
20	9% 이하	14% 이하

17. 와이어로프의 안전계수를 바르게 나타낸 식은?

① 와이어로프의 절단하중(kg)/와이어로프에 걸리는 최대장력(kg)

② 와이어로프의 자체하중(kg)/와이어로프에 걸리는 최대장력(kg)

③ 와이어로프에 걸리는 최대장력(kg)/와이어로프의 절단하중(kg)

④ 와이어로프에 걸리는 최대장력(kg)/와이어로프의 자체하중(kg)

해설 와이어로프의 안전계수 = 와이어로프의 절단하중(kg)/와이어로프에 걸리는 최대장력(kg)

18. 빗물침식에 해당되지 않는 것은?

① 용출침식 ② 구곡침식

③ 면상침식 ④ 누구침식

해설 빗물침식의 진행순서

우격침식 → 면상침식 → 누구침식 → 구곡침식

19. 가선집재 작업이 수행 가능한 장비로 가장 효율적인 것은?

① 타워야더 ② 하베스터

③ 펠러번쳐 ④ 프로세서

해설 하베스터, 펠러번쳐, 프로세스 – 트랙터형 집재기

정답   14. ③   15. ④   16. ②   17. ①   18. ①   19. ①

20. 목재수확 작업에서 트랙터 사용 여부에 가장 큰 영향을 주는 것은?

① 사용 경비
② 작업지 경사
③ 계절 및 온도
④ 노동력 투입 가능 정도

해설 작업지 경사
　① 트랙터 주행에 영향을 준다.
　② 주행이 불가능하면 가선집재기를 사용해야 한다.

1회
1회독 ☐   2회독 ☐   3회독 ☐

1. 임도에서 배향곡선지가 아닌 경우 유효너비 기준은?

① 1.7m　　　　② 2.0m
③ 2.5m　　　　④ 3.0m

해설 임도너비
　① 배향곡선지가 아닌 임도의 유효너비 : 3m
　② 배향곡선지 : 6m

2. 가선집재와 비교한 트랙터집재의 특징이 아닌 것은?

① 기동성이 높다.
② 작업이 단순하다.
③ 운전이 용이하다.
④ 고속이므로 장거리 운반에 바람직하다.

해설 바르게 고치면
　트랙터집재는 저속이므로 단거리 운반에 바람직하다.

3. 비탈면 안정을 위한 침식방지제 사용효과로 옳지 않은 것은?

① 보온 효과　　　② 객토의 유출 방지
③ 토양 수분의 증발 촉진　④ 종자 및 비료 유실 방지

해설 바르게 고치면
　토양수분의 증발 억제

4. 산지사방에서 녹화공사에 해당하는 것은?

① 골막이　　　　② 누구막이
③ 산복수로공　　④ 선떼붙이기

해설 산복 녹화공사
　① 비탈면을 식생으로 피복하여 토양침식을 방지하고 산림으로 복귀시키기 위한 사방공사
　② 바자얽기, 선떼붙이기, 단쌓기, 조공, 비탈덮기, 씨뿌리기 등

5. 임도의 옆도랑(측구)에 대한 설명으로 옳은 것은?

① 물이 임도를 횡단하여야 할 개소에 시설한 수로
② 노면의 물을 집수정으로 유도하기 위하여 시설한 수로
③ 차량을 돌릴 수 있도록 시설한 장소의 횡단상의 수로
④ 일정한 간격으로 차량통행에 지장이 없도록 횡단상의 수로

해설 옆도랑 측구
　노면의 물을 집수정으로 유도하는 수로

6. 사면붕괴의 전조현상으로 옳지 않은 것은?

① 용수가 맑아짐
② 용출현상이 생김
③ 사면에 균열이 생김
④ 작은 돌이 사면에서 떨어짐

해설 용수가 맑아짐 현상은 사면의 안정되어 있음을 의미한다.

7. 적정임도간격이 1km인 경우의 적정임도밀도는? (단, 우회율을 고려하지 않음)

① 5m/ha　　　　② 10m/ha
③ 15m/ha　　　④ 20m/ha

해설 $\dfrac{10,000}{1,000} = 10\text{m/ha}$

정답　1. ④　2. ④　3. ③　4. ④　5. ②　6. ①　7. ②

8. 와이어로프 사용 금지 항목으로 옳지 않은 것은?

① 꼬임상태(킹크)인 것
② 와이어로프에 벌목된 나무의 껍질이 걸린 것
③ 와이어로프 소선이 10분의 1 이상 절단된 것
④ 마모에 의한 직경 감소가 공칭직경의 7%를 초과하는 것

해설 와이어로프 등의 사용금지 사항
　① 이음매가 있는 것
　② 지름의 감소가 공칭지름의 7%를 초과하는 것
　③ 와이어로프의 한 꼬임에서 끊어진 소선의 수가 10% 이상인 것.
　④ 꼬인 것

9. 엄격한 규격 치수가 아닌 대략적 수치에 의해 깨내어 만든 석재는?

① 막깬돌　　　　② 마름돌
③ 견치돌　　　　④ 호박돌

해설 막깬돌
　견치돌과 유사하나 견치돌과는 달리 일정한 규격에 의하여 만드는 돌이 아니라 대체로 옆면을 삼각형과 유사하게 막깬 석재이다.

10. 다음 그림은 흐르는 물의 단면을 그린 것이다. 흐르는 속도가 가장 빠른 부분은?

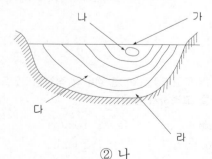

① 가　　　　② 나
③ 다　　　　④ 라

해설 수면의 아랫 부분이 유속이 가장 빠르다.

11. 사방댐에서 일반적으로 방수로의 단면으로 가장 많이 이용되는 형상은?

① 활꼴
② 직사각형
③ 정삼각형
④ 사다리꼴

해설 방수로의 단면은 사다리꼴의 형상을 가장 많이 이용한다.

12. 임도의 기능이 아닌 것은?

① 이동기능
② 접근기능
③ 생산기능
④ 공간기능

해설 임도의 기능
　① 이동기능 : 교통류를 신속하고 원활하게 처리해 주는 기능(간선임도, 연결임도)
　② 접근기능 : 임지이용의 활성화를 촉진시키는 기능(지선임도, 경영임도)
　③ 공간기능 : 집재, 집적, 주차의 공공용지나 휴양림에서의 생활공간 등의 기능

13. 임도 설계에서 단곡선을 설치할 때 교각이 90°, 외선장이 15m인 경우 곡선반지름은?

① 36.2m　　　　② 44.1m
③ 46.2m　　　　④ 54.1m

해설 ① 외선장 = 곡선반지름 $\times (\sec \frac{\theta}{2} - 1)$

　② $15 = $ 곡선반지름 $\times (\sec 45 - 1)$, 곡선반지름 $= 36.2m$

정답　8. ②　9. ①　10. ②　11. ④　12. ③　13. ①

14. 찰쌓기 공법에 대한 설명으로 옳은 것은?

① 뒷채움 없이 시공한다.
② 돌과 시멘트를 섞어서 쌓는다.
③ 돌을 쌓고 돌 이음 부분의 외부에만 시멘트를 바른다.
④ 돌을 쌓는 뒷부분에 콘크리트로 뒷채움을 하고 줄눈에 모르타르를 사용한다.

해설 바르게 고치면
돌을 쌓아 올릴 때 뒷채움 등에 콘크리트를 사용하고 줄눈에는 모르타르를 사용하는 것을 말한다.

15. 평균강우량을 계산하는 방법이 아닌 것은?

① 티센법
② 침투형법
③ 등우선법
④ 산출평균법

해설 평균강우량 계산
티센법, 등우선법, 산출평균평

16. 임도의 절토 경사면이 토사지역일 때 기울기 기준으로 옳은 것은?

① 1:0.3~0.8
② 1:0.5~1.2
③ 1:0.8~1.5
④ 1:1.2~2.0

해설 절토 경사면 기울기
① 토사 − 1 : 0.8~1.5
② 연암 − 1 : 0.5~1.2
③ 경암 − 1 : 0.3~0.8

17. 머캐덤롤러에서 롤러는 몇 개로 구성되어 있는가?

① 1개
② 2개
③ 3개
④ 4개

해설 머캐덤롤러
① 쇄석 기층이나 아스팔트 도로의 표층을 다질 때 쓰이는 롤러
② 바퀴가 세 개이고, 뒷바퀴의 무게가 탠덤 롤러보다 크다.

18. 아래 나열된 장비의 용도로 옳은 것은?

| 묘목이식기, 단근굴취기, 정지작업기 |

① 양묘용
② 조림용
③ 육림용
④ 산림보호용

해설 ① 양묘용 장비 : 트랙터, 경운작업기, 정지작업기, 퇴비살포기, 중경제초기, 파종기, 약제살포기, 묘목이식기, 단근굴취기 등
② 조림·육림기계 : 예불기, 식혈기, 가지치기 기계 등
③ 산림보호장비 : 산불진화장비, 약제살분무기, 연무기, 동력천공기 등

19. 사리도의 유지보수에 대한 설명으로 옳지 않은 것은?

① 횡단기울기는 5~6% 정도로 한다.
② 제초 작업은 1년에 1회 이상 실시한다.
③ 노면이 완전히 건조된 상태에서 정지작업을 실시한다.
④ 방진처리를 위해 물, 염화칼슘 및 타르 등이 사용된다.

해설 사리도 유지보수
① 사리도의 정상적인 노면을 유지하기 위하여 가장 중요한 부분은 배수이다.
② 횡단구배 5~6% 정도로서 노면의 배수와 종단구배 방향의 배수를 측구로 유도하여 노외로 배수한다.
③ 노면의 정지는 가능한 한 비가 온 후 노면이 습윤한 상태에서 실시하는 것이 좋다.
④ 방진처리는 물, 염화칼슘, 폐유, 타르, 아스팔트유재 등이 사용된다.
⑤ 갓길이나 노측이 교통으로 인하여 노면보다 높아 노면 배수가 잘되지 않는 경우 그레이더로 정형하고 롤러로 다지며 제초나 예불은 1년에 1번 이상 실시한다.

20. 측점간격이 20m이고, 측점 0의 단면적이 2m², 측점 1의 단면적이 4m²일 때 이 두 측점간의 토적량은?

① 60m³   ② 80m³
③ 100m³   ④ 120m³

해설 $\dfrac{2+4}{2} \times 20 = 60\,\text{m}^3$

1. 해안사방에 주로 사용되는 공사는?

① 조공
② 기슭막이
③ 속도랑내기
④ 정사울세우기

해설 ① 조공 – 산복녹화공사
② 기슭막이 – 계간사방
③ 속도랑내기 – 산복사방공사

2. 야계사방에 있어서 합리식에 의한 유량을 산정하는 주요 인자가 아닌 것은?

① 유역면적
② 조도계수
③ 유출계수
④ 일정기간 동안의 강우 강도

해설 $Q = \dfrac{1}{360}CIA$, 여기서 C는 유출계수, I는 강우강도, A는 면적

3. 비탈다듬기 및 단끊기 시공과정에서 생기는 토사를 유치·고정하는 공사는?

① 조공
② 비탈덮기
③ 누구막이
④ 땅속흙막이

해설 ① 조공 – 황폐사면에 나무와 풀을 파식하기 위하여 산복 비탈면에 수평으로 계단을 끊고 앞면에는 떼, 새포기, 잡석 등으로 낮게 쌓아 계단을 보호하며 뒷면에는 흙을 채워서 파식상을 조성한 후 파식하는 산복녹화공법
② 비탈덮기 : 계단 사이와 급경사 사면을 피복하여 강수에 의한 표토의 유출방지 및 식생을 조성 녹화하고자 시공하는 산복 녹화공사
③ 누구막이 : 강우·유수에 의한 비탈침식의 진행으로 발생되는 누구침식을 방지하기 위해 누구를 횡단하여 구축하는 계간공사

④ 땅속흙막이(묻히기) : 비탈다듬기와 단끊기 등으로 생산되는 뜬흙을 산비탈의 계곡부에 투입하여 유실을 방지, 산각의 고정을 위해 축설하는 산복 기초공사

4. 집재용 도구가 아닌 것은?

① 피비
② 펄프훅
③ 마세티
④ 파이크폴

해설 마세티 – 벌목용 도구

5. 와이어로프의 폐기 기준으로 옳지 않은 것은?

① 현저하게 변형된 것
② 꼬임 상태가 발생한 것
③ 와이어로프 소선이 1/100 이상 절단된 것
④ 마모에 의한 직경 감소가 공칭 직경의 7%를 초과하는 것

해설 와이어로프 등의 사용금지 사항
① 이음매가 있는 것
② 지름의 감소가 공칭지름의 7%를 초과하는 것
③ 와이어로프의 한 꼬임에서 끊어진 소선의 수가 10% 이상인 것.
④ 꼬인 것

6. 임도의 설계속도는 20km/h, 외쪽기울기가 3%, 타이어의 마찰계수는 0.1일 때 최소곡선 반지름은?

① 약 12.3m
② 약 17.5m
③ 약 23.6m
④ 약 24.2m

해설 최소 곡선반지름

$$= \frac{속도^2}{127(타이어\ 마찰계수 + 노면의\ 횡단물매)}$$

$$= \frac{20^2}{127(0.03 + 0.1)} = 24.23 \rightarrow 약\ 24.2m$$

정답 1. ④ 2. ② 3. ④ 4. ③ 5. ③ 6. ④

7. 임도 시작점의 표고가 100m, 도착점의 표고는 500m인 산지에 종단기울기 6%인 임도를 직선으로 시공할 경우 임도의 길이는?

① 1.7km
② 4.0km
③ 6.7km
④ 8.3km

해설 $100:6 = x:400$ $x = 6.7$km

8. 상단면적 120m², 하단면적 200m², 상하단의 거리가 12m인 경우 평균단면적법에 의한 토사량(m³)은?

① 192
② 384
③ 1,920
④ 3,840

해설 $\dfrac{120+200}{2} \times 12 = 1,920$m³

9. 많은 토사와 오물을 포함한 유수로 인해 배수관이나 속도랑이 막히는 것을 방지하기 위한 임도의 구조물은?

① 겉도랑
② 빗물받이
③ 돌림수로
④ 횡단배수구

해설 빗물받이
측구 등에서 흘러나오는 빗물을 하수본관에 유하하기 위해 측구에 설치하는 시설

10. 산사태와 땅밀림을 비교하여 설명한 것으로 옳지 않은 것은?

① 산사태는 지하수에 의한 영향이 크다.
② 산사태는 땅밀림에 비해 규모가 작다.
③ 땅밀림은 계속적으로 재발 가능성이 크다.
④ 산사태는 사질토로 된 지점에서 많이 발생한다.

해설 바르게 고치면
산사태는 강우로 인한 영향이 크다.

11. 다음 설명에 해당되는 임도는?

- 계곡임도에서 시작되어 산록부와 산복부에 설치한다.
- 노선선정은 하단부로부터 점차적으로 선형을 계획하여 진행한다.
- 동일한 사면에서 배향곡선은 최소한으로 설치한다.

① 사면임도
② 능선임도
③ 순환임도
④ 산정임도

해설 산복(사면)임도
① 계곡임도에서 시작하여 산록부와 산복부에 설치하는 임도로 하부로부터 점차적으로 계획하여 진행되며 산지개발효과와 집재작업효율이 높으며 상향집재방식의 적용이 가능한 임도
② 접근거리 단축효과, 이용면적 확대효과, 임목수집비 저렴, 경관 저하

12. 다음 설명에 해당하는 석재는?

- 무게가 약 100kg정도인 자연석으로 운반이 가능하고 공사용으로 쓸 수 있는 비교적 큰 돌이다.
- 주로 돌쌓기현장 부근에서 채취하여 찰쌓기와 메쌓기에 사용한다.

① 호박돌
② 야면석
③ 막깬돌
④ 견치돌

해설 야면석
모가나지 않은 자연상태의 돌로 하천이나 산간에 산재하여 있는 돌로서 돌쌓기공사에 사용할 수 있는 정도로 큰 돌

13. 임도의 교량 및 암거 설치 시에 고려하여야 하는 활하중의 무게 기준은?

① DB-10 이상
② DB-13.5 이상
③ DB-18 이상
④ DB-32.45 이상

해설 활하중의 무게기준
DB-18기준, 총중량 32.45ton 이상

정답 7. ③ 8. ③ 9. ② 10. ① 11. ① 12. ② 13. ③

14. 사방댐의 주요 기능 및 설치 목적이 아닌 것은?

① 계상기울기를 완화한다.
② 토사의 이동을 방지한다.
③ 산각을 고정하여 붕괴를 방지한다.
④ 황폐계류의 유심 방향을 변경한다.

해설 사방댐의 시설목적(기능)
① 상류계상의 물매를 완화
② 종·횡침식을 방지
③ 산각 고정 및 산복붕괴를 방지
④ 흐르는 물을 조절배수
⑤ 토사 및 자갈을 퇴적
⑥ 산불진화용수
⑦ 야생동물의 음용수 공급

15. 벌도 작업의 안전을 위하여 다른 근로자가 들어오면 안되는 최소 작업 범위는?

① 벌도 대상목 수고의 0.5배
② 벌도 대상목 수고의 1.5배
③ 벌도 대상목 수고의 2.5배
④ 벌도 대상목 수고의 3.5배

해설 최소 작업 범위
벌도 대상목 수고의 1.5배

16. 임도설계 시 임시기표, 교각점, 측점번호 및 사유토지의 지번별 경계, 구조물 및 곡선제원 등을 기입하는 도면은?

① 평면도
② 구조도
③ 종단면도
④ 횡단면도

해설 ① 평면도
• 축척 1 : 1,200(종단면도 상단에 기입)
• 임시기표, 교각점, 측점번호 및 지번별경계, 구조물, 지형지물, 곡선제원 등 기입
② 종단면도
• 횡 1 : 1,000, 종1 : 200
• 곡선측점, 구간거리, 누가거리, 지반높이, 계획높이, 기울기, 성토고, 절토고 등을 기재
③ 횡단면도
• 축척 1 : 100
• 각 측점의 단면마다 지반고, 계획고, 절토고, 성토고, 단면적, 지장목제거, 측구터파기, 단면적, 토공량을 기입하여 토적계산의 자료로 이용
• 기입순서 좌측하단에서 상단방향, 구조물은 별도표시
• 절토부분은 토사암반으로 구분, 암반부분은 추정선으로 기입

17. 중력에 의한 침식으로만 올바르게 나열한 것은?

① 붕괴형 침식, 지활형 침식, 침강침식
② 지활형 침식, 붕괴형 침식, 사구침식
③ 유동형 침식, 지활형 침식, 침강침식
④ 붕괴형 침식, 지활형 침식, 유동형 침식

해설 침식형태구분
① 수식 : 우수(빗물)침식, 하천침식, 지중침식, 바다침식
② 중력침식 : 붕괴형침식, 지활형침식, 유동형침식, 사태형침식
③ 풍식 : 내륙사구침식, 해안사구침식

18. 성·절토 비탈면 보호 및 녹화에 주로 이용되는 공법이 아닌 것은?

① 사초심기
② 자연석쌓기
③ 격자틀붙이기
④ 콘크리트블록쌓기

해설 사초심기 – 해안사방공법

19. 임도의 노체 하층부터 표면층까지의 구성 순서로 옳은 것은? (단, 순서는 바닥면부터 표시함)

① 노상 – 노반 – 기층 – 표층
② 노상 – 기층 – 표층 – 노반
③ 노반 – 노상 – 기층 – 표층
④ 기층 – 표층 – 노상 – 노반

[해설] 임도 노체 구성 순서
　　　노상 → 노반 → 기층 → 표층

20. 집재된 전목재의 가지 제거, 절단, 초두부 제거, 집적 등 조재작업을 전문적으로 실행하는 임업기계는?

① 포워더　　　　　② 프로세서
③ 타워야더　　　　④ 펠러번쳐

1. 시멘트에 대한 설명으로 옳지 않은 것은?

① 풍화된 시멘트는 강도가 저하된다.
② 시멘트의 강도는 경화의 강도로 표시한다.
③ 시멘트입자 1g에 대한 표면적(cm^2)을 분말도라 한다.
④ 시멘트의 분말도는 높을수록 콘크리트의 초기 강도가 크다.

해설 시멘트강도에 영향을 주는 요인
① 시멘트의 성질, 분말도, 사용수량, 양생조건 및 시험방법 등
② 풍화된 시멘트는 강도의 저하를 보이고, 분말도가 높을수록 수화 작용이 촉진되어 강도가 빨리 나타난다.

2. 산악지대에서 임도의 노선 선정 방법으로 옳지 않은 것은?

① 계곡임도는 임지의 상부에서부터 개발되며 임지개발의 중추적 역할을 한다.
② 산정부 개발임도는 산정부의 안부에서부터 시작되는 순환식 노선방식을 주로 사용한다.
③ 능선임도는 산악지대 임도배치 중 건설비가 가장 적게 소요되며 계곡 및 늪지대에서 임도 개설 시 용이하다.
④ 사면임도는 계곡임도로부터 시작하며 지그재그방식이 적당하지만 완경사지에서는 대각선 방식도 사용된다.

해설 바르게 고치면
계곡임도는 임지의 하부에서부터 개발되며 임지개발의 중추적 역할을 한다.

3. 주로 사면 기울기가 1 : 1보다 완만한 곳에 흙이 털어지은 온떼를 사용하며 전면녹화를 목적으로 시공하는 산지사방 녹화공법은?

① 띠떼심기   ② 줄떼다지기
③ 선떼붙이기   ④ 평떼붙이기

해설 ① 턴떼
• 떼를 뜬 후에 흙을 털어 버린떼
• 흙떼 : 흙이 붙어 있는 떼, 반떼 (30cm×15cm×3cm)
② 뜬떼
• 온떼(30cm×30cm×3cm)라 하여 평떼붙이기에 이용
• 뜬떼를 둘로 나눈 것을 반떼라하며 줄떼붙이기에 이용

4. 다음 조건에서 임도 설계 시 적용하는 곡선 반지름으로 가장 적합한 것은?

• 설계속도 : 30km/h
• 노면의 외쪽기울기 : 5%
• 일반지형에서 가로미끄럼에 대한 노면과 타이어의 마찰계수 : 0.2

① 약 30m   ② 약 45m
③ 약 60m   ④ 약 75m

해설 최소 곡선반지름

$$= \frac{속도^2}{127(타이어마찰계수+노면의 횡단물매)}$$
$$= \frac{30^2}{127(0.2+0.05)} = 28.35m$$

5. 배향곡선지가 아닌 경우 길어깨와 옆도랑의 너비를 제외한 임도의 유효너비 기준은?

① 2m   ② 3m
③ 4m   ④ 6m

해설 임도의 유효너비 : 3m (길어깨 옆도랑너비 제외)

6. 사방댐 설치 목적으로 가장 거리가 먼 것은?

① 물 이용   ② 산각 고정
③ 식생 복구   ④ 토석류 피해 적지

정답 1. ② 2. ① 3. ④ 4. ① 5. ② 6. ③

해설 사방댐
　① 계간사방
　② 침식 및 붕괴억제를 위한 횡단공작물로 산지와 상류지역의 계상이 고정되지 않은 황폐계류에 시공 설치

7. 비탈면 녹화에 사용하는 사방용 초본류 중 재래종이 아닌 것은?

　① 김의털　　　　　② 제비쑥
　③ 오리새　　　　　④ 까치수영

해설 오리새
　① 외떡잎식물 벼목 화본과의 여러해살이풀
　② 유럽과 서아시아 원산이며 목초로 미국을 통해 들어 온 것이 들로 퍼져나감

8. 비유량이 20m³/s/km²이고 유역면적이 15km²일 때 최대홍수유량은?

　① 133 m³/s
　② 300 m³/s
　③ 450 m³/s
　④ 750 m³/s

해설 최대유량=비유량×유역면적
　　＝20×15=300m³/s

9. 임도에서 대피소 설치 간격 기준은?

　① 300m 이내
　② 400m 이내
　③ 500m 이내
　④ 600m 이내

해설 임도내 대피소의 간격ㆍ너비ㆍ유효길이
　　간격 : 300m 이내, 너비 5m 이상, 유효길이 15m 이상

10. 산지 황폐의 진행상태가 초기 단계부터 순차적으로 올바르게 나열된 것은?

　① 초기황폐지 – 임간나지 – 민둥산 – 척암임지 – 황폐이행지
　② 초기황폐지 – 임간나지 – 민둥산 – 황폐이행지 – 척암임지
　③ 임간나지 – 척악임지 – 초기황폐지 – 황폐이행지 – 민둥산
　④ 척악임지 – 임간나지 – 초기황폐지 – 황폐이행지 – 민둥산

해설 산지 황폐 진행순서
　　척악임지 – 임간나지 – 초기황폐지 – 황폐이행지 – 민둥산

11. 와이어로프 표기방법으로 "6×7 C/L 20mm B종"에서 B종이 의미하는 것은?

　① 스트랜드의 본수
　② 와이어 로프의 지름
　③ 와이어 로프의 인장강도
　④ 와이어 로프의 표면처리 상태

해설 6×7 C/L 20mm B종의 의미
　① 6/7 : 7본선 6꼬임 중심섬유
　② C : 콤포지션 유도장(콤포지션 기름 바른 것)
　③ L : 랑꼬임
　④ 로프지름 20mm
　⑤ B종 소선의 절단하중에 따른 종류 (E, G, A, B, C)

12. 트랙터에 의한 집재 방법이 아닌 것은?

　① 팬　　　　　　② 설키
　③ 지면끌기　　　　④ 인클라인

해설 트랙터에 의한 집재방법
　① 직접끌기 집재(direct skidding)
　② 팬 집재(pan skidding)
　③ 설키집재(sulky skidding)
　④ 트랙터 본체에 인티그럴 아치를 장착한 트랙터
　⑤ 목재의 앞쪽을 트랙터의 뒤쪽에 싣고 견인하는 반재하식 트랙터

13. 고저측량에서 전시와 후시를 함께 읽은 점으로 오차 발생 시 측량결과에 중요한 영향을 주는 것은?

① 중간점   ② 기계고
③ 미지점   ④ 이기점

해설 이기점(T.P)
  ① 전시와 후시를 읽게 되는 점
  ② 기계를 옮기는 점

14. 거리 측정에 사용하는 장비는?

① 폴   ② 레벨
③ 트랜싯   ④ 컴퍼스

해설 폴
  ① 거리 측량
  ② 지름이 3 cm정도의 막대로 길이 20 cm마다 흰색과 붉은색을 번갈아 칠이 되어있다

15. 벌목 작업 시 수구를 만드는 방향은?

① 계곡 쪽   ② 임도가 있는 쪽
③ 작업자가 있는 쪽   ④ 벌도목이 넘어지는 쪽

해설 수구
  ① 방향베기
  ② 나무를 넘길 방향이 결정되면 그 방향에 맞춰 정확하게 수구를 판다.

16. 산지사방에서 비탈다듬기에 대한 설명으로 옳지 않은 것은?

① 수정기울기는 대체로 최대 35° 전후로 한다.
② 산 아래부터 시작하여 산꼭대기로 진행한다.
③ 붕괴면 주변의 상부는 충분히 끊어내도록 설계한다.
④ 퇴적층의 두께가 3m 이상일 때에는 땅속 흙막이 공작물을 설계한다.

해설 바르게 고치면
  비탈다듬기는 산 정상에서 시작해 아래로 진행한다.

17. 양각기계획법으로 1 : 25000 지형도상에서 종단기울기가 5%인 노선을 배치할 때 양각기 조정 폭은?

① 0.2cm   ② 0.4cm
③ 0.6cm   ④ 0.8cm

해설 ① 수평거리 100m에 대한 높이 h가 P%라고 한다면
    $100 : P = L : h$에서, $L = 100 \cdot h/P$
    여기서, L : 양각기 1폭에 대한 실거리, h : 등고선 간격, P : 물매(%)
  ② $100 : 5 = L : 10$ $L = 200m$
    $200 \div 25,000 = 8mm \rightarrow 0.8cm$
    (공개된 정답은 ①이었으나 오답으로 사료됩니다.)

18. 임도개설 작업 시 측면 절토 또는 흙을 밀어낼 때 가장 적합한 장비는?

① 로드 롤러   ② 토우인 윈치
③ 앵글 도우저   ④ 모터 그레이더

해설 앵글 도우저
  ① 진행 방향에 대하여 좌우로 각도를 바꿀 수 있는 도저
  ② 토사의 이동·운반, 정지 작업에 사용

19. 비탈 돌쌓기 시공요령으로 옳지 않은 것은?

① 귀돌이나 갓돌은 규격에 맞는 것으로 한다.
② 돌쌓기의 세로줄눈은 파선줄눈을 피하여 쌓는다.
③ 높은 돌쌓기는 아래로 내려오면서 돌쌓기의 뒷길이를 길게 한다.
④ 기초를 깊이 파고 단단히 다져야 하며 큰 돌부터 먼저 놓아가면서 차례로 쌓아올린다.

해설 바르게 고치면
  돌쌓기의 세로줄눈은 파선 줄눈으로 쌓는다.

20. 임도 설계서 작성 순서로 옳은 것은?

① 시방서 – 설계설명서 – 예산내역서 – 수량산출서 – 예정공정표
② 시방서 – 수량산출서 – 예산내역서 – 설계설명서 – 예정공정표
③ 설계설명서 – 시방서 – 예정공정표 – 예산내역서 – 수량산출서
④ 설계설명서 – 시방서 – 예정공정표 – 수량산출서 – 예산내역서

해설 임도설계서 작성
　① 공종별로 작성된 공사비내역, 소요자재총괄표, 노임 등을 계산한 서류와 도면을 함께 모은 것
　② 설계서는 목차, 설명서, 시방서, 예정공정표, 예산내역서, 일위대가표, 단가산출서, 공정별 수량계산서 등

1·2회

1회독 □ 2회독 □ 3회독 □

1. 산지사방에서 분사식 씨뿌리기공법으로 시공 시에 초본의 발아생립본수 기준은?

① 100본/m²   ② 200본/m²

③ 1,000본/m²   ④ 2,000본/m²

해설 산지사방 분사식 씨뿌리기공법 – 초본의 발아생립본수 기준은 2,000본/m²

2. 산지사방의 녹화공사에 해당되는 것은?

① 단쌓기   ② 격자틀붙이기

③ 콘크리트 블록쌓기   ④ 콘크리트 뿜어붙이기

해설 산지사방

① 기초공사 : 비탈다듬기, 단끊기, 땅속흙막이, 골막이, 흙막이, 산비탈수로내기, 속도랑내기(암거수로)

② 녹화공사 : 선떼붙이기, 단쌓기, 조공, 바자얽기, 등고선구공법, 평떼붙이기, 줄떼다지기, 새심기, 씨뿌리기, 나무심기

3. 밑판, 종자, 표면덮개의 3부분으로 구성된 녹화용 피복자재는?

① 식생대   ② 식생반

③ 식생자루   ④ 식생매트

해설 식생반(vegetation block)

① 뜬 떼를 얻기 곤란하여 뜬 떼의 대용품으로 고안되어 사용되던 것

② 밑판과 종자, 표면덮개로 구성되어 대량의 유기물과 비료양분을 함유하므로 보수성과 통기성을 좋게 하고 근계의 발육을 조장하여 식생의 연속을 촉진하며 생육을 가능하게 함

4. 임도 비탈면의 수직 높이가 2.5m이고, 수평거리가 5m일 때의 비탈면 기울기는?

① 1 : 2   ② 2:1

③ 1 : 2.5   ④ 2.5 : 1

해설 비탈면 기울기

수직고 : 수평거리 = 2.5 : 5.0 = 1 : 2

5. 적정 임도밀도가 40m/ha 인 임도에서 평균집재거리는?

① 25m   ② 31.25m

③ 40m   ④ 62.5m

해설 평균집재거리 $= \dfrac{2,500}{\text{적정임도밀도}}$ 이므로

$\dfrac{2,500}{40} = 62.5\text{m}$

6. 임도의 노체 구성 및 시공방법에 대한 설명으로 옳은 것은?

① 노상토는 조립토보다 세립토가 좋다.

② 보조기층의 두께는 15cm 이상으로 한다.

③ 종단 기울기가 8% 이하인 모든 구간은 자갈이나 콘크리트 포장을 하지 않아도 된다.

④ 기층을 생략하거나 자갈층 위에 기층을 두고 표층을 3~4cm 두께로 시공하는 것을 표면처리라고 한다.

해설 임도의 노체 구성 및 시공방법

① 노체는 기초부분인 노상→노반→기층→표층으로 구성된다.

② 노상토는 점질토(세립토)는 10% 이상 함유하지 않는 것이 좋다.

③ 보조기층의 두께는 15cm 이상으로 한다.

④ 종단기울기가 8% 이상인 지역과 그 이하라도 지반이 약하고 습하여 차량의 소통에 어려움을 주는 곳은 자갈을 깔거나 콘크리트 포장을 하도록 규정한다.

정답   1. ④   2. ①   3. ②   4. ①   5. ④   6. ②

7. 유량 산정 시 합리식을 적용했을 때 유출계수 값으로 옳지 않은 것은?

① 산지하천 : 0.75~0.85
② 평지 소하천 : 0.45~0.75
③ 기복이 있는 토지와 수림 : 0.75~0.90
④ 유역의 반 이상이 평탄한 대하천 : 0.50~0.75

해설 바르게 고치면
   기복이 있는 토지와 수림 : 0.50~0.75

8. 선떼붙이기 작업 시 일반적인 단끊기의 너비와 발디딤의 너비를 모두 올바르게 나열한 것은?

① 단끊기 : 30~45cm, 발디딤: 10~20cm
② 단끊기 : 30~45cm , 발디딤: 20~30cm
③ 단끊기 : 50~70cm, 발디딤: 10~20cm
④ 단끊기 : 50~70cm, 발디딤: 20~30cm

해설 선떼붙이기 작업 시 단끊기의 너비와 발디딤의 너비
   단끊기 : 50~70cm, 발디딤 : 10~20cm

9. 임도시공 시 정지작업에 사용되는 장비가 아닌 것은?

① 불도저
② 파워 셔블
③ 모터 그레이드
④ 스크레이퍼 도저

해설 파워 셔블
   동력을 이용하여 흙 또는 모래를 굴착하거나 적재하는데 사용된다.

10. 임도 비탈면 붕괴가 우려되는 경우로 가장 거리가 먼 것은?

① 연약한 지반에 흙쌓기한 경우
② 투수성의 불연속면을 절취한 경우
③ 미끄러지기 쉬운 급경사면에 흙쌓기한 경우
④ 침투수에 의하여 성토 내부의 간극수압이 낮은 경우

해설 바르게 고치면
   침투수에 의하여 성토 내부의 간극수압이 높은 경우 붕괴 가능성이 높아진다.

11. 뒷길이, 접촉면의 폭, 뒷면 등이 규격에 맞도록 지정하여 깬 석재는?

① 견치돌
② 부순돌
③ 호박돌
④ 야면석

해설 견치돌
   견치돌은 앞면(큰면)이 30×30cm 미만이며, 뒷꾐 길이(큰 면과 작은 면 사이의 길이)는 큰 면의 약 1.5배(45cm안팎)이다.

12. 유역 면적이 $60km^2$이고, 비유량이 $12m^3/s/km^2$일 때 최대홍수유량은?

① $36m^3/s$
② $72m^3/s$
③ $360m^3/s$
④ $720m^3/s$

해설 $Q = A \cdot q$ Q : 최대홍수유량(m^3/sec), A : 유역면적(km^2), q : 비유량($m^3/sec/km^2$)
   $60 \times 12 = 720m^3/s$

13. 임도 설계업무의 순서로 옳은 것은?

① 예비조사 – 답사 – 예측 – 설계도작성 – 실측 – 공사수량산출 – 설계서작성
② 예비조사 – 답사 – 예측 – 실측 – 설계서작성 – 공사수량산출 – 설계도작성
③ 예비조사 – 답사 – 예측 – 실측 – 설계도작성 – 공사수량산출 – 설계서작성
④ 예비조사 – 답사 – 예측 – 실측 – 설계도작성 – 설계서 작성 – 공사수량산출

정답 7. ③ 8. ③ 9. ② 10. ④ 11. ① 12. ④ 13. ③

해설 임도 설계업무의 순서
예비조사 → 답사 → 예측 → 실측 → 설계도작성 → 공사
수량산출 → 설계서작성

14. 해안사방에서 조기에 수림화를 유도하기 위해 밀식하는 경우 lha당 가장 적당한 본수는?

① 상층 : 1,000본, 하층 : 3,000본
② 상층 : 2,000본, 하층 : 3,000본
③ 상층 : 1,000본, 하층 : 5,000본
④ 상층 : 2,000본, 하층 : 5,000본

해설 해안사방에서 조기 수림화를 유도하기 위한 본수
상층 : 2,000본, 하층 : 5,000본

5. 가선집재와 비교한 트랙터집재의 특징이 아닌 것은?

① 기동성이 높다
② 작업생산성이 높다.
③ 급경사지 작업이 가능하다.
④ 산림환경에 대한 피해가 크다.

해설 가선 집재와 트랙터집재의 장점과 단점

구분	장점	단점
트랙터집재 (Skidding)	• 기동성 및 작업생산성이 높다. • 작업이 단순하다. • 작업비용이 낮다.	• 환경피해가 크다. • 완 · 중경사지에서만 작업이 가능하다. • 높은 임도 밀도가 필요하다.
가선집재 (Yarding)	• 환경피해가 적다 • 급경사지에서도 작업이 가능하다. • 낮은 임도 밀도에서도 가능하다.	• 기동성 및 작업생산성이 낮다. • 숙련된 기술이 필요하다. • 세밀한 작업계획이 필요하다. • 장비설치 및 제거시 간이 필요하다. • 장비 구입비가 비싸다.

16. 가선형 집재기계가 아닌 것은?

① 윈치
② 포워더
③ 타워야더
④ 케이블 크레인

해설 기능과 형태에 의한 임업기계분류
① 휴대형 임업기계 : 체인톱, 예불기, 식혈기, 가지치기 기계등
② 차량형 임업기계 : 트랙터, 포워더, 프로세서, 하베스터, 스키더, 펠러번쳐, 임내차 등
③ 가선형 임업기계 : 야더집재기, 자주식반송기, 임업용 윈치 등

17. 임도설치 관련 규정에 의한 임도의 종류에 포함되지 않은 것은?

① 사설임도
② 단체임도
③ 공설임도
④ 테마임도

해설 임도의 종류
국유임도, 공설임도, 사설임도, 테마임도

18. 임목수확작업 과정에 해당되지 않는 것은?

① 간재   ② 집재
③ 조재   ④ 벌목

해설 임목수확작업
① 벌목 : 산에 있는 나무를 베는 것
② 조재 : 벌채한 나무를 필요한 길이로 잘라서 재목으로 만듦
③ 집재 : 벌채 임지 내 벌목 조재되어 흩어져있는 원목을 운재하기에 편리한 장소에까지 모으는 작업
④ 제재 : 베어 낸 나무를 켜서 각목, 널빤지 따위를 만듦

19. 중심선측량과 영선측량의 편차가 많이 발생하는 지역은?

① 계곡부, 능선부   ② 능선부, 정상부
③ 사면부, 계곡부   ④ 정상부, 사면부

[해설] 중심선측량과 영선측량의 편차 발생지역
　　중심선 측량은 파상지형의 능선과 계곡을 관통하며 진행하나 영선은 사행으로 우회하여 진행한다.

20. 임도의 대피소 설치기준으로 옳지 않은 것은?

① 너비 : 5m 이상
② 간격 : 300m 이내
③ 유효길이 : 15m 이상
④ 종단 기울기 : 7% 이하

[해설] 임도 대피소 설치기준

대피소	기준
간격	300m
너비	5m 이상
차돌림 곳 너비	10m 이상
유효길이	15m 이상

1. 임도 설치를 위한 현지측량 결과가 다음과 같을 때 전체 구간에서 절토량은?

측점	절토 횡단면적
측점1	100m²
측점2	200m²
측점2+5.0	300m²

① 2,750m³   ② 4,250m³

③ 6,750m³   ④ 8,000m³

해설 노선의 시점을 기준으로 20m마다 측점말뚝

$$\frac{100+200}{2} \times 20 + \frac{200+300}{2} \times 5 = 4,250m^3$$

2. 돌을 쌓는 방법에 따른 공법의 종류에 해당되지 않는 것은?

① 덧쌓기 공법   ② 메쌓기 공법

③ 찰쌓기 공법   ④ 켜쌓기 공법

해설 돌쌓는 방법

메쌓기, 찰쌓기, 켜쌓기, 골쌓기

3. 상하 소단간의 경사거리가 길고 경사가 급하여 토사 유실이 예상되는 산지의 안정과 녹화에 가장 적합한 공법은?

① 떼단쌓기   ② 줄떼다지기

③ 평떼붙이기   ④ 선떼붙이기

해설 줄떼다지기

흙쌓기비탈면을 일정한 기울기로 유지하며, 비탈면을 보호·녹화하기 위하여 흙쌓기 비탈면에 수직높이 20~30cm 간격으로 반떼를 수평으로 삽입하고 달구판으로 단단하게 다지는 것으로 장차 떼가 활성화하여 번성하게 되면 사면이 안정화된다.

4. 통나무의 길이가 16m, 임도의 노폭은 4m인 경우 임도의 최소곡선반지름은?

① 4m   ② 8m

③ 12m   ④ 16m

해설 소곡선반지름(R) $= \frac{l^2}{4B} = \frac{16^2}{4 \times 4m} = 16m$

5. 다음 (　) 안에 내용으로 옳은 것은?

> 시장·군수·구청장 또는 국유림 관리소장은 (　) 단위로 연도별 임도설치계획을 작성하여야 한다.

① 1년   ② 2년

③ 5년   ④ 10년

해설 임도사업의 수립절차

① 임도사업기본계획 수립(10년 단위)

② 임도설치계획 수립(5년 단위)

③ 노선선정(지선·작업임도) : 간선임도는 설치 5개년 계획에 반영된 노선에 한함

④ 타당성평가

6. 목재수확작업에 주로 사용되는 와이어로프의 스트랜드의 수는?

① 3   ② 4   ③ 5   ④ 6

해설 임업용 와이어로프는 스트랜드의 수가 6개인 것을 많이 사용, 작업줄은 보통꼬임을 주로 사용한다.

7. 암반 비탈면의 녹화 조성에 가장 효과가 작은 것은?

① 새집공법   ② 차폐수벽공

③ 분사식씨뿌리기   ④ 종비토뿜어붙이기

해설 암반비탈면 녹화

종비토뿜어붙이기, 새집공법, 차폐수벽공

정답   1. ②   2. ①   3. ②   4. ④   5. ③   6. ④   7. ③

8. 생성 원인이 다른 암석은?

① 편마암
② 화강암
③ 안산암
④ 현무암

해설 ① 편마암-변성암
② 화강암, 안산암, 현무암-화산암

9. 임도 노면의 유지보수에 대한 설명으로 옳지 않은 것은?

① 약화된 노체의 지지력을 보강한다.
② 노면에 생긴 바퀴 자국이나 골을 없앤다.
③ 길어깨가 노면보다 높으면 깎아내고 다진다.
④ 노면 정제는 습윤한 상태보다 건조한 상태에서 실시하는 것이 좋다.

해설 바르게 고치면
노면 정제는 건조한 상태보다 습윤한 상태에서 실시하는 것이 좋다.

10. 콘크리트의 강도에 대한 설명으로 옳은 것은?

① 인장강도가 압축강도보다 크다.
② 전단강도가 압축강도보다 크다.
③ 압축강도와 인장강도가 비슷하다.
④ 인장강도와 전단강도는 비슷하다.

해설 콘크리트 강도
압축강도가 인장강도보다 크며, 인장강도와 전단강도는 비슷하다.

11. 산지사방에서 편책공 및 목책공에 대한 설명으로 옳지 않은 것은?

① 토사 유출 방지를 목적으로 시공한다.
② 한번 시설하면 영구적으로 사용할 수 있다.
③ 통나무를 이용하여 흙막이를 한 것을 목책공이라 한다.
④ 말뚝을 박고 섶가지 등을 엮어서 흙막이를 한 것을 편책공이라 한다.

해설 산복바자얽기
산지 사면의 토사 유치와 붕괴방지 및 식생조성을 목적으로 비탈면 또는 계단상에 바자(책, 편책)를 설치하고 뒤쪽에 흙을 채워 식생을 조성하는 공작물

12. 임도가 가장 이상적으로 배치되었을 경우에 개발지수는?

① 0
② 1
③ 10
④ 100

해설 개발지수
① 임도의 질적 기준을 나타내는 지표로, 임도망 배치의 효율적인 정도를 표시한다
② 이상적인 배치의 임도인 경우 개발지수는 1에 가까워지게 된다.

13. 하베스터가 수행하는 주요 작업에 대한 설명으로 옳은 것은?

① 벌도작업만 가능하다.
② 조재작업만 가능하다.
③ 벌도 및 조재작업이 가능하다.
④ 벌도 및 가선 집재작업이 가능하다.

해설 하베스터
① 임내를 이동하면서 입목의 벌도·가지제거·절단작동 등의 작업을 하는 기계로서 벌도 및 조재작업을 1대의 기계로 연속작업을 할 수 있는 장비
② 비교적 균일한 소경목을 대상으로 벌채가 이루어지는 곳에서 널리 사용

14. 롤러의 표면에 돌기를 만들어 부착한 것은?

① 탬핑롤러
② 탠덤롤러
③ 진동롤러
④ 머캐덤롤러

해설 탬핑롤러
롤러의 표면에 돌기를 부착한 것으로 댐, 제방. 도로 등 대규모의 두꺼운 성토의 다짐과 점착성이 큰 점질토의 다짐에 효과적이다.

15. 소실수량(증발산량)에 대한 설명으로 옳은 것은?

① 강수량에서 유출량을 뺀 값이다.
② 유출량에서 강수량을 뺀 값이다.
③ 강수량과 유출량을 합한 값이다.
④ 강수량과 유출량을 곱한 값이다.

해설 소실수량(소비수량)
소실수량은 강수량에서 유출량을 뺀 값으로 증발산량과 같다.

16. 임도에서 각 측점의 절성토 높이 및 지장목 제거 등의 물량을 산출하기 위한 내용이 기입된 설계도는?

① 평면도
② 횡단면도
③ 구조물도
④ 도로표준도

해설 횡단면도
① 축척은 1/100로 작성
② 횡단기입의 순서는 좌측하단에서 상단방향으로 함.
③ 절토부분은 토사·암반으로 구분하되, 암반부분은 추정선으로 기입
④ 각 측점의 단면마다 지반고·계획고·절토고 단면적, 지장목제거·측구터파기 단면적·사면보호공 등의 물량을 기입

17. 가선 집재와 비교한 트랙터 집재에 대한 설명으로 옳지 않은 것은?

① 작업비가 절약된다.
② 작업생산성이 높다.
③ 급경사지에서도 가능하다.
④ 기동성이 있고 탄력적으로 작업할 수 있다.

해설 트랙터집재 – 완경사지에서만 작업 가능

18. 해안사방에서 모래언덕 조성방법에 속하지 않는 것은?

① 모래덮기   ② 파도막이
③ 퇴사울세우기   ④ 정사울세우기

해설 해안사방공종
① 사구조성 : 퇴사공(퇴사울타리공법, 구정바자엮기공법), 성토공, 모래덮기(모래 덮기공법, 사초심기공법, 실파종), 파도막이퇴사공, 구정바자엮기, 모래막이, 파도막이
② 해안사지 조림공법 : 정사울세우기

19. 1 : 25,000 지형도에서 임도의 종단기울기 8%의 노선을 긋고자 할 때, 도면상에 표시되는 주곡선간의 길이는?

① 0.5mm   ② 1mm
③ 5mm   ④ 10mm

해설 1 : 25,000지형도
① 주곡선간격 10m
② 종단기울기 $= \dfrac{수직높이}{수평거리} \times 100$ 이므로

$8\% = \dfrac{10m}{수평거리} \times 100$, 수평거리$=125m$

③ 도면상 표시되는 주곡선간의 길이(x)
1cm:250m$=x$:125m $x=0.5$cm$=5$mm

20. 비탈다듬기 또는 단끊기에 의하여 발생한 토사를 산복의 깊은 곳에 넣어 고정 및 유지시키며 침식을 방지하고자 시공하는 것은?

① 땅속흙막이   ② 산복수로공
③ 비탈힘줄박기   ④ 산비탈 흙막이

해설 **땅속흙막이**
비탈다듬기와 단끊기 등에 의해 퇴적한 지역으로 기초가 단단한 지역에 적용한다.

1. 와이어로프의 안전계수를 바르게 나타낸 식은?

① $\dfrac{\text{와이어로프에 걸리는 최대장력(kg)}}{\text{와이어로프의 자체하중(kg)}}$

② $\dfrac{\text{와이어로프에 걸리는 최대장력(kg)}}{\text{와이어로프의 절단하중(kg)}}$

③ $\dfrac{\text{와이어로프의 자체하중(kg)}}{\text{와이어로프에 걸리는 최대장력(kg)}}$

④ $\dfrac{\text{와이어로프의 절단하중(kg)}}{\text{와이어로프에 걸리는 최대장력(kg)}}$

해설 와이어로프 안전계수

$= \dfrac{\text{와이어로프의 절단하중(kg)}}{\text{와이어로프에 걸리는 최대장력(kg)}}$

2. 유출계수(c)가 0.9이고 유역 면적이 100ha인 험준한 산악지역에 시간당 100mm의 강도로 비가 내리고 있다면 합리식법으로 계산한 최대홍수량(m³/s)은?

① 2.5
② 25
③ 250
④ 2500

해설 유역면적의 단위가 ha일 때의 시우량

$Q = \dfrac{1}{360} \times$ 유거계수 $\times$ 강우강도 $\times$ 유역면적

$= \dfrac{1}{360} \times 0.9 \times 100 \times 100 = 25.002 \to 25\,\text{m}^3/\text{s}$

3. 임도시설 중에서 대피소의 정의는?

① 벌도목 등을 쌓아두는 곳
② 산림재해발생 시 대피하는 곳
③ 임도시설에 필요한 기구를 보관하는 곳
④ 임도에서 자동차가 서로 비켜가기 위한 장소

해설 임도의 대피소
① 임도에서 차량이 서로 비켜가기 위한 장소로 통행이 가능하도록 하며, 차돌림곳을 충분히 확보하고, 가급적 넓게 시설함
② 대피소 간격은 200미터 이내 설치

4. 사방댐의 시공적지로 옳지 않은 것은?

① 상류부의 계폭이 좁은 곳
② 계상과 양안에 암반이 존재하는 곳
③ 수생태계에 미치는 영향이 크지 않은 곳
④ 지류의 합류점 부근에서는 합류점의 하류지점

해설 바르게 고치면
사방댐의 시공적지는 상류부의 계폭이 넓고 댐자리는 좁은 곳이 좋다.

5. 산지의 침식형태 중 중력에 의한 침식으로 옳지 않은 것은?

① 산붕
② 포락
③ 산사태
④ 사구침식

해설 사구침식 – 바다침식

6. 계류의 유속완화와 유송토사의 퇴적촉진을 위해 구곡에 시공하는 사방공작물로 주로 반수면만 축설하는 것은?

① 사방댐
② 골막이
③ 둑쌓기
④ 누구막이

해설 구곡에 시공하는 사방공작물을 구곡막이(골막이)라고 한다.

7. 벌도 시 벌목방향을 확정하고 벌도목이 쪼개지는 것을 방지하기 위하여 근원 부근에 만드는 것은?

① 추구   ② 수구
③ 벌도구   ④ 수평구

해설 수구 – 방향베기, 추구 – 따라베기

8. 와이어로프의 폐기기준으로 옳지 않은 것은?

① 꼬임상태(킹크)가 발생한 것
② 현저하게 변형 또는 부식된 것
③ 와이어로프 소선이 1/100 이상 절단된 것
④ 마모에 의한 직경 감소가 공칭직경의 7%를 초과하는 것

해설 와이어로프 폐기기준
   ① 와이어로프 1피치사이에 와이어 소선의 단선수가 1/10 이상인 것
   ② 마모에 의한 와이어로프의 지름의 감소가 공칭지름의 7%를 초과하는 것
   ③ 그 밖의 킹크된 것, 현저히 변형, 부식된 것

9. 1/25,000 지형도에서 지도상 거리가 10cm이면, 실제거리는?

① 250m
② 1,000m
③ 2,500m
④ 10,000m

해설 10cm × 25,000 = 250,000cm = 2,500m

10. 배향곡선지가 아닌 경우 임도의 유효너비 기준은?

① 2.5m   ② 3m
③ 5m   ④ 6m

해설 임도의 유효너비
   ① 길어깨·옆도랑의 너비를 제외한 임도의 유효너비는 3m를 기준으로 한다.
   ② 배향곡선지의 경우에는 6m 이상으로 한다.

11. 산림작업 기계화의 주목적으로 가장 거리가 먼 것은?

① 생산비용의 절감
② 노동생산성의 향상
③ 환경피해의 최소화
④ 중노동으로부터의 해방

해설 산림작업의 기계화는 환경피해를 유발한다.

12. 임목수확작업 시 벌도, 가지치기, 토막내기, 조재목 마름질에 가장 적합한 기계는?

① 포워더(forwarder)
② 하베스터(harvester)
③ 프로세서(processor)
④ 펠러번처(feller buncher)

해설 벌도, 가지치기, 토막내기, 조재목 마름질을 동시에 수행하는 고성능 장비는 하베스터이다.

13. 설계속도가 30km/시간, 마찰계수가 0.15, 노면의 횡단물매가 0.15인 경우, 임도 노선의 최소곡선반지름은?

① 20.6m
② 21.6m
③ 22.6m
④ 23.6m

해설 곡선반지름 = $\dfrac{30^2}{127 \times (0.15 + 0.15)}$ = 23.6m

정답   7. ②   8. ③   9. ③   10. ②   11. ③   12. ②   13. ④

14. 가선집재와 비교한 트랙터집재의 특징이 아닌 것은?

① 기동성이 높다.
② 작업이 단순하다.
③ 운전이 용이하다.
④ 고속이므로 장거리 운반에 바람직하다.

해설 바르게 고치면
　　트랙터집재는 저속이므로 단거리 운반에 바람직하다.

15. 지선임도 밀도가 10m/ha이며, 임도효율요인이 4인 경우 트랙터를 이용한 평균집재거리는?

① 2.5m
② 40m
③ 400m
④ 2,500m

해설 평균집재거리 $= \dfrac{\text{임도효율계수}}{\text{임도밀도}}$

　　$\dfrac{4}{10} = 0.4\text{km} = 400\text{m}$

16. 임도 설계 업무의 순서로 옳은 것은?

① 예비조사 → 답사 → 예측 → 실측 → 설계서 작성
② 예비조사 → 예측 → 답사 → 실측 → 설계서 작성
③ 예측 → 예비조사 → 답사 → 실측 → 설계서 작성
④ 답사 → 예비조사 → 예측 → 실측 → 설계서 작성

해설 임도설계업무의 순서
　　예비조사 → 답사 → 예측 → 실측 → 설계서 작성

17. 평시에는 유량이 적지만 강우 시에 유량이 급격히 증가하는 지역 등과 같은 곳에 설치하는 것은?

① 세월교
② 속도랑
③ 빗물받이
④ 횡단배수관

해설 세월시설
　　평소에는 유량이 적지만 비가 오면 유량이 급격히 증가하는 지역 등에 설치하는 배수로

18. 토공작업에 적합한 기계 연결로 옳지 않은 것은?

① 굴착－파워 쇼벨, 백호우
② 벌근제거－트랜쳐, 불도저
③ 정지－불도저, 모터 그레이더
④ 운반－덤프트럭, 벨트 컨베이어

해설 트랜쳐(Trencher)
　　① 굴착기계
　　② 배수관 매설, 도랑파기, 기초굴착 또는 매립공사

19. 산지의 침식형태 중에서 중력에 의한 침식으로 옳지 않은 것은?

① 산붕
② 포락
③ 산사태
④ 사구침식

해설 중력에 의한 붕괴형 침식
　　산사태, 산붕, 붕락, 포락, 암석붕락 등

20. 앞 모래언덕 육지 쪽에 후방 모래를 고정하여 표면을 안정시키고 식재목이 잘 생육할 수 있는 환경 조성을 위해 실시하는 공법은?

① 구정바자얽기
② 모래덮기공법
③ 퇴사울타리공법
④ 정사울세우기공법

해설 정사울세우기공법
　　사구에 조림할 경우 모래의 이동을 방지하고 강풍으로 인한 모래 날림의 피해로부터 묘목을 보호하기 위한 사구조림공법이다.

정답　14. ④　15. ③　16. ①　17. ①　18. ②　19. ④　20. ④

1회
1회독 □　2회독 □　3회독 □

1. 와이어로프의 용도별 안전계수 중 가공본줄의 안전계수는?

① 2.7 이상　　　　② 4.0 이상
③ 4.7 이상　　　　④ 6.0 이상

해설 안전계수
- 가공본줄의 안전계수: 2.7
- 짐당김줄 · 되돌림줄 · 버팀줄 · 고정줄 : 4.0
- 짐올림줄 · 짐매달음줄 : 6.0

2. 합성물매가 10%이고, 외쪽물매가 6%인 지역의 종단물매는 얼마인가?

① 7%
② 8%
③ 9%
④ 10%

해설 합성물매(합성기울기)

$$합성물매 = \sqrt{외쪽물매^2 + 종단물매^2}$$
$$10 = \sqrt{6^2 + 종단물매^2} = 종단물매 = 8\%$$

3. 우리나라 임도관련 규정상에서 설계속도 40 (km/시간)으로 건설된 간선임도 종단곡선의 길이(미터)에 대한 기준은?

① 50m 이상
② 40m 이상
③ 30m 이상
④ 20m 이상

해설
- 설계속도 30km/시간 : 30m 이상
- 설계속도 20km/시간 : 20m 이상

4. 줄떼다지기공법에서 비탈 전체를 일정한 물매로 유지하며, 비탈을 보호 녹화하기 위하여 수직높이 몇 cm간격으로 반떼를 수평으로 붙이는가?

① 20~30cm　　　　② 30~40cm
③ 40~60cm　　　　④ 60~80cm

해설 주로 성토면에 사용하며 수직높이 20~30cm 간격으로 반떼를 수평으로 붙인다.

5. 유량이 40m³/sec이고, 평균유속이 5m/sec이며, 수로횡단면의 형상 및 크기가 일정할 때 수로횡단면적은?

① 5m²　　② 6m²　　③ 7m²　　④ 8m²

해설 유량 = 평균유속 × 유적(수로횡단면적)
　　40 = 5 × 유적, 유적 = 8m²

6. 토지로부터 가벼운 흙입자나 유기물 등 가용 양료를 탈취함으로써 토양비옥도와 생산성 유지에 지대한 손실을 가져다주는 침식 형태는?

① 우격침식　　　　② 면상침식
③ 세굴침식　　　　④ 누구침식

해설 면상침식
　　침식의 초기 유형으로 토양표면 전면이 얇게 유실되는 침식이다.

7. 물에 의한 침식의 종류에 해당하지 않는 것은?

① 침강침식　　　　② 지중침식
③ 하천침식　　　　④ 우수침식

해설 물에 의한 침식에는 우수(빗물)침식, 하천침식, 지중침식, 바다침식 등이다.

정답　1. ①　2. ②　3. ②　4. ①　5. ④　6. ②　7. ①

8. 임도 노면 시공방법으로 머캐덤(Macadam)이라고도 불리는 것은?

① 사리도 ② 토사도
③ 쇄석도 ④ 통나무길

해설 쇄석도

시공에서 머캐덤식은 쇄석재료만으로 피복하여 다진 도로로 자동차 도로에 적용되고, 텔퍼드식은 노반의 하층에 큰 깬돌을 깔고 쇄석재료를 입히는 방법으로 지반이 연약한 곳에 효과적이다.

9. 토양 중 화합물의 한 성분으로 토양을 100~110℃로 가열해도 분리되지 않는 결정수는?

① 중력수 ② 모관수
③ 결합수 ④ 흡습수

해설 결합수는 토양의 고체분자를 구성하는 pH 7 이상인 물로 식물에는 흡수되지 않으나 화합물의 성질에 영향을 준다.

10. 임도 종단면도는 종단측량 결과에 의거 수평축척과 수직축척을 표시하여 제도하는데 옳은 축척은?

① 수평축척은 1:1,000, 수직축척은 1:200
② 수평축척은 1:200, 수직축척은 1:1,200
③ 수평축척은 1:1,000, 수직축척은 1:100
④ 수평축척은 1:100, 수직축척은 1:1,000

해설 종단면도는 전후도면이 접합되도록 하며 축적은 횡 1 : 1,000, 종 1 : 200 축척으로 작성한다.

11. 산사태 및 산붕에 대한 일반적인 설명으로 틀린 것은?

① 주로 사질토에서 많이 발생한다.
② 20도 이상의 급경사지에서 많이 발생한다.
③ 강우, 특히 강우강도에 영향을 받는다.
④ 징후의 발생이 많고 서서히 활락(滑落)한다.

해설 산사태 및 산붕은 발생 징후가 적고 강우강도에 의해 갑자기 일어난다.

12. 노체의 기본구조를 깊은 순서대로 나열한 것으로 옳은 것은?

① 노상 → 노반 → 기층 → 표층
② 노산 → 기층 → 노반 → 표층
③ 노상 → 기층 → 표층 → 노반
④ 노상 → 표층 → 기층 → 노반

해설 노체는 도로의 본체의 최하층 노상과 노반(노면), 기층, 표층의 순으로 구성되어 있다.

13. 사방댐의 방수로 크기를 결정할 때 직접적으로 관계가 없는 것은?

① 암반상태
② 집수면적
③ 황폐상황
④ 강수량

해설 방수로는 물을 흘려보내기 위해 인공적으로 만든 물길이며 댐의 유지면에서 매우 중요하다. 방수로의 크기는 집수면적, 강수량, 산림의 상태, 산복의 경사 등에 의해 결정된다.

14. 계상에서 석력의 고대는 있어도 세굴과 침전이 평형을 유지하여 종단형상에 변화를 일으키지 않는 기울기는?

① 평형기울기
② 안정기울기
③ 사면기울기
④ 편류기울기

해설 안정기울기 = 보정기울기 = 평균기울기

정답 8. ③ 9. ③ 10. ① 11. ④ 12. ① 13. ① 14. ②

15. 다음 중 고저측량에 대한 설명으로 틀린 것은?

① 전시(F.S)와 후시(B.S)가 모두 있는 측점을 이기점(T.P)이라 한다.
② 기계고(I.H)는 지반고(G.H) + 후시(B.S)이다.
③ 기점과 최종점의 고저차는 후시의 합계 + 이기점의 전시의 합계이다.
④ 지반고(G.H)는 기계고(I.H) − 전시(F.S)이다.

해설 바르게 고치면
기점과 최종점의 고저차 산정 = 후시의 합계 − 전시의 합계

16. 트랙터집재와 가선집재에 대해 설명으로 맞는 것은?

① 트랙터집재는 가선집재에 비해 작업비용이 높다.
② 트랙터집재는 가선집재에 비해 환경에 친화적이다.
③ 가선집재는 트랙터집재에 비해 작업생산성이 낮다.
④ 가선집재는 트랙터집재에 비해 경사에 제한을 받는다.

해설 트랙터집재는 가선집재에 비해 작업생산성이 높다.

17. 가공본줄을 이용한 가선집재방식의 종류와 특징을 기술한 것 중 옳지 못한 것은?

① 타일러식 집재방법은 가로집재가 가능하며 롤러 및 와이어로프의 마모가 심하지 않다.
② 엔드리스 타일러식 집재방법은 긴 가로집재가 가능하며 설치시간이 많이 소요된다.
③ 스너빙방식 집재방법은 구조가 간단하여 운전이 용이하나 가로집재가 불가능하다.
④ 슬랙라인식 집재방법은 구조가 간단하여 설치가 용이하나 임지훼손이 크다.

해설 타일러식은 집재거리가 제한적이며, 택벌지에서 가로집재에 의한 잔존목의 손상이 많고 롤러 및 와이어로프의 마모가 심하다.

18. 임도의 시공사면에 석축옹벽을 설치할 때 석재의 종류와 시공방법에 대한 설명으로 옳지 않은 것은?

① 견치돌은 매쌓기와 찰쌓기에 모두 이용 가능하다.
② 막깬돌은 반드시 메쌓기용으로 시공해야 튼튼하다.
③ 야면석은 자연석으로 무게가 약 100kg 정도로 찰쌓기와 메쌓기에 사용된다.
④ 마름돌은 고급석재이므로 미관을 요하는 경우에 메쌓기나 찰쌓기로 이용된다.

해설 견치돌이나 막깬돌을 사용하여 마름모꼴 대각선으로 쌓는 방법을 골쌓기라고 한다.

19. 지표면 유출현상이 계속적으로 일어나 소규모의 물줄기에 의한 흐름 때문에 생기는 토사이동현상으로 옳은 것은?

① 구곡침식
② 면상침식
③ 우적침식
④ 누구침식

해설 누구침식(우열침식)
빗물침식에 해당되며 침식의 중기유형으로 토양표면에 잔도랑이 불규칙하게 생기면서 꺾이는 현상이다.

20. 다음의 산림토목 시공용 기계 중 주로 굴착작업에 사용되는 기계는?

① 래머
② 탬핑롤러
③ 파워셔블
④ 모터그레이더

해설 파워셔블
굳은 점토나 경질의 흙을 굴착하는 작업을 하며, 기계가 놓인 지면보다 높은 곳을 굴착할 때 이용된다.

정답 15. ③ 16. ③ 17. ① 18. ② 19. ④ 20. ③

1. 임도시설 중에서 대피소의 정의는?

① 벌도목 등을 쌓아두는 곳
② 산림재해발생 시 대피하는 곳
③ 임도시설에 필요한 기구를 보관하는 곳
④ 임도에서 자동차가 서로 비켜가기 위한 장소

해설 임도의 대피소
     ① 임도에서 차량이 서로 비켜가기 위한 장소로 통행이 가능하도록 하며, 차돌림곳을 충분히 확보하고, 가급적 넓게 시설함
     ② 대피소 간격은 200미터 이내 설치

2. 평시에는 유량이 적지만 강우 시에 유량이 급격히 증가하는 지역 등과 같은 곳에 설치하는 것은?

① 횡단배수관
② 속도랑
③ 빗물받이
④ 세월교

해설 세월시설
     평소에는 유량이 적지만 비가 오면 유량이 급격히 증가하는 지역 등에 설치하는 배수로

3. 임도의 종단기울기 선정 시 다음 표에 들어갈 수치는?

설계속도 (km/hr)	종단기울기(순 기울기, %)	
	일반지형	특수지형
40	7	(나)
30	8	(다)
20	(가)	14

① (가) : 10, (나) : 12, (다) : 13
② (가) : 10, (나) : 10, (다) : 12
③ (가) : 9, (나) : 12, (다) : 13
④ (가) : 9, (나) : 10, (다) : 12

해설 종단기울기

설계속도 (km/hr)	종단기울기(순 기울기, %)	
	일반지형	특수지형
40	7	10
30	8	12
20	9	14

4. 임도에서 너비에 대한 설명으로 옳지 않은 것은?

① 곡선부에서는 곡선 반경에 따라 너비를 확대하여야 한다.
② 길어깨 및 옆도랑의 너비는 각각 1m~2m의 범위로 한다.
③ 유효너비는 길어깨 및 옆도랑의 너비를 제외하여 3m를 기준으로 한다.
④ 임도의 축조한계는 유효너비에서 길어깨를 포함한 규격에 따라 설치한다.

해설 바르게 고치면
     길어깨 및 옆도랑의 너비는 각각 50cm~1m의 범위로 한다.

5. 하베스터와 포워더를 이용한 작업시스템의 목재생산방법은?

① 전목생산방법
② 전간생산방법
③ 단목생산방법
④ 전간목생산방법

해설 단목생산방법
     포워더는 기본적으로 벌도·조재작업의 하베스터(Harvester, 벌도조재기)와 집재작업의 포워더의 조합에 의한 단목생산의 임목생산작업시스템인 하베스터형 임목수확작업시스템에 사용되는 차량계 고성능 임업기계이다.

정답   1. ④   2. ④   3. ④   4. ②   5. ③

6. 1:25,000 지형도상에서 산정표고 485.35m, 산밑표고 234.54m, 산정으로부터 산 밑까지의 도상 수평거리가 5cm일 때 사면의 경사는 약 얼마인가?

① 10% ② 15%
③ 20% ④ 25%

해설 경사도 $= \dfrac{\text{표고차}}{\text{실제거리}} \times 100$

$$= \dfrac{485.35 - 234.54}{0.05 \times 25,000} \times 100$$

$$= 20\%$$

7. 비탈면 안정공법이 아닌 것은?

① 돌쌓기 공법 ② 새심기 공법
③ 힘줄박기 공법 ④ 격자틀붙이기 공법

해설 새심기 공법
- 암반사면에 반달형 제비집 모양으로 잡석을 쌓고 내부를 흙으로 채운 후 식생을 조성
- 비탈면 녹화공법

8. 산지의 침식형태 중에서 중력에 의한 침식으로 옳지 않은 것은?

① 산붕 ② 포락
③ 산사태 ④ 사구침식

해설 중력에 의한 붕괴형 침식
산사태, 산붕, 붕락, 포락, 암석붕락 등

9. 반출할 목재의 길이가 16m, 도로의 폭이 8m일 때 최소곡선반지름은?

① 8m ② 14m
③ 16m ④ 32m

해설 최소곡선반지름

$$= \dfrac{\text{반출할목재의길이}^2}{4 \times \text{도로의너비}} = \dfrac{16^2}{4 \times 8} = 8m$$

10. 계류의 유속과 흐름방향을 조절할 수 있도록 둑이나 계안으로부터 돌출하여 설치하는 것은?

① 수제
② 구곡막이
③ 바닥막이
④ 기슭막이

해설 수제
계류의 유속과 흐름방향을 변경시켜 계안의 침식과 기슭막이 공작물의 세굴을 방지하기 위해 둑이나 계안으로부터 돌출하여 설치하는 계간 사방 공작물이다.

11. 강우에 의한 침식의 발달과정 순서로 옳은 것은?

① 구곡침식 → 면상침식 → 누구침식
② 구곡침식 → 누구침식 → 면상침식
③ 면상침식 → 구곡침식 → 누구침식
④ 면상침식 → 누구침식 → 구곡침식

해설 빗물에 의한 침식
우격침식(빗방울침식), 면상침식, 누구침식, 구곡침식의 순으로 이루어진다.

12. 적정임도밀도가 5m/ha일 때 임도간격은 얼마인가?

① 1,000m
② 2,000m
③ 3,000m
④ 4,000m

해설 임도간격 $= \dfrac{10,000}{\text{적정임도밀도}} = \dfrac{10,000}{5} = 2,000m$

정답 6. ③ 7. ② 8. ④ 9. ① 10. ① 11. ④ 12. ②

13. 와이어로프의 안전계수식을 올바르게 나타낸 것은?

① 와이어로프의 최소장력 ÷ 와이어로프에 걸리는 절단하중

② 와이어로프의 최대장력 ÷ 와이어로프에 걸리는 절단하중

③ 와이어로프의 절단하중 ÷ 와이어로프에 걸리는 최소장력

④ 와이어로프의 절단하중 ÷ 와이어로프에 걸리는 최대장력

해설 와이어로프의 안전계수와 기준
① 안전계수 = 와이어로프의 절단하중(kg) ÷ 와이어로프에 걸리는 최대장력(kg)
② 와이어로프 안전계수 기준
• 스카이라인(가공본줄) : 2.7 이상
• 짐올림줄.짐매달음줄 : 6.0 이상
• 기타(짐당김줄, 되돌림줄, 버팀줄, 고정줄) : 4.0이상

14. 노면을 쇄석, 자갈로 부설한 임도의 경우 횡단 기울기의 설치 기준은?

① 1.5~2%
② 3~5%
③ 6~10%
④ 11~14%

해설 횡단기울기
노면의 종류에 따라 포장을 하지 않은 노면(쇄석 · 자갈을 부설한 노면포함)은 3~5%, 포장한 노면은 1.5~2%로 한다.

15. 임도의 노체를 구성하는 기본적인 구조가 아닌 것은?

① 노상
② 기층
③ 표층
④ 노층

해설 임도 노체의 구성
노상 – 보조기층 – 기층 – 표층

16. 시멘트 콘크리트의 응결경화 촉진제로 많이 사용하는 혼화제는?

① 석회
② 규조토
③ 규산백토
④ 염화칼슘

해설 경화촉진제
① 수화열의 방생으로 수화반응을 촉진하여 조기에 강도를 내는 역할
② 염화칼슘, 염화알루미늄, 규산나트륨 등이 이용

17. 비탈다듬기나 단끊기 공사로 생긴 토사를 계곡부에 넣어서 토사 활동을 방지하기 위해 설치하는 산지사방 공사는?

① 골막이
② 누구막이
③ 기슭막이
④ 땅속흙막이

해설 땅속흙막이
① 비탈다듬기와 단끊기 등으로 생산되는 뜬흙을 산비탈의 계곡부에 투입하여 유실을 방지
② 산각의 고정을 기하고자 축설하는 공법

18. 임목 벌도작업에서 이상적인 수구의 각도는?

① 0~15°
② 15~30°
③ 30~45°
④ 45~60°

해설 임목 벌도작업시 이상적인 수구의 각도
30~45°

19. 유역면적의 단위가 ha일 때 유량공식으로 옳은 것은?(단, C : 유출계수, I : 강우강도(mm/hr), A : 면적)

① $Q = 2,778CIA\,(\text{m}^3/\text{sec})$
② $Q = 0.2778CIA\,(\text{m}^3/\text{sec})$
③ $Q = 0.02778CIA\,(\text{m}^3/\text{sec})$
④ $Q = 0.002778CIA\,(\text{m}^3/\text{sec})$

정답 14. ② 15. ④ 16. ④ 17. ④ 18. ③ 19. ④

해설 $Q = \dfrac{1}{360} \text{CIA} \, (\text{m}^3/\text{sec})$

$Q = 0.002778 \text{CIA} \, (\text{m}^3/\text{sec})$

20. 와이어로프 사용금지 항목으로 옳지 않은 것은?

① 꼬임상태(킹크)인 것
② 와이어로프 소선이 10분의 1 이상 절단된 것
③ 와이어로프에 벌목된 나무의 껍질이 걸린 것
④ 마모에 의한 직경감소가 공칭직경의 7%를 초과하는
   것

해설 와이어로프 교체 기준
   ① 와이어로프의 1피치 사이에 와이어가 끊어진 비율이
      10%에 달하는 경우
   ② 와이어로프의 지름이 공식지름보다 7% 이상 마모된
      것
   ③ 심하게 킹크 되거나 부식된 것

1. 저습지대에서 노면의 침하를 방지하기 위하여 사용하는 것은?

① 토사도　　　　　　② 사리도
③ 섶길　　　　　　　④ 쇄석도

[해설] 저습지나 급경사구간 또는 특수한 곳에는 통나무 및 섶길로 시공하기도 한다.

2. 축척이 1:25,000의 지형도에서 도상거리가 8cm일 때 지상거리는 몇km인가?

① 2　　　　　　　　② 3
③ 4　　　　　　　　④ 5

[해설] $8cm \times 25,000 = 200,000cm = 2km$

3. 임도의 종단물매가 4%, 횡단물매가 3%일 때의 합성물매는?

① 3%　　　　　　　② 5%
③ 7%　　　　　　　④ 9%

[해설] 합성기울기
- 종단기울기와 횡단기울기를 제곱하여 합한 값의 제곱근을 합성기울기라고 함
- 합성기울기 = $\sqrt{횡쪽물매^2 + 종단물매^2}$
  $\sqrt{3^2 + 4^2} = 5\%$

4. 임도의 횡단선형 중 임도의 너비로 맞는 것은?

① 차도너비
② 차도너비 + 길어깨너비
③ 차도너비 + 길어깨너비 + 옆도랑
④ 차도너비 + 길어깨너비 + 옆도랑 + 성토의 비탈면

[해설] 임도의 유효너비와 길어깨(갓길)를 합한 것을 노폭이라고도 한다.

5. 산복사방에서 돌흙막이공을 계획할 대 최대 높이는 원칙적으로 얼마까지로 할 수 있는가?

① 찰쌓기 2.5m 이하, 메쌓기 1.5m 이하
② 찰쌓기 3.0m 이하, 메쌓기 2.0m 이하
③ 찰쌓기 3.5m 이하, 메쌓기 2.5m 이하
④ 찰쌓기 4.0m 이하, 메쌓기 3.0m 이하

[해설] 돌흙막이 높이는 원칙적으로 찰쌓기는 3.0m 이하, 메쌓기는 2.0m 이하로 하며 기울기는 1 : 0.3 으로 한다.

6. 파종녹화공법에서 파종량(W)을 구하는 식으로 옳은 것은?(단, S=평균입수, P=순도, B=발아율, C=발생대기본 수이다)

① $W = C \times S \times P \times B \times 100$

② $W = \dfrac{C}{S \times P \times B} \times 100$

③ $W = \dfrac{C}{S \times P} \times B \times 100$

④ $W = \dfrac{C}{S \times B} \times P \times 100$

[해설] 파종량 = $\dfrac{발생기대본수}{평균입수 \times 순도 \times 발아율} \times 100$

7. 식생공법에 관한 설명으로 틀린 것은?

① 인위적으로 발생된 비탈면을 식물로 피복녹화하는 방법을 말한다.
② 토양침식을 방지하며, 지표면의 온도를 완화·조절한다.
③ 식물체에 의한 토립자에 대한 동상붕락(凍上崩落)의 현상이 증가한다.
④ 녹화에 의한 경관조성효과를 목적으로 시공한다.

정답　　1. ③　2. ①　3. ②　4. ②　5. ②　6. ②　7. ③

해설 비탈면을 식생으로 피복함으로써 강우에 의한 침식을 방지하여 비탈면을 보호하는 공법으로 녹화에 의한 미관향상과 환경보전을 기대할 수 있으며 경제적이다.

8. 토사유과구역에 대한 설명으로 맞지 않는 것은?

① 토사생산구역에 접속된 구역이다.
② 침식이나 퇴적이 비교적 적다.
③ 보통 선상지(扇狀地)를 형성한다.
④ 중립지대 또는 무작용지대 등으로 불린다.

해설 토사유과구역은 토사생산구역에서 생산된 토사를 이동시키는 구역으로 침식 및 퇴적이 적으며 협곡을 이루는 경우가 많다.

9. 임도의 평면곡선에 대한 설명으로 옳은 것은?

① 배향곡선은 방향이 서로 다른 곡선을 연속시킨 것
② 복심곡선은 반지름이 다른 곡선이 같은 방향으로 연속되는 것
③ 완화곡선은 반지름이 작은 원호의 앞뒤에 반대방향 곡선을 넣는 것
④ 반향곡선은 직선부에서 곡선부로 연결될 때 외쪽물매와 나비 넓힘이 원활하게 이어지는

해설 평면 곡선의 종류
• 배향곡선 : 단복선, 복심곡선, 반향곡선이 혼합되어 헤어핀 모양으로 된 곡선으로 산복부에서 노선 길이를 연장하여 종단물매를 완화하게 하거나 동일사면에서 우회할 목적으로 설치되며 교각이 180°에 가깝게 됨
• 복심곡선 : 동일한 방향으로 굽고 곡률이 다른 두 개 이상의 원곡선이 직접 접속되는 곡선
• 단곡선 : 평형하지 않은 2개의 직선을 1개의 원곡선으로 연결하는 곡선
• 반향곡선 : 방향이 다른 두 개의 원곡선이 직접 접속하는 곡선으로 곡선의 중심이 서로 반대쪽에 위치한 곡선

10. 대경재 벌목방법으로 옳지 않은 것은?

① 쐐기나 지렛대를 이용한다.
② 기계톱에 무리한 힘을 가하지 않는다.
③ 바버체어(Baber Chair)가 발생하도록 작업한다.
④ 목재 손실을 방지하기 위해 옆면 노치 자르기를 한다.

해설 바버체어
• 벌목 시 임목이 제대로 절단되지 않고 쪼개지는 현상으로 수간이 수직방향으로 갈라진 임목을 말함
• 벌목시 바버체어는 발생되지 않도록 함

11. 앞 모래언덕 육지 쪽에 후방 모래를 고정하여 그 표면을 안정시키고, 식재목이 잘 생육할 수 있는 환경 조성을 위해 실시하는 공법은?

① 구정바자얽기 　② 모래덮기공법
③ 퇴사울타리공법 　④ 정사울세우기공법

해설 사구에 조림할 경우 모래의 이동을 방지하고 강풍으로 인한 모래 날림의 피해로부터 묘목을 모호하기 위해 설치하는 울타리를 정사울이라 한다.

12. 황폐계류유역에 해당하지 않는 것은?

① 토사억제구역 　② 토사생산구역
③ 토사요과구역 　④ 토사퇴적구역

해설 황폐계류의 유역
토사생산구역, 토사유과구역, 토사퇴적구역

13. 경사면과 임도 시공기면과의 교차선으로 임도시공 시 절토와 성토작업을 구분하는 경계선은?

① 중심선 　　　 ② 시공선
③ 곡선시점 　　 ④ 영선

해설 임도에서 노면의 시공면과 산지의 경사면이 만나는 영점을 연결한 노선의 종축을 영선이라 한다.

14. 다음 중 임도설계 업무의 순서로 옳은 것은?

① 예측 → 예비조사 → 답사 → 실측 → 설계서 작성
② 예비조사 → 답사 → 예측 → 실측 → 설계서 작성
③ 예비조사 → 예측 → 답사 → 실측 → 설계서 작성
④ 답사 → 예비조사 → 예측 → 실측 → 설계서 작성

해설 임도의 설계순서
예비조사 → 답사 → 예측 · 실측 → 설계도 작성 → 공사량의 산출 → 설계서 작성

15. 중력댐의 안정조건으로 옳지 않은 것은?

① 전도에 대한 안정
② 퇴적에 대한 안정
③ 자체 파괴에 대한 안정
④ 기초지반 지지력에 대한 안정

해설 중력댐
전도 · 활동 · 제체의 파괴 및 기초지반의 지지력에 대한 안정해야 한다.

16. 유연면적이 10,000m²이고, 최대시우량이 150mm/hr일 때 임상이 좋은 산림지역에서의 유량은 약 얼마인가? (단, 유거계수는 0.35이다)

① 0.146m³/sec
② 1.458m³/sec
③ 14.58m³/sec
④ 145.8m³/sec

해설 유역면적에 의한 최대시우량

$$Q = K \frac{a \times \dfrac{m}{1,000}}{60 \times 60}(\text{m/s})$$

여기서, Q : 1초 동안의 유량(m³/sec), K : 유거계수, a : 유역면적(m²), m : 최대시우량(mm/hr)

$$0.35 \frac{10000 \times \dfrac{150}{1,000}}{60 \times 60} = 0.145833$$

$$\rightarrow 0.146\text{m}^3/\text{sec}$$

17. 수준측량에 있어서 측점6의 지반고(m)는 얼마인가?

측점	후시(m)	전시(m)		지반고 (m)
		TP	IP	
BM	2,191			10,000
1			2,507	
2			3,325	
3	3,019	1,486		
4				
5	1,752	2,811		
6		3,817		

① 8,838
② 8,932
③ 9,684
④ 9,933

해설 ① 지반고＝기계고 − 전시＝지반고 + (후시 − 전시)
② 지반고＝지반고(10,000) +후시합계
(6,962 = 2,191＋3,019＋1,752) −전시합계
(8,124 = 1,496＋2,811＋3,817) = 8,838

18. 계간사방의 공법으로 짝지어진 것은?

① 흙막이, 바닥막이
② 기슭막이, 누구막이
③ 누구막이, 흙막이
④ 바닥막이, 기슭막이

해설 바닥막이, 기슭막이
• 시내 또는 하천의 종 · 횡침식 방지를 위하여 필요한 곳 설치
• 시내 또는 하천바닥의 불안정한 침식방지 및 적정한 기울기를 유지하기 위하여 설치

19. 산림관리 기반시설의 설계 및 시설기준에서 암거, 배수관 등 유수가 통과하는 배수 구조물 등의 통수단면은 최대홍수유량 단면적에 비해 어느 정도 되어야 한다고 규정하고 있는가?

① 1.0배 이상
② 1.2배 이상
③ 1.5배 이상
④ 1.7배 이상

2021년 3회

해설 교량·암거의 통수 단면 설계

100년 빈도 확률강우량과 홍수도달시간을 이용한 합리식으로 계산된 최대홍수유출량의 1.2배 이상으로 설계·설치한다.

20. 반출할 목재의 길이가 15m, 임도의 노폭이 3m일 때 이 목재를 운반할 수 있는 최소곡선반지름은 약 얼마인가? (단, 차량의 운반속도는 매우 느리다고 가정)

① 12.3m   ② 14.1m

③ 18.8m   ④ 20.1m

해설 최소곡선반지름

$$R = \frac{l^2}{4B}$$

여기서, R : 최소곡선반지름(m), l : 반출할 목재의 길이(m), B는 도로의 너비이다.

$$= \frac{15^2}{4 \times 3} = 18.75 \rightarrow 18.8m$$

정답 20. ③

1회

1회독 □ 2회독 □ 3회독 □

1. 임도의 평면선형에서 사용되는 곡선이 아닌 것은?

① 단곡선
② 이중곡선
③ 복심곡선
④ 배향곡선

해설 임도의 평면선형에서 사용되는 곡선
단곡선, 복심곡선, 반향곡선, 배향곡선

2. 계류의 상류부에 축설하는 시설물로서 반수면만 축조하는 공작물은?

① 사방댐
② 골막이
③ 밑막이
④ 기슭막이

해설 골막이(구곡막이)는 반수면만 축설한다.

3. 대경재 벌목 방법으로 옳지 않은 것은?

① 쐐기나 지렛대를 이용한다.
② 기계톱에 무리한 힘을 가하지 않는다.
③ 바버 체어(Baber Chair)가 발생하도록 작업한다.
④ 목재 손실을 방지하기 위해 옆면노치 자르기를 한다.

해설 바르게 고치면
벌목 시 수평으로 쪼개지지 않고 수직으로 쪼개지는 바버 체어(Baber Chair)가 발생하지 않도록 작업한다.

4. 한 측점에서 많은 점의 시준이 안 되고, 길고 좁은 지역의 측량에 주로 이용되는 방법은?

① 도선법
② 방사법
③ 전방교회법
④ 측방교회법

해설 도선법
① 넓은 완경사지에서 측점을 많이 설정할 때
② 구역이 좁고 길거나 장애물이 있어서 교차법을 사용할 수 없는 경우

5. 반출할 목재의 길이가 10m이고, 임도의 나비가 5m일 때 최소곡선반지름은?

① 3m
② 4m
③ 5m
④ 6m

해설 곡선반지름 $= \dfrac{10^2}{4 \times 5} = 5\text{m}$

6. 등고선 간격이 10m인 1 : 25,000 지형도에서 종단 기울기가 8%가 되게 노선을 그릴 때 도상의 수평거리는?

① 4mm
② 5mm
③ 8mm
④ 10mm

해설 100 : 8% = 수평거리 : 10, 수평거리는 125m, 도상거리= $\dfrac{125}{25,000} = 0.005\text{m} = 5\text{mm}$

7. 임도 개설 시 m³ 당 임목수집비를 고려할 때 효율성과 경제성이 가장 큰 위치는?

① 산복부
② 능선부
③ 계곡부
④ 복합지역

해설 산복임도 – 경제성이 가장 높음

정답 1. ② 2. ② 3. ③ 4. ① 5. ③ 6. ② 7. ①

8. 와이어로프에 대한 설명으로 옳은 것은?

① 임업용 와이어로프는 스트랜드의 수가 4개인 것을 많이 사용한다.

② 보통꼬임은 꼬임이 안정되어 킹크가 생기기 어렵고 취급이 용이하다.

③ 랑꼬임은 꼬임이 풀리기 쉬워 킹크가 일어나기 쉽고 보통꼬임보다 강도가 낮다.

④ 와이어의 꼬임과 스트랜드의 꼬임이 동일방향으로 된 것을 보통꼬임이라 한다.

해설 바르게 고치면

① 임업용에는 스트랜드가 6개인 것이 가장 많이 사용된다.

③ 랑꼬임은 꼬임이 풀리기 쉬워 킹크가 일어나기 쉬우나 보통 꼬임보다 강도가 높아 가공본줄에 사용된다.

④ 와이어의 꼬임과 스트랜드의 꼬임이 동일방향으로된 것을 랑꼬임이라 한다.

9. 인공 수로에서 윤변이 30m이고, 유적이 15m일때 경심은?

① 0.5m   ② 1.0m

③ 1.5m   ④ 2.0m

해설 경심 $= \dfrac{\text{유적}}{\text{윤변}} = \dfrac{15}{30} = 0.5\text{m}$

10. 임목수확작업 시 벌도, 가지치기, 토막내기, 조재목 마름질에 가장 적합한 기계는?

① 포워더(forwarder)

② 하베스터(harvester)

③ 프로세서(processor)

④ 펠러번처(feller buncher)

해설 벌도, 가지치기, 토막내기, 조재목 마름질을 동시에 수행하는 고성능 장비는 하베스터이다.

11. 임도 노선의 실체 측량 시에 중심말뚝의 측점은 몇 m 간격마다 설치하는가?

① 10m   ② 20m

③ 30m   ④ 40m

해설 측점간격은 20m로 설치한다.

12. 산림의 단위 면적당 임도연장으로 나타내는 양적 지표는?

① 임도밀도   ② 산림개발도

③ 임도효율요인   ④ 평균집재거리

해설 양적지표는 임도밀도(m/ha) 이다.

13. 트랙터집재와 비교한 가선집재의 장점으로 옳은 것은?

① 작업이 단순하다.

② 작업생산성이 높다.

③ 장비구입비가 저렴하다.

④ 잔존 임분에 피해가 적다.

해설 가선집재의 특징

① 작업이 복잡하다.

② 작업생산성이 낮다.

③ 장비구입비가 비싸다.

14. 견치돌에 대한 설명으로 옳지 않은 것은?

① 마름돌과 같이 고가의 재료이다.

② 특별한 규격으로 다듬은 석재이다.

③ 사방댐이나 옹벽에는 사용하지 않는다.

④ 견고를 요하는 돌쌓기 공사에 사용한다.

해설 사방댐이나 옹벽에 많이 사용한다.

정답   8. ②   9. ①   10. ②   11. ②   12. ①   13. ④   14. ③

15. 중력댐의 안정조건이 아닌 것은?

① 전도에 대한 안정
② 대수면의 기울기에 대한 안정
③ 활동에 대한 안정
④ 기초지반의 지지력에 대한 안정

해설 중력댐의 안정조건
① 전도에 대한 안정
② 활동에 대한 안전
③ 제체의 파괴에 대한 안정
④ 기초지반의 지지력에 대한 안정

16. 임도에 설치된 교량이 받는 활하중에 속하는 것은?

① 교량의 시설물
② 교량 바닥틀의 무게
③ 교량을 지나는 트럭의 무게
④ 교량 주트러스(Main Truss) 무게

해설 임도에 설치된 교량의 하중
① 사하중 : 교량 및 암거의 사하중 산정시 사용되는 주된 재료의 무게
② 활하중 : 교량 및 암거의 활하중은 사하중에 실리는 차량
③ 보행자 등에 따른 교통하중을 말하며, 그 무게산정은 사하중 위에서 실제로 움직여지고 있는 DB-18 하중 (총중량 32.45톤) 이상의 무게에 따른다.

17. 벌목작업 시 수구를 만드는 방향은?

① 계곡 쪽
② 임도가 있는 쪽
③ 작업자가 있는 쪽
④ 벌도목이 넘어지는 쪽

해설 수구와 추구
① 수구 : 방향베기, 벌도목이 넘어지고자 하는 방향
② 추구 : 따라베기, 벌도목이 넘어지고자 하는 반대방향

18. 산지와 절개지에서 발생한 황폐지 복구 방법으로 옳지 않은 것은?

① 빗물을 분산시켜 일정한 장소에 모이거나 흐르게 한다.
② 도랑이나 작은 구곡 수로에는 떼로 수로와 누구막이를 만들어 침식을 막는다.
③ 불규칙한 지반을 정리하고 녹화공법 위주로 식생을 조성하여 표토를 피복한다.
④ 경사가 완만한 경우는 단을 끊고 가급적 파종상을 만들지 않아 표토의 이동이 없도록 한다.

해설 바르게 고치면
경사가 완만한 경우는 단을 끊고 가급적 파종상을 만들어 표토의 이동이 없도록 한다.

19. 임도시설기준에서 정한 간선 및 지선임도의 설계속도별 종단기울기에 대한 기준이 맞는 것은?

① 40km/시간 : 일반지형 7% 이하, 특수지형 10% 이하
② 40km/시간 : 일반지형 9% 이하, 특수지형 14% 이하
③ 30km/시간 : 일반지형 8% 이하, 특수지형 14% 이하
④ 20km/시간 : 일반지형 9% 이하, 특수지형 12% 이하

해설 바르게 고치면
① 설계속도 30km/시간 : 일반지형 8% 이하, 특수지형 12% 이하
② 설계속도 20km/시간 : 일반지형 9% 이하, 특수지형 14% 이하

20. 빗물침식에 해당되지 않는 것은?

① 용출침식
② 구곡침식
③ 면상침식
④ 누구침식

해설 빗물침식의 진행순서
우격침식 → 면상침식 → 누구침식 → 구곡침식

정답 15. ② 16. ③ 17. ④ 18. ④ 19. ① 10. ①

2회

1회독 □ 2회독 □ 3회독 □

1. 임도의 합성물매는 15%로 설정하고, 외쪽물매를 5%로 적용한다면 종단물매는 약 몇 % 이하가 적당항가?

① 8%   ② 10%

③ 12%   ④ 14%

해설 합성물매 = $\sqrt{(왼쪽물매^2 + 종단물매^2)}$

$15 ≒ \sqrt{5^2 + 14^2}$

2. 산림 토목공사용 기계로 옳지 않은 것은?

① 식혈기   ② 전압기

③ 착암기   ④ 정지기

해설 식혈기는 조림작업을 할 때 식목용 구덩이를 파는 기계이다.

3. 체인톱을 이용한 작업 시 엔진이 돌지 않는 현상이 발생할 때 예상되는 원인으로 옳지 않은 것은?

① 에어필터가 더럽혀져 있다.

② 연료 내 오일 혼합량이 적다.

③ 점화코일과 단류장치에 결함이 있다.

④ 기화기의 조절이 잘못되어 있다.

해설 연료에 비해 윤활유가 부족하면 피스톤, 실린더 및 엔진 각 부분에 눌러 붙을 염려가 있다.

4. 임도 실시설계 시 수행하는 측량 작업으로 옳지 않은 것은?

① 면적측량   ② 종단측량

③ 횡단측량   ④ 중심선측량

해설 영선측량, 중심선측량, 평면측량, 종단측량, 횡단측량 등을 수행한다.

5. 지형지수 산출 인자로 옳지 않은 것은?

① 식생   ② 곡밀도

③ 기복량   ④ 산복경사

해설 지형지수(地形指數)란 산림의 지형조건(험준함·복잡함)을 개괄적으로 표시하는 지수로서 임지(산복)경사, 기복량, 곡밀도의 3가지 지형요소로부터 구할 수 있다.

6. 임도망계획에서 임도망 특성지표에 관한 설명으로 옳지 않은 것은?

① 임도간격은 m로서 나타내는 임도간의 평균거리이다.

② 임도밀도는 ha당의 m로서 표시되는 단위면적당의 평균도로 길이다.

③ 개발률은 개발된 부분의 전산림면적 혹은 전시업면적에 대한 비율(%)로써 표시한다.

④ 평균집재거리는 산림내의 각각의 산지집재장에서부터 임도상의 집재장까지의 실제 집재거리의 합계이다.

해설 평균집재거리는 임도변의 집재작업(최소집재거리)과 집재한계선(최대집재거리)까지 집재작업이 동일하게 실행되므로 평지림의 경우 집재거리의 1/2이 되고 임도간격의 1/4이 된다.

7. 임도 규정상 임도의 횡단면도를 설계 할 때 사용하는 축척으로 옳은 것은?

① 1 : 50   ② 1 : 100

③ 1 : 200   ④ 1 : 1,000

해설 횡단면도는 1 : 100의 축척으로 작성하며 좌측하단에서 상단방향으로 횡단기입 한다.

정답   1. ④   2. ①   3. ②   4. ①   5. ①   6. ④   7. ②

8. 체인톱 작업 중 체인이 끊어지거나 안내판에서 벗겨질 경우 작동하는 안전장치로 옳은 것은?

① 핸드가드
② 체인잡이
③ 체인브레이크
④ 안전스로틀레버

해설 체인잡이볼트는 체인이 끊어지거나 튀는 것을 막아주는 고리로 톱의 몸체에 잘 부착되어 있는지 점검한다.

9. 임도설치 및 관리 등에 관한 규정으로 정의된 임도의 종류로 옳지 않은 것은?

① 사유임도
② 국유임도
③ 공설임도
④ 테마임도

해설 ① 국유임도 : 국가가 설치하는 임도
② 공설임도 : 산림소유자 또는 산림을 경영하는 자(국유림에 분수림을 설정한 자를 포함)가 자기 부담으로 설치하는 임도
③ 테마임도 : 산림관리기반시설로서의 기능을 유지하면서 특정주제(산림문화 · 휴양 · 레포츠 등)로 널리 이용되고 있거나 이용될 가능성이 높은 임도

10. 다음 중 비탈면녹화공법에 해당하지 않는 것은?

① 조공
② 사초심기
③ 비탈덮기
④ 선떼붙이기

해설 사초심기 공법은 해안사구의 모래에서도 잘 자랄 수 있는 사초류(砂草類)를 심어 모래 날림을 막는 공법이다.

11. 우리나라에서 녹화용으로 식재되고 있는 주요 사방조림수종과 거리가 먼 것은?

① 잣나무
② 아까시나무
③ 산오리나무
④ 리기다소나무

해설 우리나라에서 척박한 임지나 황폐지의 복구를 위해 식재되고 있는 사방조림수종에는 리기다소나무, 아까시나무, 해송, 물(산)오리나무, 물갬나무, 사방오리나무(남부), 자작나무 등이 있다.

12. 땅깎기 비탈면의 안정과 녹화를 위한 적용공법에 관한 설명으로 옳지 않은 것은?

① 경암 비탈면은 풍화 · 낙석 우려가 많으므로 부분 객토식생공법이 적절하다.
② 점질성 비탈면은 표면침식에 약하고 동상 · 붕락이 많으므로 떼붙이기공법이 적절하다.
③ 자갈이 많은 비탈면은 모래가 유실 후 요철면이 생기기 쉬우므로 떼붙이기보다 분사파종공법이 좋다.
④ 모래층 비탈면은 절토공사 직후에는 단단한 편이나 건조해지면 붕락되기 쉬우므로 전면적 객토를 요한다.

해설 경암 비탈면은 풍화 · 낙성의 위험이 적으므로 암반원형을 노출시키거나 낙석저지책 또는 낙석방지망덮기로 시공하고 덩굴식물로 피복 녹화한다.

13. 사방댐의 위치선정 원칙에 해당되지 않는 것은?

① 계상 및 양안에 암반이 있는 곳
② 상류부가 좁고 댐의 자리가 넓은 곳
③ 지류가 합류하는 지점에 계획할 때는 합류점 하류부
④ 계단상으로 할 때에는 추정퇴사선과 구계상이 만나는 지점

해설 사방댐 위치선정 원칙
① 댐의 위치는 계상 및 양안에 암반이 존재하는 것을 원칙으로 한다.
② 댐의 위치는 상류부가 넓고 댐의 자리가 좁은 곳이 적당하다.
③ 지계의 합류점 부근에서 댐을 계획할 때에는 일반적으로 합류점의 하류부에 설치한다.
④ 계단상 댐을 설치 시 첫번째 댐의 추정퇴사선이 구계상 물매를 자르는 점에 상류댐이 위치하도록 한다.

14. 임도 비탈면에 돌쌓기를 한 경우 지름 3cm 정도의 물빼기 구멍을 설치한다. 다음 중 가장 적합한 것은?

① 3~4m²에 1개설치   ② 2~3m²에 1개설치
③ 1.5~2m²에 1개설치   ④ 1m²에 1개설치

해설 지름 3cm 정도의 물빼기 구멍은 2~3m²에 1개 설치한다.

15. 임도 시설규정에서 길어깨와 옆도랑의 너비를 제외한 임도의 간선임도 유효너비 기준은?

① 2.0m   ② 2.5m
③ 3.0m   ④ 6.0m

해설 간선임도 유효너비 – 3m

16. 소실수량(消失水量)에 대한 설명으로 맞는 것은?

① 소비수량이라고도 하며 강수량에서 증발산량을 뺀 수량과 같다.
② 소비수량이라고도 하며 증발산량과 유출량을 합한 것과 같다.
③ 증발산량과 같으며 강수량에서 유출량을 뺀 값과 같다.
④ 강수량과 유출량을 합한 값을 말한다.

해설 소실수량
산림유역의 수문은 비교적 장기간의 관측치에 의해 강수량에서 유출량을 제한소비수량을 구하는데, 이 소비수량이 증발산량과 같은 것을 일컫는다.

7. 임도 기계화 시공에서 수중굴착 및 구조물의 기초바닥 등과 같은 상당히 깊은 범위의 굴착과 호퍼(Hopper) 작업에 적당한 셔블(Shovel)계 기계는?

① 드래그라인   ② 크레인
③ 클램셸   ④ 파워셔블

해설 클램셸
크레인(crane)의 붐 끝에 움켜쥐는 형식의 크램셸 버킷을 설치하고 이를 지면보다 낮은 위치에 수직 낙하시켜 토사류를 굴착하고 버킷을 들어 올려 운반 기계에 적재하는 기계

18. 일반적인 임업에 사용되는 트랙터에서 자체가 굴절되는 트랙터를 사용하는 이유는?

① 기계의 안정성을 도모하기 위하여
② 회전반경을 줄이기 위하여
③ 제작비를 절감하기 위하여
④ 기계의 구조를 간단하게 하기 위하여

해설 트랙터 자체가 굴절되는 트랙터를 사용하는 이유는 회전반경을 줄이기 위해서이다.

19. 수로의 횡단면적이 18m²이고, 매 초당 수로횡단면을 통과하는 유량이 72m³/s일 때 평균 유속은?

① 0.25m/s   ② 0.5m/s
③ 2.0m/s   ④ 4.0m/s

해설 ① 유량=횡단면적×유속
② 72m³/s=18m²×유속, 유속은 4m/s

20. 다음 설명에 해당하는 것은?

- 막깬돌, 잡석 및 호박돌 등을 가공하지 않은 상태로 축설한다.
- 유량이 비교적 적고 기울기가 비교적 급한 산복에 이용되는 수로이다.

① 떼붙임 수로   ② 메붙임 돌수로
③ 찰붙임 돌수로   ④ 콘크리트 수로

해설 메붙임수로
막깬돌, 호박돌 등을 붙여 축설하는 것으로 유량이 적고 기울기가 급한 곳에 이용된다.

정답   14. ②   15. ③   16. ③   17. ③   18. ②   19. ④   20. ②

1. 차도에 있어서 설계속도를 20km/hr로 설계할 때 시거는 몇 m 이상 확보해야 하는가?

① 40m   ② 30m
③ 20m   ④ 10m

해설 설계속도에 따른 안전시거

설계속도(km/hr)	안전시거(m)
40	40 이상
30	30 이상
20	20 이상

2. 임도 시공용 기계 중 주로 도로 시공의 정지작업에 사용되는 것은?

① 탬핑롤러
② 모터 그레이더
③ 스크레이퍼
④ 파워셔블

해설 ① 탬핑롤러 : 전압기계
    ② 스크레이퍼 : 굴착운반기계
    ③ 파워셔블 : 굴착 · 적재기계

3. 성토사면의 안정을 도모하기 위하여 사면 끝에 설치하는 공작물이 아닌 것은?

① 옹벽
② 돌기슴막이
③ 견치석쌓기
④ 줄떼공

해설 줄떼공은 식물에 의한 사면보호공이다.

4. 다음 중 사방댐을 직선부에 계획할 때 올바른 방향은?

① 유심선에 직각
② 유심선에 평형
③ 유심선의 절선에 직각
④ 유심선의 절선에 평행

해설 사방댐의 횡공작물은 상류의 유심선(퇴사된 후의 가정 유심선)에 직각방향으로, 곡선부는 홍수 시 유심선의 접선에 직각방향으로 한다.

5. 환경보전을 고려한 경제적이고, 효율적인 임도를 개설하기 위하여 적정한 노선을 선택하고자 임도노선 흐름도를 작성하려고 한다. 노선 흐름도의 작성 순서로서 가장 적절히 나열된 것은?

① 지형도 → 현지측정 → 노선선정 → 예정선의 기입 → 개략설계
② 지형도 → 예정선의 기입 → 노선선정 → 현지측정 → 개략설계
③ 지형도 → 예정선의 기입 → 현지측정 → 노선선정 → 개략설계
④ 지형도 → 개략설계 → 노선선정 → 현지측정 → 예정선의 기입

해설 임도 노선 선정
    지형도 → 예정선의 기입 → 노선선정 → 현지측정 → 개략설계

6. 블레이드면의 방향이 진행발향의 중심선에 대하여 20°~30°의 경사가 진 도저의 종류는?

① 트리불도저   ② 스트레이트도저
③ 앵글도저   ④ 틸트도저

해설 앵글도저
    ① 배토판의 각도를 진행 방향에 대하여 좌우로 각도를 회전시킬 수 있는 도저
    ② 측면 굴착이나 흙을 좌우 측면으로 밀어붙일 수 있어 지면고르기 및 굴착된 도랑을 되메우는 데 사용된다.

2022년 3회

7. 임도의 교각법에 의한 곡선 설치 시 각 기호가 나타낸 설명으로 맞는 것은?

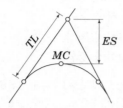

① TL : 외선길이, MC : 곡선중점, ES : 곡선길이
② TL : 접선길이, MC : 곡선중점, ES : 외선길이
③ TL : 곡선길이, MC : 곡선시점, ES : 접선길이
④ TL : 곡선길이, MC : 곡선반지름, ES : 외선길이

해설 교각법
　① 교각을 쉽게 구할 수 있을 때 사용되는 곡선설치법으로 가장 기본적인 방법으로 곡선말뚝을 현지에 설정할 때 이용된다.
　② 곡선 상의 3개의 주요점, 곡선시점(BC), 곡선중점(MC) 및 곡선종점(EC)으로 곡선을 규정하는 방법이므로 곡선이 필요한 구간에 이들 3점을 표시해 주어야 한다.

8. 임업토목용 골재 중 잔골재의 일반적인 단위 무게는?

① 1,450~1,700kg/m³　② 1,550~1,850kg/m³
③ 1,760~2,000kg/m³　④ 1,900~2,150kg/m³

해설 체 규격 5mm 중량비로 85% 이상 통과하는 잔골재(모래)를 말하며 단위무게는 1,550~1,850kg/m³ 이다.

9. 절토사면의 토질별 적용공법으로 가장 적합하게 연결된 것은?

① 모래층 비탈면 – 부분 객토 식생공법
② 점질성 비탈면 – 분사파종공법
③ 경암 비탈면 – 낙석 방지막 덮기 공법
④ 사질토 비탈면 – 새집붙이기공법

해설 ① 모래층 비탈면 – 전면적 객토 식생공법
　② 점질성 비탈면 – 떼붙이기공법
　③ 사질토 비탈면 – 전면적 식생공법

10. 해안사방에서 사초(砂草)심기공법의 사초 식재방법이 아닌 것은?

① 점심기
② 줄심기
③ 망심기
④ 다발심기

해설 사초심기는 해안사구의 모래에서 잘 자랄 수 있는 사초류를 심어 모래날림을 막는 공법으로 줄심기, 망심기, 다발심기 등이 있다.

11. 임목수확작업시스템 중 전목재생산방식(full-tree harvesting method)의 설명으로 맞지 않는 것은?

① 임분 내에 벌도된 임목을 가지가 붙은 채 스키더나 케이블크레인으로 끌어낸다.
② 끌어낸 임목은 임도변이나 토장에서 가지치기와 통나무자르기를 하며 이때 하베스터를 이용하는 것이 가장 효과적이다.
③ 벌도대상 임분 밖에서 가지치기 초두부, 제거 등이 이루어져 임내 양료의 순환에 악영향을 끼친다.
④ 임목규격이 크면 대형장비가 필요하다.

해설 바르게 고치면
　끌어낸 임목은 임도변이나 토장에서 가지치기와 통나무자르기를 하며 이때 프로세서를 이용하는 것이 가장 효과적이다.

정답　7. ②　8. ①　9. ③　10. ①　11. ②

12. 노체의 구성으로 하층부터 상층으로 바르게 나열한 것은?

① 노상-노반-기층-표층
② 노반-노상-기층-표층
③ 노상-노반-표층-기층
④ 조반-노상-표층-기층

해설 노체의 구성은 노상-노반-기층-표층이다.

13. 트랙터의 구입가격이 5,000만원이고 수명이 5,000시간이며, 잔존가치는 구입가격의 20%일 때 이 기계의 시간당 감가상각비는?

① 1,250원 ② 8,000원
③ 12,500원 ④ 80,000원

해설 ① 구입가격 5,000만원, 잔존가치 5,000만원×0.2
=1,000만원
② 시간당 감가상각비
$$= \frac{50,000,000 - 10,000,000}{5,000} = 8,000 원$$

14. 다음 중 ( )안에 해당되는 것은?

산림관리 기반시설의 설계 및 시설기준에 따르면 배수구의 통수단면은 ( )년 빈도 확률 강우량과 홍수도달 시간을 이용한 합리식으로 계산된 최대홍수 유출량의 ( )배 이상으로 설계 설치한다.

① 70, 0.8 ② 90, 1.0
③ 100, 1.2 ④ 120, 1.5

해설 배수구의 통수단면 홍수시 물이 넘치지 않고 안전하게 흐르도록 100년 빈도 확률 강우량과 홍수도달 시간을 이용한 합리식으로 계산된 최대홍수 유출량의 1.2배 이상으로 설계 설치한다.

15. 임도 설계 시 주행속도 40km/h, 오름물매 4%, 내림물매 2%일 때 종단곡선의 길이는?

① 약 6.8m ② 약 7.9m
③ 약 8.9m ④ 약 9.9m

해설 $L = \frac{(4-2)40^2}{360} = 888 \cdots \rightarrow$ 약 8.9m

16. 임도 측량방법에서 영선에 관한 설명으로 틀린 것은?

① 경사면과 임도시공기면과의 교차선이다.
② 노폭의 1/2 되는 점을 연결한 선이다.
③ 임도시공 시 절토와 성토작업의 기준선이 된다.
④ 종단측량을 먼저 실시하여 영선을 정한 후 평면 횡단측량을 한다.

해설 중심선과 영선
① 중심선 : 노폭의 1/2 되는 점을 연결한 선
② 영선 : 경사지에 설치하는 측점별로 임도에서 노면의 시공면과 산지의 경사면이 만나는 점을 영점이라 하고 이 점을 연결한 노선의 종축을 말한다.

17. 메쌓기 사방댐의 경제적 높이 한계로 가장 적합한 것은?

① 1.0m ② 2.0m
③ 3.0m ④ 4.0m

해설 메쌓기 사방댐의 높이는 4.0m로 한다.

18. 요사방지(생태복원대상지)를 유형별로 분류할 때 황폐지의 초기 단계는?

① 척악임지 ② 산복붕괴지
③ 땅밀림 ④ 민둥산

해설 황폐는 척악임지 → 임간나지 → 초기황폐지 → 황폐이행지 → 민둥산 순으로 진행된다.

19. 바다 쪽에서 불어오는 해풍에 의해 날리는 모래를 억류하고 퇴적시키기 위한 인공사구조성 공법은?

① 비탈덮기   ② 떼붙이기
③ 퇴사물세우기   ④ 목책세우기

[해설] 퇴사물세우기
바다쪽에서 불어오는 바람에 의해 날리는 모래를 억류하고 퇴적시켜서 사구를 조성하는 목적의 공작물로 높이는 1.0m로 한다.

20. 비탈붕괴 산사태의 소인에서 지질적 요인에 속하지 않는 것은?

① 절리의 존재   ② 단층 파쇄대의 존재
③ 붕적토의 분포   ④ 급경사지

[해설] 급경사지 – 지형적 요인

1. 사방댐의 설계요인에서 위치 선정의 원칙으로 옳지 않은 것은?

① 댐의 위치는 상류부가 좁고 댐 자리가 넓은 곳이 적당하다.

② 댐의 위치는 계상 및 양안에 암반이 존재하는 것은 원칙으로 한다.

③ 굴곡부의 하류나 계폭이 넓은 장소는 난류가 발생하여 산각이 침식될 위험이 있다.

④ 본류와 지류의 합류점 부근에 댐을 계획할 때에는 통상 합류점의 하류부가 위치 선정의 기준이 된다.

해설 바르게 고치면
댐의 위치는 상류부는 넓고 댐 자리가 좁아야 한다.

2. 다음 중 작업로망 배치형태의 이용성이 가장 높은 형태는?

① 방사형   ② 단선형
③ 간선어골형   ④ 방사복합형

해설 작업로망 배치형태의 이용성
수지형>간선수지형>간선어골형>방사복합형>단선형>방사형

3. 해안사지조림용 수종이 구비해야 할 일반적인 조건으로 옳지 않은 것은?

① 바람에 대한 저항력이 클 것

② 온도의 급격한 변화에도 잘 견딜 것

③ 양분과 수분에 대한 요구가 적을 것

④ 낙엽·낙지가 적고 증산량이 많을 것

해설 바르게 고치면
낙엽·낙지 등에 의하여 지력을 증진시킬 것

4. 배향곡선지에서 길어깨·옆도랑의 너비를 제외한 임도의 유효너비 시설 기준은?

① 3m   ② 4m
③ 5m   ④ 6m

해설 임도차량의 유효너비는 3m를 기준으로 하나 배향곡선지의 경우는 6m 이상으로 한다.

5. 양각기계획법으로 1:25,000 지형도 상에 종단물매 10%인 노선을 배치할 때 양각기 조정 폭은?

① 0.2cm

② 0.4cm

③ 0.6cm

④ 0.8cm

해설 1:25,000지형도에서 주곡선은 10m 간격이므로 10% 경사를 가지는 양각기 수평거리는 100m이다.

$$(10\% = \frac{10}{\text{수평거리}} \times 100, \ \text{수평거리} = 100m)$$

$$\frac{100m}{25,000} = 0.004m = 0.4cm$$

6. 일반적으로 많이 사용하는 정지기계는?

① 백호우   ② 하베스터
③ 드랙라인   ④ 모터그레이더

해설 모터그레이더는 수평으로 노면을 정지하는 기계이다.

정답   1. ①   2. ③   3. ④   4. ④   5. ②   6. ④

7. 산지사방 식재용 수종의 요구 조건으로 가장 적절한 것은?

① 토양개량 효과가 기대될 것
② 뿌리발육이 천천히 진행될 것
③ 생장력이 완성하여 잘 번식할 것
④ 묘목의 생산비가 적게 들고, 가급적 경제가치가 높을 것

해설 바르게 고치면
뿌리발육이 빠르게 진행될 것

8. 사방댐에 있어 계류바닥의 계획물매는 일반적으로 현물매의 어느 정도를 표준으로 하는가?

① 1/5~1/4
② 1/4~1/3
③ 1/3~1/2
④ 1/2~2/3

해설 사방댐에서 퇴사가 완료된 경우 계획물매는 계상을 구성하는 사력의 입경과 유량을 고려하여 댐 시공 전 계산, 즉 현재의 계상물매의 1/2~2/3을 표준으로 한다.

9. 삭도운재방법에 대한 설명으로 옳지 않은 것은?

① 대량운반이 용이하다.
② 임지를 훼손하지 않는다.
③ 험준한 지형에서도 설치가 가능하다.
④ 지정된 장소에서만 적재 및 하역이 가능하다.

해설 삭도로 운재시 와이어로프의 강도에 따라 1회에 소량으로 운반한다.

10. 와이어로프에 대한 설명으로 옳은 것은?

① 임업용 와이어로프는 스트랜드의 수가 4개인 것을 많이 사용한다.
② 보통꼬임은 꼬임이 안정되어 킹크가 생기기 어렵 고 취급이 용이하다.
③ 랑꼬임은 꼬임이 풀리기 쉬워 킹크가 일어나기쉽고 보통꼬임보다 강도가 낮다.
④ 와이어의 꼬임과 스트랜드의 꼬임이 동일방향으로 된 것을 보통꼬임이라 한다.

해설 바르게 고치면
① 임업용에는 스트랜드가 6개인 것이 가장 많이사용된다.
③ 랑꼬임은 꼬임이 풀리기 쉬워 킹크가 일어나기 쉬우나 보통 꼬임보다 강도가 높아 가공본줄에 사용된다.
④ 와이어의 꼬임과 스트랜드의 꼬임이 동일방향으로 된 것을 랑꼬임이라 한다.

11. 최대강우량이 50mm/hr, 집수면적이 50ha, 유출계수가 0.5일 때의 유량(m³/sec)은?

① 3.21
② 3.47
③ 4.86
④ 5.12

해설 유량$=\dfrac{0.5\times50\times10,000\times\dfrac{50}{1,000}}{3,600}=3.47\,\mathrm{m^3/sec}$

12. 유수에 의한 계상면의 침식을 방지하고, 현 계상면을 유지하기 위하여 시설하는 횡구조물은?

① 구곡막이
② 바닥막이
③ 기슭막이
④ 누구막이

해설 바닥막이
황폐계류의 바닥침식을 방지하고 현재의 바닥을 유지하기 위해 계류를 횡단하여 축설하는 횡구조물이다.

정답　7. ②　8. ④　9. ①　10. ②　11. ②　12. ②

13. 비탈면의 녹화를 위한 사방공사에 속하지 않는 것은?

① 조공　　　　　　② 비탈덮기
③ 바자얽기　　　　④ 비탈다듬기

해설 비탈다듬기: 비탈안정공사

14. 임도의 노선 결정시 주요 통과지에 대한 유의사항으로 옳지 않은 것은?

① 지형의 순응한 선형으로한다.
② 붕괴지, 암석지, 습지는 가급적 피한다.
③ 너무 많은 흙깎기, 흙쌓기가 필요한 곳은 피한다.
④ 가급적 교량, 옹벽 등 구조물 시설이 많은 곳으로 한다.

해설 바르게 고치면
　　가급적 교량, 옹벽 등 구조물 시설이 많은 곳은 피한다.

15. 육상 저목장에 관한 설명으로 옳지 않은 것은?

① 수중 저목장보다 육상 저목량이 더 적다
② 일반적인 저목은 되도록 단기간으로 한다.
③ 목재쌓기 방법으로는 직각쌓기와 평생쌓기가 있다.
④ 산지저목장, 중계저목장, 최종저목장으로 설치할 수 있다.

해설 바르게 고치면
　　수중 저목장보다 육상 저목장이 더 많다.

16. 수로의 횡단면에 있어서 물과 접촉하는 수로 주변의 길이는?

① 유적　　　　　　② 윤변
③ 경심　　　　　　④ 동수반지름

해설 ① 윤변: 배수로의 횡단면에서 물과 접촉하는 배수로 주변길이
　　② 경심: 유수의 평균깊이, 동수반지름으로 유적을 윤변으로 나눈값

17. 석축 시공시 찰쌓기 공법의 설명으로 가장 옳은 것은?

① 뒷채움 없이 시공한다.
② 돌과 시멘트를 섞어서 쌓는다.
③ 돌을 쌓고 돌 이음 부분의 외부에만 시멘트를 바른다.
④ 돌을 쌓는 뒷부분에 콘크리트로 뒷채움을 하고, 줄눈에 모르타르를 사용한다.

해설 찰쌓기 공법
　　돌 쌓는 뒷부분은 콘크리트로 채우고 줄눈은 모르타르를 사용한다.

18. 암반 비탈면 녹화에 주로 사용하는 공법이 아닌 것은?

① 새집공법
② 피복녹화 공법
③ 선떼붙이기 공법
④ 덩굴받침망 설치 공법

해설 선떼붙이기 공법: 토사 비탈면에 적용

19. 임도를 기능에 따라 분류할 때 성격이 다른 것은?

① 주임도
② 부임도
③ 사리도
④ 작업도

해설 사리도: 자갈로 만든 임도

20. 다목적 공정기계인 프로세서(Processor)의 기능으로 옳지 않은 것은?

① 송재   ② 절단
③ 벌목   ④ 조재목 마름질

해설 프로세서는 벌목은 할 수 없다.

1. 황폐지에 설치하는 사방댐의 축조 목적이 아닌 것은?

① 산각고정   ② 종횡침식의 방지
③ 계상물매의 완화   ④ 계곡물의 저장 및 저류

해설 사방댐 축조 목적
　　　산각고정, 종횡침식방지, 계상물매완화, 모래 저사

2. 원목을 집재하기 위하여 차대 틀 위에 원목을 얹어 싣고 가는 집재기를 무엇이라 하는가?

① 스키더   ② 펠러번처
③ 포워더   ④ 야더집재기

해설 포워더
　　　차대 틀 위에 원목을 얹어 운반하는 차량

3. 강선에 의한 집재방법에 대한 설명 중 틀린 것은?

① 시설비용이 적다.
② 사용수명이 길다.
③ 무겁거나 큰 나무의 집재가 곤란하다.
④ 길이 10m 정도 이상의 장재집재가 가능하다.

해설 강선집재는 단재집재가 가능하다.

4. 최대 홍수 유량 산정 시 합리식을 이용한 유량값은 몇 m³/sec인가?(단, 유출계수 0.80, 강우 강도 90mm/hr, 유역면적 10ha이다)

① 4.25   ② 0.425
③ 2.0   ④ 0.20

해설 $Q = 0.002778 \times 0.8 \times 90 \times 10 = 2.0\text{m}^3/\text{sec}$

5. 다음의 와이어의 꼬임 중 보통 Z 꼬임은?

①   ②

③   ④

해설 와이어로프의 꼬임과 스트랜드의 꼬임방향이 반대로 된 것을 보통꼬임, 같은 방향으로 된 것이 랑꼬임이다.

6. 물 침식을 우수침식, 하천침식, 지중침식, 바다침식으로 구분했을 때 우수침식에 속하지 않는 것은?

① 면상침식
② 누구침식
③ 구곡침식
④ 용출침식

해설 우수침식(빗물침식)
　　　우격침식 → 면상침식 → 누구침식 → 구곡침식

7. 다음 중 임도의 설계순서로 맞는 것은?

① 예비조사 → 답사 → 예측 → 실측 → 설계
② 예측 → 예비조사 → 답사 → 실측 → 설계
③ 답사 → 예비조사 → 예측 → 실측 → 설계
④ 답사 → 예측 → 예비조사 → 실측 → 설계

해설 임도설계순서
　　　예비조사 → 답사 → 예측 → 실측 → 설계

정답   1. ④   2. ③   3. ④   4. ③   5. ①   6. ④   7. ①

8. 다음 중 횡단배수구를 설치하는 장소로 부적합한 것은?

① 흙이 부족하여 속도랑으로서는 부적당한 곳
② 구조물의 앞이나 뒤
③ 외쪽물매 때문에 옆도랑물이 역류하는 곳
④ 대류수(帶流水)가 없는 곳

해설 횡단배수구는 띠모양의 흐르는 물이 있는 곳에 설치한다.

9. 평면도상에 있어서 임도곡선의 종류가 아닌 것은?

① 단곡선   ② 복심곡선
③ 배향곡선   ④ 종단곡선

해설 평면도상 임도곡선
　　단곡선, 복심곡선, 배향곡선, 반향곡선

10. 임도의 기능에 대한 설명으로 틀린 것은?

① 산림과 시장, 마을 등을 연결하며 임산물과 인적자원을 수송하는 기능
② 산림시업을 효율적으로 실행하기 위한 기능
③ 공도에서 산림을 연결하는 노선이 지니고 있는 기능
④ 임내 작업로의 기능을 갖는 일시적 시설로의 기능

해설 임도는 산림경영을 위한 항구적시설이다.

11. 다음 중 쇄석도의 종류가 아닌 것은?

① 역청머캐덤도   ② 자갈머캐덤도
③ 시멘트머캐덤도   ④ 수체머캐덤도

해설 쇄석도(부순돌길)의 종류
　　역청, 교통체, 수체, 시멘트 쇄석도

12. 사리도(砂利道)에 대한 설명으로 틀린 것은?

① 자갈을 노면에 깔고 교통에 의한 자연전압으로 노면을 만든 것이다.
② 노반의 시공방법은 크게 상치식과 상굴식으로 구분할 수 있다.
③ 하층일수록 잔자갈을, 표층에 가까울수록 굵은 자갈을 부설하는 것이 좋다.
④ 결합재로는 점토나 세점토사 등이 이용되며, 결합재의 적정량은 자갈 무게의 10~15%가 알맞다.

해설 바르게 고치면
　　하층일수록 굵은 자갈을, 표층일수록 잔자갈을 부설하는 것이 좋다.

13. 산사태 발생의 내적요인(소인)이 아닌 것은?

① 지질구조
② 지형
③ 강우
④ 임상

해설 강우: 산사태 발생의 외적 요인

14. 해안사지 조림용 수종이 구비해야 할 일반적인 조건이 아닌 것은?

① 바람에 대한 저항력이 클 것
② 양분과 수분에 대한 요구가 클 것
③ 온도의 급격한 변화에도 잘 견디어 낼 것
④ 울폐력이 좋고 낙엽, 낙지 등에 의하여 지력을 증진시킬 수 있을 것

해설 바르게 고치면
　　양분과 수분에 대한 요구가 작을 것

정답   8. ④   9. ④   10. ④   11. ②   12. ③   13. ③   14. ②

15. 곡선부를 차량에 통과하기 위해 곡선부에 취해야 할 사항은?

① 곡선부의 노면 안쪽을 바깥쪽보다 높게 한다.
② 곡선부의 노면 안쪽을 바깥쪽보다 낮게 한다.
③ 양쪽으로 내림물매를 준다.
④ 물매를 주지 않는다.

해설 곡선부는 원심력이 작용하므로 노면 안쪽을 바깥쪽보다 낮게하는 편경사(물매)를 준다.

16. 중력댐의 안정조건이 아닌 것은?

① 기초지반의 지지력에 대한 안정
② 전도에 대한 안정
③ 활동에 대한 안정
④ 물매에 대한 안정

해설 중력댐의 안정조건
전도에 대한 안정, 활동에 대한 안정, 제체의 파괴에 대한 안정, 기초지반의 지지력에 대한 안정

17. 임목수확작업에서 필요한 안전수칙과 거리가 먼 것은?

① 과중한 작업은 기계력을 이용한다.
② 인력에 의한 작업시 중력을 최대한 이용한다.
③ 안전을 위한 보호 장비는 반드시 착용한다.
④ 소규모 간단한 작업도 다공정 기계를 이용한다.

해설 바르게 고치면
대규모 작업에 다공정기계를 이용한다.

18. 트랙터 집재작업 능률에 미치는 인자가 아닌 것은?

① 경사
② 단재적
③ 임도밀도
④ 임도의 소밀도

해설 트랙터 집재작업 능률에 미치는 인자
임목의 소밀도, 경사, 토양상태, 단재적, 집재거리

19. 다음 그림과 같이 밑판, 종자 및 표면덮개의 3부분으로 구성된 일반적인 인공떼제품을 무엇이라고 하는가?

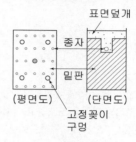

(평면도)   (단면도)

① 식생자루
② 식생매트
③ 식생대
④ 식생반

해설 식생반(vegetation block)
뜬 떼를 얻기 곤란하여 뜬 떼의 대용품으로 고안되어 사용되던 것으로 밑판과 종자, 표면덮개로 구성되어 대량의 유기물과 비료양분을 함유하므로 보수성과 통기성을 좋게 하고 근계의 발육을 조장하여 식생의 연속을 촉진하며 생육을 보장하는 인공떼제품을 말한다.

20. 집재가선에 있어서 와이어로프에 작용하는 하중에 대해 충분한 안전을 확보하기 위해서는 각 용도별로 안전계수를 결정하여 사용해야 한다. 스카이라인(가공본줄)의 안전계수는 얼마인가?

① 1.0 이상
② 1.5 이상
③ 2.0 이상
④ 2.7 이상

해설 작업 용도별 안전계수
가공본줄 2.7, 짐당김줄 4.0, 짐올림줄 6.0

3회

1. 앞 모래언덕의 뒤쪽으로 바람에 의한 모래날림을 방지하고 식생의 생육환경을 조성하기 위한 가장 적합한 공법은?

① 모래덮기
② 퇴사울세우기
③ 정사울세우기
④ 구정바자얽기

[해설] 정사울세우기
　　주로 전사구의 육지 쪽에 후방모래를 고정하여 그 표면에 전면적인 모래의 안정을 도모하고 식재목이 잘 생육할 수 있도록 환경을 조성하는 목적으로 시행하는 공법이다.

2. 벌도작업 시 쐐기 사용의 주목적은?

① 작업 능률 향상
② 벌도방향 결정
③ 박피작업 유리
④ 작업 비용 절감

[해설] 벌도작업 시 쐐기는 벌도방향을 결정한다.

3. 임도의 너비 설치기준으로 옳지 않은 것은?

① 배향곡선지의 경우 유효너비는 6m 이상으로 한다.
② 길어깨 및 옆도랑의 너비는 각각 50cm~1m 범위로 한다.
③ 임도의 곡선반경이 10m 이상일 경우 곡선부 너비를 확대한다.
④ 길어깨 및 옆도랑을 포함한 임도의 너비는 3m를 기준으로 한다.

[해설] 바르게 고치면
　　길어깨 및 옆도랑의 너비를 제외한 임도의 유효너비는 3m를 기준으로 하며, 길어깨 및 옆도랑의 너비는 각각 50cm~1m의 범위로 한다.

4. 방위각 275°를 방위로 표기하면 다음 중 어느 것인가?

① N85° W
② S85° W
③ N95° W
④ S95° W

[해설] 방위각 표기 360° −275° = N85° W

5. 지선임도 밀도가 10m/ha이며, 임도효율요인이 4인 경우 트랙터를 이용한 평균집재거리는?

① 2.5m
② 40m
③ 400m
④ 2,500m

[해설] 평균집재거리 $= \dfrac{\text{임도효율계수}}{\text{임도밀도}}$

　　$\dfrac{4}{10} = 0.4\text{km} = 400\text{m}$

6. 유역면적의 단위가 ha일 때 유량공식으로 옳은 것은? (단, C : 유출계수, I : 강우강도(mm/hr), A : 면적)

① $Q = 2{,}778\,CIA\,(\text{m}^3/\text{sec})$
② $Q = 0.2778\,CIA\,(\text{m}^3/\text{sec})$
③ $Q = 0.02778\,CIA\,(\text{m}^3/\text{sec})$
④ $Q = 0.002778\,CIA\,(\text{m}^3/\text{sec})$

[해설] $Q = \dfrac{1}{360}\,CIA\,(\text{m}^3/\text{sec})$

　　$Q = 0.002778\,CIA\,(\text{m}^3/\text{sec})$

7. 임도의 합성기울기를 10%로 설정하려 할 때 외쪽기울기가 6%라면 종단기울기는?

① 8%
② 10%
③ 12%
④ 14%

해설 임도의 합성기울기$(10\%) = \sqrt{6^2 + X^2}$

$$100 = 6^2 + X^2$$
$$X^2 = 100 - 36 = 64$$
$$X = 8\%$$

해설 평판 측량의 3요소

정준(정치)	평판이 수평이 되도록 하는 것
치심(구심)	도상의 측점과 지상의 측점을 일치시키는 것
표정	평판을 일정한 방향에 따라 고정시키는 작업

8. 기슭막이에 대한 설명으로 옳지 않은 것은?

① 황폐계천에서 유수에 의한 계안의 횡침식을 방지하기 위해 설치한다.
② 침식이 심하고 유수의 충돌이 심한 곳에서는 통나무 기슭막이나 바자기슭막이를 적용한다.
③ 계류의 둑쌓기 구간 내에 시공할 경우 둑쌓기 계획비 탈기울기와 동일한 기울기로 계획한다.
④ 유로의 만곡에 의하여 물의 충격을 받거나 붕괴 위험성이 있는 계천변에 설치한다.

해설 바르게 고치면
침식이 심하고 유수의 충돌이 심한 곳에서는 콘크리트기슭막이를 적용한다.

9. 사방댐의 방수로 크기를 결정하는 주요 요인이 아닌 것은?

① 집수면적 　　　　② 댐의 종류
③ 산복의 경사 　　　④ 상류 하상의 상태

해설 사방댐의 방수로 크기를 결정하는 요인
집수면적, 강수량, 산복의 경사, 산림의 상태 및 황폐상황 등

10. 평판을 설치할 때 만족되어야 하는 필수조건이 아닌 것은?

① 표정 　　　　　② 치심
③ 정준 　　　　　④ 방위

11. 산사태와 땅밀림을 비교하여 설명한 것으로 옳지 않은 것은?

① 산사태는 지하수에 의한 영향이 크다.
② 산사태는 땅밀림에 비해 규모가 작다.
③ 땅밀림은 계속적으로 재발 가능성이 크다.
④ 산사태는 사질토로 된 지점에서 많이 발생한다.

해설 바르게 고치면
산사태는 강우로 인한 영향이 크다.

12. 와이어로프의 폐기 기준으로 옳지 않은 것은?

① 현저하게 변형된 것
② 꼬임 상태가 발생한 것
③ 이음매가 있는 것
④ 마모에 의한 직경 감소가 공칭 직경의 3%를 초과하는 것

해설 와이어로프 등의 사용금지 사항
① 이음매가 있는 것
② 지름의 감소가 공칭지름의 7%를 초과하는 것
③ 와이어로프의 한 꼬임에서 끊어진 소선의 수가 10% 이상인 것.
④ 꼬인 것

13. 임도의 교량 및 암거 설치 시에 고려하여야 하는 활하중의 무게 기준은?

① DB-10 이상
② DB-13.5 이상
③ DB-18 이상
④ DB-32.45 이상

해설 활하중의 무게기준
DB-18기준, 총중량 32.45ton 이상

14. 임도설계 시 곡선측점, 구간거리, 누가거리, 지반높이, 계획높이, 기울기, 성토고, 절토고 등을 기입하는 도면은?

① 평면도
② 구조도
③ 종단면도
④ 횡단면도

해설 ① 평면도
• 축적 1 : 1,200(종단면도 상단에 기입)
• 임시기표, 교각점, 측점번호 및 지번별경계, 구조물, 지형지물, 곡선제원 등 기입
② 종단면도
• 횡 1 : 1,000, 종1 : 200
• 곡선측점, 구간거리, 누가거리, 지반높이, 계획높이, 기울기, 성토고, 절토고 등을 기재

15. 성·절토 비탈면 보호 및 녹화에 주로 이용되는 공법이 아닌 것은?

① 콘크리트블록쌓기
② 자연석쌓기
③ 격자틀붙이기
④ 사초심기

해설 사초심기 - 해안사방공법

16. 임도의 노체 하층부터 표면층까지의 구성 순서로 옳은 것은? (단, 순서는 바닥면부터 표시함)

① 노상 – 노반 – 기층 – 표층
② 노상 – 기층 – 표층 – 노반
③ 노반 – 노상 – 기층 – 표층
④ 기층 – 표층 – 노상 – 노반

해설 임도 노체 구성 순서
노상 → 노반 → 기층 → 표층

17. 토지로부터 가벼운 흙입자나 유기물 등 가용 양료를 탈취함으로써 토양비옥도와 생산성 유지에 지대한 손실을 가져다주는 침식 형태는?

① 우격침식
② 면상침식
③ 세굴침식
④ 누구침식

해설 면상침식
침식의 초기 유형으로 토양표면 전면이 엷게 유실되는 침식이다.

18. 임도 노면 시공방법으로 머캐덤(Macadam)이라고도 불리는 것은?

① 사리도
② 토사도
③ 쇄석도
④ 통나무길

해설 쇄석도
시공에서 머캐덤식은 쇄석재료만으로 피복하여 다진 도로로 자동차 도로에 적용되고, 텔퍼드식은 노반의 하층에 큰 깬돌을 깔고 쇄석재료를 입히는 방법으로 지반이 연약한 곳에 효과적이다.

19. 평균강우량을 계산하는 방법이 아닌 것은?

① 티센법
② 산출평균법
③ 등우선법
④ 침투형법

해설 평균강우량 계산
티센법, 등우선법, 산출평균법

정답   13. ③   14. ③   15. ④   16. ①   17. ②   18. ③   19. ④

20. 임도의 절토 경사면이 경암지역일 때 기울기 기준
으로 옳은 것은?

① 1 : 0.3 ~ 0.8　　　② 1 : 0.5 ~ 1.2

③ 1 : 0.8 ~ 1.5　　　④ 1 : 1.2 ~ 2.0

해설 절토 경사면 기울기
　　① 토사 – 1 : 0.8 ~ 1.5
　　② 연암 – 1 : 0.5 ~ 1.2
　　③ 경암 – 1 : 0.3 ~ 0.8

산림기사 · 산림산업기사 ②권

임도공학 · 사방공학 下

──────────────────── 定價 27,000원

저 자 이 윤 진
발행인 이 종 권

2023年 10月 20日 초 판 인 쇄
2023年 10月 26日 초 판 발 행

發行處 **(주) 한솔아카데미**

(우)06775 서울시 서초구 마방로10길 25 트원타워 A동 2002호
TEL : (02)575-6144/5   FAX : (02)529-1130
〈1998. 2. 19 登錄 第16-1608號〉

ISBN 979-11-6654-372-2 14520
ISBN 979-11-6654-370-8 (세트)

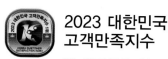

PASS

2024 한번에 끝내기

산림기사·산림산업기사

임도공학
사방공학

최근 7개년 기출문제

산림기사·산업기사 CBT실전테스트

실제 컴퓨터 필기 자격시험 환경과 동일하
게 구성하여 CBT(컴퓨터기반시험) 실전
테스트 풀기
www.bestbook.co.kr

www.inup.co.kr